Dittmann/Dittmann/Benn/Benn

Doppisches kommunales Haushalts- und Rechnungswesen Mecklenburg-Vorpommern (NKHR M-V)

Doppisches kommunales Haushalts- und Rechnungswesen Mecklenburg-Vorpommern (NKHR M-V)

Fachbuch mit praktischen Übungen und Lösungen

von

Christin Dittmann
Wolfgang Dittmann
Sina Larissa Benn
Peter Oliver Benn

Bibliografische Information der Deutschen Nationalbibliothek
Die Deutsche Nationalbibliothek verzeichnet diese Publikation in der Deutschen Nationalbibliografie; detaillierte bibliografische Daten sind im Internet über http://dnb.dnb.de abrufbar.

5., vollständig überarbeitete Auflage

Satz: MetaLexis · Niedernhausen
Druck: Druckerei C.H.Beck · Nördlingen

ISBN 978-3-8293-1801-3

Inhaltsverzeichnis

Vorwort zur 5. Auflage

Spätestens mit dem Haushaltsjahr 2012 haben alle Gemeinden und Landkreise in Mecklenburg-Vorpommern auf das „Neue kommunale Haushalts- und Rechnungssystem (NKHR M-V)", die kommunale Doppik, umgestellt. Seit der 3. Auflage des Buches im Oktober 2015 erfolgte im Rahmen einer Evaluation des NKHR M-V im Mai 2016 eine Änderung des untergesetzlichen Regelwerks zur kommunalen Doppik, insbesondere der Gemeindehaushaltsverordnung-Doppik und der Verwaltungsvorschriften und ihrer Anlagen. Die offiziellen Änderungsdokumente lauten „Verordnung zur Änderung der GemHVO-Doppik und der Gemeindekassen-Doppik vom 19. Mai 2016 (GVOBl. M-V S. 311)" und „Verwaltungsvorschrift zur Gemeindehaushaltsverordnung-Doppik und Gemeindekassenverordnung-Doppik (GemHVO-GemKVO-DoppVV M-V) vom 20. Mai 2016 (AmtsBl. M-V S. 310)", zuletzt geändert am 23.7.2019 (AmtsBl. M-V S. 766). Die Vorschriften traten am 6.6.2016 in Kraft.

Um den hohen Ansprüchen an eine moderne, zukunftsorientierte Haushaltsbewirtschaftung gerecht zu werden, hat das Land M-V stetig an den Verordnungen gearbeitet.

Aus diesen Gründen wird nunmehr eine vollständig überarbeitete und aktualisierte Auflage vorgelegt, die den Rechts- und Praxisstand Juli 2022 berücksichtigt.

Mit herzlichem Dank für die bisher aus den Reihen der Leser[1] erfolgten Anregungen und Hinweise verbinden wir die aufrichtige Bitte, diesen Dialog auch für diese Auflage unseres Buches[2] fortzusetzen.

Ludwigslust und Parchim im Juli 2022
Die Verfasser

---

1 Hinweis: Bei den Funktionsbezeichnungen wird im Buchtext vorwiegend die männliche Form (z. B. „Bürgermeister") verwendet. Dies soll keine Diskriminierung der weiblichen Funktionsträger bedeuten, sondern lediglich der einfacheren Lesbarkeit dienen.

2 Das vorliegende Fachbuch für das Land Mecklenburg-Vorpommern basiert auf dem für das Land Nordrhein-Westfalen herausgegebenen Fachbuch „Kommunales Finanzmanagement NRW" der Autoren *Fritze/Mutschler/Stockel-Veltmann*, das im selben Verlag derzeit in der 8. Auflage erschienen ist.

Vorwort zur 1. Auflage

Im November 2003 beschlossen die Innenminister der Länder in Jena, das kommunale Haushaltsrecht der Bundesländer grundlegend zu reformieren. Dabei lag die inhaltliche und zeitliche Ausgestaltung der Umsetzung bei den Ländern. Im Gegensatz zum weitgehend einheitlichen kameralen Haushaltsrecht ist daraus im Ergebnis eine rechtliche Vielfalt mit unterschiedlichen Buchungssystemen entstanden, die bei vielen Praktikern auf Unverständnis stößt und den Ruf nach Vereinheitlichung laut werden lässt.

Das Land Mecklenburg-Vorpommern hat in den Jahren 2005 bis 2007 die wesentlichen Weichenstellungen zu einem Neuen Kommunalen Haushaltsrecht (NKHR) getroffen. Der Landtag beschloss am 14.12.2007 im Rahmen eines „Gesetzes zur Reform des Gemeindehaushaltsrechts" das „Gesetz zur Einführung der Doppik im kommunalen Rechnungswesen" sowie umfassende Änderungen der Kommunalverfassung und des Kommunalprüfungsgesetzes. Wie die meisten Bundesländer wird eine an die Bedürfnisse der Kommunalverwaltung angepasste doppelte Buchführung die Grundlage des neuen Rechnungswesens darstellen und damit die Kameralistik ablösen.

Spätestens der Haushaltsplan des Jahres 2012 muss unter den Bedingungen des Neuen Kommunalen Haushaltsrechts aufgestellt und durchgeführt werden. Einige Kommunen sammeln als „Frühstarter" bereits praktische Erfahrungen.

In zahlreichen Fortbildungsveranstaltungen wurde der Wunsch nach einem Fachbuch laut, das sich mit den spezifischen Regelungen des NKHR in Mecklenburg-Vorpommern auseinandersetzt. Die vorhandene Literatur setzt überwiegend am Neuen Kommunalen Finanzmanagement (NKF) des Bundeslandes Nordrhein-Westfalen an, das sich allerdings deutlich vom NKHR unterscheidet.

Um diesem Wunsch zu entsprechen, bot sich die Zusammenarbeit erfahrener Fachautoren aus Nordrhein-Westfalen mit Praktikern aus Mecklenburg-Vorpommern an. Schwerpunkt ist nicht allein die neue Buchungssystematik, die insbesondere den kameral erfahrenen Praktiker einige Umstellung abfordert. Ausgehend von der Eröffnungsbilanz geht das Buch auf die Planung des Haushalts und seine Ausführung bis hin zur Rechnungslegung ein.

Das Buch soll den mit der praktischen Einführung der Doppik betrauten Praktikern eine anschauliche Arbeitshilfe sein. Durch die Aufnahme praktischer Übungen mit Musterlösungen lässt sich das Buch aber auch für Zwecke des Studiums an der Fachhochschule und der Aus- und Fortbildung am Studieninstitut nutzen.

Die teilweise kritische Würdigung der neuen Regelungen aus praktischer Sicht soll eine Weiterentwicklung des Haushaltsrechts unterstützen.

Ludwigslust, Witten, Dortmund und Rheine, im August 2009
Die Verfasser

Zu den Verfassern

Christin Dittmann, Jahrgang 1972, schloss beim ehemaligen Landkreis Ludwigslust eine kaufmännische Ausbildung ab und wurde als Organisatorin zur Verbesserung der Aufbau- und Ablauforganisation eingesetzt. Nach Mitwirkung am Verwaltungsmodernisierungsprozess von 1995 bis 1998 u. a. in den Projekten Produkte, Controlling, Kosten- und Leistungsrechnung und Bürgerbüro war sie von 1998 bis 2010 als Controllerin, insbesondere für die sozialen Bereiche, tätig. Für die Zeit von Mitte 2006 bis Ende 2007 wurde sie vom Landkreis dem Innenministerium Mecklenburg-Vorpommern für das Gemeinschaftsprojekt NKHR-MV zur Einführung der Doppik im Land zur Verfügung gestellt. Von Mitte 2006 bis 2010 war sie Mitglied des Projektteams zur Einführung der Doppik beim ehemaligen Landkreis Ludwigslust. Sie absolvierte den Studiengang Verwaltungs-Diplom betriebswirtschaftlicher Fachrichtung an der Verwaltungs- und Wirtschafts-Akademie Mecklenburg-Vorpommern e.V. und schloss 2007 mit dem Diplom ab. 2009 schloss sie außerdem einen Zertifikats-Lehrgang zum Kommunalen Bilanzbuchhalter mit Erfolg ab. Bis zur Kreisgebietsreform (September 2011) war sie als Chef-Controllerin beim Landkreis Ludwigslust tätig. Von 2012 bis Mitte 2015 nahm sie beim neu gebildeten Landkreis Ludwigslust-Parchim weiterhin Controllingaufgaben in der Stabsstelle Controlling wahr und übte zeitgleich die Funktion der stellvertretenden Betriebsleiterin des Eigenbetriebes Rettungsdienst aus. Daneben war sie 1,5 Jahre von 2014 bis Mitte 2015 Geschäftsführerin der Ludwigslust-Parchimer Rettungsdienst gGmbH. Mitte 2015 kehrte sie wieder komplett zu ihren ursprünglichen Wurzeln zurück, baute in der Stabsstelle Controlling des Landkreises Ludwigslust-Parchim das Berichtswesen mit Hilfe einer Business-Intelligence-Software auf und widmete sich dieser Umsetzung bis zum 30.6.2020. Seit dem 1.7.2020 leitet sie den Fachdienst Bildung, kreisliche Schulen und Sport und bringt hier ihre umfangreichen Erfahrungen ein, um den Bildungssektor im Landkreis Ludwigslust-Parchim zukunftsfähig aufzustellen.

Wolfgang Dittmann, Jahrgang 1959, schloss 1983 sein Studium an der Fachhochschule für öffentliche Verwaltung NRW als Diplom-Verwaltungswirt ab. Er absolvierte 1989 den betriebswirtschaftlichen Studiengang an der Verwaltungsakademie für Westfalen in Hagen und erwarb das Verwaltungs-Diplom betriebswirtschaftlicher Fachrichtung. Schwerpunkt seiner beruflichen Tätigkeit waren seit 1984 die Themen Personalverwaltung, Organisation und Datenverarbeitung bei der Fachhochschule Aachen, der Gemeinde Schalksmühle und der Stadt Soest. 1991 wechselte er zum Landkreis Ludwigslust und war dort für die Bereiche Organisation und Personal verantwortlich. Er wirkte aktiv an der Vorbereitung der Kreisgebietsreform 1994 mit. Nach der Reform war er beim Landkreis Ludwigslust zunächst für die Organisation verantwortlich und koordinierte hauptamtlich 1995 bis 1998 das Verwaltungsmodernisierungsprojekt „Landratsamt 2000“. Von 1998 bis 2002 war er Organisationsmanager, von 2002 bis 2009 Leiter des Servicedienstes Finanzen (seit 2004 Servicezentrum II) mit den Aufgabenschwerpunkten Kreiskasse und Vollstreckung. In dieser Funktion war er innerhalb des Doppik-Einführungsprojektes auch für die Organisation des Rechnungswesens verantwortlich. Ab 2010 bis zur Kreisgebietsreform leitete er den Fachdienst Personal, Organisation und IT. Nach der Kreisgebietsreform koordinierte er innerhalb der Verwaltung des Landkreises Ludwigslust-Parchim das Projekt Verwaltungsmodernisierung. Seit dem 1.1.2017 leitet er den Fachdienst Rechnungs- und Gemeindeprüfung des Landkreises. Er lehrt an der Verwaltungs- und Wirtschaftsakademie Mecklenburg-Vorpommern innerhalb der Themen der öffentlichen Betriebswirtschaft auch das NKHR im Rahmen des Rechnungswesens.

Sina Larissa Benn, Jahrgang 1992, schloss 2015 ihr Studium an der Fachhochschule für öffentliche Verwaltung Güstrow mit dem akademischen Grad Bachelor of Laws ab. Anschließend sammelte sie erste Erfahrungen in der Stadtverwaltung Schwerin als Beamtin auf Probe als Sachbearbeiterin Baumschutz, als Entgeltverhandlerin SGB XI und XII sowie im Standesamt zunächst als Standesbeamtin, später als leitende Standesbeamtin. Zur Erweiterung der Kenntnisse folgten Fortbildungen in den Bereichen deutsches und internationales Privatrecht, Ausländerrecht und die Modulreihe „In Führung gehen“ zur Vorbereitung der Aufgaben als Führungskraft. Die Verbeamtung auf Lebenszeit fand 2018 statt. Anschließend wechselte sie zum Landkreis Ludwigslust-Parchim, wo sie seit 2020 als Verwaltungs- und Betriebsprüferin agiert und in der überörtlichen und örtlichen Prüfung verschiedene Prüfungen durchgeführt hat. Zudem hat sie im Oktober 2021 den Masterstudiengang „Betriebswirtschaft und Management“ der Technischen Universität Kaiserslautern mit dem akademischen Grad Master of Arts sowie im Juli 2022 den Lehrgang zum zertifizierten Rechnungsprüfer (IDR) erfolgreich abgeschlossen.

Peter Oliver Benn, Jahrgang 1991, schloss 2017 sein Studium an der Fachhochschule für öffentliche Verwaltung Güstrow mit dem akademischen Grad Bachelor of Laws ab. Im Anschluss konnte er im Beamtenverhältnis auf Probe Erfahrungen des Landkreises Ludwigslust-Parchim als Sachbearbeiter Kommunalaufsicht/Finanzen und als Verwaltungs- und Betriebsprüfer in der örtlichen und überörtlichen Prüfung sammeln. Im Jahr 2020 erfolgte die Verbeamtung auf Lebenszeit und der Wechsel in die aktuelle Tätigkeit als Sachbearbeiter im Finanzmanagement mit den Schwerpunkten Haushalt und Beteiligungsmanagement. Neben den Tätigkeiten konnten Zertifizierungen als kommunaler Bilanzbuchhalter und als Rechnungsprüfer (IDR) erlangt werden sowie der Masterstudiengang „Betriebswirtschaft und Management“ der Technischen Universität Kaiserslautern im Oktober 2021 mit dem akademischen Grad Master of Arts erfolgreich abgeschlossen werden.

Abkürzungsverzeichnis

a. a. O.	am angegebenen Ort
AbF	Abzinsungsfaktor
Abs.	Absatz
a. F.	alte Fassung
AG	Aktiengesellschaft
Anm.	Anmerkung
AO	Abgabenordnung
Art.	Artikel
BauGB	Baugesetzbuch
BFH	Bundesfinanzhof
BGA	Betriebs- und Geschäftsausstattung
BGB	Bürgerliches Gesetzbuch
BGBl.	Bundesgesetzblatt
BHO	Bundeshaushaltsordnung
BStBl.	Bundessteuerblatt
Buchst.	Buchstabe
BVerwG	Bundesverwaltungsgericht
DGO	Deutsche Gemeindeordnung
DIN	Deutsche Industrienorm bzw. „Das ist Norm"
d. J.	des Jahres
DV	Datenverarbeitung
DVO	Durchführungsverordnung
EFoG	Entlastungsfondsgesetz
EigVO	Eigenbetriebsverordnung Mecklenburg-Vorpommern
Entsch.	Entscheidung
Erl.	Erläuterung
EStR	Einkommensteuerrichtlinien
FAG	Finanzausgleichsgesetz
ff.	folgende
GmbH	Gesellschaft mit beschränkter Haftung
GemFinRefG	Gemeindefinanzreformgesetz
GemHVO-Doppik	Gemeindehaushaltsverordnung Doppik Mecklenburg-Vorpommern
GemKVO-Doppik	Gemeindekassenverordnung Doppik Mecklenburg-Vorpommern
GewStG	Gewerbesteuergesetz
GG	Grundgesetz
GrStG	Grundsteuergesetz
GV	Gemeindeverband/Gemeindeverbände
GWG	geringwertiges Wirtschaftsgut
HGB	Handelsgesetzbuch
HGrG	Haushaltsgrundsätzegesetz

i. d. F.	in der Fassung
i. d. R.	in der Regel
i. H. v.	in Höhe von
IM	Innenminister/Innenministerium
IMK	Konferenz der Innenminister und Innensenatoren
i. S. v.	im Sinne von
i. V. m.	in Verbindung mit
KAG	Kommunalabgabengesetz Mecklenburg-Vorpommern
KGSt	Kommunale Gemeinschaftsstelle für Verwaltungsmanagement
KomDoppikEG	Gesetz zur Einführung der Doppik im kommunalen Haushalts- und Rechnungswesen (Kommunal-Doppik-Einführungsgesetz)
KPG	Kommunalprüfungsgesetz Mecklenburg-Vorpommern
KWahlG	Kommunalwahlgesetz
KV	Kommunalverfassung
LHO	Landeshaushaltsordnung
MeldeG	Meldegesetz
MinBl.	Ministerialblatt
M-V	Mecklenburg-Vorpommern
NKF	Neues Kommunales Finanzmanagement
NKHR	Neues kommunales Haushalts- und Rechnungswesen
NKR	Neues Kommunales Rechnungswesen
NRW	Nordrhein-Westfalen
NSM	Neues Steuerungsmodell
öffentl.	öffentlich
OVG	Oberverwaltungsgericht
RdErl.	Runderlass
RGBl.	Reichsgesetzblatt
RVO	Reichsversicherungsordnung
S.	Seite
Sp.	Spalte
StAnpG	Steueranpassungsgesetz
StWG	Gesetz zur Förderung der Stabilität und des Wachstums der Wirtschaft
UARG	Unterausschusses zur Reform des Gemeindehaushaltsrechts
Urt.	Urteil
USt.	Umsatzsteuer
VG	Verwaltungsgericht
VO	Verordnung
Vorl. VV	vorläufige Verwaltungsvorschriften
VV	Verwaltungsvorschriften
VwGO	Verwaltungsgerichtsordnung
Ziff.	Ziffer

Literaturverzeichnis

Baetge/Kirsch/Thiele, Bilanzen, 14. Aufl., Düsseldorf 2012

Baßeler/Heinrich/Koch, Grundlagen und Probleme der Volkswirtschaft, 19. Aufl., Köln 2010

Bauer/Maier, Die Leistungsfähigkeit von Budgetierungskonzepten in Kommunen, der gemeindehaushalt 2006, S. 53

Bernhardt, Halten die Regelungen des NKF in Nordrhein-Westfalen den Anforderungen eines modernen kommunalen Finanzmanagements Stand?, der gemeindehaushalt 2005, S. 97 ff.

Bernhardt, Die Eröffnungsbilanz – Ihre Stellung im Reformprozess des kommunalen Haushalts- und Rechnungswesens, die Bedeutung ihrer Prüfung und Bestätigung, Zeitschrift für Kommunalfinanzen 2005, S. 26

Bernhardt/Erkes/Klümper/Schünemann/Schwingeler/Theisen, Reform des kommunalen Haushaltsrechts Nordrhein-Westfalen, Gelsenkirchen 1991

Bernhardt/Schünemann/Schwingeler, Kommunales Anordnungs-, Kassen-, Rechnungslegungs- und Prüfungsrecht NRW, 7. Aufl., Witten 1999

Bernhardt/Schünemann/Schwingeler, Kommunales Haushaltsrecht NRW, 15. Aufl., Witten 2002

Bernhardt/Schünemann/Schwingeler/Theisen, Effektivität und Akzeptanz der neuen Steuerungsmodelle in der kommunalen Haushaltswirtschaft, Gelsenkirchen 2001

Bickeböller/Pehlke, Haushaltsausgleich in der Doppik, der gemeindehaushalt, 2003, S. 97

Brixner/Harms/Noe, Verwaltungs-Kontenrahmen, München 2003

Corsten/Gössinger, Lexikon der Betriebswirtschaftslehre, 5. Aufl., München 2008

Darsow/Gentner/Glaser/Meyer, Schweriner Kommentierung der Kommunalverfassung des Landes Mecklenburg-Vorpommern, 4. Aufl., Schwerin 2014

Ellerich/Lickfelt, Die Abbildung von beamtenrechtlichen Versorgungsverpflichtungen im Jahresabschluss einer Gebietskörperschaft, der gemeindehaushalt 2005, S. 121

Fandrich/Schartow/Sewing, Gemeindehaushaltsverordnung (Doppik) Mecklenburg-Vorpommern, Loseblatt, Wiesbaden

Fritze/Mutschler/Stockel-Veltmann, Kommunales Finanzmanagement NRW, 8. Aufl., Wiesbaden 2021

Grottel u. a., Beck'scher Bilanzkommentar, 11. Aufl. München 2018

Hofmann/Theisen/Bätge, Kommunalrecht in Nordrhein-Westfalen, 19. Aufl., Wiesbaden 2021

IM-Konferenz, Eckpunkte für die Reform des kameralistischen Haushalts- und Rechnungssystems der Kommunen, der gemeindehaushalt 2001, S. 112

IM-Konferenz, Eckpunkte für ein kommunales Haushaltsrecht zu einem doppischen Haushalts- und Rechnungssystem, der gemeindehaushalt 2001, S. 55

IM NRW (Hrsg.), Neues Kommunales Finanzmanagement: Abschlussbericht des Modellprojekts „Doppischer Kommunalhaushalt in Nordrhein-Westfalen" 1999–2003, Freiburg 2003

IM NRW (Hrsg.), Neues Kommunales Finanzmanagement in Nordrhein-Westfalen, Handreichung für Kommunen, 6. Aufl., Düsseldorf 2014

Jung, Allgemeine Betriebswirtschaftslehre, 12. Aufl. München 2010

Klümper/Möllers/Zimmermann, Kommunale Kosten- und Wirtschaftlichkeitsrechnung, 20. Aufl. Witten 2019

Körner, Erleichterungen für die Erstinventur: Hohe Wertaufgriffgrenzen für bewegliches Sachvermögen, der gemeindehaushalt 2005, S. 193

Körner/Portis, Direkte versus indirekte Finanzrechnung – Vor- und Nachteile in der Praxis, der gemeindehaushalt 2006, S. 9

Lasar, Kommunales Rechnungswesen in Niedersachsen, Band 1: Buchführung, 4. Aufl., Wiesbaden 2022

Lasar, Kommunales Rechnungswesen in Niedersachsen, Band 2: Jahresabschluss und Jahresabschlussanalyse, 3. Aufl., Wiesbaden 2022

Lasar/Bußmann, Kommunales Rechnungswesen in Niedersachsen, Band 3: Konsolidierter Gesamtabschluss, Wiesbaden 2015

Modellprojekt „Doppischer Kommunalhaushalt in NRW"(Hrsg.), Neues Kommunales Finanzmanagement: Betriebswirtschaftliche Grundlagen für das doppische Haushaltsrecht, 2. vollst. überarb. Auflage auf der Basis der Endergebnisse des Modellprojektes, Freiburg 2003

Mutschler, Kommunales Finanz- und Abgabenrecht NRW, 14. Aufl., Wiesbaden 2018

Mutschler/Schlösser, Praktische Fälle aus dem Externen Rechnungswesen und Kommunalen Finanzmanagement NRW, 7. Aufl., Wiesbaden 2021

Nieland/Semelka/ Meier, Zur Zulässigkeit von „sale-and-lease-back"-Verträgen im kommunalen Bereich, der gemeindehaushalt 2005, S. 227

Oster/Rheindorf, Gemeindehaushaltsrecht Rheinland-Pfalz, Loseblatt, Wiesbaden

Rohde/Lustig/Wöhler, Allgemeines Verwaltungsrecht mit Verwaltungsvollstreckung und verwaltungsgerichtlichem Rechtsschutz, 17. Aufl., Wiesbaden 2022

Ruhl/Riemer/Deisenroth, Doppisches Gemeindehaushaltsrecht, Leitfaden Mecklenburg-Vorpommern, 2. Aufl., Dresden 2013

Schaller, VOB- und VOL-Verträge: Ausschreibungs- und Vergabearten im nationalen Bereich, Zeitschrift für Kommunalfinanzen 2005, S. 8

Schmolke/Deitermann/Rückwart, Industrielles Rechnungswesen IKR, 46. Aufl., Darmstadt 2017

Schrader, Die Kapitalflussrechnung als Abbildung der Finanzlage, Frankfurt 1999

Schwarting, Der kommunale Haushalt, 3. Aufl., Berlin 2006

Sprenger-Menzel/Brockhaus, Grundlagen des Controllings, 6. Aufl., Wiesbaden 2021

Sprenger-Menzel/Henßler, Volkswirtschaftslehre und Wirtschaftspolitik, 9. Aufl., Wiesbaden 2021

Statistisches Bundesamt, Eckpunkte der Finanzstatistik für die Reform des kommunalen Haushaltsrechts, Wiesbaden 2000

Stein/Franke, Die Bewertung von Kunstgegenständen und Kulturgütern in kommunalen Bilanzen, der gemeindehaushalt 2005, S. 270

1. Einführung

1.1 Öffentliche Finanzwirtschaft

1.1.1 Begriff

„Öffentliche Finanzwirtschaft“ ist die Tätigkeit der gesamten „öffentlichen Hand“, durch welche diese die erforderlichen finanzwirtschaftlichen Maßnahmen trifft bzw. notwendigen Mittel aufbringt, verwaltet und verwendet, die zur Erfüllung ihrer Aufgaben notwendig sind.

Die öffentliche Finanzwirtschaft hat demnach zunächst die Aufgabe, die zur Erfüllung der öffentlichen Aufgaben erforderlichen Ressourcen bereitzustellen und diese entsprechend zu finanzieren (Bedarfsdeckungsprinzip). Der Begriff der „öffentlichen Aufgaben“ hat in der Bundesrepublik Deutschland insbesondere in den 1970er Jahren (siehe auch Schaubild in 1.5.4) eine erhebliche Wandlung bzw. Ausweitung erfahren. Die Übertragung neuer und die Erweiterung bestehender Aufgaben erforderten zwangsläufig einen höheren Finanzbedarf. Da dieser Finanzbedarf dem Volkseinkommen entnommen werden muss, ergeben sich hierdurch enge Verflechtungen der öffentlichen Finanzwirtschaft mit der Privatwirtschaft. Dies wiederum führt dazu, dass der öffentlichen Finanzwirtschaft im verstärktem Maße Aufgaben der Steuerung und Beeinflussung der Gesamtwirtschaft zufallen. Art. 109 Abs. 2 GG bestimmt, dass Bund und Länder (auch die Gemeinden und Gemeindeverbände als Bestandteile der Länder) bei ihrer Haushaltswirtschaft den Erfordernissen des gesamtwirtschaftlichen Gleichgewichts Rechnung zu tragen haben. Die öffentliche Finanzwirtschaft hat sich somit in das Gesamtsystem der Volkswirtschaft einzuordnen.[3]

1.1.2 Innere Abgrenzung der öffentlichen Finanzwirtschaft

„Die öffentliche Finanzwirtschaft“ als Teil der Volkswirtschaft gliedert sich in die Bereiche

- Einnahmebeschaffung[4],
- Haushaltswirtschaft,
- wirtschaftliche Betätigung und
- Prüfungswesen.

3 Eine ausführliche Darstellung ist enthalten in *Mutschler*, Kommunales Finanz- und Abgabenrecht NRW, 14. Aufl., Wiesbaden 2018, S. 16 f.

4 Vereinfacht wird in der Einführungsphase dieses Buches der Begriff „Einnahmen“ verwendet. Die im NKHR M-V notwendige Konkretisierung nach Erträgen und Einzahlungen bleibt den weiteren Kapiteln vorbehalten. Zur Begriffsdefinition siehe Kapitel 3.

Die **Einnahmebeschaffung** umfasst die Bereiche

- Abgaben (Steuern, Gebühren, Beiträge),
- übrige öffentliche Einnahmen (Buß- und Zwangsgelder, Zuwendungen, Umlagen usw.) und
- privatrechtliche Einnahmen.

Die Haushaltswirtschaft umfasst die Bereiche

- Planung des Jahreshaushaltes,
- mittelfristige Planung (Ergebnis- und Finanzplanung),
- Steuerung des kommunalen Wirtschaftsablaufs,
- Ausführung des Haushaltes mit Buchführung und Zahlbarmachung,
- Rechnungslegung.

Die **wirtschaftliche Betätigung** der öffentlichen Hand umfasst die Bereiche

- öffentlich-rechtliche Betriebsführung (Eigenbetriebe, rechtlich selbständige Anstalten des öffentlichen Rechts[5], Zweckverbände),
- privatrechtliche Betriebsführung (AG, GmbH usw.).

Das **Prüfungswesen** überwacht die öffentliche Verwaltung bei ihrer Aufgabenerfüllung in rechtlicher und zweckmäßiger Hinsicht. Es greift also in alle Bereiche der öffentlichen Finanzwirtschaft ein. Eine Kurzübersicht ergibt bezüglich der Bereiche der öffentlichen Finanzwirtschaft folgendes Bild:

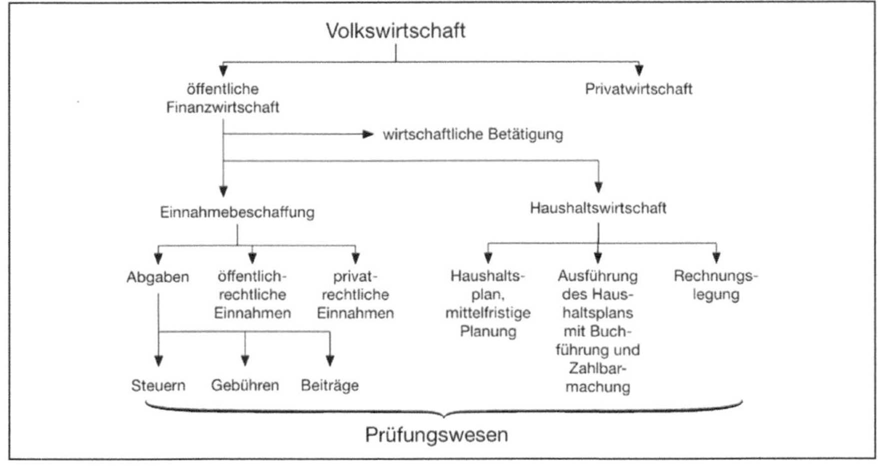

5 Kommunalunternehmen in der Rechtsform einer Anstalt des öffentlichen Rechts können seit der Änderung der Kommunalverfassung für das Land Mecklenburg-Vorpommern vom 13.7.2011 (GVOBl. M-V S. 777) durch die Gemeinden eingerichtet werden.

1.2 Träger der öffentlichen Finanzwirtschaft

Die öffentliche Hand benötigt zur Erfüllung ihrer Aufgaben die dafür notwendigen Ressourcen. Somit muss zwangsläufig jede juristische Person, die öffentliche Aufgaben erledigt, Ausgaben[6] tätigen und diese gleichzeitig finanzieren (Einnahmebeschaffung).

Im Ergebnis sind also Träger der öffentlichen Finanzwirtschaft alle juristischen Personen des öffentlichen Rechts.

In Anlehnung an das „Allgemeine Verwaltungsrecht"[7] sind die Träger der öffentlichen Finanzwirtschaft im Einzelnen:

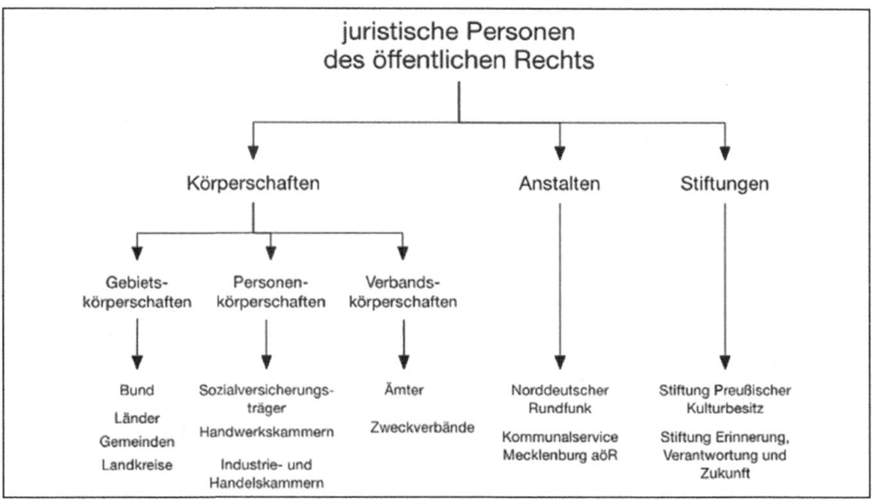

Von ihrer politischen und finanzwirtschaftlichen Bedeutung her sind die Träger – unabhängig vom Haushaltsvolumen – in folgender Reihenfolge zu nennen:

- der Bund,
- die Länder,
- die Gemeinden/Gemeindeverbände und
- die sonstigen Körperschaften, Anstalten und Stiftungen des öffentlichen Rechts.

Letztlich kann man zu den Trägern der öffentlichen Finanzwirtschaft im weiteren Sinne auch die Unternehmungen und Institutionen des privaten Rechts hinzurechnen, die von der öffentlichen Hand betrieben und „kontrolliert" werden; insbesondere, wenn sie (auch) öffentliche Aufgaben wahrnehmen.

6 Vereinfacht wird in der Einführungsphase dieses Buches der Begriff „Ausgaben" verwendet. Die im NKHR M-V notwendige Konkretisierung in Aufwendungen und Auszahlungen bleibt den weiteren Kapiteln vorbehalten. Zur Begriffsdefinition siehe Kapitel 3.

7 Für alle: *Rohde/Ludwig/Wöhler*, Allgemeines Verwaltungsrecht mit Verwaltungsvollstreckung und verwaltungsgerichtlichem Rechtsschutz, 17. Aufl., Wiesbaden 2022, S. 10 ff.

1.3 Finanzhoheit

1.3.1 Begriff und Bedeutung

Finanzhoheit ist das Recht, die Finanzwirtschaft eigenverantwortlich und unbeeinflusst von Dritten zu regeln. Finanzhoheit ist somit die selbstständige Mittelverwaltung, also die eigenverantwortliche Einnahmen- und Ausgabenverwaltung.

Der Bund und die Länder haben dieses Recht originär. Grundgesetz und die Länderverfassungen sichern dieses ausdrücklich zu. So bestimmt z. B. Art. 109 Abs. 1 GG, dass Bund und Länder in ihrer Haushaltswirtschaft – als Teilgebiet der öffentlichen Finanzwirtschaft – selbstständig und voneinander unabhängig sind. Aber bereits die Vorschriften des Art. 109 Abs. 3 GG[8] sowie beispielsweise auch die nationalen[9] und multinationalen Regelungen auf dem Sektor der Einnahmebeschaffung (Steuern, Zölle usw.) lassen erkennen, dass die Finanzhoheit des Bundes und der Länder sowie verstärkt die der dann folgenden Ebenen (Gemeinden usw.) eingeschränkt ist.

1.3.2 Finanzhoheit der Gemeinden und Kreise

Die Finanzhoheit der Gemeinden ist nicht originär, sondern abgeleitet. Der Staat (Bund und Land Mecklenburg-Vorpommern) räumt den Kommunen die Finanzhoheit ein.

In Art. 28 Abs. 2 GG ist den Gemeinden die sog. „Selbstverwaltungsgarantie" verfassungsrechtlich zugesichert. Ein unverzichtbarer Bestandteil der Selbstverwaltung ist die Finanzhoheit. Des Weiteren garantiert Art. 72 Abs. 1 LV den Bestand der Gemeinden und Kreise als Institution und das Recht zur Selbstverwaltung. In Verbindung mit Art. 73 und 74 LV wird die Finanzhoheit der Gemeinden und Landkreise garantiert.

Inhalt und Umfang der Finanzhoheit gestaltet die Kommunalverfassung (§§ 4, 42a ff.) näher aus. Die Finanzhoheit beschränkt sich nicht nur auf die Haushaltswirtschaft, sondern umfasst auch die Einnahmebeschaffung. So gibt z. B. Art. 106 Abs. 6 GG den Gemeinden die Garantie zur Erhebung von Grund- und Gewerbesteuern (Realsteuergarantie). Art. 73 Abs. 1 Satz 2 LV verpflichtet das Land, den Gemeinden und Kreisen eigene Steuerquellen zu erschließen. Im Zusammenhang mit dem Steuerrecht, Finanz- und sonstigen Abgabenrecht wird auf diesen Teil der Finanzhoheit noch näher einzugehen sein.[10]

Insgesamt ist festzustellen, dass die Gemeinden grundsätzlich eine Finanzhoheit besitzen, dass diese aber in den einzelnen Teilbereichen unterschiedlich stark ausgeprägt ist.

8 Siehe dazu die Regelungen des Haushaltsgrundsätzegesetz vom 19.8.1969 (BGBl. I S. 1273), zuletzt geändert durch Artikel 10 des Gesetzes vom 14.8.2017.

9 Art. 104 a ff. GG enthalten die Bestimmungen über die Finanzausstattung von Bund, Ländern und Gemeinden (GV) sowie die Gesetzgebungs- und Ertragskompetenzen im Bereich der Steuern, siehe dazu die ausführliche Darstellung bei *Mutschler*, Kommunales Finanz- und Abgabenrecht NRW, 14. Aufl., Wiesbaden 2018, S. 23 ff.

10 Eine ausführliche Darstellung der Gesamtmaterie enthält *Mutschler*, Kommunales Finanz- und Abgabenrecht NRW, 14. Aufl., Wiesbaden 2018.

1.4 Abgrenzung der öffentlichen Finanzwirtschaft zur Privatwirtschaft

Diese Darstellung kann keine detaillierte und umfassende Abgrenzung im Sinne der Volkswirtschaftslehre sein. Das soll der entsprechenden wissenschaftlichen Disziplin vorbehalten bleiben. An dieser Stelle sollen jedoch die wesentlichen Abgrenzungsmerkmale aufgezeigt werden. Dabei wird das Verständnis für die hier vorgenommene Abgrenzung deutlicher, wenn man die Zielsetzungen und Ergebnisse der öffentlichen Verwaltung allgemein herausstellt:

- **Die öffentliche Verwaltung erzeugt vor allem immaterielle Güter (Dienstleistungen) zur Befriedigung grundsätzlicher Bedürfnisse ihrer Bürger** (z. B. Rechtsschutz, Bildung, Umweltschutz, innere und äußere Sicherheit).
  Insbesondere im Bereich der Daseinsvorsorge werden auch materielle Güter produziert (z. B. Energieversorgung, Wasserversorgung, Abwasserbeseitigung, Abfallbeseitigung usw.)

und

- **die Wirkungen ihrer Leistungen sind im Wesentlichen nicht oder kaum messbar.**
  Der Nutzen für erhöhte Aufwendungen, z. B. für die innere Sicherheit, kann kaum nach betriebswirtschaftlichen Gesichtspunkten gemessen werden. Das bedeutet jedoch nicht, dass nicht auch im öffentlichen Bereich nach ökonomischen Gesichtspunkten gehandelt werden muss.

Doch nun zu den wesentlichen Unterscheidungen:

Öffentliche Finanzwirtschaft	**Privatwirtschaft**
Bedarfsdeckung Dem öffentlichen Finanzwesen ist eine gewisse Aufgabenstellung vorgegeben, für die eine entsprechende Bereitstellung von Ressourcen erforderlich ist. Der Ressourcenbedarf soll gedeckt werden, wobei kein Gewinnstreben vorliegt. Nur die Mittel werden bestimmt, das Ziel liegt fest.	**Gewinnmaximierung** Der Kaufmann beabsichtigt, einen größtmöglichen Gewinn zu erzielen. Er beginnt mit seiner Tätigkeit nur, wenn er sich daraus einen Gewinn erhofft. Ziel und Mittel werden in seinen Überlegungen gegenübergestellt.
Bindung an den Plan Die Haushaltswirtschaft des öffentlichen Gemeinwesens wird durch den Haushaltsplan bzw. das Budget bestimmt, welches durch die/das vom „Parlament" beschlossene Haushaltssatzung/-gesetz normiert ist.	**Anpassung an die Marktlage** Der Kaufmann stellt zwar Pläne auf, jedoch kann er jederzeit von ihnen abweichen. Dies ist schon dadurch bedingt, dass eine ständige Anpassung an die Marktlage erfolgen muss.

Zwangseinnahmen Die wesentlichen Einnahmen beruhen auf Zwang, wobei die Steuern den größten Teil ausmachen. Die Erhebung von Zwangseinnahmen ist Ausfluss der Finanzhoheit.	**Eigenmittel** Der Kaufmann kann nur auf Eigenmittel zurückgreifen, die zu erwirtschaften sind. Fremdmittel (z. B. Kredite) sind letzten Endes auch Eigenmittel, weil sie zurückgezahlt werden müssen.
Gesamtwirtschaftliches Gleichgewicht Die öffentliche Hand hat im Rahmen ihrer Finanzwirtschaft dem gesamtwirtschaftlichen Gleichgewicht Rechnung zu tragen. Sie hat sich konjunkturgerecht zu verhalten. Die öffentliche Finanzwirtschaft verfügt über fast die Hälfte des Sozialproduktes (siehe auch Nr. 1.5.4).	**Egoistische Ziele** Stabilitätsbewusstes Handeln wird der Privatwirtschaft von den Politikern zwar immer nahegelegt, jedoch fehlt jeglicher Zwang. Da der Kaufmann auf Gewinn bedacht ist, führt seine konsequente Marktausnutzung zu einem wirtschaftlichen Egoismus.
Minimalprinzip Mit dem geringsten Mitteleinsatz den gewünschten Erfolg erzielen.	**Maximalprinzip** Mit gegebenen Mitteln den größten Erfolg erzielen.

Bei aller „Abgrenzung“ darf nicht übersehen werden, dass natürlich vielfältige Verbindungen zwischen beiden Bereichen bestehen und auch notwendig sind. Insofern sind die vorstehenden „Abgrenzungen“ nur grundsätzlicher Natur.

1.5 Aufgaben und Ziele der öffentlichen Finanzwirtschaft

1.5.1 Allgemeines

Die öffentliche Finanzwirtschaft hat – wie bei Nr. 1.1.1 dargelegt – die Aufgabenerfüllung zu sichern. Hieraus ergeben sich die nachfolgend dargestellten Aufgaben und Ziele (Funktionen), die von der öffentlichen Finanzwirtschaft erfüllt werden müssen. An dieser Stelle kann jedoch nur Grundsätzliches angesprochen werden. Im Detail wird dieses Thema in der Volkswirtschaft[11] und Betriebswirtschaft zu behandeln sein.

1.5.2 Finanzpolitische Funktion

Das öffentliche Gemeinwesen (Staat/Gemeinden) kann die ihm übertragenen Aufgaben und Verpflichtungen nur erfüllen, wenn es in die Lage versetzt wird, die öffentlichen Bedürfnisse durch entsprechende Maßnahmen und Angebote auch zu befriedigen. Der Haushaltsplan konkretisiert nun die zu erfüllenden Aufgaben in finanzieller Hinsicht, während gleichzeitig die zur Deckung des Finanzbedarfs erforderlichen Mittel aufgeführt werden. Zusätzlich werden Ziele und Kennziffern zu einzelnen kommunalen Tätigkeitsfeldern ausgewiesen.

Die beiden Seiten des Haushaltes müssen aber miteinander in Einklang gebracht werden, d. h. der Haushaltsausgleich für die jeweilige Periode muss herbeigeführt werden. Der Haushaltsplan erfüllt insofern eine finanzpolitische Funktion, die auch als

11 Z. B. *Sprenger-Menzel/Henßler*, Volkswirtschaftslehre und Wirtschaftspolitik, 9. Aufl., Wiesbaden 2021.

finanzwirtschaftliche Ordnungsfunktion gekennzeichnet werden kann. Hierzu gehört insbesondere das Prinzip des Haushaltsausgleichs, das die Solidität der öffentlichen Finanzwirtschaft sichern hilft. Die bundesweite Reform des kommunalen Haushaltsrechts berücksichtigt zusätzlich den Gedanken der intergenerativen Gerechtigkeit, da für einem ausgeglichenen Haushalt jede Nutzerperiode den von ihr verursachten Aufwand erwirtschaften muss.

1.5.3 Politische Funktion

Der Etat kann als der „ziffernmäßige Ausdruck des politischen Programms" gelten. Die überwiegende Mehrzahl der öffentlichen Aufgaben ist mit dem Verbrauch von Haushaltsmitteln verbunden. Der Haushaltsplan ist auch das Ergebnis politischer Auseinandersetzungen über bestimmte Schwerpunkte und häufig ein Kompromiss der verschiedenen politischen Kräfte.

Durch den parlamentarischen Beschluss wird dem Parlament die Möglichkeit geboten, regelmäßig lenkend, begrenzend und kontrollierend die Tätigkeit der Verwaltung zu beeinflussen. Gleiches gilt für die kommunale Vertretung mit Beschluss der Haushaltssatzung und des Haushaltsplans. Die Möglichkeiten der Einflussnahme sind dennoch begrenzt, weil der überwiegende Teil der Haushaltsmittel durch gesetzliche und andere rechtliche sowie durch politische Verpflichtungen festgelegt ist (z. B. Personalaufwand, Sachaufwand, Investitionsfolgekosten). Die Beeinflussung durch das Parlament/die kommunale Vertretung richtet sich daher insbesondere auf die freie Manövriermasse des Haushalts, die oft nur einen geringen Teil des Gesamtvolumens beträgt, und auf die Gestaltung der Einnahmeseite.

Wie sehr die „öffentliche Finanzwirtschaft" in den Blickpunkt des politischen Interesses rückt, wird immer dann deutlich, wenn der „Etat" des Bundes, Landes oder einer Gemeinde im „Parlament" behandelt wird oder wenn z. B. steuerpolitische Maßnahmen diskutiert werden.

1.5.4 Wirtschaftspolitische Funktion

Die wirtschaftspolitische Aufgabenstellung ist eine weitere Funktion der öffentlichen Finanzwirtschaft.

Der Faktor „öffentliche Finanzwirtschaft" hat einen entscheidenden Einfluss auf die Aktivitäten in der Volkswirtschaft. 2021 betrug die Staatsquote (das Verhältnis der Summe der Haushaltsausgaben von Bund, Ländern und Kommunen sowie der gesetzlichen Sozialsysteme zum Bruttoinlandsprodukt bzw. Bruttonationaleinkommen) in der Bundesrepublik Deutschland nach Angaben des Bundesfinanzministeriums 51,6 % (Entwicklung der Staatsquote von 2000 bis 2021: siehe Schaubild[12]). Somit kommt der

12 Datenquelle: https://de.statista.com/statistik/daten/studie/161337/umfrage/staatsquote-gesamtausgaben-des-staates-in-relation-zum-bip/, Abruf am 23.4.2022.

öffentlichen Finanzwirtschaft zunehmend eine volkswirtschaftliche Ordnungsfunktion zu.

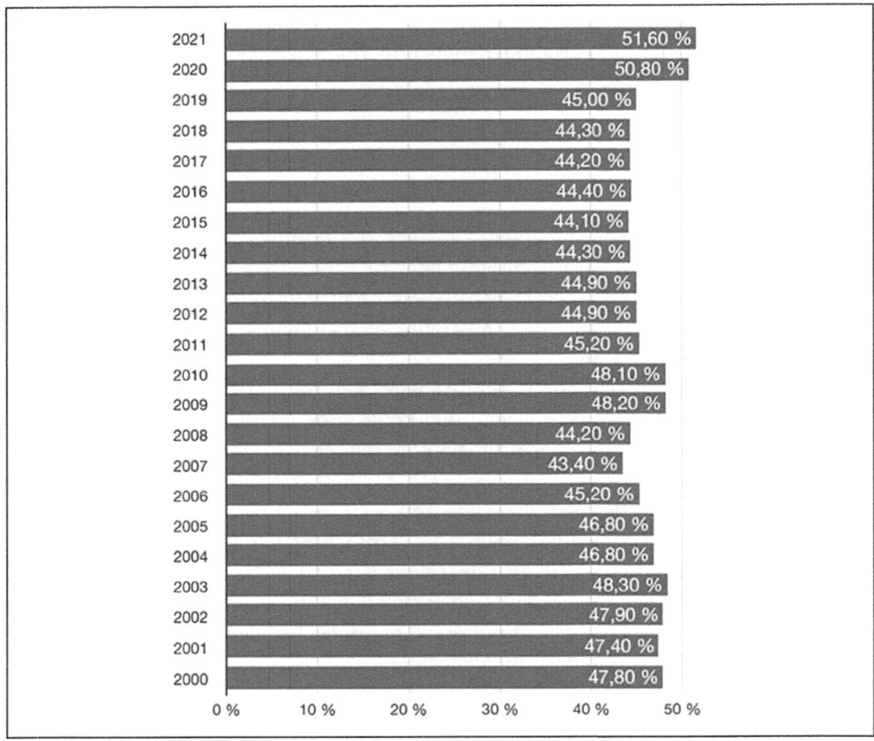

1.5.5 Betriebswirtschaftliche Funktion

Insbesondere im kommunalen Bereich wird der betriebswirtschaftlichen Funktion der öffentlichen Finanzwirtschaft besondere Beachtung geschenkt.

Die Betriebswirtschaftslehre befasst sich mit den wirtschaftlichen Problemen der Betriebe, wobei ihre Erkenntnisse die praktische Konsequenz haben sollen, die Betriebe wirtschaftlicher zu gestalten. Wenn nun in § 43 Abs. 4 KV-MV die Forderung aufgestellt wird, dass nicht nur sparsam, sondern auch wirtschaftlich zu verwalten ist, so ergab sich früher unter dem Aspekt der reinen Hoheitsverwaltung die Frage, ob überall in der öffentlichen Verwaltung die betriebswirtschaftlichen Erkenntnisse zu Grunde zu legen sind oder ob diese einer öffentlichen Verwaltung wesensfremd sind.

Unstreitig ist dies in solchen öffentlichen Bereichen möglich, in denen Entgelte für die von diesen Bereichen erbrachten Leistungen erhoben werden. Diese Bereiche müssen nach betriebswirtschaftlichen Gesichtspunkten arbeiten. Neben den Eigenbetrieben gehören hierzu auch die öffentlichen Einrichtungen der Daseinsvorsorge. Beispiele hierfür sind: Abfallbeseitigung, Abwasserbeseitigung, Straßenreinigung, Märkte, Schwimmbäder, Sportanlagen, Friedhöfe, Volkshochschulen, Musikschulen und Bibliotheken.

Auch für die restlichen Bereiche der „öffentlichen Finanzwirtschaft" sind betriebswirtschaftliche Grundsätze verstärkt zu berücksichtigen. So müssen Finanzmanagemententscheidungen nicht nur unter haushaltsrechtlichen, sondern auch unter betriebswirtschaftlichen Überlegungen (z. B. Kostenermittlungen) getroffen werden. Insofern ist es selbstverständlich, dass auch in kommunalen Sozial- oder Ordnungsämtern betriebswirtschaftliches Denken verstärkt Eingang findet.

Die Reform des kommunalen Haushaltsrechts in der Bundesrepublik Deutschland hat dabei betriebswirtschaftliche Instrumente aufgegriffen, die eine wirtschaftliche Steuerung der Kommunalverwaltung verbessern sollen.

2. Kommunales Haushaltsrecht

2.1 Haushaltswirtschaft

Unter dem Begriff „Haushaltswirtschaft" wird die Bewirtschaftung der Haushaltsmittel öffentlicher Institutionen verstanden. Sofern das Haushaltsrecht – wie beim Land Mecklenburg-Vorpommern bis einschließlich Haushaltsjahr 2011 zulässig – noch auf der Verwaltungsbuchführung (Kameralistik) beruht, handelt es sich bei den „Haushaltsmitteln" um veranschlagte Einnahmen und Ausgaben. Das neue Haushaltsrecht der Gemeinden in Mecklenburg-Vorpommern, auf das sich dieses Lehrbuch bezieht, basiert dagegen auf dem Rechnungsstoff einer für die Zwecke der Gemeinden modifizierten doppelten kaufmännischen Buchführung (kommunale Doppik). Die veranschlagten Haushaltsmittel orientieren sich daher zunächst an den Rechengrößen der kaufmännischen Buchführung, also an Aufwendungen und Erträgen. Darüber hinaus werden Mittel für den Bereich der Investitionen im neuen Haushaltsrecht auf der Grundlage von veranschlagten Einzahlungen und Auszahlungsermächtigungen bereitgestellt. Die Haushaltswirtschaft beginnt – unabhängig vom zu Grunde liegenden Rechenstoff – mit der Planung und formalen Aufstellung des Etats, setzt sich mit der Ausführung des Haushalts und der damit verbundenen buchhalterischen Erfassung der Geschäftsvorfälle (Buchführung) fort und endet mit der Erstellung des Jahresabschlusses, der Kontrolle der Haushaltswirtschaft und mit der politischen Entlastung (Haushaltskreislauf).

Die nachfolgende Darstellung soll die einzelnen Stationen der Haushaltswirtschaft und ihre Beziehungen zueinander verdeutlichen. Dabei wird das Verfahren der Haushaltsplanung auch in die sonstige gemeindliche Planung eingeordnet. Die Systematik gilt für den Bund, die Länder und Gemeinden gleichermaßen und ist unabhängig vom Rechnungsstoff.

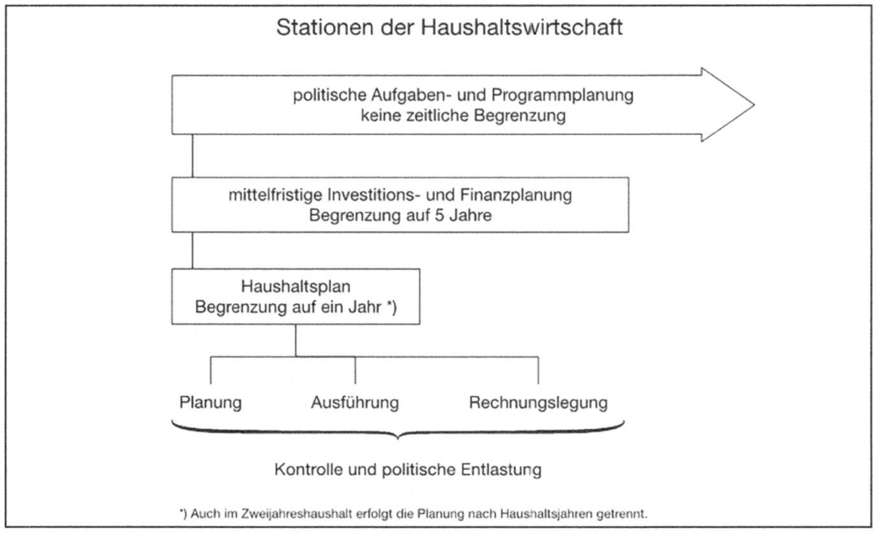

2.2 Verfassungsrechtliche Grundlagen und Haushaltsautonomie

Die Grundsätze der gemeindlichen Haushaltswirtschaft ergeben sich nicht unmittelbar (originär) aus der Verfassung (Grundgesetz/Verfassung des Landes Mecklenburg-Vorpommern). Art. 28 Abs. 2 GG garantiert den Gemeinden das Recht zur Selbstverwaltung und als dessen wesentlichen Bestandteil auch die Haushaltsautonomie. So bestimmt Art. 28 Abs. 2 Satz 2 GG ausdrücklich, dass die Gewährleistung der Selbstverwaltung auch die Grundlagen der finanziellen Eigenverantwortung der Gemeinden umfasst. Auch die Verfassung des Landes Mecklenburg-Vorpommern garantiert in Artikel 72 Abs. 1 die Existenz und Selbstverwaltung der Gemeinden und Kreise. Im Gegensatz zum Bund und den Ländern haben die Gemeinden also eine abgeleitete Haushaltsautonomie. Das eigentliche formale Haushaltsrecht für die Gemeinden regeln die Länder.

Die Kommunalverfassung des Landes Mecklenburg-Vorpommern konkretisiert im Einzelnen Umfang und Inhalt der kommunalen Haushaltsautonomie. Die tatsächliche Ausgestaltung der Haushaltsautonomie hat sich in dem von der Landesverfassung vorgegebenen Rahmen zu bewegen. Das Land ist allerdings bei der Abfassung der kommunalhaushaltsrechtlichen Vorschriften im Wesentlichen durch Art. 109 GG festgelegt.

In Art. 109 GG ist das Haushaltsverfassungsrecht für den Bund und die Länder mit den folgenden Grundsätzen geregelt:

- die Haushaltsautonomie von Bund und Ländern (Absatz 1),
- die den Bund- und die Länder verpflichtende gesamtwirtschaftliche Budgetfunktion sowie die Verflechtung mit dem Recht der Europäischen Union (Absatz 2),
- die Gesetzgebungskompetenz des Bundes für das Haushaltsrecht, eine konjunkturgerechte Haushaltswirtschaft und eine mehrjährige Finanzplanung von Bund und Ländern (Absatz 3) sowie
- die Gesetzgebungskompetenz des Bundes für die Regelung von Kreditbegrenzungen und Konjunkturausgleichsrücklagen (Absatz 4),
- die Verteilung von Sanktionen der Europäischen Gemeinschaft auf Bund und Länder.

Die Haushaltswirtschaft der öffentlichen Hand sollte bei den vorgegebenen Aufgaben in gesamtwirtschaftlicher Hinsicht möglichst nach einheitlichen Kriterien und Regelungen geführt werden. Bei der aktuellen Reform des Haushaltsrechts ist den Gemeinden eine Vorreiterrolle zugefallen und es wird zunehmend die Frage gestellt, warum nicht auch die Länder die Doppik für das jeweilige Landeshaushaltsrecht übernehmen. Zwar haben die Bundesländer Hessen und Hamburg ihre Landeshaushalte ab 2008 auf die Doppik umgestellt,[13] auch das Land NRW mit dem Projekt „EPOS“[14].

13 Siehe dazu auch http://www.hamburg.de/fb/haushaltsmodernisierung.

14 Weitere Informationen unter www.finanzverwaltung.nrw.de/eposnrw.

In Mecklenburg-Vorpommern dagegen beantwortete die Finanzministerin am 29.9.2012 eine Kleine Anfrage u. a. wie folgt: *„Eine Einführung der Doppik auf Landesebene wird von der Landesregierung nicht für erforderlich gehalten, zumal sich die Anforderungen an den Landeshaushalt von denen an die kommunalen Haushalte insbesondere aufgrund unterschiedlicher Aufgabenstruktur sowie unterschiedlicher Steuerungsnotwendigkeiten unterscheiden. Die Kameralistik in ihrer erweiterten Ausprägung in Mecklenburg-Vorpommern überzeugt durch Übersichtlichkeit und Transparenz."* Damit nicht genug: *„Die Landesregierung schätzt außerdem ein, dass eine Verfahrensumstellung für das Land sehr zeitaufwendig und zumindest temporär personalintensiv wäre und somit im Widerspruch zum Ziel der Personaleinsparung (Personalkonzept des Landes) steht. Daher muss mit hohen Kosten bei nicht gesichertem Mehrwert gerechnet werden."*[15]

Im April 2017 forderte der Finanzminister sogar eine Abkehr von der kommunalen Doppik: *„Ich bin ein großer Freund der Kameralistik. Die Doppik in den Kommunen macht für mich keinen Sinn."*[16]

Offensichtlich sind die Verfechter der Kameralistik insbesondere in den Finanzministerien noch immer in der Überzahl. Dies kann eine Ursache aber durchaus darin haben, dass insbesondere auf Länderebene die Ergebnisse einer Eröffnungsbilanz verheerend sein könnten.[17] Im Hinblick auf die Verfassungsmäßigkeit der Haushalte dürfte eine erhebliche Überschuldung zu Tage treten und diese die Handlungsfähigkeit weiter einschränken. Die Einheitlichkeit des Haushaltsrechts ist also auch in Zukunft nicht garantiert, was in vielen Bereichen (Verwendungsnachweise, Statistiken, Ausbildung etc.) sicherlich zu Reibungsverlusten führen dürfte.

Art. 109 GG beschreibt den Status, den Bund und Länder jeder für sich und zueinander haben. Sie sind selbstständig und unabhängig voneinander, aber dem Gemeinwohl verpflichtet. Die einzelnen Haushaltswirtschaften dürfen sich nur innerhalb der in Art. 109 GG gesetzten Grenzen entfalten.

Ferner ist zu berücksichtigen, dass auf Grund des Art. 109 GG der Bund mit Zustimmung der Länder zwei für die Haushaltswirtschaft bedeutsame Gesetze erlassen hat, nämlich

- das Gesetz zur Förderung der Stabilität und des Wachstums der Wirtschaft und
- das Gesetz über die Grundsätze des Haushaltsrechts des Bundes und der Länder, jeweils in der zurzeit geltenden Fassung (nach den Grundsätzen dieses Gesetzes haben die Länder das jeweilige Gemeindehaushaltsrecht zu gestalten).[18]

---

15 http://www.dokumentation.landtag-mv.de/Parldok/dokument/35093/rubikon.pdf, Stand: 10.3.2015.

16 http://www.nnn.de/lokales/zeitung-fuer-die-landeshauptstadt/doppik-ade-id16631471.html; abgerufen am 6.5.2017.

17 Vgl. hierzu z. B.: Lüder, Vom Ende der Kameralistik, hrsg. v. der Deutschen Hochschule für Verwaltungswissenschaften Speyer, Speyerer Vorträge H. 74, Speyer 2003.

18 Inzwischen räumt auch das "Haushaltsgrundsätzegesetz vom 19.8.1969 (BGBl. I S. 1273), das zuletzt durch Art. 1 des Gesetzes vom 15.7.2013 (BGBI S. 2398) geändert worden ist, im neu eingefügten § 1a als Option neben der Kameralistik die Gestaltung des Rechnungswesens nach der staatlichen doppelten Buchführung (staatliche Doppik) vor. Die Grundsätze der staatlichen Doppik werden im ebenfalls neu eingefügten § 7a beschrieben.

Diese Rechtsnormen stecken im Interesse des Gesamtstaates detailliert den eigentlichen Rahmen für die Haushaltswirtschaft der öffentlichen Hand (Bund, Länder, Gemeinden usw.) ab. Die Haushaltsautonomie von Bund, Ländern und Gemeinden stellt sich in der Verfassungswirklichkeit bei der gegebenen Aufgabenstellung wie folgt dar.

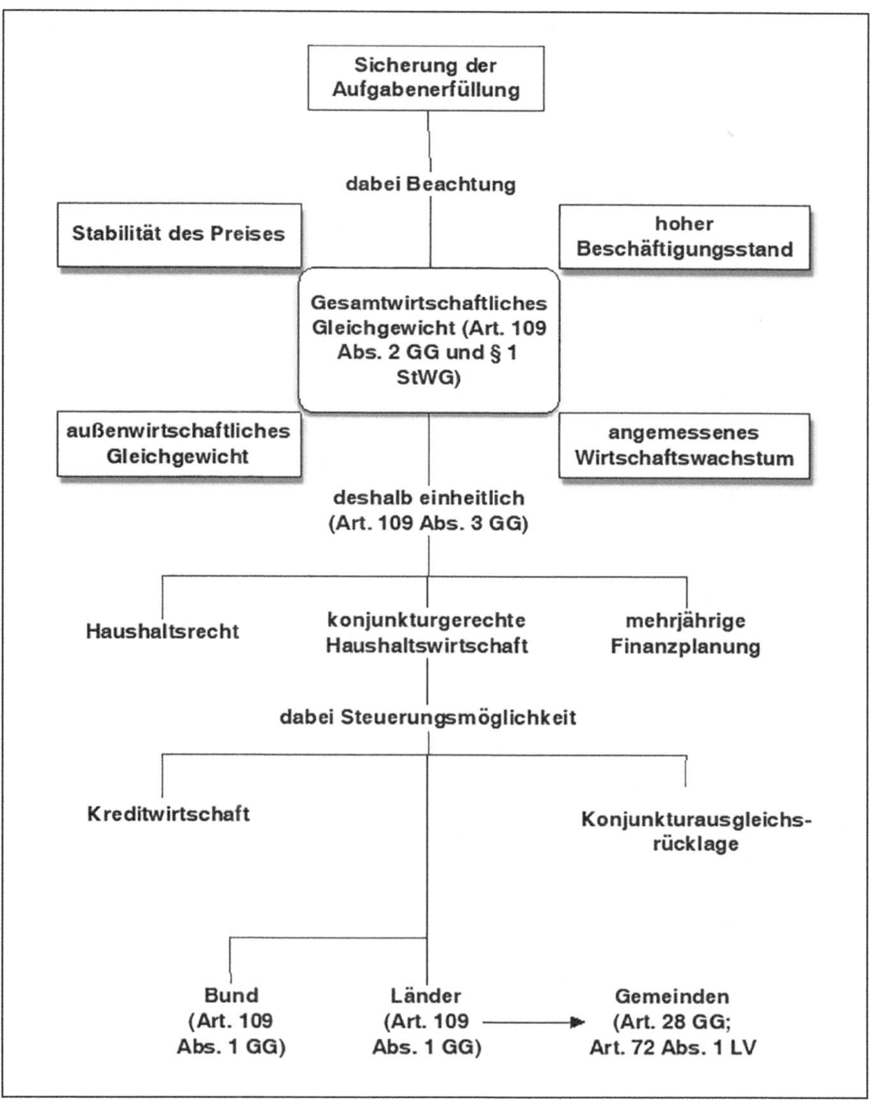

2.3 Geschichtlicher Überblick

2.3.1 Frühere Entwicklung

Die Entwicklung des Haushaltsrechts hat im Wesentlichen in den Gemeinden begonnen. Bedingt durch die demokratische Struktur der Städte war hier zuerst ein Bedürfnis nach allgemeingültigen Normen gegeben. Im staatlichen Bereich herrschte zunächst der Wille des jeweiligen Monarchen allein vor.

Konkrete Formen nahm das Haushaltsrecht im 16. Jahrhundert an. Der erste kommunale Haushalt wird 1516 erwähnt, ein staatlicher Haushalt erst rd. 100 Jahre später (1618–1619). In der Folgezeit wurde die Entwicklung im Wesentlichen von staatlicher Seite beeinflusst, wobei die Gemeinden mit einbezogen wurden. Daher soll nachfolgend auch die Entwicklung des Haushaltsrechts in seiner Gesamtheit dargestellt werden.

Die ersten Versuche – allerdings auf Teilbereiche beschränkt – eine Haushaltsplanung nach „Normen" zu erstellen, wurden 1689 in Preußen unternommen. Mit der Erstellung eines „Generaletats" aller Domäneneinkünfte und -ausgaben wurde hier so etwas wie ein Haushaltsplan aufgestellt. Im gleichen Jahr bestimmte eine kurfürstliche Instruktion, dass alle Provinzen *„einen Domänenetat formieren, darin eine balance der einnahmen und ausgaben machen und Sr.K.D. gnädigster vollanziehung gehörigen Ohrts überliefern"* sollten.

Etats wurden in den preußischen Gebieten auch für weitere Bereiche eingeführt und dabei die Normen verbessert. Im süddeutschen Raum stellte man dagegen erst 1803 Etats auf.

Ebenfalls zuerst in den preußischen Gebietsteilen wurde zaghaft versucht, Formvorschriften über das Haushalts-, Kassen- und Rechnungswesen für den kommunalen Bereich zu erstellen. Die Städteordnung für die östlichen Provinzen von 1853, für die Provinz Westfalen von 1856 und die Rheinische Städteordnung von 1856 bestimmten die Aufstellung eines Haushaltsplans mit allen voraussehbaren Ausgaben, Einnahmen und Naturaldiensten.

Das Kommunalabgabengesetz von 1893 legte das Haushaltsjahr auf die Zeit vom 1.4. bis zum 31.3. des folgenden Jahres fest. Unter bestimmten Voraussetzungen konnte die Haushaltsperiode bis zu drei Jahre umfassen. Nach Ablauf der Haushaltsperiode war gegenüber der Stadtverordnetenversammlung Rechnung zu legen, der auch die Prüfung und Feststellung der Jahresrechnung und die Entlastung des Gemeindevorstandes oblag. Für den Fall, dass eine preußische Gemeinde ihrer Verpflichtung zur Aufstellung eines Haushaltsplans nicht nachkam, räumte das preußische Zuständigkeitsgesetz von 1883 den Aufsichtsbehörden das Recht auf Zwangsetatisierung ein.

Ein Haushaltsrecht im heutigen Sinne kam erstmals mit Etablierung der Demokratie (1918/19) in Deutschland auf. Die folgende Darstellung der wesentlichen gesetzlichen Entwicklung verdeutlicht dieses sehr anschaulich, wobei bewusst keine Trennung in staatliches und kommunales Haushaltsrecht vorgenommen wird.

1922	Reichshaushaltsordnung
1927	Reichskassenordnung
1929	Wirtschaftsbestimmungen für die Reichsbehörden
1931	Preußische Gemeindefinanzverordnung
1933	preußisches Gesetz über die Staatshaushaltsordnung
1933	preußisches Gemeindefinanzgesetz
1935	Deutsche Gemeindeordnung
1936	Gesetz über die Haushaltsführung, Rechnungslegung und Rechnungsführung des Deutschen Reiches und die IV. Änderung der Reichshaushaltsordnung
1936	Rücklagenverordnung der Gemeinden
1936/38	Eigenbetriebsverordnung der Gemeinden
1937	Gemeindehaushaltsverordnung
1938	Gemeindekassen- und Rechnungsverordnung

Nach dem Zweiten Weltkrieg entwickelte sich das Haushaltsrecht entsprechend der deutschen Teilung zunächst in den vier Besatzungszonen und ab 1949 in der Bundesrepublik Deutschland und in der Deutschen Demokratischen Republik sehr unterschiedlich. Da nach der Wiederherstellung der deutschen Einheit 1990 die fünf Bundesländer auf dem Gebiet der früheren Deutschen Demokratischen Republik das Haushaltsrecht der westdeutschen Bundesländer übernahmen, wird die Entwicklung des Haushaltsrechts am Beispiel des Nachbarlandes Niedersachsens veranschaulicht:

1945	Finanztechnische Anweisung Nr. 33 der britischen Kontrollkommission für die ehemaligen preußischen Provinzen
1945/46	Revidierte Deutsche Gemeindeordnung der britischen Kontrollkommission
1946	Verordnung Nr. 46 der Militärregierung vom 23.8. über die „Auflösung der Provinzen des ehemaligen Landes Preußen in der britischen Zone und ihre Neubildung als selbstständige Länder“; mit In-Kraft-Treten dieser Verordnung am 1.11.1946 wurde aus den ehemaligen Ländern Hannover, Braunschweig, Oldenburg und Schaumburg-Lippe das Land Niedersachsen gebildet.
1951	Vorläufige Niedersächsische Verfassung
1955	Niedersächsische Gemeindeordnung
1957	Verordnung über das Kassen-, Rechnungs- und Prüfungswesen der Gemeinden des Landes Niedersachsen
1958	Niedersächsische Landkreisordnung

Der erste Schritt zur umfassenden Reform des Haushaltsrechts der öffentlichen Hand wurde 1960 mit der Anpassung des Rechnungsjahres an das Kalenderjahr unternommen. Ab 1967 folgten weitere wichtige Schritte:

8.6.1967	15. Gesetz zur Änderung des Grundgesetzes
8.6.1967	Gesetz zur Förderung der Stabilität und des Wachstums der Wirtschaft
12.5.1969	20. Gesetz zur Änderung des Grundgesetzes
19.8.1969	Gesetz über die Grundsätze des Haushaltsrechts des Bundes und der Länder (Haushaltsgrundsätzegesetz)
19.8.1969	Bundeshaushaltsordnung
1973	Gemeindehaushaltsverordnung (Niedersachsen)
1977	Gemeindekassenverordnung (Niedersachsen)
1989	Eigenbetriebsverordnung (für Niedersachsen – Ablösung der bisherigen Verordnung von 1938)

Das Land Mecklenburg-Vorpommern wurde 1990 neu gegründet. Vorläufer der im Jahr 1994 in Kraft getretenen Kommunalverfassung war das Gesetz zur Regelung finanzwirtschaftlicher und organisatorischer Angelegenheiten im kommunalen Bereich vom 18.7.1991. Auf dieser Grundlage wurden folgende Verordnungen erlassen:

10.9.1991	Stellenplanverordnung
27.11.1991	Gemeindehaushaltsverordnung
27.11.1991	Gemeindekassenverordnung
1994	Kommunalverfassung
14.9.1998	Eigenbetriebsverordnung (ersetzt die Verordnung vom 10.3.1993)

2.3.2 Fortentwicklung des kommunalen Haushaltsrechts im Rahmen des Neuen Steuerungsmodells durch Einführung des Neuen Kommunalen Haushalts- und Rechnungswesens (NKHR M-V)

Erst rund 30 Jahre nach der ersten umfassenden Haushaltsrechtsreform wurde in der Bundesrepublik Deutschland der Anstoß für eine tiefgreifende Reform des kommunalen Haushaltsrechts gegeben. Auslöser für die damalige Reform waren die Vorstellungen des damaligen Bundeswirtschaftsministers Prof. Schiller über die sog. „Globalsteuerung“ zur Beeinflussung der Konjunktur durch „konzertierte“ Maßnahmen aller staatlichen Ebenen und der am Wirtschaftsleben Beteiligten – in erster Linie die Einführung des Gesamtdeckungsprinzips und des Vermögenshaushalts. Die Einführung des Vermögenshaushalts im kommunalen Bereich sollte die Einflussmöglichkeiten auf die Investitionstätigkeit der Gemeinden verstärken und so ein Mittel zur Konjunkturbeeinflussung werden.

Auslöser der umfassenden Neugestaltung des kommunalen Haushalts- und Rechnungswesens in allen Bundesländern war das von der Kommunalen Gemeinschaftsstelle für Verwaltungsmanagement (KGSt) entwickelte Neue Steuerungsmodell (NSM), das seit 1993 die kommunale Diskussion um die Modernisierung der Verwaltung stark beeinflusste. Im Zuge der Diskussion sprach sich die KGSt 1995 für die Übernahme der doppelten Buchführung als Grundlage für das kommunale Rechnungswesen aus.

Im Zuge dieser Diskussion ermöglichte das Land Mecklenburg-Vorpommern durch den 1998 neu eingefügten § 42a KV M-V den Gemeinden die Erprobung neuer Steuerungsmodelle durch zeitlich begrenzte Ausnahmen von haushalts- und organisationsrechtlichen Vorschriften der KV M-V. Der frühere Landkreis Ludwigslust befand sich bereits seit 1996 in einem Verwaltungsmodernisierungsprozess und nutzte diese Regelung auch im Haushaltswesen – z. B. durch Einführung eines Budgethaushalts und der Einführung einer flächendeckenden Kosten-Leistungsrechnung .

In der bundesweiten Diskussion prägten einige Elemente des NSM die Gestaltung des kommunalen Haushaltsrechts im Rahmen der Innenministerkonferenz:

- Steuerung der Gemeinde auf der Grundlage von Ergebnissen (Produkte und Leistungen – Outputorientierung) und Wirkungen
- Abbildung des Ressourcenverbrauchs anstelle des Geldverbrauchs durch Einführung der Doppik und der Bilanz anstelle der Kameralistik
- Integration der kommunalen Beteiligungen in die Steuerung durch die kommunale Vertretung („Konzern Stadt")
- Unterstützung der Steuerung durch ein auf Kennzahlen (insb. der Kosten- und Leistungsrechnung) aufbauendes Berichtswesen und Analyse durch ein Controlling
- Flexible Haushaltsführung durch Budgets (dezentrale Finanzverantwortung innerhalb der Verwaltung)

Gleichzeitig starteten in mehreren Bundesländern Modellprojekte auf der Basis des sog. „Speyerer Konzeptes", dessen Hauptprotagonist Prof. Dr. Dr. Lüder von der Hochschule für Verwaltungswissenschaften in Speyer war. In den Modellprojekten sollten die Grundlagen für ein neues kommunales Haushaltsrecht erarbeitet und praktisch überprüft werden.

Eine Vorreiterrolle übernahm das bevölkerungsreichste Bundesland Nordrhein-Westfalen. Die Ergebnisse des NRW-Modellprojekts liegen seit längerem als betriebswirtschaftliches Konzept[19] vor. Auf dieser konzeptionellen Grundlage basieren das „Gesetz über ein Neues Kommunales Finanzmanagement für Gemeinden in NRW" vom 16.11.2004 sowie eine Berichtigung vom 6.1.2005, die im Gesetz- und Verordnungsblatt des Landes Nordrhein-Westfalen 2004 auf S. 644 und in 2005 auf S. 15 veröffentlicht wurden. Damit sind diese Ergebnisse nun schon seit einiger Zeit rechtliche Grundlagen für das kommunale Haushaltsrecht in NRW.

Es gab kommunale Projekte mit ähnlicher Zielrichtung u. a. auch in Baden-Württemberg, Hessen, Sachsen-Anhalt und Niedersachsen.

Die Ständige Konferenz der Innenminister und -senatoren (IMK) hatte bereits 1999 die Orientierung des Haushalts- und Rechnungswesens an den Grundlagen des Neuen Steuerungsmodells und die Umsetzung des Ressourcenverbrauchskonzeptes im zukünftigen kommunalen Haushaltsrecht beschlossen. Am 21.11.2003 veröffentlichte die Innenministerkonferenz die Standards für den Übergang vom zahlungsorientierten zum ressourcenorientierten Haushalts- und Rechnungswesen als Leittexte.

19 Modellprojekt Doppischer Kommunalhaushalt in NRW (Hrsg.), Neues Kommunales Finanzmanagement: Betriebswirtschaftliche Grundlagen für das doppische Haushaltsrecht, 2. vollst. überarb. Auflage auf der Basis der Endergebnisse des Modellprojektes, Freiburg 2003.

Der Beschluss der Innenministerkonferenz von 2003 führte am 1.3.2005 zu einem Beschluss des Landeskabinetts zur Vorbereitung der Einführung der Doppik durch das Innenministerium. Im November 2005 wurde ein Leitfaden zur Erfassung und Bewertung des Vermögens vorgestellt und Informationsveranstaltungen mit kommunalen Entscheidungsträgern wurden durchgeführt. Am 11.4.2006 beschloss das Kabinett die Umsetzung der Reform des Gemeindehaushaltsrechts auf der Grundlage eines doppischen Rechnungssystems. Als Umstellungszeitraum wurden die Haushaltsjahre 2008 bis 2012 festgelegt. Für die Einführung des NKHR-MV wurde ein Gemeinschaftsprojekt mit den kommunalen Spitzenverbänden am 26.5.2006 vereinbart. Am 4.9.2007 verabschiedete das Kabinett den Gesetzesentwurf zur Reform des Gemeindehaushaltsrechts, das am 14.12.2007 durch den Landtag beschlossen wurde.

Es handelt sich um ein Artikelgesetz mit folgendem Inhalt:

- Gesetz zur Einführung der Doppik im kommunalen Haushalts- und Rechnungswesen
- Änderung der Kommunalverfassung
- Änderung des Kommunalprüfungsgesetzes
- Änderung des Kommunalen Versorgungsverbandsgesetzes
- Änderung des Kommunalabgabengesetzes

Im Rahmen der Evaluation der Reform des Kommunalen Haushaltsrechts wurde das Gesetz zur Einführung der Doppik im kommunalen Haushalts- und Rechnungswesen aufgehoben sowie die Kommunalverfassung geändert.[20]

Weitere Konkretisierungen erfolgten durch Rechtsvorschriften:

- Gemeindehaushaltsverordnung vom 25.2.2008 in der am 9.4.2020 geänderten Fassung
- Gemeindekassenverordnung vom 25.2.2008 in der am 19.5.2016 geänderten Fassung
- Eigenbetriebsverordnung vom 14.7.2017
- Verwaltungsvorschriften zur GemHVO-Doppik und GemKVO-Doppik vom 26.11.2020 mit folgenden Regelungen:
  - Landeseinheitlicher Kontenrahmen und Kontenrahmenplan
  - Landeseinheitlicher Produktrahmen und Produktrahmenplan
  - Landeseinheitliche Abschreibungstabelle
  - Überleitungsregelungen vom kameralen zum doppischen Haushalt
  - Leitfaden zur Erstellung von Dienstanweisungen
  - Bildung der Pensionsrückstellungen
  - Muster zur KV M-V und GemHVO-Doppik

20 Gesetz vom 23.7.2019 (GVOBl. M-V S. 467).

2.4 Öffentliches Haushaltsrecht im System und im Vergleich

2.4.1 Vergleich der einzelnen Ebenen

Trotz der Umstellung des kommunalen Haushaltsrechts auf den Rechnungsstil „Doppik“ bleibt das kommunale Haushaltsrecht in verschiedenen Vorschriften mit dem staatlichen Haushaltsrecht vergleichbar. Dieses gilt – mit einigen Ausnahmen/Abweichungen – auch für einige tragende Grundsätze des Haushaltsrechts. Dazu gehören z. B. der Grundsatz der Gesamtdeckung (§ 7 HGrG), die Möglichkeit der Aufstellung eines Haushaltsplans für zwei Haushaltsjahre (§ 9 HGrG), die Brutto- und Einzelveranschlagung (§ 12 HGrG), die Verpflichtungsermächtigungen (§§ 5 und 22 HGrG) und die haushaltswirtschaftliche Sperre (§ 25 HGrG).

Abweichungen vom kameralen staatlichen Haushaltsrecht ergeben sich im Wesentlichen aus der Struktur des Drei-Komponenten-Systems, das die Aufstellung eines Ergebnishaushalts und eines Finanzhaushalts sowie die Erstellung einer Bilanz vorsieht, und aus den Vorschriften zur Einbeziehung von Zielen und Kennzahlen (Outputorientierung) in den Haushaltsplan. Die sich hieraus ergebenden Unterschiede sind von erheblicher praktischer Bedeutung, da sie ein grundlegend anderes Verständnis des Haushalts- und Rechnungswesens erfordern.

Die Reform des kommunalen Haushaltswesens steht dabei aber in Übereinstimmung mit der internationalen und europäischen Entwicklung des öffentlichen Rechnungswesens,[21] während der staatliche Bereich in Deutschland überwiegend der internationalen Entwicklung des öffentlichen Rechnungswesens bislang zumeist nicht einmal „hinterherhinkt“, sondern sie schlichtweg ignoriert.

2.4.2 Stellung im System der Volkswirtschaft

Über lange Zeit war der Grundsatz des Haushaltsausgleichs, also die Bedarfsdeckung, beherrschendes Thema des Haushaltsrechts. Wirtschaftswissenschaftler (zuerst Keynes) haben sich gegen diese Fiskalpolitik gewandt und sich dafür ausgesprochen, dass die Haushaltswirtschaft als ein bewusstes Instrument zur Steuerung des volkswirtschaftlichen Ablaufs (Konjunktur) angewandt wird. Ihnen schwebte als Ziel vor, die öffentlichen Haushalte als Instrument der Gegensteuerung gegen Konjunkturausschläge (antizyklische Haushaltspolitik) zu benutzen. Das Gesetz zur Förderung der Stabilität und des Wachstums der Wirtschaft hat diese Vorstellungen übernommen. Bund und Länder werden verpflichtet, bei ihren wirtschafts- und finanzpolitischen Maßnahmen die Erfordernisse des gesamtwirtschaftlichen Gleichgewichts zu beachten. Dabei sind die Maßnahmen so zu treffen, dass sie im Rahmen der marktwirtschaftlichen Ordnung gleichzeitig die Ziele anstreben:

---

21 Zu den Harmonisierungsbestrebungen in der EU siehe https://ec.europa.eu/eurostat/de/web/epsas. Vgl. hierzu auch die zahlreichen Beiträge von *K. Lüder*, z. B.: Internationale Standards für das öffentliche Rechnungswesen – Entwicklungsstand und Anwendungsperspektiven, in: Eibelshäuser (Hrsg.), Finanzpolitik und Finanzkontrolle – Partner für Veränderung, Baden-Baden, 2002.

- Stabilität des Preisniveaus,
- hoher Beschäftigungsstand und
- außenwirtschaftliches Gleichgewicht bei
- stetigem angemessenen Wirtschaftswachstum (§ 1 StWG).

Die Gemeinden werden in § 16 StWG aufgefordert, bei ihrer Haushaltswirtschaft den Zielen des § 1 StWG Rechnung zu tragen. Mit der ersten Reform des kommunalen Haushaltsrechts in den 1970er Jahren wurde auch kommunalrechtlich die Aufgabe „Beachtung des gesamtwirtschaftlichen Gleichgewichts" zwingende Verpflichtung. Seit dem Sichtbarwerden drastischer Finanzprobleme, die gerade den misslungenen Versuchen der „Globalsteuerung" zugeschrieben werden, stehen die meisten Wissenschaftler, aber auch die politischen Parteien der Konjunkturpolitik keynesianischer Prägung skeptisch gegenüber. Zunehmend wird der Kontinuität und Verlässlichkeit öffentlichen Handelns eine wichtigere Bedeutung eingeräumt als dem bloßen Reagieren auf konjunkturelle Entwicklungen.

Problematisch wird besonders die Einbeziehung der Gemeinden in die staatliche Konjunkturpolitik beurteilt. Insbesondere im kommunalen Bereich kann es aus der Konkurrenz zwischen der Aufgabenerfüllung auf der einen Seite und dem konjunkturgerechten Verhalten auf der anderen Seite zu Zielkonflikten kommen. Da jedoch die Sicherung der stetigen Aufgabenerfüllung oberster Grundsatz im kommunalen Haushaltsrecht ist, muss letztlich diese Vorschrift den Vorrang haben, so dass eine abgestimmte Konjunkturpolitik aller Gemeinden und Gemeindeverbände eher illusorisch ist.

2.4.3 Verhältnis zur Betriebswirtschaft

Das neue kommunale Haushaltsrecht basiert auf einer Reihe von betriebswirtschaftlichen Elementen. Insbesondere fußt es erstmals auf den Grundlagen des betriebswirtschaftlichen externen Rechnungswesens (doppelte Buchführung oder Doppik). Durch die Einbeziehung von internen Leistungsverrechnungen (§ 4 Abs. 4 GemHVO-Doppik) und die Ermittlung von Teilergebnissen (§ 4 Abs. 2 GemHVO-Doppik) auf der Ebene der Teilhaushalte ist das kommunale Haushaltsrecht auch eng mit den betriebswirtschaftlichen Elementen der Kosten- und Leistungsrechnung verknüpft, deren Einführung darüber hinaus als eigenständiger und unreglementierter Bereich des Rechnungswesens für die Gemeinden verpflichtend ist (§ 27 GemHVO-Doppik), sofern nicht durch eine angemessene Produktgliederung und interne Leistungsverrechnungen eine ausreichende Steuerungsgrundlage gegeben ist. Die betriebswirtschaftliche Ausrichtung wird auch deutlich durch die Outputorientierung im Haushaltsplan und im Jahresabschluss. Die Feststellung von Wirtschaftlichkeit im Sinne der Betriebswirtschaftslehre stellt im kommunalen Finanzmanagement das wesentliche Abbildungsziel dar.

Der Einsatz moderner betriebswirtschaftlicher Elemente durch die Gemeinden wird ebenso in den Bereichen Liquiditätssteuerung und Investitionsrechnung erwartet.[22]

22 Vgl. z. B. § 9 Abs. 1 GemHVO-Doppik.

Insgesamt wird durch die Verwendung der modifizierten kaufmännischen Buchführung als Rechnungsstil in der Kommunalverwaltung der Einsatz betriebswirtschaftlicher Verfahren und Instrumente in den Gemeinden gefördert und vereinfacht. Zwar ist eine ungeprüfte Übernahme betriebswirtschaftlicher Elemente für öffentliche Körperschaften nicht immer ohne weiteres möglich. In vielen Bereichen ist jedoch der Einsatz erprobter Verfahren schon mit kleinen Anpassungen sinnvoll. Die Übernahme betriebswirtschaftlicher Instrumente fördert dabei die Wirtschaftlichkeit und erhöht die Akzeptanz des NKHR M-V in den politischen Gremien und bei den Bürgern, die im eigenen beruflichen Umfeld häufig mit denselben Instrumenten in Berührung kommen.

2.5 Staatliche Aufsicht über die gemeindliche Haushaltswirtschaft

Die staatliche Aufsicht hat ihre verfassungsmäßige Grundlage im Art. 72 Abs. 4 der Verfassung des Landes Mecklenburg-Vorpommern, wonach das Land durch seine Aufsicht sicherstellt, dass die Gesetze beachtet und die Auftragsangelegenheiten weisungsgemäß erfüllt werden. Die Kommunalverfassung umschreibt die Grenzen der Aufsicht in einer Doppelfunktion, nach der sie einerseits die Gemeinden in ihren Rechten schützt und andererseits die Erfüllung ihrer Pflichten sichert; so stellt die Aufsicht nach § 78 Abs. 2 KV M-V sicher, dass die Gemeinden die geltenden Gesetze beachten (Rechtsaufsicht) und die Aufgaben des übertragenen Wirkungskreises rechtmäßig und zweckmäßig ausführen (Fachaufsicht gemäß § 78 Abs. 4 KV M-V).

Die gemeindliche Haushaltswirtschaft gehört zu den gesetzlich zugewiesenen Selbstverwaltungsaufgaben. Sie unterliegt der Kommunalaufsicht des Landes. Nach den verschiedenen Wirkungsmöglichkeiten der Aufsicht wird sie nach einer schützenden, kontrollierenden und vorbeugenden Aufsicht unterschieden. Die Grenzen zwischen diesen einzelnen Aufsichtsarten fließen in der Praxis häufig ineinander. Als einige typische Beispiele sind anzuführen:

- die Genehmigung des Gesamtbetrages der vorgesehenen Kreditaufnahmen (§ 52 Abs. 2 KV M-V) sowie die Genehmigung von Zahlungsverpflichtungen, die wirtschaftlich einer Kreditaufnahme gleichkommen (§ 52 Abs. 5 KV M-V),
- die Genehmigung des Gesamtbetrages der vorgesehenen Verpflichtungsermächtigungen (§ 54 Abs. 4 KV M-V),
- die Genehmigung der in der Haushaltssatzung festgesetzten Höchstbetrags der Kredite zur Sicherung der Zahlungsfähigkeit der Gemeinde, soweit dieser 10 Prozent der im Finanzhaushalt veranschlagten laufenden Einzahlungen aus Verwaltungstätigkeit übersteigt (§ 53 Abs. 3 KV M-V),
- die Genehmigung von Ausnahmen zur Besicherung von Krediten durch die Gemeinde (§ 52 Abs. 7 KV M-V),
- im Rahmen der vorläufigen Haushaltsführung die Genehmigung der Aufnahme von Krediten für Investitionen und Investitionsförderungsmaßnahmen bis zu einem Viertel der in der Haushaltssatzung des Haushaltsvorjahres festgesetzten Kredite

für Investitionen und Investitionsförderungsmaßnahmen, sofern die Finanzmittel für die Fortsetzung der Investitionstätigkeit nicht ausreichen (§ 49 Abs. 2 KV M-V).

Darüber hinaus kann sich das Land auf Grund seines Informationsrechts (§ 80 KV M-V), aus dem eine Unterrichtungspflicht der Gemeinde folgt, über alle anderen finanzwirtschaftlichen Angelegenheiten informieren lassen. Die Rechtsaufsichtsbehörde kann Beschlüsse und andere Maßnahmen einer Gemeinde beanstanden, wenn sie das Gesetz verletzen (§ 81 KV M-V). Beanstandete Maßnahmen dürfen nicht vollzogen werden. Die Rechtsaufsichtsbehörde kann verlangen, dass bereits getroffene Maßnahmen rückgängig gemacht werden. Gem. § 82 Abs. 2 KV M-V ist Ersatzvornahme möglich. Gem. § 83 KV M-V kann sogar ein Beauftragter bestellt werden, wenn und solange der geordnete Gang der Verwaltung einer Gemeinde nicht gewährleistet ist. Die Beauftragte oder der Beauftragte hat im Rahmen des Auftrages die Stellung eines Organs der Gemeinde, könnte also auch die haushaltswirtschaftlichen Befugnisse der kommunalen Vertretung wahrnehmen. Für die Landkreise gelten die Bestimmungen der §§ 78, 80 bis 84 und 87 KV M-V nach § 123 KV M-V entsprechend.

In einer Kurzübersicht ergibt sich folgendes Bild:

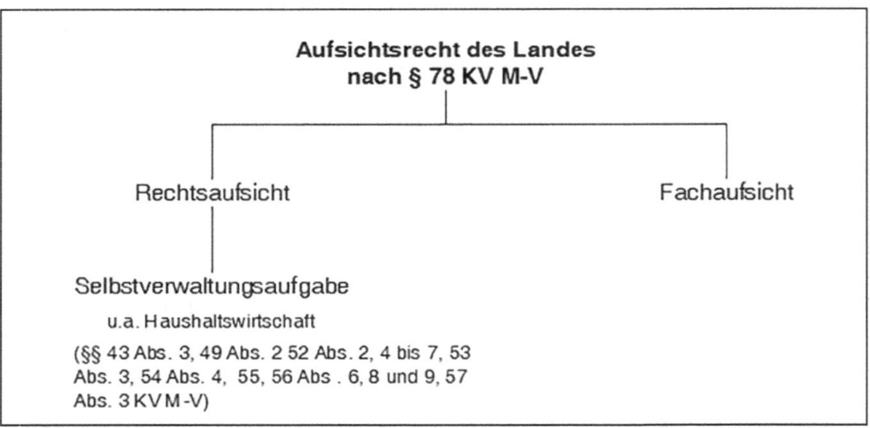

Die Aufsicht ist in den §§ 78 bis 87 und 123, 124 KV M-V geregelt. Danach sind Rechtsaufsichtsbehörden:

- für die kreisangehörigen Gemeinden der Landrat als untere staatliche Verwaltungsbehörde (§ 79 Abs. 1 KV M-V),
- für die kreisfreien Städte (§ 79 Abs. 2 KV M-V) und die Landkreise (§ 124 KV M-V) das Innenministerium.

Das Innenministerium ist Oberste Rechtsaufsichtsbehörde (§ 79 Abs. 3 KV M-V).

3. Grundzüge der kaufmännischen (doppelten) Buchführung

3.1 Inhalt und Abgrenzung zu anderen Rechnungssystemen

Das NKHR-MV bedient sich der kaufmännischen (doppelten) Buchführung (auch „Doppik“[23] genannt). Insofern ist es zum Verständnis der Finanzwirtschaft erforderlich, Grundkenntnisse dieses Buchführungssystems zu besitzen. Die nachfolgenden Ausführungen in diesem Kapitel dienen deshalb dazu, die Buchführungstechnik zu erläutern. Die Besonderheiten einzelner Bilanz- und Ergebnisrechnungspositionen, Bewertungsfragen und Problemstellungen haushaltsrechtlicher Art sind den späteren Spezialkapiteln vorbehalten. Eine vertiefte Darstellung, die zur Bilanzsicherheit führt, würde den Inhalt dieses Buches sprengen. Insofern erfolgen an dieser Stelle auch keine Darstellungen zu den Nebenbuchhaltungen (Anlagen-, Debitoren- und Kreditorenbuchhaltungen). Alle in diesem Kapitel dargestellten Buchungen erfolgen deshalb unmittelbar auf den Sachkonten. Die dann folgenden Kapitel vertiefen die Materie.[24]

Die Darstellungen in diesem Kapitel enthalten das Grundsystem der in der Unternehmenspraxis eingesetzten Doppik. Die Besonderheiten der Buchführung im NKHR-MV (u. a. Drei-Komponenten-System) werden in den nachfolgenden speziellen Kapiteln abgehandelt. Der gewählte Darstellungsaufbau bietet sich an, weil die spezielle Buchführungstechnik der Kommunalverwaltung auf dem bereits vor Jahrhunderten entwickelten[25] und weltweit millionenfach angewendeten Grundsystem der doppelten Buchführung aufbaut, ja mit diesem in den meisten Bereichen weitgehend übereinstimmt.

Zunächst ist es erforderlich, eine grundsätzliche Einordnung der kaufmännischen Buchführung in die Rechnungssysteme vorzunehmen. Seit dem Haushaltsjahr 2012 ist das Rechnungswesen der Gemeinden und Gemeindeverbände in Mecklenburg-Vorpommern von der Kameralistik auf die kaufmännische Buchführung umgestellt.[26] Die Verflechtungen zwischen den Komponenten Bilanz, Ergebnisrechnung und Finanzrechnung sowie die Verknüpfung mit einer Kosten-Leistungsrechnung legt Aussagen

---

23 Kunstwort für doppelte Buchführung (Knauer Universallexikon München, Ausgabe 2002).

24 Diese Thematik ist der Spezialliteratur vorbehalten. Siehe dazu für alle: *Schmolke/Deitermann*, Industrielles Rechnungswesen IKR, 46. Aufl.,, Braunschweig 2017. Eine umfassende Einführung mit Verbindungen zum kommunalen Haushalts- und Rechnungswesen ist auch enthalten in *Klümper/Möllers/Zimmermann*, Kommunale Kosten- und Wirtschaftlichkeitsrechnung, 20. Aufl., Witten 2019, S. 55 ff.

25 Die doppelte Buchführung entstand in den mittelalterlichen italienischen Stadtstaaten, wobei die frühesten noch erhaltenen Bücher aus Genua (1340) stammen. Allgemein wird das jetzt vorhandene, kompakte, in sich geschlossene Buchführungssystem auf den venezianischen Franziskanermönch Luca Pacioli zurück geführt, der im Jahre 1494 die erste veröffentlichte theoretische und praktische Abhandlung zur Buchführungsarbeit verfasste. Siehe dazu Gablers Wirtschaftslexikon (http://wirtschaftslexikon.gabler. de/Definition/pacioli.html).

26 In den Bundesländern Bayern, Thüringen und Schleswig-Holstein wird die Kameralistik weiterhin neben der Doppik zulässiges Buchführungssystem für Kommunen bleiben. Hier kann jede Gemeinde bzw. jeder Gemeindeverband eine eigenständige Entscheidung treffen (Optionsmodell). Allerdings handelt es sich dabei um eine erweiterte Kameralistik, in der u. a. in Nebenrechnungen Vermögensnachweise geführt werden.

zu den Grundlagen der doppelten Buchführung nahe, zumal die Einführung nicht flächendeckend abgeschlossen ist und die Kommunen in den nächsten Jahren weiterhin beschäftigen wird.

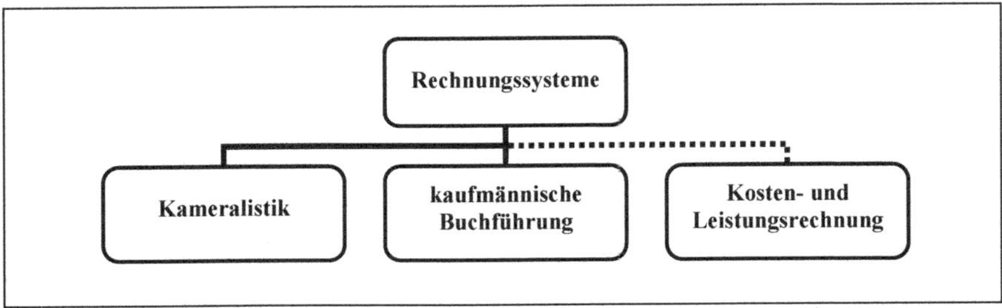

Die kommunale **Kameralistik**[27] ist eine reine Einnahme- und Ausgaberechnung und stellt somit lediglich die Geldmittelzuflüsse (Einnahmen) und Geldmittelabflüsse (Ausgaben) einer Gemeinde in einer Periode dar. Dabei orientiert sie sich im Wesentlichen an den Grundsätzen der Kassenwirksamkeit und der Fälligkeit einer Zahlung, was auch bei den in Kürze folgenden Beispielen (s. u.) deutlich wird.[28]

Weitergehende finanzielle Geschäftsvorfälle, vor allem der Ressourcenverbrauch, werden nicht erfasst. Zuweilen geäußerte Meinungen, dass die Kameralistik „nichts tauge", sind allerdings als unqualifiziert anzusehen. Die Kameralistik ist hervorragend dafür geeignet, Einnahmen und Ausgaben zu dokumentieren. Mehr kann und will sie auch nicht.[29] Große Dienstleister, wie sie nun einmal die Gemeinden und Gemeindeverbände sind,[30] benötigen jedoch für ihre Betriebssteuerung (Controlling) Finanzinformationen, die über Einnahmen und Ausgaben hinausgehen. Vor diesem Hintergrund hat die Kameralistik eine Vielzahl von Schwachstellen, wobei einige nachstehend schlagwortartig aufgelistet sind:[31]

27 Der Begriff stammt aus dem Lateinischen, wobei „camera" die fürstliche Schatzkammer umschrieb, Knaur Universallexikon München, Ausgabe 2002.

28 Eine umfangreiche Darstellung des Gesamtsystems der Kameralistik enthalten *Bernhardt/Schünemann/Schwingeler*, Kommunales Haushaltsrecht NRW, 15. Aufl., Witten 2002 sowie *Bernhardt/Schünemann/Schwingeler*, Kommunales Anordnungs-, Kassen-, Rechnungslegungs- und Prüfungsrecht NRW, 7. Aufl., Witten 1999.

29 So kommen private Haushalte durchaus mit der Aufzeichnung ihrer Einnahmen und Ausgaben aus. Ebenfalls bedienen sich kleinere Untenehmen einer solchen Rechnungslegung, indem Sie eine Einnahmenüberschussrechnung führen.

30 In der Regel sind die Gemeinden und Landkreise die größten Dienstleistungsunternehmen vor Ort.

31 Eine ausführliche Darstellung von Schwachstellen der Kameralistik mit einer konkreten Untersuchung der gesetzlichen Bestimmungen enthält *Bernhardt/Schünemann/Schwingeler/Theisen*, Effektivität und Akzeptanz der neuen Steuerungsmodelle in der kommunalen Haushaltswirtschaft, Ergebnis eines Forschungsprojekts an der Fachhochschule für öffentliche Verwaltung NRW, Gelsenkirchen 2001.

Nachteile der Kameralistik[32]

- keine Abbildung des Ressourcenverbrauchs und Ressourcenaufkommens (nur Einnahmen und Ausgaben)
- ausschließlich inputorientiert, keine Produkt- und Leistungsinformationen
- keine periodengerechte Zuordnung des Werteverzehrs
- kein integrierter Vermögensnachweis[33]
- keine Abbildung der kommunalen Aktivitäten (Produkte)
- keine Kennzahlen und Messgrößen für die einzelnen Bereiche
- keine Aussagen zur Zielsetzung und Aufgabenerfüllung
- keine einheitliche Darstellung aller kommunalen Aktivitäten (Konzern Stadt)
- kein international anerkanntes Rechnungssystem

Die **erweitere Kameralistik** versucht, diese Schwachstellen dadurch zu beseitigen, dass Rechengrößen aus der kaufmännischen Buchführung durch Nebenrechnungen eingefügt und teilweise sogar in die kommunalen Haushalte aufgenommen werden (z. B. Abschreibungen). Die Vielzahl der notwendigen Neben- und Ergänzungsrechnungen „vergewaltigen" dann aber das Rechnungssystem der Kameralistik derart, dass die Übersichtlichkeit verlorengeht. Ein geschlossenes, logisch aufgebautes Rechnungssystem entsteht dadurch nicht. Dabei verkennen die Verfasser nicht, dass es auch die erweiterte Kameralistik weitgehend vermag, gewisse Basisdaten für die Kosten- und Leistungsrechnung auszuweisen.

Die **kaufmännische Buchführung** dagegen dokumentiert zunächst auch die Einnahmen und Ausgaben,[34] indem sie die liquiden Mittel einschließlich ihrer Veränderungen in der Bilanz nachweist. Im Mittelpunkt steht aber die Dokumentation der Aufwendungen und der Erträge. Bei den Aufwendungen handelt es sich um den bewerteten Verbrauch von Gütern und Dienstleistungen in einer Periode (Ressourcenverbrauch, Werteverzehr). Der Ertrag entspricht dagegen den bewerteten Gütern und Dienstleistungen eines Betriebes, die in einer Periode erbracht werden (Zuwachs an Ressourcen, Wertezuwachs). Der Kaufmann bedient sich dazu einer Gewinn- und Verlustrechnung (im NKHR-MV „Ergebnisrechnung" genannt), in der Aufwendungen und Erträge gegenübergestellt werden. Übersteigen die Erträge die Aufwendungen, entsteht ein Gewinn. Decken die Erträge dagegen die Aufwendungen nicht, liegt ein Verlust vor.

32 Abgestellt wird hierbei auf das kamerale Haushaltssystem nach der KV M-V (kameral) und der GemHVO (kameral), das übergangsweise von den Kommunen bis 2011 angewendet werden durfte.

33 Das kamerale Haushaltsrecht sieht verpflichtend in § 36 GemHVO kameral nur einen Anlagenachweis mit Werterfassung für die kostenrechnenden Einrichtungen (öffentliche Einrichtungen mit nicht nur unerheblichen Entgeltfinanzierungen) vor. Für Sachen und grundstücksgleiche Rechte, die nicht kostenrechnenden Einrichtungen dienen, sowie über sonstige vermögenswerte Rechte sind verpflichtend nur Bestandsverzeichnisse (§ 35 GemHVO kameral) ohne einen Wertnachweis zu führen. Zudem werden beide Bereiche außerhalb des kommunalen Haushaltes in Nebenrechnungen geführt.

34 In diesem Einführungskapitel wird noch nicht zwischen Einnahmen und Einzahlungen sowie Ausgaben und Auszahlungen unterschieden. Dieses erfolgt erst weiter unten mit der Einführung der speziellen Begriffe des NKHR-MV.

Die nachfolgenden Beispiele verdeutlichen die Unterschiede zwischen Kameralistik und kaufmännischer Buchführung und belegen die sachlich korrekte periodengerechte Zuordnung durch die Doppik:[35]

Finanzvorfall	Kameralistik Ausgabe 2022	Kfm. Buchf. Aufwendung 2022	Kameralistik Ausgabe 2023	Kfm. Buchf. Aufwendung 2023
Zahlung einer Pacht von 12.000 € im Juli 2022 für die Zeit vom 1.8.2022 bis 31.7.2023[36]	12.000 €	5.000 €	0 €	7.000 €
Kauf eines LKW am 1.7.2022 (100.000 €), Nutzungsdauer 10 Jahre, linearer Werteverzehr[37]	100.000 €	5.000 €	0 €	10.000 €
Gehaltsnachzahlung im Februar 2023 für Dezember 2022 in Höhe von 14.000 € [38]	0 €	14.000	14.000	0 €

Finanzvorfall	Kameralistik Einnahme 2022	Kfm. Buchf. Ertrag 2022	Kameralistik Einnahme 2023	Kfm. Buchf. Ertrag 2023
Festsetzung eines Schadensersatzes im Januar 2023 für Mai 2022 in Höhe von 1.000 €[39]	0 €	1.000 €	1.000 €	0 €
Zinseinnahme für Festgelder 2022 zum Fälligkeitstermin am 2.1.2023 (50.000 €)[40]	0 €	50.000 €	50.000 €	0 €
Mieteinnahme am 30.12.2022 für Januar 2023 (1.300 €), Betrag ist im Voraus fällig[41]	1.300 €	0 €	0 €	1.300 €

35 Eine ausführliche Darstellung dieser betriebswirtschaftlichen Begriffe mit einer Reihe von praktischen Übungen und Beispielen (auch weitergehend hinsichtlich der Abgrenzung zu Kosten und Leistungen) enthält *Klümper/Möllers/Zimmermann*, Kommunale Kosten- und Wirtschaftlichkeitsrechnung, 20. Aufl., Witten 2019, S. 9 ff.

36 Der Pachtanteil für das Jahr 2023 wird im Jahre 2022 dem Konto „Aktive Rechnungsabgrenzung" zugeordnet. Die Auflösung dieses Kontos erfolgt in 2023 zulasten des Kontos „Mietaufwendungen".

37 Der LKW wird in zehn Jahren gleichmäßig verbraucht. Insofern wird der Werteverzehr als lineare Abschreibung beim entsprechenden Aufwendungskonto nachgewiesen (in 2022 für ein halbes Jahr).

38 Die Gehaltsnachzahlung ist trotz Fälligkeit und Zahlung im Februar 2023 in der kaufmännischen Buchführung noch den Aufwendungen des Jahres 2018 zuzuordnen. Die Gegenbuchung erfolgt als Verbindlichkeit gegenüber Mitarbeitern.

39 Der Schadensersatz ist trotz Fälligkeit und Zahlung im Januar 2023 in der kfm. Buchführung noch dem Ertrag des Jahres 2022 zuzuordnen. Die Gegenbuchung erfolgt als Forderung gegenüber dem Schadensersatzpflichtigen.

40 Trotz des Überweisungstermins im Januar 2019 erfolgt die Zuordnung in der Doppik periodengerecht als Ertrag des Jahres 2022 (Gegenbuchung als Forderung gegenüber Kreditinstituten).

41 Entscheidend ist, dass es sich unabhängig von der Zahlung um einen Ertrag des Monates Januar 2019 handelt. Die kaufmännische Buchung im Jahr 2022 erfolgt als „Passive Rechnungsabgrenzung".

Neben dem periodengerechten Nachweis von Aufwendungen und Erträgen weist die Doppik die Vermögenssituation[42] der Gemeinde in einer Bilanz nach. Dem betrieblichen Vermögen wird die Vermögensfinanzierung durch Eigen- und Fremdkapital gegenübergestellt.

Die Inhalte und Vorteile der kaufmännischen Buchführung lassen sich stichwortartig wie folgt zusammen fassen:

- Sachlich geordnete und lückenlose Aufzeichnung **aller** finanzwirtschaftlichen Geschäftsvorfälle eines Unternehmens
- Feststellung des **Stands des Vermögens und der Schulden** und lückenloses **Nachhalten aller Veränderungen der Vermögens- und Schuldenwerte**
- Ermittlung des **Erfolgs des Unternehmens**, also des **Gewinns (Jahresüberschuss)** oder des **Verlusts (Jahresfehlbetrag)**, indem alle Aufwendungen und Erträge erfasst werden
- Bereitstellung von Daten für das **innerbetriebliche Controlling** zur Steigerung der Wirtschaftlichkeit und Effektivität
- Grundlage für die **Berechnung der Steuern**
- Wichtiges **Beweismittel** bei Rechtsstreitigkeiten mit Kunden, Lieferanten, Banken, Behörden (Finanzamt, Gerichte) u. a.

Bei der **Kosten- und Leistungsrechnung** (KLR)[43] handelt es sich um ein internes ergänzendes Rechnungswesen, das die benötigten Finanzinformationen aus einem Grundrechnungssystem (Doppik, Kameralistik oder erweiterte Kameralistik) entnimmt und weiter verarbeitet. Insofern ist die Kosten- und Leistungsrechnung kein eigenständiges Rechnungssystem. Die Kosten und Leistungen werden den kommunalen Produkten und Leistungen zugeordnet, sodass die Wirtschaftlichkeit kommunalen Handelns outputorientiert nachgewiesen wird. Das Ziel, Produkte und Leistungen für den Bürger wirtschaftlich anzubieten und damit der Daseinsvorsorge zu dienen, soll mithilfe der Kosten- und Leistungsrechnung nachgewiesen werden. Hier finden auch die konkreten Kalkulationen von Produktkosten und Entgelten statt.

Dabei handelt es sich bei den Kosten um die **betriebstypischen** Aufwendungen einer Periode, bei den Leistungen um die **betriebstypischen** Erträge einer Periode. Insofern ist es für die Kosten- und Leistungsrechnung wesentlich effektiver, auf die Daten der kaufmännischen Buchführung zurückgreifen zu können. Hier werden nämlich bereits Erträge und Aufwendungen dokumentiert, die nur noch auf das Vorliegen des Merkmals „betriebstypisch“ abgeklopft werden müssen, um Eingang in die Kosten- und Leistungsrechnung zu finden. Allerdings ist dabei nicht zu übersehen, dass

42 In der Einführungsphase dieses Kapitels wird noch nicht zwischen Anlage- und Umlaufvermögen unterschieden.

43 Die Formulierung des § 27 Abs. 1 GemHVO-Doppik wurde 2016 entschärft. Die Kosten- und Leistungsrechnung soll nach den örtlichen Bedürfnissen als Grundlage für die Verwaltungssteuerung sowie für die Beurteilung der Wirtschaftlichkeit und Leistungsfähigkeit geführt werden. Auf sie kann verzichtet werden, wenn durch eine angemessene Produktgliederung und interne Leistungsverrechnungen eine ausreichende Steuerungsgrundlage gegeben ist.

in der Kosten- und Leistungsrechnung abweichend zur kaufmännischen Buchführung zum Teil jedoch Kosten nach besonderen Verfahren angesetzt werden.[44] Allein an diesen Definitionen wird deutlich, dass es für die Ermittlung der Kosten und Leistungen effektiver ist, die Daten aus einer kaufmännischen Buchführung zu entwickeln, weil die Kameralistik nur Einnahmen und Ausgaben kennt.

Allerdings ist ausdrücklich festzustellen, dass die doppelte Buchführung keine Kosten- und Leistungsrechnung ersetzt, sondern lediglich die Kosten- und Leistungsarten als betriebstypische Aufwendungen und betriebstypische Erträge bereitstellt. Die Verteilung der Kosten und Leistungen auf Verwaltungseinheiten (Kostenstellen) und auf Produkte bzw. Leistungen (Kostenträger) sowie darauf aufbauenden Auswertungen (z. B. unter Einsatz von Kennziffern) oder Kalkulationen (z. B. Entgeltermittlungen) bleiben der Kosten- und Leistungsrechnung vorbehalten.

Insgesamt ist somit deutlich belegt, dass die kaufmännische Buchführung auch für Kommunalverwaltungen ein Rechnungssystem darstellt, das gegenüber der Kameralistik wesentlich leistungsfähiger ist und die Kosten- und Leistungsrechnung optimal bedient.

3.2 Die kommunale Bilanz

3.2.1 Inventur als Datenermittlung für die Bilanz

Da die kaufmännische Buchführung sämtliche Finanzdaten dokumentiert, werden zunächst das Vermögen und die Finanzierung des Vermögens erfasst und aufgelistet. Dieses erfolgt in einer Bilanz. Die Ermittlung und Feststellung des Vermögens geschieht durch eine **Inventur**, wobei die Auflistung des bewerteten Vermögens das **„Inventar“** genannt wird. Als Beispiel für eine mengen- und wertmäßige Erfassung dient das nachstehend abgedruckte Inventurprotokoll:

44 So werden die bilanziellen Abschreibungen durch die kalkulatorischen Abschreibungen (z. B. mögliche Berücksichtigung von Wiederbeschaffungszeitwerten) und die Fremdkapitalzinsen durch kalkulatorische Zinsen (z. B. Verzinsung des Gesamtkapitals nach der Methode „Verzinsung des mittleren gebundenen Kapitals“) ersetzt. In der Praxis werden solche geänderten Daten als „Anderskosten“ bezeichnet. Zudem werden weitere Kosten – auch „Zusatzkosten“ genannt – in die Kosten- und Leistungsrechnung einbezogen (z. B. kalkulatorische Wagnisse). Siehe dazu im Einzelnen *Klümper/Möllers/Zimmermann*, Kommunale Kosten- und Wirtschaftlichkeitsrechnung, 20. Aufl., Witten 2019, S. 164 ff.

Inventurtermin:		31.12.2021	Standort:	FB I, Hauptstr. 15 Raum 27		Produkt:	11601
Lfd. Nr.	**Bezeichnung des Gegenstandes**	**Menge**	**Jahr der Anschaffung**	**Anschaffungsausgaben in €**	**Abschreibungsdauer**	**bereits abgeschrieben[45]**	**Wert zum Inventurtag in €**
1	Schreibtisch	2	2011	1.500	15 Jahre	8 Jahre	700
2	Schreibtischstuhl	2	2011	525	15 Jahre	8 Jahre	245
3	Besucherstuhl	4	2013	720	10 Jahre	5 Jahre	360
4	Aktenschrank	1	2016	2.300	20 Jahre	2 Jahre	2.070
5	Handy	2	2015	520	4 Jahre	3 Jahre	130
Unterschrift des/der Erfassenden:				**Unterschrift der Inventurleitung:**			

Eine Gesamtinventarliste einer Gemeinde könnte zum 31.12.2021 folgendes Aussehen haben, wobei die Angaben rein willkürlich und nicht vollständig sind:

I.	**Vermögenswerte**	
	Software-Lizenzen	100.000 €
	Grünflächen	1.200.000 €
	Wälder	4.000.000 €
	Schulen (Grundstücke und Gebäude)	10.000.000 €
	Kindertagesstätten (Grundstücke und Gebäude)	3.000.000 €
	Straßengrundstücke	14.000.000 €
	Kunstgegenstände	300.000 €
	Fahrzeuge	400.000 €
	Büroausstattungen	600.000 €
	Aktien aus Firmenbeteiligungen	500.000 €
	Materialbestände (Vorräte)	100.000 €
	Abgabenforderungen	400.000 €
	Bankguthaben	1.800.000 €
II.	**Verbindlichkeiten (Schulden)**	
	Rückstellungen (ungewisse Verbindlichkeiten)	1.000.000 €
	Kredite	18.000.000 €
	Verbindlichkeiten gegenüber Lieferanten	1.700.000 €
III.	**Reinvermögen (Eigenkapital)**	
	Summe der Vermögenswerte	36.400.000 €
	Summe der Verbindlichkeiten	20.700.000 €
	Reinvermögen	15.700.000 €

45 Vereinfacht wird eine Beschaffung der Gegenstände jeweils zum Jahresanfang unterstellt, wobei die Abschreibungsdauern willkürlich gewählt wurden (nicht nach der amtlichen Tabelle des Landes M-V).

Die Bewertung des Vermögens und der Finanzierung sowie die besonderen Problemstellungen der einzelnen Finanzpositionen sind der Darstellung in Kapitel 10 vorbehalten.

3.2.2 Inhalt und Aufbau der kommunalen Bilanz

Aus den Ergebnissen der Inventur, der Inventarliste, wird nun die Bilanz entwickelt, wobei diese nach folgenden Strukturregelungen zu gestalten ist:

Auf der Aktivseite wird das Vermögen mit den zum Bilanzstichtag ermittelten Werten aufgeführt. Es handelt sich somit um die Dokumentation der Kapitalverwendung (Mittelverwendung). Beantwortet wird die Frage: Wie ist das Kapital der Gemeinde angelegt?

Auf der Passivseite werden die Verbindlichkeiten und das Eigenkapital der Gemeinde (Letzteres entspricht dem Reinvermögen) dargestellt. Es handelt sich somit um die Dokumentation der Finanzierung (Mittelherkunft). Beantwortet wird die Frage: Wie ist das Vermögen der Gemeinde finanziert?

Die Gliederung der beiden Bilanzseiten erfolgt nach der Fristigkeit. Auf der Aktivseite wird deshalb zwischen langfristig gebundenem Vermögen (Anlagevermögen) und kurzfristigem Vermögen (Umlaufvermögen) unterschieden. Innerhalb dieser Vermögensklassen wird wiederum nach der Fristigkeit sortiert. So werden z. B. Gebäude länger als Fahrzeuge genutzt, sodass diese Werte höherrangig in die Bilanz einzustellen sind. Auf der Passivseite werden zunächst das Eigenkapital und dann das Fremdkapital (Verbindlichkeiten) aufgelistet. Auch hier gilt wiederum das Sortiermerkmal der Fristigkeit. Deshalb werden z. B. Investitionskredite vor Dispositionskrediten eingeordnet.

Die genaue Gliederung der kommunalen Bilanz schreibt der Gesetzgeber vor. Sie ist bei Kapitel 10 dargestellt und ausführlich erläutert.

Aus der Inventarliste zu Kapitel 3.2.1 ergibt sich folgende Eröffnungsbilanz zum 1.1.2022:[46]

46 Die Darstellung der Bilanz erfolgt vereinfacht und nicht in der Detaillierungsform der echten kommunalen Bilanz. Insofern werden einige Positionen des Inventars zusammengefasst und eine Reihe von Bilanzpositionen nicht ausgewiesen. So sind u. a. noch keine Rechnungsabgrenzungsposten enthalten.

Aktiva	Bilanz zum 1.1.2022		Passiva
Immaterielles Vermögen	100.000 €	Eigenkapital	15.700.000 €
Unbebaute Grundstücke	5.200.000 €	Landeskredite	1.000.000 €
Bebaute Grundstücke	13.000.000 €	Bankverbindlichkeiten	18.000.000 €
Straßengrundstücke	14.000.000 €	Lieferantenverbindlichkeiten	1.700.000 €
Kunstgegenstände	300.000 €		
Fahrzeuge	400.000 €		
BGA[47]	600.000 €		
Beteiligungen	500.000 €		
Vorräte	100.000 €		
Abgabenforderungen	400.000 €		
Flüssige Mittel	1.800.000 €		
Insgesamt	**36.400.000 €**	**Insgesamt**	**36.400.000 €**

3.2.3 Bilanzveränderungen (Bestandsbuchungen)

Das Vermögen einer Gemeinde kann sich im Laufe eines Jahres durch Zugänge (z. B. Neukauf eines Fahrzeuges) oder Abgänge (z. B. Verkauf eines Grundstückes) verändern. Dieses gilt auch für die Positionen der Passivseite, wenn z. B. Bankkredite getilgt oder neue Lieferantenverbindlichkeiten entstehen. Insofern werden zu jeder Bilanzposition Konten geführt, auf denen zunächst die Anfangsbestände zu Beginn des Wirtschaftsjahres dokumentiert und dann sämtliche Veränderungen im Laufe der Rechnungsperiode nachgehalten werden. Am Ende der Rechnungsperiode wird der aktuelle Kontostand ermittelt. Sämtliche Konten werden dann zur Schlussbilanz abgeschlossen, die dann wiederum übereinstimmende Summen auf der Aktiv- und Passivseite ausweist.

Die Kontenstruktur stellt sich wie folgt dar:

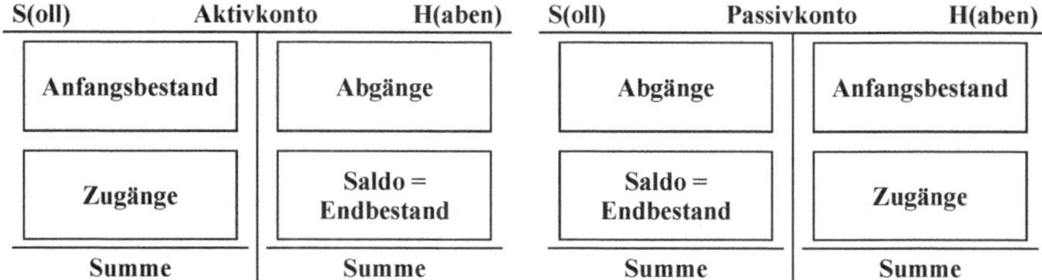

Ausgehend von einer stark vereinfachten Bilanz soll das Buchungssystem der Bestandsbuchungen[48] erläutert werden:

47 Betriebs- und Geschäftsausstattung.

48 Finanzvorfälle, die ausschließlich Konten der Bilanz berühren, werden durch Bestandsbuchungen erfasst.

Aktiva	**Bilanz zum 1.1.2022**		**Passiva**
Bebaute Grundstücke	1.000.000 €	Eigenkapital	1.150.000 €
Fahrzeuge	200.000 €	Bankverbindlichkeiten	600.000 €
BGA	100.000 €	Lieferantenverbindlichkeiten	50.000 €
Bankguthaben	500.000 €		
Insgesamt	**1.800.000 €**	**Insgesamt**	**1.800.000 €**

Die Aufgliederung auf die Konten stellt sich wie folgt dar (Angaben in €):

S	bebaute Grundstücke		H
AB[49]	1.000.000		

S	Eigenkapital		H
		AB	1.150.000

S	Fahrzeuge		H
AB	200.000		

S	Bankverbindlichkeiten		H
		AB	600.000

S	BGA		H
AB	100.000		

S	Lieferantenverbindlichkeiten		H
		AB	50.000

S	Bankguthaben		H
AB	500.000		

Die kaufmännische Buchführung ist dadurch gekennzeichnet, dass jeder Finanzvorfall auf zwei Konten gebucht wird (doppelte Buchführung). Dies entspricht dem Grundgedanken der Bilanz, die Mittelherkunft und die Mittelverwendung jeweils zu dokumentieren. Je nach Wirkung auf das Bilanzvolumen wird zwischen vier Typen von Bestandsbuchungen unterschieden:

a) Aktivtausch

Erfasst werden Finanzvorfälle, die ausschließlich Konten der Aktivseite der Bilanz berühren und damit das Gesamtvolumen der Bilanz nicht verändern. Ein Konto erhält eine Bestandsmehrung, das andere Konto erfährt eine Bestandsminderung in übereinstimmender Höhe. Die nachstehenden Beispiele verdeutlichen dies:

(1) Kauf von Büromöbeln mit sofortiger Bezahlung vom Bankkonto (20.000 €)

S	BGA		H
AB	100.000		
(1)[50]	20.000		

S	Bankguthaben		H
AB	500.000	1)	20.000

49 Anfangsbestand.
50 Nummer des Finanzvorfalles.

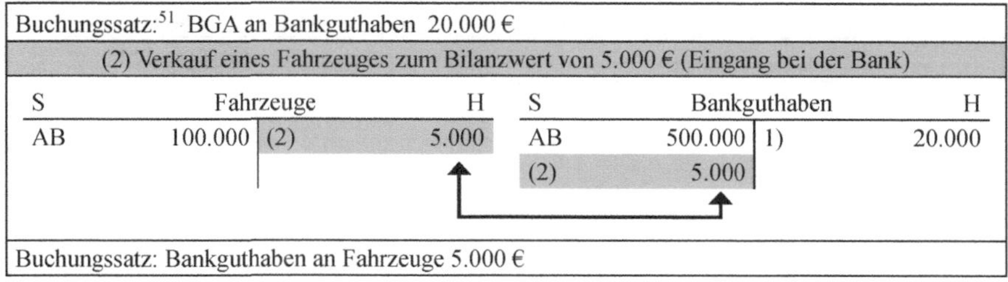

Buchungssatz:[51] BGA an Bankguthaben 20.000 €

(2) Verkauf eines Fahrzeuges zum Bilanzwert von 5.000 € (Eingang bei der Bank)

S	Fahrzeuge		H	S	Bankguthaben		H
AB	100.000	(2)	5.000	AB	500.000	1)	20.000
				(2)	5.000		

Buchungssatz: Bankguthaben an Fahrzeuge 5.000 €

b) Passivtausch

Erfasst werden Finanzvorfälle, die ausschließlich Konten der Passivseite der Bilanz berühren und damit das Gesamtvolumen der Bilanz nicht verändern. Ein Konto erhält eine Bestandsmehrung, das andere Konto erfährt eine Bestandsminderung in übereinstimmender Höhe. Das nachstehende Beispiel verdeutlicht dieses:

(3) Ablösung einer Lieferverbindlichkeit durch einen Bankkredit (32.000 €)

S	Bankverbindlichkeiten		H	S	Lieferantenverbindlichkeiten		H
		AB	600.000	(3)	32.000	AB	50.000
		(3)	32.000				

Buchungssatz: Lieferverbindlichkeiten an Bankverbindlichkeiten 32.000 €

c) Aktiv-Passiv-Mehrung (Bilanzverlängerung)

Erfasst werden Finanzvorfälle, die sowohl ein Konto der Aktivseite als auch ein Konto der Passivseite der Bilanz im Bestand vermehren und damit das Gesamtvolumen der Bilanz erhöhen, somit die Bilanz verlängern. Die nachstehenden Beispiele verdeutlichen dies:

(4) Kauf eines Fahrzeuges mit Zahlungsziel von einem Monat (28.000 €)

S	Fahrzeuge		H	S	Lieferantenverbindlichkeiten		H
AB	200.000	(2)	5.000	(3)	32.000	AB	50.000
(4)	28.000					(4)	28.000

Buchungssatz: Fahrzeuge an Lieferantenverbindlichkeiten 28.000 €

51 Üblich ist es, beim Buchungssatz immer zuerst das Konto mit der Soll- und dann das Konto mit der Haben-Buchung zu nennen, wobei die Verbindung durch das Wort „an“ erfolgt, also „Soll an Haben“.

(5) Aufnahme eines Bankkredites mit Gutschrift auf dem Bankkonto (140.000 €)							
S	Bankguthaben		H	S	Bankverbindlichkeiten		H
AB	500.000	(1)	20.000			AB	600.000
(2)	5.000					(3)	32.000
(5)	140.000					(5)	140.000
Buchungssatz: Bankguthaben an Bankverbindlichkeiten 140.000 €							

d) Aktiv-Passiv-Minderung (Bilanzverkürzung)

Erfasst werden Finanzvorfälle, die sowohl ein Konto der Aktivseite als auch ein Konto der Passivseite der Bilanz im Bestand vermindern und damit das Gesamtvolumen der Bilanz verringern, somit die Bilanz verkürzen. Das nachstehende Beispiel verdeutlicht dies:

(6) Bezahlung von Lieferantenverbindlichkeiten durch Überweisung (4.000 €)							
S	Bankguthaben		H	S	Lieferantenverbindlichkeiten		H
AB	500.000	(1)	20.000	(3)	32.000	AB	50.000
(2)	5.000	(6)	4.000	(6)	4.000	(4)	28.000
(5)	140.000						
Buchungssatz: Lieferantenverbindlichkeiten an Bankguthaben 4.000 €							

Zum Bilanzstichtag am Jahresende werden die Konten dadurch abgeschlossen, dass zunächst die Seite des Kontos mit dem größeren Volumen addiert wird. Das ist bei Aktivkonten die Soll-Seite, bei Passivkonten die Haben-Seite. Die so ermittelten Summen werden jeweils auf die andere Seite übertragen, sodass dort Differenzen (Salden) entstehen. Diese Salden stellen den neuesten Stand der Konten zum Bilanzstichtag dar und werden als Gegenbuchung in der Schlussbilanz dokumentiert. Die Summen der Schlussbilanz stimmen dann überein.

Die Schlussbuchungen lauten:

Schlussbilanz an bebaute Grundstücke	1.000.000 €
Schlussbilanz an Fahrzeuge	223.000 €
Schlussbilanz an BGA	120.000 €
Schlussbilanz an Bankguthaben	621.000 €
Eigenkapital an Schlussbilanz	1.150.000 €
Bankverbindlichkeiten an Schlussbilanz	772.000 €
Lieferantenverbindlichkeiten an Schlussbilanz	42.000 €

Danach ergibt sich der auf der nächsten Seite abgedruckte Bilanzabschluss.[52]

52 An dieser Stelle sei darauf verwiesen, dass der Abschluss in der Praxis mit Hilfe der Datenverarbeitung technisch anders erstellt wird. Die Darstellung im nachfolgenden Beispiel soll die

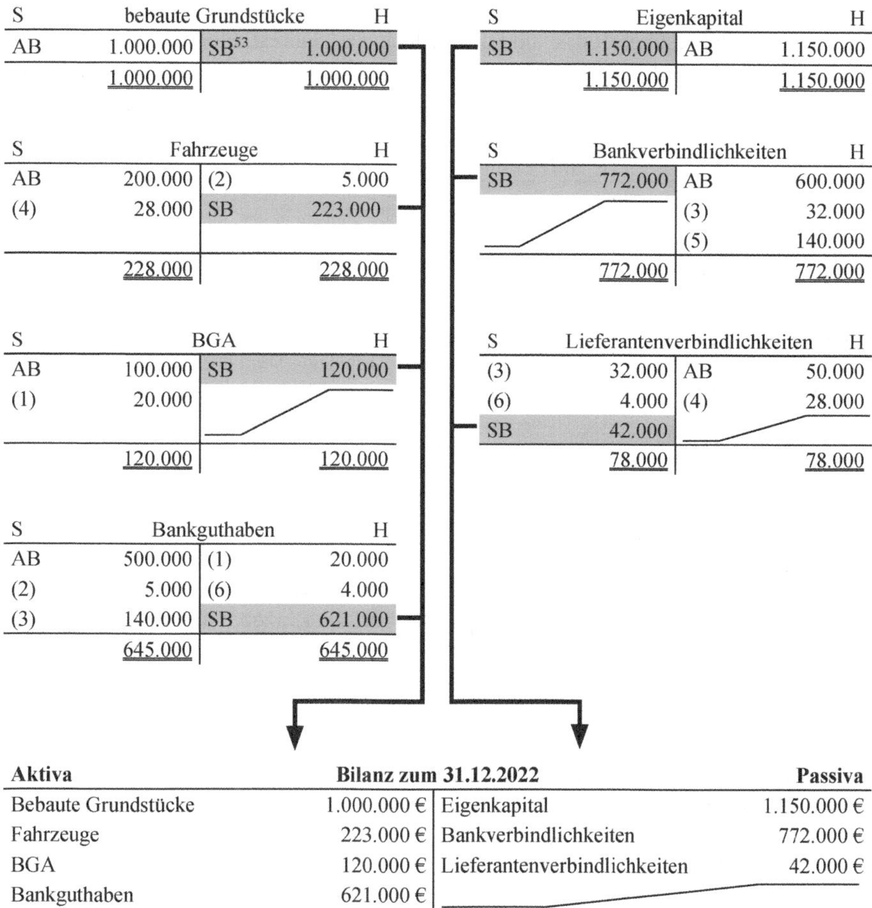

S	bebaute Grundstücke		H
AB	1.000.000	SB[53]	1.000.000
	1.000.000		1.000.000

S	Fahrzeuge		H
AB	200.000	(2)	5.000
(4)	28.000	SB	223.000
	228.000		228.000

S	BGA		H
AB	100.000	SB	120.000
(1)	20.000		
	120.000		120.000

S	Bankguthaben		H
AB	500.000	(1)	20.000
(2)	5.000	(6)	4.000
(3)	140.000	SB	621.000
	645.000		645.000

S	Eigenkapital		H
SB	1.150.000	AB	1.150.000
	1.150.000		1.150.000

S	Bankverbindlichkeiten		H
SB	772.000	AB	600.000
		(3)	32.000
		(5)	140.000
	772.000		772.000

S	Lieferantenverbindlichkeiten		H
(3)	32.000	AB	50.000
(6)	4.000	(4)	28.000
SB	42.000		
	78.000		78.000

Aktiva	**Bilanz zum 31.12.2022**		**Passiva**
Bebaute Grundstücke	1.000.000 €	Eigenkapital	1.150.000 €
Fahrzeuge	223.000 €	Bankverbindlichkeiten	772.000 €
BGA	120.000 €	Lieferantenverbindlichkeiten	42.000 €
Bankguthaben	621.000 €		
Insgesamt	**1.964.000 €**	**Insgesamt**	**1.964.000 €**

3.3 Die Erfolgsrechnung (Gewinn- und Verlustrechnung)

Neben der Darstellung in der Bilanz (Mittelverwendung und Mittelherkunft) ist es Aufgabe des Rechnungswesens, den Erfolg eines Unternehmens in einer Rechnungsperiode zu ermitteln. Dies wird durch das Gegenüberstellen von Erträgen und Aufwendungen in einer Gewinn- und Verlustrechnung erreicht. Die Gewinn- und Verlustrechnung wird auf kommunaler Ebene als „Ergebnisrechnung" bezeichnet. Übersteigen die Erträge die Aufwendungen, entsteht ein Gewinn. Sind die Aufwendungen einer Pe-

Verbindungen zwischen den einzelnen Finanzdaten aufzeigen. Die Abschlusszahlen sind selbstverständlich auch bei einer Datenverarbeitung identisch mit den Werten im Beispiel.

53 Schlussbilanz.

riode größer als die Erträge, liegt ein Verlust vor. Auf kommunaler Ebene werden die Gewinne als „Jahresüberschuss“ und die Verluste als „Jahresfehlbetrag“ bezeichnet.

Eine kommunale Erfolgsrechnung (Ergebnisrechnung) gliedert sich im Wesentlichen wie folgt:[54]

Soll Aufwendungen	Erträge Haben
Personalaufwendungen Versorgungsaufwendungen Aufwendungen für Sach- u. Dienstleistungen Bilanzielle Abschreibungen Zuwendungen, Umlagen und sonstige Transferaufwendungen Aufwendungen der sozialen Sicherung Sonstige laufende Aufwendungen Zinswendungen und sonstige Finanzaufwendungen Außerordentliche Aufwendungen Aufwendungen aus internen Leistungsbeziehungen[55] Einstellungen in Rücklagen	Steuern und ähnliche Abgaben Zuwendungen, allgemeine Umlagen und sonstige Transfererträge Erträge der sozialen Sicherung Öffentlich-rechtliche Leistungsentgelte Privatrechtliche Leistungsentgelte Kostenerstattungen und Kostenumlagen Erhöhung/Verminderung des Bestandes an fertigen und unfertigen Erzeugnissen Andere aktivierte Eigenleistungen Sonstige laufende Erträge Zinserträge und sonstige Finanzerträge Außerordentliche Erträge Erträge aus internen Leistungsbeziehungen[56] Entnahmen aus Rücklagen

Bei der Erläuterung der Buchungssystematik wird wiederum auf die in Kapitel 3.2.3 dargestellte Bilanz mit dem Auseinanderziehen auf die Einzelkonten zurückgegriffen, wobei die dort dargestellten Buchungen übernommen und durch die nachstehenden Erfolgsbuchungen ergänzt werden. Damit wird erreicht, dass die Verbindungen zwischen Erfolgsbuchungen und der Bilanz deutlich werden.

An den folgenden Geschäftsvorfällen können die Wirkungsweise und das Verfahren für Erfolgsbuchungen erkannt werden. Auch hier greift die doppelte Buchführung, sodass jeder Finanzvorfall auf zwei Konten mit Soll- und Haben-Buchungen im selben Volumen angesprochen werden.

Die Erfolgskonten haben keine Anfangsbestände, da es sich bei der Ergebnisrechnung (Gewinn- und Verlustrechnung) anders als bei der Bilanz (Darstellung zu einem bestimmten Stichtag) um eine Periodenrechnung handelt. Jeder Periode wird eine eigenständige Erfolgsmessung zugeordnet, sodass zu Beginn des Wirtschaftsjahres die Konten ohne Vortragungen aus der abgelaufenen Periode eröffnet werden.

a) Aufwandbuchungen (Verbuchung von Aufwendungen)

Die Aufwendungen werden im Soll gebucht. Aufwendungsberichtigungen erfolgen auf der Habenseite. Erinnert sei noch einmal an die Definition der Aufwendungen: bewerteter Verbrauch (Ressourcenverbrauch/Werteverzehr) von Gütern und Dienstleistungen in einer Periode. Die nachstehenden Buchungsbeispiele verdeutlichen die Systematik.

54 Die Besonderheiten der einzelnen Positionen sind im Kapitel 12 erläutert.

55 Ausweis ausschließlich in den Teilhaushalten (siehe Kapitel 12).

56 Siehe vorangehende Fußnote.

(7) Zahlung von Beschäftigungsentgelten durch Überweisung vom Bankkonto (320.000 €)[57]

S	Beschäftigungsentgelte		H
(7)	320.000		

S	Bankguthaben		H
AB	500.000	(1)	20.000
(2)	5.000	(6)	4.000
(3)	140.000	(7)	320.000

Buchungssatz: Beschäftigungsentgelte an Bankguthaben 320.000 €

(8) Abschreibung der Fahrzeuge (46.000 €)[58]

S	Abschreibungen		H
(8)	46.000		

S	Fahrzeuge		H
AB	200.000	(2)	5.000
(4)	28.000	(8)	46.000

Buchungssatz: Abschreibung an Fahrzeuge 46.000 €

(9) Zahlung von Zinsen durch Überweisung vom Bankkonto (11.000 €)[59]

S	Zinsaufwendungen		H
(9)	11.000		

S	Bankguthaben		H
AB	500.000	(1)	20.000
(2)	5.000	(6)	4.000
(3)	140.000	(7)	320.000
		(9)	11.000

Buchungssatz: Zinsaufwendungen an Bankguthaben 11.000 €

(10) Rücküberweisung von zu viel gezahlten Beschäftigungsentgelten auf das Bankkonto (2.000 €)[60]

S	Beschäftigungsentgelte		H
(7)	320.000	(10)	2.000

S	Bankguthaben		H
AB	500.000	(1)	20.000
(2)	5.000	(6)	4.000
(3)	140.000	(7)	320.000
(10)	2.000	(9)	11.000

Buchungssatz: Bankguthaben an Beschäftigungsentgelte 2.000 €

57 Bewerteter Verbrauch von Personalressourcen.
58 Bewerteter Verbrauch von Fahrzeugen.
59 Bewerteter Verbrauch einer Dienstleistung des Kreditinstitutes (Bereitstellung von Kapital).
60 Berichtigungsbuchung zu Nr. 7.

b) Ertragsbuchungen (Verbuchung von Erträgen)

Der Ertrag wird im Haben gebucht. Ertragsberichtigungen erfolgen auf der Sollseite. Erinnert sei noch einmal an die Definition des Ertrages: bewertete Güter und Dienstleistungen eines Betriebes, die in einer Periode erbracht werden (Zuwachs an Ressourcen, Wertezuwachs). Die nachstehenden Buchungsbeispiele verdeutlichen die Systematik.

(11) Eingang von Mieten auf dem Bankkonto (484.000 €)[61]

S	Bankguthaben		H
AB	500.000	(1)	20.000
(2)	5.000	(6)	4.000
(3)	140.000	(7)	320.000
(10)	2.000	(9)	11.000
(11)	484.000		

S	Mieterträge		H
		(11)	484.000

Buchungssatz: Bankguthaben an Mieterträge 484.000 €

(12) Ein Möbelgeschäft spendet Büromöbel im Wert von 23.000 €[62]

S	BGA		H
AB	100.000		
(1)	20.000		
(12)	23.000		

S	außerordentlicher Erträge		H
		(12)	23.000

Buchungssatz: BGA an außerordentlicher Ertrag 23.000 €

(13) Rücküberweisung einer zu viel berechneten Miete (3.000 €)[63]

S	Bankguthaben		H
AB	500.000	(1)	20.000
(2)	5.000	(6)	4.000
(3)	140.000	(7)	320.000
(10)	2.000	(9)	11.000
(11)	484.000	(13)	3.000

S	Mieterträge		H
(13)	3.000	(11)	484.000

Buchungssatz: Mieterträge an Bankguthaben 3.000 €

61 Bewerteter Zuwachs an produzierten Dienstleistungen (Bereitstellung von Mietobjekten).

62 Bewerteter Zuwachs an Ressourcen, wenn auch nicht selbst produziert (deshalb außerordentlicher Ertrag). Die Darstellung ist vereinfacht. Ansonsten stellt sich die Frage, ob es sich wegen der Höhe des Betrages nicht sogar um einen sonstigen ordentlichen Ertrag handelt. Da der Betrag jedoch rd. 5 % der Ergebnisrechnung ausmacht (siehe übernächste Seite), ist der Ausweis als außerordentlicher Ertrag vertretbar.

63 Berichtigungsbuchung zu Nr. 11.

Am Ende des Wirtschaftsjahres werden die Konten dadurch abgeschlossen, dass zunächst die Seite des Kontos mit dem größeren Volumen addiert wird. Das ist bei Aufwandskonten die Soll-Seite, bei Ertragskonten die Haben-Seite. Die so ermittelten Summen werden jeweils auf die andere Seite übertragen, sodass dort Differenzen (Salden) entstehen. Diese Salden stellen den neuesten Stand des Kontos zum Periodenende dar und werden als Gegenbuchung in der Ergebnisrechnung (Gewinn- und Verlustrechnung) dokumentiert. Die Differenz zwischen Ertrag und Aufwendung ist das Jahresergebnis. Dabei werden ein Jahresüberschuss (Gewinn) auf der Soll-Seite und ein Jahresfehlbetrag (Verlust) auf der Habenseite dargestellt.

Die Schlussbuchungen lauten:

Ergebnisrechnung an Löhne	318.000 €
Ergebnisrechnung an Abschreibungen	46.000 €
Ergebnisrechnung an Zinsaufwendungen	11.000 €
Mieterträge an Ergebnisrechnung	481.000 €
Außerordentliche Erträge an Ergebnisrechnung	23.000 €
Jahresüberschuss an Eigenkapital	129.000 €

Danach ergibt sich nachstehende Ergebnisrechnung:

S	Beschäftigungsentgelte		H
(7)	320.000	(10)	2.000
		ER[64]	318.000
	320.000		320.000

S	Mietertrag		H
(13)	3.000	(11)	484.000
ER	481.000		
	484.000		484.000

S	Abschreibungen		H
(8)	46.000	ER	46.000
	46.000		46.000

S	außerordentlicher Erträge		H
ER	23.000	(12)	23.000
	23.000		23.000

S	Zinsaufwendungen		H
(9)	11.000	ER	11.000
			11.000

Soll	**Ergebnisrechnung 2022**		**Haben**
Löhne	481.000 €	Mieterträge	318.000 €
Abschreibungen	46.000 €	außerordentliche Erträge	23.000 €
Zinsaufwendungen	11.000 €		
Jahresüberschuss	129.000 €		
Insgesamt	**504.000 €**	**Insgesamt**	**504.000 €**

S	Eigenkapital		H
		AB	1.150.000
		ER	129.000
			1.279.000

Das Jahresergebnis, hier der als Soll-Buchung nachgewiesene Jahresüberschuss in Höhe von 129.000 €, wird beim Eigenkapital als Haben-Buchung erfasst. Somit erhöht ein Jahresüberschuss das Eigenkapital. Bei einem Jahresfehlbetrag, der ja in der Ergebnisrechnung im Haben ausgewiesen würde, erfolgt auf dem Eigenkapitalkonto eine Gegenbuchung im Soll, sodass ein Fehlbetrag das Eigenkapital schmälert.[65]

64 Ergebnisrechnung.

65 Das Verfahren ist vereinfacht dargestellt. Zur speziellen Verbuchung im NKHR-MV siehe Kapitel 22.

Die Schlussbilanz wird wiederum nach dem Kapitel 3.2.3 geschilderten Verfahren wie folgt erstellt:

S	bebaute Grundstücke		H
AB	1.000.000	SB	1.000.000
	1.000.000		1.000.000

S	Eigenkapital		H
SB	1.279.000	AB	1.150.000
		ER	129.000
	1.279.000		1.279.000

S	Fahrzeuge		H
AB	200.000	(2)	5.000
(4)	28.000	(8)	46.000
		SB	177.000
	228.000		228.000

S	Bankverbindlichkeiten		H
SB	772.000	AB	600.000
		(3)	32.000
		(5)	140.000
	772.000		772.000

S	bebaute BGA		H
AB	100.000	SB	143.000
(1)	20.000		
(12)	23.000		
	143.000		143.000

S	Lieferantenverbindlichkeiten		H
(3)	32.000	AB	50.000
(6)	4.000	(4)	28.000
SB	42.000		
	78.000		78.000

S	Bankguthaben		H
AB	500.000	(1)	20.000
(2)	5.000	(6)	4.000
(5)	140.000	(7)	320.000
(10)	2.000	(9)	11.000
(11)	484.000	(13)	3.000
		SB	773.000
	1.131.000		1.131.000

Aktiva	**Bilanz zum**	**31.12.2022**	**Passiva**
Bebaute Grundstücke	1.000.000 €	Eigenkapital	1.279.000 €
Fahrzeuge	177.000 €	Bankverbindlichkeiten	772.000 €
BGA	143.000 €	Lieferantenverbindlichkeiten	42.000 €
Bankguthaben	773.000 €		
Insgesamt	**2.093.000 €**	**Insgesamt**	**2.093.000 €**

Die Gesamtzusammenhänge des Buchungssystems der kaufmännischen Buchführung werden noch einmal an dem nachstehenden Schaubild[66] deutlich:

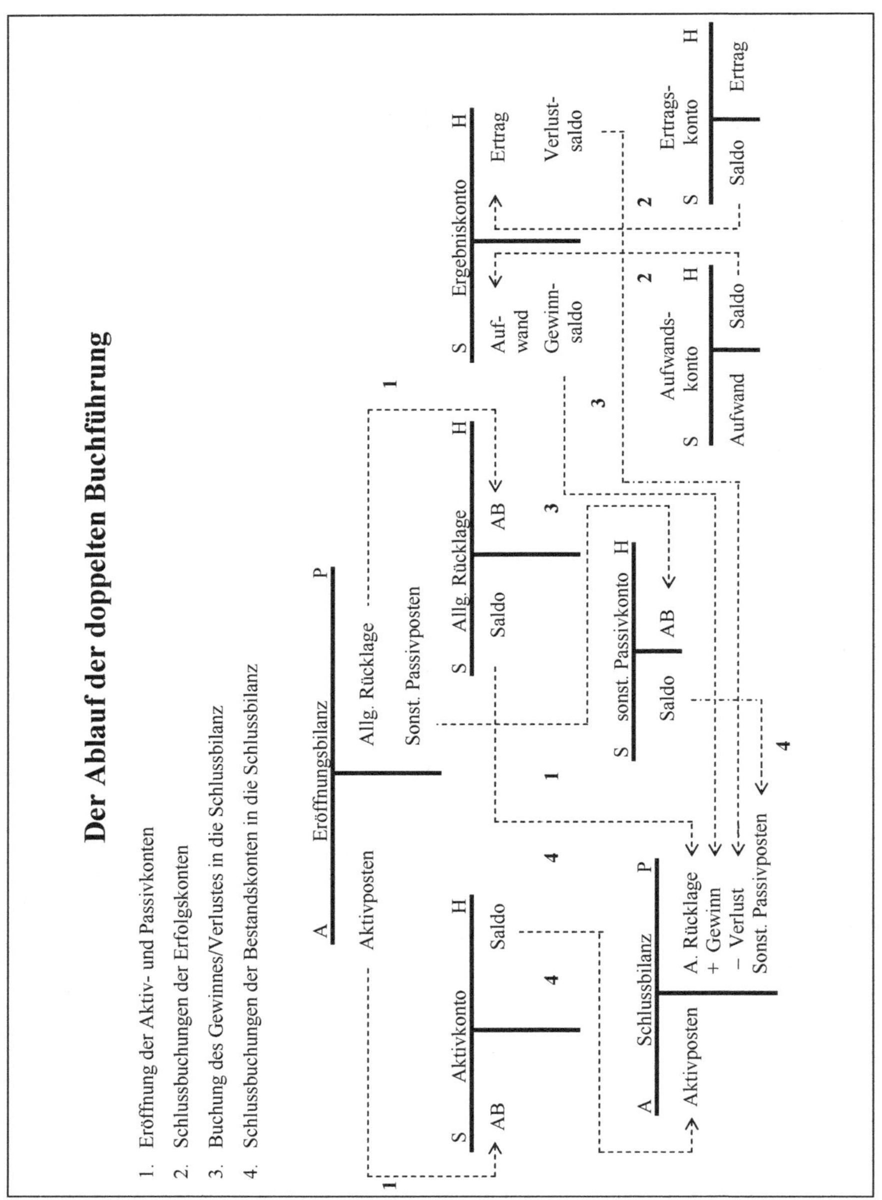

66 Entnommen aus *Klümper/Möllers/Zimmermann*, Kommunale Kosten- und Wirtschaftlichkeitsrechnung, 20. Aufl., Witten 2019, S. 85.

Als weitere Hilfestellung mögen auch die nachstehenden schlagwortartigen Merksätze zur kaufmännischen Buchführung dienen:[67]

Arbeitsschritte und Merksätze

1. Eröffnung der Konten

- Aktivkonto: Bestand aus der Abschlussbilanz des Vorjahres auf der Soll-Seite vortragen
- Passivkonto: Bestand aus der Abschlussbilanz des Vorjahres auf der Haben-Seite vortragen
- Aufwendungs- und Ertragskonten werden bei Bedarf eingerichtet. Hier liegen keine Bestände vor, weil Aufwendungen und Erträge jeweils neu jahresbezogen ermittelt werden.

2. Buchung auf den Konten im laufenden Jahr

- Aktivkonto:
  Zugänge werden im Soll gebucht.
  Abgänge werden im Haben gebucht.
- Passivkonto:
  Zugänge werden im Haben gebucht.
  Abgänge werden im Soll gebucht.
- Aufwendungskonto:
  Aufwendungen werden im Soll gebucht.
  Abgänge auf die Aufwendungen (Berichtigungen) werden im Haben gebucht.
- Ertragskonto:
  Erträge werden im Haben gebucht.
  Abgänge auf die Erträge (Berichtigungen) werden im Soll gebucht.

3. Abschluss der Konten

- Aufwendungs- und Ertragskonten werden zur Ergebnisrechnung (Gewinn- und Verlustrechnung) abgeschlossen.
- Die Differenz in der Ergebnisrechnung (Gewinn oder Verlust) wird zum Eigenkapitalkonto abgeschlossen. Der Gewinn erhöht das Eigenkapital (Haben-Buchung auf dem Eigenkapital-Konto), der Verlust verringert das Eigenkapital (Soll-Buchung auf dem Eigenkapital-Konto).
- Die Aktiv- und Passivkonten werden zur Bilanz abgeschlossen.
- Die Aktiv- und Passivseite der Bilanz müssen übereinstimmende Summen aufweisen.

---

67 Die Darstellungen sind ohne die im NKHR-MV gemäß § 45 GemHVO-Doppik erforderliche Finanzrechnung erfolgt. Die Finanzrechnung bewirkt, dass die Ein- und Auszahlungen nicht nur dem Bankkonto zugeordnet werden, sondern zusätzlich in einer besonderen Buchungskomponente nachgewiesen werden. So ist z. B. die Mieteinzahlung nicht nur beim Bankkonto nachzuweisen, sondern auch einem speziellen Mieteinzahlungskonto zuzuordnen. Im Einzelnen siehe dazu Kapitel 12.

3.4 Übungen

Sachverhalt 1 (Abgrenzung der Rechnungssysteme)
Die Partnergemeinde P (aus einem anderen Bundesland) der Stadt S stellt ihren Haushalt nach wie vor kameral auf. Es werden nunmehr Überlegungen angestellt, von dem vorhandenen Wahlrecht Gebrauch zu machen, auf das doppische Buchführungsverfahren umzusteigen. Sie bittet daher um Unterstützung der Partnerstadt. Die Verwaltung der Gemeinde P will mit der Einführung der kommunalen Doppik voraussichtlich zum 1.1.2023 beginnen und der politischen Vertretung eine beispielhafte Darstellung vorgelegen, worin die Unterschiede der Buchführungsverfahren Kameralistik und Doppik liegen, um die neue Buchführung besser verstehen zu können. Die Verwaltungen einigen sich darauf, am Beispiel der in 2019 eröffneten Bücherei der Stadt S, die bisherige Kameralistik und die zukünftige Doppik vergleichend darzustellen.

Für die Entscheidungsfindung kann man dabei auf folgende Informationen[68] zurückgreifen, wobei im Finanzierungsbereich zum 31.12.2021 lediglich Bankverbindlichkeiten von 60.000 € bestehen:

- Kaufpreis des Büchereigebäudes zum 2.1.2019: 800.000 €
  (Nutzungsdauer 40 Jahre, linearer Werteverzehr)
- Kaufpreis des Mobiliars zum 2.1.2019: 180.000 €
  (Nutzungsdauer 10 Jahre, linearer Werteverzehr)
- Kaufpreise der Bücher ab 2019 jährlich zum Jahresanfang je: 30.000 €
  (Nutzungsdauer 5 Jahre, linearer Werteverzehr)
- Personalausgaben/-aufwendungen in 2022 200.000 €
- Energieausgaben/-aufwendungen in 2022 5.000 €
- Geschäftsausgaben/-aufwendungen 2022 3.000 €
- Spende an die Bibliothek der Partnergemeinde zur Beseitigung von Hochwasserschäden, zahlbar in 2022 10.000 €
- Ausleihgebühren/-erträge 2022 40.000 €
- Mieteinnahmen/-erträge 2022 1.000 €

Aufgabe:
Ermitteln Sie die Jahresergebnisse 2018 (31.12.2022) nach den Buchungsverfahren der Kameralistik, der kaufmännischen Buchführung und der Kosten- und Leistungsrechnung (Ermittlung der Kosten und Leistungen). Unterstellen Sie dabei, dass die im Sachverhalt genannten Finanzdaten unverändert in den Jahresabschluss 2022 einfließen, soweit sie nicht auf Grund des Sachverhaltes zu bearbeiten sind.

68 Es handelt sich um einen Einstiegsfall zur Verdeutlichung der Grundstrukturen der Rechnungssysteme. Insofern sind die Ergebnisse nicht mit einer echten Abrechnung zu vergleichen, zumal vor allem für die kaufmännische Buchführung wichtige Finanzdaten wie z. B. Bestände an liquiden Mitteln fehlen.

Lösung:
Das Rechnungssystem der Kameralistik stellt die Einnahmen und Ausgaben des Jahres 2022 gegenüber, sodass folgendes Ergebnis zum 31.12.2022 zu erwarten ist:[69]

Ausgaben		**Einnahmen**	
Kauf von Büchern	30.000 €	Ausleihgebühren	40.000 €
Personalausgaben	200.000 €	Mieteinnahmen	1.000 €
Energieausgaben	5.000 €	**Summe**	**41.000 €**
Geschäftsausgaben	3.000 €		
Spenden	10.000 €		
Summe	**248.000 €**	**Fehlbetrag**	**207.000 €**

In der kaufmännischen Buchführung werden eine Gewinn- und Verlustrechnung 2018 (Ergebnisrechnung) mit der Gegenüberstellung von Aufwendungen und Erträgen sowie eine Bilanz zum Stichtag 31.12.2022 erstellt.

Soll	**Gewinn- und Verlustrechnung 2022**		**Haben**
Personalaufwendungen	200.000 €	Gebührenerträge	40.000 €
Energieaufwendungen	5.000 €	Mieterträge	1.000 €
Geschäftsaufwendungen	3.000 €	**Verlust 2010**	239.000 €
Spende	10.000 €		
Abschreibungen für			
Gebäude	20.000 €		
Mobiliar	18.000 €		
Bücher[70]	24.000 €		
Insgesamt	**280.000 €**	**Insgesamt**	**280.000 €**

Aktiva	**Bilanz zum 31.12.2022**		**Passiva**
Büchereigebäude	720.000 €	Eigenkapital	828.000 €
Mobiliar	108.000 €	Bankverbindlichkeiten	60.000 €
Buchbestand[71]	60.000 €		
Insgesamt	**888.000 €**	**Insgesamt**	**888.000 €**

69 Auf die Trennung in vermögenswirksame und vermögensunwirksame Geschäftsvorfälle wird verzichtet.

70 Die Buchbeschaffungen der Jahre 2019 bis 2022 mit jährlich 30.000 € werden bei einer Nutzungsdauer von fünf Jahren mit 6.000 € je Jahr abgeschrieben. Bei vier Beschaffungsperioden sind dies 4 × 6.000 € = 24.000 €. Zur Besonderheit einer möglichen Festwertbildung für den Buchbestand siehe Kap. 10.

71 Die Beschaffungen aus dem Jahr 2019 sind mit 4 × 6.000 €, die Beschaffungen aus dem Jahr 2020 mit 3 × 6.000 €, die Beschaffungen aus dem Jahr 2021 mit 2 × 6.000 € und die Beschaffungen aus dem Jahr 2022 mit 1 × 6.000 € abgeschrieben, sodass die bis Ende 2022 aufgelaufene Abschreibung insgesamt 60.000 € beträgt. Dieser Betrag ist vom Beschaffungsvolumen der vier Jahre (= 4 × 30.000 €) zu subtrahieren.

In die Kosten- und Leistungsrechnung fließen die betriebstypischen (betriebserforderlichen) Aufwendungen und Erträge ein. Die Aufwendungen und Erträge sind der Gewinn- und Verlustrechnung zu entnehmen. Dabei ist lediglich die Spende an die Partnergemeinde nicht für den Betrieb der Stadtbücherei in S notwendig, sodass es sich hierbei nicht um Kosten der Stadtbibliothek S handelt.[72] Insofern ergibt sich folgende Darstellung in der Kosten- und Leistungsrechnung:

Aufwendungen	280.000 €	**Leistungen**	**41.000 €**
Spende	– 10.000 €		
Kosten	**270.000 €**		

Sachverhalt 2 (Betriebswirtschaftliche Grundbegriffe)
Bei der Gemeinde G werden die folgenden Geschäftsvorfälle bearbeitet:

a) Am 15.5.2022 werden für die Toiletten des Freibades für 10.000 € Einmalhandtücher angeschafft. Nach Beendigung der Freibadsaison am 18.9.2022 wird festgestellt, dass davon lediglich 60 % verbraucht wurden. Die restlichen Handtücher werden winterfest für das kommende Betriebsjahr gelagert.
b) Bei der Kraftfahrzeugwerkstatt der Abfallbeseitigung fallen in 2022 300.000 € Arbeiterentgelte für insgesamt 6.000 Arbeitsstunden an. Nach den Aufzeichnungen des Meisters entfielen davon 5.000 Stunden auf Reparaturarbeiten für die Fahrzeuge der Abfallbeseitigung. 1.000 Arbeitsstunden wurden für den Umbau eines Lastkraftwagens zu einem Spezialfahrzeug für die Abfallbeseitigung eingesetzt. Dieses Fahrzeug wird zu Beginn des Jahres 2023 in Betrieb genommen (Nutzungsdauer fünf Jahre).
c) Die Abfallbeseitigung nimmt im Januar 2023 Gebühren für die Entleerung von Hausmüllbehältern in Höhe von 400.000 € ein. Darin enthalten sind Nachzahlungen für 2018 von 10.000 €, für die Ende 2018 eine Veranlagung mit Fälligkeit im Januar 2023 erfolgt.
d) Die Gemeinde G besitzt ein Straßenreinigungsfahrzeug. Das Fahrzeug wurde am 2.1.2015 zu einem Preis von 150.000 € beschafft und wird in 2022 in vollem Umfang für die Straßenreinigung eingesetzt. Beim Fahrzeug wird eine voraussichtliche Lebensdauer (= Nutzungsdauer) von fünf Jahren unterstellt.
e) Mieteinnahme in Höhe von 300 € in 2022 für den Monat August 2022 aus einer Hausmeisterwohnung.
f) Auf Grund eines Orkanschadens im Dezember 2022 muss das Dach des Hallenbades neu eingedeckt werden. Die Rechnung für die im Jahr 2022 durchgeführte Dachreparatur in Höhe von 80.000 € geht erst im Januar 2023 ein.
g) Die Pacht für ein Grundstück auf dem gemeindlichen Deponiegelände ist als Jahrespacht jährlich im Voraus zu entrichten. Die Pacht für die Zeit vom 1.10.2022 bis 30.9.2023 in Höhe von 12.000 € wird am 28.9.2023 gezahlt.

72 Es stellt sich ohnehin die Frage, ob die Zuordnung der Spende von 10.000 € zum Budget der Stadtbibliothek vertretbar ist. Sachgerechter wäre sicherlich die Einordnung der Spende in den Budgetbereich der Städtepartnerschaften.

h) Kauf und Bezahlung von Dieselkraftstoff (50.000 €) am 30.12.2023, obwohl das Tanklager des Fuhrparks noch halb gefüllt ist. Der Kauf ist darin begründet, dass die Mineralölpreise auf Grund einer Steuererhöhung zum 1.1.2023 um ca. 10 Cent/je Liter steigen werden. Der Dieselkraftstoff wird erst im folgenden Jahr verbraucht.

Aufgabe:
Begutachten Sie, welchen Jahren die kaufmännische Buchführung die im Sachverhalt genannten Geschäftsvorfälle zuordnet.

Lösung:
Die kaufmännische Buchführung dokumentiert den Werteverzehr (Ressourcenverbrauch) und den Wertezuwachs (Ressourcenzuwachs). Daraus folgend kann die Zuordnung der Fälle a) bis h) zu den Erträgen und Aufwendungen im doppischen Rechnungssystem tabellarisch wie folgt dargestellt werden.

Fall	Kaufmännische Buchführung	
Buchstabe	Ertrag/Jahr	Aufwendung/Jahr
a		6.000 € / 2022 4.000 € / 2023
b		250.000 € / 2022[73]
c	10.000 € / 2022 390.000 € / 2023	
d		je 30.000 € / 2019–2023
e	300 € / 2022	
f		80.000 € / 2022
g		3.000 € / 2022 9.000 € / 2023
h		50.000 € / 2023

Sachverhalt 3 (Erstellung einer Eröffnungsbilanz)[74]

Der städtische Fachbereich „Freizeit" (Betrieb von Sporthallen, Sportplätzen, Schwimmbädern und dgl.) wird ab dem Jahr 2022 als Eigenbetrieb geführt und muss zum 1.1.2018 eine Eröffnungsbilanz erstellen, nachdem bis einschließlich 2021 eine Abwicklung im doppischen Kernhaushalt der Stadt erfolgte. Die Detailinformationen

73 Dargestellt ist die Nettoauswirkung. Brutto sind in 2021 an Personalaufwendungen 300.000 € zu buchen. Der Betrag von 50.000 € ist als Aktivierte Eigenleistung (Ertrag) nachzuweisen. Ab 2022 ist der Lastkraftwagen abzuschreiben (in der Lösung nicht dargestellt).

74 Diese Übungsaufgabe soll die Erstellung einer Bilanz verdeutlichen. Dabei geht sie über die bisher dargestellten Gliederungsebenen hinaus. Insofern sind zusätzliche Kenntnisse zu besonderen Bilanzpositionen und Bewertungen erforderlich. Die einzelnen Problemstellungen werden in der Textlösung erläutert, sodass jederzeit die Gliederungsproblematik nachvollzogen werden kann. Die Bewertung soll auf der Basis der historischen Anschaffungskosten erfolgen. Zur besonderen Bewertung nach den Regeln des kommunalen Finanzmanagements siehe Kapitel 10.

z. B. zu den Bilanzpositionen aus dem kommunalen Haushalt zum städtischen Fachbereich „Freizeit“ liegen der zuständigen Organisationseinheit noch nicht vollständig vor. Die Inventur hat aber bereits Folgendes ergeben:

a) Der Wert der Fahrzeuge betrug zum 31.12.2021 200.000 €.
b) Die Betriebs- und Geschäftsausstattung hatte zum Ende 2021 einen Wert in Höhe von 100.000 €.
c) Das Hallenbad wurde in 2017 neu errichtet (Fertigstellung und Inbetriebnahme zum 1.7.2017). Der Bau des Hallenbades verursachte Ausgaben von 1.850.400 €. Das Grundstück wurde in 2017 für 940.000 € erworben. Die Nutzungsdauer des Hallenbades beträgt 50 Jahre. Zum 15.6.2017 wurden an Erschließungsbeiträgen 50.000 € und Kanalanschlussbeiträgen 10.000 € entrichtet. Der Umkleidetrakt wurde in 2017 durch Arbeitskräfte und unter Einsatz von Material des städtischen Bauhofes errichtet. Dazu wurden Material im Wert von 30.000 € und Löhne für die direkt mit der Maßnahme beschäftigten Arbeitskräfte des Bauhofes von 80.000 € eingesetzt. Die Kostenrechnung des Bauhofes wies in 2017 folgende Struktur auf:

Lohn(Fertigungs-)einzelkosten	2.000.000 €
Materialeinzelkosten	1.000.000 €
Lohn(Fertigungs-)gemeinkosten	500.000 €
Materialgemeinkosten	200.000 €
Verwaltungsgemeinkosten	370.000 €

d) In 2021 wurden den Sportvereinen 100.000 € Nutzungsentgelte in Rechnung gestellt. Der Sportverein „FC Schienenbein 09“ hat trotz mehrfacher Mahnungen des Fachbereichs die Entgelte von 10.000 € noch nicht überwiesen. Daraufhin hat die Fachbereichsleiterin entschieden, den Betriebszuschuss 2021 an den Verein in Höhe von 20.000 € trotz Fälligkeit nicht zu überweisen. Eine Verrechnung der beiden Zahlungen wurde nicht vorgenommen.
e) Die Sporthalle (Nutzungsdauer 40 Jahre) wurde im Auftrag und nach Wünschen der Stadt von einem privaten Investor gebaut und am 1.1.2021 in Betrieb genommen (Bauausgaben 1.200.000 €). Der Investor ist auch juristischer Eigentümer der Sporthalle. Diese wurde jedoch von der Stadt im Wege des Immobilienleasings zum selben Termin in Besitz genommen. Der Leasingvertrag enthält eine Option, wonach die Stadt Ende 2036 die Sporthalle zur Hälfte des Verkehrswertes 2021 zurückkaufen kann. Der Leasingvertrag ist während der Leasingzeit unkündbar. Die Jahresleasingrate beträgt 50.000 €, darin enthalten ist ein Kapitalanteil von 30.000 €[75]. Die Stadt trägt die Gebäudeunterhaltungs- und Bewirtschaftungskosten.
f) Das Bankguthaben beläuft sich zum 31.12.2021 auf 50.000 €.
g) Der Fachbereich führt im Sportstättenbereich ein umfangreiches Materiallager (Rote Asche für die Sportplätze). Der Lagerbestand zum 1.1.2021 betrug 5 t Asche zu einem Wert von 6.050 €. Am Jahresende 2017 befanden sich noch 4 t Asche im Lager. In 2021 erfolgten folgende Zukäufe:

75 Auf die Abzinsung des Kapitalanteils wurde aus Vereinfachungsgründen verzichtet.

25.2.2021 5 t zum Einkaufspreis von 1.200 €/t
14.6.2021 7 t zum Einkaufspreis von 1.100 €/t
19.9.2021 6 t zum Einkaufspreis von 1.500 €/t

h) In 2017 hatte der Fachbereich zur Finanzierung des Hallenbades einen Kredit in Höhe von 1.200.000 € aufgenommen. Bis Ende 2021 hat der Fachbereich dafür einen Schuldendienst von insgesamt 400.000 € geleistet, wovon 300.000 € auf die Zinsen entfielen. Außerdem wurde in 2017 eine zweckgebundene Landeszuweisung in Höhe von 200.000 € als Ertragszuschuss für das Gebäude gewährt.

i) Die Firma Raffke GmbH und Co. KG hat in 2021 einen größeren Reparaturauftrag im Hallenbad ausgeführt (Rechnungsbetrag: 80.000 €). Der Fachbereich ist der Auffassung, dass die Reparatur nur mit Mängeln ausgeführt wurde und hat deshalb auf den Rechnungsbetrag in 2021 nur 60.000 € gezahlt. Die restlichen 20.000 € wurden zurückgehalten, bis eine gerichtliche Klärung erfolgt ist. Nach Auffassung des Rechtsamtes zeichnet sich ein Vergleich über 15.000 € ab. Diesen Betrag hat der Fachbereich auf ein Postbankkonto angelegt.

j) Der Fachbereich hat vertragsgemäß am 12.12.2021 noch aus Haushaltsmitteln die Leasingrate 2018 für einen Großflächenmäher (Sportplatzpflege) in Höhe von 8.000 € gezahlt.

k) Außerdem besitzt er einen Bargeldbestand von 1.000 €. Dieser beruht auf eine bereits am 16.12.2021 erfolgte Einzahlung des Schwimmvereines „Bei uns ertrinkt keiner e. V.“ als Benutzungsentgelt für das erste Quartal 2022. Der Kassierer hat den Betrag trotz Fälligkeit zum 15.2.2022 wegen seines Langzeiturlaubes auf Mallorca vorzeitig gezahlt.

Aufgabe:

Stellen Sie die Eröffnungsbilanz für den Eigenbetrieb „Freizeit“ zum 1.1.2022 auf. Begründen Sie die einzelnen Arbeitsschritte.

Lösung:

Aktiva	**Eröffnungsbi**	**lanz zum 1.1.2022**	**Passiva**
Hallenbad	2.807.624 €	Eigenkapital	1.879.624 €
Sporthalle	1.170.000 €	Investitionszuwendungen	182.000 €
Fahrzeuge	200.000 €	Rückstellungen	15.000 €
BGA	100.000 €	Bankverbindlichkeiten	1.100.000 €
Vorräte	6.000 €	Leasingverbindlichkeiten	1.170.000 €
Forderungen an Vereine	10.000 €	Verbindlichkeiten an Vereine	20.000 €
Bankguthaben	50.000 €	Passive Rechnungsabgrenzung	1.000 €
Postbankguthaben	15.000 €		
Kasse	1.000 €		
Aktive Rechnungsabgrenzung	8.000 €		
Insgesamt	**4.367.624 €**	**Insgesamt**	**4.367.624 €**

Im Einzelnen ergeben sich folgende Begründungen:

a) Das Inventurergebnis von 200.000 € für die Fahrzeuge wird auf die Aktivseite eingestellt.
b) Das Inventurergebnis von 100.000 € für die Betriebs- und Geschäftsausstattung (BGA) wird auf die Aktivseite eingestellt.
c) Das Hallenbad muss folgender Bewertung zugeführt werden, wobei bei der Berechnung der aktivierten Eigenleistungen vom Wahlrecht bei den Gemeinkostenzuschlägen (z. B. Materialgemeinkosten, Fertigungsgemeinkosten) Gebrauch gemacht wurde:

	Grundstück in €	**Gebäude in €**
Anschaffungsausgaben 2017 (lt. Sachverhalt als Basis zu verwenden)	940.000	1.850.400
Erschließungsbeitrag 2017 (Wertverbesserung des Grundstücks[76])	50.000	
Kanalanschlussbeitrag 2017 (Wertverbesserung des Grundstücks[77])	10.000	
Umkleidetrakt als zu aktivierende Eigenleistung (differenzierte Zuschlagskalkulation[78])		136.000
Wert 1.7.2017	1.000.000	1.986.400
abzüglich lineare Abschreibungen 1.7.2013 bis 31.12.2017 = 4,5 Jahre)	0	178.776
Wert 31.12.2017	1.000.000	1.807.624
Gesamtbilanzwert	**2.807.624**	

d) Das im doppischen Kernhaushalt des Jahres 2021 als Forderung in der Bilanz auf der Aktivseite ausgewiesene, noch nicht eingegangene Nutzungsentgelt ist ebenfalls auf der Aktivseite als Forderung einzustellen. Der noch nicht überwiesene Betriebszuschuss stellt eine Verbindlichkeit gegenüber dem Verein dar und ist auf der Passivseite zu platzieren.
e) Die Stadt ist laut Sachverhalt nicht juristischer Eigentümer. Allerdings ist sie wirtschaftlicher Eigentümer, da es sich bei dem Leasinggeschäft offensichtlich nicht um ein mietähnliches Leasinggeschäft („Operating Leasing"), sondern um ein Finanzierungsgeschäft („Financial Leasing") handelt.[79] Insofern muss der Eigenbe-

76 Die Grundstücksbezogenheit steht im Vordergrund, so auch die ständige Rechtsprechung im Steuerrecht (z. B. BFH, Urt. vom 7.11.1995 [BStBl. S. 190]).

77 Die Grundstücksbezogenheit steht im Vordergrund, so auch die ständige Rechtsprechung im Steuerrecht (z. B. BFH, Urt. vom 18.7.1972 [BStBl. S. 931]).

78 Lohneinzelkosten 80.000 € + Lohngemeinkosten 20.000 € (Zuschlagssatz 25 %) = Lohngesamtkosten 100.000 €; Materialeinzelkosten 30.000 € + Materialgemeinkosten 6.000 € (Zuschlagssatz 20 %) = Materialgesamtkosten 36.000 €; ergibt Herstellkosten von 136.000 €; Berechnung der aktivierten Eigenleistung darf nicht mit Verwaltungsgemeinkosten erfolgen. Zu den Berechnungseinzelheiten siehe Leitfaden zur Bilanzierung und Bewertung des kommunalen Vermögens, Abschnitt 5.2.1, Stand: Januar 2006, Änderungen/Ergänzungen: September 2008.

79 Financial Leasing (Spezialleasing) ist u. a. an folgenden Merkmalen erkennbar: Die Anlage entspricht den speziellen Anforderungen des Leasingnehmers. Der Leasingnehmer trägt das

trieb den Wert der Sporthalle aktivieren (Bauausgaben von 1.200.000 € abzüglich Abschreibungen für das Jahr 2021 in Höhe von 30.000 €). In der Leasingrate ist ein Kapitalanteil von jährlich 30.000 € enthalten. Damit erreicht der Investor die Rückgewinnung des aufgewandten Kapitals[80], sodass in dieser Höhe eine Verbindlichkeit gegenüber dem Investor entsteht, wobei allerdings bereits eine Auflösung von 30.000 € für das Jahr 2021 erfolgte. In den genannten Positionen verändert sich entsprechend auch die Bilanz des doppischen Kernhaushaltes.

f) Das Bankguthaben von 50.000 € wird auf die Aktivseite als Umlaufvermögen eingestellt.

g) Der Bestand an roter Asche ist nach einem gängigen Verfahren zu bewerten. Die Lösung hat sich des FiFo-Verfahrens (First in – First out) bedient, sodass der Bestand nach dem letzten Einstandspreis bewertet wird.[81] Insofern werden 4 t × 1.500 €/t = 6.000 € der Aktivseite der Bilanz zugeordnet.

h) Kredite sind als Verbindlichkeiten auf der Passivseite der Bilanz nachzuweisen. Der bis zum Bilanzierungsstichtag bereits geleistete Schuldendienst von 400.000 € enthielt Zinsen in Höhe von 300.000 €, sodass der Tilgung 100.000 € zuzuordnen sind. Dieser Betrag verringert die Ursprungsverbindlichkeit entsprechend. Investitionszuwendungen sind als Finanzierungsmittel des Anlagevermögens zu passivieren und entsprechend der Nutzungsdauer des geförderten Vermögensgegenstandes aufzulösen. Wie bei Buchstabe c) dargestellt, sind bereits Abschreibungen von 4,5 Jahren erfolgt, sodass auch für diesen Zeitraum eine Auflösung in Höhe von 18.000 € abzusetzen ist (200.000 € : 50 Jahre Gesamtnutzungsdauer × 4,5 Jahre).

i) In Höhe des zu erwartenden Vergleichsbetrages ist als Verbindlichkeit eine Rückstellung auf der Passivseite zu bilden (Aufwandrückstellung). Das Postbankkonto ist als Umlaufvermögen der Aktivseite zuzuordnen.

j) Bei der Leasingrate für den Großflächenmäher handelt es sich zwar um eine Auszahlung des Jahres 2021, jedoch um Aufwendungen des Jahres 2022. Insofern ist der Betrag als aktive Rechnungsabgrenzung zu bilanzieren und damit der Erfolgsrechnung des Jahres 2022 zuzuordnen.[82]

k) Die Einzahlung des Jahres 2021 stellt einen Ertrag des Jahres 2022 dar. Insofern muss der Betrag der Erfolgsrechnung des Jahres 2022 zugeführt werden. Die bilanzielle Darstellung erfolgt als passive Rechnungsabgrenzung.[83]

---

wirtschaftliche Risiko der Anlagenutzung und -erhaltung. Der Leasingvereinbarung erstreckt sich über die voraussichtliche Nutzungsdauer der Anlage. Die vereinbarten Leasingraten dekken die Anschaffungs- oder Herstellungskosten. Siehe dazu Ziff. 5.2 des RdErl. des IM vom 9.10.2006 -34-48.05.01/01-, Kredite und kreditähnliche Rechtsgeschäfte.

80 Auf eine Abzinsung des Kapitalanteils wird aus Vereinfachungsgründen verzichtet.

81 § 31 Abs. 10 GemHVO-Doppik schreibt für die kommunalen Haushalte zwingend die Bewertung nach dem gewogenen Durchschnitt vor (siehe dazu auch Kap. 10). Zur Anwendung der einzelnen Bewertungsverfahren siehe *Klümper/Möllers/Zimmermann*, Kommunale Kosten- und Wirtschaftlichkeitsrechnung, 20. Aufl., Witten 2019, S. 165 ff.

82 Aktive Rechnungsabgrenzung kann vereinfacht als Gegenbuchung einer „Auszahlung mit Aufwand in späteren Jahren" bezeichnet werden.

83 Passive Rechnungsabgrenzung kann vereinfacht als Gegenbuchung einer „Einzahlung mit Ertrag in späteren Jahren" bezeichnet werden.

Der Gesamtsumme des Vermögens von **4.367.624 €** stehen Investitionszuwendungen und Verbindlichkeiten in Höhe von 2.488.000 € gegenüber, sodass sich als Differenz ein Reinvermögen von 1.879.624 € ergibt, das als Eigenkapital ausgewiesen wird.

Sachverhalt 4 (Bestandsbuchungen)
Die Eröffnungsbilanz einer Eigengesellschaft der Gemeinde G zum 1.1.2022 hat folgenden Inhalt:

Aktiva	**Bilanz**	**zum 1.1.2022**	**Passiva**
Bebaute Grundstücke	1.000.000 €	Eigenkapital	1.150.000 €
Fahrzeuge	200.000 €	Hypothekenverbindlichkeiten	560.000 €
BGA	100.000 €	Dispositionskredite	40.000 €
Forderungen	7.000 €	Lieferantenverbindlichkeiten	50.000 €
Bankguthaben	493.000 €		
Insgesamt	**1.800.000 €**	**Insgesamt**	**1.800.000 €**

Im Jahre 2022 fallen folgende Geschäftsvorfälle an:

1. Kauf eines Fahrzeuges (10.000 €), Überweisung erfolgt aus dem Bankguthaben.
2. Eingang von 4.000 € auf die ausstehenden Forderungen auf dem Bankkonto.
3. Ein neues bebautes Grundstück wird gekauft (200.000 €). Es wird zunächst aus dem Bankguthaben bezahlt. Nach einmonatiger Verhandlung werden 180.000 € über ein langfristiges Hypothekendarlehen finanziert. Die Hypothekenbank überweist den Betrag auf das Bankkonto.
4. Abbuchung von 30.000 € beim Bankkonto, wovon 25.000 € dem Dispositionskredit zugeführt werden und 5.000 € der Tilgung der Hypothekenkredite dienen.
5. Kauf eines Personalcomputers mit Zahlungsziel in 2023 (2.000 €).
6. Bezahlung von Rechnungen aus dem Vorjahr durch Überweisung vom Bankkonto (10.000 €).
7. Die Stadt als Eigentümer übergibt der Eigengesellschaft Fahrzeuge im Wert von 80.000 € zur Eigenkapitalaufstockung.
8. Verkauf eines bebauten Grundstückes für 120.000 €, zahlbar mit je 60.000 € in 2022 und 2023. Der Betrag für 2018 wird sofort dem Bankkonto gutgeschrieben.

Aufgabe:
Verarbeiten Sie die Finanzvorfälle in der kaufmännischen Buchführung und erstellen die Schlussbilanz zum 31.12.2022. Formulieren Sie auch die entsprechenden Buchungssätze für die Finanzvorfälle 1 bis 8 und entscheiden Sie, welche Auswirkungen die Finanzvorfälle auf die Bilanz haben.

Lösung:

S	bebaute Grundstücke		H
AB	1.000.000	(8)	120.000
(3)	200.000	SB	1.080.000
	1.200.000		1.200.000

S	Eigenkapital		H
SB	1.230.000	AB	1.150.000
		(7)	80.000
	1.230.000		1.230.000

S	Fahrzeuge		H
AB	200.000	SB	290.000
(1)	10.000		
(7)	80.000		
	290.000		290.000

S	Hypothekenverbindlichkeiten		H
(4)	5.000	AB	560.000
SB	735.000	(3)	180.000
	740.000		740.000

S	BGA		H
AB	100.000	SB	102.000
(5)	2.000		
	102.000		102.000

S	Dispositionskredite		H
(4)	25.000	AB	40.000
SB	15.000		
	40.000		40.000

S	Forderungen		H
AB	7.000	(2)	4.000
(8)	60.000	SB	63.000
	67.000		67.000

S	Lieferantenverbindlichkeiten		H
(6)	10.000	AB	50.000
SB	42.000	(5)	2.000
	52.000		52.000

S	Bankguthaben		H
AB	493.000	(1)	10.000
(2)	4.000	(3)	200.000
(3)	180.000	(4)	30.000
(8)	60.000	(6)	10.000
		SB	487.000
	737.000		737.000

Aktiva	**Schlussbilanz zum 31.12.2022**		**Passiva**
Bebaute Grundstücke	1.080.000 €	Eigenkapital	1.230.000 €
Fahrzeuge	290.000 €	Hypothekenverbindlichkeiten	735.000 €
BGA	102.000 €	Dispositionskredite	15.000 €
Forderungen	63.000 €	Lieferantenverbindlichkeiten	42.000 €
Bankguthaben	487.000 €		
	2.022.000 €		**2.022.000 €**

Lfd. Nr.	Buchungssätze	Bilanzauswirkung
1	Fahrzeuge an Bankguthaben 10.000 €	Aktivtausch
2	Bankguthaben an Forderungen 4.000 €	Aktivtausch
3	Bebaute Grundstücke an Bank 200.000 € Bankguthaben an Hypothekenverbindlichkeiten 180.000 €	Aktivtausch Aktiv-Passiv-Mehrung
4	Dispositionskredit 25.000 € und Hypothekenverbindlichkeiten 5.000 € an Bankguthaben 30.000 €	Aktiv-Passiv-Minderung
5	BGA an Lieferantenverbindlichkeiten 2.000 €	Aktiv-Passiv-Mehrung
6	Lieferantenverbindlichkeiten an Bankguthaben 10.000 €	Aktiv-Passiv-Minderung
7	Fahrzeuge an Eigenkapital 80.000 €	Aktiv-Passiv-Mehrung
8	Bankguthaben 60.000 € und Forderungen 60.000 € an bebaute Grundstücke 120.000 €	Aktivtausch

Sachverhalt 5 (Erfolgsbuchungen)[84]

Die Eröffnungsbilanz einer als eigenbetriebsähnliche Einrichtung geführten Musikschule der Gemeinde G zum 0.1.2022 hat folgenden Inhalt:

Aktiva	**Bilanz zum 1.1.2022**		**Passiva**
Bebaute Grundstücke	1.000.000 €	Eigenkapital	1.090.000 €
BGA	200.000 €	Bankverbindlichkeiten	610.000 €
Bankguthaben	500.000 €		
Insgesamt	**1.700.000 €**	**Insgesamt**	**1.700.000 €**

Im Jahre 2022 fallen folgende Geschäftsvorfälle an:

1. Versendung von Bescheiden über Musikschulbeiträge in Höhe von 190.000 € mit sofortigem Zahlungseingang auf dem Bankkonto.
2. Malermeister Pinsel stellt für den Unterhaltungsanstrich des Musikschulgebäudes 15.000 € in Rechnung, die sofort per Banküberweisung bezahlt werden.
3. Die Abschreibungen betragen für die bebauten Grundstücke 80.000 € und für die Betriebs- und Geschäftsausstattung 22.000 €.
4. Es werden Gehälter in Höhe von 120.000 € per Banküberweisung bezahlt.
5. An einen Musikschulbenutzer wird ein Schadensersatzbetrag in Höhe von 1.000 € per Banküberweisung geleistet.
6. Die Musikschule nimmt Bescheide in Höhe von 3.000 € zurück und überweist die bereits eingegangenen Beträge an die Musikschulbenutzer zurück.
7. Für die Vermietung von Räumen gehen 10.000 € auf dem Bankkonto ein.
8. Es werden weitere Gehälter in Höhe von 27.000 € per Banküberweisung gezahlt.

84 Die Bilanz und die Fallgestaltung sind stark vereinfacht, um den Studierenden die Möglichkeit zu geben, reine Erfolgsbuchungen zu trainieren.

Aufgabe:
Verarbeiten Sie die Finanzvorfälle in der kaufmännischen Buchführung und erstellen Sie die Ergebnisrechnung 2022 sowie die Schlussbilanz zum 31.12.2022. Formulieren Sie auch die entsprechenden Buchungssätze für die Finanzvorfälle 1 bis 8.

Lösung:

Bilanzkonten

S	bebaute Grundstücke		H
AB	1.000.000	(3)	80.000
		SB	920.000
	1.000.000		1.000.000

S	Eigenkapital		H
ER	68.000	AB	1.090.000
SB	1.022.000		
	1.090.000		1.090.000

S	BGA		H
AB	200.000	(3)	22.000
		SB	178.000
	200.000		200.000

S	Bankverbindlichkeiten		H
SB	610.000	AB	610.000
	610.000		610.000

S	Bankguthaben		H
AB	500.000	(2)	15.000
(1)	190.000	(4)	120.000
(7)	10.000	(5)	1.000
		(6)	3.000
		(8)	27.000
		SB	534.000
	700.000		700.000

Erfolgskonten

S	Gehälter		H
(4)	120.000	ER	147.000
(8)	27.000		
	147.000		147.000

S	Musikschulbeiträge		H
(6)	3.000	(1)	190.000
ER	187.000		
	190.000		190.000

S	Gebäudeunterhaltung		H
(2)	15.000	ER	15.000
	15.000		15.000

S	Mieterträge		H
ER	10.000	(7)	10.000
	10.000		10.000

S	Abschreibungen		H
(3)	102.000	ER	102.000
	102.000		102.000

S	Sonstiger ordentlicher Aufwand		H
(5)	1.000	ER	1.000
	1.000		1.000

Soll	Ergebnisrechnung 2022		Haben
Gehälter	147.000 €	Musikschulbeiträge	187.000 €
Gebäudeunterhaltung	15.000 €	Mieterträge	10.000 €
Abschreibungen	102.000 €	Jahresfehlbetrag	68.000 €
Sonst. ordentlicher Aufwand	1.000 €		
Insgesamt	**265.000 €**	**Insgesamt**	**265.000 €**

Aktiva	Schlussbilanz zum 31.12.2022		Passiva
Bebaute Grundstücke	920.000 €	Eigenkapital	1.022.000 €
BGA	178.000 €	Bankverbindlichkeiten	610.000 €
Bankguthaben	534.000 €		
Insgesamt	**1.632.000 €**	**Insgesamt**	**1.632.000 €**

Lfd. Nr.	Buchungssätze
1	Bankguthaben an Musikschulbeiträge 190.000 €
2	Gebäudeunterhaltung an Bankguthaben 15.000 €
3	Abschreibungen 102.000 € an Gebäude 80.000 € und BGA 22.000 €
4	Gehälter an Bankguthaben 120.000 €
5	Sonstiger ordentlicher Aufwand an Bankguthaben 1.000 €[85]
6	Musikschulbeiträge an Bankguthaben 3.000 €
7	Bankguthaben an Mieterträge 10.000 €
8	Gehälter an Bankguthaben 27.000 €

Sachverhalt 6 (Bestands- und Erfolgsbuchungen)[86]

Die Städte A, B und C haben einen Schulzweckverband gebildet, wobei folgende Eröffnungsbilanz erstellt wurde:

85 Ein Ausweis als außerordentlicher Aufwand scheitert in der Doppik an der Geringfügigkeit des Betrages. In der Kosten- und Leistungsrechnung ist dieser Betrag allerdings als nicht betriebstypisch zu behandeln, sodass dort keine Zuordnung zu den Kosten erfolgt (Ausweis in der neutralen Rechnung).

86 Diese Übungsaufgabe soll das Zusammenwirken aller Buchungsbereiche verdeutlichen. Dabei geht sie über die bisherigen Besprechungsinhalte teilweise hinaus. Insofern sind zusätzlich Kenntnisse zu einzelnen Bilanz- und Erfolgspositionen erforderlich. Besondere Problemstellungen werden bei den Buchungssätzen mithilfe von Fußnoten erläutert, sodass die Lösungsproblematik nachvollzogen werden kann. Ansonsten wird auf die spezielle Behandlung der einzelnen Positionen in den Kapiteln 10 bis 12 verwiesen. *Hinweis:* Abschreibungsbuchungen und Buchungen in der Finanzrechnung sind nicht durchzuführen.

Aktiva	**Bilanz zum 1.1.2022**		**Passiva**
Schulausstattung	1.315.000 €	Eigenkapital	670.000 €
Forderungen	200.000 €	Verbindlichkeiten gegenüber:	
Bank	550.000 €	Banken	1.200.000 €
Kasse	5.000 €	Lieferanten	200.000 €
	2.070.000 €		**2.070.000 €**

Im Jahre 2022 ergeben sich folgende Geschäftsvorfälle:

1. Verkauf von gebrauchten Schulmöbeln. Die Möbel werden in den Anlagenachweisen des Zweckverbandes mit einem Restbuchwert von 1.000 € geführt. Der Verkaufserlös von 3.000 € wird sofort in bar bezahlt.
2. Einkauf und Bezahlung (Bank) von Büromaterial (4.000 €), welches sofort verbraucht wird.
3. Eingang einer Rechnung des Busunternehmens B für Schülertransporte in 2018 über 30.000 € (Zahlungsziel in 2019)
4. Ein Gymnasium stellt der Arbeiterwohlfahrt für Gruppenabende Klassenräume zur Verfügung. Vertraglich ist eine Jahresmietpauschale von 5.000 € vereinbart. Die Arbeiterwohlfahrt überweist einen Monat nach Unterzeichnung des Mietvertrages auf das Bankkonto einen Betrag von 2.000 €.
5. Für die Schulhausmeister sind Beschäftigungsentgelte in Höhe von 400.000 € zu zahlen (Banküberweisung). Darin enthalten sind laut Arbeitsaufzeichnung Entgeltanteile von 1.000 € für das Zusammenbauen eines Regalsystems (Einkauf im Baumarkt in 2018 zum Preis von 3.000 €).
6. Nach dem Mietvertrag mit der Arbeiterwohlfahrt hat die Stadt die Reinigung der genutzten Räumlichkeiten zu übernehmen. Die Reinigungsfirma stellt dafür als Jahrespauschale von 1.500 € in Rechnung (sofortige Bezahlung vom Bankkonto).
7. Das Land überweist Mitte Dezember 2022 für einen Schulversuch einen Betriebskostenzuschuss von 90.000 € (Bescheid und Zahlung gehen am selben Tag ein – Bankkonto). Davon sind 50.000 € für 2018 und 40.000 € für 2023 bestimmt.
8. Die reiche Erbin Irmgard M ist über das Zeugnis Ihres Sohnes sehr erfreut (Verbesserung in Mathematik von ungenügend auf schwach mangelhaft) und spendet spontan in bar ohne besondere Zweckbindung 2.000 €.
9. Bei einem missglückten Versuch im Chemieunterricht werden bei einer Explosion der Lehrer und zwei Schüler verletzt. Außerdem ist der Chemieraum stark beschädigt. Die Reparaturarbeiten werden von der Firma F durchgeführt, die dafür 5.000 € in Rechnung stellt (sofortige Banküberweisung).
10. Die beteiligten Städte überweisen den Betriebskostenzuschuss 2022 in Höhe von 400.000 €.

Aufgabe:
Buchen Sie die Geschäftsvorfälle auf T-Konten und schließen Sie die Konten bis hin zum Schlussbilanzkonto ab. Formulieren Sie auch die Buchungssätze.

Lösung:

Bilanzkonten

S	Schulausstattung		H
AB	1.315.000	(1)	1.000
(5)	1.000	SB	1.315.000
	1.316.000		1.316.000

S	Eigenkapital		H
SB	689.500	AB	670.000
		ER	19.500
	689.500		689.500

S	Forderungen		H
AB	200.000	(4)	2.000
(4)	5.000	SB	203.000
	205.000		205.000

S	Bankverbindlichkeiten		H
SB	1.200.000	AB	1.200.000
	1.200.000		1.200.000

S	Bankguthaben		H
AB	550.000	(2)	4.000
(4)	2.000	(5)	400.000
(7)	90.000	(6)	1.500
(10)	400.000	(9)	5.000
		SB	631.500
	1.042.000		1.042.000

S	Lieferantenverbindlichkeiten		H
SB	230.000	AB	200.000
		(3)	30.000
	230.000		230.000

S	Kasse		H
AB	5.000	SB	10.000
(1)	3.000		
(8)	2.000		
	10.000		10.000

S	Passive Rechnungsabgrenzung		H
SB	40.000	(7)	40.000
	40.000		40.000

Erfolgskonten

S	Materialverbrauch		H
(2)	4.000	ER	4.000
	4.000		4.000

S	Erträge aus Verkäufen		H
ER	2.000	(1)	2.000
	2.000		2.000

S	Schülerbeförderung		H
(3)	30.000	ER	30.000
	30.000		30.000

S	Mieterträge		H
ER	5.000	(4)	5.000
	5.000		5.000

S	Beschäftigungsentgelte		H
(5)	400.000	ER	400.000
	400.000		400.000

S	aktivierte Eigenleistungen		H
ER	1.000	(5)	1.000
	1.000		.000

S	Reinigungsaufwand		H
(6)	1.500	ER	1.500
	1.500		1.500

S	Zuschüsse		H
ER	450.000	(7)	50.000
		10)	400.000
	450.000		450.000

S	Gebäudeunterhaltung		H
(9)	5.000	ER	5.000
	5.000		5.000

S	Sonstiger Ertrag		H
ER	2.000	(8)	2.000
	2.000		2.000

Soll	**Ergebnisrechnung 2022**		**Haben**
Materialverbrauch	4.000 €	Erträge aus Verkäufen	2.000 €
Schülerbeförderung	30.000 €	Mieterträge	5.000 €
Beschäftigungsentgelte	400.000 €	aktivierte Eigenleistungen	1.000 €
Reinigungsaufwand	1.500 €	Zuschüsse	450.000 €
Gebäudeunterhaltung	5.000 €	Sonstiger Ertrag	2.000 €
Jahresüberschuss	19.500 €		
Insgesamt	**460.000 €**	**Insgesamt**	**460.000 €**

Aktiva	**Bilanz zum 31.12.2022**		**Passiva**
Schulausstattung	1.315.000 €	Eigenkapital	689.500 €
Forderungen	203.000 €	Verbindlichkeiten gegenüber:	
Bank	631.500 €	Banken	1.200.000 €
Kasse	10.000 €	Lieferanten	230.000 €
		Passive Rechnungsabgrenzung	40.000 €
	2.159.500 €		**2.159.500 €**

Lfd. Nr.	Buchungssätze
1	Kasse 3.000 € an Schulausstattung 1.000 € und Erträge aus Verkäufen 2.000 €[87]
2	Materialaufwand an Bank 4.000 €
3	Schülerbeförderungsaufwand an Lieferantenverbindlichkeiten 30.000 €
4	Forderungen an Mieterträge 5.000 € Bank an Forderungen 2.000 €
5	Beschäftigungsentgelte an Bank 400.000 € Schulausstattung an aktivierte Eigenleistungen 1.000 €[88]
6	Reinigungsaufwand an Bank 1.500 €
7	Bankguthaben 90.000 € an Erträge aus Zuschüssen 50.000 € und passive Rechnungsabgrenzung 40.000 €[89]
8	Kasse an sonstiger ordentlicher Ertrag 2.000 €[90]
9	Gebäudeunterhaltungsaufwand an Bank 5.000 €[91]
10	Bankguthaben an Erträge aus Zuschüssen 400.000 €[92]

87 Möglich ist auch eine Bruttobuchung mit den Buchungssätzen: Kasse an Erträge aus Verkäufen mit 3.000 € und Verkaufsabschreibung (Aufwendung) an Schulausstattung mit 1.000 €.

88 Die Tätigkeit des Hausmeisters beim Zusammenbau des Regalsystems erhöht den Wert des Regals (Anlagevermögen) und ist deshalb zu aktivieren. Zuschläge für Materialgemeinkosten und Fertigungsgemeinkosten konnten wegen fehlender Angaben im Sachverhalt nicht berücksichtigt werden. Auf die Buchung der sich daraus ergebenden Abschreibungen wurde aufgrund des Hinweises in Fußnote 62 verzichtet.

89 Es erfolgt eine periodengerechte Abgrenzung. Erfolgswirksam für 2022 ist nur der Betrag für dieses Wirtschaftsjahr. Insofern ist der Betrag für das Jahr 2023 als passive Rechnungsabgrenzung auszuweisen.

90 Ein Ausweis als außerordentlicher Ertrag scheitert in der Doppik an der Geringfügigkeit des Betrages. In der Kosten- und Leistungsrechnung ist dieser Betrag allerdings als nicht betriebstypisch zu behandeln, sodass dort keine Zuordnung zu den Leistungen erfolgt (Ausweis in der neutralen Rechnung).

91 Ein Ausweis als außerordentlicher Aufwand scheitert in der Doppik an der Geringfügigkeit des Betrages. In der Kosten- und Leistungsrechnung ist dieser Betrag allerdings als nicht betriebstypisch zu behandeln, sodass dort keine Zuordnung zu den Kosten erfolgt (Ausweis in der neutralen Rechnung).

92 Der Einfachheit halber erfolgt die Zuordnung zu dem allgemeinen Zuschusskonto, obwohl es sich hier eher um eine Zweckverbandsumlage handeln könnte.

4. Ablauf, Organisation und Personal im kommunalen Finanzmanagement

4.1 Stationen der Haushaltswirtschaft und Haushaltskreislauf

Bereits im Kapitel 2.1 ist dargestellt, in welche Stationen (Phasen) der kommunale Haushaltskreislauf gegliedert ist. Im Mittelpunkt des NKHR-MV steht dabei das Haushaltsjahr, wobei man sich den Ablauf der Haushaltswirtschaft einer Gemeinde als einen Kreislauf vorstellen kann, in dem sich die einzelnen Phasen in jedem Haushaltsjahr in stets gleich bleibender Reihenfolge wiederholen:

- Planung und Aufstellung des Haushaltsplanes,
- Ausführung des Haushaltsplanes und
- Rechnungslegung, Prüfung und Entlastung.

Die Abwicklung eines Haushaltes erfolgt etwa über drei Jahre von der Aufstellung bis zur Entlastung.

Folgendes Beispiel soll dieses verdeutlichen:

Haushaltsplan für das Jahr 2023				
2022	Aufstellung	(Jahr vor dem Inkrafttreten = Haushaltsplanjahr)		
		Beteiligt	=	Fachämter/Fachdienste, Kämmerei/Fachdienst Finanzen, Gemeindevertretung
2023	Ausführung	(laufendes Jahr = Haushaltsjahr)		
		Beteiligt	=	gesamte Verwaltung, Finanzbuchhaltung, Gemeindekasse Gemeindevertretung
2024	Abrechnung, Prüfung und Entlastung (nachfolgendes Jahr)			
		Beteiligt	=	Finanzbuchhaltung, Kämmerei/Fachdienst Finanzen, Gemeindekasse Rechnungsprüfungsamt, Rechnungsprüfungsausschuss, Gemeindevertretung

4.2 Ausführung des Haushaltsplanes

Bei der Ausführung des Haushaltsplanes wirken zwei Stellen der Gemeindeverwaltung zusammen, und zwar die einzelnen Fachämter/Fachdienste einschließlich Kämmerei/Fachdienst Finanzen und die Finanzbuchhaltung. Die Fachämter/Fachdienste verfügen über die Haushaltsmittel, schließen Verträge ab, erstellen Rechnungen, erlassen Finanzbescheide (z. B. Gebührenbescheide, Bußgeldbescheide), begründen Aufwendungen und Zahlungen. Die Fachämter/Fachdienste haben somit grundsätzlich allein das Recht, über die im Haushaltsplan veranschlagten Beträge zu verfügen, und die Pflicht, die Einhaltung des Haushaltsplanes zu bewirken (siehe § 19 GemHVO-Doppik).

Die Abwicklung der Erträge/Aufwendungen bzw. Einzahlungen/Auszahlungen sowie die Dokumentation der Finanzvorfälle obliegen dagegen der Finanzbuchhaltung[93]. Die Finanzbuchhaltung ist dabei wie folgt gegliedert:

Finanzbuchhaltung

Geschäftsbuchführung	**Zahlungsabwicklung/ Gemeindekasse**
• Erfassung/Vormerkung von Aufträgen (Haushaltsüberwachung) • Vorprüfung und Kontierung von Eingangs-/Ausgangsrechnungen • Buchen von Forderungen und Verbindlichkeiten auf Debitoren- und Kreditorenkonten sowie Führen der Anlagebuchhaltung (Nebenbuchführung) • Buchung von Geschäftsvorfällen auf Bestands- und Erfolgskonten (Hauptbuchführung) • Erstellung von Anweisungen für Auszahlungen • Sammlung der Belege • Erstellung der Jahresabschlüsse (Ergebnisrechnung, Finanzrechnung und Bilanz)	• Abwicklung des Zahlungsverkehrs (Einzahlungen, Auszahlungen) • Verwaltung der Finanzmittel – zentrale Liquiditätsplanung • Buchen der Einzahlungen und Auszahlungen auf Debitoren- bzw. Kreditorenkonten und in der Finanzrechnung • Offene-Posten-Verwaltung einschließlich Mahnungen • Abstimmung der Bankkonten und der Finanzrechnung (täglich und zum Stichtag 31.12.) • Ermittlung der liquiden Mittel, ggf. durch Abschluss der Finanzrechnungskonten zum Stichtag 31.12. • Zwangsvollstreckung (öffentlich-rechtlich und privatrechtlich) • Verwahrung und Verwaltung von Wertgegenständen

93 Der Begriff „Finanzbuchhaltung" wird vom Gesetzgeber nicht verwendet. Die Autoren bezeichnen damit jegliche Tätigkeit im Finanzmanagement der Kommunen, unabhängig davon, welcher Fachdienst diese wahrnimmt.

Die Geschäftsbuchführung kann dabei dezentral in den Fachämtern/Fachdiensten, gebündelt für mehrere Dezernate/Fachbereiche oder auch von einer zentralen Stelle geführt werden. Dies wird je nach Größe der Verwaltung und nach dem in der Verwaltung vorhandenen Fachwissen entschieden werden. Es gibt auch die Möglichkeit, einen Teil der Aufgaben in den Fachämtern/Fachdiensten dezentral wahrzunehmen und den übrigen Teil (z. B. Kontroll- bzw. Prüfungsaufgaben, Buchung schwieriger Geschäftsvorfälle, Anlagenbuchhaltung) an zentraler Stelle wahrzunehmen. Dies empfiehlt sich insbesondere deshalb, da die schwierigen Geschäftsvorfälle meist nicht sehr häufig anfallen und daher keine sich wiederholenden Routinebuchungen darstellen. Durch die Abgrenzung der schwierigen Geschäftsvorfälle und zentraler Bearbeitung wird die Fehlerquote für Falschbuchungen minimiert und Korrekturbuchungen vermieden. Dagegen sieht § 58 Abs. 1 KV M-V zwingend vor, die Zahlungsabwicklung ausschließlich zentral durch eine Gemeindekasse zu erledigen, der auch gemäß § 1 GemKVO-Doppik die entsprechenden Aufgaben zugewiesen sind. Es ist zudem wirtschaftlich sinnvoll, die Bankgeschäfte sowie die Liquidität einer Gemeinde als Ganzes zu steuern. Aus Sicherheitsgründen ist hier ein sogenanntes „Vier-Augen-Prinzip" eingeführt worden. Gemäß § 58 Abs. 5 KV M-V dürfen der Kassenverwalter, sein Stellvertreter und die übrigen Bediensteten der Gemeindekasse keine Zahlungen anordnen. Damit erfolgt eine Trennung des Buchungsgeschäftes vom Zahlungsgeschäft. Außerdem dürfen der Kassenverwalter und sein Stellvertreter untereinander, zum Bürgermeister und zu anordnungsbefugten Mitarbeitern der Gemeinde sowie zum Leiter und zu den Prüfern des Rechnungsprüfungsamtes nicht Angehörige im Sinne von § 20 Abs. 5 des Landesverwaltungsverfahrensgesetzes sein (§ 58 Abs. 4 KV M-V). Außerdem dürfen gemäß § 58 Abs. 3 KV M-V die anordnungsbefugten Mitarbeiter der Gemeinde sowie der Leiter und die Prüfer des Rechnungsprüfungsamtes nicht gleichzeitig Aufgaben des Kassenverwalters oder seines Stellvertreters wahrnehmen.

Eine hauptamtlich verwaltete Gemeinde hat allerdings gemäß § 59 Abs. 1 KV M-V die Möglichkeit, die Kassengeschäfte ganz oder zum Teil von einer Stelle außerhalb der Gemeindeverwaltung besorgen zu lassen, wenn die ordnungsgemäße Erledigung und die Prüfung nach den für die Gemeinde geltenden Vorschriften gewährleistet sind. Die Übertragung ist der Rechtsaufsichtsbehörde nach Satz 2 des § 59 Abs. 1 KV M-V allerdings vorher anzuzeigen. Kassengeschäfte sind die Zahlungsabwicklung einschließlich des Mahnwesens und der Zwangsvollstreckung sowie die Verwahrung und Verwaltung von Wertgegenständen (§ 58 Abs. 1 Satz 2 KV M-V). Die Gemeinde kann sich also durchaus eines privaten Buchführungsanbieters bedienen, selbst eine solche Institution gründen oder sich mit anderen Gemeinden und Trägern zu privatrechtlich oder öffentlich-rechtlich organisierten Buchführungszentren zusammenschließen. Die Buchführung kann demnach auch von Eigenbetrieben oder Eigengesellschaften erledigt werden. Außerdem besteht die Möglichkeit, kommunale Zweckverbände zu gründen. Es muss jedoch die ordnungsgemäße Erledigung der Buchungs- und Zahlungsgeschäfte sowie die Prüfung nach den kommunalrechtlichen Vorschriften gewährleistet sein.

Im Rahmen des Buchungsverfahrens werden die Finanzvorfälle den entsprechenden Konten zugeordnet (Hauptbuchhaltung), wobei zu bestimmten Konten Nebenbuchhaltungen bestehen.

In der **Anlagenbuchhaltung** wird das kommunale Vermögen erfasst, Vermögenszugänge und Vermögensabgänge werden dokumentiert. Hier sind für jeden Vermögensgegenstand oder jede Vermögensgruppe einzelne Konten eingerichtet, die dann zum Gesamtvermögen addiert werden. Insofern wird bei einer Vermögensveränderung nicht unmittelbar das Bilanzkonto, sondern das konkrete Einzelvermögenskonto (z. B. statt Fahrzeugbilanzkonto 0711 das Einzelkonto des Anlagegegenstandes Nr. xxx = Dienst-PKW des Bürgermeisters) bebucht.

Für jeden Schuldner (Debitor) und jeden Gläubiger (Kreditor) wird ein einzelnes Konto geführt. Insofern werden diese Konten auch als „Personenkonten“ oder auch als „Bürgerkonten“ bezeichnet. Debitoren könnten z. B. ein Gewerbesteuerpflichtiger oder ein Musikschulentgeltzahlender sein. Kreditor könnte ein Bauunternehmer sein, der eine Baurechnung eingereicht hat. Jeder kommunale Bedienstete ist ebenfalls gegenüber der Gemeinde Kreditor, weil er Anspruch auf Beschäftigungsentgelte hat. Der **Kreditoren- und Debitorenbuchhaltung** kommen somit erhebliche Funktionen zu, weil diese Nebenbuchhaltungen praktisch bei den meisten Finanzvorfällen berührt sind.

Das Zusammenwirken der Haupt- und Nebenbuchhaltungen zeigt das Schaubild auf der nächsten Seite. Das Zusammenwirken der Fachämter/Fachdienste sowie der Finanzbuchhaltung mit Geschäftsbuchführung und Zahlungsabwicklung wird an den danach abgedruckten Beispielen deutlich.

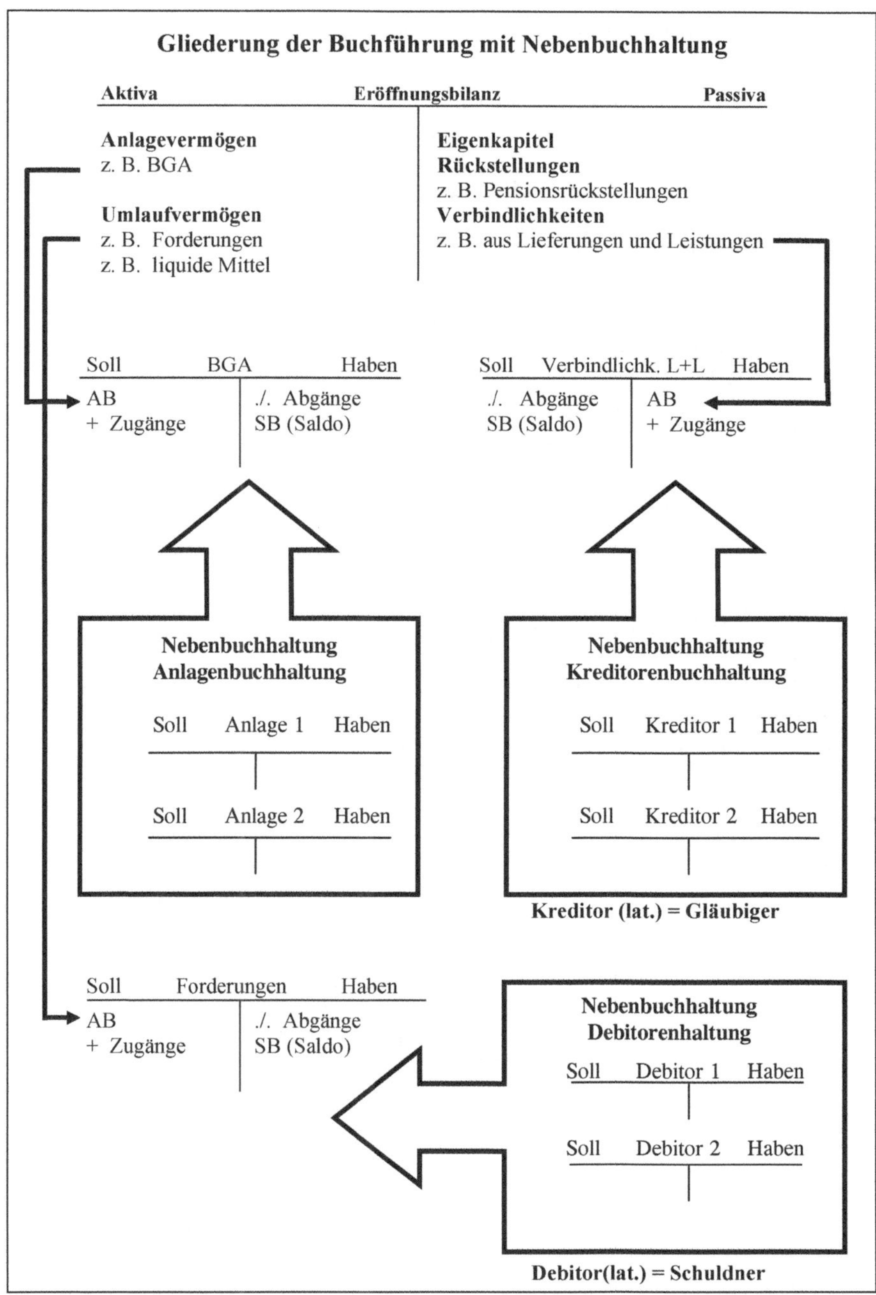
Gliederung der Buchführung mit Nebenbuchhaltung
Aktiva
Eröffnungsbilanz
Passiva
Anlagevermögen
z. B. BGA
Umlaufvermögen
z. B. Forderungen
z. B. liquide Mittel
Eigenkapitel
Rückstellungen
z. B. Pensionsrückstellungen
Verbindlichkeiten
z. B. aus Lieferungen und Leistungen
Soll BGA Haben
AB
+ Zugänge
./. Abgänge
SB (Saldo)
Soll Verbindlichk. L+L Haben
./. Abgänge
SB (Saldo)
AB
+ Zugänge
Nebenbuchhaltung
Anlagenbuchhaltung
Soll Anlage 1 Haben
Soll Anlage 2 Haben
Nebenbuchhaltung
Kreditorenbuchhaltung
Soll Kreditor 1 Haben
Soll Kreditor 2 Haben
Kreditor (lat.) = Gläubiger
Soll Forderungen Haben
AB
+ Zugänge
./. Abgänge
SB (Saldo)
Nebenbuchhaltung
Debitorenhaltung
Soll Debitor 1 Haben
Soll Debitor 2 Haben
Debitor(lat.) = Schuldner

Beispiel: Verkauf von gebrauchten Schulmöbeln[94]

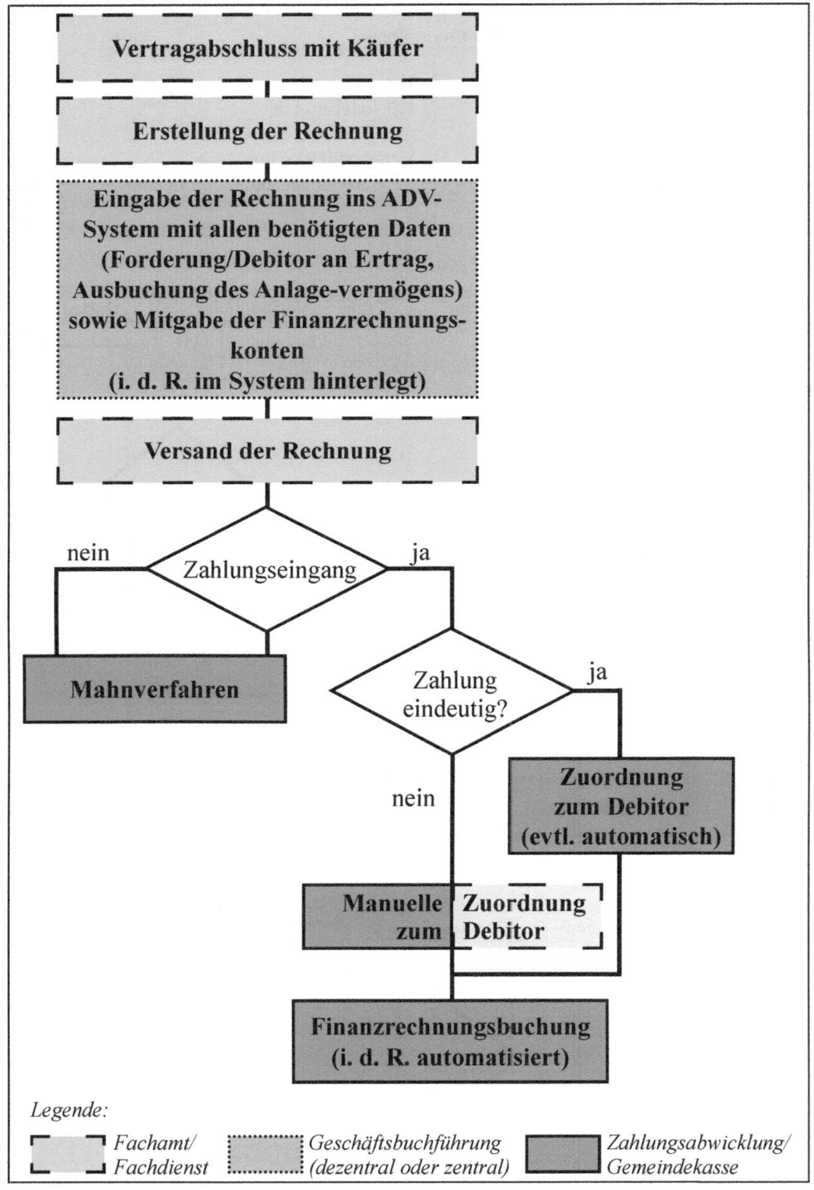

94 Entnommen und geringfügig erweitert aus Modellprojekt „Doppischer Kommunalhaushalt in NRW" (Hrsg.), Neues Kommunales Finanzmanagement: Betriebswirtschaftliche Grundlagen für das doppische Haushaltsrecht, 2. vollst. überarb. Auflage auf der Basis der Endergebnisse des Modellprojektes, Freiburg 2003, S. 454.

Beispiel: Erwerb von Büromaterial[95]

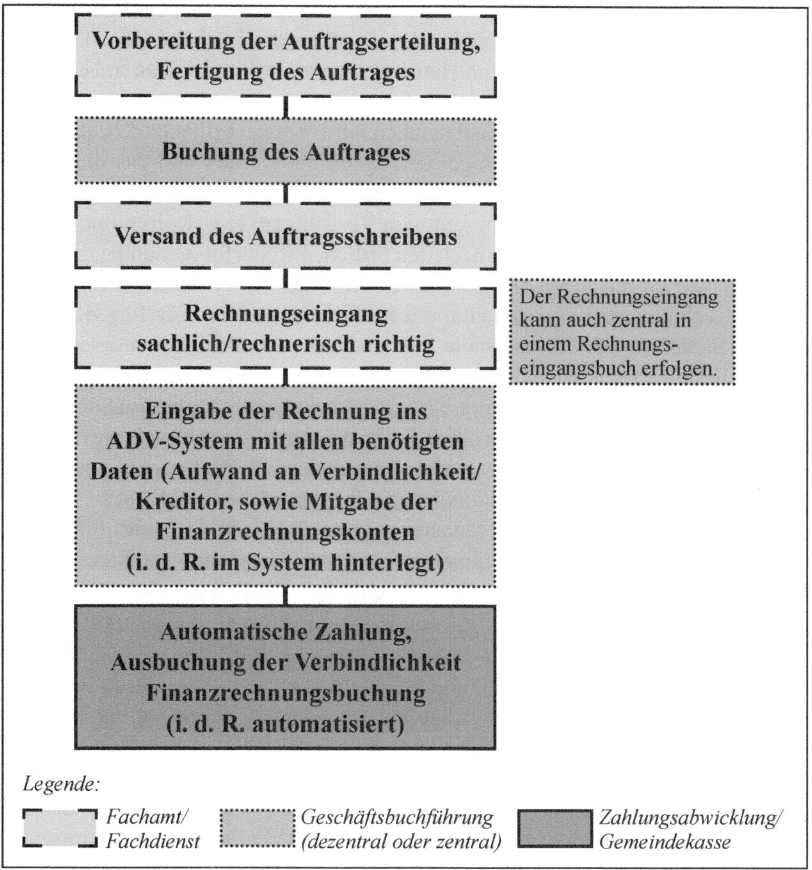

4.3 Personal im NKHR M-V

4.3.1 Mitarbeiter im NKHR M-V

Das NKHR M-V enthält besondere Vorschriften über das Personal nur für den Kassenverwalter und seinen Stellvertreter (§ 58 Abs. 2 KV M-V), für die Kassenaufsicht (§ 29 Abs. 1 GemKVO-Doppik) und die Leiterin oder den Leiter sowie die Prüferinnen und Prüfer des Rechnungsprüfungsamtes (§ 58 Abs. 3, 4 KV M-V, § 22 Abs. 3

95 Angelehnt an die Übersicht in Modellprojekt „Doppischer Kommunalhaushalt in NRW" (Hrsg.), Neues Kommunales Finanzmanagement: Betriebswirtschaftliche Grundlagen für das doppische Haushaltsrecht, 2. vollst. überarb. Auflage auf der Basis der Endergebnisse des Modellprojektes, Freiburg 2003, S. 452.

KV M-V i. V. m. dem Kommunalprüfungsgesetz M-V). Die Bürgermeisterin oder der Bürgermeister kann darüber hinaus im Rahmen der gesetzlichen Befugnisse weitere Zuständigkeiten schaffen. So werden beispielsweise die Fachbereiche, Fachdienste oder Fachämter für die Teilhaushalte Haushaltsverantwortliche haben müssen, die für das dezentrale Finanzmanagement zuständig sind, und es werden Verantwortliche für die Teilhaushalte zu bestimmen sein. Daneben wird es nach örtlichen Regelungen Personal geben, dem Feststellungsbefugnisse zugeordnet werden und das die einzelnen Erträge/Aufwendungen sowie Einzahlungen/Auszahlungen veranlassen darf.

Budgetierung im Rahmen der dezentralen Ressourcenverantwortung und Produktorientierung bedingen daneben ein nach den örtlichen Bedürfnissen und nach betriebswirtschaftlichen Grundsätzen ausgebautes Controlling. Damit ist nicht die Kontrolle durch die Rechnungsprüfung gemeint. Vielmehr beinhaltet Controlling die produktorientierte Steuerung der Teilhaushalte und Budgets. Grundsätzlich müssen die Controller fundierte betriebswirtschaftliche Kenntnisse besitzen. Dezentral angegliederte Controller sollten in der Regel unmittelbar der Fachbereichs- oder Fachdienstleitung unterstellt sein. Das zentrale Controlling ist in der Regel der Verwaltungsführung zu unterstellen. Größere Verwaltungen richten teilweise zentrale Steuerungsbereiche ein, die der Verwaltungsführung organisatorisch zugeordnet sind. Es besteht auch die Möglichkeit, das zentrale Finanzmanagement und das zentrale Controlling in einer Organisationseinheit zusammenzufassen, damit das Controlling (Finanzcontrolling einschließlich der Kosten- und Leistungsrechnung – KLR, operatives bzw. strategisches Controlling) umfassend wahrgenommen werden kann. In kleineren Verwaltungen wird die Einrichtung gesonderter Stellen für das Controlling und damit eine betriebswirtschaftliche Spezialisierung nur selten möglich sein. Diese Aufgaben werden Mitarbeiter in den für die Haushaltsplanung zuständigen Bereichen als Teilaufgabe wahrnehmen. Die in jeder Verwaltung notwendige betriebswirtschaftliche Steuerung einschließlich der KLR sollte aufgrund ihrer Bedeutung jedoch nicht unterschätzt werden. Empfohlen wird an dieser Stelle daher, ausreichend Zeitanteile für die Steuerungsaufgaben zur Verfügung zu stellen. Die bis 2016 lediglich für kleine amtsangehörige Gemeinden in den VV geregelte Ausnahme zur Führung einer KLR ist 2016 ohne Größenbegrenzung in § 27 Abs. 1 Satz 2 GemHVO-Doppik übernommen worden. Voraussetzung für diese Ausnahme sind eine zur Steuerung geeignete Produktgliederung und interne Leistungsverrechnungen.

Eine besondere Bedeutung kommt der Buchhaltung zu. Die Beschäftigten in diesem Bereich müssen die kaufmännische Buchführung mit allen kommunalen Besonderheiten beherrschen.

Der Kämmerer erhält im NKHR M-V entgegen anderen Bundesländern keine gesonderte Rechtsstellung. Er wird aber unter anderem regelmäßig den Haushaltsplan aufstellen und dem Bürgermeister übergeben, damit dieser den Beschluss der Haushaltssatzung und seiner Anlagen (§ 38 Abs. 3 KV M-V) für die Gemeindevertretung vorbereiten kann. Ansonsten sieht § 51 Abs. 1 Satz 2 KV M-V lediglich vor, dass der Leiter der Finanzverwaltung verpflichtet ist, den Bürgermeister rechtzeitig im Rahmen einer haushaltswirtschaftlichen Sperre zu beraten. Hinzu kommen Regelungen zum

Verwandtschaftsverhältnis des Leiters der Finanzverwaltung zu Trägern anderer Aufgabengebiete der Verwaltung.[96]

4.3.2 Rechnungsprüfungspersonal

Die örtliche Prüfung der Gemeinden, Landkreise und Ämter gehört gemäß § 1 Abs. 1 KPG zum eigenen Wirkungskreis dieser Gebietskörperschaften. Diese Aufgabe hat der Rechnungsprüfungsausschuss zu erledigen (§ 1 Abs. 2 KPG), wobei amtsangehörige Gemeinden sich des Rechnungsprüfungsausschusses des Amtes bedienen können.

Landkreise und Gemeinden über 20.000 Einwohner sind zudem verpflichtet, ein Rechnungsprüfungsamt einzurichten (§ 1 Abs. 3 Satz 2 KPG). Gemeinden mit weniger als 10.000 Einwohnern können und Gemeinden mit 10.000 bis 20.000 Einwohnern sollen stattdessen einen geeigneten Bediensteten als Rechnungsprüfer bestellen (§ 1 Abs. 3 Satz 2 KPG). Für diesen Rechnungsprüfer gelten die dem Schutz einer unabhängigen Prüfung dienenden Vorschriften des KPG gleichermaßen.

Ob Gemeinden mit weniger als 10.000 Einwohnern freiwillig ein Rechnungsprüfungsamt einrichten, hängt davon ab, inwieweit ein solches erforderlich und wirtschaftlich vertretbar ist.

Für Zweckverbände gilt gemäß § 1 Abs. 3 Satz 2 KPG, dass sie sich des Rechnungsprüfungsamtes zu bedienen haben, soweit ein Verbandsmitglied ein Rechnungsprüfungsamt eingerichtet hat. Falls mehrere Verbandsmitglieder ein RPA haben, sollte im Wechsel durch RPAs geprüft werden.

Der Rechnungsprüfungsausschuss bedient sich der Fachkompetenz der Mitarbeiter des Rechnungsprüfungsamtes (§ 1 Abs. 4 KPG). Dies ist auch sinnvoll, weil der Rechnungsprüfungsausschuss aus ehrenamtlichen Politikern besteht, die in der Regel nicht die notwendige Fachkompetenz und zeitlichen Ressourcen für eine Prüfungstätigkeit aufweisen.[97]

Die örtliche Rechnungsprüfung ist gemäß § 2 Abs. 1 KPG unmittelbar der Gemeindevertretung verantwortlich. Nach § 2 Abs. 2 KPG bestellt die Gemeindevertretung die Leiterin oder den Leiter und die Prüferinnen und Prüfer des Rechnungsprüfungsamtes und widerruft ggf. die Bestellung. Für die Berufung und Abberufung der Leite-

96 Siehe hierzu die Ausführungen unter 4.3.2 Rechnungsprüfungspersonal.

97 Die Prüfungstätigkeit in der kommunalen Haushaltswirtschaft ist in etwa mit der eines Wirtschaftsprüfers vergleichbar. Insofern muss der Prüfende eine erhebliche Fachkompetenz aufweisen. Deshalb ist es nicht verständlich, dass der Gesetzgeber die Möglichkeit geschaffen hat, die Prüfung der Haushaltswirtschaft bei Gemeinden unter 20.000 Einwohner allein dem Rechnungsprüfungsausschuss zu überlassen. Die dortigen Mitglieder können in der Regel in ihrer Mehrheit nicht die notwendigen Fähigkeiten der Prüfung einer komplexen Haushaltshaltswirtschaft mit Bilanz, Ergebnis- und Finanzrechnung besitzen. Hinzu kommt, dass die Mitglieder des Rechnungsprüfungsausschusses auch Mitglieder der Gemeindevertretung sind, die ja den Haushaltsplan beschlossen und Ausführungsentscheidungen getroffen haben. Anschließend prüfen sie dann selbst ihre Tätigkeit. Auch bei der zum Redaktionsschluss noch anstehenden Novellierung des KPG M-V wird es trotz entsprechender Hinweise im Anhörungsverfahren voraussichtlich keine grundlegende Verbesserung geben.

rin oder des Leiters ist die einfache Mehrheit der anwesenden Gemeindevertreter (§ 31 Abs. 1 KV M-V) erforderlich. Die Bestellung und der Widerruf der Bestellung ist gemäß § 2 Abs. 2 Satz 2 KPG gegenüber der Rechtsaufsichtsbehörde anzuzeigen. Der Widerruf der Bestellung ohne Einverständnis des Betroffenen bedarf der Zustimmung der Rechtsaufsichtsbehörde (§ 2 Abs. 2 Satz 3 KPG). Die Bildung des Rechnungsprüfungsamtes stellt eine notwendige Besonderheit dar, da gemäß § 3 Abs. 1, 2 KPG der örtlichen Rechnungsprüfung eine Reihe von Kontrollfunktionen gegenüber der sonstigen Verwaltung zugesprochen werden. So obliegen dem Rechnungsprüfungsamt gemäß § 3 Abs. 1 KPG im Rahmen der örtlichen Prüfung beispielsweise folgende Aufgaben:

a) die Prüfung des Jahresabschlusses sowie der Anlagen zum Jahresabschluss,
b) die Prüfung des Gesamtabschlusses sowie der Anlagen zum Gesamtabschluss,
c) die Prüfung der Einhaltung der Grundsätze ordnungsmäßiger Buchführung.

Gemäß § 3 Abs. 2 KPG kann die Wirtschaftsführung der Eigenbetriebe sowie der Sonder- und Treuhandvermögen, die Betätigung der Gemeinde in Unternehmen und Einrichtungen mit eigener Rechtspersönlichkeit und die Kassen-, Buch- und Betriebsprüfung, die sich die Gemeinde bei der Hingabe eines Darlehens, einer Bürgschaft oder sonst vorbehalten hat, geprüft werden.

Die anordnungsbefugten Mitarbeiter der Gemeinde sowie der Leiter und die Prüfer des Rechnungsprüfungsamtes dürfen nicht gleichzeitig Aufgaben des Kassenverwalters oder seines Stellvertreters wahrnehmen (§ 58 Abs. 3 KV M-V). Hier ist eine strikte Aufgabentrennung vorgeschrieben. Der Leiter und die Prüfer des Rechnungsprüfungsamtes sind nicht befugt, Zahlungen der Gemeinde anzuordnen oder auszuführen (§ 2 Abs. 6 KPG). Der Leiter und die Prüfer dürfen zum Vorsitzenden der Gemeindevertretung, dem Bürgermeister, den Beigeordneten, dem Kassenverwalter und seinem Stellvertreter sowie dem Leiter der Finanzverwaltung nicht Angehörige im Sinne von § 20 Abs. 5 des Verwaltungsverfahrensgesetzes sein (§ 2 Abs. 3 Satz 4 KPG).

Nach § 2 Abs. 3 Satz 1 KPG muss der Leiter des Rechnungsprüfungsamts Beamter auf Lebenszeit sein und die für das Amt erforderliche Eignung und Erfahrung besitzen. Dieser muss mindestens ein verwaltungswissenschaftliches Studium, das auf die Tätigkeit in der öffentlichen Verwaltung vorbereitet, oder ein betriebswissenschaftliches Studium mit einem Bachelorgrad oder vergleichbaren Grad erfolgreich abgeschlossen haben. Wer die Laufbahnbefähigung für den gehobenen allgemeinen nichttechnischen Verwaltungsdienst bis zum Tag vor dem Inkrafttreten des Landesbeamtengesetzes vom 17.12.2009 erworben oder als Angestellter mit zehnjähriger Berufserfahrung im öffentlichen Dienst, davon fünf Jahre bei einer Kommunalverwaltung oder einem Rechnungsprüfungsamt, Tätigkeiten wahrgenommen hat, die mindestens dem ersten Einstiegsamt der Laufbahngruppe 2 in der Fachrichtung des allgemeines Dienstes entsprechen, erfüllt auch diese Voraussetzung. Kann unter den Voraussetzungen des § 2 Abs. 3 KPG kein Beamter auf Lebenszeit als Leiterin oder Leiter des Rechnungsprüfungsamtes bestellt werden, entscheidet gemäß § 2 Abs. 3 Satz 3 KPG die Rechtsaufsichtsbehörde über Ausnahmen.

4.4 Übungen

Sachverhalt

Die Gemeinde G richtet zum 1.1.2022 ein Rechnungsprüfungsamt ein. Die Stelle der Leitung der Rechnungsprüfung (Besoldungsgruppe A 12 BBesG) wird in verschiedenen Zeitungen ausgeschrieben. Aufgrund dieser Anzeigen bewerben sich einige Damen und Herren aus der eigenen Verwaltung und von außerhalb. Darunter sind auch die folgenden Personen:

a) Heinz Schmidt, wohnhaft in G, Staufenstr. 3
Herr Schmidt ist zurzeit als stellvertretender Jugendamtsleiter (Besoldungsgruppe A 11 BBesG) beim Landkreis K beschäftigt. Seine Bewerbung wird von seinem Onkel (Bruder seines Vaters) unterstützt. Dieser ist Bürgermeister in G.
b) Jutta Weber, wohnhaft in G, Waldmarkstr. 7
Frau Weber ist zurzeit Stadtinspektorin im Sozialamt der Stadt S. Ihr Ehemann ist als Kassenverwalter der Stadt S beschäftigt.
c) Karl Meerhahn, wohnhaft in G, Hohe Str. 15
Herr Meerhahn ist derzeit als Stadtoberinspektor in der Kämmerei der Stadt S tätig. Sein Bruder, der Leiter des Fachbereichs Finanzwesen in der Gemeinde G ist, möchte aus fachlichen und menschlichen Gründen mit ihm zusammenarbeiten.
d) Brigitte Altmann, wohnhaft in G, Neue Str. 37
Frau Altmann ist zurzeit als Gemeindeoberinspektorin im Bauamt der Gemeinde F eingesetzt. Ihre Ehe mit dem Bürgermeister der Gemeinde G wurde vor zwei Jahren geschieden.
e) Ines Pamann, wohnhaft in G, Kleine Str. 75
Frau Pamann ist derzeit als Stadtamtsfrau in der Stadtkasse der kreisfreien Stadt S beschäftigt. Bekannt ist, dass sie seit geraumer Zeit mit dem Bürgermeister der Stadt S in einer eheähnlichen Gemeinschaft zusammenlebt.

Aufgabe:

Begutachten Sie, ob die vorgenannten Personen für die Besetzung der Stelle als Leiter des Rechnungsprüfungsamtes in Betracht kommen. Fachliche und wirtschaftliche Voraussetzung sind bei Prüfung dieses Falles außer Betracht zu lassen.

Lösung:

Grundsätzlich

Die Aufgabe ist nach den Bestimmungen des § 2 KPG zu lösen. Nach Abs. 3 Satz 4 dieser Vorschrift dürfen der Leiter und die Prüfer des Rechnungsprüfungsamtes

- zum Vorsitzenden der Gemeindevertretung
- mit dem Bürgermeister, den Beigeordneten
- dem Kassenverwalter und seinem Stellvertreter
- sowie dem Leiter der Finanzverwaltung

nicht Angehörige im Sinne von § 20 Abs. 5 des Landesverwaltungsverfahrensgesetzes Mecklenburg-Vorpommern sein.

Zu den einzelnen Bewerbern

a) Gemäß § 2 Abs. 3 Satz 4 KPG i. V. m. § 20 Abs. 5 Nr. 7 VwVfG M-V darf die Leitung des Rechnungsprüfungsamts nicht mit dem Bürgermeister (Geschwister der Eltern) verbunden sein. Zu den Angehörigen zählen auch die Geschwister der Eltern. Herr Schmidt ist der Sohn des Bruders des Bürgermeisters. Er darf deshalb nicht zum Leiter des Rechnungsprüfungsamts berufen werden.
b) Nach § 2 Abs. 3 Satz 4 KPG i. V. m. § 20 Abs. 5 Nr. 2 VwVfG M-V darf die Leitung des Rechnungsprüfungsamts nicht Angehöriger des Kassenverwalters sein. Die Bewerberin ist mit dem Kassenverwalter verheiratet und fällt somit unter Nr. 2 des § 20 Abs. 5 VwVfG M-V. Sie kommt deshalb für die Besetzung der Stelle nicht in Frage.
c) Die Leitung der Rechnungsprüfung darf nach § 2 Abs. 3 Satz 4 KPG i. V. m. § 20 Abs. 5 Nr. 4 VwVfG M-V nicht Angehöriger des mit der oder dem für das Finanzwesen zuständigen Bediensteten sein. Zu diesen Angehörigen zählen die Geschwister. Herr Meerhahn ist der Bruder des Leiters des Fachbereiches Finanzwesen der Gemeinde G, sodass seine Bewerbung nicht berücksichtigt werden kann.
d) Gemäß § 2 Abs. 3 Satz 4 KPG i. V. m. § 20 Abs. 5 VwVfG M-V darf die Leitung des Rechnungsprüfungsamts nicht mit dem Bürgermeister als Angehöriger verbunden sein. Zu diesen Angehörigen zählt der Ehegatte nach § 20 Abs. 5 Nr. 2 VwVfg M-V. Die Ehe der Frau Altmann mit dem Bürgermeister ist seit zwei Jahren geschieden. Das Angehörigkeitsverhältnis wird durch die Scheidung aufgehoben, soweit nicht andere Rechtsvorschriften dem entgegenstehen. § 20 Abs. 5 Satz 2 Nr. 1 trifft hier folgende Regelung: Angehörige sind die in Satz 1 aufgeführten Personen auch dann, wenn in den Fällen der Nummern 2, 3 und 6 die die Beziehung begründende Ehe nicht mehr besteht. Dadurch wird das Angehörigkeitsverhältnis also nicht aufgehoben. Die Bewerbung von Frau Altmann kann damit ebenfalls keine Berücksichtigung finden.
e) Die Form der eheähnlichen Verhältnisse wird durch die Regelungen des § 2 Abs. 3 Satz 4 KPG i. V. m. § 20 Abs. 5 Nr. 1–8 VwVfG M-V nicht erfasst. Die Bewerbung der Frau Pamann könnte somit formell berücksichtigt werden.

5. Der Haushaltsplan

5.1 Begriff

Das kommunale Haushaltsrecht enthält keine Legaldefinition des Begriffes „Haushaltsplan". Ausgehend von den Inhalten und Zielen des Haushaltes nach der Kommunalverfassung (KV M-V) und der Gemeindehaushaltsverordnung-Doppik (GemHVO-Doppik) bietet sich folgende Definition an:

> Unter dem Haushaltsplan ist die nach den Vorschriften der KV M-V und der GemHVO-Doppik festgestellte, für die Wirtschaftsführung der Gemeinde maßgebende, produktorientierte Zusammenstellung der im Haushaltsjahr zu erbringenden Leistungen und den hierfür veranschlagten Erträgen und Aufwendungen sowie Einzahlungen und Auszahlungen zu verstehen.

Die in der Fachliteratur bekannten Begriffe „Budget" und „Etat" stellen die Planung von zukünftigen Einnahmen und Ausgaben in einem bestimmten Ordnungssystem dar. Es ist ein systematischer Überblick über das Zahlenwerk für eine bestimmte Periode innerhalb des Rechnungswesens möglich. Auch der Haushaltsplan in der für die Kommunen in Mecklenburg-Vorpommern vorgesehenen Form wird diesem System gerecht. Denn im Rahmen der flexiblen Bildung von Teilhaushalten gemäß § 4 Abs. 2 GemHVO-Doppik können Organisationsstrukturen berücksichtigt und Budgets gebildet werden.

Das Haushaltsrecht, in den Bestimmungen der KV M-V und GemHVO-Doppik festgelegt, zeigt den Inhalt, die Bestandteile und die Systematik des Haushaltsplanes auf. Aus diesen Einzelregelungen ergibt sich summarisch der genaue Begriff des Haushaltsplanes.

§ 46 Abs. 2 KV M-V sagt aus, dass der Haushaltsplan die anfallenden Erträge und eingehenden Einzahlungen, die entstehenden Aufwendungen und zu leistenden Auszahlungen und die notwendigen Verpflichtungsermächtigungen enthält. Zusätzlich spricht diese Vorschrift an, dass die veranschlagten Positionen für die Erfüllung der Aufgaben der Gemeinde vorzusehen sind. Hier ergibt sich ein Bezug zu der in § 43 Abs. 1 KV M-V geforderten Sicherung der stetigen Aufgabenerfüllung.

Konkret sieht § 4 Abs. 2 GemHVO-Doppik vor, dass in jedem Teilhaushalt die wesentlichen Produkte und deren Auftragsgrundlage, Ziele und Leistungen zu beschreiben sowie Leistungsmengen und Kennzahlen zu Zielvorgaben anzugeben sind. Die Ziele und Kennzahlen sollen zur Grundlage der Gestaltung, der Planung, der Steuerung und der Erfolgskontrolle des jährlichen Haushaltes gemacht werden. Die Aufgabenerfüllung der Gemeinde kann dabei nur die Grundlage für die produktorientierte Zielbildung und die damit verbundene Steuerung sein.

Die Aufgabenerfüllung ist durch eine entsprechende Veranschlagung im Haushaltsplan sicherzustellen. Ergänzend ist die Bestimmung des § 46 Abs. 6 KV M-V zu sehen, wonach der Haushaltsplan die Grundlage für die Haushaltswirtschaft der Gemeinde darstellt. Der Haushaltsplan, der die ergebnis- und finanzrelevanten Aktivitäten der

Gemeinde enthält, ist somit im Innenverhältnis für die Haushaltsführung verbindlich. Diese Verbindlichkeit entsteht nach Maßgabe der Kommunalverfassung und der auf Grund der Kommunalverfassung erlassenen Rechtsverordnungen.

Nach § 46 Abs. 5 KV M-V hat die Gemeinde ihrer Haushaltswirtschaft eine fünfjährige Ergebnis- und Finanzplanung zu Grunde zu legen und in den Haushaltsplan einzubeziehen. Die Planung der drei über das Haushaltsjahr hinausgehenden Jahre wird als „mittelfristige Planung" bezeichnet. Die Planung der Ergebnis- und Finanzhaushalte geht damit nach dem Wortlaut der KV M-V zeitlich über den Haushaltsplan nach § 46 Abs. 2 KV M-V hinaus, der sich ausdrücklich nur auf das Haushaltsjahr bezieht. Praktisch hat dies nur zur Folge, dass die Veranschlagungen für das Haushaltsjahr durch die Haushaltssatzung haushaltsrechtliche Verbindlichkeit erlangen, während die Veranschlagungen der mittelfristigen Planung lediglich Grundlagen für zukünftige Haushaltsplanungen darstellen.

§ 46 Abs. 5 KV M-V i. V. m. § 6 Abs. 1 GemHVO-Doppik eröffnet zudem die Möglichkeit, einen Doppelhaushalt aufzustellen. Damit erfolgt die Planung nicht nur für ein Haushaltsjahr, sondern für zwei Haushaltsjahre. Bei einem Doppelhaushalt sind zudem die Planungsdaten der folgenden zwei Haushaltsjahre (Finanzplanungszeitraum) und zwar für jedes Haushaltsjahr getrennt, gegenüberzustellen.

Vorteil ist, dass bereits Planungssicherheit für zwei Haushaltsjahre besteht, da es sich bei der Haushaltsplanung in der Regel um langwierige Verfahren über mehrere Monate von der verwaltungsinternen Beratung über die politische Beratung bis hin zur Veröffentlichung der Haushaltssatzung handelt. Damit liegt bereits vor Beginn des zweiten Planjahres ein gültiger Haushalt vor. Allerdings ist von Nachteil, dass sich die Flexibilität verringert. Die Gemeinde muss für zwei Jahre im Voraus bereits ihre Vorhaben und damit auch Investitionen planen. Während der Haushaltsbewirtschaftung des ersten Haushaltsjahres auftretender Bedarf an neuen, umfangreichen Maßnahmen kann lediglich zeitlich verzögert oder grundsätzlich nur durch einen Nachtragshaushalt realisiert werden. Bei einem Doppelhaushalt erscheint die Erstellung eines Nachtrages daher wahrscheinlich.

Zusammenfassend kann gesagt werden: Der Haushaltsplan ist die Grundlage für die Haushaltswirtschaft der Gemeinde und enthält für die Zeit des Haushaltsjahres und die mittelfristige Planung die inhaltliche Konkretisierung der Aufgabenerfüllung und die hierfür voraussichtlich eingehenden Erträge und Einzahlungen, Aufwendungen und zu leistenden Auszahlungen und notwendigen Verpflichtungsermächtigungen. In seiner Eigenschaft als haushaltsrechtliches Ermächtigungsinstrument ist er, bezogen auf das Haushaltsjahr, für die Haushaltsführung der Gemeinde im Innenverhältnis verbindlich. Ansprüche und Verbindlichkeiten Dritter werden durch ihn jedoch weder begründet noch aufgehoben; der Haushaltsplan entfaltet demnach keine Außenwirkung (§ 46 Abs. 6 KV M-V).

5.2 Abgrenzung zu anderen Plänen und Rechnungen

5.2.1 Haushaltssatzung und Haushaltsplan

Die Haushaltssatzung (siehe Kapitel 17) enthält die Festsetzung des Haushaltsplanes unter Angabe

- des Gesamtbetrages jeweils der ordentlichen Erträge und der ordentlichen Aufwendungen, der außerordentlichen Erträge und der außerordentlichen Aufwendungen sowie das Jahresergebnis (§ 1 der Haushaltssatzung[98]),
- des Gesamtbetrages jeweils der ordentlichen und außerordentlichen Einzahlungen und Auszahlungen sowie des Saldos (§ 1 der Haushaltssatzung),
- des Gesamtbetrages jeweils der Einzahlungen und Auszahlungen aus der Investitions- und Finanzierungstätigkeit sowie des Saldos (§ 1 der Haushaltssatzung),
- des Gesamtbetrages der vorgesehenen Kreditaufnahmen für Investitionen und Investitionsförderungsmaßnahmen ohne Umschuldungen – Kreditermächtigung (§ 2 der Haushaltssatzung),
- des Gesamtbetrages der Ermächtigungen zum Eingehen von Verpflichtungen, die künftige Haushaltsjahre mit Auszahlungen für Investitionen und Investitionsförderungsmaßnahmen belasten – Verpflichtungsermächtigungen (§ 3 der Haushaltssatzung),
- des Höchstbetrages aller Kredite zur Sicherung der Zahlungsfähigkeit der Gemeinde (§ 4 der Haushaltssatzung),
- der Steuersätze – Hebesätze (§ 5 der Haushaltssatzung),
- der Amtsumlage bzw. Kreisumlage (§ 6 der Haushaltssatzung)
- der Gesamtzahl der im Stellenplan ausgewiesenen Stellen (§ 7 der Haushaltssatzung),
- der voraussichtlichen Höhe des Eigenkapitals des Haushaltsvorvorjahres, des Haushaltsvorjahres und des Haushaltsjahres jeweils zum Bilanzstichtag darzustellen – Eigenkapitalentwicklung (§ 8 der Haushaltssatzung).

Die in den §§ 1 bis 3 der Haushaltssatzung angegebenen Gesamtbeträge werden aus dem Ergebnis- und Finanzhaushalt übernommen und ergeben sich aus der Addition aller in den Teilhaushalten veranschlagten Erträge, Einzahlungen, Aufwendungen, Auszahlungen und Verpflichtungsermächtigungen. Die Einzahlungen aus der Aufnahme von Krediten für Investitionen sind zum einen als Einzahlungen in § 1 der Haushaltssatzung enthalten und zum anderen bei der Ermittlung der Kreditermächtigung nach § 2 der Haushaltssatzung zu berücksichtigen.[99]

---

98 Vgl. hierzu und zu den weiteren Paragrafen der Haushaltssatzung die Anlage 3 Muster 1 zur KV M-V und GemHVO-Doppik der Verwaltungsvorschriften zur GemHVO-Doppik und GemKVO-Doppik.

99 Näheres zur Ermittlung der Kreditermächtigungen und zum Problem der Differenzierung zwischen Krediten für Investitionen und Investitionsförderungsmaßnahmen und Krediten zur Sicherung der Zahlungsfähigkeit ist im Kapitel 15 ausgeführt.

In § 5 der Haushaltssatzung können die Realsteuerhebesätze festgesetzt werden. Durch Anwendung der Realsteuerhebesätze auf die vom Finanzamt festgesetzten Steuermessbeträge ermitteln die Gemeinden die Höhe der festzusetzenden Grund- und Gewerbesteuern. Demzufolge sind die Realsteuerhebesätze wesentliche Grundlage für die Veranschlagung der voraussichtlich eingehenden Steuererträge, die im Hauptproduktbereich 6 – Zentrale Finanzdienstleistungen – veranschlagt und als Folge der Aufrechnung auch in der Gesamtsumme der Erträge und Einzahlungen des § 1 der Haushaltssatzung enthalten sind.[100]

Diese Darstellung soll vorab klären, dass die Haushaltssatzung mit dem Haushaltsplan nicht identisch ist und nicht identisch sein kann. Festzuhalten ist, dass der Haushaltsplan notwendiger und wichtiger Bestandteil der Haushaltssatzung ist.

5.2.2 Mittelfristige Planung und Haushaltsplan

Gemäß § 46 Abs. 5 KV M-V hat die Gemeinde ihrer Haushaltswirtschaft eine mittelfristige Planung zu Grunde zu legen.

Die Unterschiede zwischen der mittelfristigen Planung und dem Haushaltsplan ergeben sich aus der Zielrichtung der beiden Planungskomponenten. Die mittelfristige Planung bezieht sich in dem vom Haushaltsplan unabhängigen Planungszeitraum auf drei Jahre.[101]

Ergebnishaushalt bzw. Finanzhaushalt	Ergebnis des Vorvorjahres	Ansatz des Vorjahres	**Ansatz des zu planenden Haushaltsjahres**	Planung Haushaltsjahr + 1	Planung Haushaltsjahr + 2	Planung Haushaltsjahr + 3
	1	2	**3**	4	5	6

Der Doppelhaushalt umfasst eine mittelfristige Planung von zwei Jahren.

Ergebnishaushalt bzw. Finanzhaushalt	Ergebnis des Vorvorjahres	Ansatz des Vorjahres	**Ansatz des zu planenden 1. Haushaltsjahres**	**Ansatz des zu planenden 2. Haushaltsjahres**	Planung 2. Haushaltsjahr + 1	Planung 2. Haushaltsjahr + 2
	1	2	**3**	4	5	6

100 Aufgrund der Realsteuergesetze kann die Gemeinde eine besondere Hebesatzsatzung erlassen. Dann entfällt die Festsetzung in § 5 der Haushaltssatzung, so dass die dortige Angabe der Steuersätze nur deklaratorische Bedeutung besitzt.

101 Das erste Planungsjahr ist das Jahr der Aufstellung des Haushaltsplanes (laufendes Haushaltsjahr) und das zweite Jahr bezieht sich auf das entsprechende Jahr des zu erstellenden Haushaltsplanes. Insofern bezieht sich die weiter gehende Planung nur noch auf die drei Folgejahre.

Die mittelfristige Planung besitzt keinerlei Vollzugsverbindlichkeit und dient der Verwaltung als Orientierung für die Planung der künftigen Jahre. Sachzwänge, die sich unmittelbar auf die zukünftige Haushaltsplanung auswirken, können sich allerdings aus der Planung von Investitions- und Investitionsförderungsmaßnahmen ergeben, soweit diese bei einem einfachen Haushalt über ein Haushaltsjahr hinausgehen. Beispielsweise betrifft die Planung eines Schulbaus über zwei Jahre nach Beginn der Durchführung im ersten Jahr auch die Planung des zweiten Jahres. Wesentliche Bedeutung hat sie aber auch noch für den Nachweis bei Haushaltssicherungskonzepten.

Festzustellen ist, dass sowohl der Haushaltsplan als auch die mittelfristige Planung vorausschauend für die Zukunft aufgestellt werden und in der Zukunft verwirklicht werden sollen. Beide Pläne wirken nur im Innenverhältnis und haben keine Drittwirkung. Die Unterschiede liegen in der Zielsetzung. Während der Haushaltsplan für ein Haushaltsjahr eine verbindliche Grundlage der Haushaltswirtschaft darstellt, ist die mittelfristige Planung ein auf den Zeitraum von weiteren drei Jahren angelegter Orientierungsrahmen ohne Verbindlichkeit. Gleiches gilt analog für den Doppelhaushalt. Die mittelfristige Planung ist gem. § 1 Nr. 14 GemHVO-Doppik in den Haushaltsplan einzubeziehen. Da sie jedoch im Hinblick auf ihre Verbindlichkeit rechtlich anders zu beurteilen ist, kann es sich bei dieser Einbeziehung nur um eine formale oder abbildungstechnische Integration handeln. Die Positionen der mittelfristigen Ergebnis- und Finanzplanung stellen keinesfalls haushaltsrechtliche Ermächtigungen dar. Dies wird insbesondere daraus deutlich, dass die Daten der mittelfristigen Planung nicht Bezugspunkt oder Inhalt der Haushaltssatzung sind.

5.2.3 Wirtschaftsplan und Haushaltsplan

Für Eigenbetriebe (§ 68 KV M-V i.V.m. § 14 Abs. 1 EigVO M-V), Kommunalunternehmen (§ 68 KV M-V i.V.m. § 70 KV M-V) und für Unternehmen oder Einrichtungen in einer Rechtsform des privaten Rechts, bei denen die Gemeinde unmittelbar oder mittelbar mit beherrschendem Einfluss an diesen beteiligt ist (§ 73 Abs. 1 Nr. 1 KV M-V), sind Wirtschaftspläne aufzustellen. Gemäß § 65 Abs. 2 KV M-V kann für von der Gemeinde treuhänderisch verwaltetes Vermögen anstelle eines Haushaltsplanes ein Wirtschaftsplan erstellt werden. Für den Geltungsbereich der Eigenbetriebsverordnung tritt ein Wirtschaftsplan mit seinen Untergliederungen Erfolgsplan, Finanzplan und Stellenübersicht an die Stelle des Haushaltsplanes. Der Gesetzgeber sollte darüber nachdenken, zukünftig auch für diese Einrichtungen Haushaltspläne nach den Vorschriften der GemHVO-Doppik vorzuschreiben. In einigen Bundesländern werden solche auch für die Erstellung des Gesamtabschlusses nach § 61 KV M-V sinnvolle Vereinheitlichungen bereits diskutiert und auch von der Praxis gefordert.[102] Der Ver-

102 So z. B. beinhaltete in Nordrhein-Westfalen (bereits der kommunale Vorschlag an den Gesetzgeber zur Einführung des doppischen Haushaltsrechts diese Empfehlung (Innenministerium des Landes NRW (Hrsg.), Neues Kommunales Finanzmanagement: Abschlussbericht des Modellprojekts „Doppischer Kommunalhaushalt in Nordrhein-Westfalen“ 1999 – 2003, 2. Aufl., Freiburg 2005, S. 42 u.109). Immerhin lässt man in einigen Bundesländern zumindest die

ordnungsgeber in M-V hat bei der Neufassung der EigVO M-V 2017 die Gelegenheit nicht genutzt, einen solchen Beitrag zur größeren Einheitlichkeit des kommunalen Rechnungswesens zu leisten.

Aber auch bei einer Verpflichtung dieser Einrichtungen zur Haushaltsplanung nach der GemHVO-Doppik wären die jeweiligen Pläne nicht Bestandteil des gemeindlichen Haushaltsplanes geworden. Die Wirtschaftspläne gehören zu den Anlagen zum Haushaltsplan gemäß § 1 Nr. 7, 10, 11 GemHVO-Doppik, da es sich bei den o.a. Einrichtungen um selbstständig wirtschaftende Teile der Kommune bzw. im Fall der Unternehmen oder Einrichtungen in einer Rechtsform des privaten Rechts, bei denen die Gemeinde unmittelbar oder mittelbar mit beherrschendem Einfluss an diesen beteiligt ist, um eigenständige juristische Personen handelt, die separate Pläne und Abschlüsse aufzustellen haben.

5.2.4 Jahresabschluss und Haushaltsplan

Der Jahresabschluss ist das Gegenstück zum Haushaltsplan. Während der Haushaltsplan das auf die Zukunft gerichtete Programm für die Aufgabenerledigung der Gemeinde für ein Jahr darstellt, soll der Jahresabschluss nach Ablauf der Haushaltsperiode die Rechenschaft darüber liefern, was wirklich geschehen ist. Er ist insofern das auf die Wirklichkeit bezogene Spiegelbild des Haushaltsplanes, das in tatsächlichen Ergebnissen aufzeigt, wie sich der Verlauf des Haushaltsjahres de facto gestaltet hat.[103] Zusätzlich zu den Komponenten des Haushaltsplanes enthält der Jahresabschluss eine Bilanz als stichtagsbezogene Auswertung der Vermögens- und Schuldenlage der Gemeinde. Der Jahresabschluss der Gemeinde, mit dem der Bürgermeister über die Aufgabenerledigung und die Haushaltsführung Rechenschaft ablegt, gliedert sich demnach in die Ergebnisrechnung, die Finanzrechnung, die Teilrechnungen, die Bilanz und den Anhang (§ 60 Abs. 2 KV M-V). Nach § 60 Abs. 3 KV M-V sind dem Jahresabschluss folgende Anlagen beizufügen:

- die Anlagenübersicht,
- die Forderungsübersicht,
- die Verbindlichkeitenübersicht,
- eine Übersicht über die über das Ende des Haushaltsjahres hinaus geltenden Haushaltsermächtigungen.

Buchführung der Eigenbetriebe im vollen Umfang nach den Regeln der kommunalen Doppik zu (so z. B. in Nordrhein-Westfalen durch § 19 Abs. 1 Satz 2 EigVO NRW). In M-V dagegen sind gemäß § 18 Abs. 1 EigVO M-V vom 25.2.2008 in der Buchführung der Eigenbetriebe lediglich die Besonderheiten der kommunalen Doppik zu berücksichtigen und einige Vorschriften der GemHVO-Doppik sinngemäß anzuwenden.

103 Vgl. hierzu im Einzelnen die Ausführungen im Kapitel 21.

5.3 Bedeutung des Haushaltsplanes

5.3.1 Allgemeines

Der Haushaltsplan ist nicht mit der Haushaltssatzung identisch. Er bildet jedoch einen unverzichtbaren Teil der Haushaltssatzung (§ 46 Abs. 1 KV M-V).

Die Bedeutung des Haushaltsplanes kann anhand seiner Funktionen in folgender Weise abgebildet werden:

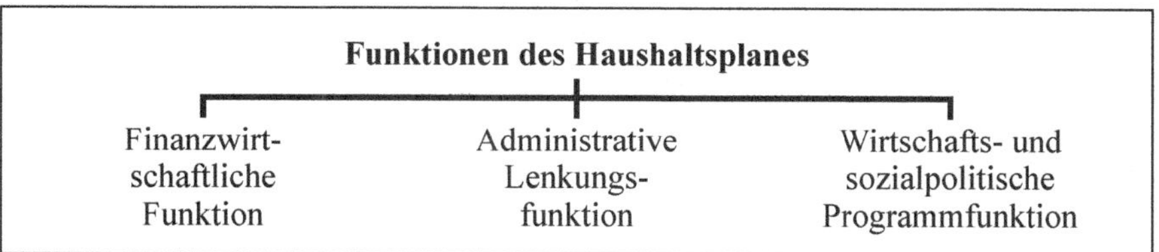

5.3.2 Finanzwirtschaftliche Funktion

Der Haushaltsplan der Gemeinde hat in erster Linie finanzwirtschaftliche Funktionen zu erfüllen. Er enthält nach § 46 Abs. 2 KV M-V alle im Haushaltsjahr für die Erfüllung der Aufgaben der Gemeinde voraussichtlich

- anfallenden Erträge und eingehenden Einzahlungen,
- entstehenden Aufwendungen und zu leistenden Auszahlungen und
- notwendigen Verpflichtungsermächtigungen.

Daraus ist zu ersehen, dass im Haushaltsplan alle Vorgänge, die den Bestand an Finanzmitteln oder den Bestand an Eigenkapital verändern, veranschlagt werden müssen. Darüber hinaus sind im Bereich der Investitionen und Investitionsförderungsmaßnahmen nach § 54 Abs. 1 KV M-V Vorgänge zu veranschlagen, die zu Verpflichtungen in späteren Perioden führen.

Es soll durch die Veranschlagung der Erträge und Einzahlungen, Aufwendungen und Auszahlungen und Verpflichtungsermächtigungen in einem fest gefügten Plan, der nach bestimmten Grundsätzen aufgestellt wird, die übersichtliche und rationale Bewirtschaftung des Gemeindevermögens (einschließlich der Finanzmittel) erreicht werden.

Folgende Gesichtspunkte sind zur Erreichung dieses Zieles im Einzelnen maßgeblich:

- Durch die planmäßige Vorausschau der Veränderungen des Geld- und Vermögensbestandes wird die öffentliche Finanzwirtschaft in die Lage versetzt, die gestellten Aufgaben nachhaltig durchführen zu können, und
- durch das Erfordernis des Ausgleiches von Erträgen und Aufwendungen wird der Verbrauch des öffentlichen Vermögens zu Lasten nachfolgender Generationen vermieden.

5.3.3 Administrative Lenkungsfunktion

Der Haushaltsplan ist für die Haushaltsführung verbindlich. Ansprüche und Verbindlichkeiten Dritter werden durch ihn weder begründet noch aufgehoben (§ 46 Abs. 6 KV M-V). Durch den Haushaltsplan wird der Verwaltung ein Handlungsrahmen gesteckt, den sie bezüglich der Aufwendungen, Auszahlungen und Verpflichtungen einhalten muss. Er ermächtigt sie, im Rahmen der Aufgabenerfüllung Aufwendungen entstehen zu lassen, Auszahlungen zu leisten und Verpflichtungen einzugehen. Der Haushaltsplan schränkt mit seinen Detaillierungen den Handlungsspielraum der Verwaltung ein und dient damit ihrer Lenkung. Gleichzeitig dient der Jahresabschluss, der die gleiche Ordnungssystematik wie der Haushaltsplan aufweist, der nachträglichen Kontrolle der Verwaltung. Gemeindevertretung und Öffentlichkeit können somit feststellen, ob die Verwaltung den ihr gesteckten Rahmen eingehalten hat.

5.3.4 Wirtschafts- und sozialpolitische Programmfunktion

Das Ergebnis zahlreicher Beratungen, Diskussionen und Auseinandersetzungen innerhalb und außerhalb der Gemeindevertretung und der Verwaltung ist die Beschlussfassung über die Haushaltssatzung und den Haushaltsplan. In diesem Haushaltsplan ist demzufolge das politische Programm und der damit verbundene Ressourcen- und Geldverbrauch mindestens der Mehrheit der Gemeindevertretung enthalten. Dieses Programm beinhaltet die lokalpolitischen Ziele im Allokations-[104], Distributions-[105] und Stabilisierungsbereich[106]. Durch die Einbeziehung von konkreten Zielen und Kennzahlen der Zielerreichung in den Haushaltsplan wird die politische Programmfunktion in den kommunalen Haushalten gegenüber den bisherigen/früheren kameralen „inputorientierten“ Haushaltsplänen deutlich gestärkt. Im Bereich der finanziellen Daten sind die geplanten Investitionen und Investitionsförderungsmaßnahmen, die sich im Finanzhaushalt[107] wiederfinden, von besonderer politischer Bedeutung. Durch sie werden die maßgeblichen politischen Impulse für die Zukunft gesetzt. Durch den Haushaltsplan werden die Aufwendungen und Auszahlungen sowie die Ermächtigungen zum Eingehen von Verpflichtungen zur Verwirklichung der formulierten Ziele bereitgestellt. Der Haushaltsplan ist also die praktische Umsetzung der politischen Programme. Die Grenzen des Machbaren werden allerdings angesichts der schlechten Finanzausstattung der Gemeinden sehr schnell deutlich.[108] Nach Erfüllung der gesetzlichen

104 Fragestellung: Wofür sollen die kommunalen „Produktionsfaktoren“ eingesetzt werden?

105 Fragestellung: Welchen Einfluss soll die Gemeinde auf die (Um-)Verteilung von Einkommen und Vermögen auf verschiedene Wirtschaftsbereiche oder Personengruppen nehmen?

106 Fragestellung: Welchen Beitrag soll die Gemeinde zur Stabilisierung der wirtschaftlichen Entwicklung leisten?

107 Bei Investitionsförderungen, die nicht als immaterielles Vermögen i. S. v. § 37 Abs. 1 GemHVO-Doppik geführt werden, erfolgt der Ausweis auch im Ergebnishaushalt als sonstige laufende Aufwendungen.

108 Zur finanziellen Situation der Gemeinden vgl. u. a. die regelmäßigen Gemeindefinanzberichte der kommunalen Spitzenverbände.

und vertraglichen Verpflichtungen besteht – unter Beachtung der Anforderungen des Haushaltsausgleichs – häufig nur noch ein geringer politischer Handlungsspielraum.

Zusätzlich wird durch Art. 109 Abs. 2 GG die gesamtwirtschaftliche Funktion der kommunalen Haushaltspläne festgesetzt. Der Grundsatz, dass Bund und Länder bei ihrer Haushaltswirtschaft den Erfordernissen des gesamtwirtschaftlichen Gleichgewichts Rechnung zu tragen haben, ist in den Regelungen des Gesetzes zur Förderung der Stabilität und des Wachstums der Wirtschaft (Stabilitätsgesetz) enthalten. Die Kommunalverfassung übernimmt diesen Grundsatz. Bei der Planung und Durchführung ihrer Haushaltswirtschaft haben die Gemeinden gemäß § 43 Abs. 1 Satz 2 KV M-V den Erfordernissen des gesamtwirtschaftlichen Gleichgewichts Rechnung zu tragen. Durch diese Regelungen haben die Haushaltspläne der Gemeinden als volkswirtschaftliches Ordnungsinstrument einen Platz in der Konjunkturpolitik erhalten. Tatsächlich erscheint es jedoch zunehmend fragwürdig, ob das mit dem Stabilitätsgesetz angestrebte „antizyklische Verhalten“ ein geeignetes Instrument der Konjunkturpolitik ist. Insbesondere ist festzustellen, dass dieses Ziel wegen der Finanzautonomie der Gemeinden nicht einheitlich mit allen kommunalen Haushalten verfolgt werden kann.

5.4 Wirkung des Haushaltsplanes

5.4.1 Allgemeine Wirkung

Wie bisher schon dargestellt, sind im Haushaltsplan die konkreten Vorstellungen der Gemeindevertretung und der Verwaltung über die Aufgabenerledigung, die Vermögens- und Finanzentwicklung der Gemeinde niedergelegt. Der Haushaltsplan enthält alle im Haushaltsjahr für die Erfüllung der Aufgaben der Gemeinde voraussichtlich notwendigen Änderungen des Eigenkapitals (Erträge und Aufwendungen) und der Finanzmittel (Einzahlungen und Auszahlungen) sowie die notwendigen Ermächtigungen zum Eingehen von zukünftigen Verpflichtungen (Verpflichtungsermächtigungen). Dadurch bedingt ist die Verwaltung verpflichtet und gehalten, die im Haushaltsplan ausgewiesenen Ziele im Rahmen der veranschlagten Haushaltsansätze zu verfolgen. Der Haushaltsplan stellt demnach eine konkrete Richtlinie für die im Haushaltsjahr zu erfüllenden Aufgaben der Gemeinde dar (§ 46 Abs. 6 KV M-V). Gelingt es nicht, die vorgegebenen Ziele zu erreichen, ist ein den Haushaltsplan ändernder Beschluss der Gemeindevertretung in Erwägung zu ziehen.

5.4.2 Wirkung bezüglich der Aufwendungen und Auszahlungen

Zu beachten ist in diesem Zusammenhang, dass die im Haushaltsplan veranschlagten Aufwendungen und Auszahlungen für die Verwaltung Ermächtigungen, jedoch keine Verpflichtungen darstellen. Die veranschlagten Mittel dürfen nur unter Beachtung der Haushaltsgrundsätze in Anspruch genommen werden; besonders ist hier der Grundsatz der Sparsamkeit und Wirtschaftlichkeit zu erwähnen.

Mit der Höhe der Aufwands- und Auszahlungsansätze wird durch die Festsetzung des Haushaltsplanes eine Obergrenze gezogen, die nur unter den Voraussetzungen des § 50 KV M-V (Unabweisbarkeit und Deckung) oder nach §§ 13, 14 GemHVO-Doppik (echte oder unechte Deckungsfähigkeit) überschritten werden darf. Aufgrund der Neuregelung vom 13.12.2011 ist bei der echten Deckungsfähigkeit eine Erhöhung des Ansatzes der deckungsberechtigten Position und eine Ansatzsenkung der deckungspflichtigen Position vorgesehen. Dieses hat zur Folge, dass keine Überschreitung der Planansätze erfolgt und demnach keine Bewilligung einer überplanmäßigen Mittelbereitstellung nach dem Verfahren des § 50 KV M-V erforderlich wird.[109]

Liegt für einen Geschäftsvorgang der Verwaltung keine Ermächtigung im Haushaltsplan vor, so darf die erforderliche Aufwendung oder Auszahlung nicht geleistet werden. Die Leistung einer außerplanmäßigen Auszahlung wäre nur unter den Voraussetzungen des § 50 KV M-V überhaupt möglich. Im Bereich der Aufwendungen, ist dies grundsätzlich ebenso zu beurteilen. Es ist jedoch zu berücksichtigen, dass bestimmte Aufwendungen (z. B. außerplanmäßige Abschreibung eines PKW durch einen Unfall) ohne bewusstes oder gezieltes Zutun entstehen. In diesen Fällen muss eine nachträgliche Aufwandsermächtigung (unabhängig von der Deckung!) erlassen werden können. Zusammenfassend gilt der Grundsatz, dass für jede Aufwendung oder Zahlung der Verwaltung eine Veranschlagung im Haushaltsplan vorliegen muss.[110]

5.4.3 Wirkung bezüglich der Verpflichtungsermächtigungen

Verpflichtungen zur Leistung von Auszahlungen für Investitionen und Investitionsförderungsmaßnahmen in künftigen Jahren dürfen nur eingegangen werden, wenn der Haushaltsplan hierzu ermächtigt (§ 54 KV M-V).

Hinsichtlich der Wirkung ist grundsätzlich auf die Ausführungen im Zusammenhang mit den Wirkungen bezüglich der Auszahlungen zu verweisen. Es wird eine Obergrenze gezogen. Ausnahmsweise dürfen auch über- und außerplanmäßige Verpflichtungsermächtigungen eingegangen werden, wenn sie unvorhergesehen und unabweisbar sind und der in der Haushaltssatzung festgesetzte Gesamtbetrag der Verpflichtungsermächtigungen nicht überschritten wird.[111]

109 An dieser Stelle wird auf die Möglichkeit von Ermächtigungsübertragungen (z. B. bei Ansätzen für Auszahlungen aus Investitionstätigkeit, Zweckbindung von Erträgen oder Einzahlungen gemäß § 13 GemHVO-Doppik) im Rahmen des § 15 GemHVO-Doppik verwiesen. Auch in diesen Fällen liegt ebenfalls keine Überschreitung des Haushaltsrahmens vor.

110 Es ist allerdings darauf hinzuweisen, dass die Gemeinde rechtliche Verpflichtungen zur Leistung von Aufwendungen oder Auszahlungen nicht mit dem Hinweis auf die haushaltsrechtliche Unzulässigkeit vernachlässigen kann. Die Gemeinde ist dann vielmehr verpflichtet, die entsprechenden haushaltsrechtlichen Vorkehrungen zu treffen. Vgl. hierzu im Einzelnen die Ausführungen im Kapitel 18.

111 Vgl. hierzu im Einzelnen die Ausführungen im Kapitel 14.

5.4.4 Wirkung bezüglich der Erträge und Einzahlungen

Die im Haushaltsplan veranschlagten Erträge und Einzahlungen stellen keine Obergrenzen für ihre Erzielung dar, sodass Mehrerträge und -einzahlungen unbedenklich sind. Die Erträge und Einzahlungen sind bei der Planung und Aufstellung des Haushaltsplanes unter Beachtung des Grundsatzes der Gesamtdeckung (§ 12 GemHVO-Doppik) den Aufwendungen und Auszahlungen gegenübergestellt worden. Das angestrebte Ziel, die für die Erfüllung der Aufgaben der Gemeinde zu leistenden Aufwendungen durch die entsprechenden Erträge zu decken (Haushaltsausgleich nach § 43 Abs. 6, 7 KV M-V), sollte dadurch erreicht werden. Da die Vorschrift des Haushaltsausgleichs nicht nur für den Bereich der Aufstellung des Haushaltsplanes, sondern auch für die Ausführung und den Jahresabschluss Gültigkeit hat, sollten die Ansätze für die Einzahlungen und Erträge in der Form bewirtschaftet werden, wie sie zur Deckung der Aufwendungen und Auszahlungen benötigt wird. Eine mögliche Konsequenz bei Mindererträgen oder Mindereinzahlungen und die dadurch bedingte Gefährdung des Haushaltsausgleichs könnte der Erlass einer Nachtragssatzung gemäß § 48 Abs. 2 Nr. 1 KV M-V sein. Mindereinzahlungen können darüber hinaus die Liquidität (§ 53 KV-MV) gefährden. Die möglicherweise notwendige Erhöhung des Höchstbetrages der Kredite zur Sicherung der Zahlungsfähigkeit in der Haushaltssatzung kann ebenfalls nur durch eine Nachtragssatzung erreicht werden (§ 48 Abs. 1 KV M-V).

Über die veranschlagten Einzahlungen und Erträge hinaus ist es der Gemeinde möglich, zusätzliche Deckungsmittel zu erzielen. Grundsätzlich ist es Aufgabe der Verwaltung, die im Haushaltsplan veranschlagten Erträge und Einzahlungen der Gemeinde rechtzeitig einzuziehen und ihren Eingang zu überwachen (siehe auch Kapitel 18). Die Entscheidung, auf einen Anspruch zu verzichten, die Weiterverfolgung eines fälligen Anspruchs zurückzustellen oder den Zahlungstermin hinauszuschieben, kann nur im Einzelfall unter Beachtung der konkreten gesetzlichen Bestimmungen erfolgen (z. B. § 22 GemHVO-Doppik).

5.4.5 Bindung im Innenverhältnis

Durch den Erlass der Haushaltssatzung und des Haushaltsplanes hat die Gemeindevertretung ein politisches Programm in Form von Ortsrecht beschlossen, an welches die Verwaltung gebunden ist. Im Gegensatz zur Haushaltssatzung, die durch die Festsetzung der Realsteuerhebesätze noch bedingt Außenwirkung hat, fehlt dem Haushaltsplan diese Wirkung nach außen vollständig. Er beschränkt sich auf Regelungen von Beziehungen innerhalb der Gemeindeverwaltung. In diesem Bereich ist er für die Haushaltsausführung verbindlich. Ansprüche und Verbindlichkeiten Dritter (Außenverhältnis) werden nach § 46 Abs. 6 Satz 3 KV M-V durch den Haushaltsplan weder begründet noch aufgehoben.

5.5 Übungen

Sachverhalt Nr. 1
Im Haushaltsplan der Gemeinde G für 2018 ist die Erneuerung der Fahrbahndecke der Hauptstraße mit Auszahlungen von 100.000 € veranschlagt. Im Mai 2018 beschließt die Gemeindevertretung der Gemeinde G jedoch, die veranschlagten 100.000 € nicht für die Erneuerung der Hauptstraße, sondern vielmehr für den Rathausplatz zu verwenden. Der an der Hauptstraße wohnende Anlieger A schreibt nun an die Gemeinde G und verlangt auf Grund des Haushaltsplanes noch für 2018 den Ausbau der Hauptstraße.

Aufgabe:
Begutachten Sie, was die Verwaltung dem Anlieger A mitteilen wird.

Lösung:
Im Haushaltsplan ist eine Auszahlungsermächtigung in Höhe von 100.000 € enthalten. Durch diese Veranschlagung im Haushaltsplan ist die Verwaltung verpflichtet worden, die vorgesehene Maßnahme auch durchzuführen. Die Verwaltung ist bei ihrer Aufgabenwirtschaft an die Ansätze des Haushaltsplanes gebunden. Eine Änderung des Verwendungszweckes – wie in diesem Fall – bedarf eines Beschlusses der Gemeindevertretung oder einer Nachtragssatzung. Der Haushaltsplan regelt die Beziehungen zwischen Verwaltung und Gemeindevertretung. Dies wird deutlich gemacht durch die Bestimmung des § 46 Abs. 6 KV M-V, wonach der Haushaltsplan Grundlage für die Haushaltswirtschaft der Gemeinde und als solcher für die Haushaltsführung selbst verbindlich ist. Unterstützend kommt hinzu, dass Ansprüche und Verbindlichkeiten Dritter durch ihn weder begründet noch aufgehoben werden.

Der Anlieger A meldet einen Anspruch auf den Ausbau der Hauptstraße an. Jedoch folgt aus der Regelung des § 46 Abs. 6 Satz 3 KV M-V, dass aus der Veranschlagung einer Maßnahme im Haushaltsplan kein Rechtsanspruch auf Realisierung abgeleitet werden kann. Diese Mitteilung wird die Verwaltung dem Anlieger geben.

Sachverhalt Nr. 2
Das Sozialamt der Stadt S teilt den Empfängern der Hilfe zur Pflege mit, dass die finanziellen Hilfeleistungen für den Monat Dezember erst im Januar des folgenden Jahres ausgezahlt werden, weil die Haushaltsmittel dieses Jahres erschöpft sind.

Aufgabe:
Begutachten Sie die Mitteilung des Sozialamtes aus haushaltsrechtlicher Sicht.

Lösung:
Der Haushaltsplan enthält gemäß § 46 Abs. 2 KV M-V alle im Haushaltsjahr für die Erfüllung der Aufgaben der Stadt voraussichtlich anfallenden Erträge, eingehenden Einzahlungen, entstehenden Aufwendungen, zu leistenden Auszahlungen und notwendigen Verpflichtungsermächtigungen. Zu den Aufgaben der Stadt S gehört auch die Leistung von Sozialhilfe.

Die Mitteilung des Sozialamtes bezieht sich auf einen im Haushaltsplan abgebildeten Aufwandsansatz im Bereich der Transferaufwendungen. Gleichzeitig ist mit dem Aufwand eine Transferauszahlung verbunden, die ebenfalls einer haushaltsrechtlichen Ermächtigung bedarf. Aufwands- und Auszahlungsansätze aus dem Haushaltsplan stellen für die Verwaltung grundsätzlich eine Ermächtigung und keine Verpflichtung dar. Jedoch müssen die von der Stadt zu leistenden Aufwendungen und Auszahlungen auf Grund gesetzlicher oder vertraglicher Verpflichtung und in solche auf Grund freier Entscheidung unterteilt werden. Der Leistung der Hilfe zur Pflege liegt für die Berechtigten ein Anspruch auf der Grundlage des SGB XII zu Grunde. Es besteht also ein gesetzlich begründeter Anspruch. § 46 Abs. 6 Satz 3 KV M-V besagt, dass Ansprüche Dritter – hier der Sozialhilfeempfänger – nicht durch den Haushaltsplan und somit auch nicht durch fehlende Haushaltsmittel aufgehoben, also beeinträchtigt, werden dürfen. Insofern muss die Verwaltung die Hilfe zur Pflege für den Monat Dezember noch im laufenden Haushaltsjahr auszahlen. Die Verschiebung auf das kommende Haushaltsjahr ist rechtswidrig.

Durch die Veranschlagung von Aufwands- und Auszahlungsmitteln wird zwar eine Obergrenze gezogen, die nicht überschritten werden soll. Die Stadt kann sich jedoch, wie bereits festgestellt, in diesem Fall nicht auf diese formal-haushaltsrechtliche Position zurückziehen. Vorrangig ist die Erfüllung des gesetzlichen Anspruchs aus der Hilfe zur Pflege. Die fehlende Ermächtigung muss also durch Erhöhung des Ansatzes gemäß § 48 KV M-V (Nachtragssatzung mit Nachtragsplan)[112], durch eine Mittelbereitstellung im Sinne von § 50 KV M-V (überplanmäßige Aufwendungen und Auszahlungen)[113] oder nach §§ 13, 14 GemHVO-Doppik (unechte und echte Deckungsfähigkeit)[114] geschaffen werden.

112 Siehe auch Kapitel 20.
113 Siehe auch Kapitel 18.
114 Siehe auch Kapitel 13.

6. Gliederung des Haushaltes nach Teilhaushalten und Produkten

6.1 Notwendigkeit einer Haushaltsgliederung

Bereits in den ersten Kapiteln dieses Buches wurde auf die Aufgaben und Ziele der öffentlichen Finanzwirtschaft hingewiesen. Dabei nimmt die wirtschafts- und sozialpolitische Programmfunktion des Haushaltes sicherlich eine wesentliche Stellung ein. Der Haushaltsplan ist das wichtigste Planungs- und Steuerungsinstrument im Bereich aller öffentlichen Körperschaften. Durch die Darstellung von quantitativen und qualitativen Zielen des Verwaltungshandelns für das kommende Haushaltsjahr und darüber hinaus bestimmt die Mehrheit der Gemeindevertretung über die grundsätzliche Ausrichtung der zukünftigen Politik. Der Etat ist damit eine konkrete planerische Umsetzung der politischen Programme unter Berücksichtigung der tatsächlichen finanzpolitischen Möglichkeiten.

Im Gegensatz zu den meisten privaten Unternehmen und auch zu den öffentlichen und halböffentlichen Betrieben und Gesellschaften ist die Kommunalverwaltung dadurch gekennzeichnet, dass sie für ihre Bürger und Einwohner sehr unterschiedliche Leistungen erbringt. Diese Leistungen beziehen sich zudem auf sehr unterschiedliche Lebensbereiche der Einwohner. Beispiele für solche unterschiedlichen Leistungen lassen sich vielfältig anführen:

- Betreuung von Kindern in einer Kindertagesstätte,
- Erschließung von Baugrundstücken,
- Betrieb einer Bibliothek,
- Erwachsenenbildung über die Volkshochschule
- Gewährleistung der öffentlichen Sicherheit und Ordnung,
- Beurkundung von Änderungen des Personenstands,
- Förderung junger Unternehmen,
- Organisation und Durchführung kultureller Veranstaltungen.

Damit der Haushaltsplan der politischen Programmfunktion gerecht werden kann, muss er demnach Aussagen darüber enthalten, auf welche Leistungen oder Lebensbereiche sich seine finanziellen und inhaltlichen Vorgaben beziehen. Während die Aktiengesellschaft, die am Markt nur ein Produkt oder eine Produktreihe absetzt, dem Aufsichtsrat in der Regel nur eine Gesamtplanung für das ganze Unternehmen vorlegt, würde eine solche undifferenzierte Gesamtplanung für die notwendige Festlegung von i. d. R. mehreren unterschiedlichen Handlungsschwerpunkten der Kommunalverwaltung nicht ausreichen.

Der Haushaltsplan als wichtigstes Planungs- und Steuerungsinstrument muss daher die Tätigkeitsbereiche der Kommunalverwaltung in einer Weise erkennbar machen, die eine politische Schwerpunktsetzung und damit Steuerung ermöglicht. Bürger und Politiker müssen aus dem Haushaltsplan nicht nur erkennen können, wie sich die finanzielle Lage der Kommune im Planungszeitraum voraussichtlich darstellt, sondern sie müssen auch feststellen können, woraus die Ertragslage resultiert und wofür in Zukunft auf der Grundlage strategischer Ziele die vorhandenen Ressourcen eingesetzt werden sollen. Dies ist nur möglich, wenn der Haushaltsplan neben der Gesamtplanung eine Planung von Teilbereichen in Form von Teilhaushalten enthält.

6.2 Anforderungen an die Gliederung eines Haushaltsplanes

Die Tatsache, dass sich der kommunale Gesamthaushaltsplan aus mehreren Teilhaushalten zusammensetzen muss, um seiner politischen Programmfunktion gerecht werden zu können, führt unmittelbar zu der Fragestellung, nach welchen Kriterien diese Teilhaushalte zu bilden sind bzw. wie der Haushaltsplan gegliedert werden soll. Diese Fragestellung lässt sich einerseits anhand der vorgesehenen gesetzlichen Regelungen (siehe Kapitel 6.4.) und andererseits im Hinblick auf die Anforderungen, die die Adressaten des Haushaltsplanes an diese Gliederung stellen, beantworten. Diese Anforderungen sollen daher zunächst einmal dargestellt werden.

6.2.1 Die Anforderungen der Bürger und der politischen Gremien

Wesentlicher Adressat des Haushaltes sind die Bürger und die politischen Gremien. Die oben dargestellte politische Programmfunktion bestimmt die Anforderungen dieser Adressaten an die Gliederung des Haushaltes. Es geht demnach darum, dass Bürger und Politiker anhand des Haushaltes erkennen können, wo die politischen Schwerpunkte des zukünftigen Handelns liegen und welche Ziele im Haushaltsjahr und in den drei folgenden Jahren verfolgt werden sollen.

Solche Informationen bietet ein Haushalt, der nach Aufgabenbereichen (in der Privatwirtschaft würde man von „Geschäftsbereichen" reden), d. h. *funktional* gegliedert ist. Diese Aufgabenbereiche lassen sich z. B. aus den Politikfeldern ableiten, die Grundlage politischer Programme sind. Sie lassen sich aber auch aus den Lebensbereichen ableiten, auf die sich das kommunale Handeln bezieht. Letztlich sollte daher die Grundlage der Gliederung die (Dienst-)Leistung der Verwaltung sein, die den Einwohner, das örtliche Unternehmen oder andere „Kunden" der Kommunalverwaltung erreicht. Im Sprachgebrauch des durch die KGSt geprägten „Neuen Steuerungsmodells" (NSM) handelt es sich bei diesen Ergebnissen des Verwaltungshandelns aus Sicht der Bürger um den „Output" oder das Produkt der Verwaltung.

Gleichzeitig stellt der Haushaltsplan im Sinne des NSM auch den so genannten „Hauptkontrakt" zwischen Gemeindevertretung und Verwaltung dar, in dem die Ziele und die zur Umsetzung dieser Ziele einzusetzenden Ressourcen vereinbart werden. Bei dieser eher vertragsähnlichen Sichtweise des Haushaltsplanes erscheint es zusätzlich wichtig, festzustellen, wer auf Seiten der Verwaltung für die Umsetzung dieser Ziele verantwortlich ist. Das Kommunale Haushalts- und Rechnungswesen setzt auf diesen Grundüberlegungen des NSM auf. Das spricht dafür, dass der Haushalt nach Verantwortungsbereichen, d. h. nach der Aufbauorganisation der Verwaltung oder *institutionell* gegliedert sein sollte, so dass für die Gemeindevertretung als „Auftraggeber“ feststellbar ist, wer für die Ergebnisse des Verwaltungshandelns die Verantwortung trägt.

Diese Sichtweise findet allerdings ihre Beschränkung in den Vorschriften der Kommunalverfassung, die die Delegation einer solchen Verantwortung gegenüber der Gemeindevertretung vom Bürgermeister auf die Stellvertreter bzw. Beigeordneten beschränkt (§ 38 Abs. 2 Satz 2 und 5 i. V. m. § 40 Abs. 1 Satz 1 KV M-V). Die Ausweisung eines Amts- oder Abteilungsleiters als verantwortlichen Generalkontraktpartner (Kontrakt für die Gesamtverwaltung mit der Politik) der Gemeindevertretung im Haushaltsplan kann daher nicht mit der Kommunalverfassung im Einklang stehen. Sie sieht allenfalls eine „auftragsweise Erledigung bestimmter Angelegenheiten“ durch andere Beamte und Angestellte vor.[115] Die institutionelle Gliederung im Sinne einer *echten* Darstellung von Verantwortungsbereichen im Sinne der KV M-V kann sich im Prinzip nur auf die Aufgabenbereiche der Stellvertreter/Beigeordneten beziehen. Allerdings kann aus Sicht der Autoren ableitend aus der Befugnisübertragung nach § 38 Abs. 2 Satz 5 KV M-V die Einzelbefugnis für Teilhaushalte und damit eine Teilverantwortung für Teilhaushalte den jeweiligen Führungsverantwortlichen übertragen werden. Der Gesamtverantwortung für den Haushalt insbesondere gegenüber der Gemeindevertretung insgesamt trägt dennoch der Bürgermeister.

6.2.2 Die Anforderungen der Aufsichtsbehörden

Ein weiterer Adressat des Haushaltsplanes ist die jeweils zuständige Aufsichtsbehörde. Gemäß § 47 Abs. 2 KV M-V ist die von der Gemeindevertretung beschlossene Haushaltssatzung vollständig mit allen Anlagen der Aufsichtsbehörde unverzüglich vorzulegen.

Für die Aufsichtsbehörden ist es wichtig, dass die Gliederung der Haushalte einem einheitlichen System entspricht und ausreichend differenziert ist, um die zukünftigen Handlungsschwerpunkte der einzelnen Gemeinden erkennen zu können. Da es für die Aufsichtsbehörden wesentlich darum geht, sicherzustellen, dass die dauernde Aufgabenerfüllung in der jeweiligen Kommune gesichert ist (§ 43 Abs. 1 KV M-V), sollte die Gliederung funktional sein. Nur eine funktionale Gliederung erlaubt intertemporäre und interkommunale Vergleiche, die eine wesentliche Grundlage für die Beurteilung von Haushaltsplänen sein sollten.

Letztlich sind die funktionale (nach Aufgabenbereichen) und die institutionelle (nach Verantwortungsbereichen) Gliederung des Haushaltsplanes nicht generell voneinander zu trennen. Der Übergang zwischen beiden ist fließend. Im Rahmen der Definition der Produkte und Leistungen ist eine Überprüfung der kommunalen Aufbauorganisation zu empfehlen. Jede Gemeinde sollte diese Möglichkeit nutzen, so dass sich die Aufbauorganisation der funktionalen Gliederung, also nach den Produkten, anpasst.

115 § 38 Abs. 2 Satz 5 KV M-V.

Denn die möglichst umfassende Erstellung von Produkten und Leistungen in einer Organisationseinheit führt dazu, dass die Verantwortung eindeutig wahrgenommen werden muss und nicht an andere Führungsverantwortliche abgegeben werden kann. Unnötige Schnittstellen und damit verbundene Informationsverluste werden so vermieden.

6.2.3 Die Anforderungen der Finanzstatistik

„Die Finanzstatistiken haben im föderalen Aufbau der Bundesrepublik Deutschland die wichtige Aufgabe, aus den verschiedenen voneinander unabhängigen Haushaltsebenen ein in sich konsistentes Gesamtbild der öffentlichen Finanzwirtschaft zu erstellen und damit die Grundlage für zentrale wirtschafts-, finanz-, haushalts-, währungs- und geldpolitische Entscheidungen zu schaffen. Sie sind auch ausschließliche Datenbasis für das Staatskonto der Volkswirtschaftlichen Gesamtrechnung."[116] Die Anforderungen der Finanzstatistik ergeben sich mittelbar aus den Anforderungen, die die Nutzer der Statistik haben. Hauptnutzer der Statistik sind die Bundesministerien der Finanzen, für wirtschaftliche Zusammenarbeit und Entwicklung, für Arbeit und Soziales, des Innern, für Bildung und Forschung, die Spitzenverbände der Kommunen und der Wirtschaft sowie die Bundesbank. Schwerpunkte des Bedarfs an statistischen Informationen liegen in den Bereichen

- Schulen,
- Wissenschaft, Forschung, Kulturpflege,
- Soziale Sicherung und
- Bau- und Wohnungswesen, Verkehr.

In diesen Bereichen werden besonders detaillierte Daten nachgefragt.

Nach Darstellung des Statistischen Bundesamtes[117] besteht ein Bedarf sowohl an einer funktionalen als auch an einer institutionellen Gliederungsstruktur. So ist es aus Sicht der Finanzstatistik z. B. erforderlich, die Zahlung für den Schulbereich sowohl nach Schulformen (funktional) als auch nach Organisationsbereichen (z. B. Schulverwaltung) zu gliedern.

Auf supranationaler Ebene und für die Volkswirtschaftliche Gesamtrechnung ergeben sich die Mindestanforderungen an die Gliederung aus der COFG (Classification of Functions of Government). Wie der Begriff bereits deutlich macht, geht es dabei um eine funktionale Gliederung der Daten aus dem Haushalts- und Rechnungswesen.

Zusammenfassend lässt sich festhalten, dass die Anforderungen der Finanzstatistik an die Gliederung des kommunalen Rechnungswesens ausgesprochen hoch und teilweise auch widersprüchlich sind. Die Finanzstatistik fragt immer noch im erheb-

116 Statistisches Bundesamt, Eckpunkte der Finanzstatistik für die Reform des kommunalen Haushaltsrechts, Wiesbaden 2000.

117 Statistisches Bundesamt, Besprechungsunterlage für die Sitzung der Arbeitsgruppe „Finanzstatistik" am 9.4.2002 in Wiesbaden, Wiesbaden 2002 (unveröffentlicht).

lichen Umfang kamerale Daten ab.[118] Dies ist auch sicherlich sinnvoll, um die volkswirtschaftlichen Zahlungsströme zu ermitteln. Allerdings werden dann auch statistische Ermittlungen hinsichtlich der Erträge und Aufwendungen durchgeführt. Insofern können diese Anforderungen der Statistik bei der Einrichtung eines Haushalts- und Rechnungswesens nicht unberücksichtigt bleiben. Allerdings erscheint es nicht erforderlich, dass sich die haushaltsrechtliche Gliederung des Etats diesen Anforderungen unterordnet. Insofern sind die Anforderungen der Finanzstatistik an die Haushaltsgliederung lediglich als Nebenbedingungen anzusehen, die die Kommunen erfüllen müssen. Eine Übernahme der statistischen Anforderungen in die haushaltsrechtlichen Bestimmungen erscheint nur dann geraten, wenn sie den Steuerungsanforderungen von Gemeindevertretung und Verwaltungsführung nicht entgegenläuft.[119]

6.2.4 Die Anforderungen der Verwaltung

Als diejenige, die den Etat verwaltet und die dort vorgegebenen Ziele umsetzen soll, ist auch die Verwaltung ein wesentlicher Adressat des Haushaltsplanes. Da der Haushaltsentwurf gleichzeitig von ihr selbst erstellt wird, ist zunächst davon auszugehen, dass sich die Gestaltung des Haushaltsplanes auch an ihren Anforderungen orientiert.

Im Hinblick auf die Gliederung des Haushaltes spiegeln sich weitgehend die Anforderungen von Bürgern und Politik wider. Die Verwaltung muss erkennen können, welche Ziele die Gemeindevertretung mit dem Haushaltsentwurf verbindet. Hierzu ist eine *funktionale* Gliederung erforderlich, die genau zeigt, in welchem Aufgabenbereich welche Ziele mit welchem Ressourceneinsatz zu verfolgen sind. Nur so kann die Verwaltung die politisch gesetzten Prioritäten auch tatsächlich umsetzen. Für diese Umsetzung trägt gegenüber der Gemeindevertretung der Bürgermeister die Verantwortung (s. o.), wenn auch die Umsetzung schließlich durch die Organisationseinheiten der Verwaltung erfolgt.

Aus Sicht der Verwaltung wäre es hilfreich, wenn sich die Zielformulierungen des Haushaltsplanes im Hinblick auf Out- und Input unmittelbar auf die zuständigen Organisationseinheiten der Verwaltung beziehen ließen (z. B. bei der Aufgabe des Fachdienstes Schulen, die Übermittagsbetreuung für Grundschüler zu verbessern und dabei eine Betreuung vom Ende des Unterrichts bis mindestens 16 Uhr an allen Grundschulen anzubieten, wofür Aufwendungen i. H. v. X € bereitgestellt werden). Insbesondere im Hinblick auf die Überwachung der Zielerreichung und die Einhaltung der Budgetvorgaben erscheint diese Sichtweise bei der Umsetzung des Haushaltsplanes sinnvoll.

118 Siehe dazu im Einzelnen § 3 des Gesetzes über die Statistiken der öffentlichen Finanzen und des Personals im öffentlichen Dienst (Finanz- und Personalstatistikgesetz – FPStatG) in der Bekanntmachung vom 22.2.2006 (BGBl. I S. 438), zuletzt geändert durch Art. 1 des Gesetzes vom 2.3.2016 (BGBl. I S. 342). Danach werden weiterhin Ist- Einnahmen und Ist-Ausgaben erfasst.

119 So im Ergebnis auch die „Stellungnahme zu den Ergebnissen des UARG des AK III zur Reform des kommunalen Haushaltsrechts“ des Deutschen Städtetages vom 20.8.2003, die darüber hinaus noch eine Begrenzung der Anforderungen der Finanzstatistik fordert.

6.3 Anknüpfungspunkte für eine Gliederung: Verwaltungsaufbau oder Aufgabenbereiche

Die dargestellten Anforderungen der wichtigsten Adressaten des Haushaltsplanes an die Gliederung sind mit einer einheitlichen Struktur nicht vollständig abzudecken. Dieses Dilemma tritt allerdings in der Praxis nur dann auf, wenn in einem speziellen Fall funktionale und institutionelle Gliederung nicht übereinstimmen. Denkbar wäre z. B., dass für einen Aufgabenbereich zwei Organisationseinheiten zuständig sind, die die Aufgaben arbeitsteilig erledigen. Auch die Einrichtung „Zentraler Dienste" in der Verwaltung, wie z. B. eines zentralen Gebäudemanagements, führt dazu, dass funktionale und institutionelle Gliederung nicht notwendigerweise übereinstimmen.

Schließlich ist einem der beiden Gliederungssysteme der Vorrang im Haushalt einzuräumen. Dieser Vorrang im Haushalt bedeutet aber keinesfalls, dass die nachrangige Gliederungsstruktur nicht zusätzlich ebenfalls abgebildet werden könnte.

Aus volks- und betriebswirtschaftlicher Sicht wird die funktionale Gliederung präferiert, da sie in der Lage ist, die politische Programmfunktion zu erfüllen. Die Zuweisung von Mitteln an Organisationseinheiten lässt dagegen kaum Schlüsse darüber zu, welchen Zielen die Aktivitäten dieser Einheiten dienen. Außerdem könnte eine institutionelle Gliederung Wirtschaftlichkeitsprüfungen ebenso erschweren wie interkommunale Vergleiche. Zeitreihenvergleichen würde z. B. durch Reorganisationsmaßnahmen, die kommunaler Verwaltungsalltag sind, ebenfalls die Grundlage entzogen.

Im Ergebnis entspräche eine funktionale Gliederung den Anforderungen der Hauptadressaten (der Bürger und Mitglieder der Gemeindevertretung) an den Haushaltsplan am besten (s. o.). Dies entspricht auch dem Beschluss der ständigen Konferenz der Innenminister und -senatoren (IMK) über die Grundlagen des zukünftigen kommunalen Haushaltsrechts vom 21.11.2003. Zwar wird in allen Regelungen auf die Möglichkeit einer institutionellen Gliederung hingewiesen, diese wird allerdings immer einer einheitlichen Produktorientierung unterworfen.

Es ist jedoch festzustellen, dass insbesondere zur internen Steuerung der Verwaltung eine Zuordnung von Zielen und Ressourcen auf Organisationseinheiten erforderlich ist, um Verantwortungsbereiche abzugrenzen. Soweit dabei die Organisationsstruktur nicht der funktionalen Gliederung der Verwaltung folgt, ist es sinnvoll, die funktionale Struktur im Rechnungswesen zu hinterlegen.

In Mecklenburg-Vorpommern ist mit einer kleinen Einschränkung formal keine Gliederung für die Bildung der Teilhaushalte bestimmt worden. Gemäß § 4 Abs. 2 GemHVO-Doppik sind die Teilhaushalte produktorientiert auf der Grundlage des vom Innenministerium als Verwaltungsvorschrift bekannt gegebenen Produktrahmenplanes funktional oder nach der örtlichen Organisation institutionell zu gliedern. Allerdings ist der Hauptproduktbereich „6 Zentrale Finanzleistungen" des Produktrahmenplanes gemäß § 4 Abs. 3 GemHVO-Doppik als Teilhaushalt auszuweisen, sofern die Produkte der Produktgruppe 612 und des Produktbereiches 62 nicht anderen Teilhaushalten direkt sachbezogen zugeordnet werden.

Für alle Gemeinden stellte sich während der Einführungsphase des NKHR-MV die Frage, welcher Gliederung der Teilhaushalte der Vorzug zu geben war. Die Verwaltungsgliederung ist nach dem bei der Wahrnehmung der Organisationshoheit maßgeblichen Wirtschaftlichkeits- und Sparsamkeitsprinzip so zu organisieren, dass eine praktikable Zuordnung von sachlichen Zuständigkeiten und von finanzwirtschaftlichen Verantwortlichkeiten, also eine effiziente Steuerung stattfinden kann. Dabei sollten die funktionalen Anforderungen an die Haushaltsgliederung mit dem Anliegen, auch der politischen Programmfunktion des Haushaltes gerecht zu werden (schließlich muss der Haushalt auch etwas „aussagen"), nicht vernachlässigt werden. Anlässlich der örtlichen Umstellung des Haushalts- und Rechnungswesens auf das NKHR-MV war es erforderlich, die bisherige inputorientierte Verwaltungsgliederung zu überprüfen und ggf. den outputorientierten Steuerungserfordernissen anzupassen. In den Teilhaushalten, die ihrerseits Einheiten der Verwaltungsgliederung zugeordnet sein können (wobei es zulässig ist, z. B. einem Fachbereich als Ausdruck der Programmfunktion des Haushaltsplanes auch mehrere Teilhaushalte zuzuordnen), werden die ihnen zugeordneten Produkte abgebildet (Produktorientierung). Produkte dürfen also nicht auf mehrere Teilhaushalte aufgeteilt werden. Mehrere Hauptproduktbereiche/Produktbereiche können zu einem Teilhaushalt zusammengefasst oder nach Produktgruppen auf mehrere Teilhaushalte aufgeteilt werden.

Das bedeutet, dass die Organisationsstruktur möglichst der funktionalen Struktur (der örtlichen Produkthierarchie) folgen und beides in eine praktikable Haushaltsstruktur münden sollte, also im Idealfall ein „Übereinanderschieben" von Produktstruktur, Organisationsstruktur und Haushaltsstruktur (Einteilung in Teilhaushalte und Budgets) möglich sein sollte.

Hier ein Beispiel für eine Stadt von ca. 20.000 Einwohnern:

Verwaltungsgliederung **Bürgermeisterin/Bürgermeister**			
Fachbereich I	**Fachbereich II**	**Fachbereich III**	**Fachbereich IV**

Teilhaushalte

(mit Zuordnung zu den Verantwortungsbereichen der Verwaltungsgliederung gem. § 4 Abs. 2 GemHVO-Doppik)

1	2	3	4	5	6
Steuerungs-management und wirt-schaftliche Entwicklung	**Gemeinde-organe, innere Dienste und Finanzen**	**Soziales, Familie und Sport**	**Bürgerdiens-te, Ordnung und Verkehr**	**Schule und Kultur**	**Städtebau-liche Entwicklung, Bauen und Liegen-schaften**
Beschreibung (Zuordnung von Produkt-bereichen, Produkt-gruppen und Produkten aus dem örtlichen Produktplan)	Beschreibung (Zuordnung von Produkt-bereichen, Produkt-gruppen und Produkten aus dem örtlichen Produktplan)	Beschreibung (Zuordnung von Produkt-bereichen, Produkt-gruppen und Produkten aus dem örtlichen Produktplan)	Beschreibung (Zuordnung von Produkt-bereichen, Produkt-gruppen und Produkten aus dem örtlichen Produktplan)	Beschreibung (Zuordnung von Produkt-bereichen, Produkt-gruppen und Produkten aus dem örtlichen Produktplan)	Beschreibung (Zuordnung von Produkt-bereichen, Produkt-gruppen und Produkten aus dem örtlichen Produktplan)

6.4 Gliederungsvorschriften für den kommunalen Haushalt im NKHR-MV

Der o. a. Argumentation folgend hat sich in § 4 Abs. 2 GemHVO-Doppik eine einheitliche produktorientierte (funktionale) Gliederung für den Haushalt durchgesetzt. Dies entspricht auch dem Beschluss der ständigen Konferenz der Innenminister und -senatoren (IMK) über die Grundlagen des zukünftigen kommunalen Haushaltsrechts vom 21.11.2003. Der § 4 Abs. 2 GemHVO-Doppik ermöglicht die Bildung der Teilhaushalte funktional oder institutionell. Grundlage für die rechtlich verbindliche Gliederung der Kommunalhaushalte in Mecklenburg-Vorpommern ist der vom Innenministerium als Verwaltungsvorschrift bekannt gegebene Produktrahmenplan[120]. Danach stellt sich folgende vorgeschlagene Gliederung dar:

- Hauptproduktbereich
- Produktbereich
- Produktgruppe
- Produkt
- Leistung

Diese Hierarchie entspricht der überwiegenden Struktur der bundesweiten Produktpläne in den Kommunalverwaltungen.

Die dritte Gliederungsebene (Produktgruppe) stellt die nach dem landeseinheitlichen Produktrahmen verbindliche Mindestgliederung der Kommunalhaushalte (bis auf soziale Hilfen) dar. Jeder Kommunalhaushalt in Mecklenburg-Vorpommern muss aber Produkte in den Teilhaushalten (§ 4 Abs. 2, 5 GemHVO-Doppik) abbilden. Die Gliederung dieser Produkte ist zwar überwiegend nicht verbindlich vorgegeben, sehr wohl aber die Zuordnung der Produkte zu den Produktgruppen. Innerhalb der Produktgruppe können die Produkte und Leistungen flexibel definiert werden, sofern hierzu nicht die Statistik spezielle Anforderungen stellt.

Abweichend von der frei zu wählenden Produktgestaltung sind nach dem landeseinheitlichen Produktrahmen für die Produktbereiche 31–35 (Soziale Hilfen) die Produkte gemäß dem landeseinheitlichen Produktrahmenplan seit dem 1.1.2013 verbindlich anzuwenden. Soweit die Statistik weitere Untergliederungen von Produkten erfordert, hat die Kommune entsprechende Aufteilungen im Rechnungswesen vorzunehmen. Die Aufteilung kann im Rahmen der Nebenbuchhaltung erbracht werden. Diese statistischen Anforderungen ziehen sich im Bereich der sozialen Sicherung in der Regel sogar bis in die Leistungsebene hinein. Hierauf beziehen sich die o. g. Regelungen der Nebenbuchhaltung.

Aus Sicht der Autoren schränkt diese die den Gemeinden zur Verfügung gestellte Flexibilität im Rahmen der Bildung der Produkte und Leistungen insbesondere dann ein, wenn das vorhandene Softwareverfahren für die Aufstellung des Haushaltes technische Möglichkeiten bietet, um die Statistik mit der Vielzahl an Produkten zu füllen,

120 Vgl. Anlage 2 – Landeseinheitlicher Produktrahmen und Produktrahmenplan – der Verwaltungsvorschriften zur KV M-V und GemHVO-Doppik.

ohne die eigene Produktstruktur mit einer geringeren Produktanzahl aufzulösen. Der Nachteil dieser pflichtigen Vorgabe für die sozialen Hilfen besteht darin, dass sich die Anzahl der Produkte stark erhöht. Weiterhin vermehrt sich dadurch der Verwaltungsaufwand z. B. durch die Verteilung von Personal- und Sachaufwendungen sowie der internen Leistungsverrechnungen auf die Vielzahl der Produkte bei der Planung, im Rahmen der laufenden Bewirtschaftung und der Aufstellung der Jahresrechnung.

Der Vorteil gegenüber anderen Bundesländern (Verbindlichkeit von Produktbereichen) besteht jedoch darin, dass Vergleiche auf einer tieferen Ebene, nämlich der Ebene der verbindlichen Produktgruppen, möglich sind. An dieser Stelle wird empfohlen, dass die kommunalen Spitzenverbände auf Vergleichsmöglichkeiten hinwirken (z. B. durch möglichst einheitliche Produktpläne) und Kennzahlenvergleiche der Gemeinden untereinander unterstützen sollten. Dies sollte aber nicht dazu führen, dass die eigentlichen Leistungen zu Produkten im landeseinheitlichen Produktrahmenplan erhoben werden (siehe Produktgruppe 31201). In dieser Produktgruppe sind bspw. Bedarfe für Bildung und Teilhabe als pflichtiges Produkt 31206 dargestellt, während im Produkt 31101 die Bedarfe für Bildung und Teilhabe als „Leistung 3110104" definiert wurden. An dieser Stelle sollte sich der Gesetzgeber entscheiden, ob es sich um ein Produkt oder eine Leistung handelt. Diese Produktgliederung stellt eine inkonsequente Vorgabe dar. Zum Teil sind diese Produkte unter der Produktgruppe 312 ohnehin bereits als Leistungen bezeichnet worden, was nicht schlüssig ist. Inzwischen gibt hier der landeseinheitliche Produktrahmenplan neun Produkte vor, was auch in ein oder zwei Produkte hätte gegliedert werden können. Aus Sicht der Autoren ist eine Überarbeitung des landeseinheitlichen Produktrahmenplanes sinnvoll

Die Produkte einer Gemeinde werden den Teilhaushalten zugeordnet, die meist institutionell, also nach der Organisationsstruktur, gebildet werden. Der Gesetzgeber ermöglicht die flexible Bildung des Teilhaushaltes. Die Gemeinden können sich also frei entscheiden, welchen Teilhaushalten die Produkte zugeordnet werden. Innerhalb der Teilhaushalte sind die Produkte in wesentliche und sonstige Produkte einzuteilen. Dabei können die Finanzdaten der sonstigen Produkte gemäß § 4 Abs. 5 Satz 3 GemHVO-Doppik zusammengefasst dargestellt werden. Ob ein Produkt wesentlich ist, kann sich z. B. aus der finanziellen oder politischen Bedeutung, aber auch aus der Bedeutung für die Bürger ergeben. Die Darstellung der Produkte innerhalb des Teilhaushaltes ist nach dem amtlichen Muster 9 (Teilhaushalt mit Übersicht über die zugeordneten Produkte und Darstellung der wesentlichen Produkte) Anlage 3 – Muster zur KV M-V und GemHVO-Doppik der Verwaltungsvorschriften zur GemHVO-Doppik und GemKVO-Doppik –, verbindlich vorgegeben.

6.4.1 Der Hauptproduktbereich 6 „Zentrale Finanzleistungen"

Die funktionale Gliederung des Haushaltes lässt sich insbesondere auf Grund des Gesamtdeckungsprinzips[121] nicht vollständig durchhalten. Da eine spezifische Zuord-

121 Die finanzwissenschaftliche Literatur benutzt häufig den Begriff „Non-Affektationsprinzip".

nung von allgemeinen Deckungsmitteln (z. B. Steuern, allgemeinen Zuweisungen und Krediten) auf einzelne Verwendungszwecke nicht vorgesehen ist, war eine Regelung erforderlich, die eine sachgerechte und transparente Abbildung dieser Positionen im Haushaltsplan und im Jahresabschluss gewährleistet.

Der landeseinheitliche Produktrahmenplan sieht daher einen gesonderten Hauptproduktbereich 6 „Zentrale Finanzleistungen" vor. Dieser ist gemäß § 4 Abs. 3 der GemHVO-Doppik als Teilhaushalt auszuweisen, sofern die Produkte der Produktgruppe 612 und des Produktbereiches 62 nicht Produkten anderer Teilhaushalte direkt sachbezogen zugeordnet werden. Den Produkten können demnach direkt beispielsweise die Zinsen, Kredite, Schuldendiensthilfen, Mahngebühren entsprechend der Produktgruppe 612 zugeordnet werden. Gleiches gilt für die Beteiligungen und das Sondervermögen, das im Produktrahmenplan dem Produktbereich 62 zu entnehmen ist.

Für den übrigen Bereich des Hauptproduktbereiches 6 ist verbindlich ein Teilhaushalt zu erstellen, der sich haushaltsrechtlich in seiner Struktur nicht von den übrigen Plänen der Teilhaushalte unterscheidet.

Auf der Grundlage des Produktrahmenplanes müssen die Steuerarten und Zuweisungen nicht weiter differenziert und die allgemeinen Umlagen (Kreis- bzw. Amtsumlage) nicht separat ausgewiesen werden. Damit ist den Zahlenwerk-Darstellungen im Haushaltsplan nach den vorliegenden Vorschriften die Höhe der Grundsteuererträge, der Erträge aus Gewerbesteuern, die Höhe der Kreisumlage und die Höhe der Schlüsselzuweisungen nicht mehr einzeln zu entnehmen, falls nicht auf der örtlichen Ebene eine weitere Untergliederung bzw. sonstige erläuternde Darstellung erfolgt.

6.4.2 Gestaltungsfreiheit bei der Gliederung des Haushaltes

Die vorliegenden Verwaltungsvorschriften zur GemHVO-Doppik und GemKVO-Doppik, Anlage 3 Muster zur KV M-V und zur GemHVO-Doppik, Muster 9 sowie § 4 GemHVO-Doppik bieten den Gemeinden und Gemeindeverbänden einen Freiraum zur Gestaltung ihrer Haushaltspläne. Dieser kann insbesondere bei der Definition der Produkte und Leistungen und bei der Bildung der Teilhaushalte genutzt werden. Die Vergleichbarkeit der Haushalte wird dadurch allerdings erschwert.

Nach § 4 Abs. 2, 5 GemHVO-Doppik ist in den Teilhaushalten eine niedrigere Gliederungsebene vorgegeben, die sich an der Produktstruktur jeder Gemeinde orientiert. Die Teilhaushalte können nach der örtlichen Organisationsstruktur abgebildet werden, wodurch den Führungsverantwortlichen der Organisationseinheiten auch die Verantwortung für ihren jeweiligen Teilhaushalt verwaltungsintern übertragen werden kann. Damit bleiben oder werden, soweit nicht schon in der Praxis umgesetzt, die Fach- und Ressourcenverantwortung zusammengeführt. Der Teilhaushalt umfasst damit eine vollständige Abbildung von Teilergebnishaushalt, Teilfinanzhaushalt, Abbildung der Finanzdaten für die wesentlichen und sonstigen Produkte (ggf. in zusammengefasster Form gemäß § 4 Abs. 5 Satz 3 GemHVO-Doppik), Darstellung der Produktbeschreibungen sowie der Ziele und Kennzahlen. Diese detaillierteren Teilhaushalte sind regelmäßig Beratungsgrundlage für die politischen Gremien und stellen die für die Verwaltung verbindliche Ermächtigungsgrundlage für die Leistung von Aufwendungen und Auszahlungen dar.

Die Verwaltungsvorschriften zur GemHVO-Doppik und GemKVO-Doppik eröffnen unter Nr. 4.1 zu § 4 Abs. 1 der GemHVO-Doppik für kleine amtsangehörige Gemeinden grundsätzlich die Bildung von lediglich zwei Teilhaushalten, sofern nicht die örtlichen Verhältnisse die Bildung weiterer Teilhaushalte erfordern. Damit wurde der geringen Größe von einigen Gemeinden und damit dem geringen Finanzvolumen des gemeindlichen Haushaltes Rechnung getragen.

Insgesamt führt die zur Verfügung gestellte Gestaltungsfreiheit (Produkte, Teilhaushalte) letztlich dazu, dass jede Kommune eine individuelle Haushaltsgliederung erstellen kann, soweit sie in der Lage ist, auf der Grundlage dieser Gliederung eindeutig eine Aggregation der monetären Daten auf die verbindlichen Produktgruppen (Muster 11) vorzunehmen. Diese Aggregation ist im Rahmen der freiwilligen Gestaltbarkeit allerdings unverzichtbar.

6.5 Praktische Umsetzung der Gliederung mit kaufmännischer Standardsoftware

Ein Ziel der Einführung des kaufmännischen Rechnungswesens in der Kommunalverwaltung war die Erleichterung des Einsatzes betriebswirtschaftlicher Software im Rechnungswesen der Kommunen. Dies sollte zum einen die Kosten für Erstellung und Pflege der Software verringern und zum anderen ermöglichen, dass die in der Privatwirtschaft erfolgreich eingesetzten Steuerungsinstrumente besser für den Einsatz in Verwaltungen nutzbar gemacht werden können. Voraussetzung für den Einsatz solcher Software in Kommunalverwaltungen ist jedoch, dass es möglich ist, mit einer solchen Software die verbindlichen Anforderungen des kommunalen Haushalts- und Rechnungswesens abzudecken.

Die Aufgliederung des externen Rechnungswesens in Teilhaushalte und dieser wiederum in wesentliche und sonstige Produkte sowohl für die Rechnungslegung als auch für die Planung entspricht nicht dem kaufmännischen Standard und stellt damit eine kommunalspezifische Besonderheit dar. Dies gilt auch für die Besonderheit der kommunalen Finanzrechnung. Gleichwohl bietet jede kaufmännische Software verschiedene Möglichkeiten, die vorgesehene Gliederung abzubilden.

Im Wesentlichen werden sich für die praktische Umsetzung der Gliederung zwei Ansatzpunkte finden lassen:

- Instrumente des internen Rechnungswesens
- Instrumente zur Erstellung konsolidierter Gesamtabschlüsse

Kaufmännische Standardsoftware stellt neben den klassischen Instrumenten der Finanzbuchhaltung regelmäßig auch Instrumente für das interne Controlling bzw. eine Kosten- und Leistungsrechnung zur Verfügung. Die Kosten- und Leistungsrechnung stellt in Form der Kostenträgerrechnung ein Rechnungssystem dar, das weitgehend einer funktionalen Gliederung des Rechnungswesens entspricht. Um die technischen Instrumente der kaufmännischen Software für die vorgeschriebene Haushaltsgliederung nutzen zu können, ist daher die Aufweichung der Trennlinie zwischen externem und internem Rechnungswesen ein möglicher Weg. Die Abbildung und Planung von Teilergebnissen ist regelmäßig mit Hilfe der Instrumente der Kosten- und Leistungsrechnung möglich. Dazu sind i. d.R. alle Aufwands- und Ertragsarten systemtechnisch als Kosten- und Erlösarten zu definieren, damit die Möglichkeit geschaffen ist, sie über die Kosten- und Leistungsrechnung entsprechenden Produkten (Kostenträgern) zuzuordnen.

Ein weiterer Ansatzpunkt für die Umsetzung der geforderten Gliederung ist die Schaffung separater bilanzierender Einheiten für jeden Teilhaushalt und die anschließende Konsolidierung dieser Einheiten in der Planung und im Jahresabschluss. Dieser Weg wurde bislang noch nicht eingeschlagen. Dies ist wohl darauf zurückzuführen, dass die Umsetzung dieser Variante komplexer und unflexibler erscheint und den derzeitigen Strukturen des kommunalen Rechnungswesens weniger entspricht. Gleichwohl ist zu erwarten, dass die kommunale Praxis zukünftig auch diese Variante einsetzen wird, um die haushaltsrechtlichen Anforderungen bedarfsgerecht umzusetzen.

Im Rahmen der Einführung auf das NKHR-MV stellt sich die Frage nach dem Einsatz und den Grenzen kaufmännischer Standardsoftware vor allem im Hinblick auf die geforderte mehrdimensionale Gliederung des Haushaltes. Haushaltsrechtlich wird eine Untergliederung in Hauptproduktbereiche, Produktbereiche, Produktgruppen und Produkte gefordert. Damit ist jede Gemeinde in der Lage, auch den Ansprüchen der politischen Mandatsträger nach Detailinformationen gerecht zu werden. Für die Budgetierung wird die auch haushaltsrechtlich zulässige Gliederung „nach der örtlichen Organisation“ gefordert werden. Hierfür sind die Teilhaushalte nach § 4 Abs. 1 GemHVO-Doppik ein geeignetes Instrument. Die Teilhaushalte können so gebildet werden, dass sie der örtlichen Organisationsstruktur der Gemeinde entsprechen. Darüber hinaus macht die Finanzstatistik eine weitere, an den alten Gliederungsstrukturen orientierte, detaillierte Gliederung des Haushaltes erforderlich. Diese Gliederungsstruktur passt i. d. R. nicht vollständig zur produkt- oder organisationsbezogenen Gliederung. Letztlich können durch die Gemeindevertretung in kommunalen Haushalten für kleinere ortsteilbezogene Maßnahmen Mittel ausgewiesen werden, über deren Verwendung die Ortsteilvertretung entscheidet, um den Anforderungen der KV M-V zu entsprechen. Damit ist eine Zuordnung jeder Planungsposition und jeder Buchung nach folgenden Kriterien erforderlich:

- Sachkonto
- Hauptproduktbereich
- Produktbereich
- Produktgruppe
- Produkt
- Leistung (Eine Zuordnung auf Leistungsebene ist notwendig, sofern die Finanzstatistik diese Informationstiefe erfordert. Dies ist regelmäßig im Bereich der sozialen Sicherung der Fall.)

- Teilhaushalt
- Organisationseinheit
- finanzstatistische Gliederung
- Ortsteil

Da eine eindeutige Ableitung der Informationen nur zwischen den jeweiligen Produktebenen möglich ist, muss sowohl die Software als auch das Personal in der Lage sein, die Fülle der Einzelinformationen richtig zuzuordnen und zu verarbeiten. Allerdings reduziert sich die Fülle der Einzelinformationen in der Einführungsphase des NKHR-MV durch eine gründliche Hinterlegung der Stammdaten in der Finanzsoftware. Die Informationen in den Teilhaushalten beschränken sich insbesondere auf die dem Teilhaushalt zugeordneten Produkte, Leistungen und Sachkonten. Aber auch diese Informationsbreite und -tiefe verlangt von den Beschäftigten im Rahmen von Haushaltsplanung und -bewirtschaftung ein breiteres Wissen um das NKHR-MV. Der starke Umfang der zu verarbeitenden Informationen für die Gesamtverwaltung obliegt auf jeden Fall den für das NKHR-MV zuständigen Beschäftigten.

6.6 Übungen

Sachverhalt Nr. 1

a) Die Gemeinde G zahlt einen Zuschuss an den Verband der Kleingärtner e. V. für den Bau eines Vereinshauses.
b) Von der Gemeinde G wird eine Schuldnerberatungsstelle eingerichtet.
c) Für alle Grundschulen wird eine Landeszuweisung für Schulwanderungen zugesagt.
d) Es wird von der Gemeinde G ein Spielplatz gebaut.
e) Die Stadt vereinnahmt im Rahmen der Wirtschaftsförderung die Zinsen für Darlehen an private Unternehmen.
f) Die Volkshochschule erhält Landeszuweisungen für Sprachkurse.
g) Für die Führung und das Vorhalten kleinmaßstäbiger Geobasisdaten wird die Firma X beauftragt, Luftbilder zu machen.
h) Der Musikverein (e. V.) erhält eine Förderung für laufende Zwecke.
i) Die Stadtsparkasse liefert den Bilanzgewinn ab.
j) Die Gemeinde G baut ein neues Fußballstadion.

Aufgabe:
Ordnen Sie die Geschäftsvorfälle der Produktgruppe und einem Produkt zu.

Lösung:
Die Geschäftsvorfälle werden auf Grund der Anlage 2 Landeseinheitlicher Produktrahmen und Produktrahmenplan der Verwaltungsvorschriften zur GemHVO-Doppik und GemKVO-Doppik zugeordnet.

Geschäfts-vorfall	Produktgruppe		Produkt	
a)	551	Öffentliches Grün, Landschaftsbau	55102	Sonstige Erholungseinrichtungen
b)	311	Grundversorgung und Hilfen nach dem Zwölften Buch Sozialgesetzbuch (SGB XII)	31106	Schuldnerberatung (§ 11 Abs. 5 SGB XII)
c)	211	Grundschulen (§ 11 Abs. 2 Nr. 1a SchulG M-V)	21101	Grundschulen
d)	366	Einrichtungen der Kinder- und Jugendarbeit	36600	Einrichtungen der Kinder- und Jugendarbeit
e)	571	Wirtschaftsförderung	57101	Kommunale Wirtschaftsförderung
f)	271	Volkshochschulen	27101	Volkshochschulen
g)	511	Räumliche Planungs- und Entwicklungsmaßnahmen	51111	Kleinmaßstäbige Karten
h)	262	Musikpflege (ohne Musikschulen)	26202	Förderung der Musikpflege
i)	626	Beteiligungen, Anteile, Wertpapiere des Anlagevermögens	62600	Beteiligungen, Anteile, Wertpapiere des Anlage-Vermögens
j)	424	Sportstätten und Bäder	42401	Kommunale Sportstätten und Bäder

Sachverhalt Nr. 2

Die Stadt S will zum 1.1.2022 einen Haushalt nach den Regeln der GemHVO-Doppik aufgrund veränderter Organisationsstruktur (Umbildung Dezernate) aufstellen. Hierfür muss eine geeignete Haushaltsgliederung gefunden werden. Die Stadt S hat folgende Aufbauorganisation:

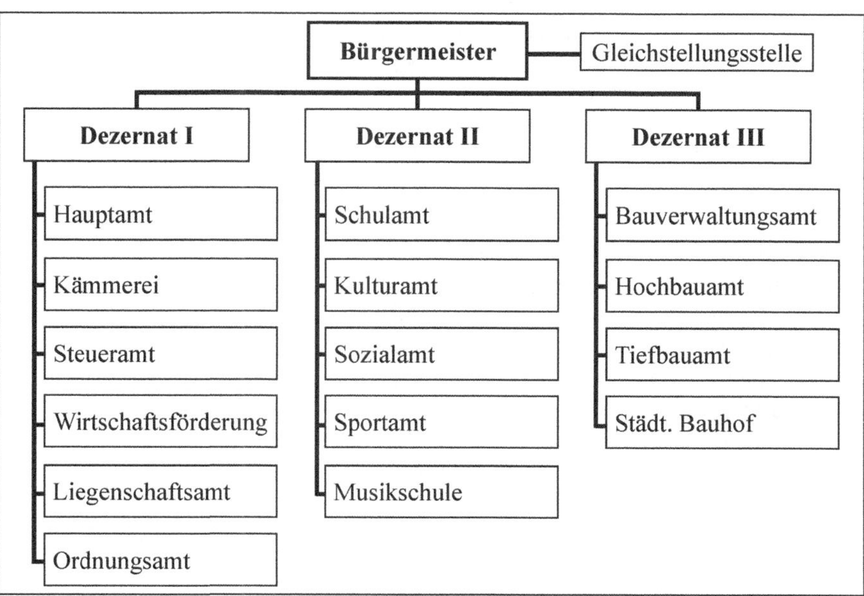

In den Ämtern wurde unter Federführung des Hauptamtes eine Produktbildung (zur vereinfachten Darstellung wurde nur ein Auszug der Produkte dargestellt) durchgeführt. Dabei hat sich im Dezernat II u. a. folgende Produktstruktur ergeben:

Amt	Ziffer Produkt	Produktbezeichnung
Schulamt	21101	Grundschulen
	21501	Regionale Schulen
	21701	Gymnasium
	21801	Integrierte Gesamtschulen
	20000	Schulträgeraufgaben
	24101	Schülerbeförderung
	36503	Hortbetreuung von Schulkindern (6–14 Jahre)
Kulturamt	28101	Heimat- und sonstige Kulturpflege
	27202	Förderung kirchlicher Büchereien
	36601	Offener Jugendtreff
	57501	Stadtwerbung und Tourismusförderung
Sozialamt	31101	Hilfe zum Lebensunterhalt
	31103	Eingliederungshilfe für behinderte Menschen (SGB XII)
	34401	Hilfen für Heimkehrer, politische Häftlinge und Aussiedler
	31301	Hilfen für Asylbewerber
	31107	Grundsicherung im Alter und bei Erwerbsminderung (SGB XII)
	36502	Einrichtungen der Kinderbetreuung (0–6 Jahre)
	35101	Wohngeld
Sportamt	42101	Förderung der Sportvereine
	42401	Bereitstellung von Sportplätzen (außerhalb Schulsport)
	42402	Freibad
	36202	Organisation von Kinder-/Jugendferienmaßnahmen
Musikschule	26301	Musikunterricht

Aufgaben:

a) Machen Sie anhand der Organisation und der Produktgliederung einen Vorschlag für eine zukünftige Haushaltsgliederung für den Bereich des Dezernats II, der den Anforderungen des § 4 GemHVO-Doppik und den amtlichen Mustern zur KV M-V und GemHVO-Doppik (Anlage 3 der Verwaltungsvorschriften zur GemHVO-Doppik und GemKVO-Doppik) entspricht. Es sollen für diesen Bereich nicht mehr als drei Teilhaushalte abgebildet werden. Überschneidungen mit Ämtern aus anderen Dezernaten will die Stadt S vermeiden.

b) Kann die von Ihnen vorgeschlagene Haushaltsgliederung auch für eine amtsbezogene Budgetierung verwendet werden?

Lösung (eine von mehreren möglichen Lösungen, da die Bildung der Teilhaushalte flexibel möglich ist):

a) Folgende drei Teilhaushalte mit einem Vorschlag möglicher zugeordneter Produkte können dem Haushalt zu Grunde gelegt werden:

Teilhaushalt	Ziffer Produkt	Produktbezeichnung
II-1 Schulamt,	21101	Grundschulen
Musikschule	21501	Regionale Schulen
	21701	Gymnasium
	21801	Integrierte Gesamtschulen
	20000	Schulträgeraufgaben
	24101	Schülerbeförderung
	36503	Hortbetreuung von Schulkindern (6-14 Jahre)
	26301	Musikunterricht
II-2 Kultur-/ Sportamt	28101	Heimat- und sonstige Kulturpflege
	27202	Förderung kirchlicher Büchereien
	36601	Offener Jugendtreff
	57501	Stadtwerbung und Tourismusförderung
	42101	Förderung der Sportvereine
	42401	Bereitstellung von Sportplätzen (außerhalb Schulsport)
	42402	Freibad
	36202	Organisation von Kinder-/Jugendferienmaßnahmen
II-3 Sozialamt	31101	Hilfe zum Lebensunterhalt
	31103	Eingliederungshilfe für behinderte Menschen (SGB XII)
	34401	Hilfen für Heimkehrer, politische Häftlinge und Aussiedler
	31301	Hilfen für Asylbewerber
	31107	Grundsicherung im Alter und bei Erwerbsminderung (SGB XII)
	36502	Einrichtungen der Kinderbetreuung (0–6 Jahre)
	35101	Wohngeld

Die dargestellte Lösung orientiert sich am landeseinheitlichen Produktrahmenplan und an den verbindlichen Mustern 8, 9 für die Abbildung der Teilhaushalte (Anlage 2 und 3 der Verwaltungsvorschriften zur GemHVO-Doppik und GemKVO-Doppik). Die Zuordnung der Produkte zu Produktgruppen sowie die Bildung der Produkte im Bereich der sozialen Hilfen sind zwar verbindlich, jedoch ist die Bildung der Teilhaushalte sowie die Bildung der Produkte außerhalb der sozialen Hilfen flexibel. Die von der Stadt S gebildeten Produkte müssen einem Teilhaushalt zugeordnet werden. Eine Teilung der Produkte und damit die Zuordnung auf mehrere Teilhaushalte ist ausgeschlossen. Dies hat die Stadt S korrekt berücksichtigt. Die Lösung zeigt ein Beispiel, wie für das Dezernat II Teilhaushalte aufgestellt werden können. Andere Lösungen sind denkbar. So könnten auch die Produkte eines Amtes in verschiedenen Teilhaushalten abgebildet werden. Die Produkte sind eindeutig einem Teilhaushalt zugeordnet. Die Teilhaushalte der Stadt S entsprechen den Anforderungen des § 4 Abs. 2, 5 GemHVO-Doppik vollständig, wenn zusätzlich noch eine Einteilung der Produkte jedes Teilhaushaltes in wesentliche und sonstige Produkte (bei den sonstigen Produkten entscheidet die Stadt S bzw. die Gemeindevertretung, ob sie die Finanzdaten gemäß § 4 Abs. 3 GemHVO-Doppik zusammenfassen will) erfolgt. Beim Produkt Schulträgeraufgaben ist darauf zu achten, dass es sich um ein Vorprodukt handelt, wenn es gebildet wurde. Dieses ist nach dem landeseinheitlichen Produktrahmenplan auf die Produkte der Produktbereiche für die Schulen aufzuteilen.

Das von der Stadt gebildete Produkt 31301 Hilfen für Asylbewerber ist nach den Anforderungen des landeseinheitlichen Produktrahmens und Produktrahmenplanes nicht korrekt gebildet. Für die Produktbereiche 31–35 (Soziale Hilfen) sind die Produkte verbindlich aus dem landeseinheitlichen Produktrahmenplan zu übernehmen. Die Stadt muss an dieser Stelle ihren Produktplan überarbeiten. Ein Produkt reicht hierfür nicht aus.

b) Die vorgenommene Gliederung ermöglicht zwar auch eine institutionelle Abbildung der Verwaltungsgliederung im Haushalt auf der Ebene der Produkte und eine entsprechende Budgetierung. Jedoch müssten Haushaltsvermerke gemäß § 14 GemHVO-Doppik aufgenommen werden, um Produkte anderer Organisationseinheiten von der Deckungsfähigkeit auszuschließen, damit kein „Fremdzugriff" auf die Produktbudgets möglich ist. Da aber produktbezogene Budgets zum Teil sehr geringen finanziellen Umfangs sein können, beraubt man sich jeder Möglichkeit der flexiblen Haushaltsführung. Aus diesem Grund bieten sich eher die Teilhaushalte für die Abbildung der Organisationsstruktur an. Auf dieser Ebene ist die Budgetierung sinnvoller. Im vorliegenden Beispiel wird also die Budgetierung erschwert, da zum Teil die Produkte mehrerer Ämter zu einem Teilhaushalt zusammengefasst sind.

7. Die Elemente des Haushaltsplanes

Der Haushaltsplan ist die zentrale Grundlage der Haushaltswirtschaft der Gemeinden und Gemeindeverbände. Er steht im Zentrum der kommunalen Planungen, bestimmt die laufende Buchhaltung und ist Grundlage für die Rechenschaftslegung. Diese zentrale Position wird dem Haushaltsplan nicht zuletzt durch die rechtliche Bedeutung verliehen, die ihm die Kommunalverfassung zuweist. Diese Bedeutung ergibt sich in der Kommunalverfassung insbesondere aus den §§ 45 bis 47, 60 KV M-V.

Der Haushalt der Gemeinden und Gemeindeverbände ergibt sich im Wesentlichen aus den Rechnungskomponenten der Drei-Komponenten-Rechnung:

- Ergebnisrechnung
- Finanzrechnung
- Bilanz

Bezogen auf den Haushaltsplan stehen nach § 46 Abs. 2 KV M-V die voraussichtlich anfallenden Erträge und Aufwendungen, Einzahlungen und Auszahlungen sowie Verpflichtungsermächtigungen im Mittelpunkt. Diese werden abgebildet im Ergebnishaushalt und im Finanzhaushalt, die wiederum in Teilhaushalte weiter zu untergliedern sind (§ 46 Abs. 4 KV M-V). Die Bilanz ist dagegen nach den haushaltsrechtlichen Vorschriften nur für den Jahresabschluss und nicht als Planbilanz im Haushaltsplan vorgesehen. Durch die Verknüpfung der Positionen der drei Rechnungskomponenten wirken sich jedoch auch die Bilanzpositionen mittelbar auf die Ergebnis- und Finanzhaushalte aus. Beispielsweise beziehen sich die Abschreibungen selbstverständlich auf das in der Bilanz ausgewiesene Anlagevermögen. Ebenso mindert die ergebniswirksame Auflösung erhaltener Investitionszuweisungen den Sonderposten auf der Passivseite der Bilanz.

Wichtiges Ziel der Reform des Haushaltsrechts war die Einbindung von Leistungszielen in die Haushaltsplanung (Outputorientierung) .[122] Dies hat dazu geführt, dass nach § 4 Abs. 2 GemHVO-Doppik sowohl die Ziele des Verwaltungshandelns als auch Kennzahlen zur Messung der Zielerreichung verpflichtende Bestandteile des Haushaltsplanes und des Jahresabschlusses sind.[123]

Durch die Haushaltssatzung werden die Inhalte des Stellenplanes und des Haushaltsplanes ortsrechtlich miteinander verbunden. Mit Beschluss der Haushaltssatzung erhalten sie rechtliche Verbindlichkeit.[124]

Die nach § 4 GemHVO-Doppik vorgeschriebene Gliederung des Haushaltsplanes in Teilhaushalte bildet die wesentliche Grundlage für die politische Beratung des Haushaltsplanes.

---

122 Vgl. hierzu auch: *Jungfer*, Die Stadt in der Krise – Ein Manifest für starke Kommunen, Bonn 2005, S. 100 f.

123 Die Outputorientierung des Haushaltes wird in der KV M-V leider nicht grundsätzlich geregelt, wie es nach Auffassung der Autoren sinnvoll gewesen wäre. Ziele und Kennzahlen sind im § 46 KV M-V nicht erwähnt, sondern werden lediglich in der GemHVO-Doppik angesprochen.

124 Siehe zur Haushaltssatzung die ausführliche Darstellung im Kapitel 17.

Im Überblick ergibt sich daraus eine Zusammensetzung des Haushaltsplanes entsprechend der nachfolgenden graphischen Darstellung:

Haushaltsplan

Ergebnishaushalt	**Finanzhaushalt**	**Teilhaushalte**	Unter den Voraussetzungen des § 43 Abs. 7 KV M-V:
+ Erträge – Aufwendungen = Ergebnis	+ Einzahlungen – Auszahlungen = Cash Flow	– Ziele – Kennzahlen – Erträge – Aufwendungen – investive Einzahlungen – investive Auszahlungen – investive Einzelmaßnahmen	**Haushaltssicherungskonzept**

Anlagen

Vorbericht	**Übersicht Verpflichtungsermächtigungen**	**Übersicht Verbindlichkeiten**
Investitionsprogramm	**Nachweis der dauernden Leistungsfähigkeit**	**Übersicht Zuwendungen an Fraktionen**
Wirtschaftspläne Sondervermögen mit Sonderrechnung	**Jahresabschlüsse Sondervermögen mit Sonderrechnung**	**Übersicht Wirtschaftspläne und Entwicklung Beteiligungen**
Wirtschaftspläne rechtsfähige ö-r Anstalten	**Wirtschaftspläne/ Haushaltspläne Zweckverbände**	**Finanzdaten Teilhaushalte und wesentliche Produkte**
Übersicht produktbezogener Finanzdaten	**Übersicht über Erträge und Aufwendungen**	**Übersicht Salden der liquiden Mittel und der Liquiditätskredite**

Im Folgenden werden die einzelnen Elemente des Haushaltsplanes ausführlich erläutert. Den Anlagen ist das Kapitel 8 gewidmet.

7.1 Ergebnishaushalt

Das neue Haushaltsrecht stellt das Ressourcenverbrauchskonzept in den Mittelpunkt der Planung und der Bewirtschaftung. Im Gegensatz zum Geldverbrauchskonzept, das der Kameralistik zu Grunde lag, legt das Ressourcenverbrauchskonzept Augenmerk auf den Verzehr von Vermögen (Ressourcenverbrauch) und den Zuwachs an Vermögenswerten (Ressourcenaufkommen). Die Darstellung des vollständigen Ressourcenverbrauchs und des Ressourcenaufkommens erfolgt im Ergebnishaushalt. Dabei werden Ressourcenaufkommen und -verbrauch im NKHR-MV mit den betriebswirtschaftlichen Größen Aufwand[125] und Ertrag[126] gleichgesetzt. Der Saldo dieser Größen in einem Jahr ergibt das Jahresergebnis, das in der Logik der kaufmännischen Buchführung die Änderung des Eigenkapitals zum vorherigen Bilanzstichtag abbildet. An der Entwicklung des Eigenkapitals lässt sich feststellen, ob die Kommune nachhaltig wirtschaftet oder ob sie „von der Substanz“ lebt. Sobald sich das Eigenkapital reduziert, verbraucht sie Vermögen, das in vorigen Jahren erwirtschaftet wurde oder sie schiebt Lasten z. B. durch die Aufnahme von Krediten oder das Eingehen sonstiger Verpflichtungen in die Zukunft. Der Ergebnishaushalt stellt gem. § 2 GemHVO-Doppik eine Planung von Aufwands- und Ertragsgrößen dar. In der Privatwirtschaft würde dies als „Plan-Gewinn- und Verlustrechnung“ (Plan-GuV) bezeichnet. Die neutrale Bezeichnung „Ergebnishaushalt“ wurde gewählt, da der Ausweis von Gewinnen oder Verlusten im Bereich der Kommunalverwaltung nicht das Ziel der Planung sein sollte, sondern ein ausgeglichenes Ergebnis dem im § 43 Abs. 6 KV M-V manifestierten Ziel der intergenerativen Gerechtigkeit am besten entspricht.

Der Ergebnishaushalt bezieht sich auf alle Bereiche, die in der Kernverwaltung geführt werden. Er wird in Staffelform aufgestellt und beinhaltet nach § 2 Abs. 1 GemHVO-Doppik verpflichtend, neben den einzelnen Posten der Aufwendungen und Erträge die Darstellung verschiedener Zwischensummen bzw. -salden:[127]

- Summe der Erträge
- Summe der Aufwendungen
- Jahresergebnis (Jahresüberschuss/Jahresfehlbetrag) vor Veränderung der Rücklagen
- Jahresergebnis
- Nachrichtlich: Ergebnisvortrag aus dem Vorjahr
- Nachrichtlich: Ergebnis (Überschuss/Fehlbetrag) zum 31. Dezember des Haushaltsjahres

Die Summe der Erträge ergibt sich dabei aus der Summe der nach § 2 Abs. 1 Nr. 1 bis 9 GemHVO-Doppik verpflichtend auszuweisenden Ertragsarten. Ebenso ergibt sich die Summe der Aufwendungen aus der Summe der nach § 2 Abs. 1 Nr. 11 bis 18 GemHVO-Doppik verpflichtend auszuweisenden Aufwandsarten. Die Differenz der Summe der Erträge und der Summe der Aufwendungen ergibt das Jahresergebnis (Jahresüberschuss/Jahresfehlbetrag) vor Veränderung der Rücklage.

---

125 Vgl. *Klümper/Zimmermann*, Die produktorientierte Kosten- und Leistungsrechnung, München 2002, S. 28: *„Der Aufwand entspricht dem bewerteten Verbrauch von Gütern und Dienstleistungen eines Betriebs innerhalb einer Periode. Es handelt sich um den gesamten Werteverzehr innerhalb einer Periode. Er führt zu einer Eigenkapitalminderung.“*

126 Vgl. *Klümper/Zimmermann*, Die produktorientierte Kosten- und Leistungsrechnung, München, 2002 S. 32: *„Der Ertrag entspricht dem Wertezuwachs in einem Betrieb innerhalb einer Periode. Er führt zu einer Eigenkapitalerhöhung.“*

127 Nach der Überarbeitung der GemHVO-Doppik 2016 werden Laufende Erträge und Aufwendungen sowie Finanzerträge und Finanzaufwendungen nicht mehr getrennt ausgewiesen, sondern unter den ordentlichen Erträgen und ordentlichen Aufwendungen zusammengefasst.

Nach der Feststellung des Jahresergebnisses (Jahresüberschuss/Jahresfehlbetrag) vor Veränderung der Rücklagen[128] werden die Einstellung in die Kapitalrücklage und die Entnahme aus der Kapitalrücklage ausgewiesen. Danach sind die Einstellung in die Rücklage für Belastungen aus dem kommunalen Finanzausgleich und die Entnahme aus der Rücklage für Belastungen aus dem kommunalen Finanzausgleich auszuweisen. Die Saldierung des Jahresergebnisses (Jahresüberschuss/Jahresfehlbetrag) vor Veränderung der Rücklagen, die Einstellungen in die Kapitalrücklage und die Entnahme aus der Kapitalrücklage, die Einstellung in die Rücklage für Belastungen aus dem kommunalen Finanzausgleich und die Entnahme aus der Rücklage für Belastungen aus dem kommunalen Finanzausgleich ergeben das Jahresergebnis in Form eines Jahresüberschusses oder Jahresfehlbetrags. Lediglich nachrichtlich werden der Ergebnisvortrag aus dem Haushaltsjahr und das sich daraus ergebende Ergebnis zum 31. Dezember des Haushaltsjahres ausgewiesen.

Der Ergebnishaushalt bildet insgesamt sechs Haushaltsjahre ab (Muster 6 entsprechend Anlage 3 Muster zur KV-MV und GemHVO-Doppik der Verwaltungsvorschrift zur GemHVO-Doppik und GemKVO-Doppik). Neben dem Jahr, für das der Haushaltsplan aufgestellt wird (Planjahr), werden abgebildet:

- Das Ergebnis des Vorvorjahres,
- die Planansätze des Vorjahres einschließlich Nachträge und
- die Planungen für die drei auf das Planjahr folgenden Jahre.

Durch diese Integration der mittelfristigen Planung kann einerseits auf das separate Planwerk der bisherigen Finanzplanung verzichtet werden, andererseits wird hierdurch die mittelfristige Planung gegenüber der bisherigen separaten Mittelfristplanung deutlich aufgewertet, da sie bei der politischen Beratung automatisch im Blickfeld steht.

Der Ergebnishaushalt gibt einen Gesamtüberblick über die voraussichtliche Entwicklung der Gemeinde. Insbesondere ist aus dem ausgewiesenen Planergebnis erkennbar, ob sich das Eigenkapital voraussichtlich erhöht (Planüberschuss) oder verringert (Planfehlbetrag). Dies ergibt sich daraus, dass die Ergebniskonten (Aufwands- und Ertragskonten) Unterkonten des Eigenkapitalkontos sind und im Jahresabschluss über das Bilanzkonto Eigenkapital abgeschlossen werden. Eine Verringerung des Eigenkapitals bedeutet dabei, dass die Gemeinde in einer Rechnungsperiode mehr Vermögensverzehr (Ressourcenverbrauch) hat als ihr an neuem Vermögen zufließt (Ressourcenaufkommen). Umgekehrt führt ein Jahresüberschuss durch die Erhöhung des Eigenkapitals zu einem Substanzaufbau.

Im Sinne der Nachhaltigkeit des kommunalen Wirtschaftens und des damit verknüpften Ziels der intergenerativen Gerechtigkeit sollte sich der Substanzabbau und -aufbau über einen Zeitraum ausgleichen, der einer „Generation" zugerechnet werden kann. Hierdurch wird vermieden, dass

128 Die Zuführung zu Rücklagen bezeichnet die bilanztechnische Verwendung von Überschüssen des Ergebnishaushaltes zugunsten des kommunalen Eigenkapitals. Die Inanspruchnahme von Rücklagen dient dem Ausgleich des Ergebnishaushaltes. Zu den Begriffen und den Einzelheiten des Haushaltsausgleichsverfahrens siehe Kapitel 16.

- eine Generation z. B. zu Lasten einer nachfolgenden mehr verbraucht als sie erarbeitet oder
- eine Generation der Gemeinde mehr Steuern zuführt als sie an Gegenleistungen von der Gemeinde erhält.

Zusammengefasst lässt sich die Struktur des Ergebnishaushaltes anhand des nachfolgenden Musters[129] abbilden:

		Ergebnishaushalt	Ergebnis 2020	Ansatz 2021	Ansatz 2022	Planung 2023	Planung 2024	Planung 2025
			1	2	3	4	5	6
1		Steuern und ähnliche Abgaben						
2	+	Zuwendungen, allgemeine Umlagen und sonstige Transfererträge						
3	+	Erträge der sozialen Sicherung						
4	+	Öffentlich-rechtliche Leistungsentgelte						
5	+	Privatrechtliche Leistungsentgelte						
6	+	Kostenerstattungen und Kostenumlagen						
7	+	Andere aktivierte Eigenleistungen						
8	+	Zinserträge und sonstige Finanzerträge						
9	+	Sonstige Erträge						
10	=	**Summe der Erträge** (Summe der Nummer 1 bis 9)						
11	–	Personalaufwendungen						
12	–	Versorgungsaufwendungen						
13	-	Aufwendungen für Sach- und Dienstleistungen						
14	–	Abschreibungen						
15	–	Zuwendungen, Umlagen und sonstige Transferaufwendungen						
16	–	Aufwendungen der sozialen Sicherung						
17	–	Zinsaufwendungen und sonstige Finanzaufwendungen						
18	–	Sonstige Aufwendungen						
19	=	**Summe der Aufwendungen** (Summe der Nummer 11 bis 18)						
20	=	**Jahresergebnis (Jahresüberschuss/Jahresfehlbetrag) vor Veränderung der Rücklagen** (Saldo der Nummern 10 und 19)						
21	–	Einstellung in die Kapitalrücklage						
22	+	Entnahme aus der Kapitalrücklage						

129 Muster 6 entsprechend Anlage 3 Muster zur KV-MV und GemHVO-Doppik der Verwaltungsvorschrift zur GemHVO-Doppik und GemKVO-Doppik.

	Ergebnishaushalt	Ergebnis 2020	Ansatz 2021	Ansatz 2022	Planung 2023	Planung 2024	Planung 2025
		1	2	3	4	5	6
23	– Einstellung in die Rücklage für Belastungen aus dem kommunalen Finanzausgleich						
24	+ Entnahme aus der Rücklage für Belastungen aus dem kommunalen Finanzausgleich						
25	= **Jahresergebnis** (Jahresüberschuss/Jahresfehlbetrag, Nummer 20 zuzüglich Nummern 22 und 24 abzüglich Nummern 21 und 23)						
	nachrichtlich:						
26	Ergebnisvortrag aus dem Haushaltsvorjahr						
27	Ergebnis (Überschuss/Fehlbetrag) zum 31. Dezember des Haushaltsjahres (Summe der Nummern 25 und 26)						

Ergänzend zur Darstellung des Ergebnishaushaltes (Muster 6 entsprechend Anlage 3 Muster zur KV-MV und GemHVO-Doppik der Verwaltungsvorschrift zur GemHVO-Doppik und GemKVO-Doppik) wurde eine weitere Übersicht im § 1 Nr. 13 GemHVO-Doppik, die dem Haushaltsplan als Anlage beizufügen ist, aufgenommen. Es handelt sich um eine Übersicht über Erträge und Aufwendungen zum Ergebnishaushalt (Muster 6a entsprechend Anlage 3 Muster zur KV-MV und GemHVO-Doppik der Verwaltungsvorschrift zur GemHVO-Doppik und GemKVO-Doppik) als Pflichtanlage zum Haushalt gemäß § 1 Nr. 13 GemHVO-Doppik. Hier sind von Kontengruppen bis zu Unterkonten detaillierte Ausweisungen der Erträge und Aufwendungen in dieser Übersicht darzustellen.

7.2 Finanzhaushalt

Neben die Planung des Ergebnisses tritt innerhalb des Haushaltsplanes nach § 46 Abs. 4 Nr. 2 KV M-V eine zweite wesentliche Plangröße: Der Finanzhaushalt. Der Begriff Finanzhaushalt ist zunächst deutlich abzugrenzen von dem bisherigen kameralen Begriff der „Finanzplanung“. Auch wenn im Finanzhaushalt, wie im Ergebnishaushalt, die mittelfristige Planung integriert ist, so steht doch die Planung des kommenden Haushaltsjahres im Zentrum der Vorausschau. Der Finanzhaushalt ist zudem kein verbleibendes kamerales Element im doppischen Haushalt, sondern stellt eine sinnvolle Ergänzung des Ergebnishaushaltes dar, die zunehmend auch für die Privatwirtschaft gefordert wird.

Dabei bezieht sich der Finanzhaushalt auf die betriebswirtschaftlichen Rechengrößen „Einzahlungen“ und „Auszahlungen“.[130] Im Finanzhaushalt werden somit alle Geschäftsvorfälle abgebildet, die das Geldvermögen (d. h. die Bilanzposition *Liquide Mittel* der Kommune) verändern. Insofern ist ein unmittelbarer Bezug zur Bilanz hergestellt.

Ziel des Finanzhaushaltes ist die sorgfältige Planung der Veränderung des Zahlungsmittelbestandes, die Ermächtigung der Investitionstätigkeit, die Feststellung eines notwendigen Kreditbedarfs und derzeit auch noch die Bedienung der Finanzstatistik im Planungszeitraum.[131] Da für die Aufnahme von Krediten eine gesonderte Ermächtigung der Gemeindevertretung in der Haushaltssatzung erforderlich ist, ist diese Position besonders sorgfältig zu planen. Eine wesentliche Grundlage für diese Planung ist der Finanzhaushalt. Der Finanzhaushalt bildet den Kreditbedarf für Investitionen und Investitionsförderungsmaßnahmen bezogen auf die gesamte Planungsperiode ab. Berücksichtigung finden im Finanzhaushalt unterjährige Finanzierungsspitzen zur Sicherung der Liquidität im laufenden Jahr, für deren Abdeckung ein zusätzlicher Kreditbedarf erforderlich sein kann.[132] Es ist jeweils der Stand der Kredite zur Sicherung der Zahlungsfähigkeit zum 31.12. des Haushaltsvorjahres und des Haushaltsjahres im Finanzhaushalt darzustellen.

Wie der Ergebnishaushalt wird gem. § 3 GemHVO-Doppik der Finanzhaushalt in Staffelform aufgestellt und weist gemäß Absatz 1 dieses Paragrafen verpflichtend nachfolgende Zwischensummen bzw. -salden aus:

- Summe der laufenden Einzahlungen
- Summe der laufenden Auszahlungen
- Jahresbezogener Saldo der laufenden Ein- und Auszahlungen vor planmäßiger Tilgung
- Summe der Einzahlungen aus Investitionstätigkeit
- Summe der Auszahlungen aus Investitionstätigkeit
- Saldo der Ein- und Auszahlungen aus Investitionstätigkeit
- Finanzmittelüberschuss/Finanzmittelfehlbetrag
- Saldo der Ein- und Auszahlungen aus Krediten für Investitionen und Investitionsförderungsmaßnahmen
- Saldo der durchlaufenden Gelder und ungeklärten Zahlungsvorgänge
- Veränderung der liquiden Mittel und der Kassenkredite
- Jahresbezogener Saldo der laufenden Ein- und Auszahlungen

---

130 Der Rechenstoff in der Kameralistik waren Einnahmen und Ausgaben. Die Differenzen zwischen diesen Größen sind marginal. Im Wesentlichen ist darauf hinzuweisen, dass in der Kameralistik z. T. auch innere Verrechnungen (z. B. Zuführungen vom Verwaltungs- an den Vermögenshaushalt oder Abschreibungen in den gebührenrechnenden Einrichtungen) als Einnahmen und Ausgaben dargestellt wurden.

131 Vgl. *Körner/Portis*, Direkte versus indirekte Finanzrechnung – Vor- und Nachteile in der Praxis, in: der gemeindehaushalt 2006, S. 9.

132 Hierauf wird ausführlich im Kapitel 15 dieses Buches eingegangen.

Nachrichtlich:

- Saldo der laufenden Ein- und Auszahlungen zum 31. Dezember des Haushaltsvorjahres
- Saldo der laufenden Ein- und Auszahlungen zum 31. Dezember des Haushaltsjahres

Die laufenden Einzahlungen aus Verwaltungstätigkeit ergeben sich dabei aus der Summe der verpflichtend auszuweisenden Einzahlungsarten (§ 3 Abs. 1 Nr. 1 bis 8 GemHVO-Doppik). Ebenso ergeben sich die laufenden Auszahlungen aus der Summe der verpflichtend auszuweisenden laufenden Auszahlungsarten (§ 3 Abs. 1 Nr. 10 bis 16 GemHVO-Doppik). Die Differenz der laufenden Einzahlungen und Auszahlungen ergibt den jahresbezogenen Saldo der laufenden Ein- und Auszahlungen vor planmäßiger Tilgung. Die laufenden Ein- und Auszahlungen enthalten bereits die Zins- und sonstigen Finanzein- und -auszahlungen. Diese wurden bis zur Änderung der GeHVO-Doppik 2016 gesondert saldiert.

Separat ausgewiesen wird die Investitionstätigkeit der Kommune mit vorgeschriebenen Einzahlungs- und Auszahlungsarten. Die Summe der Einzahlungen aus Investitionstätigkeit wird ermittelt durch Addition der Nummern 19 bis 23. Die Zeilen 25 bis 27 werden zusammengezogen zur Summe der Auszahlungen aus Investitionstätigkeit. Für den Bereich der Investitionen wird ein separater Saldo der Ein- und Auszahlungen aus Investitionstätigkeit ausgewiesen (Summe der Einzahlungen aus Investitionstätigkeit abzüglich Summe der Auszahlungen aus Investitionstätigkeit). Die Summe des jahresbezogenen Saldos der laufenden Ein- und Auszahlungen vor planmäßiger Tilgung und des Saldos der Ein- und Auszahlungen aus Investitionstätigkeit ergibt den originären Finanzmittelüberschuss bzw. -fehlbetrag. Ein möglicher Fehlbetrag kann im Bereich der Finanzierungstätigkeit durch Kreditaufnahme abgedeckt werden. Ein Überschuss kann möglicherweise zur Kredittilgung verwandt werden. Sowohl die Kreditaufnahme (Einzahlungen aus der Aufnahme von Krediten für Investitionen und Investitionsförderungsmaßnahmen) als auch die Tilgung von Krediten (Auszahlungen zur Tilgung von Krediten für Investitionen und Investitionsförderungsmaßnahmen) werden im Finanzhaushalt separat ausgewiesen und schließen ab mit dem Saldo der Ein- und Auszahlungen aus Krediten für Investitionen und Investitionsförderungsmaßnahmen. Im nächsten Schritt wird der Saldo der durchlaufenden Gelder und ungeklärten Zahlungseingänge ausgewiesen. Aus dem Finanzmittelüberschuss/Finanzmittelfehlbetrag, dem Saldo der Ein- und Auszahlungen aus Krediten für Investitionen und Investitionsförderungsmaßnahmen und dem Saldo der durchlaufenden Gelder und ungeklärten Zahlungseingänge ergibt sich die Veränderung der liquiden Mittel und der Kassenkredite. Zuletzt wird der jahresbezogene Saldo der laufenden Ein- und Auszahlungen mithilfe des Saldos aus dem jahresbezogenen Saldo der laufenden Ein- und Auszahlungen vor planmäßiger Tilgung und der Auszahlungen für die planmäßige Tilgung von Krediten für Investitionen und Investitionsförderungsmaßnahmen gebildet.

Nachrichtlich werden folgende Informationen ausgewiesen:

- Aus dem Haushaltsvorjahr wird der Saldo der laufenden Ein- und Auszahlungen zum 31. Dezember übernommen.
- Der Saldo der laufenden Ein- und Auszahlungen zum 31. Dezember des Haushaltsjahres wird ebenfalls ausgewiesen.

Darunter:

- Zuführung zum investiven Bereich aus einem positiven Saldo der laufenden Ein- und Auszahlungen zum 31. Dezember des Haushaltsjahres
- Zuführung zur Deckung eines negativen Saldos der laufenden Ein- und Auszahlungen zum 31. Dezember des Haushaltsjahres aus dem investiven Bereich
- Zuführung gemäß § 12 Nummer 6 zum laufenden Bereich

In der Übersicht stellt sich der Finanzhaushalt[133] wie folgt dar:

		Finanzhaushalt	Ergebnis 2020	Ansatz 2021	Ansatz 2022	Planung 2023	Planung 2024	Planung 2025
			1	2	3	4	5	6
1		Steuern und ähnliche Abgaben						
2	+	Zuwendungen, allgemeine Umlagen und sonstige Transfererträge						
3	+	Einzahlungen der sozialen Sicherung						
4	+	Öffentlich-rechtliche Leistungsentgelte						
5	+	Privatrechtliche Leistungsentgelte						
6	+	Kostenerstattungen und Kostenumlagen						
7	+	Zinseinzahlungen und sonstige Finanzeinzahlungen						
8	+	Sonstige laufende Einzahlungen						
9	=	**Summe der laufenden Einzahlungen** (Summe der Nummer 1 bis 8)						
10	–	Personalauszahlungen						
11	–	Versorgungsauszahlungen						
12	–	Auszahlungen für Sach- und Dienstleistungen						
13	–	Zuwendungen, Umlagen und sonstige Transferauszahlungen						
14	–	Auszahlungen der sozialen Sicherung						
15	–	Zinsauszahlungen und sonstige Finanzauszahlungen						
16	–	Sonstige laufende Auszahlungen						
17	=	**Summe der laufenden Auszahlungen** (Summe der Nummer 10 bis 16)						

133 Muster 7 entsprechend Anlage 3 Muster zur KV-MV und GemHVO-Doppik der Verwaltungsvorschrift zur GemHVO-Doppik und GemKVO-Doppik.

		Finanzhaushalt	Ergebnis 2020	Ansatz 2021	Ansatz 2022	Planung 2023	Planung 2024	Planung 2025
			1	2	3	4	5	6
18	=	**Jahresbezogener Saldo der laufenden Ein- und Auszahlungen vor planmäßiger Tilgung** (Saldo der Nummern 9 und 17)						
19	+	Einzahlungen aus Investitionszuwendungen						
20	+	Einzahlungen aus Beiträgen und ähnlichen Entgelten						
21	+	Einzahlungen aus Anlagevermögen						
22	+	Einzahlungen aus sonstigen Ausleihungen und Kreditgewährungen						
23	+	Sonstige Investitionseinzahlungen						
24	=	**Summe der Einzahlungen aus Investitionstätigkeit** (Summe der Nummern 19 bis 23)						
25	–	Auszahlungen für Anlagevermögen						
26	–	Auszahlungen für sonstige Ausleihungen und Kreditgewährungen						
27	–	Sonstige Investitionsauszahlungen						
28	=	**Summe der Auszahlungen aus Investitionstätigkeit** (Summe der Nummern 25 und 27)						
29	=	**Saldo der Ein- und Auszahlungen aus Investitionstätigkeit** (Saldo der Nummern 24 und 28)						
30	=	**Finanzmittelüberschuss/Finanzmittelfehlbetrag** (Summe der Nummern 18 und 29)						
31	+	Einzahlungen aus der Aufnahme von Krediten für Investitionen und Investitionsförderungsmaßnahmen						
32	–	Auszahlungen für planmäßige Tilgung von Krediten für Investitionen und Investitionsförderungsmaßnahmen						
33	–	Sonstige Auszahlungen zur Tilgung von Krediten für Investitionen und Investitionsförderungsmaßnahmen						
34	=	**Saldo der Ein- und Auszahlungen aus Krediten für Investitionen und Investitionsförderungsmaßnahmen** (Nummer 31 abzüglich Nummer 32 und 33)						

	Finanzhaushalt	Ergebnis 2020	Ansatz 2021	Ansatz 2022	Planung 2023	Planung 2024	Planung 2025
		1	2	3	4	5	6
35	= **Saldo der durchlaufenden Gelder und ungeklärten Zahlungsvorgänge**						
36	= **Veränderung der liquiden Mittel und der Kassenkredite** (Summe der Nummern 30, 34 und 35)						
37	= **Jahresbezogener Saldo der laufenden Ein- und Auszahlungen** (Saldo der Nummern 18 und 32)						
	nachrichtlich:						
38	Saldo der laufenden Ein- und Auszahlungen zum 31. Dezember des Haushaltsvorjahres						
39	Saldo der laufenden Ein- und Auszahlungen zum 31. Dezember des Haushaltsjahres (Summe der Nummern 37 und 38)						
	darunter:						
	Zuführungen zum investiven Bereich aus einem positiven Saldo der laufenden Ein- und Auszahlungen zum 31. Dezember des Haushaltsjahres [Einzahlung in Nummer 23 (Sonstige Investitionseinzahlungen) und Auszahlung in Nummer 16 (Sonstige laufende Auszahlungen) enthalten]						
	Zuführung zur Deckung eines negativen Saldos der laufenden Ein- und Auszahlungen zum 31. Dezember des Haushaltsjahres aus dem investiven Bereich [Einzahlung in Nummer 8 (Sonstige laufende Einzahlungen) und Auszahlung in Nummer 27 (Sonstige Investitionsauszahlungen) enthalten]						

Für die Ämter und amtsangehörigen Gemeinden sieht § 3 Abs. 1 Satz 2 GemHVO-Doppik Abweichungen bei der Darstellung der Nr. 36 (Veränderung der liquiden Mittel und der Kassenkredite) vor. Die amtsangehörigen Gemeinden müssen dort die Veränderung der Forderungen und Verbindlichkeiten aus Kassenkrediten gegenüber dem Amt ausweisen (§ 3 Abs. 1 Satz 2 GemHVO-Doppik). Die Ämter haben dort nur den auf den Amtshaushalt entfallenden Anteil an den Krediten zur Sicherung der Zahlungsfähigkeit und an den liquiden Mitteln auszuweisen (§ 3 Abs. 1 Satz 3 GemHVO-Doppik).

Der Finanzhaushalt gibt insgesamt einen systematischen Überblick über die voraussichtliche finanzielle Lage der Kommune im Planjahr und in den drei Folgejahren. Er stellt insbesondere dar, inwieweit sich der Finanzmittelbedarf aus laufender Tätigkeit oder aus Investitionstätigkeit ergibt und wie der Fehlbetrag aus Investitionstätigkeit gedeckt werden soll (z. B. durch Kredite für Investitionen und Investitionsförderungsmaßnahmen sowie durch Kassenkredite).

7.3 Übung

Sachverhalt Nr. 1

Die Gemeinde G hat für das Planjahr 2022 den doppischen Haushaltsplan für die Gesamtverwaltung vorgelegt. Für das Planjahr werden im Ergebnis- und Finanzhaushalt nachfolgende Werte geplant:

	Ergebnishaushalt	**Ansatz 2022**
	Steuern und ähnliche Abgaben	355.000.000
+	Zuwendungen, allgemeine Umlagen und sonstige Transfererträge	7.000.000
+	Erträge der sozialen Sicherung	0
+	Öffentlich-rechtliche Leistungsentgelte	50.000.000
+	Privatrechtliche Leistungsentgelte	55.000.000
+	Kostenerstattungen und Kostenumlagen	23.500.000
+	Andere aktivierte Eigenleistungen	1.000.000
+	Zinserträge und sonstige Finanzerträge	980.000
+	Sonstige Erträge	45.990.000
=	**Summe der ordentlichen Erträge**	**538.470.000**
–	Personalaufwendungen	195.000.000
–	Versorgungsaufwendungen	520.000
–	Aufwendungen für Sach- und Dienstleistungen	25.180.000
–	Abschreibungen	35.790.000
–	Zuwendungen, Umlagen und sonstige Transferaufwendungen	137.000.000
–	Aufwendungen der sozialen Sicherung	90.050.000
–	Zinsaufwendungen und sonstige Finanzaufwendungen	28.230.000
–	Sonstige Aufwendungen	38.200.000
=	**Summe der Aufwendungen**	**549.970.000**
=	**Saldo der ordentlichen Erträge und Aufwendungen**	**–11.500.000**
+	Außerordentliche Erträge	11.500.000
–	Außerordentliche Aufwendungen	0
=	**Jahresergebnis (Jahresüberschuss/Jahresfehlbetrag) vor Veränderung der Rücklagen**	**0**
–	Einstellung in die Kapitalrücklage	0
+	Entnahme aus der Kapitalrücklage	0
–	Einstellung in die Rücklage für Belastungen aus dem kommunalen Finanzausgleich	0
+	Entnahme aus der Rücklage für Belastungen aus dem kommunalen Finanzausgleich	0
+	Entnahme aus sonstigen zweckgebundenen Ergebnisrücklagen	0
+	**Jahresergebnis (Jahresüberschuss/Jahresfehlbetrag)**	**0**

	Ergebnishaushalt	Ansatz 2022
	nachrichtlich:	
+	Ergebnisvortrag aus dem Haushaltsvorjahr	0
+	**Ergebnis (Überschuss/Fehlbetrag) zum 31. Dezember des Haushaltsjahres (Summe der Nummern 31 und 32)**	**0**

	Finanzhaushalt	Ansatz 2022
	Steuern und ähnliche Abgaben	361.000.000
+	Zuwendungen, allgemeine Umlagen und sonstige Transferzahlungen	5.000.000
+	Einzahlungen der sozialen Sicherung	35.000.000
+	Öffentlich-rechtliche Leistungsentgelte	53.000.000
+	Privatrechtliche Leistungsentgelte	24.000.000
+	Kostenerstattungen und Kostenumlagen	9.500.000
+	Zinseinzahlungen und sonstige Finanzeinzahlungen	90.000
+	Sonstige laufende Einzahlungen	35.800.000
=	**Summe der laufenden Einzahlungen**	**523.390.000**
–	Personalauszahlungen	145.000.000
–	Versorgungsauszahlungen	53.000.000
–	Auszahlungen für Sach- und Dienstleistungen	31.000.000
–	Zuwendungen, Umlagen und sonstige Transferauszahlungen	29.500.000
–	Auszahlungen der sozialen Sicherung	227.500.000
–	Zinsauszahlungen und sonstige Finanzauszahlungen	120.000
–	Sonstige laufende Auszahlungen	37.500.000
=	**Summe der laufenden Auszahlungen**	**523.620.000**
=	**Jahresbezogener Saldo der laufenden Ein- und Auszahlungen vor planmäßiger Tilgung**	**230.000**
+	Einzahlungen aus Investitionszuwendungen	11.200.000
+	Einzahlungen aus Beiträgen und ähnlichen Entgelten	500.000
+	Einzahlungen aus Anlagevermögen	35.800.000
+	Einzahlungen aus sonstigen Ausleihungen und Kreditgewährungen	0
+	Sonstige Investitionseinzahlungen	0
=	**Summe der Einzahlungen aus Investitionstätigkeit**	**47.500.000**
–	Auszahlungen für Anlagevermögen	54.800.000
–	Auszahlungen für sonstige Ausleihungen und Kreditgewährungen	0
–	Auszahlungen für Vorräte	0
–	Sonstige Investitionsauszahlungen	0
=	**Summe der Auszahlungen aus Investitionstätigkeit**	**54.800.000**
=	**Saldo der Ein- und Auszahlungen aus Investitionstätigkeit**	**–7.300.000**
=	**jahresbezogener Saldo der laufenden Ein- und Auszahlungen**	**0**

Der sonstige Ertrag i. H. v. 11,5 Mio. € ergibt sich teilweise aus der geplanten Veräußerung von Anteilen an der Stadtwerke G GmbH. Diese Anteile wurden im Rahmen der Erstellung der Eröffnungsbilanz zum 1.1.2022 mit einem anteiligen Eigenkapitalwert von 1,5 Mio. € bewertet. Der erwartete Verkaufserlös beträgt 13 Mio. €. Diese

13 Mio. € sind im Finanzhaushalt Bestandteil der Einzahlungen aus Anlagevermögen.[134]

Aufgabe:
Was lässt sich ohne nähere Betrachtung von Einzelpositionen aus dem vorliegenden gesamtstädtischen Ergebnis- und Finanzhaushalt im Hinblick auf die allgemeine Haushaltslage der Gemeinde G erkennen?

Lösung:
Der Ergebnishaushalt der Gemeinde G für das Jahr 2022 weist ein in Erträgen und Aufwendungen ausgeglichenes Jahresergebnis aus. Es ist damit bilanziell keine Änderung des Eigenkapitals vorgesehen. Dies bedeutet gleichzeitig, dass die Gemeinde G die formalen Anforderungen des Ressourcenverbrauchskonzepts einhält (Ressourcenaufkommen ≥ Ressourcenverbrauch).

Festzustellen ist jedoch, dass der Ausgleich des Ergebnishaushaltes nur durch einen erheblichen außerordentlichen Ertrag von 11,5 Mio. € erreicht werden kann. Außerordentliche Aufwendungen und Erträge beruhen definitionsgemäß auf seltenen, ungewöhnlichen Vorgängen von wesentlicher finanzieller Bedeutung. Im vorliegenden Fallbeispiel ergibt sich ein erheblicher außerordentlicher Ertrag aus der Veräußerung von Anteilen einer städtischen Gesellschaft. Da die Unternehmensanteile in der Eröffnungsbilanz lediglich mit ihrem anteiligen Eigenkapitalwert bewertet werden, ergibt sich eine erhebliche Differenz zwischen dem bilanziellen Wert und dem erwarteten Veräußerungserlös. Diese Differenz wird bei einer tatsächlichen Veräußerung als außerordentlicher Ertrag ergebniswirksam.

Da das geplante ordentliche Jahresergebnis mit immerhin 11,5 Mio. € negativ ist, liegt bei der Gemeinde G ein strukturell unausgeglichener Haushalt vor, der in 2022 nur durch die vorgesehene einmalige Veräußerung von Unternehmensanteilen aufgefangen werden kann.

Der Finanzhaushalt weist eine erforderliche Netto-Kreditaufnahme von 7,03 Mio. € aus. Aus dem Saldo der ordentlichen und außerordentlichen Ein- und Auszahlungen kann lediglich ein Finanzierungsbeitrag von 230.000 € zu den Investitionen geleistet werden. Der weitaus größte Teil der Investitionen wird aus Veräußerungserlösen (Einzahlungen aus der Veräußerung von Finanzanlagen mit 13 Mio. €) und Vermögensgegenständen (22 Mio. €) finanziert. Addiert man zu diesem geplanten Vermögensabgang noch die bilanziellen Abschreibungen von 35,79 Mio. € hinzu, wird deutlich, dass für das Jahr 2022 das Anlagevermögen in erheblichem Umfang (real 70,79 Mio. €) reduziert werden soll. Dem stehen Investitionen i. H. v. lediglich 54,8 Mio. € gegenüber. Insgesamt ist demnach eine Verringerung des realen Anlagevermögens in 2022 vorgesehen. Da gleichzeitig eine Netto-Kreditaufnahme von 7,03 Mio. € veranschlagt ist, kann man auch auf der Finanzierungsseite feststellen, dass die Haushaltslage der Gemeinde G nicht nachhaltig gesichert ist.

134 Ein Nachweis als außerordentliche Einzahlung analog zum außerordentlichen Ertrag ist nicht vertretbar, da der Zahlungsvorfall das kommunale Vermögen verändert (Einzahlung aus Investitionstätigkeit).

Berücksichtigt man zudem, dass immerhin 11,7 Mio. € der Investitionen durch Dritte über Zuweisungen und Beiträge finanziert werden, ergibt sich ein verbleibender Finanzierungsbedarf von netto 43,1 Mio. €. Bei einer strukturell ausgeglichenen Haushaltslage könnte dieser Betrag ohne die Inanspruchnahme von Fremdkapital aus erwirtschafteten Abschreibungen und Vermögensveräußerungen bereitgestellt werden. Gleichzeitig hätte eine Reduzierung des Kreditbestandes durch zusätzliche Tilgung erreicht werden können.

Im Ergebnis ist anhand der vorliegenden Zahlen festzustellen, dass trotz formellem Ausgleich des Ergebnishaushaltes und trotz einer im Hinblick auf das Investitionsvolumen moderaten Neuverschuldung der Haushalt mit erheblichen Risiken behaftet ist. Diese Risiken können nur vorübergehend durch die vorgesehenen Vermögensveräußerungen ausgeglichen werden. Es ist zu erwarten, dass bei gleichbleibenden Rahmenbedingungen die Gemeinde G nicht in der Lage sein wird, ihren Ressourcenverbrauch durch ein ausreichendes Ressourcenaufkommen zu decken. Um dies zu erreichen, sollte die Gemeinde G bereits in 2022 notwendige Konsolidierungsschritte einleiten, um den Aufwand zu reduzieren oder die Erträge zu erhöhen.

Fraglich erscheint auch die Höhe des geplanten Veräußerungserlöses für die GmbH-Anteile. Da der Haushaltsplan öffentlich zugänglich ist, wird der Kämmerer der Gemeinde G. möglicherweise aus verhandlungstaktischen Gründen nicht den tatsächlichen von ihm erwarteten Veräußerungserlös in den Haushaltsplan einstellen. Andererseits ist eine realistische Schätzung bei einem solchen außerordentlichen Geschäftsvorfall in jedem Fall sehr schwierig.

Letztlich ist noch darauf zu verweisen, dass § 16 Abs. 1 Nr. 2 GemHVO-Doppik hinsichtlich des Haushaltsausgleichs bestimmt, dass im Finanzhaushalt kein negativer Saldo der laufenden Ein- und Auszahlungen gemäß § 3 Abs. 1 Satz 1 Nr. 39 besteht. Aus der Gegenüberstellung des Saldos der laufenden Ein- und Auszahlungen nach lt. § 3 Abs. 1 Satz 1 Nr. 18 GemHVO-Doppik in Höhe von 230.000 € und der Auszahlungen für planmäßige Tilgung von Krediten für Investitionen und Investitionsförderungsmaßnahmen lt. § 3 Abs. 1 Satz 1 Nr. 32 GemHVO-Doppik in Höhe von 5.200.000 € ergibt sich jedoch bereits ein jahresbezogener Saldo der laufenden Ein- und Auszahlungen in Höhe von –4.970.000 € (§ 3 Abs. 1 Satz 1 Nr. 37 GemHVO-Doppik), der sich bei der Berücksichtigung des positiven Saldos der laufenden Ein- und Auszahlungen zum 31. Dezember des Haushaltsvorjahres in Höhe von 130.000 € (§ 3 Abs. 1 Satz 1 Nr. 38 GemHVO-Doppik) nur unwesentlich verändert.

Insofern ist der Haushaltsausgleich im Finanzhaushalt nicht erreicht. Dies ist darin begründet, dass die sonstigen Einzahlungen durch den Verkauf von Anlagevermögen in Höhe von 13 Mio. € den investiven Einzahlungen zuzurechnen und somit nicht im Saldo nach § 3 Abs. 1 Satz 1 Nr. 18 GemHVO-Doppik enthalten sind. Damit legt die Gemeinde G einen unausgeglichenen Finanzhaushalt vor und müsste ein Haushaltssicherungskonzept nach § 43 Abs. 7 KV M-V in Verbindung mit § 17b GemHVO-Doppik M-V aufstellen.

7.4 Teilhaushalte

Ergebnis- und Finanzhaushalt stellen Planwerke der Gemeinde dar, die einen wichtigen Beitrag zur Aussage über die allgemeine Lage der Kommune liefern können. Wie aber bereits im Kapitel 6 dargestellt, reicht im Bereich der Kommunalverwaltung die gesamtstädtische Betrachtung weder für die Planung noch für die Rechenschaftslegung aus. Kern des Haushaltsplanes und damit auch Kern der politischen Beratung des Etats sind die Teilhaushalte, die nach § 4 Abs. 2 GemHVO-Doppik die Finanzdaten sowohl für die wesentlichen als auch die sonstigen Produkte abbilden müssen. Für die sonstigen Produkte ist eine zusammenfassende Darstellung ausreichend (§ 4 Abs. 2 Satz 5 GemHVO-Doppik). Grundlage für die Produktbildung ist der landeseinheitliche Produktrahmenplan (Anlage 2 der Verwaltungsvorschriften der GemHVO-Doppik und GemKVO-Doppik).

Bei der Zuordnung von bestimmten Ergebnis- oder Finanzpositionen zu den produktorientierten Teilhaushalten können allerdings Schwierigkeiten entstehen. Bezüglich der zentralen Veranschlagung von Fremdkapitalzinsen sei auf die Ausführungen im Kapitel 6.4.1 verwiesen.

Die Teilhaushalte haben eine vorgegebene Struktur und gliedern sich jeweils in:[135]

- dem Teilhaushalt zugeordnete Produkte,
- Teilergebnishaushalt,
- Teilfinanzhaushalt,
- zugeordnete Produkte im Teilergebnishaushalt,
- zugeordnete Produkte im Teilfinanzhaushalt,
- Investitionsübersicht für den Teilhaushalt,
- wesentliche Produkte des Teilhaushaltes mit ihrer Produktbeschreibung, ihren Zielen und Kennzahlen.

Zusätzlich müssen die Teilhaushalte folgende Pflichterläuterungen enthalten (§ 4 Abs. 9 GemHVO-Doppik).

- Ansätze für Aufwendungen und Auszahlungen zur Erfüllung von Verträgen, die die Gemeinde über ein Haushaltsjahr hinaus zu erheblichen Zahlungen verpflichten,
- Abschreibungen, soweit sie erheblich von den planmäßigen Abschreibungen abweichen oder die Abschreibungsmethode von der im Haushaltsvorjahr angewendeten Abschreibungsmethode abweicht,
- Haushaltsvermerke gemäß den §§ 13 bis 15,
- wesentliche Ansätze von Erträgen und Aufwendungen sowie ordentliche Ein- und Auszahlungen, soweit sie von den Ansätzen des Haushaltsvorjahres erheblich abweichen,

135 Vgl. hierzu das verbindliche Muster 9 der Anlage 3 Muster zur KV M-V und zur GemHVO-Doppik der Verwaltungsvorschriften zur GemHVO-Doppik und GemHVO-Doppik.

- außerordentliche Erträge und Aufwendungen sowie außerordentliche Ein- und Auszahlungen,
- andere besondere Bestimmungen in den Teilhaushalten.

Weiterhin sollten in den Teilhaushalten auch Bewirtschaftungsregeln aufgeführt sein.

Nachfolgendes Schaubild stellt eine mögliche Abbildungsform eines Teilhaushaltes in etwas vereinfachter und verkürzter Form schematisch dar. Die Möglichkeit des § 4 Abs. 2 Satz 5 GemHVO-Doppik der Zusammenfassung der sonstigen Produkte in einer Spalte wurde in dieser Darstellungsform nicht genutzt. Die Verfasser vertreten die Auffassung, dass es aus Gründen der Transparenz gegenüber der Politik und den Bürgern nicht unbedingt sinnvoll ist, von vornherein auf die einzelne Darstellung aller sonstigen Produkte zu verzichten. Je weniger Teilhaushalte und weniger wesentliche Produkte gebildet werden, desto mehr kann in den sonstigen Produkten „versteckt" werden. Sinn und Zweck des neuen Rechnungswesens ist gerade die Transparenz. Daher sollten sich die Gemeinden in Abstimmung mit den politischen Gremien gut überlegen, wann diese Zusammenfassung sinnvoll ist (z. B. wenn der finanzielle Umfang des sonstigen Produktes sehr gering ist). Ansonsten kann sich im Laufe der Zeit durchaus die Notwendigkeit ergeben, ein sonstiges Produkt zu einem wesentlichen Produkt zu verändern und das Augenmerk im Rahmen der Steuerung auf dieses Produkt auszurichten. Wie aber können bspw. die Gemeindevertreter die Notwendigkeit ableiten, wenn ihnen als Information nicht einmal Finanzdaten zu einem bestimmten Produkt vorliegen? Denn die Finanzdaten könnten sich über die Jahre durchaus verschlechtert haben, woraus und sich wiederum ein Steuerungsbedarf ergeben kann.

Haushaltsplan 2022
Teilhaushalt 40 - Schule und Kultur

verantwortlich: Fachdienst 40 Bildung und Kultur
Herr Dr. Stummler

Dem Teilhaushalt zugeordnete Produkte

21701	Gymnasium
24101	Schülerbeförderung
28101	Heimat- und Kulturpflege
...	

Teilergebnishaushalt								
Nr.		Ertrags- und Aufwandsarten (gemäß § 4 Absatz 10 GemHVO-Doppik)	Ergebnis 2020	Ansatz 2021	Ansatz 2022	Planung 2023	Planung 2024	Planung 2025
			in €					
			1	2	3	4	5	6
1	+	Steuern und ähnliche Abgaben						
2	+	Zuwendungen, allgemeine Umlagen und sonstige Transfererträge						
		...						
10		**Summe der Erträge** (Summe der Nummern 1 bis 9)						
11	–	Personalaufwendungen						
12	–	Versorgungsaufwendungen						
		...						
19		**Summe der Aufwendungen** (Summe der Nummern 11 bis 18)						
20		**Jahresergebnis des Teilhaushaltes vor Verrechnung der internen Leistungsbeziehungen und vor Veränderung der Rücklagen** (Saldo der Nummern 10 und 19)						
21	+	Erträge aus internen Leistungsbeziehungen						
22	–	Aufwendungen aus internen Leistungsbeziehungen						
23		**Jahresergebnis des Teilhaushaltes nach Verrechnung der internen Leistungsbeziehungen und vor Veränderung der Rücklagen** (Nummer 20 zuzüglich Nummer 21 abzüglich Nummer 22)						

Teilfinanzhaushalt								
Nr.		Ein- und Auszahlungsarten (gem. § 4 Absatz 12 GemHVO-Doppik)	Ergebnis 2020	Ansatz 2021	Ansatz 2022	Planung 2023	Planung 2024	Planung 2025
			in €					
1	+	Steuern und ähnliche Abgaben						
2	+	Zuwendungen, allgemeine Umlagen und sonstige Transfereinzahlungen						
	+	...						
9		**Summe der laufenden Einzahlungen** (Summe der Nummern 1 bis 8)						
10	–	Personalauszahlungen						
11	–	Versorgungsauszahlungen						
		...						
17		**Summe der laufenden Auszahlungen** (Summe der Nummern 11 bis 16)						
18		**Jahresbezogener Saldo der laufenden Ein- und Auszahlungen vor planmäßiger Tilgung** (Saldo der Nummern 9 und 17)						
18.1		**Saldo der Ein- und Auszahlungen aus internen Leistungsbeziehungen**						
18.2		**Jahresbezogener Saldo der laufenden Ein- und Auszahlungen nach Verrechnung der internen Leistungsbeziehungen** (Summe der Nummern 18 und 18.1)						
19	+	Einzahlungen aus Investitionszuwendungen						
20	+	Einzahlungen aus Beiträgen und ähnlichen Entgelten						
		...						
24		**Summe der Einzahlungen aus Investitionstätigkeit** (Summe der Nummern 19 bis 23)						
25	–	Auszahlungen für Anlagevermögen						
26	–	Auszahlungen für sonstige Ausleihungen und Kreditgewährungen						
		...						
28		**Summe der Auszahlungen aus Investitionstätigkeit** (Summe der Nummern 25 bis 27)						
29		**Saldo der Ein- und Auszahlungen aus Investitionstätigkeit** (Saldo der Nummern 24 und 28)						
30		**Finanzmittelüberschuss/Finanzmittelfehlbetrag des Teilhaushaltes** (Summe der Nummern 18.2 und 29)						

Zugeordnete Produkte im Teilergebnishaushalt								
Nr.		Ertrags- und Aufwandsarten (gemäß § 4 Absatz 10 GemHVO-Doppik)	Summe aller Produkte	Wesentliche Produkte			Sonstige Produkte	
				21701 Gymnasium	24101 Schülerbeförderung	Produkt …	28101 Heimat- und Kulturpflege	Produkt …
			in €					
1	+	Steuern und ähnliche Abgaben						
2	+	Zuwendungen, allgemeine Umlagen und sonstige Transfererträge						
		…						
10		**Summe der Erträge** (Summe der Nummern 1 bis 9)						
11	–	Personalaufwendungen						
12	–	Versorgungsaufwendungen						
		…						
19		**Summe der Aufwendungen** (Summe der Nummern 11 bis 18)						
20		**Jahresergebnis des Teilhaushaltes vor Verrechnung der internen Leistungsbeziehungen und vor Veränderung der Rücklagen** (Saldo der Nummern 10 und 19)						
21	+	Erträge aus internen Leistungsbeziehungen						
22	–	Aufwendungen aus internen Leistungsbeziehungen						
23		**Jahresergebnis des Teilhaushaltes nach Verrechnung der internen Leistungsbeziehungen und vor Veränderung der Rücklagen** (Nummer 20 zuzüglich Nummer 21 abzüglich Nummer 22)						

Zugeordnete Produkte im Teilfinanzhaushalt							
Nr.	Ein- und Auszahlungsarten (gem. § 4 Absatz 12 GemHVO-Doppik)	Summe aller Produkte	Wesentliche Produkte			Sonstige Produkte	
			21701 Gymnasium	24101 Schülerbe-förderung	Produkt …	28101 Heimat- und Kulturpflege	Produkt …
1	+ Steuern und ähnliche Abgaben						
2	+ Zuwendungen, allgemeine Umlagen und sonstige Transfer-einzahlungen						
	…						
9	**Summe der laufenden Einzahlungen** (Summe der Nummern 1 bis 8)						
10	– Personalauszahlungen						
11	– Versorgungsauszahlungen						
	…						
17	**Summe der laufenden Auszahlungen** (Summe der Nummern 10 bis 16)						
18	**Jahresbezogener Saldo der laufenden Ein- und Auszahlungen vor planmäßiger Tilgung** (Summe der Nummern 9 und 17)						
18.1	**Saldo der Ein- und Auszahlungen aus internen Leistungsbeziehungen**						
18.2	**Saldo der laufenden Ein- und Auszahlungen vor planmäßiger Tilgung nach Verrechnung der internen Leistungsbeziehungen** (Summe der Nummern 18 und 18.1)						
19	+ Einzahlungen aus Investitionszuwendungen						
20	+ Einzahlungen aus Beiträgen und ähnlichen Entgelten						
	…						
24	**Summe der Einzahlungen aus Investitionstätigkeit** (Summe der Nummern 19 bis 23)						
25	– Auszahlungen für Anlagevermögen						
26	– Auszahlungen für sonstige Ausleihungen und Kreditgewährungen						

Zugeordnete Produkte im Teilfinanzhaushalt							
Nr.	Ein- und Auszahlungsarten (gem. § 4 Absatz 12 GemHVO-Doppik)	Summe aller Produkte	Wesentliche Produkte			Sonstige Produkte	
			21701 Gymnasium	24101 Schülerbeförderung	Produkt …	28101 Heimat- und Kulturpflege	Produkt …
	…						
28	**Summe der Auszahlungen aus Investitionstätigkeit** (Summe der Nummern 25 bis 27)						
29	**Saldo der Ein- und Auszahlungen aus Investitionstätigkeit** (Saldo der Nummern 24 und 28)						
30	**Finanzmittelüberschuss/Finanzmittelfehlbetrag des Teilhaushaltes** (Summe der Nummern 18.2 und 29)						

Planung einzelner Investitionsmaßnahmen												
Maßnahme X zum Teilhaushalt 40												
Beschreibung der Maßnahme:												
Nr.		Einzahlungs- und Auszahlungsarten (gemäß § 4 Absatz 12 GemHVO-Doppik)	Ergebnis 2020	Ansatz 2021	Ansatz 2022	Planung 2023	Planung 2024	Planung 2025	bis Ende der Maßn.	bisher bereitgestellt	Gesamtauszahlungen	davon bereits geleistet
			1	2	3	4	5	6	7	8	92	10
			in €									
19	+	Einzahlungen aus Investitionszuwendungen										
20	+	Einzahlungen aus Beiträgen und ähnlichen Entgelten										
		…										
24		**Summe der Einzahlungen aus Investitionstätigkeit**										
25	–	Auszahlungen für Anlagevermögen										
26	–	Auszahlungen für sonstige Ausleihungen und Kreditgewährungen										

Planung einzelner Investitionsmaßnahmen											
Maßnahme X zum Teilhaushalt 40											
Beschreibung der Maßnahme:											
Nr.	Einzahlungs- und Auszahlungsarten (gemäß § 4 Absatz 12 GemHVO-Doppik)	Ergebnis 2020	Ansatz 2021	Ansatz 2022	Planung 2023	Planung 2024	Planung 2025	bis Ende der Maßn.	bisher bereit-gestellt	Gesamt-auszah-lungen	davon bereits geleistet
		1	2	3	4	5	6	7	8	92	10
		in €									
	…										
28	**Summe der Auszahlungen aus Investitionstätigkeit**										
	darunter:										
	mit Verpflichtungsermächtigungen in Vorjahren bereits gebunden										
	neu veranschlagte Verpflichtungsermächtigungen										
29	**Saldo der Ein- und Auszahlungen aus Investitionstätigkeit**										
Erläuterungen:											
Maßnahme Y zum Teilhaushalt 40											
Beschreibung der Maßnahme:											
Nr.	Einzahlungs- und Auszahlungsarten (gemäß § 4 Absatz 12 GemHVO-Doppik)										
…	…										

Wesentliche Produkte des Teilhaushaltes 40 Schule und Kultur						
Produkt:	***21701 Gymnasien***					
Hauptproduktbereich:	*2 Schule und Kultur*					
Produktbereich:	*21 Schulträgeraufgaben, allgemeinbildende Schulen*					
Produktgruppe:	*217 Gymnasien, Abendgymnasien*					
Produktverantwortung:	*Benennung der Organisationseinheit* *Herr/ Frau Vor- und Zuname*					
Beschreibung des Produktes:						
Ziele:						
Leistungen:						
(Nummer und Bezeichnung)						
(Nummer und Bezeichnung)						
(Nummer und Bezeichnung)						
Finanzen in €:						
	laufende Einzahlungen	laufende Auszahlungen	Saldo	Erträge	Aufwendungen	Ergebnis
Haushaltsvorjahr						
Haushaltsjahr						
Veränderung gegenüber dem Vorjahr						
Grund-/Kennzahlen:						
Bezeichnung	Ergebnis 2020	Ansatz 2021	Ansatz 2022	Planung 2023	Planung 2024	Planung 2025
Grund-/Kennzahl 1						
Grund-/Kennzahl 2						
Grund-/Kennzahl n						
Produkt ...						
...						
Erläuterungen (gemäß § 4 Absatz 9 GemHVO-Doppik)						
...						

7.4.1 Teilergebnishaushalt

Der Teilergebnishaushalt bildet das voraussichtliche Ressourcenaufkommen und den Ressourcenverbrauch bezogen auf den jeweiligen Teilhaushalt (z. B. nach Fachbereichen oder Fachdiensten einer Gemeinde). Die abzubildenden Aufwands- und Ertragsarten in Kombination mit der gewählten Gliederungsebene bezeichnet man als „Ergebnispositionen". Beispielsweise stellt die Kombination der Aufwandsart „Personalaufwand" im Teilhaushalt „Sicherheit und Ordnung" eine Ergebnisposition dar. Die Ergebnispositionen stellen nach der Beschlussfassung durch die Gemeindevertretung gleichzeitig die Ermächtigung der Verwaltung zum Einsatz der jeweiligen Ressourcen

(z. B. Personal) für den jeweiligen Teilhaushalt (Sicherheit und Ordnung) dar. Je nach Ausgestaltung von Deckungs- bzw. Budgetierungsregeln kann sich diese Ermächtigung auf die einzelnen Positionen der Ergebnishaushalte, auf Gruppen von Ergebnispositionen oder auf den Gesamtsaldo des jeweiligen Teilergebnishaushaltes (sog. „Globalbudget") beziehen.

Die Gliederung des Teilergebnishaushaltes ist nach § 4 Abs. 5 GemHVO-Doppik fast identisch mit der Gliederung des Ergebnishaushaltes. Alle Aufwands- und Ertragspositionen sind in der gleichen Struktur und mit denselben Zwischensalden in den Teilergebnishaushalten abzubilden bis einschließlich Position 19 (Summe der Aufwendungen). Nach der Zeile 19 sind in den Teilergebnishaushalten zusätzlich nachfolgend abgebildete Zeilen auszuweisen, die sich auf die Erträge und Aufwendungen aus internen Leistungsbeziehungen beziehen:[136]

		Teilergebnishaushalt						
			Summe aller Produkte	**Wesentliche Produkte**			Sonstige Produkte	
				Produkt …	Produkt …	Produkt …	Produkt …	Produkt …
1		Steuern und ähnliche Abgaben						
		…						
20	=	**Jahresergebnis des Teilhaushaltes vor Verrechnung der internen Leistungsbeziehungen und vor Veränderung der Rücklagen** (Saldo der Nummer 10 und 19)						
21	+	Erträge aus internen Leistungsbeziehungen						
22	–	Aufwendungen aus internen Leistungsbeziehungen						
23	+	**Jahresergebnis des Teilhaushaltes nach Verrechnung der internen Leistungsbeziehungen und vor Veränderung der Rücklagen** (Nummer 20 zuzüglich Nummer 21 abzüglich Nummer 22)						

Zunächst wird die Zeile 20 in den Teilergebnishaushalt „Jahresergebnis des Teilhaushaltes vor Verrechnung der internen Leistungsbeziehungen und vor Veränderung der Rücklagen" benannt. Im Gegensatz zum Ergebnishaushalt, in dem sich alle internen Leistungsbeziehungen in der Summe gegenseitig aufheben, spielen Leistungsbeziehungen zwischen verschiedenen Teilhaushalten für die Planung der Teilergebnishaushalte eine wichtige Rolle. Damit auch auf der Ebene der Teilhaushalte der vollständige Ressourcenverbrauch abgebildet wird, ermöglicht § 11 Abs. 6 GemHVO-Doppik nicht nur eine interne Leistungsverrechnung, er verpflichtet die Gemeinden sogar dazu. Um-

136 Muster 9 der Anlage 3 – Muster zur KV M-V und GemHVO-Doppik der Verwaltungsvorschriften zur GemHVO-Doppik und GemKVO-Doppik.

fang, Inhalt und Berechnungsverfahren für die Verrechnung interner Leistungen werden allerdings nicht vorgeschrieben.[137] Der Bürgermeister hat die Grundsätze über die Verrechnung der internen Leistungsbeziehungen in einer Dienstanweisung zu regeln (§ 4 Abs. 4 GemHVO-Doppik).

In der Regel ist davon auszugehen, dass die für die interne Leistungsverrechnung erforderlichen Daten das Ergebnis einer Kosten- und Leistungsrechnung[138] sind. Es erfolgt damit an dieser Stelle eine Verknüpfung zwischen dem klassischen betriebswirtschaftlichen externen Rechnungswesen (Gewinn- und Verlustrechnung mit den Rechengrößen Aufwand und Ertrag) und einem internen Rechnungswesen (Kosten- und Leistungsrechnung mit den Rechengrößen Kosten und Erlöse). Diese Verknüpfung macht im Hinblick auf den Zweck des Rechnungswesens in der öffentlichen Verwaltung durchaus Sinn. Es geht bei der Planung und Rechnungslegung in der öffentlichen Verwaltung nämlich nicht nur um die Rechenschaftslegung, die das klassische Ziel des privatwirtschaftlichen externen Rechnungswesens ist, sondern ebenso um die Steuerung, für die in der Privatwirtschaft das interne Rechnungswesen eingesetzt wird.

Um die unterschiedlichen Inhalte dennoch transparent abzubilden, wird bei den Teilhaushalten zwischen einem Ergebnis *vor* und *nach* interner Leistungsverrechnung unterschieden. Die internen Leistungsverrechnungen sind damit für den Leser des Haushaltsplanes und des Jahresabschlusses eindeutig zu erkennen. Damit wird auch deutlich, dass diese Positionen einem hohen Maß an individuellem Bewertungsspielraum unterliegen.

Die Abweichungen zwischen Teilergebnishaushalt und Gebührenkalkulation bei den Produkten, die sich aus Gebühren nach § 6 KAG M-V finanzieren, kann durch die Ergänzung des Teilergebnishaushaltes erfolgen. Ein solcher zusätzlicher Nachweis der Abweichungen erleichtert die Erläuterung der Differenzen zwischen der Gebührenkalkulation, die nach aktueller Rechtsprechung z. B. die Abschreibung nach Wiederbeschaffungszeitwerten und die Verzinsung des eigenfinanzierten Anlagekapitals erlaubt und der Teilergebnisrechnung, in der nach historischen Anschaffungs- und Herstellungskosten abzuschreiben ist und die lediglich einen Ausweis tatsächlicher Zinsaufwendungen (Fremdkapitalzinsen) zulässt. Ein freiwilliger nachrichtlicher Ausweis der Abweichungen zwischen Gebührenkalkulation und Teilergebnishaushalt könnte wie folgt aussehen:[139]

137 Die Unverbindlichkeit dieser Regelung gibt den Gemeinden die Möglichkeit, durch die zentrale Bewirtschaftung der wesentlichen Aufwandspositionen und den Verzicht auf interne Leistungsverrechnungen (z. B. bei Steuerungsleistungen und Serviceleistungen) die Ergebnisse der Teilhaushalte nach Belieben auszuhöhlen. Hierdurch wird das Ziel einer produktorientierten Darstellung von Ressourcenverbrauch und -aufkommen insgesamt ad absurdum geführt.

138 § 27 Abs. 1 GemHVO-Doppik wurde durch die Überarbeitung der GemHVO-Doppik 2016 abgeschwächt. Es handelt sich um eine Soll-Vorschrift. Kriterien für die KLR sind die Verwaltungssteuerung, die Beurteilung der Wirtschaftlichkeit und die Leistungsfähigkeit der Verwaltung. Entspricht der produktorientierte Haushalt mit einer angemessenen Produktgliederung und internen Leistungsverrechnungen den Anforderungen einer ausreichenden Steuerung, kann auf eine KLR verzichtet werden.

139 Vgl. hierzu auch: Modellprojekt „Doppischer Kommunalhaushalt in NRW (Hrsg.), Neues Kommunales Finanzmanagement: Betriebswirtschaftliche Grundlagen für das doppische Haushaltsrecht, 2. vollst. überarb. Auflage auf der Basis der Endergebnisse des Modellprojektes, Freiburg 2003, S. 314, aus dem das Muster entnommen wurde.

		Teilergebnishaushalt	Ergebnis 2016	Ansatz 2017	**Ansatz 2018**	Planung 2019	Planung 2020	Planung 2021
			1	2	3	4	5	6
1		Steuern und ähnliche Abgaben						
		...						
28	=	**Jahresergebnis des Teilhaushaltes nach Verrechnung der internen Leistungsbeziehungen und vor Veränderung der Rücklagen** (Jahresüberschuss/ Jahresfehlbetrag, Nummer 25 zuzüglich Nummer 26 abzüglich Nummer 27)						
	Nachrichtlich: Überleitung Ergebnis zum Saldo der Gebührenkalkulation							
29	+/–	Differenz zwischen kalkulatorischen Kosten und bilanziellen Abschreibungen						
30	+/–	Differenz zwischen kalkulatorischen Zinsen und effektiven Schuldzinsen						
31	+/–	sonstige Abweichungen zwischen Gebührenkalkulation und Teilergebnishaushalt						
32	=	**Saldo der Gebührenkalkulation** (Summe der Zeilen 28 bis 31)						

Diese Gliederung des Teilergebnishaushaltes ist im Teilhaushalt für die Darstellung der Finanzdaten für die wesentlichen und sonstigen Produkte ebenfalls einzuhalten.

Die Teilergebnishaushalte stellen im Hinblick auf den Ressourcenverbrauch den zentralen Bestandteil des Haushaltsplanes im NKHR M-V dar. Auf der von der Gemeindevertretung festzulegenden Gliederungsebene wird mit den Teilergebnishaushalten abgebildet, welchen Anteil am gesamtstädtischen Ressourcenverbrauch bzw. -aufkommen der betrachtete Teilhaushalt und damit das Produkt leistet. Dabei werden sowohl die Komponenten einbezogen, die unmittelbar zu Geldzuflüssen oder -abflüssen führen, als auch solche Positionen, die in der betrachteten Periode zwar einen Vermögensverzehr bedeuten, aber nicht unmittelbar zu Finanzmittelbewegungen führen (z. B. Abschreibungen und Bildung von Rückstellungen). Das Teilergebnis stellt den jeweiligen Beitrag des betrachteten Teils zur Eigenkapitaländerung der Gesamtkommune dar.

7.4.2 Teilfinanzhaushalt

Der Teilfinanzhaushalt weist den Finanzmittelbedarf der im Haushaltsplan abgebildeten Gliederungsebene, nämlich die Produkte, aus. Im Gegensatz zum Teilergebnishaushalt, der die Struktur und den Inhalt des Ergebnishaushaltes vollständig wieder aufnimmt, stellt sich der Aufbau des Teilfinanzhaushaltes nach § 4 Abs. 6 GemHVO-Doppik anders dar als der des Finanzhaushaltes. Zunächst sind die im Finanzhaushalt nach § 3 Abs. 1 GemHVO-Doppik darzustellenden Salden bis einschließlich dem jahresbezogenen Saldo der laufenden Ein- und Auszahlungen vor planmäßiger Tilgung. Weiterhin sind der Saldo der Ein- und Auszahlungen aus internen Leistungsbeziehungen (auch im Teilergebnishaushalt darzustellen bezogen auf Erträge und Aufwendungen) sowie der jahresbezogene Saldo der laufenden Ein- und Auszahlungen vor planmäßiger Tilgung nach Verrechnung der internen Leistungsbeziehungen (im Teilergebnishaushalt erfolgt hier der Ausweis: „Jahresergebnis des Teilhaushaltes nach Verrechnung der internen Leistungsbeziehungen und vor Veränderung der Rücklagen") darzustellen. Im Teilfinanzhaushalt müssen darüber hinaus die Positionen aus Ziff. 19 bis 29 des § 3 Abs. 1 GemHVO, in denen die Ein- und Auszahlungen für die Investitions- und Investitionsförderungstätigkeit[140] der Kommune abgebildet werden, bezogen auf die jeweilige Gliederungsebene dargestellt werden. Damit stellt der Teilfinanzhaushalt ein Pendant zum privatwirtschaftlichen Investitionsplan dar. Eine zusätzliche freiwillige Abbildung aller nicht investiven Zahlungsarten im Teilfinanzhaushalt bleibt den Gemeinden jedoch unbenommen. Haushaltsrechtlich erlangen die freiwillig dargestellten Positionen damit aber Verbindlichkeit und schränken die Verwendung der Finanzmittel ein.[141] Ist dagegen nur eine unverbindliche Abbildung dieser Informationen gewollt, muss dies im Haushaltsplan oder in der Haushaltssatzung ausdrücklich so festgelegt werden. Die abgebildeten Auszahlungs- und Einzahlungsarten in Kombination mit der gewählten Gliederungsebene nennt man „Finanzpositionen".

Die Planung und der Beschluss über die kommunalen Investitionen und Investitionsförderungsmaßnahmen ist eine der wesentlichen Gestaltungsbereiche der Gemeindevertretung. Hier sind sowohl in der Fachplanung, als auch besonders in der Haushaltsplanung, detaillierte Informationen vorzulegen. Die Gestaltung des Teilfinanzhaushaltes trägt diesem Gesichtspunkt Rechnung und konzentriert sich ausschließlich auf die Abbildung der Informationen zum Bereich der Investitions- und Investitionsförderungstätigkeit. Für jedes Produkt und zusammengefasst für den Teilfinanzhaushalt ist ein Saldo der Investitions- und Investitionsförderungstätigkeit auszuweisen.

Unberücksichtigt auf der Teilebene des Haushaltes bleiben die nicht-investiven Ein- oder Auszahlungen, die nicht im Teilergebnishaushalt ausgewiesen (d. h. nicht ergebniswirksam) sind. Die Ermächtigung für solche Auszahlungen lag entweder bereits zum Zeitpunkt des Entstehens des Aufwandes vor, z. B. bei der Bildung einer Rückstellung, oder die Ermächtigung ergibt sich aus den Zahlungsansätzen des Finanzhaushaltes auf gesamtstädtischer Ebene.

140 Nicht abzubilden ist hier allerdings die Kreditfinanzierung von Investitionen und Investitionsförderungsmaßnahmen.

141 Von einer solchen detaillierten Darstellung ist jedoch abzuraten, weil der kommunale Haushalt das Ressourcenverbrauchskonzept vorsieht. Insofern sollte die Haushaltssteuerung primär aufgrund von Erträgen und Aufwendungen erfolgen. Für die Liquiditätssteuerung reichen die Salden im konsumtiven Bereich der Teilpläne vollkommen aus, zumal sich diese ohnehin im Wesentlichen am „Gesamtfinanzhaushalt" und den einzeln aufgeführten Investitionsbewegungen orientiert.

Die nachfolgende Tabelle zeigt Beispiele für nicht ergebniswirksame Ein- und Auszahlungen der laufenden Verwaltungstätigkeit, für die im Haushaltsplan keine Einzelermächtigungen in den Teilhaushalten erforderlich sind:

Nicht ergebniswirksame Einzahlungen	Nicht ergebniswirksame Auszahlungen
Einzahlung der Gewerbesteuervorauszahlung, die bereits im Vorjahr fällig war.	Pensionszahlungen, die durch eine entsprechende Rückstellung abgedeckt sind.
Einzahlung einer Miete für das Folgejahr für ein städtisches Gebäude.	Auszahlungen für Instandhaltungsmaßnahmen, für die eine ausreichende Rückstellung gebildet wurde.
	Bezahlung von Umlaufvermögen (Papiervorrat), das auf Lager geht.
	Zahlung einer Versicherungsrate für das folgende Jahr.

Die abgebildete Zeitkette innerhalb der Zeilen ist identisch mit denen in den übrigen Plänen. Ausgewiesen werden neben dem Planjahr die drei folgenden und die zwei vorhergehenden Jahre. Nach § 54 KV M-V i. V. m. § 4 Abs. 8 GemHVO-Doppik sind die Verpflichtungsermächtigungen in den Teilfinanzhaushalten maßnahmenbezogen zu veranschlagen. Das amtliche Muster 9 i. V. m. dem amtlichen Muster 10b sieht im Teilhaushalt die maßnahmenbezogene Veranschlagung der Investitionen und Investitionsförderungsmaßnahmen ebenfalls vor.[142]

Auch der Teilfinanzhaushalt übernimmt die Gliederung des Finanzhaushaltes bis zur Nummer 18 und ergänzt diese gemäß § 4 Absatz 6 GemHVO-Doppik unterhalb der Nummer 18 um den Saldo der Ein- und Auszahlungen aus internen Leistungsbeziehungen (Nummer 18.1) und um den jahresbezogenen Saldo der laufenden Ein- und Auszahlungen vor planmäßiger Tilgung nach Verrechnung der internen Leistungsbeziehungen (Nummer 18.2), der sich aus der Summe der Nummern 18 und 18.1 ergibt. Die Nummer 30 weist dann den Finanzmittelüberschuss/Finanzmittelfehlbetrag des Teilhaushaltes aus:[143]

142 Siehe Anlage 3 Muster zur KV M-V und GemHVO-Doppik der Verwaltungsvorschriften zur GemHVO-Doppik und GemKVO-Doppik

143 Siehe Muster 9 Anlage 3 Muster zur KV M-V und GemHVO-Doppik der Verwaltungsvorschriften zur GemHVO-Doppik und GemKVO-Doppik

		Finanzhaushalt	Ergebnis 2016	Ansatz 2017	**Ansatz 2018**	Planung 2019	Planung 2020	Planung 2021
			1	2	3	4	5	6
1		Steuern und ähnliche Abgaben						
2	+	Zuwendungen, allgemeine Umlagen und sonstige Transferzahlungen						
		...						
18	=	**Jahresbezogener Saldo der laufenden Ein- und Auszahlungen vor planmäßiger Tilgung** (Saldo der Nummern 9 und 17)						
18.1.	+/–	Saldo der Ein- und Auszahlungen aus internen Leistungsbeziehungen						
18.2.	=	**Jahresbezogener Saldo der laufenden Ein- und Auszahlungen vor planmäßiger Tilgung nach Verrechnung der internen Leistungsbeziehungen** (Summe der Nummern 18 und 18.1)						
19	+	Einzahlungen aus Investitionszuwendungen						
		...						
27	–	Sonstige Investitionsauszahlungen						
28	=	**Summe der Auszahlungen aus Investitionstätigkeit (Summe der Nummern 25 bis 27)**						
29	=	**Saldo der Ein- und Auszahlungen aus Investitionstätigkeit (Saldo der Nummern 24 und 28)**						
30	=	Finanzmittelüberschuss/Finanzmittelfehlbetrag (Summe der Nummern 18.2 und 29)						

Diese Gliederung des Teilfinanzhaushaltes ist im Teilhaushalt für die Darstellung der Finanzdaten für die wesentlichen und sonstigen Produkte ebenfalls einzuhalten.

7.4.3 Planung einzelner Investitionen und Investitionsförderungsmaßnahmen

Zusätzlich zur Abbildung in der Zahlungsübersicht des Teilfinanzhaushaltes sind die wichtigsten Investitions- und Investitionsförderungsmaßnahmen gem. § 4 Abs. 7

GemHVO-Doppik i. V. m. Muster 9 und 10b der Anlage 3 Muster zur KV M-V und GemHVO-Doppik der Verwaltungsvorschriften zur GemHVO-Doppik und GemK-VO-Doppik je Gliederungsebene getrennt nach Einzelmaßnahmen abzubilden. Da der Teilfinanzhaushalt lediglich eine Differenzierung von Zahlungsarten vorsieht, ist er nicht zur Planung und Beratung von einzelnen Investitionsmaßnahmen geeignet.

Die Übersicht über die Investitionsmaßnahmen (siehe auch weitere Erläuterungen unter 8.7) ergänzt daher den Teilfinanzhaushalt, indem hier die Aufteilung der Finanzmittel auf die wichtigsten Investitions- und Investitionsförderungsvorhaben des Teilhaushaltes abgebildet wird.

Diese Aufteilung soll allerdings nicht für alle Investitionsmaßnahmen erfolgen, sondern gem. § 4 Abs. 7 Satz 1 GemHVO-Doppik nur für solche, die sich über mehrere Haushaltsjahre erstrecken oder deren Finanzvolumen über einer von der Gemeindevertretung festzulegenden Wertgrenze liegen. Die Festlegung der Wertgrenze kann von der Gemeindevertretung einheitlich erfolgen, es kann aber auch beispielsweise eine Differenzierung nach Teilhaushalten, Vermögensarten oder nach Investitionsobjekten erfolgen. Die Wertgrenze kann sich dabei auf vollständige Maßnahmen (z. B. bei mehrjährigen Baumaßnahmen) oder auch auf die Veranschlagung in einzelnen Haushaltsjahren (z. B. bei regelmäßigen Ersatzbeschaffungen von Anlagegütern) beziehen.

Beispiel für einen Beschluss der Gemeindevertretung zur Festlegung der Wertgrenzen:

Die Wertgrenze für die Einzelausweisung von Investitionsmaßnahmen im Teilfinanzhaushalt nach § 4 Abs. 7 S. 1 GemHVO-Doppik wird für die Gemeinde G festgelegt

a) für Baumaßnahmen	*auf*	*100.000 € Gesamtauszahlungsbedarf,*
b) für einmalige Beschaffungen	*auf*	*50.000 € Jahresbedarf,*
c) für regelmäßige Beschaffungen	*auf*	*20.000 € Jahresbedarf.*

Die Verwaltung hat sicherzustellen, dass alle Investitions- und Investitionsförderungsmaßnahmen, die die festgelegte Wertgrenze überschreiten, im Haushaltsplan separat ausgewiesen werden. Alle anderen Maßnahmen werden in der Übersicht über die Investitionsmaßnahmen wie eine separate Maßnahme „unter der Wertgrenze" abgebildet.

Zusätzlich sind in diesen Übersichten nach § 4 Abs. 7, 8 GemHVO-Doppik die Investitionssummen, die bisher bereitgestellten Haushaltsmittel und die Verpflichtungsermächtigungen für spätere Jahre auszuweisen.[144]

Die Planung der einzelnen Investitions- und Investitionsförderungsmaßnahmen erfolgt (dargestellt in etwas vereinfachter Form) nach folgendem Muster:[145]

144 Zu den Verpflichtungsermächtigungen siehe im Einzelnen die Ausführungen im Kapitel 14.

145 Muster 10b entsprechend Anlage 3 Muster zur KV M-V und GemHVO-Doppik der Verwaltungsvorschriften zur GemHVO-Doppik und GemKVO-Doppik.

Maßnahmen oberhalb der Wertgrenze

Maßnahme 68/2017: Erweiterung der Fritz-Reuter-Grundschule

Beschreibung der Maßnahme:

Nr.		Einzahlungs- und Auszahlungsarten (gemäß § 4 Absatz 12 GemHVO-Doppik)	Ergebnis 2020	Ansatz 2021	Ansatz 2022	Planung 2023	Planung 2024	Planung 2025	bis Ende der Maßn.	bisher bereit-gestellt	Gesamt-auszah-lungen	davon bereits geleistet
			1	2	3	4	5	6	7	8	9	10
			in €									
19	+	Einzahlungen aus Investitionszuwendungen										
20	+	Einzahlungen aus Beiträgen und ähnlichen Entgelten										
21	+	Einzahlungen aus sonstigen Ausleihungen und Kredit-gewährungen										
22	+	Sonstige Investitionseinzahlungen										
24		**Summe der Einzahlungen aus Investitionstätigkeit**										
25	–	Auszahlungen für Anlagevermögen										
26	–	Auszahlungen für sonstige Ausleihungen und Kredit-gewährungen										
27	–	Sonstige Investitionsauszahlungen										
28		**Summe der Auszahlungen aus Investitionstätigkeit**										
		darunter:										
		mit Verpflichtungsermächtigungen in Vorjahren bereits gebunden										
		neu veranschlagte Verpflichtungsermächtigungen										
29		**Saldo der Ein- und Auszahlungen aus Investitionstätigkeit**										

Erläuterungen:

Investitionsübersicht												
Maßnahme 12/2018: Erweiterung Turnhalle Goethe-Gymnasium												
Beschreibung der Maßnahme:												
Nr.		Einzahlungs- und Auszahlungsarten (gemäß § 4 Absatz 12 GemHVO-Doppik)	Ergebnis 2020	Ansatz 2021	Ansatz 2022	Planung 2023	Planung 2024	Planung 2025	bis Ende der Maßn.	bisher bereit-gestellt	Gesamt-auszah-lungen	davon bereits geleistet
			1	2	3	4	5	6	7	8	9	10
			in €									
19	+	Einzahlungen aus Investitionszuwendungen										
		...										

7.4.4 Teilergebnis- und Teilfinanzhaushalt im Hauptproduktbereich 6 „Zentrale Finanzleistungen“

Das NKHR-MV sieht nach § 4 Abs. 2 GemHVO-Doppik eine Produkt- oder Outputorientierung bei der Darstellung der Teilhaushalte vor. Es ist allerdings festzustellen, dass diese Produktorientierung sachlich nicht vollständig durchgehalten werden kann, da es insbesondere im Bereich der Einzahlungen und Erträge Positionen gibt, die dem Output oder einem einzelnen Produkt nicht direkt zugerechnet werden können. Steuern sind z. B. Deckungsmittel des Haushaltes, die ausdrücklich *nicht* für eine bestimmte Gegenleistung gezahlt werden und daher auch nicht einem Produkt, einer Produktgruppe oder einem Produktbereich zugerechnet werden können. Gleiches gilt auch für allgemeine Zuweisungen wie z. B. die Schlüsselzuweisungen des Landes nach dem Finanzausgleichsgesetz oder die Umlagen der Gemeindeverbände.

Auch im Bereich der Aufwendungen und Auszahlungen kommen solche Positionen vor. Beispiele sind die Gewerbesteuerumlagen, die Kreis- oder Amtsumlage der Kommunen. Für solche Positionen in der Ergebnis- oder Finanzrechnung sieht der Produktrahmen einen eigenen Bereich vor, der wie ein Hauptproduktbereich behandelt wird. Dieser Hauptproduktbereich ist mit der Ziffer 6 gekennzeichnet und wird als „Zentrale Finanzleistungen“ bezeichnet.

Da insbesondere im Bereich der Steuererträge hier Positionen mit überragendem Gewicht ausgewiesen werden, sollten für den Teilergebnishaushalt im Hauptproduktbereich 6 sog. „davon-Ausweise“ bezogen auf die Erträge genutzt werden bei

- den Steuern und ähnlichen Abgaben,
- Zuwendungen, allgemeinen Umlagen und sonstigen „Transfererträgen“.

Mit Hilfe dieser Ausweise können diese Positionen weiter aufgeschlüsselt werden, so dass auch hier die Aussagekraft des Teilhaushaltes erhöht wird. Separat ausgewiesen werden sollten dabei mindestens:

- Grundsteuer A,
- Grundsteuer B,
- Gewerbesteuer,
- Schlüsselzuweisungen,
- allgemeine Umlagen.

Eine Beschränkung der Teilhaushalte auf die gesetzlich vorgeschriebene Differenzierung lt. § 4 Abs. 3 GemHVO-Doppik würde den Aussagegehalt des Teilhaushaltes für den Hauptproduktbereich 6 in nicht akzeptabler Weise reduzieren. Eine entsprechende Klärung in den rechtlichen Regelungen ist daher dringend erforderlich. Gleiches gilt für den Ausweis von Zielen und Kennzahlen, der hier anders zu beurteilen ist als in den übrigen Teilhaushalten. Ein unverbindlicher Hinweis auf die Besonderheiten des Teilergebnishaushaltes „Zentrale Finanzleistungen“ gemäß § 4 Abs. 4 GemHVO-Doppik reicht hier allerdings nicht aus.

Aus Vereinfachungsgründen sind in diesem auszugsweisen Beispiel nur die Zeilen aufgeführt worden, in denen sich auch Werte befinden würden. Das Muster für den Teilergebnishaushalt im Teilhaushalt des Hauptproduktbereiches „Zentrale Finanzleistungen" stellt sich bei freiwilliger Differenzierung der wichtigsten Aufwands- und Ertragsarten wie folgt dar:

		Teilergebnishaushalt Zentrale Finanzleistungen	Ergebnis 2020	Ansatz 2021	**Ansatz 2022**	Planung 2023	Planung 2024	Planung 2025
			1	2	3	4	5	6
1		Steuern und ähnliche Abgaben						
		davon Grundsteuer A						
		davon Grundsteuer B						
		davon Gewerbesteuer						
2	+	Zuwendungen, allgemeine Umlagen und sonstige Transfererträge						
		davon Schlüsselzuweisungen						
		...						
9	+	Sonstige Erträge						
10	=	**Summe der Erträge (Summe der Nummern 1 bis 9)**						
11	–	Personalaufwendungen						
13	–	Zuwendungen, Umlagen und sonstige Transferaufwendungen						
		davon allgemeine Umlagen						
		...						
16	–	Sonstige Aufwendungen						
17	=	**Summe der Aufwendungen (Summe der Nummern 11 bis 16)**						
		...						

Im Rahmen der Erstellung des Sonderteilhaushaltes müssen sich die Gemeinden dahingehend Gedanken machen, ob sie den gesamten Hauptproduktbereich 6 „Zentrale Finanzleistungen" dort abbilden. Der § 4 Abs. 3 GemHVO-Doppik lässt zu, dass die Produkte der Produktgruppe 612 und des Produktbereiches 62 auch anderen Teilhaushalten direkt sachbezogen zugeordnet werden können.[146] Nur die übrigen Produkte des Hauptproduktbereiches 6 sind verpflichtend in den Sonderteilhaushalt aufzunehmen.

Ein besonderes Problem stellt die Veranschlagung der Kredite mit dem nachfolgenden Schuldendienst dar. Die Kredite werden nicht produktbezogen aufgenommen, sondern dienen im Rahmen der Gesamtdeckung nach § 12 Nr. 3 GemHVO-Doppik der Finanzierung der Investitionen und Investitionsförderungen. Insofern ist es sinnvoll, die Kreditaufnahmen und die Tilgungen dem Hauptproduktbereich 6 zuzuordnen. Bei den Zinsen muss allerdings eine detaillierte Betrachtung erfolgen. Im doppischen

146 Vgl. hierzu auch Anlage 2 Landeseinheitlicher Produktrahmen und Produktrahmenplan der Verwaltungsvorschriften zur GemHVO-Doppik und GemKVO-Doppik.

Haushalt sollen in den Teilhaushalten und bei den Produkten alle Erträge und Aufwendungen dargestellt werden (Ressourcenverbrauchskonzept).[147] Die Zinsen stellen als Kosten für bereitgestelltes Kapital Aufwendungen dar. Würde man den Teilhaushalten und Produkten keine Zinsaufwendungen zuordnen, wäre der Ressourcenverbrauch unvollständig dargestellt. Insofern vertreten die Verfasser die Auffassung, dass die Zinsaufwendungen zwar zentral bewirtschaftet werden können, jedoch auf die Teilergebnishaushalte verteilt werden müssen. Das bedingt eine analoge Zuordnung in den Teilfinanzhaushalten. Das gleiche gilt auch für die Zinsen aus Liquiditätskrediten (Kredite zur Sicherung der Zahlungsfähigkeit).[148]

7.4.5 Ziele

Verbunden mit dem Übergang des kommunalen Haushalts- und Rechnungswesens auf das Rechnungssystem der kaufmännischen Buchführung wird im kommunalen Haushaltsrecht der Übergang von der Input- zur Outputsteuerung vollzogen. Diese Änderung der Haushaltssteuerung soll einen wesentlichen Beitrag zur Verbesserung der Wirtschaftlichkeit des Verwaltungshandelns leisten. Die Änderung der Steuerung kann allerdings nicht – wie der Wechsel des Rechnungsstoffes – durch technische und systematische Änderungen erreicht werden. Die haushaltsrechtlichen Grundlagen in der KV M-V und in der GemHVO-Doppik können daher lediglich Hinweise darauf geben, wie eine solche Outputsteuerung erreicht werden kann.

Wichtiger Bestandteil dieser neuen Steuerung ist die Orientierung der Planung und der Bewirtschaftung der Ressourcen an Zielen, die politisch vorgegeben werden.[149] Die Ziele sollten sich bei einer vollständig ausgebauten Outputsteuerung zu einer Zielhierarchie zusammenfassen lassen. D. h., das Erreichen eines Unterziels z. B. im Bereich eines Produktes liefert jeweils einen Beitrag zur Erreichung höherrangiger Ziele (strategischer Ziele). Es ist dabei eine wesentliche Aufgabe der Verwaltung, für Zielkongruenz zu sorgen. Insbesondere dürfen zur Vermeidung von Ressourcenverschwendung von der Verwaltung keine widersprüchlichen Ziele verfolgt werden. Gleichzeitig ist mit dem Aufbau einer Zielhierarchie auch der Aufbau eines entsprechenden Controllings zu verbinden.

---

147 Kreditaufnahmen und Tilgungen sind reine Bestandsveränderungen in der Bilanz und werden deshalb nicht dem Ergebnishaushalt zugeordnet.

148 Für die Verteilung bieten sich vertretbare Schlüsselgrößen an, die nicht im offensichtlichen Missverhältnis zur konkreten Finanzierung der Teilhaushalte stehen dürfen. Ein denkbarer Verteilungsmaßstab könnte sich z. B. an dem Investitionsvolumen der Teilhaushalte und Produkte abzüglich der Sonderposten und weiteren investiven Einzahlungen jahresbezogen unter Ansatz eines Mischzinssatzes orientieren. Für die Zukunft könnten auch konkrete Zuordnungen von Krediten zu einzelnen Maßnahmen erfolgen. Die Verteilung von Zinsen für Liquiditätskredite könnte z. B. nach den jeweiligen ungedeckten Volumen der Teilhaushalte und Produkte erfolgen.

149 Vgl. *Buschor*, Internationale Entwicklungen der Verwaltungsrechnungssysteme, in: Budäus/Küpper/Streitferdt (Hrsg.), Neues Öffentliches Rechnungswesen, Wiesbaden 2000, S. 30 ff.

Das kommunale Haushaltsrecht in Mecklenburg-Vorpommern nach der KV M-V und GemHVO-Doppik bietet die Voraussetzungen dafür, eine solche outputorientierte Steuerung vollständig umzusetzen. Es ist allerdings ebenfalls möglich, die Steuerung über Ziele zunächst beschränkt auf die jeweils im Haushalt abgebildete Gliederungsebene einzuüben und erst zu einem späteren Zeitpunkt die Ziele der Produkte der Teilhaushalte zu einem Zielsystem zu verbinden (Entwicklung eines Steuerungskreislaufs ausgehend von den strategischen Zielen). Ein vollständiger Verzicht auf die Formulierung von Zielen ist nach § 4 Abs. 2 GemHVO-Doppik allerdings nicht möglich. Danach sind in jedem Teilhaushalt die wesentlichen Produkte und deren Auftragsgrundlage, Ziele und Leistungen zu beschreiben sowie Leistungsmengen und Kennzahlen zu Zielvorgaben anzugeben. Die Ziele und Kennzahlen sollen zur Grundlage der Gestaltung, der Planung, der Steuerung und der Erfolgskontrolle des jährlichen Haushaltes gemacht werden. Diese Regelung hat zur Folge, dass die Produkte in wesentliche und sonstige Produkte einzuteilen sind. An diesem Prozess sollten nicht nur die Führungsebenen der Verwaltung beteiligt werden, sondern insbesondere die Politik. Denn der Haushalt stellt durch die integrierte mittelfristige Finanzplanung auch eine strategische Ausrichtung der Gemeinde dar. Somit wird die Politik maßgeblich mitbeeinflussen, welche Produkte aus dem Gesamtproduktkatalog der Gemeinde wesentlich sind, was gleichzeitig zur Folge hat, dass für diese Produkte Ziele und Kennzahlen zu definieren und im Haushalt abzubilden sind. Die mittelfristige Finanzplanung enthält auch die Planung der Kennzahlen.

Positive Beispiele für produktbezogene Ziele lassen sich insbesondere den Haushaltsplänen der Kommunen entnehmen, die ihr Haushalts- und Rechnungswesen auf die kommunale Doppik umgestellt haben und über mehrjährige Erfahrungen im Rahmen der Umsetzung des „Neuen Steuerungsmodells“ verfügen (innerhalb von Mecklenburg-Vorpommern z. B. bei Landkreisen, sowie insbesondere aber auch außerhalb des Bundeslandes). Nordrhein-Westfalen war beispielsweise eines der ersten Bundesländer, die die kommunale Doppik (NKF) eingeführt haben. Somit liegen bereits bei den Gemeinden in diesem Bundesland über einen längeren Zeitraum Erfahrungen mit der Entwicklung von Zielen und Kennzahlen vor.

Der Kreis Gütersloh weist im Haushalt 2018[150] u. a. folgende Ziele aus:

Produkt	Ziel
Fuhrpark	Die durchschnittlichen Kosten pro Fahrzeug sind ≤ den Durchschnittskosten des ADAC
Revision	Unterstützung des Kreistages und der Verwaltungsleitung in ihrer Steuerungs- und Kontrollfunktion sowie Stärkung der Rechtmäßigkeit, Zweckmäßigkeit und Wirtschaftlichkeit des Verwaltungshandelns durch – jährliche Prüfung der Zahlungsabwicklung, – laufende Prüfung der Vergaben ab 10.000 €, – jährliche Prüfung von rd. 10 % der Produkte, – Prüfung des Jahresabschlusses, nach rechtzeitiger Vorlage, bis 15.11. des Folgejahres und jährliche Berichterstattung hierüber – Prüfung des Gesamtabschlusses nach rechtzeitiger Vorlage bis 31.12. des Folgejahres

150 Vgl. die Veröffentlichung des Kreishaushaltes unter: https://www.kreis-guetersloh.de/unser-kreis/verwaltung/finanzen/haushalt-des-kreises-guetersloh-2018/..

Produkt	Ziel
Technisches Gebäudemanagement	Bedarfsgerechte und wirtschaftliche Bereitstellung von Raumressourcen von Verwaltungs- und Schulgebäuden durch Einhaltung des vereinbarten Planungs-, Umsetzungs- und Finanzrahmens (s. auch Teilfinanzplan sowie Teilfinanzpläne in den Produkten „Schulen“). Gleichzeitig werden zur Wertsubstanzerhaltung jährlich Unterhaltungsmaßnahmen in Höhe von 1,2 % des Wiederbeschaffungszeitwertes (KGSt-Richtwert aus dem Kennzahlenvergleich) der Gebäude angestrebt.
Jagd- und Fischereiangelegenheiten	Sicherstellung der ordnungsgemäßen Ausübung der Jagd, Fischerei und sprengstofftechnischen Tätigkeiten. Teilziele: a) Erteilung (Ersterteilung und Verlängerung) von Jagdscheinen in mind. 90 % aller Fälle innerhalb von einer Woche nach Eingang aller entscheidungsrelevanten Unterlagen b) Beibehaltung regelmäßiger Kontrollen von privaten Lagerstätten explosionsgefährlicher Stoffe zum Schutze der öffentlichen Sicherheit
Fahrzeugzulassungen und Halterpflichten	Die durchschnittliche Wartezeit für Zulassungen liegt jährlich bei maximal 30 Minuten.
Verkehrslenkung und -sicherheit	möglichst niedrige Anzahl (max. 242) verunglückter 18- bis 24-jähriger Verkehrsteilnehmer
Hilfe zum Lebensunterhalt/Hilfe zur Gesundheit	Hilfe zum Lebensunterhalt: mtl. durchschnittl. Hilfebedarf pro Leistungsberechtigten stabil auf dem Niveau der Ist-Zahlen des Vorjahres unter Berücksichtigung evtl. Regelsatzerhöhung halten Hilfen zur Gesundheit: Sicherstellung des Krankenversicherungsschutzes, Reduzierung der Betreuungsfälle durch Überführung in die gesetzl. Krankenversicherungssysteme nach SGB V
Baugenehmigungen und Beratung	Sachziel: 1. Erreichen eines Kostendeckungsgrades von xx % (*1) Qualitätsziele: rechtlich einwandfreie Bearbeitung 2. Einhalten einer Quote von 100 % nicht aufgehobener Entscheidungen in Rechtsmittelverfahren möglichst schnelle Bearbeitung 3. 90 % aller Vorprüfungen im Bauantragsverfahren werden innerhalb von 7 Arbeitstagen nach Antragseingang abgeschlossen (incl. 2 Arbeitstage Registratur) 4. 90 % aller Bauanträge werden nach Entscheidungsreife innerhalb von 7 Arbeitstagen entschieden (inkl. 2 Arbeitstage Registratur) 5. 90 % aller Bauanträge für Wohnbauvorhaben werden innerhalb einer Durchlaufzeit von 25 Kalendertagen entschieden (Durchlaufzeit = Verweildauer abzüglich der nicht der Bauaufsicht zuzurechnenden Zeiten, z. B. wegen unvollständiger Antragsunterlagen) 6. 85 % aller Bauanträge für gewerbliche Bauvorhaben werden innerhalb einer Durchlaufzeit von 35 Kalendertagen entschieden (*1) Der Kostendeckungsgrad ergibt sich aus dem Verhältnis der Erträge zu den Aufwendungen inkl. interne Leistungsverrechnung

Produkt	Ziel
Erhebung von Geobasisdaten	*Global:* Ausführung von Liegenschaftsvermessungen unter wirtschaftlichen Aspekten – Erneuerung des Liegenschaftskatasters unter wirtschaftlichen Aspekten – Schaffung eines Vermessungspunktfeldes im amtlichen Raumbezug mit einer hohen Genauigkeit und Zuverlässigkeit (Koordinatenkataster) *Konkret:* – Optimierung der Bearbeitung von Teilungsvermessungen im rechtlichen und wirtschaftlichen Rahmen – Optimierung der Bearbeitung von Gebäudeeinmessungen im rechtlichen und wirtschaftlichen Rahmen – Bestimmung von Koordinaten ausgewählter Vermessungspunkte (Anschlusspunktfeld) in Koordinatenkatasterqualität – Aktualisierung des Gewässernachweises im Liegenschaftskataster – Bereitstellung von geodätischen Grundlagennetzen als einheitliche Bezugssysteme 1. Sicherung des AP-Feldes durch die Bestimmung von Koordinaten im Bezugssystem ETRS89/UTM Ziel: Ende 2014 2. Erneuerung des Liegenschaftskatasters in Gebieten mit Urvermessungen 3. Aktualisierung des Gewässernachweises 4. Abstimmung der Kreisgrenze mit den benachbarten Katasterbehörden – einschließlich Niedersachsen – zwecks geometrischer und datentechnischer Eindeutigkeit Ziel: 2016

Ziele sollten grundsätzlich so formuliert werden, dass sich ihre Erreichung (bzw. ihre Nichterreichung) feststellen lässt. Andernfalls kann sich auch das Verhalten der Mitarbeiterinnen und Mitarbeiter in der Verwaltung nicht an den Zielen ausrichten.

Die Überwachung der Ziele erfolgt in der Regel über Messgrößen wie Kennzahlen oder Indikatoren. Die Ausweisung dieser Hilfsgrößen ist nach § 4 Abs. 2 GemHVO-Doppik Bestandteil der Teilhaushalte im Haushaltsplan.

7.4.6 Kennzahlen und Indikatoren

Im Gegensatz zur Privatwirtschaft sind viele Ziele in der öffentlichen Verwaltung nicht allein mit monetären Größen wie Gewinn, Umsatz o. ä. zu messen. Die Ziele, die politisch gesetzt sind, sollten gleichwohl überwacht werden können, wenn ein wirtschaftlicher Mitteleinsatz zur Zielerreichung gewährleistet werden soll. Zur Konkretisierung der Zielsetzung und zur Überwachung der Zielerreichung ist der Einsatz von geeigneten Messgrößen erforderlich. Dabei sollten vorrangig Messgrößen eingesetzt werden, die direkt Auskunft über die Erreichung eines Ziels Auskunft geben. Solche Messgrößen, die als absolute oder relative Zahlen Verwendung finden, werden im Weiteren als „Kennzahlen" bezeichnet. Messgrößen, die die Zielerreichung nicht direkt dokumentieren können, sondern lediglich einen Hinweis auf die Zielerreichung geben können, weil sie in Korrelation mit dem Ziel stehen und daher als Hilfsgröße für die Messung von Zielen geeignet erscheinen, werden als „Indikatoren“ bezeichnet.[151] Solche Indikatoren werden immer dann eingesetzt, wenn die Zielformulierung eine unmittelbare Messung der Zielerreichung nicht zulässt. In Abhängigkeit von dem ausgewählten Ziel kann dieselbe Messgröße eine Kennzahl oder ein Indikator sein.

Beispiel:
Ist ein kommunales Ziel, eine Übermittagbetreuung bis 15.00 Uhr an allen städtischen Grundschulen zu gewährleisten, so kann dieses Ziel direkt gemessen werden. Der Anteil der Grundschulen, der eine Übermittagbetreuung gewährleistet, kann als v. H.-Wert ausgewiesen werden. Der Zielwert ist 100 v. H. und stellt bezogen auf das definierte Ziel eine Kennzahl dar.

Ist das kommunale Ziel die Verbesserung der Vereinbarkeit von Familie und Beruf, stellt der Anteil der Grundschulen, die Übermittagbetreuung gewährleisten, lediglich einen Indikator für die Erreichung dieses Ziels dar. Gleichzeitig weist dieser Indikator darauf hin, mit welchem Mittel das Ziel erreicht werden soll. Der Indikator kann allerdings die Zielerreichung nicht vollständig abbilden.

Im Haushaltsplan ist der Ausweis von nicht monetären Messgrößen nach § 4 Abs. 2 GemHVO-Doppik ausdrücklich vorgesehen. Dieser Ausweis kann sich zum einen auf die Konkretisierung der Zielsetzung beziehen. In diesem Fall sind für die ausgewählten Ziele geeignete Messgrößen (Kennzahlen oder Indikatoren) auszuwählen, mit deren Hilfe die Zielerreichung messbar (operational) gemacht werden kann. Zum anderen können aber auch weitere Leistungsmerkmale des Produktes im Haushaltsplan abgebildet werden, soweit diese Leistungsmerkmale zur Beurteilung des betroffenen Bereichs einen Beitrag liefern können. So kann z. B. ein Personalschlüssel (MA je Besucher), eine Investitionsmesszahl (Neuerwerbungen p. a.) oder eine andere Leistungsmesszahl (z. B. Öffnungsstunden p. a.) einen Hinweis auf die Leistungsfähigkeit einer Einrichtung geben, auch wenn diese Zahlen nicht in direktem Bezug zu den im Haushaltsplan ausgewiesenen Zielen der Einrichtung stehen.

Rechtlich sind der Darstellung von Informationen hier keine Grenzen gesetzt. Praktisch sollte sich der Ausweis auf die wichtigsten Informationen beschränken, um eine tatsächliche Verwertung der ausgewiesenen Informationen zu Zwecken der Steuerung überhaupt zu ermöglichen. Unter diesem Blickwinkel ist sicherlich auch die Entwicklung des Einsatzes der Balanced Scorecard im Bereich der Öffentlichen Verwaltung zu beobachten.[152] Mit dem Einsatz der Balanced Scorecard wird versucht, ein übersichtliches und ausgewogenes Kennzahlenset gezielt für die strategische Unternehmenssteuerung einzusetzen. Dieser Ansatz scheint auch für den Einsatz in der Kommunalver-

151 Vgl. u. a. *Corsten*, Lexikon der Betriebswirtschaftslehre, 2. Aufl., München 1993, S. 324 u. 423.

152 Vgl. u. a. *Zimmermann/Jöhnk*, Die Balanced Scorecard – ein Instrument zur Steuerung öffentlich-rechtlicher Kreditinstitute, in: Budäus/Küpper/Streitferdt (Hrsg.), Neues Öffentliches Rechnungswesen, Wiesbaden 2000, S. 631 ff., und *Seidel*, Die Balanced Scorecard als Instrument kommunaler strategischer Steuerung, Diplomarbeit an der Fakultät für Raumplanung der Universität Dortmund 2002.

waltung und speziell in Verbindung mit dem NKHR-MV eine geeignete Grundlage zur Weiterentwicklung der Haushaltspläne zu strategischen Steuerungsinstrumenten zu sein.

Die Abbildungsform der Kennzahlen und Indikatoren in den kommunalen Haushaltsplänen ist durch Muster 9 der Anlage 3 Muster zur KV M-V und GemHVO-Doppik der Verwaltungsvorschriften zur GemHVO-Doppik und GemKVO-Doppik vorgegeben. Im Ermessen der einzelnen Kommunen steht die Frage, ob für die Abbildung graphische Hilfsmittel, wie Diagramme o. ä. genutzt werden sollen. Standards (ergänzend zu den rechtlichen Vorschriften) der Abbildung von Zielen und Kennzahlen werden sich vermutlich auf die Dauer durch den Einsatz neuer, an den Anforderungen des Haushaltsrechts ausgerichteter Software für das kommunale Haushalts- und Rechnungswesen entwickeln. Zum jetzigen Zeitpunkt erscheint die Mehrzahl der kommunalen Haushaltspläne im Bereich der Kennzahlenabbildung sowohl inhaltlich als auch grafisch noch nicht ausgereift. Es gibt aber bereits eine Reihe von Kommunen, die eigenständig oder in interkommunalen Projekten[153] in diesem Bereich erhebliche Pionierarbeit geleistet haben.

Inzwischen beschreiten sogar einige Kommunen ganz neue Wege. Es wird nicht ausschließlich der Haushalt als zentrales Steuerungsinstrument in Bezug auf Ziele und Kennzahlen und Finanzinformationen angesehen. Generell steigt mit der Vielfalt der Informationen und damit der Daten die qualitative Anforderung an ein Berichtswesen. Das in der Regel manuell aufgebaute Berichtswesen, häufig über selbst gestrickte Lösungen, ist mit seinen Informationen bereits veraltet, wenn alle relevanten Informationen zusammengestellt, analysiert und den Berichtsempfängern zur Verfügung gestellt werden.

Zunehmend wird daher die Forderung nach einem vollautomatisierten, dynamischen Berichtswesen aufgemacht. Hierfür wird eine Spezialsoftware benötigt, die in der Lage ist, alle steuerungsrelevanten Daten der Fachverfahren (z. B. Haushalt, Soziales, Jugend, Bauordnung) zu sammeln, zu analysieren und in Form von Berichten z. B. produktorientiert, nach verschiedenen Perioden wie z. B. Monat, Jahr bereit zu stellen. Das sind die sogenannten Business Intelligence-Softwareverfahren, die inzwischen sogar mobil (Handys, Tablets) Daten liefern können. Mit solchen Verfahren sind tagaktuelle, interaktive Berichte mit Prognosedaten möglich. Damit entfällt die Bereitstellung von speicherintensiven PDF-Berichten, da alle Berichtsempfänger entsprechend ihres Informations- und Steuerungsbedarfs auf aktuelle Berichte und damit auf Daten über *ein* Verfahren zugreifen können. So kann zeitnah auf die Entwicklung reagiert und entsprechende Steuerungsmaßnahmen eingeleitet werden.

Allerdings ist die Einführung eines BI-Systems mit der Anbindung vieler Fachverfahren sehr zeitintensiv und benötigt verwaltungsintern hierfür sehr gute Vorbereitungen bei der Beschaffung der Software und der Schulung des Personals. Zum einen wird Personal mit Programmierfähigkeiten und zum anderen Personal mit betriebswirtschaftlichen Kenntnissen zum Aufbau eines solchen Berichtswesens benötigt. Hier sind Spezialschulungen zum Umgang mit der Software notwendig und sinnvoll. Das

153 Zu erwähnen sind hier insbesondere Projekte der Bertelsmann Stiftung. Nähere Informationen hierzu unter www.bertelsmann-stiftung.de und www.kommunal-kompakt.de.

Wichtigste bei einem solchen Vorhaben ist jedoch die Projektplanung. Nur so können diese Projekte ohne Zeitverzögerungen durchgeführt werden. Denn insgesamt kann mit der Anbindung eines Fachverfahrens per Schnittstelle oder Datenbereitstellung mit sechs bis zwölf Monaten gerechnet werden. Dieser Zeitraum erscheint unrealistisch. Allerdings geben die Autoren zu bedenken, dass die Daten aus verschiedenen Tabellen der Fachverfahren im Rahmen der Datenaufbereitung miteinander korrekt zu verbinden sind. Dabei sind die entsprechenden Daten auf ihre Qualität zu prüfen. Aus Sicht der Autoren werden sich folgerichtig zunehmend mehr Kommunen in der Zukunft dieser Frage stellen.

7.4.7 Auszug aus dem Stellenplan

Der Stellenplan[154] ist Pflichtbestandteil des Haushaltsplanes (§ 46 Abs. 4 Nr. 4 KV M-V).

Im Stellenplan sind gemäß § 4a Abs. 1 GemHVO-Doppik alle im Haushaltsjahr erforderlichen Stellen auszuweisen, welche entsprechend der organisatorischen Gliederung der Verwaltung den jeweiligen Teilbereichen zuzuordnen sind. Zu beachten ist hierbei, dass in den Stellenplan nur solche Stellen aufgenommen werden, welche nicht als vorübergehende Beschäftigungen angesehen werden, Dies ist der Fall, wenn die Dienstleistung des Beschäftigten insgesamt höchstens auf sechs Monate begrenzt ist.

Im NKHR-MV ist es aufgrund dieser Regelung sinnvoll, den Stellenplan organisationsbezogen (gegebenenfalls sogar deckungsgleich mit den Teilhaushalten) und nach Produkten sortiert zu gliedern.

Ergänzend zum Gesamtstellenplan sollte sich in jeder Gemeinde die Frage gestellt werden, ob zu jedem Teilhaushalt eine Stellenübersicht erarbeitet wird, um so einen schnellen Überblick über die Stellen des Teilhaushaltes zu geben. Andererseits wird der Haushalt durch diese „Teilstellenpläne" aufgebläht, da diese Informationen auch direkt dem Stellenplan zu entnehmen sind. Sofern Teilhaushalt und Organisationseinheit (wie z. B. Fachdienst) übereinstimmen, kann darauf verzichtet werden, da diese Information dem Stellenplan ohne großen zusätzlichen Aufwand entnehmbar ist. Sollten jedoch die Teilhaushalte z. B. nach Fachbereichen/Dezernaten gegliedert werden, aber der Stellenplan eine Gliederung nach Fachdiensten/Ämtern ausweist, sollte dem jeweiligen Teilhaushalt eine gesonderte Stellenübersicht beigefügt werden. Diese Darstellung verbessert die Übersichtlichkeit und erhöht damit den Informationswert der Teilhaushalte. Um die Teilhaushalte nicht zu überladen, könnte allerdings dort auf die sehr differenzierte Ausweisung aller Vergütungs- und Besoldungsgruppen verzichtet werden. Eine Differenzierung nach den Laufbahngruppen 1 und 2 erscheint hier völlig ausreichend, soweit die vollständigen rechtlichen Anforderungen mit einer zusätzlichen Stellenübersicht als Anlage zum Stellenplan erfüllt werden.

Der Stellenplan ist, da er Bestandteil des Haushaltsplanes und damit der Haushaltssatzung ist, einzuhalten. Der Stellenplan wird mit Bekanntgabe der Haushaltssatzung

154 Der Stellenplan wird in diesem Lehrbuch zusätzlich in den Kapiteln 17 (Die Haushaltssatzung) und 20 (Nachtragssatzung und Nachtragsplan) behandelt. Weitergehende Informationen sind den einschlägigen Lehrbüchern zum Öffentlichen Dienstrecht zu entnehmen.

verbindlich. Die Gemeinden sind bei Stellenbesetzungen und Beförderungen an den erlassenen und genehmigten Plan gebunden. Der Inhalt des Stellenplanes wird auf der Grundlage des § 4a GemHVO-Doppik aufgestellt und die Gesamtzahl der Stellen in § 7 der Haushaltssatzung festgesetzt.

7.5 Übung

Sachverhalt Nr. 2
Inzwischen ist in der Gemeinde G aufgrund des altersbedingten Ausscheidens des bisherigen Kämmerers die Stelle neu besetzt worden. Im Jahr 2022 soll eine neue Finanzsoftware eingeführt werden, was zu den ersten Aufgaben des neuen Kämmerers gehört. In dem Einführungsprojekt sollen auch noch einmal die Inhalte und das Layout der Teilhaushalte überprüft bzw. neu festgelegt werden. Bevor die Überprüfung bzw. neue Festlegung der Teilhaushalte in dem Einführungsprojekt beginnt, gibt der Kämmerer Ihnen als Projektleiter folgende Vorgaben, die einzuhalten sind:

1. Bei der Größe der Gemeinde G (im Vergleich zu einer kreisfreien Stadt) fallen auch weiterhin keine Produkte der Gemeinde unter die wesentlichen Produkte. Daher werden für diese keine Produktbeschreibungen und auch keine Ziele und Kennzahlen abgebildet. Die sonstigen Produkte werden außerdem nicht in den jeweiligen Teilergebnis- und Teilfinanzhaushalten abgebildet, sondern stattdessen die Produktgruppen.
2. Bei den Teilergebnishaushalten sollen die Personalaufwendungen und die Aufwendungen für Sach- und Dienstleistungen weiter unterteilt werden. Hierzu sollen mit Hilfe von „davon-Ausweisen“ die Aufwendungen für die Bildung von Pensionsrückstellungen, die Beihilfeaufwendungen und die Instandhaltungsaufwendungen dargestellt werden.
3. Um Einheitlichkeit zu erhalten, sollen die Teilfinanzhaushalte genau so aufgebaut werden wie der Gesamtfinanzhaushalt. Es sollen in jedem Fall alle Zahlungen abgebildet werden.
4. Bei der Investitionsübersicht sollen zusätzliche Spalten eingefügt werden, in der die Beträge ausgewiesen werden, die ggf. noch nach dem beplanten Zeitraum (Haushaltsjahr + 3) vorgesehen sind. Zusätzlich wird noch eine Spalte aufgeführt für die Beträge, die bis zum Abschluss der Maßnahme benötigt werden. Außerdem sollen in die Übersicht lediglich die Investitionen aufgenommen werden.
5. Kennzahlen und Indikatoren sollen für das aktuelle Haushaltsjahr und nicht für den gesamten Zeitraum der mittelfristigen Finanzplanung abgebildet werden, für den auch die Planung der Finanz- und Ergebnishaushalte erfolgt.
6. Ein Auszug aus dem Stellenplan für die jeweiligen Gliederungseinheiten des Haushaltes (nur in den Teilhaushalten aufgeführt werden) soll nur im Überblick, d. h. nach Laufbahnen getrennt, abgebildet werden.
7. Für die Teilbereiche des Haushaltsplanes sollen jeweils vollständige „Teilbilanzen“ als Planbilanzen vorgelegt werden.

Aufgabe:
Prüfen Sie die Vorgaben darauf, ob sie so umgesetzt werden dürfen, oder ob sie gegen geltendes Haushaltsrecht verstoßen.

Lösung:
1. Nach § 4 Abs. 2 GemHVO-Doppik sind in jedem Teilhaushalt die wesentlichen Produkte und deren Auftragsgrundlage, Ziele und Leistungen zu beschreiben sowie Leistungsmengen und Kennzahlen zu Zielvorgaben anzugeben. Die Ziele und Kennzahlen sollen zur Grundlage der Gestaltung, der Planung, der Steuerung und der Erfolgskontrolle des jährlichen Haushaltes gemacht werden. Der Gesetzgeber geht also davon aus, dass es nicht nur in der Gemeinde wesentliche Produkte gibt, sondern sogar in jedem Teilhaushalt. Damit kann also nicht die Frage bestehen, ob überhaupt wesentliche Produkte vorhanden sind. Allenfalls kann es lediglich darum gehen, wie viele Produkte in der Gemeinde wesentlich sind. Also hat der Kämmerer dafür Sorge zu tragen, dass in jedem Teilhaushalte die Produkte in wesentliche und sonstige Produkte eingeteilt werden. Weiterhin sind für jeden Teilhaushalt die Finanzdaten des Haushaltsjahres für die wesentlichen und die sonstigen Produkte darzustellen (§ 4 Abs. 3 GemHVO-Doppik). In den Teilergebnis- und Teilfinanzhaushalten können damit nicht die Finanzdaten der Produktgruppen abgebildet werden. Es ist verbindlich vorgeschriebenen, dies auf der Ebene der Produkte vorzunehmen. Allerdings gibt es inzwischen die neue Regelung nach § 4 Abs. 3 GemHVO-Doppik, dass die Finanzdaten der sonstigen Produkte zusammengefasst dargestellt werden dürfen. Dies wäre durch die Gemeinde möglich. Ob das sinnvoll ist, muss die Gemeinde G für sich entscheiden, denn letztlich geht hierdurch ein Stück der mit der Doppikeinführung ursprünglich verfolgten Transparenz verloren.
2. Die Vorgaben und Muster für die (Teil-)Ergebnis- und Finanzhaushalte (§ 4 GemHVO-Doppik und Muster 9) geben jeweils nur die Mindestanforderungen wieder. Der Abbildung von zusätzlichen Informationen steht grundsätzlich nichts entgegen. Es ist allerdings darauf zu achten, dass dadurch die vorgesehenen Mindestinformationen weiterhin eindeutig erkennbar bleiben und dass die Haushaltspläne nicht durch eine Anhäufung von Detailinformationen in einer Weise überladen werden, dass dies der Transparenz abträglich ist.
3. Aufbau und Inhalt von Finanzhaushalt und Teilfinanzhaushalt unterscheiden sich nach §§ 3 und 4 GemHVO-Doppik. Diese Unterscheidung wurde bewusst gewählt, da beide Planwerke unterschiedliche Ziele verfolgen. Während der Finanzhaushalt eine Darstellung des gesamten Geldverbrauchs liefert und damit auch gesamtstädtisch wichtige Informationen wie den Kreditbedarf, Cash-Flows und die Entwicklung der Kassenlage liefert, ist die Zielrichtung der Teilfinanzhaushalte ausschließlich die Darstellung der Investitions- und Investitionsförderungstätigkeit auf der abgebildeten Gliederungsebene des Haushaltes. Diese Informationen spielen bei der Haushaltsplanberatung eine ganz entscheidende Rolle. Soweit sich die Gemeinde G dazu entschließt, neben den verpflichtenden Informationen weitere Daten aufzunehmen, handelt es sich lediglich um Informationen, die über das hinausgehen, was gesetzlich gefordert ist. Dagegen bestehen keine Bedenken.

4. Gemäß § 1 Nr. 14 GemHVO-Doppik i. V. m. § 4 Abs. 7 GemHVO-Doppik ist eine Investitionsübersicht zu führen. Nach dem amtlichen Muster (siehe Muster 9 i. V. m. Muster 10b Anlage 3 – Muster zur KV-MV und GemHVO-Doppik der Verwaltungsvorschriften zur GemHVO-Doppik und GemKVO-Doppik) sind für die Maßnahmen die Einzahlungs- und Auszahlungsarten für das Haushaltsjahr und die drei Haushaltsfolgejahre zu planen. Die Planung soll bei der Gemeinde in dieser Form durchgeführt werden. Außerdem werden in einer gesonderten Spalte nach dem amtlichen Muster auch Beträge bis zum Abschluss der Maßnahme, soweit sie über die drei Folgejahre hinausgehen, aufgenommen. Auch diese Ausweisung bei der Gemeinde ist korrekt. Allerdings sollen nur die Investitionsmaßnahmen aufgeführt werden. Gemäß § 4 Abs. 7 GemHVO-Doppik sind die Einzahlungen und Auszahlungen, die sich über mehrere Haushaltsjahre erstrecken oder oberhalb der von der Gemeindevertretung festgelegten Wertgrenzen liegen, für jede Investition oder Investitionsförderungsmaßnahme darzustellen. Bei der Gemeinde müssen also auch die Investitionsförderungsmaßnahmen Bestandteil der Investitionsübersicht sein. Der Kämmerer ist hierauf hinzuweisen.
5. Wenn outputorientierte Planungen (für die Produkte) in Form von Aufwendungen und Erträgen sowie Auszahlungen und Einzahlungen erstellt werden sollen, gehören dazu im Rahmen einer outputorientierten Steuerung auch die Ziele, Kennzahlen und Indikatoren. In jedem Fall wird durch die Abbildung dieser Kennzahlen nur für ein Haushaltsjahr der Informationsgehalt des Haushaltes eingeschränkt, so dass diese reduzierte Abbildung nicht den Vorschriften des NKHR-MV (siehe Muster 9 Anlage 3 – Muster zur KV-MV und GemHVO-Doppik der Verwaltungsvorschriften zur GemHVO-Doppik und GemKVO-Doppik) entspricht und somit nicht korrekt ist. Der Kämmerer als Projektleiter ist daher darauf hinzuweisen, dass die Kennzahlen nach dem amtlichen Muster nicht nur für das Haushaltsjahr zu planen sind, sondern auch für die drei Haushaltsfolgejahre.
6. Die GemHVO-Doppik schreibt detailliert vor, wie der Stellenplan (einschließlich Anlagen) aufzustellen ist. Auf dieser Grundlage reicht allein ein Überblick, d. h. eine Abbildung lediglich getrennt nach Laufbahnen, nicht aus. Hinzu kommt, dass der Stellenplan als Gesamtwerk Bestandteil des Haushaltsplanes (§ 46 Abs. 4 Nr. 4 KV M-V) ist. Es reicht nicht aus, nur für die Teilhaushalte „Teilstellenpläne" zu erstellen. Diese könnten lediglich die Teilhaushalte ergänzenden Informationsgehalt bieten.
7. Der Vorschlag des Kämmerers führt in zweifacher Weise zu einer Ergänzung der vorgeschriebenen Elemente des Haushaltsplanes. Zum einen soll neben der Planung der Ergebnis- und Finanzhaushalte eine Bilanzplanung erstellt werden. Weiterhin soll diese Planbilanz nicht nur auf der gesamtstädtischen Ebene (wie für den Jahresabschluss vorgesehen), sondern zusätzlich auf der jeweiligen Gliederungsebene des Haushaltes (Geschäftsbereichsbilanzen oder Teilbilanzen) aufgestellt werden. Durch diese Ergänzungen des Haushaltsplanes soll der Informationsgehalt des Haushaltes und damit seine Steuerungs- und Überwachungsfunktion verbessert werden. Gegen eine solche Ergänzung ist aus haushaltsrechtlicher Sicht nichts einzuwenden. Festzuhalten bleibt allerdings, dass den Positionen der Planbilanzen

rechtlich keine Relevanz zukommt, da sie keine haushaltsrechtlichen Ermächtigungen darstellen können. Dies ist allein dadurch ausgeschlossen, dass es sich bei Bilanzwerten immer um eine Stichtagsbetrachtung und nicht um eine Zeitraumbetrachtung handelt. Weiterhin ist festzustellen, dass die Erstellung einer Planbilanz weitgehend dadurch erfolgt, dass die Daten der Planung für die Ergebnis- und Finanzhaushalte im Hinblick auf ihre bilanziellen Auswirkungen analysiert und nach Bilanzpositionen zu einer Bewegungsbilanz[155] zusammengefasst werden. Die Planbilanz stellt damit weitgehend eine aus den anderen Planungsobjekten abgeleitete Planung dar.

155 Vgl. z. B. *Schrader*, Die Kapitalflussrechnung als Abbildung der Finanzlage, Frankfurt 1999, S. 72 ff.

8. Die Anlagen zum Haushaltsplan

8.1 Einführung

Dem Haushaltsplan sind verschiedene Anlagen beizufügen. Durch diese Pflichtanlagen soll die Entwicklung einer Gemeinde von verschiedenen Seiten aus dargestellt werden. Zusätzlich sollen in verständlicher Form Informationen gegeben werden, die der Haushaltsplan allein nicht vermitteln kann.

In § 1 Nrn. 1 bis 16 GemHVO-Doppik sind die Pflichtanlagen aufgeführt, die bereits bei der Aufstellung des Haushaltsplanentwurfs zu erarbeiten sind:

1. der Vorbericht,
2. eine Übersicht über die aus Verpflichtungsermächtigungen in den einzelnen Haushaltsjahren voraussichtlich fällig werdenden Auszahlungen,
3. eine Übersicht über den voraussichtlichen Stand der Verbindlichkeiten aus Krediten für Investitionen und Investitionsförderungsmaßnahmen, der Kassenkredite, der kreditähnlichen Rechtsgeschäfte sowie der Rückstellungen zum Beginn und zum Ende des Haushaltsjahres,
4. das der Ergebnis- und Finanzplanung zugrunde liegende Investitionsprogramm,
5. der Nachweis der dauernden Leistungsfähigkeit nach § 17,
6. eine Übersicht über die Zuwendungen an die Fraktionen,
7. die Wirtschaftspläne der Eigenbetriebe, der sonstigen Sondervermögen, für die Sonderrechnungen geführt werden, sowie der Unternehmen und Einrichtungen mit eigener Rechtspersönlichkeit, an denen die Gemeinde mit maßgeblichem Einfluss beteiligt ist,
8. die neuesten geprüften Jahresabschlüsse der Eigenbetriebe, der sonstigen Sondervermögen, für die Sonderrechnungen geführt werden, sowie der Unternehmen und Einrichtungen mit eigener Rechtspersönlichkeit, an denen die Gemeinde mit maßgeblichem Einfluss beteiligt ist, sofern die Gemeindevertretung diese nicht bereits festgestellt oder zur Kenntnis genommen hat,
9. eine Übersicht über die Wirtschaftslage und die voraussichtliche Entwicklung der Unternehmen und Einrichtungen, an denen die Gemeinde nicht mit maßgeblichem Einfluss beteiligt ist,
10. die Wirtschaftspläne der rechtsfähigen Anstalten des öffentlichen Rechts – mit Ausnahme der Sparkassen -, für die die Gemeinde Gewährträger ist,
11. die Wirtschaftspläne/Haushaltspläne der Zweckverbände - mit Ausnahme der Zweckverbände, die ausschließlich Beteiligungen an Sparkassen halten -, bei denen die Gemeinde Mitglied mit maßgeblichem Einfluss ist und zu denen sie im laufenden Haushaltsjahr wesentliche Finanzbeziehungen unterhält,
12. eine Übersicht über die Finanzdaten der Teilhaushalte gemäß § 4 Abs. 11,
13. eine Übersicht über Erträge und Aufwendungen,
14. eine Übersicht über die Zusammensetzung und Entwicklung des Saldos der liquiden Mittel und der Kassenkredite im Finanzplanungszeitraum, unterteilt in laufende Ein- und Auszahlungen, Ein- und Auszahlungen aus Investitionstätigkeit sowie

Ein- und Auszahlungen aus durchlaufenden Geldern und ungeklärten Zahlungsvorgängen,
15. eine Übersicht über die im Stellenplan enthaltenen Stellen nach Besoldungs- und Entgeltgruppen (Stellenplanquerschnitt),
16. eine Übersicht mit einer Gegenüberstellung der im Haushaltsvorjahr ausgewiesenen sowie der am 30. Juni des Haushaltsvorjahres tatsächlich besetzten Stellen zu den im Haushaltsjahr geplanten Stellen (Veränderungsliste).

8.2 Vorbericht

Der Vorbericht ist für die Beurteilung der Ergebnis-, Vermögens- und Finanzlage der Gemeinde für die Gemeindevertretung, interessierte Einwohner und Abgabepflichtige sowie für die Aufsichtsbehörde von entscheidender Bedeutung.

Er wird auf der Grundlage des Haushaltsplanes und der anderen Anlagen zum Haushaltsplan erstellt und gibt einen Überblick über die Entwicklung der Haushaltswirtschaft im Haushaltsjahr unter Einbeziehung der beiden Haushaltsvorjahre (§ 5 Satz 1 GemHVO-Doppik). Darüber hinaus sind die durch den Haushalt gesetzten Rahmenbedingungen zu erläutern. Der Vorbericht muss gemäß § 5 Satz 3 GemHVO-Doppik einen Ausblick auf die Entwicklung der Rahmenbedingungen der Planung und wichtiger Planungskomponenten innerhalb des Zeitraumes der Ergebnis- und Finanzplanung enthalten. Der Vorbericht stellt also nicht nur eine Bewertung der Leistungsfähigkeit der Gemeinde im Haushaltsjahr dar, sondern gibt insbesondere Hinweise auf die zukünftigen Gestaltungsmöglichkeiten der gemeindlichen Haushaltswirtschaft.

Der Vorbericht soll dem Leser einen Überblick über die Inhalte des Haushaltsplanes geben. Hierzu bietet es sich an, von der Möglichkeit tabellarischer und grafischer Darstellungen Gebrauch zu machen. Allerdings entspricht allein die Zusammenstellung von Zahlen ohne entsprechende verbale Erläuterungen und Bewertungen den Ansprüchen eines Vorberichtes nicht.

Aus seiner Bedeutung für die Beurteilung der Haushaltswirtschaft ergibt sich, dass er schriftlich vorzulegen ist. Als Anlage zum Haushaltsplan muss er mit diesem für die Öffentlichkeit ausgelegt und der Aufsichtsbehörde vorgelegt werden.

Grundsätzlich ist den Gemeinden die Gestaltung des Vorberichtes freigestellt. Der § 5 Satz 4 GemHVO-Doppik schreibt jedoch die Inhalte vor, die im Vorbericht behandelt werden müssen. Insbesondere sind darzustellen:

1. Entwicklung der wichtigsten Erträge und Einzahlungen sowie der Aufwendungen und Auszahlungen,
2. die Entwicklung der Jahresergebnisse (Jahresüberschüsse/Jahresfehlbeträge),
3. die Entwicklung des Saldos der laufenden Ein- und Auszahlungen bis zum Ende des Finanzplanungszeitraumes,
4. die Entwicklung der Investitionen und Investitionsförderungsmaßnahmen sowie die sich hieraus ergebenden Auswirkungen auf die Ergebnis- und Finanzhaushalte der folgenden Haushaltsjahre,

5. die Entwicklung der Kredite für Investitionen und Investitionsförderungsmaßnahmen,
6. die Belastung des Haushaltes durch kreditähnliche Rechtsgeschäfte,
7. die Entwicklung der Kassenkredite,
8. die Entwicklung des Eigenkapitals, untergliedert nach den einzelnen Posten des Eigenkapitals,
9. die Entwicklung der Sonderposten untergliedert nach den einzelnen Sonderposten,
10. die Entwicklung der Rückstellungen,
11. die Aufwendungen und Auszahlungen, Erträge und Einzahlungen sowie die selbstfinanzierten Eigenanteile für freiwillige Leistungen,
12. die wesentlichen Finanzbeziehungen zwischen Kernhaushalt und Unternehmen, Einrichtungen sowie Sondervermögen,
13. die maßnahmenbezogene Verwendung von Zuweisungen nach § 23 des Finanzausgleichsgesetzes Mecklenburg-Vorpommern bei einer Zuführung nach § 12 Nummer 6 zur Finanzierung von Instandhaltungsmaßnahmen,
13. jeweils in einer Übersicht
    a) die im Haushaltsplan des Haushaltsjahres umgesetzten wesentlichen Maßnahmen zur Haushaltskonsolidierung mit ihren finanziellen Auswirkungen im Haushaltsjahr und in den drei Haushaltsfolgejahren sowie im verbleibenden Konsolidierungszeitraum,
    b) noch nicht umgesetzte Maßnahmen zur Haushaltskonsolidierung mit ihren möglichen finanziellen Auswirkungen im Haushaltsjahr und in den drei Haushaltsfolgejahren sowie im verbleibenden Konsolidierungszeitraum,

    sofern die Gemeinde ein Haushaltssicherungskonzept aufzustellen hat und dem Haushaltsplan kein beschlossenes Haushaltssicherungskonzept oder keine Fortschreibung eines bereits beschlossenen Haushaltssicherungskonzeptes beigefügt ist.

Nach Nummer 6 der Verwaltungsvorschriften zur GemHVO-Doppik und GemKVO-Doppik zu § 5 GemHVO-Doppik ist neben den in § 5 geforderten Inhalten insbesondere auch eine Aussage zur Erreichung des Haushaltsausgleichs im Haushaltsjahr und am Ende des Finanzplanungszeitraums sowie zur Leistungsstufe gemäß der Datenauswertung aus RUBIKON (§ 17 GemHVO-Doppik) zu treffen. Damit soll erreicht werden, dass im Vorbericht auch die Grenzen der künftigen Gestaltungsmöglichkeiten der gemeindlichen Haushaltswirtschaft aufgezeigt werden.

Mit der Überarbeitung der GemHVO-Doppik 2016 wird zusätzlich gefordert, auch die wesentlichen Finanzbeziehungen zwischen dem Kernhaushalt einerseits und den Unternehmen, Einrichtungen und Sondervermögen andererseits darzustellen.

Es können bereits Muster, die nach § 1 GemHVO-Doppik dem Haushaltsplan als Anlagen beizufügen sind, in den Vorbericht nach § 5 GemHVO-Doppik eingebunden werden. In diesem Fall entfällt die Darstellung als Anlage im Haushaltsplan. Nach Nummer 1 der Verwaltungsvorschriften zur GemHVO-Doppik und GemKVO-Doppik zu § 1 GemHVO-Doppik gilt dies für folgende Muster:

- Muster 3 (Übersicht über die aus Verpflichtungsermächtigungen voraussichtlich fällig werdenden Auszahlungen),
- Muster 4a (Übersicht über den voraussichtlichen Stand der Verbindlichkeiten zum Ende des Haushaltsjahres),
- Muster 4b (Übersicht über den voraussichtlichen Stand der Rückstellungen zum Ende des Haushaltsjahres) und
- Muster 5b (Übersicht über die Zusammensetzung und Entwicklung des Saldos der liquiden Mittel und der Kassenkredite im Finanzplanungszeitraum)

der Anlage 3 (Muster zur KV M-V und zur GemHVO-Doppik). Gleiches gilt für den Nachweis der dauernden Leistungsfähigkeit nach § 17 GemHVO-Doppik.

8.3 Übersicht über die aus Verpflichtungsermächtigungen voraussichtlich fällig werdenden Auszahlungen

Verpflichtungsermächtigungen sind vorgesehene Ermächtigungen zum Eingehen von Verpflichtungen, die künftige Haushaltsjahre mit Auszahlungen für Investitionen und Investitionsförderungsmaßnahmen belasten (§§ 45 Abs. 3 Nr. 1 Buchst. e, 54 Abs. 1 KV M-V).[156]

Durch Verpflichtungsermächtigungen verpflichtet sich die Gemeinde zur Leistung von Auszahlungen in späteren Jahren, so dass der Dispositionsspielraum dieser Jahre um diese Beträge reduziert wird. Damit die Gemeinde die finanzielle Entwicklung genau planen kann, ist dem Haushaltsplan eine Übersicht über die aus Verpflichtungsermächtigungen voraussichtlich fällig werdenden Auszahlungen beizufügen.

Muster 3 der Anlage 3 zur KV-MV und GemHVO-Doppik der Verwaltungsvorschriften zur GemHVO-Doppik und GemKVO-Doppik zeigt ein verbindliches Muster für diese Übersicht über die Verpflichtungsermächtigungen.

8.4 Übersicht über den voraussichtlichen Stand der Verbindlichkeiten aus Krediten für Investitionen und Investitionsförderungsmaßnahmen, der Kassenkredite, der kreditähnlichen Rechtsgeschäfte sowie der Rückstellungen

Dem Haushaltsplan ist gemäß § 1 Nr. 3 GemHVO-Doppik eine Übersicht über den voraussichtlichen Stand der Verbindlichkeiten zum Ende des Haushaltsjahres beizufügen. Das amtliche Muster 4a der Anlage 3 zur KV-MV und GemHVO-Doppik der Verwaltungsvorschriften zur GemHVO-Doppik und GemKVO-Doppik ist für diese Übersicht zu verwenden.

Dieses Muster weist eine andere Struktur gegenüber der Verbindlichkeitenübersicht beim Jahresabschluss (Muster 18) auf, was die Spalten angeht. Die auszuweisenden

156 Siehe hierzu im Einzelnen auch Kapitel 14.

Positionen dagegen sind ähnlich. Das Muster 4a enthält lediglich bei einzelnen Positionen zusätzliche Angaben, die im Muster 18 nicht erforderlich sind. Diese Übereinstimmung trägt grundsätzlich zur Transparenz des Rechnungswesens bei, so dass ein optimaler Vergleich zwischen den geplanten und den im Haushaltsjahr realisierten Verbindlichkeiten möglich ist.

Zu § 1 Nr. 3 GemHVO-Doppik ist eine Übersicht über den voraussichtlichen Stand der Rückstellungen zum Ende des Haushaltsjahres zu erstellen. Grundlage hierfür ist das amtliche Muster 4b der Anlage 3 zur KV-MV und GemHVO-Doppik der Verwaltungsvorschriften zur GemHVO-Doppik und GemKVO-Doppik. Es ist der voraussichtliche Stand zu Beginn und zum Ende des Haushaltsjahres mit der Veränderung gegenüber dem bisherigen Stand und unter Berücksichtigung der Inanspruchnahme, Zuführung und Auflösung der Rückstellung darzustellen.

Der Aufbau der Muster zum Haushalt und zur Jahresrechnung (Verbindlichkeitenübersicht in Muster 18) weicht zum Teil voneinander ab. Wünschenswert wäre hier eine Einheitlichkeit gewesen, die auch die Vergleichbarkeit fördert.

8.5 Investitionsprogramm

Dem Haushaltsplan sind gemäß § 1 Nr. 4 GemHVO-Doppik das der Ergebnis- und Finanzplanung zugrunde liegende Investitionsprogramm vorzulegen. Das Muster 10a der Anlage 3 Muster zur KV M-V und GemHVO-Doppik der Verwaltungsvorschriften zur GemHVO-Doppik und GemKVO-Doppik ist hierfür verbindlich (enthalten ist außerdem eine abgewandelte Variante für die Nachtragshaushaltsplanung). Im Investitionsprogramm ist der Bezug zum Teilhaushalt und zum Produkt anzugeben. Ferner sind die Spalten „Ergebnisse des Haushaltsvorvorjahres“, „Ansätze des Haushaltsvorjahres einschl. Nachträge“, „Ansatz des Haushaltsjahres“, „Planungsdaten der drei Haushaltsfolgejahre“, „Planungsdaten der weiteren Haushaltsjahre bis zum Abschluss der Maßnahme“, „bis einschließlich des Haushaltsvorjahres bereitgestellte Mittel“, „Gesamtauszahlungen“ (und davon bereits geleistete) auszufüllen.

Gemäß § 4 Abs. 7 GemHVO-Doppik sind Investitionen und Investitionsförderungsmaßnahmen, die sich über mehrere Haushaltsjahre erstrecken oder die die von der Gemeindevertretung festgelegten Wertgrenzen für die in § 3 Absatz 1 Satz 1 Nr. 25 bis 27 genannten Auszahlungen überschreiten, einzeln im Teilfinanzhaushalt darzustellen. Das bedeutet, dass sich jede Gemeinde eine Wertgrenze festlegt. Oberhalb dieser Wertgrenze sind die Maßnahmen im Muster 10b einzeln im Teilfinanzhaushalt auszuweisen. Die Maßnahmen unterhalb der festgelegten Wertgrenze werden zusammengefasst im Muster 10b dargestellt (unterhalb der ausgewiesenen Einzelmaßnahmen).

Im Muster 10b sind aufgeteilt nach Maßnahmen die Investitionen und Investitionsförderungsmaßnahmen aufzunehmen. Die Darstellung erfolgt, wie beim Muster 10a, für die Ergebnisse des Haushaltsvorvorjahres, die Ansätze des Haushaltsvorjahres einschließlich Nachträge, die Plandaten (Ansätze) des Haushaltsjahres, des Haushaltsfolgejahres, des 2. und 3. Haushaltsfolgejahres, Planungsdaten der weiteren Haushaltsjahre bis zum Abschluss der Maßnahme. Weiterhin sind die bis einschließlich zum Haushaltsvorjahr bereits bereitgestellten Mittel, die Gesamteinzahlungen und -auszahlungen sowie davon bereits geleistete Ein- und Auszahlungen darzustellen. Der Bezug zum Teilhaushalt und zum Produkt ist auch in diesem Muster anzugeben.

8.6 Nachweis der dauernden Leistungsfähigkeit

Mit der Überarbeitung der GemHVO-Doppik 2016 wurde die Beurteilung und der Nachweis der dauernden Leistungsfähigkeit in § 17 GemHVO-Doppik neu geregelt. Von zentraler Bedeutung ist dabei das rechnerunterstützte Haushaltsbewertungs- und Informationssystem der Kommunen (RUBIKON). Die Beurteilung erfolgt durch dieses Verfahren (§ 17 Abs. 2 Satz 1 GemHVO-Doppik) auf der Grundlage von gewichteten Haushaltskennzahlen (§ 17 Abs. 3 Satz 1 GemHVO-Doppik). Die dazu benötigten Daten werden durch die Gemeinden erfasst (§ 17 Abs. 2 Satz 3 GemHVO-Doppik), der Zugang zum Verfahren stellt das Ministerium für Inneres und Sport M-V den Kommunen und den Rechtsaufsichtsbehörden zur Verfügung (§ 17 Abs. 2 Satz 2 GemHVO-Doppik). Im Ergebnis ermittelt das Programm auf der Grundlage einer Einschätzung der finanziellen Risiken eine Einordnung der Leistungsfähigkeit in vier Gruppen: gesichert, eingeschränkt, gefährdet oder weggefallen (§ 17 Abs. 3 Satz 1 GemHVO-Doppik). Die entsprechende Datenauswertung aus RUBIKON dient als Nachweis der dauernden Leistungsfähigkeit und wird dem Haushaltsplan als Anlage beigefügt.

Weitere Einzelheiten beschreiben die VV zur GemHVO-Doppik und zur GemKVO-Doppik in Anlage 6. Wesentliche Kriterien für die Beurteilung der dauernden Leistungsfähigkeit einer Gemeinde sind demnach

- der Haushaltsausgleich (B. I. Nr. 1 der Anlage 6 der VV zur GemHVO-Doppik und zur GemKVO-Doppik),
- die Einhaltung des Überschuldungsverbotes (B. I. Nr. 2 der Anlage 6 der VV zur GemHVO-Doppik und zur GemKVO-Doppik),
- sonstige wesentliche finanzielle Risiken, insbesondere die künftige Gefährdung des Haushaltsausgleichs oder eine drohende Überschuldung der Kommune (B. I. Nr. 3 der Anlage 6 der VV zur GemHVO-Doppik und zur GemKVO-Doppik). Solche Risiken können sich ergeben aus der Inanspruchnahme nicht bilanzierter finanzieller Verpflichtungen wie Verlustausgleichen gegenüber Tochterunternehmen oder Bürgschaften, aus Instandhaltungs- bzw. Investitionsstau oder aus der Rückzahlung von Fördermitteln oder Steuern im erheblichen Umfang.

Der Prognosezeitraum bezieht sich grundsätzlich auf den Finanzplanungszeitraum nach § 46 Abs. 5 KV M-V (B. I. Nr. 4 der Anlage 6 der VV zur GemHVO-Doppik und zur GemKVO-Doppik). Sofern die Kommune ein Haushaltssicherungskonzept beziehungsweise dessen Fortschreibung beschlossen hat, bezieht sich die Prognose auf den Konsolidierungszeitraum (§ 43 Absatz 7 Satz 2 KV M-V), mindestens jedoch auf den Finanzplanungszeitraum.

8.7 Übersicht über Zuwendungen an Fraktionen

Die Gemeinde gewährt nach § 23 Abs. 5 KV M-V i.V.m. § 19 der Durchführungsverordnung zur KV M-V (KV-DVO) den Fraktionen zur Erfüllung ihrer Aufgaben aus Mitteln des Haushaltsplanes Zuwendungen zu den sächlichen und personellen Aufwendungen der Fraktionen. Die Zuwendungen an die Fraktionen sind in einer besonderen Anlage zum Haushaltsplan darzustellen, um der Öffentlichkeit gegenüber die Finanzierung dieser freiwilligen Vereinigungen von Mitgliedern der Gemeindevertretungen (auch Ortsvertretungen) transparenter zu machen. Für die Darstellung der Zuwendungen an die Fraktionen ist kein amtliches Muster vorgegeben worden. Die Darstellung erfolgt anscheinend formlos.

8.8 Wirtschaftspläne der Eigenbetriebe, der sonstigen Sondervermögen, für die Sonderrechnungen geführt werden, der rechtsfähigen Anstalten und Zweckverbände sowie der Unternehmen und Einrichtungen mit eigener Rechtspersönlichkeit, an denen die Gemeinde mit maßgeblichem Einfluss beteiligt ist

Pflichtanlage zum Haushaltsplan sind nach § 1 Nr. 7 GemHVO-Doppik die Wirtschaftspläne der Sondervermögen mit Sonderrechnungen sowie der Unternehmen und Einrichtungen mit eigener Rechtspersönlichkeit, an denen die Gemeinde mit maßgeblichem Einfluss beteiligt ist.

Nach § 64 KV M-V werden für folgende Sondervermögen der Gemeinde Sonderrechnungen geführt:

- Eigenbetriebe (§ 64 Abs. 1 KV M-V),
- städtebauliche Sondervermögen zur Durchführung von städtebaulichen Gesamtmaßnahmen im Sinne des besonderen Städtebaurechts nach dem Baugesetzbuch (§ 64 Abs. 2 KV M-V),
- nichtrechtsfähige örtliche Stiftungen, sofern es sich nicht um ein unbedeutendes Sondervermögen handelt (§ 64 Abs. 3 KV M-V).

Unternehmen und Einrichtungen mit eigener Rechtspersönlichkeit sind:

- Unternehmen und Einrichtungen in Privatrechtsform nach § 69 KV M-V,
- Kommunalunternehmen nach § 70 KV M-V als rechtsfähige Anstalten des öffentlichen Rechts (siehe 8.11),
- selbständige Stiftungen nach §§ 80 ff. BGB und nach § 10 Landesstiftungsgesetz M-V (StiftG M-V)
- Zweckverbände (siehe 8.12)

Einen maßgeblichen Einfluss übt die Gemeinde über ihre Tochterorganisationen und über ihre gemeinsamen Kommunalunternehmen nach § 61 Abs. 2 Satz 3 KV M-V aus, bei denen ihr mehr als 20 % der Stimmrechte als Gesellschafter, Mitglied oder Träger zustehen und wenn die Einflussmöglichkeiten nicht durch Vereinbarung eingeschränkt sind. Die Grenze des „maßgeblichen Einflusses“ ist als Mindestgrenze zu betrachten, dadurch werden von der Vorschrift auch die Tochterunternehmen und gemeinsamen Kommunalunternehmen der Kommune erfasst, über die sie einen beherrschenden Einfluss gemäß § 61 Abs. 2 Satz 1 GemHVO-Doppik ausübt, dessen Voraussetzungen § 62 Abs. 2 Satz 2 GemHVO-Doppik beschreibt.

Der Wortlaut der Vorschrift fordert, dass dem Haushaltsplan zunächst die Wirtschaftspläne dieser Einrichtungen beizufügen sind. Es ist davon auszugehen, dass es sich dabei nur um die von den zuständigen Gremien beschlossenen Pläne und nicht um Entwürfe handeln muss. Zuständig für den Beschluss über die Wirtschaftspläne der Sondervermögen mit Sonderrechnung ist die Gemeindevertretung[157]. In der Regel erfolgt die Beratung der Wirtschaftspläne, wie die Beratung des Haushaltsplanes, in der Zeit zwischen September und Dezember eines jeden Jahres. Bei der Einbringung des Haushaltsplanentwurfs liegt daher ein Wirtschaftsplan für das Haushaltsjahr noch nicht vor. Dem Haushaltsplan ist daher der Wirtschaftsplan für das laufende (zu diesem Zeitpunkt fast abgelaufene) Jahr beizufügen. Zur gleichen Zeit sind aber die Entwürfe der Wirtschaftspläne für das Haushaltsjahr bereits in der Beratung der gleichen politischen Gremien, die sich auch mit dem Haushaltsplanentwurf befassen.

Stiftungen nach § 10 StiftG M-V werden von einer hauptamtlich geleiteten Gemeinde, einem Amt oder einem Landkreis verwaltet. Für diese kann nach § 65 Ab. 2 KV M-V entweder ein eigener Haushalt oder ein Wirtschaftsplan nach den Vorschriften für Eigenbetriebe aufgestellt werden.

8.9 Neueste geprüfte Jahresabschlüsse der Eigenbetriebe, der sonstigen Sondervermögen, für die Sonderrechnungen geführt werden, sowie der Unternehmen und Einrichtungen mit eigener Rechtspersönlichkeit, an denen die Gemeinde mit maßgeblichem Einfluss beteiligt ist, sofern die Gemeindevertretung diese nicht bereits festgestellt oder zur Kenntnis genommen hat

Pflichtanlage zum Haushaltsplan sind nach § 1 Nr. 8 GemHVO-Doppik sind auch die neuesten geprüften Jahresabschlüsse der Eigenbetriebe und sonstiger Sondervermögen, für die Sonderrechnungen geführt werden, sowie der Unternehmen und Einrichtungen mit eigener Rechtspersönlichkeit, an denen die Gemeinde mit maßgeblichem Einfluss beteiligt ist. Es handelt sich um die in 8.8 beschriebenen Einrichtungen.

Die Feststellung der Jahresabschlüsse der Sondervermögen gehört ebenfalls in den Zuständigkeitsbereich der Gemeindevertretung. Gemäß § 40 Abs. 1 Satz 1 EigVO M-V beschließt die Gemeindevertretung über die Feststellung des geprüften Jahres-

157 § 6 Abs. 2 Satz 2 Nr. 2 EigVO M-V.

abschlusses und des Lageberichts bis zum Ende des auf das Wirtschaftsjahr folgenden Wirtschaftsjahres, jedoch vor Feststellung des Jahresabschlusses der Gemeinde.

Der festgestellte Jahresabschluss, der dem Haushaltsplanentwurf beigefügt wird, bezieht sich daher i. d. R. auf das Vorvorjahr und wurde bereits im Vorjahr von der Gemeindevertretung festgestellt. Gleichzeitig liegt der Gemeindevertretung aber zum Zeitpunkt der Einbringung des Haushaltsplanentwurfs der geprüfte Jahresabschluss für das Vorjahr zur Feststellung vor oder wird der Gemeindevertretung in der folgenden Sitzung vorgelegt.

Insofern ist es schlüssig, dass nach der Änderung der GemHVO-Doppik 2016 die Jahresabschlüsse nicht mehr als Anlage beigefügt werden müssen, die seitens der kommunalen Vertretung bereits festgestellt oder zur Kenntnis genommen worden sind.

8.10 Übersicht über die Wirtschaftslage und voraussichtliche Entwicklung der Unternehmen und Einrichtungen (nicht mit beherrschendem Einfluss beteiligt)

Liegt ein maßgeblicher Einfluss gemäß § 61 Abs. 2 Satz 3 KV M-V für Unternehmen und Einrichtungen mit eigener Rechtspersönlichkeit nicht vor, sind auch diese Beteiligungen dem Haushalt als Anlage gemäß § 1 Nr. 9 GemHVO-Doppik in Form einer Übersicht über die Wirtschaftslage und die voraussichtliche Entwicklung der Unternehmen und Einrichtungen beizufügen. Hierfür ist kein amtliches Muster vorgegeben worden, so dass die Gemeinden in der Gestaltung der Anlage frei sind.

8.11 Wirtschaftspläne der rechtsfähigen Anstalten des öffentlichen Rechts, für die die Gemeinde Gewährträger ist

Inzwischen enthält die KV M-V Regelungen, wonach Gemeinden Anstalten des öffentlichen Rechts gründen dürfen. Von dieser Möglichkeit ist auch inzwischen Gebrauch gemacht worden. Gemäß § 70 Abs. 1 KV M-V kann die Gemeinde Unternehmen und Einrichtungen im Sinne des § 68 in der Rechtsform einer rechtsfähigen Anstalt des öffentlichen Rechts (Kommunalunternehmen) errichten oder bestehende Eigenbetriebe im Wege der Gesamtrechtsnachfolge in Kommunalunternehmen umwandeln.

Daher ist diese Anlage zum Haushaltplan inzwischen für alle Gemeinden mit eigenen Anstalten des öffentlichen Rechts verpflichtend aufzustellen. Als Anlage sind gemäß § 1 Nr. 10 GemHVO-Doppik die Wirtschaftspläne der rechtsfähigen Anstalten des öffentlichen Rechts beizufügen, für die die Gemeinde Gewährträger ist. Ausgenommen hiervon sind die Sparkassen.

Gemäß § 70a Abs. 3 Satz 3 Nr. 2 KV M-V entscheidet der Verwaltungsrat der Anstalt des öffentlichen Rechts über die Feststellung des Wirtschaftsplanes, der als Anlage dem Haushaltsplan der Gemeinde beizufügen ist.

Eine Gewährträgerhaftung kann auf einem Gesetz oder der Satzung beruhen. Sie verpflichtet den Träger einer Anstalt des öffentlichen Rechts für den Fall, dass deren

Vermögen für die Forderungen ihrer Gläubiger nicht ausreicht. In einem solchen Fall hat der Gläubiger einen Anspruch auf Erfüllung seiner Forderung gegenüber der Anstalt durch den Anstaltsträger.[158]

8.12 Wirtschaftspläne/Haushaltsplan der Zweckverbände

Wie unter 8.11 bereits ausgeführt, gehören zu den Unternehmen und Einrichtungen mit eigener Rechtspersönlichkeit auch die Zweckverbände. § 1 Nr. 11 GemHVO-Doppik sieht vor, dass Wirtschaftspläne/Haushaltspläne der Zweckverbände, bei denen die Gemeinde Mitglied mit maßgeblichem Einfluss ist, dem Haushaltsplan als Anlage beizufügen sind.

Ausgenommen hiervon sind Zweckverbände, die ausschließlich Beteiligungen an Sparkassen halten. Diese fallen nicht unter diese Regelung. Für alle übrigen Zweckverbände gilt die Prüfung, ob ein mindestens ein maßgeblicher Einfluss der Gemeinde als Mitglied des jeweiligen Zweckverbandes vorliegt.

Gemäß § 61 Abs. 2 Satz 3 KV M-V übt die Gemeinde einen maßgeblichen Einfluss über ihre Tochterorganisationen und über ihre gemeinsamen Kommunalunternehmen aus, bei denen ihr mehr als 20 % der Stimmrechte als Gesellschafter, Mitglied oder Träger zustehen und wenn die Einflussmöglichkeiten nicht durch Vereinbarung eingeschränkt sind. Für die Mitgliedschaft in Zweckverbänden ist für die Bestimmung des maßgeblichen Einflusses der Gemeinde das Verhältnis zwischen der der Gemeinde nach der Verbandssatzung zustehenden Stimmenzahl in der Verbandsversammlung und der satzungsmäßigen Gesamtstimmenzahl in der Verbandsversammlung maßgebend (§ 64 Abs. 2 Satz 4 KV M-V).

Neben dem Einfluss über den Zweckverband muss die Kommune über wesentliche Finanzbeziehungen zum Zweckverband verfügen.

8.13 Übersicht über die Finanzdaten der Teilhaushalte sowie der wesentlichen und der sonstigen Produkte

Die dem Haushalt beizufügende Übersicht über die Finanzdaten der Teilhaushalte sowie der wesentlichen und der sonstigen Produkte gemäß § 4 Abs. 2 GemHVO-Doppik ist ebenfalls eine Pflichtanlage zum Haushalt gemäß § 1 Nr. 12 GemHVO-Doppik. Hierfür ist das Muster 9 Teilhaushalt mit Übersicht über die zugeordneten Produkte und Darstellung der wesentlichen Produkte der Anlage 3 Muster zur KV M-V und GemHVO-Doppik der Verwaltungsvorschriften zur GemHVO-Doppik und GemKVO-Doppik für verbindlich erklärt worden. Mit Hilfe dieses Musters sind die jeweiligen Posten für den Ergebnishaushalt und den Finanzhaushalt nicht nur auf Ebene des Teilhaushaltes auszuweisen, sondern auch für alle Produkte abzubilden. Die Produkte

158 Vgl. *Fandrich,* Kommentierung zu § 1 GemHVO, S. 8 in: Fandrich/Schartow/Sewing, Gemeindehaushaltsrecht Mecklenburg-Vorpommern, Loseblatt, Wiesbaden

sind im Teilergebnis- und Teilfinanzhaushalt nach wesentlichen und sonstigen Produkten zu strukturieren, um den Vorschriften des § 4 Abs. 2 GemHVO-Doppik gerecht zu werden. Denn für die wesentlichen Produkte sind innerhalb des Teilhaushaltes zusätzlich die Produktbeschreibungen mit den zugehörigen Leistungen, der Auftragsgrundlage, den Zielen sowie Leistungsmengen und Kennzahlen anzugeben.

Gemäß § 4 Abs. 2 GemHVO-Doppik können die Finanzdaten der sonstigen Produkte zusammengefasst dargestellt werden.

Zur vollständigen Darstellung des Teilhaushaltes gehört laut dem amtlichen Muster 9 ggf. eine dem Muster 10b entsprechende Investitionsübersicht für den Teilhaushalt. Nach dem Muster 10b ist jede Maßnahme mit Zuordnung zum Teilhaushalt und zum Produkt mit den investiven Einzahlungs- und Auszahlungsarten anzugeben.

8.14 Übersicht über Erträge und Aufwendungen

Dem Haushaltsplan ist gemäß § 1 Nr. 13 GemHVO-Doppik eine Übersicht über Erträge und Aufwendungen zum Ergebnishaushalt beizufügen. Hierfür ist das amtliche Muster 6a der Anlage 3 Muster zur KV M-V und GemHVO-Doppik der Verwaltungsvorschriften zur GemHVO-Doppik und GemKVO-Doppik anzuwenden.

Es sind bestimmte Aufwands- und Ertragsarten auszuweisen. Die Gliederung erfolgt auf der Grundlage des § 2 Abs. 1 GemHVO-Doppik für die dort angegebenen Posten und in der entsprechend vorgegebenen Reihenfolge. Unterhalb der Posten sind darunter-Positionen (Aufwands-/Ertragsarten) vorgesehen, die ebenfalls verpflichtend zu füllen sind. Die Ausweisung bestimmter Aufwands- und Ertragsarten erfolgt für die Spalten

- Ergebnisse des Haushaltsvorvorjahres,
- Ansätze des Haushaltsvorjahres einschließlich Nachträge,
- Ansatz des Haushaltsjahres,
- Planungsdaten des Haushaltsfolgejahres,
- Planungsdaten des zweiten Haushaltsfolgejahres und
- Planungsdaten des dritten Haushaltsfolgejahres.

8.15 Übersicht über die Zusammensetzung und Entwicklung des Saldos der liquiden Mittel und der Kassenkredite im Finanzplanungszeitraum

Dem Haushaltsplan ist gemäß § 1 Nr. 14 GemHVO-Doppik eine Übersicht über die Zusammensetzung und Entwicklung des Saldos der liquiden Mittel und der Kassenkredite im Finanzplanungszeitraum, unterteilt in laufende Ein- und Auszahlungen, Ein- und Auszahlungen aus Investitionstätigkeit sowie Ein- und Auszahlungen aus durchlaufenden Geldern und ungeklärten Zahlungsvorgängen beizufügen. Hierfür ist das amtliche Muster 5b der Anlage 3 Muster zur KV M-V und GemHVO-Doppik der Verwaltungsvorschriften zur GemHVO-Doppik und GemKVO-Doppik anzuwenden.

Aus der Übersicht ist erkennbar, ob der Finanzhaushalt in der Planung ausgeglichen ist. Weiterhin gibt sie Auskunft darüber, inwieweit Auszahlungen für Investitionen durch Investitionseinzahlungen und durch Kredite für Investition und Investitionsfördermaßnahmen finanziert werden. Allerdings ist zu beachten, dass Ansatzübertragungen im Rahmen des Jahresabschlusses nicht im Muster 5b ausgewiesen werden.

8.16 Übersicht über die im Stellenplan enthaltenen Stellen

Nach § 1 Nr. 15 GemHVO-Doppik ist dem Haushaltsplan eine Übersicht über die im Stellenplan enthaltenen Stellen beizufügen. Hierbei werden die Stellen nach den entsprechenden Besoldungs- und Entgeltgruppen zusammengefasst, sodass hierdurch ein Stellenquerschnitt dargestellt wird.

8.17 Übersicht mit einer Gegenüberstellung der geplanten und tatsächlich besetzen Stellen

Zusätzlich zu der Übersicht über die im Stellenplan enthaltenen Stellen ist gemäß § 1 Nr. 16 GemHVO-Doppik dem Haushaltsplan eine Übersicht mit der Gegenüberstellung der im Haushaltsvorjahr ausgewiesenen Stellen sowie der am 30. Juni des Haushaltsvorjahres tatsächlich besetzten Stellen zu den im Haushaltsjahr geplanten Stellen als Veränderungsliste beizufügen.

8.18 Weitere Anlagen

Es ist der Gemeinde grundsätzlich freigestellt, neben den aufgeführten Pflichtanlagen noch weitere Anlagen dem Haushaltsplan beizufügen. Sofern diese zusätzlichen Anlagen der weiteren Information dienen, ist einer solchen Ergänzung nichts entgegenzuhalten.

Zusätzliche Anlagen könnten sein:

- Planbilanzen,
- spezielle Auswertungen und Planungen aus der Kosten- und Leistungsrechnung,
- Gebührenkalkulationen,
- besondere Statistiken,
- Angabe der Mitgliedsbeiträge und Zuschüsse an Vereine und Verbände.

8.19 Übung

Sachverhalt

In einer Sitzung der Gemeindevertretung der Gemeinde G fragt der Gemeindevertreter R den Kämmerer, ob der Entwurf des Haushaltsplanes wirklich so umfangreich sein muss. Als sparsamer Bürger hält er es für ausreichend, wenn nur die Teilhaushalte vorgelegt würden, aus denen man die Aufwendungen und Erträge sowie die Investitionen ersehen kann. Die vielen Gesamtübersichten und Anlagen brauchten dann nur noch nach Beschlussfassung durch die Gemeindevertretung erstellt zu werden. Dies würde auch dem Grundsatz der Sparsamkeit und Wirtschaftlichkeit entsprechen und den Gemeindevertretern einen schnelleren Überblick über den Haushaltsplan ermöglichen.

Aufgabe:

Begutachten Sie, welche Unterlagen der Gemeindevertretung zur Beschlussfassung nun tatsächlich vorzulegen sind.

Lösung:

Zunächst einmal ist § 47 Abs. 1 KV M-V zur Lösung dieses Falles heranzuziehen. Danach berät und beschließt die Gemeindevertretung über den Entwurf der Haushaltssatzung mit ihren Anlagen in öffentlicher Sitzung. Nun enthält jedoch weder die KV M-V noch die GemHVO-Doppik eine Bestimmung darüber, welche Anlagen zur Haushaltssatzung gehören. Aus § 46 Abs. 1 KV M-V ergibt sich aber, dass der Haushaltsplan Bestandteil der Haushaltssatzung ist. Gemäß § 46 Abs. 4 KV M-V besteht der Haushaltsplan aus dem Ergebnishaushalt, dem Finanzhaushalt, den Teilhaushalten und dem Stellenplan. Weiterhin sind nach § 1 Nrn. 1 bis 16 GemHVO-Doppik dem Haushaltsplan als Bestandteil der Haushaltssatzung Pflichtanlagen beizufügen.

Diese Pflichtanlagen sind:

1. der Vorbericht,
2. eine Übersicht über die aus Verpflichtungsermächtigungen in den einzelnen Haushaltsjahren voraussichtlich fällig werdenden Auszahlungen,
3. eine Übersicht über den voraussichtlichen Stand der Verbindlichkeiten aus Krediten für Investitionen und Investitionsförderungsmaßnahmen, der Kassenkredite, der kreditähnlichen Rechtsgeschäfte sowie der Rückstellungen zum Beginn und zum Ende des Haushaltsjahres,
4. das der Ergebnis- und Finanzplanung zu grunde liegende Investitionsprogramm,
5. der Nachweis der dauernden Leistungsfähigkeit nach § 17,
6. eine Übersicht über die Zuwendungen an die Fraktionen,
7. die Wirtschaftspläne der Eigenbetriebe, der sonstigen Sondervermögen, für die Sonderrechnungen geführt werden, sowie der Unternehmen und Einrichtungen mit eigener Rechtspersönlichkeit, an denen die Gemeinde mit maßgeblichem Einfluss beteiligt ist,
8. die neuesten geprüften Jahresabschlüsse der Eigenbetriebe, der sonstigen Sondervermögen, für die Sonderrechnungen geführt werden, sowie der Unternehmen und

Einrichtungen mit eigener Rechtspersönlichkeit, an denen die Gemeinde mit maßgeblichem Einfluss beteiligt ist, sofern die Gemeindevertretung diese nicht bereits festgestellt oder zur Kenntnis genommen hat,

9. eine Übersicht über die Wirtschaftslage und die voraussichtliche Entwicklung der Unternehmen und Einrichtungen, an denen die Gemeinde nicht mit maßgeblichem Einfluss beteiligt ist,
10. die Wirtschaftspläne der rechtsfähigen Anstalten des öffentlichen Rechts – mit Ausnahme der Sparkassen –, für die die Gemeinde Gewährträger ist,
11. die Wirtschaftspläne/Haushaltspläne der Zweckverbände – mit Ausnahme der Zweckverbände, die ausschließlich Beteiligungen an Sparkassen halten –, bei denen die Gemeinde Mitglied mit maßgeblichem Einfluss ist und zu denen sie im laufenden Haushaltsjahr wesentliche Finanzbeziehungen unterhält,
12. eine Übersicht über die Finanzdaten der Teilhaushalte gemäß § 4 Absatz 11,
13. eine Übersicht über Erträge und Aufwendungen,
14. eine Übersicht über die Zusammensetzung und Entwicklung des Saldos der liquiden Mittel und der Kassenkredite im Finanzplanungszeitraum, unterteilt in laufende Ein- und Auszahlungen, Ein- und Auszahlungen aus Investitionstätigkeit sowie Ein- und Auszahlungen aus durchlaufenden Geldern und ungeklärten Zahlungsvorgängen,
15. eine Übersicht über die im Stellenplan enthaltenen Stellen nach Besoldungs- und Entgeltgruppen (Stellenplanquerschnitt),
16. eine Übersicht mit einer Gegenüberstellung der im Haushaltsvorjahr ausgewiesenen sowie der am 30. Juni des Haushaltsvorjahres tatsächlich besetzten Stellen zu den im Haushaltsjahr geplanten Stellen (Veränderungsliste).

Da der Haushaltsplan Bestandteil der Haushaltssatzung ist, sind diese Anlagen zum Haushaltsplan auch Anlagen zur Haushaltssatzung und damit nach § 47 KV M-V dem Verfahren des Erlasses der Haushaltssatzung unterworfen. Nach § 47 Abs. 1 und 2 KV M-V umfasst dieses Verfahren auch die Beratung, für die damit alle vorgeschriebenen Bestandteile und Anlagen der Haushaltssatzung vorgelegt werden müssen.

9. Grundsätze im kommunalen Finanzmanagement des NKHR M-V

9.1 Überblick und Einteilung

Der Kaufmann stützt sein Finanzmanagement im Wesentlichen auf die Regelungen der §§ 238 ff. HGB, die hinsichtlich der Buchführungsinhalte (Bilanzen sowie Gewinn- und Verlustrechnungen, Ordnungsmäßigkeit der Bücher usw.) entsprechende Normierungen enthalten. Dazu treten Einzelregelungen zu bestimmten Positionen wie z. B. den Rückstellungen in § 249 HGB, den Rechnungsabgrenzungsposten in § 250 HGB und zur Bewertung in den §§ 252 ff. HGB. Damit ist eine Reihe von Detailfragen und Problemstellungen normiert, die zudem durch die z. T. gewohnheitsrechtlich entwickelten Grundsätze der ordnungsmäßigen Buchführung ergänzt werden.

Im kommunalen Finanzmanagement sind sicherlich ebenfalls solche Regelungen notwendig (siehe dazu die Darstellungen in den einzelnen Spezialkapiteln). Da jedoch das kommunale Finanzmanagement gegenüber der kaufmännischen Handlungsweise weitergehende Intentionen verfolgt, indem ein verbindlicher Haushaltsplan zu erstellen, die bürgerschaftliche Beteiligung durch die politischen Gremien zu sichern und die Einbindung gesamtwirtschaftlicher Belange zu berücksichtigen sind, bedarf es einer Reihe von konkreten Vorgaben durch die Gesetzgebung, um diese Ziele realisieren zu können.

Insofern muss jede Gemeinde ihr Finanzmanagement nach bestimmten Grundsätzen ausrichten. Diese Grundsätze sind sowohl bei der Aufstellung des Haushaltsplanes als auch bei dessen Ausführung und beim Jahresabschluss zu beachten. Die allgemeinen Haushaltsgrundsätze, nach denen die Haushaltswirtschaft zu planen und auszuführen ist, ergeben sich überwiegend aus § 43 KV M-V. Die weiteren Grundsätze sind im Wesentlichen in den Vorschriften der GemHVO-Doppik, die zwischen Veranschlagungs- und Bewirtschaftungsgrundsätzen unterscheidet, enthalten. Diese Unterscheidung ist jedoch nicht als Trennung zu verstehen, vielmehr sind sämtliche Grundsätze eng miteinander verbunden und für das gesamte Finanzmanagement verbindlich. Dazu treten die Grundsätze ordnungsmäßiger Buchführung, die sowohl in der KV M-V als auch in der GemHVO-Doppik verankert sind. Insofern ergibt sich folgender Überblick, nach dem auch dieses Kapitel aufgebaut ist, sofern nicht eine Behandlung in besonderen Kapiteln erfolgt.

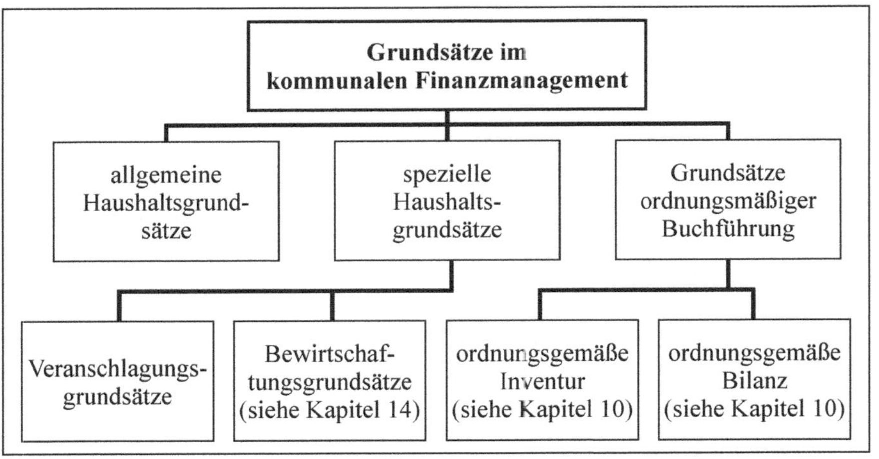

9.2 Allgemeine Haushaltsgrundsätze

9.2.1 Sicherung der Aufgabenerfüllung, Verbot der Überschuldung, Liquiditätssicherung und Beachtung des gesamtwirtschaftlichen Gleichgewichts

9.2.1.1 Stetige Aufgabenerfüllung

Die Gemeinde hat ihre Haushaltswirtschaft so zu planen und zu führen, dass die stetige Erfüllung ihrer Aufgaben unter Beachtung der Generationengerechtigkeit gesichert ist. Aus diesem Text des § 43 Abs. 1 Satz 1 KV M-V ergibt sich eine rechtliche Verpflichtung bezüglich der stetigen Aufgabenerfüllung durch die Gemeinde. Die Gemeinde muss also gewährleisten, dass sie ihre Aufgaben – gesetzliche, vertragliche und auch freiwillige Aufgaben (wobei es in Mecklenburg-Vorpommern bis heute keine allgemeingültige Legaldefinition der freiwilligen Aufgaben durch den Gesetzgeber gibt) – wahrnehmen und erfüllen kann.

Die Erwähnung der Stetigkeit in der Formulierung des Haushaltsgrundsatzes gemäß § 43 Abs. 1 Satz 1 KV M-V spricht eine grundsätzliche Aufgabe der Selbstverwaltung einer Gemeinde an. Diese Aufgabe ist durch § 1 Abs. 2 Satz 2 KV M-V knapp, aber völlig ausreichend umschrieben. Mit diesem Anspruch nach der Förderung des Wohls der Einwohner geht einher, dass dieses Wohl nicht nur auf die Dauer eines Jahres[159], sondern langfristig zu fördern und die Aufgabenerfüllung dementsprechend

159 § 45 Abs. 1 KV M-V sieht für jedes Haushaltsjahr eine Haushaltssatzung vor und stellt somit grundsätzlich auf die Jährlichkeit im kommunalen Finanzmanagement ab. Dabei kann aber nach § 45 Abs. 2 KV M-V auch eine Haushaltssatzung für zwei Jahre, getrennt nach Haushaltsjahren, erlassen werden. Die kommunale Praxis handhabt dies unterschiedlich: Während die Hansestadt Rostock beispielsweise für 2017 eine Einzelhaushalt (davor Doppelhaushalt)

dauerhaft sicherzustellen ist. Durch diese Anforderung an die Haushaltswirtschaft der Gemeinde ergibt sich zwangsläufig, dass die Haushaltswirtschaft zeitlich umfassender geplant werden muss; die Beachtung der Generationengerechtigkeit macht auch deutlich, dass die Betrachtungen weiter gefasst werden müssen als über den Zeitraum der Finanzplanung.

Das gemeindliche Haushaltsrecht bietet hier u. a. das Instrument einer mittelfristigen Planung nach § 46 Abs. 5 KV M-V dadurch an, dass sowohl im Ergebnis- als auch im Finanzhaushalt mit den jeweiligen Teilplänen eine Fortschreibung um drei Jahre über das konkrete Planjahr hinaus erforderlich ist. Insofern ist die Gemeinde gezwungen, die Absicherung der stetigen Aufgabenerfüllung in finanzieller Hinsicht nicht nur im Planungsjahr (bei zweijähriger Haushaltsführung in zwei Planungsjahren), sondern mittelfristig zu dokumentieren.

Es darf jedoch nicht übersehen werden, dass dem im § 43 Abs. 1 Satz 1 KV M-V enthaltenen Grundsatz der Sicherung der stetigen Aufgabenerfüllung mit der Einbindung der mittelfristigen Planung in den Haushaltsplan noch nicht im vollen Umfang Rechnung getragen ist. Vielmehr muss die Gemeinde auch über diesen Planungszeitraum hinaus ihr Finanzmanagement an diesem Ziel orientieren. Dieses bedarf eines umfassenden Finanzcontrollings, welches außerhalb der Darstellungen in den kommunalen Haushaltsplänen eine ständige Aufgabe des kommunalen Finanzmanagements bedeutet.

9.2.1.2 Sicherung der Liquidität und der Finanzierung der Investitionen

Schließlich sieht § 43 Abs. 2 KV M-V als allgemeinen Haushaltsgrundsatz die Sicherung der Liquidität einschließlich der Sicherstellung der Finanzierung der Investitionen vor. Dieser Grundsatz ist unmittelbarer Ausfluss der stetigen Aufgabenerfüllung. Die Aufgabenerfüllung kann nur dann ordnungsgemäß erfolgen, wenn entsprechende Deckungsmittel bereitstehen. Dabei reicht die Veranschlagung des Ressourcenaufkommens und Ressourcenverbrauchs mit einem entsprechenden Haushaltsausgleich allein nicht aus, auch wenn die sich daraus ergebende Haushaltsabwicklung planmäßig verläuft.[160] Ohne ausreichend vorhandene Zahlungsmittel ist die stetige Aufgabenerfüllung gefährdet.

Insofern ist die Gemeinde durch diesen Haushaltsgrundsatz konkret verpflichtet, eine eigenständige Liquiditätsplanung und konkrete Bewirtschaftung der liquiden Mittel durchzuführen. Dies ist nicht Aufgabe des Finanzhaushalts oder der Finanzrechnung, sondern muss zusätzlich erfolgen. Dabei liefern natürlich Finanzhaushalt und Finanzrechnung wichtige Informationen und Basisdaten, sodass diese unterstützend wirken. Jedoch verlangt der Haushaltsgrundsatz eine konkrete Planung und Bewirtschaftung der liquiden Mittel.

---

vorsieht, bleibt die Landeshauptstadt Schwerin beim Doppelhaushalt. Doppelhaushalte führen in der Regel zu Nachtragshaushalten wegen sich ändernder Planbedingungen. Siehe dazu auch Kapitel 17.

160 Zum Haushaltsausgleich siehe die Darstellung im Kapitel 16.

Das bedeutet z. B., dass dafür Sorge zu tragen ist, dass die Forderungen nach den Grundsätzen der ordnungsmäßigen Buchführung unmittelbar nach dem Verursachungszeitpunkt in den Buchungskreislauf gegeben und dann termingerecht realisiert werden (leistungsfähige Debitorenbuchhaltung mit Mahn- und Vollstreckungswesen) und die rechtzeitige Bereitstellung von Kassenmitteln gesichert wird (sinnvolle Bewirtschaftung von Festgeldern und termingerechte Sicherstellung evtl. benötigter kurz- und langfristiger Kredite). Dies erfordert insgesamt ein umfangreiches Liquiditätsmanagement, das sich natürlich auch der entsprechenden DV-Unterstützung zu bedienen hat. Eingehende Erläuterungen sind den speziellen Kapiteln vorbehalten.[161]

Einzelheiten zur Zahlungsabwicklung und Liquiditätsplanung enthält § 19 GemK-VO-Doppik.

Besonders wird in diesem Haushaltsgrundsatz auf die Sicherung der Investitionsfinanzierung hingewiesen. Hierbei geht es nicht allein um die kurzfristige Mittelbereitstellung, sondern um die Beschaffung von Finanzmitteln zur Deckung von vermögenswirksamen Auszahlungen. Angesprochen sind u. a. auch die Kreditfinanzierungen. Diese langfristigen Kreditverbindlichkeiten dienen bei Ihrer Realisierung ebenfalls der Liquidität. Näheres ist den Spezialkapiteln zu entnehmen.[162]

9.2.1.3 Verbot der Überschuldung

Besonders aufgeführt in § 43 Abs. 3 KV M-V ist das Verbot der Überschuldung. Diese liegt dann vor, wenn entsprechend Haushaltsplanung das Eigenkapital im Haushaltsjahr aufgebraucht wird, aber sich in der Bilanz auf der Passivseite ein „Nicht durch Eigenkapital gedeckter Fehlbetrag“ (negatives Eigenkapital) ergibt. Eine bilanzielle Überschuldung würde zwangsläufig dazu führen, dass die dauernde Leistungsfähigkeit der Gemeinde gefährdet ist. § 52 Abs. 2 KV M-V ergänzt diese Norm dahingehend, dass durch die Rechtsaufsicht bei jeder Neuverschuldung zu überprüfen ist, ob diese noch mit der dauernden Leistungsfähigkeit der Gemeinde in Einklang zu bringen ist (soweit nicht, ist die Genehmigung dieser Kredite zu versagen). Insofern ist das besondere Verbot der Überschuldung Ausfluss der allgemeinen Regelung des § 43 Abs. 1 KV M-V, wonach die stetige Aufgabenerfüllung der Gemeinde zu sichern ist. Zu den Einzelheiten der kommunalen Schulden siehe Kapitel 15.

9.2.1.4 Beachtung des gesamtwirtschaftlichen Gleichgewichts

Nach § 43 Abs. 1 Satz 2 KV M-V hat die Gemeinde bei der Planung und Durchführung ihrer Haushaltswirtschaft den Erfordernissen des gesamtwirtschaftlichen Gleichgewichts Rechnung zu tragen. Ausgangspunkt ist die Bestimmung des Art. 109 Abs. 2 GG. Danach haben zunächst nur Bund und Länder bei der Haushaltswirtschaft den Erfordernissen des gesamtwirtschaftlichen Gleichgewichts Rechnung zu tragen.

161 Siehe dazu u .a. Kapitel 15.

162 Zur Fremdfinanzierung siehe Kapitel 15 und zum Haushaltsausgleich siehe Kapitel 16.

Weitere Grundlagen sind die Empfehlungen des Finanzhaushaltungsrates gemäß § 51 Abs. 2 und § 51a des Haushaltsgrundsätzegesetzes vom 19.8.1969 (BGBl. I S. 1273), das durch Art. 10 des Gesetzes vom 14.8.2017 (BGBl. I S. 3122) geändert worden ist, und das Gesetz zur Förderung der Stabilität und des Wachstums der Wirtschaft (StabG) vom 8.6.1967 (BGBl. I S. 582), das zuletzt durch Art. 267 der Verordnung vom 31.8.2015 (BGBl. I S. 1474) geändert worden ist. Dieses stellt in § 1 den Grundsatz auf, dass Bund und Länder bei ihren wirtschafts- und finanzpolitischen Maßnahmen die Erfordernisse des gesamtwirtschaftlichen Gleichgewichts zu beachten haben. Die unmittelbare Einbindung der Gemeinden erfolgt dann durch § 16 StabG, wonach auch die Gemeinden und Gemeindeverbände bei ihrer Haushaltswirtschaft den Zielen dieses Gesetzes Rechnung tragen müssen. Die Ziele sind in § 1 StabG formuliert. Danach sind alle Maßnahmen so zu treffen, dass sie im Rahmen der marktwirtschaftlichen Ordnung gleichzeitig

- zur Stabilität des Preisniveaus,
- zu einem hohen Beschäftigungsstand und
- zu außenwirtschaftlichem Gleichgewicht
- bei stetigem und angemessenen Wirtschaftswachstum

beitragen. Insofern ist § 43 Abs. 1 Satz 2 KV M-V lediglich als ergänzende kommunalrechtliche Vorschrift zu betrachten, die noch einmal die Einbindung der Gemeinden in gesamtwirtschaftliche Belange bestätigt.

Die Umsetzung der Ziele des gesamtwirtschaftlichen Gleichgewichts ist jedoch schwerlich durch die Gemeinden, insbesondere nicht durch kleinere Gemeinden zu realisieren, da man diese mit dem Verlangen, ihre Haushaltswirtschaft nach diesen Grundsätzen auszurichten, überfordern würde. Für die Umsetzung eines konjunkturgerechten Verhaltens fehlen den Gemeinden vor allem in Zeiten gesamtwirtschaftlicher Schwäche die notwendigen Instrumente und in der Regel auch die entsprechenden Deckungsmittel.

Der Konflikt konkretisiert sich in der Form, dass von den Gemeinden unter Beachtung eines antizyklischen Verhaltens bei aufsteigender Konjunktur Zurückhaltung bei der Vornahme eigener Investitionen verlangt wird. Diese Anforderung stellt die Gemeinden vor Probleme bei der Entscheidung, denn unzweifelhaft ist bei einem Ansteigen der Konjunktur auch mit dem Ansteigen z. B. der Gewerbesteuererträge zu rechnen. Es wäre sein, dass durch eine Zurückhaltung bei der Vornahme eigener Investitionen im Rahmen antizyklischen Verhaltens die Erfüllung wichtiger Aufgaben der Kommune gefährdet werden. Zudem darf der Faktor „Politik" nicht übersehen werden. Die Gemeindevertreter denken bei ihren Entscheidungen sicherlich nicht primär an das gesamtwirtschaftliche Gleichgewicht. Vielmehr werden dabei das kommunale Interesse, das Wohl der Einwohner, der örtliche Bezug zum Wahlkreis (Stadt- oder Gemeindeteil), aber auch wahltaktische und parteipolitische Überlegungen eine Rolle spielen.

Gleichwohl sei aber an dieser Stelle darauf verwiesen, dass beispielsweise entsprechend § 18 Abs. 2 GemHVO-Doppik Entnahmen aus der Kapitalrücklage getätigt werden können, um damit abschreibungsbedingte Jahresfehlbeträge abzudecken. Damit können dann Investitionen, deren Folge künftige Abschreibungen sind, in ihrer Wirkung auf den Haushaltsausgleich künftiger Jahre abgemildert werden. Der insgesamt entnehmbare Betrag beschränkt sich dabei jedoch auf die Beträge, die der Kapitalrücklage seit Januar 2008 bzw. seit Einführung der Doppik (in dieser Kommune) aus investiven Schlüsselzuweisungen zugeführt wurden. Auch ist zu beachten, dass die zu den Abschreibungen möglicherweise „gehörenden" korrespondierenden Erträge aus der Auflösung von Sonderposten (SoPo) von der Abschreibungssumme rechnerisch abzusetzen sind und nur die verbleibende Differenz aus Abschreibung und SoPo-Auflösung entnahmefähig ist.

Außerdem wird auf die Regelung des § 37 Abs. 6 GemHVO-Doppik hingewiesen. Danach ist durch die kreisangehörigen Gemeinden eine Rücklage für Belastungen aus dem kommunalen Finanzausgleich zu bilden.[163] Neben dem Zweck, mittels dieser die (vorhersehbaren) Belastungen aus den höheren Umlagen (Kreis- und Amtsumlage) zu tragen, ist hier explizit aufgeführt, dass dies eine Vorsorge für künftige Mindereinnahmen ist. Und damit ist letztlich sichergestellt, dass auch und gerade in steuerschwachen Jahren Mittel zur Verfügung stehen, um entsprechende konjunkturfördernde Maßnahmen zu finanzieren.

Die Entscheidung in derartigen Fällen ist nicht leicht. Grundsätzlich ist aber davon auszugehen, dass die Sicherung der Aufgabenerfüllung eindeutig Vorrang genießt. Dieses geht auch schon aus der Formulierung in § 43 Abs. 1 Satz 2 KV M-V mit dem Wort **„dabei"** hervor. Insofern kann deutlich festgestellt werden, dass der Grundsatz der Beachtung des gesamtwirtschaftlichen Gleichgewichts gegenüber dem Grundsatz der stetigen Aufgabenerfüllung nachrangig ist. Konjunkturpolitische Gesichtspunkte sind im Rahmen der Aufgabenerfüllung zu berücksichtigen, soweit dies unter dem Aspekt der Aufgabenerfüllung möglich ist. Die Erledigung der unabweisbaren Aufgaben muss der Berücksichtigung konjunkturpolitischer Erfordernisse vorgehen.

Im gemeindlichen Haushaltsrecht verankerte Maßnahmen zur Konjunktursteuerung sind im Wesentlichen die Einflussnahmen auf die Kreditbeschaffung der Gemeinden. Hier sind die möglichen Beschränkungen bei der Beschaffung von Geldmitteln auf dem Kreditwege zu beachten (z. B. Einzelgenehmigung gemäß § 52 Abs. 4 KV M-V).[164] Zudem ist jedoch nicht zu übersehen, dass der Staat Einfluss auf kommunale Tätigkeiten ausüben kann. U. a. ist dabei als Steuerungsinstrument an die Vergabe von zweckgebundenen Zuwendungen zu denken.

Insgesamt muss aber darauf hingewiesen werden, dass die im Stabilitätsgesetz von 1967 vorgesehene antizyklische finanzwirtschaftlichen Handlungsweise eine Reihe

163 Siehe hierzu Punkt 29.4 der Verwaltungsvorschriften zur Gemeindehaushaltsverordnung-Doppik und Gemeindekassenverordnung-Doppik, Verwaltungsvorschrift des Innenministeriums, wonach entsprechend 29.4 VV zu § 37 Abs. 6 GemHVO-Doppik eine Finanzausgleichsrücklage zu bilden ist, wenn die Steuerkraft der Gemeinde zum Durchschnitt der zwei vorangegangenen Haushaltsjahre um mehr als 30 % gestiegen ist. Bei dieser Berechnung sind die vom Ministerium für Inneres und Sport bekannt gegebenen durchschnittlichen Hebesätze zugrunde zu legen.

164 Siehe dazu im Einzelnen Kapitel 15.

von Problemen mit sich bringt und nach geringen Anfangserfolgen nicht mehr zu den gewünschten Erfolgen geführt hat. Insofern werden die Regelungen zur antizyklischen Fiskalpolitik verstärkt kritisch gesehen.[165]

9.2.1.5 Übung

Sachverhalt Nr. 1
In der Gemeinde G sind im Entwurf des Haushaltsplanes für das kommende Jahr (Finanzhaushalt) 320.000 € für investive bauliche Veränderungen an Obdachlosenunterkünften zur Angleichung an den Ausstattungsstandard von Normalwohnungen vorgesehen. Die Wohnungen sollen dann dem freien Markt zur Verfügung gestellt werden, da kein Bedarf mehr an Obdachlosenunterkünften in der Gemeinde G besteht.

Die gesamtwirtschaftliche Situation zum Zeitpunkt der Beratung in dem zuständigen Fachausschuss stellt sich als überhitzte Konjunktur dar. Die Baukosten steigen jährlich im erheblichen Umfang. Gemeindevertreter R verweist deshalb auf die Anforderung der §§ 1, 16 StabG und auf den allgemeinen Haushaltsgrundsatz des § 43 Abs. 1 Satz 2 KV M-V hin, wonach dem gesamtwirtschaftlichen Gleichgewicht Rechnung zu tragen ist. Er fordert, dass dem Ziel der Stabilität Priorität einzuräumen ist und die Gemeinde sich antizyklisch verhält. Diese Investitionsmaßnahme solle bis zur Abschwächung der Konjunktur zurückgestellt werden.

Aufgabe:
Begutachten Sie die Auffassung des Gemeindevertreters R.

Lösung:
Gemeindevertreter R gibt hier dem Ziel der Stabilität den Vorrang. In seiner Begründung bezieht er sich auf die §§ 1, 16 StabG und auf den allgemeinen Haushaltsgrundsatz der Beachtung des gesamtwirtschaftlichen Gleichgewichts gemäß §43 Abs. 1 Satz 2 KV M-V. Sieht man diese Bestimmungen isoliert, könnte die Auffassung des Gemeindevertreters R einschlägig sein.

Gemäß § 1 StabG haben Bund und Länder die Erfordernisse des gesamtwirtschaftlichen Gleichgewichts zu beachten; durch § 16 StabG ist die Beachtung dieser Ziele auf die Gemeinden und Gemeindeverbände ausgedehnt. Ebenso betont die Berücksichtigung der Erfordernisse des gesamtwirtschaftlichen Gleichgewichts in der Grundsatzvorschrift des § 43 Abs. 1 Satz 2 KV M-V die Bedeutung der wirtschaftspolitischen Gesichtspunkte für die kommunale Haushaltswirtschaft.

Jedoch handelt es sich hier bei den baulichen Veränderungen an den Obdachlosenunterkünften um eine wirtschaftlich sinnvolle Maßnahme der Gemeinde. Die nicht mehr für Obdachlose benötigten Wohnungen sollen nicht ohne Mieterträge leerstehen, sondern den Bürgern zur Verfügung gestellt werden. Dieses ist jedoch nur zu realisieren, wenn ein marktüblicher Wohnungsstandard vorliegt. Insofern besteht ein Konflikt

165 Siehe dazu die Darstellungen in der Volkswirtschaftslehre, z. B. bei *Sprenger-Menzel*, Volkswirtschaftslehre und Wirtschaftspolitik, 9. Aufl. Wiesbaden 2021.

zwischen der Pflicht der wirtschaftlichen Aufgabenerfüllung gemäß § 43 Abs. 4 KV M-V und der Pflicht zu konjunkturgerechtem Verhalten. Weiter ist die Verpflichtung, bei Planung und Ausführung des Haushaltes die Sicherung der Aufgabenerfüllung zu beachten, an die erste Stelle (§ 43 Abs. 1 Satz 1 KV M-V gesetzt worden und klar geregelt, dass erst dabei (§43 Abs. 1 Satz 2 KV M-V) den Erfordernissen des gesamtwirtschaftlichen Gleichgewichts Rechnung zu tragen ist.

Die Erfüllung wirtschaftlich unabweisbarer Aufgaben – wie hier die Vornahme der baulichen Veränderungen an den Obdachlosenunterkünften – muss also auch unter Berücksichtigung konjunkturpolitischer Erfordernisse in jedem Fall vorgehen. Der Auffassung des Gemeindevertreters R kann somit nicht gefolgt werden.

9.2.2 Wirtschaftlichkeit, Sparsamkeit und Effizienz

9.2.2.1 Grundsatz

Die mit diesem allgemeinen Haushaltsgrundsatz aufgestellte Forderung, den Haushaltsplan nach den Grundsätzen der Sparsamkeit und Wirtschaftlichkeit aufzustellen und zu führen, erstreckt sich somit auf das gesamte kommunale Finanzmanagement.

Die Bedeutung dieses Grundsatz wird dadurch unterstrichen, dass er durch § 43 Abs. 4 KV M-V als „Muss-Vorschrift“ verbindlich ist.

Die Haushaltswirtschaft ist sparsam und wirtschaftlich zu führen. Die Sparsamkeit erfordert, dass Aufwendungen und Auszahlungen ohne Vernachlässigung der Aufgabenerfüllung möglichst niedrig gehalten werden müssen. Es wird also in erster Linie das Verhältnis zwischen Erträgen und Einzahlungen einerseits und Aufwendungen und Auszahlungen anderseits angesprochen; wobei auch berücksichtigt werden muss, dass die Abgabepflichtigen so gering wie nur möglich zu belasten sind.

Sparsamkeit muss nicht unbedingt auch Wirtschaftlichkeit bedeuten. So kann etwa eine bestimmte Maßnahme für sich betrachtet durchaus sparsam sein, da sie im Vergleich zu anderen Möglichkeiten die niedrigsten Aufwendungen und Auszahlungen verursacht, sich aber für die Zukunft als unwirtschaftlich erweisen, weil etwa die Folgekosten sehr hoch sind. Der Grundsatz der Sparsamkeit und Wirtschaftlichkeit enthält daher zwei verschiedene Regelungen, die jedoch gleichwertig angesetzt sind.

Durch den Grundsatz der Wirtschaftlichkeit wird das Verhältnis von Aufwand und Nutzen angesprochen. Im kommunalen Finanzmanagement wird dann wirtschaftlich gearbeitet, wenn entweder mit dem geringsten Aufwand der gewünschte Erfolg oder der größtmögliche Nutzen mit den vorhandenen Mitteln erzielt wird, wobei „Aufwand“ sich sowohl auf die Anschaffungs- oder Herstellungskosten als auch auf die laufenden Unterhaltungskosten bezieht.[166] Das Ziel ist, dass der Aufwand (= Anschaffungs- oder Herstellungskosten und Unterhaltungskosten) zu dem erzielten Nutzen (= Qualität der Ausführung und Aufgabenerfüllung) eine möglichst günstige Relation aufweist.

166 Insofern stimmt der hier verwendete Begriff „Aufwand“ nicht mit dem Begriff „Aufwendungen“ aus Ergebnishaushalt und Ergebnisrechnung überein. Er ist hier allgemeiner Natur.

Es stellt sich nunmehr die Frage, in welchem Verhältnis die beiden Grundsätze „Sparsamkeit“ und „Wirtschaftlichkeit“ zu einander stehen. Die Verfasser sind dabei der Auffassung, dass die Wirtschaftlichkeit nicht nur vorrangig zu beachten ist, sondern die Sparsamkeit praktisch als reine Überlegung zum möglichst geringen Geldmittelabfluss Bestandteil des Grundsatzes der Wirtschaftlichkeit ist. Die Wirtschaftlichkeit kann es z. B. erforderlich machen, eine Maßnahme zu treffen, die **für sich allein betrachtet** nicht sparsam ist. So kann eine Gemeinde z. B. für die Anlage eines Parkplatzes von zwei angebotenen, gleich großen Grundstücken unter Umständen das im Anschaffungspreis ausgabenintensivere Grundstück wählen, wenn dieses auf lange Sicht niedrigere Unterhaltungskosten oder einen besseren Einfluss auf den Verkehr erwarten lässt. Auf den ersten Blick stellt das einen Verstoß gegen die Sparsamkeit im Jahr des Grunderwerbs dar, obwohl die Entscheidung wirtschaftlich sinnvoll ist. Auf Dauer ist aber auch wieder die Sparsamkeit erreicht, weil dieser Mehrauszahlung in späteren Jahren Aufwendungs- und Auszahlungseinsparungen gegenüberstehen. Insofern stellt sich den Verfassern die Frage, ob der Grundsatz der Sparsamkeit als Teil der Wirtschaftlichkeit überhaupt Berechtigung hat, förmlich in § 43 Abs. 4 KV M-V als gleichwertiger Grundsatz aufgeführt zu werden.

Die Wirtschaftlichkeit wird an den nachstehend aufgelisteten Prinzipien verdeutlicht:[167]

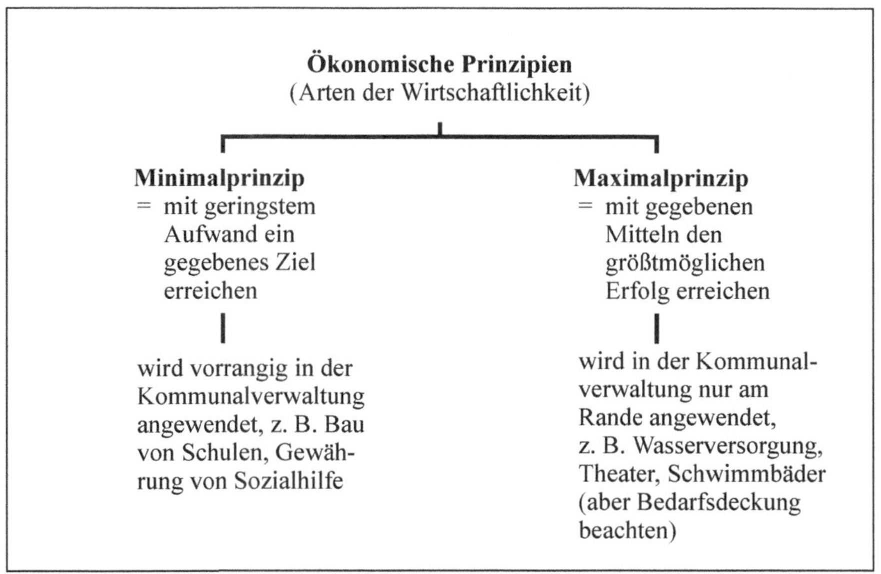

Die Beachtung der Wirtschaftlichkeit ist besonders bei gemeindlichen Investitionen geboten. Bei Investitionen wird das gemeindliche Anlagevermögen verändert. Jede

167 Die vertiefte Darstellung bleibt der Spezialliteratur vorbehalten; für alle: *Jung*, Allgemeine Betriebswirtschaftslehre, 13. Aufl., München 2016, S. 5 ff. mit einer ausführlichen Darstellung.

Investitionsentscheidung beinhaltet einen einmaligen Vorgang, der später laufende Aufwendungen und Auszahlungen verursacht wie z. B. Abschreibungen (im Steuerrecht „AfA" = Abschreibung für Abnutzung von Anlagegütern). Demzufolge muss ein möglichst großes Überwiegen des Nutzens gegenüber den Kosten erreicht werden. Bereits vor der Durchführung der Investition sollte die Bewertung, Beurteilung und Entscheidung stehen.

Im Finanzhaushalt und in der Finanzrechnung werden z. B. die Auszahlungen und Einzahlungen aus Investitionen dokumentiert. Im Ergebnishaushalt und in der Ergebnisrechnung sind dann zeitversetzt (ab der Inbetriebnahme des Vermögensgegenstandes) die Folgeaufwendungen dargestellt. Insofern bietet das kommunale Finanzmanagement vor der Einstellung der Investition in das Planwerk keine Informationen über die Wirtschaftlichkeit der Investition. Es bleibt deshalb nur die Möglichkeit, jede einzelne Investition vor Einstellung in den Haushaltsplan daraufhin zu untersuchen, ob sich die Investitionsauszahlungen und die Folgeaufwendungen im Rahmen der Wirtschaftlichkeit bewegen.

In diesem Zusammenhang schreibt § 6 des Haushaltsgrundsätzegesetzes vom 19.8.1969 (BGBl. I S. 1273), das durch Art. 10 des Gesetzes vom 14.8.2017 (BGBl. I S. 3122) geändert worden ist, als „Mussvorschrift" vor, dass für alle finanzwirksamen Maßnahmen angemessene Wirtschaftlichkeitsuntersuchungen durchzuführen sind. § 9 Abs. 1 GemHVO-Doppik sieht als Mussvorschrift ebenfalls Wirtschaftlichkeitsvergleiche für Investitionen oberhalb einer von der Gemeinde zu bestimmenden Wertgrenze vor.[168] Mindestens soll durch einen Vergleich der Anschaffungs- bzw. Herstellungskosten sowie der Folgekosten die wirtschaftlichste Lösung ermittelt werden. Diese Vorschrift reicht für die kommunale Praxis nicht aus. Hier wäre sicherlich eine Ergänzung dahingehend notwendig, dass in Anlehnung an § 6 Abs. 2 und 3 Haushaltsgrundsätzegesetz für geeignete Maßnahmen von erheblicher finanzieller Bedeutung Nutzen- und Kostenuntersuchungen durchgeführt werden sollen.[169]

Das kommunale Finanzmanagement in Form der Haushaltsplanung, Haushaltsausführung und der Rechnungslegung bietet nur geringe Informationen zur Wirtschaftlichkeit der kommunalen Verwaltung. Dieses ist auch nicht dessen Aufgabe. Notwendig zum Nachweis einer wirtschaftlichen Handlungsweise ist das Betreiben einer Kosten- und Leistungsrechnung. Folgerichtig sieht § 27 GemHVO-Doppik eine Kosten- und Leistungsrechnung vor. Es handelt sich dabei um eine Muss-Vorschrift. Das Haushaltsmanagementsystem mit der Darstellung des Ressourcenaufkommens

168 Die hier aufgeführte Wertgrenze ist nicht identisch mit der Wertgrenze nach § 4 Abs. 13 GemHVO-Doppik, die für die Einzelveranschlagung von Investitionen im Teilfinanzhaushalt anzuwenden ist (siehe dazu Kapitel 13.3.6.2 Buchst. a). Die Gleichsetzung der Grenzen wäre auch nicht sinnvoll, weil eine Gemeinde durchaus eine Einzelveranschlagung für Investitionen ab 500 € durchführen kann, eine umfassende vorangehende Wirtschaftlichkeitsuntersuchung bei dieser Größenordnung jedoch abwegig ist. Zudem ist sogar eine Differenzierung nach Vermögensarten zulässig.

169 Gute Beispiele mit Kommunalbezug, wie Wirtschaftlichkeitsuntersuchungen durchzuführen sind, ergeben sich aus dem Leitfaden Wirtschaftlichkeitsuntersuchungen, der in Brandenburg Anwendung zu finden hat: http://www.doppik-kom.brandenburg.de/cms/detail.php/bb1.c.325509.de

und Ressourcenverbrauchs auf Produktbereichsebene und den dazu gehörenden betriebswirtschaftlichen Kennziffern zwingt die Gemeinden praktisch zur Einrichtung und Durchführung einer Kosten- und Leistungsrechnung. Die Abstellung in § 27 GemHVO-Doppik auf die örtlichen Bedürfnisse ist sinnvoll, da die Anforderungen an eine Kosten- und Leistungsrechnung bei größeren Städten und bei Landkreisen anders ausfallen als bei kleinen Gemeinden. Zudem sind die Anforderungen nicht in allen Produktbereichen ein- und derselben Gemeinde identisch. – Man denke dabei nur an die Unterschiede zwischen dem Bereich „Soziales" und dem „Bauhof".[170]

Ein weiterer Maßstab für das kommunale Finanzmanagement sieht § 43 Abs. 4 KV M-V nicht ausdrücklich vor, nämlich dass die Haushaltswirtschaft effizient zu führen ist. Das bedeutet, dass haushaltswirtschaftliche Maßnahmen stets auf ihre Leistungswirksamkeit zu überprüfen sind. Damit sind die Auswirkungen kommunaler Handlungen genau zu überdenken und Folge wirksam abzuschätzen. Dieses wird aber bereits durch den Grundsatz der Wirtschaftlichkeit abgedeckt, sodass die besondere Aufforderung zu einer effizienten Haushaltsführung eigentlich entbehrlich ist.

9.2.2.2 Übung

Sachverhalt Nr. 2

Die Gemeinde G will im kommenden Haushaltsjahr die stark befahrene X-Straße ausbauen, weil diese vor allem in einer Kurve trotz Beschränkung der Höchstgeschwindigkeit sehr unfallträchtig ist. Der Ausbau in der bisherigen Linienführung würde 600.000 € Auszahlungen verursachen. Bei einer Begradigung der Kurve erhöht sich die Summe auf 800.000 €.

Die Gemeindevertretung der Gemeinde G beauftragt die Verwaltung, eine Entscheidung unter alleiniger Berücksichtigung des § 43 Abs. 4 KV M-V vorzubereiten, weil ein Verstoß gegen die km/h-Begrenzung durch die Autofahrer und nicht durch die Gemeinde zu vertreten sei.

Aufgabe:

Stellen Sie begründet dar, welche Aspekte der Entscheidungsvorschlag der Verwaltung berücksichtigen sollte.

Lösung:

In diesem Fall taucht vor allem das Problem der Konkurrenz zwischen Sparsamkeit und Wirtschaftlichkeit auf. Die Effizienz ist bei beiden Maßnahmevarianten gegeben.

Sparsamkeit bedeutet, dass die Auszahlungen unter Berücksichtigung der Einzahlungen möglichst geringgehalten werden. Auch bei Einstellung einer Maßnahme in den kommunalen Haushalt ist dieser Grundsatz zu beachten. Insofern könnte nur die Maßnahme mit dem geringeren Investitionsvolumen in Frage kommen. Dieses könnte notfalls mit einer weiteren Geschwindigkeitsbeschränkung kombiniert werden.

---

170 Zu den Einzelheiten der Kosten- und Leistungsrechnung siehe *Klümper/Möllers/Zimmermann*, Kommunale Kosten- und Wirtschaftlichkeitsrechnung, 20. Auflage Witten 2019, S. 151 ff.

Allerdings ist nunmehr das ökonomische Prinzip der Wirtschaftlichkeit als zweiter Haushaltsgrundsatz zu berücksichtigen, wonach mit dem geringsten Aufwand ein vorgegebenes Ziel erreicht werden soll. Es könnte eine Nutzen-Kosten-Untersuchung stattfinden, wobei der öffentliche Nutzen in der Regel schwer messbar ist. In diesem Falle könnte jedoch die Vermeidung von Unfällen eine Begründung sein. Möglicherweise wird auch der Verkehrsstrom durch eine noch niedrigere km/h-Begrenzung in der Weise beeinträchtigt, dass es zu Stockungen kommen kann. Auch könnten die Folgekosten für die Gemeinde bei einer Begradigung der Straße geringer ausfallen. Insofern könnte die Wirtschaftlichkeitsüberlegung durchaus für die zweite Maßnahme mit einem um 200.000 € höheren Investitionsvolumen sprechen und insofern diese Lösung vertretbar sein. Gleichwohl aber wird wohl in der kommunalen Praxis eher die erste Maßnahme zur Anwendung kommen.

9.2.3 Haushaltsausgleich

Der in § 43 Abs. 6 KV M-V verankerte allgemeine Haushaltsgrundsatz fordert die Ausgeglichenheit des Haushaltes. Diese Forderung bezieht sich nicht nur auf die Planung des Haushaltes, sondern auch auf die Haushaltsausführung einschließlich Jahresabschluss. Demnach durchzieht dieser Grundsatz das gesamte kommunale Finanzmanagement.[171] Die Konkretisierung der Regelung des § 43 Abs. 6 KV M-V erfolgt durch § 16 GemHVO-Doppik. Der Haushaltsausgleich ist erreicht, wenn

- der Ergebnishaushalt unter Berücksichtigung von noch nicht ausgeglichenen Fehlbeträgen aus Haushaltsvorjahren mindestens ausgeglichen ist,
- im Finanzhaushalt unter Berücksichtigung von vorzutragenden Beträgen aus Haushaltsvorjahren der Saldo der ordentlichen und außerordentlichen Ein- und Auszahlungen gemäß § 3 Abs. 1 Nr. 26 GemHVO-Doppik ausreicht, um die Auszahlungen zur planmäßigen Tilgung von Krediten für Investitionen und Investitionsförderungsmaßnahmen zu decken.

Gleichlautende Vorschrift ergibt sich entsprechende § 16 Abs. 2 GemHVO-Doppik für die Ergebnisrechnung sowie die Finanzrechnung.

Ein Ausgleich liegt selbstverständlich auch dann vor, wenn die Summe der Erträge die Summe der Aufwendungen übersteigt. Das Gleiche gilt auch für die Summe der Einzahlungen, wenn diese die Summe der Auszahlungen übersteigt.

Gemäß § 46 Abs. 5 KV M-V hat die Gemeinde im Haushaltsplan eine mittelfristige Planung darzustellen, die drei über das Planungsjahr hinaus gehende Jahre umfasst. In der Norm des § 46 Abs. 5 KV M-V ist nicht ausdrücklich geregelt, dass diese Folgejahre ebenfalls auszugleichen sind. Jedoch ist angesichts der Formulierung des § 43 Abs. 6 KV M-V davon auszugehen, dass auch für den Zeitraum der Finanzplanung ein

171 Beispielsweise lässt § 50 Abs. 1 KV M-V die Bereitstellung von Mehraufwendungen bzw. Mehrauszahlungen nur zu, wenn die Deckung gewährleistet ist, und stellt damit auf einen ausgeglichenen Haushalt ab.

Ausgleich vorzusehen ist. Nicht zuletzt fordert die Bestimmung des § 43 Abs. 7 KV M-V bei unausgeglichenem Haushalt die Erstellung eines Haushaltssicherungskonzeptes, welches die Darstellung des Haushaltsausgleiches in künftigen Zeitabschnitten fordert, diese sind dann ja wieder in der Finanzplanung darzustellen. Die Bestimmung des § 46 Abs. 7 KV M-V belegt aber deutlich, dass auch für den Ausgleich des Jahreshaushalts praktisch eine Soll-Vorschrift besteht, weil Maßnahmen bei unausgeglichen Haushalten normiert werden. Damit wird der Tatsache Rechnung getragen, dass in den Kommunen nicht immer ein Haushaltsausgleich erzielt werden kann. Die Besprechung der Einzelheiten zum kommunalen Haushaltsausgleich bleibt dem Kapitel 16 vorbehalten.

9.2.4 Grundsätze zur Finanzierung der kommunalen Produkte

9.2.4.1 Deckungsmittel der Haushaltswirtschaft

Bevor im Einzelnen auf die Regeln der Finanzierung der kommunalen Produkte eingegangen wird, ist zunächst einmal zu klären, über welche Deckungsmittel eine Gemeinde überhaupt verfügen kann. Die Finanzierungsquellen einer Gemeinde sind vielfältig.

Sie ergeben sich aus privatrechtlichen (Vertragsschluss gleiche Rechte und Pflichten der Vertragspartner) und aus öffentlich-rechtlichen Vorgängen (Verwaltungsakte wie z. B. Steuerbescheide, Über- und Unterordnungsverhältnis). Die grobe Unterteilung der Deckungsmittelarten kann aus folgendem Schaubild ersehen werden:

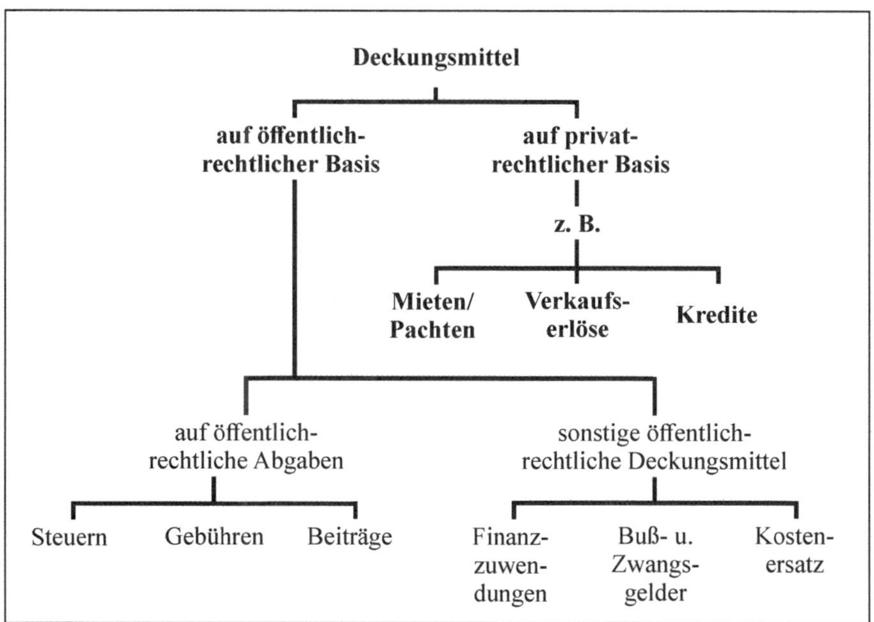

9.2.4.2 Verpflichtung zur Erhebung von Abgaben

Die wesentlichen Deckungsmittel der Gemeinde beruhen auf Zwangserhebungen, wobei die Steuern den größten Teil ausmachen. Die Erhebungsbefugnis ist Ausfluss der Selbstverwaltungsgarantie des Grundgesetzes und der Verfassung des Landes Mecklenburg-Vorpommern. Insofern sieht § 44 Abs. 1 KV M-V zunächst vor, dass die Gemeinden Abgaben nach gesetzlichen Vorschriften erheben. Die Gemeinden sind berechtigt und verpflichtet, nach den speziellen Vorschriften des Abgabenrechtes Abgaben (Steuern, Gebühren und Beiträge, siehe § 1 Abs. 1 KAG) zu erheben.

Dieser Grundsatz des § 44 Abs. 1 KV M-V nimmt auf das kommunale Abgabenrecht keinen Einfluss, d. h. er regelt nicht die Voraussetzungen für die Erhebung von Deckungsmitteln, sondern weist lediglich auf den besonderen Gesetzesvorbehalt hin. Die Abgabenerhebung geschieht nämlich ausschließlich aufgrund von Spezialgesetzen für jede Abgabenart (z. B. Grundsteuergesetz, Gewerbesteuergesetz, Kommunalabgabengesetz M-V). § 44 Abs. 1 KV M-V ist demnach lediglich als Einordnungsregelung bezüglich der Stellung von Abgaben und ihrer Erhebung innerhalb der gemeindlichen Haushaltswirtschaft zu sehen. Bezogen auf die Rechtswirkung ist die Bestimmung überflüssig.

9.2.4.3 Rangfolge der Deckungsmittel

§ 44 Abs. 2 und 3 KV M-V legen eine bestimmte Rangfolge der Deckungsmittel fest. Ausgangspunkt für die Untersuchung, welche Finanzierungen in welchem Umfang zu beschaffen sind, ist die Höhe des zur Erfüllung der Aufgaben der Gemeinde notwendigen Aufwandes (Bedarfsdeckungsprinzip).

Die grundsätzliche Rangfolge der Deckungsmittel zur Finanzierung des kommunalen Haushalts muss bei der Prüfung der einzelnen Finanzierungsmöglichkeiten zugrunde gelegt werden und ist insoweit verbindlich. Das folgende Schaubild soll die Rangfolge des Einsatzes von Deckungsmitteln verdeutlichen:

Deckungsbedarf (Summe der im Haushaltsjahr zu erwartenden Aufwendungen und Investitions-/Investitionsförderungsauszahlungen	§ 44 Abs. 2 u. 3 KV M-V ←	**Grundsätzliche Rangfolge der Deckungsmittel** 1. **Sonstige Deckungsmittel** z. B. Zuwendungen, Kostenersatz, Mieten, Pachten, Bußgelder, Verkaufserlöse, Auflösung von Rückstellungen, Zinsen, Steuerbeteiligungen 2. **Spezielle Entgelte** für die von der Gemeinde erbrachten Leistungen z. B. Gebühren, Beiträge, Eintrittsgelder 3. **Steuern** als nachrangige Deckungsmittel z. B. Grund- und Gewerbesteuer 4. **Kredite** nur unter den Voraussetzungen der §§ 44 Abs. 3 und 52 Abs. 1 KV M-V

Vorrangig sind die sogenannten **„sonstigen Deckungsmittel"** heranzuziehen. Angesprochen sind damit alle Deckungsmittel, die nicht zu den speziellen Entgelten, Steuern und Krediten zählen. Dazu gehören insbesondere Erträge aus der Bewirtschaftung des Vermögens (Mieten, Pachten, Zinserträge) und auf privat- und öffentlich-rechtlicher Basis beruhende Erträge wie z. B. staatliche Finanzzuwendungen, Kostenerstattungen im sozialen Bereich, Entgelte von Dritten (Kostenerstattungen für ausgeführten Arbeiten und Dienstleistungen), Bußgelder, Abführungen aus Nebentätigkeiten, Verkaufserlöse, Auflösung von Rückstellungen und Steuerbeteiligungen.

Soweit vertretbar und geboten, hat die Gemeinde dann **spezielle Entgelte** für die von ihr erbrachten Leistungen[172] zu erheben. Dabei ist es haushaltsrechtlich unerheblich, ob diese Entgelte auf privatrechtlichen (z. B. Eintrittsgelder) oder öffentlich-rechtlichen Grundlagen (z. B. Gebühren) beruhen. Im Rahmen der Leistungsverwaltung sind diese Entgelte als vorrangig anzusehen. Bei der Entscheidung, ob von dem Grundsatz der Finanzierung der Leistungen durch spezielle Entgelte abgewichen werden kann, sind die finanzwirtschaftlichen und die sozialen Gesichtspunkte (Entgeltnachlässe im öffentlichen Interesse wie z. B. verbilligter Eintritt für Jugendliche oder erschwingliche Preise für Theaterveranstaltungen, siehe auch § 4 Abs. 2 KAG M-V) zu berücksichtigen. Dies ist in der Formulierung „soweit vertretbar und geboten" begründet.

Die Gemeinden werden veranlasst, die Möglichkeit zur Erhebung von Leistungsentgelten voll auszunutzen, siehe dazu auch §§ 5 und 6 KAG. Insbesondere durch die Formulierung in § 6 (1) KAG („Gebühren sind zu erheben...") wird deutlich gemacht, dass es hier keine Wahlmöglichkeit gibt. Dadurch wird einer Entwicklung entgegengetreten, welche möglichst viele Lasten der Allgemeinheit und damit dem Steuerzahler auferlegen will. Derjenige der eine spezielle Leistung durch die Gemeinde erhält (z. B. Nutzer der Abfallbeseitigung, Besucher eines Schwimmbades der Gemeinde) soll diese Leistung bezahlen (Vorteilsnahme des Einzelnen). Erst wenn die Vorteile einer kommunalen Leistung überwiegend der Allgemeinheit zugutekommen, sollen Steuern als Deckungsmittel eingesetzt werden.

Dieses Ziel wird jedoch durch die Bestimmung des § 44 Abs. 2 Nr. 1 KV M-V eingeschränkt. Die Erhebung von Entgelten von den Benutzern der Einrichtungen und Anlagen findet durch die Formulierung „soweit vertretbar und geboten" aus z. B. politischen, sozialen oder kulturellen Gründen ihre Grenze in der wirtschaftlichen Leistungsfähigkeit der Abgabepflichtigen.

Erst wenn die vorgenannten Deckungsmittel ausgeschöpft sind, darf die Gemeinde zur Deckung ihres Finanzbedarfs **Steuern** erheben. Bei der Steuererhebung gilt das Subsidiaritätsprinzip (Nachrangigkeit); denn zur Deckung des Finanzbedarfs (Summe der zu erwartenden Reinaufwendungen) sind zuerst die sonstigen Deckungsmittel, dann die speziellen Entgelte und erst danach die Steuern heranzuziehen. Eine Einschränkung des Subsidiaritätsgrundsatzes kann jedoch nicht für die Vergnügungs- und Hundesteuer gelten, die als Ordnungssteuern nicht ausschließlich zur Bedarfsdeckung

172 Der Begriff der „speziellen Entgelte für Leistungen" ist nicht präzise genug gewählt. Zu den Entgelten für Leistungen im weiteren Sinne können auch Mieterträge, Erträge aus Verkaufserlösen oder Zinserträge gerechnet werden, weil auch hier Leistungs-/Gegenleistungsverhältnisse vorliegen.

erhoben werden.[173] Bei den Kreisen tritt an die Stelle der Steuern[174] die Kreisumlage, bei den Ämtern die Amtsumlage. In der Praxis reichen jedoch bei keiner Gemeinde und bei keinem Gemeindeverband die vorrangigen Deckungsmittel aus, sodass eine Finanzierung der kommunalen Haushalte ohne Steuern bzw. Umlagen praxisfremd ist.

Aus dem Grundsatz der Nachrangigkeit wurde lange Zeit von den Gerichten ein materielles Recht der Steuerpflichtigen abgeleitet, wonach eine Steuererhöhung der Gemeinde oder die Einführung einer neuen Steuer erst zulässig ist, wenn alle Möglichkeiten der Erhebung spezieller Entgelte von der Gemeinde ausgenutzt sind.[175] Insofern hatten Klagen von Steuerpflichtigen zunächst Erfolg, die z. B. die Erhöhung der Gewerbesteuerhebesätze deshalb als rechtswidrig ansahen, weil die Gemeinde nicht in vollem Umfang die vorrangigen speziellen Entgelte ausgeschöpft hatte.

Das Bundesverwaltungsgericht[176] hat jedoch dieses materielle Recht für die Realsteuern verneint. Dabei stützt sich die Entscheidung auf die Feststellung, dass das bundesrechtliche Hebesatzrecht der Gemeinden (z. B. für die Gewerbesteuer aufgrund von Art. 106 Abs. 6 Satz 2 GG i. V. m. § 16 Abs. 1 und 5 GewStG) dem Landesgesetzgeber keine Kompetenz gewährt, die Bemessung der Hebesätze an die Ausschöpfung des Gebührenrahmens für besondere Leistungen der Gemeinden zu binden. In welchem Ausmaß die Gemeinden zur Deckung ihres Finanzbedarfs ihre Steuerquellen heranziehen wollen, steht in ihrem Ermessen. Insofern muss die Bestimmung des § 44 Abs. 2 KV M-V für die Realsteuern zwar als anwendbarer Grundsatz für die Gemeinde, nicht aber als einklagbares Recht für die Realsteuerpflichtigen bewertet werden.

Die bisher vorgestellten Deckungsmittel dienen in Form von Erträgen der Finanzierung der Aufwendungen und in Form der Einzahlungen der Finanzierung von Auszahlungen. Kredite stellen keine Erträge dar und dürfen gemäß § 52 Abs. 1 KV M-V auch nur zur Finanzierung von Investitionen und Investitionsförderungen aufgenommen werden. Insofern dienen sie nicht dem Ausgleich des Ergebnishaushaltes, sondern stellen nur Deckungsmittel im Finanzhaushalt dar.[177]

Durch die Nennung in § 44 Abs. 3 KV M-V sind die **Kredite** als Deckungsmittel innerhalb der vorgenannten Rangfolge besonders zu behandeln. Sie dürfen nur auf-

---

173 *Mutschler*, Kommunales Finanz- und Abgabenrecht NRW, 14. Aufl., Wiesbaden 2018, S. 150, 162.

174 Den Kreisen stand bis zum 1.4.2005 als einzige Steuerquelle die Jagdsteuer zur Verfügung. Seit dem 1.4.2005 darf diese nach § 3 Abs. 1 KAG M-V nicht mehr erhoben werden. Die Regelung des § 120 Abs. 2 Nr. 2 KV M-V ist also derzeit durch die Landkreise nicht ausgefüllt.

175 Z. B. VG Aachen vom 13.12.1993 – VG 2 K 1389/82 – und OVG Münster vom 7.9.1989 – OVG 4 A 698/84 –, beide zu Erhöhungen von Gewerbesteuerhebesätzen.

176 Urt. vom 11.6.1993 – BVerwG 8 C 32.90 –, siehe z. B. der gemeindehaushalt 1993, S. 236.

177 Soweit eine Investitionsförderung nicht als immaterielles Vermögen gemäß § 37 Abs. 1 GemHVO Doppik geführt werden kann (keine Gegenleistung des Empfängers bzw. keine mehrjährige Zweckbindung) ist diese als Transferaufwand dem Ergebnishaushalt zuzuordnen. In diesem allerdings äußerst selten vorkommenden Fall würde nach dem reinen Wortlaut des Gesetzes der Kredit auch dem Ausgleich des Ergebnishaushaltes dienen. Dies kann aber nicht Sinn einer Kreditfinanzierung sein. So sieht Ziffer 22.1 VwV zur GemKVO-Doppik und GemHVO-Doppik auch vor, dass die nicht als immaterielles Vermögen zu aktivierenden Zuwendungen nicht zu den Investitionsförderungen im Sinne des § 52 Abs. 1 KV M-V zählen. Im Einzelnen ist diese Problematik in Kapitel 17.2.2.2 dargestellt.

genommen werden, wenn eine andere Finanzierung nicht möglich ist. Vorrangig kann eine Kreditaufnahme nur dann sein, wenn eine andere Finanzierung wirtschaftlich unzweckmäßig wäre. Dies könnte z. B. der Fall sein bei einem zweckgebundenen Kfw-Kredit mit einer Verzinsung von unter 1 % (der z. B. vorrangig vor dem Verkauf von Wertpapieren des Umlaufvermögens aufgenommen wird, weil die Wertpapiere eine gesicherte Rendite von 2 % abwerfen). Es sind demnach allein wirtschaftliche Überlegungen heranzuziehen.

Die besonderen Probleme der Kreditwirtschaft werden im Kapitel 15 behandelt.

Grenzen der Deckungsmittelbeschaffung

Nach dem Bedarfsdeckungsprinzip richten sich die zu beschaffenden Deckungsmittel nach dem Finanzbedarf. Die Höhe der Aufwendungen findet ihre Grenze in der Muss-Vorschrift des Haushaltsausgleichs gemäß § 43 Abs. 6 KV M-V, wonach der Haushalt in jedem Haushaltsjahr ausgeglichen sein muss. Wie bereits oben festgestellt, wird die Erhebung der Deckungsmittel zudem durch das Gebot des § 44 Abs. 2 Nr. 1 KV M-V begrenzt, nach dem auf die wirtschaftliche Leistungsfähigkeit der Abgabepflichtigen Rücksicht zu nehmen ist.[178] Insbesondere bei den speziellen Entgelten ist die Erhebungspflicht durch den Gesetzeszusatz „soweit vertretbar und geboten“ eingeschränkt, so dass die Gemeinde bei der Bereitstellung öffentlicher Einrichtungen auch soziale Gründe berücksichtigen kann.

Spenden

Hinsichtlich der Annahme, Einwerbung und Vermittlung von Spenden gibt es seit 2011 die Regelung des § 44 Abs. 4 KV. Mit dieser Regelung erfolgte eine Festsetzung von Wertgrenzen, innerhalb derer der Bürgermeister bzw. der Hauptausschuss (soweit er denn von der Gemeindevertretung hierzu ermächtigt wurde) Spenden für die Gemeinde einwerben oder annehmen darf. Im Einzelnen wird der Bürgermeister ermächtigt, Spenden bis 100 € einzuwerben, anzunehmen oder zu vermitteln, der Hauptausschuss darf dies von 100 bis 1.000 € tun. Für darüber hinausgehende Beträge ist die Gemeindevertretung zuständig. Die Geber, die Beträge sowie die Zuwendungszwecke sind der Rechtsaufsicht in einem Bericht mitzuteilen; der Bericht ist der Öffentlichkeit zugänglich zu machen.

Neben der Fragestellung, wozu diese Vorschrift denn in der Praxis sinnvoll sein soll, ergibt sich auch die Problematik, dass dann wohl auch jede Ein-Euro-Spende aufgeführt werden müsste. Die Verfasser sind sich nicht sicher, ob der Gesetzgeber die Konsequenzen dieser Regelung voll durchdacht hat. Vertreter des Spitzenverbandes (Städte- und Gemeindetag) verweisen darauf, dass hier durch die Befassung der Gemeindevertretung ein Schutz des Bürgermeisters eintreten soll. Folgt man diesem Grundsatz, dann ist wenig verständlich, dass eine möglicherweise „falsche“ Entscheidung des Bürgermeisters durch das Votum der Gemeindevertretung richtiger werden soll.

178 Siehe auch die umfassende Darstellung bei *Mutschler*, Kommunales Finanz- und Abgabenrecht NRW, 14. Aufl., Wiesbaden 2018, S. 27 ff.

9.2.4.4 Übung

Sachverhalt Nr. 3
Im Rahmen der Aufstellung des Haushaltsplanes für das kommende Jahr will der Zentrale Dienst Finanzen (Fachdienst Finanzen/Kämmerei) der Gemeinde G folgende Finanzierungen in Erwägung ziehen:

a) Für die Unterhaltung der Gemeindestraßen gewährt das Land eine erhebliche zweckgebundene Zuwendung, die allerdings mit zumutbaren Auflagen versehen ist. Um – auch für zukünftige Jahre – von Auflagen unabhängig zu sein, soll auf die Zuweisung verzichtet und der dadurch entstehende Deckungsmittelausfall durch eine Anhebung der Grundsteuerhebesätze (Mehrerträge/Mehreinzahlungen bei dieser Steuer) gedeckt werden.
b) Bei den öffentlichen Einrichtungen Bäder, Theater und Büchereien sollen Gebühren erhoben werden, die bei weitem nicht die Kosten der Einrichtungen decken. Im Rahmen der Gesamtdeckung soll die Finanzierung durch Steuern sichergestellt werden.
c) Für den energieeffizienten Bau eines Schulzentrums werden der Gemeinde Kredite mit einer Verzinsung von 1 % (feststehend) angeboten. Die notwendigen Deckungsmittel könnten allerdings auch durch Veräußerung von Wertpapieren des Umlaufvermögens (gesicherte Zinserwartung: 0,75 %) erzielt werden. Die Gemeinde möchte der Kreditaufnahme den Vorzug geben und will die Deckungsmittel aus dem Verkauf der Wertpapiere für die Finanzierung von Maßnahmen im nächsten Haushaltsjahr verwenden.

Aufgabe:
Begutachten Sie, ob die geplanten Finanzierungen zulässig sind.

Lösung:
Die Lösung des Falles hat von der Verbindlichkeit der Rangfolge der Deckungsmittel gemäß § 44 Abs. 2 und 3 KV M-V auszugehen.

a) Bei der bewilligten zweckgebundenen Landeszuwendung handelt es sich um sonstige Deckungsmittel im Sinne des § 44 Abs. 2 KV M-V, die vorrangig einzusetzen sind. Im Sachverhalt wird darauf hingewiesen, dass die Auflagen für die Gemeinde zumutbar sind. In diesem Sinne könnte das Streben der Gemeinde nach Unabhängigkeit von zukünftigen Auflagen (was zudem unrealistisch erscheint) nicht als Begründung anerkannt werden, um von der verbindlichen Rangfolge der Deckungsmittel abzuweichen. Dieser Verzicht auf die Inanspruchnahme der bewilligten Zuwendung ist unzulässig, da gemäß § 44 Abs. 2 KV M-V die sonstigen Deckungsmittel als vorrangig bezeichnet sind. Insofern würde eine Anhebung der Grundsteuern einen Verstoß gegen § 44 Abs. 2 KV M-V bedeuten.

b) Spezielle Entgelte, in diesem Falle Benutzungsgebühren, sind gegenüber den Steuern grundsätzlich als vorrangige Deckungsmittel einzusetzen. Allerdings schränkt § 44 Abs. 2 KV M-V diesen Grundsatz dahin gehend ein, dass die Vorrangigkeit nur „soweit vertretbar und geboten" zu beachten ist. Hier ist Raum für selbstständige politische Entscheidungen der Gemeinde in ihrem pflichtgemäßen Ermessen gelassen. Die Gemeinde hat die wirtschaftliche Leistungsfähigkeit der Abgabepflichtigen zu berücksichtigen . Die möglichen sozialen, wirtschaftlichen und politischen Gründe können sich demzufolge auf die Höhe des speziellen Entgeltes auswirken; eine Finanzierung in der vorgegebenen Form ist zulässig. Gerade bei Bädern, Theater und Büchereien besteht ein öffentliches Interesse, dass diese Einrichtungen zu erschwinglichen Entgelten allen Bevölkerungsschichten zur Verfügung stehen. Es handelt sich um Grundeinrichtungen der Daseinsvorsorge.
   Der Verzicht auf kostendeckende Gebühren widerspricht zudem auch nicht § 6 Abs. 1 KAG M-V, der nämlich die Kostendeckung auch nur als „Regel" bezeichnet. Zum einen handelt es sich dabei um eine Soll-Vorschrift, zum anderen wird auch hier ausdrücklich darauf verwiesen, dass eine Gebührenerhebungspflicht nur besteht, wenn überwiegend einzelne Personen oder Personengruppen Vorteile aus der Einrichtung ziehen. Bei öffentlichem Interesse bzw. Nutzung durch die Allgemeinheit muss also keine kostendeckende Gebühr erhoben werden.
c) Die Subsidiarität der Kreditaufnahmen ist in der Weise eingeschränkt, als Kreditaufnahmen auch dann erlaubt sind, wenn eine andere Finanzierung wirtschaftlich unzweckmäßig wäre. Hier stehen sich zwei Finanzierungsmöglichkeiten gegenüber: zum Ersten die nach den Grundregeln des § 44 Abs. 2 und 3 KV M-V vorrangige Einzahlung aus dem Verkaufserlös der Wertpapiere und zum Zweiten die grundsätzlich nachrangige Kreditaufnahme. Grundsätzlich wäre die Einzahlung aus dem Verkaufserlös vorrangig einzusetzen und eine Kreditaufnahme demnach unzulässig.
   Es fragt sich jedoch, ob es nicht wirtschaftlich zweckmäßiger ist, der Kreditaufnahme den Vorzug zu geben. Dieses Tatbestandsmerkmal wird erfüllt, weil der Zinssatz für den Landeskredit mit 1 % feststehend sehr günstig ist und wohl kaum am Kreditmarkt so günstig zu erhalten sein wird. Zwar liegt die Zinserwartung für die Wertpapiere mit 0,75 % unter den Sollzinsen des Kredites, und es wäre kurzfristig günstiger, auf den Guthabenzins zu verzichten. Jedoch wirkt der Grundsatz der Wirtschaftlichkeit nicht nur jahresbezogen. Mittelfristig ist die jetzige Kreditaufnahme zu diesem günstigen Zinssatz wirtschaftlich unbedingt vorrangig geboten, weil laut Sachverhalt die Mittel aus dem Verkaufserlös für die Wertpapiere ohnehin im nächsten Jahr zur Haushaltsfinanzierung eingesetzt werden. Es ist allerdings fraglich, ob zu diesem konkreten Zeitpunkt eine Bewilligung des Kredites zu diesen Konditionen erfolgen wird.

9.2.5 Vorherigkeit

9.2.5.1 Grundsatz

Der Haushaltsplan gilt für ein Haushaltsjahr. Das Haushaltsjahr ist das Kalenderjahr (§ 45Abs. 6 KV M-V).

Die Finanzwirtschaft muss ab dem 1. Januar eines Jahres handlungsfähig sein. Um diese Funktionsfähigkeit zu erreichen, sollte eine für die Haushaltswirtschaft verbindliche Haushaltssatzung einschließlich Haushaltsplan (der Haushaltsplan ist Bestandteil der Haushaltssatzung nach § 46 Abs. 1 KV M-V) noch im alten Haushaltsjahr entstehen. Der Grundsatz der Vorherigkeit liegt in dem Prinzip begründet, dass der Plan jeweils vorher, also für den künftigen Haushalt vor Beginn des Haushaltsjahres, aufzustellen ist. Dies bewirkt Rechtssicherheit der Gemeinde, denn der Beschluss der Gemeindevertretung über die Haushaltssatzung dient als Leitlinie für die Verwaltung und stellt somit einen bedeutenden Generalkontrakt zwischen Gemeindevertretung und Verwaltung dar.

Als Verstärkung dieses Grundsatzes ist die Bestimmung des § 47 Abs. 2 KV M-V zu bewerten, wonach die von der Gemeindevertretung beschlossene Haushaltssatzung mit dem Haushaltsplan und seinen Anlagen der Aufsichtsbehörde anzuzeigen ist. Ein konkreter Termin für die Vorlage der Satzung im laufenden Haushaltsjahr (für das neue Haushaltsjahr) ist jedoch nicht genannt.

Der Grundsatz der Vorherigkeit und als Ausfluss der in § 47 Abs. 2 KV M-V genannte Termin dienen dem Zweck, dass die Gemeinde gehalten wird, ihre Planungen bis zum Ablauf des Vorjahres abzuschließen und dass der Aufsichtsbehörde Gelegenheit gegeben wird festzustellen, ob die geplante Haushaltssatzung einschließlich der Bestandteile und Anlagen mit dem geltenden Recht im Einklang steht.

Ziel ist, zu Beginn des Haushaltsjahres eine beschlossene und öffentlich bekannt gemachte Haushaltssatzung zu besitzen, auf deren Basis Erträge/Einzahlungen und Aufwendungen/Auszahlungen bewirtschaftet und Verpflichtungen eingegangen werden können.

9.2.5.2 Ausnahme: Vorläufige Haushaltsführung

Es lässt sich nicht immer vermeiden, dass die Haushaltssatzung erst nach Beginn eines Haushaltsjahres öffentlich bekannt gemacht wird. Möglicherweise hat sich das Verfahren zum Zustandekommen der Haushaltssatzung innerhalb der Gemeinde verzögert.

Von den Gemeinden wird verschiedentlich die zu späte Bekanntgabe des jährlichen Haushaltserlasses des Innenministeriums als Grund vorgebracht. Diese Begründung ist jedoch nicht völlig zutreffend, denn die Eckwerte der Zuwendungen sind in der Regel vorab bekannt.

Da die gemeindlichen Aufgaben auch ohne bestehende Haushaltssatzung erledigt werden müssen, bedarf es als Ersatz für die fehlende Haushaltssatzung Regelungen für die haushaltslose Zeit zwischen dem 1. Januar des Jahres und der Veröffentlichung der Haushaltssatzung. Insofern ist die vorläufige Haushaltsführung in § 49 KV M-V enthalten. Voraussetzung für die Anwendung ist, dass die Haushaltssatzung bei Beginn des Haushaltsjahres noch nicht bekannt gemacht ist, sodass der Anwendungsbereich auf die Zeit bis zur Veröffentlichung der neuen Haushaltssatzung beschränkt ist. Im Einzelnen darf die Gemeinde während dieser haushaltslosen Zeit Erträge/Einzahlungen erzielen, Aufwendungen/Auszahlungen bewirken und auch Verpflichtungen eingehen, dies alles jedoch im eingeschränkten Umfang.

a) Deckungsmittelbeschaffung in der vorläufigen Haushaltsführung

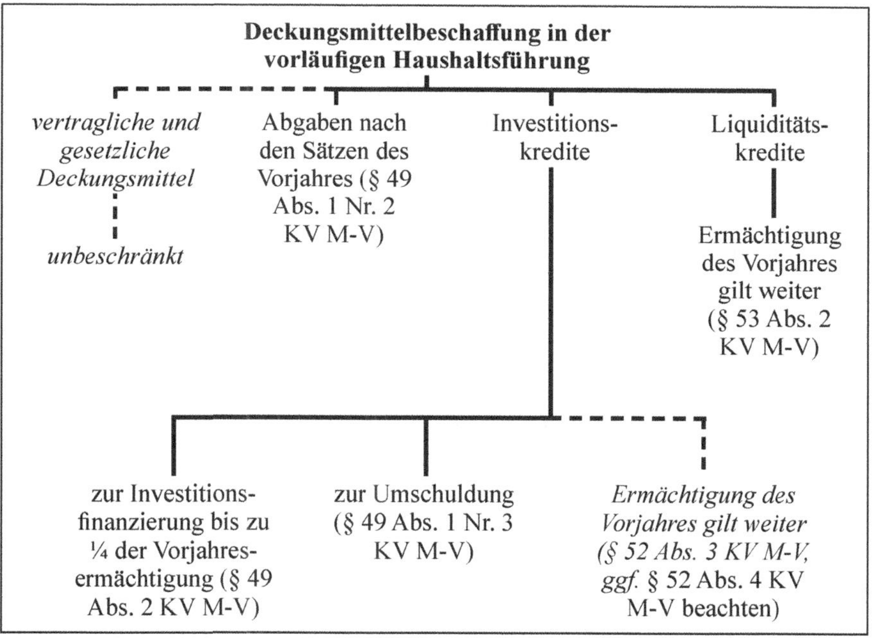

Die Gemeinde darf sämtliche Deckungsmittel auf privat- und öffentlich-rechtlicher Basis erheben (zur Besonderheit der Realsteuern siehe weiter unten). Dies liegt darin begründet, dass die Erhebungsgrundlagen nicht auf der fehlenden Haushaltssatzung beruhen. So werden z. B. vertraglich festgesetzte Mieten, Pachten, Eintrittsgelder und Verkaufserlöse auch ohne vorliegende Haushaltssatzung vereinnahmt. Gebühren, Beiträge, örtliche Verbrauch- und Aufwandsteuern (z. B. Hundesteuer, Vergnügungssteuer und Zweitwohnungssteuer) werden aufgrund spezieller Gesetze und Satzungen erhoben, die unabhängig von der Haushaltssatzung bestehen und auch geändert werden können. Sie werden deshalb auch nicht durch das Fehlen einer Haushaltssatzung tangiert. So sind selbstverständlich jederzeit auch Steuer-, Beitrags und Gebührenerhöhungen aufgrund von Gesetzes- und Satzungsänderungen zulässig. Vertraglich begründete Deckungsmittel können durch Änderungen des Vertragswerkes auch ohne Haushaltssatzung erhöht werden.

Eine Besonderheit stellen lediglich die Realsteuern dar. Dabei handelt es sich gemäß § 3 Abs. 1 AO um die Grund- und Gewerbesteuern. Die Hebesätze für diese Steuern werden in § 5 der Haushaltssatzung festgesetzt. Während der vorläufigen Haushaltsführung fehlt demnach eine solche Ermächtigung, sodass wegen des Grundsatzes des Gesetzesvorbehaltes die Gemeinde keine Ermächtigung zur Erhebung der Realsteuern hätte. Insofern tritt § 49 Abs. 1 Nr. 2 KV M-V an die Stelle der Festsetzung durch die Haushaltssatzung. Allerdings sieht der Gesetzgeber nur eine Erhebung nach den Steuersätzen des Vorjahres vor. Eine Erhöhung der Steuersätze wäre demnach während der vorläufigen Haushaltsführung auf den ersten Blick unzulässig.

Die Regelung des § 49 Abs. 1 Nr. 2 KV M-V steht jedoch in gewisser Weise im Widerspruch zu den Regelungen des GrStG und GewStG. Die Gemeinden besitzen nämlich gemäß § 25 Abs. 2 GrStG und § 16 Abs. 2 GewStG das Recht, die Hebesätze für die Realsteuern für mehrere Jahre festzusetzen. Da die Haushaltssatzung gemäß § 45 Abs. 2 KV M-V höchstens Festsetzungen für zwei Jahre enthalten darf, können die Gemeinden die mehrjährigen Steuerfestsetzungen nur in einer sogenannten „Hebesatzsatzung" tätigen.[179] Diese bundesrechtliche Regelung geht dem Landesrecht und somit auch § 49 Abs. 1 Nr. 2 KV M-V vor. Die Gemeinden können demnach sehr wohl auch während der vorläufigen Haushaltsführung ihre Realsteuerhebesätze erhöhen, allerdings nur mittels einer speziellen Hebesatzsatzung. Aus diesem Grunde ist die Regelung in § 49 Abs. 1 Nr. 2 KV M-V zwar nicht rechtswidrig, jedoch äußerst unglücklich und zugleich verwirrend formuliert.[180]

Weiterhin darf die Gemeinde Kredite aufnehmen, wobei hier grundsätzlich drei Ermächtigungsgrundlagen zu unterscheiden sind:

- Nach § 49 Abs. 2 KV M-V können Kredite zur Finanzierung der Fortsetzung der Investitionstätigkeit des Finanzhaushaltes nach § 49 Abs. 1 Nr. 1 KV M-V mit Genehmigung der Aufsichtsbehörde bis zu einem Viertel der Kreditermächtigung des Vorjahres aufgenommen werden.
  Diese Kreditaufnahme ist bezogen auf das neue Haushaltsjahr und hat als Maßstabsgröße den Bezug zum Vorjahr. Diese Regelung ist überdenkenswert. Maßstab kann doch nur der absehbare Finanzbedarf im neuen Haushaltsjahr sein und nicht die Vorjahresplanung. Würde eine Gemeinde z. B. im Vorjahr keine Kreditermächtigung in der Haushaltsatzung ausgewiesen haben, aber jetzt eine unabweisbare Fortsetzung einer Baumaßnahme durchführen müssen, wäre eine Kreditgenehmigung in der vorläufigen Haushaltsführung nicht zu erhalten. Eine Gemeinde mit einer hohen Vorjahreskreditermächtigung dagegen würde von der „Viertelbegrenzung" weniger tangiert. Der Gesetzgeber ist aufgerufen, diese praxisfremde Beschränkung aufzuheben.
  Weiter ist festzustellen, dass es sinnvoll wäre, generell alle begrenzenden Regelungen zu streichen und allein auf die Notwendigkeit der Kreditaufnahme und die

179 Zu den Einzelheiten siehe *Mutschler*, Kommunales Finanz- und Abgabenrecht NRW, 14. Aufl., Wiesbaden 2018, S. 81 ff.

180 § 49 Abs. 1 KV M-V müsste deshalb um den Nebensatz „soweit keine Festsetzungen durch spezielle Satzungen erfolgt sind" ergänzt werden. Dieses würde auch eine geschlossene gesetzgeberische Regelung herbeiführen.

wirtschaftliche Leistungsfähigkeit der Gemeinde abzustellen. Insofern wäre es vollkommen ausreichend und auch sinnvoll, wenn auf § 52 Abs. 2 Satz 2 und 3 KV M-V verwiesen würde. Dies ist das alleinige Kriterium für eine Kreditaufnahme.

- Auch in der vorläufigen Haushaltsführung ist die Abwicklung von Umschuldungen gemäß § 49 Abs. 1 Nr. 3 KV M-V zulässig. Dies ist eine zwangsläufig richtige Entscheidung des Gesetzgebers, weil Umschuldungen ohnehin nicht über die Haushaltssatzung abgewickelt werden. Gemäß § 45 Abs. 3 Nr. 1 Buchst. d) KV M-V enthält die Haushaltssatzung nur die Kredite für Investitionen und Investitionsförderungsmaßnahmen. Anzeigen oder gar Genehmigungen sind bei Umschuldungen nicht erforderlich.
- Unabhängig davon, ob eine Haushaltssatzung erlassen ist oder nicht – also auch während der vorläufigen Haushaltsführung –, darf gemäß § 52 Abs. 3 KV M-V auf die Kreditermächtigung des Vorjahres zurückgegriffen werden, sofern diese Ermächtigung noch nicht ausgeschöpft wurde. Die Aufnahme von Krediten aufgrund dieser verbleibenden Ermächtigung bedarf keiner erneuten Genehmigung durch die Aufsichtsbehörde. Dies ist auch sinnvoll, denn bei den Auszahlungen kommt es immer wieder zu Verzögerungen auch über das Jahresende hinaus (z. B. werden Baumaßnahmen nicht so zügig abgewickelt wie geplant), sodass auch die Realisierung der Kredite durchaus zeitlich angepasst und damit aufgeschoben werden kann. Einzelheiten dazu sind im Kapitel 16 dargestellt.

Schließlich besteht aufgrund des § 53 Abs. 2 Satz 2 KV M-V für die Gemeinde die Möglichkeit, auch während der vorläufigen Haushaltsführung Kredite zur Sicherung der Liquidität aufzunehmen. Die Obergrenze dafür stellt die Ermächtigung aus § 4 der Haushaltssatzung des Vorjahres dar, die bis zum Erlass der neuen Haushaltssatzung weiter ausgeschöpft werden kann.

b) Aufwendungen und Auszahlungen sowie Verpflichtungsermächtigungen in der vorläufigen Haushaltsführung

Der Haushaltsplan ist gemäß § 46 Abs. 6 KV M-V die Grundlage für die Haushaltswirtschaft der Gemeinde und demnach im Innenverhältnis verbindlich. Im kommunalen Finanzmanagement kann demnach nur gehandelt werden, wenn eine Ermächtigung durch den Haushaltsplan vorliegt. Da diese jedoch während der vorläufigen Haushaltsführung nicht vorhanden ist, die kommunalen Aufgaben jedoch weiterhin – auch in finanzieller Hinsicht – fortzuführen sind, müssen Ersatzermächtigungen geschaffen werden. Dieses geschieht mit § 49 Abs. 1 Nr. 1 KV M-V.

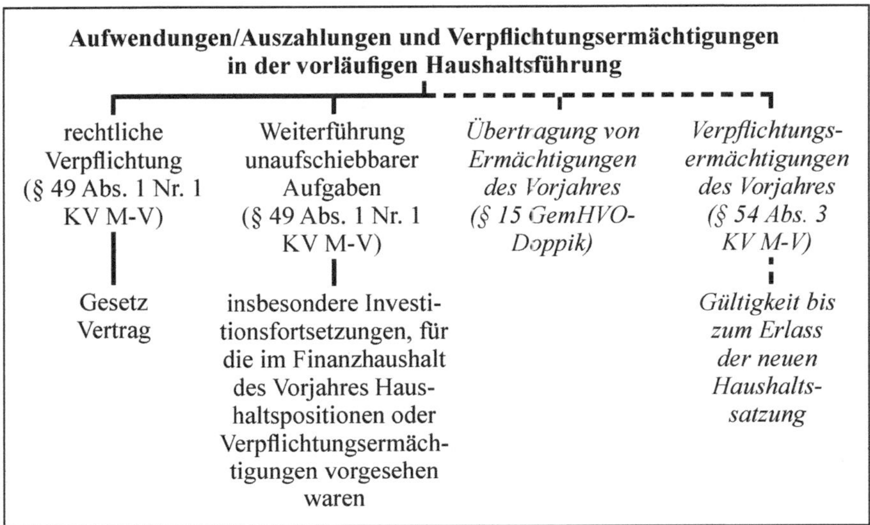

In der vorläufigen Haushaltsführung darf die Gemeinde Aufwendungen entstehen lassen und Auszahlungen leisten, zu denen sie rechtlich verpflichtet ist. Dazu zählen alle Aufwendungen bzw. Auszahlungen, die sich aufgrund einer vertraglichen oder gesetzlichen Verpflichtung ergeben, z. B. Personalaufwendungen/-auszahlungen oder soziale Leistungen.

Zudem darf sie Aufwendungen entstehen lassen und Auszahlungen leisten, die für die Weiterführung notwendiger Aufgaben unaufschiebbar sind. Damit sind alle Maßnahmen gemeint, die im Interesse der Gemeinde und ihrer Bürger notwendig sind, z. B. die Beschaffung von Arbeitsmaterial oder der Erwerb von Treibstoffen. Ausdrücklich wird diesem Tatbestand die Fortsetzung von Bauten, Beschaffungen und sonstigen Investitionsleistungen zugeordnet, sofern im Haushaltsplan des Vorjahres Finanzpositionen oder Verpflichtungsermächtigungen vorgesehen waren. Diese Regelung entspricht dem allgemeinen Haushaltsgrundsatz der Wirtschaftlichkeit, denn z. B. ein Baustillstand würde zu erheblichen Kostensteigerungen führen.

Ein Problem besteht darin, dass § 49 KV M-V keine Ermächtigung in der vorläufigen Haushaltsführung vorsieht, im Investitionsbereich Verpflichtungen einzugehen, die erst in späteren Jahren zu Auszahlungen führen. Die Vorschrift enthält im Absatz 1 Nr. 1 ausschließlich und abschließend nur Ermächtigungen für Auszahlungsleistungen, einen Ersatz für fehlende Verpflichtungsermächtigungen bietet § 49 KV M-V nicht. Die Gemeinde kann zwar während der vorläufigen Haushaltsführung Auszahlungen in Millionenhöhe leisten, einen Vertragsabschluss für einen unaufschiebbar benötigten Grunderwerb über 10.000 € mit Zahlung im kommenden Jahr darf sie dagegen nicht tätigen.[181]

181 Der Gesetzgeber ist aufgefordert, eine entsprechende Regelung zu Verpflichtungsermächtigungen zu treffen.

Unabhängig davon, ob bereits ein neuer Haushalt vorhanden ist oder nicht, kann auf bestimmte Ermächtigungen des Vorjahres zurückgegriffen werden, somit auch während der vorläufigen Haushaltsführung. Es handelt sich somit nicht um spezielle Ermächtigungen der vorläufigen Haushaltsführung, sondern um generelle Ausnahmen zum Grundsatz der Jährlichkeit, die auch bei Vorliegen einer gültigen Haushaltssatzung bestehen. Im Einzelnen:

- Die im Rahmen des Jahresabschlusses des abgelaufenen Haushaltsjahres gemäß § 15 GemHVO-Doppik übertragenen Ermächtigungen für Aufwendungen und Auszahlungen (in der Praxis oft als „Haushaltsreste" bezeichnet) können bereits unmittelbar nach ihrer Übertragung auch ohne bestehende Haushaltssatzung in Anspruch genommen werden, weil die Bestimmungen des § 15 GemHVO-Doppik keine Einschränkungen hinsichtlich der vorläufigen Haushaltsführung vorsehen. Mit Inkrafttreten des neuen Haushaltes erhöhen die übertragenen Haushaltsmittel dann die entsprechenden Planpositionen. Zu beachten ist allerdings, dass eine Übertragung nur bei ausgeglichenem Haushalt möglich ist, und weiter, dass die Übertragung nicht zu einem unausgeglichenen Folgehaushalt führt. Damit ist also auch in der vorläufigen Haushaltsführung zu prüfen, inwieweit die Inanspruchnahme der Übertragungen nicht dazu führt, dass der Haushaltsausgleich nicht mehr möglich wird.
  Damit ergibt sich: § 15 GemHVO-Doppik bezieht sich in Absatz 1 auf die Anbringung von Haushaltsvermerken bei Positionen der ordentlichen Aufwendungen und ordentlichen Auszahlungen (nicht bei Investitionen). Es ist demnach nur bei der Anbringung zu prüfen, ob ein ausgeglichener Haushaltsplan besteht und bei einer späteren Inanspruchnahme der Ausgleich des nächsten Jahres erreicht werden kann. Bei der Bildung des Haushaltsrestes am Jahresende müssen diese Tatbestandsmerkmale nicht erfüllt sein.
  In der Haushaltsausführung bedeutsam sind auch die Ausführungen der VwV zu § 15 GemHVO-Doppik, wonach bei Inanspruchnahme von ordentlichen Aufwendungen (mithin also auch durch die Resteübertragung) die Auszahlungsansätze für ein Jahr verfügbar bleiben, unabhängig vom Haushaltsausgleich.
- Gemäß § 54 Abs. 3 KV M-V gelten die Verpflichtungsermächtigungen des alten Jahres bis zum Ende des neuen Haushaltsjahres und, wenn die Satzung des darauffolgenden Jahres noch nicht beschlossen ist, bis zum Erlass dieser Satzung weiter. Dies hat die Auswirkung, dass die Gemeinde die Verpflichtungsermächtigungen des abgelaufenen Jahres auch während der vorläufigen Haushaltsführung in Anspruch nehmen kann. Voraussetzung ist, dass die Verpflichtungsermächtigungen im alten Jahr bei der entsprechenden Investition noch nicht ausgeschöpft wurden.
  Die Problematik für die konkrete Umsetzung dieser Vorschrift zeigt sich am folgenden Beispiel:

Verpflichtungsermächtigung 2017	*3.000.000 €*
zulasten des Jahres 2018	*2.000.000 €*
zulasten des Jahres 2019	*1.000.000 €*

Die Verpflichtungsermächtigung wurde in 2017 nicht in Anspruch genommen.

Die Verpflichtungsermächtigung 2017 gilt nunmehr bis zum Erlass der Haushaltssatzung 2018 weiter. Dabei entspricht der Anteil zu Lasten des Jahres 2019 weiterhin dem Begriff der Verpflichtungsermächtigung, weil jetzt in 2018 immer noch ein späteres Haushaltsjahr, nämlich 2019, belastet wird. Beim Anteil der Verpflichtungsermächtigung aus 2017 über 2.000.000 € für 2018 dagegen wird in der vorläufigen Haushaltsführung den Begriff der Verpflichtungsermächtigung verlassen, weil nunmehr eine Auszahlungsbelastung des laufenden Jahres 2018 ausgelöst werden soll.

Dieses Problem wurde erkannt, indem in § 49 Abs. 1 Nr. 1 KV M-V auch die Investitionsfortsetzung zugelassen wird, wenn u. a. im Vorjahr Verpflichtungsermächtigungen veranschlagt waren. Insofern ist die Frage positiv gelöst, da jetzt zumindest für diesen Teil des Jahres 2018 § 49 Abs. 1 KV M-V zutreffend anzuwenden ist. Notwendig wäre aber auch eine Anpassung des § 54 Abs. 3 KV M-V.[182]

9.2.5.3 Übungen

Sachverhalt Nr. 4

Die Haushaltssatzung der Gemeinde G für das Haushaltsjahr 2022 wird nicht vor April 2022 rechtswirksam werden. In den Monaten Januar und Februar 2022 sollen folgende Aufwendungen getätigt bzw. Auszahlungen geleistet werden:

a) Nach einem schweren Unwetter muss das Rathausdach mit einem Kostenaufwand von 30.000 € erneuert werden. Im zu dieser Zeit bereits von der Gemeindevertretung beschlossenen Haushaltsplan sind Mittel für diese Maßnahme nicht vorgesehen.
b) Für die Fortführung des Parkplatzbaues am gemeindlichen Friedhof werden rd. 400.000 € benötigt. Bereits im Haushaltsplan 2021 war der erste Teilbetrag für diese Maßnahme veranschlagt.
c) Mit dem Bau des seit Jahren geplanten Theaters soll begonnen werden. Im Haushaltsplanentwurf 2022 sind als Anfinanzierung 1.400.000 € eingestellt.
d) Das Hauptamt (zentrale Dienste) will die Telefonkosten an den Telefonanbieter überweisen. Außerdem ist der Papierbestand der Verwaltung weitgehend verbraucht. Statt der benötigten Menge für das 1. Quartal 2022 soll bereits jetzt der Gesamtjahresbedarf für 2022 bestellt werden, um damit einen Rabatt von 10 % zu erzielen.
e) Mit dem Bau einer Schule soll begonnen werden, damit zum Schuljahresbeginn 2023 die Schule fertig gestellt ist. Im Haushaltsplanentwurf 2022 ist als Teilfinanzierung eine Auszahlungsermächtigung von 2.000.000 € enthalten. Nach einer Verfügung des Bauordnungsamtes darf das bisherige Schulgebäude nur bis zum 1.7.2023 genutzt werden.

182 Auch hier stellt sich die Frage nach einer verbesserten Gesetzesformulierung, wobei sich in § 54 Abs. 3 KV M-V die Regelungen lediglich auf die Verpflichtungsermächtigungen mit Belastung des übernächsten Jahres beziehen sollten.

f) Im Haushaltsplanentwurf 2022 sind als Anfinanzierung für den Bau des seit Jahren geplanten Freibades 1.400.000 € vorgesehen. Bereits im November 2021 hat der Bauunternehmer U den Gesamtauftrag zur Errichtung des Freibades erhalten.

Aufgabe:
Prüfen Sie, ob die Aufwendungen getätigt bzw. die Auszahlungen aus haushaltsrechtlicher Sicht geleistet werden dürfen.

Lösung:

a) Es handelt sich hier um die Reparatur des Rathausdaches. Die Gemeinde darf in der Zeit der vorläufigen Haushaltsführung u. a. Aufwendungen entstehen lassen und Auszahlungen leisten, die für die Weiterführung notwendiger Aufgaben unaufschiebbar sind (§ 49 Abs. 1 Nr. 1 KV M-V). Ein intaktes Rathaus ist schon aus Gründen der Aufrechterhaltung des Dienstbetriebes und des Erhalts der Bausubstanz notwendig. Zudem könnte eine rechtliche Verpflichtung aus Gründen der Fürsorgepflicht gegenüber den Beschäftigten des Dienstherrn abgeleitet werden, die Anspruch auf intakte Diensträume haben. Das Entstehen lassen der Aufwendungen sowie die Leistung der Auszahlungen in Höhe von 30.000 € sind demnach zulässig. Dabei ist es ohne Bedeutung, dass die Mittel bisher im Haushaltsplanentwurf nicht vorgesehen sind.

b) Es handelt sich laut Sachverhalt um eine Baufortsetzung, für die im Haushaltsplan des Vorjahres (Finanzhaushalt) bereits Finanzpositionen in Form von Auszahlungsermächtigungen veranschlagt waren. Die Investitionsauszahlung ist demnach gemäß § 49 Abs. 1 Nr. 1 KV M-V zulässig.

c) Mit dem Bau des seit Jahren geplanten Theaters kann während der vorläufigen Haushaltsführung nicht begonnen werden. Es besteht bei dieser freiwilligen gemeindlichen Aufgabe keine rechtliche Verpflichtung zur Leistung von Auszahlungen. Zudem sind keine Gründe erkennbar, dass diese Maßnahme der unaufschiebbaren Weiterführung gemeindlicher Aufgaben dient. Die Auszahlungen dürfen somit nach den Regelungen des § 49 KV M-V nicht geleistet werden.

d) Die Begleichung der Telefonrechnung bedeutet für die Gemeinde eine rechtliche Verpflichtung, die auf der Abrechnung des Telefonanbieters (Vertrag) fußt. Die Aufwendungen können entstehen und die Auszahlungen somit gemäß § 49 Abs. 1 Nr. 1 KV M-V geleistet werden.

   Für die Weiterführung notwendiger Aufgaben wird konkret nur die Papiermenge für das 1. Quartal des Jahres 2022 benötigt. Bei der Bestellung des Gesamtbedarfs kann jedoch ein Rabatt von 10 % erzielt werden. Dieser Geschäftsvorgang ist unter Beachtung des Grundsatzes der Sparsamkeit und Wirtschaftlichkeit nach § 43 Abs. 4 KV M-V zu sehen. Unter dem Aspekt dieser Muss-Vorschrift ist diese Bestellung mit den nachfolgenden Aufwendungen und Auszahlungen für das gesamte Jahr auch während der vorläufigen Haushaltsführung zulässig, ja sogar geboten. Es handelt sich somit um die auch aus wirtschaftlichen Gründen notwendige unaufschiebbare Aufgabenerfüllung im Sinne des § 49 Abs. 1 Nr. 1 KV M-V.

e) Es liegt hier der Beginn einer neuen Baumaßnahme vor, was grundsätzlich durch die Regelungen des § 49 KV M-V ausgeschlossen ist (nur Baufortsetzungen). Zu beachten ist jedoch, dass das bisherige Schulgebäude nur bis zum 1.7.2023 benutzt werden darf. Bis zu diesem Zeitpunkt muss das neue Schulgebäude fertig gestellt sein. Aus diesem Grunde ist auch der Beginn der Schulbaumaßnahme vor dem Hintergrund der Weiterführung notwendiger Aufgaben in den kommenden Jahren (Fortsetzung des Schulunterrichts) zulässig und somit die Leistung der Investitionsauszahlung unaufschiebbar.

f) Im Vorjahr wurde dem Bauunternehmer der Auftrag zur Errichtung des Freibades bereits erteilt. Insofern besteht für die Gemeinde nunmehr die rechtliche Verpflichtung zur Auszahlungsleistung durch den Vertrag. Die anfallenden Investitionsauszahlungen können nach § 49 Abs. 1 Nr. 1 KV M-V auch während der vorläufigen Haushaltsführung geleistet werden.

Sachverhalt Nr. 5

Die Haushaltssatzung der Gemeinde G für das Haushaltsjahr 2022 wird nicht vor April 2022 rechtswirksam werden. In den Monaten Januar und Februar 2022 sollen folgende Finanzierungen (Beschaffung von Deckungsmitteln) vorgenommen werden:

a) Die kommunale Investition „Bau einer Schwimmhalle“ soll fortgesetzt werden. Im Haushaltsjahr 2022 besteht ein Bedarf von 1.400.000 €. Diese Auszahlungen sollen durch Kreditaufnahmen finanziert werden. Im Haushaltsjahr 2021 waren 1.000.000 € als Kreditermächtigung in der Haushaltssatzung vorgesehen, von denen allerdings nur 700.000 € in Anspruch genommen wurden.

b) Es sollen die Mieten für die Wohnhäuser erhöht und die Hundesteuern festgesetzt werden.

Aufgabe:

Prüfen Sie, ob die Deckungsmittel der Gemeinde zur Verfügung stehen.

Lösung:

a) Es handelt sich um Maßnahmen im Rahmen der vorläufigen Haushaltsführung nach § 49 KV M-V, weil die Haushaltssatzung für das Jahr 2022 noch nicht veröffentlicht ist. Unabhängig von der Prüfung der Nachrangigkeit der Kreditaufnahmen ist zunächst einmal die Dauer der Kreditermächtigung des Haushaltsjahres 2021 zu prüfen. Gemäß § 52 Abs. 3 KV M-V gilt die Kreditermächtigung 2021 bis zum Ende des auf das Haushaltsjahr folgende Jahr, d. h. bis zum Ende des Haushaltsjahres 2022. Das bedeutet, dass die Kreditermächtigung in dem noch nicht ausgeschöpften Umfang (1.000.000 € ./. 700.000 € = 300.000 €) ohne Beteiligung der Aufsichtsbehörde ausgenutzt werden kann.

Unabhängig von der vorgenannten Möglichkeit der Finanzierung bleibt die Regelung des § 49 Abs. 2 KV M-V. Danach kann die Gemeinde unter der Voraussetzung der Nachrangigkeit und mit Genehmigung der Aufsichtsbehörde weitere Kredite bis zu einem Viertel der Vorjahresermächtigung zur Finanzierung der Maßnahme aufnehmen (Vorjahresermächtigung in Höhe von 1.000.000 € × 25 % = 250.000 €).

b) Die Erhebung und Einziehung dieser Deckungsmittel einschließlich möglicher Erhöhungen ist zulässig, denn die genannten Deckungsmittel werden durch besondere Rechtsgrundlagen (Mietverträge bzw. Hundesteuersatzung) erfasst. Das Fehlen der Haushaltssatzung 2022 tangiert insofern diese Ertrags- und Einzahlungsarten nicht, sodass § 49 Abs. 1 KV M-V keine Anwendung findet.

9.2.6 Öffentlichkeit

9.2.6.1 Grundsatz

Das Gesetz zur Regelung des Zugangs zu Informationen für das Land Mecklenburg-Vorpommern (Informationsfreiheitsgesetz - IFG M-V) vom 10.7.2006 (GVOBl. M-V S. 556), zuletzt geändert durch Art. 3 des Gesetzes vom 22.5.2018 (GVOBl. M-V S. 193, 201) richtet sich im § 3 auch an die Gemeinden und gewährt gemäß § 1 Abs. 2 jeder natürlichen Person das Recht auf Zugang zu vorhandenen amtlichen Informationen. Nach § 1 Abs. 3 Informationsfreiheitsgesetz gehen jedoch besondere Rechtsvorschriften über den Zugang zu amtlichen Informationen vor. Darunter fallen auch die nachstehend zu beschreibenden haushaltsrechtlichen Spezialnormen, die im Übrigen bereits vor dem In-Kraft-Treten des Informationsfreiheitsgesetzes vorhanden waren und zu den hergebrachten Grundsätzen des Haushaltsrechts zählen.

Der Haushaltsgrundsatz der Öffentlichkeit basiert auf der Grundlage der Beteiligung der Bürgerschaft an der Finanzwirtschaft der Gemeinde. Diese Beteiligung kann sich auf die Formen der Mitwirkung und die Entgegennahme von Informationen erstrecken. Im Folgenden sollen einzelne Regelungen des Haushaltsrechtes bezüglich der Beteiligung der Öffentlichkeit dargestellt werden.

9.2.6.2 Möglichkeiten der Beteiligung der Öffentlichkeit

a) Öffentliche Bekanntmachung der von der Gemeindevertretung beschlossenen Haushaltssatzung (§ 47 Abs. 3 KV M-V)

Die von der Gemeindevertretung beschlossene Haushaltssatzung ist öffentlich bekanntzumachen. Für die Bekanntmachung ist das verbindliche Muster für die Haushaltssatzung der Haushaltssatzung zu verwenden (Muster 1 (zu § 45 i. V. m. § 47 KV M-V). Sofern die Haushaltssatzung genehmigungspflichtige Teile enthält, darf sie erst nach erfolgter Genehmigung bekanntgemacht werden. Der Haushaltsplan selbst und seine Anlagen sind nicht bekanntzugeben, sondern nur die Teile, die nach § 45 Abs. 3 KV M-V Festsetzungen der Haushaltssatzung sind.

b) Öffentliche Auslegung der Haushaltssatzung (§ 47 Abs. 5 KV M-V)

Die Haushaltssatzung ist die wichtigste Grundlage für das kommunale Finanzmanagement. Daran sollen auch die Bürger jederzeit teilnehmen können. Insofern ist die Haushaltssatzung nach der öffentlichen Bekanntmachung der Haushaltssatzung mit ihren Anlagen an sieben Werktagen bei der Gemeindeverwaltung während der allgemeinen Öffnungszeiten öffentlich auszulegen.

Weiter kann die Haushaltssatzung auch jederzeit während der allgemeinen Öffnungszeiten eingesehen werden. Eine konkrete Frist ist hierzu in § 47 Abs. 5 KV M-V nicht genannt.

Grundsätzlich allerdings sollte der Gesetzgeber noch einmal prüfen, ob die Regelung des § 47 Abs. 5 KV M-V nicht einer genauer definierten Befristung (in Jahren) hinsichtlich der möglichen Einsichtnahme in die Haushaltssatzung bedarf.

c) Öffentlichkeit der Ausführung des Haushaltes (§ 29 Abs. 5 KV M-V)
Die Überwachung der Gemeindefinanzen und der Ausführung ist der Gemeindevertretung in Vertretung der Einwohner (Öffentlichkeit) durch die Festsetzungen in § 22 Abs. 3 KV M-V zur alleinigen Durchführung übertragen worden. Die Entscheidung über folgende Angelegenheiten im Bereich der Haushaltswirtschaft kann die Gemeindevertretung nicht übertragen:

- die Haushaltssatzung, den Haushaltsplan, den Stellenplan, ein Haushaltssicherungskonzept, die Entgegennahme des Jahresabschlusses und die Entlastung des Bürgermeisters für die Haushaltsdurchführung,
- die Errichtung, Übernahme, wesentliche Änderung der Aufgaben, wesentliche Erweiterung oder Einschränkung, Änderung der Organisationsform und Auflösung kommunaler Unternehmen und Einrichtungen sowie Beteiligung an Unternehmen und Einrichtungen,
- die Ermittlung des Satzes öffentlicher Abgaben und die Festsetzung allgemeiner privatrechtlicher Entgelte.

Durch diese nicht vollständige Aufzählung der nicht übertragbaren Angelegenheiten wird vor dem Hintergrund der Bestimmung des § 22 Abs. 3 KV M-V deutlich gemacht, dass die Öffentlichkeit auch bei der Ausführung des Haushaltes beteiligt ist. Gemäß § 29 Abs. 5 KV M-V sind die Sitzungen der Gemeindevertretung öffentlich; die Öffentlichkeit ist auszuschließen, wenn überwiegende Belange des öffentlichen Wohls oder berechtigte Interessen Einzelner es erfordern. Jedoch durchbricht diese Möglichkeit nicht das Prinzip der Öffentlichkeit.

d) Öffentliche Bekanntmachung des Jahresabschlusses (§ 60 Abs. 6 KV M-V)
Der Beschluss über die Feststellung des Jahresabschlusses und die Entlastung sind der Aufsichtsbehörde unverzüglich anzuzeigen und öffentlich bekanntzumachen. Im Anschluss an die Bekanntmachung ist der Jahresabschluss während der allgemeinen Öffnungszeiten einzusehen. Es bietet sich an, in der Bekanntmachung auf die Möglichkeit der Einsichtnahme hinzuweisen.

9.2.6.3 Übung

Sachverhalt Nr. 6
Die von der Gemeindevertretung der Gemeinde G beschlossene genehmigungsfreie Haushaltssatzung wird öffentlich bekanntgemacht. Der Bürger B liest die Bekanntmachung am 20. Dezember in der Tageszeitung und wundert sich, dass das ihn interessierende Produkt „Vereine und Verbände im Sportbereich" nicht abgedruckt ist. Die Bekanntmachung enthält nur Gesamtzahlen, die für ihn keine Aussagekraft und keinen Informationswert besitzen.

Aufgabe:
Welche Auskunft ist dem Bürger B zu erteilen, wenn er die Verwaltung zum vorgenannten Problem befragt?

Lösung:
Die von der Gemeindevertretung beschlossene Haushaltssatzung ist gemäß § 47 Abs. 3 KV M-V öffentlich bekanntzumachen. Die Haushaltssatzung enthält lediglich den Mindestinhalt nach § 45 Abs. 3 KV M-V, wobei im § 1 nur die Gesamtsummen des Haushaltes festgesetzt sind. Weitergehende Darstellungen enthält die Haushaltssatzung selbst nicht. Insofern kann die öffentliche Bekanntmachung der Haushaltssatzung dem B die geforderten Erkenntnisse nicht erbringen.

Dem Anliegen des Bürgers, Informationen zum Produkt „Vereine und Verbände im Sportbereich" zu erhalten, wird dadurch entsprochen, dass gemäß § 47 Abs. 5 KV M-V die Haushaltssatzung einschließlich des Haushaltsplans zur Einsichtnahme zur Verfügung steht. Der Haushaltsplan enthält jedoch neben dem Ergebnis- und Finanzhaushalt die Teilhaushalte, in welchen nach § 4 Abs. 2 GemHVO-Doppik die wesentlichen Produkte anzugeben (einzeln auszuweisen) sind. Somit wird im Haushalt entsprechend der Mindestgliederung die Produktgruppe 421 „Sportförderung" ausgewiesen. Ob jedoch das entsprechende Produkt „Vereine und Verbände im Sportbereich"„ ausgewiesen wird, hängt von seiner Wesentlichkeit ab (diese definiert die Gemeinde selbst).

9.3 Veranschlagungsgrundsätze

9.3.1 Allgemeines

Die speziellen Haushaltsgrundsätze unterteilen sich in Veranschlagungs- und Bewirtschaftungsgrundsätze (siehe auch Überblick bei Ziffer 9.1). Gegenüber den allgemeinen Grundsätzen enthalten sie konkrete und spezielle Einzelregelungen für das kommunale Finanzmanagement. Dabei sind die sogenannten „Bewirtschaftungsgrundsätze" wegen ihrer überragenden Managementbedeutung für die konkrete Haushaltsausführung dem besonderen Kapitel 14 zugeordnet worden. Insofern werden bei diesem Gliederungspunkt Einzelregelungen zur Veranschlagung von Finanzvorfällen im Ergebnis- und Finanzhaushalt vorgestellt, sodass die Planungswerkzeuge umfassend vermittelt werden.

Allerdings ist festzustellen, dass die Veranschlagungsgrundsätze zwangsläufig auch unverändert bei der Haushaltsausführung und bei der Rechnungslegung Anwendung finden. Insofern könnte durchaus auch von Veranschlagungs- und Ausführungsgrundsätzen gesprochen werden. Da jedoch konkrete Vorschriften eingeführt sind, die ausschließlich für die Haushaltsausführung und die Rechnungslegung gelten,[183] sind die Verfasser der Auffassung, den Begriff der Veranschlagungsgrundsätze zu verwenden, der dann deckungsgleich auch für die Haushaltsausführung Anwendung findet.

Die Darstellung der Veranschlagungsgrundsätze erfolgt jedoch nicht in der Reihenfolge der gesetzlichen Normierungen, sondern nach der Sinnhaftigkeit der einzelnen Grundsätze. Dadurch wird es dem Leser ermöglicht, die auf viele gesetzliche Regelungen verteilten Veranschlagungsgrundsätze mit ihren Ausnahmen in kompakter Form zu verfolgen. Dabei ergibt sich folgender Überblick:

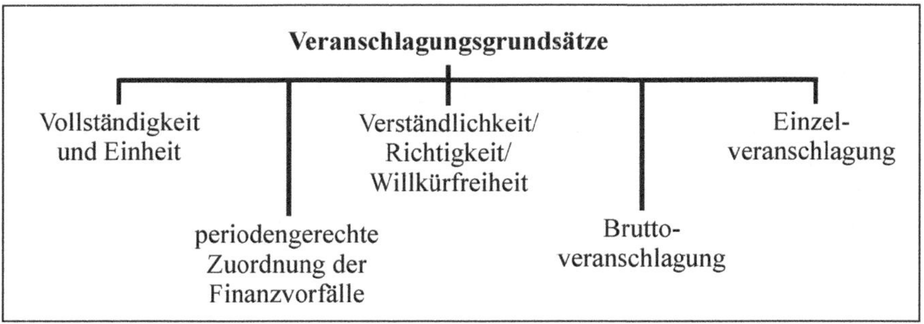

9.3.2 Vollständigkeit und Einheit

9.3.2.1 Allgemeines

Die beiden Grundsätze „Vollständigkeit“ und „Einheit“ sind vor dem gleichen Hintergrund, nämlich der Bestimmung des § 46 Abs. 2 KV M-V, zu sehen. Gemäß § 46 Abs. 2 KV M-V enthält der Haushaltsplan der Gemeinde **alle** im Haushaltsjahr zur Erfüllung der Aufgaben voraussichtlich anfallenden Erträge und eingehenden Einzahlungen, entstehenden Aufwendungen und zu leistenden Auszahlungen sowie die notwendigen Verpflichtungsermächtigungen. Beide Grundsätze beziehen sich auf den Haushaltsplan, bieten nur unterschiedliche Varianten an. Durch den Veranschlagungsgrundsatz der Einheit soll gewährleistet werden, dass nur **ein** Haushaltsplan je Gemeinde erstellt wird, wobei durch den Grundsatz der Vollständigkeit dieser Aspekt dahingehend ergänzt wird, dass in diesen Haushaltsplan dann alle Erträge/Einzahlungen, Aufwendungen/Auszahlungen und Verpflichtungsermächtigungen eingestellt werden müssen. § 8 Abs. 1 GemHVO-Doppik bestätigt diesen Veranschlagungsgrundsatz noch einmal.

183 So z. B. die Regelungen in § 50 KV M-V zur Bereitstellung von zusätzlichen Aufwendungen und Auszahlungen und die Regelungen zur Inventur in § 30 GemHVO-Doppik .

Der nachstehende Überblick verdeutlicht noch einmal die Inhalte des Grundsatzes:

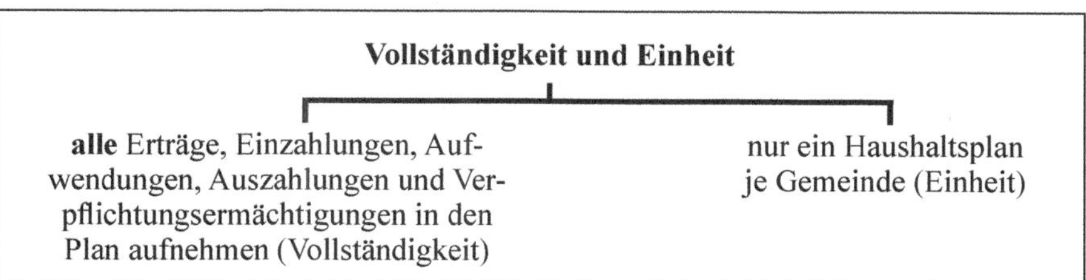

9.3.2.2 Vollständigkeit

Nach § 46 Abs. 2 KV M-V sind im Haushaltsplan alle voraussichtlich anfallenden Erträge und eingehenden Einzahlungen, entstehenden Aufwendungen und zu leistenden Auszahlungen sowie die notwendigen Verpflichtungsermächtigungen[184] der Gemeinde in voller Höhe zu veranschlagen. Es ist grundsätzlich unzulässig, Finanzvorfälle außerhalb des Haushaltsplans zu bewirtschaften. Ebenfalls ist eine Saldierung ausgeschlossen.

Besonderheiten

a) Interne Leistungsverrechnungen

Hierbei handelt es sich um Dienstleistungen innerhalb der Verwaltung, somit also um Geschäftsvorfälle ohne Außenwirkung. Beispiele dafür sind der Einsatz des Bauhofes als zentraler Dienst (Produktgruppe 114) für die Pflege der Grünflächen bei den gemeindlichen Gymnasien (Produktgruppe 217) oder die besondere Dienstleistung der Bibliothek (Produktgruppe 114) als Verwaltungsbücherei anlässlich der Erstellung von Gutachten des Rechtsamtes (Produktgruppe 119). Den internen Dienstleistern entstehen dabei in ihren Produktbereichen Aufwendungen für Leistungen, die anderen Produktgruppen anzulasten sind.

Dienstleistungen an oder von kommunalen Sondervermögen[185] fallen jedoch nicht unter die internen Leistungsbeziehungen, weil sich diese in gesonderten Rechnungskreisen außerhalb des kommunalen Haushalts befinden, sodass hier externe Leistungsbeziehungen vorliegen. Dabei stehen den Erträgen und Aufwendungen auch entsprechende Einzahlungen und Auszahlungen gegenüber. Es handelt sich somit um Dienstleistungen von Dritten oder für Dritte.

Die Gliederung im NKHR-MV ist produktorientiert. Das bedeutet gemäß § 4 GemHVO-Doppik, dass eine Gliederung auf Basis des Produktrahmens funktional oder

184 Verpflichtungsermächtigungen sind Ermächtigungen im Finanzhaushalt zum Vertragsabschluss im Haushaltsjahr mit Investitionsauszahlungen in späteren Jahren. Das gleiche gilt bei Verpflichtungen für Investitionsförderungen mit Zahlungen in späteren Jahren. Näheres dazu siehe im Kapitel 14.

185 Beispiele könnten eine Beratung eines Eigenbetriebes durch einen Vertreter des gemeindlichen Rechtsamtes oder die Betreuung der Mitarbeiter (Zahlbarmachung der Gehälter, Abrechnung von Reisekosten u. ä.) einer kommunalen Stiftung durch den „Personalservice" (Personalamt) der Gemeinde sein.

nach der örtlichen Organisation institutionell zu erfolgen hat. Mehrere Hauptproduktbereiche, Produktbereiche, Produktgruppen oder Produkte können zu einem Teilhaushalt zusammengefasst werden. Umgekehrt ist es auch möglich, Hauptproduktbereiche, Produktbereiche oder Produktgruppen auf mehrere Teilhaushalte aufzuteilen, dies erfolgt z. B. in der Regel bei einem funktionalen Aufbau des Haushaltes. Eine Aufteilung von Produkten auf mehrere Teilhaushalte ist nicht zulässig, d. h. ein Produkt gehört nur in einen Teilhaushalt.

Wie viele Teilhaushalte die Gemeinde bildet, ist abhängig von ihrer Größe. Entsprechend § 4 Abs. 1 GemHVO-Doppik führt der Gesetzgeber lediglich aus, dass der Haushalt **angemessen** in Teilhaushalte zu untergliedern ist.

In den Teilhaushalten sind entsprechend § 4 Abs. 5 i. V. m. § 2 GemHVO-Doppik die entsprechenden Erträge und Aufwendungen zuzuordnen. Damit soll bei jeder kommunalen Aktivität das Ressourcenaufkommen und der Ressourcenverbrauch dokumentiert werden. Dies unterstützt die Finanzsteuerung. Auch sind die Erträge und Aufwendungen aus der internen Leistungsverrechnung (interne Leistungsbeziehungen) und der sich hieraus ergebenden Saldo in jedem Teilhaushalt darzustellen. Würde nun der Ressourcenverbrauch innerhalb des kommunalen Haushaltes, also zwischen einzelnen Produktbereichen, Produktgruppen und Produkten, nicht ermittelt, könnte der Haushaltsplan keinen vollständigen verursachungsgerechten Ressourcenverbrauch nachweisen. Der Grundsatz der Vollständigkeit gebietet aber, auch diese Finanzvorfälle in den Haushalt aufzunehmen. Folgerichtig sieht § 4 Abs. 5 GemHVO-Doppik auch eine Vorschrift für den Nachweis der internen Leistungsbeziehungen im Haushaltsplan vor. Das Muster 9 zu § 4 Absatz 5 Satz 2 GemHVO-Doppik Ergebnishaushalt ordnet dafür einen gesonderten Nachweis in den Zeilen 21 (Erträge aus internen Leistungsbeziehungen) und 22 (Aufwendungen aus internen Leistungsbeziehungen) an. Es wird damit eine Transparenz des vollständigen Ressourcenverbrauchs und Ressourcenaufkommens erreicht.

Eine Entscheidung, ob interne Leistungsbeziehungen im Haushalt der Gemeinde abgebildet werden, hat die Gemeinde entsprechend den Regelungen des § 4 GemHVO-Doppik nicht, wohl aber kann sie entsprechend § 4 Abs. 5 GemHVO-Doppik in eigener Verantwortung regeln, in welchem Umfang und für welche internen Leistungsbeziehungen sie Erträge und Aufwendungen aus internen Leistungsbeziehungen im Teilhaushalt ausweist und auch entsprechend bewirtschaftet. Grundsätzlich sind jedoch bei diesen Überlegungen alle bedeutsamen relevanten Leistungsbeziehungen einzubeziehen, um dem Prinzip der Abbildung des gesamten Ressourcenaufkommens und Ressourcenverbrauchs auf Produktbereichsebene (Outputorientierung) nicht zu widersprechen. Ist eine interne Leistungsbeziehung nicht nur von untergeordneter Bedeutung und hat sie Auswirkungen auf die Produktkosten, einzelne Kennzahlen oder Leistungsziele, muss die Gemeinde diese interne Leistungsbeziehung in die Teilergebnishaushalte aufnehmen, in der Haushaltsausführung bedienen und im Jahresabschluss nachweisen.

Die Ermittlung der einzelnen Erträge und Aufwendungen erfolgt in der Regel mithilfe der Kosten- und Leistungsrechnung. Im Rahmen der Planrechnung werden die Daten für die Teilergebnispläne ermittelt, im Laufe des Haushaltsjahres werden die konkreten Erträge und Aufwendungen für die internen Leistungsbeziehungen gebucht und fließen dann in die Jahresrechnung ein. Eine Durchbuchung ausschließlich am

Jahresende ist nicht sinnvoll, da die Werte ja im Rahmen des laufenden operativen Controllings eingesetzt werden. Insofern empfiehlt sich eine unterjährige kontinuierliche Ermittlung; man denke dabei nur einmal an die Entscheidung, ob man mit einer bestimmten Dienstleistung einen internen oder einen externen Anbieter betraut („Make-or-buy-Entscheidung").

Die Ermittlungsarten für die internen Leistungsbeziehungen unterliegen – wie oben bereits dargestellt – der Kosten- und Leistungsrechnung. Insofern wird dazu auf die Spezialliteratur verwiesen.[186]

Die internen Leistungsbeziehungen sind nach § 4 Abs. 6 GemHVO-Doppik auch in den Teilfinanzhaushalten auszuweisen. Hierfür ist im Muster 9 die Position 18.1 (Saldo der Ein- und Auszahlungen aus internen Leistungsbeziehungen) vorgesehen.

b) Aktivierte Eigenleistungen

Eine weitere Besonderheit der Vollständigkeit der kommunalen Haushalte stellen die aktivierten Eigenleistungen dar. Setzt eine Gemeinde eigenes Personal und eigenes Material für aktivierungsfähige (vermögenswirksame) Maßnahmen ein, so darf dieser Geschäftsvorfall – falls er nicht von unerheblicher Bedeutung ist – gemäß § 33 Abs. 3 GemHVO-Doppik im Rahmen einer differenzierten Zuschlagskalkulation als Herstellungsaufwand erfasst werden.[187] Beispiele dafür sind der Einsatz eines Ingenieurs oder einer Ingenieurin des gemeindlichen Fachdienstes „Bauen" (Bauamt) für den Bau einer neuen Straße oder die Errichtung einer Feuerwehrgarage durch Mitarbeiter und Materialeinsatz des gemeindlichen Bauhofes. Würde nämlich ein privates Unternehmen außerhalb der gemeindlichen Verwaltung diese Arbeiten erledigen, würde selbstverständlich eine Zuordnung der Leistungen zum entsprechenden Aktivkonto der Bilanz erfolgen (bei den vorgenannten Beispielen zu den Bilanzkonten „04824 Gemeindestraßen" bzw. „0395 Brand- und Katastrophenschutzeinrichtungen "). Da die Eigenleistung den gleichen Erfolg herbeiführt, ist sie ebenfalls investiver Natur und somit den Aktivkonten zuzuordnen. Dies erfolgt durch den Buchungssatz „Gemeindestraßen (04824)" an „aktivierte Personalkosten (4521)" bzw. „Brand- und Katastrophenschutzeinrichtungen (0395)" an „aktivierte Personalkosten (4521)", sodass es sich bei der Gegenbuchung um einen ordentlichen Ertrag handelt. Dieser wirkt dann erfolgsverbessernd (budgetentlastend), da er als Gegenbuchung zum Personal- und Sachaufwand eine Entlastung des Teilergebnishaushaltes darstellt. Über die später wegen der Investition erfolgenden Abschreibungen werden dann wiederum die Haushalte der Folgejahre periodengerecht belastet.

Der Kontenrahmen sieht für aktivierte Eigenleistungen Einzahlungskonten als Nachweis im Finanzhaushalt und in der Finanzrechnung vor. Die aktivierten Eigenleistungen führen jedoch saldiert wegen ihres internen Charakters nicht zu einer Veränderung des Bestandes an liquiden Mitteln. Der Gesetzgeber hat wohl mit Abwicklung

186 Siehe dazu die umfangreiche Darstellung bei *Klümper/Möllers/Zimmermann*, Kommunale Kosten- und Wirtschaftlichkeitsrechnung, 20. Aufl., Witten 2019, S. 195 ff.

187 Die Einzelheiten dieser Kalkulationsmethode bleibt der Kosten- und Leistungsrechnung vorbehalten. Siehe dazu für alle: *Klümper/Möllers/Zimmermann*, Kommunale Kosten- und Wirtschaftlichkeitsrechnung, 20. Aufl., Wiesbaden 2019, S. 282 ff.

über den Finanzhaushalt beabsichtigt, dass die gesamten Investitionssummen ausgewiesen werden. Damit könnte der Entscheidungsträger (Gemeindevertretung oder Kreistag) das konkrete Investitionsvolumen überblicken.

Der Sinn der Abwicklung über den Finanzhaushalt ist jedoch kritisch zu bewerten. Ein nicht zahlungswirksamer Vorgang soll über den Finanzhaushalt abgewickelt werden, der ja nur den Nachweis der Einzahlungen und Auszahlungen (Veränderung der liquiden Mittel) enthalten soll. Die Einzahlungsbuchung im Finanzhaushalt würde eine Erhöhung des Saldos der laufenden Ein- und Auszahlungen nach § 16 Abs. 1 Nr. 2 GemHVO bewirken und somit der Deckung der Kredittilgung dienen. Die korrespondierende Auszahlung wäre investiver Natur (Kontengruppe 78), so dass damit eine mögliche sogar eine Kreditfinanzierung zulässig wäre. Das kann aber nicht Sinn einer aktivierten Eigenleistung sein.

Insofern ist den Gemeinden zu empfehlen, bei aktivierten Eigenleistungen – soweit nicht geringfügig – diese **nachrichtlich** im Teilfinanzhaushalt bzw. der Übersicht über die einzelnen Investitionsmaßnahmen aufzulisten, so dass das Gesamtinvestitionsvolumen erkennbar wird. Die Planverbindung zum späteren Aktivkonto wird durch die Buchung im Ergebnishaushalt erreicht.[188]

Für die konkrete Ermittlung des Volumens einer aktivierten Eigenleistung wird in § 33 Abs. 3 GemHVO-Doppik eine vom Handelsgesetzbuch und dem Steuerrecht abweichende Ermittlungsmethode festgesetzt, was an der nachstehenden Übersicht deutlich wird:[189]

Herstellungskosten bei aktivierten Eigenleistungen

	Handelsrecht	Steuerrecht	GemHVO-Doppik
Pflicht	Materialeinzelkosten + Lohneinzelkosten + Sondereinzelkosten der Fertigung = Mindest-Herstellungskosten	Materialeinzelkosten + Lohneinzelkosten + Sondereinzelkosten der Fertigung + Materialgemeinkosten + Lohngemeinkosten = Mindest-Herstellungskosten	Materialeinzelkosten + Fertigungseinzelkosten + Sondereinzelkosten der Fertigung = Mindest-Herstellungskosten
Wahlrecht	+ Materialgemeinkosten + Lohngemeinkosten + Verwaltungsgemeinkosten = Höchst-Herstellungskosten	+ Verwaltungsgemeinkosten = Höchst-Herstellungskosten	+ Materialgemeinkosten + Fertigungsgemeinkosten + Herstellungszinsen = Höchst-Herstellungskosten
Verbot			Verwaltungsgemeinkosten

188 Der Gesetzgeber ist aufgerufen, eine Klarstellung dieser Problematik zu veranlassen.
189 Ein Berechnungsbeispiel enthält die Übung Nr. 9.

Einzelkosten können direkt der Leistungseinheit zugeordnet werden. Gemeinkosten dagegen sind nicht direkt, sondern nur über eine Bezugsgröße der Leistungseinheit zugerechnet werden. Die folgenden Beispiele verdeutlichen die Begrifflichkeiten, wobei die Fertigungskosten auch als „Lohnkosten“ bezeichnet werden:

Fertigungseinzelkosten:	*Fertigungslöhne(-gehälter), Lohnzuschläge (z. B. Überstunden, Feiertage), gesetzliche und tarifliche Sozialleistungen*
Fertigungsgemeinkosten:	*technische Betriebsleitung, Raumkosten, Unfallverhütungseinrichtungen, Personalamt für Mitarbeiter der Fertigung*
Sonderkosten Fertigung:	*Aufwendungen für Modelle, Spezialwerkzeuge, Entwicklungs-, Versuchs- und Konstruktionskosten*
Materialeinzelkosten:	*direkt zuzuordnende Stoffkosten, Roh-, Hilfs- und Betriebsstoffe, Halb- und Teilerzeugnisse*
Materialgemeinkosten:	*Lagerhaltung, Transport und Prüfung des Materials, Werkzeuglager*

Eine Besonderheit stellen die Zinsen dar. Aktiviert werden können jedoch gemäß § 33 Abs. 4 GemHVO-Doppik nur die während der Herstellungsphase anfallenden Zinsbeträge, d. h. solange der Gegenstand als Anlage in Bau geführt wird.

Zu den nicht ansatzfähigen Verwaltungsgemeinkosten zählen auch die Aufwendungen für soziale Einrichtungen der Verwaltung, für freiwillige soziale Leistungen und für zusätzliche Altersversorgungen (§ 33 Abs. 3 Satz 4 GemHVO-Doppik).

Die Abweichung vom Handels- und Steuerrecht ist nicht nachvollziehbar. Auch Verwaltungsgemeinkosten fallen nun einmal an und müssen im Bedarfsfall aktivierbar sein können. Durch die Wahlmöglichkeiten bei den Material- und Lohngemeinkosten bestehen ja auch Gestaltungsspielräume. Denkbar wäre vielmehr das Argument, dass die erheblichen Overheadkosten der Gemeinde nicht zu Lasten der nächsten Generationen bilanziert werden sollen (z. B. über dann erhöhte Abschreibungen).

Bei den **Anschaffungskosten** (Erwerb von Vermögensgegenständen, vor allem auch von beweglichen Sachen) sind gemäß § 33 Abs. 2 GemHVO-Doppik alle Aufwendungen anzusetzen, die notwendig sind, um den Gegenstand in betriebsbereiten Zustand zu versetzen. Dazu gehört auch der Einsatz von eigenem Personal und eigenen Sachmitteln. Allerdings enthält die Norm anders als bei den Herstellungskosten nach § 33 Abs. 3 GemHVO-Doppik keine Wahlmöglichkeit zum Ansatz von Material- und Lohngemeinkosten. Insofern sind hier nur die Einzelkosten in Form von aktivierten Eigenleistungen zu berücksichtigen. Dies entspricht auch den handelsrechtlichen Regelungen des § 255 Abs. 1 HGB.[190]

Selbst geschaffenes oder nicht entgeltlich erworbenes immaterielles Vermögen wird gemäß § 40 GemHVO-Doppik nicht aktiviert. Insofern werden auch Eigenleistungen

190 Siehe dazu auch Beck'scher Bilanzkommentar, 11. Aufl., München 2018, Erl. zu § 255 Abs. 1 HGB.

für immaterielles Vermögen (z. B. Erstellung von Software durch eigenes Personal) nicht als aktivierte Eigenleistungen nachgewiesen.

c) Kalkulatorische Kosten bei den kostenrechnenden Einrichtungen

Bei den kostenrechnenden Einrichtungen handelt es sich um Bereiche der gemeindlichen Aktivitäten, die in der Regel aus Entgelten finanziert werden. Beispiele dafür sind die Abwasserbeseitigung, Abfallbeseitigung, Straßenreinigung, Wochenmärkte, Friedhöfe, Musikschulen, Volkshochschulen, Schwimmbäder und der Rettungsdienst. Dabei erfolgt die Kalkulation der Entgelte (vor allem bei Benutzungsgebühren) nach den Vorschriften des § 6 KAG, die den Ansatz von betriebswirtschaftlichen Kosten vorsehen. Diese betriebswirtschaftlichen Kosten weichen bei einigen Kostenarten von den Aufwendungspositionen des Ergebnishaushalts ab. So können z. B. bei der Gebührenkalkulation die Abschreibungen von Wiederbeschaffungszeitwerten angesetzt werden. Um Informationen über die bei der Gebührenkalkulation angesetzten Kosten sowie den Kostendeckungsgrad zu erhalten, sollte für jede mit Kostendeckungspflicht geführte Einrichtung, soweit diese im Kernaushalt als Regiebetrieb geführt wird, ein eigener Teilergebnishaushalt und eine eigene Teilergebnisrechnung aufgestellt werden. Dabei könnte dann die Darstellung der Erträge und Aufwendungen nachrichtlich um die Differenzen aus der Gebührenkalkulation in etwa wie folgt ergänzt werden:[191]

	Teilergebnishaushalt	Ergebnisse des Haushaltsvorvorjahres	Ansätze des Haushaltsvorjahres einschl. Nachträge	Ansatz des Haushaltsjahres	Planungsdaten des Haushaltsfolgejahres	Planungsdaten des zweiten Haushaltsfolgejahres	Planungsdaten des dritten Haushaltsfolgejahres
		1	2	3	4	5	6
	(...)						
23	= Jahresergebnis (Jahresüberschuss/Jahresfehlbetrag) des Teilhaushaltes nach Verrechnung der internen Leistungsbeziehungen						
	Nachrichtlich: Überleitung Ergebnis zum Saldo der Gebührenkalkulation						
24	– Differenz zwischen kalkulatorischer und bilanzieller Abschreibung						
25	– Differenz zwischen kalkulatorischen Zinsen und effektiven Schuldzinsen						
26	–/+ sonstige Abweichungen zwischen Gebührenkalkulation und Teil-Ergebnishaushalt						
27	= Saldo der Gebührenkalkulation (= Zeilen 24 bis 26)						

191 Entnommen aus Modellprojekt „Doppischer Kommunalhaushalt in NRW (Hrsg): Neues Kommunales Finanzmanagement: Betriebswirtschaftliche Grundlagen für das doppische Haushaltsrecht, 2. vollst. überarb. Auflage auf der Basis der Endergebnisse des Modellprojekts, Freiburg 2003, S. 314.

Allerdings sind neben dieser Ergänzung auch entsprechende Erläuterungen der Abweichungen in verbaler Form als Produktinformationen zulässig.

9.3.2.3 Besonderheiten zur Vollständigkeit

Es gibt jedoch auch Finanzmittel, die zwar als Einzahlungen und Auszahlungen über gemeindliche Girokonten abgewickelt werden, jedoch keine zur gemeindlichen Aufgabenerfüllung notwendigen Geldbewegungen darstellen. Wegen der Eigenart des Landes Mecklenburg-Vorpommern, neben einer GemHVO-Doppik noch zusätzlich eine GemKVO-Doppik zur Erhöhung der Reglungsdichte einzuführen, sind diese Ausnahmen in § 10 GemKVO-Doppik aufgeführt. Man kann sie als „durchlaufende Gelder“ oder „fremde Mittel“ bezeichnen. Hierbei handelt es sich somit um Geschäftsvorfälle, bei denen die Gemeinde keine finanzielle Entscheidungskompetenz besitzt, sondern eine Art Botenfunktion wahrnimmt (Annahme und Weiterleitung von Geldbeträgen). Zu Recht sieht § 10 Abs. 2 und 3 GemKVO-Doppik vor, dass für die Abwicklung solcher Zahlungen keine Kassenanordnungen erforderlich sind.

Es stellt sich dann aber die Frage, ob und in welcher Form diese Finanzvorfälle über den Ergebnis- und Finanzhaushalt abzuwickeln sind. Im Ergebnishaushalt sind diese Mittel nicht zu veranschlagen und abzuwickeln, da es sich nicht um Erträge und Aufwendungen der Gemeinde handelt. Folgerichtig sieht § 2 GemHVO-Doppik dafür auch keine Veranschlagungs- und Abwicklungsposition vor. Dieses ist durch § 46 Abs. 2 KV M-V begründet, wonach der Haushaltsplan nur die für die Erfüllung der Aufgaben der Gemeinden anfallenden Erträge und Einzahlungen sowie Aufwendungen und Auszahlungen enthält.

Da es sich aber um Geldflüsse handelt, muss eine Abwicklung der durchlaufenden Gelder und fremden Mittel über den Finanzhaushalt erfolgen, da dieser alle Ein- und Auszahlungen enthält. Dies bezieht sich auf die laufenden Buchungen und das Rechnungsergebnis des Finanzhaushaltes. Allerdings stellt sich die Frage, ob diese Beträge auch im Finanzhaushalt zu veranschlagen sind und damit verbindliche Planpositionen werden. § 3 Abs. 1 Nrn. 35 GemHVO-Doppik sieht eine Veranschlagung der durchlaufenden Gelder ausdrücklich vor. Das für den Haushaltsplan geltende Muster 7 Anlage 3 VV zur GemKVO-Doppik und GemHVO-Doppik bestätigt dies für den Finanzhaushalt ausdrücklich. Da auch § 8 Abs. 1 GemHVO-Doppik verlangt, dass alle Einzahlungen und Auszahlungen in voller Höhe zu veranschlagen sind, müssen somit die durchlaufenden Gelder und fremden Mittel im Finanzhaushalt geplant werden.[192]

192 Die Verfasser halten diese Veranschlagung von durchlaufenden Geldern im Finanzhaushalt für nicht sachgerecht, da es sich nicht um Finanzmittel der Gemeinden handelt, die einer förmlichen Planung bedürfen. Dies unterstreicht ja auch § 10 Abs. 2 GemKVO-Doppik, wonach noch nicht einmal für diese Fälle Kassenanordnungen zu fertigen sind. Wozu dann aber ein entsprechender Planansatz? Würden diese Haushaltsansätze z. B. überschritten, müssten Mittelbereitstellungen nach § 50 KV M-V erfolgen. Ein alleiniger Nachweis in der Finanzrechnung wäre dagegen sinnvoll.

§ 8 Abs. 1 Halbs. 2 besagt zwar, dass die GemHVO-Doppik dazu Ausnahmen vorsehen kann. Eine solche (konkrete) Ausnahme ist jedoch nicht enthalten.[193]

Da jedoch auch bei den durchlaufenden Geldern und fremden Finanzmitteln Ein- und Auszahlungen über kommunale Bankkonten abgewickelt werden, sah sich der Gesetzgeber zu Recht veranlasst, zur Verdeutlichung der kassentechnischen Abwicklung ohne Zahlungsanordnungen die ergänzende Rechtsnorm des § 10 GemKVO-Doppik zu erlassen. Er hätte dann aber auch damit korrespondierend in der GemHVO-Doppik auf die haushaltsmäßige Veranschlagung dieser Geschäftsvorfälle verzichten sollen.

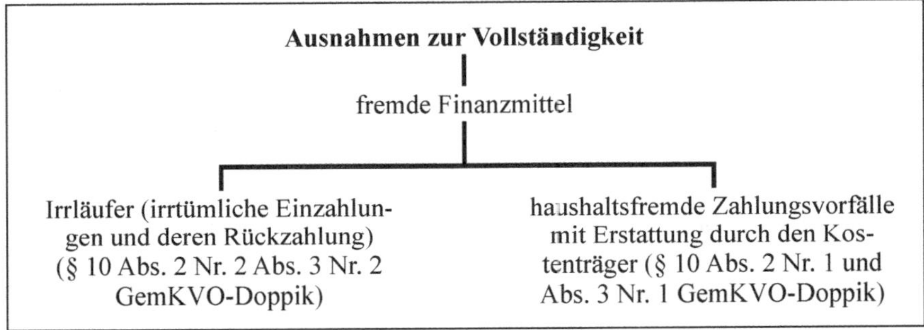

Die fremden Mittel (durchlaufenden Gelder) werden gemäß § 10 GemKVO-Doppik in zwei Arten unterteilt.

§ 10 Abs. 2 Nr. 2 und Abs. 3 Nr. 2 GemKVO-Doppik (durchlaufende Gelder)
Hiermit sind klassisch die Fälle gemeint, in denen es durch den Absender der Zahlung zu einem Irrtum hinsichtlich des Empfängers der Zahlung bzw. dessen Bankverbindung gekommen ist. Beispiel hierfür ist die Überweisung der Müllgebühren an die Gemeinde statt an den Landkreis in der Annahme, dass die Gemeinden neben der Grundsteuer auch diese Abgabe erhalten. Oder aber die Gemeinde gelangt durch einen Zahlendreher in der Bankverbindung in den Besitz einer Zahlung, die eigentlich an einen anderen Empfänger überwiesen werden sollte. Die Annahme dieser Mittel einschließlich ihrer Rückzahlung ist entsprechend § 10 Abs. 2 Nr. 2 und Abs. 3 Nr. 2 GemKVO-Doppik ohne Annahme- oder Auszahlungsanordnung möglich.

§ 10 Abs. 2 Nr. 1 und Abs. 3 Nr. 1 GemKVO-Doppik (fremde Mittel)
Hierbei handelt es sich um Mittel, die die Gemeinde von einer Stelle außerhalb der Gemeinde erhält und im Namen und auf Rechnung dieser auszahlt. Hier sollte der Gesetzgeber noch einmal verdeutlichen, in welchem Zusammenhang die Regelung des § 10 GemKVO-Doppik (kein Erfordernis einer Zahlungsanordnung) mit Regelung der Erfassung der durchlaufenden Gelder nach § 3 Abs. 1 GemHVO-Doppik steht.

193 Das kamerale Haushaltsrecht enthielt in § 12 GemHVO dagegen eine solche sinnvolle Ausnahme, nach der durchlaufende Gelder und fremde Mittel nicht im Haushalt veranschlagt wurden.

Auf eine weitere missliche Regelungssituation soll an dieser Stelle auch hingewiesen werden. Entsprechend § 24 Abs. 4 GemHVO-Doppik darf, soweit in dieser Verordnung (also der GemHVO-Doppik) nichts anderes bestimmt ist, nur aufgrund einer Kassenanordnung eine Zahlung geleistet oder angenommen werden. Nach § 10 Abs. 2 GemKVO-Doppik kann jedoch eine Zahlung ohne Anordnung angenommen oder in bestimmten (beschriebenen) Fällen geleistet werden. Unglücklicherweise ist jedoch die GemKVO-Doppik eine andere Verordnung. Auch an dieser Stelle wäre es also angezeigt, eine klarstellende Regelung zu treffen.

9.3.2.4 Einheit

Die Gemeinde stellt nur einen Haushaltsplan auf. Dieser Veranschlagungsgrundsatz der sachlichen Einheit ist aus mehreren Bestimmungen, insbesondere der Gemeindeordnung, herauszulesen. Es gilt der Grundsatz des Einheitshaushaltsplanes. In § 46 Abs. 2 KV M-V ist z. B. nur die Rede vom Haushaltsplan, der alle im Haushaltsjahr für die Erfüllung der Aufgaben anfallenden Erträge, eingehenden Einzahlungen, entstehenden Aufwendungen, zu leistenden Auszahlungen und notwendigen Verpflichtungsermächtigungen enthält und der die Grundlage für die Haushaltswirtschaft der Gemeinde darstellt.

Alle nach dem Grundsatz der Vollständigkeit erforderlichen Veranschlagungen sind grundsätzlich in einem einzigen Haushaltsplan vorzunehmen. Von dieser sachlichen Einheit bestehen allerdings verschiedene Ausnahmen:

9.3.2.5 Ausnahmen zur Einheit

Ausnahmen zur Einheit

- Eigenbetriebe (§ 64 Abs. 1 KV M-V)
- städtebauliches Sondervermögen (§ 64 Abs. 2 KV M-V)
- nichtrechtsfähige örtliche Stiftungen (§ 64 Abs. 3 KV M-V)
- Eigengesellschaften aufgrund von Sondergesetzen (z. B. GmbH-Gesetz)
- Kommunalunternehmen (§ 70 KV M-V)
- Treuhandvermögen (§ 65 KV M-V)

Als „Ausnahmen zum Grundsatz der Einheit des Haushaltsplanes“ werden diejenigen Regelungen der Haushaltswirtschaft bezeichnet, die es bestimmten Einrichtungen vorschreiben bzw. erlauben, Sonderpläne einzurichten und Sonderrechnungen zu führen.

- Für wirtschaftliche Unternehmen ohne eigene Rechtspersönlichkeit und öffentliche Einrichtungen, für die aufgrund gesetzlicher Vorschriften Sonderrechnungen geführt werden (Eigenbetriebe), sind nach § 64 KV M-V i. V. m. § 14 EigVO besondere Wirtschaftspläne aufzustellen.
- Für nichtrechtsfähige örtliche Stiftungen sind entsprechend § 64 Abs. 3 KV M-V Sonderrechnungen zu führen; eine konkrete Form ist für die Gemeinde nicht vor-

geschrieben. Das gilt jedoch nicht für unbedeutende Stiftungen; diese können im Haushalt der Gemeinde geführt werden.

- Für Vermögen, die die Gemeinde treuhänderisch zu verwalten hat, sind entsprechend § 65 Abs. 1 KV M-V besondere Haushaltspläne aufzustellen. Unbedeutendes Sondervermögen kann nach § 65 Abs. 3 KV M-V auch gesondert nachgewiesen werden; der Gemeinde obliegt es, wie dies genau ausgestaltet wird.
- Werden Eigengesellschaften auf Grund von Sondergesetzen (AG, GmbH) betrieben, kann ein Nachweis im kommunalen Haushalt deshalb nicht erfolgen, weil es sich hier um eigenständige juristische Personen des Privatrechts handelt, selbst wenn die Gemeinde 100%iger Anteilseigentümer ist.
- Mit der Reglung des § 70 KV M-V (Kommunalunternehmen) wird den Gemeinden die Möglichkeit eröffnet, bereits bestehende Eigenbetriebe oder Unternehmen in Privatrechtsform in Anstalten des öffentlichen Rechts umzuwandeln oder neue derartige Anstalten zu errichten.

Gemäß § 61 KV M-V hat jedoch die Gemeinde zum jeweiligen Jahresende einen Gesamtabschluss zu erstellen.

Hingewiesen sei hier auf die Regelung des § 61 KV M-V, wonach große kreisangehörige und kreisfreie Städte einen Gesamtabschluss zu erstellen haben. Anderen Gemeinden können einen Gesamtabschlusses aufstellen. Soweit eine Gemeinde einen Gesamtabschluss erstellt, entfällt für sie die Verpflichtung, einen Beteiligungsbericht nach § 73 Abs. 4 KV M-V zu erstellen. Durch den Gesamtabschluss werden die außerhalb des Haushaltes durchgeführten kommunalen Aktivitäten wieder in das Gesamtwerk eingebunden. Eine Darstellung dazu enthält das Kapitel 21.

9.3.2.6 Übungen

Sachverhalt Nr. 7
Die Gemeinde G möchte sämtliche Finanzmittel der folgenden „Einrichtungen" in den kommunalen Haushaltsplan beim zuständigen Produktbereich einordnen:

a) Wasserwerk (Aktiengesellschaft), dessen Kapital zu 100 % im Eigentum der Gemeinde steht,
b) Wohlfahrtsstiftung (juristische Person des öffentlichen Rechts),
c) Abfallbeseitigung (Regiebetrieb),
d) Gaswerk als Eigenbetrieb,
e) nichtrechtsfähige Schulstiftung,

Aufgabe:
Begutachten Sie die Zulässigkeit der gemeindlichen Absicht. Auf die Probleme des Gesamtabschlusses ist nicht einzugehen.

Lösung:

a) Es handelt sich hier um eine Eigengesellschaft, die aufgrund eines Sondergesetzes geführt wird (Aktiengesetz). Da Aktiengesellschaften eigenständige juristische Personen des Privatrechts darstellen, ist ein Nachweis der Finanzmittel der Aktiengesellschaft im kommunalen Haushaltsplan unzulässig.
b) Die Wohlfahrtsstiftung ist eine juristische Person des öffentlichen Rechts und demzufolge rechtlich selbstständig. Hier ist ein besonderer Haushaltsplan aufzustellen; eine Veranschlagung im Haushaltsplan der Gemeinde ist unzulässig.
c) Die Aufnahme der Abfallbeseitigung als Regiebetrieb in den Haushaltsplan ist zulässig und sogar geboten, denn diese Organisationsform liegt in der unmittelbaren Verantwortung eines Fachdienstes und bewirkt keine rechtliche Selbstständigkeit. Es werden öffentliche Aufgaben unmittelbar von der eigentlichen Verwaltung erfüllt. Die Einordnung hat in den Produktbereich 53 zu erfolgen.
d) Das Gaswerk wird als Eigenbetrieb über Sonderrechnungen (§14 EigVO M-V) geführt. Eine Veranschlagung im Haushaltsplan ist demnach unzulässig (§ 64 Abs. 1 KV M-V, Sonderrechnung).
e) Die nichtrechtsfähige Schulstiftung gehört zum Sondervermögen der Gemeinde gemäß § 64 Abs. 3 KV M-V. Hierfür ist eine Sonderrechnung zu führen, soweit es sich nicht um ein unbedeutendes Sondervermögen handelt, welches im Haushalt der Gemeinde geführt werden kann.

Sachverhalt Nr. 8

Im Rahmen der Aufstellung und Ausführung des Haushaltsplanes fallen folgende Geschäftsvorfälle an:

a) Die Firma F überweist zur Erlangung einer Spendenquittung 1.000 €, die von der Gemeinde an ein örtliches Kunstprojekt (nicht eingetragener Verein) weitergeleitet werden sollen.
b) Das Sozialamt bewirkt die Leistungen nach dem Unterhaltssicherungsgesetz unmittelbar aus einem Titel des Bundeshaushaltes.
c) Das Jugendamt vereinnahmt Landeszuweisungen für die Kindergärten und teilt diese Mittel nach einer gemeindlichen Satzung auf die eigenen und die konfessionellen Kindergärten auf.[194]

Aufgabe:

Begutachten Sie, ob die vorstehenden Finanzmittel über den gemeindlichen Finanzhaushalt abzuwickeln sind. Das Gutachten ist auf den Kernpunkt der Subsumtion zu beschränken.

194 Der Sachverhalt entspricht nicht der derzeitigen Rechts- und Praxislage und ist lediglich für Übungszwecke konzipiert.

Lösung:

a) Es handelt sich um Beträge, die für einen Dritten – hier: nicht eingetragener Verein für ein örtliches Kunstprojekt – lediglich vereinnahmt und verausgabt werden. Insofern handelt es sich um ein durchlaufendes Geld, das gemäß § 8 Abs. 1 i. V. m. § 3 Abs. 1 Nr. 35 GemHVO-Doppik im Finanzhaushalt zu veranschlagen ist. Die Gemeinde kann den Geschäftsvorfall gemäß § 10 Abs. 2 Nr. 1 und Abs. 3 Nr. 1 GemKVO-Doppik ohne Kassenanordnung abwickeln.
b) Das Sozialamt verfügt über Finanzmittel, deren Buchung unmittelbar im Bundeshaushalt erfolgt. Es handelt sich somit um die Verfügung über fremde Finanzmittel, bei denen eine Abwicklung über die Girokonten der Gemeinde nicht stattfindet. Insofern liegen auch keine Aufwendungen/Auszahlungen vor, sodass gemäß § 46 Abs. 2 KV M-V und § 8 Abs. 1 GemHVO-Doppik weder eine Abwicklung über den Ergebnis- noch über den Finanzhaushalt der Gemeinde erfolgt.
c) Die Landeszuweisungen sind für die Gemeinde bestimmt. Die Aufteilung nach der gemeindlichen Satzung auf die eigenen und konfessionellen Kindergärten erfordert eine gemeindliche Entscheidung, die durch die Veranschlagung im Haushaltsplan nachvollziehbar wird. Insofern handelt es sich nicht um durchlaufende Finanzmittel. Deshalb sind die Einzahlungen und Auszahlungen sowie die entsprechenden Erträge und Aufwendungen über den gemeindlichen Haushaltsplan (Ergebnis- und Finanzhaushalt) gemäß § 46 Abs. 2 KV M-V und § 8 GemHVO-Doppik abzuwickeln.

Sachverhalt Nr. 9

Die Berufsfeuerwehr der Gemeinde G verfügt über eine eigene Werkstatt. Dabei werden die Kosten für die einzelnen Arbeiten nach dem Verfahren der Zuschlagskalkulation ermittelt. Für das kommende Jahr liegen folgende Informationen (Plandaten) vor:

Kosten	Betrag
Lohneinzelkosten	50.000,00 €
Materialeinzelkosten	100.000,00 €
Lohn(Fertigungs-)gemeinkosten	140.000,00 €
Materialgemeinkosten	10.000,00 €
Verwaltungsgemeinkosten	120.000,00 €
Gesamtkosten	420.000,00 €

Die Reparaturwerkstatt erhält nunmehr den Auftrag, an ein Feuerwehrfahrzeug eine bisher nicht vorhandene Spezialanhängerkupplung anzubringen. Die Anschaffungskosten in Höhe von 4.000 € für die Anhängerkupplung sind bereits beim Produktbereich 02 in der Anlagebuchhaltung aktiviert. Das Anbringen der Kupplung erfolgt jetzt durch eigene Kräfte der Reparaturwerkstatt, wobei Lohneinzelkosten von 800 € und Materialeinzelkosten von 200 € anfallen.

Aufgaben:

a) Begutachten Sie, ob die Arbeitsleistung der Reparaturwerkstatt für das Anbringen der Anhängerkupplung erfasst und kalkuliert werden muss und wie sie haushaltstechnisch zu behandeln ist.

b) Berechnen Sie die im Sachverhalt umschriebene Leistung der Reparaturwerkstatt.
c) Wie ändert sich die Lösung, wenn es nicht um den Anbau einer Anhängerkupplung, sondern um den Einbau eines bisher nicht vorhandenen Kamins im Umkleideraum der Feuerwehr handeln würde?

Lösung:

a) Das Feuerwehrfahrzeug zählt gemäß § 33 Abs. 1 GemHVO-Doppik zweifelsohne zu den zu bilanzierenden Vermögensgegenständen. Als Anschaffungswerte sind nicht nur die direkten Fahrzeugkosten, sondern gemäß § 33 Abs. 2 GemHVO-Doppik i. V. m. Punkt 5.2.1 des Leitfadens zur Bilanzierung und Bewertung GemHVO-Doppik auch die Nebenkosten sowie die nachträglichen Anschaffungskosten zu zählen. Darunter fällt auch die Anhängerkupplung, deren Wert zu Recht bereits mit 4.000 € bilanziert wurde. Ebenfalls zu bilanzieren sind alle Aufwendungen, die zur Betriebsbereitschaft des Vermögensgegenstandes notwendig sind. Dabei ist es unbedeutend, ob eine Fremdfirma oder ein gemeindlicher Bereich die Leistung erbringt. Insofern ist der Aufwand der Werkstatt zu erfassen, einer Aktivierung zuzuführen und haushaltstechnisch als aktivierte Eigenleistung (Ertrag bei Konto 4521) zu behandeln.
b) § 33 Abs. 3 GemHVO-Doppik verbietet die Aktivierung von Gemeinkostenzuschlägen, sodass lediglich die Einzelkosten von insgesamt 1.000 € zu aktivieren sind.
c) Es handelt sich nunmehr um Herstellungskosten, sodass es gemäß § 33 Abs. 3 GemHVO-Doppik zwar ausreichend wäre, ebenfalls 1.000 € Einzelkosten zu aktivieren. Falls die Gemeinde jedoch von der Wahlmöglichkeit der Gemeinkostenzuschläge (außer Verwaltungsgemeinkostenzuschlag) Gebrauch machen würde, ergäbe sich folgende Berechnung des zu aktivierenden Betrages:

Lohneinzelkosten	800 €
Lohngemeinkosten (Zuschlagssatz: 280 %)[195]	2.240 €
Materialeinzelkosten	200 €
Materialgemeinkosten (Zuschlagssatz: 10 %)	20 €
Herstellkosten = aktivierte Eigenleistung	**3.260 €**

9.3.3 Periodengerechte Zuordnung der Finanzvorfälle

9.3.3.1 Einführung

Der kommunale Haushaltsplan besteht gemäß § 46 Abs. 4 KV M-V u. a. aus dem Ergebnishaushalt und dem Finanzhaushalt mit den jeweiligen Teilhaushalten. Dabei

195 Der Zuschlagssatz wird wie folgt berechnet:

$$\frac{\text{Gesamtlohngemeinkosten der Werkstatt}}{\text{Gesamtlohneinzelkosten der Werkstatt}} \times 100$$

Das gleiche Verfahren wird analog beim Materialgemeinkostenzuschlag angewendet.

enthält der Ergebnishaushalt die voraussichtlichen Erträge und Aufwendungen eines Haushaltsjahres. In den Finanzhaushalt werden die voraussichtlichen Einzahlungen und Auszahlungen eingestellt. Daraus ergibt sich, dass in den beiden Planbereichen unterschiedliche Finanzvorfälle nachgewiesen werden. Insofern muss auch zwischen zwei verschiedenen Veranschlagungsgrundsätzen differenziert werden. Dies gilt auch für die Haushaltsausführung und den Jahresabschluss in Ergebnis- und Finanzrechnung, sodass die Grundsätze für alle Bereiche gleichermaßen Anwendung finden.

9.3.3.2 Periodengerechte Zuordnung der Erträge und Aufwendungen im Ergebnishaushalt

Gemäß § 2 GemHVO-Doppik enthält der Ergebnishaushalt Erträge und Aufwendungen. Bei den Erträgen handelt es sich um den Ressourcen*zuwachs* und bei den Aufwendungen um den Ressourcen*verbrauch* in einer Periode. Da das Haushaltsrecht gemäß § 45 Abs. 6 KV M-V auf das Kalenderjahr abstellt, erfolgt die Periodisierung im kommunalen Haushalt jahresbezogen.

Bei den Aufwendungen handelt es sich um den bewerteten Verbrauch von Gütern und Dienstleistungen in einer Periode (Ressourcenverbrauch, Werteverzehr). Der Ertrag entspricht dagegen den bewerteten Gütern und Dienstleistungen, die in einer Periode erbracht bzw. erwirtschaftet werden (Zuwachs an Ressourcen, Wertezuwachs). Dazu zählen auch die internen Leistungsverrechnungen, die ebenfalls periodengerecht zu erfassen sind. Die Begriffe Aufwendungen und Ertrag sind im Kapitel 3.1 ausführlich erläutert und mit einer Vielzahl von Beispielen versehen,[196] sodass an dieser Stelle die Verdeutlichung des Haushaltsgrundsatzes anhand von zwei Beispielen ausreichend erscheint.

Geschäftsvorfall	**Zuordnungsentscheidung im Ergebnishaushalt**
Überweisung einer Jahresleasingrate für einen Großflächenmäher am 1.10.2021 in Höhe von 12.000 € zu Beginn des Jahresnutzungszeitraums (1.10.2021 bis 30.9.2022)	Dem Haushaltsjahr 2021 sind verbrauchsgerecht 3.000 € und dem Haushaltsjahr 2022 9.000 € als Aufwendungen zuzuordnen. Im Jahr 2021 ist der ressourcenunwirksame Betrag von 9.000 € als aktive Rechnungsabgrenzung auszuweisen.
Eingang einer Mieteinnahme von 5.000 € am 20.12.2021 für Januar 2022, weil vertragsmäßig die Mietzahlung zum 20. des Vormonats fällig ist	Bei der Miete handelt es sich unabhängig von der Einzahlung um einen Ertrag des Jahres 2022, weil es sich um einen Ressourcenzuwachs des Jahres 2022 handelt (wirtschaftliche Zurechenbarkeit). Im Haushaltsjahr 2021 ist ein Nachweis als passive Rechnungsabgrenzung erforderlich.

Festzustellen ist somit, dass der Ressourcenverbrauch und der Ressourcenzuwachs der jeweiligen Verursachungsperiode zuzuordnen sind. Dies wird auch noch einmal deutlich bei den Pensionsrückstellungen. Die Ursache der späteren Pensionszahlungen ist nicht in der Tatsache begründet, dass ein Bediensteter im Ruhestand Pensionsleistungen bezieht. Vielmehr ergibt sich der Pensionsanspruch während seiner aktiven

196 Die praktische Übung Nr. 2 zum Kapitel 3 listet eine Reihe von Abgrenzungsproblemen zwischen Ein-zahlung und Ertrag sowie zwischen Auszahlung und Aufwand auf.

Tätigkeit für die Gemeinde, so dass in dieser Zeitspanne die Verursachung begründet ist. Die Aufwendungen für die späteren Pension sind deshalb den Jahren der aktiven Beschäftigung zuzuordnen und über eine Pensionsrückstellung zu erwirtschaften. Diese periodengerechte Zuordnung ist bei tariflich Beschäftigten problemlos, weil die rentensichernden Leistungen in Form der Arbeitgeberanteile für Sozialversicherungen periodengerecht während der Beschäftigungszeit dieser Mitarbeiter aufgewendet werden.

Ausnahmen von diesem Haushaltsgrundsatz sieht der Gesetzgeber nicht vor. Es bestehen allerdings bei einigen Ertrags- und Aufwendungsarten besondere Problemstellungen, die nachstehend erläutert werden.

a) Transfererträge und Transferaufwendungen, Steuern, Umlagen

Es ergibt sich ein Definitionsproblem bei den einzelnen Ertrags- und Aufwendungsarten, weil hier kein konkreter Ressourcenverbrauch bzw. Ressourcenzuwachs vorliegt. Der Begriff der Zahlungen wäre auf den ersten Blick zutreffender. Dennoch sind hier die Begriffe „Aufwendungen" und „Ertrag" anzuwenden. Dies ist darin begründet, dass jeglicher Ertrag das Eigenkapital der Gemeinde stärkt. Jede Aufwendung reduziert das Eigenkapital.[197] Dies gilt zwangsläufig auch für die Finanzvorfälle im Transferbereich, sodass die Begriffe „Aufwendungen" und „Ertrag" aus buchungstechnischer Sicht auch wie folgt definiert werden können:

> Beim Ertrag handelt es sich um Finanzmittel, die eine Eigenkapitalerhöhung bewirken. Aufwendungen verringern dagegen das Eigenkapital.[198]

Insofern sind z. B. die Leistungen nach dem Sozialgesetzbuch XII (u. a. Gewährung von Hilfe zur Grundsicherung) als Aufwendungen zu behandeln, die Hundesteuerzahlungen auch als Steuererträge, die Kreisumlage beim Kreis als Ertrag und bei den kreisangehörigen Gemeinden als Aufwendung. Auch hier erfolgt unabhängig von der tatsächlichen Zahlung eine Zuordnung zu der entsprechenden Wirtschaftsperiode, was die nachstehenden Beispiele belegen.

Geschäftsvorfall	Zuordnungsentscheidung im Ergebnishaushalt
Festsetzung der Kreisumlage 2022 durch den Kreis K durch Bescheid im Dezember 2021 in Höhe von 90.000.000 €	Es handelt sich beim Kreis K um einen Ertrag des Jahres 2022. Auch die Forderungsbuchung (Aktivseite der Bilanz) erfolgt in 2022.
Auszahlung einer Hilfe in besonderen Lebenslagen für die Sicherung der Existenzgrundlage für ein halbes Jahr in Höhe von 6.000 € am 1.12.2021.	Zuzuordnen sind dem Jahr 2021 1.000 € und dem Jahr 2022 5.000 €. Im Jahr 2021 ist der ressourcenunwirksame Betrag von 5.000 € als aktive Rechnungsabgrenzung auszuweisen.

197 Siehe dazu die ausführliche Darstellung zur Buchführungstechnik in Kapitel 3.

198 Siehe dazu die Darstellung zur Abwicklung der Ergebnisse von Gewinn- und Verlustrechnungen zum Eigenkapital im Kapitel 3.3.

b) Stundung, Niederschlagung und Erlass[199]

§ 22 Abs. 1 GemHVO-Doppik lässt unter bestimmten Bedingungen Stundungen zu. Bei einer Stundung handelt es sich um das Aufschieben von Zahlungsterminen. Obwohl der Ertrag aufgrund der Stundung liquiditätsmäßig evtl. nicht mehr im Jahr des wirtschaftlichen Entstehens zu realisieren ist, bleibt es gemäß § 8 Abs. 3 GemHVO-Doppik bei der wirtschaftlichen Zuordnung des Ertrages. Insofern verbleiben bei der Erstellung des Ergebnishaushalts gestundete Beträge im Ergebnishaushalt bzw. in der Ergebnisrechnung des Jahres, indem sie verursachungsgerecht eingestellt wurden. Lediglich im Finanzhaushalt muss die Stundung berücksichtigt werden, wenn sie in die kommenden Jahre reicht. Niederschlagungen (§ 22 Abs. 2 GemHVO-Doppik) stellen die Zurückstellung der Weiterverfolgung eines fälligen Anspruchs ohne Verzicht auf den Anspruch dar. Damit hat die Gemeinde den Ressourcenzuwachs zwar zu verzeichnen, so dass ein Ertrag vorliegt. Er ist jedoch zumindest in diesem Wirtschaftsjahr nicht mehr liquiditätsmäßig zu realisieren. Da der Ertrag gemäß § 8 Abs. 3 GemHVO-Doppik immer noch vorliegt, darf er nicht buchungsmäßig „abgesetzt" werden (keine Soll-Buchung auf dem Ertragskonto). Vielmehr liegt hier das Erfordernis einer Wertberichtigung[200] vor, wobei sowohl die befristete als auch die unbefristete Niederschlagung eine Vollabschreibung (Wertberichtigung) Ergebnis belastend beim Aufwendungskonto 5655 Wertberichtigungen zu Forderungen (bei Pauschalwertberichtigung konkret 56552) bewirken. Gemäß § 22 Abs. 2 Satz 2 und 3 GemHVO-Doppik sind die befristeten Niederschlagungen im Rechnungswesen der Gemeinde nachzuweisen (Passivierung beim Konto 211), während die unbefristeten Niederschlagungen auszubuchen sind. Die Wertberichtigungen sind periodengerecht sowohl im Ergebnishaushalt als auch in den zuständigen Teilergebnishaushalten zu berücksichtigen.

Beim Erlass handelt es sich um den Verzicht auf eine Forderung. Hier erfolgt wie bei der Niederschlagung eine ergebnisbelastende sofortige „Abschreibung" der Forderung (Wertberichtigung). Sicherlich ist ein möglicher erheblicher Erlass bei Aufstellung des Haushaltsplanes in der Praxis kaum voraussehbar, da es sich um einen selten vorkommenden Einzelfall handelt, sodass der Berücksichtigung eines Erlasses bei der Veranschlagung kaum in Betracht kommt. Bedeutung könnte dies höchstens bei der Nachtragsplanung erlangen, wenn der Erlass erheblicher Natur ist (§ 7 Abs. 1 GemHVO-Doppik).

Geschäftsvorfall	Zuordnungsentscheidung im Ergebnishaushalt
Verzinsliche Stundung einer Gewerbesteuerforderung für 2021 in Höhe von 3.000.000 € in drei gleichbleibenden Jahresraten	Der Ertrag in Höhe von 3.000.000 € wird trotz Stundung weiterhin dem Haushaltsjahr 2021 zugeordnet.
Befristete Niederschlagung einer einzelnen Mietforderung von 10.000 € in 2021	Der Ertrag in Höhe von 10.000 € bleibt weiterhin im Ergebnishaushalt 2021. Es erfolgt jedoch eine Einzelwertberichtigung in Höhe von 10.000 € als Aufwendung in 2021.

199 Die Besprechung des haushaltsrechtliche Verfahrens – auch mit der Darstellung der Spezialnormen des Abgabenrechts – enthält Kapitel 18.4.

200 Zum Buchungsverfahren – auch zur Abgrenzung der zweifelhaften Forderungen – siehe die ausführliche Darstellung bei *Schmolke/Deitermann*, Industrielles Rechnungswesen IKR, 47. Aufl., Darmstadt 2017, S. 230 ff.

c) Zweckgebundene Zuwendungen und Beiträge für Investitionen
Gemäß § 37 Abs. 2 und 4 GemHVO-Doppik sind zweckgebundene Zuwendungen und Beiträge der Passivseite der Bilanz als Sonderposten zuzuordnen, da sie an bestimmte Investitionen gekoppelt sind, die auf der Aktivseite der Bilanz nachgewiesen werden. Die Sonderposten sind analog zum Abschreibungsverfahren und der Abschreibungsdauer des gebundenen Vermögensgegenstandes aufzulösen und fließen dann mit ihren Teilbeträgen in die entsprechenden Ergebnishaushalte und Ergebnisrechnungen ein. Eine Auflösung ist jedoch nicht in den Fällen vorzunehmen, in denen der Zuwendungsgeber dies formell ausgeschlossen hat (Kapitalzuschüsse – siehe § 37 Abs. 3 GemHVO-Doppik). Die Einzelheiten des Verfahrens sind ausführlich in Kapitel 11.2.2 dargestellt.

d) Sonstige Abgrenzungsnotwendigkeiten bzw. -möglichkeiten
Der Grundsatz der periodengerechten Abgrenzung nach § 8 Abs. 3 GemHVO-Doppik ist ausnahmslos anzuwenden. Insofern ist bei jedem Finanzvorfall die wirtschaftliche Zuordnung zu überprüfen. Die praktischen Beispiele sind vielfältig, sodass an dieser Stelle die Problematik lediglich exemplarisch vorgestellt werden kann.

Erhebt die Gemeinde z. B. Friedhofsgebühren in Höhe von 1.000 € für die Bereitstellung eines Urnengrabes für den Zeitraum von 20 Jahren, so ist der Gebührenertrag auf 20 Jahre mit einem Jahresertrag von je 50 € zu periodisieren. Damit wird erreicht, dass dem Jahresaufwand für die Friedhofsnutzung auch die korrekten Ertragsanteile gegenüberstehen.

Ein weiteres Beispiel sind die Kreditbeschaffungskosten. Soweit sie nicht unerheblich sind (was erheblich ist, definiert die Gemeinde selbst), kann auch hier eine Periodenzuordnung entsprechend der Laufzeit des Kredites erfolgen (Wahlmöglichkeit der Gemeinde). Nimmt die Gemeinde z. B. einen Kredit mit einer Laufzeit von 30 Jahren und einmaligen Kreditbeschaffungskosten von 30.000 € auf, so können die Kreditbeschaffungskosten für diese Laufzeit mit einem Jahresbetrag von 1.000 € erfolgswirksam als Aufwendung aufgelöst werden (siehe dazu auch § 36 Abs. 3 GemHVO-Doppik). Die jeweiligen Gegenbuchungen erfolgen dann auf Rechnungsabgrenzungskonten der Bilanz.

Bei den Beamtengehältern für den Monat Januar besteht dagegen keine Besonderheit, weil diese wirtschaftlich Ressourcenverbrauch (Verbrauch der Dienstleistung eines Mitarbeiters im öffentlich-rechtlichen Dienstverhältnis) für den Monat Januar darstellen und somit unabhängig von der Zahlung im Vorjahr dem neuen Haushaltsjahr zuzuordnen sind. Im Vorjahr ist nach den Regeln der Periodenabgrenzung ein aktiver Rechnungsabgrenzungsposten zu bilden (§ 36 Abs. 1 GemHVO-Doppik).

9.3.3.3 Periodengerechte Zuordnung der Einzahlungen und Auszahlungen im Finanzhaushalt

Der Finanzhaushalt beinhaltet gemäß § 3 GemHVO-Doppik die Einzahlungen und Auszahlungen einer Periode und damit gemäß § 45 Abs. 6 KV M-V eines Kalenderjahres. Angesprochen sind nach § 8 Abs. 4 GemHVO-Doppik die voraussichtlich zu erzielenden oder zu leistenden Beträge, wobei unter einer Einzahlung ein Geldmittelzufluss und unter „Auszahlung" ein Geldmittelabfluss zu verstehen ist.[201] Insofern spricht man beim Finanzhaushalt auch vom Grundsatz der **„Kassenwirksamkeit"**.

Sofern also Ertrags- und Aufwendungspositionen nicht mit kassenwirksamen Zahlungen verbunden sind, bewirken sie keine „Cash-flow-Positionen" und werden nicht im Finanzhaushalt abgewickelt, sodass damit die liquiden Mittel auch nicht tangiert werden. Typische Beispiele dafür sind die Abschreibungen, internen Leistungsverrechnungen und die Aufwendungen für die Zuführung an Rückstellungen.

Die Begriffe Auszahlung und Einzahlung sind im Kapitel 3.1 ausführlich erläutert und mit einer Vielzahl von Beispielen belegt,[202] sodass an dieser Stelle die Verdeutlichung des Haushaltsgrundsatzes anhand von wenigen Beispielen ausreichend erscheint. Dabei werden die bei der vorangehenden Gliederungsziffern dargestellten Finanzvorfälle aufgegriffen, sodass auch noch einmal die Abgrenzungen zum Ergebnishaushalt deutlich werden.

Geschäftsvorfall	Zuordnungsentscheidung im Finanzhaushalt
Überweisung einer Jahresleasingrate für einen Großflächenmäher am 1.10.2021 in Höhe von 12.000 € zu Beginn des Jahresnutzungszeitraums (1.10.2021 bis 30.09.2022)	Der gesamte Auszahlungsbetrag in Höhe von 12.000 € ist in den Finanzhaushalt 2021 einzustellen.
Eingang einer Mieteinnahme von 5.000 € am 20.12.2021 für Januar 2022, weil vertragsmäßig die Mietzahlung zum 20. des Vormonats fällig ist	Da bekannt ist, dass die Miete im Voraus fällig ist, muss der Finanzhaushalt 2021 die Mieteinzahlung für den Monat Januar 2022 berücksichtigen.
Festsetzung der Kreisumlage 2022 durch den Kreis K durch Bescheid im Dezember 2021 in Höhe von 90.000.000 €. Es ist jetzt schon absehbar, dass ein Betrag von 5.000.000 € zugunsten einer Gemeinde bis zum 20.1.2023 zu stunden ist.	Die Beträge der kreisangehörigen Gemeinden werden bis auf den Stundungsbetrag voraussichtlich in 2022 eingehen, sodass dem Finanzhaushalt 2022 des Kreises K 85.000.000 € und dem Finanzhaushalt 2023 des Kreises K 5.000.000 € Einzahlungen aus der Kreisumlage zuzuordnen sind.
Auszahlung einer Hilfe in besonderen Lebenslagen für die Sicherung der Existenzgrundlage für ein halbes Jahr in Höhe von 6.000 € am 1.12.2021	Der gesamte Auszahlungsbetrag in Höhe von 6.000 € ist in den Finanzhaushalt 2021 einzustellen.
Unverzinsliche Stundung einer Gewerbesteuerforderung für 2021 in Höhe von 3.000.000 € in drei gleichbleibenden Jahresraten ab 2022	Der Finanzhaushalt 2021 enthält keine Einzahlungen. Diese Zuordnung erfolgt mit je 1.000.000 € in den Jahren 2022, 2023 und 2024.
Befristete Niederschlagung einer einzelnen Mietforderung von 10.000 € in 2021	Im Finanzhaushalt 2021 ist die niederzuschlagende Mietforderung nicht als Einzahlung nachzuweisen.

Eine Besonderheit stellen die Beamtengehälter für den Monat Januar dar. Wirtschaftlich werden sie für das neue Jahr geleistet, sodass sie dem Ergebnishaushalt des neuen Jahres zuzuordnen sind. Da sie jedoch bereits im Voraus, also noch im Dezember des

201 Im kameralen Haushaltsrecht wurden diese Zahlungen als „Ist-Einnahmen" und „Ist-Ausgaben" bezeichnet.

202 Die praktische Übung Nr. 2 zum Kapitel 3 listet eine Reihe von Abgrenzungsproblemen zwischen Einzahlung und Ertrag sowie zwischen Auszahlung und Aufwand auf.

Vorjahres zu zahlen sind, findet der Geldmittelabfluss noch im alten Jahr statt. Insofern sind die Beamtengehälter für Januar über den Finanzhaushalt und die Finanzrechnung des Vorjahres abzuwickeln.

Ein weiteres Problem stellt die Darstellung von Erschließungsbeiträgen nach BauGB und Beiträgen nach dem KAG vor allem in den Teilfinanzhaushalten dar. Den Investitionsauszahlungen für eine Beitragsmaßnahme stehen u. a. die von den Beitragspflichtigen zu zahlende Beiträge gegenüber. Dabei sind auch beitragspflichtige gemeindliche Grundstücke in die Abrechnung aufzunehmen. Dies hat jedoch wegen der fehlenden Außenwirkung keine Auswirkung auf den Liquiditätssaldo, weil weder Ein- noch Auszahlungen im Sinne von § 8 Abs. 4 GemHVO-Doppik vorliegen. Insofern sieht der Finanzhaushalt zwar die korrekten Investitionsauszahlungen vor, gibt jedoch bei Beteiligung von kommunalen im Abrechnungsbereich liegenden Grundstücken keine Information über den entsprechenden Berechnungsanteil. Wegen der fehlenden Außenwirkung kann auch kein Beitragsbescheid innerhalb der Gemeinde versandt werden (Unzulässigkeit der Innenveranlagung). Es kann somit auch keine Beitragsforderung für kommunale Grundstücke eingestellt werden. Eine Sonderpostenbildung ist für diese Grundstücke demnach ebenfalls ausgeschlossen.

Ein ähnliches Problem stellt sich bei den laufenden grundstücksbezogenen Abgaben wie Steuern, Abfallbeseitigungs-, Straßenreinigungs- und Entwässerungsgebühren für die kommunalen Grundstücke innerhalb der eigenen Gemeindegrenzen dar. Hier werden allerdings Grundbesitzabgabenbescheide vom gemeindlichen Steueramt (Zentrale Dienste/Finanzen) erlassen, sodass diese Positionen durchaus über den Ergebnishaushalt/Finanzhaushalt als Erträge/Einzahlungen und Aufwendungen/Auszahlungen in gleicher Höhe produktorientiert abzuwickeln sind.[203]

9.3.3.4 Übungen

Sachverhalt Nr. 10

Die Gemeinde G plant den Neubau eines Museums mit dreijähriger Bauzeit. Der zuständige Fachdienst rechnet mit Gesamtbaukosten von 6 Mio. €, die sich nach dem Bauzeitenplan gleichmäßig auf die Jahre 2021 bis 2023 verteilen. Das Museum soll dann zum 1.1.2024 eröffnet werden, wobei von einer Nutzungsdauer von 50 Jahren ausgegangen wird. Das Land Mecklenburg-Vorpommern hat angekündigt, den Museumsbau mit einer zweckgebundenen Investitionszuwendung von 20 % zu fördern, davon je zur Hälfte als Ertrags- (§ 37 Abs. 2 GemHVO-Doppik) und als Kapitalzuschuss (§ 37 Abs. 3 GemHVO-Doppik – nicht ertragswirksam auflösbar). Die Zuwendungen sollen entsprechend den kassenwirksamen Auszahlungen der Gemeinde geleistet werden.

Der Bau erfolgt auf einem der Gemeinde bereits seit über 100 Jahren gehörenden Grundstück mit aktuellem Bilanzwert von 250.000 €, auf dem sich zur Zeit eine öffentliche Grünfläche mit Parkcharakter befindet.

203 Dieses Verfahren ist juristisch und betriebswirtschaftlich nicht vertretbar, jedoch praktisch durchaus sinnvoll. Insofern ist dem Gesetzgeber zu empfehlen, diese Besonderheit durch eine Fiktion zum Aufwand und Ertrag zu erklären.

Aufgabe:
Begutachten sie, welche Veranschlagungen die Maßnahme „Museumsbau" in den Ergebnis- und Finanzplänen der Gemeinde G verursachen wird. Nennen Sie dabei auch die anzusprechenden Produktbereiche und Konten. Gehen Sie außerdem auf die Verbindungen zur kommunalen Bilanz ein. Die Notwendigkeit etwaiger Verpflichtungsermächtigungen ist nicht anzusprechen.

Lösung:
Bei den insgesamt 6 Mio. € handelt es sich zunächst um Auszahlungen, die nach § 8 Abs. 3 GemHVO-Doppik entsprechend ihrer Kassenwirksamkeit mit je 2 Mio. € den Finanzplänen der Jahre 2021, 2022 und 2023 zuzuordnen sind. Die Zuordnung erfolgt zum Produktbereich 25.[204] Die Auszahlungen werden beim Konto 785 dokumentiert. Während der Bauphase wird der Teilwert des erstellten Gebäudes beim Bilanzkonto 096 als „Anlage im Bau" nachgewiesen. Mit der Fertigstellung des Gebäudes erfolgt dann eine Umbuchung auf das endgültige Bilanzkonto 034 für das fertiggestellte Museum.

Im Zeitraum der Bebauung ist der Ergebnishaushalt nicht tangiert. Erst mit der Inbetriebnahme des Museums zum 1.1.2024 beginnt der Ressourcenverbrauch (Werteverzehr des Gebäudes), sodass ab 2024 in die Ergebnishaushalte die linearen Abschreibungen in Höhe von jährlich 120.000 € beim Konto 534 einzustellen sind. Abschreibungen werden im Finanzhaushalt nicht nachgewiesen, weil sie keine Geldmittelflüsse und somit keine Auszahlungen bewirken.

Die Investitionszuwendungen des Landes stellen kassenwirksame Einzahlungen dar und sind deshalb im Finanzhaushalt beim Konto 681 in Höhe von jährlich 400.000 € zuzuordnen. Gemäß § 37 Abs. 2 GemHVO-Doppik ist die eine Hälfte des Betrages (Ertragszuschuss) als Sonderposten beim Konto 231 wegen ihrer Zweckbindung auf der Passivseite der Bilanz nachzuweisen. Ein besonderes Problem besteht darin, dass die zweite Hälfte der Zuwendung als Kapitalzuschuss bewilligt wird. Kapitalzuschüsse sind nicht ertragswirksam aufzulösen, weil sie trotz ihrer Zweckbindung der Eigenkapitalstärkung der Gemeinde dienen. Insofern wird der Zuweisungsanteil für den Kapitalzuschuss gemäß § 37 Abs. 3 GemHVO-Doppik in der Kapitalrücklage (Unterkonto zum Eigenkapital) in der Bilanz ausgewiesen (Konto 201).

Ertragszuschüsse sind dagegen – wie oben dargestellt – erfolgswirksam aufzulösen. Der Ertragszuschuss wird nach drei Jahren insgesamt 600.000 € betragen und ist ab dem Jahre 2024 (Inbetriebnahme des geförderten Museumsbaus ertragswirksam für die Dauer von 50 Jahren aufzulösen. Der Nachweis erfolgt als Ertrag beim Konto 415 mit einem Jahresbetrag von 12.000 €. Ein Nachweis im Finanzhaushalt erfolgt jedoch nicht, weil mit der Auflösung keine Zahlung verbunden ist.

Das Grundstück, auf dem das Museum errichtet wird, stellt zur Zeit eine Grünfläche dar, die beim Produktbereich 55 und Bilanzkonto 022 geführt wird. Mit Beginn der Bautätigkeit wird der Nutzungsgrund geändert, sodass in der Anlagebuchhaltung mit Auswirkung auf die Aktivseite der Bilanz eine Umbuchung zum Produktbereich 25 (Museum) erforderlich wird. Gleichzeitig ändert sich auch das Bilanzkonto auf 034.

204 Die Produktbereichszuordnung gilt auch für alle folgenden Finanzvorfälle des Museums.

Ergebnis- und Finanzhaushalt sind nicht tangiert, da weder Erträge noch Aufwendungen (kein Ressourcenzuwachs oder -verbrauch) noch Ein- oder Auszahlungen (keine Geldmittelflüsse) vorliegen. Grundstücke unterliegen keiner Abschreibung.

Sachverhalt Nr. 11

Der Fachdienst „Finanzen" (Kämmerei) bereitet zur Zeit einen Nachtragshaushalt für das Jahr 2021 vor. Dabei liegen ihm die folgenden Anfragen zur periodengerechten Zuordnung einzelner Finanzvorfälle vor:

a) Anfrage der Steuerabteilung

Eine Gewerbesteuerforderung an das Unternehmen U (Nachveranlagung für 2020 auf Grund einer Steuerprüfung) in Höhe von 3 Mio. € wird am 15.12.2021 fällig. U ist jedoch in Insolvenz geraten. Nach Mitteilung des Insolvenzverwalters wird erst nach Abwicklung des Insolvenzverfahrens mit der Zahlung der Steuerschulden zu rechnen sein. Dies wird jedoch nicht vor Mitte 2022 erfolgen.

b) Fachdienst „Öffentliche Sicherheit und Ordnung"

Anfang Dezember 2021 werden an verschiedenen Gemeindestraßen mehrere Großbaustellen eingerichtet. Es ist beabsichtigt, in drei Bereichen „Geschwindigkeitsmessgeräte" (Radarfallen) aufzustellen. Dadurch wird allein für Dezember mit Bußgeldbescheiden im Finanzvolumen von 100.000 € gerechnet. Zu beachten ist dabei, dass der zuständige Dezernent angeordnet hat, die Bescheide wegen der Festtage im Dezember erst im Januar 2022 zu versenden.

c) Fachdienst „Zentrales Immobilienmanagement"

Die Verhandlungen über die Nutzung einer Grundstücksfläche für die Zuwegung für den neuen gemeindlichen Sportplatz stehen kurz vor dem Abschluss. Der Grundstückseigentümer wird der Gemeinde ein Wegerecht für die Dauer von 50 Jahren einräumen. Dafür hat die Gemeinde zum Zeitpunkt des Nutzungsbeginns im Oktober 2021 eine einmalige Entschädigung von 60.000 € zu entrichten.

d) Fachdienst „Personalservice"

Bei der Gemeinde G ist es üblich, aus Gründen der Zahlungsvereinfachung die Beihilfezahlungen für die Beamten zusammen mit den Gehältern zu überweisen. Soweit die Beihilfeanträge bis zum 15.12.2021 eingehen, werden noch Bescheide gefertigt und die Überweisung mit dem Januargehalt 2022 durchgeführt. Nach Schätzungen beträgt dieses Zahlungsvolumen 160.000 €. Soweit die Anträge bis zum 20.12.2021 eingehen, werden sie zwar noch in 2021 beschieden, jedoch erst mit dem Februargehalt 2022 überwiesen (Zahlungsvolumen voraussichtlich 10.000 €). Anträge, die in der Zeit vom 21.12.2021 bis 31.12.2021 eingehen, werden in der ersten Januarwoche 2022 per Bescheid bearbeitet, wobei die Überweisung dann auch mit dem Februargehalt 2022 erfolgt (Zahlungsvolumen voraussichtlich 30.000 €).

Aufgabe:
Begutachten Sie, welchen Haushaltsjahren die Finanzvorfälle zuzuordnen sind. Das Gutachten soll sowohl auf den Ergebnis- als auch den Finanzhaushalt eingehen. Nennen Sie dabei auch die Produktbereichsnummer sowie die Konten im Ergebnis- und Finanzhaushalt.

Lösung:

a) Gemäß § 2 Abs. 1 Nr. 1 i. V. m. § 11 Abs. 1 und 2 GemHVO-Doppik sind die Steuererträge in den Ergebnishaushalt einzustellen, und zwar in dem Jahr, dem sie wirtschaftlich zuzurechnen sind. Es handelt sich laut Sachverhalt um eine Steuerfestsetzung für das Jahr 2021, sodass die Nachzahlung dem Nachtragsergebnishaushalt 2021 zuzuordnen ist. Der Finanzhaushalt enthält gemäß § 3 Abs. 1 Nr. 1 i. V. m. mit § 11 Abs. 1 und 2 GemHVO-Doppik die kassenwirksamen Einzahlungen, somit die voraussichtlich zu erzielenden Beträge. Insofern ist die Steuerzahlung dem Finanzhaushalt des Jahres 2022 zuzuordnen, weil laut Sachverhalt erst Mitte 2022 mit dem Zahlungseingang zu rechnen ist. In beiden Teilplänen ist die Produktgruppe 116 mit den Konten 401 (Ertrag im Ergebnishaushalt) und 601 (Einzahlung im Finanzhaushalt) angesprochen.
b) Aufgrund der bei Lösung a) zitierten Rechtsnormen ist für die Zuordnung zum Ergebnishaushalt der wirtschaftliche Entstehungsgrund entscheidend. Da dieser sich im Dezember 2021 befindet, muss der voraussichtliche Ertrag von 100.000 € noch dem Ergebnishaushalt 2021 zugeordnet werden (Produktgruppe 123, Konto 462). Die Gegenbuchung erfolgt als Forderung. Da die Einzahlung erst nach Versand der Bescheide im Januar 2022 erfolgt, werden die 100.000 € im Finanzhaushalt 2022 ausgewiesen (Produktbereich 123, Konto 662).
c) Der Finanzhaushalt weist die kassenwirksamen Auszahlungen auf, sodass der Betrag von 60.000 € dem Finanzhaushalt 2021 zuzuordnen ist (Produktgruppe 114, Konto 785). Wegerechte werden zu den grundstücksgleichen Rechten gezählt, so dass der Wert des Wegerechtes zu aktivieren ist. Dies erfolgt in 2021 anlässlich des Erwerbs (Vermögenszugang) bei derselben Produktgruppe und dem Konto 035. Nach dem Vertrag ist das Wegerecht auf die Dauer von 50 Jahren beschränkt und unterliegt demnach einem Werteverzehr. § 34 Abs. 1 GemHVO-Doppik bestätigt die Notwendigkeit der Abschreibungen dadurch, dass planmäßige Abschreibungen zu berücksichtigen sind, wenn die Nutzung von Anlagevermögen zeitlich begrenzt ist, was hier mit 50 Jahren Nutzungsdauer vorliegt. Da dieser Ressourcenverbrauch gleichmäßig ist, kommt eine lineare Abschreibung des Wegerechtes in Betracht. Gemäß § 2 Abs. 1 Nr. 14 GemHVO-Doppik sind die Abschreibungen dem Ergebnishaushalt zuzuordnen. Nach § 34 Abs. 4 GemHVO-Doppik ist dem Ergebnishaushalt 2021 eine anteilige Abschreibung zuzuordnen, weil die Nutzung und damit der Ressourcenverbrauch im September 2021 beginnt. Es muss eine monatsgenaue Abschreibung erfolgen. Insofern sind in den Ergebnishaushalt in 2021 Abschreibungen in Höhe von 300 € und ab dem Jahr 2022 jährlich 1.200 € einzustellen (Konto 533). Im letzten Jahr beträgt die Abschreibung dann für neun Monate 900 €.

d) Gemäß § 2 Abs. 1 Nr. 11 i. V. m. § 8 Abs. 3 GemHVO-Doppik hat der Ergebnishaushalt 2021 alle Personalaufwendungen nachzuweisen, die wirtschaftlich diesem Haushaltsjahr zuzuordnen sind. Insofern müssen dem Ergebnishaushalt 2021 alle im Sachverhalt genannten Teilbeträge, also insgesamt 200.000 €, als Beihilfeaufwendungen zugeordnet werden (Konto 5051). Gemäß § 11 Abs. 4 GemHVO-Doppik ist der Beihilfeaufwand auf die Teilhaushalte aufzuteilen. Im Finanzhaushalt dagegen kommt es gemäß § 3 Abs. 1 Nr.11 i. V. m. §8 Abs. 4 GemHVO-Doppik auf den Termin der voraussichtlichen Auszahlung an. Die Beamtengehälter für Januar 2022 werden bereits im Dezember 2021 ausgezahlt, sodass der Beihilfeanteil von 160.000 € dem Finanzhaushalt 2021 zuzuordnen ist. Der Restbetrag gehört wegen der Zahlung mit dem Februargehalt in den Finanzhaushalt 2022. Der Nachweis im Finanzhaushalt erfolgt in denselben Teilhaushalten beim Konto 7051.

9.3.4 Grundsätze der Verständlichkeit (Haushaltsklarheit), der Steuerungsrelevanz sowie Richtigkeit und Willkürfreiheit (Haushaltswahrheit)

9.3.4.1 Informationen zur Verständlichkeit (Haushaltsklarheit) und Steuerungsrelevanz der kommunalen Haushalte

Kernpunkt des Haushaltsplans sind Zahlenwerke. Eine übersichtliche und klare Gestaltung fördert dabei die Überschaubarkeit. Insofern erfolgt zunächst eine grundsätzliche produktorientierte Gliederung des kommunalen Haushaltes (siehe dazu im Einzelnen Kapitel 6). Des Weiteren sind innerhalb der Ergebnis- und Finanzhaushalte zwingend gewisse Ertrags- und Aufwendungsgliederungen gemäß § 2 GemHVO-Doppik (Ergebnisrechnung § 44 GemHVO-Doppik) sowie Einzahlungs- und Auszahlungsgliederungen gemäß § 3 GemHVO-Doppik (Finanzrechnung § 45 GemHVO) vorgesehen. Demnach können zu jedem Teilhaushalt die einzelnen Finanzpositionen abgelesen werden. Jedoch bedarf es zur Verständlichkeit und zur Steuerungsrelevanz des kommunalen Haushalts weitergehender Informationen.

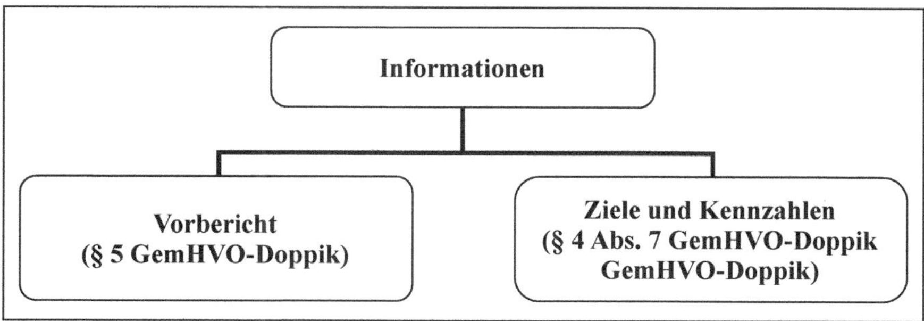

Zunächst einmal ist dem Haushaltsplan nach § 1 Nr. 1 GemHVO-Doppik ein **Vorbericht** beizufügen. Dieser gibt gemäß § 5 GemHVO-Doppik Informationen über die wichtigsten Eckpunkte des Haushaltsplans. Dabei soll ein Gesamtüberblick über die aktuelle Haushaltssituation der Gemeinde gegeben werden. Diese Darstellung ist um die wesentlichen produktbezogenen und finanziellen Zielsetzungen aus gesamtgemeindlicher Sicht zu ergänzen. Außerdem sind die finanziellen Rahmenbedingungen zu erläutern. Informationen über die wichtigsten Investitionsvorhaben, über die Liquiditätslage der Gemeinde sowie über die Entwicklung der wichtigsten Ertrags- und Aufwendungsarten sollten unverzichtbarer Teil eines jeden Vorberichts sein. Hierbei bieten sich auch ergänzende Darstellungen in Form von Statistiken und grafischen Darstellungen an, die die Lesbarkeit informativ unterstützen. Ziel des Vorberichtes ist es demnach, die wichtigsten Finanzdaten des kommunalen Haushalts in kompakter Form aufzuarbeiten und vor allem für gesamtgemeindliche Entscheidungen bereitzuhalten.

Die Verständlichkeit, aber vor allem auch die Steuerungsrelevanz des kommunalen Haushalts wird weiterhin dadurch unterstrichen, dass aufgrund der Vorschriften des § 4 GemHVO-Doppik bei den einzelnen Teilhaushalten die wesentlichen Produkte und deren Auftragsgrundlage, Ziele und Leistungen zu beschreiben sowie Leistungsmengen und Kennzahlen zu Zielvorgaben anzugeben sind. Insofern wird der Haushaltsplan durch verbale Ergänzungen verständlicher gemacht und durch den Ausweis von Zielen sowie Kennzahlen zur Zielerreichung zum Generalkontrakt zwischen Politik und Verwaltung gemacht.

Für die kommunalen Produkte werden zunächst einmal Grunddaten benötigt, die Informationen zur Budgetausgestaltung (Teilhaushalt) zu erhalten. Am nachstehenden Beispiel wird dies verdeutlicht:

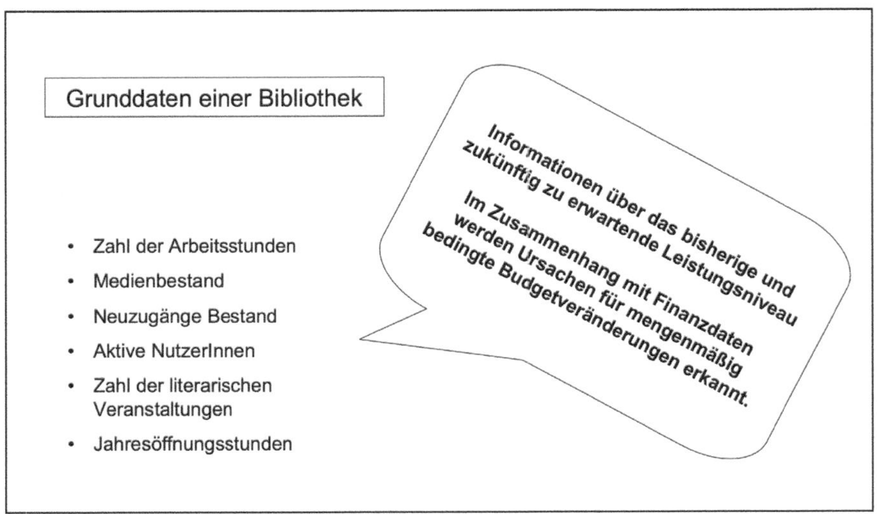

Die eigentlichen Kennzahlen dagegen sollen Messgrößen für die Überprüfung der Zielerreichung darstellen. Das nachfolgende Beispiel soll dies verdeutlichen:

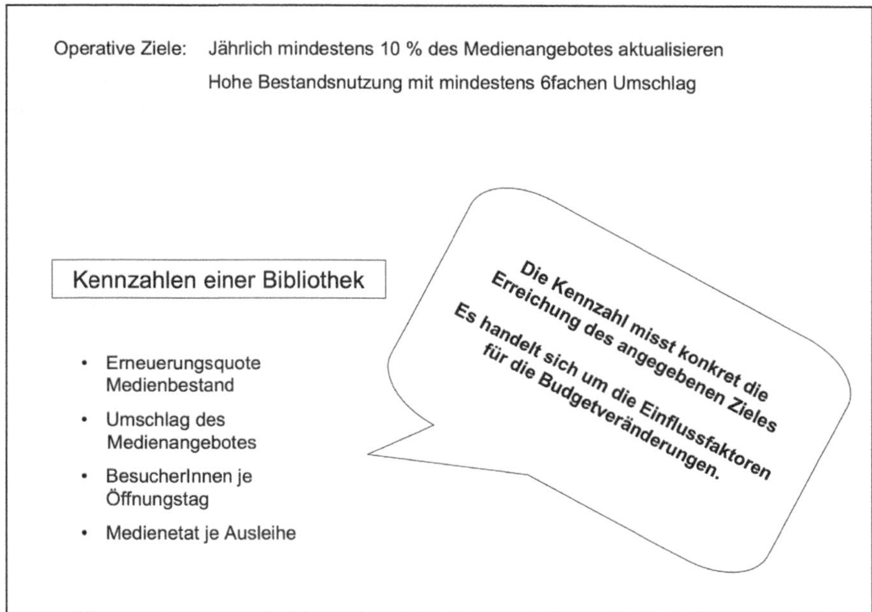

Weitere Beispiele für Zielbeschreibungen und Zielvereinbarungen sind im Kapitel 7.4.5 enthalten.

Durch die Aufnahme der Ziele und Kennzahlen zur Zielerreichung werden diese Haushaltsbestandteil und über die Haushaltssatzung Ortsrecht. Aus diesem Grunde haben Politik und Verwaltung mit allen (legalen) Mitteln zu versuchen, diese Ziele zu erreichen. Die Zielerreichung kann dabei jeweils an den Kennzahlen gemessen werden. Die Verwaltung wird in einem entsprechenden Berichtswesen auch unterjährig über die Realisierung der Ziele und das Erreichen der Kennziffern berichten.

Der Abdruck ausführlicher Beispiele aus der kommunalen Praxis würde den Rahmen dieses Buches sprengen. Insofern wird auf die Haushaltspläne derjenigen Kommunen verwiesen, die bereits ein doppisch ausgerichtetes Planwerk erstellt haben.[205]

9.3.4.2 Richtigkeit und Willkürfreiheit (Haushaltswahrheit)

Die Güte und Produktivität eines Haushaltsplanes hängt weitgehend von der Richtigkeit seiner Planungsdaten ab. Das setzt voraus, dass die Gemeinden bei der Veranschlagung der Erträge und Aufwendungen, der Einzahlungen und Auszahlungen sowie der Verpflichtungsermächtigungen größte Sorgfalt walten lassen.

Die Forderung des § 8 Abs. 2 GemHVO-Doppik lautet: Die Erträge und Aufwendungen sowie die Ein- und Auszahlungen sind sorgfältig zu schätzen, soweit sie nicht errechenbar sind. Insofern besteht für Ergebnis- und Finanzhaushalt ein gleichlauten-

205 Immer mehr Kommunen stellen ihre Haushaltspläne ins Internet ein.

der Veranschlagungsgrundsatz. Scheinansätze oder willkürliche Ansätze zur Herbeiführung des Haushaltsausgleichs sind demnach untersagt.

Die Vorschrift bietet zwei Verfahren für die Haushaltsplanung an. Die vorrangige Methode ist die Berechnung der Finanzvorfälle. In den gemeindlichen Haushaltsplänen ist die Zahl der Finanzvorfälle, die sich exakt oder annähernd genau kalkulieren lassen, in der Minderheit. Möglichkeiten der weitgehenden Berechnung bestehen z. B. bei

- *Mieten, Pachten,*
- *Vereins- und Versicherungsbeiträgen,*
- *Grundsteuern und*
- *Straßenreinigungsgebühren.*

Falls eine Berechnung nicht möglich ist, hat eine gewissenhafte willkürfreie Schätzung zu erfolgen. Beispiele zur weitgehenden Schätzung von Ansätzen sind:

- *Sozialhilfe,*
- *Gebäudeunterhaltung,*
- *Kfz-Betrieb,*
- *Energieversorgung,*
- *Winterdienst und*
- *Gewerbesteuern.*

Ziel der sorgfältigen Schätzung der Ansätze ist es, die Abweichungen zwischen den veranschlagten Beträgen und den späteren Rechnungsbeträgen so gering wie möglich zu halten. Zu diesem Zweck hat die Gemeinde alle möglichen und erreichbaren Hilfsmittel heranzuziehen. Beispiele für Hilfsmittel sind:

- *Kosten- und Leistungsrechnungen,*
- *Vorjahresergebnisse und Besonderheiten des Vorjahres,*
- *zu erwartende Veränderungen,*
- *vom Innenministerium bekannt gegebene Orientierungsdaten,*
- *durch das Bundesfinanzministerium veranlasste Steuerschätzungen,*
- *Informationen der Industrie- und Handelskammer sowie der Handwerkskammern,*
- *Informationsmaterial regionaler und überregionaler Verbände.*

9.3.4.3 Übung

Sachverhalt Nr. 12

Im Rahmen der Planung des Haushalts für das kommende Jahr werden von der Gemeinde G die Erträge aus der Gewerbesteuer gegenüber dem Vorjahr um 3,3 % angehoben. Der zuständige Haushaltssachbearbeiter hat bei der Schätzung der Gewerbesteuererträge die Orientierungsdaten für die Haushalts- und Finanzhaushaltung der Gemeinden (GV) entsprechend dem Haushaltserlass zugrunde gelegt, die eine derartige Steigerung vorsehen.[206] Bekannt ist dem Sachbearbeiter jedoch, dass im kommenden Haushaltsjahr zwei der größten Betriebe der Gemeinde ihren Betriebssitz in den Nachbarort verlegen, also als Steuerzahler ausfallen.

Trotz Vorhaltungen einer Mitarbeiterin bleibt der Haushaltssachbearbeiter bei seiner Auffassung. Er sieht die Orientierungsdaten für die Planung als verbindlich an.

Aufgabe:
Begutachten Sie die Auffassung des Haushaltssachbearbeiters.

Lösung:
Der Haushaltssachbearbeiter hat den Haushaltsplan unter Beachtung der Veranschlagungsgrundsätze aufzustellen. Der in diesem Fall zu beachtende Grundsatz wäre der der Richtigkeit und der Willkürfreiheit (Haushaltswahrheit). Danach sind gemäß § 8 Abs. 2 GemHVO-Doppik u. a. die Erträge sorgfältig zu errechnen. Falls dies nicht möglich ist, hat eine gewissenhafte Schätzung zu erfolgen. Die Erträge aus der Gewerbesteuer sind kaum zu berechnen, demzufolge wendet der Sachbearbeiter zulässigerweise die Methode der Schätzung an.

Im Bereich der methodischen Schätzung geht er von einem Hilfsmittel aus, den Orientierungsdaten für die Haushalts- und Finanzhaushaltung der Gemeinden (GV) des Landes. Es bleibt zu prüfen, ob dieses herangezogene Hilfsmittel bei der Schätzung von Erträgen verbindlich ist. Es besteht jedoch keine rechtliche Verpflichtung, da weder die KV M-V noch die GemHVO-Doppik eine solche vorsehen. Es handelt sich vielmehr lediglich um die Weitergabe von Empfehlungen auf der Grundlage des § 51 HGrG.

Nicht zu übersehen ist jedoch, dass die Empfehlungen eine wichtige Planungsgrundlage darstellen. Von dieser muss aber abgewichen werden, wenn besondere örtliche Gegebenheiten vorliegen, die Anlass geben, von den (hier nur) allgemeinen Erwartungen abzuweichen. Solche Hinweise bestehen laut Sachverhalt, weil zwei wichtige Steuerzahler eine Betriebsverlegung planen, die zu einer Reduzierung der Gewerbesteuererträge führen wird. Der Grundsatz der Richtigkeit nach § 8 Abs. 2 GemHVO-Doppik verlangt demnach, dass diese Besonderheit zu berücksichtigen ist. Es kann somit nicht von der allgemein erwarteten Erhöhung der Steuererträge bei der Gemeinde G ausgegangen werden. Die zu erwartenden Gewerbesteuerausfälle sind bei der Planung zu berücksichtigen.

Der Auffassung des Haushaltssachbearbeiters kann somit nicht gefolgt werden.

9.3.5 Bruttoprinzip (Saldierungsverbot)

9.3.5.1 Grundsatz

In enger Verbindung mit dem Grundsatz der Haushaltsklarheit steht das Prinzip der Bruttoveranschlagung nach § 8 Abs. 1 GemHVO-Doppik. Das Bruttoprinzip erfordert

206 Für Übungszwecke unterstellt.

die getrennte Veranschlagung der Erträge und Aufwendungen im Ergebnishaushalt sowie der Einzahlungen und Auszahlungen im Finanzhaushalt in voller Höhe. Demnach ist es unzulässig, Erträge und Aufwendungen oder Einzahlungen und Auszahlungen vorab aufzurechnen und nur den Saldo zu veranschlagen. Es besteht somit ein ausdrückliches Saldierungsverbot. Das Bruttoprinzip gehört heute zu den nicht mehr wegzudenkenden Prinzipien einer kommunalen Haushaltsführung und bildet die Voraussetzung für die Erreichung des Ziels, den Haushaltsplan so übersichtlich und klar wie nur möglich zu gestalten.[207]

Beispiele für die konkrete Umsetzung des Bruttoprinzip im Ergebnishaushalt sind:

- *Zinserträge dürfen nicht mit Zinsaufwendungen verrechnet werden. Das Gleiche gilt für Zinseinzahlungen und Zinsauszahlungen.*
- *Mieterträge und Mietaufwendungen sind getrennt zu veranschlagen. Das Gleiche gilt für Mieteinzahlungen und Mietauszahlungen.*
- *Erträge werden trotzetwaiger Niederschlagungen in voller Höhe ausgewiesen. Die Niederschlagung bewirkt eine Forderungsabschreibung (Einzelwertberichtigung) als Aufwendung.*
- *Abschreibungen werden in voller Höhe angesetzt, auch wenn der abzuschreibende Vermögensgegenstand zuweisungs- oder beitragsfinanziert ist. Die anteiligen Auflösungsbeträge für Zuweisungen bzw. Beiträge sind als Ertrag nachzuweisen.*

Der Grundsatz gilt aber nicht nur für den Ergebnis- und Finanzhaushalt, sondern auch für die kommunale Bilanz. Wie bereits aus dem letzten Beispiel ersichtlich, dürfen auch Vermögensbeschaffungen nicht mit der Finanzierung des Vermögens saldiert werden. Beispiele sind:

- *Wird eine Grundschule mit Baukosten von 1.000.000 € errichtet, die mit zweckgebundenen Landeszuwendungen in Höhe von 300.000 € finanziert wird, so sind die Baukosten in voller Höhe auf die Aktivseite der Bilanz mit 1.000.000 € einzustellen. Dies ergibt sich aus § 33 Abs. 3 GemHVO-Doppik. Die Zuweisungen sind gemäß § 37 Abs. 2 GemHVO-Doppik als Sonderposten auf der Passivseite der Bilanz mit 300.000 € nachzuweisen. Nicht zulässig ist somit eine Aktivierung in Höhe des Differenzbetrages von 700.000 €.*
- *Wird zum Kauf einer neuen Drehleiter für die Feuerwehr ein zweckgebundener Kredit aufgenommen, so sind auf der Aktivseite die vollen Anschaffungskosten der Drehleiter und auf der Passivseite die Kreditsumme in Höhe der Rückzahlungsverpflichtung nachzuweisen.*
- *Wenn die Gemeinde einen Kredit in Höhe von 10.000.000 € mit einem Auszahlungskurs von 98 % aufnimmt, ist der volle Betrag der Verbindlichkeit zu passivieren, obwohl der Kreditgeber lediglich 9.800.000 € überweist. Beim*

207 Das Bruttoprinzip beruht auf den allgemeinen Grundsätzen der kaufmännischen Buchführung (siehe auch § 246 Abs. 2 HGB).

Auszahlungsverlust handelt es sich um Kreditbeschaffungskosten, die während der gesamten Kreditlaufzeit die entsprechenden Haushaltsjahre periodengerecht wie Zinsaufwendungen belasten. Aus diesem Grunde sind sie zunächst als aktive Rechnungsabgrenzung auf die Aktivseite der Bilanz einzustellen und periodengerecht zum entsprechenden Aufwendungskonto aufzulösen.

9.3.5.2 Ausnahmen vom Bruttoprinzip

§ 11 Abs. 1 GemHVO-Doppik enthält eine Ausnahme vom Prinzip der Bruttoveranschlagung. Er bestimmt, dass **Abgaben, abgabeähnliche Erträge und allgemeine Zuweisungen**, die durch die Gemeinde zurückzuzahlen sind, nicht als Aufwand zu behandeln sind, sondern von den Erträgen abgesetzt werden müssen. Das gilt nicht nur für die Rückzahlungen von Erträgen desselben Jahres, sondern auch für diejenigen Rückzahlungen, die sich auf Erträge aus Vorjahren beziehen. Für die Veranschlagung folgt daraus, dass in diesen Fällen nur der Betrag zu veranschlagen ist, der nach Abzug der vorhersehbaren und gerade bei Abgaben häufigen Zurückzahlungen als voraussichtlicher Gesamtertrag verbleibt. Diese Regelung dient der Arbeitserleichterung. Es würde sonst eine Vielzahl von Rückzahlungskonten notwendig sein.

Zu den Abgaben im Sinne des § 11 Abs. 1 GemHVO-Doppik gehören Steuern, Verwaltungsgebühren, Benutzungsgebühren und öffentlich-rechtliche Beiträge (§ 1 Abs. 1 KAG). Die allgemeinen Zuweisungen sind Zuweisungen des Bundes, des Landes, einer Gemeinde oder eines Gemeindeverbandes, die der Gemeinde ohne Bindung an einen bestimmten Verwendungszweck zufließen und über deren Verwendung sie auch selbst entscheiden kann (z. B. Schlüsselzuweisungen nach dem Finanzausgleichsgesetz). Insofern können diese Planpositionen durchaus als „Nettoveranschlagungsbereiche“ bezeichnet werden.

Kritisch ist anzumerken, dass die frühere kamerale Regelung, dass im selben Jahr Rückzahlungen immer abzusetzen sind, bedauerlicherweise nicht in die Doppik übernommen wurde. Ein weiteres Problem besteht bei den Energiekosten. Wenn zu hohe Abschlagszahlungen geleistet wurden und im nächsten Jahr Erstattungen erfolgen , sind diese trotz Aufrechnung mit der Zahlung als Erträge zu behandeln. Ob dies sinnvoll ist, darf generell bezweifelt werden.

Eine Absetzung der aus der Rückzahlung entstehenden Auszahlungen von den Einzahlungspositionen ergibt sich aus § 11 Abs. 2 GemHVO-Doppik. Wenn schon eine Absetzung für die Erträge vorgesehen ist, muss diese zwangsläufig korrespondierend auch für die Einzahlungen gelten.

9.3.5.3 Besonderheiten

a) Rabatte, Preisnachlässe und Skontierungen

Einer besonderen Betrachtungsweise sind gewährte Rabatte, Preisnachlässe und Skontierungen zu unterziehen. Hierbei handelt es sich nicht um Erträge bzw. Einzahlungen zugunsten der Gemeinde, vielmehr liegen Kaufpreisminderungen vor (siehe hierzu auch § 33 Abs. 2 GemHVO-Doppik: Minderungen des Anschaffungspreises sind abzusetzen). Da § 8 Abs. 1 GemHVO-Doppik nur die Trennung von Erträgen und Aufwendungen sowie von Einzahlungen und Auszahlungen vorsieht, sind gewährte Rabatte, Preisnachlässe und Skontobeträge von der Aufwendung bzw. der Auszahlung abzusetzen. Wird z. B. Büromaterial zum Listenpreis von 100.000 € beschafft und gewährt der Händler einen Behördenrabatt von 20 %, so sind nur 80.000 € zu veranschlagen. Wird zusätzlich ein Skonto von 2 % angeboten, der gemäß § 43 Abs. 4 KV M-V regelmäßig zu nutzen ist, verringert sich der Veranschlagungsbetrag auf 78.400 €.

Der Abzug von Rabatten und Skontobeträgen gilt ebenfalls bei Beschaffungen im investiven Bereich (Zuordnung zur Aktivseite der Bilanz). Bei der nachträglich gewährten Rabattierung und der zeitlich verzögerten Skontoausschöpfung wird zunächst das Aufwendungs- bzw. Bilanzkonto mit dem vollen Wert belastet. Die Nachlässe und Skontobeträge führen dann zu einer Berichtigungsbuchung.[208]

b) Betriebe gewerblicher Art

Bei im kommunalen Haushalt geführten Betrieben gewerblicher Art (z. B. Wochenmärkten, Schwimmbädern, Messeveranstaltungen, Parkhäusern), die umsatzsteuerpflichtig sind, hat ein besonderer Ausweis der Umsatzsteuer und Vorsteuer zu erfolgen. Insofern findet hier eine Art Nettoverbuchung des Ertrages und der Aufwendungen sowie der Bilanzpositionen für Vermögensbeschaffungen statt.

Stellt ein Betrieb gewerblicher Art z. B. Rechnungen oder Gebührenbescheide im Volumen von 238.000 € aus, die Umsatzsteueranteile zum Steuersatz von 19 % enthalten, so sind als Ertrag nur 200.000 € zu berücksichtigen. Beim Restbetrag von 38.000 € handelt es sich um die in Rechnung gestellte Umsatzsteuer, die zum nächsten Steuertermin an das Finanzamt abzuführen ist. Insofern wird dieser Betrag als erfolgsneutrale Verbindlichkeit gegenüber dem Finanzamt behandelt (Passivseite der Bilanz, Konto 374).

Verbraucht ein solcher Betrieb gewerblicher Art z. B. Heizöl zum Einkaufspreis von 11.900 €, so ist dem Aufwendungskonto 522 lediglich ein Betrag von 10.000 € zuzuordnen. Der in Rechnung gestellte Mehrwertsteuerbetrag von 1.900 € gilt als vom Finanzamt zu erstattender Vorsteuerbetrag. Dieser wird beim nächsten Steuertermin geltend gemacht und zunächst als Forderung gegenüber dem Finanzamt auf der Aktivseite der Bilanz dokumentiert (Konto 174). Zum Steuertermin werden Umsatzsteuer und Vorsteuer aufgerechnet. Überwiegt der Umsatzsteueranteil, wird dieser Betrag als „Zahllast" bezeichnet und dem Finanzamt überwiesen. Im umgekehrten Fall besitzt die Gemeinde eine Forderung aus der überschüssigen Vorsteuer.

Hinzuweisen ist bei vermögenswirksamen Beschaffungen und Herstellkosten von Betrieben gewerblicher Art, dass die Anschaffungs- oder Herstellungskosten des Vermögensgegenstands ebenfalls nur netto erfasst werden. Dadurch verringern sich bei solchen Betrieben zwangsläufig auch die nachfolgenden Abschreibungen.

Die Mehrwertsteuer und Vorsteuerbeträge der Betriebe gewerblicher Art sind im Finanzhaushalt der Gemeinde als durchlaufende Gelder nach §§ 3 Abs. 1 Nr. 35 Gem-

208 Zum Verfahren – auch unter Zuhilfenahme von Zwischenkonten – siehe die Darstellung bei *Schmolke/ Deitermann*, Industrielles Rechnungswesen IKR, 47. Aufl., 2017, S. 119 ff.

HVO-Doppik nachzuweisen. In der Finanzrechnung sind die Beträge ebenfalls zu buchen (tatsächliche Geldmittelflüsse).

c) Inzahlungnahmen/Aufrechnungen

Im Rahmen üblicher Geschäftstätigkeiten, denen auch die Gemeinden unterliegen, kann es zu Zahlungsabwicklungen kommen, bei denen gegenseitige Aufrechnungen von Forderungen und Verbindlichkeiten z. B. nach § 387 BGB erfolgen. Bei dieser Aufrechnung handelt es sich lediglich um ein Zahlungserleichterungsgeschäft im Liquiditätsbereich. Insofern wird auch hier der Bruttogrundsatz nicht durchbrochen.

Ein Beispiel dafür ist die vom Zahlungspflichtigen gewünschte Aufrechnung einer gemeindlichen Pachtforderung von 500 € an einen Handwerker gegen eine Verbindlichkeit aus seiner der Gemeinde in Rechnung gestellten Handwerkerleistung über 2.200 €. Die Gemeinde wird nur eine Überweisung von (netto) 1.700 € veranlassen. Der Ertrag aus der Pacht bleibt gemäß § 8 Abs. 1 GemHVO-Doppik weiterhin bei 500 €, und der Unterhaltungsaufwand für die Handwerkerleistung beträgt unverändert 2.200 €. Der Bruttogrundsatz wird auch im Finanzhaushalt dadurch beibehalten, dass eine Einzahlung von 500 € und eine Auszahlung von 2.200 € zu buchen ist.[209]

Ein weiteres Beispiel ist die Inzahlungnahme eines gebrauchten und bereits abgeschriebenen PC mit 50 € beim Kauf eines neuen PC zu 2.000 €. Obwohl die Rechnung des Lieferanten eine Nettoforderung von 1.950 € aufweist, wird als Vermögenszugang nach dem Bruttoprinzip ein Betrag von 2.000 € erfasst. Zudem findet ein Vermögensabgang von 1 € (falls der Restwert mit 1 € und nicht mit 0 € in der Bilanz ausgewiesen ist) für dem sich noch in der Anlagerechnung befindlichen alten PC statt. Als Ertrag aus Verkäufen ist somit die Differenz von 49 € zu bewerten. Im Finanzhaushalt ist eine Einzahlung von 50 € und eine Auszahlung von 2.000 € zu berücksichtigen.

d) Kreditbeschaffungskosten

Bei Kreditaufnahmen können Kreditbeschaffungskosten entstehen. Soweit diese vom Kreditgeber von der Kreditsumme unmittelbar abgezogen werden (Auszahlungsverlust, Disagio) stellt sich die Frage, wie die Kreditaufnahme haushaltsmäßig erfasst wird. Zunächst einmal muss der Kredit mit seinem Nennbetrag (Bruttokredit) passiviert werden (Konto 315).[210] Da der Überweisungsbetrag jedoch durch die Kürzung der Kreditbeschaffungskosten geringer ist, müssen die Kreditbeschaffungskosten im Ergebnishaushalt als Aufwendungen beim Konto 5793 nachgewiesen werden. Dabei bleibt die Möglichkeit einer Rechnungsabgrenzung nach § 36 Abs. 3 GemHVO-Doppik unberührt (siehe dazu Kapitel 9.3.3.2 Buchst. c).

Da die tatsächliche Einzahlung um die Kreditbeschaffungskosten gekürzt ist, erfährt der Finanzhaushalt nur einen Geldmittelzufluss in Höhe des Nettokredits. Dieser

---

209 Allerdings ist nicht zu verkennen, dass in der originären Buchführung ein Geldmittelabfluss von 1.700 € stattfindet, sodass es sich bei diesem Betrag um die Auszahlung handelt. Würden hier jedoch die 1.700 € als Nettoauszahlung verbucht, würde die Finanzrechnung an Aussagekraft verlieren. Den Verfassern ist allerdings bekannt, dass in der Praxis dv-mäßige Umsetzungsschwierigkeiten bestehen.

210 Es wird ein Investitionskredit vom inländischen Kreditmarkt unterstellt.

ist beim Konto 6925 zu veranschlagen. Ein spezieller Ausweis der Kreditbeschaffungskosten im Finanzhaushalt (Konto 7925) erfolgt nur dann, wenn die Kreditbeschaffungskosten nicht abgezogen, sondern zusätzlich zum Bruttokredit zu bezahlen sind.

e) Ergebnisse der kommunalen Sondervermögen
Wie bereits weiter oben als Ausnahme vom Grundsatz der Vollständigkeit besprochen, werden bestimmte kommunale Aktivitäten als „Sondervermögen" außerhalb des Haushaltes finanziell abgewickelt. Beispiele dafür sind die Eigenbetriebe, eigenbetriebsähnliche Einrichtungen, Eigengesellschaften (z. B. GmbH), rechtlich selbstständige Stiftungen und Kommunalunternehmen (Anstalten des öffentlichen Rechts). Die Erträge und Aufwendungen dieser Sondervermögen sind deshalb zwangsläufig nicht im kommunalen Haushalt abgebildet. Die Verbindung geschieht jedoch dadurch, dass evtl. Betriebsergebnisse den kommunalen Haushalt tangieren. So können Gewinnausschüttungen als Erträge/Einzahlungen und Verlustabdeckungen als Aufwendungen/ Auszahlungen in den gemeindlichen Haushalten erscheinen. Diese Finanzmittel sind jedoch Nettobeträge. Das Entstehen und die Zusammensetzung kann im kommunalen Haushalt nicht erkannt werden. Die Einzelheiten sind den Sonderrechnungen zu entnehmen. Lediglich über den Gesamtabschluss (Konzernabschluss) nach § 61 KV M-V, nicht aber im Haushaltsplan, können bestimmte Informationen über die Zusammensetzung der Ergebnisse des Sondervermögens gewonnen werden.

9.3.5.4 Übungen

Sachverhalt Nr. 13
Die Gemeinde G hat am 15.10.2021 ein neues Dienstfahrzeug zu 20.000 € bestellt (voraussichtliche Nutzungsdauer: 10 Jahre). Der Händler nimmt das alte Fahrzeug mit 3.000 € in Zahlung (Bilanzwert 1.000 €) und wird diesen Betrag mit dem Kaufpreis verrechnen. Die Lieferung mit Rechnungsstellung wird für Januar 2022 erwartet. Bei Zahlung innerhalb von 14 Tagen wird der Händler ein Skonto von 3 % auf den Kaufpreis des Neuwagens gewähren. Das alte Fahrzeug soll dem Händler bereits zum 15.12.2021 übergeben werden. Da die Gemeinde sich derzeit bei der Aufstellung eines Nachtragshaushaltes für 2018 und der Haushaltsplanung für 2019 befindet, stellt sich die Frage, welchen Haushaltplänen die Finanzvorfälle für die Beschaffung des Fahrzeuges zuzuordnen sind.

Aufgabe:
Begutachten Sie, welche Veranschlagungen für die Jahre 2021 und 2022 erforderlich sind. Gehen Sie auch auf mögliche Verbindungen zur Bilanz ein. Nennen Sie zudem die durch den Geschäftsvorfall berührten Konten. Auf die Veranschlagung von Verpflichtungsermächtigungen ist nicht einzugehen.

Lösung:
Zunächst ist festzustellen, dass zur praktischen Bearbeitung zwei Haushaltsgrundsätze zu berücksichtigen sind, nämlich das Bruttoprinzip (Saldierungsverbot) und der

Grundsatz der periodengerechten Zuordnung. Zunächst ist nach dem Bruttoprinzip der Kauf des neuen Fahrzeugs vom Verkauf des alten Fahrzeugs zu trennen. Dies ergibt sich aus § 8 Abs. 1 GemHVO-Doppik, wonach Erträge und Aufwendungen sowie Einzahlungen und Auszahlungen zu trennen sind. Dieser Grundsatz gilt gemäß § 33 Abs. 1 und 2 GemHVO-Doppik auch für die Bilanz, weil bei den Vermögensgegenständen die Anschaffungskosten und keine Aufrechnungskosten anzusetzen sind. Insofern sind Anschaffungs- und Verkaufsvorgang getrennt zu behandeln.

Da die Gemeinde gemäß § 43 Abs. 4 KV M-V wirtschaftlich handeln muss, ist davon auszugehen, dass die Rechnung skontiert wird. Der Skontoabzug von 600 € stellt jedoch keinen Ertrag und keine Einzahlung dar. Es handelt sich somit um eine Kürzung der Anschaffungskosten, sodass von einem Anschaffungswert in Höhe von 19.400 € auszugehen ist. Dieser ist dem Konto 0711 auf der Aktivseite der Bilanz zuzuordnen. Gleichzeitig sind in den Finanzhaushalt beim Konto 756 Auszahlungen in derselben Höhe einzustellen. Es fragt sich jedoch noch, welchem Haushaltsjahr die Finanzvorfälle zuzuordnen sind. Entscheidend für die Bilanzierung ist der Termin der Erlangung des wirtschaftlichen Eigentums gemäß Kaufvertrag. Laut Sachverhalt erfolgt die Lieferung im Januar 2022, sodass zu diesem Zeitpunkt die Gemeinde zumindest den Besitz erlangt. Insofern erfolgt die Bilanzierung in 2022. Da auch erst danach die Rechnung beglichen wird, ist die Auszahlung ebenfalls diesem Haushaltsjahr zuzuordnen.

Aus der Fahrzeugbeschaffung entstehen mit der Inbetriebnahme des Fahrzeuges im Jahr 2022 Aufwendungen in Form von Abschreibungen. Diese Abschreibungen sind gemäß § 2 Abs. 1 GemHVO-Doppik in den Ergebnishaushalt einzustellen. Liefertermin, Kauftermin und Inbetriebnahme liegen laut Sachverhalt im Januar 2022, sodass in 2022 ein linearer Abschreibungsbetrag in Höhe von rd. 3.557 € als Aufwendung in den Ergebnishaushalt einzustellen ist[211] (Konto 5381). Da Abschreibungen keine Auszahlungen bewirken, ist der Finanzhaushalt nicht tangiert.

Nunmehr ist die Behandlung der Finanzvorfälle für das in Zahlung gegebene Fahrzeug zu begutachten. Festgestellt wurde bereits oben, dass eine Aufrechnung im Haushaltsplan nicht erfolgen darf. Zunächst einmal ist ein Vermögensabgang über 1.000 € bei der Konto 0114 zu verzeichnen, weil die Gemeinde mit dem Verkauf das Eigentum an diesem Vermögensgegenstand verliert. Der Sachverhalt gibt keine Auskünfte, wann das rechtliche Eigentum auf den Käufer übergeht (evtl. Eigentumsvorbehalt nach § 449 BGB). Für die Bilanzierung ist das wirtschaftliche Eigentum entscheidend. Dieser Grundsatz gilt im Umkehrschluss auch für den Verlust des wirtschaftlichen Eigentums. Mit der Fahrzeugübergabe im Dezember 2021 an den Käufer verliert die Gemeinde G bereits das wirtschaftliche Eigentum am alten Fahrzeug, sodass in 2021 der Abgang auf dem Bilanzkonto herbeizuführen ist.

Der Verkaufspreis von 3.000 € übersteigt den Fahrzeugwert um 2.000 €, sodass ein Ertrag aus Verkäufen in dieser Höhe vorliegt. Dieser Betrag ist dem Ergebnishaushalt 2022 beim Konto 452 zu erfassen, weil gemäß § 8 Abs. 2 GemHVO-Doppik Erträge dem Jahr zuzuordnen sind, dem sie wirtschaftlich zuzurechnen sind. Der Verkaufserlös wird laut Sachverhalt durch die Aufrechnung nach dem BGB in 2022 bewirkt, sodass

211 Abschreibung für 11 Monate nach § 34 Abs. 4 GemHVO-Doppik.

der Ertrag diesem Jahr zuzuordnen ist. Da die Einzahlung ebenfalls durch die Aufrechnung in 2022 bewirkt wird, muss dem Finanzhaushalt 2022 der gesamte Verkaufserlös in Höhe von 3.000 € als Einzahlung zugerechnet werden (Konto 68561).

Sachverhalt Nr. 14
Die Gemeinde G befindet sich zur Zeit bei der Aufstellung des Haushaltes 2022. Dabei wird der Fachdienst „Finanzen" mit folgenden Problemstellungen konfrontiert:

a) Es soll zum 2.1.2022 ein Investitionskredit zum Nennbetrag von 1.000.000 € bei der B-Bank aufgenommen werden. Der Zinssatz beträgt 1 %, die Tilgung gleichbleibend 4 %, zahlbar jeweils zum Jahresende in einer Summe. Zum Termin der Kreditaufnahme fallen einmalige Kreditbeschaffungskosten von 30.000 € an.[212] Die Bank wird die Kreditbeschaffungskosten am 2.1.2022 mit der Kreditsumme verrechnen, sodass lediglich eine Gutschrift von 970.000 € auf dem gemeindlichen Girokonto erfolgen wird. Die Gemeinde G hat auch langfristige Gelder bei der B-Bank (inländischer Geldmarkt) angelegt, für die sie für das Jahr 2022 Zinsgutschriften in Höhe von 10.000 € erhalten wird. Vertraglich werden sind davon 5.000 € am Jahresende 2022 und 5.000 € am 10.1.2023 fällig. Gemeinde und Bank sind sich einig, die zum Jahresende fällige Zinsgutschrift mit den dann zu entrichtenden Schuldendienstleistungen für den neuen Kredit der Einfachheit halber zu verrechnen.
b) Zum Jahresbeginn 2022 werden für 2022 Hundesteuerbescheide mit einem Volumen von 200.000 € versandt. Man rechnet jedoch damit, dass aufgrund von Hundeabmeldungen im Jahr 2022 Steuerbescheide des Jahres 2021 im Volumen von 1.000 € zurückgenommen werden müssen, wobei es dabei zu entsprechenden Rückzahlungen kommen wird.

Aufgabe:
Begutachten Sie, welche Veranschlagungen für das Jahr 2022 aufgrund der Sachverhalte erforderlich sind. Gehen Sie auch auf mögliche Verbindungen zur Bilanz ein. Nennen Sie ebenfalls die durch die Geschäftsvorfälle berührten Konten. Bei den Kreditbeschaffungskosten ist eine Periodenabgrenzung erforderlich.

Lösung:
a) Bei der Kreditaufnahme handelt es sich um eine Verbindlichkeit gegenüber der Bank, die beim Konto 3151 nachzuweisen sind. Es fragt sich jedoch zunächst, in welcher Höhe eine Bilanzierung zu erfolgen hat, weil die Kreditbeschaffungskosten durch Aufrechnung abgesetzt werden. Die Rückzahlungsverpflichtung stellt die Verbindlichkeit dar, sodass die volle Kreditsumme zu passivieren ist. Dies ergibt sich auch aus § 33 Abs. 6 KV M-V, wonach die Verbindlichkeiten in Höhe ihrer Rückzahlungsverpflichtung zu bewerten sind. Es entstehen Schulden im Vo-

212 Die Kreditkonditionen entsprechen nicht der derzeitigen Kapitalmarktsituation. Sie sind lediglich für Übungszwecke so festgesetzt.

lumen von 1.000.000 €. Zudem sind gemäß § 8 Abs. 1 GemHVO-Doppik die Aufwendungen getrennt zu berücksichtigen. Die einmaligen Kreditbeschaffungskosten stellen Aufwendungen für die Kreditbereitstellung dar. Sie sind somit getrennt von der Kreditsumme zu behandeln.
Allerdings hat gemäß § 8 Abs. 3 GemHVO-Doppik eine periodengerechte Zuordnung nach der wirtschaftlichen Zurechenbarkeit zu erfolgen. § 36 Abs. 3 GemHVO-Doppik konkretisiert diese Norm für den Bereich der Verbindlichkeiten, wonach der Unterschiedsbetrag zwischen Rückzahlungsbetrag und Auszahlungsbetrag als Rechnungsabgrenzungsposten auf der Aktivseite auszuweisen ist. Bei einer gleichbleibenden Tilgung von jährlich 4 % beträgt die Kreditlaufzeit 25 Jahre, sodass die Kreditbeschaffungskosten aufwendungsmäßig auf diesen Zeitraum gleichmäßig zu verteilen sind. Insofern erfolgt in 2022 zunächst ein Ausweis der Kreditbeschaffungskosten als aktive Rechnungsabgrenzung (Konto 191). In den Ergebnishaushalt sind die anteiligen Kreditbeschaffungskosten von jährlich 1.200 € periodengerecht als „Abschreibungen" auf die Kreditbeschaffungskosten beim Konto 57931 aufzunehmen. Im Finanzhaushalt sind dagegen lediglich 970.000 € als Einzahlung aus Krediten beim Konto 6925 zu erfassen. Hier erfolgt keine Bruttobuchung, da es sich um den einheitlichen Geschäftsvorfall „Einzahlung aus Krediten" handelt.
Die Zinsen belaufen sich für 2022 auf 10.000 €, die Tilgung auf 40.000 €. Die von der Bank beabsichtigte Aufrechnung ist haushaltstechnisch unbeachtlich, sodass die Zinsaufwendungen im Ergebnishaushalt beim Konto 57511 und als Auszahlung im Finanzhaushalt beim Konto 77511 nachzuweisen sind. Die Tilgung stellt dagegen eine Verringerung der Verbindlichkeiten dar, sodass sie erfolgsneutral dem Konto 320 zuzuordnen ist. Die Auszahlung der Tilgung erscheint im Finanzhaushalt beim Konto 791.
Wie bereits festgestellt sind die Zinsgutschriften für die Kapitalanlage gemäß § 8 Abs.1 GemHVO-Doppik trotz Aufrechnung nach dem Bürgerlichen Gesetzbuch als Ertrag zu behandeln (Konto 4715). Dabei ist gemäß § 8 Abs. 3 GemHVO-Doppik der gesamte Zinsertrag in Höhe von 10.000 € dem Ergebnishaushalt 2022 zuzuordnen, weil es sich unabhängig von der tatsächlichen Zahlung um einen Ertrag der Wirtschaftsperiode 2022 handelt. Im Finanzhaushalt dagegen sind die Einzahlungstermine entscheidend, sodass dort beim Konto 6715 in 2022 lediglich 5.000 € einzustellen sind. Der Restbetrag von 5.000 € ist dem Haushaltsjahr 2023 zuzuordnen.

b) Der Ertrag aus Hundesteuern ist beim Konto 4032 nachzuweisen. Dabei sind zunächst die im Sachverhalt genannten 200.000 € als voraussichtliche Erträge zu berücksichtigen. Problematisch sind die Steuerbescheidrücknahmen mit entsprechenden Steuererstattungen in Höhe von voraussichtlich 1.000 €. Nach § 8 Abs. 1 GemHVO-Doppik sind Erträge und Aufwendungen zu trennen. Bei den Rückzahlungen von Steuerbeträgen handelt es sich somit um Aufwendungen. § 11 Abs. 1 GemHVO-Doppik sieht jedoch vor, dass u. a. bei Abgaben die Rückzahlungen von den Erträgen abzusetzen sind. Dies gilt auch für Rückzahlungen von Abgabeerträgen aus Vorjahren. Zu den Abgaben zählen gemäß § 1 Abs. 1 KAG auch die

Steuern. Insofern sind die 1.000 € erwartete Rückzahlungen von den Erträgen abzusetzen. Zu veranschlagen ist deshalb ein Ertrag aus Hundesteuern in Höhe von 199.000 €.
Der Finanzhaushalt berücksichtigt die voraussichtlichen Ein- und Auszahlungen. Geldmittelzuflüsse und damit Einzahlungen werden für 2022 in Höhe von 200.000 € erwartet, sodass dieser Betrag beim Konto 6032 nachzuweisen ist. Die Rückzahlungen stellen entsprechend § 11 Abs. 2 GemHVO-Doppik Absetzungen von den Einzahlungen (Rotabsetzungen) dar, die als Auszahlung dem o. a. Konto 6032 in Höhe von 1.000 € zuzuordnen sind.

9.3.6 Einzelveranschlagung

9.3.6.1 Grundsatz

Dieser Haushaltsgrundsatz besagt, dass Erträge und Einzahlungen nach ihrem Entstehungsgrund, Aufwendungen und Auszahlungen nach ihrem Verwendungszweck zu veranschlagen sind. Angesprochen ist somit die sachliche Spezifizierung. Die Ausprägung der Einzelveranschlagung ergibt sich für den Ergebnishaushalt aus § 2 GemHVO-Doppik. Danach ist nicht für jede Ertrags- und Aufwendungsart ein Einzelnachweis erforderlich. Insofern erfolgt keine Veranschlagung nach dem System der einzelnen Kontierungen. Vielmehr werden Ertrags- und Aufwendungsarten zu Kontengruppen zusammengefasst. Diese werden als „Positionen des Ergebnishaushaltes" bezeichnet.

Neben den zu veranschlagenden Ertrags- und Aufwandspositionen sind auch entsprechende Saldierungen vorzunehmen.

Da es sich nach § 2 GemHVO-Doppik um eine Mindestgliederung handelt, könnten die Gemeinden weitergehende Unterteilungen vornehmen. Von einer weitreichenden zusätzlichen Unterteilung ist aber abzuraten, da der Haushaltsplan als genereller Finanzkontrakt zwischen Politik und Verwaltung nur globale Finanzvereinbarungen enthalten soll und die Betriebssteuerung vielmehr über Zielvereinbarungen und Kennzahlen zur Zielerreichung durchzuführen ist.

Bei den Teilergebnishaushalten sind von den o. a. Positionen die Positionen 1 bis 19 darzustellen, zusätzlich weitere Erträge und Aufwendungen aus internen Leistungsbeziehungen nachzuweisen.

Der Finanzhaushalt sieht nach § 3 Abs. 1 GemHVO-Doppik ebenfalls eine entsprechende Mindestgliederung vor.

Eine besondere Form der Einzelveranschlagung erfolgt im produktorientierten Teilfinanzhaushalt nach § 4 Abs. 7 GemHVO-Doppik. Hier sind Investitionen und Investitionsförderungsmaßnahmen, die sich über mehrere Haushaltsjahre erstrecken oder die die von der Gemeindevertretung festgelegten Wertgrenzen für die genannten Auszahlungen überschreiten, einzeln im Teilfinanzhaushalt in einer Investitionsübersicht darzustellen. Neue Investitionen und Investitionsförderungsmaßnahmen sind zu erläutern (Einzelveranschlagung der Investitionsmaßnahmen).

Baut eine Gemeinde z. B. gleichzeitig zwei Grundschulen (Nord und Süd), so müssen zunächst die Auszahlungsarten für die Schulen auf der Basis der vorgenannten Gliederung veranschlagt werden. In einem weiteren Schritt sind dann die Auszahlungsarten noch einmal auf die einzelnen Schulen aufzuteilen. Das Gleiche gilt für die Einzahlungen. Am nachstehenden Beispiel wird die Einzelveranschlagung für das Jahr 2021 deutlich, wobei die Vorjahresangaben nicht aufgeführt sind:

Teil-Finanzhaushalt Investitionstätigkeit	**Ansatz 2021**	**VE 2021**	**Planung 2022**	**Planung 2023**	**Planung 2024**
Einzahlungen					
aus Zuwendungen für Investitionsmaßnahmen	200.000		300.000	0	0
aus der Veräußerung von Sachanlagen	10.000		40.000	0	0
sonstige Investitionseinzahlungen	0		0	100.000	0
Summe der investiven Einzahlungen	**210.000**		**340.000**	**100.000**	**0**
Auszahlungen					
für Erwerb von Grundstücken u. Gebäuden	200.000	100.000	100.000	0	0
für Baumaßnahmen	780.000	800.000	600.000	300.000	0
für Erwerb von beweglichem Anlagevermögen	10.000	50.000	200.000	80.000	10.000
Summe der investiven Auszahlungen	**990.000**	**950.000**	**900.000**	**380.000**	**10.000**
Saldo Investitionstätigkeit PB Schulen	**–780.000**		**–560.000**	**–280.000**	**–10.000**

Übersicht Investitionsmaßnahmen	**Ansatz 2018**	**VE 2018**	**Planung 2019**	**Planung 2020**	**Planung 2021**
Maßnahmen oberhalb der Wertgrenze					
Einzahlung: Landeszuweisung Schule Nord	50.000		50.000	0	0
Auszahlung: für Grunderwerb Schule Nord	100.000	0	0	0	0
Auszahlung: Baumaßnahme Schule Nord	400.000	300.000	300.000	0	0
Saldo Investitionsmaßnahme Schule Nord	–450.000		–250.000	0	0
Einzahlung: Landeszuweisung Schule Süd	150.000		250.000	0	0
Auszahlung: für Grunderwerb Schule Süd	100.000	100.000	100.000	0	0
Auszahlung: Baumaßnahme Schule Süd	380.000	500.000	300.000	300.000	0
Auszahlung: bewegl. Vermögen Schule Süd	0	50.000	190.000	70.000	0
Saldo Investitionsmaßnahme Schule Süd	–330.000		–340.000	–370.000	0
Saldo	**–780.000**	**950.000**	**–590.000**	**–370.000**	**0**
Maßnahmen unterhalb der Wertgrenzen					
Summe der investiven Einzahlungen	10.000		40.000	100.000	0
Summe der investiven Auszahlungen	10.000		10.000	10.000	10.000
Saldo	**0**		**30.000**	**90.000**	**–10.000**

Die Einzelveranschlagung im Investitionsbereich dient zunächst einmal der Übersichtlichkeit. Sie soll aber auch der Politik die Möglichkeit geben, jede einzelne Investition zu beraten und zu beschließen. Gerade in der Investitionsbereitstellung ist ein wichtiges Element der Selbstverwaltung als Ausfluss der Etathoheit verankert.[213]

9.3.6.2 Ausnahmen

Nicht bei allen Finanzpositionen der Planung ist der Grundsatz der Einzelveranschlagung realisiert. Aus praktischen Gründen wird er in zwei Bereichen durchbrochen.[214]

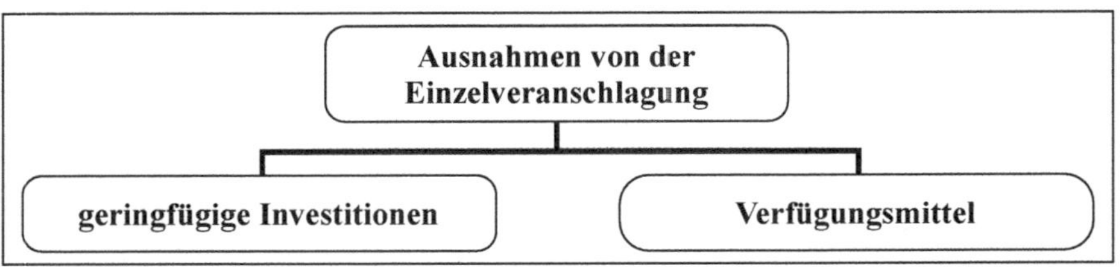

a) geringfügige Investitionen

Gemäß § 4 Abs. 7 GemHVO-Doppik sind in den Teilfinanzhaushalten im Investitionsbereich u. a. die einzelnen Maßnahmen getrennt abzubilden. Dies würde für sämtliche Investitionen zutreffen, also auch für geringfügige (z. B. Beschaffung eines Tageslichtprojektors mit Auszahlung von 600 € als Einzelgegenstand). Insofern sieht die Vorschrift wie bereits dargestellt zu Recht vor, dass eine Einzelveranschlagung als Maßnahme in den Teilfinanzplänen erst oberhalb einer von der Gemeindevertretung zu bestimmenden Wertgrenze zu erfolgen hat. Geringfügige Investitionsmaßnahmen werden deshalb nicht als einzelne, sondern als Sammelpositionen für Investitionsmaßnahmen nachgewiesen. Im Beispiel auf der Vorseite ist dies dargestellt, indem ein Sammelbetrag für Beschaffungen von beweglichen Sachen in Höhe von 10.000 € ausgewiesen ist. Die Festsetzung der Geringfügigkeitsgrenze durch die Gemeindevertretung kann durch einfachen Beschluss der Gemeindevertretung erfolgen. Effektiver ist jedoch die Festlegung im Rahmen der Haushaltssatzung (ab § 7, bei Haushaltssicherungsgemeinden ab § 8), weil die Geringfügigkeitsgrenze sich auf das mit der Satzung erstellte Planwerk bezieht.

213 Die Einzelheiten der Haushaltsgliederung in den Teilplänen sind ausführlich im Kapitel 7.4 dargestellt.

214 Die im früheren kameralen Haushaltsrecht zugelassenen „Vermischten Einnahmen“ und „Vermischten Ausgaben“ sind im doppischen Finanzmanagement nicht vorgesehen. An ihre Stelle treten Finanzmittel mit der Bezeichnung „Sonstige Erträge/Einzahlungen“ und „Sonstige Aufwendungen/Auszahlungen“ zu den einzelnen Positionen nach §§ 2 und 3 GemHVO-Doppik. Beispiele sind „Sonstige Transferaufwendungen“ oder „Sonstige Einzahlungen aus laufender Verwaltungstätigkeit“. Insofern wird die Einzelveranschlagung nicht durchbrochen. Das Instrument einer Deckungsreserve als zweckfreier Ansatz zur Deckung späterer über- und außerplanmäßiger Aufwendungen und Auszahlungen kennt das NKHR-MV ebenfalls nicht, weil eine Deckungsreserve nicht der Einzelveranschlagung entspricht. Vorsorge für evtl. zum Zeitpunkt noch nicht bekannte Mehraufwendungen bzw. -auszahlungen kann durch eine vorsichtige Veranschlagung der einzelnen Positionen im Ergebnishaushalt und Finanzhaushalt getroffen werden.

b) Verfügungsmittel

Bei den Verfügungsmitteln handelt es sich um Aufwendungen und Auszahlungen des Bürgermeisters für dienstliche Zwecke, für die keine zweckbezogenen Aufwendungsplanpositionen und Auszahlungsplanpositionen zur Verfügung stehen.

Eine Regelung zu den Verfügungsmitteln findet sich in § 10 GemHVO-Doppik. Festzustellen ist hierbei, dass die Verfügungsmittel in angemessener Höhe zur Verfügung gestellt werden können (also nicht zwangsläufig dem Bürgermeister zur Verfügung gestellt werden müssen). Was angemessen ist, entscheidet die Gemeindevertretung. Der Bürgermeister verfügt somit über eine ihm zustehende Planermächtigung, aus der er zweckübergreifend Haushaltsmittel bewirtschaften kann. Bedingung ist lediglich der dienstliche Verwendungszweck und die nicht an anderer Stelle bereitgestellten Mittel. Der Bürgermeister verwendet diese Haushaltsermächtigungen in der Regel für Repräsentationszwecke. Da jedoch hier Zahlungen aus verschiedenen Positionen des Ergebnis- und Finanzhaushaltes geleistet werden können (z. B. nicht veranschlagte Transferaufwendungen und Aufwendungen für Sachleistungen) wird bei den Verfügungsmitteln der Grundsatz der Einzelveranschlagung durchbrochen. Die Praxis spricht von einer sogenannten „zweckfreien Planposition in pauschaler Form“. Die Verfügungsmittel sind laut GemHVO-Doppik gesondert im Ergebnishaushalt beim Konto 5692 (Produktgruppe 111) und im Finanzhaushalt beim Konto 7692 auszuweisen.

9.3.6.3 Übungen

Sachverhalt Nr. 15

Die Gemeindevertretung der Gemeinde G hält den vom Bürgermeister vorgelegten Haushalt für das kommende Jahr für viel zu detailliert. Die Vielzahl von Daten könne die Politik nicht mehr verarbeiten. Zum Zweck der Informationsstraffung beschließt die Gemeindevertretung deshalb einstimmig, im Teilergebnishaushalt u. a. für die Produktgruppe 421 „Sportförderung“ die Personal- und Sachaufwendungen zusammenzufassen und unter der Position „Bewirtschaftungsaufwand“ ausweisen. Im Teilfinanzhaushalt zur selben Produktgruppe sollen nur noch die Gesamtsummen der Investitionsein- und -auszahlungen ausgewiesen werden.

Beim Teilergebnishaushalt des Produktbereichs 11 „Innere Verwaltung“ dagegen möchte die Gemeindevertretung eine differenziertere Darstellung dahingehend erhalten, dass bei den Personalaufwendungen eine Unterteilung nach Beamten und tarifrechtlich Beschäftigten erfolgt. Begründet wird diese Differenzierung damit, dass die Öffentlichkeit deutlich gemacht werden soll, wie sich die einzelnen Personalaufwendungen in den Servicebereichen zusammensetzen.

Aufgabe:

Begutachten Sie, ob und ggf. was der Bürgermeister aufgrund des Beschlusses der Gemeindevertretung zu veranlassen hat.

Lösung:
Der Bürgermeister müsste gemäß § 33 Abs. 1 KV M-V den Beschluss der Gemeindevertretung beanstanden, sofern er rechtswidrig ist. Gemäß § 4 Abs. 5 i. V. m. § 2 Abs. 1 GemHVO-Doppik muss der Teilergebnishaushalt eine bestimmte Mindestgliederung aufweisen. Danach sind u. a. Personalaufwendungen und Aufwendungen für Sach- und Dienstleistungen getrennt zu veranschlagen (Einzelveranschlagung). Die von der Gemeindevertretung beschlossene „Zusammenlegung" der Finanzpositionen verstößt somit gegen diese Regelung und ist demnach rechtswidrig. Der Bürgermeister hat deshalb in diesem Punkt den Beschluss der Gemeindevertretung zu beanstanden.

Eine ähnliche Vorschrift enthält § 4 Abs. 6 i. V. m. § 3 Abs. 1 GemHVO-Doppik für die Teilfinanzhaushalte. Hier ist nach bestimmten Ein- und Auszahlungspositionen für Investitionen zu unterteilen sowie nach (wesentlichen) Investitionsmaßnahmen zu trennen. Die beabsichtigte Zusammenfassung der Ein- und Auszahlungen ist somit ebenfalls rechtswidrig, sodass auch hier der Bürgermeister zu beanstanden hat. Jedoch hat die Gemeindevertretung nach § 4 Abs. 7 GemHVO-Doppik ein Wertgrenze für geringfügige Investitionen (diese können zusammengefasst angegeben werden) festzulegen.

Die differenzierte Untergliederung beim Produktbereich „Innere Verwaltung" ist dagegen zulässig, weil § 4 Abs. 5 GemHVO-Doppik für die Teilergebnishaushalte auf die Mindestgliederung des § 2 Abs. 1 GemHVO-Doppik verweist. Bei einer Mindestgliederung sind zwangsläufig weitere Unterteilungen zulässig. Dabei ist an dieser Stelle nicht zu beurteilen, ob die weitere Unterteilung sinnvoll ist. Es kommt beim Beanstandungsrecht des Bürgermeisters allein auf die Rechtmäßigkeit an.

Sachverhalt Nr. 16[215]
Bei der Gemeinde G ist es im Rahmen der Repräsentation üblich, bei Vereinsjubiläen den Vereinen Goldmünzen zu überreichen. Der Verein V soll jetzt zu seinem 100-jährigen Bestehen eine solche Münze zum Kaufpreis von 500 € erhalten.

Die im Haushalt enthaltenen Repräsentationsmittel sind jedoch bereits ausgeschöpft und können deshalb nicht eingesetzt werden. Der Bürgermeister möchte stattdessen seine im Haushalt veranschlagten und noch reichlich vorhandenen Verfügungsmittel einsetzen. Das Rechnungsprüfungsamt erhält den Buchungsbeleg zur Vorprüfung.

Aufgabe:
Begutachten Sie, wie die Prüfung des Rechnungsprüfungsamts ausfallen wird.

Lösung:
§ 3 des Kommunalprüfungsgesetzes (KPG M-V) nennt die Aufgaben der örtlichen Prüfung. Insofern prüft das RPA auch die Rechtmäßigkeit des im Sachverhalt genannten Buchungsbeleges. Die Zuordnung der Aufwendungen bzw. der Zahlung zu den Verfügungsmitteln könnte rechtswidrig sein. Verfügungsmittel dürfen u. a. nur für dienstliche Zwecke eingesetzt werden. Die Verwendung der Finanzmittel für Reprä-

215 Es handelt sich hier nicht um eine Veranschlagungs-, sondern um eine Ausführungsproblematik. Mit diesem Fall wird jedoch die Ausnahme zur Einzelveranschlagung (zweckgerechte Verwendung der Verfügungsmittel) verdeutlicht.

sentationen ist dienstlicher Natur, weil auch freiwillige Aufgabenerfüllungen dazu zu zählen sind. Eine private Verwendung durch den Bürgermeister liegt nicht vor; er handelt in einer gemeindlichen Angelegenheit. Die Verfügungsmittel können aber grundsätzlich nur eingesetzt werden, wenn für den Zweck keine anderen Aufwendungen und Auszahlungen veranschlagt sind. Laut Sachverhalt sind gerade für Repräsentationszwecke spezielle Mittel im Haushalt enthalten. Dabei ist es unerheblich, dass diese Mittel bereits erschöpft sind. Die Beschaffung der Goldmünzen kann somit nicht den Verfügungsmitteln zugeordnet werden. Das Rechnungsprüfungsamt hat deshalb den vorgelegten Buchungsbeleg als rechtswidrig zu beanstanden.[216]

9.4 Grundsätze ordnungsmäßiger Buchführung (GoB-K)[217]

9.4.1 Allgemeines

Die Grundsätze ordnungsmäßiger Buchführung beziehen sich vom Wortlautlaut sicherlich auf das tägliche Buchungsgeschäft. Dieses Buchungsgeschäft mündet im Jahresabschluss, sodass die GoB-K auch konkrete Auswirkungen auf die Rechnungslegung haben. Da die Gemeinden aber auch eine vorausschauende Haushaltsplanung in Form von Ergebnis- und Finanzhaushalt zu erbringen haben, sind diese Grundsätze auch für die Aufstellung des Haushaltsplanes zu beachten. Insofern ist es nachzuvollziehen, dass diese Grundsätze bei den vorangehenden Gliederungsziffern bereits ganz oder teilweise als Veranschlagungsgrundsätze angesprochen wurden. An dieser Stelle soll jedoch neben einem Gesamtüberblick vor allem auf die Buchführungsregeln eingegangen werden.

Die nachstehende Übersicht unterscheidet zudem noch in Ziele der Buchführung (allgemeine Grundsätze ordnungsmäßiger Buchführung) und in die eigentlichen Grundsätze, mit denen die Ziele realisiert werden sollen (spezielle Grundsätze ordnungsmäßiger Buchführung).

216 Die Mittel müssten stattdessen bei den Repräsentationsaufwendungen und -auszahlungen im Bereich der sonstigen ordentlichen Aufwendungen bzw. Auszahlungen (Kontierung bei 5693 zusätzlich bereitgestellt werden (z. B. im Bewilligungsverfahren nach § 50 KV M-V). Es bestehen hier aber mindestens Zweifel an der Unabweisbarkeit, die Unvorhersehbarkeit dürfte auch nicht gegeben sein.

217 Eine umfangreiche Darstellung der kommunalen Bilanzanalyse mit einer Vielzahl von praktischen Bei-spielen und Übungen enthält *Lasar*, Kommunales Rechnungswesen in Niedersachsen, Band 2: Jahresabschluss und Jahresabschlussanalyse, 3. Aufl., Wiesbaden 2022, Kap. 7.

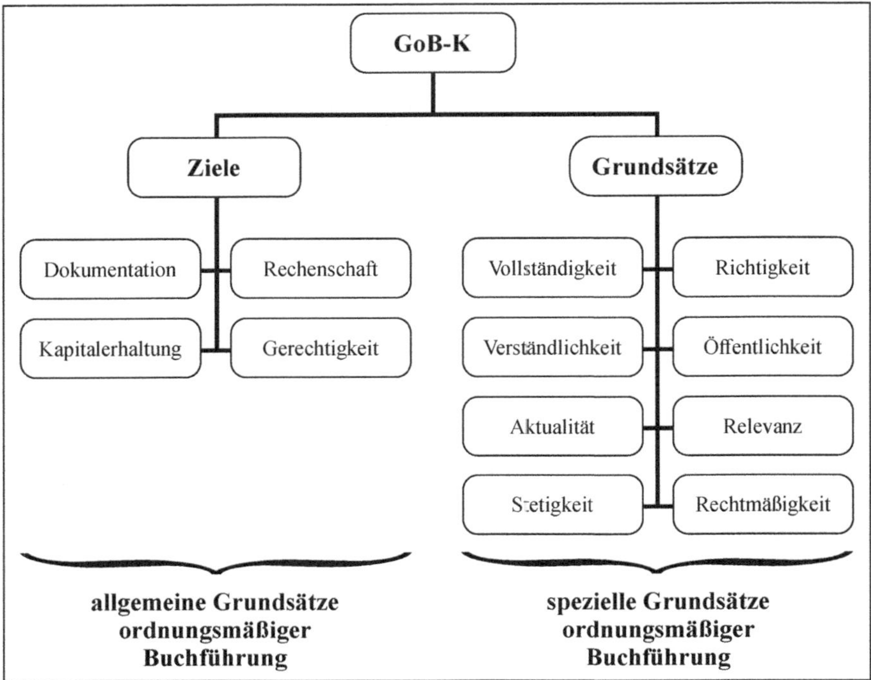

Die Grundsätze ordnungsmäßiger Buchführung für Kommunen sind weitgehend an die der kaufmännischen Buchführung angelehnt, die sich aus den Regeln des HGB und dem kaufmännischen Gewohnheitsrecht ergeben. Sie sind allerdings – soweit erforderlich – auf die Besonderheiten der Gemeinden abgestellt, sodass förmlich von den „Grundsätzen ordnungsmäßiger Buchführung für Kommunen" (GoB-K) gesprochen wird. Wegen dieser Spezialität sind sie zwangsläufig in den kommunalrechtlichen Vorschriften der KV M-V und der GemHVO-Doppik verankert. Einen generellen Hinweis zur Beachtung dieser Grundsätze enthält § 43 Abs. 5 Satz 2 KV M-V, weiter wird an verschiedenen Stellen der GemHVO-Doppik auf die GOB hingewiesen, ohne jedoch näher zu definieren, was konkret die GOB im Sinne der Verordnung sein sollen.

9.4.2 Ziele ordnungsmäßiger Buchführung (allgemeine Grundsätze ordnungsmäßiger Buchführung)

9.4.2.1 Dokumentation

Oberstes Ziel der Buchführung ist es, einen fundierten Nachweis über die Finanzsituation einer Gemeinde zu erhalten. Dazu ist es notwendig, jeglichen Geschäftsvorfall finanzieller Art zu erfassen. Dies erinnert an den bereits besprochenen Veranschlagungsgrundsatz der Vollständigkeit für die Haushaltsplanung. Es soll somit durch die

Buchführung ein lückenloses Abbild der Güter-, Ertrags- und Aufwendungs- sowie Zahlungsbewegungen erfolgen. Dabei ist es wichtig, die konkrete Realität zu dokumentieren, indem lebensechte Bewertungen und Buchungen zeitnah durchgeführt werden.

9.4.2.2 Rechenschaft

Ein weiteres wichtiges Ziel stellt die Rechenschaft über die Ausführung der kommunalen Haushaltswirtschaft dar. Bei Unternehmen erfolgt die Rechenschaftslegung gegenüber den Eigentümern. Bei der Gemeinde bestehen keine Eigentumsverhältnisse. Da jedoch die Kommunen öffentliche Gelder einziehen, um Leistungen bzw. Einrichtungen für die Einwohner zur Verfügung zu stellen, hat die Öffentlichkeit Anspruch auf Informationen zur Finanzsituation der Gemeinde. Eine solche Information kann es nur geben, wenn die Finanzmittel ordnungsgemäß gebucht und zudem in einem ordnungsgemäßen Jahresabschluss dokumentiert werden.

Die konkrete Rechenschaftslegung erfolgt jedoch gegenüber den gewählten Vertretern der Einwohnerschaft, den Gemeindevertretern. So muss der aufgrund der Buchführung erstellte Jahresabschluss gemäß § 60 Abs. 5 KV M-V durch die Gemeindevertretung bis zum 31.12. des auf das Haushaltsjahr folgenden Jahres festgestellt (beschlossen) werden, weiter ist in einem gesonderten Beschluss über die Entlastung des Bürgermeisters zu befinden. Es handelt sich hier um den letzten „Akt" der formellen Rechenschaftslegung.

Nach den Vorschriften des § 60 Abs. 2 und 3 KV M-V sind konkret die Bestandteile und Anlagen des Jahresabschlusses angegeben. Eine gleichlautende Regelung findet sich in § 42 Abs. 1 und 2 GemHVO-Doppik; hier ist sie eigentlich entbehrlich, da bereits in der KV geregelt.

Eine spezielle Regelung zum Rechenschaftsbericht (Anlage zum Jahresabschluss) ergibt sich aus § 49 GemHVO-Doppik. Neben den wichtigsten Ergebnissen des Jahresabschlusses sowie der Analyse zur Aufgabenerfüllung ist entsprechend Absatz 3 auch auf Ereignisse einzugehen, die sich nach Schluss des Haushaltsjahres ergeben haben, und es ist ein Ausblick über künftige Chancen und Entwicklungen der Gemeinde zu geben.

Die Rechenschaftslegung erfolgt auch gegenüber der Gesamtbevölkerung, weil gemäß § 60 Abs. 6 KV M-V der Beschluss über die Feststellung des Jahresabschlusses und die Entlastung des Bürgermeisters öffentlich bekanntgemacht wird und der Jahresabschluss (einschließlich Prüfvermerk) danach zur Einsichtnahme ausliegt.[218]

9.4.2.3 Kapitalerhaltung und intergenerative Gerechtigkeit

Ein Unternehmen, das sein Kapital nicht erhalten kann, wird nicht bestehen können. Zwar unterliegen Gemeinden keinem Insolvenzverfahren, jedoch muss der Grundgedanke jeglicher kommunalen Tätigkeit darauf ausgerichtet sein, das kommunale Kapital zu erhalten. Wird das für die Aufgabenerfüllung benötigte kommunale Vermögen

218 Einzelheiten dazu sind beim Haushaltsgrundsatz der Öffentlichkeit in Kapitel 9.2.6 dargestellt.

nicht auf Dauer erhalten, sondern ständig ohne Erneuerung verbraucht, lebt die Bevölkerung einer Periode zu Lasten der Bevölkerung der nächsten Perioden. Dieses ist ein Verstoß gegen den Grundsatz der intergenerativen Gerechtigkeit. Jede Periode soll mit ihrem Ressourcenverbrauch belastet werden, den sie verursacht. Sie soll diesen Ressourcenverbrauch auch finanzieren, d. h. durch Erträge erwirtschaften. Vorgriffe auf spätere Perioden sowie deren ungerechtfertigte Belastungen sind zu vermeiden. Insofern muss der Grundsatz der intergenerativen Gerechtigkeit im Zusammenhang mit dem Grundsatz der Kapitalerhaltung gesehen werden.

Ausgangspunkt dafür sind die Regeln des Haushaltsausgleichs. Gemäß § 43 Abs. 6 KV M-V ist der Haushalt jeweils in Planung und Rechnung auszugleichen. Nach § 16 Abs. 1 GemHVO-Doppik ergeben sich folgende Ausgleichsverpflichtungen:

- § 16 Abs. 1 Nr. 1 Ergebnishaushalt: Erträge ≥ Aufwendungen (einschl. Fehlbetragsausgleich Vorjahre)
- § 16 Abs. 1 Nr. 2 Finanzhaushalt: kein negativer Saldo der laufenden Ein- und Auszahlungen.

Ein besonderes Problem stellt sich bei der Kapitalerhaltung in der Vermögensbewertung und den sich daraus ergebenden bilanziellen Abschreibungen. Wenn die Abschreibungen in derselben Periode durch Erträge erwirtschaftet werden, wird auch die Bevölkerung in dieser Periode mit dem selbst verursachten Verbrauch des kommunalen Vermögens belastet.[219] Damit fließt das aufgewandte Kapital über die Abschreibungen wieder dem Vermögen zu, sodass im Rahmen dieser intergenerativen Gerechtigkeit das Kapital refinanziert wird und damit erhalten bleibt. Allerdings ist hier festzustellen, dass durch die Bestimmung des § 33 Abs. 1 GemHVO-Doppik in den Bilanzen lediglich die Anschaffungs- und Herstellungswerte für das kommunale Vermögen nachgewiesen werden. Dadurch entsteht nur eine nominelle Kapitalerhaltung. Eine reale Kapitalerhaltung (Substanzerhaltung) wäre erst bei einer Wertfortschreibung mit Preissteigerungssätzen (Inflationsausgleich, Wiederbeschaffungszeitwerte) möglich, wenn die Abschreibungen dann auf dieser Basis berechnet und erwirtschaftet würden. Eine reale Kapitalerhaltung kann die Gemeinde nur erreichen, wenn aufgrund einer Ermittlung in der Kosten- und Leistungsrechnung Wertsteigerungen und die dadurch entstehenden Mehrbeträge bei den Abschreibungen über einen zu erwirtschafteten Gewinn realisiert werden. Dies ist jedoch bei der jetzigen Finanzlage der Kommunen kaum realistisch und entspricht auch nicht unbedingt der intergenerativen Gerechtigkeit. Warum sollte die jetzige Nutzergeneration die realen Vermögenssteigerungen für die spätere Generation vorfinanzieren, die dann ohnehin über angepasste Abschreibungen herangezogen wird?

219 Das frühere kamerale Haushaltsrecht sah die Grundsätze der Kapitalerhaltung und der intergenerativen Gerechtigkeit nicht vor, weil nur auf die Finanzierung der laufenden Ausgaben abgestellt wird. Abschreibungen werden lediglich bei den kostendeckenden Einrichtungen erwirtschaftet. Die Kapitelrückgewinnung wird den späteren Perioden angelastet, die die Refinanzierung des Gegenstandes bewirken müssen. Zum Haushaltsausgleich in der Kameralistik siehe *Bernhardt/Schünemann/Schwingeler*, Kommunales Haushaltsrecht NRW, 15. Aufl. 2002, S. 409 ff.

Allerdings ist noch einmal deutlich festzustellen, dass die reine „Durchbuchung" der Abschreibungen noch keine Kapitalerhaltung und intergenerative Gerechtigkeit herbeiführt. Die Abschreibungen sind zu erwirtschaften, was nur bei einem ausgeglichenen Haushaltsplan und Rechnungsabschluss der Fall ist.

Aber nicht nur bei den Abschreibungen tritt das Problem der Kapitalerhaltung auf. Auch die anderen Ressourcenverbräuche (Personalaufwand, Sachaufwand, Transferaufwand usw.) müssen im Rahmen des Haushaltsausgleichs erwirtschaftet werden. Ist dies nicht der Fall, entsteht ein Fehlbetrag, der letztlich zur Verringerung des Eigenkapitals führt.[220] Das Kapital kann somit auch dann nicht erhalten bleiben. Im Übrigen sei hier weiter auf die nach § 18 Abs. 2 GemHVO-Doppik zulässigen Entnahmen aus der Kapitalrücklage verwiesen, die beispielsweise für nicht gedeckte Abschreibungen (§ 18 Abs. 2 Nr. 1 GemHVO-Doppik) erlaubt sind. Dies führt zu einer Minderung des Eigenkapitals und ist ein deutliches Zeichen, dass die „regulären" Erträge die kompletten Aufwendungen der Gemeinde nicht decken.

9.4.3 Spezielle Grundsätze ordnungsmäßiger Buchführung

9.4.3.1 Vollständigkeit

Was für die Veranschlagung im Haushaltsplan gilt, findet zwangsläufig auch Anwendung bei der Buchführung und der Rechnungslegung. Dem § 8 Abs. 3 und 4 GemHVO-Doppik für die Planung steht somit sachgerecht die § 44 Abs. 1 und 45 Abs. 1 GemHVO-Doppik gegenüber, wonach in der Buchführung alle Geschäftsvorfälle der Periode vollständig zu erfassen sind. Der Grundsatz besagt, dass jeglicher – auch noch so geringer – finanzieller Geschäftsvorfall mit Auswirkung auf die Rechnungskomponenten (Bilanz, Ergebnis- und Finanzrechnung) sachgerecht zu dokumentieren ist; dies gilt auch für die Zahlungen aus durchlaufenden Geldern in der Bilanz und im Finanzhaushalt.

Eine Abweichung gegenüber dem Veranschlagungsgrundsatz besteht darin, dass der Veranschlagungsgrundsatz sich lediglich auf den Ergebnis- und Finanzhaushalt bezieht. Die Vollständigkeit als Grundsatz ordnungsmäßiger Buchführung umfasst jedoch auch die Geschäftsvorfälle mit Auswirkungen auf die kommunale Bilanz. Diese Ergänzung ist notwendig und sachgerecht, weil im NKHR-MV keine Planbilanz vorgesehen ist.

Ansonsten gelten die Ausführungen zum Veranschlagungsgrundsatz der Vollständigkeit in Kapitel 9.3.3.2 sinngemäß.

9.4.3.2 Verständlichkeit, Richtigkeit und Willkürfreiheit

Gemäß § 26 Abs. 6 GemHVO-Doppik sind alle finanziellen Geschäftsvorfälle richtig und geordnet zu erfassen. Damit wird erreicht, dass die Aufzeichnungen möglichst

220 Zur Systematik siehe die Darstellung zur Buchführungstechnik in Kapitel 3.3.

realitätsgerecht erfolgen. So sind Scheinbuchungen, willkürliche Buchungen zur Beeinflussung des Jahresergebnisses, nicht vertretbare Bewertungen von Aktiv- und Passivpositionen der Bilanz sowie Buchungen auf sachlich unzuständigen Konten rechtswidrig. Hilfsmittel für eine sachliche Ordnung ist dabei der vom Innenministerium bekanntgegebene Kontenrahmenplan für Kommunen, der eine Mindestgliederung für die Buchführung vorsieht. Damit werden die Buchungen systematisiert, was wieder die Lesbarkeit und Vergleichbarkeit mit Vorperioden oder anderen Gemeinden erleichtert. Als die Buchführung unterstützendes Dokument sind zudem gemäß § 26 Abs. 8 GemHVO-Doppik Belege zu erstellen, die die Buchungen begründen (begründende Unterlagen).

Der Veranschlagungsgrundsatz der Haushaltswahrheit und Haushaltsklarheit, der ebenfalls auf die Verständlichkeit, Richtigkeit und Willkürfreiheit abstellt, findet hier seine konkrete Umsetzung als Grundsatz ordnungsmäßiger Buchführung. Aus diesem Grunde kann auch auf die Ausführungen in Kapitel 9.3.4 verwiesen werden.

9.4.3.3 Öffentlichkeit

Auch bei diesem Grundsatz ordnungsmäßiger Buchführung kann wieder eine Parallele zum gleichnamigen allgemeinen Haushaltsgrundsatz gezogen werden, der bei Gliederungsziffer 9.2.6 ausführlich erläutert ist. Für die Buchführung besteht die Verpflichtung, die Informationen des Rechnungswesens für die Gemeindevertretung und die Bürger als Öffentlichkeit so aufzubereiten und verfügbar zu machen, dass die wesentlichen Informationen über die Vermögens- und Schuldenlage klar ersichtlich und verständlich sind. Damit besitzt die Allgemeinheit die Möglichkeit, Buchführungsinformationen in gebündelter Form zu erhalten. Ohne Buchführungsinformationen kann nämlich keine Übersicht über die Vermögens- und Schulden- sowie Finanz- und Ertragslage der Gemeinde erlangt werden. Damit hat der Bürger zwar keinen Anspruch auf Einsichtnahme in die Belege und die Einzelbuchungen, zusammengefasste Daten aus der Buchführung sind jedoch bereitzuhalten. Dies kann durchaus Ergebnis eines systematischen Berichtswesens sein, das der Bevölkerung zugänglich gemacht wird, so z. B. auch über die örtliche Presse.

Daneben kann der Einzelne Buchungseinsicht verlangen, wenn es ihn persönlich betrifft. Dies ergibt sich aus den Regelungen des Informationsfreiheitsgesetz – IFG M-V (siehe dazu auch Kapitel 9.2.6.1).

9.4.3.4 Aktualität

Die Buchungen haben gemäß § 26 Abs. 6 GemHVO-Doppik zeitnah zu erfolgen. Das bedeutet, dass beim Entstehen eines Geschäftsvorfalles mit Auswirkungen auf die Rechnungskomponenten (Bilanz, Ergebnis- und Finanzrechnung) unverzüglich die notwendige Buchung herbeizuführen ist. Nur so kann erreicht werden, dass für alle Beteiligten im Finanzmanagementprozess die für Controllingentscheidungen wichtigen Finanzdaten sofort verfügbar sind. Wäre dies nicht Fall, könnten Fehlentscheidungen mit wirtschaftlichen Nachteilen für die Gemeinde erfolgen. Würden z. B. die Forderungen nicht unverzüglich nach ihrem Entstehen in die Buchführung aufgenommen werden, könnte dies z. B. Fehlentscheidungen bei der Liquiditätsplanung zur Folge haben.[221]

9.4.3.5 Relevanz

Der Begriff der Relevanz kommt aus dem Lateinischen und bedeutet so viel wie Wichtigkeit und Erheblichkeit. Nach diesem Grundsatz ist auch das Rechnungswesen der Kommunen ausgerichtet. Das Rechnungswesen und damit die Buchführung muss alle Informationen bieten, die für die Rechenschaftslegung notwendig sind, sich jedoch im Hinblick auf die Wirtschaftlichkeit und Verständlichkeit auf die relevanten, also erheblichen und wichtigen Daten beschränken. Dieser Grundsatz steht auf den ersten Blick im Widerspruch zum Grundsatz der Vollständigkeit. Dies ist jedoch nicht der Fall, da der Grundsatz der Vollständigkeit auf die spezielle Buchung abstellt und somit für jeden Geschäftsvorfall eine konkrete Buchung verlangt. Der Grundsatz der Relevanz dagegen bezieht sich mehr auf die Rechnungslegung und die Rechenschaft. Hier ist es sogar effektiver, die wichtigsten Daten in zusammengefasster Form darzustellen, wobei unerhebliche Positionen ohnehin zusammengefasst werden.

Insofern sehen auch die Muster für die Ergebnis- und die Finanzrechnung sowie die Bilanz zusammengefasste Ertrags- und Aufwendungsgruppen, Einzahlungs- und Auszahlungsbereiche sowie Vermögens- und Finanzierungspositionen vor. Dies entspricht in etwa der sachlichen Gliederung bei der Haushaltsplanung, was beim Haushaltsgrundsatz der Einzelveranschlagung ausführlich dargestellt ist (siehe dazu Kapitel 9.3.6). So sind z. B. bei der Rechnungslegung Aufteilungen der Personalaufwendungen nach Beamtenbesoldung, Beschäftigungsentgelten für tariflich Mitarbeiter, Beihilfen, Arbeitgeberanteile zur Sozialversicherung nicht erforderlich. Die zusammengefasste Darstellung als Personalaufwendungen entspricht der Relevanz der Ergebnisrechnung, wobei durch die Aufteilung auf die Teilergebnisrechnungen weitere relevante Informationen verfügbar sind.

9.4.3.6 Stetigkeit

Die Stetigkeit des Rechnungswesens ist ein wichtiger Grundsatz, um die finanzielle Entwicklung der Gemeinde zu beurteilen und über mehrere Perioden zu verfolgen. Würden ständig die Buchführungs- und Bewertungsmethoden geändert, wäre ein Vergleich mit Vorperioden erschwert, wenn nicht sogar unmöglich. Insofern würde eine wichtige Analysemöglichkeit im NKHR M-V fehlen, so dass das Controlling erschwert würde. Es kann allerdings durchaus aus sachlichen Gründen notwendig sein, Änderungen in der Buchführung und der Rechnungslegung vorzunehmen. Diese notwendigen Anpassungen sind dann besonders kenntlich zu machen.

---

221 In der Praxis wird die Liquiditätsplanung u. a. mit Hilfe von Kennziffern dv-mäßig durchgeführt. So werden z. B. bei der sogenannten „umsatzbedingten Liquiditätsanalyse“ (Liquiditätsgrad II) die Forderungen mit eingerechnet.

Einen anderen Aspekt des Grundsatzes der Stetigkeit enthält die Bestimmung des § 32 Abs. 1 Nr. 1 GemHVO-Doppik, wonach die Wertansätze in der Eröffnungsbilanz eines Haushaltsjahres mit denen in der Schlussbilanz des vorhergehenden Haushaltsjahrs übereinstimmen müssen.

9.4.3.7 Recht- und Ordnungsmäßigkeit

Im Jahresabschluss ist deutlich zu machen, dass im Finanzmanagement die materiellen Rechtsvorschriften eingehalten wurden und damit die Ordnungsmäßigkeit der Haushaltswirtschaft herbeigeführt wurde. Sollte dies nicht der Fall sein, müsste die Gemeindevertretung nach § 60 Abs. 5 Satz 3 KV M-V dem Bürgermeister die Entlastung verweigern, soweit es sich um nicht nur um geringfügige behebbare Mängel handelt. Die Recht- und Ordnungsmäßigkeit abzusichern ist auch Aufgabe der Rechnungsprüfung nach dem Kommunalprüfungsgesetz. Rechts- oder ordnungswidrige Buchungen sind von der Rechnungsprüfung zu beanstanden. Die Beanstandungen bedingen, dass die Mängel von den die Buchungen veranlassenden Dienststellen abgestellt werden. Letztlich überwacht auch der Landesrechnungshof im Rahmen der überörtlichen Prüfung gemäß § 4 Abs. 1 KPG M-V die Recht- und Ordnungsmäßigkeit der Haushalts- und Wirtschaftsführung der Gemeinde, jedoch mit der Einschränkung, dass er nur für die Körperschaften zuständig ist, die der unmittelbaren Rechtsaufsicht des Landes unterliegen (§ 5 Abs. 1 KPG M-V). Für die kreisangehörigen Gemeinden ist der Landrat Prüfungsbehörde. Insofern bestehen eine Reihe von Mechanismen und Verfahren zur Absicherung dieses Grundsatzes ordnungsmäßiger Buchführung.

9.4.3.8 Übungen

Sachverhalt Nr. 17
Dem Rechnungsprüfungsamt der Gemeinde G wird im Rahmen seiner Prüftätigkeit mit folgenden Problemfällen befasst:

a) Der Fachdienst „Zentrales Immobilienmanagement" bucht die Mietforderungen jeweils am Tag der Fälligkeit, somit also jeweils die Monatsbeträge zu Beginn eines Monats.
b) Auf Anordnung des Kämmerers werden die Abschreibungen nur in der Höhe gebucht, wie sie auch tatsächlich im Rahmen des Haushaltsausgleichs erwirtschaftet werden. Dies wird damit begründet, dass damit die tatsächliche Erwirtschaftung dieser Aufwendungsart dokumentiert und der Haushaltsausgleich nicht gefährdet wird.
c) Die Repräsentationsaufwendungen der Gemeinde G wurden bisher aus den Verfügungsmitteln des Bürgermeisters bestritten. Der Kämmerer ist der Auffassung, dass es besser wäre, diese Aufwendungen einem speziellen Konto für Repräsentationen zuzuordnen und veranlasst entsprechende Umbuchungen.
d) Im Rahmen eines Probejahresabschlusses wird festgestellt, dass der angestrebte und der Gemeindevertretung bereits mitgeteilte Haushaltsausgleich u. a. wegen

des Ausfalls einer fälligen erheblichen Pachtzahlung nicht zustande kommt (Insolvenz des Pächters). Der Kämmerer ist der Auffassung, dass es sich bei der Pacht wegen der Fälligkeit im laufenden Haushaltsjahr um einen Ertrag dieses Jahres handelt. Er ordnet deshalb an, in diesem Jahr nichts zu veranlassen und eine eventuelle „Berichtigung" erst im nächsten Haushaltsjahr vorzunehmen, wenn das Insolvenzverfahren beendet ist. Der Haushaltsausgleich würde der Gemeinde in der jetzigen Rechnungsperiode dann „leichter fallen".

Aufgabe:
Begutachten Sie die Rechtmäßigkeit der geschilderten Handlungen unter Berücksichtigung der Grundsätze ordnungsmäßiger Buchführung.

Lösung:

a) Gemäß § 26 Abs. 6 GemHVO-Doppik müssen Eintragungen in die Bücher zeitgerecht bzw. zeitnah erfolgen. Das bedeutet, dass die Buchungen bereits dann zu erfolgen haben, wenn der Buchungsgrund feststeht. Insofern ist es rechtswidrig, die Mietforderungen erst am Zahlungstermin zu buchen. Es liegt somit ein Verstoß gegen den Grundsatz der Aktualität vor, den das Rechnungsprüfungsamt zu beanstanden hat.
b) Verstoßen wird hier gegen die Grundsätze der Vollständigkeit und Richtigkeit nach § 26 Abs. 6 GemHVO-Doppik. Gemäß § 26 Abs. 6 GemHVO-Doppik sind nämlich alle Geschäftsvorfälle und damit der gesamte Ressourcenverbrauch in der Buchführung vollständig abzubilden. Abschreibungen stellen den Ressourcenverbrauch von Vermögensgegenständen dar und sind deshalb uneingeschränkt auszuweisen. Dies gilt auch dann, wenn sie im Rahmen des Haushaltsausgleichs nicht erwirtschaftet werden. Es wird ja gerade durch die volle Berücksichtigung der Abschreibung deutlich gemacht, dass die Kapitalerhaltung gefährdet ist. Dies ist ein wichtiges Finanzdatum, das auch im Rahmen des Grundsatzes der Öffentlichkeit erkennbar dargelegt werden muss. Das Rechnungsprüfungsamt muss das Vorhaben des Kämmerers als rechtswidrig beanstanden.
c) Die Anordnung des Kämmerers ist sachbezogen. Sie entspricht einer geordneten Erfassung der Finanzvorfälle. Es stellt sich allerdings die Frage, ob damit gegen den Grundsatz der Stetigkeit verstoßen wird, weil die Buchungszuordnung geändert wird. Da diese Änderung sachlich vertretbar und notwendig ist (sachliche Spezialität), liegt jedoch kein Verstoß gegen diesen Grundsatz ordnungsmäßiger Buchführung vor. Das Rechnungsprüfungsamt darf die Umbuchung nicht beanstanden. Es sollte allerdings darauf hinweisen, dass die Anpassung im Buchungssystem durch eine Erläuterung besonders kenntlich zu machen ist. Dies kann z. B. durch die Anbringung eines Hinweises bei den Verfügungsmitteln in folgender Form erfolgen: „Repräsentationsaufwendungen ab diesem Haushaltsjahr beim Konto …".
d) Gemäß § 26 Abs. 6 GemHVO-Doppik sind alle Geschäftsvorfälle mit Auswirkungen auf die Rechnungskomponenten (Bilanz, Ergebnis- und Finanzrechnung) vollständig und richtig zu buchen. Insofern ist es zunächst sachgerecht, die Pacht unabhängig von ihrer Realisierung in der Ergebnisrechnung als Ertrag auszuwei-

sen. Es handelt sich unzweifelhaft um einen Ertrag des laufenden Haushaltsjahres. Unzulässig ist es allerdings, nicht auf die Insolvenz zu reagieren. Es müsste das Risiko des Zahlungsausfalles ermittelt und eine Niederschlagung nach § 32 Abs. 1 Nr. 3 GemHVO-Doppik in Höhe des voraussichtlichen Pachtausfalls vorgenommen werden. Diese Niederschlagung ist als Aufwendung (Einzelwertberichtigung) noch in diesem Haushaltsjahr erfolgswirksam zu buchen, weil in diesem Haushaltsjahr die Verursachung des Zahlungsausfalls begründet ist. Insofern ist das Vorhaben des Kämmerers rechtswidrig. Das Rechnungsprüfungsamt hat dies zu beanstanden.

10. Die kommunale Bilanz (Ansatz, Ausweis und Bewertung in den einzelnen Posten)

10.1 Inventur, Inventar

Nach § 30 Abs. 1 GemHVO-Doppik haben die Gemeinden zum Schluss eines jeden Haushaltsjahres

- ihr Vermögen,
- ihre Sonderposten,
- ihre Rückstellungen und Verbindlichkeiten,
- ihre Haftungsverhältnisse,
- ihre Verpflichtungen aus kreditähnlichen Geschäften sowie
- alle Sachverhalte, aus denen sich für die Gemeinde sonstige finanzielle Verpflichtungen ergeben können,

unter Beachtung der Grundsätze ordnungsmäßiger Buchführung genau zu verzeichnen. Dabei ist der Wert der einzelnen Vermögensgegenstände, der Sonderposten, der Rückstellungen, der Verbindlichkeiten und der sonstigen finanziellen Verpflichtungen anzugeben.

10.1.1 Begriff und Inhalt

Diese Vorschrift definiert sowohl die Inventur als auch das Inventar. Die Inventur ist die mengen- und wertmäßige Bestandsaufnahme aller Vermögenswerte, Sonderposten, Rückstellungen, Verbindlichkeiten und sonstigen finanziellen Verpflichtungen einer Kommune durch körperliche Bestandsaufnahme oder durch eine buch- bzw. belegmäßige Bestandsfeststellung. Das Inventar ist ein auf der Grundlage der Inventur erstelltes Vermögens- und Schuldenverzeichnis mit Wertangaben. Auf der Grundlage des Inventars wird unter Verzicht auf Einzelangaben und mittels Zusammenfassung die Bilanz erstellt.

Die Inventur hat grundsätzlich am Abschlusstag zu erfolgen. Diese Stichtagsinventur umfasst auch eine zeitnahe Inventur vor oder nach dem Abschlussstichtag, wobei Bestandsveränderungen zwischen Abschlusszeitpunkt und tatsächlichem Inventurtag anhand von Belegen oder Aufzeichnungen berücksichtigt werden müssen. „Zeitnah" bedeutet hier einen Zeitraum bis zu zehn Tagen vor oder nach dem Abschlussstichtag. Die GemHVO-Doppik lässt neben der Stichtagsinventur jedoch weitere Inventurverfahren zu (siehe Kapitel 10.1.4).

Fehlt die Inventur, so ist die Buchführung nicht ordnungsmäßig. Hierdurch kann die Beweiskraft der Buchführung für den Bereich des Vermögens und der Schulden – zumindest teilweise – verlorengehen. Die Rahmenbedingungen für die Ordnungsmäßigkeit von Inventur bzw. der Erstellung des Inventars leiten sich aus den Grundsätzen ordnungsmäßiger Buchführung (siehe Kapitel 9.4) ab. Im Einzelnen gelten folgende Grundsätze ordnungsmäßiger Inventur:

- Vollständigkeit der Bestandsaufnahme
- Richtigkeit der Bestandsaufnahme
- Einzelerfassung der Bestände
- Dokumentation und Nachprüfbarkeit der Bestandsaufnahme
- Grundsatz der Wirtschaftlichkeit

Hiernach sind grundsätzlich alle Vermögensgegenstände und Verbindlichkeiten – bezogen auf den Abschlusstag auf ihren Bestand – auf Vollständigkeit und Richtigkeit zu prüfen. Analog zum Prinzip der Einzelbewertung gilt grundsätzlich das Prinzip der Einzelerfassung für Vermögensgegenstände und Verbindlichkeiten. Insbesondere gilt ein Verrechnungsverbot zwischen Posten der Aktivseite und der Passivseite (§ 47 Abs. 1 Satz 2 GemHVO-Doppik). Hinsichtlich der Nachprüfbarkeit ist die Bestandsaufnahme zu dokumentieren. Hier gilt das Vier-Augen-Prinzip. Die Inventur unterliegt im Rahmen des Jahresabschlusses auch der Rechnungsprüfung. Daher sind das Verfahren und die Ergebnisse der Inventur so zu dokumentieren, dass diese für sachverständige Dritte nachvollziehbar sind (§ 30 Abs. 4 GemHVO-Doppik).

Der Bürgermeister hat das Nähere über die Durchführung der Inventur in einer Dienstanweisung zu regeln (§ 30 Abs. 5 GemHVO-Doppik). Als Mindestinhalte sollten festgelegt werden:

- Ausführungen zu den Grundsätzen ordnungsmäßiger Inventur
- Erläuterung der Ansatzvorschriften
  - Definition des wirtschaftlichen Eigentums
  - Definition und inhaltliche Darstellung zu Vermögensgegenständen
  - Definition und inhaltliche Darstellung der Sonderposten
  - Definition und inhaltliche Darstellung zu Schulden
  - Definition und inhaltliche Darstellung der Rückstellungen
  - Definition und inhaltliche Darstellung zu Rechnungsabgrenzungsposten
  - Bruttoprinzip (Trennung bzw. Verrechnungsverbot von Forderungen und Verbindlichkeiten)
- Inventarbildung (Zuordnung von Werten zu einzelnen Vermögensgegenständen und Verbindlichkeiten)
- Arten und Fristen der Inventuraufnahme, sofern nicht nach § 31 Abs. 2 GemHVO-Doppik auf eine körperliche Bestandsaufnahme verzichtet werden kann
- Anforderungen zur Dokumentation des Verfahrens und der Ergebnisse (Anforderung: Nachvollziehbarkeit für sachverständige Dritte)
- Inventurverfahren (Grundsatz der körperlichen Inventur, Voraussetzungen für Buch- oder Beleginventur)
- Gestaltungsspielräume beim Inventurverfahren (Stichprobeninventur)
- Inventurvereinfachungen (geringwertige Vermögensgegenstände, Verbrauchsfiktion für aus dem Lager abgegebene Vorratsbestände)
- Aufbewahrung von Inventurunterlagen

In Konkurrenz zum Grundsatz ordnungsmäßiger Inventur steht der Grundsatz der Wirtschaftlichkeit. Steht dieser anderen Grundsätzen gegenüber, muss eine Abwägung hinsichtlich der Gesamtbedeutung und der Erheblichkeit der jeweiligen Einschränkung erfolgen. Aus diesem Abwägungsprozess erfolgt die Ausgestaltung des Einzelfalles.

> ***Beispiel:***
> *Ein Abonnement für eine Fachzeitschrift beträgt 120 € jährlich und ist jeweils für ein Jahr im Voraus im Monat Dezember zu bezahlen. Die Kommune kann in den von ihr aufzustellenden Regelungen über die Durchführung der Inventur festlegen, dass Geschäftsvorfälle mit einem Abgrenzungsvolumen unter 200 € nicht in den Abgrenzungsposten der Bilanz zu erfassen sind, weil der Buchungsaufwand für die Abgrenzungsbuchungen gegenüber der periodengerechten Abbildung des Ressourcenverbrauchs nicht angemessen ist, insbesondere wenn sich der Prozess jährlich wiederholt.*

Die im Handels- und Steuerrecht bestehenden Inventur- und Bewertungsvereinfachungen der Festwertbildung (§ 31 Abs. 8, 9 GemHVO-Doppik), der Gruppenbewertung (§ 31 Abs. 10 GemHVO-Doppik) und der Verbrauchsfolgebewertung (§ 31 Abs. 7 GemHVO-Doppik) wurden gleichfalls übernommen.

10.1.2 Festwertbildung

Voraussetzung für die Festwertbildung ist gem. § 31 Abs. 8 GemHVO-Doppik, dass der Bestand in seiner Größe, Wert und Zusammensetzung der Vermögensgegenstände nur geringen Schwankungen unterliegen darf, d. h. dass die Vermögensgegenstände regelmäßig ersetzt werden müssen. Des Weiteren muss der Gesamtwert von nachrangiger Bedeutung sein. Eine Festwertbildung ist nur für Vermögensgegenstände des Sachanlagevermögens sowie für Roh-, Hilfs- und Betriebsstoffe zulässig. Sie ist dadurch für immaterielle Vermögensgegenstände sowie für das Finanzvermögen ausgeschlossen.

Die Rahmenbedingungen für eine Festwertbildung sind:

- Es wird ein unveränderter Wertansatz für den Bestand bestimmter Vermögensgegenstände über mehrere Haushaltsjahre ermöglicht.
- Die ständige Abnutzung wird durch laufende Wiederbeschaffung ungefähr ausgeglichen.
- Abschreibungen fallen nach einer Festwertbildung nicht an, vielmehr stellen die Ersatz- und Ergänzungsbeschaffungen Aufwand in der Anschaffungsperiode dar. Soweit es sich um Gegenstände des Anlagevermögens nach § 33 Abs. 2 unter Berücksichtigung des § 31 Abs. 5 GemHVO-Doppik handelt, sind diese im Finanzhaushalt als Investitionen zu behandeln und können demnach trotz der Festwertbewirtschaftung über Kredite finanziert werden.

- Der Zweck besteht in der Erleichterung der Inventur und der Bewertung. Insbesondere wird die jährliche Inventurverpflichtung einer grundsätzlich körperlichen Bestandsaufnahme auf drei Jahre erweitert.

Liegen die Voraussetzungen für eine Festwertbewertung vor, ist je nach Alter und Abnutzung der Vermögensgegenstände bei der erstmaligen Bildung des Festwertes ein der durchschnittlichen Wertminderung entsprechender Abschlag von den ursprünglichen Anschaffungs- oder Herstellungswerten vorzunehmen. Wurde die ständige Abnutzung innerhalb der Nutzungsdauer durch laufende Wiederbeschaffung ausgeglichen, ergibt sich z. B. ein Abschlag von 40 oder 50 % (mittlerer Vermögenswert). Die Höhe ist jedoch im Einzelfall zu bestimmen.

Typische Beispiele sind Pflasterungen und Pflanzungen in Grünanlagen, Verkehrsschilder, Ampel- und Warnlichtanlagen, Büroausstattungen, Ausstattung von Klassenräumen und Fachräumen in Schulen, Kantinengeschirr und -besteck.[222]

> ***Beispiel:***
> *Der Bestand an Einrichtungsgegenständen in den Klassenräumen einer Schule der Gemeinde G ist im Rahmen der stetigen Wiederbeschaffung grundsätzlich gleichbleibend. Die Voraussetzungen für eine Festwertbildung sind aufgrund unerheblicher Schwankungen – zulässig sind geringe Schwankungen – hinsichtlich des Bestandes, des Werts und der Zusammensetzung der Einrichtungsgegenstände erfüllt. Alle Einrichtungsgegenstände der Klassenzimmer dürfen daher nach § 31 Abs. 8 GemHVO-Doppik zu einem Festwert zusammengezogen werden. Weiterhin ist bei diesem Beispiel anzumerken, dass es im Rahmen des Grundsatzes der Wirtschaftlichkeit nicht erforderlich ist, die Tische, Stühle, Tafeln einzeln zu bewerten und zum Festwert zusammenzuziehen. Die Bewertung der Einrichtungsgegenstände kann pauschal erfolgen.*

Erhöht sich der Festwert offensichtlich um mehr als 10 %, so ist innerhalb des Zeitraums der vorgenannten dreijährigen Inventurpflicht eine Wertanpassung des Festwertes erforderlich. Übersteigt der ermittelte Wert den bisherigen Festwert dagegen um nicht mehr als 10 %, so kann der bisherige Festwert beibehalten werden. Wird ein niedrigerer Festwert ermittelt, so kann der ermittelte Wert als neuer Festwert angesetzt werden.[223] Ist für die Zukunft dauerhaft von einem niedrigeren Festwert auszugehen, verwandelt sich das Wahlrecht eines neuen Festwertansatzes in eine Ansatzpflicht.

---

222 Die Aussage beruht auf dem Leitfaden zur Bilanzierung und Bewertung des kommunalen Vermögens, Stand Januar 2006, mit Ergänzungen und Hinweisen (Stand 9/2008) zur Bilanzierung. Der Leitfaden steht seit Sommer 2016 nicht mehr der Öffentlichkeit zur Verfügung.

223 Bei diesen Anpassungsregelungen handelt es sich um einen allgemein angewandten kaufmännischen Grundsatz, der im Einkommensteuerrecht festgelegt ist (vgl. hierzu auch Einkommensteuerrichtlinien 2005, R 5.4 Abs. 4 EStR.

10.1.3 Gruppenbewertung

Die Gruppenbewertung nach § 31 Abs. 10 GemHVO-Doppik ist ein Verfahren der Pauschalbewertung. Sie hat mit einem gewogenen Durchschnittswert zu erfolgen. Voraussetzung für eine Gruppenbewertung ist, dass es sich um gleichartige Vermögensgegenstände des Vorratsvermögens oder andere gleichartige oder annähernd gleichwertige bewegliche Vermögensgegenstände handelt. Diese dürfen zu einer Gruppe zusammengefasst und mit einem gewogenen Durchschnittswert angesetzt werden. Die Vorgehensweise der Bewertung mit einem gewogenen Durchschnittswert wird durch folgendes Berechnungsschema deutlich:

Vermögensgegenstand 1	Anzahl ×	Einzelwert =	Gesamtwert der Art Vermögensgegenstand 1
Vermögensgegenstand 2	Anzahl ×	Einzelwert =	Gesamtwert der Art + Vermögensgegenstand 2
Vermögensgegenstand 3	Anzahl ×	Einzelwert =	Gesamtwert der Art + Vermögensgegenstand 3
			= Gesamtwert der Vermögensgegenstände 1–3
: Gesamtanzahl der Vermögensgegenstände 1–3			= Gewogener Einzelwert der Vermögensgegenstände 1–3

10.1.4 Inventurverfahren

Das Inventurverfahren ist davon abhängig, ob der Vermögensgegenstand physisch erfassbar ist oder nicht. Für das physisch erfassbare Vermögen gilt der Grundsatz der körperlichen Inventur (§ 30 Abs. 3 GemHVO-Doppik). Das bedeutet, dass die Vermögensgegenstände in Augenschein zu nehmen und in Zähllisten zu erfassen sind. Neben dem althergebrachten Zählen, Messen, Wiegen ist insbesondere bei Beschädigungen oder anderen wertmindernden Veränderungen eine Zustandsaussage zu treffen. Für nicht physisch erfassbares Vermögen bzw. Schulden ist eine Buch- oder Beleginventur durchzuführen (§ 31 Abs. 2 GemHVO-Doppik). Hier erfolgt die Inventur auf der Grundlage der Aufzeichnungen in der Buchführung.

> ***Beispiel:***
> *Für die Forderungen einer Kommune werden die Abschlüsse der einzelnen Forderungskonten (Debitoren) der Forderungsbuchhaltung (Debitorenbuchhaltung) zugrunde gelegt.*

Eine Buchinventur ist nach § 31 Abs. 1 GemHVO-Doppik als Inventurvereinfachungsverfahren auch möglich, wenn die Vollständigkeit der Buchführung in der Anlagenbuchhaltung bzw. der Anlagekartei sichergestellt ist. Hierbei müssen alle Zu- und Abgänge einschließlich sämtlicher Umbuchungen sowie Abschreibungen zeitnah und ordnungsmäßig erfasst werden. Für den Inventurstichtag muss der buchmäßige Endbestand anhand der Anlagenbuchhaltung oder Anlagenkartei ermittelt werden können. Damit entfällt die regelmäßige körperliche Inventur. Allerdings sollte in regelmäßigen Abständen vor Aufstellung des Jahresabschlusses die Anlagenbuchhaltung überprüft und in auffälligen Bereichen eine Inventur durchgeführt werden.

Es bestehen wie im kaufmännischen Bereich nach § 31 Abs. 1 GemHVO-Doppik auch Gestaltungsmöglichkeiten zum Inventurverfahren. So ist auch eine Stichprobeninventur zulässig. Hierbei hat eine stichprobenartige Bestandsaufnahme zu erfolgen, durch die ein Rückschluss auf den tatsächlichen Bestand und Wert gewährleistet ist. Dies muss durch ein mathematisch-statistisches, wahrscheinlichkeitstheoretisch abgesichertes Verfahren erfolgen. Der Vorbereitungsaufwand für ein solches Verfahren führt i. d. R. dazu, dass eine Vereinfachungs- bzw. Rationalisierungswirkung nicht wirksam werden kann. Das Verfahren muss von der Rechtsaufsichtsbehörde für zulässig erklärt werden.

Die Regelung des § 31 Abs. 3 GemHVO-Doppik ermöglicht ferner eine vor- oder nachverlegte Stichtagsinventur. Dabei wird die Inventur nicht zum Bilanzstichtag durchgeführt, sondern zu einem früheren oder späteren Zeitpunkt. Die Bestandsaufnahme muss in einem besonderen Inventar erfolgen, das für einen Tag innerhalb der letzten drei Monate vor oder der ersten beiden Monate nach dem Schluss des Haushaltsjahres aufgestellt ist. Das besondere Inventar muss durch Anwendung eines den Grundsätzen ordnungsmäßiger Buchführung entsprechenden Fortschreibungs- oder Rückrechnungsverfahrens absichern, dass der am Schluss des Haushaltsjahres vorhandene Bestand der Vermögensgegenstände für diesen Zeitpunkt ordnungsgemäß bewertet werden kann.

Die zu berücksichtigenden Veränderungen werden durch die beiden folgenden Berechnungsverfahren deutlich:

Vorverlegte Inventur:
Wert der Bestände am Inventurstichtag
+ Wert der Zugänge zwischen Inventur- und Abschlusstag
– Wert der Abgänge zwischen Inventur- und Abschlusstag
= Wert der Bestände am Abschlusstag

Nachverlegte Inventur:
Wert der Bestände am Inventurstichtag
+ Wert der Abgänge zwischen Inventur- und Abschlusstag
– Wert der Zugänge zwischen Inventur- und Abschlusstag
= Wert der Bestände am Abschlusstag

Die Fortschreibung bzw. Rückrechnung muss lediglich wertmäßig erfolgen, der Bestand muss nicht nach Art und Bestand für den Bilanzstichtag festgestellt werden.

Aufgrund der Regelung des § 31 Abs. 2 GemHVO-Doppik kommt als weitere Gestaltungsvariante die permanente Inventur in Betracht. Für den kommunalen Bereich ist diese nicht stichtagsbezogene, sondern laufende Inventur nach der Einführung der Doppik auch sinnvoll. Sie knüpft als wesentliche Voraussetzungen strenge Anforderungen an die Bestandsfortschreibung, die im Rahmen einer geordneten und technisch unterstützen Anlagebuchhaltung ebenfalls möglich ist. Der größte Vorteil der permanenten Inventur liegt darin, dass diese nicht stichtagsbezogen erfolgen muss, sondern jahresbezogen erfolgen kann.

10.1.5 Übungen

Sachverhalt Nr. 1:
Die Gemeinde G hat in ihrer Dienstanweisung festgelegt, dass der Inventurstichtag der 31.01. eines jeden Jahres ist (nachverlegte Inventur). Am 31.01.2022 wurde bei der Gemeinde G der Inventurbestand mit folgenden Bestandswerten ermittelt:

Betriebs- und Geschäftsausstattung (BGA)	300.000 €
Fahrzeuge	500.000 €
Maschinen u. technische Anlagen (MtA)	200.000 €

Abschreibungen wurden bisher nicht gebucht.

Der Anlagenbuchhalter hat für den Zeitraum zwischen dem Abschlusstag und dem Inventurstichtag folgende Bestandsveränderungen ermittelt:

Zugang von zwei Stahlschränken	Wert	5.000 €	am 5.1.2018
Abgang eines Feuerwehrfahrzeugs	Buchwert 31.12.	10.000 €	am 12.1.2018
Austausch zweier Kettensägen			
Bestand (Inzahlungnahme)	Buchwert 31.12.	100 €	am 2.1.2018
Neue Kettensägen (zusammen)	Restkaufpreis	1.000 €	am 5.1.2018

Aufgabe:
Ermitteln Sie die Bestandswerte für den Abschlusstag.

Lösung:

	Betriebs- u. Geschäftsausstattung		**Fahrzeuge**		**Maschinen u. technische Anlagen**
Bestand 31.1.	300.000	Bestand 31.1.	500.000	Bestand 31.1.	200.000
Zugang 5.1.	– 5.000	Abgang 12.1.	+ 10.000	Abgang 2.1.	+ 100
				Zugang 5.1.	– 1.100
Bestandswert Abschlusstag	**295.000**		**510.000**		**199.000**

Anmerkung: Beim Ankauf der Kettensägen handelt es sich um eine vorherige Inzahlungnahme i. H. von 100 €, so dass der Gesamtkaufpreis 1.100 € beträgt.

Sachverhalt Nr. 2:
Die Gemeinde G nutzt als Inventur- und Bewertungsvereinfachungen Festwertbildung und Gruppenbewertung. Hierbei ergeben sich folgende Sachverhalte:

a) Festwertbildung
Bei der Feuerwehr wird eine gleichbleibende Menge von Atemschutzmasken eingesetzt. Unbrauchbar gewordene Masken werden regelmäßig ersetzt. Zum Zeitpunkt der Bildung des Festwertes sind 25 Masken vorhanden. Bei einer üblichen Gesamtnutzungsdauer von fünf Jahren wurden die Masken bereits durchschnittlich drei Jahre lang genutzt. Die Anschaffungskosten betrugen durchgängig 300 € je Maske.

Aufgabe:
Ermitteln Sie für das Haushaltsjahr 2022 den Festwert (= 40 % des Anschaffungswertes) für die Atemschutzmasken der Feuerwehr.

b) Fortschreibung des Festwertes
Ein Jahr vor der nach § 31 Abs. 8 Satz 2 GemHVO-Doppik regelmäßig vorgeschriebenen Bestandsaufnahme werden sechs neue Masken zu 350 € beschafft. Neben der notwendigen Ersatzbeschaffung ist ein Teil hiervon für die erstmalige Ausstattung der Freiwilligen Feuerwehr vorgesehen. Der Bestand an alten Masken beträgt 21 Stück, wobei die durchschnittliche Nutzungszeit sich nicht verändert hat.

Aufgabe:
Ermitteln Sie für das Haushaltsjahr 2022 die Abweichung vom bisherigen Festwert und entscheiden Sie anhand der Abweichung, ob eine Festwertanpassung erforderlich ist. Berücksichtigen Sie dabei analog die Regelungen der Einkommenssteuerrichtlinien 2012, R 5.4 Abs. 4 EStG.

c) Gruppenbewertung mit dem gewogenen Durchschnittswert
Im Rahmen der Inventur wurde festgestellt, dass in der Feuerwehrwerkstatt 50 Werkzeuge vorhanden sind. Aufgeteilt nach Einzelpreisen setzen die Werkzeuge wie folgt zusammen:

- 15 × 120 €
- 10 × 125 €
- 20 × 130 €
- 5 × 110 €

Die Restnutzungsdauer liegt bei fünf Jahren.

Aufgabe:
Ermitteln Sie den Gesamtwert der Werkzeuge und den gewogenen Durchschnittswert eines Werkzeugs.

Lösung:
Zu a) Festwertbildung:

Berechnung des Festwertansatzes				
Anschaffungswert	300,00 €	x	25 St.	7.500,00 €
Zu reduzierender Wert	7.500,00 €	x	60%	4.500,00 €
Anzusetzender Festwert	7.500,00 €	x	40%	3.000,00 €

Der zu reduzierende Wert ergibt sich aus der Relation der durchschnittlichen Nutzung von drei Jahren im Verhältnis zur Gesamtnutzungsdauer von fünf Jahren.

Zu b) Festwertfortschreibung

Berechnung der Änderung des Festwertansatzes					
Bisheriger Festwert					3.000,00 €
Anzusetzender Wert (alt)	300,00 €	x	21	40%	2.520,00 €
Anzusetzender Wert (neu)	350,00 €	x	6	40%	840,00 €
Abweichung absolut					360,00 €
Prozentuale Abweichung					12,00%

Da die Abweichung 12 % beträgt (und damit mehr als 10 %), muss der Festwert angepasst werden.

Zu c) Gruppenbewertung mit gewogenem Durchschnitt

Berechnung des Durchschnittswertes				
Werkzeug I	15 Stück	x	120,00 €	1.800,00 €
Werkzeug II	10 Stück	x	125,00 €	1.250,00 €
Werkzeug III	20 Stück	x	130,00 €	2.600,00 €
Werkzeug IV	5 Stück	x	110,00 €	550,00 €
Gesamtwert für 50 Werkzeuge				6.200,00 €
Gewogener Durchschnittswert			/50 Stück	124,00 €

10.2 Allgemeine Grundlagen der Bewertung im kommunalen Haushaltsrecht

10.2.1 Anschaffungs- und Herstellungswerte

Das kommunale Haushaltsrecht knüpft hinsichtlich der Bewertung grundsätzlich an die handelsrechtlichen Vorschriften an. In § 255 HGB werden die einzelnen Wertbestandteile sowohl für die Anschaffungskosten als auch die Herstellungskosten dargestellt.

10.2.1.1 Anschaffungswerte

Die dem Vermögensgegenstand einzeln zurechenbaren Anschaffungswerte sind nach § 33 Abs. 2 GemHVO-Doppik die Aufwendungen, die geleistet werden, um einen Vermögensgegenstand zu erwerben und ihn in einen betriebsbereiten Zustand zu versetzen, soweit sie dem Vermögensgegenstand einzeln zugeordnet werden können. Zu den Anschaffungswerten gehören auch die Nebenkosten sowie die nachträglichen Anschaffungswerte. Minderungen des Anschaffungspreises sind abzusetzen. Aus dieser Definition ergibt sich folgendes Herleitungsschema für die Anschaffungswerte:

Anschaffungspreis	**Ansatzpflicht**
+ Anschaffungsnebenkosten	
– Anschaffungspreisminderungen	
+ Nachträgliche Anschaffungswerte	
= **Anschaffungswerte**	

Anschaffungspreis
Den Anschaffungspreis stellt der Kaufpreis einschließlich der zu leistenden Umsatzsteuer dar. Bei Anschaffungen für ganz oder zum Teil vorsteuerabzugsberechtigte Betriebe gewerblicher Art (BgA) ist der abzugsfähige Vorsteueranteil abzusetzen.

Anschaffungsnebenkosten
Die Anschaffungsnebenkosten können anhand von drei Entstehungsbereichen unterschieden werden. Danach untergliedern sich die Anschaffungsnebenkosten in

- Erwerbsnebenkosten,
- Bezugsnebenkosten,
- Nebenkosten der Inbetriebnahme.

Erwerbsnebenkosten fallen insbesondere bei der Anschaffung von Immobilien an. Zu ihnen zählen insbesondere Notariats- und Gerichtsgebühren, Maklerprovisionen, Vermessungskosten und die Grunderwerbssteuer.

Bezugsnebenkosten fallen insbesondere im Bereich des beweglichen Vermögens an. Zu den Bezugsnebenkosten gehören Transportversicherungen, Verpackungen und Frachten.

Nebenkosten der Inbetriebnahme fallen an, soweit das Anlagegut nach Zahlung des Kaufpreises noch nicht vollständig einsatzfähig ist. Die für die Versetzung in einen betriebsbereiten Zustand anfallenden Einzelkosten sind als Nebenkosten der Inbetriebnahme gleichfalls Anschaffungsnebenkosten. Zu den Nebenkosten der Inbetriebnahme gehören Montage- und Anschlusskosten oder Fundamentierungskosten.

Anschaffungspreisminderungen
Anschaffungspreisminderungen vermindern die Anschaffungswerte. Zu den Anschaffungspreisminderungen gehören insbesondere Skonti, Rabatte oder Preisnachlässe.

Entstehen Anschaffungspreisminderungen erst nach Zahlung des Rechnungsbetrages, so sind sie nachträglich von den Anschaffungswerten abzusetzen.

Nachträgliche Anschaffungswerte
Fallen nach Anschaffung bzw. Inbetriebnahme eines Vermögensgegenstandes noch Anschaffungs- oder Anschaffungsnebenkosten an, sind diese als nachträgliche Anschaffungswerte zu berücksichtigen. Nachträgliche Anschaffungswerte sind beispielsweise nachträgliche Fundamentierungen oder notwendige Ausbauarbeiten, die noch im Zusammenhang mit der Anschaffung stehen. Entstehen nachträgliche Anschaffungswerte erst in späteren Haushaltsjahren, so sind diese ab dem Zeitpunkt der Nutzbarkeit des geänderten Vermögensgegenstandes zu berücksichtigen. Die von denn Verfassern bisher vertretene Auffassung, den angepassten Anschaffungswert analog dem Steuerrecht pauschal bereits zum 1. Januar des Haushaltsjahres zu berücksichtigen, wurde aufgegeben.[224]

> ***Beispiel:***
> *Ein medizinisches Gerät des Gesundheitsamtes wird am 15.3.2022 zum Preis von 7.500 € angeschafft; die Nutzungsdauer beträgt fünf Jahre (= 60 Monate). Am 9.12.2022 fallen nachträgliche Anschaffungsnebenkosten in Höhe von 1.400 € an. Für das Jahr der Anschaffung 2022 ist gem. § 34 Abs. 4 Satz 1 GemHVO-Doppik eine Abschreibung für zehn volle Monate vorzunehmen. Die Jahresabschreibung 2022 ist vom Gesamtbetrag in Höhe von 8.900 € zu berechnen und beträgt für das Jahr 2022 anteilig für zehn Monate 1.483,33 €.*
>
> ***Abwandlung:***
> *Die Anschaffungsnebenkosten aus dem obigen Beispiel für das medizinische Gerät fallen erst im Folgejahr am 10.11.2023 an. Im Jahr der Anschaffung 2022 beträgt die Jahresabschreibung anteilig 1.250 € für zehn Monate. Bis Oktober 2023 werden monatlich jeweils 125,00 € abgeschrieben und der Restbuchwert beträgt am 31.10.2023 noch 5.000 €. Zu den so ermittelten Restbuchwert werden 1.400 € addiert und der neue Restbuchwert in Höhe von 6.400 € wird auf die verbleibende Restnutzungsdauer von 40 Monaten verteilt. Daraus ergibt sich eine monatliche Abschreibung in Höhe von 160 € für den Zeitraum vom November 2023 bis zum Februar 2024.*

Eine besondere Problematik stellen mit Blick auf nachträgliche Anschaffungswerte die Erschließungsbeiträge, beispielsweise für eine Erstanlage einer Straße, bei eigenen gemeindlichen Grundstücken dar. Die in einer Beitragsrechnung darzustellenden Erschließungsbeiträge für eigene gemeindliche Grundstücke stellen nach Ansicht der

224 Die bisherige Auffassung stützte sich auf die Anwendung des Steuerrechts (R 7.4 Abs. 9 Satz 1 EStR). Es ist jedoch naheliegend, die Regelung des § 34 Abs. 4 Satz 1 GemHVO-Doppik für die zeitanteilige Abschreibung von Vermögensgegenständen des Anlagevermögens im Jahr der Anschaffung oder Herstellung auch bei der nachträglichen Anschaffung oder Herstellung in Folgejahren analog anzuwenden.

Autoren vorerst keine aktivierbaren nachträglichen Anschaffungswerte dar, weil mangels der Möglichkeit einer Bescheidung gegen sich selbst tatsächlich keinerlei Anschaffungswerte entstehen.[225] Vielmehr ergeben sich unmittelbar nur Anschaffungswerte bei der gleichfalls im Eigentum der Gemeinde stehenden Straße. Die bilanzielle Berücksichtigung im Rahmen der Erschließung möglicherweise entstandenen Wertsteigerungen kann daher nur im Rahmen des Realisationsprinzips, z. B. durch Verkauf, erfolgen.[226]

Dagegen hat das OVG Lüneburg geurteilt, dass für gemeindeeigene Grundstücke die sachliche Beitragspflicht zwar entsteht, aber wegen der Identität von Abgabenschuldner und Gläubiger vor der Bestimmung des Abgabeschuldners wieder erlischt.

Im Liegenschaftsbereich können sich nachträgliche „positive als auch negative Anschaffungswerte" durch eine spätere Vermessung eines erworbenen Grundstücks ergeben. Es ist teilweise zur zeitnahen Abwicklung des Grundstücksgeschäfts durchaus üblich, im Kaufvertrag einen „Zirka-Grundstücksflächenwert" zu vereinbaren. Nach der exakten Vermessung erhöht bzw. reduziert sich der Kaufpreis um einen im ursprünglichen Kaufvertrag vereinbarten Quadratmeterpreis.

Nachträgliche Anschaffungspreisminderungen

Sollten sich nachträgliche Anschaffungspreisminderungen erst im folgenden Haushaltsjahr nach der Anschaffung ergeben, so ist analog dem Verfahren der nachträglichen Anschaffungswerte zu verfahren. Die nachträglichen Anschaffungspreisminderungen reduzieren den „fortgeschriebenen" Anschaffungswert (Restbuchwert).

Beispiel:

Der Kaufpreis einer am 15.3.2021 angeschafften Druckmaschine von 12.000 € reduziert sich durch eine im November 2022 gewährte Minderung aufgrund von Lackschäden um 10 % des Neupreises. Die Nutzungsdauer beträgt zehn Jahre.

*Ende Oktober beträgt der Restbuchwert aufgrund der vorgenommenen Abschreibungen in Höhe von 2.000 € (20 Monate * 100 €) noch 10.000 €. Durch die Minderung wird der Restbuchwert um 1.000 € auf 9.000 € verringert. Dieser Betrag wird auf den Zeitraum der Restnutzung bis Februar 2031 (100 Monate) verteilt. Der monatliche Abschreibungsbetrag ab November 2022 beträgt 90 € und somit 1.080 € im Jahr.*

225 Anders ist dies im Rahmen einer Gebührenveranlagung (z. B. Abfallbeseitigungsgebühren für eigene gemeindliche Grundstücke) in der Ergebnisrechnung. Auch hier erfolgt keine Bescheidung gegen sich selbst. Jedoch ergibt sich hier ein unmittelbarer Ressourcenverbrauch der Gemeinde in privatrechtlicher Eigenschaft gegenüber der Gemeinde als Träger der kostenrechnenden Einrichtung in öffentlich-rechtlicher Eigenschaft. Hier sind im Rahmen des Ressourcenverbrauchskonzeptes Aufwand und Ertrag darzustellen. Eine solche Leistungsbeziehung kann beispielsweise durch interne Leistungsverrechnungen oder durch eine nicht liquiditätswirksame Ertrags-/Aufwandsbuchung dargestellt werden.

226 Die entstandene sachliche Beitragspflicht sollte in der Anlagenbuchhaltung vermerkt werden, damit bei Verkauf die Realisation erfolgen kann.

Anschaffungswerte zur Herstellung der Betriebsbereitschaft[227]
Speziell im Immobilienbereich sind Aufwendungen, die grundsätzlich Instandsetzungs- oder Modernisierungsaufwendungen darstellen, nach § 33 Abs. 2 GemHVO-Doppik als Anschaffungswerte zu behandeln, wenn sie die Betriebsbereitschaft eines Gebäudes herstellen.

Betriebsbereitschaft besteht, wenn ein Gebäude entsprechend seiner Zweckbestimmung genutzt werden kann. Wird das Gebäude ab dem Anschaffungszeitpunkt genutzt, ist grundsätzlich von einer Betriebsbereitschaft auszugehen. Instandhaltungs- und Modernisierungsaufwendungen stellen dann keine Anschaffungswerte dar.

Wird das Gebäude ab dem Anschaffungszeitpunkt nicht genutzt, ist hinsichtlich des Vorliegens der Betriebsbereitschaft eine weitergehende Prüfung zur Funktionstüchtigkeit vorzunehmen. Hierbei umfasst die Betriebsbereitschaft die beiden Voraussetzungen objektive und subjektive Funktionstüchtigkeit.

Die Betriebsbereitschaft liegt somit im Umkehrschluss nicht vor, wenn

- eine objektive Funktionsuntüchtigkeit oder
- eine subjektive Funktionsuntüchtigkeit

vorliegt.

Objektiv funktionsuntüchtig ist ein Gebäude, sofern für dessen Nutzung wesentliche Gebäudeteile bautechnisch grundlegend nicht nutzbar sind. Abgrenzend hierzu liegt dagegen eine Funktionsuntüchtigkeit nicht schon vor, wenn Mängel, die insbesondere durch Verschleiß hervorgerufen sind, vor einer Nutzung erst beseitigt werden. Letztlich bestimmt die Herrichtung der Funktionstüchtigkeit von wesentlichen Gebäudeteilen, inwieweit Anschaffungswerte vorliegen.

Beispiel:
Die Gemeinde kauft ein Gebäude, für das eine Schadstoffsanierung erforderlich ist. Vor der Nutzung als Kindertagesstätte erfolgen daher bauliche Maßnahmen zur Schadstoffsanierung. Alle Aufwendungen, die unmittelbar aus den Instandsetzungsarbeiten der Schadstoffsanierung resultieren, stellen Anschaffungswerte dar.

Subjektiv funktionsuntüchtig ist ein Gebäude, sofern für die vorgesehene Zweckbestimmung eine Nutzung noch nicht möglich ist. Aufwendungen für bauliche Maßnahmen, um die von der Gemeinde zweckbestimmten Nutzungsvoraussetzungen zu schaffen, stellen daher Anschaffungswerte nach § 33 Abs. 2 GemHVO-Doppik dar.

Beispiel:
Die bisherige Nutzung als Wohngebäude soll in eine Nutzung als Bürogebäude umgewandelt werden. Sämtliche baulichen Aufwendungen für die Herrichtung im Rahmen des neuen Nutzungszwecks stellen Anschaffungswerte dar.

---

227 Vgl. BMF vom 18.7.2003 (BStBl. I S.386).

Des Weiteren gehört zur Zweckbestimmung und somit auch zur Versetzung in einen betriebsbereiten Zustand nach § 33 Abs. 2 GemHVO-Doppik eine Entscheidung, dass der Standard[228] für das Gebäude zukünftig angehoben werden soll. Ist dies der Fall, so stellen Aufwendungen für bauliche Maßnahmen, die eine Standardhebung bewirken, Anschaffungswerte dar.

Aufteilung eines Gesamtkaufpreises auf mehrere Anlagegüter

Wird bereits beim Erwerb mehrerer Vermögensgegenstände im Kaufvertrag eine Aufteilung des Kaufpreises vereinbart und erscheint diese Aufteilung wirtschaftlich vernünftig, stellen die dort vereinbarten Einzelpreise die Anschaffungswerte der einzelnen Vermögensgegenstände dar. Diese Vorgehensweise basiert auf dem Grundsatz der Einzelbewertung, wonach jeder Gegenstand mit seinem Anschaffungswert in der Höhe anzusetzen ist, die nach dem erklärten Willen der Vertragspartner den einzelnen Vermögensgegenständen beigemessen wird.

In der Regel unterbleibt jedoch im Kaufvertrag die Aufteilung des Gesamtkaufpreises auf die einzelnen Vermögensgegenstände. Nach dem Grundsatz der Einzelbewertung muss der vereinbarte Gesamtkaufpreis in einem angemessenen Verhältnis auf die einzelnen selbstständig auszuweisenden Vermögensgegenstände aufgeteilt werden. Besonders komplex stellt sich dies dar, sofern bewegliches Anlagevermögen im Gesamtkaufpreis einer Immobilie enthalten ist. Hier ist die Aufteilung nach dem Verhältnis der Zeitwerte (aktuelle Verkehrswerte) vorzunehmen. Grundlage hierfür können die Unterlagen bilden, welche im Rahmen der Vereinbarung des Kaufpreises der Vertragspartner maßgeblich waren. In Betracht kommen hierbei Sachverständigengutachten, Berechnungen (beispielsweise orientiert am Neuwert und aus dem Verhältnis Restnutzungsdauer zur Gesamtnutzungsdauer) oder auch Restwerttabellen oder -listen.

Vielfach wird auch im Rahmen von Ankäufen im Immobilienbereich ein Wertgutachten der Bewertungsstelle oder des Gutachterausschusses erstellt. Dies stellt eine idealtypische Grundlage zur Aufteilung des Gesamtkaufpreises auf die einzelnen Vermögensgegenstände dar.

Beispiel:

Beim Kauf eines bebauten Grundstücks mit zwei Gebäuden ist ein Gesamtkaufpreis vereinbart worden. Dieser ist in einem angemessenen Verhältnis auf die beiden Gebäude und den Grund und Boden aufzuteilen. Dies kann entweder auf der Basis eines vor Erwerb erstellten Wertgutachtens erfolgen oder auf der Basis anderer Unterlagen, die zur Bildung des Gesamtkaufpreises beider Vertragspartner geführt haben. Für den Grund und Boden kommt auch als Basis der gültige Bodenrichtwert in Betracht. Besonderheiten (z. B. Grundstückszuschnitt) sind hier zu beachten.

228 Zur Unterscheidung zwischen einfachem Standard, mittlerem Standard und sehr anspruchsvollem Standard siehe Kapitel 10.2.3.2.

Beispiel für die 1. Eröffnungsbilanz:
Die Gemeinde hat einige Jahre vor Erstellung der ersten Eröffnungsbilanz ein Grundstück mit Gebäude für 500.000 € erworben und kann aus dem Kaufvertrag nicht die Anteile für Grund + Boden und Gebäude aufteilen.

Lösungsvorschlag:
Aus der Zeitbewertung ergeben sich folgende Werte

Grund + Boden	*150.000 €*	=	*20 %*
Gebäude	*600.000 €*	=	*80 %*
Gesamtwert	*750.000 €*	=	*100 %*

Also wird der ursprüngliche Kaufpreis von 500.000 € aufgeteilt in

Grund + Boden	=	*20 %*	=	*100.000 €*
Gebäude	=	*80 %*	=	*400.000 €*
Kaufpreis	=	*100 %*	=	*500.000 €*

Anschaffung durch Tausch
Werden Vermögensgegenstände im Rahmen eines Tausches angeschafft, so sind diese mit ihrem vertraglich vereinbarten Wert anzusetzen.

10.2.1.2 Herstellungswerte

Die dem Vermögensgegenstand zurechenbaren Herstellungswertebestandteile sind nach § 33 Abs. 3 GemHKVO-Doppik die Aufwendungen, die durch den Verbrauch von Gütern und die Inanspruchnahme von Diensten für die Herstellung eines Vermögensgegenstands, seine Erweiterung oder für eine über seinen ursprünglichen Zustand hinausgehende wesentliche Verbesserung entstehen. Dazu gehören verbindlich die Material(-einzel)kosten, die Fertigungs-(einzel)kosten und die Sonderkosten der Fertigung. Bei der Berechnung der Herstellungswerte dürfen auch angemessene Teile der notwendigen Materialgemeinkosten, der notwendigen Fertigungsgemeinkosten und des Werteverzehrs des Vermögens, soweit er durch die Fertigung veranlasst ist, eingerechnet werden.

Hier räumt das kommunale Haushaltsrecht analog dem HGB[229] den Kommunen für bestimmte Herstellungswertbestandteile ein Ansatzwahlrecht ein. Für Fertigungs- und Materialgemeinkosten sowie Abschreibungen, soweit sie durch die Fertigung veranlasst sind, die dem hergestellten Vermögensgegenstand nicht direkt zurechenbar sind, besteht die Möglichkeit einer Hinzurechnung. Abweichend vom § 255 Abs. 2 Satz 3 HGB besteht dieses Wahlrecht nicht für Kosten der allgemeinen Verwaltung; diese Kosten sind bei den Herstellungswerten nicht zu berücksichtigen.

Die Herstellungswerte sind nach folgendem Berechnungsschema zu ermitteln:

229 Im Rahmen des Bilanzrechtsmodernisierungsgesetzes (BilMoG) wurden im HGB die Bewertungswahlrechte eingeschränkt. Das betrifft die Material- und Fertigungsgemeinkosten, für die eine Ansatzpflicht besteht. Diese handelsrechtlichen Änderungen sind jedoch bisher nicht in das Regelwerk der kommunalen Doppik eingeflossen.

	Kostenart	Ansatz
	Materialkosten	Ansatzpflicht
+	Materialgemeinkosten	„Kann-Hinzurechnung“
+	Fertigungskosten	Ansatzpflicht
+	Fertigungsgemeinkosten	„Kann-Hinzurechnung“
+	Sonderkosten der Fertigung	Ansatzpflicht
+	Abschreibungen, soweit sie durch die Fertigung veranlasst sind	„Kann-Hinzurechnung“
+	Zinsaufwendungen während des Herstellungszeitraums	„Kann-Hinzurechnung“
	(~~Verwaltungsgemeinkosten und bestimmte soziale Kosten~~)[230]	Ansatzverbot
=	**Herstellungswerte**	

Abgrenzung von Einzel- und Gemeinkosten
Aufgrund des Unterschieds der Ansatzpflicht für Herstellungseinzelkosten und des Ansatzwahlrechts für Herstellungsgemeinkosten ist es erforderlich, Einzel- und Gemeinkosten inhaltlich abzugrenzen.

Einzelkosten sind Kosten, die sich bei der Herstellung eines Vermögensgegenstandes diesem exakt zurechnen lassen. Sie fallen unmittelbar mit der Herstellung eines Vermögensgegenstandes an und können daher diesem direkt zugerechnet werden.

Gemeinkosten sind Kosten, die sich bei der Herstellung eines Vermögensgegenstandes diesem nicht exakt zurechnen lassen. Sie fallen gemeinsam für mehrere, auch unterschiedliche Leistungen an und können nur auf der Basis einer Gemeinkostenschlüsselung in einem angemessenen Verhältnis auf die einzelnen Leistungen verrechnet werden. Daher dürfen durch die Schlüsselung mittels Mengen-, Zeit- oder physikalisch-technischer Größen nur die für die Herstellung des Vermögensgegenstandes notwendigen Gemeinkosten verrechnet bzw. angesetzt werden.

Materialeinzelkosten
Materialeinzelkosten stellen die unmittelbar für die Herstellung des einzelnen Vermögensgegenstandes verbrauchten Materialien (Roh-, Hilfs- und Betriebsstoffe) dar.

Materialgemeinkosten
Materialgemeinkosten fallen in Materialstellen an, die für die Beschaffung, Prüfung und Lagerung von Herstellungsmaterialien zuständig sind. Die dort entstehenden Kosten sind einem einzelnen hergestellten Vermögensgegenstand nicht eindeutig zurechenbar. Zu den Materialgemeinkosten zählen beispielsweise Gehälter der im Einkauf, im Lager und der bei Prüfung beschäftigten Personen, die Kosten für ein Lagergebäude und Sachversicherungen.

> ***Beispiel:***
> *Bei der Lagerung von Vermögensgegenständen fallen u. a. Kosten für die dort tätigen Beschäftigten, Abschreibungen auf das Lagergebäude, Versicherungsbeiträge für das Lagergebäude und die Bestände sowie Energiekos-*

230 Nicht aktivierungsfähig gemäß § 33 Abs. 3 Satz 3 GemHVO-Doppik sind die Kosten der allgemeinen Verwaltung sowie Aufwendungen für soziale Einrichtungen der Verwaltung, für freiwillige soziale Leistungen und für zusätzliche Altersversorgungen.

ten an. Eine Zuordnung dieser entstandenen Lagerkosten zu den gelagerten Gütern ist einzeln nicht möglich. Die Lagerkosten stellen somit Materialgemeinkosten dar und müssen mit geeigneten Gemeinkostenschlüsseln in einem angemessenen Verhältnis verteilt werden.

Fertigungseinzelkosten

Für die Fertigungseinzelkosten ist die direkte Zurechenbarkeit zum hergestellten Vermögensgegenstand maßgeblich. Zu den Fertigungseinzelkosten zählen die Fertigungslöhne oder -gehälter. Des Weiteren zählen auch Sondereinzelkosten der Fertigung hierzu. Zu den Sondereinzelkosten gehören Spezialwerkzeugkosten, Kosten für Sonderanfertigungen, Kosten für Materialanalysen oder anzufertigende Modelle.

Fertigungsgemeinkosten

Fertigungsgemeinkosten entstehen im Rahmen der Fertigung, können aber dem hergestellten Vermögensgegenstand nicht direkt zugerechnet werden. Mittels Gemeinkostenschlüsselung werden diese Kosten verrechnet. Zu den Fertigungsgemeinkosten gehören beispielsweise Energiekosten, Hilfslöhne, Hilfsmaterialien sowie anteilige Abschreibungen und Zinsen, soweit diese dem Vermögensgegenstand nur mittelbar zugerechnet werden können. Strittig ist dabei, ob die Kosten der Rechnungsprüfung zu den Fertigungsgemeinkosten oder zu den nicht aktivierungsfähigen Kosten der allgemeinen Verwaltung zählen. Die Autoren sind der Auffassung, dass eine Aktivierungsmöglichkeit dann besteht, wenn die Rechnungsprüfung sich konkret mit der Prüfung der Investitionsmaßnahme (z. B. Prüfung der Abrechnung einer Baumaßnahme) beschäftigt.

Abschreibungen auf Fertigungsanlagen

Für den Werteverzehr von abnutzbaren Vermögensgegenständen zur Fertigung von Erzeugnissen räumt § 33 Abs. 3 Satz 3 GemHVO-Doppik ein Wahlrecht („dürfen") ein. Der Charakter dieses Werteverzehrs kann nicht eindeutig den Fertigungseinzelkosten bzw. den Fertigungsgemeinkosten zugeordnet werden. Einer der Grundgedanken des kommunalen doppischen Haushaltsrechts ist es jedoch, dass im Rahmen der periodengerechten Darstellung des Ressourcenverbrauchs die Aufwendungen zu berücksichtigen sind, die während der Erstellung entstehen. Insofern ist es im Sinne des kommunalen Haushaltsrechts, dass zum Ressourcenverbrauch aus Abschreibungen zur Erstellung eines Vermögensgegenstandes auch im Hinblick auf eine einheitliche Wertbasis für Vermögensgegenstände das Ansatzwahlrecht genutzt wird, sodass beim Einsatz von Vermögensgegenständen zur Herstellung eines anderen Vermögensgegenstandes die für den Zeitraum der Herstellung anfallenden Abschreibungen als Herstellungswerte angesetzt werden. Denkbar sind hier Abschreibungen für Radlader der Kommune, die für die Errichtung eines Gebäudes eingesetzt wurden.

Zinsaufwendungen während des Herstellungszeitraums

Grundsätzlich dürfen Zinsaufwendungen nicht aktiviert werden. Eine Aktivierungsmöglichkeit sieht § 33 Abs. 4 GemHVO-Doppik allerdings für die Zinsen vor, die während des Zeitraums der Herstellung des Vermögensgegenstandes anfallen. Allerdings ist die Ermittlung der Zinsen aufgrund des Gesamtdeckungsprinzips des § 12 GemHVO-Doppik sehr schwierig. In der Regel werden die Kredite und damit auch die Zinsaufwendungen im zentralen Produktbereich 61 veranschlagt und nicht den Produkten zugeordnet, bei denen die Investitionen abgewickelt werden. Die Ermittlung aktivierungsfähiger Zinsaufwendungen kann deshalb nur mit Hilfsrechnungen unter Berücksichtigung durchschnittlicher Zinssätze erfolgen. Außerdem würden dann Zinsaufwendungen aus dem Haushaltsausgleich ausgesondert (Belastung erfolgt erst durch spätere Abschreibungen des entsprechenden Vermögensgegenstandes). Insofern wird in der Praxis sehr selten von dieser Wahlmöglichkeit Gebrauch gemacht.

Nachträgliche Herstellungswerte oder -minderungen
Fallen nachträgliche Herstellungswerte oder nachträgliche Minderungen der Herstellungswerte erst in späteren Jahren an, so sind diese ab dem Monat der Feststellung der Wertveränderung zu berücksichtigen. Fallen nach der Herstellung bzw. Betriebsbereitschaft eines Vermögensgegenstandes noch nachträgliche Herstellungswerte oder Herstellungswerteminderungen an, sind diese bei den Herstellungswerten unmittelbar nach deren Auftreten noch zu berücksichtigen.

10.2.1.3 Übungen

Sachverhalt Nr. 3 (Anschaffungswerte):
Der Anschaffungspreis einer Druckmaschine für die als Fachdienst geführte Vervielfältigungsstelle beträgt 50.000 € zzgl. 19 % USt. Der Fachdienst ist nicht vorsteuerabzugsberechtigt. Dieser Preis beinhaltet nicht die einzelnen Kosten für Verpackung i. H. v. 100 €, Transport i. H. v. 500 € und Transportversicherung 150 € (jeweils einschließlich USt.). Die Kommune nutzt den eingeräumten Skontoabzug auf den Anschaffungspreis i. H. v. 2 %. Aufgrund einiger Lackschäden erhält die Kommune einen pauschalierten Nachlass auf die Gesamtrechnungssumme (brutto) i. H. v. 1.000 € inkl. USt. Bei der Aufstellung der Maschine ist eine Montage bzw. Verankerung mit dem Boden erforderlich, hierfür stellt ein Serviceunternehmen 410 € inkl. USt. in Rechnung.

Aufgabe:
Ermitteln Sie anhand des Berechnungsschemas die Anschaffungswerte.

Lösung:			
Anschaffungspreis			
Anschaffungspreis	50.000,00 €		
USt. Anschaffungspreis	9.500,00 €	59.500,00 €	
Anschaffungsnebenkosten			
Verpackung	100,00 €		
Transport	500,00 €		
Transportversicherung	150,00 €		
Montage	410,00 €	+1.160,00 €	
Anschaffungspreisminderungen			
Skonto	1.000,00 €		
Minderung USt. durch Skonto	190,00 €		**Anschaffungswert**
Preisnachlass	1.000,00 €	–2.190,00 €	**58.470,00 €**

Sachverhalt Nr. 4 (Anschaffungswerte):
Die Kommune erwirbt ein unbebautes Grundstück. Die Grundstücksgröße wird im Kaufvertrag mit ca. 2.000 qm festgelegt, durch eine spätere Vermessung soll die genaue Grundstücksgröße ermittelt werden. Bei einer Abweichung wird eine nachträgliche Anpassung des Kaufpreises i. H. v. 25 € je qm fällig. Das Grundstück ist mit einer Grundschuld i. H. v. 20.000 €, welche mit einer Restschuld i. H. v. 10.000 € valutiert, belastet. Es wird mit dem Verkäufer eine Kaufpreiszahlung von 40.000 € vereinbart, die Grundschuldbelastung wird von der Kommune zusätzlich übernommen. Die Kommune hat Grunderwerbssteuer i. H. v. 1.500 € zu entrichten. Notariatskosten fallen i. H. v. 800 € und Gerichtskosten i. H. v. 500 € an. Für die im Kaufvertrag vereinbarte Vermessung fallen für die Kommune Kosten i. H. v. 500 € an. Bei der Vermessung wurde festgestellt, dass die Grundstücksgröße 2.020 qm beträgt.

Aufgabe:
Ermitteln Sie anhand des Berechnungsschemas die Anschaffungswerte.

Lösung:			
Anschaffungspreis			
Kaufpreis	40.000,00 €		
Restschuld aus Grundschuld	10.000,00 €	50.000,00 €	
Anschaffungsnebenkosten			
Grunderwerbssteuer	1.500,00 €		
Notarkosten	800,00 €		
Gerichtskosten	500,00 €		
Vermessung	500,00 €	3.300,00 €	
Nachträgliche Anschaffungskosten			**Anschaffungskosten**
Preis für 20 qm a 25 Euro	500,00 €	500,00 €	**53.800,00 €**

Sachverhalt Nr. 5 (Herstellungswerte):
Die Kommune erstellt eine neue Kindertagesstätte. Das vom Hochbauamt beauftragte Bauunternehmen rechnet insgesamt Materialkosten i. H. v. 200.000 € und Lohnkosten i. H. v. 300.000 € inkl. USt. ab. Die Personalkosten des Hochbauamtes für die selbsterstellte Planung betragen nach Abrechnung der Kosten- und Leistungsrechnung (KLR) 50.000 €. Neben den allgemeinen Materialkosten des beauftragten Bauunternehmens wurden seitens der Kommune mehrere zusätzliche Bauteile auf eigene Rechnung i. H. v. 25.000 € inkl. USt. beschafft, die vom Bauunternehmen eingebaut wurden. Zum Schutz vor Diebstahl wurde ein Teil der Baumaterialien in einem Lager untergebracht. Der in der KLR ermittelte Materialgemeinkostenzuschlag (Personalkosten, Abschreibung, Energiekosten etc. für das Lager) beträgt 2.000 €. In der KLR der Kommune wurde ein Fertigungsgemeinkostenzuschlag (Fertigungskontrolle, Energiekosten, Sachversicherungen für eingesetzte Anlagen etc.) beim Bau i. H. v. 1.500 € ermittelt. Ein Architekturbüro rechnet für ein in der Planungsphase erstelltes Modell 1.000 € incl. USt. ab.

Aufgabe:
Ermitteln Sie anhand des Berechnungsschemas den Herstellungswert.

Lösung:
Für die Lösung dieser Aufgabe bestehen aufgrund der Kann-Vorschrift hinsichtlich der Gemeinkosten zwei alternative Lösungsmöglichkeiten.

a) Unter Einbeziehung der Gemeinkosten ergibt sich folgende Lösung:

Lösung:			
Materialeinzelkosten			
Bauunternehmen	200.000,00 €		
Sonderbauteile	25.000,00 €	225.000,00 €	
Fertigungseinzelkosten			
Bauunternehmen	300.000,00 €		
Eigene Planungskosten	50.000,00 €	350.000,00 €	
Materialgemeinkosten			
Materialgemeinkosten	2.000,00 €	2.000,00 €	
Fertigungsgemeinkosten			
Fertigungsgemeinkostenzuschl.	1.500,00 €	1.500,00 €	
Sondereinzelkosten d.Fertigung			**Herstellungswert**
Modell	1.000,00 €	1.000,00 €	**579.500,00 €**

b) Bei Nichtberücksichtigung der Gemeinkosten ergibt sich folgende alternative Lösung:

Lösung:			
Materialeinzelkosten			
Bauunternehmen	200.000,00 €		
Sonderbauteile	25.000,00 €	225.000,00 €	
Fertigungseinzelkosten			
Bauunternehmen	300.000,00 €		
Eigene Planungskosten	50.000,00 €	350.000,00 €	
Sondereinzelkosten d.Fertigung			Herstellungswert
Modell	1.000,00 €	1.000,00 €	**576.000,00 €**

10.2.2 Verhältnis zu anderen Bewertungszwecken

Die Bewertungsvorschriften der KV M-V und GemHVO-Doppik entfalten nur für die kommunale Haushaltswirtschaft Gültigkeit. Bestehende Bewertungen und Bewertungsverfahren für andere kommunale Bewertungszwecke sind beizubehalten und werden durch die o. g. Bewertungsvorschriften nicht ersetzt (siehe § 41 GemHVO-Doppik). Festlegungen für eine bestehende Kosten- und Leistungsrechnung können gleichfalls beibehalten werden.

Somit können nebeneinander abweichende Bewertungen für einzelne Vermögensgegenstände neben der Bewertung für das Haushaltsrecht bestehen:

- Steuerrecht
- Gebührenrecht
- Kostenrechnung

10.2.2.1 Steuerrecht

Kommunen haben für Betriebe gewerblicher Art die Werte des Anlagevermögens[231] für Zwecke der Besteuerung nach den einschlägigen Bewertungsvorschriften des Steuerrechts zu führen.

Die Bewertung des Anlagevermögens für steuerliche Zwecke erfolgt zwar dem Wortlaut nach ebenfalls zu Anschaffungs- und Herstellungswerten. Jedoch gelten für das Steuerrecht die historischen Anschaffungs- oder Herstellungswerte als Abweichung.

Aufgrund des eingeräumten Ansatzwahlrechts des § 33 Abs. 3 GemHVO-Doppik bei den Herstellungswerten können auch im Regiebetrieb weitere Abweichungen entstehen. Nach dieser Regelung besteht eine Ansatzpflicht für Material- und Ferti-

231 In der Steuerbilanz.

gungseinzelkosten sowie für Sonderkosten der Fertigung.[232] Dagegen besteht eine Kann-Vorschrift für Material- und Fertigungsgemeinkosten. Steuerrechtlich sind Material- und Fertigungsgemeinkosten bei den Herstellungswerten ansatzpflichtig. Daneben sieht das Steuerrecht außerdem als ansatzpflichtig den Werteverzehr von Anlagevermögen vor, soweit er der Fertigung von Erzeugnissen gedient hat.[233] Der Charakter dieses Werteverzehrs kann nicht eindeutig den Fertigungseinzelkosten bzw. den Fertigungsgemeinkosten zugeordnet werden. Nach den Grundgedanken des doppischen Haushaltsrechts sollen die Aufwendungen berücksichtigt werden, die während der Erstellung entstehen. Insofern ist es im Sinne der kommunalen Regelungen zur Vermögenswirtschaft, dass beim Ressourcenverbrauch aus Abschreibungen zur Erstellung eines Vermögensgegenstandes (der steuerliche Werteverzehr von Anlagevermögen) – auch im Hinblick auf eine einheitliche Wertbasis für Vermögensgegenstände – eine Ansatzpflicht hierfür besteht.

Des Weiteren ist zu berücksichtigen, dass Betriebe gewerblicher Art ganz oder zum Teil zum Umsatzsteuerabzug berechtigt sind, so dass dieser Abzug bei den Herstellungswerten zu berücksichtigen ist.

Weiterhin dürfen Betriebe gewerblicher Art abweichend von § 34 GemHVO-Doppik eine nach dem Steuerrecht zulässige Abschreibungsmethode anwenden, wenn steuerlich ebenso verfahren wird (§ 41 Abs. 2 GemHVO-Doppik).

10.2.2.2 Gebührenrecht[234]

Für kostenrechnende Einrichtungen sind nach § 6 KAG M-V Benutzungsgebühren zu erheben. Hierzu sind in den Gebührenkalkulationen Abschreibungen und Zinsen, die nach betriebswirtschaftlichen Grundsätzen ansatzfähig sind, zu berücksichtigen.

Diese unterscheiden sich von den in der kommunalen Haushaltswirtschaft zu buchenden Wertgrößen dann, wenn aus besonderen wirtschaftlichen Gründen kalkulatorische Abschreibungen von Wiederbeschaffungszeitwerten berechnet werden. Die kalkulatorischen Zinsen sind dagegen auf der Basis der Anschaffungs- oder Herstellungswerte unter Berücksichtigung von Zuwendungen und Beiträgen zu berechnen.

10.2.2.3 Kosten- und Leistungsrechnung

Die Kosten- und Leistungsrechnung soll neben der Preiskalkulation und der Wirtschaftlichkeitskontrolle einzelner Fachbereiche insbesondere als Instrument zur Fundierung und Kontrolle von Entscheidungen (z. B. Make-or-buy-Entscheidungen) dienen. Hierbei werden die Rahmenbedingungen für kalkulatorische Abschreibungen und Zinsen durch interne Richtlinien oder Anweisungen in jeder Gemeinde individuell festgelegt. Im Vergleich zur kommunalen Vermögenswirtschaft stellen die kalkulato-

232 Dies entspricht den minimalen Herstellungskosten des § 255 Abs. 2 HGB.

233 Einkommenssteuerrichtlinien 2005 (EStR 2005) R 6.3.

234 Zu den Einzelheiten des folgenden Textes muss auf die Literatur zum Themenbereich Gebührenrecht verwiesen werden (*Simoneit/Roßmann*, Kommentar zum KAG M-V, http://www.simoneit-skodda.de/ documents/kagmv_kommentar.pdf).

rischen Eigenkapitalzinsen sog. „Zusatzkosten“, die kalkulatorischen Abschreibungen in Abhängigkeit der Regelungen der Kostenrechnung sog. „Anderskosten“ dar.

Die Ausgestaltung der kommunalen Kosten- und Leistungsrechnung orientiert sich an den örtlichen Zielsetzungen. Diese können sich wie folgt unterschiedlich ausrichten:

- Wirtschaftlichkeitsüberlegungen
- Vergleichbarkeit mit Privatwirtschaft (z. B. Make-or-buy-Entscheidung)
- Einheitliche Vorgehensweise mit dem NKHR (Minderung des Nutzungspotenzials)
- Einheitliche Vorgehensweise mit Vorschriften des KAG M-V (Wiederbeschaffungs- und Kostendeckungsprinzip)

Die unterschiedlichen Zielsetzungen bedingen eine unterschiedliche Gestaltung.

Die Wertbasis kann sich entweder an den Anschaffungs- und Herstellungswerten oder an den Wiederbeschaffungszeitwerten (Wertfortschreibung) bei den Folgebilanzierungen orientieren.

Die Abschreibungsvorgaben können sich unterscheiden bei der Nutzungsdauer und der Abschreibungsmethode. Hier kann die Nutzungsdauer an gebührenrechtlichen Grundlagen i. d. R. nach AfA-Tabellen, nach der haushaltsrechtlichen Rahmenabschreibungstabelle bzw. der eigenen kommunalen Abschreibungstabelle oder nach Herstellerangaben richten. Des Weiteren ist bei fortgesetzter Nutzung denkbar, in der Kosten- und Leistungsrechnung über die geplante Nutzungsdauer hinaus abzuschreiben, um im Rahmen von Preiskalkulationen diese gleichmäßig zu halten.

Bei der Wahl der Abschreibungsmethode ist die Kosten- und Leistungsrechnung völlig frei. Denkbar ist die lineare, degressive, progressive oder leistungsbezogene Abschreibungsmethode.

Änderungen bei der Nutzungsdauer können als Änderungsbasis den Ursprungswert oder den Restwert zugrunde legen.

10.2.3 Abgrenzung von Herstellungswerten und Erhaltungsaufwand[235]

Für die Veranschlagung und Buchung im Drei-Komponenten-System ist es erforderlich, dass Herstellungswerte und Erhaltungsaufwand eindeutig abgegrenzt werden. Von besonderer Bedeutung ist diese Abgrenzung im Immobilienbereich.

Zusätzlich war die Abgrenzung zwischen Herstellungswerten und Erhaltungsaufwand von Bedeutung bei der Eröffnungsbilanzierung, sofern für diese zur Bewertung das Indizierungsverfahren[236] gewählt wurde. Insbesondere bei der Berücksichtigung von nachträglichen Herstellungswerten bei Immobilien waren die zugehörigen Sachverhalte auf ihre Aktivierungsfähigkeit anhand der nachfolgenden Kriterien zu prüfen.

235 Das Kapitel 10.2.3 basiert auf dem Schreiben des Bundesministeriums für Finanzen vom 18.07.2003, IV C 3 – S 2211 - 94/03, www.bundesfinanzministerium.de.

236 Für weitergehende Ausführungen hierzu siehe Kapitel 11.

Herstellungswerte werden bei einem Vermögensgegenstand aktiviert. Sie werden in die Bilanz eingestellt und führen im Bereich des abnutzbaren Vermögens auf der Basis einer festgelegten Nutzungsdauer zu Abschreibungen. Herstellungswerte werden daher im Finanzhaushalt bzw. in der Finanzrechnung abgebildet, die hieraus resultierenden Abschreibungen dagegen im Ergebnishaushalt bzw. in der Ergebnisrechnung. Anders ist dies bei Erhaltungsaufwand, der im Ergebnishaushalt und in der Ergebnisrechnung zu berücksichtigen ist, wobei im Finanzhaushalt und -rechnung der diesbezügliche Liquiditätsabfluss in Form von Auszahlungen abgebildet wird.

Die Abgrenzung erfolgt in der Form, dass Grundvoraussetzungen für Sachverhalte zu prüfen sind, nach denen eine Aktivierung als Herstellungswerte erfolgt. Erfüllt der Sachverhalt nicht die Voraussetzungen, stellt er somit immer Erhaltungsaufwand[237] dar.

Für die Aktivierungsfähigkeit als Herstellungswert sind drei grundlegende Sachverhaltskonstellationen zu betrachten:

- Der Vermögensgegenstand wird erweitert.
- Der Vermögensgegenstand wird über den ursprünglichen Zustand hinausgehend wertmäßig verbessert.
- Herstellungswerte und Erhaltungsaufwand treffen zusammen.

10.2.3.1 Erweiterung eines Vermögensgegenstandes

Im Immobilienbereich liegt eine Erweiterung eines Vermögensgegenstandes vor, wenn durch Anbau, Aufstockung oder Vergrößerung die Nutzfläche erweitert bzw. eine Mehrung der Substanz erreicht wird. Anbauten, z. B. bei Schulgebäuden, stellen hinsichtlich der Abgrenzung zwischen Herstellungswerten und Erhaltungsaufwand kein Problem dar.

Ein Anbau, eine Aufstockung bzw. Vergrößerung der Nutzfläche liegt dagegen nicht vor, wenn lediglich ein Flachdach durch ein Satteldach ersetzt wird. Die Schaffung zusätzlicher Raumhöhe reicht zur Aktivierungsfähigkeit nicht aus. Wird das Satteldach dazu genutzt, zusätzliche Nutzfläche durch gleichzeitigen Ausbau des entstandenen Dachgeschosses zu schaffen, liegt dagegen ein aktivierungsfähiger Sachverhalt vor.

Auch die Substanzvermehrung durch zusätzliche Bauteile, sowohl bei Immobilien als auch beim beweglichen Vermögen, stellt grundsätzlich einen aktivierungsfähigen Sachverhalt dar. Im Bereich des beweglichen Vermögens ist beispielsweise die Aufrüstung eines Feuerwehrfahrzeuges mit einer Schnelllöschvorrichtung ein aktivierungsfä-

237 Im kaufmännischen Rechnungswesen können in Analogie zur Steuerbilanz nach den Einkommenssteuerrichtlinien 2005, EStR R 21.1, Herstellungskosten im Rahmen einer Erweiterung von nicht mehr als 4.000 € (ohne USt.) auf Antrag als Erhaltungsaufwand gebucht werden. Eine Übertragung dieser Regelung ist aufgrund der Antragspflicht nicht möglich. Sofern eine Anwendung dieser Vereinfachungsregelung im kommunalen Haushaltsrecht Anwendung finden soll, bedarf es hierzu einer zusätzlichen Regelung, da im Steuerrecht ausdrücklich ein Genehmigungsvorbehalt besteht.

higer Sachverhalt. Im Immobilienbereich stellt der Einbau eines Behindertenfahrstuhls einen aktivierungsfähigen Sachverhalt dar.

Anders ist dies, wenn zusätzliche Bauteile im Immobilienbereich nur eine Anpassung an den aktuellen bautechnischen Standard darstellen. So stellen Fassadenverkleidungen zu Wärme- und Schallschutzzwecken in der Regel keine aktivierungsfähigen Sachverhalte dar. Ein neuer Gebäudebestandteil ist auch dann als bisheriger Gebäudebestandteil anzusehen, sofern dieser lediglich deshalb hinzugefügt wird, um bereits eingetretene Schäden zu beseitigen oder einen drohenden Schaden abzuwenden. Ein Beispiel hierfür stellt die Anbringung einer Betonvorsatzschale als Schutz vor einer weiteren Durchfeuchtung des Fundamentes dar.

10.2.3.2 Über den ursprünglichen Zustand hinausgehende Wertverbesserung

Fallen Instandsetzungs- oder Modernisierungsaufwendungen im engen zeitlichen Zusammenhang mit der Anschaffung eines Gebäudes an, sind diese als anschaffungsnahe Aufwendungen den Herstellungswerten zuzurechnen.

> ***Beispiel:***
> *Ein Gebäude mit erheblichem Instandhaltungsrückstand wird aufgrund seiner günstigen Lage zu einem Neubaugebiet von der Gemeinde G als Standort einer Kindertageseinrichtung erworben. Das Gebäude wird instandgesetzt und für den vorgesehenen Zweck hergerichtet.*

Ansonsten sind die Instandsetzungs- oder Modernisierungsaufwendungen daraufhin zu prüfen, ob diese zu einer über den ursprünglichen Zustand hinausgehenden wesentlichen Verbesserung führen. Liegt eine solche wesentliche Wertverbesserung vor, sind die Instandsetzungs- oder Modernisierungsaufwendungen als Herstellungswerte zu aktivieren.

Maßgeblich für den ursprünglichen Zustand ist grundsätzlich der Zustand des Gebäudes im Zeitpunkt der Herstellung oder Anschaffung. Dieser ist zu vergleichen mit dem Zustand, in den das Gebäude durch die Instandsetzungs- oder Modernisierungsaufwendungen versetzt wurde. Dies gilt natürlich nicht, wenn die ursprünglichen Anschaffungs- oder Herstellungswerte verändert wurden (z. B. durch nachträgliche Anschaffungs- oder Herstellungswerte). Anstelle des ursprünglichen Zustands tritt dann der Zustand, der für die Abschreibung maßgebend ist.

> ***Beispiel:***
> *Ursprünglich war ein Verwaltungsgebäude mit einem einfachen kleinen Regenschutzdach im Eingangsbereich ausgestattet worden. Aufgrund der Nutzung zu Repräsentationszwecken wurde das Regenschutzdach im Eingangsbereich zwei Jahre später zur Verbesserung des Erscheinungsbildes durch eine aufwendige Marmor-Aluminium-Glaskonstruktion ersetzt. Aufgrund schlechter Verarbeitung ist diese neue Konstruktion baufällig und wird vollständig erneuert. Maßgeblich ist der Zustand zwei Jahre später, also mit der aufwendigen Marmor-*

Aluminium-Glaskonstruktion, mit der jetzigen Veränderung. Es ergibt sich keine über den ursprünglichen Zustand hinausgehende wesentliche Verbesserung, demzufolge ist die Erneuerung Instandhaltungsaufwand, der nicht aktivierungsfähig ist. Bei einem Vergleich der jetzigen Veränderung mit dem einfachen kleinen Regenschutzdach hätte sich dagegen eine über den ursprünglichen Zustand hinausgehende wesentliche Verbesserung ergeben.

Bei Immobilien liegt eine wesentliche Verbesserung vor, wenn der Gebrauchswert des Gebäudes wesentlich erhöht wird. Hierbei ist von einem ordnungsgemäßen Zustand auszugehen, so dass Instandhaltungsrückstände bei der Beurteilung nicht einzubeziehen sind. Vielmehr muss es sich um eine über zeitgemäße substanzerhaltende Erneuerung hinausgehende Instandsetzungs- oder Modernisierungsmaßnahme handeln.

Zu einer wesentlichen Verbesserung zählen eine deutliche Erhöhung des Gebrauchswertes und die Schaffung einer erweiterten Nutzungsmöglichkeit für die Zukunft. Die erweiterte Nutzungsmöglichkeit kann zum einen in einer erheblichen Verlängerung der Nutzungsdauer liegen, wobei die Nutzungsdauer des Gebäudes bestimmende Bauteile (z. B. das Fundament) erneuert werden. Zum anderen kann die erweiterte Nutzungsmöglichkeit auch in einer wesentlichen zukunftsorientierten Umgestaltung (z. B. Entkernung eines Gebäudes mit einer anschließenden Neugestaltung) liegen.

Von einer deutlichen Erhöhung des Gebrauchswertes ist auszugehen, wenn eine Standardverbesserung erfolgt. Hierbei kann eine Standardverbesserung

- von einem sehr einfachen auf einen mittleren Standard oder
- von einem mittleren auf einen sehr anspruchsvollen Standard

erfolgen.

Ein sehr einfacher Standard liegt vor, wenn die zentralen Ausstattungsmerkmale nur im nötigen Umfang oder in einem technisch überholten Zustand vorhanden sind. Ein mittlerer Standard besteht, wenn die zentralen Ausstattungsmerkmale durchschnittlichen, aber auch höheren Ansprüchen genügen. Der sehr anspruchsvolle Standard beinhaltet nicht nur die optimale zweckmäßige Ausstattung, vielmehr kommt hierbei noch die Verwendung außergewöhnlich hochwertiger Materialien hinzu.

Die Standardverbesserung konkretisiert sich anhand von Verbesserungen bei zentralen Ausstattungsmerkmalen. Der Standard bezieht sich auf die Eigenschaften der Vermögensnutzung. Wesentliche Ausstattungsmerkmale bei Wohnungen sind vor allem Umfang und Qualität der Zentralgewerke Heizungs-, Sanitär- und Elektroinstallationen sowie der Fenster. Durch die Formulierung „vor allem" ist die Berücksichtigung anderer Gewerke als zentrale Ausstattungsmerkmale möglich. Denkbar sind hier ganzheitliche Wärmedämmungsmaßnahmen am Gebäude oder die Erweiterung der Funktionalität einer vorhandenen Zentralheizung um eine Warmwasserbereitung. Fußböden und Türen gehören dagegen in der Regel nicht zu einer Verbesserung der zentralen Ausstattungsmerkmale.

Details zur Abgrenzung von Investitionen und Erhaltungsaufwand erläutert die VV 26 zu § 33 GemHVO-Doppik M-V. Zunächst wird auf die Bestimmungen des BMF-

Schreibens vom 18.7.2003 verwiesen. Demnach muss eine Verbesserung von mindestens drei Bereichen der zentralen Ausstattungsmerkmale erfolgen. Abweichend davon wird jedoch eine Investition bereits dann unterstellt, wenn für kommunale Gebäude, die nicht Wohngebäude sind, zwei in einem engen zeitlichen Zusammenhang stehenden durchgeführte grundlegende Erneuerungsmaßnahmen durchgeführt werden.

Beispiel:
Die Gemeinde G ist im Zuge einer Gemeindefusion Eigentümerin eines 1967 erbauten Verwaltungsgebäudes geworden, an dem bisher keine größeren Renovierungen und Reparaturen vorgenommen wurden. Teilweise sind Räumlichkeiten an kleinere Firmen vermietet. Die Gemeinde lässt das Gebäude renovieren. Hierbei wurden folgende Arbeiten durchgeführt: Neueindeckung des Daches, Austausch der Einfachverglasung gegen Isolierverglasung, Neuverputzung der Fassade mit ganzheitlicher Gebäudewärmedämmung, Erneuerung der Elektro- und Sanitäranlagen und Ersatz der Nachtspeicherheizungen durch eine Gaszentralheizung. Die Sanierungsaufwendungen stellen aufgrund der Verbesserung von mindestens drei Ausstattungsmerkmalen eine Standardverbesserung dar, die zu einer Aktivierungsfähigkeit der Sanierungskosten als Herstellungswerte führt.

Teilen sich Aufwendungen für Baumaßnahmen planmäßig über mehrere Haushaltsjahre auf („Sanierung in Raten"), wobei diese für sich jeweils noch keine wesentliche Verbesserung darstellen, bildet den Maßstab für die Aktivierungsfähigkeit die Gesamtmaßnahme. Führt diese insgesamt zu einer Hebung des Standards, liegt für die Gesamtmaßnahme eine Aktivierungsfähigkeit vor. Zeitlich ist von einer „Sanierung in Raten" auszugehen, wenn die Maßnahmendurchführung innerhalb von fünf Jahren durchgeführt wird.

10.2.3.3 Zusammentreffen von Herstellungs- und Erhaltungsaufwendungen

Fallen im Rahmen einer umfassenden Instandsetzungs- und Modernisierungsmaßnahme Arbeiten zur Erweiterung des Gebäudes bzw. Maßnahmen, die über eine zeitgemäße substanzerhaltende Erneuerung hinausgehen, mit Erhaltungsarbeiten zusammen, sind die hierauf jeweils entfallenden Aufwendungen in Herstellungs- und Erhaltungsaufwendungen aufzuteilen. Dies gilt auch dann, wenn sie einheitlich in Rechnung gestellt wurden. Können diese nicht eindeutig anhand der Rechnung aufgeteilt werden, hat eine Schätzung zu erfolgen.

Aufwendungen, die mit beiden Aufwendungsarten im Zusammenhang stehen, z. B. eine für die Gesamtmaßnahme übertragene Bauleitung oder Aufwendungen für Absperrmaßnahmen durch Bauzäune, sind entsprechend dem Verhältnis von Herstellungs- und Erhaltungsaufwendungen diesen jeweils zuzuordnen.

Fallen Aufwendungen für eine Vielzahl von Einzelmaßnahmen an, die für sich genommen teilweise Herstellungs- und teilweise Erhaltungsaufwendungen darstellen, sind diese insgesamt als Herstellungskosten zu beurteilen, soweit die Arbeiten in engem sachlichem Zusammenhang stehen.

Ein sachlicher Zusammenhang in diesem Sinne liegt vor, wenn die einzelnen Baumaßnahmen – die sich auch über mehrere Jahre erstrecken können – bautechnisch ineinandergreifen. Ein bautechnisches Ineinandergreifen ist gegeben, wenn die Erhaltungsarbeiten

- Vorbedingung für die Schaffung des betriebsbereiten Zustandes,
- Vorbedingung für die Herstellungsarbeiten oder
- durch bestimmte Herstellungsarbeiten veranlasst (verursacht) worden sind.

Beispiel 1:
Um einen Anbau an ein vorhandenes Verwaltungsgebäude vornehmen zu können, sind zunächst Ausbesserungsarbeiten an den Fundamenten des vorhandenen Gebäudes notwendig.

Beispiel 2:
Im Dachgeschoss eines mehrgeschossigen Wohngebäudes, das als Flüchtlingswohnheim genutzt wird, werden erstmals Bäder eingebaut. Diese Herstellungsarbeiten machen das Verlegen von größeren Fallrohren bis zum Anschluss an das öffentliche Abwassernetz erforderlich. Die hierdurch entstandenen Aufwendungen sind ebenso wie die Kosten für die Beseitigung der Schäden, die durch das Verlegen der größeren Fallrohre in den Badezimmern der darunter liegenden Stockwerke entstanden sind, den Herstellungswerten zuzurechnen.

Von einem bautechnischen Ineinandergreifen ist nicht allein deswegen auszugehen, weil solche Herstellungsarbeiten zum Anlass genommen werden, auch sonstige anstehende Renovierungsarbeiten vorzunehmen. Allein die gleichzeitige Durchführung der Arbeiten – z. B. um die damit verbundenen Unannehmlichkeiten abzukürzen – reicht für einen solchen sachlichen Zusammenhang nicht aus. Ebenso wird ein sachlicher Zusammenhang nicht dadurch hergestellt, dass die Arbeiten unter dem Gesichtspunkt der rationellen Abwicklung eine bestimmte zeitliche Abfolge der einzelnen Maßnahmen erforderlich machen, die Arbeiten aber ebenso unabhängig voneinander hätten durchgeführt werden können.

Beispiel 3:
Wie das vorherige Beispiel, jedoch werden die Arbeiten in den Bädern der übrigen Stockwerke zum Anlass genommen, diese Bäder vollständig neu zu verfliesen und neue Sanitäranlagen einzubauen. Diese Modernisierungsarbeiten greifen mit den Herstellungsarbeiten (Verlegung neuer Fallrohre) nicht bautechnisch ineinander. Die Aufwendungen führen daher zu Erhaltungsaufwendungen. Die einheitlich in Rechnung gestellten Aufwendungen für die Beseitigung der durch das Verlegen der größeren Fallrohre entstandenen Schäden und für die vollständige Neuverfliesung sind dementsprechend in Herstellungs- und Erhaltungsaufwendungen aufzuteilen.

Beispiel 4:
Durch das Aufsetzen einer Dachgaube wird die nutzbare Fläche des Gebäudes geringfügig vergrößert. Diese Maßnahme wird zum Anlass genommen, gleichzeitig das alte, schadhafte Dach neu einzudecken. Die Erneuerung der gesamten Dachziegel steht insoweit nicht in einem bautechnischen Zusammenhang mit der Erweiterungsmaßnahme. Die Aufwendungen für Dachziegel, die zur Deckung der neuen Gauben verwendet werden, sind Herstellungswerte, die Aufwendungen für die übrigen Dachziegel sind Erhaltungsaufwendungen.

Beispiel 5:
Aufgrund der Erweiterung einer Feuerwache erhält das Gebäude zusätzliche Fenster. Hiermit verbunden wird die Einfachverglasung der bereits vorhandenen Fenster durch Isolierverglasung ersetzt. Die Erneuerung der bestehenden Fenster ist nicht durch die Erweiterungsmaßnahme und das Einsetzen der zusätzlichen Fenster veranlasst, greift daher bautechnisch nicht mit diesen Maßnahmen ineinander. Nur die Kosten für die zusätzlichen Fenster stellen Herstellungsaufwendungen dar. Die auf die Fenstererneuerung entfallenden Aufwendungen stellen dagegen Erhaltungsaufwendungen dar.

10.2.3.4 Übungen

Sachverhalt Nr. 6 (Erweiterung eines Vermögensgegenstandes):

Finanzvorfälle	
1.	Anbringen einer zusätzlichen Verkleidung zu Wärme- und Schallschutzzwecken an einer Schule
2.	Ersatz eines Flachdaches durch ein Spitzdach, wodurch eine zusätzliche Nutzfläche geschaffen wird
3.	Erweiterung der Funktionalität einer Zentralheizungsanlage um eine Warmwasserbereitung
4.	Erstmaliger Einbau einer Alarmanlage
5.	Anbau eines Balkons
6.	Ersatz eines Flachdaches durch ein Satteldach; die nutzbare Fläche bzw. die Nutzungsmöglichkeit wird nicht erweitert
7.	Erweiterung des Gebäudes um einen Windfang-Vorbau
8.	Vergrößern eines bereits vorhandenen Fensters
9.	Im Rathaus wird erstmalig ein Kamin eingebaut
10.	Versetzen von einigen Wänden für neue Raumzuschnitte des Amtsleiter- und Vorzimmerbüros
11.	Zur Vermeidung von Wasserschäden durch Niederschläge an der rissigen Fassade einer Kindertagesstätte wird die Wandfläche mit einer einfachen Dachüberbauung geschützt

Aufgabe:
Begutachten Sie, ob es sich um Herstellungsaufwand (= Herstellungswert) oder Erhaltungsaufwand handelt.

Lösungen:

1. Grundsätzlich stellt dies Erhaltungsaufwand dar, da keine Substanzmehrung entsteht. Es handelt sich vielmehr um die Anpassung an den aktuellen bautechnischen Standard. Eine Ausnahme könnte lediglich darin bestehen, dass für die Verkleidung besonders hochwertige Materialien verwendet wurden.
2. Aufgrund der Schaffung einer zusätzlichen Nutzfläche handelt es sich um Substanzmehrung, so dass Herstellungsaufwand vorliegt.
3. Die Erweiterung der Funktionalität einer Zentralheizungsanlage um eine Warmwasserbereitung stellt Erhaltungsaufwand dar, da keine Substanzmehrung entsteht. Es handelt sich vielmehr um die Anpassung an den aktuellen Ausstattungsstandard.
4. Der Einbau einer Alarmanlage stellt eine Substanzmehrung dar, so dass Herstellungsaufwand vorliegt.
5. Der Anbau eines Balkons stellt eine Substanzmehrung dar, so dass Herstellungsaufwand vorliegt.
6. Durch den Wechsel von einem Flachdach auf ein Satteldach allein entsteht nur Erhaltungsaufwand. Da keine Erweiterung der Fläche oder Nutzungsmöglichkeit vorliegt, stellt dies keine Substanzmehrung dar.
7. Ein Windfang-Vorbau stellt eine Substanzmehrung am Gebäude dar, so dass Herstellungsaufwand vorliegt.
8. Die Vergrößerung eines Fensters bedingt keine Substanzmehrung, so dass Erhaltungsaufwand vorliegt.
9. Der Einbau eines Kamins stellt eine Substanzmehrung dar, so dass Herstellungsaufwand vorliegt.
10. Das Versetzen von Wänden für neue Raumzuschnitte stellt keine Substanzmehrung dar, es handelt sich somit um Erhaltungsaufwand.
11. Die Dachüberbauung erfolgte lediglich zu dem Zweck, die rissige Fassade vor möglichen Wasserschäden zu schützen. Der neue Gebäudebestandteil hat keinerlei eigene Funktion, sondern erfüllt lediglich die Funktion des bisherigen Gebäudebestandteils als Ergänzung in vergleichbarer Weise

Sachverhalt Nr. 7 (über den ursprünglichen Zustand hinausgehende Verbesserungen):

Finanzvorfälle	
1.	Es werden unterlassene Instandhaltungen an einem Schulgebäude nachgeholt (Fassadenausbesserung, Prüfung und Reparatur sämtlicher Fenster, neuer Anstrich, Austausch defekt gewordener Sanitäranlagen).
2.	Der einfach geputzte Vorbau des Rathauses wird zur Verschönerung des Erscheinungsbildes durch eine Marmor-Aluminium-Glaskonstruktion ersetzt.
3.	Im Rahmen der Nachholung versäumter Instandhaltungsmaßnahmen werden die Nachtspeicherheizungen durch eine Zentralheizung ersetzt. Des Weiteren werden die sanitären Anlagen durchgängig modernisiert. Die noch zweiphasigen Elektroinstallationen werden durch dreiphasige Installationen ersetzt. Außerdem werden die einfachverglasten Fenster durch Isolierfenster ersetzt. Der Mietwert der städtischen Immobilie kann um vier Euro je qm erhöht werden.

4.	Ein marodes Fundament wird durch ein neues ersetzt; die Nutzugsdauer des Gebäudes erhöht sich hierdurch um 20 Jahre.
5.	Um die veränderten gesetzlichen Anforderungen an die Raumgrößen für Kindertageseinrichtungen zu erfüllen, werden zahlreiche Wände in der Kita entfernt und die Gruppenräume baulich völlig neu gestaltet.
6.	Ein Verwaltungsgebäude aus den 60er Jahren wird entkernt und völlig mit Einzelbüros und Allraumflächen (großzügig angelegter Besucherbereich) bürgerorientiert gestaltet.
7.	Das baulich sehr einfach erstellte Rathaus aus den 50er Jahren erfährt im Rahmen der erstmaligen Instandsetzung durch Einbau hochwertiger Materialien eine aufwendige Grundsanierung.
8.	Im Rahmen eines Schulanbaus an eine Schule aus den 50er Jahren werden am alten Gebäude die einfach verglasten Fenster durch Isolierfenster sowie sämtliche zweiphasigen Elektroinstallationen durch dreiphasige Installationen ersetzt.

Aufgabe:
Begutachten Sie, ob es sich um Herstellungswerte oder Erhaltungsaufwand handelt.

Lösungen:

1. Selbst ein quantitativ gehäuft anfallender Erhaltungsaufwand stellt keine über den ursprünglichen Zustand hinausgehende Verbesserung dar, so dass Erhaltungsaufwand vorliegt.
2. Aufgrund hochwertiger Materialien und einer besonderen baulichen Gestaltung liegt eine wesentliche Verbesserung gegenüber dem ursprünglichen Zustand vor, sodass es sich um Herstellungsaufwand handelt.
3. Durch die Verbesserung von mehr als drei zentralen Ausstattungsmerkmalen hat sich eine Standardverbesserung ergeben. Hierdurch sind die erfolgten Sanierungsmaßnahmen als Herstellungswerte aktivierungsfähig
4. Es wurden für die Nutzungsdauer des Gebäudes bestimmende Bauteile erneuert. Die Lebensdauer wurde deutlich erhöht, so dass hierdurch Herstellungsaufwand entstanden ist.
5. Aufgrund der Neugestaltung im Rahmen der Anpassung an gesetzliche Raumgrößen liegt eine wesentliche Verbesserung über den ursprünglichen Zustand hinaus vor. Es ist somit Herstellungsaufwand entstanden.
6. Durch die Entkernung des Gebäudes und der räumlichen Neugestaltung liegt eine wesentliche Verbesserung vor, so dass Herstellungsaufwand entstanden ist.
7. Durch den Einbau hochwertiger Materialien, die nicht nur Anforderungen hinsichtlich der Zweckmäßigkeit erfüllen, ergibt sich eine wesentliche Verbesserung des sehr einfach erstellten Rathauses, so dass die Instandsetzungsmaßnahme aktivierungsfähig ist.
8. Im Rahmen des Schulanbaus erfolgt eine Herstellungsmaßnahme. Daneben erfolgen durch zwei weitere zentrale Gewerke Verbesserungen der Ausstattungsstandards. Für die Aktivierung als Herstellungswerte im Rahmen der Standardverbesserung gilt, dass in Verbindung mit einer aktivierungsfähigen Herstellungsmaßnahme mindestens zwei Bereiche der zentralen Ausstattungsmerkmale verbessert werden müssen. Demnach ist die gesamte Maßnahme als Herstellungswerte aktivierbar.

Sachverhalt Nr. 8 (Zusammentreffen von Herstellungskosten und Erhaltungsaufwendungen):

Finanzvorfälle	
1.	Im Rahmen der Schulbausanierung entstehen Kosten von 1 Mio. €. Das beauftragte Unternehmen erstellt eine Rechnung i. H. v. 1 Mio. €, obwohl die Auftragskalkulation des Hochbauamtes neben dem überwiegenden Sanierungsaufwand auch Kosten für einen Anbau in Höhe von 200.000 € vorsah.
2.	Zwei Gebäude eines Schulzentrums werden durch einen Verbindungstrakt für 300.000 € erweitert, hierzu sind Ausbesserungsarbeiten i. H. v. 50.000 € am bestehenden Fundament der beiden Gebäude erforderlich.
3.	Im Verwaltungsgebäude werden in den Obergeschossen für 50.000 € erstmalig Besuchertoiletten eingerichtet. Hierzu ist es erforderlich, größere Fallrohre in der bestehenden Besuchertoilette im Erdgeschoss zu verlegen. Hierfür werden 2.000 € in Rechnung gestellt; des Weiteren werden 3.000 € fällig, um im Rahmen der Verlegung des Fallrohrs entstandene Schäden in der bestehenden Besuchertoilette zu beseitigen.
4.	Gleicher Sachverhalt wie zuvor; zusätzlich wird die Besuchertoilette im Erdgeschoss für 7.000 € durch Neuverfliesung und neue Sanitäranlagen modernisiert.
5.	Es ist erforderlich, ein Schuldach neu einzudecken. Im Rahmen dieser Maßnahme wird eine Solaranlage installiert. Die Gesamtrechnung lautet auf 19.000 €, wobei 10.000 € auf die Installation der Solaranlage fallen.
6.	Im Rahmen einer Schulbauerweiterung wird der Einbau von sechs neuen Fenstern erforderlich. Gleichzeitig werden die 18 aus Einfachverglasung bestehenden Fenster gleicher Art und Größe des Altbaus durch Fenster mit Isolierverglasung ausgetauscht. Die Rechnung beträgt insgesamt 12.000 €.

Aufgabe:
Ermitteln Sie die aktivierungsfähigen Herstellungswerte und die ergebniswirksamen Erhaltungsaufwendungen und begründen Sie Ihre Entscheidung.

Lösungen:

1. Eine gemeinsame Rechnung für Erhaltungs- und Herstellungsaufwand ist sachgerecht zu trennen. Hier waren für den Anbau 200.000 € Herstellungswerte vorgesehen, so dass diese entsprechend zu buchen sind. Die restlichen 800.000 € stellen Erhaltungsaufwand dar.
2. Die Ausbesserungsarbeiten am Fundament sind durch den Neubau begründet, es besteht somit ein unmittelbarer bautechnischer Zusammenhang mit der Herstellungsmaßnahme. Die 350.000 € stellen daher insgesamt Herstellungsaufwand dar.
3. Die entstandenen Schäden sind durch die Neuinstallation bedingt, es besteht somit ein unmittelbarer bautechnischer Zusammenhang des Erhaltungsaufwands mit der Herstellungsmaßnahme. Die 55.000 € stellen somit insgesamt Herstellungsaufwand dar.
4. Hier steht der Erhaltungsaufwand nicht im unmittelbaren bautechnischen Zusammenhang mit der Herstellungsmaßnahme, so dass die 7.000 € Erhaltungsaufwand darstellen und es bei 55.000 € Herstellungsaufwand bleibt.

5. Das Eindecken des Daches steht nicht im unmittelbaren bautechnischen Zusammenhang mit der Herstellungsmaßnahme einer Solaranlage, so dass die 9.000 € für das Eindecken des Daches Erhaltungsaufwand und die 10.000 € für die Substanzmehrung um eine Solaranlage Herstellungsaufwand darstellen.
6. Die Fenster für die Schulbauerweiterung stellen Herstellungsaufwand in Höhe von 3.000 € dar. Der Austausch der vorhandenen Fenster stellt eine Anpassung an den aktuellen bautechnischen Standard dar, eine Substanzmehrung bzw. eine Verbesserung über den ursprünglichen Zustand hinaus liegt somit nicht vor. Der Austausch der vorhandenen Fenster ist auch nicht unmittelbar durch die Schulbauerweiterung und den dortigen Fenstereinbau bedingt. Die 9.000 € für den Fensteraustausch stellen somit Erhaltungsaufwand dar.

10.2.4 Bilanzierungsgrundsätze

§ 43 Abs. 5 KV M-V bestimmt, dass die Haushaltswirtschaft nach den Grundsätzen ordnungsmäßiger Buchführung im Rechnungsstil der doppelten Buchführung zu führen ist. Das neue kommunale Haushaltsrecht nimmt also explizit Bezug auf die handelsrechtlichen Grundsätze der ordnungsmäßigen Buchführung und den Rechnungsstil der doppelten Buchführung (Doppik); es modifiziert und ergänzt sie mit dem Ziel, die Anforderungen eines öffentlichen kommunalen Haushalts- und Rechnungswesens zum ordentlichen Nachweis der den Kommunen auf gesetzlicher Grundlage überantworteten öffentlichen Finanzmittel (insbesondere der Steuern und der anderen Abgaben) zu erfüllen. Die weiteren Einzelheiten sind in der GemHVO-Doppik geregelt.

10.2.4.1 Bilanzidentität

Nach § 32 Abs. 1 Nr. 1 GemHVO-Doppik müssen die im Rahmen eines Jahresabschlusses ermittelten Bilanzansätze immer mit den Bilanzansätzen zu Beginn des folgenden Haushaltsjahres übereinstimmen. Hieraus ergibt sich die Verpflichtung, die formelle Übereinstimmung (Bilanzposten) sowie die materielle Übereinstimmung (Bilanzwerte) sicherzustellen.

10.2.4.2 Einzelbewertung

Nach § 32 Abs. 1 Nr. 2 GemHVO-Doppik sind Vermögensgegenstände grundsätzlich einzeln zu erfassen und zu bewerten. Ausnahmen hiervon ergeben sich aus folgenden Vereinfachungsverfahren:

- Festwertbewertung[238] nach § 31 Abs. 8 GemHVO-Doppik und
- Gruppenbewertung[239] nach § 31 Abs. 10 GemHVO-Doppik.

238 Siehe ausführlich Kapitel 10.1.2.
239 Siehe ausführlich Kapitel 10.1.3.

10.2.4.3 Vorsichtsprinzip

Nach 32 Abs. 1 Nr. 2 GemHVO-Doppik gilt für das Vermögen, dass im Rahmen des Niederstwertprinzips die Bewertung vorsichtig unter Berücksichtigung aller vorhersehbaren Wertminderungen, die bis zum Abschlusstag entstanden sind, durchgeführt werden muss. Dies gilt im Rahmen der Wertaufhellung auch dann, wenn die bis zum Abschlusstag entstandenen Wertminderungen erst zwischen dem Abschlussstichtag und dem Tag der Aufstellung des Jahresabschlusses bekanntgeworden sind.

> ***Beispiel:***
> *Die Gemeinde G unterhält für ihre Fahrzeuge auf dem Betriebshof eine eigene Tankstelle. Aufgrund der Ölpreisentwicklung sind die Preise für Benzin erheblich gesunken. Im Rahmen der Bilanzierung hat die Gemeinde G den am Abschlusstag bestehenden niedrigeren Wert des Benzins zu berücksichtigen.*

Dagegen gilt für Wertsteigerungen, dass diese am Abschlussstichtag realisiert sein müssen. Im Rahmen des Anschaffungswertprinzips bilden die Anschaffungswerte, insbesondere bei Zuschreibungen, wertmäßig die Obergrenze für den Bilanzansatz.

> ***Beispiel:***
> *Gleicher Sachverhalt wie beim vorherigen Beispiel. Bei der Bilanzierung im Folgejahr liegt der Wert für Benzin am Abschlusstag jedoch weit über den Anschaffungswerten. Aufgrund des Anschaffungswertprinzips kann der Bilanzansatz nur bis zur Höhe des Wertes der Anschaffung erfolgen. Darüber hinausgehende Wertsteigerungen dürfen nicht im Bilanzansatz berücksichtigt werden.*

Regelungen für den Schuldenbereich wurden im Gesetzestext nicht getroffen. Hier gilt im Rahmen des Vorsichtsprinzips das Höchstwertprinzip, wonach die höchstmögliche Schuldverpflichtung zu berücksichtigen ist.

> ***Beispiel:***
> *Die Gemeinde G hatte aufgrund der Bindung des Schweizer Franken zum Euro und der günstigen Zinskonditionen in der Schweiz ein Kommunaldarlehen in Schweizer Franken aufgenommen. Nach der Aufhebung der Bindung verschlechterte sich der Wechselkurs des Euro zum Schweizer Franken erheblich. Danach muss die Gemeinde G in ihrer Bilanz auf der Grundlage des verschlechterten Wechselkurses einen höheren Stand ihrer Kreditverbindlichkeiten ausweisen.*

Des Weiteren gehört inhaltlich zum Vorsichtsprinzip, dass nur realisierte Erträge ausgewiesen werden dürfen (Realisationsprinzip).

> ***Beispiele:***
> 1. *Eine ertragswirksame Buchung von Gebühren kann erst nach dem Realisationsakt (Bescheidversendung) erfolgen.*

2. *Die Wertsteigerung eines Grundstückes wirkt sich nicht auf dessen Bilanzwert aus. Erst beim tatsächlichen Verkauf des Grundstückes (Realisierung) wird die Wertsteigerung als Saldo zwischen Bilanzwert und Kaufpreis erfolgswirksam.*

Andererseits sind bereits für wahrscheinlich entstehende Verpflichtungen Rückstellungen zu bilden. Das Imparitätsprinzip kennzeichnet die ungleiche Behandlung von Vermögenswerten und Schulden.

Beispiel:
Eine Gebührensatzung der Gemeinde A wurde in letzter Instanz für nichtig erklärt, weil in der Kalkulation der Gebühren bestimmte Kosten nicht ansatzfähig sind. Die zu viel erhobenen Gebühren hat die Gemeinde A den Gebührenzahlern zu erstatten. Die Gemeinde G hat die gleichen Kosten in ihrer Kalkulation berücksichtigt. Es ist wahrscheinlich, dass in einem bereits anhängigen Klageverfahren auch die Gebührensatzung der Gemeinde G für nichtig erklärt wird und eine Gebührenerstattung erfolgen muss. Aufgrund dieser wahrscheinlich entstehenden Verpflichtung hat die Gemeinde G eine entsprechende Rückstellung gemäß § 35 Abs. 1 Nr. 8 GemHVO-Doppik zu bilden.

10.2.4.4 Periodisierungsprinzip

Nach §§ 8 Abs. 1, 44 Abs. 1 Satz 1 GemHVO-Doppik sind im Haushaltsjahr die entstandenen Aufwendungen und erzielten Erträge unabhängig von den Zeitpunkten der entsprechenden Zahlung im Haushaltsplan und im Jahresabschluss zu berücksichtigen.[240]

10.2.4.5 Stetigkeit der Bewertungsmethode

Nach § 32 Abs. 1 Nr. 5 GemHVO-Doppik sollen die auf den vorhergehenden Jahresabschluss angewandten Bewertungsmethoden beibehalten werden. Das bedeutet, dass die einmal im Rahmen der Abschreibungsplanung bei der Anschaffung oder Herstellung festgelegten Bewertungs- und Abschreibungsmethoden für jeden Vermögensgegenstand grundsätzlich bindend sind. Ein späterer Wechsel der festgelegten Methoden ist ohne besonderen Grund nicht zulässig. Die Begründung ist nach § 48 Abs. 2 Nr. 2 GemHVO-Doppik im Anhang zum Jahresabschluss nachzuweisen. Die Stetigkeit der Bewertungsmethode gilt auch für die im NKHR anzuwendende Abschreibungstabelle nach § 34 Abs. 2 Satz 1 GemHVO-Doppik (Anlage 5 zur VV des Ministeriums für Inneres und Sport M-V i. d. F. vom 5.3.2013). Von der „amtlichen" Abschreibungstabelle kann in begründeten Fällen nach 34 Abs. 2 Satz 2 GemHVO-Doppik abgewichen werden; auch hier ist eine Erläuterung im Anhang zum Jahresabschluss erforderlich.

240 Das Periodisierungsprinzip wird im Kapitel 22, Jahresabschluss, dargestellt.

10.2.4.6 Vollständigkeit

Nach den Grundsätzen ordnungsmäßiger Buchführung sind im Rahmen der Bilanzierung grundsätzlich sämtliches Vermögen und sämtliche Schulden (Rückstellungen und Verbindlichkeiten) zu bilanzieren (§ 47 Abs. 1 GemHVO-Doppik). Maßstab für die Vermögensbilanzierung ist, dass der Kommune das wirtschaftliche Eigentum[241] zuzurechnen ist. Einschränkungen hinsichtlich des Vollständigkeitsgrundsatzes ergeben sich nur auf der Grundlage der Ausübung von eingeräumten Wahlrechten[242] oder Bilanzierungsverboten (z. B. selbstgeschaffenes immaterielles Vermögen nach § 40 GemHVO-Doppik).

10.2.4.7 Saldierungsverbot

Nach § 47 Abs. 1 GemHVO-Doppik sowie dem speziellen Regelungsinhalt des § 37 Abs. 2 und 4 GemHVO-Doppik zu Zuwendungen und Beiträgen für Investitionen dürfen die Werte der Vermögensgegenstände nicht mit erhaltenen Investitionsförderungen (aktivische Minderung), erhaltenen Beiträgen oder selbstständig zu bewertenden Schulden verrechnet werden. Weiterhin dürfen nach § 44 Abs. 1 Satz 2 GemHVO-Doppik Erträge und Aufwendungen nicht miteinander verrechnet werden.

10.2.4.8 Stichtagsprinzip

Die Bilanzierung und Bewertung richtet sich nach den Verhältnissen zu einem bestimmten Zeitpunkt, dem Abschlusstag (= 31. Dezember). Der Stichtag ergibt sich aus dem Haushaltsjahr, das sich nach § 45 Abs. 6 Kommunalverfassung M-V auf das Kalenderjahr bezieht. Alle an diesem Tag zum wirtschaftlichen Eigentum der Gemeinde gehörenden Vermögensgegenstände, Verbindlichkeiten und Rückstellungen sind zu bilanzieren. Der Jahresabschluss – und damit auch die Bilanz – ist innerhalb von vier Monaten nach Ende des Haushaltsjahres aufzustellen (also bis zum 30. April des nächsten Jahres). Also wird die Bilanz tatsächlich erst nach dem Abschlusstag aufgestellt. Sie muss aber den Stand zum 31. Dezember des betreffenden Haushaltsjahres darstellen.

10.2.4.9 Fortführungsprinzip (Going-Concern-Prinzip)

Bei der Bewertung der Vermögensgegenstände ist zu unterstellen, dass die Tätigkeit der Gemeinde fortgesetzt wird. Dieser für das Handelsrecht in § 252 Abs. 1 Nr. 2 HGB ausdrücklich vorgeschriebene Grundsatz wurde in § 32 Abs. 1 Satz 2 Nr. 6 GemHVO-Doppik aufgenommen.

241 Siehe ausführlich Kapitel 10.3.2.1.2.

242 Im Rahmen der Ersterfassung und -bewertung in der Eröffnungsbilanz wurde die Wertgrenze für geringwertige Wirtschaftsgüter von 410 € auf 5.000 € erhöht, für die darunter fallenden Anlagegüter besteht das Wahlrecht der vollständigen Abschreibung im Jahr der Anschaffung oder Herstellung. Siehe Leitfaden zur Bilanzierung und Bewertung des kommunalen Vermögens Stand Januar 2006, Änderungen/Ergänzungen September 2008, S. 22.

10.3 Die Posten der kommunalen Bilanz

Die kommunale Bilanz unterscheidet sich von der handelsrechtlichen Bilanz insbesondere dadurch, dass neben der Vermögensart auch die kommunale Vermögensverwendung in ihren bedeutenden Bereichen abgebildet werden soll.

Eine wesentliche Besonderheit der kommunalen Bilanz liegt darin, dass die kommunale Körperschaft Empfänger von oft nicht unerheblichen Zuwendungen ist, die auf der Passivseite durch Sonderposten berücksichtigt werden.

Nachstehend werden die Grundstruktur einer HGB-Bilanz und die Struktur der NKHR-Bilanz vorgestellt.

10.3.1 Grundstrukturen einer Bilanz

10.3.1.1 Grundstruktur einer HGB-Bilanz nach § 266 HGB

Aktiva		**Bilanz**	**Passiva**
A.	Anlagevermögen[243]	A.	Eigenkapital
	I. Immaterielle Vermögensgegenstände		I. Gezeichnetes Kapital
	II. Sachanlagen		II. Kapitalrücklage
	III. Finanzanlagen		III. Gewinnrücklagen
B.	Umlaufvermögen[244]		IV. Gewinnvortrag/Verlustvortrag
	I. Vorräte		V. Jahresüberschuss/Jahresfehlbetrag
	II. Forderungen und sonstige Vermögensgegenstände	B.	Rückstellungen
	III. Wertpapiere	C.	Verbindlichkeiten
	IV. Kassenbestand, Bundesbankguthaben, Guthaben bei Kreditinstituten und Schecks		
C.	Rechnungsabgrenzungsposten	D.	Rechnungsabgrenzungsposten
D.	Aktive latente Steuern	E.	Passive latente Steuern
E.	Aktiver Unterschiedsbetrag aus der Vermögensverrechnung		
	Bilanzsumme		Bilanzsumme

243 Beim Anlagevermögen sind nur die Gegenstände auszuweisen, die bestimmt sind, dauernd dem Geschäftsbetrieb zu dienen (§ 247 Abs. 2 HGB).

244 Zum Umlaufvermögen gehören die Wirtschaftsgüter, die nicht zum Anlagevermögen gehören, also die zur Veräußerung, Verarbeitung oder zum Verbrauch angeschafft oder hergestellt worden sind, insbesondere Roh-, Hilfs- und Betriebsstoffe, eigene Erzeugnisse, liquide Mittel.

10.3.1.2 Struktur der NKHR–Bilanz nach § 47 Abs. 4 und 5 GemHVO-Doppik

1.	Anlagevermögen	1.	Eigenkapital
1.1	Immaterielle Vermögensgegenstände	1.1	Kapitalrücklage
1.1.1	Gewerbliche Schutzrechte und ähnliche Rechte und Werte sowie Lizenzen an solchen Rechten und Werten	1.1.1	Allgemeine Kapitalrücklage
1.1.2	Geleistete Zuwendungen	1.1.2	Zweckgebundene Kapitalrücklagen
1.1.3	Geleistete Investitionszuschüsse	1.2	Rücklage für Belastungen aus dem kommunalen Finanzausgleich
1.1.4	Geschäfts- oder Firmenwert	1.3	Ergebnisvortrag
1.1.5	Geleistete Anzahlungen auf immaterielle Vermögensgegenstände	1.4	Jahresüberschuss/Jahresfehlbetrag
1.2	Sachanlagen	1.5	Nicht durch Eigenkapital gedeckter Fehlbetrag
1.2.1	Wald, Forsten	2.	Sonderposten
1.2.2	Sonstige unbebaute Grundstücke und grundstücksgleiche Rechte	2.1	Sonderposten zum Anlagevermögen
1.2.3	Bebaute Grundstücke und grundstücksgleiche Rechte	2.1.1	Sonderposten aus Zuwendungen
1.2.4	Infrastrukturvermögen	2.1.2	Sonderposten aus Beiträgen und ähnlichen Entgelten
1.2.5	Bauten auf fremdem Grund und Boden	2.1.3	Sonderposten aus Anzahlungen
1.2.6	Kunstgegenstände, Denkmäler	2.2	Sonderposten für den Gebührenausgleich
1.2.7	Maschinen, technische Anlagen, Fahrzeuge	2.3	Sonderposten mit Rücklageanteil
1.2.8	Betriebs- und Geschäftsausstattung,	2.4	Sonstige Sonderposten
1.2.9	Pflanzen und Tiere	3.	Rückstellungen
1.2.10	Geleistete Anzahlungen auf Sachanlagen, Anlagen im Bau	3.1	Rückstellungen für Pensionen und ähnliche Verpflichtungen
1.3	Finanzanlagen	3.2	Steuerrückstellungen
1.3.1	Anteile an verbundenen Unternehmen	3.	Sonstige Rückstellungen
1.3.2	Ausleihungen an verbundene Unternehmen	4.	Verbindlichkeiten
1.3.3	Beteiligungen	4.1	Anleihen
1.3.4	Ausleihungen an Unternehmen, mit denen ein Beteiligungsverhältnis besteht	4.2	Verbindlichkeiten aus Kreditaufnahmen
1.3.5	Sondervermögen mit Sonderrechnung, Zweckverbände, Anstalten des öffentlichen Rechts, rechtsfähige kommunale Stiftungen	4.2.1	Verbindlichkeiten aus Kreditaufnahmen für Investitionen und Investitionsförderungsmaßnahmen
1.3.6	Ausleihungen an Sondervermögen mit Sonderrechnung, Zweckverbände, Anstalten des öffentlichen Rechts, rechtsfähige kommunale Stiftungen	4.2.2	Verbindlichkeiten aus Kassenkrediten

1.3.7	Sonstige Wertpapiere des Anlagevermögens	4.3	Verbindlichkeiten aus Vorgängen, die Kreditaufnahmen wirtschaftlich gleichkommen
1.3.8	Anteilige Rücklagen der Versorgungskassen zur Abdeckung von Pensionsverpflichtungen	4.4	Erhaltene Anzahlungen auf Bestellungen
1.3.9	Sonstige Ausleihungen	4.5	Verbindlichkeiten aus Lieferungen und Leistungen
2.	Umlaufvermögen	4.6	Verbindlichkeiten aus Transfer- leistungen
2.1	Vorräte	4.7	Verbindlichkeiten gegenüber verbundenen Unternehmen
2.1.1	Roh-, Hilfs- und Betriebsstoffe	4.8	Verbindlichkeiten gegenüber Unternehmen, mit denen ein Beteiligungsverhältnis besteht
2.1.2	Unfertige Erzeugnisse, unfertige Leistungen	4.9	Verbindlichkeiten gegenüber Sondervermögen mit Sonderrechnung, Zweckverbänden, Anstalten des öffentlichen Rechts, rechtsfähigen kommunalen Stiftungen
2.1.3	Fertige Erzeugnisse, fertige Leistungen und Waren	4.10	Verbindlichkeiten gegenüber dem sonstigen öffentlichen Bereich
2.1.4	Geleistete Anzahlungen auf Vorräte	4.10.1	Verbindlichkeiten aus dem gemeinsamen Zahlungsmittelbestand
2.2	Forderungen und sonstige Vermögensgegenstände	4.10.2	Sonstige Verbindlichkeiten gegenüber dem sonstigen öffentlichen Bereich
2.2.1	Öffentlich-rechtliche Forderungen, Forderungen aus Transferleistungen	4.11	Sonstige Verbindlichkeiten
2.2.2	Privatrechtliche Forderungen aus Lieferungen und Leistungen	5.	Rechnungsabgrenzungsposten
2.2.3	Forderungen gegen verbundene Unternehmen	5.1	Grabnutzungsentgelte
2.2.4	Forderungen gegen Unternehmen, mit denen ein Beteiligungsverhältnis besteht	5.2	Anzahlungen auf Grabnutzungsentgelte
2.2.5	Forderungen gegen Sondervermögen mit Sonderrechnung, Zweckverbände, Anstalten des öffentlichen Rechts, rechtsfähige kommunale Stiftungen	5.3	Sonstige
2.2.6	Forderungen gegen den sonstigen öffentlichen Bereich:	6.	Passive latente Steuern
2.2.6.1	Forderungen aus dem gemeinsamen Zahlungsmittelbestand		
2.2.6.2	Sonstige Forderungen gegen den sonstigen öffentlichen Bereich		
2.2.7	Sonstige Vermögensgegenstände		
2.3	Wertpapiere des Umlaufvermögens		
2.3.1	Anteile an verbundenen Unternehmen		
2.3.2	Anteile an Unternehmen, mit denen ein Beteiligungsverhältnis besteht		

2.3.3	Sonstige Wertpapiere des Umlaufvermögens		
2.4	Liquide Mittel		
3.	Rechnungsabgrenzungsposten		
3.1	Disagio		
3.2	Sonstige Rechnungsabgrenzungsposten		
4.	Aktive latente Steuern		
5.	Nicht durch Eigenkapital gedeckter Fehlbetrag		

10.3.2 Aktiv-Seite der Bilanz

10.3.2.1 Begriffe, allgemeine Grundlagen

10.3.2.1.1 Vermögensgegenstand

Das Haushaltsrecht orientiert sich am kaufmännischen Begriff des Vermögensgegenstandes, für den es keine gesetzliche Definition und auch keine einheitliche Begriffsbestimmung gibt. Einigkeit besteht hinsichtlich der folgenden Merkmale für die Bestimmung als Vermögensgegenstand:

a) Nur Güter mit einem wirtschaftlichen Wert stellen einen Vermögensgegenstand dar.
b) Nach den Grundsätzen ordnungsmäßiger Buchführung – Prinzip der Einzelerfassung bzw. -bewertung – müssen Vermögensgegenstände einzeln verwertbar (veräußerbar) sein.
c) Es muss tatsächliche Verfügungsmacht ausgeübt werden können (wirtschaftliches Eigentum), d. h., dass die Möglichkeit besteht, Dritte auf Dauer von der Nutzung ausschließen zu können.

Der Begriff Vermögensgegenstand umfasst sowohl körperliche Gegenstände (Sachen i. S. d. § 90 BGB) als auch immaterielle Werte. Keine Vermögensgegenstände sind die Bilanzierungshilfen:

- Aufwendungen für die Ingangsetzung und Erweiterung des Geschäftsbetriebs (§ 269 HGB),
- aktive Steuerabgrenzung (§ 274 Abs. 2 HGB),
- Ausgleichsbetrag nach dem Altfahrzeug-Gesetz (Art. 53 Abs. 2 EGHGB).

Auch die aktiven Rechnungsabgrenzungsposten (§ 36 Abs. 1 GemHVO-Doppik) gehören nicht zu den Vermögensgegenständen.

10.3.2.1.2 Wirtschaftliches Eigentum

Ein Vermögensgegenstand ist nach § 32 Abs. 1 GemHVO-Doppik bei der Inventur zu erfassen und im Inventar auszuweisen, wenn die Kommune wirtschaftlicher Eigentümer (in sinngemäßer Anwendung des § 39 AO) ist. Hiermit werden auch im Sinne der Abbildung des Ressourcenverbrauchs analog dem kaufmännischen Rechnungswesen die tatsächlichen wirtschaftlichen Verhältnisse zugrunde gelegt. Wirtschaftliches Eigentum liegt vor, wenn eine eigentumsähnliche wirtschaftliche Sachherrschaft über einen Vermögensgegenstand besteht, wodurch ermöglicht wird, Dritte auf Dauer von der Nutzung auszuschließen.

Der Übergang des wirtschaftlichen Eigentums ist durch den Übergang der Verfügungsmacht sowie von Gefahren und Lasten auf den Erwerber gekennzeichnet.

In den meisten Fällen fallen rechtliches und wirtschaftliches Eigentum zusammen.

Abweichungen können sich jedoch insbesondere bei Sicherungsübereignung, Eigentumsvorbehalt und Übereignung zu treuen Händen ergeben. Des Weiteren ergeben sich bei Leasing unterschiedliche Zuordnungskonstellationen (siehe Kapitel 10.3.2.1.4).

Beispiel 1
Zur Sicherung eines Arbeitnehmerdarlehens übereignet der Mitarbeiter der Kommune sein Pferd. Privatrechtlich gehört das Pferd der Kommune. Es verbleibt jedoch im Besitz des Mitarbeiters, der eine eigentumsähnliche Sachherrschaft (Nutzung, Pflege, Verfügungsgewalt) ausübt. Das wirtschaftliche Eigentum am Pferd liegt somit beim Arbeitnehmer und wird demnach nicht aktiviert.

Beispiel 2
Beim Erwerb von Büro- und Geschäftsausstattung liefert die beauftragte Firma unter Eigentumsvorbehalt. Zivilrechtlich gehört die Büro- und Geschäftsausstattung bis zur Bezahlung noch dem Verkäufer, sind jedoch schon mit Übergang von Gefahren und Lasten wirtschaftlich dem Käufer zuzurechnen. Aufgrund des wirtschaftlichen Eigentums ist der Erwerb mit der Lieferung zu aktivieren.

Beispiel 3
Die Stadt errichtet auf eigene Kosten auf einem gepachteten Grundstück ein Sportlerheim. Sie hat das Recht, das Gebäude jederzeit baulich zu verändern und wieder abzureißen. Sie trägt auch den Werteverzehr des Gebäudes. Nach § 94 BGB ist das Sportlerheim ein wesentlicher Bestandteil des Grundstücks, so dass es zivilrechtlich dem Grundstückseigentümer zuzuordnen ist. Wirtschaftlich übt die Kommune sämtliche eigentumsähnliche Rechte aus, so dass sie wirtschaftlicher Eigentümer (Bilanzposten: Gebäude auf fremden Grund und Boden) ist. Demnach hat eine Aktivierung in der kommunalen Bilanz zu erfolgen.

10.3.2.1.3 Selbstständige Verwertbarkeit

Die selbstständige Verwertbarkeit knüpft an die Schuldendeckungsfähigkeit an. Danach ist ein Vermögensgegenstand selbstständig verwertbar, wenn er ohne weitergehende Bearbeitung in seinem bestehenden Zustand durch Veräußerung, Belastung oder Nutzung gegenüber Dritten in Liquidität umgewandelt werden kann.

Nicht selbstständig verwertbare Gegenstände werden demnach den zugehörigen und für eine Verwertung notwendigen Bestandteilen zugeordnet.

Beispiel 1
Die Drehleiter als Bestandteil eines Drehleiterfahrzeuges ist ohne Ausbau nicht zu verkaufen. Demnach wird das Drehleiterfahrzeug einschließlich der Drehleiter als ein Vermögensgegenstand erfasst.

Beispiel 2
Anders ist dies bei der Beladung mit feuerwehrtechnischen Geräten bei einem Löschfahrzeug. Die einzelnen Geräte könnten ohne weitergehende Bearbeitung dem Fahrzeug entnommen und einzeln verkauft werden. Demnach sind die auf einem Löschfahrzeug befindlichen feuerwehrtechnischen Geräte einzeln als Vermögensgegenstände zu erfassen. Weitergehende Ausführungen hinsichtlich Inventur- und Bewertungsvereinfachungen bei diesem Beispiel siehe Kapitel 10.1.2 und 10.1.3.

10.3.2.1.4 Leasing

Leasing ist eine alternative Finanzierungsart. Ein Vermögensgegenstand wird durch den Leasinggeber beschafft und dem Leasingnehmer gegen Zahlung eines Entgelts zur Nutzung überlassen. Im Gegensatz zu reinen Mietverträgen übernimmt der Leasingnehmer weitergehende Verpflichtungen als bei einer normalen Miete, insbesondere Reparatur, Wartung und Instandhaltung des Leasingobjektes, ggf. auch die Versicherung. Juristisch zählen Leasingverträge dennoch zu den Mietverträgen.

In sämtlicher Literatur zum Leasing wird stets einleitend auf ein Grundsatzurteil des Bundesfinanzhofes (BFH) vom 26.1.1970 Bezug genommen, wonach die steuerrechtlich getroffenen Regelungen auch für den handelsrechtlichen Bereich gelten. Mangels alternativer Regelungen knüpft das Haushaltsrecht somit an die Regelungen des kaufmännischen Referenzmodells und somit in diesem Fall an die steuerrechtlichen Regelungen an.

Diese zentralen steuerrechtlichen Inhalte sind die drei folgenden Leasing-Erlasse, welche die Grundlage für die Zuordnung des geleasten Anlagevermögens bilden:

- BMF-Schreiben vom 19.4.1971 (BStBl. I S. 264) zur ertragssteuerlichen Behandlung von Leasing-Verträgen über bewegliche Wirtschaftsgüter (sog. „Mobilien-Erlass im Rahmen der Vollamortisation“)

- BMF-Schreiben vom 21.3.1972 (BStBl. I S. 188) zur ertragssteuerlichen Behandlung von Finanzierungs-Leasing-Verträgen über unbewegliche Wirtschaftsgüter (sog. „Immobilien-Erlass im Rahmen der Vollamortisation")
- BMF-Schreiben vom 22.12.1975 - IV B/2 - S 2170 – 161/75 zur steuerrechtlichen Zurechnung des Leasing-Gegenstandes beim Leasing-Geber
- BMF-Schreiben vom 23.12.1991 (BStBl. I S. 13) zur ertragssteuerlichen Behandlung von sog. „Teilamortisations-Verträgen" beim Immobilien-Leasing (sog. „Teilamortisations-Erlass")

Folgende Arten der Vertragsgestaltung bestehen beim Leasing:

- Das Finanzierungs-Leasing hat mittlere bis lange Grundlaufzeiten. Der Leasingnehmer übernimmt das komplette Objektrisiko; er haftet gegenüber dem Leasinggeber bei Beschädigung und Verlust.
- Beim Operativen Leasing (Operate-Leasing) werden lediglich kurze Laufzeiten vereinbart, um einen kurzfristigen Bedarf am Leasinggegenstand zu decken. Die Anschaffungskosten des Vermögensgegenstandes werden nicht durch die Leasingraten gedeckt.
- Beim „Sale-and-lease-back" (Rückmietverkauf) wird ein – häufig bereits gebrauchter – Vermögensgegenstand verkauft und anschließend geleast.
- Das Spezial-Leasing umfasst Leasing-Objekte, die dermaßen speziell auf die Bedürfnisse des Leasinggebers zugeschnitten sind, dass ein Dritter keine sinnvolle wirtschaftliche Verwendung für das Objekt hat. Das Objekt wird ohne Rücksicht auf das Verhältnis von Grundmietzeit und Nutzungsdauer beim Leasingnehmer bilanziert.
- Beim Cross-Border-Leasing erfolgte die langfristige Verpachtung eines Vermögensgegenstandes an einen Investor, der dessen Nutzung zeitgleich über einen Leasingvertrag dem Verpächter überlässt. Dadurch wurde eine Lücke im US-Steuerrecht ausgenutzt, die allerdings 2004 geschlossen wurde. Die Bilanzierung erfolgt in den noch laufenden Fällen beim Leasingnehmer, da er weiterhin Eigentümer ist, sodass keine Veräußerung im Sinne von § 56 Abs. 4 KV M-V vorliegt.

Die Zurechnung des Leasinggegenstandes erfolgt mit Ausnahme des Spezial-Leasings und des Cross-Border-Leasings grundsätzlich beim Leasinggeber. Die Bilanzierung beim Finanzierungsleasing erfolgt bei Leasingverträgen ohne Optionsrecht beim Leasinggeber, wenn die Grundmietzeit zwischen 40 % und 90 % der betriebsgewöhnlichen Nutzungsdauer des Leasingobjektes beträgt, sonst hat die Bilanzierung beim Leasingnehmer zu erfolgen. Bei Leasingverträgen mit Kaufoption knüpft die Bilanzierung beim Leasinggeber an zwei Bedingungen an. Die Grundmietzeit muss zwischen 40 % und 90 % der betriebsgewöhnlichen Nutzungsdauer des Leasingobjektes liegen und im Fall der Ausübung der Option darf der Kaufpreis weder den durch lineare Abschreibung ermittelten Buchwert noch den niedrigeren gemeinen Wert im Veräußerungszeitpunkt unterschreiten, sonst erfolgt die Bilanzierung beim Leasingnehmer. Bei Leasingverträgen mit Mietverlängerungsoption gelten grundsätzlich die gleichen

Voraussetzungen, wobei jedoch anstelle der Höhe des Kaufpreises die Höhe der Anschlussmiete zu berücksichtigen ist.

10.3.2.1.5 Anlagevermögen und Umlaufvermögen

Zum Anlagevermögen gehören alle Vermögensgegenstände, die dazu bestimmt sind, dauerhaft von der Kommune genutzt zu werden. Merkmale für die Dauerhaftigkeit sind, dass der Vermögensgegenstand nicht zur Veräußerung bestimmt ist und seine Zweckbestimmung darin besteht, dass er dem Geschäftsbetrieb dauernd (mehrere Jahre) dienen soll. Das Anlagevermögen setzt sich zusammen aus

- immateriellem Vermögen,
- Sachvermögen und
- Finanzanlagevermögen.

Zum Umlaufvermögen gehören alle Vermögensgegenstände, die nicht dazu bestimmt sind, dauerhaft dem Geschäftsbetrieb der Kommune zu dienen. Merkmale für die Nichtdauerhaftigkeit ist eine vorgesehene Zweckbestimmung durch die Kommune, die einen Verbrauch, Verkauf oder eine nur kurzfristige Nutzung vorsieht.

Beispiel 1
Eine bisher im Feuerwehrdienst befindliche Drehleiter wird außer Dienst gesetzt und ist zur Veräußerung an eine andere interessierte Gemeinde vorgesehen.
Die Drehleiter ist vom Anlagevermögen ins Umlaufvermögen umzubuchen.

Beispiel 2
Ein vom Liegenschaftsamt für Zwecke der langfristigen Bodenbevorratung angeschafftes Grundstück ist im Sachvermögen zu führen. Durch eine geänderte Verwendungsabsicht und konkrete Verkaufsbemühungen wird eine Umbuchung vom Anlagevermögen ins Umlaufvermögen erforderlich.

10.3.2.1.6 Erhaltene Schenkungen von Sachvermögen (Anlagevermögen)

Eine Ausnahme von der Aktivierung der Anschaffungswerte (= Auszahlungen für die Anschaffung) für einen Vermögensgegenstand stellt eine Schenkung dar, die eine Aktivierung zu dem sich tatsächlich ergebenden Anschaffungswert (z. B. Transport, Versicherung, bei Grundstücken Grunderwerbssteuer, Notar- und Gerichtskosten) nicht zulässt. Im Rahmen des Bruttoprinzips ist dem Zeitwert des Vermögensgegenstandes (zuzüglich der Anschaffungsnebenkosten) ein Sonderposten in Höhe der Zuwendung gleichfalls nach dem Zeitwert des Vermögensgegenstandes gegenüberzustellen.

Beispiel:
Die Gemeinde G erhält eine Grünanlage geschenkt. Der Wert beträgt nach einem vorliegenden Wertgutachten 500.000 €. Anschaffungsnebenkosten sind in

Höhe von 30.000 € angefallen. Nach dem „Bruttoprinzip" ist der Zeitwert des Vermögensgegenstandes einschließlich der Anschaffungsnebenkosten in Höhe von 530.000 € zu aktivieren, während als Sonderposten lediglich 500.000 € passiviert werden.

10.3.2.2 Immaterielle Vermögensgegenstände

Immaterielle Vermögensgegenstände sind nichtstoffliche Vermögenswerte einer Kommune. Die meisten kommunalen Vermögenswerte dürften im Bereich der Lizenzen bzw. Nutzungsrechte vorhanden sein. Weiterhin führen geleistete Investitionszuwendungen der Gemeinde in der Regel zu immateriellem Vermögen.

Grundstücksgleiche Rechte dagegen sind dingliche Rechte, die rechtlich wie ein Grundstück behandelt werden. Sie gehören zum unbeweglichen Sachvermögen und somit nicht zu den immateriellen Rechten.

Das für selbstgeschaffene immaterielle Vermögensgegenstände vorgeschriebene Aktivierungsverbot (früherer § 40 GemHVO-Doppik M-V) besteht seit 2019 nicht mehr.

Der Kontenrahmenplan weist für die Buchführung folgende Gliederung beim immateriellen Vermögen auf:

- Gewerbliche Schutzrechte und ähnliche Werte sowie Lizenzen an solchen Rechten und Werten (Kontenart 011), darunter
  - Konzessionen (vorgeschlagenes Konto 0111),
  - Datenverarbeitungs-Software, (vorgeschlagenes Konto 0112),
- Geleistete Zuwendungen (Kontenart 012),
- Geleistete Investitionszuschüsse (Kontenart 013) und
- Anzahlungen auf immaterielle Vermögensgegenstände (Kontenart 019).

10.3.2.2.1 Lizenzen, insb. EDV-Software

Lizenzen stellen Rechte dar, die einem Dritten zustehen, bei denen dieser jedoch der Kommune gegen Entgelt ein Nutzungsrecht auf Zeit oder auf Dauer einräumt. Denkbar ist jedoch auch, dass die Rechte gegen Entgelt auf die Kommune übertragen werden. Hauptsächlich dürfte das immaterielle Vermögen aus angeschaffter EDV-Software bestehen. Diese ist getrennt vom beweglichen Sachvermögen der EDV (Hardware) zu erfassen.

Um die Vermögenswerte des immateriellen Vermögens in der Buchhaltung konkret zu erfassen, muss der Kontenplan in den Gemeinden u. a. eine Trennung vorsehen. Ein eigenständiges Konto für geleistete Anzahlungen auf immaterielles Vermögen ist im Rahmen der Bewirtschaftung (Forderungs-/Verbindlichkeitenproblematik) grundsätzlich erforderlich. Hierbei sind unter den Anzahlungen auf immaterielle Vermögensgegenstände die von der Kommune an Dritte bereits geleisteten Vorauszahlungen für den Erwerb immaterieller Anlagen zu erfassen.

Wird eine Software beschafft und fallen nach der Kaufentscheidungen Aufwendungen für die Analyse der Geschäftsprozesse im direkten Zusammenhang mit der Softwarebeschaffung an, werden diese als Anschaffungsnebenkosten berücksichtigt. Auch das sog. „Customizing" – die Anpassung der Software an die Struktur der Verwaltung und an die dortigen Arbeitsabläufe ohne Programmierung – führt zu Anschaffungsnebenkosten. Hiervon sind kundenbezogene Änderungen an der Software abzugrenzen, die eine Erweiterung oder wesentliche Verbesserung der Software darstellen. Eine Erweiterung liegt insbesondere dann vor, wenn wesentliche Änderungen im Quellcode vorgenommen werden müssen. In solchen Fällen handelt es sich um Herstellungswerte.

Stehen Eigenleistungen direkt mit der Anschaffung und Implementierung der Software im Zusammenhang und können solche Aufwendungen – z. B. Personalaufwendungen, Reisekosten oder Raumkosten – einzeln diesen Vorgängen zugeordnet werden, handelt es sich ebenfalls um Anschaffungsnebenkosten.

Aufwendungen für den Erwerb von weiteren Nutzungsrechten für zusätzliche Benutzer gehören zu den nachträglichen Anschaffungskosten, ebenso der Zukauf zusätzlicher Module.

Rechte an Trivialprogrammen – dies sind EDV-Programme mit einem Anschaffungswert bis einschließlich 1.000 € zzgl. Umsatzsteuer – können nach § 34 Abs. 5 GemHVO-Doppik im Jahr ihrer Anschaffung oder Herstellung voll abgeschrieben und in Abgang gestellt werden. Die Wertgrenze von 1.000 € ist eine Höchstgrenze, die örtlich auch niedriger festgelegt werden kann.

In der Praxis stellt sich die Frage, ob Updates von DV-Programmen zu aktivieren sind. Dies ist nur dann der Fall, wenn das Update das ursprüngliche Programm dermaßen ändert, dass praktisch eine neue Programmstruktur geschaffen wurde. In der Regel aktualisieren Updates lediglich vorhandene Programme oder bessern Schwachstellen aus und sind deshalb regelmäßig als Aufwand im Ergebnishaushalt einzustellen. Lediglich bei Upgrades verdichten sich die Überlegungen zur Aktivierungsmöglichkeit. Ausschlaggebend ist, wie tiefgreifend die bisherige Programmversion überarbeitet wurde und ob sie als Generationswechsel angesehen werden kann. In diesem Fall erfolgt eine Berücksichtigung als nachträgliche Anschaffungskosten. Nur für den Fall, dass eine neue Lizenz an die Stelle der bisherigen Lizenz tritt, handelt es sich um neue Anschaffungswerte, womit gleichzeitig eine neue Nutzungsdauer beginnt. Für die bisherige Software kommt in diesem Fall eine Teilwertabschreibung in Höhe des Restbuchwertes in Betracht.

Nicht aktivierungsfähig sind:

- Kosten, die vor der Kaufentscheidung anfallen,
- Kosten einer Pilotierung bzw. einer Teststellung,
- Wartungskosten,
- Kosten der Datenmigration (Übernahme von Daten aus Vorgängersystemen).

10.3.2.2.2 Geleistete Zuwendungen für Investitionen Dritter

Die bilanzielle Berücksichtigung von gewährten Zuwendungen der Gemeinde an Dritte ist eine Besonderheit der kommunalen Bilanz. Die Umsetzung politischer Zielvorstellungen wird durch Gewährung insbesondere zweckgebundener finanzieller Zuwendungen gesteuert.

Beispiele:
- *Kita-Förderung*
- *Sportförderung*
- *Kulturförderung*

Zuwendung ist ein Oberbegriff für Vermögensübertragungen in Form von Geld- oder Sachleistungen. Darunter fallen

- Zuweisungen: Vermögensübertragungen innerhalb des öffentlichen Bereichs
- Zuschüsse: Vermögensübertragungen zwischen öffentlichem und privatem Bereich mit Gegenleistung (unechte Zuschüsse) oder ohne Gegenleistung (echte Zuschüsse)
- Schenkungen: vertragliche Übertragung eines Vermögensgegenstandes ohne Gegenleistung
- Spenden: freiwillige Geld- oder Sachleistungen ohne Gegenleistung

Im NKHR werden geleistete Zuwendungen bei den immateriellen Vermögensgegenständen berücksichtigt (§ 37 Abs. 1 GemHVO-Doppik). Die Zuwendung muss

- zur Anschaffung oder Herstellung eines Vermögensgegenstandes geleistet sein und
- mit einer mehrjährigen Zweckbindung
- oder einer vereinbarten Gegenleistung

verbunden sein.

Das bei der Leistung einer Zuwendung aktivierte immaterielle Vermögen wird in den Folgejahren durch ertragswirksame Abschreibungen aufgelöst. Besteht eine Gegenleistungsverpflichtung, erfolgt die Abschreibung über den Zeitraum, für den diese Verpflichtung besteht. Bei Zuwendungen mit einer mehrjährigen Zweckbindung erfolgt die Abschreibung über die Dauer der Zweckbindung. Allerdings darf die Dauer der Abschreibung nicht die wirtschaftliche Nutzungsdauer des Vermögensgegenstandes überschreiten, für den die Zuwendung geleistet wird.

Beispiel 1
Die Gemeinde gewährt einem freien Träger für den Bau eines Seniorenbegegnungszentrums eine Zuwendung in Höhe von 25.000 € unter der Voraussetzung einer entsprechenden Nutzung für zehn Jahre. Die Zuwendung wird in der Bilanz der Gemeinde aktiviert und innerhalb der zehnjährigen Zweckbindung ergebniswirksam aufgelöst.

Beispiel 2
Die Gemeinde gewährt einem Verein für den Kauf eines behindertengerechten Transporters eine Zuwendung in Höhe von 36.000 €. Dafür verpflichtet sich der Verein, für die Senioren eines abgelegenen Ortsteils einen „Shuttle"-Service für die nächsten zwölf Jahre einzurichten. Die Zuwendung wird in der Bilanz der Gemeinde aktiviert, die ergebniswirksame Auflösung erfolgt jedoch nicht über zwölf Jahre, sondern nur über zehn Jahre, da die Nutzungsdauer lt. landeseinheitlicher Abschreibungstabelle nicht überschritten werden darf.

Investitionszuwendungen, die ohne Gegenleistung des Empfängers oder ohne Zweckbindungsfrist gewährt werden, werden nicht als immaterielles Vermögen erfasst. In diesen Fällen liegt Transferaufwand vor.

10.3.2.3 Sachvermögen

10.3.2.3.1 Begriff des Sachvermögens

Im Gegensatz zu den immateriellen Vermögensgegenständen stellen Sachanlagen materielle Vermögensgegenstände dar. Das Sachvermögen umfasst nach § 47 Abs. 4 GemHVO-Doppik unter Angabe der Zuordnung im landeseinheitlichen Kontenrahmenplan:

- unbebaute Grundstücke und grundstücksgleiche Rechte an unbebauten Grundstücken – differenziert nach –
  - Wald, Forsten (Kontenart 021)
  - Grünflächen (Kontenart 022)
  - Ackerland (Kontenart 023)
  - Schutzflächen (Kontenart 024)
  - Kiesgruben, Steinbrüchen, sonstigen Abbauflächen einschließlich Halden (Kontenart 025)
  - Gewässern (Kontenart 026)
  - Strand (Kontenart 027)
  - Sonstigen unbebauten Grundstücken (Kontenart 029)
- bebaute Grundstücke sowie grundstücksgleiche Rechte an bebauten Grundstücken – differenziert nach –
  - Grundstücken mit Wohnbauten (Kontenart 031)
  - Grundstücken mit sozialen Einrichtungen (z. B. Kinder-, Jugend- und Freizeiteinrichtungen) (Kontenart 032)
  - Grundstücken mit Schulgebäuden und Schulturnhallen (Kontenart 033)
  - Grundstücken mit Kulturanlagen (Kontenart 034)
  - Grundstücken mit Sportanlagen (Kontenart 035)
  - Grundstücken mit Gartenanlagen (Kontenart 036)
  - Grundstücken mit Verwaltungsgebäuden (Kontenart 037)

  - Grundstücke mit sonstigen Gebäuden (z. B. Stadthallen, Bürgerhäuser, Friedhofsgebäude, Buswartehallen, Krankenhäuser, Bauhöfe, Kureinrichtungen) (Kontenart 039)
- Infrastrukturvermögen
  - Brücken, Tunnel und ingenieurtechnische Anlagen (Kontenart 041)
  - Gleisanlagen mit Streckenausrüstung und Sicherheitsanlagen (Kontenart 042)
  - Stromversorgungsanlagen (Kontenart 043)
  - Gasversorgungsanlagen (Kontenart 044)
  - Wasserversorgungsanlagen (Kontenart 045)
  - Abfallbeseitigungsanlagen (Kontenart 046)
  - Entwässerungs- und Abwasserbeseitigungsanlagen (Kontenart 047)
  - Straßen, Wege, Plätze und Verkehrslenkungsanlagen (Kontenart 048)
  - Sonstiges Infrastrukturvermögen (Kontenart 049)
- Bauten auf fremden Grund und Boden
  - Wohnbauten (Kontenart 051)
  - Soziale Einrichtungen (z. B. Kinder- und Jugendeinrichtungen, Krankenhäuser) (Kontenart 052)
  - Schulgebäude und Schulturnhallen (Kontenart 053)
  - Kulturanlagen (Kontenart 054)
  - Sportanlagen (Kontenart 055)
  - Gartenanlagen (Kontenart 056)
  - Verwaltungsgebäude (Kontenart 057)
  - Grundstückseinrichtungen (Kontenart 058)
  - Sonstige Gebäude (Kontenart 059)
- Kunstgegenstände, Denkmäler
  - Kunstgegenstände (z. B. Gemälde, Skulpturen) (Kontenart 061)
  - Denkmäler (Kontenart 065)
  - Denkmalzonen (Kontenart 066)
- Maschinen, technische Anlagen, Fahrzeuge
  - Fahrzeuge (Kontenart 071)
  - Maschinen und technische Anlagen (Kontenart 072)
  - Betriebsvorrichtungen (Kontenart 073)
  - Technische Ausgleichsmaßnahmen (Kontenart 074)
- Betriebs- und Geschäftsausstattung
  - Betriebs- und Geschäftsausstattung (Kontenart 082)
  - Pflanzen und Tiere (Kontenart 083)
  - Tiere in Zoos und Wildgehegen (Kontenart 084)
  - Sonstige Pflanzungen (Kontenart 085)
- Geleistete Anzahlungen auf Sachanlagen, Anlagen im Bau
  - Geleistete Anzahlungen auf Sachanlagen (Kontenart 091)
  - Anlagen im Bau (Kontenart 096)
- Vorräte
  - Roh-, Hilfs- und Betriebsstoffe (Kontenart 141)
  - Unfertige, unfertige Leistungen (Kontenart 142)

- Fertige Erzeugnisse, fertige Leistungen und Waren (Kontenart 143)
- Geleistete Anzahlungen auf Vorräte (Kontenart 144)

Die Vielzahl an Posten in der Bilanzstruktur des Sachvermögens zeigt zum einen die Bedeutung dieses Vermögensbereiches, zum anderen aber auch den Anspruch, mit den Bilanzposten die bedeutenden kommunalen Bereiche der Vermögensverwendung darzustellen.

Die Nutzungsdauer des Sachvermögens ist meist zeitlich begrenzt, da es einer Abnutzung und somit einem wirtschaftlichen Verbrauch unterliegt (z. B. Gebäude, Grundstücksaufbauten, Fahrzeuge). Die Nutzungsdauer kann aber auch unbegrenzt sein (i. d. R. Grund und Boden). Daher müssen die abnutzbaren und nicht abnutzbaren Vermögensgegenstände wertmäßig getrennt voneinander abgebildet werden, um den Ressourcenverbrauch abnutzbarer Vermögensgegenstände aus Abschreibungen ermitteln zu können.

Eine Besonderheit der kommunalen Bilanz ist, dass der Grund und Boden immer grundstücksbezogen zusammen mit den Gebäuden bei bebauten Grundstücken und Grundstücksaufbauten bei unbebauten Grundstücken abgebildet wird.

Des Weiteren ist der Bereich des Sachvermögens noch zu unterscheiden nach:

- unbeweglichem Sachvermögen
- beweglichem Sachvermögen

Diese Unterscheidung ist jedoch nur für die Anwendbarkeit der Gruppenbewertung (§ 31 Abs. 10 GemHVO-Doppik) und für die Möglichkeit der Sofortabschreibung geringwertiger Vermögensgegenstände (§ 34 Abs. 5 GemHVO-Doppik) relevant.

10.3.2.3.2 Abgrenzung: unbewegliches und bewegliches Sachvermögen

Eine ausdrückliche Regelung hinsichtlich der Unterscheidung zwischen beweglichem und unbeweglichem Vermögen sieht das NKHR nicht vor. In Anlehnung an § 68 des Bewertungsgesetzes (BewG) gehören zum unbeweglichen Sachvermögen insbesondere

- die unbebauten Grundstücke (z. B. Grund und Boden und die Aufbauten)
- die bebauten Grundstücke (z. B. Grund und Boden und Gebäude)
- die grundstücksgleichen Rechte sowohl in bebauter als auch unbebauter Form
  - Erbbaurechte,
  - sowie auch Wohnungseigentumsrechte.

Des Weiteren stellen auch Denkmäler i. d. R. unbewegliches Vermögen dar. Sie werden allerdings in der kommunalen Bilanz mit Kunstgegenständen, die i. d. R. bewegliches Vermögen darstellen, in einem Bilanzposten (§ 47 Abs. 4 Nr. 1.2.6 GemHVO-Doppik) gemeinsam ausgewiesen.

Auch immaterielle Vermögensgegenstände zählen zu den unbeweglichen Vermögensgegenständen.[245]

Zum beweglichen Sachvermögen gehören dagegen

- Kunstgegenstände
- Fahrzeuge
- Maschinen und technische Anlagen
- Betriebs- und Geschäftsausstattung

Eine Besonderheit stellen im privatwirtschaftlichen bzw. steuerrechtlichen Bereich die sonstigen Vorrichtungen aller Art dar, die zu einer Betriebsanlage gehören (Betriebsvorrichtungen), und dort per gesetzlicher Definition bewegliches Vermögen darstellen, obwohl es sich tatsächlich um unbewegliches Sachvermögen handelt.

Für die **Abgrenzung** des **Grundvermögens** von den **Betriebsvorrichtungen** ist § 68 BewG maßgebend. Dies gilt auch für die Abgrenzung der Betriebsgrundstücke von den Betriebsvorrichtungen (§ 99 Abs. 1 Nr. 1 BewG). Nach § 68 Abs. 1 Nr. 1 BewG gehören zum Grundvermögen der Grund und Boden, die Gebäude, die sonstigen Bestandteile und das Zubehör. Maschinen und sonstige Vorrichtungen aller Art, die zu einer Betriebsanlage gehören (Betriebsvorrichtungen), werden nach § 68 Abs. 2 Satz 1 Nr. 2 BewG nicht in das Grundvermögen einbezogen. Das gilt selbst dann, wenn sie nach dem bürgerlichen Recht wesentliche Bestandteile des Grund und Bodens oder der Gebäude sind.

Bei der Abgrenzung des Grundvermögens von den Betriebsvorrichtungen ist zunächst zu prüfen, ob das Bauwerk ein Gebäude ist. Liegen alle Merkmale des Gebäudebegriffs vor, kann das Bauwerk keine Betriebsvorrichtung sein (BFH vom 15.6.2005 [BStBl II S. 688 m. w. N.]). Ist das Bauwerk kein Gebäude, liegt nicht zwingend eine Betriebsvorrichtung vor. Vielmehr muss geprüft werden, ob es sich um einen Gebäudebestandteil bzw. eine Außenanlage oder um eine Betriebsvorrichtung handelt. Wird ein Gewerbe mit dem Bauwerk unmittelbar betrieben, liegt eine Betriebsvorrichtung vor.

Nach § 68 Abs. 2 Satz 1 Nr. 2 BewG können nur einzelne Bestandteile und Zubehör Betriebsvorrichtung sein. Zu den Betriebsvorrichtungen gehören nicht nur Maschinen und maschinenähnliche Vorrichtungen. Unter diesen Begriff fallen vielmehr alle Vorrichtungen, mit denen ein Gewerbe unmittelbar betrieben wird (BFH vom 11.12.1991 [BStBl II 1992 S. 278]). Das können auch selbstständige Bauwerke oder Teile von Bauwerken sein, die nach den Regeln der Baukunst geschaffen sind, z. B. Schornsteine, Öfen, Kanäle. Für die Annahme einer Betriebsvorrichtung genügt es nicht, dass eine Anlage für die Gewerbeausübung notwendig oder vorgeschrieben ist (z. B. im Rahmen einer Brandschutzauflage – BFH vom 7.10.1983 [BStBl II 1984 S. 262] und vom 13.11.2001 [BStBl II 2002 S. 310]).[246]

245 Leitfaden zur Bilanzierung und Bewertung des kommunalen Vermögens, Stand Januar 2006 mit Änderungen/Ergänzungen September 2008, S. 19.

246 Gleich lautender Erlass der obersten Finanzbehörden der Länder zur Abgrenzung des Grundvermögens von den Betriebsvorrichtungen vom 15.3.2006 (BStBl I, S. 314).

Betriebsvorrichtungen werden in der Bilanz wie bewegliche Sachen ausgewiesen. Die Nutzungsdauer muss unabhängig vom Gebäude für jede Betriebsvorrichtung getrennt festgesetzt werden. Der Ausweis der Betriebsvorrichtungen erfolgt bei der Kontengruppe „07 Maschinen, technische Anlagen, Fahrzeuge", Kontenart „073 Betriebsvorrichtungen". Betriebsvorrichtungen des Infrastrukturvermögens sind allerdings dem Infrastrukturvermögen zuzuordnen. Ein getrennter bilanzieller Ausweis vom zugehörigen Vermögensgegenstand hat zu erfolgen.

Beispiel 1:
Der Lastenaufzug in einem Verwaltungsgebäude wird losgelöst vom zugehörigen Vermögensgegenstand Verwaltungsgebäude (Bilanzposition „Bebaute Grundstücke und grundstücksgleiche Rechte", § 47 Abs. 4 Nr. 1.2.3 GemHVO-Doppik) in der Bilanzposition „Maschinen, technische Anlagen, Fahrzeuge", § 47 Abs. 4 Nr. 1.2.7, und in der Kontenart „073 Betriebsvorrichtungen" ausgewiesen.

Beispiel 2:
In einem Verwaltungsgebäude befindet sich ein EDV-Raum mit einer speziellen Klimaanlage. Bei der Klimaanlage handelt es sich um eine Betriebsvorrichtung. Diese Betriebsvorrichtung wird in der Bilanzposition „Maschinen, technische Anlagen, Fahrzeuge" ausgewiesen. Die Abschreibungsplanung für die Klimaanlage erfolgt eigenständig über die in der landeseinheitlichen Abschreibungstabelle vorgesehenen Nutzungsdauer von zehn Jahren, losgelöst von den diesbezüglichen Festlegungen für das zugehörige Verwaltungsgebäude.

10.3.2.3.3 Unbewegliches Sachvermögen

a) Grundstücksbegriff

Der kommunale Grundstücksbegriff lehnt sich an § 70 BewG an, wonach die wirtschaftliche Einheit des unbeweglichen Sachvermögens (Grund und Boden, Gebäude oder Aufbauten) ein Grundstück bildet. Hiernach können mehrere grundbuchrechtlich abgebildete Einzelgrundstücke oder Flurstücke ein Grundstück darstellen. Denkbar ist aber auch, dass nur ein Teil eines Flurstücks ein Grundstück in der maßgeblichen Form einer wirtschaftlichen Einheit darstellt.

Beispiel:
Die Gemeinde G erwirbt ein Flurstück, auf dem eine Schule und ein Kindergarten errichtet werden. Die Schule und der Kindergarten stellen eigene wirtschaftliche Einheiten dar, sie sind auch in der Bilanz getrennt voneinander auszuweisen. Der Grund und Boden des Flurstücks wird entsprechend der Nutzung teilweise den wirtschaftlichen Einheiten Schule und Kindergarten zugeordnet, obwohl es grundbuchrechtlich weiterhin ein Grundstück darstellt.

Als Grundstück im Sinne des § 70 BewG zählt auch ein Gebäude, das auf fremdem Grund und Boden errichtet oder in sonstigen Fällen einem anderen als dem Eigentümer des Grund und Bodens zuzurechnen ist, selbst wenn es wesentlicher Bestandteil des Grund und Bodens geworden ist. Hierauf basierend ist ein eigener Bilanzposten „Bauten auf fremden Grund und Boden" in die Bilanz aufgenommen worden, da es eine eigenständige wirtschaftliche Einheit bildet.

Beispiel:
Die Gemeinde G ist wirtschaftlicher Eigentümer eines Sportheims auf einem gepachteten Grundstück. Sie hat das Recht, das Gebäude jederzeit baulich zu verändern und wieder abzureißen. Sie trägt auch den Werteverzehr des Gebäudes. Nach § 94 BGB ist das Sportheim ein wesentlicher Bestandteil des Grund und Bodens. Nach Haushaltsrecht bilanziert der Eigentümer (also nicht die Gemeinde G) des Grund und Bodens diesen als Grundstück in seiner Bilanz, wie die Gemeinde G das Gebäude als Grundstück im Sinne des Bewertungsrechts im Bilanzposten „Bauten auf fremden Grund und Boden" in seiner Bilanz ausweist.

Trotz des an der wirtschaftlichen Einheit anknüpfenden Grundstücksbegriffs und des einheitlichen Bilanzausweises für Zwecke der Abbildung des Ressourcenverbrauchs ist der Grund und Boden von zugehörigen aufstehenden Gebäuden, Außenanlagen oder sonstigen Aufbauten aufgrund unterschiedlicher zeitlicher Nutzung in einer Anlagenbuchhaltung getrennt zu erfassen. Gegebenenfalls ist eine Aufteilung der Anschaffungs- oder Herstellungswerte vorzunehmen.

Der Grund und Boden ist nach seiner wirtschaftlichen Nutzung zu unterteilen in:

- unbebauten Grund und Boden,
- bebauten Grund und Boden,
- Grund und Boden des Infrastrukturvermögens.

b) Grundstücksgleiche Rechte

Grundstücksgleiche Rechte bezeichnen dingliche Rechte, die aufgrund einer eigenständigen grundbuchrechtlichen Eintragung wie Grundstücke zu behandeln sind. Die gebräuchlichsten Beispiele für grundstücksgleiche Rechte sind Erbbau-, Abbau-, Wege- sowie Wohnungseigentumsrechte. In der kommunalen Bilanz stehen grundstücksgleiche Rechte den Grundstücksrechten gleich und werden somit in gemeinsamen Posten entsprechend der Nutzung der Grundstücke ausgewiesen.

c) Unbebaute Grundstücke

Vielfach ergibt sich die Frage, ob es sich um ein bebautes oder unbebautes Grundstück handelt. Der Begriff des unbebauten Grundstücks wird in § 72 BewG definiert. Hiernach sind Grundstücke, auf denen sich keine benutzbaren Gebäude befinden, unbebaute Grundstücke. Die Benutzbarkeit beginnt im Zeitpunkt der Bezugsfertigkeit.

Sofern sich auf einem Grundstück Gebäude befinden, deren Zweckbestimmung und Wert gegenüber der Zweckbestimmung und dem Wert des Grund und Bodens von untergeordneter Bedeutung sind, so gilt das Grundstück als unbebaut.

Beispiel:
Der Friedhof der Gemeinde G besteht überwiegend aus Grabstätten und parkähnlichen Anlagen. Für kleinere Geräte und zur Aufbewahrung von Sachen befindet sich außerdem ein sehr kleiner Geräteschuppen (Fertigbauteil) auf dem Friedhof. Zweckbestimmung und Wert des unbebauten Teils überwiegen gegenüber dem Gebäude. Der kommunale Friedhof der Gemeinde G stellt daher ein unbebautes Grundstück im unbeweglichen Sachvermögen dar.

Des Weiteren gilt ein Grundstück auch als unbebautes Grundstück, soweit infolge von Zerstörung oder Verfall in dem Gebäude sich auf Dauer kein benutzbarer Raum mehr befindet.

Beispiel:
Ein früher genutztes und seit mehreren Jahren leerstehendes früheres Verwaltungsgebäude brennt aufgrund einer Brandstiftung bis auf die Grundmauern nieder. Dieses Ereignis hat zur Folge, dass aus einem bebauten Grundstück ein unbebautes Grundstück wird.

d) Gebäudebegriff

Zum Gebäudebegriff wurde ein gleich lautender Erlass[247] der obersten Finanzbehörden der Länder hinsichtlich der Gebäudedefinition herausgegeben. Danach ist ein Bauwerk als Gebäude anzusehen, *„wenn es Menschen oder Sachen durch räumliche Umschließung Schutz gegen Witterungseinflüsse gewährt, den Aufenthalt von Menschen gestattet, fest mit dem Grund und Boden verbunden, von einiger Beständigkeit und ausreichend standfest ist.“*

Beispiel:
Unterkünfte für Tiere, in denen Menschen sich nur vorübergehend aufhalten können, sind entsprechend der Gebäudedefinition kein Gebäude (große Käfige). Sie dienen unmittelbar dem Betriebszweck des Zoos und stellen daher Betriebsvorrichtungen dar. Hiervon zu unterscheiden sind die durch seine bauliche Anlagestruktur als Besuchsbereich ausgestaltete bauliche Objekte, in denen die Unterkünfte von Tieren (Raubtierhaus, Tropenhaus) abgegrenzt werden und eher einen Nebenzweck bilden.

10.3.2.3.3.1 Unbebaute Grundstücke und grundstückgleiche Rechte

Unbebaute Grundstücke und grundstücksgleiche Rechte werden nach § 47 Abs. 4 Nr. 1.2.2 GemHVO-Doppik in der kommunalen Bilanz in einem Bilanzposten ausgewiesen. Die Strukturierung der Nutzungsarten der unbebauten Grundstücke und grundstücksgleichen Rechte orientiert sich an dem Baugesetzbuch und der kommunalen

247 Gleich lautender Erlass der obersten Finanzbehörden der Länder zur Abgrenzung des Grundvermögens von den Betriebsvorrichtungen vom 15.3.2006 (BStBl. I S. 314).

Vermögensstruktur. Das Baugesetzbuch unterscheidet in § 5 unterschiedliche Inhalte des Flächennutzungsplanes. Hieraus wurde im Kontenrahmenplan eine Gliederung in

- Wald, Forsten (Kontenart 021)
- Grünflächen (Kontenart 022)
- Ackerland (Kontenart 023)
- Schutzflächen (Kontenart 024)
- Kiesgruben, Steinbrüche, sonstige Abbauflächen einschl. Halden (Kontenart 025)
- Gewässer (Kontenart 026)
- Strand (Kontenart 027)
- sonstige unbebaute Grundstücke (als Sammelposten der weiteren unbebauten Grundstücke in Kontenart 029)

abgeleitet.

Soweit bestimmte Grundstücke einen wesentlichen Wert innerhalb des Bilanzpostens darstellen, kann dies durch die Bildung weiterer Bilanzpositionen deutlich gemacht werden. Alternativ kann auch der Sachverhalt im Anhang zum Bilanzposten „Unbebaute Grundstücke" erläutert werden.

Beispiel:

Der Bilanzposten „Unbebaute Grundstücke" weist 2 Mio. € aus. Davon gehören 1,5 Mio. € zum Stadtwald:

1.2.1 Unbebaute Grundstücke und grundstücksgleiche Rechte	*2.000.000 €*
1.2.1.1 Wald und Forsten	*1.500.000 €*
1.2.1.2 sonstige unbebaute Grundstücke	*500.000 €*

a) Wald und Forsten (Kontenart 021)

Zu den forstwirtschaftlichen Flächen und zum Wald gehört das im kommunalen Besitz befindliche Wald- und Forstvermögen (z. B. Gemeindewald). Für das einer regelmäßigen Bewirtschaftung unterliegende stehende Holzvermögen kann ein Festwert nach § 31 Abs. 9 Satz 1 GemHVO-Doppik angesetzt werden. Es muss eine Anpassung dieses Festwerts nach der Erstellung eines neuen Forsteinrichtungswerkes erfolgen.

b) Grünflächen (Kontenart 022)

Unter der Kontenart „Grünflächen" werden Friedhöfe, Parkanlagen, Kleingartenanlagen und Gartenland, Sportflächen, Kinderspielplätze sowie Tierparks ausgewiesen. Die Bilanzierung von Grünflächen erfolgt grundsätzlich im Rahmen der Einzelbewertung, jedoch ist hier die Nutzung von Vereinfachungsverfahren sinnvoll. So bietet sich für Pflasterungen und Pflanzungen in Grünanlagen das Festwertverfahren an. Die Möglichkeit einer pauschalierten Festwertbildung für Zubehöre und Bestandteile von Grundstücken sollte insbesondere bei Parkanlagen genutzt werden, da bei dieser Durchschnittswerte für die Bildung des Festwertes genutzt werden können und somit keine Einzelbewertung der unterschiedlichen Vermögensgegenstände einer Grünanlage erforderlich wird. Dabei wird ein durchschnittlicher Wert je Quadratmeter ermittelt, der bei Bedarf nach unterschiedlichen Ausstattungen differenziert werden kann. Werden Bäume in Parkanlagen und sonstigen öffentlichen Anlagen einzeln erfasst, erfolgt die Bewertung entweder mit einem Erinnerungswert von 1 € je Baum oder zu den Anschaffungskosten.

c) Ackerland (Kontenart 023)

Die landwirtschaftlich genutzten Flächen der Kommunen sind unter der Kontenart „Ackerland" auszuweisen. Hierzu zählen neben Ackerland auch andere landwirtschaftliche Nutzflächen wie Weideland, Obstanbauflächen und Streuobstwiesen. Grund und Boden und die Bepflanzung sind für mehrjährige Kulturen (z. B. Obstbäume, Streuobstwiesen) gesondert zu erfassen. Neben den landwirtschaftlichen Nutzflächen sind auch landwirtschaftlich nicht genutzte (Brachland) oder nicht landwirtschaftlich nutzbare Flächen (Öd- und Unland, Moor und Heide) hierunter auszuweisen.

Grundstücke (Grund und Boden) mit unterschiedlichen Nutzungen sind als ein Vermögensgegenstand auszuweisen. Sie können in der Bilanz nur einer Bilanzposition/Vermögensart (unbebaute, bebaute Grundstücke oder Infrastrukturvermögen) zugeordnet werden. Die Zuordnung eines mit einer Stallung oder einem landwirtschaftlichen Wohngebäude bebauten Flurstücks bestimmt sich daher nach der überwiegenden Nutzung des Grundstücks oder nach der wirtschaftlichen Bedeutung.

d) Schutzflächen (Kontenart 024)

Hierzu zählen insbesondere ökologische Ausgleichsflächen und Lärmschutzanlagen. Dazu zählen auch die Flächen zum Hochwasserschutz einschließlich der Deiche und Polder. Sofern diese jedoch zum Schutz von Straßen, Wegen und sonstigem Infrastrukturvermögen eingesetzt werden, erfolgt der Nachweis beim sonstigen Infrastrukturvermögen (siehe dazu Kontenart 049).

e) Kiesgruben, Steinbrüche, sonstige Abbauflächen einschl. Halden (Kontenart 025)

Hierzu zählen ausdrücklich Kiesgruben, Steinbrüche sowie sonstige Abbauflächen und Halden. Diese Gebiete dürften jedoch in der kommunalen Praxis eine untergeordnete Rolle spielen.

f) Gewässer (Kontenart 026)

Hierzu gehören die Flächen für Flüsse und Bäche, aber auch für Seen und Teiche. Tränklöcher dürften dagegen keine besondere Rolle im kommunalen Vermögen spielen.

g) Strand (Kontenart 027)

Bei dieser Bilanzposition ist der reine Strandbereich nachzuweisen. Einrichtungen des Hochwasserschutzes (Buhnen oder Wellenbrecher) sind dagegen den Schutzflächen (Kontenart 24) zuzuordnen. Unbedeutende Einrichtungen des Hochwasserschutzes können jedoch beim Strandvermögen dokumentiert werden.

h) Sonstige unbebaute Grundstücke (Kontenart 029)
Die Kontenart „Sonstige unbebaute Grundstücke“ stellt eine Sammelposition für die anderen nicht unter a) bis g) genannten Grundstücke dar. Beispielsweise sind hier unbebaute Industrie- und Gewerbegrundstücke, Konversions- und Altlastenflächen oder zur Bebauung vorgesehene Grundstücke (Bauerwartungsland, Bauland) auszuweisen.

Hervorzuheben ist bei diesem Posten der Ausweis von Grundstücken, bei denen die Kommune Erbbaurechtsgeber ist und verschiedene Erbbaurechtsnehmer dort ein Eigenheim errichtet haben. Insgesamt betrachtet handelt es sich zwar um ein bebautes Grundstück, das wirtschaftliche Eigentum des Gebäudes liegt jedoch beim Erbbaurechtsnehmer. Die Kommune ist letztlich nur wirtschaftlicher Eigentümer des Grund und Bodens. Sollte dem Sachverhalt innerhalb des Bilanzausweises absolut Rechnung getragen werden, so müsste ein aussagekräftiger Bilanzposten „Grund und Boden mit einem fremden Gebäude“ lauten. Darauf wurde jedoch verzichtet.

Aufgrund der kommunalen Bilanzstruktur, bei der Grund und Boden und Gebäude sowie Aufbauten in einem gemeinsamen Bilanzposten abgebildet werden, stellt der Grund und Boden eines Erbbaurechtsgrundstücks hinsichtlich der wirtschaftlichen Nutzbarkeit nur ein unbebautes Grundstück dar; Abschreibungen auf das Gebäude fallen bei der Kommune nicht an. Ein Ausweis als unbebautes Grundstück ist daher naheliegender als ein Ausweis als bebautes Grundstück.

10.3.2.3.3.2 Bebaute Grundstücke und grundstückgleiche Rechte

Die bebauten Grundstücke und die grundstücksgleichen Rechte der Gemeinde bilden nach § 47 Abs. 4 Nr. 1.2.3 GemHVO-Doppik in der kommunalen Bilanz einen einzelnen Bilanzposten. Es handelt sich jedoch um eine Mindestgliederung. Abweichend hiervon können die Kommunen bestehende bedeutende, aber in der Mindestgliederung nicht berücksichtigte Bereiche als Bilanzposten ergänzen.

Der Kontenrahmenplan unterscheidet bei den bebauten Grundstücken in der Kontengruppe 03 „Bebaute Grundstücke und grundstücksgleiche Rechte“ folgende Nutzungen:

- **Grundstücke mit Wohnbauten (Kontenart 031)**
  Aufgrund des weitgehenden gewählten Begriffs „Wohnbauten“, sind unter diesem Bilanzposten sämtliche Grundstücke auszuweisen, die dem Nutzungszweck „Wohnen“ dienen. Hierzu zählen neben den üblichen Mietwohngebäuden auch Übernachtungsstätten für Obdachlose, Asylunterkünfte und Übergangswohngebäude für von Obdachlosigkeit Bedrohte.
- **Grundstücke mit sozialen Einrichtungen (Kontenart 032)**
  Unter diesem Bilanzposten sind sämtliche bebaute Grundstücke mit sozialen Einrichtungen auszuweisen. Hierzu zählen Kindertagesstätten, Jugendeinrichtungen, Jugendhilfeeinrichtungen, Freizeiteinrichtungen, Alten- und sonstige Betreuungseinrichtungen sowie Familienberatungsstellen und Frauen- und Männerhäuser.
- **Grundstücke mit Schulgebäuden und Schulturnhallen (Kontenart 033)**
  Unter diesem Bilanzposten sind die Grundstücke auszuweisen, auf denen eine Nutzung mit sämtlichen im SchulG M-V ausgewiesenen Schulformen stattfindet. Dies

sind Grundschulen, Regionale Schulen, Gymnasien, integrierte und kooperative Gesamtschulen, Berufliche Schulen und Förderschulen.

- **Grundstücke mit Kulturanlagen (Kontenart 034)**
  Bei dieser Bilanzposition werden Grundstücke mit Theatergebäuden, Museen, Büchereien, Stadtarchiven, Volkshochschulen, Musikschulen sowie Mahnmale und Gedenkstätten ausgewiesen. Weiterhin werden dort historische Gebäude und Einrichtungen ausgewiesen, sofern sie nicht anderen Nutzungen (z. B. Nutzung des historischen Rathauses als Verwaltungsgebäude) unterliegen.
- **Grundstücke mit Sportanlagen (Kontenart 035)**
  Diese Bilanzposition berücksichtigt Grundstücke mit Schwimm-, Hallen- und Freibädern, Turn- und Sporthallen (sofern keine Schulturnhallen), Stadien, Sportplätze, Wassersportanlagen sowie sonstige Sportanlagen.
- **Grundstücke mit Gartenanlagen (Kontenart 036)**
  Bei dieser Bilanzposition werden Grundstücke mit Zoologischen und Botanischen Gärten, Kleingärten, Baumschulen und Gärtnereien berücksichtigt.
- **Grundstücke mit Verwaltungsgebäuden (Kontenart 037)**
  Hier sind die im kommunalen Eigentum befindlichen bebauten Grundstücke auszuweisen, die direkt Verwaltungszwecken dienen. Aufgrund der detaillierten Zuordnungen verbleiben hier in der Regel nur wenige Grundstücke.
- **Grundstücke mit sonstigen Gebäuden (Kontenart 039)**
  Dieser Bilanzposten dient als Sammelposten für sämtliche weitere bebauten Grundstücke im kommunalen Eigentum: Gemeinschafts- und Bürgerhäuser, Stadthallen, Friedhofsgebäude, Bauhöfe, Werkstätten, Brand- und Katastrophenschutzeinrichtungen, Krankenhäuser, Gewerbe- und Industriegrundstücke, Garagen, Campingplätze, Kureinrichtungen, Freizeitparks
  Bahnhöfe in Kommunaleigentum und Wartehallen werden hier ausgewiesen, sofern sie nicht aufgrund der überwiegenden Nutzung im Infrastrukturvermögen (Kontenart 049 Sonstiges Infrastrukturvermögen) auszuweisen sind.

10.3.2.3.3.3 Infrastrukturvermögen

Unter dem Infrastrukturvermögen sind haushaltsrechtlich die öffentlichen Einrichtungen i. w. S. zu verstehen, die im engeren Sinne eine Grundvoraussetzung für das Leben in einer Kommune bilden. Der Bilanzausweis unter diesem Posten umfasst daher nur Verkehrs- sowie Ver- und Entsorgungseinrichtungen.

Verpflichtend muss in der kommunalen Bilanz für das Infrastrukturvermögen nach § 47 Abs. 4 Nr. 1.2.4 GemHVO-Doppik lediglich ein einzelner Bilanzposten ausgewiesen werden. Der Kontenrahmenplan unterscheidet beim Infrastrukturvermögen in der Kontengruppe 04 folgende Nutzungen:

- Brücken, Tunnel und ingenieurtechnische Anlagen (Kontenart 041)
- Gleisanlagen mit Streckenausrüstung und Sicherheitsanlagen (Kontenart 042)
- Stromversorgungsanlagen (Kontenart 043)
- Gasversorgungsanlagen (Kontenart 044)

- Wasserversorgungsanlagen (Kontenart 045)
- Abfallbeseitigungsanlagen (Kontenart 046)
- Entwässerungs- und Abwasserbeseitigungsanlagen (Kontenart 047)
- Straßen, Wege, Plätze und Verkehrslenkungsanlagen (Kontenart 048)
- Sonstiges Infrastrukturvermögen (Kontenart 049)

Der Grund und Boden des Infrastrukturvermögens wird buchungstechnisch in einem Sammelkonto bei jeder Kontenart gesondert von den Aufbauten, Einrichtungen, Anlagen usw. erfasst und bewertet. Das erschwert bei einer teilweisen Mehrfachnutzung des Grund und Bodens die Zuordnung und die Bewertung in der Bilanz, wobei auch hier die überwiegende Nutzung oder die wirtschaftliche Bedeutung maßgeblich ist.

Beispiel:
Auf einer städtischen Hauptverbindungsstraße befindet sich eine Straßenbahn (Schienenverkehr), unterhalb der Erdoberfläche verlaufen Kanalisationsanlagen sowie das Leitungsnetz für die Wasser-, Gas- und Stromversorgung. Grund und Boden werden bilanziell im Infrastrukturvermögen ausgewiesen und innerhalb des Bestandskontos 0481 „Grundstücke und grundstücksgleiche Rechte" innerhalb der Kontoart 048 „Straßen, Wege, Plätze und Verkehrseinrichtungen" nachgewiesen.

a) Brücken und Tunnel (Kontenart 041)
Zur Kontenart „Brücken und Tunnel" gehören beispielsweise die Brücken und Tunnel für die Nutzung von Fußgängern, Eisenbahnen oder Straßen. Die Abwasserröhren der Stadtentwässerung stellen keinen Tunnel dar und sind unter der Kontenart 047 „ Entwässerungs- und Abwasserbeseitigungsanlagen" auszuweisen.

b) Gleisanlagen mit Streckenausrüstung und Sicherheitsanlagen
Das wirtschaftliche Eigentum der Vermögensgegenstände dieses Bilanzpostens liegt in der Regel bei kommunalen Gesellschaften. Sofern das wirtschaftliche Eigentum für diesen Bilanzposten zum Abschlusstag bei der Kommune liegt, hat sie dieses Vermögen in der kommunalen Bilanz auszuweisen. Zu dieser Kontenart gehören das Streckennetz sowie sämtliche dessen Betrieb unmittelbar dienenden Anlagen der Streckenausrüstung und Sicherheitsanlagen.

Zu den Gleisanlagen gehören die Gleiskörper und die Weichen. Den Gleiskörper umfassen Schienenstränge, Schwellen, Schotter, Schallschutz, und sonstige Materialien, die zur Nutzung der Gleisanlagen notwendig sind. Zur Streckenausrüstung gehören beispielsweise die Fahrleitungen sowie die Stromversorgungsanlagen einschließlich die deren Zwecken dienlichen Zusatzkomponenten.

Zu den Sicherheitsanlagen gehören neben den Signal-, Brandmelde- und Funkanlagen sämtliche Zugsicherungsanlagen, die beispielsweise Fahrwege einstellen und sichern, den Führern von Schienenfahrzeugen Anweisungen über die Fahrweise übermitteln und die Fahrweise des Schienenfahrzeugs technisch überwachen und bei gefährdenden Abweichungen beeinflussen.

c) Strom-, Gas-, Wasserleitungen und zugehörige Anlagen (Kontenarten 043 bis 045)

Bei diesen Kontenarten werden die baulichen Anlagen für die Versorgung mit Strom, Gas, Wasser ausgewiesen, soweit sie nicht in der Bilanz der Versorgungseinrichtungen, z. B. der Stadtwerke, auszuweisen sind.

d) Abfall-, Entwässerungs- und Abwasserbeseitigungsanlagen (Kontenarten 046 und 047)

Zu den Kontenarten 046 Abfallbeseitigungsanlagen und 047 Entwässerungs- und Abwasserbeseitigungsanlagen gehören die Grundstücke, die Betriebseinrichtungen der Abfallverarbeitungsanlagen und der Sammlung und Beförderung des Abfalls, die Kläranlagen (Abwasserreinigungsanlagen) und Sonderbauwerke des Abwasserbereiches, die anderen baulichen Teile der Abwasserbeseitigung (z. B. ober- und unterirdisch verlegten Abwasserkanalsysteme zur Aufnahme des Abwassers und Niederschlagswassers) sowie die maschinellen Teile des Kanalnetzes. Diese sind entsprechend der gebührenrechtlichen Anlagenstrukturierung nach Systemkomponenten aufzugliedern.

e) Straßen, Wege, Plätze und Verkehrslenkungsanlagen (Kostenart 048)

Zu dieser Kostenart gehören bauliche Anlagen der öffentlichen Wegeflächen, deren Nutzung für den öffentlichen Verkehr von Fahrzeugen und Fußgängern errichtet werden.

Im Rahmen der Ersterfassung und -bewertung wurden durch die Nutzung vorgegebener Erfassungs- und Bewertungsbögen allgemeine Grundlagen festgeschrieben, die eine landesweit einheitliche Vorgehensweise sicherstellen sollten.

Zunächst wurden Grundinformationen zum Bewertungsobjekt erfasst. Bewertungsobjekt konnte eine ganze Straße oder ein Straßenabschnitt sein. Straßenabschnitte sind zu bilden, wenn – z. B. durch Belagwechsel, Änderung der Bauklasse oder des Straßenquerschnitts – erhebliche Zustandsunterschiede auftreten. Die Abschnitte müssen eine einheitliche Bewertung ermöglichen. Als weitere Grundinformationen werden die Verkehrsfläche, die durchschnittliche Breite, der Belag, die Bauklasse sowie die Art der Straße ermittelt.

Im zweiten Schritt erfolgt eine Zustandsbewertung mit Hilfe einer Zustandskennziffer, die der Ermittlung der Restnutzungsdauer der Straße dient. Dabei sind sechs Zustandskriterien (z. B. Unebenheiten im Querprofil, Risse, Substanzverlust) in drei Ausprägungen zu ermitteln. Die Kriterien sind im Verhältnis zueinander zu gewichten. Jedes Kriterium erhält mindestens drei Ausprägungen (z. B. nicht ausgeprägt, ausgeprägt, stark ausgeprägt) mit einem Bewertungssatz. Die Multiplikation des Bewertungssatzes mit dem Gewichtungsfaktor ergibt eine gewichtete Bewertung je Kriterium, die in der Summe die Zustandskennziffer bildet.

Über die Zustandskennziffer kann anschließend die Restnutzungsdauer der Straße ermittelt werden, anhand derer der Bilanzwert ermittelt werden kann.[248]

248 Ausführlich im Leitfaden Infrastrukturvermögen, Stand März 2008, http://nkhr.mvnet.de/landmv/ NKHR_prod/NKHR/Ergebnisse/Leitfaeden_und_Praxishilfen/Leitfaden_Infrastrukturvermoegen/Leitfaden_Infrastrukturvermoegen_2007-07-24.pdf.

Zum Straßenkörper als Bewertungsgegenstand gehören grundsätzlich die einzelnen Schichten des Straßenkörpers, Dämme, Böschungen und Stützmauern, Verkehrsinseln und Pflanzbeete in der Fahrbahn, Geschwindigkeitsbremsen, Fahrbahnmarkierungen, Straßengräben und Parkmöglichkeiten innerhalb des Fahrbahnbereiches. Bei untergeordneter Bedeutung können Entwässerungsanlagen, Rand- und Grünstreifen, mehrjährige Pflanzen und Bäume in Pflanzbeeten und auf Grünstreifen, Verkehrszeichen und Lärmschutzanlagen mit dem Straßenkörper zusammen bewertet werden. Radwege, Gehwege sowie kombinierte Rad- und Gehwege können mit der Fahrbahn bewertet werden, sofern sie

- in einem unmittelbaren räumlichen Zusammenhang mit der Fahrbahn stehen und
- Restnutzungsdauer sowie die Anschaffungs- oder Herstellungskosten je Quadratmeter für Fahrbahn, Rad- oder Gehweg sich nicht wesentlich unterscheiden.

Ansonsten gehören Rad- und Gehwege zu den selbständigen Vermögensgegenständen wie auch Bushaltestellen, Parkstreifen und -buchten, Parkplätze, Poller, Straßenbeleuchtung sowie die Verkehrslenkungsanlagen. Verkehrslenkungsanlagen sind sämtliche zur Verkehrsführung und -steuerung eingesetzte Einrichtungen, beispielsweise Kreisel, Schilder, Ampeln und Parkleitsysteme einschließlich aller Betriebskomponenten.

f) Sonstiges Infrastrukturvermögen (Kostenart 049)
In dieser Kostenart werden u. a. Wasserstraßen, Häfen, Dämme und sonstige Anlagen des Wasserbaus und des Hochwasserschutzes, des öffentlichen Personennahverkehrs (Bahnhöfe und Wartehallen), Anlagen der Fernwärme sowie des Funk- und Fernmeldewesens nachgewiesen.

10.3.2.3.3.4 Bauten auf fremden Grund und Boden

Diesem nach § 47 Abs. 4 Nr. 1.2.5 GemHVO-Doppik zu bildenden Bilanzposten sind die Vermögensgegenstände zuzuordnen, die sich auf fremden Grund und Boden befinden. Das bestehende Rechtsverhältnis zwischen dem Eigentümer des Grund und Bodens und der Kommune als Eigentümer der aufstehenden Bauten ist dadurch gekennzeichnet, dass nicht wie bei den grundstücksgleichen Rechten ein dingliches Recht durch Grundbucheintragung besteht, sondern das Rechtsverhältnis für die aufstehenden Bauten mittels Vertrag geregelt ist. Insbesondere bei technischen Betriebsvorrichtungen, wie Trafo- oder Druckreglerstationen, wird dieses vertragliche Verfahren angewandt, um sich hierdurch das aufwändigere Verfahren einer dinglichen Sicherung mittels Grundbucheintragung zu ersparen.

Beispiel:
Aufgrund von zahlreichen Schulbausanierungen ist es erforderlich, für einen Übergangszeitraum für die Aufrechterhaltung des Schulbetriebs Containerbauten zu nutzen. Diese werden von der Gemeinde G auf fremden Grund und Boden, der für diesen Zweck zeitlich begrenzt gepachtet wurde, aufgestellt. Sämtliche

Rechte an den Containerbauten liegen bei der Kommune, das Rechtsverhältnis der Nutzung als gepachtetes Schulgrundstück wurde mittels Vertrag geregelt.

10.3.2.3.4 Bewegliches Sachvermögen, weitere Posten des Sachvermögens

Die kommunale Bilanz untergliedert das bewegliche Sachvermögen in folgende Posten:

- Kunstgegenstände (und Denkmäler)
- Maschinen und technische Anlagen, Fahrzeuge
- Betriebs- und Geschäftsausstattung
- Pflanzen und Tiere
- Vorräte

Die Kunstgegenstände werden mit Denkmälern, die in der Regel kein bewegliches Vermögen darstellen, in einem Bilanzposten zusammengefasst. Geleistete Anzahlungen auf Sachanlagen und Anlagen im Bau bilden einen weiteren Posten des Sachvermögens.

a) Geringwertige Vermögensgegenstände[249] (GWG)
Nach § 34 Abs. 5 GemHVO-Doppik können abnutzbare bewegliche Vermögensgegenstände des Anlagevermögens, deren Anschaffungs- oder Herstellungswerte den Betrag von 1.000 € ohne Umsatzsteuer nicht überschreiten, im Jahr ihrer Anschaffung oder Herstellung voll abgeschrieben und in Abgang gestellt werden. Gleichzeitig ist es nach § 31 Abs. 5 möglich, auf eine Erfassung abnutzbarer, beweglicher Vermögensgegenstände des Anlagevermögens, deren Anschaffungs- oder Herstellungskosten im Einzelnen wertmäßig den Betrag von 1.000 Euro ohne Umsatzsteuer nicht überschreiten, zu verzichten. Die Gemeinde kann auch unterhalb des Betrages von 1.000 € eine Wertgrenze bestimmen, bis zu der auf eine Erfassung verzichtet wird (VV 25.1 zu § 31 GemHVO-Doppik).

Somit bestehen für Mecklenburg-Vorpommern folgende Abschreibungsmöglichkeiten für geringwertige Vermögensgegenstände (VV 25.2 zu § 31 GemHVO-Doppik):

- Behandlung als Investition und Ansatz mit den Anschaffungs- oder Herstellungskosten und planmäßige lineare Abschreibung, berechnet auf der Grundlage der in der landeseinheitlichen Abschreibungstabelle (Anlage 5) festgesetzten wirtschaftlichen Nutzungsdauer,
- Behandlung als Investition und Vollabschreibung im Jahr der Anschaffung oder Herstellung auf 1 € je Vermögensgegenstand mit anschließender In-Abgang-Stellung,
- Behandlung als Aufwand und laufende Auszahlung im Jahr des Zugangs, sofern oder soweit die Gemeinde gemäß § 31 Abs. 5 auf die Erfassung verzichtet.

---

249 Der Begriff „Geringwertige Vermögensgegenstände“ entspricht inhaltlich dem im privatwirtschaftlichen Bereich verwandten Begriff der „Geringwertigen Wirtschaftsgüter“. Der Begriff wird im Kontenrahmenplan, Anlage 1 zur Verwaltungsvorschrift des Innenministeriums vom 6.6.2016 verwendet, nicht in der GemHVO-Doppik.

b) Kunstgegenstände und Denkmäler (Kontengruppe 06)
Zu diesem Bilanzposten (§ 47 Abs. 4 Nr. 1.2.6 GemHVO-Doppik) gehören Objekte aller Art, deren Erhaltung wegen ihrer Bedeutung für Kunst, Geschichte und Kultur im öffentlichen Interesse liegt. Zu den Kunstgegenständen zählen beispielsweise Gemälde, Skulpturen und Antiquitäten, zu den Denkmälern neben ortsfesten Einzeldenkmälern wie Kriegerdenkmäler oder Ausgrabungen als Bodendenkmäler auch Sammlungen und Denkmalzonen (z. B. Skulpturenpark).

c) Maschinen und technische Anlagen, Fahrzeuge (Kontengruppe 07)
Dieser Bilanzposten (§ 47 Abs. 4 Nr. 1.2.6 GemHVO-Doppik) umfasst neben Maschinen, technischen Anlagen auch die Betriebsvorrichtungen (siehe 10.3.2.3.2). Zu diesem Bilanzposten gehören beispielsweise Druck-, Schneide- und Bindemaschinen, Server im EDV-Bereich, Spülmaschinen und Transportbänder in Kantinen, Alarmanlagen, sowie Frankiermaschinen der Poststelle. Auch die Ausstattungsgegenstände des Brand- und Katastrophenschutzes (u. a. Schutzbekleidung und Atemschutzgeräte – Konto 0725) sind hier zu berücksichtigen. Zu den Fahrzeugen gehören alle Fortbewegungsmittel, die der Beförderung von Personen und dem Transport von Gegenständen dienen. Hierzu gehören beispielsweise Pkw, Lkw, Radlader, Fahrzeuge des Brand-, Rettungs- und Katastrophenschutzes einschließlich Löschboote, Kehrfahrzeuge und Dienstfahrräder aber auch Zusatzgeräte wie Schneepflüge, Mäheinrichtungen und andere Wechselaufbauten sowie Anhänger.

d) Betriebs- und Geschäftsausstattung
Zu diesem Bilanzposten (§ 47 Abs. 4 Nr. 1.2.7 GemHVO-Doppik) gehören beispielsweise Gegenstände in Werkstätten und Lagern einschl. Werkzeugen (Betriebsausstattung). Zur Geschäftsausstattung gehören insbesondere Büromöbel, Büromaschinen, Geräte der Informations- und Kommunikationstechnik wie EDV-Hardware und Telefonanlagen, Schuleinrichtungen und Musikinstrumente der Musikschule. Teilweise ist die Abgrenzung zwischen den Bilanzposten „Maschinen und technische Anlagen" sowie „Betriebs- und Geschäftsausstattung" bei technischen Geräten recht schwierig. So zählt die EDV-Ausstattung eines Rechenzentrums zu den Maschinen und technischen Anlagen, die EDV-Ausstattung einer Stadtverwaltung zur Geschäftsausstattung. Die Zuordnung ist abhängig von der Komplexität des technischen Geräts.

e) Vorräte
Die grundsätzlich einem kurzfristigen Verzehr bzw. Verbrauch unterworfenen Vorräte gehören zum Umlaufvermögen und untergliedern sich in Roh-, Hilfs- und Betriebsstoffe (RBH) sowie Waren. Rohstoffe stellen den Hauptbestandteil, Hilfsstoffe einen Nebenbestandteil eines erzeugten Produktes dar. Betriebsstoffe werden dagegen nicht zum Bestandteil des erzeugten Produktes, sondern dienen dem Erstellungsprozess.

Waren sind veräußerbare Vermögensgegenstände, die selbst erstellt oder angekauft wurden (Familienstammbücher, Touristiksouvenirs).

Grundsätzlich haben Roh-, Hilfs- und Betriebsstoffe sowie Waren im Rahmen der kommunalen Bilanzierung trotz des Vorkommens in den technischen Fachbereichen einer Kommune aufgrund der Beschränkung auf interne Produktionsbedürfnisse nur eine untergeordnete Bedeutung.

Es bestehen zwei mögliche Buchungsverfahren für die Abbildung der Vorratswirtschaft im Rechnungswesen:

Lagerbuchhaltung:
Die Gegenstände des Vorratsvermögens werden mittels einer Lagerbuchhaltung verwaltet. In das Lager eingehende Vermögensgegenstände werden aktiviert. Entnahmen aus dem Lager werden z. B. über Materialentnahmescheine dokumentiert und dabei als Aufwand gebucht. Diese Methode ist exakter, jedoch mit erheblichem Betriebsaufwand verbunden. Sie empfiehlt sich bei größeren oder wertvollen Lagerbeständen

Direkte Aufwandsbuchung:
Die zulässige Alternative hierzu bildet die direkte Buchung im Rahmen der Beschaffung als Aufwand. Im Rahmen des Jahresabschlusses werden auf dem Bilanzkonto der Anfangsbestand und der Schlussbestand abgeglichen. Hieraus resultiert der in der Ergebnisrechnung zu berücksichtigende Mehr- oder Minderbestand an Vorräten. Da das Element einer aufwändigen Lagerbuchhaltung entfällt, sollte im Rahmen der Beschaffung von Vorräten, soweit möglich und sinnvoll, eine direkte Aufwandsbuchung festgelegt werden. Außerdem kann unterjährig die Kosten- und Leistungsrechnung – und damit auch das Berichtswesen – bedient werden.

> ***Beispiel Lagerbuchung:***
> *Der Einkauf von Unkrautvernichtungsmitteln wird der Bestandszugang des Lagers auf dem Bestandskonto unter Begleichung der Rechnung gebucht. Aufgrund der Lagerbuchhaltung werden die Lagerentnahmen als Aufwand im Teilergebnishaushalt und als Minderung des Bestandskontos berücksichtigt. Ggf. wird im Rahmen des Jahresabschlusses aufgrund bei der Inventur festgestellter Inventurdifferenzen einer Bestands- und Aufwandskorrektur erforderlich.*

> ***Beispiel Aufwandsbuchung:***
> *Der Einkauf von Unkrautvernichtungsmitteln wird ohne Einbeziehung des Bestandskontos unter Begleichung der Rechnung vollständig im Teilergebnishaushalt als Aufwand gebucht. Im Rahmen der Inventur beim Jahresabschluss wird die Bestandsveränderung festgestellt und der Aufwand korrigiert (Aufwandserhöhung bei Bestandsminderung; Aufwandsminderung bei Bestandserhöhung).*

Nach § 31 GemHVO-Doppik sind für das Vorratsvermögen verschiedene Bewertungsvereinfachungsverfahren zugelassen. Für Roh-, Hilfs- und Betriebsstoffe ist nach § 31 Abs. 8 GemHVO-Doppik die Bildung von Festwerten möglich. Gleichartige Vermögensgegenstände des Vorratsvermögenskönnen jeweils zu einer Gruppe zusammengefasst und mit dem gewogenen Durchschnittswert angesetzt werden (§ 31 Abs. 10 GemHVO-Doppik). Außerdem können nach § 31 Abs. 7 GemHVO-Doppik gleichartigen Gegenständen des Vorratsvermögens folgende Verbrauchsfolgebewertungen angewandt werden:

- LiFo: „Last in, First out"
  Hier wird unterstellt, dass die zuletzt angeschafften oder hergestellten Vorräte zuerst verbraucht oder veräußert worden sind.
- FiFo: „First in, First out"
  Bei diesem Verfahren wird angenommen, dass die zuerst angeschafften oder hergestellten Vorräte zuerst verbraucht oder veräußert worden sind.
- oder ein anderes Verbrauchsfolgeverfahren wie z. B. HiFo: „Highest in, First out" Das HiFo-Verfahren basiert auf der Annahme, dass die Vorräte mit den höchsten Anschaffungs- oder Herstellungswerten zuerst verbraucht oder veräußert worden sind. Dadurch wird der Endbestand stets mit dem niedrigeren Anschaffungs- bzw. Herstellungswerten in der Bilanz ausgewiesen. Dieses Verfahren entspricht dem Niederstwertprinzip.

Das gewählte Verfahren muss den Grundsätzen ordnungsgemäßer Buchführung entsprechen und darf dem betrieblichen Geschehensablauf nicht widersprechen. In der Praxis werden regelmäßig Lagerbestand und Aufwand nach der Gruppenbewertung ermittelt. Damit wird auch eine gleichmäßige Belastung der einzelnen Wirtschaftsjahre erreicht und der Bilanzstetigkeit entsprochen.

> ***Beispiel:***
> *Beim Bauhof der Gemeinde wird das Streusalz für den Winterdienst in einem Silo gelagert. Hier kann bei der Bewertung der Vorräte beim Jahresabschluss nur der gewogene Durchschnittswert oder das FiFo-Verfahren angewandt werden, da das zuerst eingekaufte Streusalz auch zuerst verbraucht wird. Das LiFo- bzw. HiFo-Verfahren kann nicht eingesetzt werden, weil es dem betrieblichen Geschehensablauf widersprechen würde.*

Geleistete Anzahlungen auf Vorräte bilden liquide Vorleistungen an einen Lieferanten, für noch nicht erhaltene Lieferungen und Leistungen. Für Anzahlungen erfolgt ein gesonderter Ausweis. Erst nach Erhalt der Lieferung oder Leistung wird die Anzahlung ausgebucht.

10.3.2.3.5 Geleistete Anzahlungen, Anlagen im Bau

Geleistete Anzahlungen sind Vorauszahlungen an einen Lieferanten oder Hersteller, ohne bereits in den Besitz des Vermögensgegenstandes oder der vereinbarten Leistung gekommen zu sein. Nach Erfüllung des Rechtsgeschäftes ist der als geleistete Anzahlung eingestellte Betrag entsprechend seiner Verwendung umzubuchen.

Um Anlagen im Bau handelt es sich bei Vermögensgegenständen, die in mehreren Arbeitsschritten hergestellt werden. Sie sind hierdurch über eine längere Zeit unfertig und somit nicht betriebsbereit. Aus Bilanz- und Buchhaltungssicht bestehen zwei relevante Phasen:

- Bauphase
- Nutzungsphase

Im Rahmen der Herstellung durchlaufen Anlagen diese beiden Phasen, wobei der jeweilige Baustatus zu einem unterschiedlichen Bilanzausweis führt.

Der Bilanzposten „Anlagen im Bau“ dient der Sammlung der einzelnen aktivierungsfähigen Bestandteile der Anschaffungs- bzw. Herstellungswerte, die bei endgültiger Fertigstellung bzw. Betriebsbereitschaft summiert auf die endgültige Anlage nach der Vermögensverwendung (z. B. Schule) umgebucht werden. Während der Bauphase werden die unterschiedlichsten Zugänge zu einer Investition wie

- Fremdleistungen
- Eigenleistungen oder
- Entnahme von Lagermaterial

auf der Anlage im Bau (Kontenart 096) gesammelt.

Mit der Umbuchung wird die Anlage im Bau entsprechend ihrer Vermögensverwendung aktiviert und in der Anlagenübersicht erfasst. Hierbei wird eine Abschreibungsplanung für den Vermögensgegenstand festgelegt, der die Grundlage für die planmäßigen Abschreibungen bildet.

Im Rahmen des Jahresabschlusses sind nach dem Grundsatz der Vollständigkeit bereits Zugänge auf Anlagen im Bau zu buchen, wenn die Kommune wirtschaftliche Eigentümerin der Teilleistung am Vermögensgegenstand geworden ist, auch wenn der Kommune noch keine Rechnung vorliegt. Der Wert des zugegangenen Vermögensgegenstandes ist dann vorsichtig zu schätzen. Die Gegenbuchung erfolgt bei den „Sonstigen Verbindlichkeiten“.

> ***Beispiel:***
> *Im Rahmen eines Kindergartenneubaus in der Gemeinde G wurde Anfang Dezember 2022 der Rohbau fertig gestellt. Eine Abrechnung dieses Bauabschnitts ist vor Februar 2023 nicht zu erwarten. Aufgrund der Kalkulation des Hochbauamtes liegt der Wert des Rohbaus bei 400.000 €. Der unfertige Bau ist der Gemeinde G zuzurechnen. Für die Anlage im Bau „Kindergartenneubau“ ist bereits im Rahmen des Jahresabschlusses ein Zugang über 400.000 € zu buchen. Als Gegenbuchung wird eine sonstige Verbindlichkeit ausgewiesen.*

Im Rahmen der Rechnungsstellung zu Anlagen im Bau ist stets zu prüfen, welche Rechnungspositionen aktivierungsfähige Anschaffungs- oder Herstellungswerte darstellen. Nur diese dürfen auf die Anlage im Bau gebucht werden. Vor der Aktivierung der Anlage im Bau sollte daher nochmals geprüft werden, ob alle gesammelten Kosten tatsächlich aktivierungsfähige Anschaffungs- bzw. Herstellungswerte darstellen.

> ***Beispiel:***
> *Im Rahmen eines Schulanbaus wurden neben dem Eindecken des Daches auch Reparaturen am Dach des alten Schulgebäudes vorgenommen. Die Leistungen wurden einheitlich in Rechnung gestellt und auf die Anlage im Bau gebucht. Im Rahmen der Aktivierung wird dies festgestellt. Die in Rechnung gestellten Leis-*

tungen sind für die Umbuchung zu trennen. Die Leistungen für das Eindecken verbleiben auf dem Posten „Anlage im Bau" und werden mit dieser aktiviert, die Instandhaltungsleistungen für das alte Gebäude werden als Instandhaltungsaufwand umgebucht.

Für Anlagen im Bau dürfen keine planmäßigen Abschreibungen vorgenommen werden. Bei außerordentlichen Ereignissen während des Herstellungszeitraumes, die zu einer dauerhaften Wertminderung führen, sind der Wertminderung entsprechend außerplanmäßige Abschreibungen durchzuführen.

Zusammenfassend als Grafik die Buchungssystematik bei Anlagen im Bau:

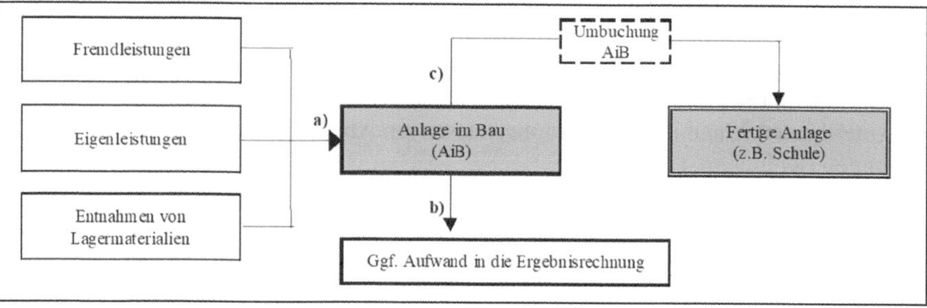

Erläuterungen zum Schaubild:

a) Zunächst werden die Herstellungswertelemente auf der Anlage im Bau gesammelt.
b) Nach Fertigstellung bzw. Betriebsbereitschaft erfolgt vor Aktivierung der Anlage im Bau eine Prüfung hinsichtlich der Aktivierungsfähigkeit, ggf. mit einer Umbuchung als Aufwand in die Ergebnisrechnung.
c) Es erfolgt die Umbuchung der Anlage im Bau entsprechend ihrer Vermögensverwendung (hier Schule an AiB).

10.3.2.4 Finanzvermögen

Aufgrund des Anlagevermögenscharakters sind Finanzanlagen diejenigen Werte, die auf Dauer finanziellen Anlagezwecken oder Unternehmensverbindungen sowie damit zusammenhängenden Ausleihungen dienen.

Für eine spätere Konsolidierung innerhalb des kommunalen Konzerns wurde der Bereich der Finanzanlagen in Beziehung zur handelsrechtlichen Bilanz ausgestaltet. Danach umfasst das kommunale Finanzvermögen

- Anteile an verbundenen Unternehmen (Kontenart 101)
- Ausleihungen an verbundene Unternehmen (Kontenart 102)
- Beteiligungen (Kontenart 111)
- Ausleihungen an Beteiligungen (Kontenart 112)

- Sondervermögen mit Sonderrechnung (insb. Eigenbetriebe und Städtebauliche Sondervermögen) (Kontenart 121)
- Ausleihungen an Sondervermögen mit Sonderrechnung (Kontenart 122)
- Zweckverbände und Ausleihungen an Zweckverbände (Kontenart 123)
- Anstalten des öffentlichen Rechts und Ausleihungen an Anstalten des öffentlichen Rechts (Kontenart 124)
- Rechtsfähige kommunale Stiftungen und Ausleihungen an rechtsfähige kommunale Stiftungen (Kontenart 125)
- Sparkassen und Ausleihungen an Sparkassen (Kontenart 126)
- Sonstige Wertpapiere des Anlagevermögens (Kontenart 131)
- Sonstige Ausleihungen an den öffentlichen Bereich (Kontenart 132)
- Rückdeckungsversicherungen (Kontenart 133)
- Beteiligungen an der Versorgungsrücklage nach § 14a Bundesbesoldungsgesetz (Kontenart 134)
- Anteilige Rücklagen der Versorgungskassen zur Abdeckung von Pensionsverpflichtungen (Kontenart 135)
- Ausleihungen an Kreditinstitute (Kontenart 136)
- Ausleihungen an den sonstigen inländischen Bereich (Kontenart 137)
- Ausleihungen an den sonstigen ausländischen Bereich (Kontenart 138)

Aus den Konsolidierungsregelungen des § 61 KV M-V ist herzuleiten, dass öffentlich-rechtlich selbstständige Organisationsformen (z. B. Stadtwerke, Wohnungsbaugesellschaft, Zweckverband) entsprechend den nachfolgenden in 10.3.2.4.1 und 10.3.2.4.2 genannten Kriterien unter den Bilanzposten „Anteile an verbundenen Unternehmen" und „Beteiligungen" analog auszuweisen sind.

Eine entsprechende fristenbezogene Regelung des Bilanzausweises zur Abgrenzung von Ausleihungen zu Forderungen gibt es nicht. Maßstab für den Bilanzausweis bilden die spezifischen inhaltlichen Merkmale einer Ausleihung. Bei Ausleihungen erfolgt eine Kapitalhingabe der Kommune an einen Dritten mit der Maßgabe, dass dieser das hingegebene Kapital in einem vertraglich bestimmten Zeitraum an die Kommune zurückzahlt. Alle anderen Forderungen (z. B. aus Lieferung und Leistung, Transferleistungen), die nicht durch Hingabe von Kapital entstanden sind, stellen demnach Forderungen dar.

Der Gesetzgeber hat durch den Kontenrahmenplan für den Bilanzausweis eine Regelung hinsichtlich einer Mindestfrist des Rückzahlungszeitraums für Ausleihungen konkretisiert. Ausleihungen sind nur dann den entsprechenden Bilanzposten zuzuordnen, wenn ihre Laufzeit mehr als ein Jahr beträgt. Somit sind Ausleihungen bis zu einem Jahr Rückzahlungszeitraum als Forderungen in den Bilanzposten 2.2.3 bis 2.2.7, Fest- und Termingelder sowie Sparguthaben unter der Bilanzposition 2.4 auszuweisen.

Die im Kontenrahmenplan vorgesehene Unterscheidung zwischen Ausleihungen mit Laufzeiten von einem bis zu fünf Jahren einerseits, Ausleihungen mit Laufzeiten über fünf Jahre andererseits wurde mit der Reform der GemHVO-Doppik 2011 aufgegeben.

10.3.2.4.1 Anteile an verbundenen Unternehmen

Hinsichtlich des Ausweises unter diesem Bilanzposten knüpft das Haushaltsrecht, auch durch inhaltliche Anknüpfung an die Konsolidierungsregelungen des § 61 KV M-V, an die handelsrechtlichen Regelungen an. Anteile an verbundenen Unternehmen sind hiernach alle nach den Vorschriften über Vollkonsolidierung in den Konzernabschluss als Tochterunternehmen einzubeziehende Unternehmen (vgl. § 271 Abs. 2 HGB, § 290 HGB).

In einen Gesamtabschluss sind nach § 61 Abs. 2 KV M-V folgende Tochterorganisationen einzubeziehen:

- Eigenbetriebe gemäß § 64 Abs. 1 KV M-V,
- Sonstige Sondervermögen gemäß § 64 Abs. 2 oder 3 KV M-V,
- eigene Unternehmen oder eigene Einrichtungen in Privatrechtsform,
- Unternehmen oder Einrichtungen in Privatrechtsform, an denen die Gemeinde beteiligt ist und auf die die Gemeinde einen beherrschenden oder maßgeblichen Einfluss ausübt,
- eigene Kommunalunternehmen gemäß § 70 KV M-V,
- gemeinsame Kommunalunternehmen, zu deren Stammkapital die Gemeinde mehr als 50 % beigetragen hat,
- Zweckverbände, bei denen die Gemeinde Mitglied mit beherrschendem oder maßgeblichem Einfluss ist.

Eigenbetriebe und ihre sonstigen Sondervermögen mit Sonderrechnung werden in einer gesonderten Bilanzposition (1.3.5) ausgewiesen.

Unter dem Bilanzposten 1.3.1 fallen demnach als verbundene Unternehmen nur die Tochterorganisationen mit eigener Rechtspersönlichkeit. Diese sind dann an dieser Stelle zu berücksichtigen, wenn die Gemeinde mindestens einen maßgeblichen Einfluss über die Tochterorganisationen ausübt. Die Voraussetzungen dafür benennt § 311 Abs. 1 Satz 2 HGB.. Der Gemeinde müssen mindestens ein Fünftel der Stimmrechte als Gesellschafter oder Mitglied zustehen.

Anteile an Kapitalgesellschaften (z. B. GmbH, Aktiengesellschaft) werden mit den Anschaffungskosten der Anteile bewertet,

10.3.2.4.2 Beteiligungen

Beteiligungen sind die Anteile der Kommune an Unternehmen und Einrichtungen, die in der Absicht gehalten werden, eine dauerhafte Verbindung zu diesen Unternehmen und Einrichtungen herzustellen (vgl. § 271 Abs. 1 HGB). Somit ist der handelsrechtliche Begriff ein Oberbegriff, der auch die verbundenen Unternehmen nach § 271 Abs. 2 HGB umfasst. Insofern ist der Begriff im NKHR nicht besonders glücklich gewählt, da für Beteiligungen in Form von verbundenen Unternehmen und den spezifischen öffentlich-rechtlichen Beteiligungsformen eigene Bilanzposten vorgesehen sind. Demnach fallen unter dem Bilanzposten 1.3.3 Beteiligungen (Kontenart 111) lediglich Beteiligungen an privatwirtschaftlichen Unternehmen mit Anteilen, in denen ihr weniger als ein Fünftel der Stimmrechte als Gesellschafter oder Mitglied zustehen.

Die erworbenen Anteile werden mit ihren Anschaffungskosten bewertet

10.3.2.4.3 Sondervermögen mit Sonderrechnung

Nach § 64 Abs. 1 KV M-V gehören zum Sondervermögen der Gemeinde insbesondere die Eigenbetriebe (§ 64 Abs. 1 KV M-V) sowie städtebauliche Sondervermögen zur Durchführung von städtebaulichen Sanierungsmaßnahmen (§ 64 Abs. 2 KV M-V), weiterhin nichtrechtsfähige örtliche Stiftungen (§ 64 Abs. 3 KV M-V) sowie sonstige Sondervermögen. Neben diesen Sondervermögen sind in dem Bilanzposten 1.3.5 auch Zweckverbände, Anstalten des öffentlichen Rechts, rechtsfähige kommunale Stiftungen sowie Sparkassen auszuweisen.

Die Bewertung der Sondervermögen mit Sonderrechnung erfolgt nach der Eigenkapital-Spiegelbildmethode (§ 33 Abs. 7 GemHVO-Doppik). Die Sondervermögen werden mit dem Betrag des Eigenkapitals zum jeweiligen Bilanzstichtag ausgewiesen (siehe Schaubild).

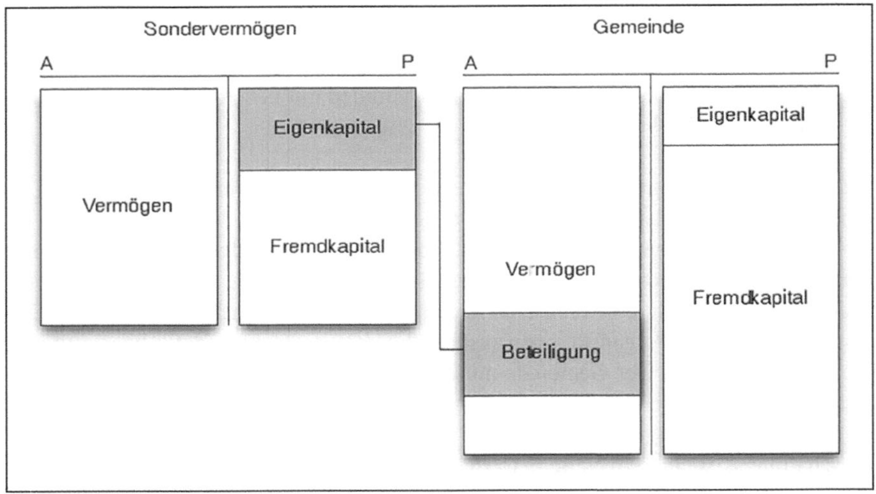

10.3.2.4.4 Sonstige Wertpapiere des Anlagevermögens

Unternehmensanteile, die weder als Anteile an verbundenen Unternehmen noch als Beteiligung anzusehen sind, und sonstige Wertpapiere (z. B. Pfandbriefe, Obligationen, Anleihen), die auf Dauer angelegt sind, werden als Wertpapiere des Finanzvermögens ausgewiesen. Hierbei geht es der Gemeinde lediglich um eine langfristige Geldanlage.

Der Kommunale Versorgungverband erhebt eine Umlage, die zwar überwiegend laufende Pensionszahlungen abdeckt, andererseits jedoch auch Rücklagen zur Abdeckung von Pensionsverpflichtungen umfasst. Diese sind gem. § 37 Abs. 7 GemHVO-Doppik als Finanzanlagen auszuweisen. Daher erfolgt in diesem Bilanzposten nach VV 29.5 zu § 37 GemHVO-Doppik der Ausweis der anteiligen Versorgungsrücklage nach § 14a BbesG (Kontenart 134) und der anteiligen allgemeinen Rücklage der Versorgungskasse zur Abdeckung von Pensionsverpflichtungen (Kontenart 135). Die Ansätze dazu sind den Mitteilungen des Kommunalen Versorgungsverbandes zu entnehmen.

10.3.2.4.5 Ausleihungen

Ausleihungen stellen langfristige Forderungen aus Geld- oder Finanzgeschäften dar. Zu den Ausleihungen zählen vor allem Darlehen, Hypotheken-, Grund- und Rentenschulden sowie stille Beteiligungen (soweit diese nicht am Verlust teilnehmen). Aufgrund der Bedeutung der finanziellen Verflechtungen im Rahmen von kommunalen Unternehmensverbindungen und als Grundlage der Konsolidierung wurden die unterschiedlichen Ausleihungen als gleichwertige Posten den Unternehmensverbindungen gliederungsmäßig gleichgestellt.

Aufgrund der inhaltlichen Gleichheit werden in diesem Kapitel die vier unterschiedlichen Bilanzposten

- Ausleihungen an verbundene Unternehmen (Bilanzposten 1.3.2)
- Ausleihungen an Beteiligungen (Bilanzposten 1.3.4)
- Ausleihungen an Sondervermögen (Bilanzposten 1.3.6)
- Sonstige Ausleihungen (Bilanzposten 1.3.9)

gemeinsam betrachtet, da das Unterscheidungsmerkmal der einzelnen Unternehmensverbindungen bereits erläutert wurde.

Für Ausleihungen werden bilanziell die Anschaffungskosten in Höhe des Nominalwerts angesetzt.

Für Ausleihungen besteht hinsichtlich der Bewertung beim Anschaffungswertprinzip eine Besonderheit. *„Ausleihungen können eine übliche Verzinsung haben, wobei die Verzinsung sich nicht allein durch Geldleistungen, sondern auch gleichwertig in anderen vertretbaren Sachen oder Rechten (z. B. Belegungsrecht im sozialen Wohnungsbau, Verpflichtung zur Aufrechterhaltung von 10 Arbeitsplätzen in der Kommune) darstellen kann. Ausleihungen können aber auch niederverzinslich bzw. unverzinslich sein. Dies hat jedoch keinen Einfluss auf die Anschaffungswerte der Forderung, so dass der Nennbetrag die Anschaffungswerte darstellt. Jedoch betreffen die Niederverzinslichkeit bzw. die Unverzinslichkeit den Teilwert der Forderung. In analoger Anwendung des Handelsrechts § 279 Abs. 1 Satz 2 i. V. m. § 253 Abs. 2 Satz 3 HGB besteht keine Abzinsungsverpflichtung sondern ein Abzinsungswahlrecht, da es sich nicht um eine dauernde Wertminderung handelt. Vielmehr besteht nur eine vorübergehende Wertminderung, da der Barwert vom Zeitpunkt der Kapitalhingabe bis zum Zeitpunkt der Kapitalrückzahlung laufend steigt und zum Fälligkeitszeitpunkt den Nennwert erreicht."*[250]

---

250 *Falterbaum/Bolk/Reiß*, Buchführung und Bilanz (Grüne Reihe Band 10), 19. Aufl., Achim 2003, S. 693 f.

Beispiel:
Die Gemeinde G gewährt dem Wohnungsbauunternehmen W. im Rahmen einer allgemeinen Förderung des Wohnungsbaus ein Darlehen, dessen Teilwert (Barwert) jährlich dargestellt werden soll. Das Darlehen in Höhe von 50.000 € wird jährlich nur mit 2 % verzinst. Die Rückzahlung hat nach zehn Jahren in einer Summe zu erfolgen. Im Rahmen der Barwertermittlung wird der aktuelle Wert des in zehn Jahren zurückfließenden Darlehens ermittelt. Hierbei wird eine angemessene Verzinsung i. H. v. 6 % (beispielsweise abgeleitet aus der Veräußerung dieser Forderung) unterstellt. Die Differenz zwischen tatsächlicher Verzinsung i. H. v. 2 % und angemessener Verzinsung i. H. v. 6 % beträgt 4 %. Diese bildet die Grundlage für die Abzinsung. Entsprechend der Laufzeit und des Prozentsatzes gibt es Abzinsungstabellen, aus denen der entsprechende Abzinsungsfaktor (AbF) abgelesen wird. Beim vorstehenden Sachverhalt errechnet sich der Barwert wie folgt:

Rückzahlungsbetrag	AbF-Wert	Formel	Lösung
50.000,00 €	0,675564	K(n) × AbF	33.778,20 €

Es hat entweder jährlich eine Anpassung des steigenden Barwertes zu erfolgen, bis zum Zeitpunkt der Kapitalrückzahlung der Nennwert erreicht ist. Alternativ kann die Anpassung dazu auch erst bei Erreichen des Zeitpunktes der Kapitalrückzahlung einmalig vorgenommen werden.

10.3.2.4.6 Forderungen und sonstige Vermögensgegenstände

10.3.2.4.6.1 Strukturierung der Forderungen einschließlich Transferleistungen

Die Forderungen der Gemeinde sind in einer Forderungsübersicht nachzuweisen (§ 51 Abs. 1 GemHVO-Doppik). Die Forderungsübersicht ist als Anlage nach § 60 Abs. 3 Nr. 3 KV M-V dem Jahresabschluss beizufügen. Die Forderungen werden in der Bilanzstruktur anhand der Struktur der Debitoren (Zahlungspflichtige) differenziert.

Richten sich öffentlich-rechtliche oder privatrechtliche Forderungen gegen

- verbundene Unternehmen,
- Beteiligungen und
- Sondervermögen mit Sonderrechnung, Zweckverbände u. ä.,
- den sonstigen öffentlichen Bereich (z. B. Land, Bund, EU, andere Gemeinden),

erfolgt der Ausweis der Forderungen innerhalb dieser Bilanzpositionen. Somit verbleiben unter den Bilanzpositionen 2.2.1 „Öffentlich-rechtliche Forderungen, Forderungen aus Transferleistungen“ und 2.2.2 „Privatrechtliche Forderungen aus Lieferungen und Leistungen“ lediglich die Adressaten insb. des privaten Bereichs, die nicht in den Bilanzpositionen 2.2.3 bis 2.2.6 aufgeführt sind.

Beispiel:
Die Gemeinde G versendet zu Beginn des Jahres die Grundsteuerbescheide. Zahlungspflichtig sind neben einer Vielzahl privater Eigentümer auch die in städtischem Eigentum stehende Stadtwerke GmbH und das Land Mecklenburg-Vorpommern.

Die zum Bilanzstichtag noch bestehenden Forderungen der privaten Eigentümer sind in der Bilanz unter der Position 2.2.1 „Öffentlich-rechtliche Forderungen, Forderungen aus Transferleistungen“ auszuweisen. Eine Forderung gegenüber der Stadtwerke GmbH wäre dagegen unter 2.2.3 „Forderungen gegen verbundene Unternehmen“, die Forderung gegenüber dem Land unter der Bilanzposition 2.2.6 „Forderungen gegenüber dem sonstigen öffentlichen Bereich“ auszuweisen.

Die öffentlich-rechtlichen Forderungen entstehen auf der Basis öffentlich-rechtlicher Normen. Von besonderer finanzwirtschaftlicher Bedeutung für die Gemeinden sind die Abgaben und die zu erwartenden Transferleistungen in Form von Zuwendungen:

- Öffentlich-rechtliche Forderungen
  - Gebühren, z. B. Verwaltungs- und Benutzungsgebühren (Kontenart 151)
  - Beiträge (Kontenart 152)
  - Steuern (Kontenart 153)
- Forderungen aus Transferleistungen, z. B. Schlüssel- und Bedarfszuweisungen, Umlagen, Schuldendiensthilfen, Zuwendungen für laufende Zwecke (Kontenart 154)
- Sonstige öffentlich-rechtliche Forderungen, z. B. Bußgelder (Kontenart 155)

Hinsichtlich der Behandlung von Forderungen im Jahresabschluss (Wertberichtungen, Niederschlagungen usw.) wird auf die Darstellungen in den Spezialkapiteln (z. B. Kapitel 22) verwiesen.

10.3.2.4.6.2 Privatrechtliche Forderungen aus Lieferungen und Leistungen

Bei der bilanziellen Zuordnung sind die spezifischen inhaltlichen Komponenten der Ausleihungen zur Abgrenzung gegenüber den Forderungen zu berücksichtigen.[251]

Zu den privatrechtlichen Forderungen gehören auch die Forderungen der antizipativen Rechnungsabgrenzung. Diese sind Einzahlungen nach dem Abschlusstag, die aber dem alten Haushaltsjahr ganz oder teilweise als Ertrag zuzurechnen sind.

Beispiel:
Die Gemeinde erwartet eine Mietzahlung am 31.3.2019 für die Monate Oktober 2018 bis März 2019. Die zu erwartenden Mietzahlungen für die Monate Oktober

251 Siehe Abschnitt 10.3.2.4 „Finanzvermögen“.

bis Dezember 2018 stellen eine antizipative Forderung dar, die in der Bilanz am 31.12.2018 als Forderung zu berücksichtigen ist.

Die adressatenbezogene Zuordnung erfolgt wie bei den öffentlich-rechtlichen Forderungen (siehe 10.3.2.5.5)

Zur Behandlung der Forderungen im Jahresabschluss (Wertberichtungen, Niederschlagungen usw.) wird auf die Darstellungen in den Spezialkapiteln (z. B. Kapitel 22) verwiesen.

10.3.2.4.7 Sonstige Vermögensgegenstände des Finanzvermögens

Der Bilanzposten 2.2.7 „Sonstige Vermögensgegenstände" stellt eine Sammelposition dar, unter der u. a. kurzfristige Kredite mit einer Laufzeit bis zu einem Jahr, Forderungen gegenüber Mitarbeitern, Vorschussgelder und Forderungen aus der Vorsteuer erfasst werden.

10.3.2.4.8 Wertpapiere des Umlaufvermögens

Die Bilanzposten beinhalten alle Wertpapiere, die nicht in einem anderen Posten auszuweisen sind:

- 2.3.1 Anteile an verbundenen Unternehmen
- 2.3.2 Anteile an Unternehmen, mit denen ein Beteiligungsverhältnis besteht
- 2.3.3 Sonstige Wertpapiere des Umlaufvermögens

In Abgrenzung zu den Finanzanlagen sind hier nur Wertpapiere ohne langfristige Zweckbindung auszuweisen, insbesondere wenn Anteile zur Veräußerung innerhalb eines Jahres bestimmt sind.

10.3.2.5 Liquide Mittel

Es handelt sich um Geldmittel, die den Kommunen zur Zahlungsbereitschaft zu Verfügung stehen. Wie in anderen Bundesländern wird hierfür der Sammelbegriff „Liquide Mittel" verwendet. Der Bilanzposten 2.4 umfasst:

- Guthaben bei Kreditinstituten (Kontenart 184)
- Guthaben bei Bundesbank und Europäischer Zentralbank (Kontenart 185)
- Schecks (Kontenart 186)
- Kassenbestand (Kontenart 187)

Von der Gemeindekasse angelegte Tages- und Festgelder gehören zu den Guthaben bei Kreditinstituten und verbleiben im Bilanzausweis unter dieser Bilanzposition.

10.3.2.6 Rechnungsabgrenzungsposten (aktiv)

Die aktive Rechnungsabgrenzung beinhaltet transitorische Posten, d. h. es handelt sich um Finanzvorfälle, die im laufenden Haushaltsjahr zu Ausgaben führen, aber erst im folgenden Haushaltsjahr Aufwand darstellen (§ 36 Abs. 1 GemHVO-Doppik).

> ***Beispiel:***
> *Die Gemeinde zahlt im Oktober 2022 im Voraus für die Monate Oktober 2022 bis März 2023 Miete. Es fließt im laufenden Haushaltsjahr Liquidität für sechs Monate ab, aufwandsmäßig gehören jedoch nur Mietzahlungen für drei Monate in die Ergebnisrechnung des laufenden Haushaltsjahres. Die anderen drei Monate an Mietzahlungen sind aufwandsmäßig im folgenden Haushaltsjahr zu berücksichtigen.*

Seit der Änderung der GemHVO-Doppik 2016 kann auf die Bildung eines aktiven Rechnungsabgrenzungspostens verzichtet werden, sofern der Wert des einzelnen Abgrenzungspostens nicht mehr als 1.000 € beträgt und eine unterlassene Abgrenzung das Jahresergebnis nicht wesentlich beeinflusst.

Ist der Rückzahlungsbetrag einer Verbindlichkeit höher als der Auszahlungsbetrag, so ist nach § 36 Abs. 3GemHVO-Doppik der Unterschiedsbetrag in den aktiven Rechnungsabgrenzungsposten aufzunehmen. Diese Regelung beschreibt die aktive Rechnungsabgrenzung von Kreditbeschaffungskosten, z. B. Disagio im Rahmen von Kreditaufnahmen.[252] Der Unterschiedsbetrag ist durch planmäßige jährliche Abschreibungen zu tilgen, die auf die gesamte Laufzeit der Verbindlichkeit verteilt werden können (i. d. R. aber nur auf den Zinsfestschreibungszeitraum).

10.3.2.7 Ausgleichsposten für latente Steuern

Die Handelsbilanz nach den Vorschriften des HGB dient der Ermittlung des Gewinns als Grundlage für dessen weitere Verwendung sowie der Information von Anteilseignern und Gläubigern. Das Steuerrecht als Grundlage für die Festsetzung gewinnabhängiger Steuern behandelt gleiche Sachverhalte bei der Bilanzierung und Bewertung teilweise anders. Die Ermittlung des vom Bilanzgewinn abweichenden steuerlichen Gewinns bedarf entweder einer zusätzlichen Berechnung oder der Erstellung einer Steuerbilanz.

Bilanzposten für latente Steuern bilden in der Handelsbilanz künftige steuerliche Belastungen als aktive latente Steuern, künftige steuerliche Entlastungen als passive latente Steuern ab (§ 37 Abs. 8 GemHVO-Doppik).

Der Nachweis der latenten Steuern erfolgt seit der Änderung der GemHVO-Doppik im Dezember 2011 jeweils am Ende der Aktivseite (§ 47 Abs. 3 Nr. 4 GemHVO-Doppik) und der Passivseite (§ 47 Abs. 4 Nr. 6 GemHVO-Doppik). Diese Bilanzpositionen werden lediglich angesprochen, wenn Betriebe gewerblicher Art im Kernhaushalt

---

252 Siehe hierzu auch Kapitel 17.

aufgenommen sind. Das dürfte in der kommunalen Praxis von geringer Bedeutung sein, sodass hier auf eine vertiefende Darstellung verzichtet und auf die entsprechende Spezialliteratur verwiesen wird.

10.3.2.8 Nicht durch Eigenkapital gedeckter Fehlbetrag

Die Bilanzposition „Eigenkapital“ auf der Passivseite der Bilanz besteht aus den Untergliederungen:

- Kapitalrücklage
- Zweckgebundene Ergebnisrücklagen
- Ergebnisvortrag
- Jahresüberschuss/Jahresfehlbetrag

und weist das „kommunale Eigenkapital“ der Kommune aus. Nach § 43 Abs. 3 Satz 1 KV M-V dürfen sich die Kommunen nicht über den Wert ihres Vermögens hinaus verschulden. Allerdings kann der Gesetzgeber die Tatsache einer Überschuldung durch Rechtsnormen allein nicht verhindern.

Die Überschuldung tritt ein, wenn nach der Haushaltsplanung das Eigenkapital im Haushaltsjahr aufgebraucht wird oder in der Bilanz zum Ausgleich der Bilanz auf der Aktivseite die Position „Nicht durch Eigenkapital gedeckter Fehlbetrag“ auszuweisen ist § (43 Abs. 3 Satz 2 KV M-V i. V. m. § 38 GemHVO-Doppik).

Die Ausweisung des Ergebnisvortrages oder ein Jahresfehlbetrag können dazu führen, dass die Bilanzposition „Eigenkapital“ als Saldo einen Minusbetrag aufweisen würde. Um ein Eigenkapital von Null auszuweisen, bedarf es daher einer Bilanzverlängerung auf der Aktivseite. Dazu dient diese Bilanzposition auf der Aktivseite der kommunalen Bilanz.

10.3.2.9 Übungen

Sachverhalt Nr. 9 (Bilanzierung von Anlagen im Bau):
In der Gemeinde G wird für eine Hochbaumaßnahme mit einem Gesamtfinanzierungsvolumen von 2 Mio. € am 1.12.2022 der Rohbau fertig gestellt. Die Rohbaufertigstellung ist bis zum 31.12.2022 noch nicht abgerechnet und zu diesem Zeitpunkt auch noch nicht absehbar. Nach vorsichtiger Schätzung betragen die Herstellungswerte des Rohbaus 800.000 €. Das wirtschaftliche Eigentum des Rohbaus ist der Kommune zuzurechnen.

Aufgabe:
Ist der Rohbau in der Jahresabschlussbilanz der Gemeinde G auszuweisen? Was ist hierbei und beim späteren Rechnungseingang zu bedenken?

Lösung:
Der bisherige Herstellungswert der Anlage im Bau ist in der Bilanz darzustellen. Hierbei wird der Schätzwert in Höhe von 800.000 € zugrunde gelegt. Als Gegenposition ist eine sonstige Verbindlichkeit zu buchen. Sobald die Rechnung eingeht, erfolgt die Berichtigung des Wertes der Anlage im Bau und unter Berücksichtigung der sonstigen Verbindlichkeit die Auszahlung des Rechnungsbetrages.

Hinweis:
In der Praxis dürfte in aller Regel im Monat Januar des nächsten Jahres eine Abschlagsrechnung bei der Gemeinde eingehen, so dass der genauere Anschaffungswert in den Jahresabschluss aufgenommen werden kann.

Sachverhalt Nr.10 (Abrechnung von Anlagen im Bau):
Für eine weitere Hochbaumaßnahme geht bei der Gemeinde G am 10.2.2022 die erste Teilrechnung in Höhe von 700.000 € entsprechend dem Baufortschritt ein. Am 17.6.2022 erfolgt die Schlussabrechnung mit einer Restforderung in Höhe von 930.000 €. Nach Prüfung der Rechnung stellt der Anlagenbuchhalter fest, dass 22.000 € nicht aktivierungsfähigen Aufwand darstellen.

Aufgabe:
Welche Buchungen sind bis zur Aktivierung der Anlage im Bau vorzunehmen?

Lösung:
Am 10.2.2022 ist ein Zugang in Höhe von 700.000 € auf die Anlage im Bau zu buchen.

Die Schlussabrechnung in Höhe von 930.000 € ist aufzuteilen, wobei 908.000 € als weiterer Zugang auf die Anlage im Bau zu buchen ist. Der Gesamtbetrag in Höhe von 1.608.000 € ist danach auf die „endgültige" Anlage umzubuchen. Der nicht aktivierungsfähige Aufwand in Höhe von 22.000 € ist auf das entsprechende Aufwandskonto zu buchen.

Sachverhalt Nr. 11 (Aktivierung von Eigenleistungen):
Beschäftigte des Bauhofes der Gemeinde G bauen im Winter während ihrer Bereitschaftsdienststunden mehrere kleine nicht genutzte Lagerräume in einen Schulungsraum um. Es entstanden Materialkosten in Höhe von 20.000 €. Mittels Kosten- und Leistungsrechnung werden Kosten für Arbeitsleistung in Höhe von 80.000 € festgestellt. Ein Handwerksbetrieb hatte die identische Umbauleistung für 69.900 € angeboten.

Aufgabe:
Welche Buchungen und in welcher Höhe sind bis zur Aktivierung in der Anlagenbuchhaltung vorzunehmen?

Lösung:
Die Auszahlung für die Materialkosten sind auf der Anlage im Bau in Höhe von 20.000 € zu buchen. Vermögensgegenstände sind betraglich höchstens mit ihren An-

schaffungs- oder Herstellungswerten zu erfassen. Entsprechend § 34 Abs. 6 GemHVO-Doppik liegt der tatsächliche Herstellungswert über dem üblichen Herstellungswert. Diese Wertdifferenz besteht als Wertminderung dauerhaft. Daher sind nicht die tatsächlich angefallenen 80.000 €, sondern die üblichen Herstellungswerte, also 69.900 € zu aktivieren. Ein höherer Vermögenswert trotz höherer Aufwendungen wurde nicht geschaffen.

10.3.3 Passiv-Seite der Bilanz

10.3.3.1 Eigenkapital

Das kommunale Eigenkapital untergliedert sich nach § 47 Abs. 5 GemHVO-Doppik in folgende Posten:

- Kapitalrücklage (Kontenart 201)
  - Allgemeine Kapitalrücklage (Bilanzposten B 1.1.1, Kontenart 201, vorgeschlagenes Konto 2011)
  - Zweckgebundene Kapitalrücklagen (Bilanzposten B 1.1.2, Kontenart 201, vorgeschlagene Konten 2012, 2018, 2019)
- Zweckgebundene Ergebnisrücklagen (Kontenart 203)
  - Rücklagen für Belastungen aus dem kommunalen Finanzausgleich (Bilanzposten B 1.2.1 vorgeschlagenes Konto 2031)
  - Sonstige zweckgebundene Ergebnisrücklagen (Bilanzposten B 1.2.2 vorgeschlagenes Konto 2032)
- Ergebnisvortrag (Bilanzposten 1.3, Kontenart 204)
- Jahresüberschuss/Jahresfehlbetrag (Bilanzposten 1.4, Kontenart 205)
- Nicht durch Eigenkapital gedeckter Fehlbetrag (Bilanzposten 1.5, Kontenart 206, vorgeschlagenes Konto 2061)

Die Differenzierung der Posten resultiert aus einer unterschiedlich definierten Eigenkapitalfunktion sowie der Jahresabschlussfunktion der Posten innerhalb der Haushaltssystematik. Ergibt sich in der Bilanz nach § 38 GemHVO-Doppik ein Überschuss der Passivposten über die Aktivposten, ist die sich ergebende Saldogröße auf der Aktivseite als „Nicht durch Eigenkapital gedeckter Fehlbetrag" gesondert auszuweisen. Der auf der Passivseite ausgewiesene gleichnamige Bilanzposten unter 1.5 dient dabei als Korrekturwert, um den unter Bilanzposten „1. Eigenkapital" ausgewiesenen Wert mit dem Wert „0" ausweisen zu können.

10.3.3.1.1 Kapitalrücklage

Allgemeine Kapitalrücklage

Der Posten „Allgemeine Kapitalrücklage" stellt eine absolute Saldogröße dar. Der Bilanzausweis resultierte erstmalig aus der Gegenüberstellung sämtlicher Aktivposten und sämtlicher Passivposten außer der allgemeinen Rücklage selbst bei der Aufstellung der Eröffnungsbilanz. Ergab sich eine positive Saldogröße, wurde diese in der Allgemeinen Kapitalrücklage abgebildet und stellte das Eigenkapital zum Stichtag der Eröffnungsbilanz dar. Ergab die Aufstellung der Eröffnungsbilanz eine negative Saldogröße, erfolgte der Ausweis auf der Aktivseite im Bilanzposten „5. Nicht durch Eigenkapital gedeckter Fehlbetrag".

Unter den in § 18 GemHVO-Doppik genannten Voraussetzungen kann die Allgemeine Rücklage zur Deckung von Aufwendungen genutzt werden:

Werden auf der Grundlage von Rechtsvorschriften Vermögensgegenstände und Schulden übertragen, sind damit verbundene Aufwendungen aus der Kapitalrücklage zu decken, entsprechende Erträge sind in der Kapitalrücklage einzustellen (§ 18 Abs. 1 GemHVO-Doppik). Anlass solcher Vermögensübertragungen können Aufgabenübertragungen sein, die in der Regel ergebniswirksame Auswirkungen haben. Beispiele solcher Anlässe sind der Wechsel der Schulträgerschaft nach § 105 Abs. 2 SchulG M-V, der Wechsel der Straßenbaulast nach § 18 StrWG M-V, Gebietsänderungen nach § 13 Abs. 4 KV M-V, Aufgabenübergänge und Auflösung von Gebietskörperschaften als Folge von Verwaltungsneuordnungsgesetzen, Änderung der Wertansätze von Rückstellungen in Folge von Dienstherrenwechsel von Beamten.[253] Die sich aus der Umsetzung der Rechtsvorschrift ergebenden laufenden Aufwendungen dürfen jedoch nicht aus der allgemeinen Kapitalrücklage gedeckt werden (VV 20.1 Satz 2 zu § 18 GemHVO-Doppik)

Weitere Entnahmen aus der Allgemeinen Kapitalrücklage ermöglicht § 18 Abs. 2 GemHVO-Doppik für folgende Fälle:

- § 18 Abs. 2 Nr. 1 GemHVO-Doppik ermöglicht es den umlagefinanzierten Körperschaften Landkreise und Ämtern, Aufwendungen aus planmäßigen Abschreibungen auf Vermögensgegenstände des Anlagevermögens aus der allgemeinen Kapitalrücklage zu entnehmen. Es muss sich dabei um Vermögensgegenstände handeln, die bis zur Umstellung auf die doppelte Buchführung aus der Kreisumlage oder der Amtsumlage finanziert wurden. Weiterhin muss dadurch ein Jahresfehlbetrag entstanden sein. Kann die Finanzierung aus der Umlage nicht oder nicht mit einem vertretbaren Aufwand nachgewiesen werden, können pauschal höchstens 25 % der planmäßigen Abschreibungen, vermindert um die planmäßigen Erträge aus der Auflösung der Sonderposten zum Anlagevermögen, auf diese Vermögensgegenstände gedeckt werden (20.2 der VV zu § 18 GemHVO-Doppik).
- § 18 Abs. 2 Nr. 2 GemHVO-Doppik ermöglicht es, Aufwendungen aus planmäßigen Abschreibungen für zukünftig nicht mehr benötigte Vermögensgegenstände des Anlagevermögens durch Entnahme aus der allgemeinen Kapitalrücklage zu decken. Dazu bedarf es eines Beschlusses der kommunalen Körperschaft, dass die Nutzung des Vermögensgegenstandes künftig entfallen soll (20.3 der VV zu § 18 GemHVO-Doppik).

253 Vgl. *Schartow*, Kommentierung zu § 18 GemHVO-Doppik, S. 3, in Fandrich/Schartow/Sewing, Gemeindehaushaltsverordnung (Doppik) Mecklenburg-Vorpommern, Loseblatt, Wiesbaden.

- § 18 Abs. 2 Nr. 3 GemHVO-Doppik ermöglicht es, Aufwendungen aus der Altfehlbetragsumlage durch Entnahme aus der allgemeinen Kapitalrücklage zu decken.
- Aufwendungen aus planmäßigen Abschreibungen auf Vermögensgegenstände des Anlagevermögens, für die Zuwendungen im Zusammenhang mit dem Breitbandausbau im ländlichen Raum gewährt worden sind, können nach § 18 Abs. 2 Nr. 4 GemHVO-Doppik ebenfalls durch Entnahmen aus der allgemeinen Kapitalrücklage gedeckt werden. Bei diesen Vermögensgegenständen des Anlagevermögens handelt es sich in der Regel um zweckgebundene Zuweisungen an Telekommunikationsunternehmen zur Deckung von Wirtschaftlichkeitslücken im Zuge des Breitbandausbaus im ländlichen Raum. In diesem Zusammenhang sind die Förderbeträge an die Telekommunikationsunternehmen als immaterielle Vermögensgegenstände auf der Aktivseite zu bilanzieren, die zweckgebundenen Zuweisungen für den Breitbandausbau im ländlichen Raum als Sonderposten. Die Entnahme aus der allgemeinen Kapitalrücklage erfolgt daher lediglich in Höhe des Saldos zwischen den Erträgen aus der Auflösung des Sonderpostens und den Abschreibungen für den immateriellen Vermögensgegenstand und somit den Abschreibungen des kommunalen Eigenanteils. Da die Landkreise neben den zweckgebundenen Zuwendungen für den Breitbandausbau im ländlichen Raum – letztendlich zu Lasten des Kommunalen Aufbaufonds – einen Kapitalzuschuss für investive Zwecke in Höhe des kommunalen Eigenanteils erhalten, der zu einer entsprechenden Erhöhung der allgemeinen Kapitalrücklage führt, findet im Ergebnis kein Eigenkapitalverzehr statt (VV 20.4 zu § 18 GemHVO-Doppik).

Diese Entnahmen dürfen nach § 18 Abs. 2 Satz 3 GemHVO-Doppik nur erfolgen, sofern sie nicht dazu führen, dass ein nicht durch Eigenkapital gedeckter Fehlbetrag auszuweisen ist. Die Ausnahme zu dieser Regelung ist eine Entnahme nach § 18 Abs. 2 Nr. 4 GemHVO-Doppik M-V (Breitbandausbau).

Mit Genehmigung der Rechtsaufsichtsbehörde kann die Gemeindevertretung nach § 18 Abs. 3 GemHVO-Doppik im Einzelfall beschließen, weitere Aufwendungen, insbesondere außerordentliche Abschreibungen, durch Entnahme aus der allgemeinen Kapitalrücklage zu decken. Der Beschluss muss spätestens mit der Feststellung des Jahresabschlusses erfolgen.

Zweckgebundene Kapitalrücklagen, Kapitalzuschüsse

§ 37 Abs. 3 GemHVO-Doppik legt fest, dass Kapitalzuschüsse in die Kapitalrücklage einzustellen sind. Kapitalzuschüsse liegen vor bei zweckgebundenen Zuwendungen für die Anschaffung oder Herstellung von Vermögensgegenständen, deren Auflösung der Zuwendungsgeber ausgeschlossen hat.

Ist ein Jahresfehlbetrag durch planmäßige Abschreibungen auf Vermögensgegenstände des Anlagevermögens entstanden, kann dieser durch Entnahme aus der allgemeinen Kapitalrücklage gedeckt werden, allerdings nur in Höhe der Beträge, die in Vorjahren oder im laufenden Haushaltsjahr aus investiv gebundenen Zuweisungen der zweckgebundenen Kapitalrücklage zugeführt worden sind. Zugegriffen werden kann nur auf Beträge, die ab dem Zeitpunkt der Einführung der Doppik zugeführt wurden.

Bei der Ermittlung der Abschreibungen sind korrespondierende Erträge aus der Auflösung von Sonderposten anzurechnen (§ 18 Abs. 4 GemHVO-Doppik).

10.3.3.1.2 Zweckgebundene Ergebnisrücklagen für Belastungen aus dem kommunalen Finanzausgleich

Übersteigt die für das Haushaltsfolgejahr aufgrund § 12 FAG ermittelte Steuerkraftmesszahl der Gemeinde den Durchschnitt der beiden Haushaltsvorjahre wesentlich, muss sie unter dem entsprechenden Bilanzposten 1.2 eine entsprechende Rücklage bilden (§ 37 Abs. 6 GemHVO-Doppik). Die verbesserte Steuerkraft verbessert einerseits die Steuererträge, andererseits führt sie mit zeitlichem Verzug zu Verschlechterungen. Im zweiten Haushaltsfolgejahr dient die höhere Steuerkraftmesszahl zur Berechnung der Schlüsselzuweisungen, die sich spürbar verringern. Gleichzeitig wird sie zur Berechnung der Kreisumlage und der Amtsumlage herangezogen, die dadurch entsprechend anziehen. Diese negativen Effekte auf die gemeindliche Finanzwirtschaft können durch die ertragswirksame Auflösung der Rücklage begrenzt werden.

10.3.3.1.3 Ergebnisvortrag

Der passive Bilanzposten 1.3 bildet sich aus den Überschüssen beziehungsweise Fehlbeträgen der Vorjahre. In der Eröffnungsbilanz ist diese Position noch nicht belegt, da keine kameralen Ergebnisse mangels Vergleichbarkeit übernommen werden. Die in den Jahren der doppischen Haushaltsführung erwirtschafteten Überschüsse und Fehlbeträge werden nach Beschluss der Jahresrechnung durch die Gemeindevertretung aus dem Bilanzposten Jahresüberschuss/Jahresfehlbetrag auf diesen Posten umgebucht und mit dem bisher vorgetragenen Ergebnis saldiert. Somit kann es auf diesem Bilanzposten zu einem Ergebnis mit negativem Vorzeichen kommen.

Die Behandlung von Fehlbeträgen und Überschüssen der Ergebnisrechnung ist seit der Änderung der GemHVO-Doppik 2016 nicht mehr explizit geregelt. Die Verwendung eines Jahresüberschusses muss zunächst die auf diesem Bilanzposten ausgewiesenen Fehlbeträge der Haushaltsvorjahre decken. Gelingt dies oder sind keine Fehlbeträge ausgewiesen, erfolgt ein Vortrag auf neue Rechnung, d. h. es wird ein positiver Betrag ausgewiesen. Umgekehrt wird ein in der Ergebnisrechnung ausgewiesener Jahresfehlbetrag zunächst aus Jahresüberschüssen der Haushaltsvorjahre abgedeckt. Bleibt es trotzdem bei einem Jahresfehlbetrag, wird dieser hier vorgetragen. In diesem Fall muss die Gemeinde nachweisen, wie sie innerhalb des Finanzplanungszeitraums den ausgewiesenen Jahresfehlbetrag durch entsprechende Jahresüberschüsse ausgleichen will.

Die Bedeutung des Ergebnisvortrages liegt auch darin, dass er zum Haushaltsausgleich nach § 16 GemHVO-Doppik herangezogen wird. Daher wird an dieser Stelle auch auf die Ausführungen im Kapitel 17 verwiesen.

10.3.3.1.4 Jahresüberschuss/Jahresfehlbetrag

Der Posten „Jahresüberschuss/Jahresfehlbetrag" ermittelt sich aus dem Abschluss der Ergebnisrechnung eines Haushaltsjahres.

Ein Jahresüberschuss stellt die positive Differenz zwischen Gesamterträgen und Gesamtaufwendungen eines Haushaltsjahres dar. Ein Jahresfehlbetrag ergibt sich dagegen aus dem Überschuss der Gesamtaufwendungen gegenüber den Gesamterträgen eines Haushaltsjahres.

Das Jahresüberschuss-/Jahresfehlbetragskonto ist im Rahmen des Jahresabschlusses die Gegenbuchungsposition zur Ergebnisrechnung, um das Gesamtergebniskonto der Ergebnisrechnung für das folgende Haushaltsjahr auf „Null" setzen zu können.

Mangels gesetzlicher Regelung wird aufgrund der eindeutigen Begriffsverwendung in den Bilanzposten des § 47 Abs. 5 Nr. 1.4 GemHVO-Doppik „Jahresüberschuss/Jahresfehlbetrag" deutlich, dass die kommunale Schlussbilanz ohne Berücksichtigung einer Verwendung des Jahresergebnisses aufzustellen ist. Nach § 60 Abs. 5 KV M-V beschließt die Gemeindevertretung über die Feststellung des geprüften Jahresabschlusses, und erst auf dieser Grundlage kann ein Überschuss entsprechend verwendet werden.

10.3.3.1.5 Nicht durch Eigenkapital gedeckter Fehlbetrag

Wie bereits dargestellt, wird ein nicht durch Eigenkapital gedeckter Fehlbetrag am Schluss der Bilanz auf der Aktivseite gesondert unter der Bezeichnung „Nicht durch Eigenkapital gedeckter Fehlbetrag" ausgewiesen. Die Position auf der Passivseite im gleichnamigen Bilanzposten 1.5 ergibt sich daraus, dass in diesem Fall die der zusammenfassende Bilanzposten unter 1. „Eigenkapital" in der Summe mit 0 € auszuweisen ist (VV 30 zu § 28 GemHVO-Doppik). Ergibt sich aus der Aufrechnung der Bilanzposten 1.1.1 bis 1.1.4 ein negativer Betrag, muss dieser durch einen entsprechenden Unterschiedsbetrag ausgeglichen werden.

10.3.3.1.6 Wertberichtigungen und Abzinsungen

Im Kontenrahmenplan sind in der Kontengruppe 21 „Wertberichtigungen und Abzinsungen" folgende Kontenarten zur Verrechnung mit anderen Bilanzposten enthalten:

- Pauschalwertberichtigungen auf Forderungen (Kontenart 211)
- Einzelwertberichtigungen auf Forderungen (Kontenart 212)
- Wertberichtigung aus Abzinsungen von Forderungen (Kontenart 213)
- Wertberichtigung aus Abzinsungen von Rückstellungen (Kontenart 214)
- Wertberichtigung aus Abzinsungen von Verbindlichkeiten (Kontenart 215)
- Wertberichtigung auf Grundstücke des Städtebaulichen Sondervermögens (Kontenart 216)

§ 47 Abs. 5 GemHVO-Doppik weist diese Konten jedoch nicht auf der Passiv-Seite der Bilanz aus (kein Bilanzausweis). In der Bilanz findet vielmehr eine Verrechnung zwischen den Forderungs- und Wertberichtigungskonten statt. Stehen z. B. Steuerforderungen von 500.000 € Einzelwertberichtigungen (Niederschlagungen) in Höhe von 200.000 € gegenüber, wird auf der Aktivseite der Bilanz die Differenz in Höhe von 300.000 € als Forderung ausgewiesen (Nettoausweis). Dieses soll der besseren Lesbarkeit der Bilanz dienen. Bei den einzelnen Wertberichtigungen werden jedoch die vorgenannten Konten bebucht.

Von großer praktischer Bedeutung sind die Wertberichtigungen auf Forderungen. Solche Wertberichtigungen sind erforderlich, wenn die Forderung nicht mehr vollständig oder überhaupt nicht realisierbar ist. Der Grundsatz der kaufmännischen Vorsicht erfordert, dass auf der Aktivseite der Bilanz die Forderungen nur in dem Umfang ausgewiesen werden, in welchem sie auch tatsächlich verwirklicht werden können. Ein Teil der kommunalen Forderungen ist jedoch trotz eingeleiteter Vollstreckungsmaßnahmen nicht realisierbar. Die Gründe dafür liegen in der Art der Forderung, meist jedoch in den persönlichen wirtschaftlichen Verhältnissen desjenigen, der Schuldner der Forderung ist. Kann die Leistung der Verwaltung von der direkten Begleichung der Forderung abhängig gemacht werden, werden Forderungsausfälle praktisch kaum auftreten. Umgekehrt sind Forderungen, die bereits auf der Grundlage wirtschaftlicher Schwierigkeiten eines Bürgers entstanden sind, erheblich schwieriger zu realisieren.

Beispiel:
Der Halter eines Kraftfahrzeugs ist wirtschaftlich nicht in der Lage, die Haftpflichtversicherung und die Kraftfahrzeugsteuer für sein Fahrzeug zu bezahlen. Dies führt dazu, dass die zuständige Zulassungsbehörde das Kraftfahrzeug durch entsprechende gebührenpflichtige Bescheide und Vollzugsmaßnahmen versucht, das Kraftfahrzeug stillzulegen. Da sich die wirtschaftliche Situation des Fahrzeughalters häufig nicht verändert hat, laufen entsprechende Maßnahmen zur Realisierung der Forderung ebenfalls ins Leere.

Im Ergebnis führt dies dazu, dass die auf der Aktivseite der Bilanz als Vermögen dargestellten Forderungen korrigiert werden müssen. Wertberichtigungen haben die Funktion, diese Korrektur abzubilden. Dazu werden auf der Passivseite der Bilanz entsprechende Bestandskonten eingerichtet, deren Bestände durch Aufwandsbuchungen (Konto 5655) erhöht werden. Wertberichtigungen werden in der Ergebnisrechnung als Aufwand gebucht und verschlechtern dadurch das Jahresergebnis. Im Jahresabschluss dienen diese passivischen Bestandskonten dazu, im Rahmen einer Saldierung die entsprechenden aktiven Bestandskonten zu korrigieren. Aus diesem Grunde ist auch kein Bilanzposten auf der Passivseite der Bilanz erforderlich.

Das Schaubild erläutert den Zusammenhang zwischen der Wertberichtigung, die im Jahresabschluss nicht als Passivposten erscheint, und der dadurch erforderlichen Minderung des Forderungsbestandes auf der Aktivseite der Bilanz. Die Wertberichtigung stellt Aufwand dar, der damit das Eigenkapital vermindert.

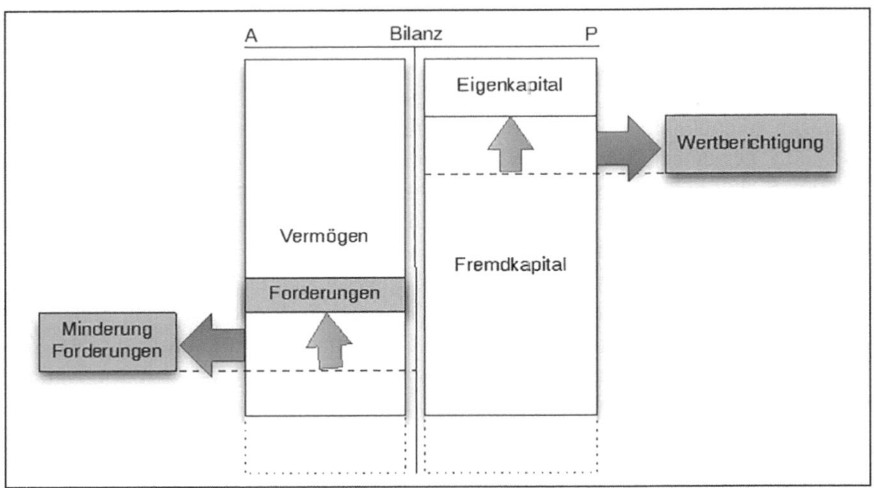

Solche Wertberichtigungen werden konkret für die einzelne Forderung als Einzelwertberichtigung sowie als Pauschalwertberichtigungen für eine Vielzahl von Forderungen vorgenommen.

Einzelwertberichtigungen werden überwiegend auf der Grundlage konkreter Informationen gebucht, z. B. Insolvenzverfahren, Abgabe eidesstattlicher Versicherungen über die Einkommens- und Vermögensverhältnisse, Ergebnisse von Vollstreckungsversuchen. Es besteht ein sehr enger sachlicher Zusammenhang zu den Voraussetzungen von Niederschlagungen (siehe Kapitel 19). Bestehen diese, liegt eine vollständige Wertberichtigung der Forderung nahe. Grundsätzlich erfolgt die Wertberichtigung bis zur Höhe der vermuteten Einbringlichkeit. Ist die Realisierung eines Teiles der Forderung wahrscheinlich, erfolgt die Wertberichtigung nur zu dem Teil, der voraussichtlich nicht realisierbar ist. Dem Vorsichtsprinzip entsprechend sollte die Wertberichtigung in der Höhe eher die höchstmögliche Ausfallwahrscheinlichkeit berücksichtigen.

Pauschalwertberichtigungen berücksichtigen das allgemeine Forderungsrisiko. Bei der Ermittlung der Pauschalwertberichtigungen ist zu berücksichtigen, dass sie im Verhältnis zu den Einzelwertberichtigungen ermittelt werden.

Beispiel:
Es ist aus den vergangenen Haushaltsjahren bekannt, dass durchschnittlich 10 % der Gewerbesteuerforderungen einer Gemeinde nicht realisiert werden können. Eine pauschale Wertberichtigung kann jedoch nicht in Höhe dieser 10 % erfolgen, denn die Annahme des allgemeinen Forderungsrisikos wird durch Einzelwertberichtigungen nachträglich konkretisiert. Würden im Haushaltsjahr neben einer Pauschalwertberichtigung in Höhe von 10 % Einzelwertberichtigungen durchgeführt, würden diese zu zusätzlichen Aufwendungen führen.

Sind Forderungen zum Bilanzstichtag für einen Zeitraum von mehr als 36 Monaten unverzinslich gestundet, sollten bei größeren Beträgen Einzelwertberichtigungen vorgenommen werden, die sich aus dem Barwert zum Bilanzstichtag ergeben. Bei der Ermittlung des Barwertes wurde im Rahmen des Gemeinschaftsprojektes zur Umsetzung des NKHR M-V ein Zinssatz von 5,5 % zugrunde gelegt. Nach Ansicht der Autoren ist diese Regelung lediglich für große Forderungsbeträge durch den Wesentlichkeitsgrundsatz gerechtfertigt, da die Ermittlung des Barwertes für eine Vielzahl kleinerer Forderungen einen hohen Berechnungsaufwand erfordert, ohne für die Bilanz von Bedeutung zu sein (siehe auch Kapitel 19). Diese sind auch nicht bei den Einzelwertberichtigungen in Kontenart 212 zu buchen, sondern in der Kontenart 213 „Wertberichtigung aus Abzinsung von Forderungen“.

Eine Wertberichtigung auf Grundstücke des Städtebaulichen Sondervermögens ist erforderlich, wenn nach Umstellung auf die doppelte Buchführung kommunale Grundstücke in das Städtebauliche Sondervermögen eingebracht werden und der nach dem aktuellen Verkehrswert ermittelte Einbringungswert niedriger ist als der Buchwert. Die entsprechenden Buchungen erfolgen nicht in der Bilanz des Kernhaushaltes, sondern in der Bilanz des Sondervermögens.[254]

10.3.3.1.7 Verkehrswertrücklage

Auch für die Verkehrswertrücklage (Kontenart 221) ist keine Bilanzposition vorgesehen. Eine Verkehrswertrücklage auf Grundstücke des Städtebaulichen Sondervermögens entsteht, wenn nach Umstellung auf die doppelte Buchführung kommunale Grundstücke in das Städtebauliche Sondervermögen eingebracht werden und der nach dem aktuellen Verkehrswert ermittelte Einbringungswert höher ist als der Buchwert. Auch hier erfolgen die entsprechenden Buchungen nicht in der Bilanz des Kernhaushaltes, sondern in der Bilanz des Sondervermögens (siehe 10.3.3.1.5).

10.3.3.1.8 Sonderposten

Die kommunale Bilanz unterscheidet gem. § 47 Abs. 5 Nr. 2 GemHVO-Doppik sechs Sonderposten. Dies sind:

- Sonderposten zum Anlagevermögen (Bilanzposition 2.1), gegliedert in
  - Sonderposten aus Zuwendungen (2.1.1)
  - Sonderposten aus Beiträgen (2.1.2)
  - Sonderposten aus Anzahlungen für Anlagevermögen (2.1.3)
- Sonderposten für den Gebührenausgleich (2.2)
- Sonderposten mit Rücklagenanteil (2.3)
- Sonstige Sonderposten (2.4)

Das NKHR beschränkt die Bildung von Sonderposten nicht auf abnutzbare Vermögensgegenstände. Erfolgt die Zuwendung zur Anschaffung oder Herstellung eines

254 Siehe Fallbeispiele zum Städtebauliches Sondervermögen, Anlage 8 zum Leitfaden Städtebauliches Sondervermögen.

nicht abnutzbaren Vermögensgegenstandes des Anlagevermögens (z. B. Grundstücke oder Kunstgegenstände), unterbleibt die Bildung eines Sonderpostens lediglich dann, wenn der Zuwendungsgeber die ertragswirksame Auflösung ausgeschlossen hat. Es handelt sich dann um Kapitalzuschüsse, die nach § 37 Abs. 2 GemHVO-Doppik in die Kapitalrücklage einzustellen sind.

Die Regelung in § 37 Abs. 2 Satz 1 GemHVO-Doppik gilt für Vermögensgegenstände des Anlagevermögens und des Umlaufvermögens. Allerdings hat der Verordnungsgeber die Bezeichnung der Bilanzposten nicht angepasst. Der Bilanzposten 2.1 auf der Passivseite wird weiterhin als „Sonderposten zum Anlagevermögen“ bezeichnet. Der Kontenrahmenplan ergänzt in der Unterschrift zur Kontenart 231 Sonderposten aus Zuwendungen „für Investitionen“. Somit erscheint es sachgerecht, auch Zuwendungen für Vermögensgegenstände des Umlaufvermögens dem Bilanzposten 2.1.1 „Sonderposten aus Zuwendungen“ zuzuordnen. Eine Zuordnung zum Bilanzposten 2.4 „Sonstige Sonderposten“ halten die Autoren nicht für sachgerecht.

10.3.3.1.8.1 Funktion und inhaltliche Grundlagen

Der Vermögensfinanzierung durch Investitionszuwendungen[255] kommt eine besondere Bedeutung zu. Die investitionsbezogenen Zuwendungen für die Anschaffung oder Herstellung eines Vermögensgegenstandes stellen auch ein Steuerungsinstrument des Zuwendungsgebers dar. Durch die Gewährung von Investitionszuwendungen kann die Aufsichtsbehörde –orientiert an der Leistungsfähigkeit der Kommunen und mit Blick auf volkswirtschaftliche Erfordernisse – kommunale Investitionstätigkeit steuern. Teilweise wurde dieses Steuerungsinstrument in einigen Bereichen durch Gewährung pauschalierter Zuwendungen auch aus Gründen einer Verteilungsgerechtigkeit in die Hände der Kommunen gegeben. Sowohl die investitionsbezogenen Zuwendungen für die Anschaffung oder Herstellung eines konkreten Vermögensgegenstandes als auch die pauschalierten Zuwendungen sind im Rechnungswesen abzubilden.

Den Sonderposten kommt auf der Finanzierungsseite der Bilanz die Funktion zu, erhaltene investitionsbezogene Zuwendungen und erhobene Beiträge und ähnliche Entgelte für durchgeführte Investitionsmaßnahmen bilanziell abzubilden. Des Weiteren wird durch den Sonderposten zum „Gebührenausgleich“ die Überdeckung von Kosten aus dem Bereich kostenrechnender Einrichtungen abgebildet.

Der Finanzierungscharakter dieser Sachverhalte stellt eine Mischform aus Eigen- und Fremdfinanzierung dar. Die Zweckbestimmung der Zuwendung und des Beitrags sowie die Entstehung einer Überdeckung lassen eine Abbildung im Basisreinvermögen nicht zu, da hierdurch zwar der Kommune Finanzierungsmittel zufließen, diese aber eine Verpflichtung für spätere Haushaltsjahre beinhaltet.

Das kaufmännische Rechnungswesen sieht neben diesem passivischen Ausweis von Zuwendungen als Alternative eine aktivische Minderung vor. Dies bedeutet, dass

255 „Zuwendungen“ ist der Oberbegriff von Zuweisungen und Zuschüssen. Zuweisungen sind zwischen öffentlichen Aufgabenträgern übertragene Finanzmittel. Zuschüsse sind zwischen dem öffentlichen Bereich und dem unternehmerischen oder übrigen Bereich übertragene Finanzmittel.

die Zuwendung die Anschaffungs- oder Herstellungswerte auf der Aktivseite reduziert. Hierdurch verringert sich die Wertbasis, von der die Abschreibungen vorgenommen werden. Das kaufmännische Wahlrecht einer aktivischen Minderung der Anschaffungs- oder Herstellungswerte durch Zuwendungen ist nach § 47 Abs. 1 Satz 2 GemHVO-Doppik nicht zulässig, da kein „saldierter" Ressourcenverbrauch dargestellt werden soll, sondern der vollständige Ressourcenverbrauch aus Abschreibungen dem Ressourcenaufkommen aus Erträgen aus der Auflösung von Sonderposten in der Ergebnisrechnung gegenübergestellt werden soll.

Überlegungen, die Bindungswirkung der investiven Zuwendungen (z. B. Annahme einer Zuwendung mit der Verpflichtung, 20 Jahre lang eine hiermit finanzierte Kindertageseinrichtung vorzuhalten, doch die Nutzungsdauer des Gebäudes beträgt 50 Jahre) und nicht die geplante Nutzungsdauer als kommunale Besonderheit zugrunde zu legen, würden eine kommunalspezifische Regelung mit einer Durchbrechung der kaufmännischen Verfahrensweise darstellen. Eine solche Besonderheit sieht das Gesetz, anders als beim Wegfall des Wahlrechts der aktivischen Minderung, aufgrund der eindeutigen Regelung des § 37 Abs. 2 Satz 2 GemHVO-Doppik jedoch nicht vor. Inhaltlich liegt der Hauptgrund auch in der Zielsetzung, den Ressourcenverbrauch und das Ressourcenaufkommen abbilden zu wollen. Auch wenn die Bindungswirkung einer Zuwendung nicht mehr besteht, basiert die (teilweise) Finanzierung und das damit untrennbar verbundene spätere Ressourcenaufkommen auf der ertragswirksamen Auflösung der Zuwendung auf der Grundlage der geplanten Nutzungsdauer für den angeschafften oder hergestellten Vermögensgegenstand. Die investive Zuwendung teilt hinsichtlich der Abschreibungsdeterminanten (Nutzungsdauer und Abschreibungsverfahren) das „Schicksal" des zugehörigen Vermögensgegenstandes.

Zur Verdeutlichung der Verfahrensweisen der aktivischen Minderung und der passivischen Darstellung sowie deren gleicher Ergebniswirkung nachfolgende Übersicht:

	Aktivische Minderung (im NKHR nicht zulässig)	**Passivische Darstellung (Zulässige Verfahrensweise des NKHR)**
Anschaffungs- oder Herstellungswerte	100	100
Zuwendungshöhe	60	60
Bilanzausweis Aktivseite	40 (100–60)	100
Bilanzausweis Passivseite	entfällt	60
Abschreibung linear über 10 Jahre je Jahr	4 Soll des Ergebnisses	10 Soll des Ergebnisses
Ertrag aus der Auflösung linear über 10 Jahre	entfällt	6 Haben des Ergebnisses
Ergebnis/ Ergebnissaldo	**4 Soll des Ergebnisses**	**4 Soll des Ergebnisses**

Berücksichtigt die Gemeinde unterschiedliche Zuwendungsgeber in ihren Ertragskonten, müssen die Bilanzkonten gleichfalls diese Unterscheidung ausweisen, um eine eindeutige Ertragszuordnung sicherzustellen.

Hierbei ist weiterhin zu berücksichtigen, dass ein Vermögensgegenstand gleichzeitig von unterschiedlichen Zuwendungsgebern anteilig finanziert worden sein kann. Demnach muss die Anlagenbuchhaltung so aufgebaut sein, dass sie die Zuwendungsfinanzierung durch unterschiedliche Zuwendungsgeber dokumentiert.

10.3.3.1.8.2 Zuwendungen für nicht abnutzbare Vermögensgegenstände

Erhält die Kommune für nicht abnutzbare Vermögensgegenstände, z. B. für den Ankauf eines unbebauten Grundstücks, von Dritten eine Zuwendung, so hängt die Zuordnung in der Bilanz davon ab, ob es sich bei der Zuwendung um einen Ertragszuschuss oder um einen Kapitalzuschuss handelt. Der Wille des Zuwendungsgebers ergibt sich aus dem Zuwendungsbescheid. Kapitalzuschüsse sind nach § 37 Abs. 3 GemHVO-Doppik in die Kapitalrücklage einzustellen, Ertragszuschüsse führen dagegen nach § 37 Abs. 2 Satz 1 GemHVO-Doppik zur Bildung von Sonderposten, deren ertragswirksame Auflösung unterbleibt. Eine Auflösung ist in diesen Fällen erst möglich, wenn der geförderte Vermögensgegenstand veräußert oder verschenkt wird bzw. anderweitig abhandenkommt. Denkbar wäre eine Auflösung aber auch, wenn der Wert des Vermögensstandes sinkt (z. B. nachhaltige Wertminderung eines Grundstücks durch äußere Einflüsse wie Altlasten). In diesen Fällen erfolgt eine anteilige Auflösung des Sonderpostens.

10.3.3.1.8.3 Pauschale Zuwendungen für Investitionen

Im Rahmen des Finanzausgleiches erhalten die Gemeinden und Landkreise pauschale Zuweisungen für investive Zwecke nach § 11 Abs. 3 FAG M-V als Kapitalzuschüsse. Somit erfolgt hier keine Bildung von Sonderposten.

10.3.3.1.8.4 Ansatz von zweckgebundenen investitionsbezogenen Zuwendungen

Zur Erfüllung der Verwendungsvorgabe ist in der Regel die Anschaffung oder Herstellung erforderlich. Solange hierbei der Anschaffungs- oder Herstellungsvorgang nicht abgeschlossen ist, stellen die zugeflossenen Finanzierungsmittel im Rahmen des Realisationsprinzips zwar noch eine Verbindlichkeit dar, aber da davon auszugehen ist, dass Kommunen nur Zuwendungen annehmen, wenn sie auch gewillt sind, den Verwendungszweck zu erfüllen, werden diese Einzahlungen nach § 37 Abs. 5 GemHVO-Doppik bereits bei „Erhaltene Anzahlungen auf Sonderposten“ eingebucht. Erst mit Aktivierung des Vermögensgegenstandes erfolgt die Einstellung in den entsprechenden Sonderposten.

Sollte allerdings die Kommune den Verwendungszweck nicht erfüllen, besteht i. d. R. eine Rückzahlungsverpflichtung. Rückzahlbare Zuwendungen sind nicht als Sonderposten, sondern bilanztechnisch als Darlehen zu behandeln. Sie sind daher als sonstige Verbindlichkeit auf der Passivseite der Bilanz auszuweisen.

Die Nutzungsdauer des mit der Zuwendung angeschafften oder hergestellten Vermögensgegenstands bestimmt nach § 37 Abs. 2 Satz 2 GemHVO-Doppik die ertragswirksame Auflösung des Sonderpostens.

Der Ansatz und Ausweis bei der Bilanzierung von investitionsbezogenen Zuwendungen wird nach der Zuwendungszusage des Zuwendungsgebers durch den Liquiditätszufluss und die Verwendungsvorgabe bestimmt. Ist trotz Zuwendungszusage durch den Zuwendungsgeber weder die Verwendungsvorgabe erfüllt noch der Zufluss an Liquidität erfolgt, ist hinsichtlich der Bilanzierung noch nichts zu veranlassen.

Fließt der Kommune die Liquidität zu, hat sie aber die Verwendungsvorgabe noch nicht erfüllt, so muss sie die zugeflossene Liquidität auf der Passivseite als „Sonderposten aus Anzahlungen" so lange ausweisen bis die Verwendungsvorgabe erfüllt ist. Mit der Aktivierung des zugehörigen Vermögensgegenstandes erfolgt die Umbuchung in den entsprechenden Sonderposten.

Buchungen:

Bankguthaben	an	Sonderposten aus Anzahlungen
Sonderposten aus Anzahlungen	an	Sonderposten „X"

Hat der Zuwendungsgeber noch nicht den Liquiditätszufluss veranlasst, obwohl die Kommune die Verwendungsvorgabe aus der Zuwendungszusage durch Aktivierung des Vermögensgegenstandes erfüllt, so ergibt sich für die Kommune eine Forderung aus Transferleistungen gegenüber dem Zuwendungsgeber unter gleichzeitiger Einbuchung des Sonderpostens. Die Abschreibungen und die ertragswirksame Auflösung des Sonderpostens erfolgen anhand der Abschreibungsplanung des geförderten Vermögensgegenstandes. Überweist der Zuwendungsgeber den Zuwendungsbetrag, erlischt die Forderung aus Transferleistungen.

Buchungen:

Forderungen aus Transferleistungen	an	Sonderposten „X"
Bankguthaben	an	Forderungen aus Transferleistungen

Hierzu die denkbaren Sachverhaltskonstellationen im Überblick:

Verwendungsvorgabe erfüllt	Liquiditätszufluss	Ausweis der Zuwendung in der Bilanz
nein	nein	kein Ausweis in der Bilanz
nein	ja	Bankguthaben und Erhaltene Anzahlung auf Sonderposten
ja	nein	Forderungen aus Transferleistungen und Sonderposten
ja	ja	Bankguthaben und Sonderposten

10.3.3.1.8.5 Ansatz von Beiträgen

Beiträge z. B. nach KAG M-V bzw. BauGB sind Geldleistungen, die als Ersatz des Aufwandes der Kommunen für die Herstellung, Anschaffung und Erweiterung öffentlicher Einrichtungen und Anlagen erhoben werden. Für Beiträge gilt grundsätzlich das gleiche Ansatzverfahren wie bei den investitionsbezogenen Zuwendungen, sie sind jedoch in einem eigenen Bilanzposten auszuweisen.

Auch in diesem Fall beginnt die ertragswirksame Auflösung des Sonderpostens mit Beginn der Abschreibung des über die Beiträge finanzierten Vermögensgegenstandes des Anlagevermögens oder über die Dauer des eingeräumten Nutzungsrechtes (§ 37 Abs. 4 Satz 2 GemHVO-Doppik).

10.3.3.1.8.6 Sonderposten mit Rücklagenanteil

Diese sind für Betriebe gewerblicher Art im Kernhaushalt vorgesehen und basieren auf besonderen Regelungen des Steuerrechts.

10.3.3.1.8.7 Sonderposten für den Gebührenausgleich

Jahresüberschüsse der kostenrechnenden Einrichtungen am Ende des Kalkulationszeitraums, die nach § 6 Abs. 2d KAG M-V in den drei folgenden Jahren ausgeglichen werden müssen, sind als Sonderposten für den Gebührenausgleich anzusetzen. Diese entstehen nach § 6 Abs. 2d KAG M-V dadurch, dass auf der Grundlage des Kostendeckungsprinzips Kostenüberdeckungen für Benutzungsgebühren am Ende des Kalkulationszeitraums ermittelt wurden.

Kostenüberdeckungen stellen eine Verpflichtung gegenüber der Gemeinschaft der Gebührenzahler dar. In der Regel wird dies seitens der Kommune gegenüber der Gemeinschaft der Gebührenzahler erfolgen, indem in einer Kalkulation der drei Folgejahre diese Überdeckung gebührenmindernd berücksichtigt wird.

Bis diese verminderte Gebührenveranschlagung erfolgt, wird in der kommunalen Bilanz gemäß § 39 Abs. 1 GemHVO-Doppik ein Sonderposten für Gebührenausgleich gebildet. Hierzu erfolgt im Rahmen des Jahresabschlusses eine Aufwandsbuchung für die Einstellung in den Sonderposten mit der Gegenbuchungsposition „Sonderposten für Gebührenausgleich".

Basierend auf der Zielsetzung der Abbildung des Ressourcenverbrauchs und des Ressourcenaufkommens folgt der Haushalt der Gebührenkalkulation. Erst wenn in dieser die gebührenmindernde Berücksichtigung der Kostenüberdeckung einbezogen wird, ist die Auflösung des Sonderpostens im Haushalt zu planen. In der Teilergebnisplanung ist dieser Sachverhalt im Rahmen der Erläuterung des Saldos zwischen Haushaltsansatz und Gebührenkalkulation sowie im Jahresabschluss des entsprechenden Haushaltsjahres zwischen dem Haushaltsergebnis und dem Ergebnis auf der Grundlage der Gebührenkalkulation zu erläutern.

Beispiel:
Mit Jahresabschluss 2021 wird eine Kostenüberdeckung von 200.000 € im Straßenreinigungsbereich ermittelt. Es erfolgt im Rahmen des Jahresabschlusses eine Aufwandsbuchung für die Einstellung in Sonderposten mit der Gegenbuchungsposition „Sonderposten für Gebührenausgleich Straßenreinigung". Mit der Gebührenkalkulation für das Haushaltsjahr 2022 wird die Kostenüberdeckung in die Kalkulation kosten- bzw. gebührenmindernd einbezogen. Der Haushalt folgt der Gebührenkalkulation, so dass für den Haushalt 2022 eine Ausbuchung des in 2021 gebildeten Sonderpostens mit der Gegenbuchungsposition „Erträge aus der Auflösung von Sonderposten für Gebührenausgleich Straßenreinigung" vorzusehen ist.

Entstehen Kostenunterdeckungen für Benutzungsgebühren am Ende des Kalkulationszeitraums, sollen diese nach § 6 KAG M-V in den drei folgenden Jahren ausgeglichen werden. Kostenunterdeckungen, die noch ausgeglichen werden sollen, können gemäß § 39 Abs. 2 GemHVO-Doppik entgegen den Kostenüberdeckungen lediglich im Anhang der Bilanz erläutert werden. Aufgrund des Vorsichtsprinzips erfolgt mangels Realisation einer Forderung keine bilanzielle Abbildung (z. B. als Forderung gegenüber dem Gebührenbereich Straßenreinigung).

Hier folgt der Haushalt der Gebührenkalkulation hinsichtlich der Berücksichtigung der Kostenunterdeckung im Haushalt nur in der Form, dass die in der Gebührenkalkulation ermittelten Gebührenerträge (einschließlich der einbezogenen gebührenerhöhenden Unterdeckung) vollständig veranschlagt werden. Entgegen der Kostenüberdeckung mittels Sonderposten wird bei einer Kostenunterdeckung diese nur im Rahmen der Gebührenkalkulation nachgehalten.

Allerdings sollte in der Teilergebnisplanung dieser Sachverhalt im Rahmen der Erläuterung des Saldos zwischen Haushaltsansatz und Gebührenkalkulation sowie im Jahresabschluss zwischen dem Ergebnis des Teilhaushalts und dem Ergebnis auf der Grundlage der Gebührenkalkulation erläutert werden.

10.3.3.1.8.8 Sonstige Sonderposten

Dieser Bilanzposten ist ein Sammelposten für weitere Sachverhalte die eine Sonderpostenbildung erforderlich machen. Hierzu zählen Kostenerstattung für Ausgleichsmaßnahmen sowie Anzahlungen und Zuwendungen für das städtebauliche Sondervermögen.

10.3.3.1.9 Übungen

Sachverhalt Nr. 12:
In der Gemeinde G wird eine Dienstanweisung für die Vermögensbewirtschaftung erstellt. Hierin wird vorgesehen, dass zur Erleichterung der Anlagenbuchhaltung die erhaltenen Zuwendungen bei Aktivierung der zugeordneten Vermögensgegenstände den Vermögenswert mit dem vollen Betrag der erhaltenen Zuwendung gemindert werden

sollen, da diese Vorgehensweise keinerlei Auswirkungen auf das Jahresergebnis in der Ergebnisrechnung hat.

Aufgabe:
Beurteilen Sie diese Regelung.

Lösung:
Die Regelung ist unzulässig, da das Wahlrecht des kaufmännischen Rechnungswesens einer aktivischen Minderung der Anschaffungs- oder Herstellungswerte durch Zuwendungen nach § 47 Abs. 1 GemHVO-Doppik nicht zulässig ist. Das Haushaltsrecht hat das Ziel, den vollständigen Ressourcenverbrauch und auch das zugehörige Ressourcenaufkommen unsaldiert abzubilden. Hierbei soll neben der Vermögensverwendung auch die Vermögensfinanzierung anhand der Zuwendungsgeber dargestellt werden.

Sachverhalt Nr. 13:
Die Stadt S regelt in der Dienstanweisung Rechnungswesen die ertragswirksame Auflösung von investiven Zuwendungen in der Form, dass der Zeitrahmen der Zweckbindung der investiven Zuwendung die ertragswirksame Auflösung des aus investiven Zuwendungen angesetzten Sonderpostens bestimmt.

Aufgabe:
Wie ist diese Regelung zu beurteilen?

Lösung:
§ 37 Abs. 2 Satz 2 GemHVO-Doppik legt fest, dass die ertragswirksame Auflösung der Sonderposten, die aufgrund erhaltener zweckgebundener Zuwendungen für die Anschaffung oder Herstellung von Vermögensgegenständen des Anlagevermögens gemäß § 37 Abs. 1 GemHVO-Doppik zu bilden sind, entsprechend der Abschreibung des damit finanzierten Vermögensgegenstandes zu erfolgen hat. Die in der Dienstanweisung vorgenommene Regelung verstößt daher gegen diese Regelung.

Sachverhalt Nr. 14:
Der Kämmereisachbearbeiter K erhält die Jahresrechnungen (Vergleich Gebührenkalkulation zu Gebührenaufkommen) seiner zwei kostenrechnenden Einrichtungen. Hierbei ergibt sich einmal eine Unterdeckung i. H. v. 30.000 € sowie eine Überdeckung von 40.000 €. Nach seiner Meinung sind im Sonderposten für Gebührenausgleich in der kommunalen Jahresabschluss-Bilanz somit 10.000 € auszuweisen.

Aufgabe:
Beurteilen Sie diese Auffassung des Kämmereisachbearbeiters.

Lösung:
Bei Kostenunterdeckungen erfolgt anhand des Vorsichtsprinzips mangels Realisation einer Forderung nach § 39 Abs. 2 GemHVO-Doppik keine bilanzielle Abbildung. Eine

Saldierung ist unzulässig. Somit ist für den Ausweis im Sonderposten für den Gebührenausgleich nur die Kostenüberdeckung maßgeblich, so dass in der Jahresabschlussbilanz gemäß § 39 Abs. 1 GemHVO-Doppik für den Sonderposten 40.000 € auszuweisen sind. Die Unterdeckung ist nach § 39 Abs. 2 GemHVO-Doppik im Anhang zur Bilanz zu erläutern, wenn sie ausgeglichen werden soll.

10.3.3.2 Rückstellungen

Die Rückstellungen und Verbindlichkeiten bilden in der kommunalen Bilanz das eingesetzte Fremdkapital ab.

Die Rückstellungen gehören daher zu den Fremdkapitalposten. Die Rückstellungen sind etwas versteckt in § 35 Abs. 1 Satz 1 Nr. 9 GemHVO-Doppik beschrieben als „Verpflichtungen gegenüber Dritten oder aufgrund von Rechtsvorschriften, die vor dem Bilanzstichtag wirtschaftlich begründet wurden und dem Grunde oder der Höhe nach noch nicht genau bekannt sind". Es handelt sich also um Verpflichtungen, die dem Grunde nach zu erwarten sind, deren Höhe oder Fälligkeit aber noch ungewiss ist. Es müssen mehr Gründe für das Entstehen der Verpflichtung sprechen als dagegen. Durch die Rückstellungsbildung sollen später zu leistende Auszahlungen aufwandsmäßig den Haushaltsjahren ihrer Verursachung zugerechnet werden. Die Rückstellungseinbuchung erfolgt grundsätzlich nach folgendem Buchungssatz:

Aufwandskonto (Unterscheidung nach Aufwandsarten)	an	Rückstellungskonto (Unterscheidung nach Rückstellungsarten)

Die Gliederungsvorschriften zur kommunalen Bilanz in § 47 Abs. 5 GemHVO-Doppik sehen die folgenden drei Bilanzposten vor:

- Pensionsrückstellungen und ähnliche Verpflichtungen (Bilanzposition 3.1)
- Steuerrückstellungen (Bilanzposition 3.2)
- Sonstige Rückstellungen (Bilanzposition 3.3)

Der § 35 GemHVO-Doppik regelt abschließend die Sachverhalte, für die eine Bildung von Rückstellungen vorgeschrieben ist. Er greift inhaltlich die Bilanzstruktur der einzelnen Rückstellungsposten auf und stellt die relevanten Inhalte zu diesen Posten dar:

- Pensionsverpflichtungen aufgrund von beamtenrechtlichen oder vertraglichen Ansprüchen,
- Beihilfeverpflichtungen gegenüber Versorgungsempfängern sowie Beamten und Arbeitnehmern für die Zeit nach dem Ausscheiden aus dem aktiven Dienst beziehungsweise Arbeitsverhältnis,

256 Einzelheiten zum Themenbereich Fremdfinanzierung des Haushalts werden in Kapitel 16 dargestellt.

- Entgeltzahlungen für Zeiten der Freistellung von der Arbeit im Rahmen der Altersteilzeitarbeit und ähnlichen Maßnahmen,
- im Haushaltsjahr unterlassene Aufwendungen für Instandhaltung, wenn die Nachholung der Instandhaltung innerhalb der nächsten drei Haushaltsjahre hinreichend konkret beabsichtigt ist,
- Rekultivierung und Nachsorge von Abfalldeponien,
- Sanierung von Altlasten,
- Verbindlichkeiten aufgrund von Steuerschuldverhältnissen,
- drohende Verpflichtungen aus anhängigen Gerichtsverfahren,
- sonstige Verpflichtungen gegenüber Dritten oder aufgrund von Rechtsvorschriften.

§ 35 Abs. 1 Satz 2 GemHVO-Doppik legt fest, dass für andere Zwecke Rückstellungen nicht gebildet werden dürfen. Jedoch fallen unter die sonstigen Verpflichtungen nach § 35 Abs. 1 Satz 1 Nr. 9 GemHVO-Doppik zunächst auch Rückstellungen für nicht in Anspruch genommene Urlaubstage und für geleistete Überstunden.

Inhaltlich zu unterscheiden sind Rückstellungen mit Schuldcharakter (Verbindlichkeitsrückstellungen), bei denen Rückstellungen für dem Grunde oder der Höhe nach ungewisse Verpflichtungen aufgrund bestehender Rechtsbeziehungen zu Dritten zu bilden sind, und Rückstellungen mit einer Aufwandsverpflichtung gegen sich selbst, bei denen Aufwendungen dem abgelaufenen Haushaltsjahr oder vergangenen Haushaltsjahren zuzuordnen sind.

Zur Verdeutlichung der begrifflichen Abgrenzung zwischen Verbindlichkeiten, Schulden und Rückstellungen werden in der nachfolgenden Darstellung die zugehörigen inhaltlichen Komponenten dargestellt, wobei die Verbindlichkeitsrückstellungen quasi als begriffliche Schnittmenge sowohl den Schulden als auch den Rückstellungen zuzuordnen sind.

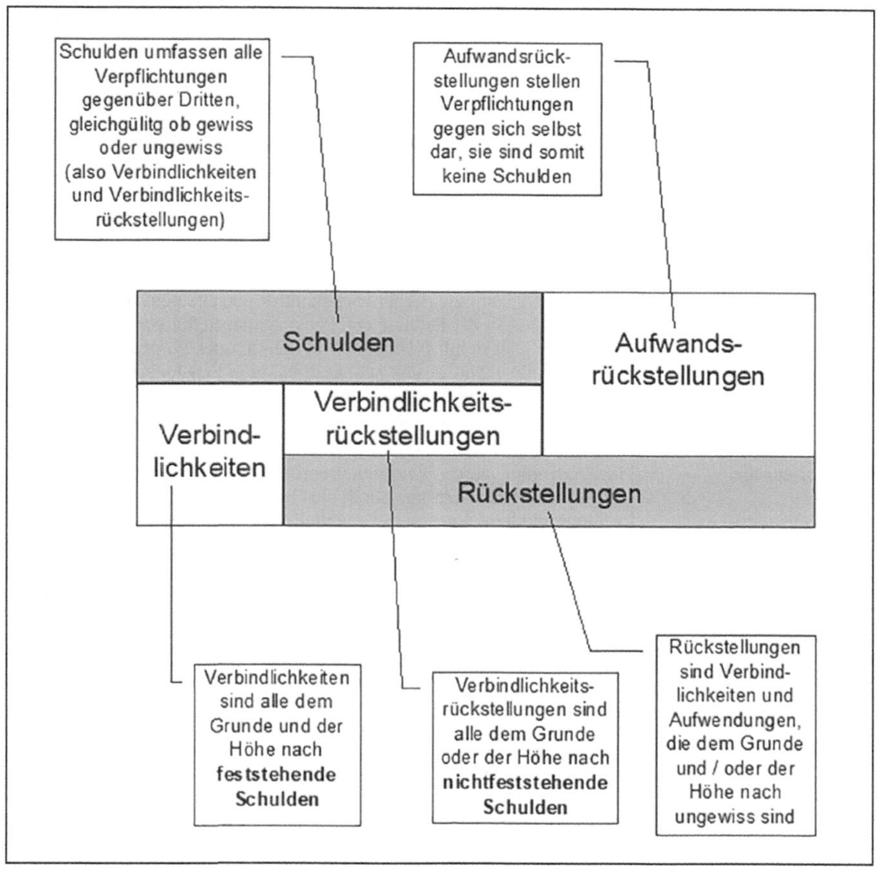

Die Verpflichtung zur Rückstellungsbildung umfasst im kommunalen Haushaltsrecht sämtliche Verbindlichkeitsrückstellungen. Im Bereich der Aufwandsrückstellungen sind unter bestimmten Voraussetzungen lediglich Rückstellungen für unterlassene Instandhaltung von Sachanlagen zu bilden.

10.3.3.2.1 Pensionsrückstellungen

Alle Pensionsverpflichtungen nach den beamtenrechtlichen Bestimmungen sind nach § 35 Abs. 4 GemHVO-Doppik mit ihrem im Teilwertverfahren zu ermittelnden Barwert als Rückstellung anzusetzen. Dies bedeutet, dass alle entstandenen Verpflichtungen gegenüber aktiv Beschäftigten, allen Pensionären und allen Hinterbliebenen in der Bilanz darzustellen sind. Dazu gehören auch andere fortgeltende Ansprüche von Personen nach dem Ausscheiden aus dem aktiven Dienst (z. B. Beihilfeleistungen, siehe 10.3.3.3.2).

§ 35 Abs. 4 GemHVO-Doppik legt bei der Ermittlung der Verpflichtungen einen Rechnungszinsfuß zugrunde, der nach den Vorschriften des Einkommensteuergesetzes für die Bemessung der Pensionsrückstellungen maßgebend ist.[257]

Das Teilwertverfahren bildet die Verpflichtungsentwicklung hinsichtlich der Pensionsrückstellungen der Gemeinde gegenüber den Beamten idealtypisch ab. Hierbei sind folgende Entwicklungsabschnitte zu berücksichtigen:

Zeitliche Abschnitte bei Pensionsrückstellungen	**Was hat die Gemeinde zu tun?**
Diensteintritt	Der Diensteintritt stellt den Beginn der Wartezeit bis zur Pensionszusage dar. Zwar bewirkt der Diensteintritt noch keinen Anspruch auf die Pension. Mit der Bildung von Pensionsrückstellungen soll jedoch bereits bei Diensteintritt begonnen werden. Dieses Vorgehen macht insofern Sinn, da ansonsten zum Zeitpunkt der Pensionszusage eine Einmalrückstellung für die ersten fünf Jahre der Dienstzeit zu bilden wäre, was gerade in kleineren Gemeinden eine erhebliche Aufwandserhöhung nach sich zöge.
Pensionszusage	Erst nach fünf Jahren Dienstzeit erwirbt der Beamte die gesetzlich bestimmte Pensionszusage durch die Gemeinde. Ein spezieller Verwaltungsakt bzw. eine spezielle Mitteilung durch die Gemeinde erfolgt hierbei gegenüber dem Beamten nicht. Wurde für einen Beamten auf Widerruf eine Rückstellung nach § 37 Abs. 1 Nr. 9 GemHVO-Doppik zur Nachversicherung in der gesetzlichen Rentenversicherung gebildet, wird diese mit der Pensionszusage aufgelöst (28.2 Buchstabe a) der VV zu § 37 GemHVO-Doppik).
Ansammlungsphase	Es erfolgt während der aktiven Dienstzeit eine ratierliche Ansammlung der Pensionsverpflichtungen.
Pensionsantritt	Mit Pensionsantritt wird der Barwert der Verpflichtung als Rückstellungsbestand erreicht. Der auf dem Rückstellungskonto angesammelte Anspruch als Beschäftigter ist mit Pensionsantritt dem Rückstellungskonto für Versorgungsempfänger zu zuordnen.
Zahlung der Pensionen	Der Rückstellungsbestand soll den Aufwand decken, der im Rahmen der Pensionszahlungen entsteht. Hierbei stellen die Pensionszahlungen in der Ergebnisrechnung zunächst Aufwand dar, der im Rahmen der Auflösung der Rückstellung im Rahmen des Jahresabschlusses idealtypisch neutralisiert werden sollte. In der Regel werden sich hierbei Abweichungen ergeben, die überwiegend zu einem verbleibenden Aufwand führen werden (Barwert-Effekt = 6 % Barwertdifferenz für ein Jahr). Theoretisch kann es jedoch auch per Saldo zu Erträgen aus der Auflösung von Pensionsrückstellungen kommen.
Versterben des Beamten	Idealtypisch werden die Pensionsrückstellungen anhand von Sterbetafeln gebildet. Beim Versterben eines einzelnen Beamten kann es zu einer Unterschreitung der vorgesehenen Lebenszeit kommen, hier würde ein Rest in der Pensionsrückstellung entstehen. Bei Überschreiten der vorgesehenen Lebenszeit würde sich ein zusätzlicher Rückstellungsbedarf ergeben. Da zwar die ungewissen Verbindlichkeiten einzeln bewertet werden, die Pensionsrückstellung aber die Gesamtheit der Anspruchsberechtigten abbildet, führt dies in der Regel zu einer Nivellierung untereinander.

257 Vgl. § 6a Abs. 3 Satz 3 EStG.

In Mecklenburg-Vorpommern wurde zur Versorgung der Beamten mit dem Kommunalen Versorgungsverband eine Körperschaft des öffentlichen Rechts mit der Aufgabe errichtet, die Lasten seiner Mitglieder auszugleichen, die diesen durch die gesetzliche Versorgung ihrer Bediensteten und deren Hinterbliebenen entstehen.[258] Kommunen, die versorgungsberechtigte Beamte oder tariflich Beschäftigte mit beamtenmäßigen Versorgungsrechten haben, sind Pflichtmitglied des Versorgungsverbandes. Die beim Versorgungsverband gebildeten anteiligen Rücklagen sind unter den Finanzanlagen auf der Aktivseite der Bilanz auszuweisen.

Die Bewertung der Versorgungsansprüche ist für jeden einzelnen Berechtigten vorzunehmen. Sie erfolgt durch den Kommunalen Versorgungsverband. Die Verwaltungsvorschrift des Innenministeriums in der Fassung vom 23.7.2019 konkretisiert in der Anlage 7 die Sachverhalte, die bei der Bewertung der Versorgungsansprüche zu beachten sind.

10.3.3.2.2 Rückstellungen für Beihilfeverpflichtungen

Für Beihilfeverpflichtungen

- gegenüber Versorgungsempfängern und
- gegenüber Beamten und Arbeitnehmern für die Zeit nach dem Ausscheiden aus dem aktiven Dienst bzw. Arbeitsverhältnis

müssen ebenfalls Rückstellungen gebildet werden. Auch für die Bildung der Rückstellungen für Beihilfeverpflichtungen gilt § 35 Abs. 4 GemHVO-Doppik, demnach sind die voraussichtlichen Ansprüche der noch aktiven Beamten wie auch der Versorgungsempfänger mit ihrem im Teilwertverfahren zu ermittelnden Barwert als Rückstellung anzusetzen. Allerdings ermöglicht die Regelung Ziffer 28.1.4 der VV zu § 35 GemHVO-Doppik, dass der Wert auf der Grundlage eines sachgerechten prozentualen Satzes auf die Pensionsrückstellungen ermittelt werden kann. Der Prozentsatz ist aus den Daten der letzten drei Haushaltsjahre abzuleiten.

10.3.3.2.3 Rückstellungen für Altersteilzeitarbeit und ähnliche Maßnahmen

In den Kommunen wurde von den Möglichkeiten des Altersteilzeitgesetzes (AltTZG) bis zum 31.12.2009 rege Gebrauch gemacht. Dabei wird die Arbeitszeit des Arbeitnehmers über den vertraglich vereinbarten Zeitraum des Altersteilzeitverhältnisses um 50 % reduziert. Dies erfolgt entweder durch Reduzierung der wöchentlichen Arbeitszeit um die Hälfte (Teilzeitmodell) oder durch das in der Praxis beliebte Blockmodell. Im Blockmodell wird der Zeitraum des Altersteilzeitverhältnisses hälftig in eine Beschäftigungsphase und in eine Freistellungsphase aufgeteilt. In der Beschäftigungsphase arbeitet der Arbeitnehmer Vollzeit, in der Freistellungsphase gar nicht mehr. Über beide Phasen leistet der Arbeitnehmer Teilzeit und erhält seine entsprechende

258 Kommunales Versorgungsverbandsgesetz vom 29.1.1992.

Vergütung. Der Arbeitgeber muss während des ATZ-Verhältnisses die Vergütung auf mindestens 70 % des letzten Vollzeitnettoeinkommens aufstocken; weiterhin muss er die Rentenversicherungsbeiträge auf 90 % des letzten Regelarbeitsentgelts anheben. Wird der durch ATZ freiwerdende Arbeitsplatz durch einen Arbeitslosen oder einen Arbeitnehmer nach Abschluss der Ausbildung wieder besetzt, ersetzte die Bundesagentur für Arbeit bei entsprechenden Vertragsabschlüssen bis zum 31.12.2009 dem Arbeitgeber diese Aufstockungsbeiträge.

Teilzeitmodell und Blockmodell wirken sich auf den Haushalt unterschiedlich aus. In beiden Modellen sind Rückstellungen für die Aufstockungsbeiträge zu bilden. Es handelt sich um Zahlungen, die zusätzlich zum laufenden monatlichen Entgelt aufgrund der Abfindungsverpflichtung gegenüber dem Arbeitnehmer entstehen. Daher ist bereits zum Zeitpunkt des Abschlusses der Altersteilzeitvereinbarung eine entsprechende Rückstellung für ungewisse Verbindlichkeiten als Passiva nachzuweisen.

Im Blockmodell erbringt der Arbeitnehmer in der ersten Phase die volle Arbeitsleistung, erhält jedoch nur die Hälfte der Vergütung (zuzüglich der Aufstockungsbeiträge). Dadurch entsteht in dieser Phase ein Erfüllungsrückstand, die zu einer in Raten aufzubauenden Rückstellung führt. Die Höhe der Kosten ergibt sich aus dem Unterschiedsbetrag zwischen dem Entgelt eines Vollzeitbeschäftigten und dem ohne anteiligen Aufstockungsbetrag tatsächlich gezahlten Entgelt. Die Kostenverhältnisse am jeweiligen Bilanzstichtag sind maßgeblich; Kostensteigerungen bis zum Erfüllungszeitpunkt sind zunächst nicht zu berücksichtigen. Erst beim Übergang in die Freistellungsphase wird die Rückstellung auf die für die Freistellungsphase notwendigen Beträge aufgefüllt. In der Freistellung wird diese Rückstellung wieder abgebaut.

Im Teilzeitmodell entsteht dagegen kein Erfüllungsrückstand, da über die Zeitdauer Arbeitszeit und Vergütung gleichermaßen reduziert sind.

Weder ist eine Abzinsung noch ein biometrischer Abschlag unter Berücksichtigung der Sterblichkeit von Beschäftigten für die Bildung von Rückstellungen für Erfüllungsrückstand und Aufstockungsbeträge vorzunehmen.

10.3.3.2.4 Instandhaltungsrückstellungen

Analog zum kaufmännischen Rechnungswesen beinhaltet das Haushaltsrecht aufgrund seiner Zielsetzung einer haushaltsjahrgerechten Abbildung des Ressourcenverbrauchs und -aufkommens eine sehr dynamische Bilanzauffassung.

In § 35 Abs. 1 Satz 1 Nr. 4 GemHVO-Doppik werden die Rückstellungen für unterlassene Instandhaltung als Aufwandsrückstellungen zugelassen, wenn die unterlassene Instandhaltung in den nächsten drei Haushaltsjahren nachgeholt werden soll. Unterlassene Instandhaltungen sind nach dieser Vorschrift pflichtig als Rückstellungen auszuweisen, wenn die Nachholung der Instandhaltung hinreichend konkret beabsichtigt ist und die Instandhaltung als bisher unterlassen bewertet werden muss.[259] Nach § 48

259 § 249 HGB regelt dies für den handelsrechtlichen Bereich anders. Wird die Instandhaltung innerhalb von drei Monaten im folgenden Geschäftsjahr nachgeholt, sind Rückstellungen für unterlassene Instandhaltung pflichtig zu bilden. Für die Abraumbeseitigung kann im gesamten folgenden Geschäftsjahr nachgeholt werden.

Abs. 4 Nr. 6 GemHVO-Doppik sind die Vermögensgegenstände des Anlagevermögens, für die Rückstellungen für unterlassene Instandhaltung gebildet worden sind, unter Angabe des Rückstellungsbetrages im Anhang anzugeben und zu erläutern. Sofern eine Aufwandsrückstellung aufgrund unterlassener Instandhaltung nicht gebildet wird, hat die Gemeinde zu prüfen, ob und in welcher Höhe nach § 34 Abs. 6 GemHVO-Doppik eine außerplanmäßige Abschreibung beim Vermögensgegenstand zu erfolgen hat.

Als abbildungsfähige Sachverhalte für Rückstellungen aufgrund unterlassener Instandhaltung sind im Rahmen der hierunter zu subsumierenden Teilbegriffe Instandsetzung, Wartung und Inspektion zu verstehen:

- *„Zur Instandsetzung gehören alle Maßnahmen der Verschleißbeseitigung mit dem Ziel, den ursprünglichen Zustand der Anlage wieder herzustellen.*
- *Der Wartung dienen alle Maßnahmen der (vorbeugenden) Verschleißhemmung.*
- *Inspektionen dienen der regelmäßigen Feststellung des Grades der Leistungsfähigkeit bzw. des eingetretenen technischen Verschleißes von Anlagen.“*[260]

Mit der Verpflichtung zur Bildung von Rückstellungen für unterlassene Instandhaltung wird der Aufwand in dem Haushaltsjahr erfasst, in dem er wirtschaftlich entstanden oder verursacht wurde, auch wenn die vorgesehene Maßnahme in ein späteres Haushaltsjahr verschoben wird. Des Weiteren unterstützt diese Verpflichtung zur Bildung von Rückstellungen für unterlassene Instandhaltung die Zielsetzung der Dokumentation der intergenerativen Gerechtigkeit. Gleichzeitig wird hiermit eine bessere Vergleichbarkeit der einzelnen Haushaltsergebnisse erreicht.

Für die inhaltlichen Voraussetzungen eines Ansatzes von Instandhaltungsrückstellungen knüpft das Haushaltsrecht in § 35 Abs. 1 Satz 1 Nr. 4 GemHVO-Doppik an den § 249 des HGB. Abzugrenzen ist der Instandhaltungsaufwand insbesondere vom Wartungs- und Erhaltungsaufwand. Auch muss es sich um Aufwendungen handeln, so dass aktivierbare Maßnahmen für die Bildung der Rückstellung nicht in Frage kommen.

Die genaue Umschreibung der Eigenart ist im § 35 Abs. 1 Satz 1 Nr. 4 GemHVO-Doppik gesetzlich fixiert. Hiernach müssen die vorgesehenen Maßnahmen, für die eine Rückstellung gebildet wird, am Abschlussstichtag einzeln bestimmt und wertmäßig beziffert sein. Dies entspricht dem Prinzip der Einzelbewertung, wobei der Aufwand der Maßnahme sachgerecht zu schätzen ist.

Beispiel:
Der Rückstellungszweck ist eine Fenstererneuerung, die im Haushaltsjahr 2018 nicht durchgeführt wurde. Grundlage für die Schätzung der Höhe bietet die Zahl der zu erneuernden Fenster, die Ausstattungsqualität der Fenster und übliche Marktpreise, z. B. abgeleitet aus anderen gleichgelagerten Maßnahmen.

---

260 *Adler/Düring/Schmaltz*, Rechnungslegung und Prüfung der Unternehmen, 6. Aufl., Stuttgart 1998, Rz. 168 zu § 249, S. 460.

Die Instandhaltung muss nach § 35 Abs. 1 Satz 1 Nr. 4 GemHVO-Doppik als bisher unterlassen bewertet werden. Dies bedeutet, dass der Aufwand, der zur Rückstellungsbildung führt, im laufenden Haushaltsjahr oder einem früheren Haushaltsjahr entstanden sein muss.

> ***Beispiel:***
> *In der Instandhaltungsplanung des Hochbauamtes war eine Neueindeckung eines Daches bei der Grundschule für das Haushaltsjahr 2021 vorgesehen. Aufgrund von Verzögerungen bei der Ausschreibung soll die Neueindeckung im Haushaltsjahr 2022 erfolgen. Der Aufwand für die Neueindeckung liegt im laufenden Haushaltsjahr. Das zeitliche Kriterium ist im Sachverhalt gleichfalls erfüllt.*

Die Durchführung der vorgesehenen Maßnahme, welche bei Nichtbildung einer Instandhaltungsrückstellung ansonsten zu Aufwendungen in späteren Haushaltsjahren führen würde, muss wahrscheinlich oder sicher sein. „Wahrscheinlich" bedeutet, dass eher von einer Durchführung der Maßnahme als von einer Nichtdurchführung auszugehen ist. Die Wahrscheinlichkeit kann sich grundsätzlich an dem bisher gebildeten Volumen an Aufwandsrückstellungen ableiten.

Bei einer hohen Anzahl und einem hohen Finanzvolumen an Instandhaltungsrückstellungen muss sich die Gemeinde beispielsweise fragen, ob sie überhaupt in der Lage ist, anhand ihrer Umsetzungskapazitäten und ihrer finanzwirtschaftlichen Leistungsfähigkeit weitere Aufwandsrückstellungen zu realisieren.

> ***Beispiel:***
> *Seit mehreren Jahren bildet die Gemeinde G für ihre Schulen Rückstellungen für unterlassene Instandhaltung. Vom eingestellten Finanzvolumen wurden in jedem der Einstellung der Rückstellung folgenden Haushaltsjahr nur 10 % nachgeholt. In den Jahresabschlussprüfungen wurde dies seitens des Rechnungsprüfungsamtes auch bemängelt. Neben der Frage, ob die für ein Haushaltsjahr vorgesehenen Instandhaltungsrückstellungen wahrscheinlich sind, muss sich die Gemeinde G auch fragen, ob eine Realisierung der Maßnahmen, aufgrund der bereits Instandhaltungsrückstellungen eingestellt wurden, noch wahrscheinlich ist.*

Die Unbestimmtheit von Höhe und Zeitpunkt des Eintritts bzw. der Realisation einer Maßnahme ist ein allgemeines Kriterium bei der Rückstellungsbildung.

> ***Beispiel:***
> *Eine vorgesehene Schadstoffsanierung an einem kommunalen Gebäude konnte im laufenden Haushaltsjahr nicht mehr abgewickelt werden. Zwar ist vorgesehen, die Maßnahme im folgenden Haushaltsjahr nachzuholen, ein genauer Zeitpunkt der Nachholung besteht jedoch noch nicht. Der finanzielle Umfang der vorgesehenen Maßnahme liegt zwar in einer bestimmten Größenordnung vor, der letztendlich zu leistende Betrag steht jedoch nicht fest und ist somit unbestimmt.*

Die unterlassene Instandhaltung muss in den nächsten drei Haushaltsjahren nachgeholt werden. Wird dieser Zeitraum nicht eingehalten, so muss die Rückstellung nach § 35 Abs. 5 GemHVO-Doppik aufgelöst werden. Gleichzeitig ist nach § 34 Abs. 6 GemHVO-Doppik die Notwendigkeit einer außerplanmäßigen Abschreibung zu prüfen.

Sind bei der Feststellung einer unterlassenen Instandhaltung die gesetzlichen Voraussetzungen für eine Rückstellungsbildung nicht erfüllt (z. B. Nachholung außerhalb der Frist von drei Jahren), sind bereits zu diesem Zeitpunkt nach § 34 Abs. 6 Satz 1 GemHVO-Doppik M-V außerordentliche Abschreibungen zu prüfen, die den Wert des Anlagevermögens auf der Aktivseite verringern. Werden durch eine spätere Nachholung der Instandhaltung die Gründe der Abschreibung beseitigt, erfolgt eine Zuschreibung des Abschreibungsbetrages in dem Umfang der Werterhöhung (§ 34 Abs. 6 Satz 1 GemHVO-Doppik M-V).

10.3.3.2.5 Rückstellungen für die Rekultivierung und Nachsorge von Abfalldeponien

Für die Rekultivierung und Nachsorge kommunaler Deponien sind nach § 35 Abs. 1 Satz 1 Nr. 5 GemHVO-Doppik als Rückstellung die zu erwartenden Gesamtkosten bezogen auf den voraussichtlichen Zeitpunkt der Rekultivierungs- und Nachsorgemaßnahmen zu ermitteln. Die Bewertung der Rückstellung soll sich am Verfüllmengenanteil pro Nutzungsjahr orientieren und anhand der bisherigen Verfüllmenge erfolgen.

10.3.3.2.6 Rückstellungen für die Sanierung von Altlasten

Für die Sanierung von Altlasten sind nach § 35 Abs. 1 Satz 1 Nr. 6 GemHVO-Doppik als Rückstellung ebenfalls die zu erwartenden Gesamtkosten bezogen auf den voraussichtlichen Zeitpunkt der Sanierungsmaßnahme zu ermitteln.

10.3.3.2.7 Rückstellungen für Verbindlichkeiten aufgrund von Steuerschuldverhältnissen

Dieser Bilanzposten bildet künftige steuerliche Entlastungen ab und wird lediglich angesprochen, wenn Betriebe gewerblicher Art im Kernhaushalt aufgenommen sind. Es gelten die Erläuterungen beim entsprechenden Aktivposten unter 10.3.2.7.

10.3.3.2.8 Rückstellungen für drohende Verpflichtungen aus anhängigen Gerichtsverfahren

Rückstellungen für drohende Verpflichtungen aus anhängigen Gerichtsverfahren sind zu bilden, wenn der Prozess am Bilanzstichtag anhängig ist. Die Rückstellung umfasst nur die Kosten bereits eingeleitete Verfahren in der laufenden Instanz. Für die Kosten höherer Instanzen wird eine Rückstellung nicht gebildet, da die Verbindlichkeit nicht hinreichend konkret ist. In der Rückstellung sind sämtliche Kosten zur Vorbereitung und Durchführung des Prozesses zu berücksichtigen, z. B. Gerichtskosten, Kosten der anwaltlichen Vertretung, Kosten für Zeugen, Auslagen für Gutachter.

Beispiel:
Hinsichtlich der gewählten Abschreibungsbasis bei einer Gebührenkalkulation sind Klageverfahren gegen die Gemeinde G anhängig. Bisher hatte das Verwaltungsgericht die Gebührenkalkulation der Gemeinde G bestätigt. Die Stadt S, die ihre Gebührenkalkulation analog zu Gemeinde G vornimmt, ist in letztinstanzlicher gerichtlicher Entscheidung zur Gebührenerstattung zu viel veranlagter Gebühren rechtskräftig verurteilt worden. Das gleiche Gericht ist auch für die Entscheidung in bereits anhängigen Klageverfahren der Gemeinde G zuständig. Bis zur Entscheidung gegenüber der Stadt S gab es keinerlei Gründe, eine Rückstellung zu bilden, da das Verwaltungsgericht die Gebührenkalkulation bisher bestätigt hatte. Mit der Entscheidung gegen die Stadt S wird eine Inanspruchnahme jedoch wahrscheinlich, so dass eine Rückstellung zu bilden ist. Sämtliche Fakten sprechen dafür. Die Entscheidung ist letztinstanzlich und rechtskräftig ergangen. Das gleiche Gericht ist auch für die Gemeinde G zuständig. Fakten, die für eine Nichtinanspruchnahme sprechen, bestehen nicht mehr. Es ist somit eine Rückstellung für ungewisse Verbindlichkeiten zu bilden. Die Höhe ist im Rahmen der möglichen Inanspruchnahme bzw. der Erstattungspflicht zu ermitteln.

10.3.3.2.9 Rückstellungen für sonstige Verpflichtungen gegenüber Dritten oder aufgrund von Rechtsvorschriften

a) Rückstellungen für ungewisse Verbindlichkeiten

Aus dem Prinzip der Periodenabgrenzung für die einzelnen Haushaltsjahre bilden die zu den sonstigen Rückstellungen zählenden Rückstellungen für ungewisse Verbindlichkeiten für den Aufwandsbereich eine eher übliche Abgrenzungsmethode aus der Bewirtschaftung heraus. Ein Auftrag der Gemeinde zur Erbringung einer Leistung wurde im laufenden Haushaltsjahr erteilt, die Leistung wurde im laufenden Haushaltsjahr erbracht. Bei Abschluss des laufenden Haushaltsjahres fehlt jedoch noch die Rechnung zur Bestimmung der genauen Höhe einer Verbindlichkeit.

Dieser Sachverhalt wird durch § 35 Abs. 1 GemHVO-Doppik geregelt. Danach müssen für Verpflichtungen, die dem Grunde nach zu erwarten und der Höhe oder Fälligkeit nach zum Abschlussstichtag noch nicht genau bekannt sind, Rückstellungen passiviert werden. Somit besteht für die kommunale Bilanzierung eine Ansatzverpflichtung für ungewisse Verbindlichkeiten. Diese Passage des Gesetzestextes beinhaltet bereits auch die Definition für die Bezeichnung „ungewiss". Danach muss zumindest eins der beiden Merkmale einer Verbindlichkeit

- dem Grunde nach zu erwarten und
- der Höhe oder Fälligkeit nach

noch nicht genau bekannt sein.

Bei den eindeutigen sonstigen Rückstellungssachverhalten (Leistung durch den Dritten erfolgt – Rechnung liegt noch nicht vor) stellt die Prüfung dieser Voraussetzung kein Problem dar. Es gibt jedoch auch Sachverhalte, bei denen die Voraussetzung „wahrscheinliche Inanspruchnahme" intensiv anhand von Sachverhaltsfakten aufbereitet werden muss. Ist danach die Wahrscheinlichkeit einer Inanspruchnahme größer als eine Nichtinanspruchnahme, muss eine Rückstellung für ungewisse Verbindlichkeiten gebildet werden.

b) Rückstellungen für die Nachversicherung von Beamten auf Widerruf in der Rentenversicherung

Für Beamte auf Widerruf ist eine Rückstellung zu bilden, wenn der Dienstherr verpflichtet ist, den Beamten in der gesetzlichen Rentenversicherung nachzuversichern (VV 28.2 a) zu § 35 GemHVO-Doppik). Dies gilt insbesondere für Anwärter, die nach ihrer Prüfung voraussichtlich nicht in ein Beamtenverhältnis auf Probe übernommen werden. Die Höhe der Rückstellung richtet sich nach den zum jeweiligen Bilanzstichtag voraussichtlich nachzuentrichtenden Versicherungsbeiträgen.

c) Rückstellungen für drohende Verluste aus schwebenden Geschäften

Einen typischen Sachverhalt für sonstige Rückstellungen bilden drohende Verluste aus schwebenden Geschäften. Schwebende Geschäfte stellen zwar eine zweiseitige vertragliche Verpflichtung dar, es mangelt jedoch an der Erfüllung der vertraglichen Verpflichtung. Der Grund für die Noch-Nichterfüllung ist für die Rückstellungsverpflichtung gleichgültig. Für den kommunalen Bereich ist dies denkbar bei Rahmenlieferverträgen mit Mindestabnahmeverpflichtungen zu Festpreisen. Der drohende Verlust kann hierbei dadurch entstehen, dass der Wert der Vermögensgegenstände aufgrund technischer Weiterentwicklung oder höherer Sicherheitsstandards sinkt. Durch die Verpflichtung zur Erfüllung aus dem Rahmenvertrag entsteht aber eine höhere Zahlungsverpflichtung gegenüber dem Dritten, als der Wert der Vermögensgegenstände tatsächlich ausmacht. Für die Differenz zwischen Zahlungsverpflichtung und tatsächlichem Vermögenswert ist ab Bekanntwerden eine sonstige Rückstellung zu bilden.

Beispiel:
Die Gemeinde G wollte sich langfristig gute Konditionen für die Lieferung von Laserdruckern sichern. Hierzu wurde ein Rahmenliefervertrag mit der Firma F abgeschlossen, bei der über fünf Jahre mindestens zehn Laserdrucker zum Festpreis von 300 € abzunehmen sind. Im zweiten Haushaltsjahr, in dem der Rahmenvertrag Gültigkeit hat, ergeben sich erhebliche drucktechnische Verbesserungen bei den Laserdruckern, wodurch der Marktpreis der abzunehmenden Laserdrucker auf 200 € fällt. Im zweiten Haushaltsjahr ist für den Wertverlust aus der Abnahmeverpflichtung der Laserdrucker eine sonstige Rückstellung für die Restlaufzeit des Rahmenvertrages zu bilden, so dass in den Haushaltsjahren drei bis fünf kein Aufwand aus außerplanmäßiger Wertminderung entsteht. Vielmehr ist dieser Aufwand mit Bekanntwerden in Form einer sonstigen Rück-

stellung vorwegzunehmen und in den entsprechenden Haushaltsjahren auszugleichen. Insgesamt ist eine Rückstellung in Höhe von 3000 € zu bilden.[261]

d) Überstunden- und Urlaubsrückstellungen

Zwei weitere Arten sonstiger Rückstellungen sind die Rückstellungen für nicht in Anspruch genommenen Urlaub und Rückstellungen für geleistete Überstunden. Allerdings kann seit der Änderung der GemHVO-Doppik 2016 auf die Bildung dieser Rückstellungen verzichtet werden (§ 35 Abs. 2 Nr. 1 GemHVO-Doppik).

Ansonsten haben die Gemeinden verwaltungsweit zum jeweiligen 31. Dezember stichtagsbezogen festzustellen, in welcher Höhe Ansprüche der Beschäftigten aus Urlaub und Überstundenüberhängen für das abgelaufene Rechnungsjahr bestehen.

Der im Haushaltsjahr aufgelaufene Anspruch der Beschäftigten zwecks Ausgleichs von Überstunden stellt einen Aufwand des laufenden Haushaltsjahres dar. Es besteht alternativ die Möglichkeit, die Überstunden im Folgejahr gegen Freizeit oder Bezahlung auszugleichen. Im Rahmen der Rückstellungsbildung erfolgt keine Differenzierung zwischen diesen beiden Formen der Überstundenabgeltung, im Rahmen einer periodengerechten Aufwandszuordnung sind entsprechende Rückstellungen zu bilden.

Gleitzeitguthaben bzw. -defizite sind hierbei mit einzubeziehen.

Das Berechnungsverfahren für Urlaubsrückstellungen entspricht grundsätzlich dem Berechnungsverfahren für Überstundenrückstellungen.

Der Jahresurlaubsanspruch der Beschäftigten stellt einen Aufwand der laufenden Periode dar. Häufig wird von den Beschäftigten ein Teil ihres Jahresurlaubs erst im Folgejahr genommen. Für die Zahlung des Entgelts bzw. der Besoldung während dieser periodenfremden Urlaubszeit der Beschäftigten sind entsprechende Rückstellungen zu bilden.

Zur Berechnung der Urlaubsrückstellung werden bezogen auf die Beschäftigten folgende Werte herangezogen:

Es sind strukturiert nach Lohn-, Gehalts- und Besoldungsgruppe sämtliche noch nicht in Anspruch genommene Urlaubstage aus dem laufenden Jahr zum Abschlusstag je Produktgruppe zu ermitteln. Für jeden Urlaubstag wird anteilig bei Vollzeitbeschäftigen das durchschnittliche Stundenarbeitsvolumen je Tag zugrunde gelegt. Bei Teilzeitbeschäftigten geschieht dies entsprechend der anteiligen Arbeitszeit. Aufgrund der sachlichen Gliederung des kommunalen Haushalts sind aufgrund einer späteren Aufwands-/Ertragsverteilung die offenen Urlaubstage der Beschäftigten den Produktbereichen des Haushalts zuzuordnen. Sofern ein Beschäftigter für unterschiedliche Produktbereiche tätig sein sollte, ist der Rückstellungsaufwand auf diese Produktbereiche aufzuteilen.

Die Multiplikation der errechneten Stundenzahl der Urlaubstage mit dem aktuellen Überstundensatz ergibt den Rückstellungsbetrag.

Die Buchungssätze lauten:

261 Die Differenz zwischen der Zahlungsverpflichtung (300 €) und dem Wert des Vermögensgegenstandes (200 €) beträgt 100 €. Die Mindestabnahmeverpflichtung für jedes Jahr – zehn Laserdrucker – ergibt für jedes Jahr 1.000 €. Für die drei Folgejahre ergeben sich somit 3.000 €.

508 Zuführungen zu Rückstellungen für nicht in Anspruch genommenen Urlaub, Überstunden u. ä. an 291 Rückstellungen für nicht in Anspruch genommenen Urlaub

bzw.

508 Zuführungen zu Rückstellungen für nicht in Anspruch genommenen Urlaub, Überstunden u. ä. an 292 Rückstellungen für nicht in Anspruch genommene Überstunden

Aufgrund des dargestellten Aufwandes zur Ermittlung dieser Rückstellungen wird empfohlen, von der Regelung des § 35 Abs. 2 Nr. 1 GemHVO-Doppik Gebrauch zu machen und auf die Bildung dieser Rückstellungen zu verzichten.

e) Sonstiges

Auf die Bildung von Rückstellungen kann auch ausdrücklich verzichtet werden für Kosten der internen Jahresabschlusserstellung und Jahresabschlussprüfung (§ 35 Abs. 2 Nr. 2 GemHVO-Doppik), außerdem generell für den Fall, dass die zu erwartenden Aufwendungen nicht von wesentlicher Bedeutung für die Vermögens- und Ertragslage der Gemeinden sind (§ 35 Abs. 2 Nr. 3 GemHVO-Doppik). Dazu kann die Gemeinde Wertgrenzen bestimmen, bis zu denen die Bildung von Rückstellungen unterbleiben kann.

Rückstellungen sind nach § 35 Abs. 5 GemHVO-Doppik aufzulösen, wenn der Grund hierfür entfallen ist. Aus dieser Vorschrift ist abzuleiten, dass Rückstellungen analog zu Vermögensgegenständen einer jährlichen Inventur zu unterziehen sind, um festzustellen, ob die Rückstellung noch zu Recht bilanziert ist.

10.3.3.3 Übungen

Sachverhalt Nr. 15:

Der Versorgungsverband hat die Pensionsrückstellungen der Gemeinde G nur für die Pensionäre und Hinterbliebenen ermittelt (die aktiven Beamten wurden nicht mit einbezogen), um sämtliche Verpflichtungen aus der Bildung von Pensionsrückstellungen darzustellen.[262]

Aufgabe:

Prüfen Sie das Vorgehen des Versorgungsverbandes anhand der gesetzlichen Anforderungen für die Bildung von Pensionsrückstellungen.

---

262 Der Sachverhalt entspricht nicht dem praktischen Vorgehen des Versorgungsverbandes, sondern soll lediglich den Umfang der Rückstellungsermittlung verdeutlichen.

Lösung:
§ 35 Abs. 1 Nr. 1 und 2 GemHVO-Doppik sieht vor, dass sämtliche Verpflichtungen gegenüber den Beschäftigten abzubilden sind. Hierunter fallen neben den Verpflichtungen gegenüber Pensionären und Hinterbliebenen insbesondere auch die Verpflichtungen gegenüber aktiv Beschäftigten. Um den Anforderungen des kommunalen Haushaltsrechts zu genügen, muss die Berechnung des Versorgungsverbandes bei der Bildung der Pensionsrückstellungen auch die Verpflichtungen gegenüber den aktiv Beschäftigten berücksichtigen. Des Weiteren sind Beihilfeansprüche sowie ggf. weitere Ansprüche außerhalb des Beamtenversorgungsgesetzes zu berücksichtigen.

Sachverhalt Nr. 16:
Für eine im Jahre 2014 errichtete Deponie wird eine Nutzungsdauer von 20 Jahren geplant. Am Abschlussstichtag 31.12.2021 beträgt die Verfüllmenge 10 % des Gesamtvolumens. Nach Berechnung der Kämmerei betragen die Gesamtkosten für die Rekultivierung und Nachsorge der Deponie 100.000 €.[263]

Aufgabe:
In welcher Höhe hat der Kämmerer eine Rückstellung für die Rekultivierung und Nachsorge der Deponie zu bilden?

Lösung:
Maßstab für die Rückstellung für die Rekultivierung und Nachsorge der Deponie ist die Verfüllmenge und nicht die geplante Nutzungsdauer der Deponie. Demnach ist nach § 35 Abs. 1 Nr. 5 GemHVO-Doppik eine Rückstellung von 10.000 € zu bilden (10 % von 100.000 €).

Sachverhalt Nr. 17:
Die Gemeinde G kann ihre Instandhaltungsverpflichtungen nicht mehr vollständig erfüllen. Aus vier notwendigen Instandhaltungsmaßnahmen wurde für zwei Maßnahmen eine Aufwandsrückstellung für unterlassene Instandhaltung gebildet. Die zwei weiteren Instandhaltungsmaßnahmen wurden auf unbestimmte Zeit verschoben. Bei diesen Maßnahmen soll zunächst geprüft werden, ob es noch wirtschaftlich sinnvoll ist, die Instandhaltung nachzuholen. Der Kämmerer ist der Meinung, dass eine Aufwandsrückstellung nicht zu bilden ist und somit nichts weiter zu veranlassen ist.

Aufgabe:
Beurteilen Sie die Auffassung des Kämmerers.

Lösung:
Hinsichtlich der Bildung einer Rückstellung aufgrund unterlassener Instandhaltung ist die Auffassung des Kämmerers richtig. Grundsätzlich kann die Gemeinde G ihren In-

263 Nach § 35 Abs. 1 Satz 1 Nr. 5 GemHVO-Doppik sind Rückstellungen für die zu erwartenden Gesamtkosten zum Zeitpunkt der Rekultivierungs- und Nachsorgemaßnahmen anzusetzen, so dass anders als bei den Pensionsrückstellungen keine Abzinsung erfolgt.

standhaltungsverpflichtungen nicht mehr vollständig nachkommen. Des Weiteren ist es durch die Verschiebung der Maßnahme auf unbestimmte Zeit (länger als drei Jahre) und die vorgesehene Prüfung hinsichtlich der Wirtschaftlichkeit einer Nachholung eher unwahrscheinlich, dass die beiden Instandhaltungsmaßnahmen nachgeholt werden sollen. Der Kämmerer hat aber außer Acht gelassen, dass eine Prüfung hinsichtlich der Richtigkeit des Vermögensansatzes zu erfolgen hat. Die Gemeinde hat hierbei zu prüfen, ob und in welcher Höhe eine außerplanmäßige Abschreibung beim Vermögensgegenstand aufgrund der unterlassenen Instandhaltung zu erfolgen hat.

Sachverhalt und Aufgabenstellung Nr. 18:

a) Die Gemeinde G hat im November 2021 die Firma F beauftragt, im Februar 2022 Baumschnittarbeiten durchzuführen. Hat die Gemeinde G am Abschlussstichtag eine Rückstellung für den erteilten Auftrag zu bilden?

b) Die Gemeinde G hat im September 2021 die Firma F beauftragt, im November 2022 Baumschnittarbeiten durchzuführen. Die Firma F hat die Arbeiten termingerecht durchgeführt. Eine Rechnung liegt am Abschlussstichtag noch nicht vor. Hat die Gemeinde G am Abschlussstichtag eine Rückstellung zu bilden?

c) Die Gemeinde G hat im September 2021 die Firma F beauftragt, im November 2021 Baumschnittarbeiten durchzuführen. Die Firma F hat die Arbeiten termingerecht durchgeführt. Die Rechnung geht am 30.12.2021 ein. Hat die Gemeinde G am Abschlussstichtag eine Rückstellung zu bilden?

Lösung:

a) Mangels Erfüllung des Auftrages hat die Gemeinde G hinsichtlich einer Rückstellungsbildung für ungewisse Verbindlichkeiten nichts zu veranlassen.

b) Die Firma F hat die Leistung erbracht, aber noch keine Rechnung im alten Haushaltsjahr übersandt. Dies entspricht dem Sachverhalt, der eine Bildung einer Rückstellung für ungewisse Verbindlichkeiten (offene Rechnungen) veranlasst. Mangels Rechnung steht die Höhe der Verbindlichkeit und auch die Fälligkeit als Inhaltskomponente der Voraussetzung „dem Grunde nach" noch nicht fest.

   Hinweis:

   Bis zum Jahresabschluss (31. Mai 2022) kann die Rechnung noch bei der Gemeinde eingehen und somit kann dann noch der richtige Rechnungsbetrag auf dem Aufwandskonto erfasst werden. Dann wäre keine Rückstellung, sondern eine Verbindlichkeit einzubuchen.

c) Trotz des sehr späten Rechnungseingangs stehen die Höhe und die Fälligkeit am Abschlussstichtag fest. Daher ist keine Rückstellung, sondern eine Verbindlichkeit zu buchen.

10.3.3.4 Verbindlichkeiten

Der unter der Position Verbindlichkeiten zu bildenden Bilanzpositionen beinhalten alle am Abschlusstag dem Grunde, der Höhe und der Fälligkeit nach feststehenden Schulden. § 47 Abs. 5 GemHVO-Doppik sieht eine differenzierte Aufgliederung der Verbindlichkeiten in folgende Bilanzposten vor:

- 4.1 Anleihen
  - 4.2 Verbindlichkeiten aus Kreditaufnahmen
  - 4.2.1 Verbindlichkeiten aus Kreditaufnahmen für Investitionen und Investitionsfördermaßnahmen
- 4.2.2 Verbindlichkeiten aus Kassenkrediten
- 4.3 Verbindlichkeiten aus Vorgängen, die Kreditaufnahmen wirtschaftlich gleichkommen
- 4.4 Erhaltene Anzahlungen auf Bestellungen
- 4.5 Verbindlichkeiten aus Lieferungen und Leistungen
- 4.6 Verbindlichkeiten aus Transferleistungen
- 4.7 Verbindlichkeiten gegenüber verbundenen Unternehmen
- 4.8 Verbindlichkeiten gegenüber Unternehmen, mit denen ein Beteiligungsverhältnis besteht
- 4.9 Verbindlichkeiten gegenüber Sondervermögen mit Sonderrechnung, Zweckverbänden, Anstalten des öffentlichen Rechts, rechtsfähigen kommunalen Stiftungen
- 4.10 Verbindlichkeiten gegenüber dem sonstigen öffentlichen Bereich
  - 4.10.1 Verbindlichkeiten aus dem gemeinsamen Zahlungsmittelbestand
  - 4.10.2 Sonstige Verbindlichkeiten gegenüber dem sonstigen öffentlichen Bereich
- 4.11 Sonstige Verbindlichkeiten

Verbindlichkeiten sind nach § 33 Abs. 6 GemHVO-Doppik mit ihrem Rückzahlungsbetrag anzusetzen. Eine spezielle Regelung stellt § 52 KV M-V dar, in dem die Voraussetzungen zur Kreditaufnahme geregelt sind.

In der Verbindlichkeitenübersicht, nach § 60 Abs. 3 Nr. 3 KV M-V eine Anlage zum Anhang, richtet sich die Gliederung nach den Restlaufzeiten bis zu einem Jahr, von einem Jahr bis zu fünf Jahren und von mehr als fünf Jahren (§ 52 Abs. 2 GemHVO-Doppik).

Von besonderer Bedeutung bei den Verbindlichkeiten sind die Kredite. Die Aufnahme von Krediten ist grundsätzlich in den §§ 52 und 53 Kommunalverfassung M-V geregelt:

- Grundsätzlich sind Kreditaufnahmen zunächst lediglich für Investitionen und Investitionsfördermaßnahmen und zur Umschuldung solcher Kredite nach § 52 KV M-V zulässig. Solche Kreditaufnahmen unterliegen dabei dem Grundsatz der Einnahmebeschaffung nach § 44 Abs. 3 KV M-V: Sie sind demnach nur zulässig, wenn eine andere Finanzierung nicht möglich oder wirtschaftlich unzweckmäßig wäre.

- Daneben sind Verbindlichkeiten aus Kreditaufnahmen zur Sicherung der Zahlungsfähigkeit nach § 53 Abs. 2 Satz 1 KV M-V zur rechtzeitigen Leistung ihrer Auszahlungen möglich.

Die Bedeutung der Kreditfinanzierung liegt insbesondere darin, dass sie zu Zinsaufwendungen führen, die den Haushalt belasten und damit die Gestaltungsmöglichkeiten der Gemeinde negativ beeinflussen.

10.3.3.4.1 Anleihen[264]

„Anleihe" ist der Oberbegriff für alle Formen von mittel- und langfristigem Fremdkapital. Durch die Ausgabe von Schuldverschreibungen (Kommunalobligationen) werden die Rechte der Gläubiger verbrieft.

Die Anleihen können hinsichtlich der Art der Rückzahlung wie folgt gestaltet werden:

- **Ratenanleihe**
  Die Tilgung erfolgt in jährlich gleichbleibenden Beträgen. Bei entsprechend sinkenden Zinsbelastungen und gleichhoher Tilgungsleistung fallen die Jahresbelastungen für die Kommune.
- **Annuitätenanleihe**
  Durch gleichbleibende Annuitäten wird die Anleihe getilgt und verzinst. Die Jahresbelastungen für die Kommune bleiben während der Laufzeit gleich.
- **Auslosungsanleihe**
  Es werden auf der Basis eines Tilgungsplans jeweils zu den Zinsterminen anhand von Stücknummern Papiere ausgelost und zurückgezahlt. Die Jahresbelastungen der Kommune ergeben sich aus dem vor der Ausgabe aufgestellten Tilgungsplan.

10.3.3.4.2 Verbindlichkeiten aus Kreditaufnahmen für Investitionen und Investitionsförderungsmaßnahmen

Die Höhe der Kreditverbindlichkeiten für Investitionen und Investitionsförderungsmaßnahmen sind von wesentlicher Bedeutung für den finanziellen Status der Gemeinde. Sie stellen häufig den überwiegenden Teil des aufgenommenen Fremdkapitals dar. Zunächst führt die Finanzierung von Vermögensgegenständen durch Kredite lediglich zu einer Bilanzverlängerung. Mit der Kreditaufnahme sind jedoch zusätzliche Zinsaufwendungen verbunden, die besonders bei längeren Laufzeiten und höheren Zinssätzen zu Aufwendungen für Zinsen führen können, die weit höher sind als der Finanzierungsbetrag selbst.

Zu beachten ist bei der Bilanzierung, dass unabhängig vom Verwendungszweck Investitionen und Investitionsfördermaßnahmen Finanzierungen z. B. über verbundene Unternehmen oder Eigenbetriebe in den entsprechenden Bilanzposten und damit

264 Dieser Bilanzposten gehört inhaltlich zu den Verbindlichkeiten aus Krediten für Investitionen.

nicht unter dem Bilanzposten 4.2.1 erfolgen. Dies wird durch die Zuordnungen im Kontenrahmenplan deutlich, die lediglich Investitionskredite vom inländischen Geldmarkt (Kontenart 315), Investitionskredite vom sonstigen inländischen Bereich (Kontenart 316), Investitionskredite vom ausländischen Geldmarkt (Kontenart 317) sowie Investitionskredite vom sonstigen ausländischen Bereich (Kontenart 318) zu diesem Bilanzposten vorsehen.

Die weitere kontenmäßige Unterteilung der Verbindlichkeiten aus Krediten für Investitionen und Investitionsförderungsmaßnahmen erfolgt zunächst nach Laufzeiten, weiterhin nach Währung (Euro-Währung, Fremdwährung) und Zinsart (fester Zins, variabler Zins).

Kreditverbindlichkeiten sind stets mit ihrem Rückzahlungsbetrag anzusetzen (§ 33 Abs. 6 GemHVO-Doppik). Der Betrag der Rückzahlungsverpflichtung kann höher als der zugeflossene Kreditbetrag sein, wenn z. B. ein Disagio vereinbart wird. Dies ändert nichts an der Höhe des auszuweisenden Rückzahlungsbetrages. Der Unterschiedsbetrag ist gemäß § 36 Abs. 3 GemHVO-Doppik als aktiver Rechnungsabgrenzungsposten in der Bilanz mit jahresbezogener ergebniswirksamer Auflösung entsprechend der Kreditlaufzeit abzubilden.

10.3.3.4.3 Kassenkredite

§ 52 Abs. 1 KV M-V regelt grundsätzlich, dass Kredite nur für Investitionen, Investitionsförderungsmaßnahmen sowie zur Umschuldung von Krediten für Investitionen und Investitionsförderungsmaßnahmen aufgenommen werden dürfen. § 43 Abs. 2 KV M-V sieht vor, dass die Gemeinde ihre Zahlungsfähigkeit durch angemessene Liquiditätsplanung sicherzustellen hat. § 53 Abs. 2 KV M-V sieht im Rahmen dieser Zielsetzung als Ausnahme des § 52 KV M-V vor, dass die Gemeinde zwecks rechtzeitiger Leistung der Auszahlungen auch Kassenkredite zur Sicherung ihrer Zahlungsfähigkeit aufnehmen kann. Der Höchstbetrag der Kassenkredite ist in der Haushaltssatzung zu regeln (§ 45 Abs. 3 Satz 1 Nr. 2 KV M-V). Eine Darstellung im Haushaltplan ist nicht vorgesehen.

Ebenso wie bei den Kreditaufnahmen für Investitionen und Investitionsfördermaßnahmen erfolgt ein Ausweis im Bilanzposten 4.2.2 nur dann, wenn nicht aufgrund der Herkunft der Mittel ein Ausweis unter den Bilanzposten 4.7 bis 4.10 erfolgt.

10.3.3.4.4 Verbindlichkeiten aus Vorgängen, die Kreditaufnahmen wirtschaftlich gleichkommen (kreditähnliche Rechtsgeschäfte)

§ 52 Abs. 5 KV M-V regelt für Entscheidungen der Gemeinde über die Begründung einer Zahlungsverpflichtung, die wirtschaftlich einer Kreditverpflichtung gleichkommt, dass diese der Genehmigung durch die Kommunalaufsichtsbehörde bedürfen. Die Genehmigung soll nach den Grundsätzen einer geordneten Haushaltswirtschaft erteilt oder versagt werden; sie kann unter Bedingungen und Auflagen erteilt werden. Sie ist in der Regel zu versagen, wenn die Kreditverpflichtungen mit der dauernden Leistungsfähigkeit der Gemeinde nicht im Einklang stehen. Eine Genehmigung ist nicht erforderlich für die Begründung von Zahlungsverpflichtungen im Rahmen der laufenden Verwaltung.

Weitere Regelungen zu diesem Bilanzposten nach § 47 Abs. 5 Nr. 4.3 GemHVO-Doppik gibt es in der KV M-V oder der GemHVO-Doppik nicht.

Es gibt weder eine rechtliche noch eine inhaltlich eindeutige Definition für diesen Bilanzposten. Allerdings enthält der kommunale Kontenrahmenplan für diesen Posten folgenden Strukturierungsansatz, aus dem auch die Inhalte deutlich werden:

- Schuldübernahmen (Kontenart 331)
- Leibrentenverträge (Kontenart 332)
- Verträge über die Durchführung städtebaulicher Maßnahmen (Kontenart 333)
- Gewährung von Schuldendiensthilfen mit Rückzahlungsverpflichtung durch Dritte (Kontenart 334)
- Verbindlichkeiten aus Leasingverträgen (Kontenart 335)
- Restkaufgelder im Zusammenhang mit Grundstücksgeschäften (Kontenart 336)
- Verbindlichkeiten aus Vorgängen, die der Aufnahme von Krediten für Investitionen und Investitionsfördermaßnahmen wirtschaftlich gleichkommen, insb. ÖPP-Projekte (Kontenart 337)
- Verbindlichkeiten aus Vorgängen, die der Aufnahme von Krediten zur Sicherung der Zahlungsfähigkeit wirtschaftlich gleichkommen, z. B. aus ÖPP-Projekten (Kontenart 338)
- Sonstige Verbindlichkeiten aus Vorgängen, die Kreditaufnahmen wirtschaftlich gleichkommen (Kontenart 339)

Beispielhaft werden nachfolgend die wohl gebräuchlichsten Formen, Leasing- und Leibrentenverträge, von Verbindlichkeiten aus Vorgängen, die Kreditaufnahmen wirtschaftlich gleichkommen, kurz dargestellt.

a) Leibrentenverträge

Für eine einmalige Leistung eines Dritten, in der Regel für eine Übertragung eines Grundstücks, sichert die Gemeinde diesem Dritten wiederkehrende Geldzahlungen zu, die an dessen Lebenszeit geknüpft sind. Die Ermittlung der Rentenzahlung erfolgt auf der Basis versicherungsmathematischen Regelungen (z. B. Sterbetafeln). Aufgrund der stetig steigenden Lebenserwartungen nehmen viele Gemeinden bereits Abstand von solchen Verträgen.

b) Leasingverträge[265]

Leasing verkörpert eine besondere Vertragsform der Vermietung und Verpachtung, die auch für den kommunalen Bereich eine attraktive Alternative zum Kauf von beweglichem und unbeweglichem Anlagevermögen darstellt. Das Leasingobjekt kann entweder direkt vom Hersteller geleast werden (direktes Leasing) oder von einer speziellen Leasinggesellschaft (indirektes Leasing).

265 Siehe hierzu auch Kapitel 10.3.2.1.4.

Ist der Leasing-Gegenstand dem Leasing-Geber zuzurechnen, so ist der Leasing-Vertrag als Mietvertrag anzusehen. Er gehört damit zu den schwebenden Geschäften, die grundsätzlich in der Bilanz nicht erfasst werden dürfen. Die am Abschlusstag noch nicht fälligen Leasing-Raten und der Wert der noch zu erbringenden Vermietungsleistungen sind daher nicht in der Bilanz auszuweisen.

10.3.3.4.5 Erhaltene Anzahlungen aus Bestellungen

Diese Bilanzposition hat in der Praxis keine Bedeutung. Gemeinden haben in der Regel keine Waren zum Verkauf im Angebot, auf die Anzahlungen geleistet werden. Solcherlei Bestellvorgänge sind im kommunalen Bereich nicht vorhanden.

10.3.3.4.6 Verbindlichkeiten aus Lieferung und Leistungen

Dieser Bilanzposten erfasst noch zu erbringende Zahlungen an Dritte, die aufgrund von erbrachten Lieferungen und Leistungen zu leisten sind. Die Bilanzierung erfolgt zum Rechnungsbetrag.

10.3.3.4.7 Verbindlichkeiten aus Transferleistungen

Dieser Bilanzposten umfasst beispielsweise:

- Finanzausgleichsverbindlichkeiten
- Verbindlichkeiten aus Zuweisungen und Zuschüssen für laufende Zwecke
- Verbindlichkeiten aus Schuldendiensthilfen
- Soziale Leistungsverbindlichkeiten
- Verbindlichkeiten aus Zuweisungen und Zuschüssen für Investitionen
- Steuerverbindlichkeiten
- Andere Transferverbindlichkeiten

10.3.3.4.8 Verbindlichkeiten gegenüber Beteiligungen und gegenüber dem öffentlichen Bereich

In den entsprechenden Bilanzposten sind die Verbindlichkeiten auszuweisen, die gegenüber

- verbundenen Unternehmen (Bilanzposten 4.7),
- Unternehmen, mit denen ein Beteiligungsverhältnis besteht (Bilanzposten 4.8),
- Sondervermögen mit Sonderrechnung, Zweckverbänden, Anstalten des öffentlichen Rechts sowie rechtsfähigen kommunalen Stiftungen (Bilanzposten 4.9) und
- dem verbleibenden öffentlichen Bereich – also EU, Bund , Land, Gemeinden und Gemeindeverbänden (Bilanzposten 4.10)

bestehen.

10.3.3.4.9 Sonstige Verbindlichkeiten

Der Bilanzposten „sonstige Verbindlichkeiten“ stellt einen Restposten dar, in dem alle sonstigen Verbindlichkeiten gegenüber Dritten auszuweisen sind. Hierzu gehören insbesondere:

- Verwahrgelder und Treuhandgelder,
- Kautionen,
- weiterzuleitende Spenden,
- ungeklärte Zahlungseingänge,
- abzuführende Steuern und Sozialversicherungsbeiträge,
- andere sonstige Verbindlichkeiten.

10.3.3.5 Rechnungsabgrenzungsposten (passiv)[266]

Die passive Rechnungsabgrenzung beinhaltet transitorische Posten, d. h. es handelt sich um Finanzvorfälle, die im laufenden Haushaltsjahr zu Einnahmen führen, die aber erst im folgenden Haushaltsjahr Ertrag darstellen.

> ***Beispiel:***
> *Die Gemeinde erhält im Oktober 2021 Mietvorauszahlungen für die Monate Oktober 2021 bis März 2022. Es fließt im laufenden Haushaltsjahr Liquidität für sechs Monate zu, ertragsmäßig gehören jedoch nur Mietzahlungen für drei Monate in die Ergebnisrechnung des laufenden Haushaltsjahres. Die anderen drei Monate an Mietzahlungen sind ertragsmäßig im folgenden Haushaltsjahr zu berücksichtigen.*

Nach § 36 Abs. 2 Satz 2 GemHVO-Doppik kann nach der Änderung der Verordnung 2016 jedoch auf die Bildung eines Rechnungsabgrenzungspostens verzichtet werden, sofern der Wert des einzelnen Abgrenzungspostens nicht mehr als 1.000 € beträgt und eine unterlassene Abgrenzung das Jahresergebnis nicht wesentlich beeinflusst.

Neben dieser üblichen Rechnungsabgrenzung ist im kommunalen Bereich von besonderer Bedeutung der Ansatz von passiven Rechnungsabgrenzungsposten aus Anzahlungen auf Grabnutzungsentgelten. Da sich das Nutzungsrecht auf 25, 30 oder 40 Jahre erstreckt, sind die Erträge über die vereinbarte Nutzungsdauer abzugrenzen.[267]

10.3.4 Übungen zum Bilanzausweis

Sachverhalt Nr. 19:
Im Rahmen der Inventur wurden folgende Posten für die Bilanz festgestellt:

---

266 Das Thema Rechnungsabgrenzung wird eingehend in Kapitel 22 „Jahresabschluss“ dargestellt.
267 Siehe hierzu auch Kapitel 11.4.5.

1. Anzahlung für ein Löschfahrzeug
2. Grund und Boden der Straße X
3. Fahrbahndecke der Straße X
4. Unselbstständiges Stiftungsvermögen
5. Bestand an Pfandbriefen
6. Kleingartendaueranlage
7. Unbebautes Gewerbegrundstück
8. Straßentunnel unter einer S-Bahn-Strecke
9. Schulgebäude
10. PC-Ausstattung
11. Sportplatz
12. Verkehrssignalanlage
13. Schulgrundstück
14. Mobiliar einer Schule (Vermögensgegenstände)
15. Selbsterstellte Software
16. Zehn Tischrechner für je 19 €
17. Zuwendung für einen Schulbau
18. Fertiggestellte Friedhofskapelle
19. Offene Lieferantenrechnung
20. 100%-Beteiligung an einer GmbH
21. Nicht in Anspruch genommene Urlaubstage der Beschäftigten am Jahresende
22. Verbindlichkeiten aus Leasingverträgen für Vermögensgegenstände
23. Abschluss der Ergebnisrechnung
24. Verbindlichkeiten gegenüber Krankenkassen

Aufgabe:
Bestimmen Sie den Ausweis in der Bilanz, Begründungen sind hierbei nicht erforderlich.

Lösung:
Ausweis unter

1. Sachvermögen, geleistete Anzahlungen auf Sachanlagen, Anlagen im Bau (A 1.2.10)
2. Sachvermögen, Infrastrukturvermögen (A 1.2.4)
3. Sachvermögen, Infrastrukturvermögen (A 1.2.4)
4. Die Vermögensgegenstände werden in der jeweiligen Bilanzposition der Gemeinde mit einem Davon-Vermerk ausgewiesen.
5. Finanzvermögen, Sonstige Wertpapiere des Anlagevermögens (A 1.3.7)
6. Sachvermögen, Sonstige unbebaute Grundstücke und grundstücksgleiche Rechte (A 1.2.2)
7. Sachvermögen, Sonstige unbebaute Grundstücke und grundstücksgleiche Rechte (A 1.2.2)
8. Sachvermögen, Infrastrukturvermögen (A 1.2.4)

9. Sachvermögen, bebaute Grundstücke und grundstücksgleiche Rechte (A 1.2.3)
10. Sachvermögen, Betriebs- und Geschäftsausstattung (A 1.2.8)
11. Sachvermögen, Sonstige unbebaute Grundstücke und grundstücksgleiche Rechte (A 1.2.2)
12. Sachvermögen, Infrastrukturvermögen (A 1.2.4)
13. Sachvermögen, bebaute Grundstücke und grundstücksgleiche Rechte (A 1.2.3)
14. Sachvermögen, Betriebs- und Geschäftsausstattung (A 1.2.8)
15. Immaterielles Vermögen (A 1.1.1)
16. Keinerlei Ausweis, da geringwertige Vermögensgegenstände; ggf. auch Aktivierung als Betriebs- und Geschäftsausstattung
17. Sonderposten aus Zuwendungen (P 2.1.1)
18. Sachvermögen, Bebaute Grundstücke und grundstücksgleiche Rechte (A 1.2.3)
19. Verbindlichkeiten aus Lieferung und Leistung (P 4.5)
20. Finanzanlagen, Anteile an verbundenen Unternehmen (A 1.3.1)
21. Nur, wenn nicht auf den Ausweis verzichtet wurde: Rückstellungen, Sonstige Rückstellungen (P 3.4)
22. Verbindlichkeiten, Verbindlichkeiten aus Vorgängen, die Kreditaufnahmen wirtschaftlich gleichkommen (P 4.3)
23. Eigenkapital, Jahresüberschuss / Jahresfehlbetrag (P 1.4)
24. Verbindlichkeiten, Verbindlichkeiten gegenüber dem sonstigen öffentlichen Bereich (P 4.10.2)

Sachverhalt Nr. 20:
Es fallen folgende Finanzvorfälle an:

1. *Bodenbevorratung*
   Die Liegenschaftsverwaltung erwirbt mehrere unbebaute Grundstücke im Rahmen der Bodenbevorratung.
2. *Grundstücksverwendung*
   Die Liegenschaftsverwaltung überträgt einen Teil des Grundstücks an die Tiefbauverwaltung für die Erweiterung einer Hauptstraße.
3. *Restgrundstück*
   Das Restgrundstück wird für eine kleine Baumaßnahme mit Reiheneigenheimen genutzt. Die neu parzellierten Grundstücke werden den Bauwilligen im Rahmen von Erbpachtverträgen zur Verfügung gestellt.
4. *Umnutzung einer Schule*
   Aufgrund eines Grundschulneubaus wird ein anderer Grundschulstandort aufgegeben. Der Ausweis dieser ehemaligen Schule erfolgt unter:
5. *Abriss einer Schule*
   Aufgrund eines Grundschulneubaus wird ein weiterer Grundschulstandort aufgegeben. Das Gebäude wird abgerissen.

Aufgabe:
Bestimmen Sie ohne nähere Begründung den Ausweis in der Bilanz:

Lösung:

1. Sachvermögen, Sonstige unbebaute Grundstücke und grundstücksgleiche Rechte (A 1.2.2)
2. Der übertragene Grundstücksteil: Sachvermögen, Infrastrukturvermögen (A 1.2.4). Restgrundstück: Sonstige unbebaute Grundstücke und grundstücksgleiche Rechte (A 1.2.2)
3. Sachvermögen, Sonstige unbebaute Grundstücke und grundstücksgleiche Rechte (A 1.2.2)
4. Sachvermögen, bebaute Grundstücke und grundstücksgleiche Rechte (A 1.2.3)
5. Sachvermögen, Sonstige unbebaute Grundstücke und grundstücksgleiche Rechte (A 1.2.2)

11. Die Ergebnisrechnung – Grundlagen und Einzelpositionen

Wie bereits im Kapitel 3 dargestellt, erfolgt die sachliche Gliederung der Buchhaltung mit Hilfe von Konten. Dabei wird zwischen den Konten unterschieden, die direkt in die Bilanz einfließen (Bestandskonten), und den Konten, die zur Erstellung der Ergebnisrechnung (Erfolgskonten), der Finanzrechnung (Finanzrechnungskonten) oder im Zweikreissystem des Kontenrahmens GemHVO-Doppik (landeseinheitlicher Kontenrahmen für M-V) auch zur Erstellung der Kosten- und Leistungsrechnung (Betriebsbuchführungskonten, hier jedoch keine landeseinheitlichen Konten) benötigt werden.

In diesem Kapitel wird die Systematik der Erfolgskonten dargestellt und es werden die wesentlichen Kontierungsvorschriften für die Bebuchung dieser Konten vorgestellt. Dabei ist darauf hinzuweisen, dass in der Praxis die Buchungssystematik abhängig davon ist, auf welche Weise die Daten der Finanzrechnung gewonnen werden. In den folgenden Darstellungen wird auf eine Einbeziehung der Finanzrechnungskonten in den doppischen Buchungsverbund zunächst verzichtet. Das Kapitel 12 zeigt die unterschiedlichen Möglichkeiten zur Bedienung der Finanzrechnung dann im Einzelnen auf.

11.1 Übersicht über die Erfolgs- und Finanzrechnungskonten (Kontenklassen 4, 5, 6 und 7)

Die Systematik der Kontenklassen 4 bis 7 ergibt sich aus den Anforderungen der §§ 2 und 3, 44 und 45 GemHVO-Doppik und wird anschaulich durch eine Gegenüberstellung der Ertrags- und der Einzahlungskonten sowie der Aufwands- und der Auszahlungskonten. Grundsätzlich erfolgt eine parallele Einteilung der Kontengruppen innerhalb dieser Kontenklassen. Abweichungen treten immer dann auf, wenn dem jeweiligen Erfolgskonto aus logischen Gründen kein entsprechendes Finanzrechnungskonto gegenüberstehen kann oder umgekehrt.

So werden z. B. im Bereich der Erträge und Einzahlungen in beiden Kontenklassen die Kontengruppen „Steuern und ähnliche Abgaben“[268] ausgewiesen. Eine Kontengruppe für „Bilanzielle Abschreibungen“ sucht man dagegen bei den Zahlungskonten vergebens, da diese keine Geldmittelbewegungen verursachen. Eine weitere Differenzierung ergibt sich bei den Investitionen; hier gibt es keine naturgemäß nur Auszahlungen, jedoch keine Aufwendungen, da diese über die Abschreibungen dargestellt werden (erst durch die Nutzung entstehen Aufwendungen).

In der nachfolgenden Aufstellung wurden die gegenüberliegenden Kontengruppen, bei denen sich wesentliche Abweichungen ergeben, grau unterlegt.

268 Als Ertrag in der Kontengruppe 40 und als Einzahlung in der Kontengruppe 60.

Erträge und Einzahlungen		Aufwendungen und Auszahlungen	
Kontenklasse 4	**Kontenklasse 6**	**Kontenklasse 5**	**Kontenklasse 7**
Erträge	Einzahlungen	Aufwendungen	Auszahlungen
40 Steuern und ähnliche Abgaben	60 Steuern und ähnliche Abgaben	50 Personalaufwendungen	70 Personalauszahlungen
41 Zuwendungen, allgemeine Umlagen und sonstige Transfererträge	61 Zuwendungen und allgemeine Umlagen und sonstige Transfereinzahlungen	51 Versorgungsaufwendungen	71 Versorgungsauszahlungen
42 Erträge der sozialen Sicherung	62 Einzahlungen der sozialen Sicherung	52 Aufwendungen für Sach- und Dienstleistungen	72 Auszahlungen für Sach- und Dienstleistungen
43 Öffentlich-rechtliche Leistungsentgelte	63 Öffentlich-rechtliche Leistungsentgelte	53 Bilanzielle Abschreibungen	73 Nicht besetzt
44 Privatrechtl. Leistungsentgelte, Kostenerstattungen und -umlagen	64 Privatrechtl. Leistungsentgelte, Kostenerstattungen und -umlagen	54 Zuwendungen, Umlagen und sonstige Transferaufwendungen	74 Zuwendungen, Umlagen und sonstige Transferauszahlungen
45 Bestandsveränderungen u. andere aktivierte Eigenleistungen	65 Bestandsveränderungen und andere aktivierte Eigenleistungen	55 Aufwendungen der sozialen Sicherung	75Auszahlungen der sozialen Sicherung
46 Sonstige laufende Erträge	66 Sonstige laufende Einzahlungen einschließlich außerordentliche Einzahlungen	56 Sonstige laufende Aufwendungen	76 Sonstige laufende Auszahlungen einschließlich außerordentliche Auszahlungen
47 Zinserträge und sonstige Finanzerträge	67 Zinseinzahlungen und sonstige Finanzeinzahlungen	57 Zinsaufwendungen und sonstige Finanzaufwendungen	77 Zinsauszahlungen und sonstige Finanzauszahlungen
48 Erträge aus internen Leistungsbeziehungen	68 Einzahlungen aus Investitionstätigkeit	58 Aufwendungen aus internen Leistungsbeziehungen	78 Auszahlungen für Investitionstätigkeit
49 Außerordentliche Erträge, Entnahmen aus Rücklagen	69 Einzahlungen aus Finanzierungstätigkeit	59 Außerordentliche Aufwendungen, Einstellungen in Rücklagen	79 Auszahlungen aus Finanzierungstätigkeit

Im Folgenden werden nun zunächst die Erfolgskonten besprochen. Im Kapitel 12 wird die Systematik der Finanzrechnung vorgestellt und auf die Finanzrechnungskonten eingegangen, bei denen sich wesentliche sachliche Abweichungen zu den Erfolgskonten ergeben.

11.2 Die Konten der Ergebnisrechnung (Kontenklassen 4 und 5)

11.2.1 Steuern und ähnliche Abgaben (Kontengruppe 40)

Für die Steuern ergibt sich die inhaltliche Abgrenzung aus der Legaldefinition des § 3 Abs. 1 Satz 1 AO: *„Steuern sind Geldleistungen, die nicht eine Gegenleistung für eine besondere Leistung darstellen und von einem öffentlich-rechtlichen Gemeinwesen zur Erzielung von Einnahmen allen auferlegt werden, bei denen der Tatbestand zutrifft, an den das Gesetz die Leistungspflicht knüpft; die Erzielung von Einnahmen kann Nebenzweck sein."*

Der landeseinheitliche Kontenrahmenplan sieht für die Kontengruppe 40, Steuern und ähnliche Abgaben, eine weitere Differenzierung vor:

4			**Erträge**
	40		**Steuern und ähnliche Abgaben**
		401	Realsteuern
		402	Gemeindeanteile an den Gemeinschaftssteuern
		403	Sonstige Gemeindesteuern
		404	Steuerähnliche Erträge
		405	Ausgleichsleistungen
		406	Nicht besetzt
		407	Nicht besetzt
		408	Nicht besetzt
		409	Nicht besetzt

Mit dieser Aufstellung sind die wesentlichen Steuerarten in der Kommunalverwaltung abgebildet. Für verbindlich erklärt sind die 3-Steller, allerdings ist in einigen Bereichen eine weitere Unterteilung aufgrund der Vorgaben des Personal- und Statistikgesetzes erforderlich. Soweit in der Praxis weitere Konten erforderlich sind, sind diese an der entsprechenden Stelle im Kontenplan einzufügen.

Die sachliche Abgrenzung der verschiedenen Steuerarten erfolgt grundsätzlich ohne Probleme, da eine Steuerforderung immer einer rechtlichen Grundlage und eines sich darauf beziehenden Verwaltungsakts bedarf.

Kritisch kann dagegen die zeitliche Abgrenzung der Steuererträge sein. Dabei ist grundsätzlich zu berücksichtigen, dass gem. § 8 Abs. 3 GemHVO-Doppik nicht der Zeitpunkt der Zahlung, sondern der Zeitpunkt der wirtschaftlichen Entstehung eines Ertrages maßgeblich für die periodengerechte Zuordnung ist. Aufgrund der sehr unterschiedlichen Erhebungsverfahren bei den verschiedenen Steuerarten würde eine Ermittlung der zutreffenden Buchungsperiode bei jeder einzelnen Buchung erheblichen Aufwand verursachen.

Vorauszahlungsbescheide, die hauptsächlich im Bereich der Gewerbesteuer vorkommen, werden grundsätzlich erst mit dem Zeitpunkt der Fälligkeit, d. h. unabhängig von der Erstellung und dem Versand des Bescheides, eingebucht. Dies führt dazu, dass bei einem Versand eines Vorauszahlungsbescheids für das Jahr X im Vorjahr (X–1) auf eine Abgrenzung verzichtet werden kann.

Endgültige Steuerfestsetzungen, die im Bereich der kommunalen Steuern die Regel sind, werden zum Tag der Erstellung des Bescheides eingebucht. Ein Abstellen auf den rechtlich korrekten Zeitpunkt der Wirkung des Steuerbescheids, nämlich den Zeitpunkt der Bekanntgabe der Forderung, erscheint unter Berücksichtigung des Wirtschaftlichkeitsgebots nicht möglich. Soweit Bescheide mit endgültigen Steuerfestsetzungen bereits für das Folgejahr erstellt werden, ist eine passive Rechnungsabgrenzung durchzuführen.[269] Ebenso ist bei einer Bescheiderstellung für das Vorjahr die Zuordnung unter Berücksichtigung des Wertaufhellungsgebots durchzuführen. D. h., dass eine Zuordnung zum Vorjahr noch zu erfolgen hat, soweit der Jahresabschluss des Vorjahres noch nicht erstellt wurde.

Beispiele:

1. Grundsteuer A

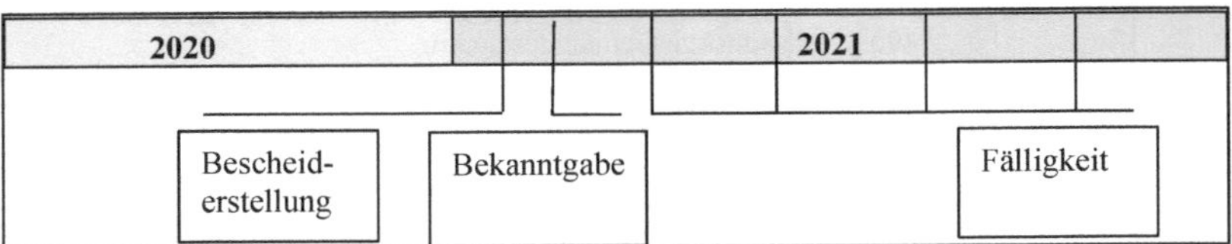

Der Grundsteuerbescheid für 2021 wird im Januar 2021 erstellt und kurz darauf dem Steuerpflichtigen bekanntgegeben. Die Fälligkeitstermine sind der 15.2., 15.5., 15.8. und 15.11.2021. Die Forderung wird mit der Bescheiderstellung im Jahr 2021 eingebucht. Bei Zahlungseingang erfolgt ein Ausgleich auf dem Debitorenkonto.

a) Einbuchung der Forderung und des Ertrags zum Zeitpunkt der Bescheiderstellung (2021):

Debitor[270]	***an***	***4011 Grundsteuer A***

269 An dieser Stelle wird ausdrücklich nochmals darauf hingewiesen, dass die hier dargestellte Buchungsweise nicht der gängigen kaufmännischen Behandlung der Rechnungsabgrenzung entspricht und lediglich eine vorgeschlagene Vereinfachung zur Behandlung der komplexen Problematik der Abgrenzung von Steuerforderungen darstellt.

270 In der gängigen Literatur zur kaufmännischen Buchführung werden bei den Buchungssätzen die Hauptbuchkonten angesprochen. Das wäre in diesem Fall das Konto 153 „Steuerforderungen". In der Praxis werden die Forderungs- und Verbindlichkeitskonten aber i. d. R. nicht direkt bebucht. Die Abwicklung der Forderungen und Verbindlichkeiten erfolgt in einer Nebenbuchhaltung (siehe Kapitel 4) über Personenkonten. Dies sind für Forderungen Debitorenkonten und für Verbindlichkeiten Kreditorenkonten. Um den Praxisbezug zu erhöhen, werden bei den Buchungssätzen i. d. R. die Personenkonten angesprochen.

b) Ausgleich der Forderung durch Zahlungseingang

1841 Kontokorrentguthaben	***an***	***Debitor***

2. Vergnügungssteuer (endgültige Festsetzung)

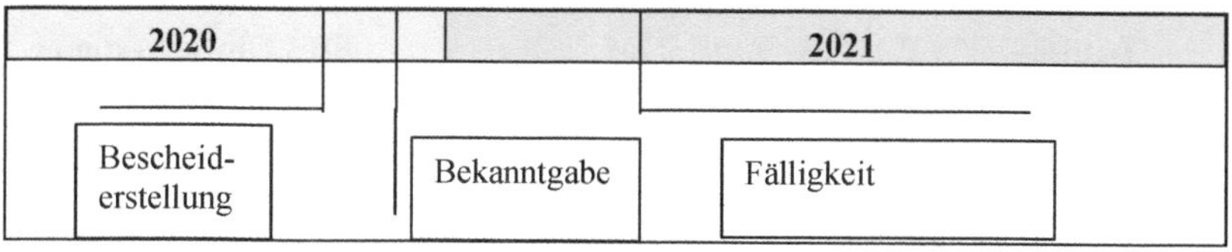

2020	2021
Bescheid-erstellung	Bekanntgabe Fälligkeit

Die Erstellung des Vergnügungssteuerbescheids 2021 erfolgt bereits in 2020. Die Fälligkeit der Forderungen liegt erst im Jahr 2021. Es ist daher im Jahresabschluss 2020 ein passiver Rechnungsabgrenzungsposten zu bilden, der in 2021 wieder aufzulösen ist:

a) Einbuchung der Forderung und des Rechnungsabgrenzungsposten zum Zeitpunkt der Bescheiderstellung (2020):

Debitor	***an***	***399 sonstiger passiver RAP***

b) Auflösung des Rechnungsabgrenzungspostens (2021):

399 passiver RAP	***an***	***4031 sonst. Gemeindesteuern***

c) Ausgleich der Forderung durch Zahlungseingang (2021):

1841 Kontokorrentguthaben	***an***	***Debitor***

3. Gewerbesteuer (Vorauszahlungsbescheid 2021)

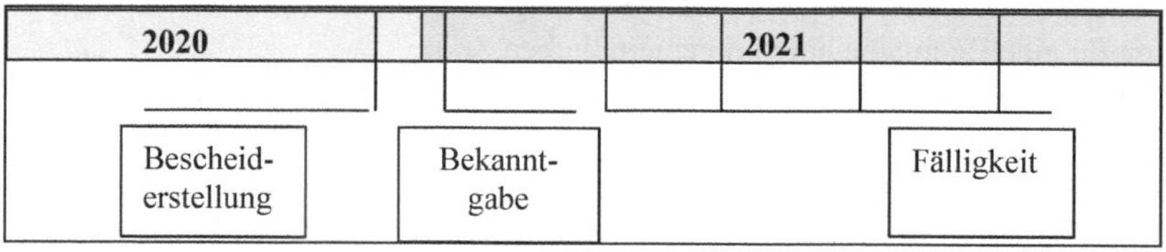

2020	2021
Bescheid-erstellung	Bekannt-gabe Fälligkeit

Die Erstellung des Vorauszahlungsbescheids für die Gewerbesteuer erfolgt bereits in 2020. Der Versand erfolgt Anfang 2021.[271] *Die Fälligkeitstermine für die Vorauszahlungen liegen im Jahr 2021. Da es sich um Vorauszahlungsbescheide handelt, erfolgt zum Zeitpunkt der Bescheiderstellung keine Einbuchung der Forderung. Im Jahresabschluss 2020 bleibt dieser Geschäftsvorfall daher un-*

271 Auch bei einem Versand in 2020 würden sich bzgl. der Abwicklung keine Änderungen ergeben.

berücksichtigt. Die buchhalterische Erfassung der Forderungen erfolgt jeweils zum Zeitpunkt der Fälligkeiten:

a) Einbuchung der Forderung zum Zeitpunkt des ersten Fälligkeitstermins (15.2.2021) mit dem jeweiligen Anteil :

Debitor	**an**	**4013 Gewerbesteuer**

b) Ausgleich der Forderung durch Zahlungseingang (Februar 2021):

1841 Kontokorrentguthaben	**an**	**Debitor**

c) Einbuchung der Forderung zum Zeitpunkt des zweiten Fälligkeitstermins (15.5.2021) mit dem jeweiligen Anteil:

Debitor	**an**	**4013 Gewerbesteuer**

d) Ausgleich der Forderung durch Zahlungseingang (Mai 2021):

1841 Kontokorrentguthaben	**an**	**Debitor**

... bis die vollständige Forderung aus dem Vorauszahlungsbescheid erfasst ist.

11.2.2 Zuwendungen, allgemeine Umlagen und sonstige Transfererträge (Kontengruppe 41)

Zuwendungen sind Finanzhilfen zur Erfüllung der Aufgaben des Empfängers. Die Gemeinden erhalten also Geldmittel von einem öffentlich-rechtlichen Aufgabenträger (z. B. Zuweisungen des Landes für die Instandhaltung von Schulen) oder von privaten Personen, Personenvereinigungen und Kapitalgesellschaften (z. B. Geldspende einer Firma für eine Baumaßnahme im gemeindlichen Zoo).[272]

Aus Sicht der Umlageverbände (Landkreise, Ämter und Zweckverbände) spielen insbesondere die Kreis- bzw. Amtsumlagen und Zweckverbandsumlagen eine bedeutende Rolle.

Bei der Planung und Buchung der Zuwendungen ist die Frage der Passivierungsfähigkeit (also die Frage der Zulässigkeit der Aufnahme als Bilanzposition auf der Passivseite der Bilanz durch einen entsprechenden Buchungsvorgang) von entscheidender Bedeutung. Als Ertrag ist entsprechend § 8 Abs. 3 GemHVO-Doppik nur der Teil der Zuwendungen Ergebnis verbessernd zu behandeln, der sich wirtschaftlich auf das betroffene Rechnungsjahr bezieht. Grundsätzlich ist dabei zunächst zu unterscheiden zwischen

272 Eine ausführliche Darstellung des Zuwendungsrechts enthält *Mutschler*, Kommunales Finanz- und Abgabenrecht NRW, 14. Aufl., Wiesbaden 2018, S. 287 ff.

- Zuwendungen für die laufende Verwaltungstätigkeit und
- Zuwendungen für Investitionen.

Alle Zuwendungen, die nicht ausdrücklich für die Durchführung von Investitionen geleistet werden, werden der laufenden Verwaltungstätigkeit zugeordnet. Dies sind insbesondere die Schlüsselzuweisungen des Landes im Rahmen des Finanzausgleichsgesetzes (FAG) und andere Bedarfszuweisungen für laufende Zwecke. Diese Zuwendungen für laufende Zwecke, werden – soweit nicht eine Periodenabgrenzung erforderlich ist – buchhalterisch unmittelbar als Ertrag erfasst. Bei Eingang des Bescheids für die Schlüsselzuweisungen im Januar des Jahres wird dementsprechend gebucht:

Debitor	**an**	**411 Schlüsselzuweisungen**

Zuwendungen für Investitionen werden gem. § 37 Abs. 2 oder 3 GemHVO-Doppik nicht unmittelbar als Ertrag gebucht, sondern als Sonderposten oder als Einstellung in die Kapitalrücklage passiviert.[273] Bei Zuwendungen, deren ertragswirksame Auflösung nicht ausdrücklich ausgeschlossen ist, erfolgt die ergebniswirksame Auflösung der Zuwendung, die zuvor als Sonderposten passiviert wurde, nach § 37 Abs. 2 GemHVO-Doppik parallel zur Abschreibung des jeweiligen Anlageguts.

Nachfolgende Übersicht zeigt vereinfacht die Abwicklung der Anschaffung eines neuen Dienst-PKWs für die städtische Feuerwehr, die mit 15 % vom Land bezuschusst wird (Zweckbindungsdauer zehn Jahre, Abschreibung ebenfalls über zehn Jahre):[274]

Zunächst erfolgt die Anschaffung des neuen Fahrzeugs, die wie folgt gebucht wird:

0714 Fahrzeuge	**an**	**3551**	**Verbindlichkeiten LuL ggü. priv. Unternehmen 20.000 €**

Verbindlichkeiten LuL	**an**	**1841**	**Kontokorrentguthaben 20.000 € ggü. priv. Unternehmen**

Durch Bescheid wird nun der endgültige Förderbetrag des Landes festgelegt. Die Buchung lautet:

273 Diese Zuschüsse werden als „Kapitalzuschüsse“ bezeichnet. Das Verbot der ertragswirksamen Auflösung ergibt sich in der Regel aus dem Bewilligungsbescheid bzw. dem Bewilligungsschreiben. Die Regelung der Ziffer 22.2 VwV GemHVO-Doppik und GemKVO-Doppik sind zu beachten, ebenso die Regelungen der Ziffer 18.5 der VwV, wonach bestimmte Zuweisungen bzw. deren Teile als investive Zuweisungen in die Kapitalrücklage einzustellen sind. Allerdings gibt es durch die Regelungen des § 18 GemHVO-Doppik sowie damit zusammenhängend in den Verwaltungsvorschriften die Möglichkeit, aus der Kapitalrücklage Mittel zu entnehmen. Damit können außerordentliche Erträge in Form der Sofortauflösung dieses Teils der Kapitalrücklage generiert werden.

274 Vgl. hierzu auch die ausführliche Darstellung im Kapitel 10.3.6.

15442 Forderungen[275]	**an**	**23142 Sonderposten (Zuw. Land) 3.000 €**

Anschließend geht die Zuwendung auf dem Konto der Stadt ein:

1841 Kontokorrentguthaben	**an**	**15442 Forderungen**	**3.000 €**

Bilanziell ergeben sich durch diese Buchungen nachfolgende Änderungen (Beträge in Euro):

AKTIVA			PASSIVA		
Anlagevermögen			**Eigenkapital**	+/–	0
Fahrzeuge	+	20.000			
			Sonderposten		
Umlaufvermögen			*Zuwendungen*	+	3.000
Forderungen	+/–	0	**Fremdkapital**	+/–	0
Liquide Mittel	–	17.000			
	+	3.000		+	3.000

Dabei wird deutlich, dass weder die Investition noch die Zuwendung über Erfolgskonten (Ertrags- oder Aufwandskonten) gebucht wurden. Die Eigenkapitalposition ist damit nicht berührt.

Beispielhaft werden nun die Abschreibung des Fahrzeugs und die ertragswirksame Auflösung der Zuwendung im ersten Nutzungsjahr des Einsatzleitwagens mit Hilfe von T-Konten abgebildet:

1. Der Dienst-PKW wird über zehn Jahre abgeschrieben. Da die Anschaffung im Januar erfolgte, wird in diesem Beispiel vereinfachend[276] davon ausgegangen, dass bereits im ersten Jahr eine volle Jahresabschreibung (1/10 des Anschaffungspreises) durchgeführt wird:

Fahrzeuge

Soll		Haben	
AB	20.000	1. Abschr.	20.000

Abschreibung

Soll		Haben	
1. Fahrzeuge	20.000		

275 Um den Bezug zur Bilanz besser veranschaulichen zu können, wird hier das Konto „Forderungen aus Transferleistungen" angesprochen. In der Praxis werden bei der Buchung von Forderungen und Verbindlichkeiten die Konten der Nebenbücher (Debitoren- bzw. Kreditorenkonten) angesprochen.

276 Diese Vereinfachung stellt einen Verstoß gegen § 34 Abs. 4 GemHVO-Doppik dar, der an dieser Stelle aus didaktischen Gründen bewusst in Kauf genommen wird.

2. Die Zuwendung wird (hier wegen Deckungsgleichheit Zweckbindungsdauer und Abschreibung) parallel zur Abschreibung der Investition ertragswirksam aufgelöst. Die Auflösung erfolgt daher ebenfalls über zehn Jahre über das Konto 4151 „Erträge aus der Auflösung von Sonderposten aus Zuwendungen“

Sonderposten

Soll		Haben	
2. Aufl. Sopo	300	AB	30.000

Erträge aus Aufl. von Sopo

Soll		Haben	
		2. Sopo	300

3. Die Erfolgskonten werden zum Jahresabschluss über die Ergebnisrechnung abgeschlossen:

Erträge aus Aufl. von Sopo

Soll		Haben	
ErgRe	300	2. Sopo	300

Abschreibung

Soll		Haben	
1. Fahrzeuge	2.000	ErgRe	2.000

Damit ergibt sich in der Ergebnisrechnung im ersten Jahr der Nutzung des neuen Einsatzleitwagens allein aus diesem Geschäftsvorfall folgendes Bild:

Ergebnisrechnung		€
		1
2	+ Zuwendungen und allgemeine Umlagen	300
10	= Summe laufende Erträge aus Verwaltungstätigkeit	300
14	– Abschreibungen auf immaterielle Vermögensgegenstände des Anlagevermögens und Sachanlagen sowie auf aktivierte Aufwendungen für die Ingangsetzung und Erweiterung der Verwaltung	2.000
19	= Summe der laufenden Aufwendungen aus Verwaltungstätigkeit	2.000
26	= Jahresergebnis	–1.700

4. Nach Abschluss der Erfolgskonten erfolgt noch der Abschluss der Bestandskonten über das Schlussbilanzkonto (SBK):

Fahrzeuge

Soll		Haben	
AB	20.000	1. Abschr.	20.000
		SBK	18.000
	20.000		20.000

Sonderposten

Soll		Haben	
2. Auflös.	300	AB	3.000
SBK	1.700		
	3.000		3.000

Der Abschluss der Bestandskonten und der Ergebnisrechnung hat folgendes bilanzielles Ergebnis:

AKTIVA			PASSIVA		
Anlagevermögen			**Eigenkapital**		
Fahrzeuge	+	18.000	*Jahresergebnis*	–	1.700
			Sonderposten		
Umlaufvermögen			*Zuwendungen*	+	2.700
Forderungen	+/–	0	**Fremdkapital**	+/–	0
Liquide Mittel	–	17.000			
	+	1.000		+	1.000

Wie bereits oben erwähnt, regelt § 37 Abs. 2 GemHVO-Doppik die Behandlung der auflösungsfähigen Investitionszuwendungen.

Zu beachten ist bei Zuweisungen mit mehrjähriger Zweckbindung oder Gegenleistungsverpflichtung, die die Gemeinde selbst an Dritte gibt, dass nach § 37 Abs. 1 GemHVO-Doppik diese als immaterielle Vermögensgegenstände zu führen und über die Dauer der Zweckbindung oder der Gegenleistungsverpflichtung abzuschreiben sind. Bei dieser Regelung bleibt ausdrücklich unberücksichtigt, dass die Nutzungsdauer des bezuschussten Vermögensgegenstandes und die Zweckbindungsdauer des Investitionszuschusses auseinanderfallen können. Dies wäre z. B. bei einem Investitionszuschuss für die Errichtung einer (massiv gebauten) Schule möglich. Hier stünde u. U. einer Zweckbindungsdauer von 20 Jahren eine Nutzungsdauer von 80 Jahren gegenüber, wobei sich die Abschreibung des immateriellen Vermögensgegenstandes (Zuwendung) regelmäßig an der Zweckbindungsdauer orientiert.

Die dargestellten Sachverhalte sind auch im Rahmen der Haushaltsplanung zu berücksichtigen. Dabei wird bei der Veranschlagung von laufenden Zuwendungen i. d. R. davon auszugehen sein, dass es sich in gleicher Höhe um Ertrag und Einzahlung handelt. Es werden daher die Ergebnis- und die Finanzpositionen (Erträge bzw. Einzahlungen aus Zuweisungen und Zuschüssen) in gleicher Höhe beplant. Erforderliche Periodenabgrenzungen, die sich aus Einzahlungszeitpunkten kurz vor oder nach dem Jahreswechsel ergeben könnten, können zum Planungszeitpunkt nur in Ausnahmefällen Berücksichtigung finden, soweit sie von erheblicher Bedeutung sind.

Bei der Veranschlagung von Investitionszuwendungen besteht dagegen die Notwendigkeit, den oben dargestellten Buchungsvorgang bereits in der Planung nachzuvollziehen. Dabei sind grundsätzlich alle Buchungsvorgänge, die das Bestandskonto „Liquide Mittel" betreffen, relevant für die Aufstellung des Finanzhaushaltes. Alle zu erwartenden Buchungsvorgänge auf Erfolgskonten sind in der Ergebnisplanung auszuweisen. Für das oben dargestellte Beispiel ergäbe sich daraus nachfolgende Abbildung in der Finanz- und Ergebnisplanung:

	Finanzhaushalt	€
		1
19	+ Einzahlungen aus Investitionszuwendungen	3.000
25	– Auszahlungen für Sachanlagen	20.000
29	**= Saldo der Ein- und Auszahlungen aus Investitionstätigkeit**	**17.000**

	Ergebnishaushalt	€
		1
2	+ Zuwendungen, allgemeine Umlagen und sonstige Transfererträge	300
10	**= Summe der Erträge**	**300**
14	– Abschreibungen	2.000
19	**= Summe der Aufwendungen**	**2.000**
25	**= Jahresergebnis (Jahresüberschuss/Jahresfehlbetrag)**	**–1.700**

Gem. § 4 Abs. 7 GemHVO-Doppik müsste die Maßnahme im betroffenen Teilfinanzhaushalt, je nach (durch die Gemeindevertretung) festgelegter Wertgrenze, zusätzlich separat als einzelne Investitionsmaßnahme abgebildet werden.

Im Ergebnis- und Teilergebnishaushalt ist zu beachten, dass sowohl die Abschreibungen als auch die ertragswirksame Auflösung des Sonderpostens auch die auf das Haushaltsjahr folgenden Jahre betreffen. In dem vorliegenden Beispiel könnten die Positionen für die nächsten neun Jahre vorgemerkt werden. Dies geschieht praktisch i. d. R. durch die Erfassung der Anlagegüter und der Sonderposten in der Anlagenbuchhaltung, die dann zukünftig die Planungsdaten für die betroffenen Positionen liefert. Zusätzlich sind bei der Planung der Abschreibungen und der Auflösung der Sonderposten die geplanten Investitionen und die Abgänge von Vermögensgegenständen (Desinvestitionen) zu berücksichtigen, die sich nicht aus der Anlagenbuchhaltung entnehmen lassen.

11.2.3 Erträge der sozialen Sicherung – auch Transfererträge – (Kontengruppe 42)

Unter „Transfer" wird grundsätzlich die Übertragung von Finanzmitteln ohne konkrete Gegenleistung verstanden, soweit es sich nicht um Steuern[277] handelt. Volkswirtschaftlich stellen Transfers die Umleitung von Kaufkraft ohne die Schaffung zusätzlichen Einkommens dar. Mögliche Empfänger sind private Haushalte, Unternehmen oder auch öffentlich-rechtlich Körperschaften. Als „Erträge der sozialen Sicherung" werden

277 Zur Definition von Abgaben und Steuern siehe *Mutschler*, Kommunales Finanz- und Abgabenrecht NRW, 13. Aufl., Wiesbaden 2018, S. 23 ff.

damit alle Erträge aus Transferleistungen bezeichnet, die nicht unter die bereits in der Kontengruppe 41 behandelten Zuweisungen und Zuschüsse fallen.

Ausgehend von den im Kontenrahmen vorgeschlagenen Kontenarten handelt es sich bei den sonstigen Transfererträgen überwiegend um die Erstattung von geleisteten Sozialtransfers im Rahmen der Nachrangigkeit der Sozialhilfe.

11.2.4 Öffentlich-rechtliche Leistungsentgelte (Kontengruppe 43)

Unter die öffentlich-rechtlichen Leistungsentgelte fallen alle öffentlichen Abgaben, denen eine konkrete Gegenleistung gegenübersteht (Gebühren) oder die dem Ersatz des Aufwands für die Herstellung, Anschaffung und Erweiterung öffentlicher Einrichtungen und Anlagen (Beiträge) dienen.

Im Kontenplan aufgeführt sind namentlich:

- Verwaltungsgebühren,
- Benutzungsgebühren,
- Erträge aus der Auflösung von Sonderposten für Beiträge,
- Erträge aus der Auflösung von Sonderposten für den Gebührenausgleich.

Verwirrend ist an dieser Stelle, dass hier auch Geschäftsvorfälle aufgeführt werden, die regelmäßig nicht als öffentlich-rechtliche Entgelte erhoben werden, z. B.:

- Entgelte für die Lieferung von Elektrizität, Gas, Fernwärme,
- Schülerbeförderungsentgelte,
- Eintrittsgelder zu kulturellen oder sportlichen Veranstaltungen,
- Zahlungen des Dualen Systems Deutschland für kommunale Leistungen.

Hier sollte der Gesetzgeber noch einmal eindeutige Regelungen treffen, da sich die Problematiken auch in der Kontengruppe 44 fortsetzen.

Die Gebühren und zweckgebundenen Abgaben werden unter Beachtung der Periodenabgrenzung als Erträge gebucht. Für die Periodenabgrenzung gelten die im Bereich der Steuern (Ziffer 11.2.1) dargestellten Regelungen. Unter zweckgebundene Abgaben fallen u. a. Kurtaxen und Kurbeiträge.

Da es sich bei den Beiträgen definitionsgemäß um Geldleistungen zur Finanzierung von Investitionen handelt, kommt eine direkte Erfassung dieser Leistungen als Ertrag nicht in Frage. Beiträge sind nach § 37 Abs. 4 GemHVO-Doppik zu behandeln wie Investitionszuwendungen. Zunächst erfolgt dabei eine Passivierung des Beitrags als Sonderposten. Die ertragswirksame Auflösung dieses Sonderpostens über die Konten der Kontengruppe 43 wird anteilig über die Nutzungsdauer der mit dem Beitrag finanzierten öffentlichen Einrichtung oder Anlage durchgeführt.

Problematisch bei der buchungsmäßigen Behandlung der Beiträge ist der Zeitpunkt der Erfassung dieser Beiträge. Da zwischen der Fertigstellung der Anlagen und der Veranlagung der Beitragspflichtigen häufig ein erheblicher Zeitraum liegt, sind nach

§ 48 Abs. 2 Nr. 15 GemHVO-Doppik noch nicht erhobene Beiträge aus fertiggestellten Erschließungsmaßnahmen im Anhang anzugeben und zu erläutern. Um dies zu ermöglichen, ist eine wertmäßige Erfassung und laufende Aktualisierung der noch zu veranlagenden Beiträge in der Buchhaltung erforderlich. Aufgrund des Vorsichtsprinzips dürfen diese „Forderungen" mit einer entsprechenden Gegenbuchung bei den Sonderposten allerdings erst aktiviert werden, wenn eine Veranlagung erfolgt ist.

11.2.5 Privatrechtliche Leistungsentgelte, Kostenerstattungen und Kostenumlagen (Kontengruppe 44)

Als privatrechtliche Leistungsentgelte werden diejenigen Entgelte ausgewiesen, für die eine konkrete Gegenleistung erbracht wird, für die es keine öffentlich-rechtliche Rechtsgrundlage (z. B. Gesetze, Rechtsverordnungen und Satzungen) gibt. Dies können im Bereich der Kommunalverwaltung z. B. Mieten, Pachten, Verkaufserlöse, aber auch der Eintrittspreis in kommunalen Einrichtungen (Bäder, Theater, Zoos) oder das zu leistende Entgelt für die Teilnahme an Kursen oder Veranstaltungen der Kommune sein. Auch das Entgelt für die Nutzung der städtischen Bibliothek kann privatrechtlicher Natur sein.

Grundsätzlich ist festzustellen, dass in verschiedenen Bereichen die Kommunen bei der Zuordnung der Entgelte zum öffentlich-rechtlichen oder zum privatrechtlichen Bereich einen Gestaltungsspielraum haben. Das Rechnungswesen bildet dabei nur ab, wie die Kommune diesen Spielraum genutzt hat. Bezüglich der Buchungen sind keine weiteren Besonderheiten zu betrachten.

Erstattungen erhält die Kommune für Aufwendungen, die sie für eine andere Stelle erbracht hat. Die Kommune handelt in diesen Fällen im Auftrag eines Dritten. Kostenerstattungen liegen z. B. vor, wenn auf die Kommune Aufgaben des überörtlichen Trägers der Sozialhilfe delegiert werden. Zu unterscheiden ist dies dann insbesondere von den o. a. Transfererträgen. Hier wird die Kommune ursprünglich nicht im Auftrag eines Dritten, sondern in eigener Aufgabenwahrnehmung tätig. Erst später wird festgestellt, dass die geleisteten Transfers z. B. aufgrund der Nachrangigkeit der Sozialhilfe von einem Dritten erstattet werden müssen.

Soweit die Aufwendungen, die im Auftrag eines Dritten geleistet wurden, nicht exakt berechnet, sondern nur pauschal ermittelt und erstattet werden, handelt es sich um den Fall einer Kostenumlage. An dieser Stelle ausdrücklich *nicht* gemeint sind die öffentlich-rechtlichen allgemeinen Umlagen zur Finanzierung der Umlageverbände (Landkreise, Ämter), die auf der Ertragsseite dieser Verbände in die Kontengruppe 41 fallen.

11.2.6 Bestandsveränderungen und andere aktivierte Eigenleistungen (Kontengruppe 45)

Unter „Eigenleistungen" versteht man Aufwendungen der Verwaltung, die zur Herstellung eines Anlageguts benötigt werden, das nicht für einen Verkauf, sondern zur Verwendung im Rahmen der Aufgabenerfüllung der Kommune bestimmt ist. Soweit es für diese Aufwendungen kein Aktivierungsverbot gibt,[278] sind sie als aktivierte Eigenleistungen zu verbuchen. Das Konto „Aktivierte Eigenleistung“ ist allerdings kein Bestandskonto, sondern ein Erfolgskonto, welches über das Ergebnisrechnungskonto abgeschlossen wird. Auf dem Konto „Aktivierte Eigenleistungen“ werden die zur Herstellung des Anlageguts bereits gebuchten Aufwendungen neutralisiert. Praktisch bedeutet dies, dass durch die Ertragsbuchung der aktivierten Eigenleistungen der (z. B. durch Personaleinsatz) entstandene Aufwand bei der Erstellung des Gegenstandes „gegenfinanziert“ wird und somit das Ergebnis der Ergebnisrechnung verbessert wird.

Zu beachten ist bei der Ermittlung der Eigenleistungen die Festlegung zur Ermittlung der Herstellungskosten gem. § 33 Abs. 3 GemHVO-Doppik. Insbesondere können – in Abgrenzung zum Handelsrecht – keine Verwaltungsgemeinkosten (und Vertriebskosten) aktiviert werden.

Praktische Relevanz haben im Bereich der Eigenleistung sicherlich die Planungsleistungen der gemeindlichen Ingenieure und Techniker bei der Herstellung, Erweiterung oder wesentlichen Verbesserung von Gebäuden oder Infrastruktureinrichtungen. Denkbar wären aber auch Bauleistungen durch eigene Arbeitskräfte von Baubetriebshöfen und Straßenmeistereien. Jährlich werden die z. B. aus der Kostenrechnung ermittelten Planungsleistungen bei den entsprechenden Anlagegütern oder bei den Anlagen im Bau aktiviert. Werden z. B. die Eigenleistung des Hochbauamtes für den Neubau der Schule auf 60.000 € ermittelt, wird dieser Betrag aktiviert und auf dem Ertragskonto gegengebucht.

033 Bebautes Grundst. (Schulen) an 452 Andere akt. Eigenleistungen 60.000 €

In der Ergebnisrechnung wird der Betrag als „Aktivierte Eigenleistungen“ ausgewiesen, eine entsprechende Position in der Finanzrechnung liegt nicht vor.

Die Planung von aktivierbaren Eigenleistungen kann nur nach Erfahrungswerten und anhand der Investitionsplanung erfolgen. Es ist zu beachten, dass hier nach § 8 Abs. 2 GemHVO-Doppik keine unrealistischen Erträge, die auf einer „maximal erreichbaren Investitionsplanung“ beruhen, geplant werden dürfen, da die hier ausgewiesenen Erträge im Haushaltsplan unmittelbar ergebnisverbessernd wirken. Es bietet sich an, über mehrere Jahre den Anteil der Planungsleistungen an den Personalaufwendungen der Ingenieure zu ermitteln und einen solchen Durchschnittswert unabhängig von der tatsächlichen Investitionsplanung anzusetzen.

Generell ist jedoch zu beachten, dass die aktivierten Eigenleistungen dann auch den Herstellungswert des Anlagegutes erhöhen, mit den entsprechenden Auswirkungen auf den Abschreibungsverlauf. Es ist zwar für das Jahr, in dem die Eigenleistungen erbracht und berechnet werden, ein das Ergebnis im Ergebnishaushalt verbessernder Ertrag vorhanden, die Lasten aus höheren Abschreibungen werden jedoch über die Folgejahre aufzubringen sein.

278 Nicht aktivierungsfähig sind nach § 40 GemHVO-Doppik selbst erstellte oder nicht entgeltlich erworbene immaterielle Vermögensgegenstände des Anlagevermögens wie z. B. Software, die von Mitarbeiter/innen der Verwaltung programmiert wurde.

Zu der Kontengruppe 45 gehören ebenfalls die Bestandsveränderungen, die im Ergebnishaushalt in einer separaten Zeile ausgewiesen werden. Bestandsveränderungen ergeben sich aus Inventurdifferenzen bei den fertigen und unfertigen Erzeugnissen sowie bei den unfertigen Leistungen. Sie haben im Rahmen der kommunalen Haushaltsplanung in der Regel keine Relevanz.

11.2.7 Sonstige laufende Erträge (Kontengruppe 46)

Die sonstigen ordentlichen Erträge stellen ein Auffangbecken für alle Ertragsarten dar, die in den bisherigen Positionen nicht abgebildet werden können. Die konkreten Inhalte sind aus dem Kontenplan zu erkennen. Wesentliche Punkte bei den sonstigen laufenden Erträgen sind:

- Erträge aus der Veräußerung von Vermögensgegenständen des Anlagevermögens
- Weitere sonst. lfd. Erträge wie Bußgelder, Verwarngelder, Konzessionsabgaben
- Steuererstattungen
- Nicht zahlungswirksame ordentliche Erträge

Darüber hinaus ist diese Kontengruppe ein Auffangbecken für weitere Ertragsarten, die den übrigen Kontengruppen nicht zugeordnet werden können.

Erträge aus der Veräußerung von Gegenständen des Anlagevermögens entstehen bei einem Verkauf des Anlagegutes über dem aktuellen Buchwert. Wird z. B. der neun Jahre alte Dienstwagen des Bürgermeisters, der am 31.12.2020 noch einen Restbuchwert von 5.000 € hat, welcher planmäßig in 2021 auf 0 abgeschrieben würde, am 1.4.2021 für 6.000 € verkauft, ergibt sich hieraus ein „Sonstiger Ertrag". Buchhalterisch handelt es sich dabei um einen Anlagenabgang bei Buchgewinn, der in folgenden Schritten zu erfassen ist:[279]

1. Zunächst ist der aktuelle Restbuchwert des Fahrzeugs zu ermitteln. Hierzu sind die Abschreibungen für den Zeitraum zwischen dem letzten Bilanzstichtag und dem Verkauf zu ermitteln und zu buchen. Im vorliegenden Beispiel beträgt der Restbuchwert am Anfang des letzten Buchungsjahres noch 5.000 €. Für die abgelaufenen drei Monate des Jahres 2021 sind noch einmal 3/12 des jährlichen Abschreibungsbetrages (3/12 × 5.000 € = 1.250 €) zu erfassen:

5381 Abschreibung Fahrzeuge	**an**	**0711 PKW**	**1.250 €**

279 Eine vollständige Erfassung des Verkaufserlöses als Ertrag bei gleichzeitiger Vollabschreibung des veräußerten Vermögensgegenstandes ist nicht zulässig. Zur einfacheren Ermittlung der Umsatzsteuer wird allerdings in der Privatwirtschaft aus umsatzsteuerrechtlichen Gründen mit einem Erlöskonto gearbeitet, auf dem der volle Verkaufserlös zunächst erfasst wird. Dieses Konto wird aber später wieder aufgelöst, so dass der Ertrag bzw. Aufwand sich aus der Differenz von Verkaufserlös und Restbuchwert ergibt. Siehe z. B. *Jossè*, Buchführung aber locker!, 9. Aufl., Hamburg 2005, S. 125 f.

2. Als nächstes ist der Anlagenabgang in der Buchhaltung nachzuvollziehen. Der Abgang erfolgt i. H. des gesamten Restbuchwerts des Fahrzeugs (5.000 € – 1.250 € = 3.750 €). Der Anlagenabgang wird im Soll auf dem Ertragskonto 46113 „Erträge aus der Veräußerung von beweglichen Vermögensgegenständen oberhalb der Wertgrenze i. H. v. 410 Euro".

46113 Veräußerungserträge an 0711 PKW 3.750 €

3. Nun ist der Ertrag und die Forderung gegenüber dem Käufer (Debitor) einzubuchen:

Debitor an 46113 Veräußerungserträge 6.000 €

4. Bei Eingang der Zahlung wird das Debitorenkonto ausgeglichen:

1841 Kontokorrentguthaben an Debitor 6.000 €

Im Ergebnis ergibt sich damit (bilanziell) ein Aktivtausch „Bank an Fahrzeuge" in Höhe des Restbuchwertes von 3.750 € und ein „Sonstiger ordentlicher Ertrag" in Höhe von 2.250 €, der die Bilanz verlängert. Bei der Gegenüberstellung von Ergebnis- und Finanzrechnung wird deutlich, dass dem Ertrag aus Anlagenabgang von 2.250 € eine Einzahlung aus der Veräußerung von Sachanlagen von 6.000 € gegenübersteht. Soweit solche Geschäftsvorfälle planbar sind, hat hier eine differenzierte Planung von Ergebnis- und Finanzhaushalt zu erfolgen.

Unter den weiteren Ertragsarten der Kontengruppe „Sonstige ordentliche Erträge" ist auf die Erträge aus der Auflösung von sonstigen Sonderposten, aus Zuschreibungen, aus der Herabsetzung von Wertberichtigungen und der Herabsetzung von Rückstellungen besonders hinzuweisen. Bei diesen Ertragsarten handelt es sich jeweils um die ergebniswirksame Änderung von Bestandskonten. Die Erläuterung der Vorgänge erfolgt im Kapitel 10.

11.2.8 Zinserträge und sonstige Finanzerträge (Kontengruppe 47)

Als Finanzerträge kommen für die Kommune Zinserträge, z. B. aus ausgegebenen Darlehen sowie Dividenden, und andere Gewinnanteile von Beteiligungen, Ausleihungen und Wertpapieren des Finanzanlagevermögens in Betracht. Daneben werden auch die Erträge aus Wertpapieren des Umlaufvermögens (z. B. Tages- und Festgeldzinsen).

11.2.9 Erträge aus internen Leistungsbeziehungen (Kontengruppe 48)

Ziel des produktorientierten Haushalts ist, neben dem Ausweis des gesamtgemeindlichen Ressourcenverbrauchs in Ergebnishaushalt und -rechnung, auch der Ausweis des Ressourcenverbrauchs für die im Haushaltsplan und im Jahresabschluss ausgewiesenen Teilhaushalte.

Entsprechend § 11 Abs. 6 GemHVO-Doppik sind die internen Leistungen zwischen den Teilhaushalten verursachungsgerecht zu verrechnen. Im Umkehrschluss ist es also nicht vorgesehen, innerhalb eines Teilhaushaltes Leistungsverrechnungen vorzunehmen. Insofern finden im Haushalt keine Verrechnungen zwischen einzelnen Produkten innerhalb desselben Teilhaushaltes statt. Dies ist der Kosten- und Leistungsrechnung vorbehalten.

In Abhängigkeit von der Anzahl der in der Gemeinde im Haushalt gebildeten Teilhaushalten (nach § 4 Abs. 1 GemHVO-Doppik ist der Haushalt angemessen in Teilhaushalte zu gliedern) ergibt sich daher künftig ein recht unterschiedliches Bild hinsichtlich Höhe und Anzahl der internen Leistungsverrechnungen, zumal nach § 4 Abs. 4 GemHVO-Doppik der Bürgermeister die Grundsätze zur Leistungsverrechnung jeweils eigenständig für die Gemeinde regelt.

Um auch für die Teilhaushalte einen vollständigen Ressourcenausweis vornehmen zu können, ist der Nachweis der internen Beziehungen zwischen den verschiedenen Teilplänen erforderlich. Abhängig von der verwaltungsspezifischen Organisation werden mehr oder weniger Leistungen für die Produktbereiche in zentralen Organisationseinheiten erbracht. Typischerweise werden z. B. die Leistungen der Personalbetreuung, die Gebäudewirtschaft oder auch das Rechnungswesen von zentralen Organisationseinheiten (sog. „interne Dienstleister“) wahrgenommen. Im Produktrahmen ist für solche zentralen Einheiten der Produktbereich 11 „Innere Verwaltung“ vorgesehen.

Für eine verursachungsgerechte Zuordnung der Aufwendungen dieser internen Dienstleistungen ist eine Verrechnung in den Teilergebnishaushalten entsprechend § 4 Abs. 6 GemHVO-Doppik wie folgt vorgesehen:

1. unter Nummer 20: Jahresergebnis des Teilhaushaltes vor Verrechnung der internen Leistungsbeziehungen (Summe der Nummern 24 und 27),
2. unter Nummer 21: Erträge aus internen Leistungsbeziehungen,
3. unter Nummer 22: Aufwendungen aus internen Leistungsbeziehungen,
4. unter Nummer 23: Jahresergebnis des Teilhaushaltes nach Verrechnung der internen Leistungsbeziehungen (Nummer 20 zuzüglich Nummer 21 abzüglich Nummer 22).

Zur Abwicklung dieser internen Leistungsbeziehungen stehen die Kontengruppen 48 und 58 zur Verfügung. Da die internen Verrechnungen in der Regel im Rahmen einer Kosten- und Leistungsrechnung (KLR) ermittelt werden, ist alternativ auch eine Bedienung dieser Zeilen der Teilergebnisrechnung aus der KLR denkbar. Dabei können – abhängig von dem eingesetzten Verfahren – auch die Kontenklassen 8 und 9 genutzt werden, die für Zwecke des betrieblichen Rechnungswesens freigehalten wurde. Zu klären ist allerdings, warum eine Abwicklung über die Finanzrechnung vorgesehen ist, obwohl keine Zahlungen vorliegen. Mit einer schlüssigen Begründung kann der Gesetzgeber hierzu derzeit nicht aufwarten.

11.2.10 Entnahme aus Rücklagen (Kontengruppe 49)

Bei den Entnahmen aus Rücklagen gibt es grundsätzlich die Unterscheidung nach

- Entnahme aus der Kapitalrücklage und
- Entnahme aus der Ergebnisrücklage für die Belastung aus dem kommunalen Finanzausgleich.

11.2.11 Personalaufwendungen (Kontengruppe 50)

Personalaufwendungen sind alle Aufwendungen, die unmittelbar mit der Beschäftigung von Beamten, Beschäftigten nach TVöD und sonstigen Beschäftigten in der Verwaltung zusammenhängen. Dies sind zunächst die Bezüge bzw. Gehälter der Mitarbeiterinnen und Mitarbeiter. Hierzu gehören auch Sach- und Sonderzuwendungen und die Personalnebenaufwendungen. Als Sachaufwendungen kommen z. B. Essenszuschüsse, die Möglichkeit der Privatnutzung von Dienstfahrzeugen oder die Stellung einer Werkswohnung in Betracht.[280] Unter die Sonderzuwendungen fällt insbesondere die Jahressonderzuwendung. Zuzuordnen sind auch die aufgrund von Beamtenrecht bzw. tariflich Vereinbarungen zu gewährenden Leistungszulagen.

Die Personalaufwendungen werden brutto erfasst. Die zu entrichtende Einkommen- und Kirchensteuer, den Solidaritätsbeitrag und die Arbeitnehmeranteile zur Sozialversicherung (Renten-, Arbeitslosen-, Pflege- und Krankenversicherung) führt der Arbeitgeber aufgrund von gesetzlichen Verpflichtungen vom Beschäftigungsentgelt des Arbeitnehmers an das Finanzamt bzw. die Sozialversicherungsträger ab. Der Arbeitnehmer ist dabei der Schuldner, so dass die entsprechenden Zahlungen in der Buchhaltung unter den Dienstaufwendungen erfasst werden.

Weiterhin fallen unter die Personalaufwendungen alle Aufwendungen des Arbeitgebers für die soziale Sicherung der Beschäftigten bzw. Beamten. Dies sind insbesondere die Arbeitgeberanteile zur Sozialversicherung und die Aufwendungen aus Umlagen an den kommunalen Versorgungsverband für Beihilfen. Hierfür sind separate Kontenarten im Kontenrahmenplan vorgesehen. (An dieser Stelle soll erwähnt werden, dass die weiter aufgeführten Kontierungen für Beihilfen für Arbeitnehmer und Sonstige noch einmal durch den Gesetzgeber überprüft werden sollte; den Verfassern sind auf kommunaler Ebene keine Beihilfevorschriften für Arbeitnehmer bekannt, lediglich für Beamte.)

---

280 Vgl. z. B. *Brixner/Harms/Noe*, Verwaltungs-Kontenrahmen, München 2003, S. 411.

Ebenfalls eine separate Kontenart (5031 Beiträge zu Versorgungskassen) ist für die Alterssicherung der Beamten und der Arbeitnehmer (ZVK M-V, Kontierung 5032) vorgesehen werden. Da Beamte aufgrund ihrer Beschäftigung einen Pensionsanspruch gegenüber ihrem Dienstherrn erwerben, entsteht beim Dienstherrn eine Verpflichtung, die allerdings in ihrer Höhe und in dem Zeitpunkt, in dem die Verpflichtung zu tatsächlichen Auszahlungen führt, unbestimmt ist. In solchen Fällen unbestimmter Verpflichtungen hat die Kommune Rückstellungen zu bilden.

Ebenso fallen die Aufwendungen für Aufwandsentschädigungen von Mandatsträgern (Gemeindevertretungs- und Ausschussmitglieder) unter die Personalaufwendungen, obwohl es sich bei diesem Personenkreis nicht um Personal der Verwaltung handelt. Sie sind ebenfalls in der Kontengruppe 50 (Personalaufwendungen) zu erfassen.

Die Zuführung von Beträgen zur Pensionsrückstellung für aktive Mitarbeiter fällt unter den Personalaufwand. Die Höhe der Zuführung ergibt sich aus der versicherungsmathematischen Berechnung des Teilwertes der Verpflichtungen. Aus der Differenz dieser Teilwerte am Ende und am Anfang der Rechnungsperiode ergibt sich die Höhe der erforderlichen Zuführung. Wie die übrigen Personalaufwendungen sind auch die Zuführungen zur Pensionsrückstellung jeweils für die im Haushaltsplan ausgewiesenen Teilhaushalte separat zu erfassen und auszuweisen. Dies erfordert eine Differenzierung der Pensionsrückstellung nach den abgebildeten Teilhaushalten.

Die Bildung von Pensionsrückstellungen für Beamte ist unabhängig davon, dass die Gemeinden und Gemeindeverbände Pflichtmitglieder des kommunalen Versorgungsverbandes sind (Gesetz über den kommunalen Versorgungsverband und über die kommunale Zusatzversorgungskasse Mecklenburg-Vorpommern [Kommunales Versorgungsverbandsgesetz – KVZVK M-V vom 29.1.1992]), bei den Gemeinden und Gemeindeverbänden zwingend erforderlich. Da die Pensionäre bzw. die Hinterbliebenen in jedem Fall einen Rechtsanspruch gegenüber dem letzten Dienstherrn besitzen, ist die entsprechende Verpflichtung auch bei diesem als Pensionsrückstellung auszuweisen. Die Gemeinden und Gemeindeverbände entrichten eine entsprechende Umlage an den Versorgungsverband zur Finanzierung der Versorgungszahlungen. Demgegenüber bestehen die Ansprüche der Angestellten auf Zusatzversorgung regelmäßig gegenüber der entsprechenden Versorgungskasse, so dass hier die Bildung einer Rückstellung nicht zu erfolgen hat.

Die bereits gebildeten oder noch zu bildenden anteiligen Rücklagen der Versorgungskassen zur Abdeckung von Pensionsverpflichtungen[281] sind entsprechend § 37 Abs. 7 GemHVO-Doppik auf der Aktivseite der Bilanz als Finanzanlagen auszuweisen.

Zu den bei den Personalaufwendungen nachzuweisenden Geschäftsvorfällen gehören auch

- die Zuführungen zu den Beihilferückstellungen für aktive Bedienstete,
- die Zuführungen Rückstellungen Altersteilzeit,
- die Zuführungen Rückstellungen für Überstunden und (nicht genommenen) Urlaub.

281 Es handelt sich um die Teile der Versorgungsverbandsumlage, die der Versorgungsverband zur Vermeidung späterer Liquiditätsprobleme als Kapitalstock angesammelt hat bzw. ansammeln wird.

Zu differenzieren sind die Personalaufwendungen auch von der Kontengruppe 561 (Sonstige Personal- und Versorgungsaufwendungen), für die eine separate Zeile in der Ergebnisplanung und -rechnung vorgesehen ist. Hier werden u. a. die sonstigen Personal- und Versorgungsaufwendungen erfasst. Dabei handelt es sich insbesondere um Personalnebenaufwendungen wie z. B. Aufwendungen für

- erforderliche Personalmaßnahmen (Einstellung, Umsetzung, Entlassung),
- die Aus- und Fortbildung,
- übernommene Fahrt- und Umzugskosten,
- die Zahlung von Trennungsgeld,
- den Gesundheitsschutz und die Arbeitssicherheit der Beschäftigten,
- sonstige Personalnebenaufwendungen.

Die Aufwendungen für die Beschäftigung von Honorarkräften, z. B. im Bereich der Volkshochschule, der Musikschule oder des Gesundheitsamtes, zählen dem Verständnis nach zu den Personalkosten. Es gibt jedoch grundsätzlich zwei Auswahlmöglichkeiten: Bei Honorarkräften, die regelmäßig engagiert werden (z. B. Dozent an der Volkshochschule), sollte der Aufwand im Unterkonto 50291 gebucht werden. Die Kontenart 562 „Aufwendungen für die Inanspruchnahme von Rechten und Diensten" sollte angewählt werden, soweit es sich um Honorare für spezielle, nicht regelmäßig beschäftigte Sachverständige oder Gutachter handelt. Diese Vorgehensweise entspricht auch den statistischen Vorgaben. Danach sind Dozentenvergütungen usw. für nebenamtlich Tätige (Beschäftigte anderer Einrichtungen) als Personalaufwendungen zu behandeln.

11.2.12 Versorgungsaufwendungen (Kontengruppe 51)

Wie bereits im vorhergehenden Kapitel dargestellt, wird zwischen Personal- und Versorgungsaufwendungen unterschieden. Während unter die Personalaufwendungen insbesondere alle Bezüge und die Arbeitgeberanteile für die Sozialversicherung der aktuell Beschäftigten fallen, fallen unter die Versorgungsaufwendungen alle Bezüge der aus dem Dienst ausgeschiedenen Mitarbeiterinnen und Mitarbeiter (Versorgungsempfänger). Für gewöhnlich können dies in Mecklenburg-Vorpommern nur Beamte sein.

Zu den Versorgungsaufwendungen zählen nicht die Zuführungen zur Pensionsrückstellung der aktiven Mitarbeiter. Diese sind zwar für die spätere Versorgung bestimmt, stellen aber Personalaufwendungen für die aktiven Beamten dar. Für eine sachgerechte Erfassung ist daher auch eine Differenzierung der Rückstellungskonten nach aktiven Mitarbeitern und Versorgungsempfängern erfolgt, wie sie im Kontenrahmenplan mit den Konten 241 und 242 vorgesehen ist.

Nach der Verpflichtung der Kommunen zur Bildung von Pensionsrückstellungen gemäß § 35 Abs. 1 Nr. 1 GemHVO-Doppik sollten die Aufwendungen grundsätzlich bereits während der aktiven Beschäftigungszeit der Versorgungsempfänger als Zuführung zur Pensionsrückstellung ergebniswirksam geworden sein. Dies trifft sowohl auf die Beamtenpensionen als auch auf die Beihilfegewährung für ehemalige Beschäftigte zu. Soweit für die Zahlung der Pensionen (Umlage des Versorgungsverbandes) ausreichende Rückstellungen zur Verfügung stehen, können diese aus der Rückstellung vorgenommen werden und werden damit im Jahr der Zahlung nicht noch einmal ergebniswirksam. Als ergebniswirksamer Versorgungsaufwand sind alle Leistungen für die Versorgungsempfänger zu erfassen, für die zuvor Rückstellungen nicht oder soweit sie nicht in ausreichender Höhe gebildet wurden.

Ebenfalls als Versorgungsaufwand zu erfassen sind notwendige Zuführungen zur Pensionsrückstellung für ausgeschiedene Bedienstete. Eine solche Zuführung kann sich aus versicherungsmathematischen Änderungen, wie z. B. der Anpassung der Sterbetafeln an die aktuellen Daten, oder durch eine gesetzliche Erhöhung des Pensionsanspruchs ergeben.

Bei der Erfassung der Zuführung zur Pensionsrückstellung und bei der Zahlung der Pensionen bzw. bei der Zahlung der Umlagen an die Versorgungskassen sind gegenüber dem normalen kaufmännischen Verfahren einige Besonderheiten zu beachten, die sich aus der

- Differenzierung der Personal- und Versorgungsaufwendungen,
- der Darstellung der entsprechenden Zahlungen in der Finanzrechnung und
- der Ausweisung der jeweiligen Aufwandpositionen in den Teilergebnisrechnungen

ergeben.

Die verschiedenen Schritte im Umgang mit der Pensionsrückstellung werden an nachfolgendem Beispiel[282] dargestellt:

1. Während der Beschäftigungszeit werden für die Beamten der Gemeinde G Pensionsrückstellungen gebildet. Die Höhe der Zuführung zu dieser Rückstellung in einem Jahr ergibt sich aus der Differenz des jeweiligen Teilwertes zum Ende und zum Anfang des Haushaltsjahres. Liegt der Teilwert für den Amtsrat Fleißig am 1.1.2020 bei 196.000 € und am 31.12.2020 bei 209.000 €, erfolgen für ihn im Jahr 2020 insgesamt 13.000 € als Zuführungen zur Pensionsrückstellung aktive Beamte. Die Dokumentation und Erfassung der Teilwerte für jeden einzelnen Mitarbeiter ist erforderlich, um die Bedienung der Teilergebnishaushalte zu gewährleisten und im Versorgungsfall eine Umbuchung der Rückstellung vorzunehmen, die für die Differenzierung der Personal- und Versorgungsaufwendungen erforderlich ist. Die Zuführung zur Pensionsrückstellung stellt Personalaufwand dar:

507 Zuf. Pensionsrückst. an 241 Pensionsr. (Besch.) 13.000 €

282 Der Beispielfall ist vereinfacht und soll die Systematik der einzelnen Geschäftsvorfälle erläutern. Insofern sind auch die Betragsangaben willkürlich gewählt.

2. Zum 1.1.2021 tritt Herr Fleißig in den Ruhestand. Die für ihn gebildete Pensionsrückstellung muss nunmehr zur Rückstellung für Versorgungsempfänger[283] umgebucht werden:

241 Pensionsr. (Besch.) an 242 Pensionsr. (Vers.) 209.000 €

3. Im Jahr 2021 erhält Herr Fleißig Pensionszahlungen in Höhe von insgesamt 38.000 €. Hierbei wird die Zahlung durch den Versorgungsverband an Herrn Fleißig geleistet. Die Gemeinde hat dagegen eine Versorgungsumlage an den Versorgungsverband zu entrichten. Hierbei handelt es sich nicht um die konkrete Pensionsleistung an Herrn Fleißig. Im Rahmen eines Solidaritätsfond wird die Versorgungsumlage nach den Personalaufwendungen für die aktiven Bediensteten der Gemeinde mit 48.000 € berechnet. Nach der sog. „buchhalterischen Methode" wird die Versorgungsverbandsumlage zunächst auf dem Konto für den Versorgungsaufwand gebucht. Dabei kann gleichzeitig das entsprechende Finanzrechnungskonto bedient werden:

511 Versorgungsaufwendungen an Kreditor 48.000 €

4. Zum Ende des Jahres 2021 wird aufgrund der Mitteilung des Versorgungsverbandes der neue Teilwert für den 31.12.2021 ermittelt. Dieser beträgt für Herrn Fleißig 195.000 €. Die bestehende Pensionsrückstellung kann damit im Rahmen des Jahresabschlusses 2021 um 14.000 € vermindert werden. Diese Minderung entlastet das Versorgungsaufwandskonto:

242 Pensionsr. (Vers.) an 511 Versorgungsaufwendungen 14.000 €

Damit steht im Jahresabschluss des Jahres 2021 zunächst der Versorgungsauszahlung i. H. v. 48.000 € in der Finanzrechnung ein Versorgungsaufwand von 34.000 € in der Ergebnisrechnung gegenüber.
Zu beachten ist dann aber weiter, dass entsprechend § 37 Abs. 7 GemHVO-Doppik anteilige Rücklagen der Versorgungskassen zur Abdeckung von Pensionsverpflichtungen als Finanzanlagen auszuweisen sind. Derzeit liegen in der Regel Erhöhungen des Aktivpostens vor, die dann durch die Buchung den Versorgungsaufwand mindern. Je nach Bescheidlage (jährlich erfolgt eine Bescheidung durch den Versorgungsverband) erfolgt dann noch eine Umbuchung der Aufstockungsbeträge zu den Kontierungen 134 (Beteiligung der Beamten an der Versorgungsrücklage nach § 14a BbesG) und 135 (anteilige Rücklagen der Versorgungskassen zur Abdeckung der Pensionsverpflichtungen). Wenn z. B. auf unseren Beispielfall 21.000 € Rücklagenaufstockung 2018 fällig wären, würden noch folgende Buchungssätze erfor-

283 Siehe hierzu die Ausführungen im Kapitel 11.2.11.

derlich sein, wobei hier vereinfachend keine Aufteilung auf die Konten 134 und 135 vorgenommen wird:[284]

134 Beteiligung an der Versorgungsrücklage nach § 14 a Bundesbesoldungsgesetz und 135 Anteilige Rücklagen der Versorgungskasse

an 511 Versorgungsaufwendungen mit insgesamt 21.000 €

Damit beträgt der Versorgungsaufwand für Herrn Fleißig letztlich nur noch 13.000 €.

Die nachstehende Übersicht für den fiktiven Fall „Fleißig" macht das Berechnungsverfahren noch einmal deutlich:

Art des Geschäftsvorfalls	**Versorgungsaufwand Konto 511**	**Versorgungsauszahlung Konto 711**
Versorgungsumlage 2021	48.000 €	48.000 €
– Entnahme aus Rückstellung (242)	14.000 €	
– Zuführung zu Rücklagen (134/135)	21.000 €	
Insgesamt	**13.000 €**	**48.000 €**

In der Regel wird die Minderung der Pensionsrückstellung die tatsächlichen Pensionszahlungen vom Betrag her nicht erreichen, sodass Versorgungsaufwand ausgewiesen werden muss. Dies ergibt sich alleine daraus, dass bei der Ermittlung der Teilwerte nach § 35 Abs. 3 GemHVO-Doppik eine Abzinsung entsprechend § 6a Abs. 3 EstG i. H. v. 6 % vorzunehmen ist, was zu einer niedrigeren Rückstellungszuführung während der aktiven Beschäftigungszeit führt. Der Sonderfall eines theoretisch denkbaren negativen Versorgungsaufwands wird im Rahmen dieses Lehrbuchs nicht weiter behandelt.

Gem. § 11 Abs. 4 GemHVO-Doppik können die Versorgungsaufwendungen (einschließlich Beihilfen für Versorgungsempfänger) nicht zentral im Haushalt veranschlagt werden. Sie sind auf die Teilhalte zu verteilen. Jedoch kann es im Verlaufe des Haushaltsjahres beispielsweise zum Wechsel eines Beamten in ein anderes Fachamt (bzw. einen anderen Fachdienst) kommen, welches (bzw. welcher) ggf. in einem anderen Teilhaushalt veranschlagt ist. Da die Versorgungsaufwendungen zwingend nach den in den Teilhaushalten veranschlagten Personalaufwendungen für die aktiven Bediensteten zu verteilen sind, verschieben sich auch entsprechend die Versorgungsaufwendungen. Es empfiehlt sich daher, die Möglichkeit des § 14 Abs. 2 GemHVO-Doppik zu nutzen und neben den Personalaufwendungen auch die Versorgungsaufwendungen im gesamten Haushalt für gegenseitig deckungsfähig zu erklären. Das Gleiche gilt für die Auszahlungen.

284 Der Rücklagenanteil wird nicht konkret bei der Berechnung für Herrn Fleißig eingebucht, sondern unmittelbar von der Gesamtversorgungsumlage der Gemeinde abgezogen.

11.2.13 Aufwendungen für Sach- und Dienstleistungen (Kontengruppe 52)

Alle im Rahmen der Aufgabenerfüllung erhaltenen Sach- und Dienstleistungen, die mit Ressourcenverbrauch verbunden sind, werden in der Kontengruppe 52 erfasst. Um deutlich zu machen, wie vielfältig diese Aufwendungen sein können, sei an dieser Stelle ein Auszug aus dem Kontenrahmenplan abgebildet:

52		**Aufwendungen für Sach- und Dienstleistungen**
	521	Aufwendungen für Fertigung, Vertrieb und Waren
	522	Aufwendungen für Energie / Wasser / Abwasser / Abfall
	523	Aufwendungen für Unterhaltung und Bewirtschaftung
	524	Weitere Verwaltungs- und Betriebsaufwendungen
	525	Kostenerstattungen
	526	Sonstige Aufwendungen Städtebauliches Sondervermögen
	527	nicht besetzt
	528	nicht besetzt
	529	Sonstige Aufwendungen für Sach- und Dienstleistungen

Unter die unter 521 ausgewiesenen Aufwendungen für Fertigung und Vertrieb fallen zunächst die Aufwendungen für Roh-, Hilfs- und Betriebsstoffe und für bezogene Waren. Roh-, Hilfs- und Betriebsstoffe kommen in erster Linie in privaten Fertigungsbetrieben vor. Diese werden von den Betrieben eingekauft und zu Erzeugnissen weiterverarbeitet. Dabei werden Rohstoffe zu Hauptbestandteilen des Erzeugnisses und Hilfsstoffe zu Nebenbestandteilen. Betriebsstoffe werden bei der Fertigung verbraucht. Da die Fertigung von Erzeugnissen in der Kommunalverwaltung nur in Ausnahmefällen vorkommt, spielen die Roh-, Hilfs- und Betriebsstoffe hier eine untergeordnete Rolle. Ebenfalls von untergeordneter Bedeutung sind die Waren in der Verwaltung. Unter „Waren“ werden Güter verstanden, die ohne weitere Verarbeitung zu Weiterveräußerung bestimmt sind. Dies ist z. B. denkbar im Bereich der Tourismusförderung, wo Kartenmaterial und Souvenirs in kommunalen Einrichtungen veräußert werden. Ein weiteres Beispiel sind die Stammbücher im Bereich des Standesamtes. Als Aufwand zu buchen sind jeweils nur die im Haushaltsjahr verbrauchten Roh-, Hilfs- und Betriebsstoffe und Waren.

Die Ermittlung des Verbrauchs ergibt sich aus den Eröffnungs- und Schlussbilanzwerten laut Inventur und den Zugängen auf den entsprechenden Bilanzkonten:

	Anfangsbestand (lt. Vorjahresinventur)
+	Zugänge zu den Bestandskonten
–	Endbestand (lt. Inventur am Jahresende)
=	Aufwendungen des Haushaltsjahres

Buchungstechnisch kann die Ermittlung des Aufwands auch dadurch erfolgen, dass der Zukauf auf den Bestandskonten erfasst (aktiviert) und erst bei der Lagerentnahme als Aufwand gebucht wird. Hierfür ist eine leistungsfähige Lagerbuchhaltung erforderlich. Ohne Einsatz einer Lagerbuchhaltung werden die Zugänge direkt als Aufwand gebucht. Anhand der Anfangs- und Endbestände lt. Inventur erfolgt am Jahresende die Ermittlung des tatsächlichen Ressourcenverbrauchs.

Die Aufwendungen für Energie, Abwasser und Wasser gehören zwar grundsätzlich zu den Aufwendungen für die Bewirtschaftung der Grundstücke und baulichen Anlagen (Kontenart), sind jedoch gesondert in der 522 zu buchen. In der Kontenart 523 sind daher nur alle weiteren Bewirtschaftungskosten zu buchen. Warum diese Aufwendungen in zwei Kontenarten gebucht werden, obwohl sie in sachlichem Zusammenhang stehen (nämlich dem Bewirtschaften eines Objektes) ist für den außenstehenden Betrachter nicht wirklich schlüssig. Weitere Besonderheiten sind jedoch nicht zu berücksichtigen. Allenfalls im Bereich des Heizöls und der Treibstoffe kann eine Aufwandsermittlung anhand der Inventurdifferenzen (s. o.) erforderlich sein, wenn andernfalls eine zutreffende Abbildung des Ressourcenverbrauchs nicht gewährleistet ist. Soweit die Lagerbestandsänderungen von Bilanzstichtag zu Bilanzstichtag nur unwesentlich sind und eine genaue Bestandserfassung nur mit erheblichem Aufwand möglich ist, kann auf eine Aktivierung verzichtet werden.

Zu beachten ist weiter auch, dass nach den Darstellungen des Innenministeriums die Erstattungen bei Überzahlungen von Energiekosten (monatliche Abschlagszahlungen) nicht aufgerechnet, sondern als Ertrag auszuweisen sind. Das stößt deshalb auf Kritik, weil damit Ertragspositionen geschaffen werden, die dem Grunde nach keine sind und gleichzeitig erhöhte Aufwendungsansätze erforderlich werden.

Weiter fallen unter die Aufwendungen für die Unterhaltung und Bewirtschaftung (des beweglichen und unbeweglichen Vermögens) alle Aufwendungen für die Wartung, Instandhaltung, Reparatur und Bewirtschaftung des Sachanlagevermögens. Hier sind sowohl Materialaufwendungen für eigene Leistungen als auch Aufwendungen für Reinigungs-, Wartungsverträge oder Fremdinstandhaltung zu planen und zu buchen.

Schülerbeförderungskosten, Aufwendungen für Lernmittel nach dem Lernmittelfreiheitsgesetz und Kostenerstattungen für Leistungen, die eine andere Stelle für die Kommune erbracht hat, sind ebenfalls in der Kontengruppe 52 (konkret: Konto 5241) zu erfassen. In der Kontenart 525 „Kostenerstattungen" sind alle Aufwendungen zu buchen, die beispielsweise dadurch entstehen, dass die Gemeinde Aufgaben an einen Dritten überträgt (auch durch konkludentes Verhalten) und nunmehr zur Kostenübernahme verpflichtet ist, weil sie ja originärer Kostenträger ist.

Die Kontenart 526 Sonstige Aufwendungen Städtebauliches Sondervermögen ist selbsterklärend.

In der Kontenart 529 Sonstige Aufwendungen für Sach- und Dienstleistungen sind die Aufwendungen zu buchen, für die sich in den vorhergehenden Kontenarten keine konkretere Aufwandsart finden lässt. Für gewöhnlich kann es sich hierbei jedoch nur um geringfügige Aufwendungen handeln.

11.2.14 Bilanzielle Abschreibungen (Kontengruppe 53)

Vermögensgegenstände, die dazu bestimmt sind, der Aufgabenerfüllung der Gemeinde dauerhaft zu dienen, sind dem Anlagevermögen zuzuordnen. Soweit diese Vermögensgegenstände im Rahmen ihrer Verwendung einer regelmäßigen Abnutzung unterliegen oder durch außergewöhnliche Vorfälle verbraucht werden, wird die hierdurch verursachte Minderung des Anlagevermögens als bilanzielle Abschreibung ergebniswirksam erfasst (§ 34 GemHVO-Doppik).[285] Diese Erfassung erfolgt bei direkter Abschreibung einerseits im Soll auf dem Aufwandskonto der Gruppe 53X (Bilanzielle Abschreibungen) und andererseits im Haben auf dem jeweiligen Bestandskonto:

53x Abschreibungen an 0XX Anlagevermögen

Grundsätzlich ergibt sich durch die Abschreibung zunächst eine Bilanzkürzung, da einerseits der Wert des Anlagevermögens verringert wird und andererseits durch die Erfassung als Aufwand die Abschreibung in gleicher Höhe das Eigenkapital mindert. Durch die Abschreibung ist damit nicht, wie häufig irrtümlich vermutet wird, automatisch die Finanzierung einer Ersatzinvestition sichergestellt. Diese Finanzierungsfunktion ergibt sich ausschließlich dann, wenn den Abschreibungen entsprechende Erträge gegenüberstehen, die die Minderung des Eigenkapitals ausgleichen und gleichzeitig auf der Aktivseite durch eine Erhöhung des Umlaufvermögens (Liquidität) die Bilanz wieder verlängern.

Planmäßige Abschreibungen ergeben sich i. d. R. nach § 34 Abs. 1 GemHVO-Doppik durch die lineare Verteilung der Anschaffungs- und Herstellungskosten des Anlagevermögens auf die verwaltungsübliche Nutzungsdauer des jeweiligen Vermögensgegenstandes (lineare Abschreibung).

$$\textbf{Abschreibung p. a.}^{286} = \frac{\textbf{Anschaffungs-/Herstellungskosten}}{\textbf{Nutzungsdauer}}$$

Die Bestimmung der jeweiligen Nutzungsdauer soll nach § 34 Abs. 2 GemHVO-Doppik kommunalspezifisch unter Berücksichtigung der vom Innenministerium herausgegebenen Abschreibungstabelle (Anlage 5 der Verwaltungsvorschriften zur GemHVO-Doppik und GemKVO-Doppik) erfolgen. Grundsätzlich hat sich die Gemeinde innerhalb des vorgegebenen Rahmens der landeseinheitlichen Tabelle zu bewegen. Die Gemeinde kann eine kürzere Abschreibungsdauer zugrunde legen, wenn dies z. B. technische, rechtliche oder wirtschaftliche Gründe hat. Abweichungen von der landeseinheitlichen Tabelle sind wohl im Rahmen des Jahresabschlusses gem. § 48 Abs. 2 GemHVO-Doppik bei bedeutsamen Vermögensgegenständen im Anhang zu erläutern (§ 48 Abs. 2 Nr. 2: Wechsel der Abschreibungsmethode, Nr. 19: Nichtanwendung der linearen Abschreibungsmethode, Nr. 20: Veränderung der Nutzungsdauer).

---

285 Eine Korrektur von Forderungen ist nach dem landeseinheitlichen Kontenrahmenplan nicht als Abschreibung, sondern als Wertberichtigung beim Konto 5655 zu erfassen. Siehe hierzu auch die Ausführungen in 11.2.15 und 18.4.

286 Im Gegensatz zur kalkulatorischen Abschreibung in der Kosten- und Leistungsrechnung wird bei der bilanziellen Abschreibung generell davon ausgegangen, dass der Vermögensgegenstand bis zum Ende der Nutzungsdauer im Besitz der Kommune bleibt. Geplante Liquidationserlöse vor oder nach Ablauf der Nutzungsdauer werden daher bei der Ermittlung der bilanziellen Abschreibung nicht berücksichtigt.

Verwiesen sei hier auch noch auf die Regelung des § 48 Abs. 4 GemHVO-Doppik, wonach diese Angaben nur dann gemacht werden müssen, wenn sie nicht von untergeordneter Bedeutung sind. Hierzu ist es erforderlich, dass die Gemeinde eine entsprechende Wertgrenze bestimmt.

Diese Abweichungen können nach Auffassung der Autoren in begründeten Fällen auch über die Orientierungswerte der Abschreibungstabelle des Innenministeriums hinausgehen. Gem. § 43 Abs. 5 KV M-V sind bei der Buchführung die GoB zu beachten.[287] Diese übergeordneten Grundsätze beinhalten u. a. den Grundsatz der Richtigkeit. Danach sind z. B. nicht vertretbare Bewertungen von Aktiv- und Passivposten unzulässig. Ziel der Buchführung ist eine den tatsächlichen Verhältnissen entsprechende Darstellung der Vermögens- und Finanzsituation der Kommune. Damit unvereinbar wäre eine den tatsächlichen Verhältnissen widersprechende Bewertung der Aufwendungen für die Abnutzung des Anlagevermögens. Weicht daher die Nutzungsdauer bestimmter Vermögensgegenstände in einer Kommune nachweislich von den in der Abschreibungstabelle angegebenen Referenzwerten ab und ist diese Abweichung erheblich, hat die Gemeinde zur Einhaltung der GoB unabhängig von der örtlichen Abschreibungstabelle und den Orientierungswerten des Innenministeriums realistische Abschreibungsdauern anzusetzen und die Abweichung von der landeseinheitlichen Abschreibungstabelle im Anhang zu erläutern.

§ 34 Abs. 1 GemHVO-Doppik lässt eine Abweichung von der linearen Abschreibung nur dann zu, wenn durch eine geometrisch-degressive Abschreibung oder eine Leistungsabschreibung der Ressourcenverbrauch nachweislich besser abgebildet wird als durch eine lineare Abschreibung. Zulässig ist unter dieser Voraussetzung auch eine Kombination von degressiver und linearer Abschreibung. Unzulässig ist im Umkehrschluss die progressive Abschreibung, da durch steigende Abschreibungsbeträge eine unzulässige buchhalterische Verschiebung des Ressourcenverbrauchs in die Zukunft erfolgt, die mit dem Prinzip der intergenerativen Gerechtigkeit unvereinbar ist.

Bei der degressiven Abschreibung erfolgt die Verteilung der Anschaffungs- und Herstellungskosten auf die Nutzungsdauer mit sinkenden Beträgen. Bei einer geometrisch degressiven Abschreibung müsste im letzten planmäßigen Nutzungsjahr der volle Restbuchwert abgeschrieben werden, was problematisch ist. Vielmehr sollte wie vormals im Steuerrecht nicht im letzten Jahr der volle Restbuchwert abgeschrieben werden.[288] Es sollte eine Umstellung auf die lineare Abschreibung in dem Jahr erfolgen, in dem die lineare Abschreibung gleich oder höher ist als die degressive Abschreibung. Generell fehlt unglücklicherweise im § 34 GemHVO-Doppik der Hinweis darauf, dass überhaupt ein Wechsel zurück zur linearen Abschreibung vorgenommen werden sollte.

Bei der Leistungsabschreibung erfolgt die Ermittlung des Ressourcenverbrauchs eines Vermögensgegenstands nicht unter Berücksichtigung des Zeitablaufs, sondern unter Maßgabe der tatsächlichen Inanspruchnahme. Grundlage der Leistungsabschreibung sind die erzielbaren Leistungseinheiten des jeweiligen Vermögensgegenstandes

287 Vgl. hierzu im Einzelnen Kapitel 9.

288 Seit 2011 ist die Möglichkeit der geometrisch-degressiven Abschreibungen wieder aus dem Einkommensteuergesetz herausgenommen worden.

während seiner gesamten Lebensdauer. Bei der Nutzung eines Kraftfahrzeugs könnte z. B. die Leistungsabschreibung anhand der Kilometerleistung erfolgen. Zur Ermittlung der jährlichen Abschreibungen wird der Abschreibungsausgangswert (Anschaffungs-/Herstellungs-kosten) durch die insgesamt erzielbaren Leistungseinheiten (Lebensleistung des PKW in km) dividiert und anschließend mit der für die jeweilige Rechnungsperiode tatsächlich ermittelte Leistungsabgabe multipliziert.

Hinsichtlich des Restbuchwertes gilt bei allen Abschreibungsmethoden, dass wahlweise mit einem Euro Restbuchwert gearbeitet werden kann oder eben der Erinnerungswert auf 0 € gesetzt wird.

Der Abschreibungsbeginn erfolgt zeitanteilig (volle Monate, Zwölftelung) mit dem Monat der Herstellung bzw. Anschaffung. Dies geht zum einen aus § 34 Abs. 4 GemHVO, zum anderen aus Punkt 5.2.2 des Leitfadens Bilanzierung und Bewertung hervor. Gleiches gilt im Falle des Abganges der Vermögensgegenstandes (Verkauf, Verlust usw.).

Durch die divergierende Formulierung in § 34 Abs. 1 u. 4 GemHVO-Doppik stellt sich die Frage, ob für den Beginn der Abschreibung der Termin des Kaufs bzw. der Herstellung des Vermögensgegenstandes oder dessen Inbetriebnahme maßgeblich ist. Nach Absatz 1 dieser Vorschrift werden die Anschaffungs- und Herstellungskosten auf die Haushaltsjahre verteilt, in denen der Vermögensgegenstand voraussichtlich *genutzt* wird. Abgestellt wird hier eindeutig auf die tatsächliche Nutzung (wirtschaftliche Nutzungsdauer) und nicht auf eine Betriebsbereitschaft. Es ist danach für den Beginn der Abschreibung auf die Inbetriebnahme und nicht auf einen möglicherweise deutlich vorher liegenden Kauf- oder Herstellungstermin abzustellen. Im Absatz 4 wird jedoch bezüglich der anteiligen Berechnung von Abschreibungen innerhalb eines Jahres ausdrücklich auf den Termin der Anschaffung bzw. Herstellung abgestellt, so dass danach die Inbetriebnahme nicht von Interesse ist. § 34 Abs. 1 GemHVO-Doppik erscheint hier als übergeordnete Vorschrift, die in ihrem Duktus auch der kaufmännischen Vorschrift des § 253 Abs. 2 HGB entspricht, so dass die Abschreibung grundsätzlich mit der Nutzung korrespondieren soll. Maßgeblich für den Beginn der Abschreibung ist daher auch grundsätzlich der Termin der Inbetriebnahme und nicht der Termin der Anschaffung und Herstellung. Ausnahmen sind zu machen, wenn bereits vor der Nutzung ein deutlicher Wertverlust durch die Vorhaltung des Vermögensgegenstandes entsteht.

Einen Sonderfall der Abschreibung stellt die Sofortabschreibung geringwertiger Wirtschaftsgüter[289] (GWG) nach § 34 Abs. 5 GemHVO-Doppik dar. Die Regelung orientiert sich an der bis 2008 geltenden einkommensteuerrechtlichen Behandlung geringwertiger Wirtschaftsgüter.[290] Als „GWG" werden danach Vermögensgegenstände bezeichnet, die

289 In der GemHVO-Doppik wird von „Geringwertigen Vermögensgegenständen" gesprochen. Hier wird trotzdem der übliche Begriff „GWG" verwendet.

290 Es wird hier deutlich, dass die Übernahme früherer steuerrechtlicher Regelungen in das Haushaltsrecht als problematisch anzusehen ist. Im Steuerrecht besteht derzeit eine Wahlmöglichkeit: entweder Sammelpostenbildung mit Abschreibungsverteilung auf fünf Jahre für Anschaffungswerte zwischen 250 € bis 1.000 € oder 800-€-Grenze (bis einschließlich 2017: 410 €) mit einer Sofortabschreibung im Anschaffungsjahr. Z. B. im Hinblick auf die Erstellung von

- zum Anlagevermögen gehören,
- selbstständig genutzt werden können,
- einer Abnutzung unterliegen und
- deren Anschaffungs-/Herstellungskosten (ohne Umsatzsteuer) 410 € nicht überschreiten.

Für diese Gegenstände besteht die Möglichkeit einer Sofortabschreibung im ersten Nutzungsjahr als Wahlrecht. Buchhalterisch besteht dabei die Möglichkeit der unmittelbaren Buchung der Anschaffungs-/Herstellungskosten auf separaten Aufwandskonten oder der Erfassung der GWG auf Bestandskonten und anschließender Vollabschreibung. Beide Verfahren werden kaufmännisch als zulässig angesehen und sollten im Hinblick auf ihre Praktikabilität beurteilt und eingesetzt werden.[291] Grundsätzlich handelt es sich bei der Anschaffung von GWG um Investitionsauszahlungen, die im Finanzhaushalt als solche zu planen sind. Daneben sind im Ergebnishaushalt die Abschreibungen zu veranschlagen.

Auch geringwertige Vermögensgegenstände, die sofort abgeschrieben werden sollen, sind im Jahr der Anschaffung oder Herstellung durch eine Erfassung in der Buchführung bzw. einem Bestandsverzeichnis nachzuweisen. Dies ist nicht erforderlich für Anlagegüter, deren AHK nicht mehr als 60 € (ohne Umsatzsteuer) betragen haben.

Neben den planmäßigen Abschreibungen und den Sofortabschreibungen können weiterhin vorkommen die

- Abschreibungen auf Finanzanlagen und Wertpapiere,
- außerplanmäßige Abschreibungen und Sonderabschreibungen auf das Anlagevermögen und
- außerplanmäßige Abschreibungen auf das Umlaufvermögen.

Geleistete Zuwendungen an den öffentlichen Bereich (Zuweisungen) oder an den privaten Bereich (Zuschüsse) sind als Aufwendungen unmittelbar ergebniswirksam zu erfassen, soweit keine Aktivierungsfähigkeit der Zuwendung vorliegt.

Die Beurteilung der Aktivierungsfähigkeit der Zuwendungen ist zunächst ausschließlich aus der Sicht des Bilanzierenden (der Kommune) und keinesfalls aus Sicht des Zuwendungsempfängers zu beurteilen und bestimmt sich nach § 37 Abs. 1 GemHVO-Doppik. Die Aktivierungsfähigkeit bei der bilanzierenden Kommune hängt davon ab, ob

Gesamtabschlüssen führt dies zu erheblichen Problemen. In anderen Bundesländern (z. B. in Rheinland-Pfalz) wurden gemäß § 35 Abs. 3 GemHVO die jeweiligen steuerrechtlichen Wahlmöglichkeiten in die kommunale Doppik übernommen, allerdings mit einer Sofortabschreibungsmöglichkeit bis 1.000 €.

291 Vgl. *Brixner/Harms/Noe*, Verwaltungs-Kontenrahmen, München 2003, S. 420 m. w. N. sowie Modellprojekt „Doppischer Kommunalhaushalt in NRW“ (Hrsg.), Neues Kommunales Finanzmanagement: Betriebswirtschaftliche Grundlagen für das doppische Haushaltsrecht, 2. vollst. überarb. Auflage auf der Basis der Endergebnisse des Modellprojektes, Freiburg 2003, S. 118 f.

- der Empfänger mit der Zuwendung einen Vermögensgegenstand des Anlagevermögens beschafft oder herstellt und
- ob eine mehrjährige Zweckbindungsdauer vorliegt oder eine mehrjährige Gegenleistungspflicht vereinbart wurde.

Liegen diese Bedingungen vor, ist auf der Aktivseite der Bilanz eine entsprechende Position (immaterieller Vermögensgegenstand) auszuweisen, die über die Dauer der Zweckbindung bzw. die Laufzeit der Gegenleistungsverpflichtung abzuschreiben ist. Bei Gegenleistungsverpflichtungen ist darauf zu achten, dass diese Abschreibungen nicht über die wirtschaftliche Nutzungsdauer des beschafften Gegenstandes hinausgehen dürfen. Allerdings dürfte dieser Fall eine Ausnahme sein: Welcher Zuwendungsempfänger lässt sich auf eine Gegenleistungspflicht ein, die über die Nutzungsdauer hinausragt?

Entscheidend für die Beurteilung der Behandlung geleisteter Zuwendungen sind ausschließlich die zahlungsbegründenden Unterlagen, also i. d. R. der Zuwendungsbescheid. Mündliche Auskünfte oder Aktenvermerke aus der Fachverwaltung über Gegenleistungsverpflichtungen oder Rückzahlungsvereinbarungen sind keine ausreichende Grundlage für eine Aktivierung. Die Voraussetzungen müssen aus dem Zuwendungsbescheid, der Grundlage für die buchhalterische Erfassung ist, eindeutig hervorgehen, um eine Aktivierung vornehmen zu dürfen.

Soweit eine der oben genannten Voraussetzungen (für die Aktivierung) nicht vorliegt, ist die Zuwendung im Jahr der Auszahlung vollständig ergebniswirksam zu erfassen. Zum Nachweis der geleisteten Zuwendungen (die bei der Gemeinde aktiviert wurden) ist das Muster 16 zu § 50 Absatz 1 GemHVO-Doppik zu verwenden.

Einzelheiten zur Notwendigkeit und Möglichkeit dieser Abschreibungen sind der Erläuterung der Bilanzposten im Kapitel 10 zu entnehmen.

11.2.15 Zuwendungen, Umlagen und sonstige Transferaufwendungen (Kontengruppe 54)

Transferleistungen sind generell Geld- oder Sachleistungen, die jemand erhält, ohne dafür entsprechende direkte Gegenleistungen aufbringen zu müssen. Als Transferaufwendungen werden Übertragungen der Kommune an den öffentlichen oder den privaten Bereich erfasst, denen keine Gegenleistung gegenübersteht, die aber nicht aus der Steuerpflicht der Kommune resultieren.[292] Grundlage für Transferaufwendungen können Rechtsnormen, Beschlüsse der Gemeindevertretung oder auch Verwaltungsentscheidungen sein.

Unter Transferaufwendungen fallen insbesondere

- Zuweisungen und Zuschüsse für laufende Zwecke,
- Schuldendiensthilfen,

292 Eigene Steueraufwendungen der Kommune sind den Kontenarten 567 und 568 (Sonstige laufende Aufwendungen) zugeordnet.

- Sozialtransfers,
- Umlagen im Rahmen des Steuerverbunds,
- Kreis-, Amts- und Zweckverbandsumlagen.

Allerdings sind im NKHR M-V die durch Aufwendungen der sozialen Sicherung verursachten Transferleistungen in der gesonderten Kontengruppe 55 ausgewiesen.

Unter die Transferaufwendungen fallen auch die Gewerbesteuerumlage und die Umlagen der Kommunen an die Landkreise, Ämter und Zweckverbände.

Die Rückerstattung überzahlter Gewerbesteuern durch die Kommune in einer späteren Buchungsperiode ist nicht als Transferaufwand zu verbuchen. Nach § 11 Abs. 1 GemHVO-Doppik sind die Rückzahlungen von Abgaben, abgabeähnlichen Erträgen und allgemeinen Finanzzuweisungen auch dann bei den Erträgen abzusetzen, wenn sie sich auf Vorjahre beziehen. Dies kann in Einzelfällen auch dazu führen, dass bei erheblichen Rückzahlungen negative Ertragsansätze oder -ergebnisse entstehen, was sicherlich jeder kaufmännischen Praxis und dem Periodisierungsprinzip widerspricht.

Schuldendiensthilfen (Kontenart 542) stellen eine besondere Form der Zuwendungen dar, die auf die Erleichterung des Schuldendienstes beim Empfänger ausgerichtet sind. Da der Schuldendienst sich in der Regel aus Annuitäten ergibt, die sowohl Zins- als auch Tilgungsleistungen umfasst, ist vereinfachend davon auszugehen, dass grundsätzlich eine Aktivierungsfähigkeit solcher Zuwendungen auszuschließen ist. Dies ergibt sich daraus, dass eine Rückzahlungspflicht bei bestimmungsgemäßer Verwendung der Zuwendung i. d. R. ausgeschlossen ist.

11.2.16 Aufwendungen der sozialen Sicherung (Kontengruppe 55)

Wichtigster und umfangreichster Bestandteil der kommunalen Transferaufwendungen sind die Sozialtransfers, die sich i. d. R. aus der Sozialgesetzgebung ergeben. Dies sind insbesondere die Leistungen nach dem

- Sozialgesetzbuch II,
- Sozialgesetzbuch XII,
- Sozialgesetzbuch VIII,
- Unterhaltssicherungsgesetz,
- Asylbewerberleistungsgesetz.

11.2.17 Sonstige laufende Aufwendungen (Kontengruppe 56)

Die Kontengruppe 56 stellt ein Sammelbecken für mögliche sonstige Aufwandsarten dar. Aufzuführen sind insbesondere

- Sonstige Personal- und Versorgungsaufwendungen,
- Aufwendungen für die Inanspruchnahme von Rechten und Diensten,

- Geschäftsaufwendungen,
- Aufwendungen für Beiträge, Versicherungen und Sonstiges,
- Verluste aus dem Abgang von Gegenständen des Anlagevermögens und des Umlaufvermögens, Wertminderungen des Umlaufvermögens, Einstellungen in Sonderposten, Zuführungen zu Rückstellungen,
- Investitionszuwendungen ohne Gegenleistungsverpflichtungen bzw. Bindungsfristen.

Daneben sind dieser Kontengruppe weitere Aufwendungen zuzuordnen, soweit sie nach dem Kontierungsplan nicht zwingend einer anderen Kontengruppe zugeordnet werden müssen.

Unter die sonstigen Personal- und Versorgungsaufwendungen fallen insbesondere die sog. „Personalnebenkosten". Dies sind u. a. die

- erforderliche Personalmaßnahmen (Einstellung, Umsetzung, Entlassung),
- die Aus- und Fortbildung,
- übernommene Fahrt- und Umzugskosten,
- die Zahlung von Trennungsgeld,
- den Gesundheitsschutz und die Arbeitssicherheit der Beschäftigten,
- Belegschaftsveranstaltungen und
- Dienstjubiläen,

die nicht unter die Personal- oder Versorgungsaufwendungen fallen.

Die einzelnen Aufwandsarten sind dem Kontierungsplan zu entnehmen. Besonderheiten bzgl. der Haushaltsplanung oder der Abwicklung in der Buchhaltung ergeben sich allenfalls bei der Behandlung von Leasingraten. Diese sind grundsätzlich nur dann als Aufwand zu buchen, wenn das geleaste Wirtschaftsgut dem Leasinggeber als wirtschaftliches Eigentum zugerechnet werden kann. Liegt das wirtschaftliche Eigentum[293] dagegen beim Leasingnehmer, ist dieses zu aktivieren und die Leasingraten sind als Kaufpreisraten (d. h. als Investitionsauszahlungen) zu behandeln.[294]

Verluste aus Vermögensveräußerungen ergeben sich bei einem Verkauf von Anlagevermögen unter Buchwert. Die Differenz zwischen Buchwert und Veräußerungserlös vermindert als Aufwand das Eigenkapital.

Die Notwendigkeit der Wertberichtigung von Forderungen ergibt sich aus § 32 Abs. 1 Nr. 3 GemHVO-Doppik, wonach vorhersehbare Risiken und Verluste, die bis zum Bilanzstichtag entstanden sind, zu berücksichtigen sind. Daraus ergibt sich die Notwendigkeit der Beurteilung von Forderungen auf ihre Werthaltigkeit. Besteht die Notwendigkeit der Wertberichtigung, erfolgt dies durch eine Aufwandsbuchung. Nach dem Bruttoprinzip ist keinesfalls eine Korrektur des Ertrages vorzunehmen. Unbenommen davon sind die Wertberichtigungen aufgrund von Niederschlagungen, Erlassen und zinslosen Stundungen über 36 Monate gemäß § 22 GemHVO-Doppik. Diese sind ebenfalls bei der Kontengruppe 56 zu dokumentieren. Näheres dazu siehe Kapital 18.4.

293 Zum Begriff des wirtschaftlichen Eigentums siehe Kapitel 10.

294 Vgl. *Brixner/Harms/Noe*, Verwaltungs-Kontenrahmen, München 2003, S. 425 f. mit Hinweisen auf die Leasing-Erlasse des Bundesministers der Finanzen (BMF).

11.2.18 Zinsen und sonstige Finanzaufwendungen (Kontengruppe 57)

Die Kontengruppe 57 (Zinsen und sonstige Finanzaufwendungen) ergibt die Zins- und sonstigen Finanzauszahlungen. Eine gemeindeindividuelle Differenzierung der Zinsaufwendungen nach den Empfängern bzw. Darlehensgebern ist nicht möglich, da die Entscheidung zur Aufgliederung bereits durch die statistischen Vorgaben im Wesentlichen erfolgt ist. Neben den Zinsaufwendungen werden in der Kontengruppe 57 auch sonstige Finanzaufwendungen abgebildet, die sich aus der Inanspruchnahme von Fremdkapital ergeben können.

Nicht zu den Zinsen und ähnlichen Aufwendungen gehören die allgemeinen Aufwendungen für den Geldverkehr, wie z. B. Bankspesen und Kontoführungsgebühren. Hierbei handelt es sich um Bankgebühren, die dem Konto 5637 zuzuordnen sind.

11.2.19 Aufwendungen aus internen Leistungsbeziehungen (Kontengruppe 58)

Für die Aufwendungen aus interner Leistungsbeziehung ist die Kontengruppe 58 des Kontenrahmenplans vorgesehen. Die Ausführungen zu den Erträgen und Einzahlungen aus interner Leistungsbeziehung gelten entsprechend (s. o., Kapitel 11.2.9).

11.2.20 Einstellungen in Rücklagen (Kontengruppe 59)

Bei den Einstellungen in Rücklagen gibt es im grundsätzlich die Unterscheidung nach

- Einstellung in die Kapitalrücklage und
- Einstellung in die Rücklage für Belastungen aus dem kommunalen Finanzausgleich.

11.3 Übungen

Sachverhalt Nr. 1
Im laufenden Jahr ergeben sich in der Gemeinde G u. a. nachfolgende Geschäftsvorfälle:

1. Die Gemeinde versendet im Januar die Vorauszahlungsbescheide für die Gewerbesteuer. Die Gesamtforderung beträgt 2 Mio. €, die zu jeweils einem Viertel am 15. Februar, 15. Mai, 15. August und 15. November fällig wird.
2. Die Stadtbücherei nimmt im Juli 20.000 € Benutzungsgebühren als Jahresgebühr ein. Die erworbenen Jahreskarten gelten von Anfang Juli des laufenden Jahres bis Ende Juni des folgenden Jahres.

3. Die Gemeinde veräußert ein gebrauchtes Notebook an einen Mitarbeiter. Sie erhält dafür 300 €. Der Restbuchwert des Gerätes betrug zum Zeitpunkt der Veräußerung noch 250 €, der Anschaffungswert betrug ursprünglich 600 € brutto.
4. Der Bauhof der Gemeinde G stellt im Januar ein Klettergerüst für den Spielplatz her. Es fallen Materialaufwand von 800 € und Personalaufwand von 1.500 € an. Aus der Kostenrechnung werden für die Erstellung des Klettergerüsts Materialgemeinkosten von 100 €, Fertigungsgemeinkosten von 300 € und Verwaltungsgemeinkosten von 100 € ermittelt. Das Klettergerüst wird am 20. Januar aufgestellt. Als Nutzungsdauer werden zehn Jahre kalkuliert.

Aufgabe:
Zeigen Sie für die Geschäftsvorfälle alle notwendigen Buchungssätze auf. Nutzen Sie die Konten des Kontenrahmenplans des Innenministeriums. Eine Mitkontierung der Produktbereiche und eine Berücksichtigung der Finanzrechnung ist nicht erforderlich.

Lösung:
Zu 1.:
Bei den Gewerbesteuerbescheiden handelt es sich um Vorauszahlungsbescheide. Für Vorauszahlungen erfolgt die Einbuchung der Forderung zum Zeitpunkt der Fälligkeit. Jeweils zum Fälligkeitstermin ist daher zu buchen:

Debitor	**an**	**40131 Gewerbesteuer 500.000 €**

Zu 2.:
Die im Juli eingenommenen Benutzungsgebühren für die Stadtbücherei beziehen sich nicht nur auf das laufende Haushaltsjahr. Die erworbenen Jahreskarten sind im Haushaltsjahr sechs Monate gültig und im folgenden Jahr ebenfalls sechs Monate. Zur Ermittlung des Ertrages ist daher eine Abgrenzung vorzunehmen.

Zunächst wird die Debitorenrechnung vollständig auf das Ertragskonto gebucht:

Debitor	**an**	**432 Benutzungsgebühren 20.000 €**

Anschließend erfolgt die Korrektur des Ertragskontos durch eine passive transitorische Rechnungsabgrenzung:

432 Benutzungsgebühren	**an**	**392 Passive RAP aus Dienstleistungen oder Warenlieferungen 10.000 €**

Zu 3.:
Die Buchung des Veräußerungserlöses erfolgt zunächst über das entsprechende Ertragskonto:

Debitor	**an**	**46113 Ertr. aus Veräußerung 300 €**

Anschließend ist der Anlagengegenstand über das entsprechende Bestandskonto auszubuchen:

46113 Ertr. aus Veräußerung	**an**	**082 BGA**	**250 €**

Durch diese Buchungen weist das Ertragskonto einen Saldo von 50 € im Soll aus, der als Ertrag in die Ergebnisrechnung einfließt. Das Notebook ist aus dem Bestandskonto mit dem Restbuchwert ausgebucht.

Zu 4.:
Während der Herstellung des Klettergerüsts fallen Personal- und Materialaufwendungen an. Die Personalaufwendungen werden zunächst ohne Bezug zu der Herstellung des Klettergerüsts buchhalterisch erfasst:

502 Dienstbezüge	**an**	**Kredito**	**1.500 €**

Die Materialaufwendungen werden dem neu erstellten Klettergerüst direkt zugeordnet. Für das Klettergerüst wird daher in der Anlagenbuchhaltung eine „Anlage im Bau" eingerichtet. Die Buchung der Rechnungen für das Material des Klettergerüsts lautet:

096 Anlagen im Bau	**an**	**Kreditor**	**800 €**

Nach Fertigstellung des Klettergerüsts aber spätestens jedes Jahr werden die erbrachten Eigenleistungen der Anlage im Bau zugerechnet. Als aktivierbare Eigenleistungen kommen nach § 33 Abs. 3 GemHVO-Doppik neben den Materialeinzelkosten noch die Fertigungseinzelkosten, die Sonderkosten der Fertigung, Fertigungs- und Materialgemeinkosten in Frage. Zuzurechnen sind dem Klettergerüst danach noch der entsprechende Personalaufwand (Fertigungseinzelkosten), die Material- und Fertigungsgemeinkosten. Verwaltungsgemeinkosten können nicht aktiviert werden. Aktivierbar sind daher:

Fertigungseinzelkosten:	1.500 €
Fertigungsgemeinkosten:	300 €
Materialgemeinkosten:	100 €
Summe:	**1.900 €**

Die Buchung erfolgt als Ertrag aus aktivierten Eigenleistungen:

096 Anlagen im Bau	**an**	**452 Andere Aktivierte Eigenleistungen 1.900 €**

Auf der Anlage im Bau „Klettergerüst“ haben sich damit Herstellungskosten i. H. v. insgesamt 2.700 € angesammelt. Bei Inbetriebnahme des Klettergerüsts werden diese Herstellungskosten von der Anlage im Bau auf das endgültige Anlagenkonto umgebucht:

0225 Kinderspielplätze an 096 Anl. im Bau 2.700 €

Mit Inbetriebnahme des Klettergerüsts erfolgt auch die Abschreibung des Anlageguts. Der Abschreibungssatz beträgt bei einer zehnjährigen Nutzungsdauer 10 %:

533 Abschreibungen auf unbebaute Grundstücke
und grundstücksgleiche Rechte an 0225 Kinderspielplätze
270 €

Mit der Buchung der Abschreibung sind alle erforderlichen Buchungen im Haushaltsjahr durchgeführt.

Sachverhalt Nr. 2
Die Gemeinde G schafft im Juni 2020 DV-Ausstattung für die Grundschule für insgesamt 80.000 € an. Aus Landesmitteln wird die Anschaffung mit 20 % gefördert. Der Förderbescheid liegt bereits im April 2020 vor, die Auszahlung der Förderung wird erst im November erwartet. Ab dem 1.7.2020 ist die DV-Ausstattung einsatzbereit. Die vorgesehene Nutzungsdauer der Ausstattung beträgt vier Jahre.

Aufgaben:

a) Zeigen Sie die notwendigen Buchungen (Buchungssätze) für die Anschaffung der Ausstattung (inkl. Ausgleich der Kreditoren- und Debitorenkonten), die Erfassung der Zuwendung und die erfolgswirksame Behandlung dieser Positionen im Jahr der Anschaffung.
b) Wie ist dieser Vorgang im Teilfinanz- und Teilergebnishaushalt des Produktbereichs „Schulträgeraufgaben“ zu veranschlagen?

Lösung:
Zu a)
Die Anschaffung der DV-Ausstattung erfolgt i. d. R. über die Anlagenbuchhaltung, in der für jedes einzelne Anlagegut ein separater Stammsatz angelegt wird. Auf den einzelnen Stammsätzen werden dann die Kreditorenrechnungen erfasst. In der Summe ergibt sich daraus die Buchung:

082 BGA an Kreditor 80.000 €

Bei Zahlung des Rechnungsbetrags wird das Kreditorenkonto wieder ausgeglichen:

Kreditor	**an**	**1841 Kontokorrentguthaben 80.000 €**

Für den Förderbetrag liegt bereits im April ein Förderbescheid vor. Zu diesem Zeitpunkt hat die Gemeinde jedoch die Fördervoraussetzungen noch nicht erfüllt. Die Erfüllung der Fördervoraussetzungen ist mit der Anschaffung und Inbetriebnahme der DV-Ausstattung gegeben. Zu diesem Zeitpunkt (1.7.2020) kann dann auch die Landesförderung buchhalterisch erfasst werden:

Debitor	**an**	**23142 Sonderposten**	**16.000 €**

Erst bei Forderungseingang im November wird das Debitorenkonto ausgeglichen:

1841 Kontokorrentguthaben	**an**	**Debitor**	**16.000 €**

Durch die bisherigen Buchungen wurden die DV-Anlagen i. H. v. 80.000 € auf Aktivkonten erfasst, die Landeszuwendung i. H. v. 16.000 € wurde auf einem Passivkonto als Sonderposten erfasst. Die Debitoren- und Kreditorenkonten sind durch die entsprechenden Zahlungsein- und -ausgänge wieder ausgeglichen. Zur Abbildung des Ressourcenverbrauchs sind für das Jahr 2020 noch die anteiligen Abschreibungen für ein halbes Jahr und die entsprechende Auflösung des Sonderpostens zu buchen.

Die Abschreibung für das Jahr 2020 beträgt die Hälfte der normalen jährlichen Abschreibung von 25 %:

53853 Bil. Abschreibungen Geschäftsausstattung	**an**	**082 BGA 10.000 €**

Mit dem gleichen Anteil (12,5 %) wird in 2020 der für die Landesförderung gebildete Sonderposten ertragswirksam aufgelöst:

23142 Sonderposten	**an**	**4151 Auflösung von Sonderposten 2.000 €**

Zu b)

Im Teilfinanzhaushalt sind die investiven Ein- und Auszahlungen des Produktbereichs zu erfassen. Das sind zum einen die Auszahlungen für die Anschaffung der DV-Ausstattung und daneben die Einzahlungen für die Landeszuwendung wie folgt enthalten:

Teilfinanzhaushalt **Produktbereich Schulträgeraufgaben**	**Ansatz 2020 in €**
Investitionstätigkeit	
Einzahlungen	
Einzahlungen aus Investitionszuwendungen	16.000
+ Einzahlungen aus Beiträgen und ähnlichen Entgelten + Einzahlungen aus Anlagevermögen + Einzahlungen aus sonstigen Ausleihungen und Kreditgewährungen + Sonstige Investitionseinzahlungen	
Summe der Einzahlungen aus Investitionstätigkeit	16.000
– Auszahlungen für Anlagevermögen – Auszahlungen für sonstige Ausleihungen und Kreditgewährungen	80.000
Summe der Auszahlungen aus Investitionstätigkeit – Sonstige Investitionsauszahlungen **Saldo der Ein- und Auszahlungen aus Investitionstätigkeit**	80.000 –64.000

Im Teilergebnishaushalt sind nur die aufwands- bzw. ertragswirksamen Vorgänge zu veranschlagen. Dies sind für den vorliegenden Geschäftsvorfall die planmäßigen Abschreibungen der DV-Ausstattung und die ertragswirksame Auflösung des Sonderpostens aus der Landeszuweisung. Beschränkt auf diesen Geschäftsvorfall ergeben sich nachfolgende Planungspositionen in der Teilergebnisrechnung:

Teilergebnishaushalt **Produktbereich Schulträgeraufgaben**	**Ansatz 2020 in €**
+ Steuern und ähnliche Abgaben	
+ Zuwendungen, allgemeine Umlagen und sonstige Transfererträge	2.000
+ Erträge der sozialen Sicherung	
+ Öffentlich-rechtliche Leistungsentgelte	
+ Privatrechtliche Leistungsentgelte	
+ Kostenerstattungen und Kostenumlagen	
+ Andere aktivierte Eigenleistungen	
+ Sonstige laufende Erträge	
Summe der Erträge	2.000
– Personalaufwendungen	
– Versorgungsaufwendungen	
– Aufwendungen für Sach- und Dienstleistungen	
– Abschreibungen	10.000
– Zuwendungen, Umlagen und sonstige Transferaufwendungen	
– Aufwendungen der sozialen Sicherung	
– Zinsaufwendungen und sonstige Finanzaufwendungen	
– Sonstige Aufwendungen	
Summe der Aufwendungen	10.000
Jahresergebnis des Teilhaushaltes vor Verrechnung der internen Leistungsbeziehungen und vor Veränderung der Rücklagen	–8.000

Sachverhalt Nr. 3

Die Musikschule der Gemeinde G plant, im Juni 2020 ihren Konzertflügel auszutauschen. Dazu soll der bisherige Flügel, der im Januar 2008 für 60.000 € gekauft wurde, in Zahlung gegeben werden. Die Musikschulleiterin erwartet bei der Inzahlungnahme eine Gutschrift i. H. v. 50.000 €. Der Preis des neuen Flügels wird mit 75.000 € kalkuliert. Für Konzertflügel kalkuliert die Gemeinde G eine Nutzungsdauer von 30 Jahren.

Aufgabe:
Stellen Sie die mit den Konzertflügeln in Verbindung stehenden Positionen des Teilergebnishaushalts für das Jahr 2020 zusammen.

Lösung:
Im Teilergebnishaushalt sind die Aufwendungen und Erträge zu kalkulieren, die mit den Konzertflügeln in Verbindung stehen.

Zunächst ist daher zu ermitteln, wie hoch die Abschreibung für den alten Flügel im Jahr 2018 voraussichtlich sein wird. Die Anschaffungskosten des Flügels betrugen 60.000 €. Bei einer kalkulierten Nutzungsdauer von 30 Jahren beträgt die planmäßige jährliche Abschreibung 2.000 €. Im Jahr 2020 beschränkt sich die Abschreibungsdauer gem. § 33 Abs. 4 GemHVO-Doppik auf fünf Monate (Januar bis Mai), so dass für den alten Flügel Abschreibungen i. H. v. 833 € für das Jahr 2020 anzusetzen sind.

Für den neuen Flügel ist ebenfalls die Abschreibung zu kalkulieren. Bei einer Anschaffung im Juni können nach § 34 Abs. 4 GemHVO-Doppik die Abschreibungen ab dem Monat Juni berücksichtigt werden (d. h. Juni bis Dezember). Ausgehend von Anschaffungskosten von 75.000 € errechnet sich eine Abschreibung i. H. v. 1.667 € für den neuen Flügel.

In Verbindung mit der Inzahlungnahme des alten Flügels ist festzustellen, ob Aufwendungen oder Erträge aus der Veräußerung des Anlagevermögens zu kalkulieren sind. Diese ergeben sich aus der Differenz des Veräußerungserlöses zum aktuellen Restbuchwert. Laut Sachverhalt wird als Veräußerungserlös für den alten Flügel mit 50.000 € gerechnet. Der Restbuchwert ergibt sich aus den Anschaffungskosten abzüglich der aufgelaufenen Abschreibungen. Die Anschaffungskosten betrugen 60.000 €. Von Januar 2008 bis Ende 2019 sind insgesamt planmäßige Abschreibungen für zehn Jahre aufgelaufen. Die jährlichen Abschreibungen betragen 2.000 €. Der Restbuchwert des Flügels betrug damit Anfang 2020 40.000 € (60.000 € ./. 20.000 €). Bis zum Zeitpunkt der Veräußerung im Juni 2020 werden weitere 833 € an Abschreibungen anfallen. Der Restbuchwert des Flügels wird zum Zeitpunkt der Veräußerung damit voraussichtlich 39.167 € betragen. Da der erwartete Veräußerungserlös um 10.833 € über dem Restbuchwert liegt, ist in dieser Höhe ein Ertrag zu veranschlagen. Die Veranschlagung erfolgt im Konto 4611 „Erträge aus der Veräußerung von immateriellen Vermögensgegenständen und Vermögensgegenständen des Sachanlagevermögens“.

Im Teilergebnishaushalt „Kultur“ ergeben sich damit nachfolgende Positionen:

Bilanzielle Abschreibungen:	**2.500 €**
Sonstige laufende Erträge:	**14.833 €**

Sachverhalt Nr. 4
Die Gemeinde G beabsichtigt, im folgenden Jahr 49 % ihrer Anteile an der 100%igen Tochter Stadtwerke G zu veräußern, um den Haushalt auszugleichen. Nach der bishe-

rigen Haushaltsplanung stehen den Gesamtaufwendungen von 28 Mio. € nur Erträge von 25 Mio. € gegenüber.

Der Bilanzwert des verbundenen Unternehmens beträgt 4.081.633 €. Der Kämmerer rechnet mit einem Veräußerungserlös von rd. 7 Mio. € für den zum Verkauf stehenden Anteil. Das Verfahren der Veräußerung soll durch verschiedene Beratungsfirmen begleitet werden. Hierfür wird insgesamt mit einem Beratungshonorar von 250.000 € gerechnet.

Aufgabe:
Zeigen Sie die Veranschlagung der Veräußerung im Ergebnishaushalt dar.

Lösung:
Im Ergebnishaushalt sind gem. § 2 Abs. 1 GemHVO-Doppik Erträge und Aufwendungen auszuweisen. Zunächst ist daher festzustellen, inwieweit durch die geplante Veräußerung Aufwendungen oder Erträge entstehen.

Erträge aus Veräußerungserlösen könnten entstehen, wenn der erzielte Veräußerungserlös über dem Restbuchwert des veräußerten Anlagegutes liegt. Laut Sachverhalt beträgt der Bilanzwert der Stadtwerke GmbH, bei der die Gemeinde alleiniger Gesellschafter ist, 4.081.633 €. Die Gemeinde beabsichtigt allerdings nur einen Anteil von 49 % der Gesellschaft zu veräußern. Bei einer Veräußerung müsste demnach der anteilige Buchwert ermittelt und als Anlagenabgang gebucht werden. Der Buchwert des zum Verkauf stehenden Anteils beträgt 4.081.633 € × 49 % = 2.000.000 €.

Der voraussichtliche Veräußerungserlös beträgt 7 Mio. €. Demnach ergibt sich aus der Veräußerung ein Ertrag i. H. v. voraussichtlich 5 Mio. €.

Für die Durchführung des Verkaufsverfahrens und für sonstige Beratungen wird mit Aufwendungen i. H. v. 250.000 € gerechnet.

Grundsätzlich sind die erwarteten Erträge als Erträge aus der Veräußerung von Vermögensgegenständen des Anlagevermögens im Konto 4612 bei den „Erträgen aus der Veräußerung von Finanzanlagen“ zu veranschlagen. Die Aufwendungen für die Beratungsleistungen sind im Konto 5625 „Sachverständigen-, Gerichts- und ähnliche Aufwendungen“

Gem. § 2 Abs. 1 Nr. 25 und 26 GemHVO-Doppik sind im Ergebnishaushalt außerordentliche Erträge und Aufwendungen separat auszuweisen. Eine Begriffsbestimmung für den Begriff „außerordentlich“ liefert das Haushaltsrecht nicht. Als außerordentlich werden damit entsprechend der Auslegung von § 277 Abs. 4 HGB solche Geschäftsvorfälle angesehen, die

- in einem hohen Maße ungewöhnlich,
- selten und
- von erheblicher finanzieller Bedeutung

sind.

Die Veräußerung eines erheblichen Anteils der Stadtwerke GmbH kommt inzwischen zwar in verschiedenen Gemeinden vor, es kann aber doch noch festgestellt werden, dass es sich um einen ungewöhnlichen Vorgang (im wörtlichen Sinne) handelt. Eine solche Veräußerung ist aus der Natur der Sache heraus auch selten. Angesichts des Gesamtumfangs des Ergebnishaushaltes (Aufwendungen i. H. v. 28 Mio. €) ist auch die materielle Bedeutung des aus der Veräußerung entstehenden Ertrages von 5 Mio. € als erheblich anzusehen. Die Veranschlagung des Ertrages aus der Veräußerung der Stadtwerke GmbH muss daher im Ergebnishaushalt als „Außerordentlicher Ertrag" erfolgen.

Da es sich bei den Aufwendungen für die Beratungsleistungen um Aufwendungen handelt, die dem Geschäftsvorfall der Veräußerung unmittelbar zuzurechnen sind, sind sie als „Außerordentliche Aufwendungen" auszuweisen. Zwar erfüllen sie isoliert betrachtet die o. a. Anforderungen nicht, bei der Zuordnung kommt es jedoch nicht auf die Betrachtung des einzelnen Buchungsschrittes, sondern auf den gesamten Geschäftsvorfall an. Da dieser dem außerordentlichen Ergebnis zuzurechnen ist, sind auch die Beratungsaufwendungen hier auszuweisen.

12. Die Finanzrechnung – Grundlagen und Einzelpositionen

12.1 Die Ermittlung der Finanzrechnung

Wie bereits im vorangegangenen Kapitel dargestellt, sehen die Verwaltungsvorschriften zur GemHVO-Doppik-Doppik und GemKVO-Doppik in ihrer Anlage 1 (dem landeseinheitlichen Kontenrahmenplan GemHVO-Doppik) eigene Kontenklassen für die Bedienung der Finanzrechnung vor. Hierzu wurden, ausgehend vom Industriekontenrahmen (IKR), die Kontenklassen 6 und 7 „freigeräumt". Die Verwendung des Kontenrahmens in seinem vollen Umfang ist daher darauf ausgerichtet, eine originäre Mitführung der Finanzrechnung auf Sachkonten zu ermöglichen. Da die Mitführung einer zahlungsartenscharfen Finanzrechnung derzeit nicht dem kaufmännischen Standard entspricht, hat sich in der Wirtschaft noch kein einheitlicher Standard zur (buchungs-) technischen Umsetzung dieser Anforderung entwickelt.

Aus der betriebswirtschaftlichen Fachliteratur[295] lassen sich grundsätzlich vier Verfahren zur Ermittlung der für die Finanzrechnung erforderlichen Informationen ableiten. Diese lassen sich systematisch in folgender Weise darstellen:[296]

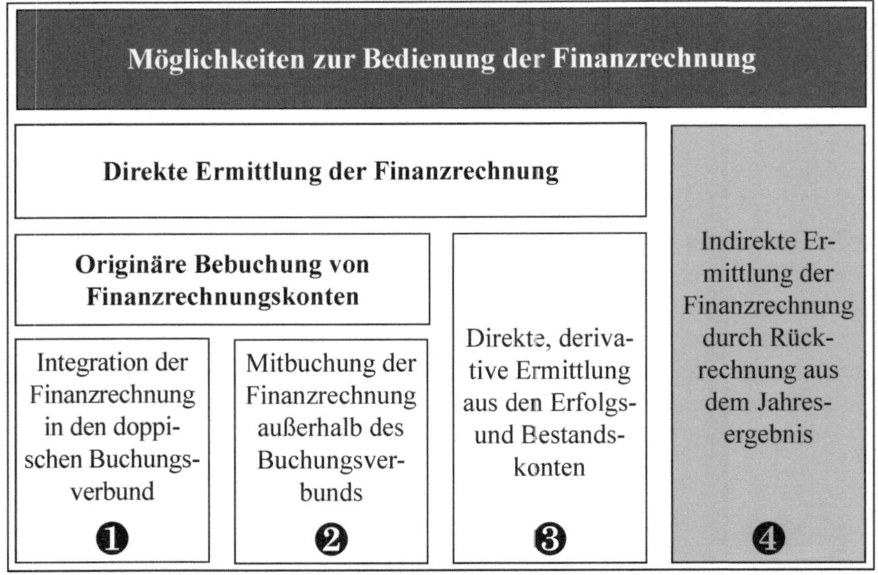

Als zulässig können nach § 26 Abs. 9 GemHVO-Doppik die direkten Ermittlungsmethoden (1–3) angesehen werden. Zwar werden bei der direkten derivativen Ermittlung

295 Vgl. z. B. *Baetge*, Bilanzen, 4. Aufl., Düsseldorf 1996, S. 624 ff.

296 Vgl. Modellprojekt „Doppischer Kommunalhaushalt in NRW" (Hrsg.), Neues Kommunales Finanzmanagement: Betriebswirtschaftliche Grundlagen für das doppische Haushaltsrecht, 2. vollst. überarb. Auflage auf der Basis der Endergebnisse des Modellprojektes, Freiburg 2003, S. 125.

(3) die Kontenklassen 6 und 7 des verbindlichen Kontenrahmens nicht benötigt, doch durch den ausdrücklichen Ausschluss der indirekten Rückrechnung im § 26 Abs. 9 GemHVO-Doppik muss darauf geschlossen werden, dass der Gesetzgeber alle anderen Varianten der Finanzrechnung zulassen wollte.

Die indirekte Ermittlungsmethode (4), die § 26 Abs. 9 GemHVO-Doppik ausdrücklich ausschließt, findet üblicherweise in der Privatwirtschaft Anwendung, wenn börsennotierte Unternehmen eine Kapitalflussrechnung erstellen. Sie ist, zumindest nach den Darstellungen der Fachliteratur, in ihrer Zweckmäßigkeit umstritten.[297] Zudem ermöglicht sie nicht die in § 3 Abs. 1 GemHVO-Doppik geforderte zahlungsartenscharfe Abbildung der Finanzrechnung. Vereinfacht dargestellt erfolgt die Ermittlung des Zahlungssaldos ausgehend vom Jahresergebnis bei der indirekten Methode ❹ in folgender Weise:[298]

	Jahresergebnis
+/–	Abschreibungen/Zuschreibungen auf Gegenstände des Anlagevermögens
+/–	Zunahmen/Abnahmen der Rückstellungen
+/–	sonstige zahlungsunwirksame Aufwendungen und Erträge
–/+	Gewinne und Verluste aus dem Abgang von Gegenständen des Anlagevermögens
–/+	Zunahme/Abnahme der Vorräte, der Forderungen aus Lieferungen und Leistungen sowie anderer Aktiva
+/–	Zunahme/Abnahme der Verbindlichkeiten aus Lieferungen und Leistungen sowie anderer Passiva
=	Saldo der laufenden Zahlungen

Die möglichen Varianten der direkten Ermittlung der Finanzrechnung werden nun zunächst im Überblick dargestellt, bevor auf Einzelheiten der Verwendung der Kontenklassen 6 und 7 eingegangen wird.[299]

Variante ❶: Integration der Finanzrechnung in den doppischen Buchungsverbund

Die vollständige Integration der Finanzrechnung in den doppischen Buchungsverbund ist die theoretisch bevorzugte Variante für die Bebuchung der Finanzrechnung.[300] Bei der vollständigen Integration der Finanzrechnung werden die Finanzrechnungskonten

297 Vgl. *Körner/Portis*, Direkte versus indirekte Finanzrechnung – Vor- und Nachteile in der Praxis, in: der gemeindehaushalt 1/2006, S. 8 ff.

298 Aufstellung nach *Schrader*, Kapitalflussrechnung als Abbildung der Finanzlage, Frankfurt 1999, S. 36.

299 Einen guten Überblick hierzu geben *Bittig/Fudalla/zur Mühlen*, Doppisches kommunales Rechnungswesen: Finanzrechnung und Finanzplan, in: der gemeindehaushalt 2/2002, S. 29 ff.

300 Vgl. insb. *Lüder*, Konzeptionelle Grundlagen des Neuen Kommunalen Rechnungswesens, 2. Aufl., Stuttgart 1999, S. 31 und Modellprojekt „Doppischer Kommunalhaushalt in NRW" (Hrsg.), Neues Kommunales Finanzmanagement: Betriebswirtschaftliche Grundlagen für das doppische Haushaltsrecht, 2. vollst. überarb. Auflage auf der Basis der Endergebnisse des Modellprojektes, Freiburg 2003, S. 189.

(Kontenklassen 6 und 7) im originären doppischen Buchungssatz angesprochen. So erfolgt beispielsweise bei der Buchung von Personalaufwand und Personalauszahlungen folgende Abbildung in der Buchhaltung:

1. Im Personalamt werden die Löhne und Gehälter berechnet. Auf dieser Grundlage erfolgt die Erfassung der Verbindlichkeit auf den Debitorenkonten und die ergebniswirksame Aufwandsbuchung:

502 Dienstbezüge	**an**	**3762 Verbindlichk. gegenüber Mitarbeitern**

2. Durch die Zahlbarmachung der Löhne und Gehälter werden die Verbindlichkeiten auf den Debitorenkonten ausgebucht, damit neutralisiert und es erfolgt die Buchung der Personalauszahlung auf dem Finanzrechnungskonto:

3762 Verbindlichk. gegenüber Mitarbeitern	**an**	**702 Dienstbezüge**

Durch diese Buchungssystematik werden sowohl die Buchungen in der Ergebnisrechnung als auch die Buchungen in der Finanzrechnung direkt erfasst. Abweichend von der üblichen kaufmännischen Buchungssystematik wird im zweiten Buchungsschritt nicht das Bankkonto (Liquide Mittel), sondern das Finanzrechnungskonto angesprochen.

Dies hat allerdings zur Folge, dass das Bestandskonto „Guthaben bei Kreditinstituten“ (Konto 184) nicht direkt fortgeschrieben wird. Um diese Fortschreibung zu erreichen, muss bei der Buchung auf den Finanzrechnungskonten auch eine Mitbuchung des Bankkontos erfolgen. Dies kann durch eine sog. „statistische Mitbuchung“, d. h. ohne Buchung eines Gegenkontos, erfolgen. Wichtig ist dabei, dass die Besonderheiten der Buchung auf den bilanziellen Bankkonten berücksichtigt werden. Dies betrifft z. B. die Aufteilung der Bankkonten nach den tatsächlichen Kontoverbindungen und den erforderlichen Abgleich der Konten der Buchhaltung mit den Kontoauszügen der Banken.

Variante ❷: Mitbuchung der Finanzrechnung außerhalb des Buchungsverbunds

Bei der zweiten Variante erfolgt die Buchung auf den Aufwands-, Debitoren- und Bankkonten nach der normalen kaufmännischen Praxis. Im Gegensatz zur ersten Variante wird nicht das Finanzmittelkonto (Bankkonto) durch eine statistische Mitbuchung bedient, sondern das Finanzrechnungskonto. Dabei ist es erforderlich, dass bei der Buchung auf den Konten der Gruppe 18 (Wertpapiere des Umlaufvermögens und liquide Mittel) möglichst automatisch eine Finanzrechnungsbuchung angestoßen wird. Dabei kann z. B. anhand der Ausbuchung der Verbindlichkeit auf dem Debitorenkonto festgestellt werden, um welche Zahlungsart es sich handelt. Die Bebuchung des entsprechenden Finanzrechnungskontos erfolgt dann ohne Buchung eines Gegenkontos im Rahmen einer einfachen Nebenbuchhaltung.

Variante ❸: Direkte, derivative[301] Ermittlung der Finanzrechnung aus den Erfolgs- und Bestandskonten

Die dritte Variante zur Ermittlung der Finanzrechnung kommt ohne die Finanzrechnungskonten (Kontenklassen 7 und 8) aus und unterscheidet sich damit grundsätzlich von den beiden anderen Varianten. Bei der direkten derivativen Ermittlung der Finanzrechnung werden die Zahlungsströme zahlungsartenscharf aus den Daten der Finanzbuchhaltung abgeleitet. Hierzu müssen die Aufwands- bzw. Ertragsbuchungen im Rahmen des Jahresabschlusses zur Ermittlung der Zahlungsströme um die Änderungen der relevanten Bestandskonten korrigiert werden.

Beispielsweise werden die Aufwendungen für Sach- und Dienstleistungen um die Änderungen des Bestands an Verbindlichkeiten aus Sach- und Dienstleistungen korrigiert. Hierdurch werden die nicht zahlungswirksamen Aufwendungen für Sach- und Dienstleistungen, die zu einer Erhöhung der Verbindlichkeiten führen, abgezogen und die nicht ergebniswirksamen Zahlungen für Sach- und Dienstleistungen, die die Verbindlichkeiten reduzieren, hinzuaddiert. Voraussetzung für eine solche Berechnung ist eine Differenzierung der relevanten Bestandskonten nach den zu ermittelnden Zahlungsarten.

In einem praktischen Fall sähe die Berechnung folgendermaßen aus:

Bestand der Verbindlichkeiten für Sach- und Dienstleistungen am 1.1.2021:	10.000 €
Aufwendungen für Sach- und Dienstleistungen lt. Jahresabschluss 2021:	90.000 €
Bestand der Verbindlichkeiten für Sach- und Dienstleistungen am 31.12.2021:	30.000 €

Zur Ermittlung der Zahlungen für Sach- und Dienstleistungen ist zunächst die Veränderung des Verbindlichkeitenbestands zu ermitteln:

Verbindlichkeiten 31.12.2021	30.000 €
– Verbindlichkeiten 1.1.2021	10.000 €
Veränderung Verbindlichkeiten:	+ 20.000 €

Diese Erhöhung der Verbindlichkeiten für Sach- und Dienstleistungen um 20.000 € muss zur Ermittlung der Zahlungen für Sach- und Dienstleistungen vom Aufwand laut Jahresabschluss abgezogen werden:

Aufwendungen f. Sach- u. Dienstleistungen	90.000 €
– Veränderung Verbindlichkeiten	20.000 €
Auszahlungen f. Sach- u. Dienstleistungen:	70.000 €

Um eine vollständige zahlungsartenscharfe Finanzrechnung zu erhalten, dürfen allerdings nicht nur die Änderungen des Bestands an Verbindlichkeiten beachtet werden, sondern es sind auch alle anderen Vorgänge nach den betroffenen Zahlungsarten gegliedert zu berücksichtigen, die zu Abweichungen zwischen Ergebnis- und Finanzrechnung führen. Diese können z. B. sein:

301 „Derivativ" = abgeleitet.

- Bestandsänderungen der Verbindlichkeiten aus Lieferungen und Leistungen,
- Bestandsänderungen der Forderungen aus Lieferungen und Leistungen,
- Bestandsänderungen bei geleisteten Anzahlungen,
- Bestandsänderungen von Vorräten, sonstigen Forderungen, sonstigen Vermögensgegenständen,
- Bestandsänderungen von Rückstellungen,
- Eingänge auf abgeschriebene Forderungen,
- Bestandsänderungen bei passiven und aktiven Rechnungsabgrenzungsposten.

Praktisch erfolgt diese Berücksichtigung i. d. R. dadurch,[302] dass zunächst die Veränderungen der jeweiligen Wertansätze auf den Bestandskonten vom Vorjahr zum aktuellen Jahr festgestellt werden. Diese Änderungen werden in einer sogenannten „Bewegungsbilanz" festgehalten. Dabei werden Aktivmehrungen und Passivminderungen als Mittelverwendung auf der Sollseite und Passivmehrungen und Aktivminderungen als Mittelherkunft auf der Habenseite der Bewegungsbilanz abgebildet. Da die Bilanz im Vorjahr und im aktuellen Jahr ausgeglichen ist, ergibt sich automatisch auch eine ausgeglichene Bewegungsbilanz. Folgendes fiktives Beispiel zeigt eine vereinfache Bewegungsbilanz:

Mittelverwendung			**Mittelherkunft**
Aktivzunahmen	**T €**	**Aktivabnahmen**	**T €**
Unbebaute Grundstücke	500	Infrastrukturvermögen	2.000
Bebaute Grundstücke	3.500	Fahrzeuge	25
Bauten auf fremden Grund u. Boden	10	Finanzanlagen	1.500
Maschinen und technische Anlagen	1.200	Geleistete Anzahlungen	25
Betriebs- u. Geschäftsausstattung	300	Sonstige Forderungen	200
Roh-, Hilfs-, Betriebsstoffe, Waren	200	Wertpapiere des Umlaufvermögens	1.000
Öffentlich-rechtliche Forderungen	150	Rechnungsabgrenzungsposten	150
Liquide Mittel	1.200		
Passivabnahmen	**T €**	**Passivmehrungen**	**T €**
Ergebnisvortrag	500	Zweckgebundene Ergebnisrücklagen	100
Jahresüberschuss/-fehlbetrag	140	Pensionsrückstellungen f. Besch.	600
Zuwendungen	900	Pensionsrückstellungen f. Pension.	200
Beiträge	1.300	Aufwandsrückstellungen	1.200
Verbindlichkeiten aus L. + L.	50	Verbindlichkeiten aus Krediten	3.000
Sonstige Verbindlichkeiten	50		
	10.000		10.000

Die Bewegungsbilanzsumme weist dabei lediglich die Summe der saldierten Veränderungen von Mittelherkunft und -verwendung aus. Die Veränderung des gesamten Vermögens und des gesamten Kapitals ist aus ihr nur indirekt zu ermitteln.[303]

302 Vgl. *Bittig/Fudalla/zur Mühlen*, Doppisches kommunales Rechnungswesen: Finanzrechnung und Finanzplan, in: der gemeindehaushalt 2/2002, S. 32.

303 Vgl. *Schrader*, Die Kapitalflussrechnung als Abbildung der Finanzlage, Frankfurt 1999, S. 74.

In einem weiteren Schritt werden die Informationen aus dem Anlagenspiegel einbezogen. Hierzu werden die einzelnen Vorgänge ermittelt, die zur Veränderung des Anlagevermögens geführt haben. Dies sind jeweils die

- Zuschreibungen,
- Zugänge,
- Abschreibungen und
- Abgänge.

Die Werte lassen sich aus der Anlagenübersicht ermitteln. Lediglich bei der Ermittlung der Abgänge ist zu beachten, dass die Anlagenübersicht die Abgänge zu Anschaffungs- und Herstellungskosten (AHK) ausweist und nicht zu Restbuchwerten.

	AHK	Zugänge zu AHK	Abgänge zu AHK	Umbuchungen zu AHK	fortgeschriebene AHK	kumul. Abschreibungen	Zuschreibungen	Abschreibungen Haushaltsjahr	Restbuchwert 31.12. Vorjahr	Restbuchwert 31.12. Haushaltsjahr
Fahrzeuge	520.000	60.000	30.000	0	550.000	245.000	0	55.000	305.000	250.000

(Übersicht angelehnt an Muster 16 zu § 50 Abs. 1 GemHVO-Doppik)

Zur Ermittlung der Restbuchwerte der Abgänge ist zusätzlich folgender Rechenschritt erforderlich:

	Buchwert 31.12. des Vorjahres
+	Zugänge zu AHK
+	Zuschreibungen
–	Abschreibungen Rechnungsjahr
–	Buchwert 31.12. des Rechnungsjahres
=	Abgänge zu Restbuchwerten

Die ermittelten Vorgänge, die zur Änderung des Anlagenbestandes geführt haben, werden in einer Brutto-Bewegungsbilanz separat ausgewiesen. So werden die Zugänge und Zuschreibungen jeweils separat auf der Sollseite und die Abgänge und Abschreibungen jeweils separat auf der Habenseite der Bewegungsbilanz ausgewiesen.

Als letzter Schritt erfolgt die Erweiterung der Bewegungsbilanz um die Daten aus der Ergebnisrechnung. Dazu werden die Eigenkapitalpositionen in der Bewegungsbilanz durch die einzelnen Aufwands-/Ertragsarten aus der Ergebnisrechnung ersetzt.

Im Ergebnis stellt sich dann eine Brutto-Bewegungsbilanz dar, aus der die zahlungsunwirksamen Aufwendungen und Erträge durch Saldierung mit den jeweils korrespondierenden Bilanzposten verrechnet werden können. Es lässt sich aus dieser

Brutto-Bewegungsbilanz der Mittelzufluss/-abfluss aus laufender Verwaltungstätigkeit, Finanzierungs- und Investitionstätigkeit direkt ermitteln.

Dazu werden bei der Investitionstätigkeit die jeweiligen Zu- und Abgänge isoliert ausgewiesen. Im Bereich der Finanzierungstätigkeit werden die Zu- und Abgänge bei den Kreditverbindlichkeiten erfasst. Für den Bereich der laufenden Verwaltungstätigkeit sind die jeweiligen Aufwandspositionen um die relevanten Bestandsänderungen zu korrigieren.

Mittelverwendung			**Mittelherkunft**
Aktivzunahmen	**T €**	**Aktivabnahmen**	**T €**
Unbebaute Grundstücke		Unbebaute Grundstücke	
Zugänge	1.000	*Abgänge*	500
Infrastrukturvermögen		Infrastrukturvermögen	
Zugänge	4.500	*Abschreibungen*	2.500
		Abgänge	4.000
Bebaute Grundstücke		Bebaute Grundstücke	
Zugänge	4.000	*Abschreibungen*	2.000
Zuschreibungen	2.000	*Abgänge*	500
Fahrzeuge		Fahrzeuge	
Zugänge	60	*Abschreibungen*	55
		Abgänge	30
Bauten auf fr. Grund u. Boden		Bauten auf fr. Grund u. Boden	
Zugänge	120	*Abschreibungen*	110
Finanzanlagen		Finanzanlagen	
		Abgänge	1.500
Maschinen und technische Anlagen		Maschinen und technische Anlagen	
Zugänge	3.000	*Abschreibungen*	1.800
Betriebs- u. Geschäftsausstattung		Betriebs- u. Geschäftsausstattung	
Zugänge	1.400	*Abschreibungen*	1.100
Roh-, Hilfs-, Betriebsstoffe, Waren	200	Geleistete Anzahlungen	25
Öffentlich-rechtliche Forderungen	150	Sonstige Forderungen	200
Liquide Mittel	1.200	Wertpapiere des Umlaufvermögens	1.000
		Rechnungsabgrenzungsposten	150
Passivabnahmen	**T €**	**Passivzunahmen**	**T €**
Zuwendungen	900	Pensionsrückstellungen f. Besch.	600
Beiträge	1.300	Pensionsrückstellungen f. Pension.	200
Verbindlichkeiten aus L. + L.	50	Aufwandsrückstellungen	1.200
Sonstige Verbindlichkeiten	50	Verbindlichkeiten aus Krediten	3.000
Aufwendungen	**T €**	**Erträge**	**T €**
Personalaufwendungen	31.796	Steuern und ähnlichen Abgaben	64.000
Versorgungsaufwendungen	802	Zuwendungen und allg. Umlagen	4.000
Aufw. für Sach- u. Dienstleistungen	4.300	Sonstige Transfererträge	3.240
Bilanzielle Abschreibungen	7.565	Öffentl.-rechtl. Leistungsentgelte	7.154
Transferaufwendungen	22.500	Privatrechtl. Leistungsentgelte	1.050

Mittelverwendung		Mittelherkunft	
Sonst. ordentl. Aufwendungen	13.250	Kostenerstattungen u. -umlagen	905
Zinsen u. sonst. Finanzaufw.	1.800	Sonst. ordentl. Erträge	490
		Akivierten Eigenleistungen	420
		Bestandsveränderungen	200
		Finanzerträge	14
	101.943		101.943

Probleme können sich dabei insbesondere aus der dem § 2 Abs. 1 GemHVO-Doppik zugrunde liegenden Struktur der Aufwands- und Ertragsarten ergeben, die auch maßgeblich sind für die auszuweisenden Zahlungsarten (§ 45 Abs. 2 i. V. m. § 3 Abs. 1 GemHVO-Doppik) in der Finanzrechnung. Die vorgesehene Detaillierung geht insbesondere im Bereich der laufenden Verwaltungstätigkeit über den kaufmännischen Standard hinaus, so dass es bislang noch keine praktischen Erfahrungen aus der kaufmännischen Buchführung mit der Umsetzung dieser Variante der Finanzrechnung unter Berücksichtigung dieser Anforderungen gab. Theoretisch erscheint eine direkte Ermittlung der geforderten Zahlungsarten möglich, wenn eine ausreichende Differenzierung der relevanten Bestandskonten sichergestellt ist. So ist es z. B. zur Feststellung der Zahlungsarten „Steuern und ähnliche Abgaben“ und „Öffentlich-rechtliche Leistungsentgelte“ erforderlich, das korrespondierende Forderungskonto „Öffentlich-rechtliche Forderungen“ nach dieser Differenzierung weiter zu untergliedern. Auch eine weitere Differenzierung von Verbindlichkeiten- und Rückstellungskonten ist Voraussetzung für eine direkte derivative Finanzrechnung. Dies bedeutet gleichzeitig, dass bei der unterjährigen Bebuchung der Bestandskonten diese Differenzierung berücksichtigt werden muss. Inwieweit dies z. B. in der Debitoren- und Kreditorenbuchhaltung möglich ist, muss anhand der jeweiligen Softwarelösung vor Ort geprüft werden.

Im Folgenden wird von einer originären Bebuchung der Finanzrechnung ausgegangen. Dabei ist es unerheblich, welche Variante der originären Bebuchung zur Anwendung kommt.

12.2 Übung

Sachverhalt Nr. 1

Die Gemeinde G führt die Abwasserbeseitigung als eigenbetriebsähnliche Einrichtung nach § 64 Abs. 1 KV M-V und setzt dabei im Rechnungswesen die kaufmännische Buchhaltung ein. Im Rahmen der Einführung des NKHR-MV soll nach Willen des Kämmerers auch für die Abwasserbeseitigung eine Finanzrechnung erstellt werden. Diese soll aus den Konten der Buchhaltung abgeleitet werden. Die Bestands- und Erfolgskonten der Abwasserbeseitigung weisen folgende Salden (Auszug) aus:

Erfolgskonten	T €	
	31.12.2021	
Erträge aus Abwassergebühren	6.500	
Erträge aus der Auflösung v. Sopo für Kanalanschlussbeiträge	400	
Personalaufwand	1.700	
Wertberichtigungen auf Gebührenforderungen	15	
Wertberichtigungen auf Beitragsforderungen	40	
Bestandskonten	**T €**	**T €**
	31.12.20	**31.12.21**
Sonderposten für Kanalanschlussbeiträge	20.000	21.100
Forderungen aus Abwassergebühren	150	120
Forderungen aus Kanalanschlussbeiträgen	10	210
Pensionsrückstellungen	3.350	3.850
Rückstellungen für nicht in Anspruch genommenen Urlaub	90	30

Aufgabe:
Berechnen Sie aus den Ihnen vorliegenden Konten nach der direkten derivativen Methode (Variante 3) die Einzahlungen aus Abwassergebühren, die Einzahlungen aus Beiträgen und die Personalauszahlungen für das Jahr 2021.

Lösung:

a) Ermittlung der Einzahlungen aus Abwassergebühren

Zunächst wird die Änderung des Bestandes der Forderungen aus Abwassergebühren ermittelt. Diese Änderung ergibt sich aus der Differenz des Bestandskontos vom 31.12.2021 zum 31.12.2020. Danach haben sich die Forderungen im Jahr 2021 um 30.000 € reduziert. Die Reduzierung der Gebührenforderungen beruht allerdings i. H. v. 15.000 € auf Wertberichtigungen.

Die Höhe der Einzahlungen aus Abwassergebühren ergibt sich danach wie folgt:

Erträge aus Abwassergebühren:	6.500.000 €
+ Reduzierung des Forderungsbestands:	30.000 €
./. Wertberichtigungen auf Gebührenforderungen:	15.000 €
= Einzahlungen aus Abwassergebühren:	6.515.000 €

b) Ermittlung der Einzahlungen aus Kanalanschlussbeiträgen

Zur Ermittlung der Einzahlungen aus Kanalanschlussbeiträgen sind die Zugänge des entsprechenden Sonderpostens zu ermitteln. Im Jahr 2021 hat sich der Sonderposten insgesamt um 1.100.000 € erhöht. Gleichzeitig wurde der Sonderposten i. H. v. 400.000 € ertragswirksam aufgelöst. Insgesamt ergibt sich daraus ein Brutto-Zugang auf dem Konto Sonderposten für Kanalanschlussbeiträge von 1.500.000 €. (Bestandsänderung = Zugänge ./. Auflösungen)

Die Einzahlungen aus Kanalanschlussbeiträgen lassen sich demnach folgendermaßen berechnen:

Brutto-Zugang Sonderposten Beiträge:	1.500.000 €
./. Erhöhung des Forderungsbestands:	200.000 €
./. Wertberichtigungen auf Beitragsforderungen:	40.000 €
= Einzahlungen Kanalanschlussbeiträge:	1.260.000 €

c) Ermittlung der Personalauszahlungen

Da laut Sachverhalt im Bereich der Personalaufwendungen keine Änderungen im Bereich der Verbindlichkeiten oder Forderungen vorliegen, muss zur Ermittlung der Personalauszahlungen der Personalaufwand lediglich um die Zuführung bzw. die Auflösung von Rückstellungen korrigiert werden:

Personalaufwand:	1.700.000 €
./. Zuführung Pensionsrückstellung:	500.000 €
+ Auflösung Urlaubsrückstellung:	60.000 €
= Personalauszahlungen:	1.260.000 €

12.3 Originäre Bebuchung der Finanzrechnung in den Kontenklassen 6 und 7

Für die Führung der originären Finanzrechnung wurden im landeseinheitlichen Kontenrahmenplan die Kontenklassen 6 und 7 vorgesehen. Im Überblick stellen sich die Kontenklassen für die Einzahlungen und Auszahlungen folgendermaßen dar:

Kontenklasse 6	Kontenklasse 7
Einzahlungen	**Auszahlungen**
60 Steuern und ähnliche Abgaben	70 Personalauszahlungen
61 Zuwendungen, allgemeine Umlagen und sonst. Transfereinz.	71 Versorgungsauszahlungen
62 Einzahlungen der sozialen Sicherung	72 Auszahlungen für Sach- und Dienstleistungen
63 Öffentlich-rechtliche Leistungsentgelte	73 Nicht besetzt
64 Privatrechtl. Leistungsentgelte, Kostenerstattungen und Kostenumlagen	74 Zuwendungen, Umlagen und sonstige Transferauszahlungen
65 Bestandsveränderungen und andere aktivierte Eigenleistungen	75 Auszahlungen der sozialen Sicherung
66 Sonstige laufende Einzahlungen einschließlich außerordentliche Einzahlungen	76 Sonstige laufende Auszahlungen einschließlich außerordentliche Auszahlungen
67 Zinseinzahlungen und sonstige Finanzeinzahlungen	77 Zinsauszahlungen und sonstige Finanzauszahlungen
68 Einzahlungen aus Investitionstätigkeit	78 Auszahlungen für Investitionstätigkeit
69 Einzahlungen aus Finanzierungstätigkeit	79 Auszahlungen für Finanzierungstätigkeit

Die Kontengruppen der Finanzrechnungskonten stimmen mit den Ein- und Auszahlungsarten überein, die nach §§ 3 Abs. 1 und 45 Abs. 2 GemHVO-Doppik in den Plan- und Rechenwerken der Finanzrechnung abzubilden sind.

Grundsätzlich ist festzustellen, dass bei der originären Bebuchung der Finanzrechnung vier Fälle zu unterscheiden sind:

a) Zahlung, die in derselben Rechnungsperiode nicht zu Aufwand oder Ertrag der gleichen Art führt (Buchungsfall 1)

Klassisches Beispiel für solche Zahlungen sind Auszahlungen für Investitionen. Dieser Auszahlungsart steht keine korrespondierende Aufwandsart gegenüber, da die Investition zu einer Aktivierung des Vermögensgegenstands führt. Durch die Abschreibung des Vermögensgegenstands kann allerdings bei einer anderen Aufwandsposition und in anderer Höhe ein Aufwand verursacht werden. Buchungstechnisch kann in diesen Fällen das Finanzrechnungskonto nicht aus einem korrespondierenden Aufwandskonto abgeleitet werden. Das Finanzrechnungskonto ist daher anhand des Kontenplans manuell zu ermitteln und bei der Buchung anzusprechen.

Ein weiteres Beispiel für den Buchungsfall 1 ergibt sich aus dem Periodisierungsprinzip der Doppik. Zahlungen, die Leistungen betreffen, die wirtschaftlich einer anderen Rechnungsperiode zuzurechnen sind, stehen keine Aufwendungen bzw. Erträge gegenüber.

Erfolgt die Zahlung vor der Leistung, spricht man von sogenannten „transitorischen Posten". In solchen Fällen ergibt sich die Notwendigkeit zur Bildung eines Rechnungsabgrenzungspostens. Im Fall einer Auszahlung wird dieser auf der Aktivseite der Bilanz gebildet, im Fall einer Einzahlung auf der Passivseite. Da die Rechnungsabgrenzung i. d. R. erst im Rahmen des Jahresabschlusses erfolgt, kann die Ermittlung des Finanzrechnungskontos auch in diesen Fällen aus den Erfolgskonten abgeleitet werden. Die Konten der Ergebnisrechnung werden anschließend durch eine entsprechende Abgrenzungsbuchung wieder entlastet, so dass die zutreffende Differenz zwischen Finanz- und Ergebnisrechnung im Jahresabschluss ausgewiesen wird.

Erfolgt dagegen die Zahlung in der Rechnungsperiode nach der Leistung, spricht man von sogenannten „antizipativen Posten". Die Abgrenzung der antizipativen Posten erfolgt über die Bilanzposten „Sonstige Forderungen" bei Auszahlungen und „Sonstige Verbindlichkeiten" bei Einzahlungen. Da zum Zeitpunkt der Zahlung der ergebniswirksame Vorgang schon buchhalterisch erfasst ist, erscheint es auch in diesen Fällen möglich, die Kontierung in der Finanzrechnung aus der Erfolgsbuchung abzuleiten. So muss z. B. beim Zahlungseingang eine Zuordnung zur offenen „Sonstigen Forderung" erfolgen. Diese wiederum lässt sich auf die in der Vorperiode erfasste Ertragsbuchung zurückführen.

b) Zahlung, die in derselben Rechnungsperiode nicht in der gleichen Höhe zu Aufwand oder Ertrag führt (Buchungsfall 2)

Der Buchungsfall 2 ergibt sich i. d. R. ebenfalls aus dem Periodisierungsprinzip. Dabei bezieht sich die Zahlung zum Teil auf Leistungen in der laufenden Periode und zum Teil auf Leistungen in einer bereits abgelaufenen oder einer zukünftigen Periode. In diesen Fällen gilt sinngemäß das Gleiche, was oben für die transitorischen und antizipativen Posten ausgeführt wurde. Allerdings ist es notwendig, zwischen den beiden Teilen des Geschäftsvorfalls zu differenzieren, d. h. die ergebniswirksamen und die ergebnisunwirksamen Zahlungen buchhalterisch voneinander zu trennen (s. u.).

Ebenfalls durch das Periodisierungsprinzip verursacht sind die Differenzen zwischen Finanz- und Ergebnisrechnung, die sich aus der Lagerung von Roh-, Hilf-, Betriebsstoffen und Waren ergeben. Während alle Auszahlungen für Lagerzugänge in der Finanzrechnung zu erfassen sind, ergeben sich in der Ergebnisrechnung nur Aufwendungen in der Höhe, in der solche Stoffe tatsächlich verbraucht wurden bzw. in der Höhe, in der die Waren veräußert wurden.[304] Die Erfassung der Auszahlungen für die Finanzrechnung ist dabei abhängig davon, ob eine Lagerbuchhaltung eingesetzt wird oder ob die Lagerzugänge als Aufwand gebucht werden (nur zulässig bei Kleinstmengen für Verbrauchsmaterialien). Werden Lagerzugänge bei Einsatz einer Lagerbuchhaltung nicht unmittelbar als Aufwand gebucht, kann die Buchung der Finanzrechnung nicht aus dem Aufwandskonto abgeleitet werden. Sie ist daher entweder manuell zu erfassen oder aus der Bestandsbuchung abzuleiten.

c) Zahlung, die in derselben Rechnungsperiode in der gleichen Höhe zu Aufwand oder Ertrag führt (Buchungsfall 3)

Der „normale" Buchungsfall ist der, bei dem Zahlung und Ressourcenverbrauch übereinstimmen und damit keine Differenzen zwischen Finanzrechnung und Ergebnisrechnung auftreten. Dies ist i. d. R. zu erwarten bei Personalauszahlungen, bei normalen Geschäftsauszahlungen wie Porto, Telefon, Werbung, bei Einzahlungen für Grundsteuern, Verwaltungsgebühren etc. In all diesen Fällen, kann die Bebuchung der Finanzrechnungskonten direkt aus der Erfolgsbuchung abgeleitet werden. Wichtig ist dabei, dass die Buchung in der Finanzrechnung immer erst dann erfolgt, wenn die tatsächliche Zahlung erfolgt und nicht bei Erfassung der Forderung oder Verbindlichkeit.

Neben diesen drei Buchungsfällen gibt es einen weiteren Buchungsfall, der für die korrekte Abgrenzung der Finanzrechnung von der Ergebnisrechnung relevant ist, aber nicht zu einer Buchung auf den Finanzrechnungskonten führt:

d) Aufwand oder Ertrag, denen in der gleichen Rechnungsperiode bzw. (überhaupt) keine Zahlungen gegenüberstehen (Buchungsfall 4)

Der Buchungsfall 4 ist quasi das Gegenstück zum Buchungsfall 1. In allen Fällen, in denen Ressourcen verbraucht werden oder der Kommune Vermögen zukommt, die aber keinen Zahlungseingang oder -ausgang in derselben Periode zur Folge haben, steht der Erfassung in der Ergebnisrechnung keine Position in der Finanzrechnung gegenüber. Beispiele hierfür sind insbesondere die Abschreibungen und die Bildung von Rückstellungen. Auch bei den transitorischen und antizipativen Posten ergibt sich jeweils in einer Periode ein ergebniswirksamer Vorgang, der nicht in derselben Periode zahlungswirksam wird.

304 Vgl. die Ausführungen im Kapitel 11.

12.4 Zusammenfassung: Systematische Behandlung der Abweichungen von Finanz- und Ergebnisrechnung bei originärer Buchung der Finanzrechnung

Anhand der bekannten Systematisierung der Rechnungsgrößen lassen sich die beschriebenen Buchungsfälle zuordnen. Der Buchungsfall 2 ist dabei jeweils als Kombination der Buchungsfälle 1 und 3 (Buchungsfall 2a) oder 3 und 4 (Buchungsfall 2b) zu betrachten. In einem Geschäftsvorfall gibt es bei Vorliegen des Buchungsfalls 2a sowohl zahlungsgleiche Aufwendungen oder Erträge als auch Zahlungen, denen keine Aufwendungen und Erträge gegenüberstehen. Im Buchungsfall 2b liegen z.T. zahlungsgleiche Aufwendungen und Erträge vor, zum anderen Teil liegen Aufwendungen oder Erträge vor, die in derselben Periode nicht zu Zahlungen führen. Zur korrekten Abbildung von Finanz- und Ergebnisrechnung ist in diesen Fällen der jeweilige Geschäftsvorfall in beide Bestandteile (1 und 3 bzw. 3 und 4) aufzuteilen und buchhalterisch separat zu erfassen.

Die nachfolgende Darstellung zeigt die Systematisierung im Überblick:

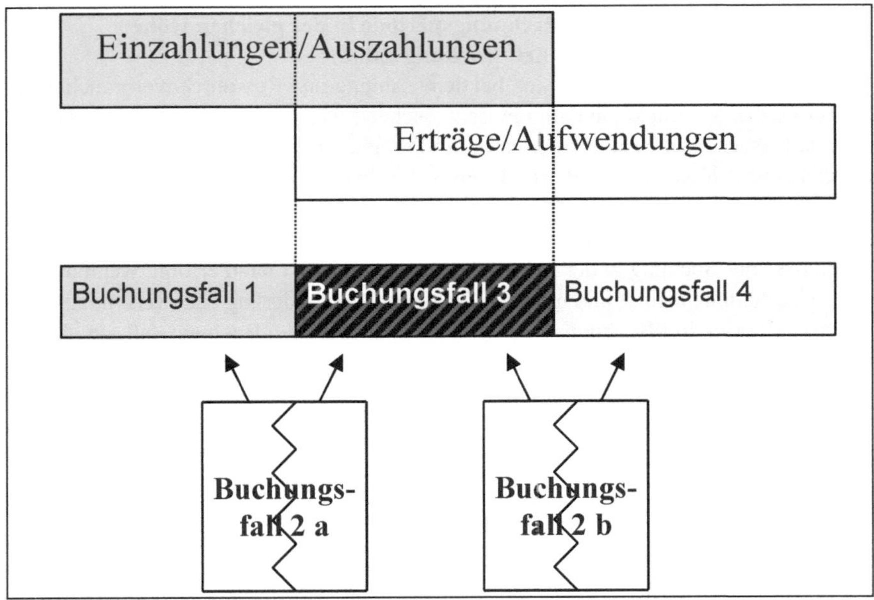

Bei der originären Buchung der Finanzrechnung sind für alle Varianten der Buchungsfälle 1 bis 3 Wege zur Erfassung der Geschäftsvorfälle auf den Konten der Finanzrechnung zu entwickeln. Dabei ist die Minimierung des Buchungsaufwands in den Vordergrund zu stellen, da bei der überwiegenden Zahl der Fälle eine Ableitung der Kontierung der Finanzrechnungskonten aus der Ergebnisrechnung möglich ist. Auch bei der überwiegenden Zahl der Buchungsfälle unter 2a ist dies möglich, da die Abgrenzung in der Ergebnisrechnung erst im Rahmen des Jahresabschlusses erfolgt.

12.5 Einzahlungen aus Investitionstätigkeit (Kontengruppe 68)

Zu den Einzahlungen aus Investitionstätigkeit gehören im Wesentlichen

- Einzahlungen aus Investitionszuwendungen,
- Einzahlungen für die Veräußerung von Vermögensgegenständen des Anlagevermögens,
- Einzahlungen aus Beiträgen und ähnlichen Entgelten.

Diese Zahlungspositionen (vgl. § 3 Abs. 1 GemHVO-Doppik) werden in der Finanzrechnung zum Zeitpunkt des Zahlungseinganges in voller Höhe erfasst. Insbesondere im Bereich der Zuwendungen, der Veräußerungserlöse und der Beiträge ergeben sich bei der Betrachtung der Zahlungsströme in der Finanzrechnung individuelle Abweichungen zur Ertragssicht. Während bei Beiträgen und Zuwendungen der Ertrag sich aus der Verteilung der Einzahlungen auf den Nutzungszeitraum der damit finanzierten Investition ergibt (§ 37 Abs. 2 und 4 KV M-V), liegt ein Ertrag bei einer Vermögensveräußerung nur in Höhe der positiven Differenz zwischen Veräußerungserlös und Restbuchwert zum Zeitpunkt der Veräußerung vor. Die Erfassung in der Finanzrechnung ist bei diesen Positionen unproblematisch, da sich der Einzahlungsbetrag unmittelbar aus dem Zugang auf dem Bankkonto ergibt.

Der Kontengruppe 68 werden im Kontenrahmenplan auch die Rückflüsse von Ausleihungen und Darlehen zugeordnet. Diese Zuordnung entspricht dem Abschlussgliederungsprinzip, da diese Einzahlungen nicht der Finanzierungstätigkeit der Gemeinden zuzuordnen sind, die durch die Festlegung der Zeilenbezeichnung in § 3 Abs. 1 Nr. 31 GemHVO-Doppik ausdrücklich auf die Aufnahme Krediten beschränkt ist. Die Vergabe von Darlehen und die zugehörigen Rückzahlungen können im Hinblick auf § 3 GemHVO-Doppik nicht der Finanzierungstätigkeit der Gemeinde zugerechnet werden.

12.6 Einzahlungen aus Finanzierungstätigkeit (Kontengruppe 69)

Die Einzahlungen aus Finanzierungstätigkeit (§ 3 Abs. 1 GemHVO-Doppik) beinhalten zunächst die Kreditaufnahmen für die Investitionstätigkeit der Kommune. Die Differenzierung der Finanzrechnungskonten muss im Kontenplan der Kommunen ebenso wie die Differenzierung der Bestandskonten für Kreditverbindlichkeiten nach den Gläubigern erfolgen, um die Verbindlichkeitenübersicht gem. § 52 Abs. 1 GemHVO-Doppik erstellen zu können. Dabei ist insbesondere die differenzierte Aufteilung der Verbindlichkeiten nach Laufzeiten und Herkunft der Mittel zu beachten. Die buchhalterische Abwicklung bei einer direkt geführten Finanzrechnung ergibt sich bei einer Kreditaufnahme für Investitionen in folgender Weise:

1. Abschluss eines Kreditvertrages (Inland, Geldmarkt) über 1 Mio. € bei 100 % Auszahlung:

175 Sonstige Forderungen gegen den inländischen Geldmarkt an 315 Investitionskredit 1 Mio. €

2. Eingang des Kreditbetrages auf dem Konto der Kommune:

184 Guthaben bei Kreditinstituten an 175 Sonstige Forderungen gegen den inländischen Geldmarkt 1 Mio. €

Bei Zahlungseingang erfolgt gleichzeitig die Mitkontierung des passenden Finanzrechnungskontos der Kontengruppe 69 „Einzahlungen aus Finanzierungstätigkeit". Da die Passivkonten der Kreditverbindlichkeiten ebenso unterteilt sind wie die Finanzrechnungskonten, kann für die Mitkontierung der Finanzrechnung auch in diesem Fall eine Buchungslogik im Buchhaltungsprogramm hinterlegt werden.

Im Rahmen der Haushaltsplanung ist eine Differenzierung der vorgesehenen Kreditaufnahmen für Investitionen nach Gläubigern nicht erforderlich. Alle Planungen auf den Konten der Gruppe 69 finden sich im Finanzhaushalt in der Zeile 43 „Einzahlungen aus der Aufnahme von Krediten für Investitionen und Investitionsförderungsmaßnahmen" wieder.

Der Haushaltsansatz für die Kreditaufnahme für Investitionen entspricht so der nach § 45 Abs. 3 Nr. 1 d) KV M-V in der Haushaltssatzung festgelegten Höchstgrenze. Diese Höchstgrenze betrifft die tatsächliche Brutto-Kreditaufnahme, die nach der Maßgabe des § 52 Abs. 1 KV M-V nicht höher sein darf als die Summe der Investitionen. Dementsprechend ist darauf abzustellen, dass sich die Höchstgrenze der Kredite für Investitionen berechnet aus:

+	Auszahlungen aus Investitionstätigkeit
–	Einzahlungen aus Zuwendungen für Investitionsmaßnahmen
–	Einzahlungen von Beiträgen u. ä. Entgelten
	Aufgenommene Kredite zu Sicherung der Zahlungsfähigkeit, die der Zwischenfinanzierung von Investitionen dienen
=	Höchstbetrag der Kredite aus Investitionen

Die Ermittlung dieser Höchstgrenze muss in einer Nebenrechnung erfolgen und kann nicht unmittelbar aus dem Finanzhaushalt abgelesen werden.

Festzustellen ist allerdings, dass im Gegensatz zum früheren kameralen Haushaltsrecht auch die Beschaffung geringwertiger Wirtschaftsgüter (GWG) gem. § 34 Abs. 5 GemHVO-Doppik den Investitionen zugerechnet werden muss, da es sich dabei um eine Änderung des Anlagevermögens handelt und die Sofortabschreibung lediglich ein Wahlrecht darstellt.[305]

305 Insgesamt sind die Regelungen zur Kreditbeschränkung nicht schlüssig. Näheres hierzu ist dem Kapitel 15 zu entnehmen.

Neben den Investitionskrediten weist der Kontenrahmenplan die Kredite zur Liquiditätssicherung gesondert aus. Diese Kredite werden nach § 45 Abs. 2 i. V. m. § 3 Abs. 1 GemHVO-Doppik sowohl im Jahresabschluss und in der Planung ausgewiesen. Hierfür sind entsprechende separate Zeilen vorgesehen.[306]

Da der Gesetzgeber im § 53 Abs. 2 KV M-V darauf hinweist, dass die Gemeinde zur Sicherung der Zahlungsfähigkeit (offenbar über die nach § 52 Abs. 1 KV M-V absolut beschränkte Kreditaufnahme hinaus) weitere Kredite im Rahmen der Ermächtigung der Haushaltssatzung aufnehmen darf, kann nur eine Negativdefinition der Kredite zur Liquiditätssicherung erfolgen:

Kredite zur Liquiditätssicherung sind Kredite, die *nicht* nach § 52 Abs. 1 KV M-V zur dauerhaften Finanzierung von Investitionen und zur Umschuldung aufgenommen werden. Sie werden im Finanzhaushalt als Einzahlungen aus Finanzierungstätigkeit ausgewiesen und sind in ihrer Höhe durch eine Festsetzung in der Haushaltssatzung zu beschränken.

Die Beschränkung der Höhe dieser Kredite bezieht sich dabei auf den Stand der Kreditverbindlichkeiten und *nicht* auf die Höhe der Ein- und Auszahlungen in der Finanzrechnung. Eine Überwachung dieser Festlegung in der Haushaltssatzung kann daher im Rahmen der Finanzrechnung erfolgen.

Die Aufnahmen von Krediten zur Liquiditätssicherung sind, wie die für Kredite für Investitionen, zeitlich zu begrenzen. Dieser Hinweis ist so zu verstehen, dass sich die Laufzeit der Kredite an den tatsächlichen Erfordernissen orientieren muss. Eine Kreditaufnahme „auf Vorrat“ ist damit nicht zulässig, was im Hinblick auf das Wirtschaftlichkeitsprinzip (§ 43 Abs. 4 KV M-V) keiner gesonderten Erwähnung bedarf. Eine grundsätzliche zeitliche Beschränkung der Laufzeiten von Krediten zur Liquiditätssicherung ist den rechtlichen Regelungen und auch der Begründung des Gesetzes nicht zu entnehmen. Hat demnach eine Gemeinde nach der vorliegenden mittelfristigen Planung einen dauerhaften Kreditbedarf außerhalb der Investitionsfinanzierung, können im Hinblick auf die Erzielung günstiger Kreditkonditionen hierfür auch Darlehen mit entsprechenden Laufzeiten aufgenommen werden. Laufzeiten über den Zeitraum der mittelfristigen Planung hinaus entbehren jedoch einer ausreichend verbindlichen Planungsgrundlage und werden daher als nicht zulässig erachtet.

12.7 Versorgungsauszahlungen (Kontengruppe 71)

Auszahlungen an Versorgungsempfänger (Pensionäre) oder andere ehemalige Beschäftigte, die auf Zusagen zurückzuführen sind, welche während der aktiven Beschäftigungszeit gegeben wurden, fallen unter die Versorgungsauszahlungen. Da in Mecklenburg-Vorpommern gemäß § 8 Abs. 1 des Gesetzes über den kommunalen Versorgungsverband und über die kommunale Zusatzversorgungskasse Mecklenburg-Vorpommern (Kommunales Versorgungsverbandsgesetz – KVZVK M-V vom 29.1.1992) die Gemeinden und Gemeindeverbände (und Ämter sowie Zweckverbände) Pflicht-

306 Zeile 46 bis 48 nach § 3 Abs. 1 GemHVO-Doppik.

mitglieder des Versorgungsverbandes sind, erfolgen bei dieser Position keine direkten Auszahlungen an die Pensionäre. Vielmehr werden hier die Auszahlungen der Versorgungsumlage nachgewiesen, da die Empfänger beamtenrechtlicher Versorgungsbezüge ihre Zahlungen vom Versorgungsverband erhalten. Eigentlich müssten die Anteile der Versorgungsumlage ausgesondert werden, die nicht der reinen Versorgungsauszahlung dienen. Dabei handelt es sich um zum einen um die Verwaltungskosten des Versorgungsverbandes, die als sonstige laufende Auszahlungen zu behandeln sind. Zum anderen sind die derzeit in der Versorgungsumlage enthaltenen Beträge für die Bildung eines Kapitalstockes als Auszahlungen für Finanzanlagen nachzuweisen. Dies hält das Innenministerium jedoch nicht für erforderlich.

Vom Volumen her wesentlich ist dabei die Versorgungsverbandsumlage für pensionierte Beamte. Soweit für ehemalige Beschäftigte noch Sozialversicherungsbeiträge zu zahlen sind, werden diese ebenfalls als Versorgungsauszahlungen erfasst. Gleiches gilt für Beihilfen und sonstige Unterstützungsleistungen für ehemalige Beschäftigte.

Bei der Planung und Erfassung der Auszahlungen für Versorgungsempfänger (Versorgungsumlage) ist auf den Unterschied zur Ergebnisrechnung zu achten. Bei den Versorgungsauszahlungen werden alle Beträge erfasst, die in einem Haushaltsjahr als Versorgungsumlage zahlungswirksam werden; Rückstellungsbewegungen wie beim Versorgungsaufwand stellen keine Zahlungen dar und werden deshalb nicht berücksichtigt.[307]

Für die Planung im Finanzhaushalt ist daher die zu erwartende Versorgungsumlage für das entsprechende Haushaltsjahr als Versorgungsauszahlung zu berücksichtigen. Dabei ist es nach Auffassung des Innenministeriums (siehe vorangehende Kritik an diesem Verfahren) für den Finanzhaushalt unerheblich, ob zur Senkung der Umlageverpflichtung Mittel dem Anlagevermögen (Finanzanlagen bei den Konten 134 und 135) zugeführt werden. In diesem Haushaltsteil kommt es allein auf die Zahlungsverpflichtung gegenüber dem Versorgungsverband an.

Da nach § 11 Abs. 4 GemHVO-Doppik eine Veranschlagung der Versorgungsauszahlungen nach Teilhaushalten vorgesehen ist, sind diese sorgfältig nach den anteiligen Personalaufwendungen zu ermitteln. Die Berechnung des auf den Teilhaushalt entfallenden Anteils der Umlage erfolgt nach der Höhe der dort veranschlagten Personalaufwendungen für die Versorgungsberechtigten.

12.8 Auszahlung aus Investitionstätigkeit (Kontengruppe 78)

Die Kontengruppe 78 umfasst alle Auszahlungen im Bereich der Investitionstätigkeit der Kommunen. Damit sind die Zeilen 27 bis 41 der Finanzrechnung (bzw. des Finanzhaushaltes) aus den Konten dieser Gruppe abzuleiten.

307 Zur buchungstechnischen Abwicklung s. die Darstellung zum Versorgungsaufwand im Kapitel 11.

Auszug Finanzrechnung

Nr.	Einzahlungs- und Auszahlungsarten (gemäß § 45 Absatz 2 i. V. m. § 3 Abs. 1 GemHVO-Doppik)	…	Ansatz des Haushaltsjahres	Veränderung durch Nachtrag	Überplanmäßige Einzahlungen und Auszahlungen	Zweckgebundene Mehreinzahlungen und entsprechende -auszahlungen	Inanspruchnahme der ein- oder gegenseitigen Deckungsfähigkeit	…
19	+ Einzahlungen aus Investitionszuwendungen							
20	+ Einzahlungen aus Beiträgen und ähnlichen Entgelten							
21	+ Einzahlungen aus Anlagevermögen							
22	+ Einzahlungen aus sonstigen Ausleihungen und Kreditgewährungen							
23	+ Sonstige Investitionseinzahlungen							
24	**Summe der Einzahlungen aus Investitionstätigkeit** (Summe der Nummern 19 bis 23							
25	– Auszahlungen für Anlagevermögen							
26	– Auszahlungen für sonstige Ausleihungen und Kreditgewährungen							
27	– Sonstige Investitionsauszahlungen							
28	**Summe der Auszahlungen aus Investitionstätigkeit** (Summe der Nummern 25 bis 27)							
29	**Saldo der Ein- und Auszahlungen aus Investitionstätigkeit** (Saldo der Nummern 24 und 28							

Eine entsprechende Differenzierung der Konten ist zur Erfüllung der Anforderungen zwingend erforderlich und durch den Kontenrahmenplan bereits vorgegeben (unter anderem auch durch die Ausweisung der Kontonummer des Statistischen Bundesamtes).

Als Investitionsauszahlungen werden alle Auszahlungen für den Erwerb von Vermögensgegenständen des Anlagevermögens einschließlich der Finanzanlagen erfasst. Entscheidend für die Zuordnung der Auszahlungen als Investitionsauszahlungen ist die Aktivierbarkeit der durch die Zahlung erworbenen Sach- oder Finanzanlagen.

Die Differenzierung der Auszahlungsarten im Bereich der Investitionsauszahlungen richtet sich nach den Anforderungen des Finanzhaushaltes (§ 3 Abs. 1 Nr. 19 bis 29 GemHVO-Doppik) und der Finanzrechnung (§ 45 Abs. 2 GemHVO-Doppik).

Unter die Investitionsauszahlungen fallen demnach auch Zuwendungen der Gemeinde an Dritte, die gleichzeitig eine Investition der Gemeinde darstellen. Dies stellt sicher eine Ausnahme dar und ist nur dann der Fall, wenn die allgemeinen Voraussetzungen der Aktivierungsfähigkeit vorliegen (insbesondere muss das wirtschaftliche Eigentum der geförderten Investition später bei der Kommune verbleiben).

12.9 Auszahlungen aus Finanzierungstätigkeit (Kontengruppe 79)

Als Auszahlungen im Bereich der Finanzierungstätigkeit sind die Tilgungen von Investitionskrediten und Krediten zur Liquiditätssicherung zu erfassen. Die Tilgungen von Investitionskrediten werden im Finanzhaushalt und in der Finanzrechnung in der Zeile 32 ausgewiesen. Der Saldo der Veränderung der liquiden Mittel und der Kassenkredite werden in Zeile 36 abgebildet.

Bei den Ein- und Auszahlungen im Bereich der Finanzierungstätigkeit (Kreditaufnahme und Kredittilgung) ist grundsätzlich zu beachten, dass sich durch unterjährige Umschuldungen im Bereich der Finanzrechnung erhebliche Abweichungen der Ergebnisse von den Planwerten ergeben können. Zu beachten ist dabei, dass der Saldo der Finanzierungstätigkeit zuzüglich des in der Haushaltssatzung ausgewiesenen Aufschlags zur Sicherstellung der Liquidität nicht überschritten wird. Näheres hierzu ist in Kapitel 15 und 12.6 ausgeführt.

12.10 Die Erfüllung der finanzstatistischen Anforderungen mit Hilfe der Konten der Finanzrechnung

Entsprechend dem durch das Innenministerium herausgegebenen Kontenrahmenplan ist in dessen letzter Spalte auch eine Kontonummer des Statistischen Bundesamtes ausgewiesen. Diese verdient deshalb besondere Beachtung, weil eigentlich grundsätzlich nur der 3-Steller der Kontierung des Innenministeriums verbindlich ist. Zu beachten ist jedoch, dass die statistischen Kontonummern durch ihre Differenzierung in vielen Fällen eine tiefere Untergliederung als den 3-Steller erforderlich machen.

Für die Ermittlung der finanzstatistischen Anforderungen bei einer derivativen Finanzrechnung liegen bislang noch keine praktischen Erfahrungen vor. Hier sind zusätzliche softwaretechnische Ableitungen erforderlich, um den geforderten Datenbestand zuverlässig ermitteln zu können.

12.11 Übungen

Sachverhalt Nr. 2[308]
Für die Aufstellung des Haushaltsplans 2022 teilt das Personalamt der Gemeinde G der Kämmerei folgende Planungsgrundlagen mit:

1. Beamtenbezüge (Jan. bis Dez. 2022):	6.400.000 €
2. Entgelte tariflich Beschäftigte:	7.900.000 €
3. Beiträge zur Versorgungskasse f. Angestellte:	290.000 €
4. Beiträge zur gesetzl. Sozialversicherung:	1.660.000 €
5. Beihilfen für Beschäftigte:	1.100.000 €
6. Aufwendungen für Aus- und Fortbildung:	750.000 €
7. Aufwendungen für Dienst- und Schutzkleidung:	80.000 €
8. Umlage für Versorgungsverband der Beamten:	2.500.000 €[309]
9. Zuführung zu den Finanzanlagen (Kontierung 134/135)	100.000 €
10. Entnahme aus Beihilferückstellung Versorgungsempfänger	10.000 €

Die Januarbesoldung der Beamten wird immer schon in den letzten Dezembertagen des Vorjahres ausgezahlt. Die Beamtenbesoldung für Januar 2022 wird mit 490.000 € kalkuliert. Die Besoldung für Januar 2023 beträgt voraussichtlich 510.000 €.

Für die Pensionsrückstellungen wurden die Daten in einem versicherungsmathematischen Gutachten aktualisiert. Die Teilwerte, die auch Beihilfeleistungen umfassen, betragen:

	31.12.2021	**31.12.2022**
Teilwert für Beamte im aktiven Dienst:	24.798.000 €	29.198.000 €
Teilwert für Versorgungsempfänger:	19.660.000 €	17.550.000 €

Aufgabe:
Ermitteln Sie die Planwerte für die Personalaufwendungen und -auszahlungen sowie die Versorgungsaufwendungen und -auszahlungen für den Haushaltsplan 2022.

Lösung:
Unter die **Personalaufwendungen** fallen die vom Personalamt mitgeteilten Positionen 1 bis 5. Bei diesen Positionen hat das Personalamt die tatsächlichen Personalaufwendungen mitgeteilt. Dies gilt auch für die Beamtenbesoldung, da ausdrücklich die Besoldung für Januar bis Dezember 2021 mitgeteilt wurde und eine Rechnungsabgrenzung durchgeführt werden muss.

308 Der Sachverhalt enthält neben den Veranschlagungen im Finanz- auch diejenigen im Ergebnishaushalt. Damit soll noch einmal der Unterschied zwischen diesen Haushaltsteilen dokumentiert werden.

309 Einschließlich 400.000 € für Beihilfezahlungen an Versorgungsempfänger.

Die Positionen 6 und 7 gehören nicht zum Personalaufwand. Sie sind im Kontierungsplan den „Sonstigen laufenden Aufwendungen“ zugewiesen. Diese Positionen gehören ebenfalls nicht zu den Personalauszahlungen.

Als Personalaufwand ist weiterhin die notwendige Zuführung zur Pensionsrückstellung für Beschäftigte zu berücksichtigen. Diese wird lt. Kontierungsplan dem Personalaufwand zugeordnet. Die Höhe der Zuführung ergibt sich aus der Differenz der Teilwerte vom 31.12.2021 zum 31.12.2022. Der Teilwert wird sich voraussichtlich um 4.400.000 € (29.198.000 € – 24.798.000 €) erhöhen. In dieser Höhe ist eine Zuführung zur Rückstellung vorzusehen. Zudem ist eine Zuführung zur Beihilferückstellung für Beschäftigte zu berücksichtigen. Nach der Empfehlung des Innenministeriums beträgt dies 20 % der Zuführung zur Pensionsrückstellung für Beschäftigte.

Die Höhe der voraussichtlichen Personalaufwendungen beträgt damit:

	Beamtenbezüge (Jan. bis Dez. 2022):	6.400.000 €
+	Entgelte tariflich Beschäftigte:	7.900.000 €
+	Beiträge zur Versorgungskasse f. Angestellte:	290.000 €
+	Beiträge zur gesetzl. Sozialversicherung:	1.660.000 €
+	Beihilfen für Beschäftigte:	1.100.000 €
+	Zuführung zur Pensionsrückstellung für Beschäftigte:	4.400.000 €
+	Zuführung zur Beihilferückstellung für Beschäftigte:	880.000 €
=	**Personalaufwand:**	**22.630.000 €**

Als **Personalauszahlungen** sind ebenfalls die Positionen 1 bis 5 in der vom Personalamt aufgestellten Liste zu berücksichtigen. Allerdings ist bei der Beamtenbesoldung die notwendige Rechnungsabgrenzung zu berücksichtigen, die zu Unterschieden zwischen Ergebnishaushalt (Aufwendungen) und Finanzhaushalt (Auszahlungen) führt, weil die Beamtengehälter vor Beginn des jeweils für sie bestimmten Monats zu zahlen sind (also Januargehalt 2022 wird bereits im Dezember 2021 gezahlt). Laut Sachverhalt hat das Personalamt die tatsächlichen Aufwendungen für das Jahr 2021 mitgeteilt. Ausgezahlt werden im Jahr 2022 allerdings die Beamtengehälter für die Monate Februar bis Dezember 2022 und für Januar 2023. Der vom Personalamt ausgewiesene Wert muss daher korrigiert werden:

	Beamtenbezüge (Jan. bis Dez. 2022):	6.400.000 €
–	Beamtenbezüge Januar 2022:	490.000 €
+	Beamtenbezüge Januar 2023:	510.000 €
=	**Auszahlungen Beamtenbezüge 2022:**	**6.420.000 €**

Weitere Abgrenzungsnotwendigkeiten sind bei den Personalaufwendungen/-auszahlungen nicht zu erkennen.

Die Bildung von Pensionsrückstellungen spielt allerdings für den Finanzhaushalt keine Rolle, da die Rückstellungszuführung nicht zahlungswirksam ist.

Die Höhe der voraussichtlichen Personalauszahlungen beträgt damit:

	Auszahlungen Beamtenbezüge 2022:	6.420.000 €
+	Entgelte tariflich Beschäftigte:	7.900.000 €
+	Beiträge zur Versorgungskasse für Angestellte:	290.000 €
+	Beiträge zur gesetzl. Sozialversicherung:	1.660.000 €
+	Beihilfen für Beschäftigte:	1.100.000 €
=	**Personalauszahlungen:**	**17.370.000 €**

Die **Versorgungsaufwendungen** ergeben sich aus der Differenz zwischen der Auflösung der Pensionsrückstellung für Versorgungsempfänger und den tatsächlichen Versorgungsauszahlungen. Sie werden demnach wie folgt ermittelt:

	Teilwerte Versorgungsempfänger am 31.12.2022:	17.550.000 €
./.	Teilwerte Versorgungsempfänger am 31.12.2021:	19.660.000 €
+	Umlage für Versorgungsverband der Beamten:	2.100.000 €
./.	Zuführung zu den Finanzanlagen (134/135)	100.000 €
+	Beihilfezahlungen für Versorgungsempfänger:	400.000 €
./.	Entnahme aus Beihilferückstellung Versorgungsempfänger	10.000 €
=	**Versorgungsaufwendungen:**	**280.000 €**

Die **Versorgungsauszahlungen** entsprechen der Position 8 der Aufstellung des Personalamtes und betragen somit 2.500.000 €.

Sachverhalt Nr. 3[310]

Der Haushaltssachbearbeiter für den Produktbereich Kinder-, Jugend- und Familienhilfe hat für die Haushaltsplanung des kommenden Jahres eine Aufstellung der in seinem Bereich geplanten Investitionen, Desinvestitionen und geplanter Einzahlungen für Investitionen aufgelistet:

1.	Neubau Kindertagesstätte „Max und Moritz“: (davon Grunderwerb: 500.000 €)	4.500.000 €
2.	Einrichtung Kindertagesstätte „Max und Moritz“:	1.610.000 €
3.	Landeszuweisung für Einrichtung d. Kindertagesstätte	210.000 €
4.	Erneuerung Parkettfußboden im Offenen Jugendtreff:	120.000 €
5.	Neuanschaffung Kleinbus f. Jugendfreizeiten:	60.000 €
6.	Verkauf alter Kleinbus (Restbuchwert 1 €):	500 €
7.	Einbau einer Leinwand im Kinosaal des Jugendtreffs: (davon Lohnkosten für Montage: 800 €)	8.000 €
8.	Aufstellung neuer Spielgeräte auf Kinderspielplätzen:	60.000 €
9.	Sanierung Gebäude Jugendberatungszentrum:	180.000 €
10.	Beschaffung verschiedener Einrichtungsgegenstände (> 410 €):	50.000 €

310 Strenggenommen handelt es sich hier nicht um eine Aufgabe zur Finanzrechnung, sondern zur Finanzplanung. Da wesentliche Teile der Aufgabenstellung aber erst in diesem Kapitel behandelt wurden, wurde die Aufgabe diesem Kapitel zugeordnet. Für die Lösung der Aufgabe sind auch Kenntnisse über die Bilanzierung aus dem Kapitel 10 erforderlich.

11. Beschaffung von Betriebs- und Geschäftsausstattung (< 410 €): 10.000 €

Aufgabe:
Stellen Sie anhand der geplanten Maßnahmen den Teilfinanzhaushalt entsprechend dem Muster 9 zu § 4 Abs. 5 Satz 2 und Abs. 7 GemHVO-Doppik für den Produktbereich Jugend auf.

Lösung:
Zur Aufstellung der Zahlungsübersicht des Teilfinanzhaushalt sind die geplanten Maßnahmen darauf zu prüfen, ob und ggf. an welcher Stelle sie im Teilfinanzhaushalt auszuweisen sind.

Zu 1.:
Der Neubau einer Kindertagesstätte ist eine Investitionsmaßnahme, die im Teilfinanzhaushalt gem. § 4 Abs. 7 GemHVO-Doppik zu veranschlagen ist. Die Gesamtinvestitionssumme von 4,5 Mio. € ist bei den Auszahlungen für Sachanlagen zu veranschlagen.

Zu 2.:
Die Ersteinrichtung der Kindertagesstätte ist in voller Höhe als Investition im Teilfinanzhaushalt zu veranschlagen. Die Zuordnung erfolgt ebenfalls als Auszahlungen für Sachanlagen.

Zu 3.:
Für die Einrichtung (Ziff. 2) wird eine Landesförderung erwartet. Diese Förderung ist der Investition direkt zuzuordnen, so dass sie ebenfalls im Teilfinanzhaushalt als Einzahlungen aus Investitionszuwendungen ausgewiesen wird.

Zu 4.:
Die Erneuerung des Fußbodens im offenen Jugendtreff führt nicht zu einer Erweiterung der Nutzungsmöglichkeiten des Gebäudes. Es handelt sich, wie der Wortlaut deutlich macht, um eine Instandsetzungsmaßnahme und damit nicht um eine Investition. Die Veranschlagung hat daher im Teilergebnishaushalt als Aufwand zu erfolgen. Im Teilfinanzhaushalt wird die Maßnahme als Auszahlung für Sach- und Dienstleistungen (damit also keine investive Auszahlung) erfasst.

Zu 5.:
Bei der Anschaffung eines Kleinbusses handelt es sich um den Erwerb von beweglichem Anlagevermögen. Die Auszahlung ist im Teilfinanzhaushalt bei der entsprechenden Position (Auszahlungen für Sachanlagen) zu veranschlagen.

Zu 6.:
Der erwartete Verkaufserlös für den alten Kleinbus ist in voller Höhe als Einzahlung aus Sachanlagen zu veranschlagen. Die Höhe des Restbuchwertes spielt für die Veranschlagung im rein zahlungsorientierten Teilfinanzhaushalt keine Rolle.

Zu 7.:
Die Veranschlagung der einzubauenden Leinwand ist davon abhängig, ob die Leinwand und der Einbau selbstständig aktivierbar sind. Zwar soll die Leinwand mit dem Gebäude verbunden werden, der Einbau erfolgt allerdings nur zur Erfüllung eines speziellen betrieblichen Zwecks. Damit handelt es sich bei der Leinwand um ein selbstständig aktivierbares bewegliches Anlagegut (Betriebsvorrichtung). Auch die Lohnkosten für die Montage der Leinwand sind als Anschaffungsnebenkosten aktivierbar. Der Gesamtbetrag von 8.000 € sind als Auszahlungen für Sachanlagen zu veranschlagen.

Zu 8.:
Spielgeräte auf Kinderspielplätzen können ebenfalls als bewegliches Anlagevermögen angesehen werden, auch wenn sie physisch mit dem Grund und Boden verankert werden. Sie dienen einem spezifischen Zweck und sind damit selbstständig aktivierbar. Die voraussichtlichen Auszahlungen für den Erwerb und die Aufstellung der Spielgeräte werden als Auszahlung für Sachanlagen ausgewiesen.

Zu 9.:
Die Sanierungsmaßnahme ist trotz der hohen Gesamtsumme nicht als Investition zu werten und wird damit als Aufwand im Teilergebnishaushalt und als Auszahlung für Sach- und Dienstleistungen (damit also keine investive Auszahlung) veranschlagt.

Zu 10.:
Der Erwerb von Einrichtungsgegenständen mit einzelnen Anschaffungskosten über 410 € stellt jeweils eine Investition dar. Die Gesamtsumme wird als Auszahlungen für Sachanlagen veranschlagt.

Zu 11.:
Einrichtungsgegenstände unterhalb der Wertgrenze von 410 € (genauer: unter 410,01 €) können gem. § 34 Abs. 5 GemHVO-Doppik im laufenden Haushaltsjahr als Geringwertige Wirtschaftsgüter (GWG) voll abgeschrieben werden. Diese Vereinfachungsregel führt dazu, dass die gesamten Anschaffungsauszahlungen im selben Jahr auch aufwandswirksam werden. Die Vereinfachungsregel hat allerdings nicht zur Folge, dass es sich bei dem Erwerb der Betriebs- und Geschäftsausstattung nicht mehr um den Erwerb von beweglichem Anlagevermögen und damit um Investitionen handelt. Die geplanten Auszahlungen sind daher auch im Teilfinanzhaushalt zu veranschlagen. Lediglich solche Vermögensgegenstände, deren voraussichtliche Anschaffungskosten unterhalb von 60 € (genauer: unter 60,01 €) liegen, können nach § 31 Abs. 5 GemHVO-Doppik unmittelbar als Aufwand verbucht werden und brauchen daher auch nicht im Teilfinanzhaushalt erfasst zu werden. Da hierzu im Sachverhalt keine Aussagen getroffen sind und die Inanspruchnahme der Vereinfachung nach § 31 Abs. 5 GemHVO-Doppik nicht verpflichtend ist, kann die Gesamtsumme von 10.000 € als Auszahlungen für Sachanlagen erfasst werden.

Der aufzustellende Teilfinanzhaushalt für den Produktbereich Jugend stellt sich zusammenfassend wie folgt dar:

	Teilfinanzhaushalt **Produktbereich Jugend** Ein- und Auszahlungsarten (gem. § 4 Abs. 7 GemHVO-Doppik)	**Ansatz des Haushaltsjahres** €
		3
Investitionstätigkeit		
Einzahlungen		
19	Einzahlungen aus Investitionszuwendungen	210.000
21	Einzahlungen aus Anlagevermögen	500
24	**Summe der Einzahlungen aus Investitionstätigkeit**	**210.500**
Auszahlungen		
25	Auszahlungen für Anlagevermögen	6.298.000
8	**Summe der Auszahlungen aus Investitionstätigkeit**	**6.298.000**
29	**Saldo der Ein- und Auszahlungen aus Investitionstätigkeit**	**–6.087.500**

13. Die Bewirtschaftungsgrundsätze

13.1 Allgemeines

Bei den Bewirtschaftungsgrundsätzen handelt es sich um Regelungen des Finanzmanagements zur Verwaltung der Finanzmittel. Diese Grundsätze dienen dazu, die Bewirtschaftung der einzelnen Finanzpositionen grundsätzlich festzulegen. Dabei wird es den Gemeinden durch das Einführen der flexiblen Bewirtschaftung der Haushaltsmittel ermöglicht (mehrere Bewirtschaftungsverfahren sind zulässig), das Bewirtschaftungssystem so zu wählen, dass es den örtlichen Gegebenheiten und Notwendigkeiten gerecht wird. Das nachstehende Schaubild gibt einen Überblick:

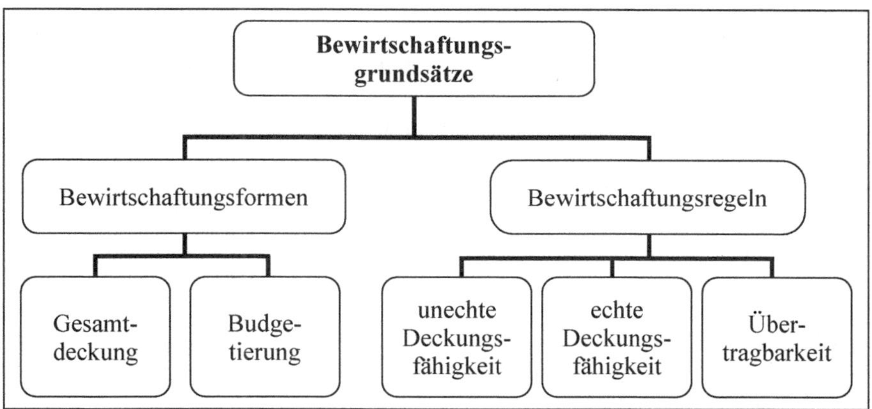

13.2 Bewirtschaftungsformen

13.2.1 Gesamtdeckung

Nach § 43 Abs. 6 KV M-V ist der Haushalt in jedem Haushaltsjahr in der Planung und auch in der Jahresrechnung auszugleichen. Der Grundsatz der Gesamtdeckung ist aus § 7 HGrG abgeleitet. Demnach dienen alle Einnahmen als Deckungsmittel für Ausgaben. Übertragen auf die Doppik bedeutet dies, dass grundsätzlich alle Erträge zur Deckung der Aufwendungen dienen und entsprechend alle Einzahlungen zur Deckung der Auszahlungen. Entsprechend dienen nach § 12 Nr. 1 GemHVO-Doppik im Ergebnishaushalt die Erträge insgesamt der Deckung der Aufwendungen. Somit wird erreicht, dass jeglicher Ertrag zur Deckung jeglicher Aufwendungen herangezogen werden kann.

Für den Finanzhaushalt wird der Grundsatz der Gesamtdeckung differenzierter umgesetzt:

Zunächst dienen die laufenden Einzahlungen zur Deckung der laufenden Auszahlungen und weiterhin der Auszahlungen für die planmäßige Tilgung von Krediten für Investitionen und Investitionsfördermaßnahmen (§ 12 Nr. 2 GemHVO-Doppik).

Die Deckung der Auszahlungen aus Investitionstätigkeit kann insgesamt

- aus Einzahlungen aus Investitionstätigkeit,
- aus Einzahlungen zur außerplanmäßigen Tilgung von Krediten für Investitionen und
- aus Einzahlungen aus der Aufnahme von Krediten für Investitionen und Investitionsförderungsmaßnahmen

erfolgen (§ 12 Nr. 3 GemHVO-Doppik).

Die Formulierung in § 12 Nr. 2 GemHVO-Doppik sichert ab, dass die laufenden Einzahlungen zunächst die laufenden Auszahlungen decken. Weiterhin sind sie zur planmäßigen Tilgung von Krediten einzusetzen.

§ 12 Nr. 3 GemHVO-Doppik sichert den Grundsatz der investiven Bindung ab. Dieser besagt, dass Einzahlungen aus Investitionstätigkeit ausschließlich für Auszahlungen für Investitionen verwendet werden. Dazu müssen die Summe der Einzahlungen aus Investitionstätigkeit lt. § 3 Abs. 1 Nr. 24 GemHVO-Doppik zuzüglich des Saldos der Ein- und Auszahlungen aus Krediten für Investitionen und Investitionsförderungsmaßnahmen lt. § 3 Abs. 1 Nr. 29 nicht geringer sein als die Summe der Auszahlungen aus Investitionstätigkeit lt. § 3 Abs. 1 Nr. 28 GemHVO-Doppik.

Die differenzierten Deckungsvorschriften im Finanzhaushalt sichern ab, dass die im Rahmen von Verkäufen von Vermögensgegenständen erzielten Einzahlungen nicht konsumtiv verwendet werden können, sondern dem Vermögenserhalt und damit dem Gebot der Sicherung der stetigen Aufgabenerfüllung nach § 43 Abs. 1 Satz 1 KV dienen. Es besteht jedoch kein Zwang, die durch den Verkauf von Vermögensgegenständen erzielten Einzahlungen wieder zu investieren. In Frage kommt auch die Verwendung dieser Mittel zur außerplanmäßigen Tilgung von Verbindlichkeiten aus der Finanzierung von Investitionen oder Investitionsfördermaßnahmen. Das Gesamtdeckungsprinzip im Finanzhaushalt bedeutet jedoch auch, dass eine maßnahmenbezogene Kreditaufnahme zunächst ausscheidet, denn alle Einzahlungen aus Investitionstätigkeit zuzüglich der Einzahlungen aus der Aufnahme von Investitionskrediten decken die investiven Auszahlungen insgesamt.

Die Regelungen zur Gesamtdeckung stehen nicht im Widerspruch dazu, dass es durchaus Erträge und Einzahlungen gibt, die der Ertraggebende bzw. Einzahler ausdrücklich für bestimmte Aufwendungen bzw. Auszahlungen vorsieht oder sich eine Zweckbindung aufgrund von Rechtsvorschriften ergibt. Insofern ist dann der Verwendungszweck vorgegeben, so dass sogenannte „zweckgebundene" Erträge bzw. Einzahlungen vorliegen (z. B. zweckgebundene Landeszuwendungen für den Schul- oder Straßenbau). Diese Zweckbindung ist jedoch zuwendungsmäßiger und nicht haushaltswirtschaftlicher Natur. Die zweckgerechte Verwendung dieser Mittel wird nicht über den kommunalen Haushalt sichergestellt, sondern durch nachgehende Verwendungsnachweise. Diese Verwendungsnachweise belegen nach Abschluss der geförderten Maßnahme detailliert den sachgerechten Mitteleinsatz. Dies kann der kommunale Haushalt nicht leisten, der im Ergebnishaushalt ohnehin zu groben Aufwendungs- und Auszahlungsgruppen gebündelt ist (siehe Grundsatz der Einzelveranschlagung in Kapitel 9.3.6).

Insofern ist es nicht nachvollziehbar, dass § 13 Abs. 1 bis 4 GemHVO-Doppik durch die Regelungen zur Zweckbindung Einzeldeckungen vorsieht. Dieses haushaltstechnische Instrument ist im doppischen System entbehrlich (siehe dazu im Einzelnen Kapitel 13.3.1).[311]

Will eine Gemeinde dieses im Einzelfall dennoch erreichen, müsste sie die in Frage kommenden Erträge und Aufwendungen in einem Budget zusammenfassen. Das Gleiche gilt dann für Einzahlungen und Auszahlungen (siehe dazu die Budgetierungsvariante in Kapitel 13.2.2 Buchst. c)).

13.2.2 Budgetierung

Der Begriff „Budget“ wird allgemein aus dem Altfranzösischen abgeleitet und mit „Geldbeutel“ übersetzt. Darunter versteht man in der Anwendung auf die Kommunalverwaltung, dass den Organisationseinheiten der Gemeindeverwaltung (Fachdienste, Fachämter oder Dezernate) bestimmte Finanzmittel zur eigenverantwortlichen Bewirtschaftung zur Verfügung gestellt werden.

Bei der Budgetierung handelt es sich nicht um eine Ausnahme vom Grundsatz der Gesamtdeckung, denn dieser gilt auch bei budgetierten Haushalten. Vielmehr handelt es sich bei der Budgetierung um eine besondere Bewirtschaftungsform zur Stärkung der dezentralen Ressourcenverantwortung. Die GemHVO-Doppik enthält für die Budgetierung zwar keine förmliche und namentliche Regelung wie in anderen Bundesländern. Die verpflichtende Bildung von Teilhaushalten gemäß § 4 Abs. 1 GemHVO-Doppik kann aber für die in einer Gemeinde vorgesehene Budgetierung als Grundlage dienen.[312] Jeder Teilhaushalt besteht aus einem Teilergebnishaushalt und einem Teilfinanzhaushalt (§ 4 Abs. 1 GemHVO-Doppik). Beide Teilhaushalte bilden gemäß § 4 Abs. 1 GemHVO-Doppik eine Bewirtschaftungseinheit. Dies unterstützt die Regelung des § 14 Abs. 1 GemHVO-Doppik dahingehend, dass die Ansätze für Aufwendungen innerhalb eines Teilergebnishaushaltes gegenseitig deckungsfähig sind, soweit nichts anderes durch Haushaltsvermerk bestimmt wird. Gleiches ist für die Teilfinanzhaushalte für die gegenseitige Deckungsfähigkeit der Auszahlungen geregelt. Solange die Teilhaushalte nicht überschritten werden, liegt auch keine Budgetabweichung vor.

Mit der Budgetierung wird die Eigenverantwortlichkeit der Fachdienste oder auch anderer Organisationseinheiten insbesondere in finanzieller Hinsicht unterstrichen.

311 Es entsteht der Eindruck, dass die Bestimmungen einfach aus den früheren kameralen Bestimmungen übernommen wurden, ohne auf die Besonderheit der doppischen Haushalte zu achten. Die Regelungen in anderen Bundesländern sehen deshalb zu Recht keine haushaltstechnischen Zweckbindungen vor.

312 Durch diese Regelungen wird praktisch die Budgetierung eingeführt, ohne den Begriff „Budget“ förmlich zu nennen. Die Verfasser verwenden wegen der Wirkung der Normen dieses Verfahren „Budgetierung“.

Dort, wo die Fachkompetenz besteht, soll auch verstärkt die Finanzkompetenz liegen. Dies dient – wie bereits oben festgestellt – der dezentralen Ressourcenverantwortung und fördert trotz knapper Haushaltsmittel die Motivation der Fachdienste. Innerhalb der Budgets können dann Finanzmanagementregeln eine flexible Haushaltsführung bewirken, was in den nachstehenden Abschnitten noch verdeutlicht wird.

Für jeden Teilfinanzhaushalt besteht die Besonderheit, dass die Einzahlungen und Auszahlungen aus Investitionstätigkeit insgesamt und oberhalb der von der Gemeindevertretung festgelegten Wertgrenzen einzeln für jede Investition oder Investitionsförderungsmaßnahme darzustellen sind (§ 4 Abs. 7 GemHVO-Doppik), so dass nach diesem Veranschlagungsgrundsatz eine Budgetierung auf den ersten Blick nicht durchführbar erscheint. Allerdings können in der Praxis durchaus Mittel für Baumaßnahmen oder Beschaffungen von beweglichen Vermögensgegenständen innerhalb eines Teilfinanzhaushaltes flexibel bewirtschaftet werden. Denn gemäß § 14 Abs. 3 GemHVO-Doppik können Ansätze für Auszahlungen aus Investitionstätigkeit innerhalb eines Teilfinanzhaushaltes durch Haushaltsvermerk jeweils für gegenseitig oder einseitig deckungsfähig erklärt werden.

Insgesamt entscheidet also jede Gemeinde selbst, in welcher Form Teilhaushalte gebildet werden und ob die Teilhaushalte im Rahmen von Budgets und dazugehörigen Budgetregelungen bewirtschaftet werden. Je größer die Teilhaushalte gestaltet werden, desto größer ist der Bewirtschaftungsspielraum. Dies unterstützt die Individualität und Flexibilität auf kommunaler Ebene. Zudem ermöglicht Nr. 4.1 der Verwaltungsvorschriften zur GemHVO-Doppik und GemKVO-Doppik zur § 4 Abs. 1 GemHVO-Doppik für kleine amtsangehörige Gemeinden grundsätzlich die Bildung von zwei Teilhaushalten, sofern nicht die örtlichen Verhältnisse die Bildung weiterer Teilhaushalte erfordern.

Im Rahmen der Teilhaushaltbildung sind die nachfolgend beschriebenen Konstellationen möglich.

a) Teilhaushalt bzw. Budgets nach der Produktstruktur

Der Haushaltsplan ist u. a. in Teilergebnishaushalte aufgeteilt. Insofern bietet es sich an, die Erträge und Aufwendungen der Produkte, Produktgruppen oder gar verschiedener Produktbereiche in einem Teilhaushalt bzw. Budget zusammenzufassen. Budget- und Produktbereichsverantwortung sind dann sachlich eindeutig zugeordnet. Der Vorteil dieser Budgetierungsform besteht darin, dass Haushaltssystematik und Budgetierungssystematik übereinstimmen, was auch für interkommunale Vergleiche und statistische Auswertungen von Bedeutung ist. Nachteilig wirkt sich aus, dass die Budgetierung nicht mit der organisatorischen Gliederung übereinstimmt. Dieses wird am folgenden Beispiel deutlich:

> ***Beispiel:***
> *Die Gemeinde G beschließt die Einführung der Budgetierung. Dabei werden die Hauptproduktbereiche (Teilergebnishaushalte) zu Budgets erklärt. Im Hauptproduktbereich 1 werden u. a. als Zentrale Dienste der Fuhrpark und der Bauhof eingeordnet. Diese Produkte werden aber organisatorisch nicht vom Fachdienst*

„Zentrale Dienste" bewirtschaftet, dem die restlichen Produkte des Hauptproduktbereichs 1 zugeordnet sind. Die Bewirtschaftung erfolgt vielmehr durch den Fachdienst „Bauen".

Solche Fälle werden in der Praxis des Öfteren vorkommen, denn die Gemeinden werden ihre Organisationsgliederung nicht nach dem amtlichen Produktrahmenplan ausrichten. Wenn diese Unterschiede nicht in großer Zahl auftreten, kann die grundsätzliche Budgetierung z. B. nach Hauptproduktbereichen oder Produktbereichen erhalten bleiben. Dies wird in der Praxis aber in der Regel nicht der Fall sein. Sofern aber doch Teilhaushalte nach Produktbereichen abgebildet werden können und sollen, wären eben nur die den anderen Fachdiensten zugeordneten Produkte aus der generellen Budgetierung auszunehmen. Dieses könnte durch eine entsprechende Bewirtschaftungsregelung (z. B. in der Haushaltssatzung) normiert werden. Folgende Formulierung wäre denkbar:

Die jeweiligen Produktbereiche bilden einen Teilhaushalt. Ausgenommen sind dabei die Produkte 11403 und 11408[313]*, die dem Budget XX zugeordnet werden. Es gelten für die Teilhaushalte die Budgetierungsregeln.*

b) Teilhaushalt bzw. Budgets nach der Organisationsstruktur

Die Budgetierung erfolgt nach der internen Organisation der Gemeindeverwaltung. Zunächst ist zu entscheiden, auf welcher Ebene, die Teilhaushalte (Budgets) gebildet werden. Dies kann auf der Ebene der Dezernate bzw. Fachbereiche oder auf der Ebene der Ämter bzw. Fachdienste sein. Dabei werden Produktbereiche, Produktgruppen bzw. einzelne Produkte speziellen Budgets so zugeordnet, dass die Verwaltungsgliederung abgebildet wird. Man ordnet somit die Produkte den jeweiligen für die Teilhaushaltbildung vorgesehenen Organisationseinheiten zu. Die Produkte sind dabei die kleinste Ebene, die den Teilhaushalten zugeordnet werden darf. Eine Teilung der Produkte und damit eine Zerlegung auf verschiedene Teilhaushalte ist nicht möglich (§ 4 Abs. 3 GemHVO-Doppik).

Der Vorteil der Bildung von Teilhaushalten nach der örtlichen Organisationsstruktur und einer damit verbundenen Budgetierung liegt eindeutig in der praktischen Umsetzung. Organisatorische und sachliche Verantwortlichkeiten stimmen mit der Ressourcenverantwortung im Budget überein. Auch die Zuordnung der von der Gemeindevertretung gebildeten Ausschüsse kann deckungsgleich mit den Budgets gestaltet werden. Die Gemeinde hat somit tatsächlich die Möglichkeit, die Produktgruppen bzw. Produkte unabhängig vom vorgegebenen Produktrahmenplan zuzuordnen. Das folgende Beispiel macht dieses deutlich:

313 Die Produktnummern sind grundsätzlich auf der Grundlage des landeseinheitlichen Produktrahmenplanes gewählt. Dieses gilt auch für die nachfolgenden Beispiele. In diesem Beispiel wurde in der Gemeinde nicht die Leistung 1140506 „Zentraler Fuhrpark" gebildet, sondern das Produkt 11408, dessen Ziffer im landeseinheitlichen Produktrahmenplan nicht belegt ist.

Beispiel:
Die Produkte des Produktbereiches 36 „Kinder-, Jugend- und Familienhilfe“ sind komplett dem Fachdienst Jugend zugeordnet. Aus dem Produktbereich 34 „Unterhaltsvorschussleistungen u. a.“ hat der Fachdienst ebenfalls Produkte zugeordnet (z. B. 34100 „Unterhaltsvorschussleistungen nach dem Unterhaltsvorschussgesetz“). Er ist aber nicht für das Produkt 34300 „Betreuungsleistungen“ verantwortlich, sondern der Fachdienst Gesundheit. Dieses Produkt wird dem für den Fachdienst Gesundheit gebildeten Teilhaushalt zugeordnet.

Haushaltsplanung, -ausführung und Rechnungslegung erfolgen also nach der organisationsbezogenen Bildung der Teilhaushalte (Grundlage für eine Budgetierung). Innerhalb der Teilhaushalte sind jedoch die Informationen auch innerhalb der Haushaltsplanung, -ausführung und Rechnungslegung auf Produkte herunterzubrechen, um eine Vereinheitlichung und Vergleichbarkeit zu erreichen. Im Rahmen der Haushaltsplanung ist zusätzlich gemäß § 4 Abs. 11 GemHVO-Doppik eine Übersicht über die produktbezogenen Finanzdaten des Haushaltsjahres aufzustellen (Anlage 3, Muster 11 zur KV M-V und GemHVO-Doppik der Verwaltungsvorschriften zur GemHVO-Doppik und GemKVO-Doppik). Alle Produkte sind nach den Produktgruppen, Produktbereichen und Hauptproduktbereichen des landeseinheitlichen Produktrahmenplanes (Anlage 2 der Verwaltungsvorschriften zur GemHVO-Doppik und GemKVO-Doppik) aufsteigend sortiert und gleichrangig nebeneinander aufzuführen. Für alle Produkte sind die jeweiligen Posten der Teilergebnis- und Teilfinanzhaushalte aufzuführen. (Im Rahmen der Nachtragshaushaltsplanung sind entsprechend des amtlichen Musters neben dem neuen Haushaltsansatz auch die Veränderung gegenüber dem bisherigen Haushaltsansatz darzustellen.) Dadurch kann eine Haushaltplanung nach der amtlichen Produktgliederung erstellt werden; dies dient auch der Statistik. Damit wird zwangsläufig eine zweifache Zuordnung von Produkten bewirkt. Für die Teilhaushalte bzw. Budgetierung werden die Produkte organisationsbezogen aufgelistet, für den amtlichen Zweck nach den Vorgaben der Produktgliederung. Bei der heutigen DV-Anwendung stellt dies jedoch kein Problem dar, weil jedes Produkt ohne Aufwand und auch später jedes Konto über eine eigenständige Teilhaushalt- bzw. Budgetnummer gesondert zugeordnet werden kann. Insofern wird der Ergebnishaushalt über einen abweichend gegliederten Teil- bzw. Budgethaushalt gesteuert. Das Gleiche gilt für den Finanzhaushalt.

Da die Kommunen ihre oft auch politisch beeinflusste Verwaltungsgliederung nicht aufgeben werden, ist davon auszugehen, dass sich die organisationsbezogene Variante der Bildung der Teilhaushalte (Budgetierung) in der Praxis durchsetzen wird.

c) Budgetierung/Deckungsfähigkeit einzelner Ertrags- und Aufwendungsarten
Ansätze für Aufwendungen, die nicht innerhalb eines Teilhaushaltes gegenseitig deckungsfähig sind, können für gegenseitig oder einseitig deckungsfähig erklärt werden, soweit sie sachlich zusammenhängen (§ 14 Abs. 2 GemHVO-Doppik). Bei Inanspruchnahme der gegenseitigen Deckungsfähigkeit in einem Teilergebnishaushalt gilt sie auch für entsprechende Ansätze für Auszahlungen im Teilfinanzhaushalt (§ 14 Abs. 2 Satz 2 i. V. m. § 14 Abs. 1 Satz 2 GemHVO-Doppik). Die erforderliche Er-

klärung kann nur durch Haushaltsvermerk erfolgen. Die einzelnen Ertrags- und Aufwendungsarten bleiben zwar den Teilhaushalten zugeordnet, zu denen die jeweiligen Produkte gehören. Jedoch sind sie durch Haushaltsvermerk aus der Deckungsfähigkeit kraft GemHVO-Doppik entfernt.

Bei einer solchen Handhabung muss festgestellt werden, dass hierbei die eigentliche Intention des NKHR zum Teil umgangen werden kann. Das System stellt auf die Outputorientierung auf Produktebene ab und fördert die Produktverantwortung im Managementbereich (dezentrale Ressourcenverantwortung). Hier würden aber Finanzmittel unabhängig von ihrer Produktzuordnung aus der Deckungsfähigkeit innerhalb der Teilhaushalte entfernt, so dass diese zentral bewirtschaftet werden könnten. Somit wird den dezentralen Organisationseinheiten Verantwortung entzogen, wodurch wiederum die Fach- und Ressourcenverantwortung getrennt werden. Von einer zu stark zentralisierten Bewirtschaftung von Haushaltsmitteln ist aber abzuraten, um dem Ziel der Outputorientierung und der dezentralen Ressourcenverantwortung nicht zuwiderzulaufen. Allerdings verkennen die Verfasser nicht, dass in der Praxis vielfach so genannte „Personalbudgets" gebildet werden, weil Personalaufwendungen und -auszahlungen zentral bewirtschaftet werden, was durchaus sinnvoll sein kann.

13.3 Bewirtschaftungsregeln

13.3.1 Unechte Deckungsfähigkeit

Ein modernes Finanzmanagement kommt ohne Flexibilität bei der Haushaltsführung nicht aus. Insofern müssen Regelungen getroffen werden, die eine solche Handlungsweise ermöglichen. Folgerichtig besagt § 13 Abs. 2 GemHVO-Doppik, dass bei sachlich engem Zusammenhang bestimmt werden kann, dass Mehrerträge zur Erhöhung bestimmter Aufwendungsermächtigungen führen. Es kann zudem erklärt werden, dass Mindererträge zu Minderungen bestimmter Aufwendungsermächtigungen führen. Ausgenommen hiervon sind Mehrerträge aus Steuern in Höhe des nicht zur Deckung überplanmäßiger Umlageverpflichtungen gebundenen Betrages und Mehrerträge aus allgemeinen Zuwendungen und Umlagen (§ 13 Abs. 2 Satz 2 GemHVO-Doppik). Gleiche Regelungen können für den Finanzhaushalt getroffen werden. Mehreinzahlungen können zu Mehrauszahlungsermächtigungen führen, Mindereinzahlungen die Auszahlungsermächtigungen senken (§ 13 Abs. 4 GemHVO-Doppik). Da die Regelung ausdrücklich den Wortlaut „bestimmt werden" verwendet, bedürfen solche Mechanismen einer ausdrücklichen Erklärung, somit eines förmlichen Haushaltsvermerks. Nach den Verwaltungsvorschriften zur GemHVO-Doppik und GemKVO-Doppik unter Nr. 13 zu § 13 GemHVO-Doppik liegt ein sachlich enger Zusammenhang gemäß Absatz 2 in der Regel innerhalb einer Produktgruppe vor. Danach kann der sachliche Zusammenhang horizontal oder vertikal gegeben sein. An dieser Stelle sollte die Verwaltungsvorschrift verständlicher formuliert werden. Die Autoren können hier nur vermuten, was damit gemeint ist. Der sachlich enge Zusammenhang kann zwischen zwei Produkten innerhalb einer Produktgruppe, also horizontal, bestehen. Mit „vertikal" könnten Konten innerhalb eines Produktes, bei betreffenden verschiedenen Leistungen des Produktplanes, gemeint sein, wenn z. B. Leistungen aufgrund von Statistikanforderungen als Buchprodukte verwendet und damit auf dieser Ebene Konten angelegt wurden.

Ohne besondere zusätzliche Erklärung (Haushaltsvermerk) berechtigen gemäß § 13 Abs. 1 GemHVO-Doppik durch Rechtsvorschrift oder Haushaltsvermerk zweckgebundene Erträge bzw. Einzahlungen zu Mehraufwendungen und Mehrauszahlungen. Wie im Kapitel 13.2.1 dargestellt, ist die Zweckbindung haushaltsrechtlich vollkommen entbehrlich. Insofern kann auch nicht nachvollzogen werden, warum per haushaltsrechtlicher Norm in diesen Fällen Mehraufwendungen bzw. Mehrauszahlungen geleistet werden können. Allein entscheidend im kommunalen Finanzmanagement ist nicht die Zweckbindung, sondern der haushaltstechnische Wille der Gemeindevertretung, den bewirtschaftenden Fachdiensten eine bewegliche Haushaltsführung zuzugestehen.[314] Insofern ist § 13 Abs. 1 GemHVO-Doppik hinsichtlich der Zweckbindung und der daraus entstehenden Rechtsfolgen entbehrlich. Entscheidend kann für eine solche Mittelverwendung nur der sachlich enge Zusammenhang sein, so dass eigentlich die Regelungen des § 13 Abs. 2 GemHVO-Doppik sinnvoller sind und somit ausreichend erscheinen. In den nachstehenden Ausführungen werden die Haushaltsvermerke angesprochen, wobei die Ausführungen für die Rechtsfolgen und die Bewirtschaftungsverfahren dann aber auch für die unechte Deckungsfähigkeit nach § 13 Abs. 1 Satz 3 GemHVO-Doppik gelten.

Solche Vermerke werden in der Praxis als „Verstärkungs-" bzw. „Verminderungsmerke" bezeichnet. Wird ein solcher Haushaltsvermerk bei Haushaltsverbesserungen tatsächlich ausgenutzt und werden aufgrund eines Mehrertrages Mehraufwendungen geleistet, wird das Gesamtvolumen des Ergebnishaushaltes zwangsläufig erhöht, allerdings im selben Umfang auf der Ertrags- und Aufwendungsseite. Bei Mindererträgen werden die Aufwendungsermächtigungen reduziert. Insofern wird die konkrete Anwendung des Verfahrens in der Haushaltsausführung von der kommunalen Praxis als „unechte Deckungsfähigkeit" bezeichnet (Deckung oberhalb bzw. unterhalb des festgesetzten Haushaltsvolumens).

Nicht zu vergessen ist dabei, dass in der Regel ein Zusammenhang zwischen Erträgen und Einzahlungen besteht. Man kann somit nicht nur die Mehrerträge in die unechte Deckungsfähigkeit einbeziehen. Vielmehr sind mit den meisten Mehraufwendungen auch Mehrauszahlungen aufgrund entsprechender Mehreinzahlungen verbunden. Auszahlungen werden aber gemäß § 3 GemHVO-Doppik im Finanzhaushalt (Gesamtfinanzhaushalt) geplant, jedoch nur für den Bereich der Investitionen u. ä. im Teilfinanzhaushalt ausgewiesen (§ 4 Abs. 12 Satz 1 GemHVO-Doppik). Insofern stellt sich die Frage, wo die Haushaltsvermerke im konsumtiven Bereich gesetzt werden können, wenn in den Teilhauhalten dort lediglich die Salden ausgewiesen werden, oder ob die notwendigen Mehrauszahlungen aufgrund von Mehreinzahlungen automatisch bereitgestellt werden. Die automatische Bereitstellung kann sicherlich nicht der Fall sein, da die Haushaltsvermerke nur bei sachlich engem Zusammenhang angebracht werden dürfen. Hier ist die Kreativität der Gemeinde gefragt – ob z. B. an den Salden

314 Dabei verkennen die Autoren nicht, dass durch besonderen Haushaltsvermerk der Automatismus des § 13 Abs. 1 Satz 3 GemHVO-Doppik ausgeschlossen werden kann.

die Vermerke mit jeweils detailliert erläuterten Fußnoten angebracht werden. Denn die Haushaltsvermerke gemäß den §§ 13 bis 15 sind in den Teilhaushalten (§ 4 Abs. 9 Nr. 3 GemHVO-Doppik) zu erläutern.

Die unechte Deckungsfähigkeit begründende Vermerke können aber auch generell in der Haushaltssatzung (§ 45 Abs. 3 Satz 2 KV M-V) außerhalb der Pflichtangaben angebracht werden. Dies ist vor allem dann geboten, wenn die flexible Haushaltsführung nach § 13 Abs. 2 GemHVO-Doppik gleichmäßig in allen Teilhaushalten gelten, aber auch in mehreren einzelnen Teilhaushalten möglich sein soll. Allerdings sollte in den Teilhaushalten dann der Verweis zu den Haushaltsvermerken der Haushaltssatzung angebracht werden, um der Vorschrift des § 4 Abs. 9 Nr. 3 GemHVO-Doppik zu genügen. Die Bestimmung könnte dann wie folgt lauten:

- Mehrerträge aus den öffentlich-rechtlichen und privatrechtlichen Leistungsentgelten in den einzelnen Teilhaushalten (alternativ: Budgets) berechtigen zu Mehraufwendungen bei den Sach- und Dienstleistungen in diesen Teilhaushalten. Das Gleiche gilt bei Mehreinzahlungen für öffentlich-rechtliche und privatrechtliche Leistungsentgelte zugunsten der Auszahlungsermächtigungen für Sach- und Dienstleistungen.
- Mehreinzahlungen im Investitionsbereich eines Teilhaushaltes (alternativ: Budgets) berechtigen zu Mehrauszahlungen im selben Investitionsbereich des Teilhaushaltes.
- Mehrerträge in den einzelnen Teilhaushalten mit Ausnahme der Aufwendungen für interne Leistungsverrechnungen berechtigen zu Mehraufwendungen bei Aufwendungen in diesen Teilhaushalten mit Ausnahme der Personalaufwendungen, Abschreibungen und internen Leistungsverrechnungen. Das Gleiche gilt bei Mehreinzahlungen in diesen Teilhaushalten zugunsten der Auszahlungsermächtigungen mit Ausnahme der Personalauszahlungen.

Bei Einzelvermerken mit vor allem unterschiedlichen Regelungsinhalten bietet sich eine förmliche Anbringung in den Erläuterungen der jeweiligen Teilhaushalte an. Die Nähe zum konkreten Teilhaushalt dient in diesen Fällen der Haushaltsklarheit und somit der Lesbarkeit der kommunalen Haushalte. Bei einer oft seitenlangen Auflistung in vielen Paragrafen der vorangestellten Haushaltssatzung geht einfach der Überblick und die Verbindung der konkreten Regelung zum Teilhaushalt verloren. Beispiele solcher Vermerke könnten sein:

- Mehreinzahlungen bei den Zuwendungen für den Bau des Stadions Nordstadt berechtigen zu Mehrauszahlungen bei den Baukosten des Stadions Nordstadt. Mindereinzahlungen führen zur Minderung der Auszahlungsermächtigung.
- Mehrerträge bei den Entgelten der Volkshochschule ermächtigen zu Mehraufwendungen bei den Sach- und Dienstleistungen für die Kurse der Volkshochschule. Das Gleiche gilt für Mehreinzahlungen zugunsten der Auszahlungsermächtigungen.

Bei einem DV-Einsatz in der Praxis werden diese Haushaltsvermerke automatisch umgesetzt. Hier besteht auch nicht die Problematik, dass im Teilfinanzhaushalt nur die

Salden im konsumtiven Bereich ausgewiesen werden können. Denn die Haushaltsplanung erfolgt produktbezogen auf der Ebene der einzelnen Sachkonten. Die unechte Deckungsfähigkeit wird entsprechend ihres Inhaltes im Datenbestand hinterlegt. Entsteht dann ein Mehrertrag bzw. eine Mehreinzahlung, gibt das DV-System automatisch die gekoppelten zusätzlichen Aufwendungs- bzw. Auszahlungsermächtigungen frei. Bei Mindererträgen und Mindereinzahlungen können im Einzelfall maschinell in entsprechender Höhe die Aufwendungs- bzw. Auszahlungsermächtigungen gesperrt werden. Allerdings ist hier nicht zu übersehen, dass dieser Automatismus zwar die Flexibilität und vor allem die praktische Handhabung erleichtert, jedoch der Gesamtbudget- bzw. Bereichsüberblick verlorengehen kann. Es ist durchaus möglich, dass im Rahmen des Vermerkes bestimmte Mehrerträge zwar vorhanden sind, die dann zusätzlich verwendet werden. Bei anderen Positionen desselben Budgets, die nicht in den Vermerk eingebunden sind, können jedoch Mindererträge vorliegen, so dass der Gesamtbudgetabschluss gefährdet wird. Insofern muss darauf hingewiesen werden, dass trotz der DV-Abwicklung nicht auf ein kontinuierliches und individuelles Finanzcontrolling verzichtet werden kann.

Wird die unechte Deckungsfähigkeit ausgenutzt, entstehen definitionsmäßig überplanmäßige Aufwendungen bzw. überplanmäßige Auszahlungen, weil die im Plan vorgesehenen Aufwendungs- bzw. Auszahlungsermächtigungen überschritten werden. Damit würde an sich das förmliche Bewilligungsverfahren nach § 50 KV M-V einsetzen, wonach evtl. die Kämmerei oder gar die Gemeindevertretung bzw. der Hauptausschuss einzuschalten wäre. Dies würde der dezentralen Ressourcenverantwortung und der Flexibilität des Finanzmanagements widersprechen. Aus diesem Grunde sieht § 13 Abs. 3 GemHVO-Doppik dahingehend eine Fiktion vor, nach der diese Mehraufwendungen bzw. Mehrauszahlungen nicht als überplanmäßige Aufwendungen bzw. überplanmäßige Auszahlungen gelten. Insofern können die geschilderten vereinfachten Verfahren im Rahmen der dezentralen Budgetverantwortung bzw. Verantwortung für den Teilhaushalt eingesetzt werden, ohne den Weg der förmlichen Bereitstellung nach § 50 KV M-V zu gehen und ohne das zentrale Finanzmanagement einschalten zu müssen.

13.3.2 Echte Deckungsfähigkeit

Bevor auf den Bewirtschaftungsgrundsatz näher einzugehen ist, müssen die Auswirkungen der Einzelveranschlagung noch einmal in Erinnerung gebracht werden. Bei den Aufwendungsgruppen nach § 2 Abs. 1 GemHVO-Doppik herrscht bereits dadurch Flexibilität, dass innerhalb der einzelnen Unterpositionen Mittelverschiebungen solange zulässig sind, wie die Gesamtpositionssumme des Haushaltes nicht überschritten wird. Erfolgt z. B. eine Einsparung bei den Beamtengehältern und will der Mittelverantwortliche die eingesparten Mittel zusätzlich für Beihilfeaufwendungen desselben Teilhaushaltes einsetzen, ist dies haushaltstechnisch unbedenklich, weil beide Bereiche sich innerhalb derselben Aufwendungsposition „Personalaufwendungen" befinden. Es entsteht somit auch keine überplanmäßige Aufwendung. Noch deutlicher wird das, wenn Einsparungen bei Dienstreiseaufwendungen für Mehraufwendungen bei den Mieten desselben Teilhaushaltes verwendet werden sollen. Auch hier wird der Bereich der Planposition „Sonstige laufenden Aufwendungen" nicht überschritten. Hat jedoch die Gemeinde weniger Teilhaushalte gebildet, erhöht sich diese Flexibilität innerhalb des Teilhaushaltes, bei entsprechend großer Zahl der Teilhaushalte verringert sie sich.

Die Feststellungen für die Aufwendungen gelten sinngemäß für den Bereich der Auszahlungspositionen nach §§ 3 und 4 GemHVO-Doppik im Finanzhaushalt (bei den Investitionen jedoch nur bei Positionen unterhalb der von der Gemeindevertretung festgesetzten Wertgrenze).

Die Voraussetzungen für die Anwendung des Verfahrens der echten Deckungsfähigkeit hängen von der in der Planung festgelegten Bewirtschaftungsform ab.

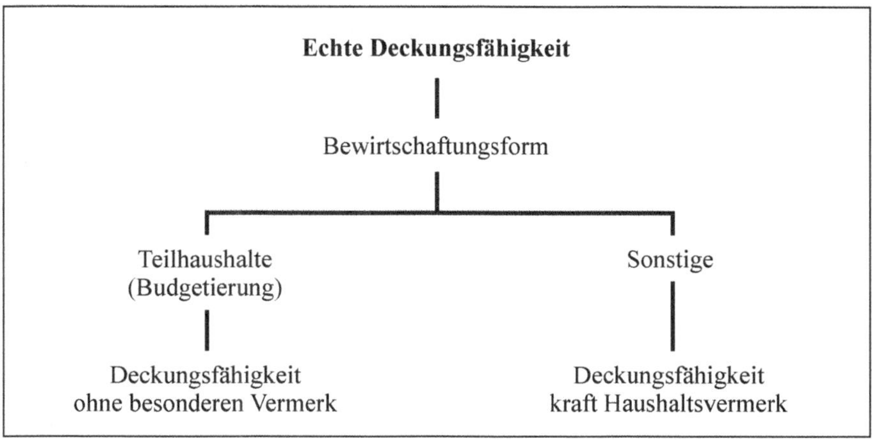

a) Deckungsfähigkeit innerhalb der Teilhaushalte bzw. Budgets

Die bei Gliederungsziffer 13.2.2 beschriebene Bildung der Teilhaushalte bzw. Budgetierung bedeutet, dass die Gesamtsummen der Teilhaushalte (Budgets) verbindlich festgesetzt sind (§ 4 GemHVO-Doppik), da der Haushaltsplan gemäß § 46 Abs. 4 Nr. 3 KV M-V auch aus den Teilhaushalten besteht. Verschiebungen zwischen den einzelnen Aufwendungs- bzw. Auszahlungspositionen können jederzeit durchgeführt werden. Innerhalb eines Teilergebnishaushaltes sind die Ansätze für Aufwendungen gegenseitig deckungsfähig, soweit nichts anderes durch Haushaltsvermerk bestimmt wird (§ 14 Abs. 1 GemHVO-Doppik). Analog ist dies für den Teilfinanzhaushalt geregelt. Anders als bei der unechten Deckungsfähigkeit wird durch diese Regelung die Gesamtsumme des in Frage kommenden Budgets nicht verändert. Insofern bedarf es zur Anwendung der echten Deckungsfähigkeit innerhalb des Teilhaushaltes keines förmlichen Haushaltsvermerkes.

Spart ein Teilhaushalt (Budget) z. B. insgesamt bei den Personalaufwendungen Finanzmittel ein, so können diese Finanzmittel ohne Weiteres für Aufwendungen für Sach- und Dienstleistungen verwendet werden. Für ein solches Verfahren wird keine förmliche Bewirtschaftungsbestimmung, somit kein Haushaltsvermerk benötigt.

Die flexible Bewirtschaftung der Teilhaushalte insbesondere eine Budgetierung wäre ohne eine solche Bewirtschaftungsform sinnlos. Wenn sich nämlich ein Budgetbereich innerhalb seines Budgets nicht frei bewegen könnte, würde keine dezentrale Ressourcenverantwortung bestehen. Allerdings ist bei der echten Deckungsfähigkeit zu beachten, dass durchaus nicht alle Aufwendungen bzw. Auszahlungen in die Deckungsringe einbezogen werden müssen. So werden in der Praxis regelmäßig die Abschreibungen und die internen Leistungsverrechnungen nicht für deckungsfähig erklärt. Dies ist auch verständlich, weil sonst nicht auszahlungswirksame mit auszahlungswirksamen Positionen verbunden werden. Eine Aufwendungseinsparung bei Abschreibungen sollte nicht für Personalaufwendungen eingesetzt werden, weil bei der Abschreibungseinsparung keine korrespondierende Auszahlungseinsparung entsteht. Es müssten dann weitere Einsparungen bei anderen Auszahlungsermächtigungen erfolgen. Allerdings ist hierfür ein förmlicher Haushaltsvermerk erforderlich, da sonst die generelle Deckungsfähigkeit in den Teilhaushalten greift.

Der Gesetzgeber hatte die Problematik in der Anwendung der Deckungsfähigkeit in Bezug auf die Verbindung zwischen Ergebnis- und Finanzhaushalt erkannt, jedoch diese Vorschrift in der GemHVO-Doppik mit Stand vom 13.12.2011 wieder aufgehoben. § 14 Abs. 1 Satz 3 GemHVO-Doppik besagte ausdrücklich, dass die Inanspruchnahme nicht zu einer Minderung des Jahresergebnisses nach Verrechnung der internen Leistungsbeziehungen nach § 4 Abs. 4 und des Saldos der laufenden Ein- und Auszahlungen nach Verrechnung der internen Leistungsbeziehungen nach § 4 Abs. 5 Nr. 4 führen darf. Die Inanspruchnahme von eingesparten Aufwendungsermächtigungen war demnach nur zulässig, wenn auch entsprechende Ermächtigungen im Finanzhaushalt zur Verfügung standen. Der Satz 3 des § 14 Abs. 1 GemHVO existiert, wie bereits oben erwähnt, in der derzeit gültigen Fassung nicht mehr, der den Bewirtschaftungseinheiten die Problematik verdeutlichte. Allerdings gilt auch ohne diese Regelung, dass nur durch anderweitige Einsparungen jeweils im Teilergebnishaushalt oder im Teilfinanzhaushalt zusätzliche Aufwendungen bzw. Auszahlungen gedeckt werden können. Es muss jedoch eine konkrete Veränderung des Planansatzes gemäß § 14 Abs. 5 GemHVO-Doppik gebucht werden. Der § 14 Abs. 5 GemHVO-Doppik enthält hierzu folgende Regelung:

> Bei Deckungsfähigkeit können die Ermächtigungen aus deckungsberechtigten Ansätzen für Aufwendungen und Auszahlungen zulasten der Ermächtigung aus deckungspflichtigen Ansätzen erhöht werden.

Auf den ersten Blick könnte man hier von einer Kann-Bestimmung, bezogen auf die Änderung der Planansätze, ausgehen. Aufgrund der Formulierung des § 14 Abs. 5 GemHVO-Doppik wird aus Sicht der Autoren die Pflicht zur Änderung der Ansätze angesehen, wenn man die Deckungsfähigkeit anwendet. Würde man die Ansätze nicht erhöhen, würde eine überplanmäßige Aufwendung oder Auszahlung entstehen und das Bewilligungsverfahren nach § 50 KV M-V in Gang gesetzt werden. Das will man aber gerade vermeiden. Nunmehr wird bei jeder einzelnen Inanspruchnahme konkret der in

Anspruch genommene Planansatz reduziert (Ausschalten des Windhundprinzips[315]). Zu früheren kameralen Zeiten nannte man das eine „Sollübertragung per Buchungsanordnung". Würde z. B. bei einer uneingeschränkten Bewirtschaftung der Teilhaushalte eine Einsparung bei den bilanziellen Abschreibungen erfolgen und wollte die Gemeinde diese Einsparung für Energieaufwendungen einsetzen, wird dies in der Regel unzulässig sein, weil der Einsparung bei der Abschreibung keine korrespondierende Einsparung im Finanzhaushalt gegenübersteht. Abschreibungen bedingen nämlich keine Auszahlungen. Hier müssten andere Auszahlungsarten zu Einsparungen führen, um die zusätzlichen Energieauszahlungen tätigen zu können.

b) Sonstige Deckungsfähigkeit per Vermerk

Wünscht die Gemeinde auch eine gewisse Flexibilität in der Mittelbewirtschaftung außerhalb der Teilhaushalte oder zwischen einzelnen Positionen der Teilhaushalte, so muss sie die echte Deckungsfähigkeit durch einen Deckungsvermerk förmlich aussprechen (§ 14 Abs. 2 GemHVO-Doppik). Insofern spricht man in diesen Fällen von einer „Deckungsfähigkeit kraft Vermerk". Solche Vermerke können bei den einzelnen Planpositionen oder aber auch zentral in der Haushaltssatzung außerhalb der Pflichtangaben angebracht werden.

Im Teilfinanzhaushalt dürfen die Auszahlungsermächtigungen bei Investitionen für jeweils gegenseitig oder einseitig deckungsfähig erklärt werden (§ 14 Abs. 3 GemHVO-Doppik). Aufwendungseinsparungen können dagegen nicht unmittelbar für Mehrauszahlungen im Investitionsbereich eingesetzt werden. Dies ist nur möglich, wenn gleichzeitig auch eine Einsparung im Auszahlungsbereich vorliegt. Ansonsten würde sich eine Änderung des Saldos der Ein- und Auszahlungen aus Investitionstätigkeit ergeben.

Dies liegt daran, dass ein Vermengen zwischen Investitions- und konsumtiven Auszahlungen vermieden werden soll. Bei den Investitionen werden Einzelentscheidungen von zentraler Bedeutung getroffen, die nicht im Rahmen eines flexiblen Budgetierungsverfahrens herbeigeführt werden sollen. Allerdings sieht § 14 Abs. 4 GemHVO-Doppik eine sogenannte „einseitige Deckungsfähigkeit" von konsumtiven Auszahlungsermächtigungen zugunsten der investiven Auszahlungsermächtigungen durch Haushaltsvermerk innerhalb desselben Teilfinanzhaushaltes vor, so dass auch in diesem Bereich eine gewisse Flexibilität geschaffen wird.

Bei den Formen der Deckungsfähigkeit wird zwischen der gegenseitigen und einseitigen Deckungsfähigkeit unterschieden. Bei der gegenseitigen Deckungsfähigkeit sind alle Positionen, die sich im Deckungsring befinden, deckungsberechtigt, aber auch deckungsverpflichtet. Dies ist in Teilhaushalten (bzw. Budgets) aufgrund der Formulierung in § 14 Abs. 1 GemHVO-Doppik per gesetzlicher Normierung der Fall.

315 Damit wird verdeutlicht, dass bei einer Inanspruchnahme der Deckungsfähigkeit ohne gezielte Festlegung der deckungspflichtigen Planermächtigung einfach ein beliebiger Planansatz in Anspruch genommen wird, bei dem noch zum Zeitpunkt der Inanspruchnahme freie Haushaltsmittel zur Verfügung stehen, obwohl in nächster Zeit diese Mittel benötigt werden. Dies ist vor allem bei einer rein dv-technischen Inanspruchnahme der Fall, da maschinell einfach freie Haushaltsmittel des Deckungsringes der deckungsberechtigten Planposition zur Verfügung gestellt werden.

Bei der einseitigen Deckungsfähigkeit wird durch Haushaltsvermerk festgelegt, welche Planposition deckungspflichtig und welche deckungsberechtigt ist (§ 14 Abs. 2 GemHVO-Doppik). Wird z. B. erklärt, „Personalaufwendungen sind einseitig deckungsfähig zugunsten von Aufwendungen für Sach- und Dienstleistungen", so können Einsparungen bei den Personalaufwendungen für zusätzliche Aufwendungen für Sach- und Dienstleistungen verwendet werden. Einsparungen bei den Aufwendungen für Sach- und Dienstleistungen berechtigen dagegen nicht zu Mehraufwendungen im Personalbereich. Auch der § 14 Abs. 3 GemHVO-Doppik sieht die Möglichkeit einer weiteren einseitigen Deckungsfähigkeit vor. Ansätze für laufende Auszahlungen können nämlich zugunsten von Auszahlungen aus Investitionstätigkeit des selben Teilfinanzhaushaltes durch Haushaltsvermerk für einseitig deckungsfähig erklärt werden.

Zur Anbringungstechnik von Vermerken sei auf die Darstellungen zum vorangehenden Gliederungspunkt verwiesen. Beispiele für solche Vermerke könnten sein:

- *Im Teilhaushalt 50 sind die Aufwendungen mit Ausnahme der Abschreibungen und internen Leistungsverrechnungen gegenseitig deckungsfähig.*
- *Die Auszahlungsermächtigungen für die Maßnahmen des gemeindlichen Straßenbaus sind einseitig deckungsfähig zugunsten der Beschaffung von neuen Ampelanlagen.*
- *Die Ermächtigungen für Sach- und Dienstleistungsaufwendungen in den Teilhaushalten 10 und 36 sind einseitig deckungsfähig zugunsten der sonstigen ordentlichen Aufwendungen.*

c) Anwendung der Deckungsfähigkeit

Wird die echte Deckungsfähigkeit ausgenutzt, entstehen keine überplanmäßige Aufwendungen bzw. überplanmäßige Auszahlungen, weil nicht die einzelnen Planpositionen, sondern die Gesamtbeträge der Teilhaushalte (Budgets) bzw. der sich im Deckungsring befindlichen Haushaltspositionen verbindlich sind. Die Gesamtbeträge werden ja nicht überschritten.

Jedoch greift hier die Regelung der bereits zuvor beschriebenen konkreten Planansatzveränderung gemäß § 14 Abs. 5 GemHVO-Doppik. Damit ist das automatische Umsetzen der Haushaltsvermerke durch das Einrichten von Deckungsringen über den DV-Einsatz technisch zwar möglich, jedoch rechtlich nicht ganz korrekt. Das bedeutet, dass bei vorgesehener Überschreitung des Ansatzes einer Planermächtigung eine Ansatzerhöhung des Planwertes an dieser Stelle und bei einer anderen Planermächtigung eine Verringerung des Planansatzes vorzunehmen ist. Ist zum Beispiel bei der einen Planermächtigung eine Ansatzerhöhung von 500 € notwendig, müssen diese 500 € bei anderen Planermächtigungen zu einer Ansatzverringerung führen. Aus Sicht der Autoren sind im Rahmen der Buchung der Plansatzveränderungen entsprechende Entscheidungen zu treffen, für die sogar ein Buchungsbeleg erforderlich ist. Dieser Buchungsbeleg entspricht in ähnlicher Form dem Buchungsbeleg für die Haushaltssollübertragung im Rahmen der früheren Kameralistik.

Wie aus den vorstehenden Ausführungen deutlich wird, verändert sich bei der Anwendung des Verfahrens das Gesamthaushaltsvolumen nicht. Es treten nur Verschiebungen zwischen einzelnen Planpositionen auf. Insofern wird das Verfahren in der Praxis als „echte Deckungsfähigkeit" bezeichnet.

d) Deckungsfähigkeit bei Verpflichtungsermächtigungen

Die Möglichkeit einer Deckungsfähigkeit bei Verpflichtungsermächtigungen[316] hat der Gesetzgeber nicht vorgesehen. Dies ist sehr bedauerlich. Es ist nicht nachvollziehbar, warum im Rahmen einer flexiblen Haushaltsführung sich zwar Millionenbeträge bei Aufwendungen und Auszahlungen im Rahmen von Deckungsfähigkeiten befinden, jedoch selbst eine geringe Verschiebung bei Verpflichtungen zu Lasten der nächsten Jahre in den Budgets nicht erlaubt sind.[317] Reichen die Mittel für bereitgestellte Verpflichtungsermächtigungen nicht aus, bleibt der Gemeinde lediglich die Möglichkeit der zusätzlichen Bereitstellung im aufwändigen Verfahren nach § 54 Abs. 1 Satz 2 KV M-V, selbst bei Kleinbeträgen.

13.3.3 Übertragbarkeit von Haushaltsermächtigungen

13.3.3.1 Allgemeines

Gemäß § 45 Abs. 5 KV M-V gilt die Haushaltssatzung für ein Haushaltsjahr (Grundsatz der Jährlichkeit). Da der Haushaltsplan aufgrund der Bestimmungen des § 1 der Haushaltssatzung Bestandteil der Haushaltssatzung ist, gelten die Ermächtigungen des Planes auch nur bis zum 31.12. des entsprechenden Jahres. Dieses gilt auch bei einer nach § 45 Abs. 2 KV M-V zulässigen Haushaltssatzung für zwei Jahre, weil die Festsetzungen auch dort nach Jahren getrennt sind. Der 31.12. als willkürlicher Stichtag für den Jahresabschluss behindert eine flexible Haushaltsführung. Insofern hat § 15 GemHVO-Doppik unter gewissen Rahmenbedingungen die Möglichkeit geschaffen, Aufwendungs- und Auszahlungsermächtigungen in die nächste Rechnungsperiode zu übertragen. Diese Möglichkeit ist sinnvoll, denn des Öfteren kann es vorkommen, dass Maßnahmen nicht so zügig wie geplant abgewickelt und damit die Aufwendungs- und Auszahlungsermächtigungen nicht bis zum Jahresende ausgeschöpft werden können.

Da die Gemeindevertretung die Aufwendungs- und Auszahlungsermächtigungen durch das Einstellen in den Ergebnis- bzw. Finanzhaushalt zur Verfügung gestellt hat, muss der Gemeindeverwaltung bei der Ausführung eine Übertragungsermächtigung eingeräumt werden. Gäbe es sie nicht, müssten die bereits einmal veranschlagten Ermächtigungen ein weiteres Mal in den neuen Haushalt eingestellt werden. Dieses ist z. T. auch gar nicht möglich. Wenn nämlich die Gemeinde den neuen Haushaltsplan termingerecht bis zum 30. November des Vorjahres der Aufsichtsbehörde vorgelegt hat, kann sie in vielen Fällen die Notwendigkeit einer Übertragung noch gar nicht beurteilen, da der laufende Haushalt sich noch in der Ausführung befindet. Ein Einstellen in den neuen Haushaltsplan scheitert dann bereits aus terminlichen Gründen.

316 Zum Begriff und zum Verfahren der Verpflichtungsermächtigungen siehe Kapitel 14.

317 Die haushaltsrechtlichen Bestimmungen anderer Bundesländer enthalten solche sinnvollen Regelungen.

In einer Vielzahl von Fällen ist jedoch eine Ermächtigungsübertragung nicht notwendig, weil die noch nicht restlos abgewickelten Finanzvorfälle als Verbindlichkeit oder Rückstellung ausgewiesen werden und damit noch Aufwand im abgelaufenen Haushaltsjahr bedingen. Insofern ist spätestens im Rahmen des Jahresabschlusses eine entsprechende Entscheidung über Verbindlichkeiten, Rückstellungen oder Ermächtigungsentscheidungen zu treffen. Das nachstehende Schaubild[318] verdeutlicht dies:

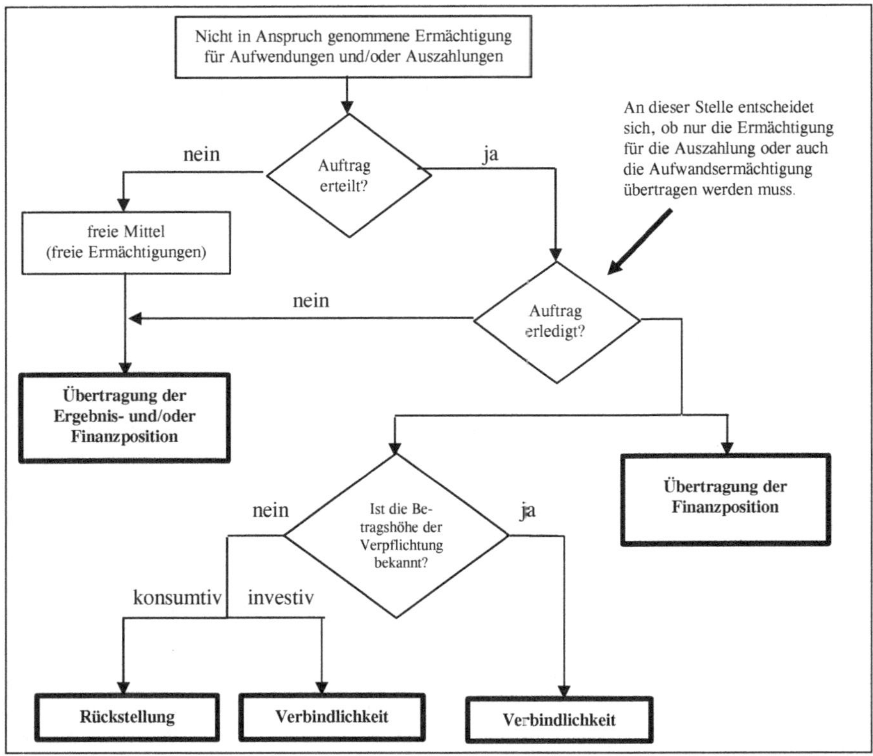

Die Problematik soll an folgendem Beispiel erläutert werden:

Im Teilergebnishaushalt 40 „Schulträgeraufgaben" für das Jahr 2021 sind für Sach- und Dienstleistungen bei der Gemeinde G Aufwendungsermächtigungen in Höhe von 1.000.000 € veranschlagt. Bis zum Jahresabschluss sind bereits 920.000 € in Anspruch genommen. Der gesamte Restbetrag von 80.000 € wird aber noch für die Abwicklung von Gebäudeunterhaltungen benötigt, wobei sich folgende Situation ergibt:

318 Weitgehend übernommen und berichtigt aus Modellprojekt „Doppischer Kommunalhaushalt in NRW" (Hrsg.), Neues Kommunales Finanzmanagement: Betriebswirtschaftliche Grundlagen für das doppische Haushaltsrecht, 2. vollst. überarb. Auflage auf der Basis der Endergebnisse des Modellprojektes, Freiburg 2003, S. 320.

- *Es geht noch am 30.12.2021 eine Rechnung über durchgeführte Anstreicherarbeiten am Gymnasium über 15.000 € ein, wobei der Rechnungsbetrag am 15.1.2022 zu begleichen ist. Der Betrag ist noch als Aufwendung des Jahres 2021 zu buchen und als Verbindlichkeit auf der Passivseite der Bilanz auszuweisen. Eine Aufwendungsübertragung ist somit für diesen Finanzvorfall nicht notwendig.*
- *Für die im Dezember durchgeführte Heizungsreparatur in einer Grundschule liegt noch keine Rechnung vor. Sie ist auch nicht bis zum Jahresabschluss zu erhalten. Die zuständige Bautechnikerin schätzt den Reparaturaufwand auf rd. 30.000 €. Der Betrag ist noch als Aufwendung in 2021 zu buchen, weil die Arbeiten in diesem Haushaltsjahr durchgeführt und abgeschlossen wurden. Da jedoch die genaue Höhe der Verpflichtung nicht bekannt ist, erfolgt die Gegenbuchung als Rückstellung auf der Passivseite der Bilanz. Eine Aufwendungs-übertragung ist somit für diesen Finanzvorfall ebenfalls nicht notwendig.*
- *Für die restlichen 35.000 € sind die konkreten Maßnahmen noch nicht bekannt, da wegen Personalmangel noch nicht alle Vorarbeiten erledigt sind, so dass nicht einmal Aufträge erteilt wurden. Aufgeschobene Instandhaltungen liegen nicht vor. Es sollen aber auf jeden Fall im Januar/Februar 2022 mit diesen Mitteln Unterhaltungsarbeiten begonnen werden. Um die Mittel für 2022 vorhalten zu können, müssen die dafür benötigten 35.000 €, die sich in der Aufwendungsermächtigung 2021 befinden, nach 2022 übertragen werden. Ansonsten würde im neuen Haushaltsjahr die notwendige Ermächtigung fehlen.*
- *In allen drei Fällen sind noch keine Zahlungen erfolgt. Die Auszahlung von insgesamt rd. 80.000 € stehen erst im Haushaltsjahr 2022 an. Zur Leistung dieser Auszahlungen bedarf es einer haushaltsrechtlichen Ermächtigung für 2022. Die notwendige Ermächtigung befindet sich jedoch im Finanzhaushalt 2022. Insofern müssen 80.000 € Auszahlungsermächtigungen für Sach- und Dienstleistungen nach 2022 übertragen werden.*

Die in das nächste Jahr übertragenen Ermächtigungen werden in der kommunalen Praxis regelmäßig auch als „Haushaltsreste" bezeichnet. Sie erhöhen die Planungspositionen des folgenden Haushaltsjahres entsprechend. Wie oben geschildert, führt die Ermächtigungsübertragung zu keiner konkreten doppischen Buchung, da weder Aufwendungen noch Auszahlungen vorliegen und noch Bilanzpositionen angesprochen werden. Da aber nach § 60 Abs. 1 KV M-V im Jahresabschluss Rechenschaft über die Recht- und Ordnungsmäßigkeit der Haushaltswirtschaft abzulegen ist, muss auch die Übertragung von Ermächtigungen dokumentiert werden. Zwar liegt keine Buchung im eigentlichen Sinne mit Belegpflicht nach § 26 Abs. 1 GemKVO-Doppik vor, jedoch haben Übertragungen erhebliche Auswirkungen auf die Haushaltswirtschaft, so dass auch die Ermächtigungsübertragungen zu dokumentieren sind.

Die Übertragung von Aufwandsermächtigungen führt im Jahr der Haushaltsrestbildung nicht zu einer Verschlechterung des Jahresergebnisses, weil ja noch keine Aufwendungen entstanden sind. Insofern wird das Ergebnis dieses Jahres gegenüber der Planung besser dargestellt. Die Aufwendungen entstehen aufgrund der Ermächtigungsübertragung nunmehr im nächsten Jahr und verschlechtern dessen Jahresergebnis.

Es stellt sich letztlich noch die Frage, ob im Rahmen der dezentralen Ressourcenverantwortung über die Ermächtigungsübertragungen ausschließlich in den Budget- bzw. Fachbereichen entschieden werden kann. Budgetierung kann eigentlich nur erfolgen, wenn über nicht in Anspruch genommene Budgetermächtigungen der Budgetbereich eigenständig entscheidet. Allerdings ist nicht zu übersehen, dass die Ermächtigungsübertragungen erhebliche Auswirkungen auf die Gesamtfinanzsituation der Gemeinde haben können. Aus diesem Grund hat der Gesetzgeber den Gemeinden ein sehr enges Korsett für die Übertragung von Haushaltsmitteln vorgegeben. Gemäß § 15 Abs. 1 GemHVO-Doppik können Ansätze für laufende Aufwendungen und für laufende Auszahlungen eines Teilhaushaltes bei einem ausgeglichenen Haushalt durch Haushaltsvermerk ganz oder teilweise für übertragbar erklärt werden, soweit der Haushaltsausgleich im Haushaltsfolgejahr dennoch erreicht werden kann. Demnach ist nicht nur der Haushaltsausgleich des aktuellen Haushaltsjahres erforderlich, sondern auch der Haushaltsausgleich des Haushaltsfolgejahres. Die Nr. 15 der Verwaltungsvorschriften zur GemHVO-Doppik und GemKVO-Doppik zu § 15 GemHVO-Doppik regelt hiervon eine Ausnahme. Ansätze für ordentliche Auszahlungen eines Teilhaushaltes bleiben danach bis zum Ende des folgenden Haushaltsjahres verfügbar, soweit die korrespondierenden Ansätze für ordentliche Aufwendungen im Haushaltsjahr in Anspruch genommen wurden (Aufwand im laufenden Haushaltsjahr entstanden, Auszahlung im Folgejahr). Dies gilt entsprechend für Ermächtigungen zu über- und außerplanmäßigen Auszahlungen, unabhängig davon, ob im Haushaltsjahr der Haushalt ausgeglichen ist und ob im Haushaltsfolgejahr der Haushaltsausgleich erreicht werden kann. In diesen Fällen ist also der Haushaltsausgleich nicht zwingend erforderlich. Dennoch ergibt sich zwangsläufig aus der grundlegenden Vorschrift des § 15 Abs. 1 GemHVO-Doppik, dass nicht die dezentralen Organisationseinheiten im Rahmen der Bewirtschaftung ihrer Teilhaushalte bzw. Budgets Haushaltsmittel übertragen dürfen. Hier muss insbesondere das zentrale Finanzmanagement bzw. der Kämmerer darauf achten, dass der Gesamthaushalt der Gemeinde ausgeglichen ist (unter Anwendung des Gesamtdeckungsprinzips). Somit kann auch nur zentral entschieden werden, inwieweit Haushaltsmittel der Teilhaushalte übertragen werden können.

Abschließend ist zu dem Tatbestandsmerkmal „Anbringung eines Übertragbarkeitsvermerkes“ generell Kritik anzumelden. Wenn ein Haushaltsplan ordnungsgemäß nach § 8 GemHVO-Doppik aufgestellt wird, geht die Gemeinde doch davon aus, dass die Aufwendungen und Zahlungen periodengerecht eingeplant sind. Eine Gemeinde kann nicht ein Jahr im Voraus wissen, bei welchen Planermächtigungen am Jahresende Übertragungsbedarf entstehen wird, um dann im Voraus einen Übertragbarkeitsvermerk im Haushalt anzubringen. Insofern ist aus diesem Gesichtspunkt nach Auffassung der Autoren der gesamte § 15 Abs. 1 GemHVO-Doppik überflüssig. Entscheidend für die Übertragungen ist der Jahresabschluss und nicht die formelle Vorkehrung im Haushaltsplan. Auch bei den ordentlichen Aufwendungen und Auszahlungen sollte es deshalb eine Übertragbarkeit per Gesetz und nicht per Haushaltsvermerk geben.

13.3.3.2 Die einzelnen Ermächtigungsübertragungsarten

§ 15 GemHVO-Doppik unterscheidet zwischen verschiedenen Ermächtigungsübertragungsarten, die unterschiedliche Auswirkungen haben, so dass es der nachstehenden differenzierten Erläuterung bedarf.

a) Ermächtigung für laufende Aufwendungen und laufende Auszahlungen
Mit den bereits oben beschriebenen Einschränkungen dürfen nicht in Anspruch genommene Ermächtigungen für laufende Aufwendungen und laufende Auszahlungen gemäß § 15 Abs. 1 GemHVO-Doppik in das nächste Haushaltsjahr übertragen werden; diese stehen zusätzlich zu den Planpositionen des nächsten Jahres bereit. Insofern gilt der Grundsatz sowohl für den Ergebnis- als auch für den Finanzhaushalt. Voraussetzung ist hier ein im Haushaltsplan ausgewiesener Übertragbarkeitsvermerk, der nur unter den oben beschriebenen Voraussetzungen angebracht werden durfte: Haushaltsausgleich des aktuellen Haushaltsjahres und des Haushaltsfolgejahres bzw. der Verfügbarkeit für Ansätze ordentlicher Auszahlungen bei korrespondierenden, bereits verbrauchten ordentlichen Aufwendungen, unabhängig vom Haushaltsausgleich des Haushaltsfolgejahres.

Es ist zu beachten, dass in vielen Fällen eine Koppelung der beiden Ermächtigungsbereiche vorliegt. Auszahlungen sind in vielen Fällen nämlich die Folge von Aufwendungen. So müssen Personalaufwendungen auch zahlbar gemacht werden. Aufwendungen für Gebäudereparaturen bedingen Auszahlungen an den Reparaturbetrieb. Dies trifft natürlich nicht immer zu, so wird z. B. bei der Auszahlung für Lagereinkäufe lediglich eine Auszahlungsermächtigung benötigt. Bei einigen Positionen wie z. B. Abschreibungen oder Versorgungsaufwendungen sind zudem Übertragungen aus der Natur der Sache nicht möglich.

Für jede einzelne Übertragung ist eine Entscheidung der Gemeinde notwendig, da zunächst der Bedarf der Haushaltsrestbildung bei jeder einzelnen übertragbaren Planposition festgestellt werden muss. Entschließt sich die Gemeinde bei vorliegendem Haushaltsausgleich zu einer Ermächtigungsübertragung, findet im neuen Haushaltsjahr eine Erhöhung der entsprechenden Planposition statt.

Die Ermächtigungen für Aufwendungen und nicht investive Auszahlungen bleiben nur bis zum Ende des nächsten Haushaltsjahres zur Verfügung. Eine weitere Übertragung in das übernächste Haushaltsjahr ist ausgeschlossen (§ 15 Abs. 1 Satz 4 GemHVO-Doppik).[319]

Gemäß § 15 Abs. 4 GemHVO-Doppik gilt der Absatz 1 entsprechend für Ermächtigungen zu überplanmäßigen und außerplanmäßigen Aufwendungen und Auszahlun-

319 Unklar bleibt jedoch die praktische Umsetzung der Beschränkung, da ja die übertragene Ermächtigung die Planermächtigung des nächsten Haushaltsjahres erhöht, praktisch somit eine Vermischung der übertragenen und neuen Ermächtigung stattfindet. Um die zeitliche Beschränkung haushaltstechnisch zu sichern, müsste eine getrennte Bewirtschaftung der übertragenen Mittel erfolgen. Oder es ist fiktiv davon auszugehen, dass sich zuerst die übertragenen Haushaltsmittel verbrauchen. Zu den weitergehenden Übertragungen im Investitionsbereich siehe Buchstabe b) und zu „konsumtiv mit Zuwendungen“ siehe c).

gen.[320] Unverständlich ist, dass der Gesetzgeber die Ermächtigung nicht auch auf die Ermächtigungen ausgedehnt hat, die im Verfahren der unechten und echten Deckungsfähigkeit nach §§ 13 und 14 GemHVO-Doppik entstanden sind.

b) Ermächtigung bei Instandhaltungsmaßnahmen

Abweichend von der Voraussetzung eines Haushaltsausgleichs im Haushaltsjahr oder im Haushaltsfolgejahr können Ansätze für Instandhaltungsmaßnahmen ganz oder teilweise übertragen werden (§ 15 Abs. 1 Satz 2 GemHVO-Doppik). Der Begriff der Instandhaltung umfasst wiederkehrende Instandsetzungsmaßnahmen, Wartung und Inspektionen von Vermögensgegenständen. Eine Übertragung setzt voraus, dass Instandhaltungsmaßnahmen im Haushalt geplant waren. Auch für diese Übertragung ist ein Haushaltsvermerk erforderlich.

c) Ermächtigung bei rechtlich oder in sonstiger Weise gebundenen Ansätzen

Die Planansätze des Haushaltsplanes ermächtigen die bewirtschaftenden Stellen, entsprechende Verpflichtungen – z. B. die Vergabe von Aufträgen – während des Haushaltsjahres einzugehen, die jedoch erst im Folgejahr ergebnis- bzw. finanzwirksam werden. Für diesen Fall hat der Verordnungsgeber in § 15 Abs. 2 GemHVO-Doppik eine Übertragung auch ohne Haushaltsvermerk (Nr. 15.1 der VV zur GemHVO-Doppik und GemKVO-Doppik) zugelassen. Auch stellt die Norm keine Voraussetzungen an den Haushaltsausgleich im Haushaltsjahr oder im Haushaltsfolgejahr.

d) Ermächtigung bei Investitionen

Bei Investitionen handelt es sich um Auszahlungen zur Veränderung des Anlagevermögens, so dass es sich hier ausschließlich um Ermächtigungen des Finanzhaushaltes handelt. Diese Investitionsermächtigungen bleiben gemäß § 15 Abs. 3 Satz 2 GemHVO-Doppik bis zur Fälligkeit der letzten Zahlung für ihren Zweck bestehen, allerdings längstens zwei Jahre nach Schluss des Haushaltsjahres, in dem die Investition in ihren wesentlichen Teilen genutzt werden kann oder die Investitionsmaßnahme durchgeführt wurde. Diese zeitliche Beschränkung soll die Gemeinden zwingen, ihre Maßnahmen zügig abzurechnen.

Für die Investitionen gilt gemäß § 4 Abs. 7 GemHVO-Doppik der Grundsatz der Einzelveranschlagung jeder Maßnahme oberhalb der von der Gemeindevertretung festgelegten Wertgrenze. Insofern wird die Auszahlungsermächtigung auch für jede einzelne Investition im Bedarfsfall, regelmäßig oberhalb der Wertgrenze, zu übertragen sein. Wegen der Individualität der Maßnahmen müssen die Auszahlungsermächtigungen so lange verfügbar sein, bis die Maßnahme abgewickelt ist und alle Zahlungen erfolgt sind. Aus diesem Grunde sieht § 15 Abs. 3 GemHVO-Doppik zu Recht vor, dass die Ermächtigungen bis zum Abschluss der Maßnahme erhalten bleiben, so dass einmal übertragene

320 An dieser Formulierung wird noch einmal die unsinnige Vorschrift des § 15 Abs. 1 GemHVO-Doppik hinsichtlich der ausgeglichenen Haushalte deutlich. Der Gesetzgeber lässt für außerplanmäßige Aufwendungen Übertragungen zu. Wie soll bei außerplanmäßigen (unvorhersehbaren) Aufwendungen, die ja vorher nicht bekannt sind, ein Vermerk im Haushaltsplan angebracht werden?

Ermächtigungen auch noch in weitere Haushaltsjahre übertragen werden können. Eine Einschränkung gilt jedoch für Investitionsermächtigungen (auch Investitionsförderungsmaßnahmen), wenn mit der Maßnahme noch nicht im Veranschlagungsjahr begonnen wurde. Hier bleiben die Ermächtigungen nur bis zum Ende des Haushaltsfolgejahres verfügbar (§ 15 Abs. 3 Satz 3 GemHVO-Doppik). Verzögert sich eine solche Maßnahme über diesen Zeitraum hinaus, hat eine Neuveranschlagung zu erfolgen.

Für die Übertragung ist auch hier eine förmliche Entscheidung notwendig, weil auch bei Investitionen und Investitionsförderungsmaßnahmen nicht in jedem Fall alle nicht ausgeschöpften Auszahlungsermächtigungen noch benötigt werden. Eine automatische Übertragung besteht daher nicht.

Gemäß § 15 Abs. 4 Satz 2 GemHVO-Doppik gilt der Absatz 3 entsprechend für Ermächtigungen zu überplanmäßigen und außerplanmäßigen Auszahlungen aus Investitionstätigkeit.

e) Aufwendungen und Auszahlungen, denen zweckgebundene Erträge und Einzahlungen gegenüberstehen

§ 15 Abs. 5 GemHVO-Doppik spricht als Besonderheit die Aufwendungs- und Auszahlungsermächtigungen an, die sich nicht in der eigentlichen „Gesamtdeckung" befinden, sondern ganz oder zum Teil aus zweckgebundenen Erträgen bzw. Einzahlungen gemäß § 13 GemHVO-Doppik gedeckt werden (z. B. Finanzierung durch zweckgebundene Landeszuwendungen). Der Verordnungstext kann damit jedoch nur solche Ermächtigungen meinen, die nicht dem Investitions- und Investitionsförderungsbereich zuzuordnen sind. Dafür trifft nämlich § 15 Abs. 3 GemHVO-Doppik eine abschließende Regelung.

Es handelt sich somit nur um den konsumtiven Bereich. Es soll haushaltsrechtlich sichergestellt werden, dass die zweckgerechte Verwendung dieser Erträge und Einzahlungen nicht dadurch gefährdet wird, dass am Jahresende die korrespondierenden Aufwendungs- bzw. Auszahlungsermächtigungen verfallen und die zweckgerechte Verwendung nicht gesichert werden kann. Die Ermächtigungen sollen dann so lange übertragen werden dürfen, bis die zweckgebundenen Erträge bzw. auch Einzahlungen auch aufwendungs- und ausgabetechnisch abgeflossen sind. Dies könnte allerdings auch nach der Vorschrift des § 15 Abs. 1 GemHVO-Doppik sichergestellt werden. Der einzige Unterschied besteht darin, dass nach § 15 Abs. 5 GemHVO-Doppik eine mehrjährige Übertragung zulässig ist. Denn gemäß § 15 Abs. 5 GemHVO-Doppik bleiben bei der Zweckbindung von Erträgen oder Einzahlungen gemäß § 13 die entsprechenden Ermächtigungen zur Leistung von Aufwendungen bis zur Erfüllung des Zweckes und solche zur Leistung von Auszahlungen bis zur Fälligkeit der letzten Zahlung für ihren Zweck verfügbar.

f) Übertragung von Verpflichtungsermächtigungen

Gemäß § 54 Abs. 3 KV M-V gelten Verpflichtungsermächtigungen[321] bis zum Ende des auf das Haushaltsjahr folgenden Jahres, und, wenn die Haushaltssatzung für das übernächste Jahr nicht rechtzeitig öffentlich bekanntgemacht wird, bis zum Erlass die-

321 Zu Begriff und Verfahren siehe Kapitel 14.

ser Haushaltssatzung. Auch hier soll die flexible Haushaltsführung gefördert werden. Allerdings ist diese Vorschrift wenig durchdacht. Wie bereits oben bei der vorläufigen Haushaltsführung (Kapitel 9.2.5.2) beschrieben, wird aus der Ermächtigung für Investitionen und Investitionsförderungsmaßnahmen des Jahres 2021, in 2021 eine Bindung für 2022 einzugehen, im Jahre 2022 eine Auszahlung. Es nützt also gar nichts, wenn diese Verpflichtungsermächtigung übertragen wird. Benötigt wird im Jahre 2022 nämlich keine Verpflichtungsermächtigung, sondern eine Auszahlungsermächtigung. Die Übertragung von Verpflichtungsermächtigungen ist demnach nur sinnvoll für Bindungen zu Lasten des übernächsten Jahres oder der dann folgenden Jahre. Dem Gesetzgeber sei geraten, eine Verbesserung dieser Übertragbarkeitsform dahingehend zu schaffen, dass entsprechende Auszahlungsermächtigungen entstehen, sofern der Haushaltsplan des neuen Jahres diese nicht ohnehin enthält. Dabei sollte der Gesetzgeber wegen der Regelungsgleichheit auch überdenken, ob diese Art der Ermächtigung nicht auch in den § 15 GemHVO-Doppik einzustellen ist.

g) Übertragung von Kreditermächtigungen für Investitionen

§ 52 Abs. 3 KV M-V sieht eine sogenannte „zweijährige Kreditermächtigung“[322] vor. Diese Vorschrift dient ebenfalls der flexiblen Haushaltsführung und unterstützt das wirtschaftliche Handeln der Kommunen. Verzögern sich z. B. die Auszahlungen für Investitionen und Investitionsförderungsmaßnahmen und werden dafür entsprechende Ermächtigungsübertragungen vorgenommen, besteht evtl. der Kreditbedarf für diese Auszahlungen auch erst im nächsten Jahr. Die Gemeinde hat damit die Möglichkeit, auch die Kreditermächtigung, die gemäß § 2 der Haushaltssatzung nur für das maßgebliche Haushaltsjahr vorgesehen ist, in das nächste Jahr zu übertragen.

Eine förmliche Übertragungsentscheidung der Kreditermächtigung für Investitionen ist nicht erforderlich, da aufgrund der Regelung die Inanspruchnahme im neuen Jahr im Bedarfsfall jederzeit zulässig ist.

h) Übertragung von Kassenkreditermächtigungen

Die Ermächtigung zur Aufnahme von Kassenkrediten erlischt wie alle anderen Ermächtigungen am Jahresende. Für den Fall, dass die Haushaltssatzung für das neue Jahr noch nicht veröffentlicht ist, steht diese Ermächtigung aus § 4 der Haushaltssatzung weiter zur Verfügung. Siehe dazu im Einzelnen Kapitel 9.2.5.2 zur vorläufigen Haushaltsführung.

Eine förmliche Übertragungsentscheidung der Kassenkreditermächtigung ist nicht erforderlich, da aufgrund der Regelung des § 53 Abs. 2 Satz 2 KV M-V die Inanspruchnahme im neuen Jahr im Bedarfsfall der vorläufigen Haushaltsführung ohne jegliche Beschränkung zulässig ist.

13.3.3.3 Auswirkungen auf den Jahresabschluss

Wie bereits weiter oben festgestellt wurde, haben Erträge und Aufwendungen Auswirkungen auf das Ergebnis eines Haushaltsjahres und damit auf den Jahresabschluss.

322 Zu den Krediten siehe Kapitel 15.

Die Übertragung von Haushaltsermächtigungen wirkt sich dagegen nicht unmittelbar auf das Jahresergebnis aus. Lediglich im Plan-/Ist-Vergleich ist eine Auswirkung festzustellen. Wenn nämlich eingeplante Aufwendungs- und Auszahlungsermächtigungen nicht in Anspruch genommen werden, bleiben die Gesamtaufwendungen und Gesamtauszahlungen hinter den Planansätzen zurück. Gegenüber dem Plan erfolgt eine Ergebnisverbesserung. Allerdings verschlechtert sich dann wiederum das Ergebnis des nächsten Haushaltsjahres entsprechend. Die übertragenen Haushaltsermächtigungen verändern die Haushaltsansätze des nächsten Jahres nicht; sie erhöhen lediglich die Planpositionen (Ermächtigung zur Überschreitung der Planansätze des neuen Jahres) und bewirken demnach Mehraufwendungen bzw. Mehrauszahlungen, die an sich das Vorjahr hätten belasten müssen. Der Plan-/Ist-Verbesserung des abgelaufenen Haushaltsjahres steht nunmehr eine Plan-/Ist-Verschlechterung des neuen Haushaltsjahres gegenüber. Insofern liegt lediglich eine Periodenverschiebung vor.

Aus diesem Grund hat der Gesetzgeber den § 15 GemHVO-Doppik für die Übertragung von Haushaltsermächtigungen sehr eng an den Haushaltsausgleich dieser beiden Perioden geknüpft.[323] Dies ist keine sinnvolle Regelung im Sinne der Flexibilität der kommunalen Haushalte. Es ist zu befürchten, dass das sogenannte „Dezemberfieber“ in den Verwaltungen weiter praktiziert werden wird. Dies wird dann der Fall sein, wenn die Verantwortlichen für die Teilhaushalte zu befürchten haben, dass die Haushaltsermächtigungen aufgrund der Haushaltssituation der Gemeinde nicht übertragen werden können und dürfen. Hier besteht die Gefahr, dass die Ansätze des Haushaltsjahres noch bis zum Ende des Jahres unüberlegt durch die dezentralen Organisationseinheiten ausgeschöpft werden, damit die Mittel nicht verlorengehen. Gerade diese Anreize zur Mittelübertragung im Rahmen der Budgetierung haben das „Dezemberfieber“ vermieden und zu einem effizienteren Mitteleinsatz geführt.

13.4 Übungen

Sachverhalt Nr. 1

Die Gemeinde G hat u. a. für alle Aufgaben des Hauptamtes und der Verwaltungsführung einschließlich der Verfügungsmittel des Bürgermeisters einen Teilhaushalt gebildet und mit folgenden Bewirtschaftungsregeln versehen:

- Mehrerträge berechtigen zu Mehraufwendungen in diesem Teilhaushalt. Das Gleiche gilt bei Mehreinzahlungen zugunsten der Auszahlungsermächtigungen.
- Die Aufwendungsermächtigungen für Abschreibungen und interne Leistungsverrechnungen sind nicht untereinander und nicht mit anderen Aufwendungspositionen deckungsfähig. Die Auszahlungsermächtigungen sind gegenseitig deckungsfähig.

Aufgabe:

Begutachten Sie die Zulässigkeit der angebrachten Bewirtschaftungsvermerke.

323 Zur generellen Kritik an den Regelungen des § 15 Abs. 1 GemHVO-Doppik siehe Kapitel 13.3.3.1, letzter Absatz.

Lösung:
Der erste Vermerk entspricht uneingeschränkt der gesetzlichen Normierung in § 13 Abs. 1 GemHVO-Doppik, so dass dieser unzweifelhaft zulässig ist. Zum zweiten Vermerk enthält die GemHVO-Doppik ebenfalls eine ausdrückliche Ermächtigung. Gemäß § 14 Abs. 1 Satz 1 GemHVO-Doppik sind innerhalb eines Teilergebnishaushaltes die Ansätze für Aufwendungen gegenseitig deckungsfähig, soweit nichts anderes durch Haushaltsvermerk bestimmt wird. Ohne einen zusätzlichen Haushaltsvermerk wären im entsprechenden Teilhaushalt jeweils die Ansätze für die Aufwendungen, Erträge, Auszahlungen und Einzahlungen gegenseitig deckungsfähig. Da mit Haushaltsvermerk ausdrücklich durch die Gemeinde bestimmt wurde, dass die Aufwendungsermächtigungen für Abschreibungen und interne Leistungsverrechnungen nicht untereinander und nicht mit anderen Aufwendungspositionen deckungsfähig sind, ist die generelle Deckungsfähigkeit innerhalb des Teilhaushaltes aufgehoben worden. Der Vermerk zur echten Deckungsfähigkeit schränkt dieses lediglich ein, was nicht nur zulässig, sondern durchaus geboten ist, weil ansonsten nicht zahlungswirksame Aufwendungen mit zahlungswirksamen Positionen kombiniert werden. Damit ist auch dies ein gültiger Haushaltsvermerk gemäß § 14 Abs. 1 Satz 1 GemHVO-Doppik. Der Vermerk, dass die Auszahlungsermächtigungen gegenseitig deckungsfähig sind, ist nicht notwendig, da bereits die Verordnung diese generelle Regelung vorsieht (§ 14 Abs. 1 GemHVO-Doppik). Es ist hier ja auch keine Einschränkung vorgenommen worden.

Allerdings ist § 10 Satz 2 GemHVO-Doppik zu beachten, wonach die Verfügungsmittel des Bürgermeisters nicht deckungsfähig und nicht übertragbar sind. Die Verfügungsmittel werden in diesem Teilhaushalt laut Sachverhalt nachgewiesen. Der Haushaltsvermerk verstößt in diesem Punkt gegen § 10 GemHVO-Doppik. Hier hätte der Vermerk eine weitere Einschränkung vorsehen müssen, indem neben den Abschreibungen und internen Leistungsverrechnungen auch die Verfügungsmittel des Bürgermeisters aus dem Deckungsring herausgenommen werden. Denn der bereits vorhandene Haushaltsvermerk lässt vermuten, dass es keine weiteren Einschränkungen gibt. Dies ist aber auf der Grundlage des § 10 Satz 2 GemHVO-Doppik der Fall.

Sachverhalt Nr. 2
Die Gemeinde G hat ihren Haushalt nach Produktgruppen gegliedert, dabei u. a. für die Produktgruppe 12700 „Rettungsdienst“ ein Budget gebildet und mit dem beim Sachverhalt Nr. 1 ausgewiesenen Bewirtschaftungsvermerken versehen. Dabei weist auch der Teilfinanzhaushalt konsumtive Planpositionen über die Gliederung nach § 4 Abs. 12 GemHVO-Doppik hinaus aus. Aufgrund einer Bestimmung in § 9 der Haushaltssatzung der Gemeinde G sind die konsumtiven Planpositionen für verbindlich erklärt.

Die Fahrzeuge des Rettungsdienstes werden bei zwei Tankstellen innerhalb des Gemeindegebietes betankt, die jeweils monatlich mit dem Rettungsdienst abrechnen. Der Budgetverantwortliche stellt im Dezember 2021 fest, dass sämtliche Aufwendungs- und Auszahlungsermächtigungen für Sach- und Dienstleistungen bereits ausgeschöpft sind. Es werden jedoch noch Tankrechnungen für Dezember 2021 erwartet. Das restliche Budget des Rettungsdienstes wird planmäßig abgewickelt. Lediglich bei den Personalaufwendungen und Personalauszahlungen werden voraussichtlich 20.000 €

eingespart. Zudem liegen die Rettungsdienstgebühren im Ertrag mit 40.000 € über dem Planansatz und die Einzahlungen aus Rettungsdienstgebühren mit 32.000 € über den Planbetrag.

Am 21.12.2021 geht die Rechnung der Tankstelle A über 18.000 € für die Betankung bis zu diesem Termin ein. Der Betrag ist sofort zahlbar. Der Budgetverantwortliche schätzt, dass für die Zeit vom 22.12.2021 bis 31.12.2021 noch Betankungen im Volumen von 10.000 € notwendig sind. Diese werden jedoch erst Anfang Januar in Rechnung gestellt.

Tankstelle B sendet am 28.12.2021 eine Rechnung über 22.000 € für den gesamten Monat Dezember, zahlbar innerhalb von 14 Tagen. Ab diesem Termin schließt die Tankstelle wegen Betriebsferien.

Aufgabe:
Begutachten Sie, wie die nötigen Haushaltsmittel für Abwicklung der Treibstoffkosten bereitgestellt werden können. Welche Buchungen und Maßnahmen sind erforderlich?

Lösung:
Gemäß § 46 Abs. 6 Satz 2 KV M-V ist der Haushaltsplan für die Haushaltsausführung verbindlich. Insofern stellt die Aufwendungsermächtigung für Sach- und Dienstleistungen im Teilergebnishaushalt des Rettungsdienstes die Obergrenze für diese Leistungsart dar. Laut Sachverhalt sind diese Haushaltsmittel jedoch erschöpft. Die eingehenden Rechnungen über 18.000 € und 22.000 € bedingen unabhängig von ihrer Zahlung noch Aufwendungen an Sach- und Dienstleistungen für 2021. In Höhe der noch geschätzten Treibstoffkosten für die Tankstelle A für die Zeit vom 22. bis 31.12.2021 ist gemäß § 35 Abs. 1 GemHVO-Doppik eine Rückstellung zu bilden, was gleichzeitig Aufwendungen für Sach- und Dienstleistungen für 2021 bedeutet. Insofern werden noch rd. 50.000 € für Treibstoffverbrauch (Aufwendungen für Sach- und Dienstleistungen) benötigt. Es fragt sich, wie die benötigten Ermächtigungen bereitgestellt werden können.

Der Rettungsdienst befindet sich in einem mit Bewirtschaftungsvermerken ausgestatteten Budget. Diese Vermerke sehen u. a. vor, dass Mehrerträge zu Mehraufwendungen berechtigen. Da laut Sachverhalt der Haushalt planmäßig abgewickelt wird und bei den Rettungsdienstgebühren ein Mehrertrag von 40.000 € besteht, kann dieser Betrag als echter Mehrertrag für Mehraufwendungen des gesamten Budgets verwendet werden, also auch für die Treibstoffaufwendungen. Es fehlt demnach noch eine Aufwendungsermächtigung von 10.000 €. Da jedoch sämtliche Aufwendungen des Teilhaushaltes/Budgets sich gemäß § 14 Abs. 1 GemHVO-Doppik in einer echten Deckungsfähigkeit befinden (die Budgetgesamtsumme ist verbindlich) und der Haushaltsvermerk nur Einschränkungen zu Abschreibungen und internen Leistungsverrechnungen, nicht aber für Sach- und Dienstleistungen enthält, kann dieser Betrag aus der Einsparung in Höhe von 20.000 € bei den Personalaufwendungen finanziert werden. Insofern ist der Mehrbedarf an Aufwendungsermächtigungen für den Treibstoffverbrauch (Sach- und Dienstleistungen) gedeckt.

Allerdings ist noch zu prüfen, ob auch zudem ausreichende Auszahlungsermächtigungen für die Bezahlung der Treibstoffe vorliegen. Auch hier ist laut Sachverhalt zunächst festzustellen, dass planmäßig bei den Auszahlungsermächtigungen für Sach- und Dienstleistungen keine Mittel mehr vorhanden sind. Die im vorigen Absatz aufgeführten Bewirtschaftungsvermerke gelten aber auch für die Ein- und Auszahlungsseite. Aus diesem Grunde können die Mehreinzahlungen bei den Rettungsdienstgebühren von 32.000 € und die Einsparung von 20.000 € bei den Personalauszahlungen zur Deckung herangezogen werden. Insofern besteht auch noch eine ausreichende Auszahlungsermächtigung.

Nunmehr kann die Rechnung der Tankstelle über 18.000 € gezahlt werden, so dass Aufwendung und Auszahlung buchungstechnisch abzuwickeln sind. Für die Zeit vom 22. bis 31.12.2021 wird mit einer Betankung im Wert von rd. 10.000 € gerechnet, wobei die Rechnung erst in 2022 erwartet wird. Für die als Rückstellung ausgewiesene Summe von 10.000 € für die voraussichtlichen Betankungen in der Zeit vom 22. bis 31.12.2021 sind genügend Aufwendungsermächtigungen in 2021 vorhanden (siehe oben). Für die Auszahlung sind nach den o. a. Verfahren ebenfalls Mittel in 2021 bereitgestellt. Jedoch werden die Auszahlungsermächtigungen erst in 2022 benötigt. Insofern muss für die 10.000 € gemäß § 15 GemHVO-Doppik eine Übertragung der Auszahlungsermächtigung nach 2022 erfolgen. Erreicht wird damit, dass in 2022 die Zahlung gesichert ist und nicht schon die Ermächtigungen des neuen Jahres in Anspruch genommen werden müssen. In diesem Fall ist ein im Haushaltsplan angebrachter Übertragbarkeitsvermerk nicht erforderlich, da durch die Betankung der Fahrzeuge rechtliche Verpflichtungen im Rahmen der Ansätze im Haushaltsjahr eingegangen wurden und somit die Voraussetzungen für eine Übertragbarkeit nach § 15 Abs. 2 GemHVO-Doppik vorliegen.

Die Rechnung der Tankstelle B vom 28.12.2021 wurde verbrauchsorientiert als Aufwendung dem Haushaltsjahr 2021 zugeordnet und nach dem obigen Verfahren bereitgestellt. Da jedoch die Zahlung erst im Jahr 2022 erfolgt, muss eine Verbindlichkeit gegengebucht werden. Die Verbindlichkeit wird dann im Jahr 2022 in eine Auszahlung umgewandelt, so dass – wie im vorhergehenden Absatz beschrieben – eine Auszahlungsermächtigungsübertragung von 22.000 € nach § 15 Abs. 2 GemHVO-Doppik notwendig ist.

Insgesamt ist demnach eine Übertragung von Auszahlungsermächtigungen für Sach- und Dienstleistungen in Höhe von 32.000 € notwendig.

14. Die Verpflichtungsermächtigungen

14.1 Begriff und Verfahren

Auf der Grundlage des § 46 Abs. 2 Nr. 3 der KV M-V enthält der Haushaltsplan im Haushaltsjahr, neben den anfallenden Erträgen und eingehenden Einzahlungen, den entstehenden Aufwendungen und zu leistenden Auszahlungen, die notwendigen Verpflichtungsermächtigungen. Sie sind demzufolge verpflichtend aufzunehmen.

Verpflichtungsermächtigungen sind Ermächtigungen zum Eingehen von Verpflichtungen, die künftige Haushaltsjahre mit Auszahlungen für Investitionen und Investitionsförderungsmaßnahmen belasten (§ 54 Abs. 1 KV M-V). Somit können die Tatbestandsmerkmale wie folgt aufgelistet werden:

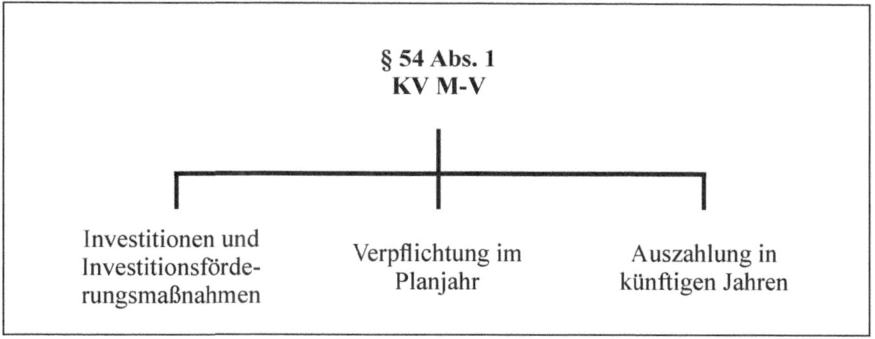

Verpflichtungsermächtigungen sind für den Investitions- und Investitionsförderungsbereich vorgesehen. Bei Investitionen handelt es sich um Auszahlungen zur Veränderung des Anlagevermögens der Gemeinde. Beim Anlagevermögen handelt es sich um die in der Bilanz förmlich als Anlagevermögen ausgewiesenen immateriellen Gegenstände, Sachanlagen und Finanzanlagen.[324] Bei Investitionsförderungen gewährt die Gemeinde Zuwendungen oder Darlehen an Dritte bzw. Sondervermögen mit Sonderrechung[325] zur Finanzierung des dort zu bilanzierenden Anlagevermögens. In den meisten Fällen sind jedoch die Investitionsförderungen auch gleichzeitig Investitionen der Gemeinde. Dieses liegt zum einen daran, dass Darlehen zum Finanzvermögen der darlehensgewährenden Gemeinde zählen.[326] Zum anderen hat die Gemeinde gemäß 37 Abs. 1 Satz 1 GemHVO-Doppik Investitionszuwendungen, die mit einer mehrjährigen Zweckbindung oder einer vereinbarten Gegenleistung des Zuwendungsempfängers (verbindliche Absicherung durch Zuwendungsbescheid oder Vertrag nach Nr. 29.1 der Verwaltungsvorschriften zur GemHVO-Doppik und GemKVO-Doppik zu § 37 notwendig) verbunden sind, als immaterielles Vermögen auszuweisen. Da dies in der Praxis regelmäßig der Fall sein wird, werden Verpflichtungsermächtigungen für reine Investitionsförderungen kaum vorkommen.

324 Siehe dazu auch die Gliederung des Finanzhaushaltes in Kapitel 12.

325 Z. B. Eigenbetriebe.

326 Siehe dazu auch § 47 Abs. 4 Nr. 1.3.2, 1.3.4, 1.3.6 und 1.3.9 GemHVO-Doppik.

Eine Verpflichtungsermächtigung wird jedoch nur für solche Investitionen und Investitionsförderungen benötigt, bei denen eine Verpflichtung im Planjahr Auszahlungen in späteren Jahren bewirkt. Investitionsverpflichtungen mit Zahlungen im selben Jahr sind der entsprechenden Auszahlungsposition zuzuordnen. Bei den Verpflichtungen handelt es sich in der Regel um Verträge mit Dritten (z. B. Kaufverträge und Bauaufträge). Die folgende Entscheidungstabelle belegt das Veranschlagungsverfahren:

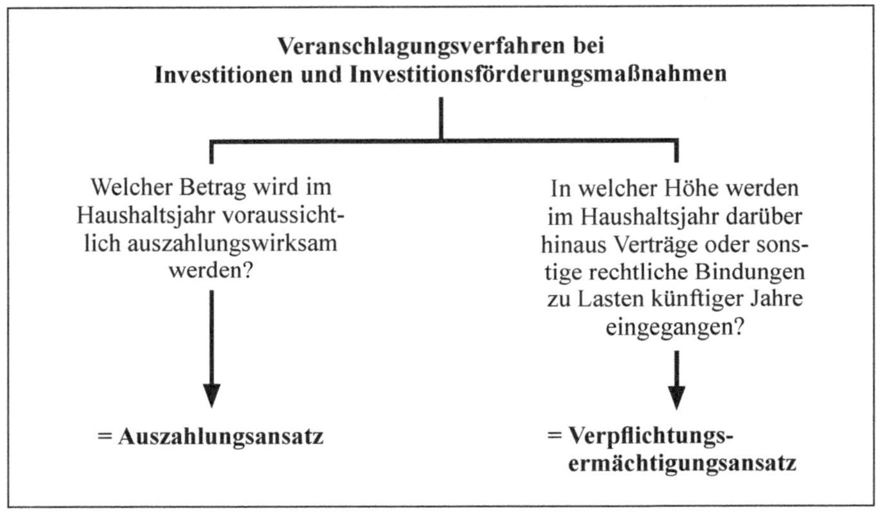

Beispiele:

a) Die Gemeinde G plant den Bau eines Museums mit Auszahlungen von je 500.000 € in 2022, 2023 und 2024. Vor Baubeginn im März 2022 soll ein Gesamtauftrag an einen Bauunternehmer vergeben werden. Gemäß § 8 Abs. 4 GemHVO-Doppik sind den Teilhaushalten der Jahre 2022 bis 2024 jeweils 500.000 € als Auszahlungsermächtigungen einzustellen. Zusätzlich ist für den Vertragsabschluss in 2022 gemäß § 54 Abs. 1 Satz 1 KV-MV eine Verpflichtungsermächtigung in Höhe von 1.000.000 € im Teilfinanzhaushalt zu veranschlagen. Eine erneute Veranschlagung einer Verpflichtungsermächtigung in 2023 ist nicht erforderlich.

b) Soll dagegen bereits Ende 2021 der Gesamtauftrag vergeben werden, damit in 2022 mit denselben Auszahlungsraten unverzüglich mit der Baumaßnahme begonnen werden kann, muss der Teilfinanzhaushalt 2021 eine Verpflichtungsermächtigung in Höhe von 1.500.000 € aufweisen. Die Veranschlagung der Auszahlungen in den Jahren 2022 bis 2024 beträgt dann jeweils 500.000 €. Weitere Verpflichtungsermächtigungen sind nicht einzustellen.

Die Beschränkung der Verpflichtungsermächtigungen auf Investitionen und Investitionsförderungsmaßnahmen birgt jedoch auch Probleme. Für Aufwendungen und Auszahlungen im konsumtiven Bereich ist unter Umständen eine vorjährige Verpflichtung erforderlich, die künftige Haushaltsjahre mit Aufwendungen und Auszahlungen belastet (z. B. Abschluss von Mietverträgen, die künftige Jahre mit Mietaufwendungen und Mietauszahlungen belasten, oder langfristige Leasingverträge, vor allem im Immobilienbereich, mit Millionenbeträgen). Diese Verpflichtungen können betragsmäßig große Summen ausmachen und die Haushalte der künftigen Jahre umfangreich belasten, ohne dass dafür eine haushaltsmäßige Ermächtigung erforderlich ist.

Unstrittig ist, dass bei Geschäften der laufenden Verwaltung keine besonderen haushaltsrechtlichen Ermächtigungen erforderlich sind. Bei den übrigen – sprich: größeren – Maßnahmen helfen sich Gemeinden des Öfteren durch den Ausweis von besonderen „Bindungsermächtigungen“ (z. B. bei Grundrenovierungen von Gebäuden, größeren Investitionsförderungen). Dies ist sicherlich keine haushaltsrechtlich abgesicherte Lösung, aber im Rahmen des Selbstgestaltungsrechts der Gemeinde durchaus zulässig und geboten.

Unabhängig von den haushaltsrechtlichen Unsicherheiten bleibt jedoch, dass für Maßnahmen, die nicht „Geschäfte der laufenden Verwaltung“ sind, ein vorheriger Gemeindevertretungs- bzw. Ausschussbeschluss erforderlich ist. Somit ist zumindest das Etatrecht der politischen Gremien indirekt gesichert. Allerdings stellt sich den Verfassern die Frage, ob nicht das Haushaltsrecht eine weitergehende Vorschrift für Verpflichtungsermächtigungen als im § 54 Abs. 1 KV M-V vorgesehen benötigt.[327]

14.2 Umfang und zeitliche Beschränkung der Verpflichtungsermächtigungen

Eine Verpflichtungsermächtigung ist nicht automatisch in den Teilhaushalt einzustellen, wenn in den zukünftigen Jahren Investitionsauszahlungen oder Auszahlungen für Investitionsförderungsmaßnahmen veranschlagt werden. Vielmehr ist die Verpflichtungsermächtigung nur dann notwendig, wenn Verträge[328] in Investitions- und Investitionsförderungsbereichen abgeschlossen werden sollen, die Auszahlungen in späteren Jahren zur Folge haben. Das bedeutet, dass vor der Veranschlagung von Verpflichtungsermächtigungen immer zu prüfen ist, ob ein Bedarf für einen konkreten Vertragsabschluss mit Belastungen späterer Perioden beabsichtigt ist.

Die Verpflichtungsermächtigungen dürfen nach 54 Abs. 2 KV M-V in der Regel zu Lasten der dem Haushaltsjahr folgenden drei Jahre veranschlagt werden. Dieser Zeit-

327 Entweder sieht das Haushaltsrecht generell für Verpflichtungen zu Lasten späterer Jahre Haushaltsermächtigungen vor oder gar nicht. Die wenig durchdachte Regelung des § 54 Abs. 1 KV M-V ist auch unter dem Aspekt des § 50 Abs. 3 KV M-V nicht verständlich. Hier sieht der Regelungstext bereits dann eine über- bzw. außerplanmäßige Mittelbereitstellung vor, wenn später zusätzliche Mittel unabhängig von ihrer Höhe bereitgestellt werden. Der Regelungstext verlangt also hier eindeutig für alle Positionen eine Haushaltsermächtigung – warum dann nicht auch für alle Verpflichtungen zu Lasten der späteren Jahre? Allerdings sollte hier eine Wertgrenze bzw. eine Begrenzung auf bestimmte Aufwendungs- und Auszahlungsarten eingeführt werden.

328 Bei Investitionsförderungen kann es sich auch um öffentlich-rechtliche Bescheide (Zuwendungsbescheide in Form von Verwaltungsakten) handeln.

raum ist bewusst auf den Planungszeitraum abgestellt, der sich gemäß § 46 Abs. 5 KV M-V auf das Haushaltsjahr und die sich anschließenden drei Jahre bezieht. Dieses wird am nachstehenden Beispiel für das Haushaltsjahr 2022 deutlich:

Ansatz Vorjahr	Ansatz Planjahr	Ansatz	Ansatz	Ansatz
2021	**2022**	**2023**	**2024**	**2025**
Aufstellung Haushaltsplan 2022	Verpflichtungs-ermächtigung		fällig	

Allerdings schließt § 54 Abs. 2 KV M-V eine Veranschlagung von Verpflichtungsermächtigungen mit Auszahlungsbelastungen über den Planungszeitraum hinaus bis zum Abschluss einer Maßnahme in Ausnahmefällen nicht aus. Dies ist auch notwendig, weil es in Ausnahmefällen zuweilen vorkommen kann, dass längerfristige Vertragsabschlüsse notwendig sind. Dies wird besonders deutlich bei langfristigen Verrentungen (Leibrenten, verrentete Grundstückskaufpreise). Soll nämlich ein Grundstück auf Rentenbasis erworben werden, wobei die Rente aufgrund eines versicherungsmathematischen Gutachtens z. B. 40 Jahre lang zu zahlen sein wird, muss in Höhe des entsprechenden Verrentungsumfangs eine Verpflichtungsermächtigung eingeplant werden. Auch bei dieser Art des Grunderwerbs handelt es sich um eine Investition. Dabei ist es nämlich ohne Bedeutung, ob das Grundstück in einer Summe bezahlt oder periodisiert über eine Leibrentenzahlung abgewickelt wird. Es handelt sich immer um Auszahlungen zur Veränderung des Anlagevermögens.[329]

Verpflichtungsermächtigungen gelten gemäß § 54 Abs. 3 KV M-V bis zum Ende des Haushaltsjahres und, wenn die Haushaltssatzung für das folgende Haushaltsjahr nicht rechtzeitig öffentlich bekanntgemacht wird, bis zur öffentlichen Bekanntmachung dieser Haushaltssatzung. Damit ist den Gemeinden vom Gesetzgeber für einen Übergangszeitraum die Möglichkeit eingeräumt worden, Verpflichtungsermächtigungen des alten Haushaltsjahres bis zur öffentlichen Bekanntmachung der neuen Haushaltssatzung in Anspruch nehmen zu können. Damit bleibt die Gemeinde für diesen Übergangszeitraum handlungsfähiger und kann so Verträge ohne weitere Zeitverzögerungen eingehen. Dies kann allerdings nur der Fall sein, wenn für diese Maßnahme bereits im alten Haushaltsjahr eine Verpflichtungsermächtigung geplant und genehmigt war.

Diese Regelung kann sich aber nur auf die Verpflichtungsermächtigungen des Vorjahres beziehen, die Auszahlungen im übernächsten Jahr vorsehen. Als Beispiel diene eine Verpflichtungsermächtigung des Jahres 2021 in Höhe von 600.000 € mit Zah-

329 Die Gemeinden veranschlagen des Öfteren in diesen Fällen keine Verpflichtungsermächtigungen und stützen sich dabei auf die Behauptung, dass dies nicht erforderlich sei, weil hier der Dreijahreszeitraum überschritten sei. Dabei wird offensichtlich übersehen, dass der Gesetzgeber auch Verpflichtungsermächtigungen zulässt, die über den Planungszeitraum hinausgehen. Wenn für solche Fälle die Veranschlagung einer Verpflichtungsermächtigung nicht notwendig sein sollte, hätte dies in § 54 KV M-V ausdrücklich als Ausnahme normiert werden müssen. Dies ist jedoch nicht der Fall.

lungserwartungen von 400.000 € in 2022 und 200.000 € in 2023. Ist der Haushalt 2022 noch nicht in Kraft, so kann in der Zeit vom 1. Januar bis zum Inkrafttreten der Haushaltssatzung diese Verpflichtungsermächtigung in Anspruch genommen werden. Dies ist für den Teilbetrag von 200.000 € zu Lasten des Jahres 2023 unproblematisch. Für den Teilbetrag zu Lasten des Jahres 2022 wird jedoch für den Vertragsabschluss eine Auszahlungsermächtigung und keine Verpflichtungsermächtigung benötigt, da das neue Haushaltsjahr 2022 bereits eröffnet ist. Es handelt sich dann ja um einen Vertragsabschluss für das laufende Jahr. Eine Auftragsvergabe zu Lasten des laufenden Jahres in der vorläufigen Haushaltsführung könnte demnach nur nach § 49 Abs. 1 Nr. 1 KV M-V erfolgen.[330]

14.3 Veranschlagung der Verpflichtungsermächtigungen

Gemäß § 4 Abs. 8 GemHVO-Doppik sind Verpflichtungsermächtigungen in den Teilhaushalten Maßnahme bezogen zu veranschlagen und in der Investitionsübersicht (Verwaltungsvorschrift der GemHVO-Doppik und der GemKVO-Doppik, Anlage 3, Muster 3) bei den einzelnen Investitionen und Investitionsförderungen auszuweisen. Allerdings dürfen Auszahlungen für Investitionen und Investitionsförderungsmaßnahmen sowie Verpflichtungsermächtigungen erst veranschlagt werden, wenn Pläne, Kostenberechnungen, ein Investitionszeitenplan und Erläuterungen vorliegen, aus denen die Art der Ausführung, die gesamten Investitionskosten sowie die voraussichtlichen Jahresraten unter Angabe der Kostenbeteiligung Dritter ersichtlich sind. Den Unterlagen ist weiterhin eine Schätzung der nach Durchführung der Investition entstehenden jährlichen Haushaltsbelastungen beizufügen (siehe dazu § 9 Abs. 2 GemHVO-Doppik). Diese beizufügenden Unterlagen mögen zwar den Eindruck verschaffen, sie seien viel zu zeitaufwändig und unnötig. Jedoch verpflichten sie die Gemeinde dazu, sich mit dem Investitions- bzw. Investitionsförderungsvorhaben detailliert auseinanderzusetzen und finanzielle Fehleinschätzungen, die gravierende Auswirkungen in den nächsten Jahren zur Folge haben können, zu vermeiden.

Zusätzlich ist für alle Verpflichtungsermächtigungen nach § 1 Nr. 2 GemHVO-Doppik eine Übersicht über die aus Verpflichtungsermächtigungen in den einzelnen Haushaltsjahren voraussichtlich fällig werdenden Auszahlungen zu führen (Verwaltungsvorschrift der GemHVO-Doppik und der GemKVO-Doppik, Anlage 3, Muster 3).[331] Damit werden die in den Teilhaushalten veranschlagten Verpflichtungsermächtigungen in einer Gesamtübersicht zusammengefasst, so dass diese Informationen für die Man-

330 Wenn jedoch der Gesetzgeber den Gemeinden die förmliche Möglichkeit einräumen wollte, aus der Verpflichtungsermächtigung eine Vertragsverpflichtung für das laufende Jahr zu ermöglichen, hätte diese gesetztechnisch verdeutlicht werden müssen. Es wäre dann auch sinnvoll, die Verbindung zu § 49 KV M-V zu ziehen.

331 Nicht zwingend erforderlich ist eine besondere Darstellung der konsumtiven Verpflichtungsermächtigungen für Investitionsförderungen ohne Nachweis als immaterielles Vermögen, weil dieses Muster neutral gehalten ist und somit sämtliche Verpflichtungsermächtigungen nachweist. Jedoch wäre eine Unterteilung in investive und konsumtive Verpflichtungsermächtigungen sicherlich sinnvoll.

datsträger „auf einen Blick" ersichtlich sind. Zu beachten ist der im Muster 3 ebenfalls enthaltene abweichende Vordruck für den Nachtragshaushalt. Hier sind insbesondere Veränderungen gegenüber dem bisherigen Haushaltsansatz darzustellen.

Die Gesamtsumme aller Verpflichtungsermächtigungen des Planjahres wird im § 3 der Haushaltssatzung auf der Grundlage des § 45 Abs. 3 Satz 1 Nr. 1 Buchst. e KV M-V festgesetzt, sodass damit auch die einzelne Verpflichtungsermächtigung einen verbindlichen Planansatz darstellt (siehe dazu die Einzelheiten zur Haushaltssatzung im Kapitel 17).

Zu beachten ist, dass der Gesamtbetrag der vorgesehenen Verpflichtungsermächtigungen gemäß § 54 Abs. 4 KV M-V im Rahmen der Haushaltssatzung der Genehmigung der Rechtsaufsichtsbehörde (Gesamtgenehmigung) bedarf. Die Genehmigung der Rechtsaufsichtsbehörde erfolgt unter den Beschränkungen des § 52 Abs. 2 Satz 2 und 3 KV M-V, die für Verpflichtungsermächtigungen entsprechend gelten. Dies bedeutet, dass die Verpflichtungsermächtigungen nach den Grundsätzen einer geordneten Haushaltswirtschaft zu überprüfen sind und die Genehmigung unter Auflagen und Bedingungen erteilt werden kann. Sie ist in der Regel durch die Rechtsaufsichtsbehörde zu versagen, wenn die Verpflichtungsermächtigungen mit der dauernden Leistungsfähigkeit der Gemeinde nicht im Einklang stehen.[332]

Für die Beispiele a) und b) aus Kapitel 14.1 würde folgende Darstellung im Teilhaushalt erforderlich sein:

Teihaushalt Investitionstätigkeit	VE 2021	Ansatz 2022	VE 2023	Planung 2024	Planung 2025
Auszahlungen					
für Baumaßnahmen (Variante a)	0	500.000	1.000.000	500.000	500.000
für Baumaßnahmen (Variante b)	1.500.000	500.000	0	500.000	500.000

Wie bereits oben festgestellt, sind die Ansätze der Verpflichtungsermächtigungen verbindlich (konkrete Vertragsermächtigungen der Politik für die Verwaltung). Insofern muss die Inanspruchnahme von Verpflichtungsermächtigungen nachgehalten werden (§ 19 Abs. 5 GemHVO-Doppik). Dies ist nur außerhalb des doppischen Buchungssystems möglich, weil es sich bei Verpflichtungsermächtigungen weder um Aufwendungen noch um Auszahlungen handelt.

Soll im Investitions- oder Investitionsförderungsbereich ein Vertrag bzw. Bescheid mit Auszahlungen in späteren Jahren ausgelöst werden und sind keine ausreichenden Verpflichtungsermächtigungen vorhanden, müssen diese zusätzlich nach bestimmten normierten Verfahren bereitgestellt werden, z. B. nach § 54 Abs. 1 Satz 2 KV M-V. Mit der Zustimmung der Gemeindevertretung dürfen Verpflichtungsermächtigungen ausnahmsweise ohne Ermächtigung durch den Haushaltsplan überplanmäßig eingegangen werden, wenn sie unvorhergesehen und unabweisbar sind und der festgesetzte Gesamtbetrag der Verpflichtungsermächtigungen nach § 45 Abs. 3 Satz 1 Nr. 1 Buchst. e KV M-V nicht überschritten wird. Allerdings sind an die Unvorhersehbar-

332 Für Erläuterungen zur geordneten Haushaltswirtschaft und zur dauernden Leistungsfähigkeit siehe Kapitel 9.2.

keit und die Unabweisbarkeit sehr hohe Anforderungen gestellt, so dass schon allein aus diesem Grund nur Ausnahmefälle hierunter fallen können (Näheres dazu siehe im Kapitel 18.6.7).

Da die Verpflichtungsermächtigungen sich auf den Haushaltsausgleich bzw. die Bereitstellung liquider Mittel der nächsten Jahre auswirken, sollte im Rahmen der Buchführung auch die konkrete Belastung der nächsten Jahre erfasst und für die notwendige Haushaltsfortschreibung vorgehalten werden. Zur Deckungsfähigkeit von Verpflichtungsermächtigungen siehe Kapitel 13.3.2.

14.4 Übungen

Sachverhalt und Aufgabe Nr. 1
Untersuchen und begründen Sie, ob und in welcher Höhe bei den nachstehenden Sachverhalten im Haushaltsplan 2022 Verpflichtungsermächtigungen zu veranschlagen sind:

a) Die Gemeinde G will eine Grundschule mit Gesamtkosten von 4 Mio. € bauen. Die Bauauszahlungen fallen je zur Hälfte in 2022 und 2023 an. Den Gesamtauftrag soll ein Unternehmen in 2022 erhalten.
b) Wie vor, jedoch sollen Jahresaufträge jeweils zu Beginn der Jahre 2022 und 2023 erteilt werden.
c) Die Gemeinde G will eine DV-Anlage für die Jahre 2022 bis 2025 leasen (jährliche Leasingrate laut Vertrag: 1,2 Mio. €).
d) Die Gemeinde G will in 2022 einen Bewilligungsbescheid über 3.000.000 € erteilen. Der Zuschuss dient der Kostenbeteiligung an der Errichtung eines neuen Werkgebäudes (Wirtschaftsförderung) und wird zu je einem Drittel in 2022, 2023 und 2024 ausgezahlt.
e) Die Gemeinde G will im Januar 2022 einen Beamer erwerben. Der Vertrag über den Kaufpreis von 350 € soll bereits im Dezember 2021 abgeschlossen werden.

Lösung:
a) Der Bau der Grundschule mit Gesamtauszahlungen von 4 Mio. € stellt eine Investition dar, weil die Auszahlung eine Veränderung des Anlagevermögens bewirkt. Gebäude als Grundstücksteile (§ 94 BGB) zählen zu den Sachanlagen. Die Gesamtauftragsvergabe in 2019 erfordert in diesem Jahr eine haushaltsrechtliche Ermächtigung. Sie wird geschaffen durch die Bildung eines Auszahlungsansatzes in 2022 in Höhe von 2 Mio. € gemäß § 8 Abs. 4 GemHVO-Doppik, womit eine Auftragsvergabe mit Auszahlung im selben Jahr 2022 ermöglicht wird. Des Weiteren ist im Haushaltsjahr 2022 ein Verpflichtungsermächtigungsansatz von 2 Mio. € gemäß § 54 Abs. 1 KV M-V für den Teil des Auftrages erforderlich, der erst im Jahre 2023 zu Auszahlungen führt.
b) Bei der abgewandelten Variante des Sachverhaltes zu a) ist eine Veranschlagung von Verpflichtungsermächtigungen nicht erforderlich. Auftragsvergaben und Be-

zahlung der eingegangenen Verpflichtungen erfolgen jeweils im selben Jahr (also 2022 bzw. 2023). Auftragsbelastungen für zukünftige Jahre bestehen nicht. Das Tatbestandsmerkmal gemäß § 54 Abs. 1 KV M-V „Auszahlung in späteren Jahren" liegt nicht vor, sodass die Auszahlungsansätze von je 2 Mio. € in 2022 und 2023 genügen.

c) Beim Leasing einer DV-Anlage handelt es sich nicht um eine Investition, weil keine Veränderung des Anlagevermögens erfolgt. Die Gemeinde erwirbt kein Eigentum an der DV-Anlage. Es kann auch nicht von einem wirtschaftlichen Eigentum im Sinne der im NKHR-MV anzuwendenden steuerlichen Regelungen (siehe Leitfaden zur Bilanzierung und Bewertung des kommunalen Vermögens, Punkt 7.6.2 – Stand: Januar 2006, Änderungen/Ergänzungen: September 2008) ausgegangen werden, vielmehr besteht eine Art Mietverhältnis (Besitzverhältnis). Eine Veranschlagung zum Zweck des Vertragsabschlusses im Teilhaushalt – dort sind Verpflichtungsermächtigungen einzustellen – erfolgt demnach nicht.
d) Laut Sachverhalt dient der Zuschuss als Finanzhilfe zur Errichtung eines neuen Werkgebäudes. Da das Anlagevermögen des Dritten vergrößert wird, handelt es sich um eine Investitionsförderungsmaßnahme, die ebenfalls unter den § 54 Abs. 1 KV M-V fällt. Insofern kann der Bewilligungsbescheid nicht ohne haushaltsrechtliche Ermächtigung in 2022 erlassen werden. Dafür ist eine Verpflichtungsermächtigung in Höhe von 3 Mio. € erforderlich. Allerdings sind die Belastungen von je 1 Mio. € für die Jahre 2022 bis 2024 sowohl im Teilergebnishaushalt als Aufwendung bzw. im Teilfinanzhaushalt als konsumtive Auszahlungsermächtigung einzustellen.[333]
e) Der Erwerb des Beamers stellt keine Investition dar, weil der Anschaffungspreis die Wertgrenze von 1.000,00 € ohne Umsatzsteuer (§ 31 Abs. 5 GemHVO-Doppik)[334] unterschreitet.

Sachverhalt Nr. 2
Die Gemeinde G will in 2022 mit zwei größeren Investitionsvorhaben beginnen. Die zuständigen Fachbereiche informieren die Kämmerei wie folgt:

a) *Bau der Gesamtschule Nord*
Der Kaufvertrag für das Grundstück ist bereits in 2021 abgeschlossen. Der Gesamtkaufpreis von 1.000.000 € ist mit 800.000 € in 2021 und 200.000 € in 2022 zu zahlen. Die Hochbaukosten belaufen sich auf voraussichtlich 10.000.000 €. Ein Bauunternehmen soll im Frühjahr 2022 einen Auftrag für die Gesamtherstellung des Gebäudes einschließlich der Außenanlagen (schlüsselfertige Übergabe) erhal-

333 Investive Auszahlungen liegen nicht vor, da im Sachverhalt keine Hinweise zu mehrjährigen Zweckbindungen oder Gegenleistungsverpflichtungen des Zuwendungsempfängers enthalten sind. Insofern kann keine Bilanzierung als immaterielles Vermögen i. S. v. § 37 Abs. 1 GemHVO M-V erfolgen.

334 Allerdings handelt es sich bei der Regelung des § 31 Abs. 5 GemHVO-Doppik um eine Kann-Bestimmung. Es ist durchaus möglich, dass die Kommune niedrigere Wertgrenzen festlegt. Eine Investition liegt dann vor, wenn die festgelegte Wertgrenze überschritten wird.

ten. Nach dem Bauzeitenplan verteilen sich die entsprechenden Auszahlungen wie folgt:
2022: 3.000.000 €, 2023: 5.000.000 € und 2024: 2.000.000 €
Die Einrichtungsgegenstände mit Beschaffungskosen von 300.000 € werden voraussichtlich in 2024 bestellt und bezahlt.

b) *Bau des Sportzentrums Süd*
Der Vertrag über die Grunderwerbskosten von 900.000 € soll im März 2022 geschlossen werden. Der Eigentümer verlangt die Auszahlung je zur Hälfte zum 15.8.2022 und zum 15.2.2023. Zusätzlich soll ein weiteres benötigtes Grundstück erworben werden. Hier wird der Grundstückseigentümer eine Verrentung des Kaufpreises erhalten. Im Kaufvertrag, der ebenfalls im März 2022 abgeschlossen werden soll, wird voraussichtlich eine zehnjährige Rentenzahlung von monatlich 2.000 € ab 1.7.2022 enthalten sein, die den Gesamtkaufpreis abdeckt.[335]
Die Hochbauauszahlungen werden auf insgesamt 8.000.000 € geschätzt und mit 5.000.000 € in 2022 und 3.000.000 € in 2023 anfallen. Das Hochbauamt beabsichtigt, 2.000.000 € von den Ausgaben für 2023 erst im Januar 2023 auszuschreiben, weil es sich um Spezialarbeiten handelt. Den Restauftrag von 6.000.000 € soll in 2022 eine Baufirma erhalten. Die Außenanlagen (gärtnerische Arbeiten) sollen erst im Januar/Februar 2024 durchgeführt werden. Der Auftrag über die Gesamtauszahlungen von 50.000 € (nicht in den bisherigen Hochbaukosten enthalten, aber bei derselben Finanzposition abzuwickeln) soll bereits Ende 2023 vergeben werden.
Die Einrichtungskosten von 150.000 € fallen in 2023 an. Wegen der langen Lieferzeit soll der Auftrag bereits im Dezember 2022 vergeben werden.

Aufgabe:
Veranschlagen Sie die Maßnahmen in den Teilhaushalten für die Jahre 2022, 2023 und 2024, wobei Sie einen vereinfachten gemeinsamen Vordruck verwenden können. Unterstellen Sie dabei, dass sich gegenüber der ursprünglichen Planung keine Änderungen im Zeitablauf ergeben. Auf den Nachweis von Vorjahreszahlen ist zu verzichten.

335 Die Grundstückspreisverrentung ist zu Übungszwecken auf zehn Jahre beschränkt und enthält auch keine Gleitklauseln. Insofern entspricht sie nicht den Praxisgegebenheiten, die in der Regel Verrentungen bis zum Ableben des Verkäufers vorsehen.

Lösung:

Haushaltsjahr 2022

Teilfinanzhaushalt Investitionstätigkeit	Ansatz 2022	VE 2022	Planung 2023	Planung 2024	Planung 2025
Auszahlungen Gesamtschule Nord					
für Erwerb von Grundstücken	200.000	0	0	0	0
für Baumaßnahmen	3.000.000	7.000.000	5.000.000	2.000.000	0
für Erwerb von beweglichem Anlagevermögen	0	0	0	300.000	0
Auszahlungen Sportzentrum Süd					
für Erwerb von Grundstücken	462.000	678.000	474.000	24.000	24.000
für Baumaßnahmen	5.000.000	1.000.000	3.000.000	50.000	0
für Erwerb von beweglichem Anlagevermögen	0	150.000	150.000	0	0

Hinweis: Die Verpflichtungsermächtigungen setzen sich mit 450.000 € für das erste Grundstück und 228.000 € (240.000 € abzüglich Jahresbelastung 2022 in Höhe von 12.000 € für sechs Monate) für den verrenteten Grundstückskaufpreis zusammen.

Haushaltsjahr 2023

Teilfinanzhaushalt Investitionstätigkeit	Ansatz 2023	VE 2023	Planung 2024	Planung 2025	Planung 2026
Auszahlungen Gesamtschule Nord					
für Erwerb von Grundstücken	0	0	0	0	0
für Baumaßnahmen	5.000.000	0	2.000.000	0	0
für Erwerb von beweglichem Anlagevermögen	0	0	300.000	0	0
Auszahlungen Sportzentrum Süd					
für Erwerb von Grundstücken	474.000	0	24.000	24.000	24.000
für Baumaßnahmen	3.000.000	50.000	50.000	0	0
für Erwerb von beweglichem Anlagevermögen	150.000	0	0	0	0

Haushaltsjahr 2024

Teilfinanzhaushalt Investitionstätigkeit	Ansatz 2024	VE 2024	Planung 2025	Planung 2026	Planung 2027
Auszahlungen Gesamtschule Nord					
für Erwerb von Grundstücken	0	0	0	0	0
für Baumaßnahmen	2.000.000	0	0	0	0
für Erwerb von beweglichem Anlagevermögen	300.000	0	0	0	0
Auszahlungen Sportzentrum Süd					
für Erwerb von Grundstücken	24.000	0	24.000	24.000	24.000
für Baumaßnahmen	50.000	0	0	0	0
für Erwerb von beweglichem Anlagevermögen	0	0	0	0	0

15. Finanzierung des kommunalen Haushalts

Während haushaltsrechtlich bei Haushaltsplanung und -bewirtschaftung die formalen Aufwands-, Auszahlungs- und Verpflichtungsermächtigungen häufig im Vordergrund stehen, ist in der kommunalen Praxis die Sicherstellung der Finanzierung der Aufgabenerfüllung in vielen Fällen der bedeutendere Bestandteil des kommunalen Finanzmanagements. Dabei kann unter „Finanzierung" ganz allgemein die Bereitstellung von finanziellen Mitteln (Kapitalbeschaffung), die Rückzahlung früher beschafften Kapitals (z. B. Kredittilgung), die Strukturierung des Kapitals (z. B. Umfinanzierung) und die Rückführung von in Sach- und Finanzwerten investierten Geldbeträgen in liquide Form im Rahmen der laufenden Aufgabenerfüllung (z. B. im Bereich der Gebührenhaushalte) verstanden werden.[336]

Tatsache ist also, dass für jede Auszahlung der Gemeinde eine entsprechende haushaltsrechtliche Ermächtigung vorliegen muss, und ebenso muss ein ausreichender Bestand an Zahlungsmitteln zur Verfügung stehen. Die Bereitstellung der Zahlungsmittel kann auf unterschiedliche Weise erfolgen. Die betriebswirtschaftliche Literatur zur Finanzierung teilt die möglichen Finanzierungsarten üblicherweise nach der Herkunft der Mittel in eine Außenfinanzierung (externer Zufluss von Eigen- oder Fremdkapital) und eine Innenfinanzierung (Kapitalbeschaffung aus dem betrieblichen Umsatzprozess) und nach der Rechtsstellung der Kapitalgeber in eine Eigenfinanzierung (Erhöhung des Eigenkapitals) und eine Fremdfinanzierung (Erhöhung des Fremdka-

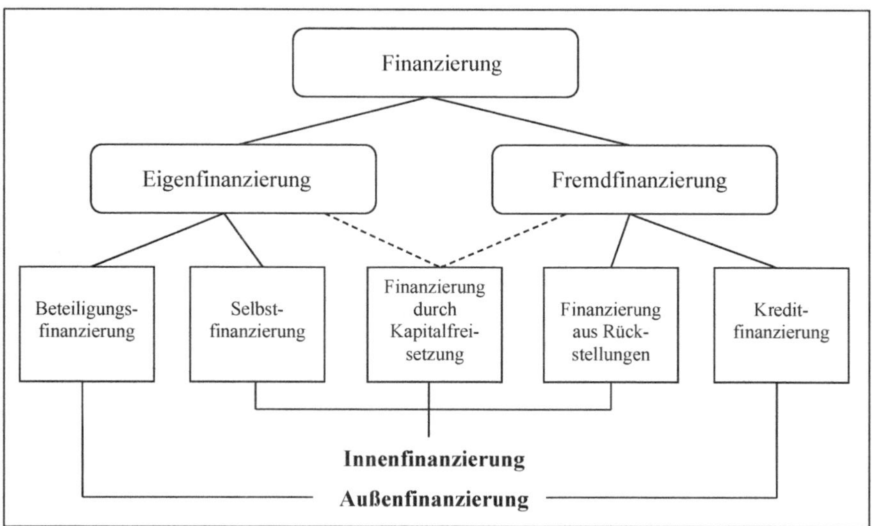

(Quelle: Perridon/Steiner/Rathgeber, Finanzwirtschaft der Unternehmung, 15. Aufl., S. 358.)

336 Vgl. *Bieg/Kußmaul*, Finanzierung, 2. Aufl., München 2009, S. 13 f. oder *Günsch*, Kommunale Finanzierung – Überblick, in: Haufe Finanz Office für die öffentliche Verwaltung, HaufeIndex 1810191.

pitals) auf.[337] Dabei ist in der Privatwirtschaft jede denkbare Kombination (Außenfinanzierung als Eigen- oder Fremdfinanzierung bzw. Innenfinanzierung als Eigen- oder Fremdfinanzierung) möglich (siehe S. 463).

Im Bereich der Finanzierung kommunaler Haushalte ist dagegen eine Eigenfinanzierung immer auch eine Innenfinanzierung, da eine Beteiligungsfinanzierung rechtlich nicht möglich ist.[338]

Maßgebend für die weitere Betrachtung der Finanzierung kommunaler Gebietskörperschaften ist daher die Unterscheidung zwischen Innen- und Außenfinanzierung.

15.1 Innenfinanzierung

Die Innenfinanzierung ist dadurch gekennzeichnet, dass im Rahmen der Aufgabenerfüllung bisher gebundenes Kapital der Gemeinde in frei verfügbare Zahlungsmittel umgewandelt wird. Dies kann z. B. durch die entgeltliche Bereitstellung öffentlicher Anlagen und Einrichtungen oder durch gezielte Vermögensumschichtungen erfolgen. Daneben stehen Finanzierungen aus Steuern und Zuweisungen, die es in dieser Form in der Privatwirtschaft nicht gibt, die für den öffentlichen Sektor aber ebenfalls der Innenfinanzierung zuzurechnen sind.[339]

15.1.1 Selbstfinanzierung

Die Selbstfinanzierung resultiert aus Einzahlungsüberschüssen, d. h. aus einem positiven Cash-Flow im Bereich der laufenden Ein- und Auszahlungen vor planmäßiger Tilgung[340]. Durch die Einbeziehung von Finanzplan und -rechnung in das Rechnungssystem des NKHR M-V wird die Selbstfinanzierung sowohl in der Planung als auch beim Jahresabschluss vollständig berücksichtigt. Unabhängig vom erreichten Jahresergebnis werden alle zahlungswirksamen Geschäftsvorfälle im Bereich der laufenden Verwaltungstätigkeit erfasst und saldiert. Sie dokumentieren so unmittelbar die geplante oder erreichte Selbstfinanzierung.

Unterschieden wird zwischen einer „offenen Selbstfinanzierung“, die sich aus dem ausgewiesenen Jahresergebnis ableiten lässt, und der sog. „stillen Selbstfinanzierung“.

---

337 Vgl. z. B. *Bieg/Kußmaul*, Finanzierung, 2. Aufl., München 2009, S. 29 ff.

338 Vgl. *Günsch*, Kommunale Finanzierung – Überblick, in: Haufe Finanz Office für die öffentliche Verwaltung, HaufeIndex 1815206.

339 Vgl. *Günsch*, Kommunale Finanzierung – Überblick, in: Haufe Finanz Office für die öffentliche Verwaltung, HaufeIndex 1815205. Insbesondere die Einordnung der Steuern als Innenfinanzierung erfolgt in der Literatur zur Öffentlichen Betriebswirtschaftslehre nicht einheitlich. Teilweise erfolgt auch eine Zuordnung zur Außenfinanzierung mit der Begründung, dass die Steuern ohne Gegenleistungsverpflichtung erhoben werden und ihnen daher kein Leistungsprozess zugrunde liegt. Vgl. u. a. *Odenthal/Beckermann*, Einführung in die öffentliche Betriebswirtschaftslehre, 11. Aufl. Wiesbaden 2021, S. 188 u. 223.

340 Vgl. Zeile 18 Muster 13 zu § 45 GemHVO-Doppik.

Die offene Selbstfinanzierung bedeutet für Unternehmen, dass ausgewiesene Gewinne im Rahmen der Gewinnverwendung entweder im Unternehmen verbleiben (Gewinnthesaurierung) oder an die Anteilseigner ausgeschüttet werden. Im Falle der Ausschüttung muss das Unternehmen hierfür liquide Mittel zur Verfügung stellen, im Falle der Thesaurierung erfolgt kein Liquiditätsabfluss. Da im kommunalen Bereich eine direkte Ausschüttung an die Bürger nicht vorgesehen ist, ergibt sich bei ausgewiesen Jahresüberschüssen zwangsläufig eine Art Gewinnthesaurierung. Die Gewinnverwendung beschränkt sich auf die Frage, ob das positive Jahresergebnis zur Abdeckung von Jahresfehlbeträgen der Vorjahre (so vorhanden) genutzt wird, die Überschüsse auf neue Rechnung vorgetragen werden (unter dem Posten „Ergebnisvortrag") oder einer zweckgebundenen Ergebnisrücklage entsprechend § 18 Abs. 1 Satz 2 GemHVO-Doppik zugeführt werden. Für die Finanzierungwirkung ist entscheidend, ob neben den Jahresüberschüssen auch Liquiditätsüberschüsse erzielt werden konnten. Die Entwicklung der Finanzrechnung bleibt von Bedeutung.

Die stille Selbstfinanzierung entsteht im Falle der Erzielung nicht ausgewiesener Jahresüberschüsse z. B. durch

- Vermögensunterbewertung, z. B. durch die Aufwandsbuchung geringwertiger Wirtschaftsgüter gem. § 31 Abs. 45 GemHVO-Doppik, die Unterbewertung von Vorräten nach dem strengen Niederstwertprinzip des § 34 Abs. 7 GemHVO-Doppik,
- Schuldenüberbewertung, z. B. durch die Bildung überhöhter Rückstellungen oder die Unterlassung oder Verzögerung der Auflösung von Rückstellungen.[341]

Eine Finanzierungswirkung ergibt sich bei der stillen Selbstfinanzierung immer dann, wenn die realisierten aber durch Bewertungsakte nicht ausgewiesenen Jahresüberschüsse für einen längeren Zeitraum in der Gemeinde gebunden werden können.[342] Dies kann z. B. durch die Verpflichtung zum Haushaltsausgleich nach § 43 Abs. 6 KV M-V auf die Weise erfolgen, dass eine bei realistischer Bewertung des Vermögens und der Schulden mögliche Steuersenkung unterbleibt.

15.1.2 Finanzierung aus dem Rückfluss von Abschreibungsgegenwerten

Die Finanzierung aus dem Rückfluss von Abschreibungsgegenwerten ist ebenfalls eine Art der Innenfinanzierung und wird auch der Selbstfinanzierung zugerechnet.[343] Entsprechend der obigen Ausführungen würde eine überhöhte Abschreibung ggf. zu einer stillen Selbstfinanzierung führen. Die häufig verkürzt als „Finanzierung aus Abschreibungen" bezeichnete Finanzierungsform hat sowohl in der Privatwirtschaft als auch

341 Vgl. *Bieg/Kußmaul*, Finanzierung, 2. Aufl., München 2009, S. 368 f.

342 Vgl. *Perridon/Steiner/Rathgeber*, Finanzwirtschaft der Unternehmung, 15. Aufl., München 2009, S. 474 f.

343 So z. B. *Günsch*, Kommunale Finanzierung – Überblick, in: Haufe Finanz Office für die öffentliche Verwaltung, HaufeIndex 1815203.

in der öffentlichen Verwaltung einen besonderen Stellenwert und soll deshalb hier gesondert Erwähnung finden.

Geht man von einem ausgeglichenen Jahresergebnis aus, bedeutet dies, dass sich Aufwendungen und Erträge in der Höhe entsprechen. Allerdings führt dieser Ausgleich nicht automatisch auch zu einem Ausgleich von Ein- und Auszahlungen, da es sowohl im Bereich der Aufwendungen als auch im Bereich der Erträge zahlungswirksame und zahlungsunwirksame Positionen gibt. Die wichtigste zahlungsunwirksame Aufwandsposition bilden die bilanziellen Abschreibungen. Wie in der nachfolgenden vereinfachenden Darstellung gezeigt, ergibt sich bei einem ausgeglichenen Jahresergebnis ein Zahlungsmittelüberschuss in Höhe der Abschreibungen, der zur Finanzierung zur Verfügung steht:

Aufwendungen	Auszahlungen
Abschreibungen auf Sachanlagen	
Sachaufwand = -auszahlung	Zahlungsmittel-abgang (Auszahlungen)
Personalaufwand = -auszahlung	

Einzahlungen	Erträge
Zahlungsmittel-überschuss (Finanzierung)	Umsatzerlöse (Erträge) bei einem Jahresergebnis von 0 €
Zahlungsmittel-zugang (Einzahlungen)	

Zu betonen ist dabei, dass nicht die Abschreibung selbst, sondern der Rückfluss der Abschreibungsgegenwerte den Finanzierungseffekt bewirkt. Höhere Abschreibungen verbessern daher nicht automatisch die finanzielle Situation der Gemeinde. Nur wenn diese höheren Abschreibungen (wie z. B. im Bereich der Gebührenhaushalte) zu höheren Erträgen und Einzahlungen führen, wird eine zusätzliche Finanzierungswirkung erreicht. Frei disponible Finanzierungsmittel stehen allerdings nur dann zur Verfügung, wenn die Abschreibungsgegenwerte nicht für Reinvestitionen einzusetzen sind. Tatsächlich kann in diesen Fällen der Kapitalfreisetzungseffekt der Abschreibungen zu einer Kapazitätserweiterung genutzt werden (sog. „Lohmann-Ruchti-Effekt").[344]

15.1.3 Fremdfinanzierung aus Rückstellungen

Wie die Abschreibungen handelt es sich bei der Bildung von Rückstellungen um Aufwendungen, für die es in der gleichen Rechnungsperiode keine entsprechenden Auszahlungen gibt. Stehen den Rückstellungen daher adäquate zahlungswirksame Erträge gegenüber ergeben sich daraus Finanzierungseffekte. Da die Rückstellungen gem. § 35 Abs. 1 GemHVO für die Begleichung von Verpflichtungen gebildet werden, gehören

344 Vgl. *Perridon/Steiner/Rathgeber*, Finanzwirtschaft der Unternehmung, 15. Aufl., München 2009, S. 478 f. m. w. N.

sie in der Bilanz zum Fremdkapital.[345] Bei der Finanzierung aus Rückstellungen handelt es sich somit um eine verwaltungsinterne (innenfinanzierte) Fremdfinanzierung.[346]

Maßgeblich für die Finanzierungswirkung der Rückstellungen ist ihre Fristigkeit. Rückstellungen, die z. B. für Jahresabschlussarbeiten gebildet werden, führen i. d. R. bereits in den ersten Monaten des Folgejahres zu entsprechenden Auszahlungen. Die Finanzierungswirkung beschränkt sich daher u. U. auf wenige Wochen. Bei Pensionsrückstellungen, die einen wesentlichen Teil der kommunalen Rückstellungen ausmachen, handelt es sich um langfristige Rückstellungen, die teilweise erst in zwanzig oder dreißig Jahren zu entsprechenden Auszahlungen führen werden. Hier ergibt sich, die Erreichung des Haushaltsausgleichs vorausgesetzt, für einen langen Zeitraum ein Finanzierungseffekt durch die Bildung der Rückstellungen. Der entsprechende Finanzmittelüberschuss kann einerseits in Vermögenswerten des Anlagevermögens, andererseits aber auch in Wertpapieren des Umlaufvermögens angelegt werden. Werden Finanzierungsmittel aus Rückstellungen nicht in Form von zusätzlichen Wertpapieren angelegt oder zum Ausgleich eines laufenden Finanzmittelfehlbetrags genutzt, mindern sie automatisch die Höhe der notwendigen Nettokreditaufnahme[347] und ersetzen damit eine anderweitige Fremdfinanzierung. Die sinnvollste Kombination der möglichen Anlageformen ist unter Beachtung des Wirtschaftlichkeitsprinzips (§ 43 Abs. 4 KV M-V) und der Sicherung der Zahlungsfähigkeit (§ 43 Abs. 2 KV M-V) zu wählen.

Zu berücksichtigen ist dabei, dass § 52 Abs. 1 KV M-V einer wirtschaftlichen Finanzierung u. U. im Wege stehen kann. Entscheidet sich die Gemeinde nämlich einmal dafür, die Finanzierung aus Rückstellungen in der Weise zu nutzen, dass die Kreditaufnahme verringert wird, kann sie diese Entscheidung u. U. nicht wieder revidieren, da sich die Höchstgrenze der Kreditaufnahme nach § 52 Abs. 1 KV M-V jeweils auf das Haushaltsjahr bezieht. Die als Schutz vor übermäßiger Verschuldung vorgesehene Kreditbeschränkung schränkt insoweit insbesondere die Flexibilität der möglichen Finanzierungsvarianten und damit auch deren Wirtschaftlichkeit ein.

15.1.4 Finanzierung durch Vermögensumschichtung

Eine weitere Möglichkeit der Innenfinanzierung ist die Vermögensumschichtung. Dabei werden Vermögensteile aus dem Anlage- oder Umlaufvermögen veräußert, um die freiwerdenden finanziellen Mittel zur Finanzierung verwenden zu können. Bei Vermögensveräußerung sind für Gemeinden die Anforderungen des § 56 Abs. 4 Satz 1 KV M-V zu beachten. Danach dürfen nur solche Vermögensgegenstände veräußert werden, die die Gemeinde in absehbarer Zeit zur Aufgabenerfüllung nicht braucht. Dabei ist grundsätzlich zu beachten, dass in vielen Fällen eine Aufgabenerfüllung auch dann möglich ist, wenn die erforderlichen Produktionsfaktoren nicht im Besitz der Gemein-

345 Zum Thema Rückstellung vgl. im Einzelnen die Ausführungen in Kapitel 10.3.3.2.

346 Vgl. *Perridon/Steiner/Rathgeber*, Finanzwirtschaft der Unternehmung, 15. Aufl., München 2009, S. 483.

347 Bzw. erhöhen sie die Möglichkeit der Nettotilgung.

de sind. So können z. B. Gebäude, Betriebsvorrichtungen oder Fahrzeuge gemietet werden oder die Aufgabenerfüllung kann formell oder materiell privatisiert werden.

Auf die Finanzierungswirkung ausgelegt ist u. a. das „Sale-and-Lease-Back". So kann z. B. durch den Verkauf einer Immobilie und deren Rückmietung gebundenes Kapital freigesetzt werden, das nun für andere Zwecke zur Verfügung steht. Auch diese Form der Finanzierung ist grundsätzlich mit § 56 Abs. 4 KV M-V vereinbar.

Jegliche Maßnahmen, die dazu führen das man den Kapitalbedarf oder die Kapitalbindungsdauer reduziert, gehören zu diesem Bereich der Innenfinanzierung, z. B.

- die konsequente Nutzung der Skontoziehung,
- Verlängerung der Lieferantenzahlungsziele,
- Rationalisierung des Einkaufs,
- Optimierung der Lagerhaltung,
- Verbesserung des Forderungsmanagements.

Hier kommt zur Finanzierung auch der laufende Verkauf noch nicht fälliger Forderungen an ein Kreditinstitut oder anderen Finanzdienstleister (sog. „Factoring") in Frage. Je nach Ausgestaltung des Factoring kann das Kreditrisiko – beim echten Factoring – vollständig auf den Ankäufer der Forderung übergehen oder – beim unechten Factoring – beim Verkäufer verbleiben. Die Finanzierungswirkung des Factoring hängt im Wesentlichen von der Zeitspanne zwischen dem Eingang des Verkaufserlöses für die Forderungen und dem durchschnittlichen Fälligkeitszeitpunkt ab. Je früher die verkauften Forderungen liquidiert werden können, desto höher ist der durchschnittliche Finanzierungseffekt. Gegen die Veräußerung von kommunalen Forderungen – insbesondere öffentlich-rechtlichen Forderungen – werden von Interessenverbänden aus dem Bereich der kommunalen Vollziehungsbehörden immer wieder rechtliche Vorbehalte geltend gemacht. Tatsächlich sind diese Vorbehalte allerdings eher als interessengeleitete Abwehrschlachten gegen das Eindringen privater Dritter in den Bereich des kommunalen Forderungsmanagements zu werten.[348]

15.2 Außenfinanzierung

Unter „Außenfinanzierung" versteht man allgemein die Finanzierung eines Unternehmens bzw. einer Gemeinde mit Kapital, welches von außen zugeführt wird. Dies kann bei Privatunternehmen ein Zuführung von Eigenkapital (Einlagen- und Beteiligungsfinanzierung) oder eine Zuführung von Fremdkapital (Fremdfinanzierung) sein. Im kommunalen Bereich kommt eine Außenfinanzierung mit Eigenkapital nicht in Frage.

348 Für die Privatisierung des Forderungsmanagements hat das Justizministerium Baden-Württemberg im April 2010 den Innovationspreis PPP in der Kategorie „Verwaltungsmodernisierung" erhalten.

15.2.1 Finanzierung aus Investitionszuwendungen und Beiträgen

Gemeinden und Gemeindeverbände finanzieren einen erheblichen Teil ihres Sachanlagevermögens mit Finanzmitteln, die Dritte der Gemeinde zweckgebunden und ohne Rückzahlungsanspruch überlassen. Diese Finanzierung erfolgt entweder in Form von Investitionszuwendungen als freiwillige Finanzierungsbeteiligung oder als öffentlich-rechtlicher Beitrag[349] nach KAG oder BauGB durch eine Verpflichtung aufgrund eines Beitragsbescheids. In beiden Fällen wird ein Teil einer Investition unmittelbar durch Dritte finanziert, ohne dass diese am Eigenkapital der Gemeinde beteiligt werden oder einen Rückzahlungsanspruch erhalten. Bei dieser Art der Finanzierung handelt es sich folglich weder um eine Eigen- noch um eine Fremdfinanzierung, sondern um eine Sonderfinanzierung. Deutlich wird dies u. a. durch die Verpflichtung zur Einstellung eines entsprechenden Sonderpostens gem. § 37 Abs. 1 GemHVO-Doppik.[350]

Unabhängig von der buchungstechnischen Behandlung der Investitionszuwendungen und Beiträge führen sie zu Finanzmittelzuflüssen und müssen nach den Deckungsvorschriften des § 12 Nr. 3 GemHVO-Doppik unmittelbar zur Investitionsfinanzierung eingesetzt werden.

15.2.2 Fremdfinanzierung aus Krediten

Bei der Kreditfinanzierung wird Fremdkapital von Dritten aufgenommen, bei denen Gläubigerrechte entstehen.[351]

Der Begriff des Fremdkapitals ergibt sich aus der Betrachtung der Passivseite der Bilanz als Gegenstück zum dort ausgewiesenen Eigenkapital. Ausgehend von der in § 47 Abs. 5 GemHVO-Doppik festgelegten Struktur der Passivseite der kommunalen Bilanz sind dem Fremdkapital die Posten

- Rückstellungen und
- Verbindlichkeiten

zuzuordnen. Es handelt sich dabei um den Teil der Kapitalausstattung der Kommune, der in Zukunft mit einer Verpflichtung zur Rückzahlung oder einer vergleichbaren Verpflichtung belastet ist.

Den zwischen dem Eigenkapital und den Rückstellungen ausgewiesenen Sonderposten fehlt es an dieser direkten Rückzahlungsverpflichtung, so dass ihnen zumindest teilweise Eigenkapitalcharakter zugesprochen werden könnte. Sie stellen daher eine Mischform zwischen Eigen- und Fremdkapital dar.

349 Ein ausführliche Darstellung der kommunalen Beiträge findet sich in *Mutschler*, Kommunales Finanz- und Abgabenrecht NRW, 14. Aufl., Wiesbaden 2018, S. 250 ff.

350 Zur Veranschlagung und zur buchungstechnischen Behandlung wird auf die Ausführungen in Kapitel 10.3.3.1.7 verwiesen.

351 Vgl. *Perridon/Steiner/Rathgeber*, Finanzwirtschaft der Unternehmung, 15. Aufl.,, München 2009, S. 383.

Die passiven Rechnungsabgrenzungsposten (PRAP) werden nach § 36 Abs. 2 GemHVO-Doppik gebildet für Einnahmen, die vor dem Abschlussstichtag anfallen, aber aufgrund der wirtschaftlichen Verursachung erst für eine Zeit nach dem Abschlussstichtag Ertrag darstellen (Beispiel: Mietvorauszahlungen für das Folgejahr). Sie dienen der Periodenabgrenzung und haben damit weder Eigen- noch Fremdkapitalcharakter. Sie lösen lediglich für die Gemeinde eine Art Verpflichtung aus, die vorzeitig eingezahlten Beträge zur Leistungserbringung des kommenden Jahres ertragswirksam zu verwenden.

15.2.2.1 Schulden

Im Zivilrecht leitet sich der Begriff der Schulden aus dem Inhalt des Schuldverhältnisses ab. Ein Schuldverhältnis im Sinne von § 241 BGB begründet grundsätzlich eine Verpflichtung zum Tun, Dulden oder Unterlassen. Von Schulden im zivilrechtlichen Sinne wird in der Regel aber nur dann gesprochen, wenn ein Schuldverhältnis die Verpflichtung begründet, Geld zu bezahlen.

Als „Schulden“ werden im NKHR-MV sämtliche Verpflichtungen gegenüber Dritten, z. B. Rückzahlungsverpflichtungen aus Kreditaufnahmen, ihnen wirtschaftlich gleichkommende Vorgänge und Pensionsrückstellungen bezeichnet. Insoweit deckt sich der Begriff der Schulden im Haushaltsrecht mit dem weiten zivilrechtlichen Schuldenbegriff. Über die Verpflichtung zur Zahlung von Geld hinaus umfasst er auch weitere Verpflichtungen, die sich aus vertraglichen oder gesetzlichen Bestimmungen ergeben können.

Soweit solche Verpflichtungen wertmäßig feststehen und der Zeitpunkt der Leistungsverpflichtung bekannt ist, werden sie bilanziell als Verbindlichkeiten ausgewiesen. Verpflichtungen, die nach Höhe und/oder Fälligkeit ungewiss sind, werden als Rückstellungen bilanziert.[352] Allerdings ist bei den Rückstellungen zwischen solchen mit einer Verpflichtung gegenüber Dritten (Außenverpflichtung) und solchen mit einer Verpflichtung gegenüber sich selbst (Innenverpflichtung) zu unterscheiden. Aufgrund der Definition der Schulden als Verpflichtungen gegenüber Dritten können Rückstellungen, die sich auf eine Innenverpflichtung beziehen (= Aufwandsrückstellungen), nicht unter diesen Begriff gefasst werden.

Der Begriff der Schulden im kommunalen Haushaltsrecht umfasst damit alle bilanziell auszuweisenden Verbindlichkeiten und Rückstellungen mit Ausnahme der Aufwandsrückstellungen.

15.2.2.2 Verbindlichkeiten

Im Umkehrschluss zu § 35 Abs. 1 GemHVO-Doppik können in der Bilanzposition Verbindlichkeiten als solche Verpflichtungen definiert werden, die am Abschlussstichtag nach Höhe und Fälligkeit feststehen. Die Verbindlichkeiten sind damit ein

352 § 35 Abs. 1 GemHVO-Doppik. Vgl. zu den Rückstellungen auch die ausführliche Darstellung in Kapitel 8.

Teilbereich der Schulden. Sie werden gem. 47 Abs. 5 GemHVO-Doppik als separater Bilanzposten auf der Passivseite der kommunalen Bilanz ausgewiesen. Sie werden in der Bilanz weiter untergliedert in

4.1 Anleihen;
4.2 Verbindlichkeiten aus Kreditaufnahmen:
4.2.1 Verbindlichkeiten aus Kreditaufnahmen für Investitionen und Investitionsförderungsmaßnahmen;
4.2.2 Verbindlichkeiten aus Kassenkrediten;
4.3 Verbindlichkeiten aus Vorgängen, die Kreditaufnahmen wirtschaftlich gleichkommen;
4.4 Erhaltene Anzahlungen auf Bestellungen;
4.5 Verbindlichkeiten aus Lieferungen und Leistungen;
4.6 Verbindlichkeiten aus Transferleistungen;
4.7 Verbindlichkeiten gegenüber verbundenen Unternehmen;
4.8 Verbindlichkeiten gegenüber Unternehmen, mit denen ein Beteiligungsverhältnis besteht;
4.9 Verbindlichkeiten gegenüber Sondervermögen mit Sonderrechnung, Zweckverbänden, Anstalten des öffentlichen Rechts, rechtsfähigen kommunalen Stiftungen;
4.10 Verbindlichkeiten gegenüber dem sonstigen öffentlichen Bereich;
4.10.1 Verbindlichkeiten aus dem gemeinsamen Zahlungsmittelbestand;
4.10.2 Sonstige Verbindlichkeiten gegenüber dem sonstigen öffentlichen Bereich;
4.11 Sonstige Verbindlichkeiten.

15.2.3 Kassenkredit

Für die gemeindliche Haushaltswirtschaft ist die Abgrenzung der Verbindlichkeiten insofern bedeutsam, als die Gemeinde dem Haushaltsplan gem. § 1 Nr. 3 GemHVO-Doppik eine Übersicht über den voraussichtlichen Stand der Verbindlichkeiten[353] als Pflichtanlage beizufügen und im Rahmen des Jahresabschlusses nach § 52 GemHVO-Doppik eine Verbindlichkeitenübersicht[354] aufzustellen hat. Diese Verbindlichkeitenübersicht bezieht sich auf die o. a. Bilanzposten, wobei eine über die vorgeschriebene Bilanzgliederung hinausgehende Differenzierung der Verbindlichkeiten nach Laufzeiten (unter einem Jahr, von einem Jahr bis zu fünf Jahren, fünf und mehr Jahre) durchzuführen ist.

353 Vgl. Muster 4a (zu § 1 Nr. 3 GemHVO-Doppik).
354 Vgl. Muster 18 (zu § 52 GemHVO-Doppik).

15.2.4 Kredite

Als „Kredit“ kann das unter der Verpflichtung zur Rückzahlung von Dritten oder von Sondervermögen mit Sonderrechnung aufgenommene Kapital bezeichnet werden. Diese Definition kann auch für die Bilanzierung herangezogen werden. Die Gliederung der Verbindlichkeiten in § 47 Abs. 5 Nr. 4.2 GemHVO-Doppik unterscheidet auf dieser Grundlage grundsätzlich zwischen Verbindlichkeiten aus Kreditaufnahmen für Investitionen und Investitionsförderungsmaßnahmen und Verbindlichkeiten aus Kassenkrediten. Es ergibt sich danach im Überblick folgende Struktur:

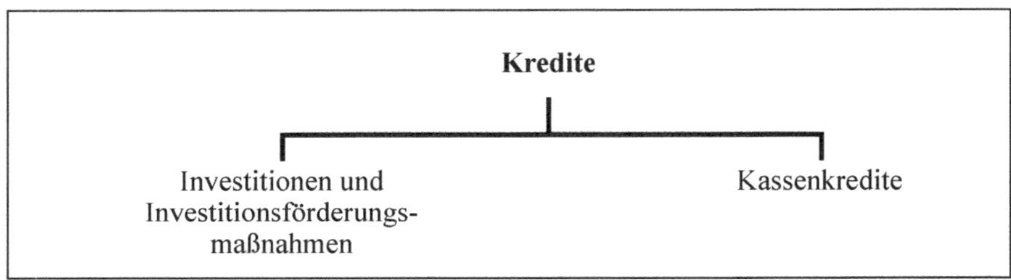

Mit dieser abschließenden Beschreibung der Kredite wird allerdings der haushaltsrechtliche Kreditbegriff enger gefasst, als dies in der Betriebswirtschaft üblich ist. Im Bereich der Unternehmensfinanzierung wird als Kredit jede Erbringung einer Leistung in Erwartung einer zukünftigen Gegenleistung verstanden. So werden dort insbesondere auch kurzfristige Finanzierungsformen wie Anzahlungen und Teilzahlungen (Kundenkredite) oder Zielkauf und Kaufpreisstundungen (Lieferantenkredite) dem Kreditbegriff zugeordnet.

> ***Beispiel:***
> *Der Handwerksmeister kauft bei seinem Lieferanten Material ein, das er erst am Ende des nächsten Monats bezahlen muss. Betriebswirtschaftlich räumt ihm der Lieferant damit einen (kurzfristigen) Kredit ein. Ebenso handelt es sich um einen Kredit, wenn der Kunde dem Handwerksmeister bereits vor Erbringung der vereinbarten Leistung (z. B. Neuanstrich des Wohnhauses) einen Teil des vereinbarten Rechnungsbetrages überweist.*

Unter den haushaltsrechtlichen Kreditbegriff fallen dagegen ausschließlich Geldausleihungen, unabhängig von ihrer Fristigkeit. Dies sind für den Bereich der Kommunalverwaltung insbesondere Tages- und Festgelder, Darlehen und Anleihen.

Darlehen
In den haushaltsrechtlichen Vorschriften werden als „Darlehen“ üblicherweise nur die von der Gemeinde verliehenen Gelder bezeichnet (z. B. Baudarlehen an Bedienstete, Darlehen an Unternehmen im Bereich der Wirtschaftsförderung). Unabhängig von der Stellung der Gemeinde als Schuldner oder Gläubiger stellt das Darlehen faktisch aber nur eine spezifische Form des mittel- oder langfristigen Kredits dar.

15.2.4.1 Kredite für Investitionen und Investitionsförderungen

Nach § 44 Abs. 3 KV M-V dürfen Kredite nur für Investitionen und Investitionsförderungen aufgenommen werden, wenn eine andere Finanzierung nicht möglich oder wirtschaftlich unzweckmäßig wäre. Sofern Investitionsförderungen als Darlehen gewährt werden, zählen diese unmittelbar zum kommunalen Anlagevermögen und sind damit auch Investitionen. Zuwendungen für Investitionen Dritter sind dem immateriellen Vermögen gemäß § 37 Abs. 1 GemHVO-Doppik zuzuordnen, wenn diese mit einer Gegenleistungsverpflichtung des Empfängers oder mit einer mehrjährigen Zweckbindungsfrist versehen sind, was in der kommunalen Praxis regelmäßig der Fall sein wird. Insofern handelt es sich dann auch um Investitionen. Wenn jedoch bei einer Investitionsförderung die Tatbestandsmerkmale des § 37 Abs.1 GemHVO-Doppik nicht vorliegen, handelt es sich um Aufwendungen des Ergebnishaushaltes und um konsumtive Zahlungen. Auch für diesen Fall sind nach dem reinen Wortlaut des Gesetzes Kreditaufnahmen zulässig.

Die Haushaltssatzung legt gem. § 45 Abs. 3 Nr. 1 Buchst. d) KV M-V die Höchstgrenze für die möglichen Investitionskredite fest. Diese Höchstgrenze bezieht sich auf die tatsächliche Brutto-Kreditaufnahme, die einerseits nicht höher sein darf als die Summe der Investitionen (§ 52 Abs. 1 KV M-V). Weiter ist im Rahmen der Haushaltsausführung auch zu berücksichtigen, dass die Kassenkredite, die für die Vorfinanzierung von Investitionen eingesetzt wurden, von der Summe der Investitionskredite abzusetzen sind. Gegenüber dem früheren kameralen Recht ist es ein deutlicher Fortschritt, dass die Kassenkredite nunmehr auch „offiziell" zur Zwischenfinanzierung von Investitionen eingesetzt werden dürfen. Die Festlegung der Höchstgrenze der Kredite für Investitionen kann sich daher nicht an den Salden der Finanzrechnung orientieren, sondern berechnet sich aus den Größen, die auch bisher die Beschränkung der Kreditaufnahme bestimmten. Die Berechnung erfolgt damit in folgender Weise auf der Grundlage der Festlegungen im Finanzhaushalt:

+ Auszahlungen für immaterielle Vermögensgegenstände
+ Auszahlungen für Sachanlagen
+ Auszahlungen für Finanzanlagen
+ Auszahlungen für Vorräte
+ Sonstige Investitionsauszahlungen
– Einzahlungen aus Investitionszuwendungen
– Einzahlungen aus Beiträgen und ähnlichen Entgelten
= Höchstbetrag der Kredite aus Investitionen

Unerheblich für die Zuordnung der Kredite zu den Investitionskrediten ist nach den haushaltsrechtlichen Vorschriften die gewählte Laufzeit der einzelnen Kreditverbindlichkeit. Diese muss gem. § 43 Abs. 4 KV M-V nach Wirtschaftlichkeitsgesichtspunkten bestimmt werden. So kann es bei sinkenden Kapitalmarktzinsen durchaus wirtschaftlich und damit notwendig sein, auch große Investitionen zunächst kurzfristig (also auch über Kassenkredite) zu finanzieren um sich wenige Wochen oder Monate später einen günstigeren Zinssatz langfristig zu sichern.

Auch die Tatsache, dass der Erwerb geringwertiger Wirtschaftsgüter (GWG) zwischen 60 € und 410 € der Investitionstätigkeit zugerechnet wird, die erworbenen Vermögensgegenstände aber gem. § 34 Abs. 5 GemHVO-Doppik bereits im Jahr der Anschaffung bilanziell vollständig abgeschrieben werden können, lässt den Schluss zu, das im Sinne einer Fristenkongruenz der Finanzierung auch kurzfristige Finanzierungen unter die Investitionskredite fallen können.

Im Ergebnis können alle Kredite, die die Summe der Investitionsauszahlungen abzüglich der erhaltenen Investitionszuwendungen und Beiträge zum jeweiligen Zeitpunkt nicht überschreiten und nicht über die Kreditermächtigung in der Haushaltssatzung hinausgehen, als Kredite zu Finanzierung von Investitionen ausgewiesen werden.

15.2.4.2 Anleihen

Haushaltsrechtlich relevant kann als besondere Ausprägung der Verbindlichkeiten die Anleihe angesehen werden. Bei dieser Finanzierungsform wird das von der Kommune benötigte Kapital durch eine unbestimmte Zahl von Geldgebern durch den Kauf von Wertpapieren aufgebracht. Bei den Anleihen handelt es sich um verbriefte Forderungstitel, die i. d. R. an der Börse gehandelt werden.

Beispiel:[355]
Die Stadt S emittiert zur Finanzierung eines Stadion-Neubaus eine Kommunalobligation. Im Februar 2021 lässt sie 100.000 Urkunden mit folgendem Text drucken:

„2 % Obligation über 1.000 € der Stadt S. 2021/2031 im Gesamtnennbetrag von 100 Mio. €. Die Stadt S zahlt dem Inhaber dieser Obligation 5 % Zinsen jährlich nachträglich am 15. Oktober und löst die Obligation bei Fälligkeit am 15. Oktober 2032 ein.

Stadt S, im Februar 2021."

Seit dem Druck der Urkunden ist der Kapitalmarktzins leicht gestiegen. Um die Emission trotzdem absetzen zu können, wird am 15.3.2021 als Ausgabekurs 98 % festgelegt.

Der Anleger A kauft am 15.3.2021 nominal 1.000 € der Kommunalobligation und zahlt 1.000 € × 0,98 = 980 €. Jeweils am 15. März erhält er in den Jahren 2022 bis 2031 1.000 € × 2 % = 20 € Zinsen gegen Einreichung des entsprechenden Zinsscheines. Am 15.3.2031 erhält er zusätzlich 1.000 € gegen Einreichung der Urkunde. Der Anleger hätte die Obligation der Stadt S auch zwischenzeitlich an der Börse an einen Dritten verkaufen können. Der Verkaufskurs würde sich dann jeweils aus den aktuellen Kapitalmarktbedingungen ergeben.

Die Hausbank der Stadt S (Konsortialführer) verrechnet mit anderen Banken, die ggf. an der Emission beteiligt sind (Emissionskonsortium). Sie schreibt der Stadt S den Gegenwert der Obligation (Nominalwert × Ausgabekurs) gut und belastet sie mit den Zinsen und dem Rückzahlungsbetrag. Die Stadt S wird zusätzlich mit Bankprovisionen etc. belastet.

355 Beispiel in Anlehnung an *Thielmann*, Finanzierung: mit Übungsaufgaben und Lösungen, 2. Aufl., Köln 1992, S. 33.

15.2.4.3 Kassenkredite

Die Bilanzgliederung sieht nach § 47 Abs. 5 Nr. 4.2.2 GemHVO-Doppik zusätzlich eine Zeile für den Nachweis der Kassenkredite vor. Soweit im Rahmen der Inanspruchnahme dieser Kredite tatsächliche Einzahlungen erfolgen, sind diese nach § 45 Abs. 1 GemHVO-Doppik in der Finanzrechnung nachzuweisen.[356] Eine Berücksichtigung im Haushaltsplan (Finanzhaushalt) ist ebenfalls nach § 3 Abs. 1 GemHVO-Doppik vorgesehen.

Nach § 53 Abs. 2 KV M-V kann die Gemeinde Kassenkredite aufnehmen, wenn dies zur rechtzeitigen Leistung der Auszahlungen erforderlich ist und hierfür keine anderen Mittel zur Verfügung stehen. Voraussetzung ist weiterhin die Einhaltung der nach § 45 Abs. 3 Nr. 2 KV M-V in der Haushaltssatzung festzusetzenden Höchstgrenze der Kredite zur Sicherung der Zahlungsfähigkeit.

Auch bei den Krediten zur Sicherung der Zahlungsfähigkeit sehen die haushaltsrechtlichen Vorschriften keine ausdrückliche Laufzeitbeschränkung vor. Nach dem Wirtschaftlichkeitsprinzip des § 43 Abs. 4 KV M-V muss die Ausgestaltung der Kreditkonditionen unter Berücksichtigung der aktuellen Zinsstrukturen, der Dauer und Höhe des voraussichtlichen Liquiditätsbedarfs und der zu erwartenden Kapitalmarktentwicklung erfolgen. Ein über den Zeitraum der Finanzplanung hinausgehender Liquiditätsbedarf aus laufender Verwaltungstätigkeit sollte dabei ausgeschlossen sein, so dass sich faktisch eine Laufzeitbeschränkung auf vier Jahre für diese Form der Finanzierung ergibt.

15.2.5 Kreditähnliche Verbindlichkeiten

Zahlungsverpflichtungen, die den Krediten wirtschaftlich gleichkommen, sind im Haushaltsrecht nicht ausdrücklich definiert. § 52 Abs. 5 KV M-V weist darauf hin, dass die Kommune Entscheidungen, die zur Entstehung von Verpflichtungen führen, die einer Kreditaufnahme wirtschaftlich gleichkommen, durch die Rechtsaufsicht zu genehmigen sind.

Praktisch bezieht sich die „Kreditähnlichkeit" darauf, dass es sich bei den betreffenden Geschäften um Finanzierungsinstrumente der Kommune handelt, die, wie ein Kredit, zu einem späteren Zeitpunkt Zahlungsverpflichtungen auslösen. Das Erfordernis der zusätzlichen Definition „kreditähnlicher Vorgänge" ergibt sich aus der bereits dargestellten engen Definition der Kredite, die u. a. darauf abstellt, dass „Kapital aufgenommen" wird. Bei kreditähnlichen Verbindlichkeiten liegt i. d. R. keine Kapitalaufnahme in dem Sinne vor, dass ein Zahlungseingang bei der Gemeinde entsteht.

---

356 Die Inanspruchnahme eines Kredits innerhalb eines Kontokorrentrahmens führt i. d. R. nicht zu einer Einzahlung und wird dementsprechend auch nicht in der Finanzrechnung abgebildet.

15.2.6 Innere Darlehen

Unter „inneren Darlehen“ wird die vorübergehende Inanspruchnahme von Mitteln von Sondervermögen ohne Sonderrechnung verstanden. Praktisch handelt es sich bei diesen Sondervermögen i. d. R. um Eigenbetriebe und unselbständige Stiftungen. Da es sich hier weder um eigene Rechtspersönlichkeiten handelt noch eine separate Rechnungslegung erfolgt, werden die verfügbaren Finanzierungsmittel bilanziell bei der Kommune ausgewiesen. Aus diesem Grunde wird die Inanspruchnahme von inneren Darlehen buchhalterisch nicht nachgehalten und bilanziell nicht ausgewiesen. Haushaltsrechtlich haben damit innere Darlehen zunächst keine Bedeutung. Es ist allerdings zu gewährleisten, dass die entgangenen Zinsen für die Inanspruchnahme der Mittel aus den Sondervermögen ohne Sonderrechnung diesen Sondervermögen wieder zugutekommen. Dies wird i. d. R. durch eine Nebenrechnung sicherzustellen sein.

15.2.7 Haftungsverhältnisse

Gem. § 48 Abs. 5 Nr. 5 GemHVO-Doppik sind im Anhang neben den bilanziell ausgewiesenen Verbindlichkeiten auch Haftungsverhältnisse anzugeben und zu erläutern. Unter diese Haftungsverhältnisse fallen insbesondere

- Bürgschaften und
- Gewährverträge.

Die Bürgschaft ist die Verpflichtung des Bürgen gegenüber dem Gläubiger eines Dritten für die Erfüllung der Verbindlichkeit des Dritten einzustehen (§ 765 Abs. 1 BGB).

Gewährverträge sind Verträge, durch die die Gemeinde verspricht, für einen bestimmten Erfolg einzutreten, insbesondere für die Gefahr (das Risiko), die dem Vertragsgegner aus irgendeiner Unternehmung künftig erwachsen kann.

Alle Haftungsverhältnisse, die den vorgenannten Bürgschaften und Gewährverträgen gleichkommen, sind in diesem Zusammenhang zu betrachten und im Anhang anzugeben und zu erläutern.

15.2.8 Zusammenfassende Darstellung der Begriffe der Fremdfinanzierung

Im Überblick stellt sich der Zusammenhang zwischen den Begriffen Fremdkapital, Verbindlichkeiten, Schulden, Kredite und Anleihen haushaltsrechtlich in folgender Weise dar:

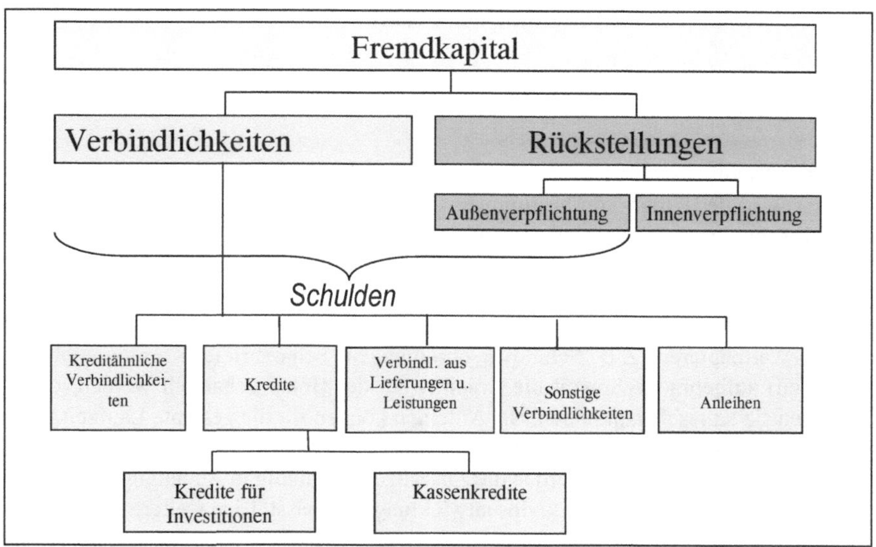

15.3 Fremdfinanzierung durch Kredite

15.3.1 Kriterien der Einteilung von Krediten

Kredite werden in unterschiedlichen Rechts- und Bewirtschaftungsformen am Markt angeboten. Das bedingt, dass die Arten der Kredite nach verschiedenen Kriterien je nach Betrachtungsstandpunkt eingeteilt werden. Die Verfasser beschränken sich auf die nachstehend aufgeführten wichtigsten Einteilungen:

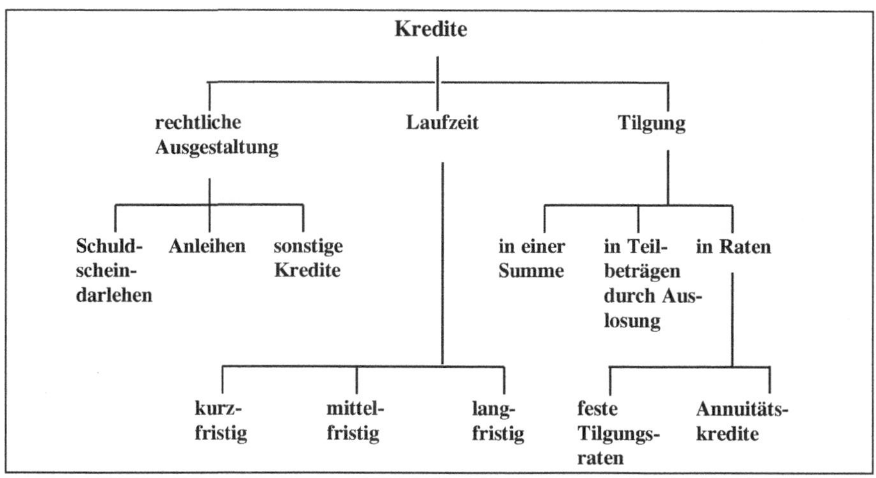

15.3.1.1 Rechtliche Ausgestaltung der Kredite

Von der rechtlichen Ausgestaltung der Kreditaufnahmen her unterscheidet man folgende Formen:

- **Schuldscheindarlehen**
  Hier wird der Kredit von bestimmten Geldgebern (Banken, Sparkassen usw.) gewährt. In einem Schuldschein (Schuldurkunde) werden die Darlehensbedingungen festgelegt. Diese Kreditform wird bevorzugt im kommunalen Bereich genutzt.
- **Anleihen**
  Das Kapital wird von einer unbestimmten Zahl von Geldgebern durch den Kauf von Wertpapieren (z. B. Schuldverschreibungen, Schatzbriefe, Kommunalobligationen) aufgebracht. Soweit die Anleihen an der Börse gehandelt werden, unterliegen sie Kursschwankungen. Bei Anleihen können für die gesamte Laufzeit feste, vorab vereinbarte Zinszahlungen während der Laufzeit erfolgen (Straight Bond). Bei Floating-Rate-Notes werden die Zinssätze regelmäßig in Abhängigkeit von Referenzzinssätzen an die Marktzinsentwicklung angepasst. Eine weitere Möglichkeit ist der Verzicht auf die Vereinbarung eines Zinssatzes: Bei Zero-Bonds ergibt sich der Zinsertrag ausschließlich aus der Differenz zwischen Ausgabekurs und Rückzahlungskurs. Zinszahlungen während der Laufzeit erfolgen nicht.
- **Sonstige Kredite**
  Hierunter fallen die sonstigen Kredite, z. B. im Rahmen eines Bausparvertrages oder Realkredite wie Hypothekendarlehen und Grundschulddarlehen.

15.3.1.2 Laufzeit der Kredite

Die Kredite werden nach der Laufzeit (also bis wann der Kredit zurückgezahlt sein muss) wie folgt unterscheiden:[357]

- **Kurzfristige Kredite**
  Als kurzfristige Kredite gelten in der Regel Kredite mit einer Laufzeit von bis zu einem Jahr. Hierunter fallen insbesondere auch Kontokorrentkredite.
- **Mittelfristige Kredite**
  Unter mittelfristigen Krediten werden solche verstanden, die eine Laufzeit über 1 bis 5 Jahren haben.
- **Langfristige Kredite**
  Kredite mit einer Laufzeit von mehr als 5 Jahren gelten als langfristige Kredite.

Die vorgenannte Einteilung basiert auf den haushaltsrechtlichen Bestimmungen und kann daher nicht als generelle Kategorisierung gesehen werden.

357 Vgl. die Einteilung in der Verbindlichkeitenübersicht gem. Muster 18 zu § 52 GemHVO-Doppik.

15.3.1.3 Tilgung der Kredite

Die Kredite werden nach Art der Tilgung wie folgt unterschieden:

- **Rückzahlung in einer Summe**
  Hier wird der Kredit nach Ablauf der vereinbarten Laufzeit in einer Summe zurückgezahlt. Das Kapital wird während der gesamten Laufzeit voll verzinst.
- **Rückzahlung in Teilbeträgen durch Auslosung**
  Bei der Rückzahlung von Anleihen in Teilbeträgen ist nicht festlegbar, welcher Gläubigerkreis von der Teilrückzahlung betroffen wird. Aus diesem Grunde werden die Wertpapiere ausgelost, die durch die Teilrückzahlung gegenstandslos geworden sind.
- **Rückzahlung in Raten (Ratenkredit)**
  Die gängigste und bei den Kommunalkrediten übliche Form der Rückzahlung ist die in Raten. Hier unterscheidet man die Rückzahlung
  - in festen Tilgungsraten (d. h. über die gesamte Laufzeit wird in gleich hohen Raten getilgt) und
  - in gleich bleibenden Raten, wobei sich die Tilgung jeweils um die ersparten Zinsen erhöht (d. h. mit Zunehmen der Laufzeit vergrößert sich der Tilgungsbetrag um die geringer werdenden Zinsen, die jeweils vom Restschuldenstand berechnet werden. Darlehen mit diesen Rückzahlungsbedingungen werden auch Annuitätskredite genannt.)

Zur Verdeutlichung dieser unterschiedlichen Tilgungsarten werden nachfolgend zwei Beispiele dargestellt.

a) Tilgungsplan bei gleichbleibender Tilgungsrate

Kreditgeber: Sparkasse der Stadt S Wertstellung: 1.7.2021
Kreditbetrag: 100.000,00 € Tilgung: ab 2022

Kapital €	**Zinsen 2,0 %** €	**Tilgung 2,5 %** ***gleichbleibend*** €	**Gesamtleistung** €	**Fällig am**	**Haushaltsjahr**
100.000,00	1.500,00	0	1.500,00	31.12.	2021
100.000,00	2.000,00	2.500,00	4.500,00	31.12.	2022
97.500,00	1.950,00	2.500,00	4.450,00	31.12.	2023
95.000,00	1.920,00	2.500,00	4.420,00	31.12.	2024
92.500,00	1.850,00	2.500,00	4.350,00	31.12.	2025
90.000,00	...	...	usw.		

b) Tilgungsplan bei Tilgung zuzüglich ersparter Zinsen

Kreditgeber: Sparkasse der Stadt S Wertstellung: 1.7.2021
Kreditbetrag: 100.000,00 € Tilgung: ab 2022

Kapital **€**	**Zinsen 2,0 %** **€**	**Tilgung 2,5 %** ***zzgl. ersparter Zinsen*** **€**	**Gesamt-leistung** **€**	**Fällig am**	**Haushaltsjahr**
100.000,00	2.000,00	0	2.000,00	31.12.	2021
100.000,00	2.000,00	2.500,00	4.500,00	31.12.	2022
97.500,00	1.950,00	2.550,00	4500,00	31.12.	2023
94.950,00	1.899,00	2.601,00	4.500,00	31.12.	2024
92.249,00	1.844,98	2.655,02	4.500,00	31.12.	2025
89.593,98	…	…	usw.		

Die Rückzahlungsbedingungen und ihre Bedeutung für die Haushaltswirtschaft werden im Zusammenhang mit der weiteren Erläuterung der Kreditwirtschaft näher behandelt.

15.3.1.4 Kreditgeber

Die Frage, von wem eine Gemeinde Kredite aufnehmen darf, ist im Haushaltsrecht nicht geregelt. Die Gemeinde ist daher in der Wahl ihrer Kreditgeber kaum eingeschränkt. Ausgeschlossen als Kreditgeber ist auch nicht eine Privatperson oder ein privates Unternehmen. Wichtig ist nur, dass der Kreditgeber sicher und wirtschaftlich anbietet. Auch die Kapitalaufnahme bei einem Sondervermögen mit Sonderrechnung gehört zu den Krediten. Zum Sondervermögen mit Sonderrechnung und Treuhandvermögen der Gemeinde gehören z. B. Versorgungs- und Verkehrsunternehmen als Eigenbetriebe. Schulden aus diesem Bereich sind als Kredite bilanziell auszuweisen.

15.3.2 Voraussetzungen der Kreditaufnahme

15.3.2.1 Allgemeines

Wegen der besonderen Bedeutung der Kreditaufnahme für die Haushaltswirtschaft und wegen der Belastung folgender Haushalte durch aus Krediten entstehenden Verpflichtungen sind für die Fremdfinanzierung durch Kredite in der KV M-V weitreichende haushaltsrechtliche Regelungen getroffen worden. Zu nennen sind hier die Vorschriften der §§ 22 Abs. 4 Nr. 3, 44 Abs. 3, 45 Abs. 3 Nr. 1 d) und 2, 49 Abs. 1 Nr. 2 und Abs. 2, 52, 53, 104 Abs. 4 Nr. 3.

Folgende Darstellung verdeutlicht in Kurzform die Voraussetzungen für die Zulässigkeit und die zu beachtenden Verfahrensvorschriften für Kreditaufnahmen, die in den weiteren Kapiteln einzeln besprochen werden:

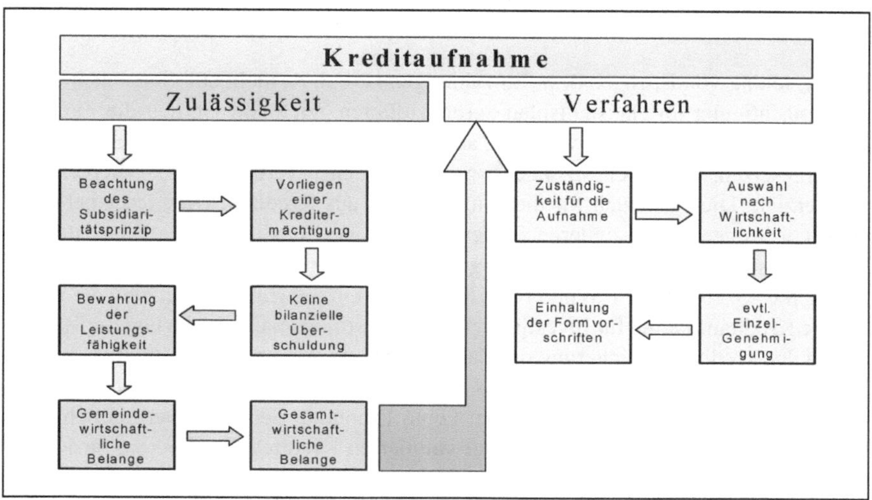

15.3.2.2 Beachtung des Subsidiaritätsprinzips

Nach § 44 Abs. 3 KV M-V darf die Gemeinde Kredite nur aufnehmen, wenn eine andere Finanzierung nicht möglich ist oder wirtschaftlich unzweckmäßig wäre.

Als andere Finanzierungsmittel kommen nach § 44 Abs. 2 KV M-V in folgender Rangfolge in Betracht:

1. Sonstige Erträge und Einzahlungen,
   z. B. Zuwendungen, Mieten, Pachten, Bußgelder, Steuerbeteiligungen.
2. Spezielle Entgelte für die von der Gemeinde erbrachten Leistungen,
   z. B. Gebühren, Beiträge, Eintrittsgelder.
3. Steuern,
   z. B. Grund- und Gewerbesteuer

Die Kommune darf Kredite nach dem Subsidiaritätsprinzip nur dann aufnehmen, wenn sie alle anderen Finanzierungsmittel vorher ausgeschöpft hat. Selbstverständlich sind als sonstige Finanzierungsmittel auch vorhandene Liquiditätsreserven vorrangig einzusetzen, soweit sie erkennbar nicht notwendig sind, um kurzfristige Liquiditätsschwankungen auszugleichen. Eine Befreiung von dieser strengen Nachrangigkeit der Kreditaufnahme ist nach dem Wortlaut des Gesetzes gegeben, wenn eine andere Finanzierung tatsächlich unmöglich oder unwirtschaftlich ist.[358] Das wäre z. B. bei einem zinslosen Kredit der Fall. Denkbar wären auch Kredite mit sehr zinsgünstigen Konditionen, vor allem wenn im Finanzplanungszeitraum weiterer Finanzierungsbedarf besteht.

358 Vgl. unten: „Beachtung gemeindewirtschaftlicher Belange" (Kapitel 15.3.2.6).

15.3.2.3 Vorliegen einer Kreditermächtigung in der Haushaltssatzung

Die Erzielung von Erträgen bzw. Einzahlungen ist i. d. R. nicht auf eine entsprechende Ermächtigung im Haushaltsplan zurückzuführen. Vielmehr werden die Finanzierungsmittel in der Haushaltswirtschaft aufgrund spezialgesetzlicher Regelungen (z. B. Steuergesetzen, Gebührensatzungen), privatrechtlicher Verträge (z. B. Mietverträge) usw. erzielt. Dies gilt auch für die Einzahlungen aus Krediten. Der Gesetzgeber hat aber u. a. wegen der besonderen Folgewirkungen der Kredite auf die Haushaltswirtschaft für sie eine besondere Ermächtigungsnorm vorgesehen.

Nach § 45 Abs. 3 Nr. 1 d) und Nr. 2 KV M-V ist in der Haushaltssatzung die vorgesehene Kreditaufnahme für Investitionen und Investitionsmaßnahmen und der Höchstbetrag der Kredite zur Sicherung der Zahlungsfähigkeit festzusetzen. Kredite zur Umschuldung sind nicht in die Haushaltssatzung aufzunehmen. Dies ist auch sinnvoll, weil es sich bei der Umschuldung um keine Erhöhung der Kreditverbindlichkeiten handelt. Die umgeschuldeten oder neu valutierten Kredite waren bereits in Kreditermächtigungen von Vorjahreshaushaltssatzungen enthalten.

Das Vorliegen einer formalen Kreditermächtigung in einem „Ortsgesetz“ ist eine der Zulässigkeitsvoraussetzungen für Kreditaufnahmen der Gemeinde. Die in §§ 2 und 4 der Haushaltssatzung[359] festgesetzten Beträge bestimmen die für die Gemeinde höchstmöglichen Beträge der Kreditaufnahme für Investitionen und zur Liquiditätssicherung. Ein darüber hinausgehender Bedarf kann nur im Rahmen einer Nachtragssatzung (§ 48 KV M-V) bereitgestellt werden. Die festgesetzten Kreditermächtigungen sind aber nicht gleichzeitig auch Verpflichtungen zur Aufnahme von Krediten. Eine tatsächliche Aufnahme von Krediten ist nur unter Beachtung aller Voraussetzungen zulässig.

Festzusetzender Betrag ist bei den Investitionskrediten der Betrag der Brutto-Neuaufnahmen, die später in der Finanzrechnung ausgewiesen werden. Sollte eine Kreditauszahlung nicht zu 100 % erfolgen (Einbehaltung eines Disagios), erfolgt die Inanspruchnahme der Kreditermächtigung nur in Höhe des tatsächlichen Einzahlungsbetrages. Bei den Kassenkrediten wird lediglich der Höchstbetrag in der Haushaltssatzung festgesetzt. Solange die Gemeinde den Höchstbetrag der Kreditermächtigung nicht erreicht, kann sie ohne Einschränkung Kassenkredite aufnehmen und wieder tilgen.

Die Höhe der in der Haushaltssatzung festgesetzten Kreditermächtigung für Investitionen ergibt sich aus der Höhe der Investitionsauszahlungen abzüglich der Investitionszuwendungen und der Beiträge.[360] Dieser Betrag stellt die Summe der kommunalen Investitionen dar, die zur gesetzmäßigen Beschränkung der Kreditaufnahme herangezogen werden müssen.

Die Darstellung der Ein- und Auszahlungen für Kreditaufnahmen im Finanzhaushalt bezieht sich allerdings auch bei den Investitionskrediten auf den vorgesehenen Finanzierungssaldo im gesamten Haushaltsjahr und nicht auf die tatsächlichen Ein- und

359 Vgl. Muster 1 zu § 45 i. V. m. § 47 KV M-V.

360 Siehe hierzu die Ausführungen unter 15.2.4.1.

Auszahlungen auf den Konten. So können (außerplanmäßige) Umschuldungen beim Ausweis im Finanzhaushalt nicht berücksichtigt werden, da zum Zeitpunkt der Haushaltsplanung unklar ist, ob es sich z. B. um eine Prolongation beim selben Kreditinstitut handelt, die zu keinerlei Zahlungsverkehr führt, oder ob eine echte Umschuldung mit einem neuen Gläubiger erfolgen wird. Im Hinblick auf das Wirtschaftlichkeitsprinzip sollte die Gemeinde durch eine restriktive Auslegung der Haushaltssatzung jedoch nicht an einem wirtschaftlichem Cash- und Schuldenmanagement gehindert werden.[361]

Über die Finanzierung der Investitionen hinaus ist nach 53 Abs. 1 KV M-V die jederzeitige Zahlungsfähigkeit der Gemeinde sicherzustellen. Für diese Sicherstellung der Zahlungsfähigkeit muss der im Finanzplan ausgewiesene Saldo aus Finanzierungstätigkeit nicht ausreichend sein. Allein dadurch, dass beispielsweise hohe Auszahlungen im Jahresverlauf vor den wichtigsten erwarteten Einzahlungen anfallen, können sich unterjährig Finanzierungsdefizite ergeben, die weit über dem liegen, was laut Finanzhaushalt für das gesamte Jahr als Nettokreditaufnahme für Investitionen erforderlich scheint. Zusätzlich muss ein bestehendes Zahlungsmitteldefizit, unabhängig von seiner Ursache, durch die vorübergehende Inanspruchnahme von Fremdkapital ausgeglichen werden können. Um die für die Sicherstellung der jederzeitigen Liquidität erforderliche Handlungsfähigkeit zu haben, kann die Gemeinde nach § 45 Abs. 3 Nr. 2 i. V. m. § 53 Abs. 2 KV M-V in der Haushaltssatzung zusätzlich einen Höchstbetrag der Kredite zur Sicherung der Zahlungsfähigkeit festlegen. Auf der Grundlage der Erfahrungen im gemeindlichen Zahlungsverkehr ist dieser Höchstbetrag so zu bemessen, dass die zu erwartende Finanzierungsspitzen innerhalb des Haushaltsjahres damit abgefangen werden können.

Zu beachten ist auch die Verpflichtung zur Genehmigung dieser Kredite, sobald sie (hinsichtlich des Höchstbetrages) 10 % der im Finanzhaushalt veranschlagten laufenden Einzahlungen übersteigen. Soweit also keine weiteren genehmigungspflichtigen Teile in der Haushaltssatzung veranschlagt sind, wäre durch die Gemeinde zu überlegen, ob der Kreditbedarf bei dieser Position nicht doch unterhalb (oder genau bei 10 %) der Einzahlungen liegen kann, um so in den lediglich anzeigepflichtigen Bereich der Zusammenarbeit mit der Rechtsaufsicht zu gelangen.

Die Einhaltung des in der Haushaltssatzung festgelegten Höchstbetrags der Kreditaufnahmen zur Liquiditätssicherung ist unterjährig u. a. anhand des Saldos der Kreditaufnahmen und -tilgungen sowie aller weiteren Ein- und Auszahlungen zu beurteilen und durch geeignete Vorkehrungen jederzeit zu gewährleisten.

15.3.2.4 Einhaltung des Verbots der bilanziellen Überschuldung

Entsprechend § 43 Abs. 3 KV M-V besteht für die Gemeinde ein Verbot der bilanziellen Überschuldung. Eine solche Überschuldung liegt vor, wenn das Eigenkapital aufgebraucht ist oder in der Bilanz ein „Nicht durch Eigenkapital gedeckter Fehlbetrag" auszuweisen ist. Grundsätzlich stellt die Kreditaufnahme nicht in erster Linie die Ursache, sondern eher die Auswirkung einer zunehmenden Überschuldung dar. Gleichwohl

361 Hier wäre eine entsprechende Klarstellung durch den Gesetzgeber notwendig.

ist bei stark abnehmendem Eigenkapital die Gefahr einer Überschuldung durch zusätzliche Belastungen aus Finanzierungsaufwand besonders zu berücksichtigen.

Ist z. B. entgegen der Haushaltsplanung im laufenden Jahr der vollständige Verzehr des Eigenkapitals durch entsprechende Fehlbeträge und damit die bilanzielle Überschuldung zu erwarten, kann sicher eine weitere Inanspruchnahme der bestehenden Kreditermächtigungen entsprechend § 53 Abs. 2 KV M-V (Sicherung der Zahlungsfähigkeit) im laufenden Verwaltungsgeschäft zulässig sein. Allerdings löst dies nur ein Liquiditätsproblem, nicht jedoch die grundsätzliche Tatsache, dass hier offensichtlich ein erhebliches Problem in der Ergebnisrechnung vorliegt. Bei erheblichen Defiziten ist der Erlass einer Nachtragssatzung gem. § 48 Abs. 2 Nr. 1 KV M-V erforderlich.

15.3.2.5 Bewahrung der dauernden Leistungsfähigkeit

In Ableitung des § 52 Abs. 2 KV M-V hat die Gemeinde auch über die Vermeidung einer Überschuldung hinaus eigenverantwortlich darauf zu achten, dass die aus Kreditaufnahmen entstehenden Verpflichtungen mit ihrer dauernden Leistungsfähigkeit im Einklang stehen. Die Gemeinde hat also ihr besonderes Augenmerk auf die Frage zu richten, ob die sich aus der Kreditaufnahme ergebenden Verpflichtungen auf Dauer erwirtschaftet werden können.

Die Beantwortung dieser Frage ist nicht durch eine pauschale Festlegung bestimmter Prozentrelationen zu den sogenannten „allgemeinen Deckungsmitteln", zur Ertragskraft oder durch die Festlegung z. B. bestimmter Höchstsätze der Pro-Kopf-Verschuldung möglich. Bei der Beurteilung ist neben den historischen Daten auch die abzusehende wirtschaftliche Entwicklung der Gemeinde zu berücksichtigen.

Insbesondere die sog. „Pro-Kopf-Verschuldung" ist zwar in der Presse oder bei den Gemeindevertretern ein beliebtes Argument, eine weitere Kreditaufnahme zu befürworten oder abzulehnen. Tatsächlich ist sie aber nicht geeignet, die Frage zu beantworten, ob eine zusätzliche Kreditaufnahme mit der Leistungsfähigkeit der Kommune vereinbar ist. Folgendes **Beispiel** soll dies verdeutlichen:

Herr A und Herr B nehmen jeweils einen Kredit in Höhe von 20.000 € auf. Beide haben also eine Pro-Kopf-Verschuldung von 20.000 €. Der Schuldendienst beträgt für beide gleichermaßen 500 € monatlich. A verdient 4.000 € im Monat. Der monatliche Verdienst von B beträgt nur 1.000 €. Beide haben vergleichbare Lebenshaltungskosten. Frage: Geht es beiden bei gleicher Pro-Kopf-Verschuldung gleich gut?

Eine Antwort erübrigt sich. Das Beispiel verdeutlicht:

Für die Beurteilung der Einhaltung der dauernden Leistungsfähigkeit ist nicht die Frage nach der absoluten Schuldenhöhe entscheidend, sondern wichtiger ist die Frage nach dem Schuldendienst (also den Zins- und Tilgungsleistungen) im Verhältnis zur wirtschaftlichen Leistungsfähigkeit. Zur Beurteilung lautet daher die entscheidende Frage: Reichen die verfügbaren Mittel dauerhaft aus, um den Schuldendienst finanzieren zu können?

Während sich die Vermeidung einer Überschuldung eher statisch an den Bilanzgrößen ausrichtet, ist für die Bewahrung der dauernden Leistungsfähigkeit ausdrücklich auf die dynamische Entwicklung der Gemeinde abzustellen. Die Entwicklung der Jahresergebnisse und der Zahlungsfähigkeit stehen im Vordergrund.

Hier sei allerdings angemerkt, dass das Verbot der Überschuldung und die Bewahrung der dauernden Leistungsfähigkeit selbstverständlich eng zusammenhängen, da sich eine Überschuldung immer aus negativen Jahresergebnissen (der Ergebnisrechnung) ergibt. Gleichzeitig können aber bei entsprechender Eigenkapitalausstattung dauerhaft negative Jahresergebnisse vorliegen, ohne dass eine Überschuldung droht. Zur Sicherung der dauernden Leistungsfähigkeit ist auch in diesen Fällen eine zusätzliche Kreditaufnahme kritisch zu prüfen.

Maßgeblich für die Beurteilung der dauernden Leistungsfähigkeit ist einerseits die absehbare Entwicklung des Ergebnisses in der mittelfristigen Planung. Dies ist aus dem Ergebnishaushalt zu entnehmen. Dabei ist insbesondere auf die Entwicklung des „Jahresergebnis (Jahresüberschuss/Jahresfehlbetrag) vor Veränderung der Rücklagen" (§ 2 Abs. 1 Nr. 20 GemHVO-Doppik) abzustellen.

Neben der Entwicklung des Jahresergebnisses ist für die Beurteilung der Sicherung der dauernden Leistungsfähigkeit auch die Entwicklung des Ergebnisses der Finanzrechnung von Interesse. Die Finanzrechnung weist mit den verschiedenen Salden die Fähigkeit der Kommune aus, ihre Aufgabenerledigung aus eigener Kraft zu finanzieren. Ziel der mittelfristigen Entwicklung muss es sein, dass der „jahresbezogene Saldo der laufenden Ein- und Auszahlungen vor planmäßiger Tilgung" (§ 3 Abs. 1 Nr. 18 GemHVO-Doppik) absolut den (negativen) „Saldo der Ein- und Auszahlungen aus Investitionstätigkeit" (§ 3 Abs. 1 Nr. 29 GemHVO) übersteigt und ein Finanzmittelüberschuss (§ 3 Abs. 1 Nr. 30 GemHVO) besteht. Nur in diesen Fällen kann aus dem laufenden Verwaltungsbetrieb noch ein finanzieller Beitrag zur Investitionstätigkeit der Gemeinde geleistet werden (d. h. der jahresbezogene Saldo der laufenden Ein- und Auszahlungen ist positiv). Bei einem negativen jahresbezogenen Saldo in der mittelfristigen Entwicklung erfolgt eine Finanzierung des laufenden Geschäfts aus Krediten (zur Sicherung der Zahlungsfähigkeit). Eine solche Entwicklung würde die dauernde Leistungsfähigkeit der Gemeinde gefährden und darf daher nur kurzfristig in Ausnahmesituationen eintreten.

Die Bewahrung der dauernden Leistungsfähigkeit ist im Hinblick auf die Kreditaufnahmen insbesondere bei der Aufstellung des Haushalts und der mittelfristigen Planung zu berücksichtigen. Die vorgesehenen Kreditermächtigungen sind unter den o. a. Kriterien zu beurteilen.

15.3.2.6 Beachtung gemeindewirtschaftlicher Belange

Das o. a. Subsidiaritätsprinzip ist, wie bereits angedeutet, nicht absolut anzuwenden. Der Zusatz „wirtschaftlich unzweckmäßig" erlaubt es, unter bestimmten Voraussetzungen von der Nachrangigkeit abzuweichen.

Die Zweckmäßigkeit oder Unzweckmäßigkeit einer Kreditaufnahme ist im Rahmen der Haushaltswirtschaft unter verschiedenen Aspekten zu sehen. Eine Kreditaufnahme ist unabhängig von anderen Finanzierungsmöglichkeiten immer dann in die Überlegung mit einzubeziehen, wenn es um die Finanzierung langlebiger Investitionsmaßnahmen geht. Unter dem Gesichtspunkt der Zumutbarkeit und Belastbarkeit der Einwohner (siehe hierzu beispielsweise § 44 Abs. 2 Nr. 1 KV M-V) entspricht es möglicherweise nicht dem Grundsatz der Generationengerechtigkeit, dass die gegenwärtigen Abgabepflichtigen die vollständigen Belastungen (durch Zahlung von Steuern usw.) tragen, obwohl die künftigen Generationen noch einen erheblichen Nutzen von diesen Investitionen haben. Ferner ist aus den Bestrebungen einer kontinuierlichen Belastung der Einwohner heraus eine möglichst ausgewogene Kreditaufnahme anzustreben. Eine Haushaltswirtschaft unter strenger Beachtung des Subsidiaritätsprinzips der Kreditaufnahme könnte zu sprunghaft wechselnden Belastungen der Einwohner (durch Steuern, Beiträge usw.) führen.

Ein weiterer Aspekt, der bei der Nachrangigkeit der Kreditfinanzierung zu beachten ist, ist die Frage nach der möglichst beweglichen Haushaltsführung. Bei strikter Beachtung des Subsidiaritätsprinzips müssten zunächst alle anderen Finanzierungsmittel ausgeschöpft werden. Die Folge wäre einerseits, dass bei weiterem Finanzbedarf die angebotenen Kreditkonditionen ohne jegliche Ausweichmöglichkeit angenommen werden müssten. Andererseits würde bei einem plötzlichen Finanzbedarf eine schnelle und unkomplizierte Reaktion unmöglich. Eine dann notwendige Kreditfinanzierung wäre nur im Rahmen eines zeitaufwändigen Verfahrens des Erlasses einer Nachtragssatzung möglich.

Selbstverständlich ist eine Kreditaufnahme aus Gründen der Wirtschaftlichkeit auch dann anderen Finanzierungsformen vorzuziehen, wenn der Schuldenzins unter dem Guthabenzins liegt (evtl. bei zweckgebundenen Krediten der öffentlichen Hand).

15.3.2.7 Beachtung gesamtwirtschaftlicher Belange

Nach § 43 Abs. 1 Satz 2 KV M-V hat die Gemeinde bei der Führung ihrer Haushaltswirtschaft dem gesamtwirtschaftlichen Gleichgewicht Rechnung zu tragen. Im Rahmen dieser Verpflichtung ist auch die Frage der Kreditaufnahme zu sehen. Aus gesamtwirtschaftlichen Überlegungen heraus kann durchaus die Nachrangigkeit der Kreditaufnahme durchbrochen werden. Der Kreditmarkt als Markt lebt von Angebot und Nachfrage. Genauso wie die Kreditbeschränkung nach § 19 StWG zur Beruhigung des Kreditmarktes und damit der konjunkturellen Entwicklung beiträgt, wirkt eine verstärkte Kreditaufnahme belebend.

Somit ist die Vorschrift des § 44 Abs. 3 KV M-V bezüglich der wirtschaftlichen Zweckmäßigkeit der Kreditaufnahme grundsätzlich auch unter gesamtwirtschaftlichen Gesichtspunkten zu sehen. Allerdings ist dabei zu berücksichtigen, dass eine einzelne Kommune i. d. R. keine Möglichkeit hat, durch ihre Kreditaufnahmen gesamtwirtschaftliche Zusammenhänge zu beeinflussen. Es ist daher streng darauf zu achten, dass die Beachtung der gesamtwirtschaftlichen Belange von einer einzelnen Gemeinde nicht nur vorgeschoben wird, um eine zusätzliche Kreditaufnahme zu rechtfertigen, die aus anderen Gesichtspunkten (insb. der Bewahrung der dauernden Leistungsfähigkeit) nicht zulässig wäre. Ein Hinweis darauf könnte sein, dass die Gemeinde in einer umgekehrten wirtschaftlichen Situation aus gesamtwirtschaftlichen Gründen eine zusätzliche, einzelwirtschaftlich vertretbare Kreditaufnahme vermieden hat.

15.3.2.8 Zuständigkeit für die tatsächliche Kreditaufnahme

Die in §§ 2 und 4 der Haushaltssatzung gegebenen Ermächtigungen der Gemeindevertretung zur Aufnahme von Krediten sind jeweils Festlegungen der Höchstbeträge. Es ergibt sich nun die Frage, wer die Entscheidung über die tatsächliche Kreditaufnahmen im Rahmen der Ausführung des Haushalts fällt (z. B. Vertragsabschluss mit dem Kreditinstitut). In § 22 Abs. 3 KV M-V ist kein ausdrücklicher Zuständigkeitsvorbehalt für die Gemeindevertretung vorgesehen. Allerdings ist in § 22 Abs. 4 Nr. 3 KV M-V festgelegt, dass mittels Regelung in der Hauptsatzung die Zuständigkeit für die Kreditaufnahme auf den Hauptausschuss und/oder den Bürgermeister übergehen kann. Angesichts der regelmäßig wechselnden Konditionen und der i. d. R. nur kurzen Bindungszeiten für Kreditangebote ist es allerdings fraglich, wie ein rechtzeitiger Hauptausschussbeschluss zur Annahme eines einzelnen Kreditangebotes zustande kommen kann.[362] Hilfreich ist in diesem Fall, sich als Verwaltung (hier: als Bürgermeister) eine Genehmigung der Gemeindevertretung für die tatsächliche Kreditaufnahmen des Haushaltsjahres im Rahmen der Begrenzungen der Haushaltssatzung geben zu lassen („Vorratsbeschluss für Kreditaufnahmen“). Der der Gemeindevertretung vorzulegende Beschluss muss mindestens beinhalten:

- Gesamtbeträge,
- maximale Laufzeit,
- Höchstbetrag des Effektivzinses,
- Angaben zur vorgesehenen Tilgung.

Selbstverständlich bleibt das Rückholrecht der Gemeindevertretung (durch neuerlichen Beschluss) unberührt.

15.3.2.9 Auswahl der Kreditangebote unter Berücksichtigung der Wirtschaftlichkeit

Nach § 43 Abs. 4 KV M-V ist die Haushaltwirtschaft der Gemeinde wirtschaftlich und sparsam zu führen. Die Beachtung des Wirtschaftlichkeitsgebotes ist auch bei der Kreditaufnahme zu berücksichtigen. Die Gemeinde ist daher verpflichtet, bei jeder einzelnen Kreditaufnahme eine Prüfung der am Kreditmarkt bestehenden Angebote durchzuführen. Hierzu reicht i. d. R. eine Kreditanfrage an verschiedene Geschäftsbanken bzw. Kreditinstitute und ein sorgfältiger Konditionenvergleich aus.

Im Hinblick auf das Wirtschaftlichkeitsgebot sollte sich zusätzlich jede Gemeinde regelmäßig mit den bestehenden unterschiedlichen Möglichkeiten der Finanzierung

362 Unbenommen davon ist bei einer Zuständigkeit des Hauptausschusses die Möglichkeit einer Dringlichkeitsentscheidung durch den Bürgermeister gemäß § 38 Abs. 4 Satz 2 KV M-V.

grundsätzlich auseinandersetzen, um auch mögliche Alternativen zur Kreditaufnahme in die Wirtschaftlichkeitsbetrachtung der Finanzierung mit einzubeziehen.

15.3.2.10 Eventuelle Einzelgenehmigung

Grundsätzlich unterliegt die Kreditaufnahme im kommunalen Bereich nicht der Einzelgenehmigung. D. h., die tatsächliche Kreditaufnahme beim Geldgeber muss nicht jeweils einzeln von der Rechtsaufsicht genehmigt oder angezeigt werden. Eine Einzelgenehmigung der Kreditaufnahme kann nur im Zusammenhang mit der Beachtung des gesamtwirtschaftlichen Gleichgewichts angeordnet werden – oder wenn die Rechtsaufsicht sich dies wegen einer möglichen Gefährdung der dauernden Leistungsfähigkeit der Gemeinde in der Gesamtgenehmigung vorbehalten hat.

Der Bund kann nach § 52 Abs. 4 Nr. 1 KV M-V die Einzelgenehmigung bestimmen, die Rechtsaufsicht entsprechend nach Nr. 2.

Nach § 52 Abs. 4 Nr. 1 KV M-V ist eine Einzelgenehmigung erforderlich, sofern die Kreditaufnahme durch den Bund nach § 19 StWG beschränkt worden ist. Diese Beschränkung darf nach § 20 Abs. 2 StWG allerdings nur bis zur Höhe von 80 % der Kreditaufnahmen nach dem Durchschnitt der letzten fünf Jahre gehen. Für Gemeinden, die in der Vergangenheit zurückhaltend waren, stellt diese Regelung eine Benachteiligung dar. Hier sollten Ausnahmemöglichkeiten geschaffen werden. Bei der bestehenden Regelung muss somit eine Gemeinde im Rahmen ihrer Kreditpolitik auch diese Konsequenz bedenken.

Die Einzelgenehmigung kann nach Maßgabe der Kreditbeschränkung versagt werden. Folge der Kreditbeschränkung ist in erster Linie die verminderte Investitionstätigkeit. Damit stellt sie ein Mittel zur Konjunkturdämpfung dar.[363]

Die Regelung nach § 52 Abs. 4 Nr. 2 KV M-V (Einzelgenehmigung durch die Rechtsaufsicht) findet regelmäßig dann Anwendung, wenn bereits in der Haushaltsplanung ersichtlich ist, dass die dauernde Leistungsfähigkeit als grenzwertig beurteilt wird und sich insbesondere während der Haushaltsausführung erhebliche Risiken für die Leistungsfähigkeit ergeben können. Wann dies der Fall ist, hängt von den Umständen des Einzelfalls ab. Diese Risiken können gemeindeinterne Gründe haben (z. B. Standortverlagerung der Bundeswehr und Schließung eines großen Standorts) oder sich durch generelle äußere Umstände (Finanzkrise) und daraus resultierende erhebliche Einzahlungsverluste (Gewerbesteuer, Einkommensteueranteile, Umsatzsteueranteile) ergeben.

363 Bisher hat der Bund nur einmal von der Möglichkeit nach § 19 StWG Gebrauch gemacht. Dieses geschah mit der Verordnung über die Begrenzung der Kreditaufnahme durch Bund, Länder, Gemeinden und Gemeindeverbände im Haushaltsjahr 1973 vom 1.6.1973 (BGBl. I S. 504), auch „Schuldendeckelverordnung" genannt. In dieser Verordnung wurde für den Bund, die Länder und die Gemeinden (GV) jeweils ein Höchstbetrag der Kreditaufnahme festgesetzt. Im Rahmen der Einzelgenehmigung wurde dann unter Berücksichtigung der Nettokreditaufnahmen (Kreditaufnahme abzüglich Kredittilgung) der Vorjahre eine Kreditaufnahme genehmigt bzw. abgelehnt.

15.3.2.11 Einhaltung der Formvorschriften bei der Kreditaufnahme

Nach § 38 Abs. 6 KV M-V bedürfen Erklärungen, durch welche die Gemeinde verpflichtet werden soll, der Schriftform. Sie sind vom Bürgermeister und einem seiner Stellvertreter zu unterzeichnen. Soweit Erklärungen der Gemeinde dieser Formvorschrift nicht entsprechen, bedürfen sie zu ihrer Wirksamkeit der Genehmigung durch die Gemeindevertretung. Somit bedarf der Kreditvertrag (Schuldurkunde) der Schriftform und zweier Unterschriften, soweit die Kreditaufnahme dem Grunde nach von der Gemeindevertretung beschlossen wurde.

15.3.3 Ausgestaltung von Krediten (Kreditbedingungen)

15.3.3.1 Allgemeines

Die Gemeinden sind eigenverantwortlich gehalten, die Kreditbedingungen zu prüfen. Mit „Kreditbedingungen“ sind die Bedingungen gemeint, die der Gläubiger bei der Hergabe der Finanzmittel stellt. Hierunter werden subsumiert:

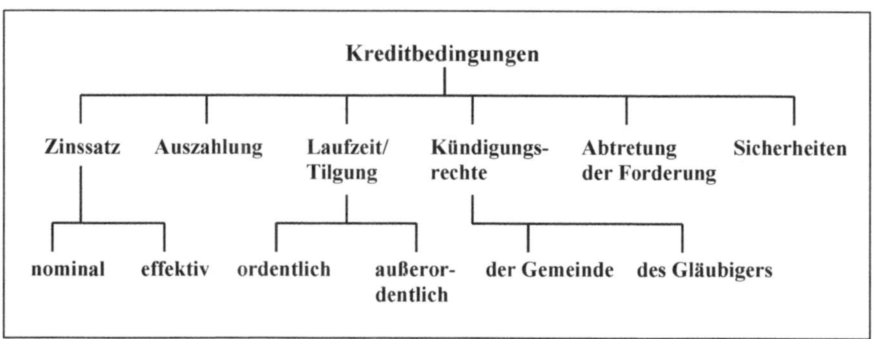

15.3.3.2 Zinssatz

Der Nominalzinssatz ist Ausdruck der Zinsaufwendungen, die der Kredit jährlich verursacht. Er ist möglichst gering zu halten. Die jährlichen Zinsaufwendungen addieren sich bei langen Laufzeiten der Kredite zu erheblichen Beträgen. Die Beobachtung des Kreditmarktes ist daher unerlässlich. Die Höhe des Zinssatzes ist aber auch unter Berücksichtigung der eigenen haushaltswirtschaftlichen Verhältnisse zu beurteilen. Überhöhter Zinsaufwand belastet auf Dauer das Jahresergebnis einer Gemeinde erheblich. Bei der Frage nach der Wirtschaftlichkeit eines Kreditangebotes ist auch die Höhe der Gesamtbelastung von Bedeutung. Ausdruck dieser Gesamtbelastung ist der sog. „Effektivzinssatz“, der unter Berücksichtigung der Kreditbeschaffungskosten (z. B. Disagio, einmalige Verwaltungskosten, Gebühren) und der laufenden Kosten sowie der Laufzeit im Einzelfall zu ermitteln ist. Auch die unterschiedlichen Zahlungsmodalitäten der Zins- und Tilgungsleistungen (z. B. vierteljährlich, halbjährlich, jährlich nachträglich; sofortige Abschreibung unterjähriger Tilgung vom Restkapital) haben Einfluss auf den Effektivzinssatz. Ebenso von Bedeutung ist der Zeitraum, für den ein bestimmter Zinssatz fest vereinbart wird (Zinsbindungsdauer).

Die Kreditgeber sind gesetzlich verpflichtet, den Effektivzinssatz im Kreditangebot zu nennen. Mit Hilfe der Datenverarbeitung werden die einzelnen Effektivzinssätze maschinell ermittelt.[364]

Im Zusammenhang mit dem Zinssatz ist auch eine evtl. Zinsgleitklausel zu beachten. Die Zinsgleitklausel erlaubt eine automatische Anpassung des Zinssatzes an die veränderte Kapitalmarktlage bzw. erlaubt es dem Gläubiger, einseitig einen neuen Zinssatz festzusetzen. Die Zinsgleitklausel ist nicht zu verwechseln mit der Zinsanpassungsklausel, die eine fristgerechte Kündigung und eine neue vertragliche Vereinbarung voraussetzt. Bei der Vereinbarung von Zinsgleitklauseln muss die Gemeinde eigene Zinsprognosen erstellen, wofür i. d. R. eine externe fachliche Beratung eingeholt werden sollte. Grundsätzlich ist bei zinsvariablen Darlehen ein kurzfristiges Kündigungsrecht der Gemeinde für den Fall einer Zinsanpassung zu vereinbaren.

15.3.3.3 Auszahlung

Die Auszahlung der Kredite erfolgt nicht immer in voller Höhe des Nennbetrages (Rückzahlungsbetrag). Da das Disagio (Abgeld) als Kreditbeschaffungskosten Auswirkungen auf den Effektivzinssatz hat, bedarf es besonderer Beachtung.

Auch wenn ein Disagio vereinbart wurde, ist der volle Rückzahlungsbetrag zu passivieren. Das Disagio ist, wenn es vom Gläubiger einbehalten oder bei der Darlehensauszahlung an den Kreditgeber gezahlt wurde, nach § 36 Abs. 3 GemHVO-Doppik als aktiver Rechnungsabgrenzungsposten (Konto 195 „Sonstige aktive Rechnungsabgrenzungsposten“) ausgewiesen werden. Es muss dann durch planmäßige jährliche Auflösung (Konto 57931 Aufwendungen für Disagio) über die gesamte Kreditlaufzeit aufwandswirksam verteilt werden. In der Ergebnisrechnung wirkt sich damit die Vereinbarung eines Disagio genauso aus wie die Vereinbarung eines höheren Zinssatzes bei voller Auszahlung. § 36 Abs. 3 GemHVO-Doppik gilt damit nicht für einmalige Kreditbeschaffungskosten und Kreditmaklerkosten, die zusätzlich bei der Kreditaufnahme anfallen und nicht als Disagio behandelt werden. Hier ist die Rechnungsabgrenzung jedoch nach § 36 Abs. 1 GemHVO-Doppik in gleichem Maße erforderlich.

Für eine Gemeinde ist jedoch grundsätzlich zu überlegen, ob die Vereinbarung eines Kredites mit Disagio Sinn macht, da diese Verfahrensweise eigentlich einen steuerrechtlichen Hintergrund hat, konkret: die Verkürzung des zu versteuernden Gewinns bei Unternehmen im Jahr der Aufnahme des Kredites.

In der Finanzrechnung wird der tatsächliche Finanzmittelzufluss (Konto 692 bei Investitionskrediten) aus der Kreditaufnahme erfasst.

364 Eine ausführliche Darstellung der Effektivzinssätze und deren Berechnung enthält *Klümper/Möllers/Zimmermann*, Kommunale Kosten- und Wirtschaftlichkeitsrechnung, 20. Aufl., Witten 2019, S. 327 ff.

15.3.3.4 Laufzeit und Tilgung

Die Laufzeit eines Kredites ergibt sich aus der Höhe der jährlichen Tilgung (z. B. 2 v. H. feststehende Tilgung = 50 Jahre Laufzeit).

Hinsichtlich der Tilgung unterscheidet man in

- *planmäßige Tilgung*
  (die Leistung des im Haushaltsjahr zurückzuzahlenden Betrages bis zu der in den Rückzahlungsbedingungen festgelegten Mindesthöhe) und
- *außerplanmäßige Tilgung*
  (die über die ordentliche Tilgung hinausgehende Rückzahlung einschließlich Umschuldung).

Um den Schuldendienst niedrig zu halten, werden in der Praxis häufig geringe Tilgungsraten angestrebt. Tilgungsraten von 1 bis 2 v. H. sind bei Kommunalkrediten üblich. Hierbei sollte aber darauf geachtet werden, dass den Tilgungsbeträgen die ersparten Zinsen zuwachsen (Annuitätskredite). Dadurch wird die Laufzeit der Kredite erheblich verringert, so z. B. bei 1 % Tilgung in Abhängigkeit vom Zinssatz auf mehr als 30 Jahre.

Bei der Festlegung der Tilgungsraten ist zu berücksichtigen, dass sich durch die Abschreibungen das mit den Krediten finanzierte bilanzielle Vermögen regelmäßig verringert. Um zu vermeiden, dass die Kreditverbindlichkeiten langfristig den Vermögensbestand übersteigen (Überschuldung), ist eine Fristenkongruenz zwischen Anlagevermögen und Verbindlichkeiten anzustreben. Andernfalls würden die Belastungen aus der Kreditfinanzierung auch dann noch den Haushalt belasten, wenn die mit den Krediten finanzierten Vermögensgegenstände schon nicht mehr genutzt werden können. Dies würde dem Haushaltsgrundsatz der Beachtung der intergenerativen Gerechtigkeit widersprechen. Praktisch sollte daher die durchschnittliche Tilgungsrate den durchschnittlichen Abschreibungssatz nicht wesentlich unterschreiten.

15.3.3.5 Kündigungsrechte

Kredite müssen für die Gemeinde grundsätzlich immer kündbar sein, um eine vorzeitige völlige bzw. teilweise Tilgung zu ermöglichen. In diesem Zusammenhang wird auf § 489 BGB hingewiesen. Bei Festzinsdarlehen darf kein einseitiges Kündigungsrechts des Kreditgebers bestehen. Bei zinsvariablen Darlehen muss sich das Kündigungsrecht des Gläubigers auf die Fälle einer tatsächlichen Zinsanpassung beschränken.

15.3.3.6 Abtretung der Forderung

Dem Gläubiger sollte das Recht zur Abtretung der Forderungen an einen anderen grundsätzlich nicht gegeben werden, weil die Gemeinde aus Gründen der Haushaltssicherheit den Kredit während der gesamten Laufzeit mit einem ihr bereits bekannten Gläubiger abwickeln sollte. Ist eine Abtretung ausnahmsweise vertraglich doch eingeräumt, sollte die Gemeinde sich die jeweilige Zustimmung zur Abtretung vorbehalten.

15.3.3.7 Sicherheiten

Da bei öffentlichen Körperschaften ein Kreditausfallrisiko für die Gläubiger nicht besteht, ist die Bestellung von Sicherheiten grundsätzlich unzulässig (§ 52 Abs. 7 KV M-V). Nur mit Genehmigung der Rechtsaufsicht sind Ausnahmen zulässig, wenn die Sicherheitsbestellung der Verkehrsübung entspricht. Der Verkehrsübung entspricht eine Sicherheitsleistung, wenn sie im Geschäftsverkehr unter Berücksichtigung der besonderen Stellung der Gemeinden im Kreditgeschäft üblich ist. Beispiel hierfür sind Hypotheken auf Wohnhäuser, wobei sich hier wiederum die Frage stellt, wie denn eine Sicherheit bestellt werden soll, wenn das Haushaltsrecht generell keine objektbezogenen Kredite kennt? Derartige Sicherheitsbestellungen sind dann im Vertragsverhältnis der Vertragspartner darzustellen, werden im Haushalt jedoch nicht offensichtlich dargelegt. Insgesamt ist jedoch ein strenger Maßstab bei der Frage nach Sicherheitsleistungen anzulegen.

15.3.4 Abwicklung der Kreditaufnahme im Haushalt

15.3.4.1 Veranschlagung der Kredite und der daraus resultierenden Aufwendungen und Auszahlungen

Gem. § 12 Nr. 2 GemHVO-Doppik dienen in der kommunalen Haushaltswirtschaft die ordentlichen und außerordentlichen Einzahlungen insgesamt zur Deckung der Auszahlungen. In § 12 Nr. 3 GemHVO-Doppik ist näher spezifiziert, dass die Einzahlungen aus Investitionstätigkeit und aus der Aufnahme von Krediten für Investitionen und Investitionsförderungsmaßnahmen insgesamt zur Deckung der Auszahlungen aus Investitionstätigkeit dienen. Eine Zuordnung von einzelnen Kreditaufnahmen als Einzahlung für bestimmte Maßnahmen oder spezifische Aufgabenbereiche ist daher nicht vorgesehen. Da der Aufbau des Haushalts in Teilhaushalte gem. § 4 Abs. 2 GemHVO-Doppik produktorientiert vorzunehmen ist, wäre es grundsätzlich auch denkbar, die Veranschlagung der Ein- und Auszahlungen für Kredite im Teilfinanzhaushalt vorzunehmen.

Allerdings ist dies nach § 4 Abs. 11 GemHVO-Doppik in der Mindestgliederung der Posten des Teilfinanzhaushalts nicht vorgesehen.

Grundlage für die Bildung von Produktbereichen ist der in Anlage 2 der Verwaltungsvorschriften zur GemHVO-Doppik und GemKVO-Doppik herausgegebene Produktrahmen. Der Produktrahmen sieht als Produktgruppe 612 die sonstige allgemeine Finanzwirtschaft (soweit nicht einem anderen Produkt direkt zugeordnet) vor, der die Ein- und Auszahlung aus der Aufnahme und Tilgung von Krediten zugeordnet werden. Wie die Bezeichnung zu erkennen gibt, ist also sowohl die Zuordnung der Kredite direkt den Produkten (und damit verschiedenen Teilhaushalten) als auch der sonstigen allgemeinen Finanzwirtschaft denkbar.

Die Gemeinde ist also frei hinsichtlich der Entscheidung der Zuordnung der Kredite. Fraglich ist jedoch, ob es hinsichtlich des korrekten Ausweises des Ressourcenverbrauches bspw. richtig ist, die direkten Auszahlungen für die Baukosten im Teilhaushalt darzustellen, die Kreditfinanzierung jedoch bei der sonstigen allgemeinen Finanzwirtschaft.

Weiter werden auch der mit der Kreditfinanzierung verbundene Zinsaufwand sowie die Abschreibung des Disagios nicht korrekt produktweise und je Teilhaushalt ausgewiesen.

Auch wenn die Einnahmen aus Krediten grundsätzlich zweckfrei sind, ist es nicht ausgeschlossen, dass Kredite aufgrund von Gesetzen usw. für bestimmte Maßnahmen bewilligt werden. Möglich ist jedoch auch eine Zweckbindung aufgrund einer besonderen Vereinbarung mit dem Gläubiger.

Denkbar ist angesichts der vorstehenden Ausführungen folgende Verfahrensweise:

- Die „Altkredite“ aus der früheren Kameralistik werden, da sie regelmäßig keine Zweckbindung aufwiesen, in der sonstigen allgemeinen Finanzwirtschaft ausgewiesen.
- Bei neuen Kreditaufnahmen gibt es regelmäßig konkrete Investitionsvorhaben, die damit finanziert werden müssen. Insoweit kann der Kredit und die daraus in der Folge resultierenden Belastungen auch konkret einzelnen Teilfinanzhaushalten zugeordnet werden.

Nach Auffassung der Autoren wird durch die undurchsichtige Rechtslage den Gemeinden haushaltsrechtlich jede Möglichkeit der Veranschlagung von Kreditzinsen zugebilligt werden müssen. Angesichts der Bedeutung dieser Position im Hinblick auf Volumen und Steuerungsrelevanz ist dem Gesetzgeber dringend zu raten, hier eine Überarbeitung der entsprechenden Normen vorzunehmen, um eine eindeutige Rechtslage zu schaffen. Dabei sollte das Ziel der Produktorientierung des Haushaltswesens nicht aus dem Blick verloren werden.

§ 4 Abs. 11 GemHVO-Doppik sieht eine besondere Struktur der Teilfinanzhaushalte vor. Entsprechend des Musters 8 hat die Gemeinde die Möglichkeit, neben den Ertrags- und Aufwandsarten die liquiden Entwicklungen aufzuzeigen. Somit lässt sich die Finanzierungstätigkeit teilhaushaltsspezifisch ausweisen, soweit dies analog zum Finanzhaushalt im Muster 7 als notwendig erachtet wird.

Der Ausweis im Teilfinanzhaushalt und in der Teilfinanzrechnung erfolgt in Höhe der tatsächlichen Einzahlungen (Nennbetrag ./. Disagio) bzw. Auszahlungen (Tilgungsleistungen).

Beispiel:
Wird z. B. ein Kredit in Höhe von 100.000 € zu einem Auszahlungskurs von 98 % genommen, so sind dafür Einzahlungen i. H. v. 98.000 € im Finanzplan zu veranschlagen und in der Finanzrechnung auszuweisen. Als Auszahlungen sind die planmäßigen Tilgungen zu veranschlagen. Bei Aufnahme des Kredits erfolgt die Passivierung zum Rückzahlungsbetrag i. H. v. 100.000 €. Das Disagio wird als Rechnungsabgrenzungsposten aktiviert und über die Laufzeit des Kredites abgeschrieben.

Bei der Veranschlagung von Zinsaufwendungen ist die Periodenabgrenzung zu beachten. Unabhängig vom Zahlungszeitpunkt ist der Betrag zu veranschlagen und zu buchen, der sich tatsächlich auf das Haushaltsjahr bezieht.

Beispiel:
Im Kreditvertrag der Gemeinde G mit der Hausbank wird eine halbjährliche nachträgliche Verzinsung jeweils zum 31. Januar und zum 31. Juli vereinbart. Bei der Veranschlagung der Zinsen ist zu beachten, dass sich die Zinszahlungen am 31. Januar jeweils auf fünf Monate des Vorjahres (August bis Dezember) und einen Monat des laufenden Jahres (Januar) beziehen.

Um die Zinsaufwendungen für 2021 zu ermitteln, ist daher zunächst ein Sechstel der am 31.1.21 fälligen Zinsen zu veranschlagen. Daneben sind die am 31.7.21 fälligen Zinsen in voller Höhe zu berücksichtigen. Schließlich sind noch fünf Sechstel der am 31.1.21 fälligen Zinsen zu kalkulieren.

15.3.4.2 Umschuldung

Im Rahmen der Zinsoptimierung und des Liquiditätsmanagements sind neben der Neuaufnahme von Krediten auch Umschuldungen erforderlich und von praktischer Bedeutung. Bei der Umschuldung erfolgt eine Ablösung der verbleibenden Restverbindlichkeit des Kredites bei gleichzeitiger Neuaufnahme eines Kredites in dieser Höhe.

Eine Umschuldung wird i. d. R. immer dann diskutiert, wenn der Kreditmarkt Kredite mit günstigeren Zinssätzen als für bisher aufgenommenen Kredite anbietet, bzw. dann, wenn die Zinsbindungsfrist ausläuft und ein anderes Kreditinstitut für die Folgezeit günstigere Konditionen anbieten kann. Insbesondere bei der Umschuldung langfristiger Investitionskredite ist zu berücksichtigen, dass die Laufzeit des neuen Kredites nicht über die Laufzeit des abzulösenden Kredites hinausgehen sollte. Ansonsten würde eine weitere Verschiebung der Kreditbedingten Folgelasten in die Zukunft erfolgen. Auch wenn rein rechtlich Kündigungsmöglichkeiten bestehen (§ 489 BGB bzw. vertraglich vereinbart), sollte hiervon nur dann Gebrauch gemacht werden, wenn ein wirklicher wirtschaftlicher Vorteil entsteht. Zur Feststellung eines solchen wirtschaftlichen Vorteils sind ggf. auch durch vorzeitige Kündigung verursachte Vorfälligkeitsentschädigungen zu berücksichtigen. Auch die „Vertragstreue" bei bestehenden Geschäftsverbindungen ist bei solchen Überlegungen nicht außer Acht zu lassen.

Eine Umschuldung ist auch denkbar, um eine Vielzahl von Einzelkrediten wirtschaftlich günstiger in der Form eines „neuen" Gesamtkredites abzuwickeln (geringerer Verwaltungsaufwand).

Wie bereits oben dargestellt, bezieht sich die Kreditermächtigung in der Haushaltssatzung auf die Nettokreditaufnahme. Durch eine „Umschuldung" wird daher die Kreditermächtigung nicht in Anspruch genommen, weil in gleicher Höhe eine Tilgung und eine Neuaufnahme des Kredits erfolgt.

15.3.4.3 Dauer der Kreditermächtigung

Gemäß § 52 Abs. 3 KV M-V gilt die Kreditermächtigung für Investitionskredite eines Haushaltsjahres bis zum Ende des nächsten Haushaltsjahres und, wenn die Haushaltssatzung für das übernächste Jahr nicht rechtzeitig öffentlich bekanntgemacht wird, bis zum Erlass dieser Haushaltssatzung. Soweit Auszahlungen für Investitionen nach § 15 Abs. 3 GemHVO-Doppik länger übertragen werden, müssen die entsprechenden Finanzierungsmittel, d. h. die Kreditermächtigungen neu veranschlagt werden. Die Kreditermächtigung für Kredite zur Liquiditätssicherung gilt nach § 53 Abs. 2 KV M-V über das Haushaltsjahr hinaus bis zum Erlass der neuen Haushaltssatzung.

15.3.5 Übungen

Sachverhalt Nr. 1

Die Gemeinde G will für das Jahr 2022 im Finanzhaushalt eine Netto-Kreditaufnahme (Saldo aus Finanzierungstätigkeit) in Höhe von 10 Mio. € veranschlagen. Insgesamt ist für den Finanzplanungszeitraum eine Netto-Neuverschuldung von 21,5 Mio. € vorgesehen. Der Bestand an liquiden Mitteln beträgt voraussichtlich zum Beginn des Jahres 2022 12 Mio. €. Der Finanzhaushalt für den nächsten Haushalt stellt sich nach dem derzeitigen Stand folgendermaßen dar:

Finanzhaushalt	2022 T€	2023 T€	2024 T€	2025 T€
Saldo aus lfd. Verwaltungstätigkeit	–3.200	–1.100	2.400	2.800
Saldo aus Investitionstätigkeit	–12.300	–5.000	–6.000	–4.000
Finanzmittelüberschuss/-fehlbetrag	–15.500	–6.100	–3.600	–1.200
Saldo aus Finanzierungstätigkeit (Netto-Kreditaufnahme)	10.000	4.000	3.500	4.000
Änderung des Bestandes an Finanzmitteln	–5.500	–2.100	–100	+2.800
Anfangsbestand liquide Mittel	12.000	6.500	4.400	4.300
Endbestand liquide Mittel	6.500	4.400	4.300	7.100

Der Kämmerer prüft, ob die Kreditaufnahme zulässig ist und hat dabei Folgendes zu berücksichtigen:

- Der Stand der Kredit-Verbindlichkeiten wird lt. Bilanz zum 31.12.2021 150 Mio. € betragen.
- Zum 31.12.2021 kann die Gemeinde G ein Eigenkapital i. H. v. 45 Mio. € ausweisen.
- Der für 2022 vorgesehene Kredit ist mit 2,0 % zu verzinsen. Der Kämmerer will die verfügbaren liquiden Mittel (0,5% Guthabenzins) nicht einsetzen, weil er dieses Geld für noch nicht veranschlagte zusätzliche Investitionen in den folgenden Jahren oder zum Ausgleich von laufenden Fehlbeträgen zur Verfügung behalten will.
- Am Kapitalmarkt deutet sich eine Verteuerung der Kredite an.

Aufgabe:
Begutachten Sie die Zulässigkeit der vorgesehenen Veranschlagung der Netto-Kreditaufnahme für das Jahr 2022 unter dem Aspekt der Subsidiarität.

Lösung:
Nach § 44 Abs. 3 KV M-V darf die Gemeinde Kredite nur aufnehmen, wenn eine andere Finanzierung nicht möglich ist oder wirtschaftlich unzweckmäßig wäre. Hier wird der Grundsatz der Subsidiarität angesprochen, d. h. eine Kreditaufnahme soll erst erfolgen, wenn die übrigen Finanzierungsmöglichkeiten (§ 44 Abs. 2 KV M-V) ausgeschöpft sind.

Dieser Grundsatz gilt aber nicht ausschließlich. Bei der Kreditaufnahme ist die wirtschaftliche Zweckmäßigkeit bzw. Unzweckmäßigkeit zu prüfen. So kann zur Erreichung einer wirtschaftlichen Finanzierung des Haushalts durchaus von einer Nachrangigkeit der Kreditaufnahme abgesehen werden (vgl. § 43 Abs. 4 KV M-V). Auf die Möglichkeit der Gemeinde zur Erhöhung der sonstigen Finanzmittel, der speziellen Entgelte oder der Steuern zur Vermeidung einer Kreditaufnahme gibt der Sachverhalt keine Anhaltspunkte. Laut Sachverhalt hat die Gemeinde aber zu Beginn des Jahres 2022 liquide Mittel in erheblichem Umfang (12 Mio. €) zur Verfügung, die sie nach dem Subsidiaritätsprinzip vorrangig zur Finanzierung des Haushalts verwenden muss.

Der Kämmerer beabsichtigt, nur etwa die Hälfte der liquiden Mittel im Jahr 2022 zur Finanzierung einzusetzen, um für spätere unvorhergesehene Finanzbedarfe eine Reserve aufrecht erhalten zu können. Insgesamt plant der Kämmerer sogar eine spätere Aufstockung seiner Liquiditätsreserve in den folgenden Jahren auf über 7 Mio. €. Gleichzeitig verbessert sich die Finanzsituation im Bereich der laufenden Verwaltungstätigkeit laut Planung in den nächsten Jahren kontinuierlich. Das Vorhalten einer dauerhaften Liquiditätsreserve in Millionenhöhe scheint daher aus wirtschaftlichen Gründen unangebracht. Zur Sicherung der laufenden Zahlungsfähigkeit erscheint ein weit geringerer Finanzmittelbestand ausreichend. Lt. Sachverhalt beträgt die Zinsdifferenz zwischen Kredit- und Anlagezins rd. 1,5 %. Durch die Vermeidung von Krediten durch eine stärkere Inanspruchnahme der liquiden Mittel könnte der Kämmerer in jedem Jahr je 1 Mio. € geringerer Kreditaufnahme 20.000 € Zinsaufwand vermeiden, würde im Gegenzug jedoch nur 5.000 € an Zinsertrag einbüßen. Würde der Kämmerer bereits im Jahr 2021 die liquiden Mittel auf 1 Mio. € herunterfahren, würde er nur 4,5 Mio. € an Krediten benötigen, was ihm bereits im folgenden Jahr ersparten Zinsaufwand von 110.000 € einbringen und den jahresbezogenen Saldo der laufenden Ein- und Auszahlungen entlasten würde.

Der Hinweis auf die absehbare Verteuerung der Kredite am Kapitalmarkt spricht ebenfalls nicht für das Vorziehen von Krediten und das Vorhalten kurzfristig nicht benötigter Liquidität. Eine Erhöhung des Zinssatzes am Kapitalmarkt würde wohl nicht einseitig die Kreditzinsen, sondern auch die Guthabenzinsen betreffen. Auch wenn sich durch die Erhöhung der Zinsen für die Gemeinde die Zinsdifferenz langfristig verbessert, kann nicht davon ausgegangen werden, dass die Guthabenzinsen dauerhaft über den Kreditzinsen liegen. Das Anhäufen von Liquidität zur Vermeidung eines möglicherweise später benötigten Kredites erscheint daher unabhängig von der zu erwartenden Zinsentwicklung in jedem Fall als wirtschaftlich unzweckmäßig.

Die geplante Kreditaufnahme in 2022 verstößt daher gegen die in § 44 Abs. 3 KV M-V vorgesehene Subsidiarität der Kreditaufnahme.

Sachverhalt Nr. 2
Die Gemeinde G will im Jahr 2022 bis 2025 jeweils 15 Mio. € Netto-Kredit für Investitionen in die Haushaltssatzung aufnehmen. Für jede der vier Kreditaufnahmen erhöht sich die Zinsbelastung im folgenden Jahr voraussichtlich um 800.000 €. Vor der Veranschlagung der Kreditaufnahme zeigt der Ergebnishaushalt folgendes Bild:

Ergebnishaushalt	2022 T€	2023 T€	2024 T€	2025 T€
Ergebnis der laufenden Verwaltungstätigkeit	7.000	6.100	5.500	5.400
Finanzergebnis	–2.300	–2.300	–2.300	–2.300
Ordentliches Ergebnis	4.700	3.800	3.200	3.100
Außerordentliches Ergebnis	0	0	2.000	1.800
Jahresergebnis	4.700	3.800	5.200	4.900

Aufgabe:
Prüfen Sie die Zulässigkeit dieser Kreditveranschlagungen in Bezug auf § 52 Abs. 2 Satz 3 KV M-V.

Lösung:
Gemäß § 52 Abs. 2 Satz 3 KV M-V müssen die Verpflichtungen aus Krediten mit der dauernden Leistungsfähigkeit der Gemeinden im Einklang stehen. Die dauernde Leistungsfähigkeit spiegelt sich insbesondere darin wieder, dass die Kommune in der Lage ist, ihren Ressourcenverbrauch mittelfristig durch eigenes Ressourcenaufkommen zu decken. Damit ist der Ergebnisplan das maßgebliche Kriterium zur Beurteilung der dauernden Leistungsfähigkeit der Kommune.

Vor der Veranschlagung der Kreditaufnahme weist der Ergebnishaushalt der Gemeinde G in allen Jahren der Planung einen deutlichen Jahresüberschuss aus. Obwohl das „Ordentliche Jahresergebnis" leicht rückläufig ist, scheint eine Gefährdung der Leistungsfähigkeit nicht gegeben.

Durch die Veranschlagung der Kreditaufnahme für Investitionstätigkeit im Finanzhaushalt ist auch eine Anpassung des Ergebnishaushaltes erforderlich. Durch die zusätzlichen Kredite erhöht sich der Zinsaufwand, der das Finanzergebnis belastet. Laut Sachverhalt sollen in den Jahren 2022 bis 2025 der Kreditbestand jeweils um 15 Mio. € erhöht werden. Hierdurch ergibt sich jeweils im folgenden Jahr ein erhöhter Zinsaufwand:

Jahr	Erhöhung Kredit	zus. Zinsaufwand	Finanzergebnis
2022	15.000.000		–2.300.000
2023	15.000.000	800.000	–3.100.000
2024	15.000.000	800.000	–3.900.000
2025	15.000.000	800.000	–4.700.000
2026		800.000	–5.500.000

Einen guten Überblick über die Auswirkungen der Änderung des Finanzergebnisses gibt der Ergebnisplan nach Anpassung des Finanzergebnisses:

Ergebnisplan	**2022 T€**	**2023 T€**	**2024 T€**	**2025 T€**
Ergebnis der laufenden Verwaltungstätigkeit	7.000	6.100	5.500	5.400
Finanzergebnis	–2.300	–3.100	–3.900	–4.700
Ordentliches Ergebnis	4.700	3.000	1.600	700
Außerordentliches Ergebnis	0	0	2.000	–1.800
Jahresergebnis	4.700	3.000	3.600	1.500

Wie auch vor der Veranschlagung der Kreditaufnahme weist die Gemeinde G weiterhin für den gesamten Zeitraum der mittelfristigen Finanzplanung ein positives Jahresergebnis aus und erfüllt damit nachhaltig die Anforderungen des Haushaltsausgleichs nach § 43 Abs. 6 KV M-V.

Die Verschlechterung des Finanzergebnisses hat allerdings dazu geführt, dass sich das „Ordentliche Ergebnis" innerhalb von vier Jahren von 4,7 Mio. € auf 0,7 Mio. € um rd. 85 % reduziert. Bei der für 2026 absehbaren weiteren Verschlechterung des Finanzergebnisses durch die zusätzliche Kreditaufnahme in 2025 ist voraussichtlich erstmals mit einem negativen „Ordentlichen Ergebnis" zu rechnen. Da eine Fortschreibung des „Außerordentlichen Ergebnisses" auf die nach 2025 folgenden Jahre ohne nähere Kenntnis der Ursachen für diese Ergebnisse nicht zulässig erscheint, drohen langfristig negative Jahresergebnisse, die wesentlich durch die in 2022 bis 2025 vorgesehenen Kreditaufnahmen verursacht sind.

Unabhängig von der Höhe des Eigenkapitals der Gemeinde G erscheint die drastische Verschlechterung des Finanzergebnisses aufgrund der hohen Kreditaufnahme für die Gewährleistung der dauernden Leistungsfähigkeit der Gemeinde zumindest kritisch zu sein.

Im Hinblick auf die bestehenden Unsicherheiten der Entwicklung über den Zeitraum der mittelfristigen Planung hinaus und der Tatsache, dass die Gemeinde laut ihrer Planung bis 2022 noch positive ordentliche Ergebnisse und Jahresergebnisse ausweisen kann, erscheint die geplante Kreditaufnahme im Hinblick auf § 52 Abs. 2 KV M-V zum jetzigen Zeitpunkt noch als zulässig. Sollte sich die erkennbare negative Entwicklung der Gemeinde allerdings in den nächsten Jahren bestätigen oder verstärken, müsste ggf. die vorgesehene Neuverschuldung im Rahmen der dann anstehenden Haushaltsplanung reduziert werden.

Sachverhalt Nr. 3

Die Gemeinde G beabsichtigt, zur Finanzierung der Investitionen im Haushalt einen Bankkredit i. H. v. 5 Mio. € zu veranschlagen. Sie rechnet mit folgenden Konditionen:

Zinsen = 3,0 v. H.
Tilgung = 1 v. H. zuzüglich ersparter Zinsen
Auszahlungskurs = 98 v. H.

Die Kreditaufnahme ist für den 1. April des Haushaltsjahres vorgesehen, wobei mit einer halbjährlichen Zins- und Tilgungsleistung bei nachträglicher Abschreibung (erstmals zum 1. Oktober) gerechnet wird. Es wird von einer Kreditlaufzeit von 33 Jahren ausgegangen.

Aufgabe:
Bilden Sie für das Jahr der Kreditaufnahme die erforderlichen Ansätze (unter Angabe der Sachkonten und der Produktbereiche) im Haushaltsplan. Fügen Sie ggf. erforderliche zusätzliche Sachkonten in den Kontenplan des Innenministeriums ein.

Lösung:

a) Teilfinanzhaushalt im Produktbereich 61 „Allgemeine Finanzwirtschaft"

Zinsen werden im Teilfinanzhaushalt zwar veranschlagt, aber müssen nicht ausgewiesen werden.

Sachkonto	Bezeichnung	Ansatz €
	Einzahlungen	
692	Investitionskredite	4.900.000[365]
	Auszahlungen	
775	*Zinsauszahlungen*	*75.000*[366]
7925	Tilgung von Krediten	25.000[367]

b) Teilergebnishaushalt im Produktbereich 61 „Allgemeine Finanzwirtschaft"

Sachkonto	Bezeichnung	Ansatz €
	Aufwendungen	
575	Zinsen für Kredite	225.000[368]
57931	Disagio	2.273[369]

365 98 v. H. von 5.000.000 € = 4.900.000 €.

366 3,0 v. H. von 5.000.000 € = 150.000 € Zinsauszahlungen p. a. Am 1. Oktber sind Zinsen für ein halbes Jahr zu zahlen: 150.000 € × ½ = 750.000 €.

367 1 v. H. von 5.000.000 € = 50.000 € : 2 (ein halbes Jahr) = 25.000 €.

368 6,0 v. H. von 5.000.000 € = 300.000 € Zinsaufwand p. a. Da der Kredit erst am 1. April aufgenommen wird, entfallen auf das erste Jahr hiervon drei Viertel = 225.000 €.

369 2 v. H. von 5.000.000 € = 100.000 € Disagio. In dieser Höhe kann bei der Kreditaufnahme gem. § 36 Abs. 3 GemHVO-Doppik ein aktiver Rechnungsabgrenzungsposten (RAP) gebildet werden. Dieser RAP wird dann jährlich mit 1/33 (= 3.030 €) aufwandswirksam aufgelöst. Da der Kredit erst am 1. April aufgenommen wird, entfallen auf das erste Jahr hiervon drei Viertel = 2.273 €. Eine sofortige aufwandswirksame Erfassung des Disagios im Jahr der Kreditaufnahme ist ebenfalls zulässig.

Sachverhalt Nr. 4

Die Sparkasse G bietet am 12.3.2021 einen Kredit i. H. v. 5 Mio. € zu 2,5 % Zinsen und 1 % Tilgung zuzüglich ersparter Zinsen bei einem Auszahlungskurs von 100 % an.[370] Das Angebot gilt aber nur bis zum 13.3.2021. Die Gemeinde G benötigt diesen Kredit dringend, zumal sie wegen der bisher angespannten Lage am Kreditmarkt ihre Kreditermächtigung i. H. v. 20 Mio. € nicht ausgenutzt hat. Der Kämmerer gibt der Sparkasse am gleichen Tage mündlich die Zusage. Die Gemeindevertretung hat sich die tatsächliche Kreditaufnahme ab 500.000 € vorbehalten. Nach dem Terminplan tagt die Gemeindevertretung am 20.3.2021 und der Hauptausschuss am 15.3.2021.

Aufgaben:

a) Begutachten Sie, wer für die Kreditaufnahme zuständig ist bzw. welche Formvorschriften zu beachten sind.
b) Fertigen Sie einen entsprechenden Beschlussentwurf über die Kreditaufnahme und die entsprechende Vorlage an die Gemeindevertretung.

Lösung:

a) Eine ausdrückliche Gemeindevertretungszuständigkeit für die Kreditaufnahme sieht § 22 Abs. 3 KV M-V nicht vor. Allerdings ist in § 22 Abs. 4 Nr. 3 KV M-V festgelegt, dass mittels Regelung in der Hauptsatzung die Zuständigkeit für die Kreditaufnahme auf den Hauptausschuss und/oder den Bürgermeister übergehen kann.
   Die Gemeindevertretung hat bereits in der Haushaltssatzung die Gesamtsumme der Kreditaufnahme festgelegt. Im Rahmen der Ausführung des Haushalts ist es also durchaus möglich, die tatsächliche Kreditaufnahme durch den Hauptausschuss bzw. den Bürgermeister durchführen zu lassen. Laut Sachverhalt hat die Gemeindevertretung sich jedoch die Entscheidung über die tatsächliche Kreditaufnahme ab 500.000 € vorbehalten. Für die Aufnahme des Kredites von 5.000.000 € ist also die Zustimmung der Gemeindevertretung erforderlich.
   Laut Sachverhalt liegt dieser erforderliche Gemeindevertretungsbeschluss nicht vor. Nach § 35 Abs. 2 KV M-V entscheidet der Hauptausschuss in den Angelegenheiten, die der Beschlussfassung der Gemeindevertretung unterliegen, falls die Gemeindevertretung nicht rechtzeitig einberufen werden kann. Das Kreditangebot gilt nur noch bis zum 13.3.2021. Somit besteht keine Gelegenheit, die Gemeindevertretung rechtzeitig einzuberufen.
   Der Hauptausschuss könnte also entscheiden. Die rechtzeitige Einberufung des Hauptausschusses ist aber aus dem vorgenannten Grund (Gültigkeit des Angebotes bis 13.3.2021) auch nicht möglich. Angesichts der günstigen Konditionen und des dringenden Bedarfs würde die Nichtannahme des Kreditangebotes erhebliche Nachteile für die Gemeinde bringen. In einem solchen Fall kann nach § 38 Abs. 4 KV M-V der Bürgermeister entscheiden. Die Entscheidung muss dann der Ge-

370 Die Kreditkonditionen entsprechen nicht der derzeitigen Marktlage. Sie sind aus Übungsgründen so festgesetzt.

meindevertretung in der nächsten Sitzung zur Genehmigung vorgelegt werden. Die Gemeindevertretung kann die Entscheidung aufheben.
Ferner bedürfen Erklärungen, durch welche die Gemeinde verpflichtet werden soll, der Schriftform. Sie sind gemäß § 38 Abs. 6 KV M-V vom Bürgermeister und einem seiner Stellvertreter zu unterzeichnen. Eine mündliche Zusage des Kämmerers entspricht also nicht den Formvorschriften. Erklärungen, die nicht den Formvorschriften entsprechen, sind durch die Gemeindevertretung zu genehmigen. Die mündliche Zusage des Kämmerers bindet die Gemeinde somit nicht. Der Kreditvertrag gilt als schwebend unwirksam. Sollte ein Gemeindevertretungsbeschluss über die Kreditaufnahme nicht zu Stande kommen, hätte die Sparkasse G einen Rückforderungsanspruch aus § 812 BGB (ungerechtfertigte Bereicherung) unbeschadet weiterer Schadensersatzansprüche.

b) Die Dringlichkeitsentscheidung und die Gemeindevertretungsvorlage sind nachstehend abgedruckt.

Entscheidung
nach § 38 Abs. 4 KV M-V

Betr.: Aufnahme eines Kredites in Höhe von 5 Mio. €

Gemäß § 38 Abs. 4 KV M-V ergeht folgende Dringlichkeitsentscheidung:
Der Aufnahme eines Kredites in Höhe von 5 Mio. € wird gemäß § 38 Abs. 4 KV M-V zu folgenden Bedingungen zugestimmt:

Zinssatz:	2,50 % p. a.
Tilgung:	1,00 % p. a.
Auszahlungskurs:	100,00 %

Im Übrigen gelten die Bedingungen der Schuldurkunde.

Finanzposition: Finanzhaushalt 2021, Produktbereich 61 „Allgemeine Finanzwirtschaft", Kontengruppe 692 „Investitionskredite".

Begründung:
Zum Ausgleich des Finanzplans und zur Liquiditätssicherung werden Kredite i. H. v. insgesamt 5 Mio. € benötigt. Damit die Finanzierungsmittel rechtzeitig zur Verfügung stehen, ist die Aufnahme des Kredites in der vorbezeichneten Höhe erforderlich. Die Konditionen des angebotenen Kredites können bei den jetzigen Verhältnissen auf dem Kapitalmarkt als günstig bezeichnet werden.
Die besondere Dringlichkeit der herbeizuführenden Entscheidung ist dadurch gegeben, dass der Kreditgeber sich nur bis zum 13.3.2021 an seine Zusage gebunden hält.

G, den 12. März 2021 gez. Unterschrift (Bürgermeister)

Der Bürgermeister G, 13. März 2021

Vorlage an die Gemeindevertretung Nr. xxxxx

Betreff
Genehmigung der Entscheidung über die Aufnahme eines Kredites in Höhe von 5.000.000 €

Amt: Kämmerei

Berichterstatter: Kämmerer

Beschlussvorschlag:
Die Dringlichkeitsentscheidung nach § 38 Abs. 4 KV M-V vom 12. März 2021 über die Aufnahme eines Kredites in Höhe von 5.000.000 € zu folgenden Konditionen

Zinssatz:	2,50 % p. a.
Tilgung:	1,00 % p. a.
Auszahlungskurs:	100,00 %

und den sonstigen Bedingungen der Schuldurkunde wird genehmigt.

Anlage: Abschrift der Entscheidung nach § 38 Abs. 4 KV M-V vom 12. März 2021

Begründung:

Siehe Begründung der Dringlichkeitsentscheidung.

In Vertretung
gez. Unterschrift
Kämmerer

15.4 Kreditähnliche Verbindlichkeiten

15.4.1 Bedeutung kreditähnlicher Geschäfte

Wie bereits in Kapitel 15.1.5 dargelegt, ist die begriffliche Festlegung dieser Rechtsgeschäfte problematisch. Die rechtliche Ausgestaltung ist unerheblich, somit muss nicht unbedingt ein Rechtsgeschäft der Zahlungsverpflichtung zugrunde liegen. Ein Verwaltungsakt ist ebenfalls denkbar (z. B. § 99 BauGB – Verrentung eines Enteignungsanspruchs im Enteignungsverfahren, § 59 BauGB – Abfindung im Umlegungsverfahren).

Beispiele für kreditähnliche Geschäfte der Gemeinden sind

- Leibrentenverträge,
- Leasingverträge,
- atypische, langfristige Mietverträge ohne Kündigungsmöglichkeiten,
- Nutzungsüberlassungsverträge für Gebäude auf gemeindeeigenen Grundstücken,
- periodenübergreifende Stundungsabreden,
- Ratenkaufmodelle,
- ÖPP-Projekte mit kreditähnlichen Vertragselementen.

Die vorgenannten Geschäfte fallen nicht unter die Kredite und werden nicht in §§ 2 oder 4 der Haushaltssatzung aufgenommen. Derartige Geschäftsvorfälle werden als Rechtsgeschäfte nach § 52 Abs. 5 KV M-V behandelt.

In der Praxis kommen kreditähnliche Geschäfte von der Fallzahl her heute ungleich häufiger vor als Kreditaufnahmen für Investitionen im Rahmen der Kreditermächtigung gemäß § 2 der Haushaltssatzung. Vom Volumen her sind aber die Kreditaufnahmen für Investitionen im Rahmen des § 2 der Haushaltssatzung in der Regel gewichtiger.

Vor allem Kommunen mit Haushaltausgleichsproblemen sind auf der Suche nach neuen Finanzierungsmodellen. So sind z. B. sog. „Sale-and-lease-back-Geschäfte" und Gestaltungen im Rahmen von „PPP" (public private partnership) anzutreffen. Es handelt sich dabei ohne Zweifel um kreditähnliche Rechtsgeschäfte, die allesamt der Einzelfallprüfung dahingehend unterliegen, ob sie von der Gemeinde vollständig verstanden und nachvollzogen werden können und ob sie nach einem Wirtschaftlichkeitsvergleich aufgrund mehrerer Angebote auch wirklich die wirtschaftlichste Finanzierungsvariante darstellen.

15.4.2 Voraussetzungen zum Eingehen von kreditähnlichen Geschäften

Bei der Vielzahl der gemeindlichen Betätigung kommen kreditähnliche Geschäfte in allen Bereichen vor und können mit allen Personengruppen abgeschlossen werden.

Derartige Rechtsgeschäfte sollen aber nur abgeschlossen werden, wenn die in Kapitel 15.2.2 beschriebenen Voraussetzungen sinngemäß gegeben sind. Nach § 52 Abs. 5 KV M-V ist jedoch zu beachten, dass kreditähnliche Geschäfte grundsätzlich genehmigungspflichtig sind, es sei denn, sie sind entsprechend § 52 Abs. 6 KV M-V hiervon befreit. Nach § 52 Abs. 5 KV M-V gilt § 52 Abs. 2 Satz 3 KV M-V sinngemäß. Das bedeutet, dass die aus den kreditähnlichen Rechtsgeschäften übernommenen Verpflichtungen mit der dauernden Leistungsfähigkeit der Gemeinde in Einklang stehen müssen. Dies hat die Rechtsaufsicht im Rahmen des Genehmigungsverfahren zu prüfen.[371] Diese Form präventiver Aufsicht verpflichtet die Rechtsaufsicht einzugreifen, wenn es sich um die Verletzung einer Rechtspflicht handelt. Ausgenommen von dieser

371 Siehe dazu auch den Erlass des Innenministeriums zur Kreditwirtschaft der Gemeinden vom 27.4.1992 (Amtsblatt MV S. 426, 428).

Anzeigepflicht sind die Begründungen von Zahlungsverpflichtungen im Rahmen der laufenden Verwaltung (z. B. Leasingverträge mit geringem Umfang).

Entsprechend des Erlasses des Innenministeriums zur Kreditwirtschaft der Gemeinden vom 27.4.1992 (Amtsblatt MV S. 426, 428) ist die Genehmigung eines Leasingvertrages dann nicht erforderlich, wenn der Verwaltungshaushalt ausgeglichen ist, die Kommune über die Pflichtzuführung hinaus eine Zuführung zum Vermögenshaushalt erwirtschaftet hat und die Anschaffungskosten für das Wirtschaftsgut bestimmte Wertgrenzen (rund 400.000 €) nicht überschreiten. Zu beachten ist, dass dieser Erlass noch die früheren kameralen Regelungen beinhaltet. Soweit in diesem Erlass auf den Ausgleich des Verwaltungshaushalt abgestellt wird, ist neu der Ausgleich von Ergebnishaushalt und Finanzhaushalt anzusprechen.

15.4.3 Ausgestaltung kreditähnlicher Geschäfte

Bezüglich der laufenden Zahlungsverpflichtungen ist ein besonders strenger Maßstab anzulegen. Sinngemäß kann auf die Ausführungen in Kapitel 15.2.4 verwiesen werden.

15.4.4 Verbindung zum Haushaltsplan

Der Abschluss kreditähnlicher Geschäfte selbst bedarf regelmäßig keiner Veranschlagung im Haushaltsplan, wohl aber sind die sich daraus ergebenden Verpflichtungen haushaltsrechtlich zu berücksichtigen. Somit sind entsprechend §§ 2 und 3 GemHVO-Doppik alle anfallenden Folgeleistungen entsprechend ihres Charakters als Aufwand und/oder Auszahlung im Haushaltsplan aufzunehmen.

Nach dem Produktrahmenplan werden die sich aus kreditähnlichen Verbindlichkeiten ergebenden Aufwendungen und Zahlungen aber nicht im Produktbereich 61 „Allgemeine Finanzwirtschaft“ nachgewiesen, sondern dort, wo das Rechtsgeschäft vom Aufgabenbereich her hingehört.

So wird z. B. die Leibrente für die Übernahme eines Grundstückes für Grundschulzwecke in Produktgruppe 211 „Grundschulen“ (§ 11 Abs. 2 Nr. 1a) SchulG M-V) nachgewiesen. Da es sich bei der Zahlung von Leibrenten wirtschaftlich um eine Art Kaufpreiszahlung handelt, wird es als Investitionsauszahlung beim Konto 7852 „Auszahlungen für bebaute Grundstücke und grundstücksgleiche Rechte“ abgebildet. Es erfolgt lediglich eine Veranschlagung im Finanzhaushalt.

Im Ergebnis werden also die aus kreditähnlichen Geschäften resultierenden Auszahlungen und Aufwendungen über den gesamten Haushalt verteilt veranschlagt und abgewickelt.

Die Frage der Behandlung von Leasingraten im Haushalt richtet sich ausschließlich danach, ob der Leasing-Gegenstand der Gemeinde als Leasing-Nehmer oder dem Leasing-Geber wirtschaftlich zuzurechnen ist. Soweit der Leasing-Gegenstand der Gemeinde zuzurechnen ist, sind die Leasingraten als Kaufpreisraten ausschließlich im Finanzhaushalt zu veranschlagen und zu buchen. Durch die parallele Aktivierung des Leasing-Gegenstandes erfolgt gleichzeitig eine Abschreibung, die im Ergebnishaushalt abgebildet wird. Wird der LeasingGegenstand dagegen dem Leasing-Geber wirtschaftlich zugerechnet, werden die Leasingraten bei den Geschäftsaufwendungen im Ergebnishaushalt ausgewiesen. Die Zahlungsabwicklung erfolgt dann über das Finanzrechnungskonto (Konto 7622).

Die Beurteilung der schwierigen Frage nach der wirtschaftlichen Zurechnung der Vermögensgegenstände beim Leasing erfolgt im Einzelfall nach den einschlägigen Erlassen der Finanzverwaltung.[372] Grundsätzlich ist dabei zwischen dem Financial-Leasing und dem Operational-Leasing unterschieden. Das Financial-Leasing erstreckt sich i. d. R. über 40–90 % der betriebsgewöhnlichen Nutzungsdauer des Leasing-Gegenstandes. Der Leasingvertrag kann beim Financial-Leasing innerhalb dieser Laufzeit nicht gekündigt werden. Damit trägt der Leasing-Nehmer das Investitionsrisiko (z. B. Entwertung wegen technischen Fortschritts) und wird damit als Leasing-Nehmer wirtschaftlicher Eigentümer des Objektes. Beim Operational-Leasing kann der Leasingvertrag dagegen sofort oder relativ kurzfristig gekündigt werden. Hierdurch trägt der Leasinggeber das Investitionsrisiko und bleibt wirtschaftlicher Eigentümer des Leasing-Objektes.

15.4.5 Übung

Sachverhalt Nr. 5
Die Gemeinde G hat mit Beschluss der Gemeindevertretung folgende Verpflichtung übernommen:

a) den Schuldendienst für einen Kredit i. H. v. 300.000 €, welchen der Zweckverband „Ausbau des Vorbergbaches" bei der Sparkasse X zum 1.1.2022 aufnehmen will. Die Kreditkonditionen lauten:
   Zinsen = 2 %
   Tilgung zuzüglich ersparter Zinsen = 2 %
b) die Leibrentenzahlung aus einem Grundstückskauf im Zuge des Ausbaues der Gemeindestraße X in Höhe von 70.000 € bis zum Tode des Letztlebenden des Ehepaares Müller. Der Grundstücksübergang wird am 1.1.2022 wirksam.

Aufgabe:
Begutachten Sie, wie die Maßnahmen im Haushaltsplan 2022 zu veranschlagen sind. Dabei ist auf die Veranschlagung einer Verpflichtungsermächtigung nicht einzugehen.

372 Vgl. *Brixner/Harms/Noe*, Verwaltungs-Kontenrahmen, München 2003, S. 425 f. m. w. N.

Lösung:

Zu a)

Schuldendiensthilfen sind Geldleistungen zur Erleichterung des Schuldendienstes für Kredite. Laut Sachverhalt übernimmt die Gemeinde G den Schuldendienst für einen Kredit des Zweckverbandes. Somit handelt es sich hier um eine Schuldendiensthilfe. Nach dem vom Innenministerium als Anlage 1 der Verwaltungsvorschriften GemHVO-Doppik und GemKVO-Doppik herausgegebenen Kontenrahmenplan handelt es sich bei Schuldendiensthilfen unabhängig davon, ob die Hilfen beim Empfänger für die Kredittilgung oder für Zinszahlungen bestimmt sind, um Aufwendungen der Gemeinde (Kontenart 542: Schuldendiensthilfen).

Der Schuldendienst i. H. v. 6.000 € (2 % Zinsen von 300.000 € für ein Jahr) und 6.000 € (2 % Tilgung von 300.000 € für ein Jahr), insgesamt also 12.000 €, sind als Schuldendiensthilfen im Ergebnishaushalt bei den Transferaufwendungen (Konto 54244) und im Finanzhaushalt bei den Transferauszahlungen (Konto 74244) zu veranschlagen.

Die Schuldendiensthilfe ist der Produktgruppe 552 „Öffentliche Gewässer, Wasserbauliche Anlagen, Gewässerschutz“ zuzuordnen.

Zu b)

Der Abschluss eines Leibrentenvertrages ist ebenso wie die vorstehend behandelte Übernahme des Schuldendienstes ein kreditähnliches Geschäft gemäß § 52 Abs. 5 KV M-V.

Der Schuldendienst ist in dem Produktbereich zu veranschlagen, dem er sachlich zuzuordnen ist. Die Leibrente wird für ein Grundstück gezahlt, das im Rahmen des Straßenbaus benötigt wurde. Da es sich um eine Verkehrsfläche handelt, ist hier nach dem Produktrahmenplan der Produktgruppe 541 „Gemeindestraßen“ vorgeschrieben.

Die Zahlung von Leibrenten entspricht wirtschaftlich einer Kaufpreiszahlung. Es handelt sich daher um Investitionszahlungen, die den „Auszahlungen für den Erwerb von Vermögensgegenständen des Anlagevermögens“ zuzuordnen sind. Diese Auszahlungen werden lediglich im Finanzhaushalt ausgewiesen.

15.5 Haftungsverhältnisse: Sicherheitsleistungen, Bürgschaften und Gewährverträge

15.5.1 Sicherheitsleistungen

Nach § 57 Abs. 1 KV M-V darf eine Gemeinde grundsätzlich keine Sicherheiten zugunsten Dritter bestellen. Mit dieser Vorschrift will der Gesetzgeber erreichen, dass die Gemeinde über das Verbot der Bestellung von Sicherheiten im Zusammenhang mit Kreditgeschäften (§ 52 Abs. 7 KV M-V) hinaus auch in allen übrigen Fällen ihr für die Aufgabenerfüllung benötigtes Vermögen nicht einer Beschränkung unterwirft.

Solche Sicherheitsleistung sind die in § 232 BGB genannten Sicherheitsleistungen wie z. B.

- Bestellung von Hypotheken,
- Verpfändung von Forderungen der genannten Art,
- Verpfändung von beweglichen Sachen (§ 1204 BGB).

Der Grund für ein grundsätzliches Verbot der Bestellung von Sicherheiten ergibt sich im Wesentlichen aus der Tatsache, dass die Gemeinde als öffentlich-rechtliche Körperschaft und Bestandteil des Staates (Land) ohnehin mit ihrem gesamten Vermögen und ihrer ganzen Finanzkraft (Steuerkraft usw.) für ihre Verbindlichkeiten haftet.

Eine Ausnahme vom Verbot der Bestellung von Sicherheiten ist nach § 57 Abs. 1 Satz 3 KV M-V allerdings mit Zustimmung der Rechtsaufsicht möglich. Die Rechtsaufsicht entscheidet nach pflichtgemäßem Ermessen. In der Praxis kommen sicherlich Ausnahmen vom Verbot der Bestellung von Sicherheiten (selten) vor.

15.5.2 Bürgschaften und Gewährverträge

15.5.2.1 Allgemeines

Begrifflich sind die Bürgschaften und Gewährverträge bereits in Kapitel 15.2.7 dargestellt. Folgendes Beispiel dient der Verdeutlichung:

> ***Beispiel:***
> *Eine gemeindeeigene Wohnungsbaugesellschaft beabsichtigt, ein Wohnheim zur vorübergehenden Unterbringung von Aussiedlern (gemeindliche Aufgabe) zu errichten. Zur teilweisen Finanzierung wird auf der Grundlage eines Förderprogramms ein Kredit der Deutschen Ausgleichsbank benötigt. Nach den Bewilligungsbedingungen der Deutschen Ausgleichsbank hat die Gemeinde die Ausfallbürgschaft für den Kredit zu übernehmen, d. h. sie tritt mit allen Rechten und Pflichten in das Kreditverhältnis ein, wenn die Wohnungsbaugesellschaft nicht zahlungsfähig sein sollte.*

In diesem Fall führt ein Privatunternehmen eine gemeindliche Aufgabe durch. Aufgrund der zunehmenden Privatisierung gemeindlicher Leistungen ergibt sich vermehrt die Notwendigkeit für Gemeinden, zur Absicherung der Kreditfinanzierung dieser privatwirtschaftlich geführten Einrichtungen und Unternehmen Bürgschaften zu übernehmen.

Die Bürgschaft kann für eine bestehende, künftige oder bedingte Verbindlichkeit übernommen werden (§ 765 Abs. 2 BGB). Nach § 766 BGB bedarf der Bürgschaftsvertrag der Schriftform (Ausnahme nach § 350 HGB für Kaufleute). Eine selbstschuldnerische Bürgschaft liegt vor, wenn der Bürge auf die Einrede der Vorausklage verzichtet (§ 773 Abs. 1 Ziffer 1 BGB – dabei sind §§ 349, 351 HGB zu beachten).

15.5.2.2 Voraussetzungen

Eine entsprechende Voraussetzung zur Übernahme von Bürgschaften, Verpflichtungen aus Gewährverträgen und ähnlichen Rechtsgeschäften (§ 57 KV M-V) ist die Bestimmung, dass sie nur im Rahmen der gemeindlichen Aufgabenerfüllung übernommen werden dürfen. Diese Beschränkung bringt Probleme mit sich. Da der Begriff „Aufgaben der Gemeinde" nicht festgelegt ist und vor allem auch wegen der Vielzahl der freiwilligen Aufgaben nicht festgelegt werden kann, ist immer im Einzelfall zu entscheiden, ob eine Bürgschaft übernommen werden kann oder nicht (z. B. Bürgschaftsübernahmen für private Unternehmen, Profi-Sportvereine usw.).

Eine weitere formelle Voraussetzung zur Übernahme von Bürgschaften und Verpflichtungen aus Gewährverträgen ist die Genehmigung der Rechtsaufsicht im Einzelfall (§ 57 Abs. 3 KV M-V). Nach § 22 Abs. 4 Nr. 4 KV M-V gehört die Übernahme von Bürgschaften usw. zu den Entscheidungskompetenzen, die die Gemeindevertretung (innerhalb bestimmter Wertgrenzen) auf den Hauptausschuss oder den Bürgermeister delegiert können.

15.5.2.3 Ausgestaltung von Bürgschaften, Gewährverträgen und anderen Haftungsverhältnissen

Wegen der eventuellen Verpflichtungen aus Haftungsverhältnissen wie Bürgschaftsübernahmen, Gewährverträgen usw. sind die zugrunde liegenden Rechtsgeschäfte (Kreditverträge usw.) hinsichtlich ihrer Konditionen sinngemäß nach den gleichen Kriterien zu untersuchen wie in Kapitel 15.2.3 für die gemeindlichen Kredite beschrieben.

Zu unterscheiden ist zwischen einer selbstschuldnerischen Bürgschaft und einer Ausfallbürgschaft. Bei der selbstschuldnerischen Bürgschaft braucht der säumige Zahlungspflichtige nur einmal erfolglos gemahnt zu werden, bevor der Gläubiger ohne weitere Voraussetzungen an den Bürgen herantreten kann. Dieser muss dann sofort in die Zahlungsverpflichtungen des Schuldners eintreten. Bei einer Ausfallbürgschaft muss der Gläubiger zunächst mit allen Mitteln (bis zur Zwangsvollstreckung) versuchen, seine Zahlung vom Schuldner zu erhalten. Erst wenn der konkrete Schuldnerausfall belegt ist, kann der Bürge in Anspruch genommen werden. Insofern ist der Gemeinde zu empfehlen, ausschließlich Ausfallbürgschaften abzuschließen. Auf der nächsten Seite ist ein Beispiel einer Urkunde für eine Ausfallbürgschaft abgedruckt.

Bürgschaftserklärung

Die Gemeinde G

nachstehend Bürge genannt,
übernimmt hiermit die wie folgt modifizierte Ausfallbürgschaft für den
Sportverein FC Nordstadt in G, Nordstr. 10,
nachstehend „Schuldner" genannt,
von der Sparkasse G, Marktplatz 12, in G
bewilligte Darlehen in Höhe von ***500.000 €***
in Worten: ***fünfhunderttausend Euro***

nebst Zinsen, Verzugsentschädigungen und etwaiger Kosten unter Anerkennung folgender Bedingungen:

1. Der Ausfall gilt als festgestellt, wenn und soweit die Zahlungsunfähigkeit des Schuldners durch Zahlungseinstellung, Eröffnung des Insolvenz- oder Vergleichsverfahrens, Abgabe einer eidesstattlichen Versicherung gemäß § 807 ZPO oder auf sonstige Weise erwiesen ist und aus der Verwertung des sonstigen Vermögens des Schuldners nennenswerte Erlöse nicht mehr zu erwarten sind.
2. Der Ausfall gilt, auch wenn die Voraussetzungen des vorigen Absatzes nicht vorliegen, in Höhe der noch nicht bezahlten oder beigetriebenen gesamten Darlehensforderung einschließlich Zinsen, Verzugszinsen und -entschädigungen und Kosten als festgestellt, wenn ein fälliger Kapital- oder Zinsbetrag trotz einmaliger schriftlicher Zahlungsaufforderung innerhalb von 12 Monaten nach Fälligkeit nicht bezahlt worden ist.
3. Die Sparkasse G darf dem Schuldner stillschweigend oder ausdrücklich Stundung erteilen, ohne die Zustimmung des Bürgen einzuholen. §§ 767 Abs. 1 Satz 2, 776 BGB finden keine Anwendung.
4. Alle die Bürgschaft betreffenden Mitteilungen gelten als dem Bürgen zugegangen, wenn sie an seine letzte der Sparkasse G bekannte Anschrift gesandt worden sind.
5. Mit der Unterzeichnung dieser Bürgschaftserklärung bestätigt der Bürge, dass er vom Inhalt des Darlehensvertrages zwischen der Sparkasse G und dem Schuldner Kenntnis genommen und sich von dessen rechtsverbindlicher Unterzeichnung durch den Schuldner überzeugt hat.
6. Nebenabreden, Ergänzungen oder Änderungen dieser Bürgschaftserklärung bedürfen der Schriftform.
7. Erfüllungsort für alle sich aus der Bürgschaftsübernahme ergebenden Ansprüche der Sparkasse G und Gerichtsstand für alle Rechtsstreitigkeiten aus dieser Bürgschaft ist G.

G, den ________ Unterschriften der vertretungsberechtigten Bediensteten

15.5.2.4 Verbindung zum Haushalt

Unmittelbar hat eine von der Gemeindevertretung beschlossene Bürgschaftsübernahme usw. keine Verbindung zum Haushaltsplan. Eine Veranschlagung im Haushaltsplan als Aufwand (z. B. Bildung einer Rückstellung) ist erforderlich, wenn die Inanspruchnahme der Gemeinde aus dem Haftungsverhältnis mit hinreichender Sicherheit (Ausfallwahrscheinlichkeit höher als 50 %) zu erwarten ist.

Die Inanspruchnahme aus der Bürgschaft ist als **„Aufwendungen für besondere Finanzauszahlungen"** (Aufwendungen aus der Inanspruchnahme von Gewährverträgen und Bürgschaften, Konto 5664) und als **„Auszahlungen für besondere Finanzauszahlungen"** (Auszahlungen aus der Inanspruchnahme von Gewährverträgen und Bürgschaften, Konto 7664) zu erfassen.

Verpflichtungen aus Haftungsverhältnissen sind in dem Produktbereich anzusiedeln, in dem die „gemeindliche Aufgabe" zu veranschlagen wäre (z. B. Inanspruchnahme aus einer Bürgschaft für den Bau eines Kindergartens der Kirchengemeinde X in der Produktgruppe 361 „Förderung von Kindern in Tageseinrichtungen und in Tagespflege"). Wegen der sich möglicherweise aus Haftungsverhältnissen ergebenden Verpflichtung zur Bildung von Rückstellungen (§ 57 KV M-V i. V. m. § 35 Abs. 1 Nr. 9 GemHVO-Doppik) wird auf Kapitel 10 verwiesen.

Haftungsverhältnisse sind nach § 48 Abs. 5 Nr. 5 GemHVO-Doppik unabhängig davon, ob sie zu bilanzieren sind, im Anhang anzugeben, zu erläutern und nachrichtlich in der Verbindlichkeitenübersicht auszuweisen. Die Haftungsverhältnisse sind dabei nach Arten zu gliedern, und es ist für jede Art der Gesamtbetrag der möglichen Verpflichtungen auszuweisen. Der Anhang ist entsprechend Bestandteil des Jahresabschlusses. Er unterliegt damit auch der Veröffentlichungspflicht und der Jahresabschlussprüfung.

15.5.2.5 Übung

Sachverhalt Nr. 6
Die kreisfreie Stadt S hat in den letzten Jahren eine extrem hohe Arbeitslosenzahl zu beklagen. Diese liegt erheblich über dem Landesdurchschnitt. Zum Abbau der Arbeitslosenzahlen bemüht sich die Gemeinde, Betriebe in ihrem Gemeindebereich anzusiedeln. U. a. verhandelt sie mit der Firma X, die in einer leerstehenden Lagerhalle einen Zweigbetrieb für die Herstellung von Isolierfenstern eröffnen will. Die Firma macht aber die Eröffnung des Betriebes von der Übernahme einer Bürgschaft durch die Stadt S für einen Kredit in Höhe von 500.000 € abhängig. Dieser Kredit ist für die erheblichen Instandsetzungskosten der Lagerhalle erforderlich. Da die Firma nach den eingeholten Auskünften als sehr solide anzusehen ist, stimmt die Gemeindevertretung der Bürgschaft zu, zumal die Gemeindefinanzen als gut zu bezeichnen sind.

Aufgabe:
Begutachten Sie die Rechtmäßigkeit des Beschlusses der Gemeindevertretung zur Übernahme der Bürgschaft.

Lösung:

Nach § 57 Abs. 1 KV M-V darf eine Gemeinde Bürgschaften nur übernehmen, wenn diese im Rahmen ihrer Aufgabenerfüllung liegen. Es ergibt sich demnach die Frage, ob die im Sachverhalt angesprochene Maßnahme eine Aufgabe der Stadt S darstellt.

Nach § 2 Abs. 1 KV M-V sind die Gemeinden berechtigt und im Rahmen ihrer Leistungsfähigkeit verpflichtet, alle Angelegenheiten der örtlichen Gemeinschaft im Rahmen der Gesetze in eigener Verantwortung zu regeln. Hierzu gehören nach § 2 Abs. 2 KV M-V auch die Belange von Wirtschaft und Gewerbe, diese liegen also in der Kompetenz der Gemeinde. Eine sogenannte „Kompetenz aus der Natur der Sache“ zugunsten des Staates kann auch nicht angenommen werden. Andere Rechtsnormen, die ausdrücklich eine Förderung im vorstehenden Sinne verbieten, bestehen nicht. Die Kompetenzen der Gemeinde reichen allerdings nur so weit, wie es sich um Angelegenheiten der örtlichen Gemeinschaft (Art. 28 Abs. 2 GG) handelt. Die Übernahme der Bürgschaft muss also im Rahmen der freien Leistungsverwaltung zur Daseinsvorsorge zum eigenen Wirkungskreis i. S. v. § 2 KV M-V zählen.

Ferner darf eine Bürgschaftsübernahme im Einzelfall die durch Gesetz und Recht gezogenen Grenzen nicht überschreiten. Es ist in erster Linie darauf zu achten, für welchen Raum die Maßnahme Wirkung zeigt. Die Stadt S hat laut Sachverhalt extrem hohe Arbeitslosenzahlen. Ihr Bestreben ist es also, diesen Missstand abzubauen, zumal ihr hierdurch unmittelbar und mittelbar erhebliche Kosten entstehen (Sozialleistungen usw.) und sich ihre Einnahmesituation verschlechtert hat (Minderung des Gemeindeanteils an der Einkommenssteuer, Gewerbesteuer usw.).

Auch wenn die Ansiedlung des Gewerbebetriebes nicht nur auf dem Arbeitsmarkt der Stadt S wirkt, sondern auch auf den der Gemeinden des Umlandes, so handelt es sich dennoch um eine Aufgabe der Stadt S. Über den räumlichen Bezug hinaus wird in neuerer Zeit vermehrt auf eine funktionelle Komponente abgestellt. Die unmittelbare Wirtschaftsförderung gehört zum Aufgabenbereich der Gemeinde. Somit kann auch die Übernahme einer Bürgschaft im vorliegenden Sachverhalt als eine Angelegenheit im Rahmen der Aufgabenerfüllung angesehen werden. Bedenken könnten allenfalls erhoben werden, wenn die Übernahme der Bürgschaft die Grenzen des Gebotes der sparsamen und wirtschaftlichen Haushaltsführung (§ 43 Abs. 4 KV M-V) sprengen würde.

In diesem Zusammenhang hat also die Stadt für die Maßnahme möglichst wenig Finanzmittel aufzuwenden (Sparsamkeit). Unter wirtschaftlichen Gesichtspunkten hat sie die Auswirkungen auf andere Maßnahmen und auf die Zukunft zu beachten. Die Übernahme der Bürgschaft führt zunächst einmal nicht zu Auszahlungen. Bei der Solidität der Firma ist das Risiko der Inanspruchnahme gering. Mit Blick auf die gesamte Finanzsituation wird die Förderungsmaßnahme auf Dauer zu Einsparungen im Bereich der Transferaufwendungen (z. B. Sozialleistungen, Arbeitslose finden Beschäftigung) und Mehrerträgen bei den Steuern (Gemeindeanteil an der Einkommen- und Umsatzsteuer, Gewerbesteuer usw.) führen. Ein Verstoß gegen (§ 43 Abs. 4 KV M-V) ist damit ausgeschlossen. Eine Beurteilung aus der gesamten Finanzsituation der Stadt heraus lässt nach der Vorgabe des Sachverhaltes den Schluss zu, dass die Wahrnehmung der sonstigen Aufgaben durch diese Maßnahme auch nicht gefährdet sind.

Demnach ist der Gemeindevertretungsbeschlussbeschluss rechtmäßig.

16. Der Haushaltsausgleich

16.1 Bedeutung und Zielsetzung

Wesentliche Grundlage der Haushaltswirtschaft ist § 43 Abs. 1 Satz 1 KV M-V, nach dem die Gemeinde so zu planen und zu wirtschaften hat, dass die stetige Erfüllung ihrer Aufgaben gesichert ist. Ergänzende rechtliche Rahmenbedingungen im Hinblick auf die Sicherung der stetigen Aufgabenerfüllung ist vor allem § 56 Abs. 2 KV M-V. Danach sind die Vermögensgegenstände pfleglich und wirtschaftlich zu verwalten und ordnungsgemäß nachzuweisen.

Die KV M-V stellt also insbesondere darauf ab, dass die Aufgabenerfüllung bzw. die Leistungsfähigkeit der Kommune *dauerhaft* erhalten bleiben soll. Der konkrete Maßstab, an dem sich die Haushaltswirtschaft zur Sicherung der dauernden Leistungsfähigkeit in jedem einzelnen Jahr orientieren muss und der gleichzeitig dem Schutz der zukünftigen Steuerzahlerinnen und Steuerzahler dient, ist die Festlegung der Regelungen zum Haushaltsausgleich.[373] Unbeschadet der durch Art. 28 Abs. 2 GG gewährten Selbstverwaltungsgarantie und der damit verbundenen Haushaltsautonomie sind Gemeindevertretung, Bürgermeister und Verwaltung verpflichtet, ihre Haushaltswirtschaft an den Vorgaben der KV M-V zum Haushaltsausgleich auszurichten.

Die konkreten Vorschrift zum Haushaltsausgleich ergibt sich aus § 43 Abs. 6 KV M-V, wonach der Haushalt in Planung und Rechnung auszugleichen ist, welcher als „Muss-Vorschrift" formuliert ist. Die Regelung für sich betrachtet könnte den Eindruck erwecken, ein Verstoß gegen diese Vorschrift stelle einen Rechtsverstoß dar. Die Vorschrift des § 43 Abs. 7 und 8 KV M-V deutet jedoch darauf hin, dass auch ein Haushalt vorgelegt werden kann, der die gestellten Anforderungen nicht erfüllt. In diesem Fall sind jedoch von der betroffenen Kommune Maßnahmen einzuleiten, die geeignet sind, die Wiederherstellung einer „ordentlichen" Haushaltswirtschaft zu bewirken. Dabei ist dann die Rechtsaufsicht in das Haushaltsaufstellungsverfahren nach den Erfordernissen nach § 17b GemHVO-Doppik einzubinden. In welcher Form diese Einbindung erfolgt, ist der KV M-V im Gegensatz zur früheren kameralen Regelung (nach dieser war das Haushaltssicherungskonzept mit der Rechtsausicht zu beraten) nicht zu entnehmen. Zu vermuten ist jedoch, dass das Haushaltssicherungskonzept mindestens der Rechtsaufsicht vorzulegen ist; dies ergibt sich aus § 5 Nr. 14 GemHVO-Doppik (Vorbericht), wonach im Vorbericht jeweils in einer Übersicht darzustellen sind:

a) die im Haushaltsplan des Haushaltsjahres umgesetzten wesentlichen Maßnahmen zur Haushaltskonsolidierung mit ihren finanziellen Auswirkungen im Haushaltsjahr und in den drei Haushaltsfolgejahren sowie im verbleibenden Konsolidierungszeitraum,

373 Zur Frage, ob die Kommunen durch den geänderten Haushaltsausgleich im doppischen Haushaltsrecht zusätzlich belastet werden, vgl. *Große/Lanwer/Mutschler*, Neues Kommunales Finanzmanagement – Was ändert sich beim Haushaltsausgleich, in: der gemeindehaushalt 2002, S. 7 ff.

b) noch nicht umgesetzte Maßnahmen zur Haushaltskonsolidierung mit ihren möglichen finanziellen Auswirkungen im Haushaltsjahr und in den drei Haushaltsfolgejahren sowie im verbleibenden Konsolidierungszeitraum,

sofern die Gemeinde ein Haushaltssicherungskonzept aufzustellen hat und dem Haushaltsplan kein beschlossenes Haushaltssicherungskonzept oder keine Fortschreibung eines bereits beschlossenen und Haushaltssicherungskonzeptes beigefügt ist.

Weitergehend kann aus dieser Vorschrift auch geschlossen werden, dass zumindest die Inhalte des Haushaltssicherungskonzeptes zeitgleich mit Vorlage der Haushaltssatzung bei der Rechtsaufsicht zu erscheinen haben (nach § 1 Abs. 2 GemHVO-Doppik ist der Vorbericht Anlage zum Haushaltsplan, welcher wiederum nach § 46 Abs. 1 KV-MV Bestandteil der Haushaltssatzung ist). Eine Ausnahme zur Aufstellung des Haushaltssicherungskonzeptes beschreibt § 43 Abs. 9 KV M-V, wonach bei einem darstellbaren Haushaltsausgleich, spätestens zum Ende des Finanzplanungszeitraums, die o. g. Erfordernisse zurückstehen können.

Für die Kommunikation zum Haushaltssicherungskonzept sollte sich der Gesetzgeber klar artikulieren, in welcher Form die Rechtsaufsicht beteiligt werden soll. Eine förmliche Genehmigungspflicht des Haushaltssicherungskonzeptes[374] sieht die Kommunalverfassung nicht vor. In den meisten Fällen sind Haushaltssicherungsprobleme mit Kreditaufnahmen verbunden, sodass die Rechtsaufsicht z. B. im Rahmen der Genehmigungspflicht der Kredite viel zielführender in die Haushaltswirtschaft der Gemeinde eingreifen kann. Ansonsten erfolgt die Mitwirkung der Rechtsaufsicht im Haushaltssatzungsverfahren ohnehin gemäß § 47 KV M-V aufgrund der Vorlage der Haushaltssatzung, des Haushaltplans und seiner Anlagen, die dann gemäß §§ 78 ff. KV M-V u. a. im Rahmen der allgemeinen Rechtsaufsicht auch den Haushaltsausgleich der Gemeinde prüft und dabei auch auf das Haushaltssicherungskonzept zurückgreift.

Insgesamt ist daher die Vorschrift zum Haushaltsausgleich als „Soll-Vorschrift" zu interpretieren.

Hingewiesen muss an dieser Stelle auch noch auf die Neuregelungen in § 31 Abs. 2 Satz 3 KV M-V, wonach auch bei Beschlüssen der Gemeindevertretung alle Aspekte des Haushaltssicherungskonzeptes zu beachten sind. Hat also ein Beschluss der Gemeindevertretung finanzielle Auswirkungen (diese sind selbstverständlich auch auszugleichen) und verändert er weiterhin die im Haushaltssicherungskonzept beschriebenen Maßnahmen zur Konsolidierung, ist hier eine Kompensation durch die Gemeindevertretung aufzuzeigen.

Die Formulierung „in Planung und Rechnung" im § 43 Abs. 6 KV M-V bezieht sich auch auf den dazwischen liegenden Zeitraum der Haushaltsausführung. Dies ist u. a. aus § 43 Abs. 1 KV M-V zu entnehmen, der ausdrücklich darauf hinweist, dass die Haushaltswirtschaft der Gemeinde nicht nur unter dem Aspekt der stetigen Aufgabenerfüllung zu planen, sondern auch unter diesem Gesichtspunkt zu führen ist. Damit ist auch die Ausführung des Haushalts (Nachtragsplanung nach § 48 sowie die Deckung

374 Eine solche Genehmigungspflicht ist in anderen Bundesländern zwingend vorgesehen (siehe z. B. § 76 Abs. 2 Gemeindeordnung NRW).

von über- und außerplanmäßigen Aufwendungen nach § 50 KV M-V) und nicht zuletzt die Erstellung des Jahresabschlusses unter Beachtung der Vorschriften zum Haushaltsausgleich zu gestalten.

Die Forderung des Haushaltsausgleiches nach § 43 Abs. 6 KV M-V wird neben der Bestimmung des § 43 Abs. 3 KV M-V vor allem durch § 16 Abs. 1 und 2 GemHVO-Doppik näher definiert. Danach ergeben sich sind insgesamt drei Anforderungen des Haushaltsausgleichs, die allerdings systematisch miteinander verknüpft sind.

Als Haushaltsausgleich i. e. S. kann die Anforderung des § 16 Abs. 1 und 2 GemHVO-Doppik bezeichnet werden. Danach soll der Ergebnishaushalt unter Berücksichtigung von noch nicht ausgeglichenen Fehlbeträgen aus Haushaltsvorjahren mindestens ausgeglichen ist und im Finanzhaushalt unter Berücksichtigung von vorzutragenden Beträgen aus Haushaltsvorjahren der Saldo der ordentlichen und außerordentlichen Ein- und Auszahlungen gemäß § 3 Abs. 1 Nr. 18 GemHVO-Doppik ausreicht, um die Auszahlungen zur planmäßigen Tilgung von Krediten für Investitionen und Investitionsförderungsmaßnahmen zu decken.

Als weiteres Element des Haushaltsausgleichs kann die Forderung des § 43 Abs. 3 KV M-V angesehen werden, nach dem die Kommune verpflichtet ist, ein positives Eigenkapital auszuweisen:

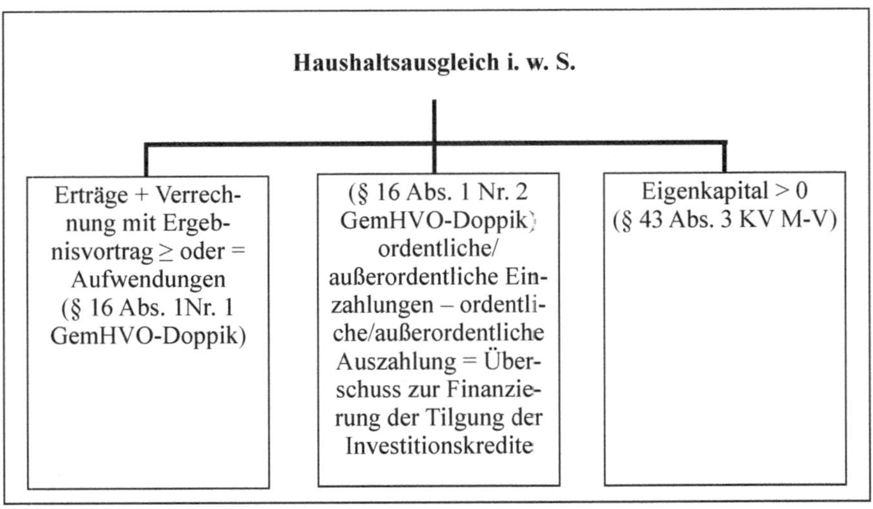

Führt man sich die Systematik der Rechnungskomponenten im kommunalen Finanzmanagement vor Augen, wird deutlich, dass der Ergebnissaldo aus Erträgen und Aufwendungen und die Höhe des Eigenkapitals unmittelbar miteinander verknüpft sind.

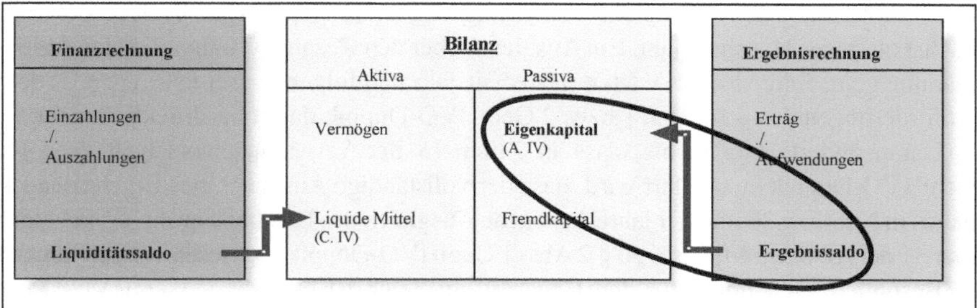

Insofern kann die Anforderung des § 43 Abs. 3 KV M-V als ergänzende Vorschrift zum Haushaltsausgleich verstanden werden, die allerdings keine spezielle Rechtsfolge auslöst.

Nachfolgend werden die Bestandteile des Haushaltsausgleichs zunächst ausführlich erläutert.[375] Dabei wird gesondert auf die Haushaltsjahr übergreifende Ausrichtung der Anforderungen des Haushaltsausgleichs eingegangen. Anschließend wird dargestellt, welche haushaltsrechtlichen Konsequenzen sich aus der Nichterreichung des Haushaltsausgleichs ergeben.

16.2 Ausgleich des Ergebnishaushaltes/Finanzhaushaltes und der Ergebnisrechnung/Finanzrechnung (Haushaltsausgleich im engeren Sinn)

16.2.1 Ergebnishaushalt/Ergebnisrechnung

Gem. § 43 Abs. 6 KV M-V ist der Haushalt in Planung und Rechnung auszugleichen, wobei § 16 Abs. 1 und 2 GemHVO-Doppik die Art des Haushaltsausgleichs konkretisiert. Der Haushalt ist demnach ausgeglichen, wenn der Gesamtbetrag der Erträge den Gesamtbetrag der Aufwendungen unter Einbeziehung evtl. vorhandener Fehlbeträge erreicht oder übersteigt und hierbei die Fehlbeträge aus Vorjahren ausgeglichen werden. Nach § 2 Abs. 1 i. V. m. § 44 Abs. 1 GemHVO-Doppik gehen die gesamten Aufwendungen und Erträge aus dem Ergebnishaushalt bzw. der Ergebnisrechnung hervor. Entscheidender Anknüpfungspunkt für den Haushaltsausgleich i. e. S. sind damit Ergebnishaushalt und -rechnung. Die Struktur von Ergebnishaushalt und -rechnung weisen verschiedene Zwischensalden (z. B. das ordentliche Ergebnis) aus. Diesen Zwischensalden werden jeweils bestimmte Aufwands- und Ertragsarten zugeordnet. Der Wortlaut des § 16 Abs. 2 Nr. 1 GemHVO-Doppik macht allerdings deutlich, dass sich der Haushaltsausgleich nicht an den Zwischensalden, sondern am Jahresergebnis orientiert. Dies führt dazu, dass insbesondere auch die außerordentlichen Aufwendungen und Erträge in die Beurteilung des Haushaltsausgleichs einzubeziehen sind.

375 Im Rahmen dieses Fachbuches wird auf die Hintergründe der Konzeption des Haushaltsausgleichs nicht tiefer eingegangen. Hierzu wird verwiesen auf: *Bickeböller/Pehlke*, Haushaltsausgleich in der Doppik, in: der gemeindehaushalt 2003, S. 97 ff.

Die Anforderung des Ausgleichs von Erträgen und Aufwendungen bezieht sich zunächst auf jedes Haushaltsjahr. Ein Ausgleich über den Gesamtzeitraum der Haushaltsplanung gem. § 46 Abs. 5 KV M-V (Haushaltsjahr und folgende drei Jahre) genügt den Anforderungen des § 16 Abs. 1 bzw. 2 GemHVO-Doppik damit ausdrücklich nicht.

Daran ändert auch nichts, dass in Ziffer 16 der Verwaltungsvorschrift zu § 16 GemHVO-Doppik ausgeführt wird, dass der vollständige Ausgleich des Ergebnishaushaltes in Nummer 33 und der jahresbezogene Ausgleich des Ergebnishaushaltes in Nummer 31 der Anlage 3 Muster 6 zu § 2 Abs. 1 GemHVO-Doppik abgelesen werden könne.

Besondere Bedeutung für den Haushaltsausgleich ist § 8 Abs. 2 GemHVO-Doppik zuzurechnen. Danach sind Erträge und Aufwendungen in ihrer voraussichtlichen Höhe zu veranschlagen und ggf. sorgfältig zu schätzen. Die sorgfältige Schätzung hat unter Berücksichtigung des Vorsichtsprinzips zu erfolgen, das der Gesamtkonzeption des kommunalen Finanzmanagements sowohl in der Planung als auch bei der Rechenschaft zugrunde liegt. Die sich daraus ergebende Verpflichtung zur vorsichtigen Veranschlagung von Erträgen und Aufwendungen hat zur Folge, dass Erträge im Zweifel eher zu niedrig und Aufwendungen im Zweifel eher zu hoch zu veranschlagen sind. Dies gilt insbesondere auch dann, wenn ein unausgeglichener Haushalt droht. Das „Prinzip Hoffnung" ist in solchen Fällen nicht nur finanzpolitisch unangebracht, sondern verstößt auch gegen den in § 8 Abs. 2 GemHVO-Doppik manifestierten haushaltsrechtlichen Grundsatz der sorgfältigen Veranschlagung. Nach Anzeige der Haushaltssatzung bei der Rechtsaufsicht (§ 47 Abs. 2 KV M-V) obliegt der Rechtsaufsicht die Prüfung der Einhaltung der Veranschlagungsgrundsätze.

16.2.2 Finanzhaushalt/Finanzrechnung

§ 16 Abs. 1 Nr. 2 GemHVO-Doppik fordert, dass der Haushaltsplan im Finanzhaushalt unter Berücksichtigung von vorzutragenden Beträgen aus Haushaltsvorjahren der Saldo der ordentlichen und außerordentlichen Ein- und Auszahlungen gemäß § 3 Abs. 1 Nr. 18 GemHVO-Doppik ausreicht, um die Auszahlungen zur planmäßigen Tilgung von Krediten für Investitionen und Investitionsförderungsmaßnahmen zu decken. Analoge Regelung ergibt sich nach § 16 Abs. 2 Nr. 2 GemHVO-Doppik.

Diese von anderen Ländern abweichende bzw. (anders ausgedrückt) zusätzliche Vorschrift in Mecklenburg-Vorpommern macht grundsätzlich Sinn. Sie knüpft in gewisser Weise an die frühere kameralistische Vorschrift der Pflichtzuführung an den Vermögenshaushalt[376] an. Nach dem reinen Wortlaut des Gesetzestextes wird auf die planmäßigen Tilgungen abgestellt. Diese Begrifflichkeit ist unglücklicherweise mehrfach belegt. Während eine außerordentliche Tilgung für den Kreditgeber, der einen entsprechenden Tilgungsplan aufgelegt hat, bei einer (möglichen) Sondertilgung tatsächlich keinen planmäßigen Vorgang darstellt, kann der Kreditnehmer (in diesem Fall

376 Danach musste der Verwaltungshaushalt mindestens den im Vermögenshaushalt zu bewirtschaftenden Betrag der ordentlichen Kredittilgung erwirtschaften und an diesen Teil des Haushalt abführen.

die Gemeinde) diesen Vorgang durchaus bereits in seine Haushaltsplanung aufgenommen haben; damit wäre es im Wortsinne eine (haushalts-)planmäßige Tilgung.

Zudem ist darauf hinzuweisen, dass diese Vorschrift nicht berücksichtigt, dass es auch investive Einzahlungen gibt, die zur Kredittilgung verwendet werden können. Wenn z. B. eine Zuwendung zur Kredittilgung (Schuldendiensthilfe) gewährt wird, muss dieser Betrag nicht im laufenden Haushalt erwirtschaftet werden. Der Investitionshaushalt besitzt in diesem Fall doch selbst Finanzmittel zur Kredittilgung. Denkbar ist auch, dass die Gemeinde Vermögen zur Kredittilgung veräußert. Auch in diesem Fall ist die Erwirtschaftung der Kredittilgung durch ordentliche und außerordentliche Einzahlungen entbehrlich bzw. sogar widersinnig. Somit würde der Gemeinde nicht nur der Haushaltsausgleich, sondern ein Überschuss zwingend vorgeschrieben.

Insofern sollte der Gesetzgeber die Formulierung des Haushaltsausgleichs nach § 16 Abs. 1 Satz 2 und Abs. 2 Nr. 2 GemHVO-Doppik noch einmal überdenken.

16.3 Verbot der bilanziellen Überschuldung

Als weiterer Bestandteil des Haushaltsausgleichs ist das Verbot der bilanziellen Überschuldung (§ 43 Abs. 3 KV M-V) anzusehen. Eine solche Überschuldung liegt nach der Legaldefinition des § 43 Abs. 3 KV M-V vor, wenn das Eigenkapital aufgebraucht, d. h. ≤ 0 ist. Bei negativem Eigenkapital ist der Wert der Verbindlichkeiten, Rückstellungen und Sonderposten höher als der Wert des Vermögens. Da Sonderposten grundsätzlich bei externer Finanzierung von Vermögensgegenständen (z. B. durch Investitionszuwendungen oder Beiträge) gebildet werden, steht ihnen immer mindestens in gleicher Höhe entsprechendes Vermögen gegenüber. Im Falle der Überschuldung sind dann die Schulden (Rückstellungen[377] + Verbindlichkeiten) höher als das übrige Vermögen. Damit muss in der Zukunft Schuldendienst für Schulden geleistet werden, denen kein entsprechendes Nutzungspotential (Vermögen) gegenübersteht. Die nächste Generation zahlt damit Vermögen, was heute schon verbraucht worden ist.

Die Höhe des Eigenkapitals ergibt sich aus der Bilanz. In § 47 Abs. 5 GemHVO-Doppik werden die Bilanzposten der Passivseite im Einzelnen aufgeführt. Danach gehören zum Eigenkapital die Einzelposten

- Kapitalrücklage,
- Zweckgebundene Ergebnisrücklagen,
- Rücklage für Belastungen aus dem kommunalen Finanzausgleich,;
- Sonstige zweckgebundene Ergebnisrücklagen,
- Ergebnisvortrag,
- Jahresüberschuss/Jahresfehlbetrag.

377 Bei den Aufwandsrückstellungen handelt es sich strenggenommen nicht um Schulden. Von einer Aussonderung dieser Rückstellungen wird an dieser Stelle aus Vereinfachungsgründen abgesehen.

Eine Überschuldung liegt dementsprechend nur dann vor, wenn die Summe dieser Bilanzposten 0 € nicht überschreitet. Dies lässt die Möglichkeit offen, dass die Summe aus Ergebnisvortrag und Jahresüberschuss/-fehlbetrag negativ ist, solange der (positive) Wert der Kapitalrücklage und der weiteren Rücklagen die negativen Eigenkapitalpositionen übersteigt.

Beispiel:
Im Ergebnisvortrag sind bei der Gemeinde G aus Vorjahren 3 Mio. € vorhanden. Die Kapitalrücklage hat einen Bestand von 5 Mio. €, in zweckgebundenen Ergebnisrücklagen sind derzeit 0 Mio. € angesammelt, in den sonstigen Ergebnisrücklagen 0 €. In der Rücklage für Belastungen aus dem kommunalen Finanzausgleich befinden sich 1 Mio. €.

Bei der Erstellung des Jahresabschlusses wird ein Fehlbetrag von 6,5 Mio. € festgestellt, der im kommenden Jahr gegen den Ergebnisvortrag zu buchen wäre. Da dieser jedoch nur einen Bestand von 3 Mio. € aufweist, besteht noch eine Differenz von 3,5 Mio. €. Hierdurch weist die Position „Jahresüberschuss/Jahresfehlbetrag" im folgenden Jahr einen Betrag von –3,5 Mio. € aus, da sie ja nicht vollständig gegen den Ergebnisvortrag gebucht werden kann. Eine Überschuldung gem. § 44 Abs. 3 KV M-V liegt trotz des Jahresfehlbetrages von 6,5 Mio. € nicht vor, da das Eigenkapital insgesamt (nämlich unter Berücksichtigung aller weiterer Eigenkapitalpositionen) noch 2,5 Mio. € beträgt.

Nach § 60 Abs. 1 KV M-V muss die Gemeinde zum Ende eines jeden Haushaltsjahres einen Jahresabschluss aufstellen, der nach § 60 Abs. 2 KV M-V unter anderem aus der Bilanz besteht. Die Feststellung der Überschuldung orientiert sich daher zunächst am Jahresabschluss, da eine (Plan-)Bilanz kein Bestandteil der Haushaltssatzung nach § 45 KV M-V ist.

Die Möglichkeit einer Überschuldung betrifft den Fall, dass eine Gemeinde bereits bei ihrer nach § 2 des Gesetzes zur Reform des Gemeindehaushaltsrechts aufzustellenden ersten Eröffnungsbilanz ein negatives Eigenkapital ausweist. In diesem Fall ist es denkbar, dass die Gemeinde trotz ausgeglichenen Ergebnishaushalts einen unausgeglichenen Haushalt hat. Erst wenn durch die Erzielung von Jahresüberschüssen das Eigenkapital wieder positiv ist, erreicht diese Gemeinde den Haushaltsausgleich.

Weist eine Gemeinde bei der Erstbilanz ein positives Eigenkapital aus, kann sie nur durch Jahresfehlbeträge ihr saldiertes Eigenkapital aufbrauchen. In diesem zweiten Fall ergibt sich das Nichterreichen des Haushaltsausgleichs bereits aus der Vorschrift des § 43 Abs. 3 KV M-V. Allerdings kann die Situation eintreten, dass die Gemeinde weiterhin über Jahre Fehlbeträge erwirtschaftet und damit das negative Eigenkapital anwächst. In diesen Fällen ist dann der Haushaltsausgleich noch nicht automatisch erreicht, wenn die Erträge die Aufwendungen wieder übersteigen. Erst wenn durch entsprechende Jahresüberschüsse das Eigenkapital wieder positiv ist, kann wieder ein ausgeglichener Haushalt erreicht werden.

16.4 Haushaltsjahresübergreifender Ausgleich

Wie bereits dargestellt, beziehen sich die Anforderungen an den Haushaltsausgleich zunächst auf das Haushaltsjahr. Für den Haushaltsausgleich i. e. S. ist dabei der Haushaltsplan und später der Jahresabschluss maßgebend. Die Beurteilung der Überschuldung richtet sich nach der Bilanz zum Ende des Haushaltsjahres.

Da der Haushaltsausgleich auf die Sicherung der stetigen Aufgabenerfüllung gerichtet ist, reicht eine Beschränkung der Betrachtung auf ein einzelnes Haushaltsjahr zur Beurteilung des Haushaltsausgleichs nicht aus. Es ist entscheidend, dass die Regelungen für den Haushaltsausgleich einerseits möglichst frühzeitig Fehlentwicklungen erkennen lassen und andererseits den Gemeinden keine zu engen Fesseln bzgl. ihrer Haushaltswirtschaft anlegen. So erscheint es z. B. nicht sinnvoll, wenn eine Gemeinde, die regelmäßig Jahresüberschüsse ausweisen kann, bereits durch aufsichtsrechtliche Maßnahmen eingeschränkt wird, wenn sie in einem Jahr durch besondere Umstände zu einem negativen Jahresergebnis kommt. Hier erscheint es erforderlich, dass auch die guten Ergebnisse der Vorjahre in die Beurteilung des Haushaltsausgleichs einbezogen werden können. Die Regelungen der KV M-V sehen dafür unterschiedliche Verfahrensweisen vor.

16.4.1 Bedeutung und Funktion des Ergebnisvortrags

Wie bereits in Kapitel 10 ausführlich dargestellt, kann die Gemeinde Jahresüberschüsse dem Ergebnisvortrag zuführen, um diese später zur Abdeckung von Fehlbeträgen verwenden zu können. Verrechnungen mit dem Ergebnisvortrag unterliegen keinen (aufsichts-)rechtlichen Beschränkungen. Eine Gemeinde, die idealtypisch regelmäßig um einen in Erträgen und Aufwendungen ausgeglichenen Haushalt schwankt, kann den Ergebnisvortrag als verstetigendes Element nutzen, um Überschüsse zum Ausgleich späterer Fehlbeträge anzusammeln.

Ein dauerhaftes Ansteigen des Ergebnisvortrags durch einen langjährigen regelmäßigen Ausweis von Jahresüberschüssen erscheint angesichts der derzeitigen Finanzsituation der Gemeinden[378] auch ohne rechtliche Regelungen als nahezu ausgeschlossen und würde zudem ebenso wie regelmäßig unausgeglichene Haushalte gegen das Prinzip der intergenerativen Verteilungsgerechtigkeit verstoßen.

Im Falle einer unausgeglichenen Ergebnisrechnung im Jahresabschluss kann bei der Beurteilung auf den tatsächlichen Stand des Ergebnisvortrages zum Abschlussstichtag zurückgegriffen werden. Bei einem in Erträgen und Aufwendungen unausgeglichenen Haushaltsplan ist bei der Beurteilung auf den planmäßigen Stand des Ergebnisvortrages am Ende des Haushaltsplanjahres abzustellen. Dabei sind auch zu erwartende Belastungen des Jahresergebnisses durch eine vorliegende Nachtragssatzung gem. § 48 KV M-V zu berücksichtigen.

378 Auch bei einer besseren Finanzausstattung erscheint es politisch kaum vorstellbar, dass die Mehrheitsfraktionen in der Gemeindevertretung dauerhaft Überschüsse für die Zuführung zum Ergebnisvortrag verwenden.

Beispiel:
Die Gemeinde G stellt im Herbst 2021 den Haushaltsplan für das Jahr 2022 auf. Der Ergebnishaushalt weist ein Defizit von 3 Mio. € aus. Der letzte vorliegende Jahresabschluss ist der zum 31.12.2020. In der Bilanz zum 31.12.2020 ist ein Ergebnisvortrag i. H. v. 4 Mio. € ausgewiesen. Der Haushaltsplan 2021 weist ursprünglich im Ergebnishaushalt ein Defizit von 0,7 Mio. € aus. Im September 2021 wird ein Nachtragshaushalt aufgestellt, der eine zusätzliche Belastung des Ergebnisses i. H. v. 500.000 € vorsieht. Trotz des lt. dem letzten Jahresabschluss ausgewiesenen Ergebnisvortrages von 4 Mio. € liegt bei einem Fehlbedarf im Ergebnishaushalt 2022 von 3 Mio. € bereits ein Verstoß gegen § 43 Abs. 3 KV M-V vor. Laut Haushaltsplan 2021 inkl. den Planungen für den Nachtragshaushalt ist für den Abschluss des Jahres 2021 bereits mit einem Fehlbetrag von 1,2 Mio. € zu rechnen. Da dieser Fehlbetrag gegen das Eigenkapital (konkret gegen die Jahresüberschüsse, die im Ergebnisvortrag angesammelt sind) zu buchen ist, wird der Ergebnisvortrag zum Beginn des Jahres 2022 voraussichtlich nur noch 2,8 Mio. € ausweisen. Damit kann der Fehlbedarf nicht gedeckt werden. Der Haushalt 2022 der Gemeinde G ist daher auch unter Berücksichtigung des Ergebnisvortrages unausgeglichen.

Aufgrund von Fehlbeträgen aus Vorjahren kann der Ergebnisvortrag auch negativer Natur sein. Dies liegt daran, dass die Gemeinde aufgelaufene Fehlbeträge aus Vorjahren nicht ausgleichen kann. In diesen Fällen wird der Haushaltsausgleich nach § 16 Abs. 1 Nr. 1 und Abs. 2 Nr. 1 GemHVO-Doppik nur erreicht, wenn die Erträge des Planjahres die Aufwendungen sowie den in der Bilanzposition „Ergebnisvortrag" ausgewiesenen negativen Betrag decken kann.

16.4.2 Einbeziehung der mittelfristigen Planung

Gem. § 46 Abs. 5 KV M-V umfasst die Haushaltsplanung auch eine mittelfristige Planung, die drei Jahre über das eigentliche Haushaltsjahr hinausgeht. Eine ausdrückliche Forderung nach einem Haushaltsausgleich für die einzelnen Jahre der mittelfristigen Planung ergibt sich hieraus nicht. Jedoch ist in § 43 Abs. 6 KV M-V für jedes Jahr ein Ausgleich in Plan und Rechnung gefordert; bei einer etwas weiteren Auslegung kann hieraus geschlossen werden, dass dies wohl auch für die nach § 46 Abs. 5 KV M-V auszuweisenden Folgejahre gelten soll. Da es hier zunächst um die Haushaltsplanung geht, die keine Bilanz umfasst, bezieht sich diese „Muss-Vorschrift" auf den Ausgleich des Ergebnishaushaltes (Haushaltsausgleich i. e. S.). Wichtig ist, an dieser Stelle schon festzustellen, dass an die Nichteinhaltung dieser Muss-Vorschrift keine Rechtsfolgen geknüpft sind. Zwar kann die Rechtsaufsicht im Rahmen ihrer allgemeinen Aufsicht auch dann schon eingreifen, wenn die mittelfristige Planung unausgeglichen ist, soweit denn die o. a. Auslegung des § 43 Abs. 6 KV M-V richtig ist. Dieses ist allerdings keine direkte Rechtsfolge aus dem Nichterreichen des Haushaltsausgleichs in der mittelfristigen Planung.

16.5 Rechtsfolgen unausgeglichener Haushalte

16.5.1 Inanspruchnahme des Ergebnisvortrages

Die Inanspruchnahme des Ergebnisvortrages zum Ausgleich von Jahresfehlbeträgen weist darauf hin, dass bei der betreffenden Gemeinde der Haushaltsausgleich erreicht ist. Es ist in diesem Fall sowohl eine Überschuldung ausgeschlossen als auch ein Nichterreichen des Haushaltsausgleichs i. e. S. Der § 16 Abs. 1 GemHVO-Doppik weist vom Text her darauf hin, dass bei Inanspruchnahme des Ergebnisvortrages zum Ausgleich von Jahresfehlbeträgen der Haushaltsausgleich als erreicht gilt. Folgerichtig ist an die Inanspruchnahme des Ergebnisvortrages keinerlei Rechtsfolge geknüpft. Die Entnahme (Verrechnung des Fehlbetrages mit dem Ergebnisvortrag) aus dem Ergebnisvortrag liegt im alleinigen Ermessen der Gemeinde. Sie kann dieses Instrument dafür nutzen, kurzfristige Ertrags- und Aufwandsschwankungen auszugleichen, ohne sofort aufsichtsrechtliche Eingriffe fürchten zu müssen.

Kann allerdings der Haushaltsausgleich über einen längeren Zeitraum nur durch die Inanspruchnahme des Ergebnisvortrages erreicht werden, weist dies auf ein strukturelles Haushaltsdefizit hin, das die Gemeinde, auch wenn sie die formalen Voraussetzungen des Haushaltsausgleichs noch erreicht, abbauen sollte. Spätestens nach Aufzehren des Ergebnisvortrages kommt sie andernfalls in die Situation, dass sie wieder ausgeglichene Haushalte erreichen muss. Je länger die Gemeinde jedoch mit strukturell unausgeglichenen Haushalten (angenehm) gelebt hat, desto schwerer wird eine Kurskorrektur fallen.

16.5.2 Inanspruchnahme der Kapitalrücklage

Weist der Ergebnishaushalt oder die Ergebnisrechnung einen Fehlbetrag aus und kann dieser nicht durch den Ergebnisvortrag abgefangen werden, könnte er durch eine Reduzierung der Kapitalrücklage ausgeglichen werden.

Gem. § 18 Abs. 2 GemHVO-Doppik können durch Entnahme aus der Kapitalrücklage folgende Aufwendungen gedeckt werden:

- Aufwendungen aus planmäßigen Abschreibungen auf Vermögensgegenstände des Anlagevermögens, die bis zur Umstellung auf die doppelte Buchführung aus der Kreisumlage oder der Amtsumlage finanziert wurden, soweit dadurch ein Jahresfehlbetrag entstanden ist,
- Aufwendungen aus planmäßigen Abschreibungen für zukünftig nicht mehr benötigte Vermögensgegenstände des Anlagevermögens,
- Aufwendungen aus der Altfehlbetragsumlage,
- Aufwendungen aus planmäßigen Abschreibungen auf Vermögensgegenstände des Anlagevermögens, für die Zuwendungen im Zusammenhang mit dem Breitbandausbau im ländlichen Raum gewährt worden sind.

Darüber hinaus kann entsprechend § 18 Abs. 4 GemHVO-Doppik eine Entnahme dann erfolgen, wenn ein Jahresfehlbetrag durch planmäßige Abschreibungen auf Vermögensgegenstände des Anlagevermögens entstanden ist. Beschränkt ist die Entnahme dadurch, dass maximal in Höhe der bisherigen unter doppischen Bedingungen zugeführten investiven Zuwendungen eine Entnahme erfolgen kann. Die GemHVO-Doppik definiert diesen Zeitpunkt, zu dem die doppischen Bedingungen eingetreten sind, auf den 1.1.2008. Wichtig ist dabei, dass es sich hier nur um die nicht auflösbaren Zuwendungen (Kapitalzuschüsse), also um investive Schlüsselzuweisungen und investive Zuweisungen für überörtliche Aufgaben handelt (§ 11 Abs. 3 und § 16 Abs. 4 FAG M-V). Einer rechtsaufsichtlichen Genehmigung bedürfen diese Entnahmen nicht.

Darüber hinaus können weitere Entnahmen nach § 18 Abs. 3 GemHVO-Doppik vorgenommen werden. Ein solcher Haushaltsplan mit einer weiteren vorgesehenen Reduzierung der Kapitalrücklage bedarf der Genehmigung der Rechtsaufsicht. Die Gemeindevertretung muss diese Entnahme beschließen und die Genehmigung beantragen. Den Antrag auf Genehmigung der Inanspruchnahme der Kapitalrücklage wird die Gemeinde gleichzeitig mit der Anzeige der Haushaltssatzung an die Rechtsaufsicht stellen. Sie begründet die Notwendigkeit der Inanspruchnahme der Kapitalrücklage und weist insbesondere nach, dass durch den vorgesehenen Eigenkapitalabbau die Nachhaltigkeit der Haushaltswirtschaft, die intergenerative Verteilungsgerechtigkeit und die stetige Aufgabenerfüllung nicht gefährdet sind. Die Rechtsaufsicht könnte die Zulässigkeit des Eigenkapitalabbaus prüfen und genehmigen, soweit die o. a. Ziele der Haushaltswirtschaft nicht gefährdet sind.

Eine Besonderheit stellt auch die für Landkreise und Ämter eröffnete Möglichkeit der Verrechnung mit der Kapitalrücklage dar. Kurz gefasst geht es darum, dass Abschreibungen für „Altinvestitionen", die bereits durch die Gemeinden aus der Kreisumlage oder Amtsumlage finanziert wurden, zu 25 % mit der Kapitalrücklage verrechnet werden. Dies ist an zwei Bedingungen geknüpft: Einerseits müssen die Investitionen aus der Kreisumlage/Amtsumlage finanziert worden sein und andererseits wird auf die fehlende Erwirtschaftung verwiesen.

Beide Punkte sind schwerlich zu erreichen. Angesichts des Gesamtdeckungsprinzips gab es keine Zweckbindung für die Umlagen, und des Weiteren führt beispielsweise das Finanzausgleichsgesetz aus, dass die Landkreise eine Kreisumlage für den nicht durch sonstige Einnahmen gedeckten Bedarf erheben. Also könnte es theoretisch auch keine nicht erwirtschafteten Abschreibungen geben, die mit der Kapitalrücklage zu verrechnen wären. Praktisch jedoch werden diese Entnahmen vollzogen.

Die Formulierungen der Verwaltungsvorschrift sind so nicht ganz eindeutig nachvollziehbar. Hier fragt sich aber, ob nicht folgender Sachverhalt damit gemeint ist: In der früheren Kameralistik gab es ja keine Abschreibungen (außer bei kostenrechnenden Einrichtungen). Die Finanzierung einer Investition erfolgte durch den allgemeinen Haushalt bzw. durch die Gesamtdeckung. Bei einer Kreditaufnahme wurde die Tilgung über die Pflichtzuführung zum Vermögenshaushalt über die Kreisumlage finanziert. Damit sind praktisch Abschreibungen finanziert worden. Ist der Kredit dann kameral ganz oder teilweise getilgt, sind ja bereits indirekt Abschreibungen geleistet worden. Soweit der Kredit dann bereits getilgt ist, wurde der Vermögensgegenstand finanziert. Das Gleiche gilt, wenn der Gegenstand aus allgemeinen Deckungsmitteln finanziert wurde. In diesen Fällen könnte der Kreis (das Amt) auf die Erwirtschaftung der Abschreibungen im Haushaltsausgleich verzichten. Damit wird praktisch die nicht erwirtschaftete Abschreibung (führt zum Vermögensabgang auf der Aktivseite) durch die Inanspruchnahme der Kapitalrücklage gedeckt. Es würde eine Doppelfinanzierung vermieden. Da die Tatbestandsmerkmale der Verwaltungsvorschrift kaum anwendbar sind (frühere kamerale Gesamtdeckung usw.) ist die pauschale Möglichkeit der 25 % geschaffen worden.

Diese Verfahrensweise (pauschale Verrechnung von 25 %) steht jedoch in einem gewissen Widerspruch zu § 120 KV M-V. Nach § 120 Abs. 2 KV M-V hat der Landkreis die zur Erfüllung seiner Aufgaben erforderlichen Erträge und Einzahlungen

1. soweit vertretbar und geboten, aus Entgelten für die von ihm erbrachten Leistungen,
2. aus Steuern,
3. im Übrigen aus einer Kreisumlage nach den Bestimmungen des Finanzausgleichsgesetzes

zu beschaffen, soweit die sonstigen Erträge und Einzahlungen nicht ausreichen. Überdies muss angemerkt werden, dass damit die Problematik von nichtfinanzierten (also nicht erwirtschafteten) Abschreibungen auf die nächsten Generationen verlagert wird. Wenn nämlich auf die Refinanzierung von 25 % der Abschreibungen verzichtet wird, werden keine Mittel für die Innenfinanzierung späterer Investitionen angesammelt. Dann müsste man auf Kredite zurückgreifen oder die Kreis- und Amtsumlagen entsprechend erhöhen. Ggf. wäre also zu überlegen, ob man nicht auf die Finanzierung der Abschreibungen verzichten kann, wenn eine Reinvestition nicht beabsichtigt ist, z. B. wird ein Gymnasium finanziert, jedoch soll ein Neubau wegen sinkender Schülerzahlen nicht errichtet werden.

Damit ergibt sich nach § 120 KV M-V, dass einerseits die Erträge der Höhe der Aufwendungen entsprechen müssen, andererseits den Auszahlungen Einzahlungen in ebensolchem Umfang gegenüberstehen müssen.

Zusammengefasst ergibt sich nach derzeitiger Rechtslage Folgendes:

- Die Inanspruchnahme der Kapitalrücklage zum Ausgleich von Fehlbeträgen ist praktisch ausgeschlossen (dies gilt für alle Körperschaften). Lediglich im Ausnahmefall ist diese zulässig, bedarf aber der Genehmigung der Rechtsaufsicht.
- Die Verrechnung von nicht erwirtschafteten Abschreibungen von mit Kreis- bzw. Amtsumlage finanzierten Investitionen bei Landkreisen und Ämtern ist zulässig, die Nachweisführung jedoch faktisch nicht möglich.

Es bleibt also letztlich nur die Möglichkeit, in einem Haushaltssicherungskonzept aufzuzeigen, wie der Haushaltsausgleich wieder erreicht wird. Das Aufbrauchen der Kapitalrücklage ist nicht möglich.

Das Haushaltssicherungskonzept dient nach § 43 Abs. 7 KV M-V der Sicherung der dauernden Leistungsfähigkeit der Gemeinde.

Welche Inhalte ein Haushaltssicherungskonzept mindestens vorweisen muss, ist in § 17b der GemHVO-Doppik geregelt.

Ausgangspunkt für ein Haushaltssicherungskonzept ist die mittelfristige Planung (§ 46 Abs. 5 KV M-V). Ausgehend vom „Ist-Zustand" wird zunächst die Aufwands- und Ertragsentwicklung und ebenso die Entwicklung des Finanzhaushaltes darzustellen sein. Dem folgt eine Analyse der Ursachen des fehlenden Haushaltsausgleichs, im Anschluss daran ist der Konsolidierungsbedarf festzulegen. Sodann sind detailliert die Maßnahmen zu beschreiben, die die Fehlbetragsentwicklung abbauen bzw. bis zum Ende des Finanzplanungszeitraumes den Haushaltsausgleich herbeiführen. Hierzu bedarf es unter Umständen, je nach Situation, einer umfangreichen Aufgabenkritik, eines interkommunalen Vergleichs oder der Einschaltung eines externen Wirtschaftsprüfers bzw. -beraters.

Soweit der Haushaltsausgleich im Finanzplanungszeitraum erreicht wird, reicht im Haushaltssicherungskonzept ein Verweis auf den Vorbericht (wenn er die geforderten Angaben enthält).

Die Ergebnisse in Form von Aufwandskürzungen z. B. durch Personalabbau, Ertragsverbesserungen, Privatisierung von Teilaufgabenbereichen, Aufgabe von bisher erbrachten Leistungen usw. sind innerhalb des Haushaltsplans in der mittelfristigen Planung darzustellen. Auch bei der Aufstellung des Haushaltssicherungskonzeptes ist auf eine realistische und sorgfältige Planung gem. § 8 Abs. 2 GemHVO-Doppik zu achten. Insofern besteht sicherlich in jedem Einzelfall der Konflikt zwischen einer vorsichtigen Schätzung und dem politischen Ziel der Genehmigungsfähigkeit des aufzustellenden Haushaltssicherungskonzeptes.

Die beabsichtigen Maßnahmen sind als Haushaltssicherungskonzept von der Gemeindevertretung zu beschließen. Entsprechend der Regelung in § 43 Abs. 8 KV M-V ist das Haushaltssicherungskonzept innerhalb des Konsolidierungszeitraumes mindestens jährlich fortzuschreiben, bei negativen Abweichungen ist ein neuerlicher Beschluss der Gemeindevertretung einzuholen. Zur Behandlung des Haushaltssicherungskonzeptes durch die Rechtsaufsicht trifft die KV M-V im Gegensatz zur früheren kameralen Regelung (Beratung mit der Rechtaufsicht) keine Regelung.

16.5.3 Eintreten oder Drohen einer Überschuldung

Eine Verbindung des Haushaltssicherungskonzepts zur Überschuldung sieht die Kommunalverfassung nicht vor. Eine bestehende Überschuldung bei der Eröffnungsbilanzierung bzw. eine Überschuldung aus Vorjahren, die noch nicht abgebaut wurde, hat alleine nicht die Verpflichtung zur Aufstellung eines Haushaltssicherungskonzepts zur Folge. Erreicht die Gemeinde bei bestehender Überschuldung den Haushaltsausgleich i. e. S. (§ 43 Abs. 6 KV M-V), ist sie nicht verpflichtet, ein Haushaltssicherungskonzept aufzustellen. Eine Verpflichtung zur Beseitigung von früheren Fehlbeträgen schließt die vorliegende Regelung damit ausdrücklich aus. Dies ist allerdings sehr kritisch zu sehen. Bei einer vorliegenden Überschuldung sollte die Gemeinde versuchen, diese zu beseitigen. Dies gebietet allein der Grundsatz der Wirtschaftlichkeit und Sparsamkeit gem. § 43 Abs. 4 KV M-V. Überschuldete Haushalte haben nämlich eine erheblichen Kreditbedarf und somit hohe Zinsaufwendungen.

16.5.4 Zusammenfassung

Zusammenfassend kann sich die Prüfung der Erreichung des Haushaltsausgleichs und die Feststellung der ggf. notwendigen Schritte an den folgenden Ablaufplänen orientieren. Dabei muss zwischen der Erreichung des Haushaltsausgleichs bei der Aufstellung des Haushaltsplans und der Erstellung des Jahresabschlusses unterschieden werden. Unabhängig von dem Ergebnis der einzelnen Prüfungen steht am Ende des Prozesses die Anzeige der Haushaltssatzung bzw. des Jahresabschlusses an die Aufsichtsbehörde.

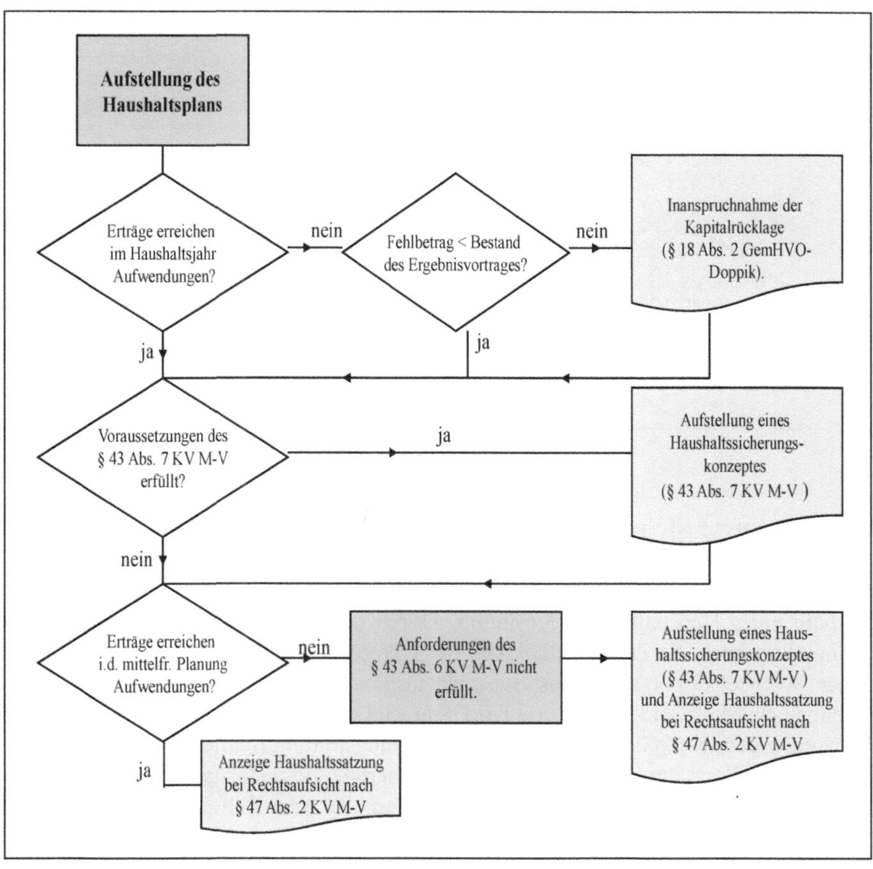

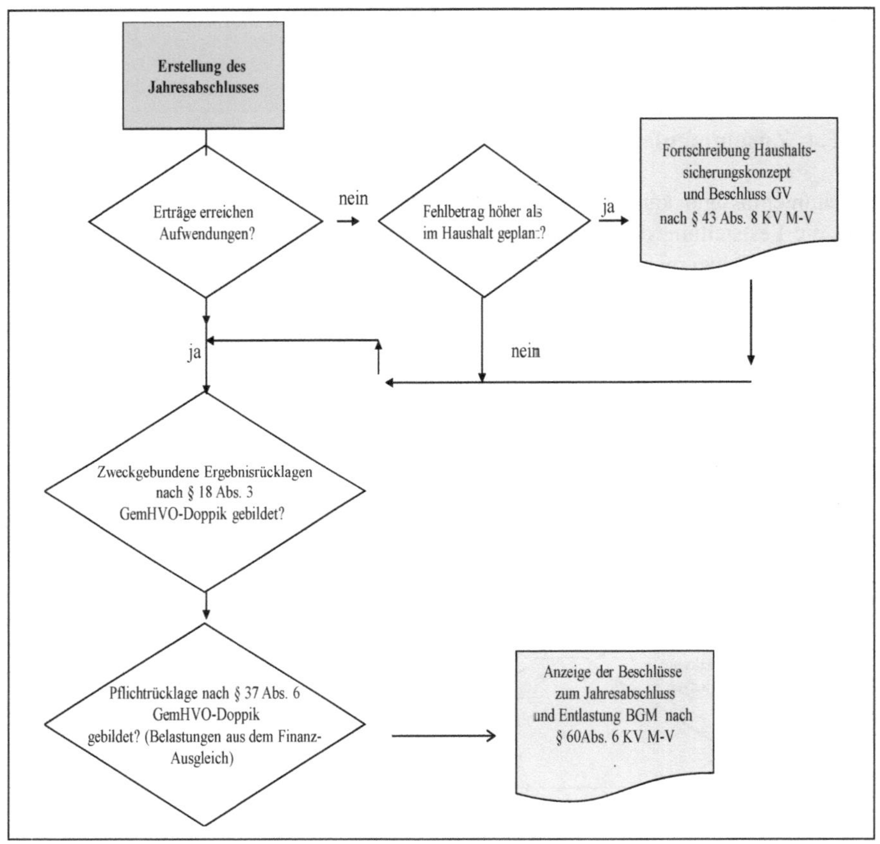

16.6 Exkurs: Sicherstellung der Zahlungsfähigkeit

Der Haushaltsausgleich ist durch den Ausgleich von Einnahmen und Ausgaben innerhalb eines Haushaltsjahres bestimmt. Durch diesen Ausgleich sollte (zumindest planmäßig) auch die Zahlungsfähigkeit der Gemeinden sichergestellt werden. Durch einen Wechsel des Systems des Haushaltsausgleichs auf die Rechengrößen des Ergebnisplans (Aufwand und Ertrag) wird dem Ziel des Ressourcenverbrauchskonzepts Rechnung getragen. Gleichzeitig soll eine Zahlungsmittel orientierte Zielsetzung, wie die Sicherstellung der Liquidität, zumindest innerhalb des Haushaltsausgleichs dahingehend berücksichtigt werden, dass entsprechend § 16 Abs. 1 Nr. 2 GemHVO-Doppik der Saldo der ordentlichen und außerordentlichen Einzahlungen zur Finanzierung ordentlichen Tilgung der Investitionskredite dient.

Weiter hat die Gemeinde – unabhängig von der Erreichung des Hauhaltsausgleichs – ihre Zahlungsfähigkeit jederzeit sicherzustellen (§ 43 Abs. 2 KV M-V). Die Praxis einer Reihe von Gemeinden, bei denen stetig steigende Kassenkredite (Kreditaufnahmen zur Sicherung der Zahlungsfähigkeit) zur dauerhaften Finanzierung von Haushaltsfehlbeträgen eingesetzt wurden, weist darauf hin, dass auch das bisherige System des Haushaltsausgleichs, das den Ausgleich der Zahlungsgrößen zum Maßstab hatte, keinen echten Beitrag zur Sicherstellung der Liquidität geliefert hat. Liquiditätsengpässe wurden bisher und müssen auch zukünftig durch Kreditaufnahmen überbrückt werden. Im Unterschied zur früheren kameralen Praxis müssen Kredite allerdings im doppischen Rechnungswesen zumindest bilanziell erfasst werden. So bleibt die steigende Verschuldung durch solche liquiditätssichernden Kredite insbesondere auch durch die vorgesehene fristbezogene Darstellung in der Verbindlichkeitenübersicht transparent.

Darüber hinaus ist festzustellen, dass die Jahresbetrachtung des Haushaltsplans für die Sicherstellung der Liquidität ohnehin ungeeignet ist, da auch bei ausgeglichenen Ein- und Auszahlungen innerhalb eines Jahres durchaus unterjährige Liquiditätsengpässe auftreten können, wenn z. B. erhebliche Auszahlungen am Jahresanfang geleistet werden müssen, bevor entsprechende Einzahlungen erfolgen.

16.7 Übungen

Sachverhalt Nr. 1
Die Gemeinde G weist im Jahresabschluss 2020 zum 31.12.2020 folgende Eigenkapitalpositionen aus:

1. Eigenkapital	
1.1 Kapitalrücklage	11.150.000 €
1.2 Ergebnisvortrag	3.400.000 €
1.3 Jahresüberschuss/Fehlbetrag	–1.100.000 €

Der Haushaltsplan 2021 weist einen geplanten Jahresfehlbedarf von 1.200.000 € aus. Zusätzlich wurden Aufwandsermächtigungen i. H. v. 200.000 € aus 2020 in das Jahr 2021 übertragen.

Der Entwurf des Haushaltsplanes 2022 weist einen Fehlbedarf von 1 Mio. € aus. Der Kämmerer betont in seiner Einbringungsrede, dass der Haushaltsausgleich nach den Regelungen des § 16 Abs. 1 Nr. 1 GemHVO-Doppik erreicht sei.

Aufgabe:
Beurteilen Sie die Aussage des Kämmerers und stellen Sie dar, welches weitere Verfahren durchzuführen ist, wenn die Gemeindevertretung G den vorliegenden Haushaltsentwurf 2022 verabschiedet.

Lösung:
Der Kämmerer der Gemeinde G hält den Haushaltsausgleich für das Jahr 2021 trotz des Fehlbedarfs von 1,2 Mio. € für noch erreicht, weil der Fehlbedarf im Ergebnishaushalt

durch Inanspruchnahme des Ergebnisvortrages gedeckt werden kann. Zur Prüfung, ob dies nach den vorliegenden Daten möglich ist, muss die planmäßige Entwicklung des Ergebnisvortrages bis zum Ende des Haushaltsplanjahres betrachtet werden.

Dabei sind folgende Rechenschritte vorzunehmen:

	Ergebnisvortrag am 31.12.2020
+/–	Jahresergebnis 2020
+/–	geplantes Jahresergebnis 2021
+/–	geplantes Jahresergebnis 2022
=	planmäßiger Stand des Ergebnisvortrages am 31.12.2022

Das Jahresergebnis 2020 steht laut Jahresabschluss 2020 bereits fest. Das Ergebnis beträgt –1.100.000 €. Das Jahresergebnis für das Jahr 2021 beträgt laut Haushaltsplan 2021 voraussichtlich –1.200.000 €. Zusätzlich wurden jedoch Aufwandsermächtigungen i. H. v. 200.000 € aus dem Jahr 2020 in das Jahr 2021 übertragen. Durch die Übertragung der Aufwandsermächtigungen erhöhen sich die Ermächtigungen des neuen Haushaltsjahres entsprechend, dies führt also in 2021 zu entsprechend höheren Aufwendungen bei der Inanspruchnahme der Ermächtigungen. Im vorliegenden Fall werden die Aufwandspositionen im Jahr 2021 um 200.000 € erhöht, so dass der planmäßige Fehlbedarf für 2021 unter Berücksichtigung der übertragenen Aufwandsermächtigungen –1.400.000 € beträgt. Gem. § 15 Abs. 1 GemHVO-Doppik dürfen die Aufwendungen auch nur dann übertragen werden, wenn der Haushaltsausgleich im kommenden Jahr ebenfalls erreicht wird (Ausnahme: Instandhaltungsaufwendungen, diese dürfen auch bei unausgeglichenem Haushalt übertragen werden). Das Jahresergebnis 2022 beträgt laut Haushaltsplanentwurf –1.000.000 €. Daraus ergibt sich die Berechnung des Ergebnisvortrages:

	3.400.000 €	Ergebnisvortrag 2020
–	1.100.000 €	Jahresergebnis 2020
–	1.200.000 €	voraussichtlicher Fehlbedarf 2021
–	200.000 €	Erhöhung Fehlbedarf 2021 durch Übertragungen
–	1.000.000 €	Fehlbedarf 2022
=	–100.000 €	

Nach der vorliegenden Berechnung ergibt sich zum Ende des Haushaltsjahres 2022 bei vollständiger Verrechnung aller bis dahin entstehenden Fehlbeträge rechnerisch kein Ausgleich mehr. Der Verpflichtung nach § 43 Abs. 6 KV M-V zum Ausgleich eines jeden Haushaltsjahres wird also nicht nachgekommen. Nach § 43 Abs. 7 KV M-V ist somit ein Haushaltssicherungskonzept aufzustellen. Ein vollständiger Ausgleich des Fehlbedarfs 2019 durch den Ergebnisvortrag ist nicht möglich. Der Haushalt 2022 ist damit entgegen der Aussage des Kämmerers nicht ausgeglichen.

Das o. a. Haushaltssicherungskonzept ist entsprechend § 43 Abs. 7 KV M-V durch die Gemeindevertretung zu beschließen; in diesem Konzept sind die Ursachen des Fehlbedarfes zu beschreiben, die Maßnahmen zur Erreichung des Haushaltsausgleiches und der Konsolidierungszeitraum sind anzugeben.

Weiter ist durch die Gemeindevertretung die Haushaltssatzung entsprechend § 47 Abs. 1 KV M-V zu beschließen und entsprechend § 47 Abs. 2 KV M-V der Rechtsaufsicht unverzüglich nach Beschlussfassung vorzulegen.

Nach der öffentlichen Bekanntmachung der Haushaltssatzung ist die Haushaltssatzung mit ihren Anlagen an sieben Werktagen bei der Gemeindeverwaltung während der allgemeinen Öffnungszeiten öffentlich auszulegen und kann im Übrigen bei der Gemeindeverwaltung während der allgemeinen Öffnungszeiten eingesehen werden. In der öffentlichen Bekanntmachung ist auf Ort und Zeit der Auslegung hinzuweisen (§ 47 Abs. 5 KV M-V).

Hinweis: Enthält die Haushaltssatzung genehmigungspflichtige Teile (Investitionskredite, Kredite zur Sicherung der Zahlungsfähigkeit von mehr als 10% der laufenden Einzahlungen im Finanzhaushalt, VE – auch evtl. bei Inanspruchnahmen bestimmter Teile des Eigenkapitals), kann sie nach § 47 Abs. 3 KV M-V erst nach der Genehmigung veröffentlicht werden.

Bis zur öffentlichen Bekanntmachung sind, soweit das Haushaltsjahr bereits begonnen hat, die Bestimmungen des § 49 KV M-V zur vorläufigen Haushaltsführung zu beachten.

Sachverhalt Nr. 2

Der Haushaltsplan der Gemeinde G sah für das Jahr 2020 ursprünglich einen Fehlbedarf im Ergebnishaushaltes i. H. v. 1 Mio. € vor. Zusätzlich wurde im August 2020 der Entwurf eines Nachtragshaushalts in die Gemeindevertretung eingebracht, da die Gewerbesteuereinnahmen drastisch eingebrochen waren. Der Nachtrag sah eine weitere Verschlechterung des Ergebnisses um 500.000 € vor. Da der für den 31.12.2020 kalkulierte Stand des Ergebnisvortrages 3 Mio. € betrug, sah der Kämmerer den Haushaltsplan – auch unter Berücksichtigung der vorgesehenen Nachtragssatzung – nach § 16 Abs. 1 GemHVO-Doppik als ausgeglichen an.

Im Jahresabschluss 2020, den der Kämmerer inzwischen aufgestellt hat, weist die Gemeinde G in der Ergebnisrechnung einen Fehlbetrag von 2.700.000 € aus. Die Bilanz zum 31.12.2020 weist folgende Eigenkapitalpositionen aus:

1.	Eigenkapital	
	1.1. Kapitalrücklage	14.500.000 €
	1.1.2 Zweckgebundene Kapitalrücklagen	655.000 €
1.3.	Ergebnisvortrag	3.000.000 €
1.4.	Jahresüberschuss/Jahresfehlbetrag	–2.700.000 €

In der Gemeinde G wurde durch Gemeindevertretungsbeschluss festgelegt, dass in Teilergebnisrechnungen von Produktgruppen, die ausschließlich über Benutzungsgebühren finanziert werden, Überschüsse, soweit diese auf unterschiedlichen Berechnungen der Zinsen und Abschreibungen in der Gebührenkalkulation und im haushaltsrechtlichen Jahresabschluss zurückzuführen sind, in einen Sonderposten für den Gebührenausgleich nach § 39 Abs. 1 GemHVO-Doppik anzusammeln sind. Im Jahr 2020 betrugen diese Überschüsse für alle gebührenrechnenden Bereiche insgesamt

500.000 € und entsprechen damit den Vorgaben der Haushaltsplanung. Dieser Betrag ist im vorliegenden Entwurf des Jahresabschlusses noch im Jahresergebnis enthalten.

Aufgabe:
Beurteilen Sie die Situation der Gemeinde G im Hinblick auf die Erreichung des Haushaltsausgleichs und stellen Sie kurz die vom Kämmerer einzuleitenden Schritte dar.

Lösung:
Wie bereits im Sachverhalt dargestellt, wies der Haushaltsplan für das Jahr 2020 keine Anhaltspunkte für einen unausgeglichenen Haushalt auf. Der für 2020 erwartete Fehlbetrag lag – auch unter Berücksichtigung der Fortschreibung durch die Nachtragssatzung nach § 48 KV M-V – unterhalb des Bestands des Ergebnisvortrages. Der fortgeschriebene Fehlbetrag des Haushaltsplans 2020 betrug danach 1.500.000 €, der kalkulierte Stand des Ergebnisvortrages betrug 3 Mio. €. Zusätzlich war bei der Beurteilung zu berücksichtigen, dass aufgrund des Gemeindevertretungsbeschlusses der Gemeinde G die Differenz zwischen gebührenrechtlichen und haushaltsrechtlichen Zinsen und Abschreibungen in einem Sonderposten anzusetzen ist. Trotz des erwarteten Fehlbetrags von 1,5 Mio. € sollten daher noch 500.000 € dem Sonderposten zugeführt werden. Dies belastet den Abschluss 2020 in entsprechender Höhe und müsste (als Jahresfehlbetrag) ebenfalls mit dem Ergebnisvortrag verrechnet werden, der aber auch dafür nach der Planung noch einen ausreichenden Bestand hat.

Laut Sachverhalt hat der Kämmerer der Gemeinde G inzwischen den Jahresabschluss 2020 aufgestellt. Dabei hat sich eine deutliche Verschlechterung des Jahresergebnisses gegenüber der fortgeschriebenen Haushaltsplanung ergeben.

Festzustellen ist nun weiterhin, ob die Gemeinde G im Jahr 2020 nach dem Entwurf des Jahresabschlusses die Anforderungen des § 43 Abs. 7 KV M-V erreicht hat, somit die Pflicht zur Aufstellung eines Haushaltssicherungskonzeptes besteht.

Der vom Kämmerer aufgestellte Entwurf des Jahresabschlusses weist einen Jahresfehlbetrag von 2,7 Mio. € bei einem Bestand des Ergebnisvortrages von 3 Mio. € aus. Zunächst ist daher davon auszugehen, dass der entstandene Fehlbetrag durch Verrechnung mit dem Ergebnisvortrag gedeckt werden kann. Damit gilt der Haushaltsausgleich gem. § 16 Abs. 1 Nr. 1 GemHVO-Doppik i. V. m. § 17 Abs. 2 Nr. 1 GemHVO-Doppik als erreicht. Bei der Aufstellung des Jahresabschlusses hat der Kämmerer der Gemeinde G allerdings den Gemeindevertretungsbeschluss zur Zuführung bestimmter Überschüsse aus den Gebührenhaushalten in den Sonderposten nicht berücksichtigt. Hätte er die laut Jahresabschluss betroffenen Beträge von insgesamt 500.000 € zusätzlich vorab dem Sonderposten zugeführt, wäre der bilanzielle Fehlbetrag mit 3,2 Mio. € höher gewesen als der Bestand der Ergebnisvortages. Damit wäre der Haushaltsausgleich nach § 16 Abs. 1 GemHVO-Doppik im Jahresabschluss 2020 nicht mehr erreicht worden, und dies hätte gem. § 43 Abs. 7 KV M-V eine Pflicht zur Erstellung eines Haushaltssicherungskonzeptes auslösen können.

Bei der Beurteilung der Anforderungen des § 43 Abs. 7 KV M-V ist allerdings allein der tatsächlich vom Bürgermeister bestätigte Entwurf des Jahresabschluss maßgeblich. Da der Sachverhalt nur darlegt, dass der Entwurf des Jahresabschlusses vom

Kämmerer erstellt wurde, ist eine weitere Prüfung zum aktuellen Zeitpunkt nicht erforderlich. Sollte jedoch der Bürgermeister im Rahmen der Bestätigung des Jahresabschlusses eine Veränderung des Jahresabschlusses in der Weise vorsehen, dass der o. a. Fehlbetrag von 3,2 Mio. € entsteht und damit der Ergebnisvortrag zur Abdeckung nicht ausreicht, löst dies eine Pflicht zur Aufstellung eines Haushaltssicherungskonzeptes gem. § 43 Abs. 7 KV M-V aus.

17. Die Haushaltssatzung

17.1 Rechtsnatur und Bedeutung der Haushaltssatzung

17.1.1 Gemeindliches Satzungsrecht

Das Grundgesetz bestimmt in Art. 28 Abs. 2 ausdrücklich, dass den Gemeinden das Recht einzuräumen ist, alle Angelegenheiten der örtlichen Gemeinschaft in eigener Verantwortung zu regeln; dies wiederholt sich ebenfalls in § 2 Abs. KV M-V. Die Gewährleistung der Selbstverwaltung umfasst auch die Grundlagen der finanziellen Eigenverantwortung. Dem folgt Art. 72 der Verfassung des Landes Mecklenburg-Vorpommern. Dieses Recht steht auch den Gemeindeverbänden im Rahmen ihres gesetzlichen Aufgabenbereichs zu. Damit ist der Erlass allgemeiner Rechtsvorschriften durch die Gemeinden im Rahmen ihres Selbstverwaltungsrechtes institutionell abgesichert.

So wird auch in der KV M-V durch § 5 Abs. 1 den Gemeinden im Einklang mit dem Grundgesetz und der Landesverfassung das Recht zuerkannt, ihre Angelegenheiten durch Satzungen zu regeln (Kreise: § 92 Abs. 1 KV M-V).

Die Darstellungen der Einzelheiten zum allgemeinen Satzungsrecht bleiben dem Kommunalrecht vorbehalten.

17.1.2 Haushaltssatzung als besondere Satzung

Haushaltssatzung	Satzung allgemein
bis auf § 5 der Haushaltssatzung (Hebesätze) keine Außenwirkung	Außenwirkung
verbindlicher Inhalt und amtliches Muster	i. d. R. kein verbindlicher Inhalt und kein amtliches Muster
zeitlich begrenzt (i. d. R. Kalenderjahr)	zeitlich unbegrenzt
Pflichtsatzung	bis auf Hauptsatzung nur bedingte bzw. keine Verpflichtung zum Erlass der Satzung
Erlass nicht durch Dringlichkeitsentscheidung zulässig	Erlass durch Dringlichkeitsentscheidung zulässig
In-Kraft-Treten immer am 1. Januar eines Jahres (evtl. rückwirkend)	i. d. R. In-Kraft-Treten am Tage nach der Bekanntmachung
Vorlagepflicht bei der Rechtsaufsichtsbehörde	Anzeigepflicht (§ 5 Abs. 4 KV M-V), soweit sich nicht aus anderen gesetzlichen Vorschriften eine Anzeige- oder Genehmigungspflicht ergibt

Die Tatsache, dass die Haushaltssatzung in der Lehre nur als eine Satzung im formellen Sinne angesehen wird, beeinträchtigt jedoch nicht ihre Bedeutung für die Gemeinde, bildet sie doch die Rechtsgrundlage der gemeindlichen Haushaltsführung für ein Jahr. Durch die Festsetzung des Haushaltsplanes in der Satzung erhält dieser seine Rechtsverbindlichkeit. Ferner enthält die Haushaltssatzung weitere für die Haushalts- und Wirtschaftsführung einer Gemeinde entscheidende Regelungen. All diese Regelungen binden jedoch – ausgenommen die Festsetzungen in § 5 der Haushaltssatzung[379] – nur die Gemeinde, genauer gesagt die Gemeindevertretung und die Verwaltung. Insofern kann hier auch von der „Innenwirkung“ der Haushaltssatzung gesprochen werden. Genauso wie für den Haushaltsplan gilt für die Haushaltssatzung, dass Ansprüche und Verbindlichkeiten Dritter weder begründet noch aufgehoben werden (§ 46 Abs. 6 Satz 3 KV M-V). „Außenwirkung“ entsteht nur durch die Festsetzung der Realsteuerhebesätze im § 5 der Haushaltssatzung. Hier wird der Steuerpflichtige tangiert, wobei die eigentliche Steuererhebung aufgrund eines konkreten Steuerbescheides (Verwaltungsakt) erfolgt.

Aber auch in weiteren Punkten unterscheidet sich die Haushaltssatzung von den Satzungen allgemeiner Art. Während für die gemeindlichen Satzungen bis auf wenige Ausnahmen keine verbindlichen Inhalte vorgeschrieben sind, ist für die Haushaltssatzung ein Pflichtinhalt gemäß § 45 Abs. 3 KV M-V vorgesehen. Das Aufzeigen der Eigenkapitalentwicklung mit der voraussichtlichen Höhe des Eigenkapitals des Haushaltsvorvorjahres, des Haushaltsvorjahres und des Haushaltsjahres jeweils zum Bilanzstichtag stellt auf der Grundlage des § 45 Abs. 4 KV M-V eine weitere Pflichtangabe in der Haushaltssatzung dar. Ergänzt werden die Pflichtinhalte durch das verbindliche amtliche Muster (Anlage 3 Muster 1 zur KV M-V und GemHVO-Doppik der Verwaltungsvorschriften zur GemHVO-Doppik und GemKVO-Doppik). Ferner unterliegt die Haushaltssatzung einer zeitlichen Begrenzung. Sie wird grundsätzlich für ein Haushaltsjahr (Kalenderjahr) erlassen (§ 45 Abs. 1 und 5 KV M-V).[380] Andere Satzungen haben eine unbestimmte, auf die Zukunft gerichtete Gültigkeit.

Die Haushaltssatzung zählt zu den Pflichtsatzungen, d. h. die Gemeinde muss sie erlassen. Diese Verpflichtung trifft für die übrigen Satzungen nur in Ausnahmefällen wie z. B. bei der Hauptsatzung zu (§ 5 Abs. 2 KV M-V).

Die Haushaltssatzung gehört zu den Angelegenheiten, über die die Gemeindevertretung selbst entscheiden muss. Sie kann diese Entscheidungsbefugnisse nicht auf andere Stellen übertragen (§ 22 Abs. 3 Nr. 8 und 47 Abs. 1 KV M-V). Nach § 35 Abs. 2 KV MV entscheidet der Hauptausschuss in dringenden Angelegenheiten, deren Erledigung nicht bis zu einer Dringlichkeitssitzung der Gemeindevertretung aufgeschoben werden kann. Diese Entscheidungen bedürfen aber der Genehmigung durch die Gemeindevertretung.

Ist auch eine Einberufung des Hauptausschusses nicht rechtzeitig möglich und kann die Entscheidung nicht aufgeschoben werden, weil sonst erhebliche Nachteile oder Gefahren für die Gemeinde entstehen können, kann der Bürgermeister in Fällen äußerster Dringlichkeit (§ 38 Abs. 4 KV M-V) entscheiden. Diese Entscheidungen bedürfen allerdings der Genehmigung durch den Hauptausschuss, soweit dieser zuständig ist, im Übrigen durch die Gemeindevertretung. Gemäß § 22 Abs. 3 Nr. 6 KV M-V gehört hierzu auch der Erlass von Satzungen. Somit kann grundsätzlich eine Satzung durch eine Dringlichkeitsentscheidung erlassen werden. Nicht möglich ist aber der Erlass

379 Die Paragrafenzuordnung erfolgt nach Anlage 3 Muster 1 zur KV M-V und GemHVO-Doppik der Verwaltungsvorschriften zur GemHVO-Doppik und GemKVO-Doppik.

380 Sie kann aber auch gemäß § 45 Abs. 2 KV M-V Festsetzungen für zwei Haushaltsjahre, nach Haushaltsjahren getrennt, enthalten.

einer Satzung durch Ersatzentscheidungen, wenn bestimmte Verfahrensvorschriften zu beachten sind, es sei denn, das förmliche Verfahren könnte ordnungsgemäß durchgeführt werden. Für die Haushaltssatzung bestehen aber umfangreiche Verfahrensvorschriften nach § 47 KV M-V. Somit kann sie im Gegensatz zu den übrigen Satzungen nur durch einen „normalen" Beschluss der Gemeindevertretung zu Stande kommen. Die Verfasser vertreten die Auffassung, dass die vorgenannten Regelungen einer Ersatzentscheidung gemäß § 35 Abs. 2 KV M-V entgegenstehen.

Die Haushaltssatzung – als Pflichtsatzung der Gemeinde – ist zeitlich begrenzt. Gemäß § 45 Abs. 1 KV M-V muss sie für jedes Haushaltsjahr erlassen werden.[381] Sollte eine Gemeinde, vertreten durch die Gemeindevertretung, nicht bereit sein, eine Haushaltssatzung zu erlassen, greifen die Aufsichtsmittel nach §§ 80 ff. KV M-V.

Letztlich ist noch festzuhalten, dass die Haushaltssatzung immer – evtl. rückwirkend – am 1. Januar eines Jahres in Kraft tritt, also mit Beginn des Haushaltsjahres.

17.2 Inhalt der Haushaltssatzung

17.2.1 Rechtliche Grundlagen

§ 45 Abs. 3, 4 KV M-V schreibt vor, welche Regelungen in der Haushaltssatzung getroffen werden müssen. Weitere Regelungen können gemäß § 45 Abs. 3 Satz 2 KV M-V in die Haushaltssatzung aufgenommen werden, sofern sie sich auf Erträge und Aufwendungen, Einzahlungen und Auszahlungen oder den Stellenplan des Haushaltsjahres beziehen. Anlage 3 Muster 1 zur KV M-V und GemHVO-Doppik der Verwaltungsvorschriften zur GemHVO-Doppik und GemKVO-Doppik sieht ein amtliches Muster für den Satzungstext vor. Allerdings ist es nicht zulässig, haushaltsfremde Regelungen in den Satzungstext aufzunehmen (Bepackungsverbot).

17.2.2 Pflichtinhalte der Haushaltssatzung (§ 45 Abs. 3, 4 KV M-V)

17.2.2.1 Festsetzung des Haushaltsplanes

In der Satzung sind die Erträge und Aufwendungen sowie die Einzahlungen und Auszahlungen des Haushaltsplanes getrennt nach Ergebnis- und Finanzhaushalt festzustellen. Beim Finanzhaushalt erfolgt dabei eine differenzierte Darstellung zwischen dem laufenden und den investiven Bereich, sodass § 1 der Haushaltssatzung folgende Formulierung enthält:

381 Gemäß § 45 Abs. 2 KV M-V ist auch ein Erlass für zwei Haushaltsjahre zulässig. Jedoch sind dabei getrennte Festsetzungen für jedes Haushaltsjahr erforderlich.

§ 1 Ergebnis- und Finanzhaushalt

Der Haushaltsplan für das Haushaltsjahr .... wird

1. im Ergebnishaushalt auf
   der Gesamtbetrag der Erträge auf .... EUR
   der Gesamtbetrag der Aufwendungen auf .... EUR
   ein Jahresergebnis nach Veränderung der Rücklagen von .... EUR

2. im Finanzhaushalt auf
   a) einen Gesamtbetrag der laufenden Einzahlungen von .... EUR
   einen Gesamtbetrag der laufenden Auszahlungen von .... EUR
   einen jahresbezogenen Saldo der laufenden Ein- und Auszahlungen von .... EUR
   b) der Gesamtbetrag der Einzahlungen aus Investitionstätigkeit von .... EUR
   der Gesamtbetrag der Auszahlungen aus Investitionstätigkeit von .... EUR
   einen Saldo der Ein- und Auszahlungen aus der Investitionstätigkeit von .... EUR

festgesetzt.

Beim Ergebnishaushalt wird, entgegen der Darstellungen in alten Fassungen, auf weitergehende Differenzierungen verzichtet. Aufschlüsselungen, die Auskunft über die Zusammensetzung des Ergebnis- und des Finanzhaushaltes geben, können im Haushaltsplan nachvollzogen werden.

Der Haushaltsplan allein besitzt keinen Satzungscharakter. Erst durch die Einbeziehung in die Haushaltssatzung wird er zu deren Teil und damit Ortsrecht. Die Festsetzung des Haushaltsplanes ist somit notwendiger und unverzichtbarer Bestandteil der Haushaltssatzung. Mit der Festsetzung der Gesamtbeträge erfolgt gleichzeitig die Festsetzung der Einzelansätze der Erträge und Aufwendungen sowie der Einzahlungen und Auszahlungen, die damit Verbindlichkeit auf Satzungsebene erhalten.

Ein besonderes Problem besteht, wenn auf der Grundlage des § 4 Abs. 2 GemHVO-Doppik die Ziele und Kennzahlen zur Zielerreichung im Haushaltsplan abgebildet werden. Somit werden diese Bestandteile des Haushaltsplanes. Wenn also durch § 1 der Haushaltssatzung Ergebnis- und Finanzhaushalt Bestandteil der Satzung werden und somit Ortsrecht darstellen, gewinnen die Ziele und Kennzahlen zur Zielerreichung ebenfalls den Charakter materiellen Ortsrechts. Abweichungen und Änderungen im laufenden Haushaltsjahr würden dann die Gemeinden gemäß § 48 Abs. 1 KV M-V zum Erlass einer Nachtragssatzung verpflichten. Diese Lösung ist aus Gründen der Praktikabilität nicht vertretbar. [382]

382 Der Gesetzgeber ist aufgefordert, eine entsprechende ausschließende Regelung einzuführen.

17.2.2.2 Festsetzung der Kreditermächtigung für Investitionen und Investitionsförderungsmaßnahmen

In der Satzung ist der Gesamtbetrag der vorgesehenen Kreditaufnahmen für Investitionen und Investitionsförderungsmaßnahmen wie folgt festzusetzen:

> **§ 2 Kredite für Investitionen und Investitionsförderungsmaßnahmen**
> Der Gesamtbetrag der vorgesehenen Kreditaufnahmen ohne Umschuldungen (Kreditermächtigung) wird festgesetzt auf .... EUR.
>
> *Alternativ:*
> *Kredite zur Finanzierung von Investitionen und Investitionsförderungsmaßnahmen werden nicht veranschlagt.*

Die Kreditermächtigung ist eine der Voraussetzungen zur Aufnahme von Krediten für Investitionen (nur für das Anlagevermögen, nicht für das Umlaufvermögen) und Investitionsförderungsmaßnahmen durch die Gemeinde. Nicht zuletzt wegen der erheblichen Folgewirkungen der Kreditaufnahmen auf die gemeindliche Haushaltswirtschaft ist eine besondere Ermächtigungsgrundlage in der Form einer satzungsrechtlichen Regelung geschaffen. Die Kreditverwendung nach § 2 der Haushaltssatzung ist als Auswirkung des § 52 Abs. 1 KV M-V auf Investitionen und Investitionsförderungsmaßnahmen beschränkt. Somit werden in der Regel damit nur Auszahlungen für die Veränderung des Anlagevermögens finanziert. Sofern Investitionsförderungen als Darlehen gewährt werden, zählen diese unmittelbar zum kommunalen Anlagevermögen. Zuwendungen für Investitionen Dritter sind dem immateriellen Vermögen gemäß § 37 Abs. 1 GemHVO-Doppik zuzuordnen, wenn diese mit einer Gegenleistungsverpflichtung des Empfängers oder mit einer mehrjährigen Zweckbindungsfrist versehen sind, was in der kommunalen Praxis regelmäßig der Fall sein wird. Wenn bei einer Investitionsförderung dagegen die Tatbestandsmerkmale des § 37 Abs.1 GemHVO-Doppik nicht vorliegen, handelt es sich um Aufwendungen des Ergebnishaushaltes und um konsumtive Zahlungen. Auch für diesen Fall sind nach dem reinen Wortlaut des Gesetzes Kreditaufnahmen zulässig.

Die Möglichkeit der Kreditaufnahme für konsumtive Zwecke ist jedoch äußerst bedenklich. Dieses hat wohl offensichtlich das Innenministerium in Ziffer 29.1 zu § 37 GemHVO-Doppik der Verwaltungsvorschriften zur GemHVO-Doppik und GemK-VO-Doppik auch erkannt. Darin wird ausgeführt, dass nicht als immaterielles Vermögen zu aktivierende Zuschüsse an Dritte für die Anschaffung oder Herstellung von Vermögensgegenständen keine Investitionen oder Investitionsförderungen im Sinne von § 52 Abs. 1 KV M-V sind. Damit wird erreicht, dass für die nicht aktivierungsfähigen Investitionsförderungen keine Kredite aufgenommen werden dürfen.[383]

383 Das entspricht dann auch dem Sinn einer ordnungsgemäßen Kreditverwendung. Allerdings ist die Formulierung in der Verwaltungsvorschrift in dieser Form rechtlich nicht vertretbar. Eine Verwaltungsvorschrift kann die eindeutige Regelung in einem formellen Gesetz (§ 52 Abs. 1 KV M-V) nicht abändern. Der Gesetzgeber hat ausdrücklich eine Kreditfinanzierung

Ein zusätzliches Problem besteht darin, dass das Innenministerium wohl die Auffassung vertritt, aktivierte Eigenleistungen auch im Finanzhaushalt zu buchen, obwohl keine Zahlungen vorliegen. Dies kann auch daran erkannt werden, dass den Erträgen aus aktivierten Eigenleistungen entsprechende Einzahlungskonten zugeordnet sind. Damit würden ja auch investive Auszahlungspositionen angesprochen, die zu einer Anrechnung auf die kreditfinanzierbaren Investitionen führen. Die korrespondierenden Einzahlungspositionen verbessern den Saldenbetrag der ordentlichen und außerordentlichen Ein- und Auszahlungen, der für den Haushaltsausgleich (§ 16 Abs. 1 Nr. 2 und Abs. 2 Nr. 2 GemHVO-Doppik) von Bedeutung ist, was die Erwirtschaftung der ordentlichen Tilgungen verbessern würde. Insofern ist es kaum vertretbar und auch nicht nachvollziehbar, warum diese nicht zahlungswirksamen Geschäftsvorfälle über den Finanzhaushalt abzuwickeln sind.

Beim Gesamtbetrag handelt es sich um den Bruttokredit, somit um die zu passivierende Rückzahlungsverpflichtung nach § 33 Abs. 6 GemHVO-Doppik (Kreditverbindlichkeit). Denn Verbindlichkeiten und damit auch Kreditverbindlichkeiten sind grundsätzlich mit ihrem Rückzahlungsbetrag anzusetzen.

Eine evtl. erforderliche Überschreitung dieses Betrages bedarf des Erlasses einer Nachtragssatzung gemäß § 48 Abs. 1 KV M-V (siehe hierzu auch Kapitel 20). Zur Thematik der Kreditaufnahme ist ansonsten auf Kapitel 15 zu verweisen.

Kreditaufnahmen für Umschuldungen bedürfen keiner Ermächtigung durch § 2 der Haushaltssatzung, weil § 52 Abs. 1 KV M-V ausschließlich auf Kredite für Investitionen und Investitionsförderungsmaßnahmen abstellt.

17.2.2.3 Festsetzung des Gesamtbetrages der Verpflichtungsermächtigungen

Der Gesamtbetrag der im Haushaltsplan veranschlagten Verpflichtungsermächtigungen ist in der Satzung wie folgt festzusetzen:

§ 3 Verpflichtungsermächtigungen	
Der Gesamtbetrag der Verpflichtungsermächtigungen wird festgesetzt auf	.... EUR.
Alternativ: *Verpflichtungsermächtigungen werden nicht veranschlagt.*	

Beim Gesamtbetrag handelt es sich um die Summe der bei den einzelnen Positionen der Teilhaushalte veranschlagten Verpflichtungsermächtigungen. Damit wird erreicht, dass diese Haushaltsermächtigungen auch satzungsmäßig verbindlich werden. Eine Überschreitung der Gesamtsumme ist nur durch eine Nachtragssatzung gemäß § 48

für Investitionsförderungen ohne jegliche Einschränkung vorgesehen. Der Gesetzgeber hätte in § 52 KV M-V einfach nur die Kreditverwendung auf die Investitionen beschränken müssen. Offensichtlich versucht der Verwaltungsverordnungsgeber einen Fehler in der Kommunalverfassung zu beseitigen, was allerdings in diesem Verfahren unzulässig ist.

Abs. 1 KV M-V zulässig. Einzelheiten zur Veranschlagung und Abwicklung von Verpflichtungsermächtigungen sind im Kapitel 14 dargestellt.

17.2.2.4 Festsetzung des Höchstbetrages der Kassenkredite

Der Höchstbetrag der Kassenkredite ist in der Haushaltssatzung festzusetzen. Nach dem verbindlichen Muster hat die Festsetzung wie folgt zu erfolgen:

> **§ 4 Kassenkredite**
> Der Höchstbetrag der Kassenkredite wird festgesetzt auf ....EUR.
>
> *Alternativ:*
> *Kassenkredite werden nicht beansprucht.*

Kassenkredite sind zwar auch Darlehen i. S. v. § 488 Abs. 1 BGB, aber haushaltsrechtlich nicht mit den Krediten für Investitionen und Investitionsförderungsmaßnahmen gleichzusetzen. Es handelt sich hierbei in der Regel um kurzfristige Kredite zur Sicherung der Zahlungsbereitschaft. Aus diesem Grunde ist auch kein Gesamtbetrag, sondern ein Höchstbetrag festgesetzt, der mehrfach im Haushaltsjahr in Anspruch genommen (schwankender Liquiditätsbedarf), jedoch zu keiner Zeit überschritten werden darf.

Nicht zu verkennen ist dabei, dass bei vielen Gemeinden und Landkreisen die Kredite zur Sicherung der Zahlungsfähigkeit wegen der unausgeglichenen Haushalte längst langfristige Verschuldungen darstellen. Insofern stellt sich auch die Frage, ob eine Trennung zwischen Krediten für Investitionen und Investitionsförderungsmaßnahmen sowie Krediten zur Sicherung der Zahlungsfähigkeit sinnvoll ist. Weitere Einzelheiten zu den Krediten zur Sicherung der Zahlungsfähigkeit, auch hinsichtlich der Kritik zur Trennung von Krediten für Investitionen und Investitionsförderungsmaßnahmen sowie Krediten zur Sicherung der Zahlungsfähigkeit, enthält Kapitel 15.

17.2.2.5 Festsetzung der Realsteuerhebesätze

Die Haushaltssatzung enthält die Festsetzung der Realsteuersätze (Hebesätze) wie folgt:

> **§ 5 Hebesätze**
> Die Hebesätze für die Realsteuern werden wie folgt festgesetzt:
>
> 1. Grundsteuer
>   a) für die land- und forstwirtschaftlichen Flächen
>   (Grundsteuer A) auf .... v. H.
>   b) für die Grundstücke
>   (Grundsteuer B) auf .... v. H.
> 2. Gewerbesteuer auf .... v. H.

Nach Art. 106 Abs. 6 GG steht das Aufkommen der Realsteuern den Gemeinden zu. Dabei ist den Gemeinden das Recht einzuräumen, die Hebesätze für diese Steuern im Rahmen der Gesetze festzusetzen. Nach Art. 105 Abs. 2 i. V. m. Art. 72 Abs. 2 GG fällt die Schaffung des rechtlichen Rahmens in die konkurrierende Gesetzgebungskompetenz des Bundes. Der Bund hat die Gesetzesinitiative ergriffen und das Grundsteuergesetz und das Gewerbesteuergesetz erlassen. Das Land M-V hat mit dem Gesetz zur Übertragung der Zuständigkeit der Gemeinden für die Festsetzung und Erhebung der Grundsteuer und dem Gesetz zur Übertragung der Verwaltung der Gewerbesteuer auf die Gemeinde bestimmt, dass für die Festsetzung und Erhebung der Realsteuern die hebeberechtigten Gemeinden zuständig sind.

Derzeit besitzen die Gemeinden das Recht, die Hebesätze für die sogenannten „Grundsteuern A und B“ und die Gewerbesteuer festzusetzen. Da es sich um einen Akt der Rechtsetzung handelt, bedarf es hierzu einer Satzung. Die Hebesätze werden in Prozentsätzen festgesetzt. Die Festsetzung hat gemäß § 25 Abs. 2 GrStG und § 16 Abs. 2 GewStG für ein oder mehrere Kalenderjahre zu erfolgen. In der Regel erfolgt die Festsetzung der Hebesätze mit der Haushaltssatzung (§ 45 Abs. 3 Nr. 3 KV M-V), also mit der Folge einer jährlichen Festsetzung. Eine Änderung der Hebesätze mit dem Ziel der Erhöhung kann nur bis zum 30. Juni eines Jahres erfolgen (§ 25 Abs. 3 GrStG bzw. § 16 Abs. 3 GewStG), allerdings dann mit Rückwirkung auf den 1. Januar eines Jahres. Nach dem 30. Juni darf die Festsetzung der Hebesätze die Höhe der letzten Festsetzung nicht überschreiten.

Will die Gemeinde die Realsteuerhebesätze für einen längeren Zeitraum als ein Jahr bzw. zwei Jahre bei einer zweijährigen Haushaltssatzung festsetzen, kann sie dies nur mittels einer gesonderten Hebesatzsatzung umsetzen. Nachfolgend ist ein Beispiel einer solchen Hebesatzsatzung abgedruckt:

Satzung
über die Festsetzung der Steuersätze für die
Grund- und Gewerbesteuer in der Gemeinde G

Aufgrund des § 25 des Grundsteuergesetzes vom 7.8.1973 (BGBl. I S. 965), das zuletzt durch Art. 38 des Gesetzes vom 19.12.2008 (BGBl. I S. 2794) geändert worden ist, des § 16 des Gewerbesteuergesetzes in der Fassung der Bekanntmachung vom 15.10.2002 (BGBl. I S. 4167), das zuletzt durch Art. 4 des Gesetzes vom 27.6.2017 (BGBl. I S. 2074) geändert worden ist, des § 1 des Gesetzes zur Übertragung der Zuständigkeit der Gemeinden für die Festsetzung und Erhebung der Grundsteuer in der Fassung der Bekanntmachung vom 18.12.1995 und des § 1 des Gesetzes zur Übertragung der Verwaltung der Gewerbesteuer auf die Gemeinde in der Fassung der Bekanntmachung vom 5.8.1991 i. V. m. § 5 der Kommunalverfassung für das Land Mecklenburg-Vorpommern in der Fassung der Bekanntmachung vom 13.7.2019 in der z. Zt. geltenden Fassung hat die Gemeindevertretung der Gemeinde G am .... die nachstehende Satzung beschlossen:

> § 1
> Die Hebesätze für die Grundsteuern und für die Gewerbesteuer werden für das Gebiet der Gemeinde G wie folgt festgesetzt:
> 1. Grundsteuer
>   a) für die land- und forstwirtschaftlichen Betriebe (Grundsteuer A) — 500 v. H.
>   b) für die Grundstücke (Grundsteuer B) — 480 v. H.
> 2. für die Gewerbesteuer — 450 v. H.
>
> § 2
> Die vorstehenden Hebesätze gelten für die Haushaltsjahre 2022, 2023 und 2024.
>
> § 3
> Diese Satzung tritt am 1.1.2022 in Kraft.

Wird eine Hebesatzsatzung erlassen, hat der dennoch jährlich in die Haushaltssatzung aufzunehmende § 5 nur deklaratorische Bedeutung. Die Haushaltssatzung hat dann keine Außenwirkung und ist nur eine Satzung im formellen Sinn. Die nachrichtliche Aufnahme der Hebesätze in der Haushaltssatzung ist kenntlich zu machen (z. B. „die Gemeindesteuern **sind** festgesetzt").[384]

Bei der Steuerberechnung setzt das Finanzamt einen Steuermessbetrag fest. Dieser wird mit dem gemeindlichen Hebesatz multipliziert. Insofern haben die Gemeinden Einfluss auf die Höhe der Realsteuererträge. Die sonstigen kommunalen Steuern werden ausschließlich aufgrund von kommunalen Satzungen (z. B. Vergnügungssteuersatzung, Hundesteuersatzung, Zweitwohnungssteuersatzung) erhoben.

17.2.2.6 Festsetzung der Amtsumlage bzw. Kreisumlage

Die Haushaltssatzung enthält die Festsetzung der Amtsumlage bzw. Kreisumlage wie folgt:

> **§ 6 Amtsumlage**
> ***Alternativ:***
> ***§ 6 Kreisumlage[1]***
>
> 1 Die Amtsumlage wird auf ……… v. H. der Umlagegrundlagen festgesetzt.
> 2. Die Umlage auf die Aufwendungen in besonderen Fällen wird im Verhältnis des Nutzens der beteiligten Gemeinden auf ……… v. H. der Umlagegrundlagen festgesetzt.
>
> [1] bei Landkreisen

384 Insofern ist die Formulierung in § 45 Abs. 3 Nr. 3 KV M-V fehlerhaft. Wie dargestellt, erfolgt die Festsetzung nicht immer durch die Haushaltssatzung und dann auch nicht immer für ein Jahr oder zwei Jahre. Hier wäre ein Verweis auf eine mögliche Hebesatzsatzung erforderlich.

> *Alternativ:*
> *Die Kreisumlage wird auf .... v. H. der Umlagegrundlagen festgesetzt.*

Auf der Grundlage der Anlage 3 Muster 1 zur KV M-V und GemHVO-Doppik der Verwaltungsvorschriften zur GemHVO-Doppik und GemKVO-Doppik ist die Amtsumlage (alternativ: Kreisumlage) als § 6 der Haushaltssatzung zwar aufzunehmen, was aber gemäß § 45 KV M-V nicht zu den Pflichtinhalten der Haushaltssatzung gehört. Denn die Amts- bzw. Kreisumlage ist weder im § 45 KV M-V mit aufgenommen worden noch ist hierfür im übrigen Bereich der KV M-V eine Regelung getroffen worden. Dies scheint vergessen worden zu sein. Da sich Verwaltungsvorschriften aus Gesetzen und Rechtsverordnungen ableiten, kann in Verwaltungsvorschriften nicht mehr geregelt sein. Hier ist der Gesetzgeber gefragt, die Amts- bzw. Kreisumlage in den § 45 KV M-V als Pflichtinhalt der Haushaltssatzung aufzunehmen.

In der Haushaltssatzung der Landkreise werden an Stelle der Steuerhebesätze im § 5 der Haushaltssatzung die v. H.-Sätze der Kreisumlage festgesetzt (§ 120 Abs. 2 KV M-V). Die nachfolgenden Paragrafen der Haushaltssatzung der Landkreise schließen sich entsprechend an (ohne Lücke bei den Paragrafen).

17.2.2.7 Festsetzungen zum Stellenplan

Die Haushaltssatzung enthält die Festsetzung der Stellen wie folgt:

> **§ 7 Stellen gemäß Stellenplan**
>
> Die Gesamtzahl der im Stellenplan ausgewiesenen Stellen
> beträgt .... Vollzeitäquivalente (VzÄ).

In der Haushaltssatzung ist lediglich die Gesamtzahl der Stellen, die im Stellenplan ausgewiesen sind, anzugeben. Gemäß § 46 Abs. 4 Nr. 4 KV M-V ist der Stellenplan aber Bestandteil des Haushaltsplanes. Und der Haushaltsplan wiederum ist gemäß § 46 Abs. 1 KV M-V Bestandteil der Haushaltssatzung. Die Vorschrift, dass der Stellenplan Bestandteil des Haushaltsplanes ist, wirkt sich auch auf die Pflicht einer Nachtragshaushaltssatzung aus. Denn gemäß § 48 Abs. 2 Nr. 4 KV M-V hat die Gemeinde unverzüglich eine Nachtragshaushaltssatzung zu erlassen, wenn Beamte oder Arbeitnehmer eingestellt, befördert oder in eine höhere Entgeltgruppe eingestuft werden sollen und der Stellenplan die entsprechenden Stellen nicht enthält.

17.2.2.8 Nachrichtliche Angaben

Die Haushaltssatzung enthält nachrichtliche Angaben wie folgt:

1. Zum Ergebnishaushalt Das Ergebnis zum 31. Dezember des Haushaltsjahres beträgt voraussichtlich	.............EUR.
2. Zum Finanzhaushalt Der Saldo der laufenden Ein- und Auszahlungen zum 31. Dezember des Haushaltsjahres beträgt voraussichtlich	.............EUR.
3. Zum Eigenkapital Der Stand des Eigenkapitals zum 31. Dezember des Haushaltsjahres beträgt voraussichtlich	.............EUR.

Der Stand des Eigenkapitals zum 31.12. ist für das laufende Haushaltsjahr anzugeben. Gemäß § 43 Abs. 3 KV M-V darf sich die Gemeinde nicht überschulden. Sie ist überschuldet, wenn nach der Haushaltsplanung das Eigenkapital im Haushaltsjahr aufgebraucht wird oder in der Bilanz gemäß § 38 GemHVO-Doppik ein „nicht durch Eigenkapital gedeckter Fehlbetrag" auszuweisen ist. Damit stellt das Eigenkapital einen wichtigen Punkt der Haushaltssatzung dar.

17.2.3 Freiwillige Inhalte der Haushaltssatzung

Nach § 45 Abs. 3 Satz 2 KV M-V kann die Haushaltssatzung weitere Vorschriften enthalten, die sich auf die Erträge und Aufwendungen, Einzahlungen und Auszahlungen und den Stellenplan des Haushaltsjahres beziehen können.

Denkbar sind z. B:

- Bestimmungen in Zusammenhang mit der Bewirtschaftung der Erträge und Aufwendungen, Einzahlungen und Auszahlungen, Verpflichtungsermächtigungsansätze und des Stellenplanes,
- Festsetzung von Wertgrenzen i. S. v. § 46 Abs. 7 KV M-V, § 48 KV M-V oder § 4 Abs. 12 Satz 4, GemHVO-Doppik,
- Regelungen zur Handhabung der Haushaltsvermerke,
- Regelungen zur Budgetbildung und zu
- Zielvereinbarungen zwischen Gemeindevertretung und Verwaltung.

Beispiele für weitere Regelungen in der Haushaltssatzung sind:[385]

385 Die Darstellungen beschränken sich lediglich auf wenige Regelungen. Um die ganze Breite der Möglichkeiten abschätzen zu können, sei auf die Haushaltssatzungen der einzelnen Kommunen verwiesen.

§ 9 Die Aufwendungen innerhalb der Teilergebnishaushalte sind mit Ausnahme der bilanziellen Abschreibungen gegenseitig deckungsfähig. Das Gleiche gilt sinngemäß für die Auszahlungen innerhalb der Teilfinanzhaushalte.

§ 10 Die Zustimmung zu über- und außerplanmäßigen Aufwendungen und Auszahlungen i. S. d. § 50 KV M-V ist
- wenn sie den Betrag von 50.000 € nicht übersteigen auf den Hauptausschuss und
- wenn sie den Betrag von 20.000 € nicht übersteigen, auf den Bürgermeister übertragen.[386]

17.3 Zustandekommen der Haushaltssatzung

17.3.1 Überblick

Entsprechend der Bedeutung der Haushaltssatzung für die kommunale Aufgabenerfüllung und der Auswirkungen, die Haushaltssatzung und Haushaltsplan auf das örtliche Gemeinschaftsleben haben, ist das Verfahren über das Zustandekommen der Haushaltssatzung (somit auch des Haushaltsplanes) umfassend geregelt. Hierdurch wird in erhöhtem Maße die Rechtssicherheit gewährleistet. Gleichzeitig wird besonderer Wert auf eine weitgehende Mitwirkung der Öffentlichkeit gelegt. Das nachstehende Schaubild soll zunächst einen Überblick vermitteln, wobei die Regelungen weitgehend in § 47 KV M-V enthalten sind:

386 Diese Regelung ist allerdings nur deklaratorischer Natur, weil gemäß § 22 Abs. 4 KV M-V eine solche Bestimmung nur die Hauptsatzung der Gemeinde enthalten kann. Der Gesetzgeber sollte jedoch überdenken, ob er nicht auch der Haushaltssatzung eine solche Gestaltungsmöglichkeit zuordnen sollte, damit alle finanzwirtschaftlichen Regelungen in einem Satzungswerk abschließend enthalten sind.

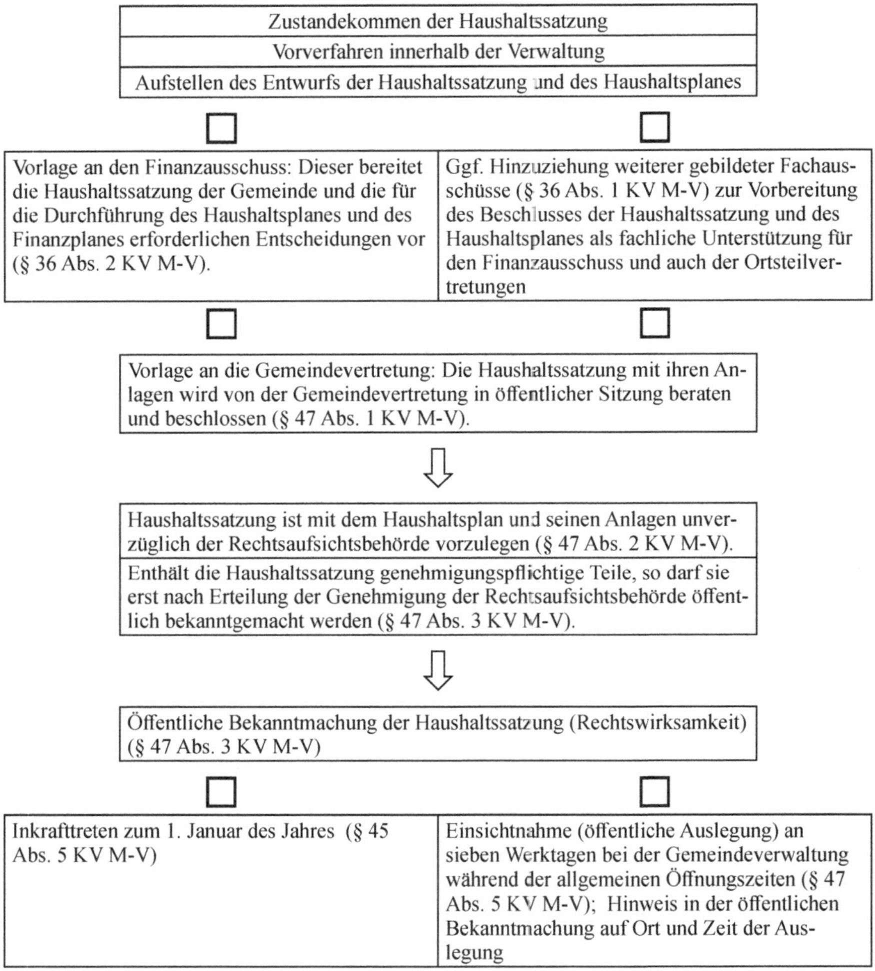

Zustandekommen der Haushaltssatzung
Vorverfahren innerhalb der Verwaltung
Aufstellen des Entwurfs der Haushaltssatzung und des Haushaltsplanes

Vorlage an den Finanzausschuss: Dieser bereitet die Haushaltssatzung der Gemeinde und die für die Durchführung des Haushaltsplanes und des Finanzplanes erforderlichen Entscheidungen vor (§ 36 Abs. 2 KV M-V).	Ggf. Hinzuziehung weiterer gebildeter Fachausschüsse (§ 36 Abs. 1 KV M-V) zur Vorbereitung des Beschlusses der Haushaltssatzung und des Haushaltsplanes als fachliche Unterstützung für den Finanzausschuss und auch der Ortsteilvertretungen

Vorlage an die Gemeindevertretung: Die Haushaltssatzung mit ihren Anlagen wird von der Gemeindevertretung in öffentlicher Sitzung beraten und beschlossen (§ 47 Abs. 1 KV M-V).

⇩

Haushaltssatzung ist mit dem Haushaltsplan und seinen Anlagen unverzüglich der Rechtsaufsichtsbehörde vorzulegen (§ 47 Abs. 2 KV M-V).
Enthält die Haushaltssatzung genehmigungspflichtige Teile, so darf sie erst nach Erteilung der Genehmigung der Rechtsaufsichtsbehörde öffentlich bekanntgemacht werden (§ 47 Abs. 3 KV M-V).

⇩

Öffentliche Bekanntmachung der Haushaltssatzung (Rechtswirksamkeit) (§ 47 Abs. 3 KV M-V)

Inkrafttreten zum 1. Januar des Jahres (§ 45 Abs. 5 KV M-V)	Einsichtnahme (öffentliche Auslegung) an sieben Werktagen bei der Gemeindeverwaltung während der allgemeinen Öffnungszeiten (§ 47 Abs. 5 KV M-V); Hinweis in der öffentlichen Bekanntmachung auf Ort und Zeit der Auslegung

17.3.2 Vorverfahren

Bei der Aufstellung des Haushaltsplanes sind nach den vorangegangenen Ausführungen gleichzeitig unterschiedliche Vorgaben und Restriktionen zu beachten. Neben den Vorgaben aus der lang- und mittelfristigen Planung und den finanziellen Restriktionen, die sich aus beschränkten Ressourcen und der Notwendigkeit der Wahrnehmung bestimmter Aufgaben ergeben, gibt es in jeder Gemeinde weitere Besonderheiten, die bei der Aufstellung des Haushaltsplanentwurfs zu berücksichtigen sind.

Ziel der Haushaltsplanung ist es nun, die verfügbaren Mittel möglichst so auf die kommunalen Aufgabenbereiche zu verteilen, dass der Gesamtnutzen der Mittelverwendung maximiert wird. Da es für die „Produkte“ der Kommunalverwaltung i. d. R. keine Preise und auch keinen Markt gibt, bleibt der Verwaltung nichts anderes übrig, als die Versorgung der Bürgerinnen und Bürger mit den kommunalen „Produkten“ zu planen.

Diese Produkt- oder Haushaltsplanung kann auf unterschiedliche Weise organisiert werden. Die in vielen Gemeinden übliche Variante ist eine dezentrale Planung auf der Grundlage der Vorjahresplanungen. Dabei ist der Ausgangspunkt der Planung die Ermittlung der notwendigen Aufwendungen, Erträge und Investitionen für die einzelnen Produkte oder Produktgruppen. Die Produktverantwortlichen stellen die Planungspositionen anhand der bisherigen Leistungserbringung, den gesetzlichen Vorgaben und den aktuellen Entwicklungen zusammen. Diese dezentrale Planung aus den verschiedenen Bereichen der Verwaltung wird anschließend zu einer Gesamtplanung aggregiert. Die Planung erfolgt demnach von unten nach oben, d. h. im Fachjargon „bottom up“.[387]

Das Problem dieser Planungsvariante liegt auf der Hand: Die Einhaltung von finanziellen Restriktionen und die ausreichende Berücksichtigung gesamtstädtischer Ziele kann bei einer solchen Planung erst im Nachhinein Berücksichtigung finden. Wenn die Aggregation der dezentralen Pläne z. B. zu Aufwendungen führt, die um insgesamt 10 % über den Erträgen liegen, könnten z. B. die Haushaltsansätze für die Aufwendungen linear um 10 % bei allen Produkten gegenüber der vorgelegten Planung gekürzt werden. Da sich ein solches „Rasenmäherverfahren“ in vielen Fällen als nicht sachgerecht erweisen wird, muss die Verwaltung in diesem Fall andere Wege finden, um die Ergebnisse der „bottom up“-Planung (das aus Sicht der Produktverantwortlichen „Wünschenswerte“) im Nachhinein an die finanziellen Restriktionen (das aus Sicht der Finanzverantwortlichen „Machbare“) anzupassen.

Eine andere Möglichkeit, die Haushaltsplanung zu organisieren, ist die sog. „Top-down-Budgetierung“.[388] Dabei werden den dezentralen Einheiten die wesentlichen Ziele und die finanziellen Vorgaben vom Verwaltungsvorstand als Planungsgrundlage vorgegeben. Aufgabe der Produktverantwortlichen ist es dann, diese Vorgaben in detaillierte Teilpläne umzusetzen. Diese Vorgehensweise garantiert zwar die Einhaltung finanzieller Restriktionen und die Berücksichtigung strategischer Ziele, lässt aber wenig Raum für Flexibilität und Eigeninitiative in den dezentralen Fachdiensten bzw. Ämtern und Einrichtungen.

Grafisch lassen sich diese beiden Planungsansätze in folgender Weise gegenüberstellen:

387 Vgl. zu den unterschiedlichen Varianten der Haushaltsplanung ausführlich: *Bals*, Neues kommunales Finanz- und Produktmanagement, 2. Aufl., Heidelberg u. a. 2008, S. 35 ff.

388 Vgl. *Gleich/Schentler*, Strategische und operative Planung in Kommunen, Berlin 2010, S. 105.

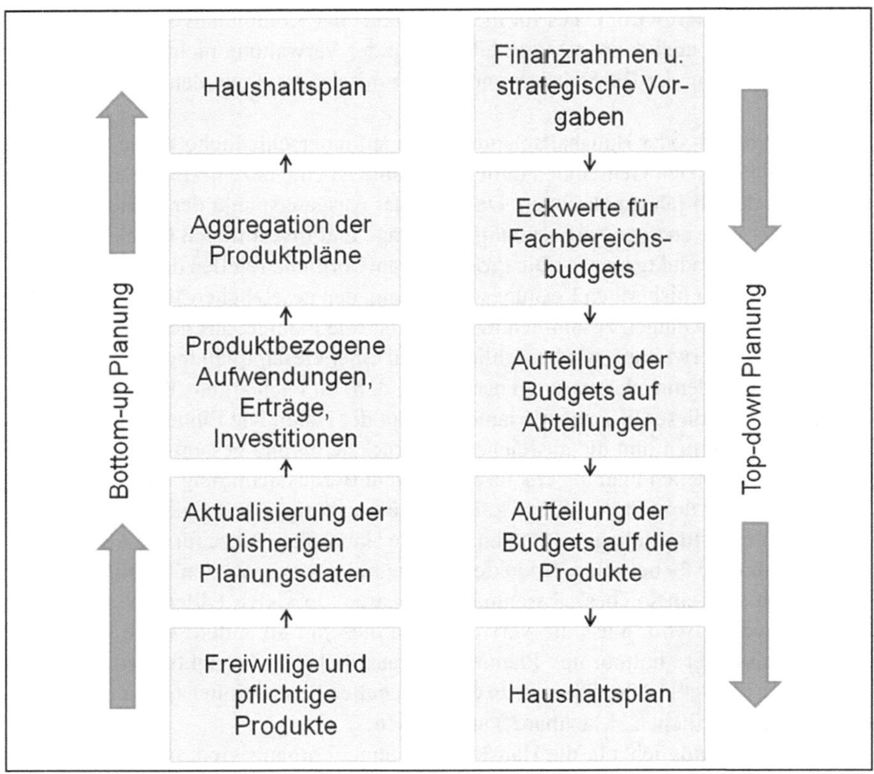

Als sinnvolle Kombination beider Verfahren wird übereinstimmend die „Haushaltsplanaufstellung im Gegenstromverfahren" angesehen.[389] Im Gegenstromverfahren wird quasi abwechselnd „top-down" und „bottom-up" geplant. Ausgehend von Haushaltseckwerten, die „oben" festgelegt werden, erfolgt die Detailplanung dann von „unten" unter Beteiligung der Fachdienste bzw. Ämter und Einrichtungen. Auf diese Weise kann zum einen die Berücksichtigung finanzieller Restriktionen und gesamtstädtischer Vorgaben sichergestellt und zum anderen die Expertise und Motivation der Fachleute in den Ämtern und Fachbereichen genutzt werden.

Der Prototyp einer Haushaltsplanung im Gegenstromverfahren besteht aus folgenden Schritten:[390]

389 So u. a. *Bals*, Neues kommunales Finanz- und Produktmanagement, 2. Aufl., Heidelberg u. a. 2008, S. 37. Ebenso auch *Garçon*, Der ergebnisorientierte Produkthaushaltsplan der Stadt Bitburg, in: Haufe Finanz Office für die öffentliche Verwaltung, HaufeIndex 2075211 und *Schnelle*, Zielfindungsprozess, in: Finanz Office für die öffentliche Verwaltung, HaufeIndex 1511495.

390 Vgl. *Bals*, Neues kommunales Finanz- und Produktmanagement, 2. Aufl., Heidelberg u. a. 2008, S. 43.

1.	Ermittlung der Dispositionsmasse für die Haushaltsplanung	Die Restriktionen der Haushaltsplanung sind hinsichtlich der verfügbaren Mittel und der zu erfüllenden Aufgaben zu konkretisieren. Als Ergebnis ist dem Verwaltungsvorstand der Dispositionsspielraum für die anstehende Haushaltsplanung in Form eines „freien Budgets“ für den Ergebnisplan aufzuzeigen. Darüber hinaus ist der Verwaltungsvorstand über die vorgesehenen Vorabdotierungen bzw. -budgetierungen zu informieren.
2.	Rahmenplanung im Verwaltungsvorstand	Auf Basis der vorgelegten Daten schlägt der Verwaltungsvorstand eine Aufteilung der verfügbaren Mittel auf die Aufgaben- bzw. Haushaltsbereiche vor. Es wird z. B. ein maximaler Zuschussbetrag je Teilhaushalt vorgeschlagen. Die Vorgaben und Überlegungen, die sich aus der strategischen Planung ergeben, sind dabei zu berücksichtigen.
3.	Eckwertebeschluss in der Gemeindevertretung (fakultativ)	Die Gemeindevertretung bzw. der Finanzausschuss kann nun den Vorschlag des Verwaltungsvorstands beraten und die „Eckwerte“ des Haushaltes als verbindliche Vorgabe für die Aufstellung der Detailpläne beschließen. Die Eckwerte beinhalten auch erste Vorgaben für outputorientierte Ziele und Kennzahlen (z. B. über Qualität und Menge) zur Zielerreichung.
4.	Erstellung der Teilhaushalte	Auf der Grundlage der Eckwerte erfolgt nun die Detailplanung in den Ämtern oder Fachdiensten. Die detaillierte Planung bezieht sich sowohl auf die konkrete Verwendung der Finanzmittel als auch auf die Umsetzung der ouputorientierten Ziele und die Vorgabe der Kennzahlen. Unklarheiten und Widersprüche aus dem Eckwertebeschluss sind hier ggf. aufzuzeigen und mit dem Kämmerer zu klären.
5.	Zusammenstellung zum Gesamthaushalt	Die Teilhaushalte werden anschließend zusammengefasst und als Haushaltsplanentwurf in das formale Verfahren eingebracht.

Der tatsächliche Ablauf der Haushaltsplanung wird im Detail hiervon abweichen und die spezifischen Gegebenheiten vor Ort berücksichtigen. Maßgeblich ist die Vorwegnahme einer Grundsatzentscheidung über die Aufteilung der verfügbaren Haushaltsmittel durch einen Eckwertebeschluss vor der Detailplanung in den Fachämtern oder -diensten. Ein solcher Eckwertebeschluss muss aber nicht zwingend durch die Vertretung oder einen Ausschuss erfolgen.

17.3.3 Aufstellung des Entwurfs der Haushaltssatzung

Die Haushaltssatzung und ihre Anlagen sind gemäß § 47 Abs. 1 KV M-V aufzustellen. Die Kämmerei und damit der Kämmerer[391] ist in der Regel in den Gemeinden für die Aufstellung des Haushaltsplanes verantwortlich. Die Haushaltsplanung erfolgt unter Beteiligung der Fachämter/Fachdienste. Diese ermitteln produktbezogen und auf Ebene der Sachkonten die Ansätze für die Aufwendungen, Erträge sowie Auszahlungen und Einzahlungen. Die Beteiligung der dezentralen Organisationseinheiten erfolgt entweder durch Mittelanmeldungen bei der Kämmerei oder durch die dezentrale Haushaltsplanung, die auch dv-gestützt direkt im Haushaltsverfahren durchgeführt werden kann. Vorangegangene Eckwertebeschlüsse sind im Rahmen der detaillierten

391 Im Weiteren werden die Begriffe „Kämmerei“ und „Kämmerer“ verwendet. In der Praxis werden jedoch auch andere Organisations- bzw. Funktionsbezeichnungen wie z. B. „Fachdienst Finanzen“, „Zentrales Finanzmanagement“, „Finanzmanager“ und „Leiter Finanzen“ verwendet.

Haushaltsplanung zu berücksichtigen. Der Kämmerer stellt auf dieser Grundlage den Entwurf der Haushaltssatzung mit ihren Anlagen auf.

Der aufgestellte Entwurf wird dem Bürgermeister zur Bestätigung vorgelegt, damit die Haushaltssatzung und ihre Anlagen als verwaltungsintern abgestimmte Vorlage den politischen Gremien zur Beratung zugeleitet werden kann. Falls erforderlich (zur Erzielung eines ausgeglichenen Haushaltes), ist die Haushaltssatzung mit ihren Anlagen durch die Kämmerei und die Fachämter/Fachdienste noch einmal zu überarbeiten. Der Bürgermeister entscheidet, ob und wann der Entwurf der Haushaltssatzung mit ihren Anlagen an die politischen Gremien zur Beratung und Beschlussfassung weitergegeben wird, denn der Bürgermeister bereitet im eigenen Wirkungskreis der Gemeinde die Beschlüsse der Gemeindevertretung und des Hauptausschusses vor und führt sie aus. Mit der Weiterleitung des Entwurfs der Haushaltssatzung mit ihren Anlagen an die politischen Gremien sind die Entwürfe existent.

17.3.4 Beratung in den Ortsteilvertretungen und den Fachausschüssen

17.3.4.1 Beteiligung der Ortsteilvertretungen

In kreisfreien Städten kann gemäß § 42 Abs. 1 KV M-V die Stadtvertretung für Ortsteile Ortsteilvertretungen wählen. Entsprechendes gilt in anderen Gemeinden für Gebiete, die früher selbstständige Gemeinden waren. Gemäß § 46 Abs. 7 KV M-V kann die Gemeindevertretung Mittel im Haushalt ausweisen, über deren Verwendung für kleinere Ortsteil bezogene Maßnahmen die Ortsteilvertretung entscheidet. Das bedeutet also, dass die Ortsteilvertretungen im Rahmen des beschlossenen Haushaltsplanes über Haushaltsmittel selbst verfügen können. Dies ist allerdings nur auf kleinere ortsteilbezogene Maßnahmen vorgesehen, so dass durch die Gemeindevertretung festzulegen ist, wie kleinere ortsteilbezogene Maßnahmen zu definieren sind. Dies könnte als freiwilliger Bestandteil in der Haushaltssatzung erfolgen.

Da die Ortsteilvertretung über alle für den Ortsteil wichtigen Angelegenheiten zu unterrichten ist (§ 42 Abs. 2 KV M-V), sollte diese noch vor Beschlussfassung der Haushaltssatzung mit ihren Anlagen in der Gemeindevertretung an der Beratung des Entwurfs beteiligt und ihr ein Mitwirkungsrecht eingeräumt werden.

Eine besondere ortsteilbezogene Bereitstellung von Planpositionen der Teilergebnishaushalte bzw. Teilfinanzhaushalte ist nicht vorgesehen. Dies würde auch dem kommunalen Haushaltsrecht mit seiner Gliederung in Teilergebnis- und Teilfinanzhaushalte nach Produkten widersprechen. Insofern sind die Ortsteilvertretungen in die Haushaltsplanung derart einzubinden, dass sie ihre ortsteilbezogenen Rechte ausüben können. Verbindliche Regelungen zugunsten von Ortsteilen sind demnach außerhalb des Haushaltplanes zu treffen.

17.3.4.2 Beteiligung der Fachausschüsse

Vorbehaltlich spezialgesetzlich bestehender Regelungen ist die Beteiligung der Fachausschüsse (z. B. Bauausschuss, Schulausschuss, Sportausschuss, Planungsausschuss) der Gemeindevertretung am Zustandekommen der Haushaltssatzung nicht geregelt. Eine Beteiligung derartiger Ausschüsse ist somit der eigenverantwortlichen Regelung der Gemeinden vorbehalten. In der Praxis wird aber kaum eine Gemeindevertretung auf das fachkundige Urteil eines Fachausschusses verzichten wollen.

17.3.4.3 Beteiligung des Finanz- und Hauptausschusses

Gemäß § 36 Abs. 2 KV M-V bereitet der Finanzausschuss die Haushaltssatzung für die Gemeindevertretung vor. Wie bereits in Kapitel 17.3.3 ausgeführt, ist hier die Beteiligung des Finanzausschusses nach Existenz des Entwurfes der Haushaltssatzung gemeint (vor erfolgter Weiterleitung an die Gemeindevertretung).

Dem Finanzausschuss fällt die Aufgabe zu, die teilweise kontroversen Beschlüsse der Fachausschüsse, insbesondere unter dem Gesichtspunkt des Haushaltsausgleiches, aufeinander abzustimmen. Diese Koordination obliegt auch dem Hauptausschuss (§ 35 Abs. 2 KV M-V). Insofern ist es nicht verwunderlich, wenn Gemeinden den Haupt- und Finanzausschuss in Personalunion zusammengefasst haben. Beide haben in Bezug auf die Haushaltswirtschaft letztlich übereinstimmende Aufgaben.

17.3.5 Beschlussfassung durch die Gemeindevertretung

Die Haushaltssatzung mit ihren Anlagen wird von der Gemeindevertretung in öffentlicher Sitzung beraten und beschlossen (§ 47 Abs. 1 KV M-V) . Für die Beschlussfassung können mehrere Lesungen erforderlich sein, bis die Gemeindevertretung (ausschließlich) den Beschluss der Haushaltssatzung mit ihren Anlagen fassen kann.

Für die Haushaltssatzung gelten über die Bestimmungen des § 31 Abs. 1 KV M-V hinaus keine besonderen qualifizierten Mehrheitserfordernisse, hier reicht die einfache Mehrheit der anwesenden Gemeindevertreter aus.

Zur Frage der Öffentlichkeit ist anzumerken, dass die Vorschriften des § 29 Abs. 5 KV M-V auch hier Anwendung finden. Zwar ist formal die Haushaltssatzung in öffentlicher Sitzung zu beraten und zu beschließen, aber unstreitig ist, dass bei Angelegenheiten, die üblicherweise in nichtöffentlicher Sitzung beraten werden (wie Personalentscheidungen, Grundstücksangelegenheiten usw., soweit sie im Satzungsverfahren angesprochen werden), die Öffentlichkeit ausgeschlossen werden kann.

17.3.6 Vorlage bei der Rechtsaufsichtsbehörde

Die von der Gemeindevertretung beschlossene Haushaltssatzung ist vollständig mit allen Anlagen der Rechtsaufsichtsbehörde unverzüglich anzuzeigen (§ 47 Abs. 2 KV M-V). Rechtsaufsichtsbehörde ist:

- für kreisangehörige Gemeinden im Übrigen und deren selbstständige Kommunalunternehmen der Landrat als untere staatliche Verwaltungsbehörde (§ 79 Abs. 2 KV M-V),
- für kreisfreie und große kreisangehörige Städte sowie deren selbstständige Kommunalunternehmen das Innenministerium M-V (§ 79 Abs. 1 KV M-V),
- für Landkreise und deren selbstständige Kommunalunternehmen das Innenministerium M-V (§ 124 Abs. 1 KV M-V),
- für Zweckverbände der Landrat als untere staatliche Verwaltungsbehörde. Soweit sich der Zweckverband aus Körperschaften verschiedener Landkreise zusammensetzt (z. B. Kommunales Studieninstitut Mecklenburg-Vorpommern), ist das Innenministerium M-V Rechtsaufsichtsbehörde, welches jedoch einen Landrat die Rechtsaufsicht nach Anhörung der Beteiligten übertragen kann (§ 168 Abs. 2 KV M-V).

Die von der Gemeindevertretung beschlossene Haushaltssatzung mit ihren Anlagen ist unverzüglich bei der Rechtsaufsichtsbehörde vorzulegen und soll vor Beginn des Haushaltsjahres erfolgen (§ 47 Abs. 2 KV M-V), also vor dem 1. Januar des beginnenden Haushaltsjahres. Diese Sollvorschrift erlaubt jedoch auch eine spätere Vorlage, wenn begründete Ausnahmefälle dieses erfordern (siehe auch Kapitel 9.2.5). Hierdurch wird die Rechtswirksamkeit der Haushaltssatzung mit ihren Anlagen nicht beeinträchtigt. Bei Nichtvorlage bzw. nicht rechtzeitiger Vorlage kann die Rechtsaufsichtsbehörde von ihren Aufsichtsmitteln Gebrauch machen (§§ 80 ff. KV M-V).

Enthält die Haushaltssatzung genehmigungspflichtige Teile, so darf sie erst nach Erteilung der Genehmigung der Rechtsaufsichtsbehörde öffentlich bekanntgemacht werden (§ 47 Abs. 2 KV M-V). Genehmigungspflichtige Teile sind z. B.:

- § 52 Abs. 2 KV M-V – Gesamtkreditgenehmigung für Investitionen und Investitionsförderungsmaßnahmen,
- § 53 Abs. 3 KV M-V – Genehmigung Höchstbetrag der Kredite zur Sicherung der Zahlungsfähigkeit, soweit dieser 10 % der im Finanzhaushalt veranschlagten laufenden Einzahlungen aus Verwaltungstätigkeit übersteigt.

Neben den sich aus der Satzung ergebenden genehmigungspflichtigen Festsetzungen bedarf es auch einer Genehmigung des Einsatzes des Eigenkaptals zum Haushaltsausgleich nach § 18 Abs. 3 GemHVO-Doppik. Dabei geht es um die Deckung von Aufwendungen durch Entnahme aus der allgemeinen Rücklage außerhalb der in § 18 Abs. 2 GemHVO-Doppik aufgezeigten Fallgestaltungen. Es handelt sich um Einzelfälle – insbesondere zur Deckung außerplanmäßiger Abschreibungen –, die durch die kommunale Vertretung zu beschließen sind.

17.3.7 Bekanntmachung der Haushaltssatzung

Nach § 47 Abs. 2 KV M-V ist die Haushaltssatzung – wie jede andere gemeindliche Satzung – öffentlich bekanntzumachen (§ 5 Abs. 4 KV M-V). Die Bekanntmachungspflicht erstreckt sich nicht auf den Haushaltsplan und seine Anlagen (§ 47 Abs. 2 KV M-V). Bei genehmigungspflichtigen Haushaltssatzungen ist eine Bekanntmachung erst nach Erteilung der aufsichtsbehördlichen Genehmigung zulässig.

Die Form der öffentlichen Bekanntmachung von Satzungen wird gemäß § 5 Abs. 4 Satz 2 KV M-V durch Rechtsverordnung nach § 174 Abs. 1 Nr. 2 geregelt. Im Übrigen bestimmt die Gemeinde nach § 5 Abs. 4 Satz 3 KV M-V Form, Fristen und Verfahren der öffentlichen Bekanntmachung in der Hauptsatzung. Ort der Bekanntmachung wird entweder ein gemeindeeigenes Bekanntmachungsblatt, die Tageszeitung oder eine in der Hauptsatzung festgelegte Internetseite sein.

Folgende Form der öffentlichen Bekanntmachung im Amtsblatt der Gemeinde oder der örtlichen Presse ist in der Anlage 3 Muster 1 zur KV M-V und GemHVO-Doppik der Verwaltungsvorschriften zur GemHVO-Doppik und GemKVO-Doppik als Hinweis aufgenommen worden:

Die vorstehende Haushaltssatzung für das Haushaltsjahr ... wird hiermit öffentlich bekannt gemacht. Die nach § 47 Abs. 2 KV M-V erforderlichen Genehmigungen wurden am .... durch [genaue Bezeichnung der Rechtsaufsichtsbehörde] erteilt.

Alternativ:
Die Haushaltssatzung ist gemäß § 47 Abs. 2 KV M-V der Rechtsaufsichtsbehörde mit Schreiben vom .... angezeigt worden. Sie enthält keine genehmigungspflichtigen Teile.

Die Haushaltssatzung liegt mit ihren Anlagen zur Einsichtnahme
vom .... bis .... (Wochentag, Datum)
von .... bis .... Uhr,
im Rathaus, Zimmer .... öffentlich aus.
.........................., den ....

(oder: Die Haushaltssatzung wird mit ihren Anlagen auf der Internetseite .... veröffentlicht.)

____

(Unterschrift)
Bürgermeister
(Amtsvorsteher/Landrat)

Die Haushaltssatzung tritt mit Beginn des Haushaltsjahres in Kraft (§ 45 Abs. 5 KV M-V); wird sie im bereits laufenden Haushaltsjahr beschlossen, tritt sie rückwirkend in Kraft.

17.4 Behandlung der Haushaltssatzung durch die Rechtsaufsichtsbehörde

Die gemäß § 47 Abs. 2 KV M-V vorgesehene Vorlage der Haushaltssatzung bei der Rechtsaufsichtsbehörde stellt eine Konkretisierung des Unterrichtungsrechts der Rechtsaufsichtsbehörde nach § 80 KV M-V dar. Damit wird erreicht, dass die Rechtsaufsichtsbehörde über einen wichtigen Beschluss der Gemeindevertretung informiert wird.

Die Rechtsaufsichtsbehörde wird nunmehr die Haushaltssatzung dahingehend überprüfen, ob sie mit dem geltenden Recht übereinstimmt bzw. ob Rechtsverstöße vorliegen. Dabei werden unter anderem folgende Probleme einer aufsichtsbehördlichen Begutachtung unterzogen:

- Haushaltsausgleich
- Inanspruchnahme des Eigenkapitals
- Überschuldung
- Nachweis der dauernden Leistungsfähigkeit nach Maßgabe des § 17 GemHVO-Doppik
- Einhaltung der Veranschlagungs- und Bewirtschaftungsgrundsätze
- Haushaltssicherungskonzept
- weitere Anlagen des Haushaltsplanes
- Einhaltung der Haushaltsgliederung

Die Möglichkeiten der Rechtsaufsichtsbehörde sind zunächst auf das Beanstandungs- und Aufhebungsrecht nach § 81 Abs. 1 KV M-V beschränkt. Dazu kommen die weitergehenden Möglichkeiten der §§ 82 ff. KV M-V (z. B. Anordnungsrecht oder Ersatzvornahme). Damit wird die Haushaltssatzung hinsichtlich der aufsichtsbehördlichen Mitwirkung mit allen anderen Beschlüssen der Gemeindevertretung gleichgestellt.

Unabhängig von der allgemeinen Rechtsaufsicht bedarf – wie oben dargestellt – in einzelnen Fällen die Haushaltssatzung der Genehmigung der Rechtsaufsichtsbehörde (diese ist auch die Behörde für die Vorlage der Haushaltssatzung, siehe Kapitel 18.3.7), und zwar in der Form der echten Mitwirkung beim Zustandekommen der Satzung. Die Mitwirkung ist Gültigkeitsvoraussetzung für die Haushaltssatzung.

Stellt die Rechtsaufsichtsbehörde keine Rechtsverletzung fest, bedarf es bei einer vorlagepflichtigen Haushaltssatzung keiner Reaktion der Rechtsaufsichtsbehörde. Die Gemeinde kann die Haushaltssatzung veröffentlichen (§ 47 Abs. 2 KV M-V). Bei Vorlage einer zu genehmigenden Haushaltssatzung hat die Rechtsaufsichtsbehörde, wenn keine Bedenken bestehen, per Verwaltungsakt die Genehmigung zu erteilen.

Bei Vorliegen von Rechtsverstößen im Rahmen des Verfahrens über die Vorlage der Haushaltssatzung mit ihren Anlagen hat die Rechtsaufsichtsbehörde gemäß § 81 Abs. 1 KV M-V den Beschluss über die Haushaltssatzung per Verwaltungsakt zu beanstanden. Die Beanstandung ist zu begründen. Sie kann in diesem Zusammenhang Empfehlungen und Anregungen enthalten.

Ist die Rechtsaufsichtsbehörde mit der zu genehmigenden Haushaltssatzung nicht einverstanden, muss sie die Genehmigung per Verwaltungsakt versagen. Dabei kann jedoch auch eine Genehmigung mit Einschränkungen durch Bedingungen und Auflagen erteilt werden.

Bei der Genehmigung handelt es sich danach nicht nur um eine Maßnahme der Rechtskontrolle, sondern um ein Mitwirkungsrecht des Staates, mit dem er eigene, ihm zugewiesene Verwaltungsziele verfolgt, die mit der Verfassung vereinbar sind. Auf die Erteilung der Genehmigung hat die Gemeinde daher grundsätzlich keinen Rechtsanspruch. Andererseits ist die Rechtsaufsichtsbehörde bei solchen Entscheidungen durch die verfassungsrechtliche Pflicht zu gemeindefreundlichem Verhalten gebunden.

17.5 Übung

Sachverhalt

Der Oberbürgermeister der kreisfreien Stadt S leitet am 15.12. den Entwurf der Haushaltssatzung der Stadtvertretung zu. Die Mehrheitsfraktion stellt in der Sitzung am 15.12. den Antrag: „Die Haushaltssatzung mit ihren Anlagen wird sofort beschlossen." Begründet wird dieser Antrag mit dem Hinweis auf die fortgeschrittene Jahreszeit und der Verpflichtung zur Vorlage der Satzung bis zum 30. Dezember (noch vor Beginn des Haushaltsjahres). Der Antrag wird einstimmig angenommen und die Haushaltssatzung beschlossen.

Aufgabe:

Begutachten Sie die Rechtmäßigkeit des Beschlusses der Stadtvertretung.

Lösung:

Nach § 36 Abs. 2 KV M-V hat der Finanzausschuss die Haushaltssatzung der Gemeinde und damit auch der kreisfreien Stadt vorzubereiten, und der Hauptausschuss wird auch zu beteiligen sein (§ 35 Abs. 2 KV M-V). Insofern ist eine sofortige Beschlussfassung durch die Stadtvertretung rechtswidrig. Der Oberbürgermeister ist gemäß § 33 Abs. 1 KV M-V verpflichtet, dem rechtswidrigen Beschluss zu widersprechen.

18. Die Ausführung des Haushaltes

18.1 Erhebung von Einzahlungen

18.1.1 Rechtzeitige Einziehung der Einzahlungen

Die Haushaltswirtschaft ist gemäß § 43 Abs. 4 KV M-V sparsam und wirtschaftlich zu führen. Ein Aspekt dieses Grundsatzes ist es, die Einzahlungen nach § 19 Abs. 6 GemHVO-Doppik rechtzeitig zu erfassen, geltend zu machen und einzuziehen. Die Gemeinde hat ein großes Interesse daran, dass die Einzahlungen aus Ansprüchen gegenüber Dritten bei Fälligkeit auch auf den Konten der Gemeinde eingehen. Dies dient ihrer Zahlungsfähigkeit, die sie nach § 43 Abs. 2 KV M-V durch eine angemessene Liquiditätsplanung sicherzustellen hat. Die rechtzeitige Einziehung der Einzahlungen ermöglicht auf der einen Seite über die Anlage von liquiden Mitteln – z. B. über Tagegelder – Zinsgewinne. Auf der anderen Seite werden die Zinsaufwendungen für Kredite zur Sicherung der Zahlungsfähigkeit (Liquiditätskredite) vermieden bzw. verringert.

Die Aufgabe der Einziehung der Finanzmittel gehört zur Zahlungsabwicklung, die zu den Kassengeschäften nach § 58 Abs. 1 KV M-V gehört und durch die Gemeindekasse erledigt wird. Das NKHR ordnet der Zahlungsabwicklung und damit der Gemeindekasse ausdrücklich das Mahnwesen und die Zwangsvollstreckung zu (§§ 58 Abs. 1 KV M-V, 24 Abs. 2 Nr. 4 GemHVO-Doppik, 1 Abs. 2 GemKVO-Doppik). Die Grundlagen dazu sind aber die vorangehenden Buchungen in der Finanzbuchführung (im Wesentlichen in der auf Personen- bzw. Bürgerkonten basierenden Debitorenbuchhaltung), denn ohne diese Buchungen verfügt der Bereich der Zahlbarmachung nicht über die notwendigen Fälligkeitsinformationen. Die notwendigen Voraussetzungen zum Einzug der Einzahlungen zu treffen die Mittel bewirtschaftenden Bereiche (Fachämter, Fachdienste, Fachbereiche). Ohne Veranlagungsbescheide im Steuer-, Gebühren- und Beitragsbereich, ohne Abruf von Zuweisungsmitteln, ohne Vertragsabschlüsse bei Verkäufen oder Mieten, ohne Erhebung von Bußgeldern bei Ordnungswidrigkeiten, ohne Vereinbarungen über Kreditlinien usw. kann auch die leistungsfähigste Gemeindekasse die Einzahlungen nicht realisieren. Insofern liegen die Grundlagen für eine dem Grundsatz einer effektiven Einzahlungseinziehung bereits in den Bereichen, die für die Bewirtschaftung der Haushaltsmittel dezentral oder zentral verantwortlich sind.

18.1.2 Kleinbeträge

Im privaten Rechtsverkehr ist es üblich, auf die Einziehung von geringfügigen Beträgen zu verzichten, vor allem dann, wenn die Kosten der Einziehung größer sind als die Forderung selbst. Diese Überlegungen gibt es auch auf Gemeindeebene, wo das Prinzip der Wirtschaftlichkeit gemäß § 43 Abs. 4 KV M-V konkret anzuwenden ist. Beim Verzicht auf den Einzug von Forderungen bedeutet dies, dass die für die Mittelbewirtschaftung verantwortlichen Bereiche erst gar keine Kassenanordnung fertigen, sondern in den Akten (Büroverfügung) den Verzicht begründen. In diesen Fällen wird keine Forderung gebucht. Die Gemeindekasse erhält von solchen Entscheidungen keine Kenntnis.

Für den Fall, dass eine Forderung gebucht ist und die Gemeindekasse die Unwirtschaftlichkeit des Einzuges feststellt, muss eine förmliche Niederschlagung des Anspruchs erfolgen. Dies wird in Kapitel 18.4.4 behandelt.

§ 23 Abs. 1 Satz 1 GemHVO-Doppik sieht für Kleinbeträge eine konkrete Betragsgrenze vor. Demnach kann die Gemeinde davon absehen, Ansprüche von weniger als 10 € geltend zu machen. Allerdings soll bei solchen Ansprüchen eine Einziehung auch dann erfolgen, wenn die Einziehung aus grundsätzlichen Erwägungen geboten ist. Grundsätzliche Erwägungen können ausdrücklich (§ 23 Abs. 1 Satz 1 Halbs. 2 GemHVO-Doppik) vorliegen bei

- Verwaltungsgebühren,
- Bußgeldern und
- Zahlungsverpflichtungen aufgrund besonderer Rechtsvorschriften, allgemeiner Tarife oder allgemein festgesetzter Entgelte.

Für bestimmte Forderungen gibt es vorrangige bundes- und landesrechtliche Vorschriften, die praktisch für die meisten öffentlich-rechtlichen Forderungen gelten. Den Gemeinden sei deshalb empfohlen, bei ihren Ermessensentscheidungen diese Grenzen ebenfalls anzuwenden. Es empfiehlt sich ohnehin eine konkrete örtlich bezogene Dienstanweisung. Einzelheiten der Regelungen können der nachstehenden Übersicht entnommen werden.

Gemäß § 1 Abs. 2 Nr. 4 AO sind die Bestimmungen des § 156 AO auch für die Grund- und Gewerbesteuern der Gemeinde (Realsteuern) anzuwenden. Als Bundesrecht geht diese Bestimmung sowohl dem Kommunalabgabengesetz als auch dem kommunalen Haushaltsrecht (§ 23 GemHVO-Doppik) vor. § 156 Abs. 1 AO gibt dem Bundesfinanzminister die Ermächtigung, eine konkrete Eurogrenze für Kleinbeträge festzusetzen, allerdings höchstens bis zu 10 €. Die Bestimmungen des § 1 der Kleinbetragsverordnung vom 19.12.2000 (BGBl. I S. 1790, 1805) in der derzeit geltenden Fassung sehen zwar für eine Reihe von Steuerarten Kleinbetragsregelungen vor, nicht aber für die Grund- und Gewerbesteuer. Insofern besteht für die Realsteuern keine Kleinbetragsregelung. Damit findet Landesrecht (hier: KAG M-V) Anwendung, da die AO zur konkurrierenden Gesetzgebung des Bundes gehört. Dort haben die Länder die Befugnis zur Gesetzgebung, solange und soweit der Bund von seiner Gesetzgebungszuständigkeit nicht durch Gesetz Gebrauch gemacht hat (Art. 105 Abs. 2 GG). Bei den Realsteuern ist also die Kleinbetragsregelung nach §§ 1 Abs. 4 und 13 KAG M-V anzuwenden. In der Praxis werden hier jedoch kaum Kleinbeträge anfallen.

Das Kommunalabgabengesetz gilt nach § 1 Abs. 4 KAG M-V auch für die Abgaben, die durch die Gemeinde im Bereich der Aufgaben des eigenen Wirkungskreises und des übertragenen Wirkungskreises aufgrund anderer Gesetze erhoben werden. Sie ist die Rechtsgrundlage für alle gemeindlichen Abgaben, soweit spezielle bundes- oder landesrechtliche Regelungen diese nicht einschränken. Für die Kleinbeträge der Realsteuern und der übrigen kommunalen Abgaben (Steuern, Gebühren und Beiträge) ist

§ 13 KAG M-V anwendbar. Kleinbeträge liegen gemäß § 13 KAG M-V für diese Ertrags- und Einzahlungsarten bei Beträgen unter 10 € vor.

Beim § 13 KAG M-V handelt es sich um eine „Kann-Vorschrift". Es liegt – wie auch bei den sonstigen Forderungen – demnach im pflichtgemäßen Ermessen der Gemeinde, ob auf die Einziehung verzichtet wird. Allerdings verengt sich der Ermessensspielraum bei einmal erfolgten positiven Entscheidungen durch den Gleichbehandlungsgrundsatz. Sofern die Einziehung von Kleinbeträgen aus grundsätzlichen Erwägungen geboten ist (z. B. bei Buß- oder Verwarnungsgeldern sowie bei Verwaltungsgebühren und Eintrittsentgelten, aber auch bei Säumniszuschlägen und Vollstreckungskosten – ein Verzicht würde hier dem Sinn der Einnahme widersprechen), sind die Gemeinden verpflichtet, auch Kleinbeträge einzuziehen.

Die 10 €-Grenze der GemHVO-Doppik und des KAG M-V orientiert sich an den Kosten der Einziehung von Finanzmitteln. Erst ab einer bestimmten Größenordnung ist die Festsetzung und Einziehung von Beträgen wirtschaftlich sinnvoll.

18.1.3 Rundungen

In früheren Zeiten des überwiegenden Bargeldverkehrs gab es bei den Einzahlungen oft Engpässe, vor allem, wenn Pfennige – heute Cent – als Wechselgeld benötigt wurden. Es bestand somit ein Bedarf, die Forderungen der Gemeinden abrunden zu können (Rundung nach unten zugunsten des Schuldners). Heute im Zeitalter des bargeldlosen Verkehrs erübrigt sich eigentlich eine solche Möglichkeit, weil es für die Beteiligten rechtlich und praktisch ohne Bedeutung ist, ob die Überweisung einer Forderung nun z. B. mit 141,28 € oder 141,20 € erfolgt. Auch bei der DV-Bearbeitung ist dies ohne Belang.

Die GemHVO-Doppik sieht keine Abrundungsmöglichkeiten bei Forderungen vor. Die Abgabenordnung enthält lediglich in § 238 Abs. 2 AO für Zinsen bei Aussetzung der Vollziehung noch eine Abrundungsvorschrift.

18.1.4 Beschränkungen der Mittelbewirtschaftung

Allerdings können die Gemeindevertretung oder der Bürgermeister die Mittelbewirtschaftung beschränken. So werden z. B. in der Praxis bestimmte Buchungsstellen (Planpositionen) oder Teile davon gesperrt. Sie werden erst mit Zeitablauf (z. B. jeweils ein Zwölftel der Ansätze zu Beginn eines jeden Monats) oder aufgrund besonderer Entscheidungen freigegeben. Solche „Sperren" können aus der Sicht der Gesamtfinanzverwaltung erforderlich sein, um eine möglichst gleichmäßige Mittelverteilung über das gesamte Jahr zu erreichen, um die Liquiditätssituation zu verbessern bzw. oder den Haushaltsausgleich von vornherein zentral beeinflussen zu können. Solche Regelungen stellen keine haushaltswirtschaftlichen Sperren i. S. d. § 51 KV M-V dar, weil diese nur bei konkreten Gefährdungen des Haushaltsausgleichs während der Haushaltsausführung auszusprechen sind und dafür ein besonderes Verfahren erforderlich ist (Näheres dazu siehe in Kapitel 19.3.1). Man bezeichnet solche Beschränkungen vielmehr als „Mittelbewirtschaftungspläne".

Für den Fall, dass solche Sperrvermerke oder sonstige Bewirtschaftungsbestimmungen bereits bei der Aufstellung des Haushaltsplans vorgesehen sind, ist dies im Haushaltsplan oder der Haushaltssatzung auszuweisen.

In diesem Zusammenhang sind auch Wiederbesetzungssperren freigewordener Stellen zu sehen. Um Personalkosten zu sparen, sollen freigewordene Stellen für einen bestimmten Zeitraum nicht wieder besetzt werden. Zwar ist gemäß § 1 Abs. 1 Nr. 4 GemHVO-Doppik der Stellenplan Bestandteil des Haushaltsplanes der Gemeinde, jedoch müssen bei der Stellenbewirtschaftung neben den finanziellen Gesichtspunkten auch tarifrechtliche und personalwirtschaftliche Kriterien eine Rolle spielen. Allerdings sollte auf jeden Fall vor jeder Nachbesetzung einer freien Stelle aus organisatorischer Sicht geprüft werden, inwieweit durch organisatorische Veränderungen Einspareffekte erreicht werden können. Insofern handelt es sich um ein betriebswirtschaftliches Thema, dessen erfolgreiche Gestaltung Auswirkungen auf die finanzielle Situation der Gemeinde hat, jedoch nicht Gegenstand dieses Buches sein kann und daher bewusst ausgespart wird.

18.2 Bewirtschaftung der Haushaltsmittel und Verpflichtungsermächtigungen

18.2.1 Grundsätze für den Gesamthaushalt

Die durch den Haushaltsplan erfolgte Zuweisung der Haushaltsmittel bewirkt keine Ermächtigung, ohne Rücksicht auf andere haushaltsrechtliche Erwägungen über die Mittel zu verfügen, denn durch den Haushaltsplan werden Ansprüche und Verbindlichkeiten Dritter weder begründet noch aufgehoben (§ 46 Abs. 6 Satz 3 KV M-V). Insofern ist darauf zu achten, dass die im Haushaltsplan enthaltenen Ermächtigungen so umgesetzt werden, dass die ausgewiesenen Ziele eingehalten und voraussichtlich erreicht werden können.

Unter anderem gehört auch dazu, dass dafür Sorge zu tragen ist, dass die Planermächtigungen für das gesamte Haushaltsjahr ausreichen. Der Begriff „Inanspruchnahme von Haushaltsmitteln" umfasst dabei bereits die Auftragsvergaben und sonstige Bindungen, weil hierdurch spätere Aufwendungen und Auszahlungen begründet werden. Bewirtschaftung von Haushaltsplanmitteln bedeutet somit konkret die Verfügung über die Planansätze, sei es durch vertragliche oder sonstige Bindungen (z. B. durch Bewilligungsbescheide für Zuweisungen in Form eines Verwaltungsaktes) oder durch direkte Aufwendungen und Auszahlungen.

Ein weiterer Aspekt der Mittelbewirtschaftung ist in § 19 Abs. 1 Satz 1 GemHVO-Doppik angesprochen, wonach die Haushaltsermächtigungen erst in Anspruch genommen werden dürfen, wenn die Aufgabenerfüllung es erfordert. Dieses Prinzip stellt auf die Sparsamkeit und Wirtschaftlichkeit gemäß § 43 Abs. 4 KV M-V ab, denn solange eine Auszahlung nicht geleistet ist, können für die nicht eingesetzten Finanzierungsmittel Zinsgewinne erzielt bzw. bei Liquiditätsengpässen Zinsen für Liquiditätskredite eingespart werden. Dieser Grundsatz bedarf einer konkreten Auslegung. Es kann nämlich im Einzelfall aus sachlichen oder haushaltsrechtlichen Gründen notwendig sein, eine Auszahlung früher zu leisten als nach der Aufgabenerfüllung notwendig ist – bspw. dann, wenn eine bestimmte Ware nur zu einem feststehenden Termin im Handel zu erhalten ist (Vorratslagerung) oder wenn Preisnachlässe termingebunden gewährt werden. In diesen Fällen steht der Termin der Warenverwendung hinter dem der Warenbeschaffung zurück. In der Regel ist allerdings der letztmögliche Beschaffungs- bzw. Zahlungstermin als wirtschaftlichste Lösung auszunutzen, so z. B. bei der Zahlung von Schuldendienstleistungen, Personalauszahlungen oder bei Mieten.

Der Grundsatz der sparsamen Mittelbewirtschaftung bedeutet aber auch, dass nur das Notwendigste aufzuwenden bzw. auszuzahlen ist. Dagegen wird in der Praxis vor allem am Jahresende verstoßen. Sobald die mittelbewirtschaftenden Stellen bemerken, dass noch Haushaltsmittel zur Verfügung stehen, versuchen sie regelmäßig, die Haushaltsermächtigungen auch dann noch auszuschöpfen, wenn kein konkreter Bedarf besteht. Im Umgangssprachgebrauch wird dies als „Dezemberfieber“ der Verwaltung bezeichnet. Dieses verstößt eindeutig gegen den Grundsatz der Sparsamkeit und Wirtschaftlichkeit und damit gegen § 43 Abs. 4 KV M-V sowie auch gegen § 19 Abs. 1 GemHVO-Doppik. Teilweise tragen die für die Haushaltsplanung zuständigen Bereiche (Kämmereien, Fachbereiche oder Fachdienste für Finanzen) eine gewisse „Mitschuld“ an diesem Missstand. Die Ursache für dieses unwirtschaftliche Verhalten liegt oft darin, dass die in einem Haushaltsjahr nicht ausgeschöpften Ermächtigungen nicht nur in dem Haushaltsjahr entfallen, sondern im nächsten Jahr durch die für die Haushaltsplanung zuständigen Bereiche (Kämmereien, Fachbereiche oder Fachdienste für Finanzen) gekürzt werden, weil ständig wiederkehrende Einsparungen unterstellt werden. Ziel sollte es sein, im Einzelfall mit der mittelbewirtschaftenden Stelle die Ursache der doch an sich erfreulichen Einsparung festzustellen und auf diese Erkenntnisse die Planansätze der nächsten Haushaltsjahre aufzubauen. Die mittelbewirtschaftenden Stellen werden ansonsten für ihre Einsparungen sogar noch bestraft. Die Bewirtschaftung von Haushaltsmitteln in Form von Teilhaushalten soll dieses Problem vermeiden. Näheres dazu siehe in Kapitel 14.2.

Für die Verpflichtungsermächtigungen gelten die Bewirtschaftungsgrundsätze ebenso.

18.2.2 Besondere Grundsätze für Investitionen und Investitionsförderungsmaßnahmen

Für Investitionsermächtigungen enthält § 19 Abs. 2 GemHVO-Doppik zusätzliche Bewirtschaftungsgrundsätze. Während bei der Inanspruchnahme der sonstigen Ermächtigungen die Deckung (Finanzierung) der Aufwendungen und/oder der Auszahlung nicht zu beachten ist,[392] dürfen Auszahlungsermächtigungen für Investitionen und In-

392 Die Zahlungsfähigkeit der Gemeinde ist jederzeit sicherzustellen (§ 53 Abs. 1 KV M-V).

vestitionsförderungsmaßnahmen erst in Anspruch genommen werden, wenn die rechtzeitige Bereitstellung der Deckungsmittel gesichert werden kann. Die Finanzierung anderer, bereits begonnener Maßnahmen darf nicht gefährdet werden. Bei den Deckungsmitteln ist zwischen den speziellen Einzahlungen für die Maßnahme und den allgemeinen Deckungsmitteln zu unterscheiden. Die Sicherung der speziellen Einzahlungen, die im Teilfinanzhaushalt im entsprechenden Investitionsbereich ausgewiesen sind (z. B. zweckgebundene Zuweisungen und mit der Maßnahme zusammenhängende Verkaufserlöse bzw. Beiträge), kann in der Regel von den für die Mittelbewirtschaftung zuständigen Bereichen (Fachämter/Fachbereiche/Fachdienste) beurteilt werden. Über die allgemeinen Deckungsmittel wie z. B. allgemeine Zuweisungen, Steuern, Gebühren, Kredite sowie nicht maßnahmegebundene Verkaufserlöse und damit über die Gesamtfinanzsituation kann nur die Kämmerei bzw. Fachbereich oder Fachdienst Finanzen Kenntnisse besitzen. Die mittelbewirtschaftende Stelle kann somit gar nicht vollständig selbst darüber entscheiden, ob die Deckungsmittel im Einzelfall gesichert sind. In der Praxis bestehen deshalb regelmäßig Dienstanweisungen, nach denen der Beginn einer (größeren) Investitionsmaßnahme, also bereits die Auftragsvergabe, von der Zustimmung der Kämmerei oder des Fachbereiches/Fachdienstes Finanzen abhängig ist; es sei denn, dass vorab die Finanzverwaltung in Bezug auf die allgemeinen Deckungsmittel Freigaben erteilt hat.

Der Begriff „rechtzeitige Bereitstellung“ i. S. d. § 19 Abs. 2 Satz 1 GemHVO-Doppik ist jedoch weit auszulegen. Zum einen bedeutet er die Sicherstellung der Deckungsmittel bis zum Ende des Haushaltsjahres. Die vorherige Deckung ist ja auch z. B. vor allem bei Zuweisungen kaum möglich, weil die Zahlungen nach dem jeweiligen Baufortschritt, also nachträglich, geleistet werden. Zum anderen brauchen die Deckungsmittel nicht unbedingt rechtlich abgesichert zu sein. Die Gemeinde muss lediglich damit rechnen können, dass die erforderlichen Mittel im Laufe des Haushaltsjahres verfügbar sind. So z. B. reichen bei Zuweisungen und Krediten Zusicherungen der bewilligenden Institutionen (Landesbehörden, Banken).

18.2.3 Überwachung der Haushaltsermächtigungen

Die Inanspruchnahme von Aufwendungs-, Auszahlungs- und Verpflichtungsermächtigungen ist nur mithilfe einer laufenden Überwachung möglich. § 19 Abs. 3 GemHVO-Doppik sieht dann auch für die Ermächtigungen des Haushaltsplans (Aufwendungs-, Auszahlungs- und Verpflichtungsermächtigungen[393]) die Pflicht der Mittelüberwachung vor. Die Inanspruchnahme von Aufwendungs- und Auszahlungsermächtigungen muss in den doppischen Buchungsverbund so eingebunden werden, dass die in den einzelnen Teilhaushalten noch zur Verfügung stehenden Ansätze für Aufwendungen bzw. Auszahlungen stets erkennbar sind (§ 19 Abs. 4 GemHVO-Doppik). Es muss daher ein Abgleich der bereits in Anspruch genommenen Mittel mit den noch

393 § 19 Abs. 5 GemHVO-Doppik regelt die Anwendung des § 19 Abs. 3 GemHVO-Doppik auch für Verpflichtungsermächtigungen.

verfügbaren Planermächtigungen stattfinden. Das bedeutet aber auch, dass die Inanspruchnahmen der Ermächtigungen bereits zu dem Zeitpunkt zu erfassen sind, an dem vertragliche Bindungen durch Auftragsvergabe, Bestellungen usw. entstehen. Da die Verpflichtungsermächtigungen nicht im doppischen Buchungsverbund enthalten sind, das NKHR jedoch über § 19 Abs. 5 GemHVO-Doppik eine Einbeziehung der Verpflichtungsermächtigungen vorsieht, müssen hierzu besondere Überwachungssysteme installiert werden. Dabei wird es in der Praxis unterschiedliche DV-Verfahren geben, die jedoch immer die Vorgaben des § 19 Abs. 3 bis 5 GemHVO-Doppik zu realisieren haben. Die mittelbewirtschaftende Stelle der Gemeinde muss jederzeit einen Überblick über die verfügbaren Haushaltsmittel haben. Dabei kann die Gemeinde selbst entscheiden, ob sie diese „Arbeitsvorgänge" zentral oder dezentral abwickeln will.

Das eigentliche Überwachungsverfahren sollte von jedem Mitarbeiter der Gemeindeverwaltung mit Verantwortung in der Mittelbewirtschaftung beherrscht werden, denn nur mit dieser Kenntnis können Informationen über den Stand der Planermächtigungen gewonnen werden. Ein Beispiel für die konkrete Haushaltsüberwachung auf der Ebene einer einzelnen Aufwendungsermächtigung enthält der Sachverhalt Nr. 3 zu diesem Kapitel. Die Lösung des Falles beinhaltet dann auch ausführliche Erläuterungen der Bearbeitungsvorgänge.

Ergänzend zu diesem praktischen Fall sei darauf verwiesen, dass die am Jahresende noch nicht in Aufwendungen oder Zahlungen umgewandelten Vormerkungen in die Überwachung des nächsten Haushaltsjahres übertragen werden müssen, soweit nicht entsprechende Verbindlichkeiten oder Rückstellungen im Rahmen des Jahresabschlusses zu buchen sind. Dies wird in der Regel dann auch mit einer Ermächtigungsübertragung nach § 15 GemHVO-Doppik verbunden sein.

Beim NKHR ist zu beachten, dass – im Gegensatz zum bisherigen Recht und zum reformierten Haushaltsrecht einiger anderer Bundesländer[394] – durchlaufende Zahlungen und fremde Finanzmittel nicht als haushaltsunwirksame Ein- und Auszahlungen gelten. Nach § 3 Abs. 1 Satz 1 Nr. 45 sind durchlaufende Gelder und ungeklärte Zahlungseingänge als Saldo im Finanzhaushalt nachzuweisen, auch die Buchführungspflicht erstreckt sich nach § 25 Abs. 2 Satz 1 Nr. 4 GemHVO-Doppik auf die durchlaufenden Finanzmittel. Somit unterliegen sie auch den förmlichen Überwachungspflichten des § 19 Abs. 3 GemHVO-Doppik.

18.2.4 Übungen

Sachverhalt Nr. 1

Zum 1.12.2021 Jahres soll die neue Grundschule in der Gemeinde G in Betrieb genommen werden. Die Firma F bietet an, die notwendige Erstausstattung an Kreide, Schwämme usw. in der letzten Novemberwoche zu einem Gesamtpreis von 8.000 € zu liefern. Gleichzeitig teilt sie mit, dass bei Abnahme bis zum 30.9.2021 noch ein

394 So gehören durchlaufende Zahlungen z. B. in Niedersachsen nach § 14 GemHVKO ausdrücklich nicht zum Haushalt.

um 10 % niedrigerer Verkaufspreis angeboten werden könne. Die Sachbearbeiterin im Schulverwaltungsamt der Gemeinde G bedauert gegenüber der Firma F, dieses preisgünstige Angebot aufgrund der Vorschrift des § 19 Abs. 1 Satz 1 GemHVO-Doppik nicht annehmen zu dürfen.

Aufgabe:
Begutachten Sie die Entscheidung der Sachbearbeiterin.

Lösung:
Konkrete Regelungen über die Bewirtschaftung von Haushaltsmitteln enthält § 19 Abs. 1 GemHVO-Doppik. Danach darf erst dann, wenn der Aufgabenzweck es erfordert, über Haushaltsermächtigungen verfügt werden. Da die neue Grundschule erst zum 1.12.2021 in Betrieb genommen werden soll, muss auch erst zu diesem Zeitpunkt die notwendige Erstausstattung an Kreide, Schwämmen u. Ä. zur Verfügung stehen. Eine Lieferung im November des Jahres würde dafür durchaus reichen. Da der Sachverhalt Besonderheiten wie z. B. längere Lieferfristen nicht enthält, dürfte die Bestellung etwa Anfang November 2021 erforderlich werden.

Dem gegenüber steht das Angebot der Lieferfirma, bei einer Lieferung bis zum 30.9.2021 einen 10%igen Preisnachlass zu gewähren. Die Gemeinde würde somit bei der vorzeitigen Abnahme 800 € sparen, was nach dem Grundsatz der Sparsamkeit und Wirtschaftlichkeit gemäß § 43 Abs. 4 KV M-V wahrzunehmen ist, zumal der Sachverhalt keine Anhaltspunkte über eventuelle Lagerschwierigkeiten bei vorzeitiger Lieferung enthält.

Es fragt sich somit, in welchem Verhältnis die konkrete Regelung des § 19 Abs. 1 Satz 1 GemHVO-Doppik zum Grundsatz der Sparsamkeit und Wirtschaftlichkeit steht. Gesetzessystematisch ist festzustellen, dass die KV M-V als formelles Gesetz der GemHVO- Doppik als rein materielles Recht vorgeht. Somit wäre der Grundsatz der Sparsamkeit und Wirtschaftlichkeit nach § 43 Abs. 4 KV M-V vorzuziehen. § 19 Abs. 1 Satz 1 GemHVO-Doppik schließt dies entgegen der Ansicht der Sachbearbeiterin auch nicht aus, denn die dort angesprochene „Aufgabenerfüllung" bedeutet ja auch immer eine sparsame und wirtschaftliche Aufgabenerfüllung, denn jedes Handeln der Gemeinde unterliegt diesen Erwägungen. Insofern bedingt eine wirtschaftlich sinnvolle Aufgabenerfüllung die Beschaffung der Ausrüstungsgegenstände bis zum 30.9.2021, um den niedrigeren Kaufpreis zu erhalten. Eine 10%ige Einsparung kann auch nicht durch Zinsgewinne auf dem Girokonto ausgeglichen werden.

Mit ihrer Entscheidung verstößt die Sachbearbeiterin sowohl unmittelbar gegen § 19 Abs. 1 Satz 1 GemHVO-Doppik als auch gegen § 43 Abs. 4 KV M-V durch Nichtbeachtung des Grundsatzes der Sparsamkeit und Wirtschaftlichkeit.

Sachverhalt Nr. 2
Im Teilfinanzhaushalt der Gemeinde G ist in 2021 u. a. in der Einzelübersicht der Investitionsmaßnahmen Folgendes aufgeführt (vereinfachte Darstellung):

Übersicht Investitionsmaßnahmen	Ansatz 2021	VE 2021	Planung 2022	Planung 2023	Planung 2024
Maßnahmen oberhalb der Wertgrenze					
Einzahlung: Bundeszuweisung Schule Nord	1.000.000		0	0	0
Einzahlung: Landeszuweisung Schule Nord	500.000		0	0	0
Auszahlung: Baumaßnahme Schule Nord	4.000.000	0	0	0	0
Saldo Investitionsmaßnahme Schule Nord	–2.500.000	0	0	0	0

Der Sachstand im Februar 2021 lautet:

Im Zuweisungsbescheid des Bundes ist die Auszahlung der 1.000.000 € für den 10.12.2021 zugesichert, falls bis dahin der Rohbau planmäßig erstellt ist. Die Bewilligungsbehörde des Landes hat noch keinen formellen Bewilligungsbescheid ausgestellt, jedoch bereits schriftlich zugesagt, mindestens 500.000 € in 2021 auszuzahlen.

Der ausgeglichene Haushalt der Gemeinde G enthält als allgemeine Deckungsmittel lediglich die Veräußerung von Finanzanlagen und Kreditaufnahmen (zu Übungszwecken vereinfacht). Die Finanzanlagen werden veräußert und spätestens am 30.12.2021 kassenwirksam zur Verfügung stehen. Über den Kredit besteht ein Vertrag mit einer Auszahlungszusicherung für 2021.

Aufgabe:
Begutachten Sie, ob bereits im Februar 2021 der Bauauftrag für die Schule Nord vergeben werden kann.

Lösung:
Im Teilfinanzhaushalt der Gemeinde G für 2021 sind für die Baumaßnahme Nord als Auszahlungsermächtigungen 4.000.000 € veranschlagt. Aus dem Sachverhalt ist eine Verfügungsbeschränkung für diese Auszahlungsermächtigung nicht ersichtlich. Gemäß § 19 Abs. 2 Satz 1 GemHVO-Doppik dürfen jedoch Investitionsermächtigungen erst in Anspruch genommen werden, wenn die rechtzeitige Bereitstellung der Deckungsmittel gesichert ist. Aus diesem Grunde ist die Finanzierung der Maßnahme näher zu untersuchen.

- *Zuweisung des Bundes*
  Der Zuweisungsbescheid (Verwaltungsakt im Sinne der Zweistufentheorie im allgemeinen Verwaltungsrecht) sichert die Auszahlung zum 10.12.2021 zu. Die Haushaltswirtschaft wird vom Prinzip der Jährlichkeit beherrscht, sodass der Begriff „rechtzeitig" im § 19 Abs. 2 Satz 1 GemHVO-Doppik auf den Zahlungseingang im Laufe des Haushaltsjahres abstellt, was hier gegeben ist. Die Zuweisungsleistung und damit der Deckungsanteil von 1.000.000 € sind gesichert. Die Rohbauerstellung als weitere Bedingung für die Zuweisungszahlung liegt im Bereich der Gemeinde und soll ja gerade durch die Auftragsvergabe im Februar 2021 sichergestellt werden.

- *Zuweisung des Landes*
  Es liegt zwar noch kein formeller Bewilligungsbescheid vor, aber die Zusage für einen später zu erlassenden Verwaltungsakt besteht. Dabei ist ausdrücklich versichert worden, dass mindestens 500.000 € in 2021 ausgezahlt werden. Die Zusicherung einer Stelle der öffentlichen Hand erfüllt die Anforderungen der Deckungssicherung i. S. d. § 19 Abs. 2 Satz 1 GemHVO-Doppik durchaus, denn eine rechtliche Verpflichtung wird nicht verlangt. Es erübrigt sich demnach auch die Prüfung, ob bereits die Zusage der Landesbewilligungsbehörde ein verbindlicher Verwaltungsakt ist.
- *Veräußerung der Finanzanlagen*
  Neben den speziellen Deckungsmitteln sind die allgemeinen Deckungsmittelmittel zu prüfen. Da die genauen Anteile dieser Deckungsmittel für die Schule Nord wegen der Gesamtdeckung nach § 12 GemHVO-Doppik nicht präzisiert werden können, müssen alle allgemeinen Finanzierungsmittel in Erwägung gezogen werden. Wie bei der Bundeszuweisung dargestellt, reicht die Verfügbarkeit der Mittel bis 31.12.2021 aus, was hier mit dem spätesten Termin des 30.12.2021 gegeben ist.
- *Kreditaufnahme*
  Bei der Auszahlungszusicherung in 2021 für den Kredit handelt es sich um eine vertragliche Regelung, sodass diese Deckungsmittel sowohl rechtlich als auch tatsächlich gesichert sind.

Die Bereitstellung der Deckungsmittel i. S. d. § 19 Abs. 2 Satz 1 GemHVO-Doppik ist somit gesichert, sodass der Auftrag erteilt werden kann.

Sachverhalt Nr. 3

Bei der Gemeinde G sind für die Unterhaltung des Bauhofgebäudes Aufwendungsermächtigungen in Höhe von 104.000 € im Haushalt 2021 bereitgestellt. Außerdem steht bei dieser Planposition noch eine nach § 15 Abs. 1 Satz 1 GemHVO-Doppik übertragene Aufwendungsermächtigung aus dem Jahr 2020 in Höhe von 16.000 € zur Verfügung. In 2021 fallen folgende Finanzvorfälle an:

(Nr. 1 und 2 sind für die Ermächtigungsvortragungen vorgesehen.)

3.	6.1:	Auftrag Fa. Walter Neudeckung des Daches	68.000 €
4.	6.1.	Rechnung der Fa. Meier Fensterreparatur (ohne schriftlichen Auftrag)	200 €
5.	10.1.	Auftrag Fa. Riese Erneuerung der Türen	10.000 €
6.	20.1.	Erster Abschlag Fa. Walter	20.000 €
7.	30.1.	Auftrag Fa. Weinreich Anstreicherarbeiten	800 €
8.	30.1.	Zweiter Abschlag Fa. Walter	20.000 €
9.	8.2.	Erster Abschlag Fa. Riese	6.000 €
10.	10.2.	Gesamtrechnung Fa. Weinreich	900 €

11.	13.2.	Schlussrechnung Fa. Walter	70.200 €
12.	14.2.	Deckungsfähigkeit innerhalb des Budgets	+ 2.000 €
13.	14.2.	Auftrag Fa. Haak Erneuerung des Fußbodens	40.000 €
14.	28.2.	Schlussrechnung Fa. Riese	9.300 €
15.	9.3.	Berechtigte Nachforderung der Fa. Walter	600 €
16.	9.3.	Gesamtrechnung Fa. Haak	39.900 €

Aufgabe:
Erfassen Sie die Finanzvorfälle nach einem System, das den Anforderungen des § 19 Abs. 3 bis 5 GemHVO-Doppik entspricht, und erläutern Sie die Bearbeitungsvorgänge ausführlich. Unterstellen Sie dabei, dass für diese konkrete Aufwendungsposition eine Überwachung durchgeführt wird. Die Buchungen auf dem entsprechenden Auszahlungskonto sind nicht darzustellen.

Lösung:[395]
Die im Sachverhalt enthaltenen Aufwendungen werden auf den entsprechenden Konten im Rahmen der Gemeindekasse gebucht. Das System ist so zu erweitern, dass auch die Aufträge (vertragliche Verpflichtungen) erfasst werden können, weil bereits durch die Auftragsvergaben die Planermächtigungen in Anspruch genommen werden. Die konkrete Darstellung in der Praxis erfolgt unterschiedlich nach den einzelnen DV-Verfahren. In der Lösung wird deshalb ein Verfahren gewählt, aus dem die einzelnen Buchungen und Inanspruchnahmen erkennbar sind. Das Überwachungsblatt ist auf der nächsten Seite dargestellt.

Erläuterungen:

- *Ermächtigungsvortragungen (Lfd. Nr. 1 und 2)*
  Bevor die eigentlichen Bewegungen gebucht werden, sind zunächst die Aufwendungsermächtigungen vorzutragen. Geht man davon aus, dass die Haushaltssatzung für das Haushaltsjahr 2021 bereits am Jahresanfang rechtswirksam ist, kann als Datum der 2.1.2021 eingesetzt werden. In der Spalte „lfd. Nr." wird jede Buchung einzeln durchnummeriert.
  Die Aufwendungsermächtigung besteht laut Sachverhalt zunächst aus der Ermächtigung des Haushaltsplans in Höhe von 104.000 €, die in Spalte 5 einzusetzen ist. In Spalte 4 empfiehlt es sich, den Hinweis auf die Art der Aufwendungsermächtigung zu geben. Die aus 2021 übertragene Aufwendungsermächtigung in Höhe von

395 Die Lösung berücksichtigt entsprechend der Aufgabenstellung die Überwachung bei der konkreten Aufwandposition, die nach dem Produktbereichs- und Kontenrahmen festgelegt wurde. Dabei wurden die Produktnummer und Unterkontierungen willkürlich gewählt. In der Praxis sind natürlich auch andere Überwachungsverfahren im Rahmen des Controllings zulässig und sinnvoll (z. B. Überwachung von Planvorgaben in den Teilhaushalten durch Vorgabe anteiliger Jahresteilermächtigungen).

16.000 € erhöht die Planposition gemäß § 15 Abs. 1 GemHVO-Doppik entsprechend, sodass nach erfolgter Vortragung eine Gesamtaufwendungsermächtigung von 120.000 € besteht (siehe Spalte 10).

- *Finanzvorfall 3*
  Die Neudeckung des Daches wird nach Abschluss der Arbeiten Aufwendungen von ca. 68.000 € verursachen. Bereits bei der Auftragserteilung an die Fa. Walter muss dieser Betrag eingeplant, d. h. beim verfügbaren Betrag abgesetzt werden, weil dieser Teil der Aufwendungsermächtigung nun nicht mehr für andere Zwecke einsetzbar ist. Die 68.000 € sind darum in Spalte 6 zu erfassen, die für Aufträge vorgesehen ist. In Spalte 8 erscheint der Betrag ein zweites Mal, weil hier die Zahlen der Spalte 6 aufgerechnet werden. Der vorgenannte Betrag ist dann vom verfügbaren Betrag in Spalte 10 abzuziehen, sodass jetzt nur noch 52.000 € verfügbar sind.
- *Finanzvorfall 4*
  Für die Aufwendungen von 200 € an die Fa. Meier war kein Auftrag vorgemerkt. Der Betrag ist somit unmittelbar in Spalte 7 zu übernehmen und erscheint dann entsprechend als Aufrechnungsbetrag in Spalte 9. Er vermindert den verfügbaren Betrag auf 51.800 €. In der Aufrechnungsspalte 8 für Aufträge muss wieder der Betrag von 68.000 € erscheinen, weil hier stets der neueste Stand ausgewiesen wird.
- *Finanzvorfall 5*
  Der Auftrag an die Fa. Riese führt zu einer Erfassung in Spalte 6 und somit zu einer Erhöhung der Gesamtaufträge in Spalte 8 auf 78.000 €. In Spalte 9 müssen wiederum 200 € erscheinen, weil der Stand der Aufwendungen am 10.1.2022 200 € beträgt. Der verfügbare Betrag in Spalte 10 verringert sich um 10.000 € auf 41.800 €.

Budgetüberwachung für Aufwendungen

Ermächtigungen aus Vorjahren:	16.000 €	**üpl. - und apl. Bewilligungen:**	€	Haushaltsjahr:
Ermächtigungsansatz lfd. Jahr:	104.000 €	**Änderungen nach § 13 GemHVO:**	€	2021
Änderungen durch Nachträge:	0 €	**abzüglich Sperren:**	€	Buchungsstelle:
Änderungen nach § 14 GemHVO:	2.000 €	**Ermächtigung insgesamt:**	122.000 €	11403 52313

Lfd. Nr.	**Datum**	**Hinweis Nr.**	**Text**	**Aufwendungs-mächtigung €**	**Vormerkungen (Aufträge) €**	**ausgelöste Aufwendungen €**	**Aufrechnung**		**verfügbar €**
							Vormerkungen €	**Aufwendungen €**	
1	2	3	4	5	6 ʹ	7	8	9	10
1	02.01.	–	Haushaltsermächtigung	104.000	–	–	–	–	104.000
2	02.01.	–	Ermächtigung a. V.	16.000	–	–	–	–	120.000
3	06.01.	–	Fa. Walter	–	68.000	–	68.000	–	52.000
4	06.01.	–	Fa. Meier	–	–	200	68.000	200	51.800
5	10.01.	–	Fa. Riese	–	10.000	–	78.000	200	41.800
6	20.01.	3	Fa. Walter	–	–20.000	20.000	58.000	20.200	41.800
7	30.01.	–	Fa. Weinreich	–	800	–	58.800	20.200	41.000
8	30.01.	3	Fa. Walter	–	–20.000	20.000	38.800	40.200	41.000
9	08.02.	5	Fa. Riese	–	–6.000	6.000	32.800	46.200	41.000
10	10.02.	7	Fa. Weinreich	–	–800	900	32.000	47.100	40.900
11	13.02.	3	Fa. Walter	–	–28.000	30.200	4.000	77.300	38.700
12	14.02.	–	Budgetbereitstellung	2.000	–	–	4.000	77.300	40.700
13	14.02.	–	Fa. Haak	–	40.000	–	44.000	77.300	700
14	28.02.	5	Fa. Riese	–	–4.000	3.300	40.000	80.600	1.400
15	09.03.	–	Fa. Walter	–	–	600	40.000	81.200	800
16	09.03.	13	Fa. Haak	–	–40.000	39.900	-	121.100	900

- *Finanzvorfall 6*
  Die Fa. Walter erhält einen Abschlag auf den Auftrag vom 6.1.2021. Da es sich um eine Aufwendung handelt, erfolgt die Buchung des Betrages zunächst in den Spalten 7 und 9. Der verfügbare Betrag (Spalte 10) ändert sich jedoch nicht, weil diese Finanzmittel bereits am 6.1.2022 durch Vormerkung des Gesamtauftrages von 68.000 € eingeplant und vom verfügbaren Betrag abgesetzt wurden. Aus dem Auftrag wird nun teilweise eine Aufwendung. Es findet somit nur eine Verschiebung von 20.000 € von den Aufträgen (Vormerkungen) zu den Aufwendungen statt. Die Aufwendungen erhöhen sich um 20.000 €, während sich die Vormerkungen um diesen Betrag verringern. Die 20.000 € sind darum auch in Spalte 6 abzusetzen. In Spalte 8 verringert sich ebenfalls der Aufrechnungsbetrag um 20.000 € auf nunmehr 58.000 €.
  Die Richtigkeit der Rechnung kann jeweils nach folgender Formel geprüft werden:

  Aufwendungsermächtigung
  ./. Aufrechnung Aufträge
  ./. Aufrechnung Aufwendungen
  = verfügbare Ermächtigung am Buchungstag

  Gegenrechnung am 20.1.2018:

	120.000 €
	– 58.000 €
	– 20.200 €
noch verfügbar	41.800 €

  Da hier eine Aufwendung zu einem bereits vorgemerkten Betrag gebucht wurde, ist auf die Buchung des Ursprungsbetrages hinzuweisen, damit jederzeit festzustellen ist, wie viel noch für den Auftrag vorgemerkt ist. In Spalte 3 ist darum die Nummer des Auftrages anzugeben, also die Ziffer 3.

- *Finanzvorfall 7*
  Siehe dazu die Erläuterungen zu den Finanzvorfällen 3 und 5.
- *Finanzvorfälle 8 und 9*
  Siehe dazu die Erläuterungen zum Finanzvorfall 6.
- *Finanzvorfall 10*
  Es wird zunächst auf den Finanzvorfall 6 verwiesen. Neu hieran ist jedoch, dass erstmals eine Gesamtrechnung vorliegt. Die Aufwendung in Höhe von 900 € wird in Spalte 7 gebucht und in Spalte 9 addiert. Vorgemerkt waren für den Auftrag 800 €, sodass eine Mehrbelastung von 100 € vorliegt. In der Spalte 6 wird der bei Nr. 7 erfasste Betrag wieder abgesetzt. Zwischen den Spalten 6 und 7 besteht nun ein Unterschied von 100 €, der die Gemeinde entgegen der Planung aufwendungsmäßig stärker belastet und darum beim verfügbaren Betrag in Abzug zu bringen ist, sodass nur noch 40.900 € zur Verfügung stehen.
  Die Kontrollrechnung beweist wiederum die Richtigkeit:

	120.000 €
	– 32.000 €
	– 47.100 €
noch verfügbar	40.900 €

- *Finanzvorfall 11*
  Von der Schlussrechnung der Fa. Walter in Höhe von 70.200 € müssen die bisherigen Aufwendungen = 2 × 20.000 € abgesetzt werden, sodass nunmehr Aufwendungen über 30.200 € in Spalte 7 aufzunehmen ist. Vorgemerkt sind jedoch nur noch 28.000 €, weil bei den Nummern 6 und 8 bereits insgesamt 40.000 € vom Auftrag abgesetzt wurden. Eine nicht eingeplante zusätzliche Aufwendung von 2.200 € (Spalte 6 minus Spalte 7) verringert den verfügbaren Betrag auf 38.700 €.
- *Finanzvorfall 12*
  Am 14.2.2021 wird eine zusätzliche Aufwendungsermächtigung in Höhe von 2.000 € im Rahmen des Teilergebnishaushalts bereitgestellt (§ 14 Abs. 1 GemHVO-Doppik: echte Deckungsfähigkeit). Diese wird erforderlich, weil der verfügbare Betrag für weitere Buchungen nicht mehr ausreicht. Der Buchungsvorfall Nr. 13 zeigt bereits, dass noch ein Auftrag über 40.000 € erteilt werden soll, jedoch am 13.2.2021 nur noch 38.700 € verfügbar sind.
  Durch die zusätzliche Ermächtigungsbereitstellung bedingt erhöht sich die Aufwendungsermächtigung um 2.000 €, sodass dieser Betrag in Spalte 5 zu buchen ist. Der verfügbare Gesamtbetrag beträgt nunmehr 122.000 €. Demnach stehen nach Abzug der Aufträge und gebuchten Aufwendungen am 14.2.2021 noch 40.700 € zur Verfügung.
- *Finanzvorfall 13*
  Siehe dazu die Erläuterungen zu den Finanzvorfällen 3 und 5.
- *Finanzvorfall 14*
  Siehe dazu zunächst die Erläuterung zum Finanzvorfall 11. Die noch als Aufwendungen zu erfassende Summe von 3.300 € liegt um 700 € unter dem geschätzten Betrag, sodass der verfügbare Betrag in Spalte 10 eine Verbesserung auf 1.400 € erfährt.
  Die Kontrollrechnung beweist die Richtigkeit dieser Aussage:

	120.000 €
	– 40.000 €
	– 80.600 €
noch verfügbar	1.400 €

- *Finanzvorfall 15*
  Es handelt sich um eine Aufwendung, die nicht mehr vorgemerkt ist, weil der Ursprungsauftrag an die Firma Walter bereits endgültig bei Nummer 11 ausgebucht wurde. In Spalte 3 erfolgt somit kein Hinweis mehr auf die Ursprungsbuchung. Ansonsten kann auf die Erläuterungen zu Finanzvorfall 4 verwiesen werden.
- *Finanzvorfall 16*
  Siehe dazu die Erläuterungen zu Finanzvorfall 14.

Am 9.3.2021 stehen somit noch 900 € zur Verfügung.

18.3 Haushaltswirtschaftliche Sperre und Unterrichtungspflichten gegenüber der Gemeindevertretung

18.3.1 Haushaltswirtschaftliche Sperre

Bereits in Kapitel 14.3 wurde festgestellt, dass die im Haushaltsplan enthaltenen Ermächtigungen (Planansätze) nicht uneingeschränkt zur Verfügung stehen. Eine besondere Form der Verfügungsbeschränkung beinhaltet § 51 KV M-V, nämlich die haushaltswirtschaftliche Sperre.

Nach diesen Vorschriften kann der Bürgermeister die Inanspruchnahme der im Haushaltsplan enthaltenen Aufwendungs-, Auszahlungs- und Verpflichtungsermächtigungen sperren, sofern die Entwicklung der Erträge beziehungsweise ordentlichen und außerordentlichen Einzahlungen oder der Aufwendungen beziehungsweise ordentlichen und außerordentlichen Auszahlungen dies erfordert. Mit der „Entwicklung der Erträge beziehungsweise ordentlichen und außerordentlichen Einzahlungen oder Aufwendungen beziehungsweise ordentlichen und außerordentlichen Auszahlungen" können nur negative Tendenzen angesprochen sein. Falls sich die Haushalts- und Liquiditätsentwicklung gegenüber der Planung verbessert, erübrigt sich zwangsläufig die Notwendigkeit einer haushaltswirtschaftlichen Sperre.

Die Möglichkeit, Einfluss auf das Ausschöpfen der Aufwendungs- und Auszahlungsermächtigungen im Haushaltsjahr bzw. (bei Verpflichtungsermächtigungen) auf die Entwicklung der mittelfristigen Planung zu nehmen, ist im Spannungsfeld zwischen Haushaltsplanung und Haushaltsausführung begründet. Der Haushaltsplan eines Jahres wird bereits im Vorjahr erstellt, so dass Vorausberechnungen und Schätzungen etwa einen Zeitraum von eineinhalb Jahren umfassen und deshalb in vielen Bereichen sehr schwierig sind. Dazu kommt, dass konjunkturelle Veränderungen auf die gemeindlichen Haushaltspläne sehr kurzfristig einwirken können. Im laufenden Jahr können zwar die Haushaltspläne durch Nachtragspläne so geändert werden, dass Problemfelder beseitigt werden können. Jedoch bedingt das Instrument der Nachtragsplanung ein schwerfälliges und zeitraubendes Verfahren aufgrund der Formvorschriften des § 48 Abs. 1 Satz 2 i. V. m. § 47 KV M-V.

Das Instrument der haushaltswirtschaftlichen Sperre muss die Verwaltung der Gemeinde besitzen, weil die Gemeindevertretung nicht unmittelbar über die notwendigen Finanzinformationen verfügt und auch die Herbeiführung eines Beschlusses der Gemeindevertretung einen gewissen Zeitaufwand erfordert. Dem Bürgermeister als dem für die Verwaltung insgesamt und auch für das Finanzwesen Verantwortlichen wird deshalb gemäß § 51 KV M-V das Recht zum Erlass einer haushaltswirtschaftlichen Sperre zugesprochen.

Der Bürgermeister hat somit die Möglichkeit, die Ausführung von Beschlüssen der Gemeindevertretung zu verhindern, weil der Haushaltsplan ja im Rahmen der Haushaltssatzung von der Gemeindevertretung erlassen wurde. Er befindet sich demnach in einer sehr starken Position und Verantwortung. Die Gemeindevertretung ist gemäß § 51 Abs. 2 KV M-V unverzüglich über den Erlass einer haushaltswirtschaftlichen Sperre zu unterrichten.

Der Erlass einer haushaltswirtschaftlichen Sperre liegt im pflichtgemäßen Ermessen des Bürgermeisters. Der Ermessensspielraum wird jedoch dann „auf null" reduziert, wenn der Haushaltsausgleich bzw. die Liquiditätssicherung nur durch eine haushaltswirtschaftliche Sperre erreicht werden kann. Form und Umfang der Sperre sind nicht vorgegeben. In der Praxis erfolgen regelmäßig prozentuale Kürzungen von Planpositionen für den Gesamthaushalt, wobei einzelne Ermächtigungspositionen oder Gruppen von Ermächtigungspositionen ausgenommen werden können. Daneben gibt es natürlich die Möglichkeit, gezielt Planpositionen ganz oder anteilig zu sperren, vor allem bei freiwilligen Aufgaben und nicht begonnenen Investitionsmaßnahmen. Im Einzelfall ist die Entscheidung nach ihrem Wirkungsgrad und den tatsächlichen Möglichkeiten zu treffen.

Über die Inanspruchnahme gesperrter Beträge oder die Aufhebung der Sperre entscheidet der Bürgermeister im Einvernehmen mit der Gemeindevertretung (§ 51 Abs. 3 KV M-V).

18.3.2 Unterrichtungspflichten gegenüber der Gemeindevertretung

Wie bereits oben dargestellt, bestimmt die Gemeindevertretung durch den Haushaltsplan die finanzpolitischen Richtlinien für die Verwaltung. Wenn also im Laufe eines Haushaltsjahres gewichtige Verschiebungen des Finanzrahmens eintreten, müssen die zuständigen Gemeindeorgane darüber informiert sein. Über die Veränderung durch über- und außerplanmäßige Aufwendungen bzw. Auszahlungen ist die Gemeindevertretung gemäß § 50 KV M-V insofern unterrichtet, als sie bei erheblichen Mehraufwendungen und Mehrauszahlungen selbst zu entscheiden hat und ihr die nicht geringfügigen, vom Bürgermeister genehmigten Mehrbeträge zur Kenntnisnahme vorgelegt werden.

Die Unterrichtungspflichten des Bürgermeisters gegenüber der Gemeindevertretung sind durch die Änderung der GemHVO-Doppik 2016 stark ausgedünnt worden. § 20 GemHVO-Doppik fordert seitdem lediglich:

„Der Bürgermeister hat die Gemeindevertretung oder einen von ihr bestimmten Ausschuss spätestens zum 30. Juni des Haushaltsjahres über den Haushaltsvollzug einschließlich der Erreichung der Finanz- und Leistungsziele zu unterrichten."

In der Praxis birgt diese Formulierung einige Schwierigkeiten. In den vielen kleinen Gemeinden ist die Zahl der Sitzungen der Gemeindevertretung überschaubar. Das würde bedeuten, dass nach der Formulierung der Bürgermeister beispielsweise auf einer Sitzung im April oder Anfang Mai über den Haushaltsvollzug berichten müsste, so dass wahrscheinlich allenfalls das erste Quartal Gegenstand der Berichterstattung wäre. Spätestens bei einer vorläufigen Haushaltsführung wäre der Informationsgehalt eher überschaubar. Sinnvoller wäre es, den Bürgermeister zu verpflichten, in der ersten Sitzung nach dem 30. Juni über den Haushaltsvollzug mit Stand 30. Juni zu unterrichten.

18.4 Stundung, Niederschlagung und Erlass[396]

18.4.1 Generelle Begriffsabgrenzungen

Bevor die Materie im Einzelnen dargestellt wird, sind zum Grundverständnis die einzelnen Begriffe zumindest grob zu definieren und voneinander abzugrenzen. Die „Stundung“ ist die Gewährung eines Zahlungsaufschubes oder Leistungsaufschubes. Die „Niederschlagung“ stellt die Weiterverfolgung (Vollstreckung) eines fälligen Anspruchs ohne Verzicht auf den Anspruch selbst befristet oder unbefristet zurück. Ein „Erlass“ bewirkt den endgültigen Verzicht auf einen Anspruch.

18.4.2 Rechtsgrundlagen

Bei der Bewirtschaftung von Forderungen kommt es auf die Art der Forderung an, um die zutreffende Rechtsgrundlage zu finden. Dies wurde bereits beim Problem der Kleinbeträge und Rundungen deutlich (siehe Kapitel 18.1.2 und 18.1.3), sodass an dieser Stelle nicht noch einmal die Begründungen für die unterschiedlichen Rechtsgrundlagen zu wiederholen sind. Es reicht deshalb der nachstehende Überblick, wobei die in einigen Gesetzen enthaltenen Spezialregelungen (z. B. §§ 32 und 33 GrStG, § 42 SGB I für soziale Leistungen) der Behandlung der Spezialliteratur vorbehalten bleiben (§ 22 Abs. 4 GemHVO-Doppik).

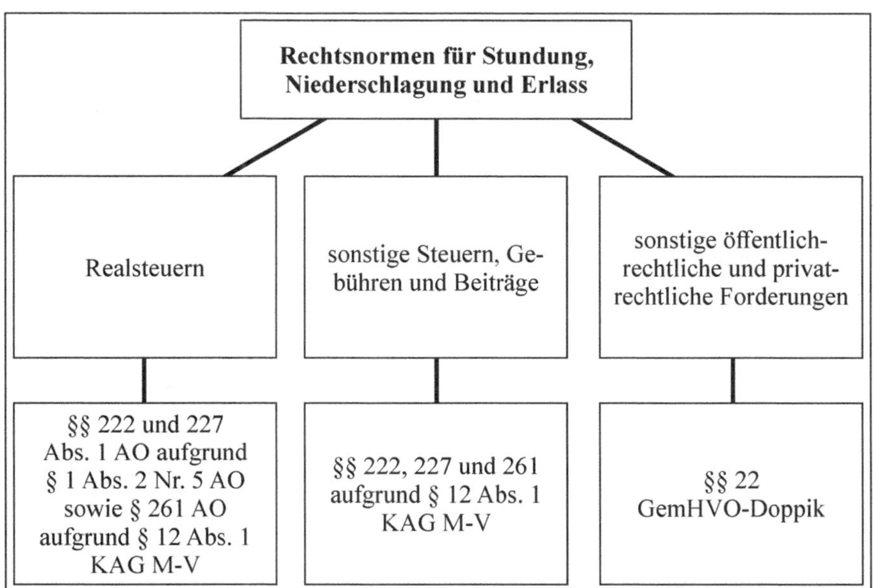

396 Die Besonderheit der Aussetzung der Vollstreckung wird als Exkurs in Kapitel 18.4.3.4 behandelt.

18.4.3 Stundung

18.4.3.1 Voraussetzungen

Die Vorschriften über die Stundung in den §§ 222 AO und 22 Abs. 1 GemHVO-Doppik stimmen inhaltlich weitgehend überein. § 222 Satz 2 AO regelt direkt im Gesetz, dass die Stundung eines Antrages bedarf, während diese Anforderung lediglich in VV 24.1 Satz 1 zu § 22 GemHVO-Doppik geregelt ist. Die Voraussetzungen zur Verzinsung gestundeter Beträge regelt in der Abgabenordnung § 234 AO, ihre Höhe und Berechnung § 238 AO. Auch nach § 22 Abs. 1 Satz 2 GemHVO-Doppik sind für die Dauer einer gewährten Stundung Zinsen zu erheben, hinsichtlich Höhe und Berechnung dieser Zinsen verweist § 22 Abs. 1 Satz 3 GemHVO-Doppik auf § 238 AO. Sowohl § 222 Satz 2 AO als auch § 22 Abs. 1 Satz 5 GemHVO-Doppik sehen vor, dass im Bedarfsfall Sicherheiten verlangt werden. Wegen der weitgehenden Gleichheit der Vorschriften kann die Materie gemeinsam für alle Anspruchsarten behandelt werden.

Wie bereits bei der generellen Definition angesprochen, bedeutet eine Stundung die Gewährung eines Zahlungs- oder Leistungsaufschubs, somit die Hinausschiebung eines Fälligkeitstermins. Ob nun der Fälligkeitstermin für die Gesamtforderung verschoben oder ob Ratenzahlung gewährt wird, richtet sich nach der Notwendigkeit des Einzelfalles. In der Praxis werden überwiegend Ratenzahlungen gewährt, weil die Schuldner die Zahlungen ihrer Höhe wegen nicht auf einmal leisten können. Denkbar wäre aber auch ein Gesamtaufschub, z. B. wenn ein Schuldner erst zu einem bestimmten Termin über die notwendigen Zahlungsmittel verfügt.

Beispiel:
Der Erschließungsbeitrag von 15.000 € wird am 3.3.2021 fällig. Nach schriftlicher Mitteilung wird der fällige Bausparvertrag bis zum 31.10.2021 ausgezahlt. Sofern die übrigen Voraussetzungen für eine Stundung erfüllt sind, könnte der gesamte Erschließungsbeitrag von 15.000 € bis zum 31.10.2021 gestundet werden.

Die Stundung wird regelmäßig vom Zahlungspflichtigen beantragt, weil dieser ein Interesse am Zahlungsaufschub hat. Die Stundungsbewilligung erfolgt nur auf Antrag (VV 22.1 zu § 22 GemHVO-Doppik) und in der Form des Verwaltungsaktes als Stundungsbescheid oder in der Form einer Stundungsvereinbarung.

Eine Stundung ist nur zulässig, wenn die Einziehung von Ansprüchen eine erhebliche Härte für den Schuldner bedeuten würde und der Anspruch durch die Stundung nicht gefährdet erscheint (§ 22 Abs. 1 Satz 1 GemHVO-Doppik). Eine erhebliche Härte für den Schuldner ist dann anzunehmen, wenn er sich aufgrund ungünstiger wirtschaftlicher Verhältnisse vorübergehend in ernsthaften Zahlungsschwierigkeiten befindet oder im Fall der sofortigen Einziehung in diese geraten würde VV 22.1 Satz 3 zu § 22 GemHVO-Doppik). Das ist sicherlich z. B. immer dann gegeben, wenn die Existenz eines Unternehmens durch eine fristgerechte Einziehung der Forderung gefährdet würde. Zahlungsunwillige sowie notorische Nichtzahler erfüllen die Voraussetzungen dagegen nicht.

Wie bereits erwähnt, darf als weitere Voraussetzung der Anspruch nicht gefährdet erscheinen. Es dürfen also keine Anzeichen dafür vorhanden sein, dass z. B. der Schuldner durch die Stundung freiwerdende Mittel oder Vermögensgegenstände anderweitig einsetzt. Bei wirtschaftlichen Schwierigkeiten von Unternehmern ergibt eine Stundung nur Sinn, wenn sie einen Beitrag zur Gesundung des Unternehmens darstellt. Auch darf der Schuldner die Stundung nicht dazu benutzen, um sich durch Wohnsitzwechsel oder wegen des Fehlens eines festen Wohnsitzes seinen Verpflichtungen und damit dem Zugriff der Gemeinde zu entziehen. Eine Entscheidung kann nur im pflichtgemäßen Ermessen in jedem Einzelfall getroffen werden.

Vom Schuldner soll eine entsprechende Sicherheitsleistung verlangt werden, soweit es die Umstände des Einzelfalles erfordern. Kriterien dafür sind die Höhe der Forderung, die zeitliche Länge des Stundungszeitraums und die Verfügbarkeit verwertbarer Sicherheiten. Solche Sicherheitsleistungen können z. B. Bürgschaften, Abtretungen, Sicherheitsübereignungen oder gar Hypotheken und Grundschulden sein. Dadurch wird das Stundungsrisiko für die Gemeinde verringert.

Wird Stundung durch Einräumung von Teilzahlungen gewährt, so ist in den entsprechenden Verwaltungsakt die entsprechende Vereinbarung eine Bestimmung aufzunehmen, nach der die jeweilige Restforderung sofort fällig wird, wenn die Frist für die Leistung von zwei Raten um eine durch Vereinbarung zu bestimmende Zeit überschritten wird (VV 22.1 Satz 4 zu § 22 GemHVO-Doppik).

Die in der Praxis häufiger anzutreffende Vereinbarung vom Ratenzahlungen im Rahmen von Vollstreckungsverfahren der Gemeinde stellt häufig keine Stundung nach § 22 Abs. 1 GemHVO-Doppik dar, sondern wird im Rahmen der einstweiligen Einstellung oder Beschränkung der Vollstreckung nach § 258 AO[397] behandelt.

18.4.3.2 Verzinsung der gestundeten Forderungen

Sowohl § 234 AO als auch § 22 Abs. 1 Satz 2 GemHVO-Doppik sehen vor, dass die gestundeten Beträge zu verzinsen sind. Damit soll die Gemeinde vor allem für den Zinsverlust, verursacht durch die erst später erfolgenden Einzahlungen, entschädigt werden. Die Verzinsung hat aber auch die Bedeutung, dass der Schuldner sich genau überlegen soll, ob er eine Stundung beantragt, weil diese mit zusätzlichen Kosten verbunden ist. Die Stundung soll damit keine kostengünstige Alternative zu einem Kapitalmarktkredit sein.

§ 238 AO sieht eine Verzinsung von 0,5 % für jeden vollen Monat vor, wobei bei der Berechnung jede Forderung auf volle 50 € abzurunden ist. § 22 Abs. 1 Satz 3 GemHVO-Doppik wendet diese Regelung unmittelbar an.

Von der Erhebung von Zinsen kann ganz oder teilweise abgesehen werden, wenn ihre Erhebung nach Lage des Einzelfalles unbillig wäre (§22 Abs. 1 Satz 4 GemHVO-Doppik). Ein vollständiger Verzicht auf die Erhebung von Zinsen kommt insbesondere dann in Betracht, wenn der Schuldner in seiner wirtschaftlichen Lage schwer geschä-

397 Die Anwendung des 6. Teils der Abgabenordnung für die Vollstreckung ergibt sich durch entsprechende Verweise des § 111 VwVfG M-V i. V. m. § 5 VwVG des Bundes.

digt würde (VV 22.1 Satz 5 zu § 22 GemHVO-Doppik), so dass in diesen Fällen auf die wirtschaftliche Situation des Schuldners abgestellt wird. Stundungszinsen nach der AO werden nach § 238 Abs. 2 AO nur dann festgesetzt, wenn sie mindestens 50 € betragen.

18.4.3.3 Bewilligungsverfahren

Über die Stundungsbewilligung sollte in der Regel nur der Fachbereich entscheiden, der den Anspruch festgesetzt hat. Nur er verfügt über den Sachbezug. Da der Gemeindekasse jedoch die Einziehung der Forderung obliegt und diese vielleicht sogar schon Maßnahmen der Beitreibung (Vollstreckung) eingeleitet hat, kann die Entscheidung nur in Absprache mit der Gemeindekasse erfolgen. Entsprechend sieht § 16 Abs. 1 Satz 1 GemKVO-Doppik vor, dass nach Einleitung der Einziehung eine Stundung nur im Benehmen mit der Gemeindekasse erteilt werden soll. Die erteilte Stundung ist der Gemeindekasse unverzüglich schriftlich mitzuteilen (§ 16 Abs. 1 Satz 2 GemKVO-Doppik). Die Mitteilung über die Stundung ändert die Kassenanordnung (hier: die Fälligkeit der Forderung) entsprechend. Da die Beschäftigten der Gemeindekasse nach § 58 Abs. 5 KV M-V keine Kassenanordnung erteilen dürfen, können sie auch keine Kassenanordnungen abändern und sind somit nicht für die Entscheidung über eine Stundung zuständig. Eine Ausnahme kann für Forderungen gelten, die von der Gemeindekasse selbst festgesetzt werden, insb. für Säumniszuschläge, Mahn- und Vollstreckungsgebühren. Nach § 24 Abs. 3 GemHVO-Doppik können Beschäftigte der Gemeindekasse mit der Stundung, der Niederschlagung und dem Erlass gemeindlicher Ansprüche beauftragt werden, wenn dies der Verwaltungsvereinfachung dient und eine ordnungsgemäße Erledigung gewährleistet ist. § 1 Abs. 3 GemKVO-Doppik konkretisiert dies auch für die Festsetzung, Stundung, Niederschlagung und den Erlass von Vollstreckungskosten und Nebenforderungen. Jedoch dürfen nur Beschäftigte der Gemeindekasse damit beschäftigt werden, wenn sie nicht selbst Einzahlungen annehmen oder Auszahlungen leisten. Das Anordnungsverbot nach § 58 Abs. 5 KV M-V für Beschäftigte der Gemeindekasse führt in der Praxis häufig dazu, dass in diesen Fällen die Anordnung durch Beschäftigte der Kämmerei vorgenommen wird.

Die Stundungsentscheidung wird dem Antragsteller i. d. R. schriftlich mitgeteilt. Eine Ausfertigung dieser Stundungsmitteilung ersetzt dann als Mitteilung nach § 16 Abs. 1 Satz 2 GemKVO-Doppik die entsprechende Kassenanordnung, die der Gemeindekasse unverzüglich zugeleitet wird. Durch diese Mitteilung wird die Ursprungsbuchung für die jetzt gestundete Forderung in Bezug auf die darin enthaltenen Zahlungstermine geändert.

Auch wenn die Stundung sich über das Ende des Haushaltsjahres erstreckt, bleiben Forderungs- und Ertragsbuchungen hinsichtlich der Beträge bestehen. Es ändert sich nur der Zahlungstermin.

Sofern die Stundung zinslos oder erheblich unter einer marktüblichen Verzinsung bzw. unter der Verzinsung nach § 238 AO über das Haushaltsjahr hinaus gewährt wird, verringert sich der Wert der Forderung zum Abschlusstag, sodass im Rahmen des Jahresabschlusses bei diesen gestundeten Forderungen bilanziell eine Abzinsung des Forderungswertes zu erfolgen hat (Ermittlung des Barwertes der Forderung). Im NKHR-Einführungsprojekt wurde die Auffassung vertreten, bei unverzinslichen Stundungen könne einen Zinssatz von 5,5 % berücksichtigt werden, wenn sich die unverzinsliche Stundung zum Bilanzstichtag noch über 36 Monate erstreckt.[398] Der Abzinsungsbetrag stellt Aufwand in Form einer Einzelwertberichtung (Kontenart 565) dar, Die Gegenbuchung erfolgt durch Einstellung in die passivische Wertberichtigung (Kontenart 212). In der Bilanz wird das Konto 212 jedoch nicht ausgewiesen und mit der Forderung verrechnet. Während der Stundungszeit wird dann ertragswirksam die passivische Wertberichtigung wieder ertragswirksam aufgeholt.

Die Zuständigkeiten zwischen Gemeindevertretung, Hauptausschuss und Bürgermeister über die Entscheidung von Stundungsanträgen können entweder in der Hauptsatzung oder durch gesonderten Beschluss der Gemeindevertretung geregelt werden. Die dort getroffenen Regelungen werden innerhalb der Verwaltung in einer Dienstanweisung übernommen. Die Zuständigkeitsregelungen werden regelmäßig nach der Höhe der Einzelforderungen festgesetzt, z. B. könnte bis 5.000 € der Amtsleiter (Fachbereichsleiter), bei über 5.000 € bis 20.000 € der Bürgermeister, bei über 20.000 € bis 50.000 € der Hauptausschuss und bei über 50.000 € die Gemeindevertretung zuständig sein.

Die Dienstanweisung sollte aber nicht nur die Zuständigkeiten abgrenzen, sondern das gesamte Verfahren regeln, um eine Vereinheitlichung innerhalb der Verwaltung herbeizuführen. Ein Beispiel für eine solche Dienstanweisung ist in Kapitel 18.4.6 abgedruckt.

18.4.3.4 Exkurs: Aussetzung der Vollziehung

Die Aussetzung der Vollziehung ist in den haushaltsrechtlichen Vorschriften nicht geregelt. Es handelt sich nämlich um eine Maßnahme im Rahmen des Vollstreckungsrechts, insbesondere bei öffentlich-rechtlichen Forderungen. Gemäß § 80 Abs. 2 Nr. 1 VwGO haben Widerspruch und Anfechtungsklage gegen einen Abgabebescheid (Steuer-, Gebühren- oder Beitragsbescheid) keine aufschiebende Wirkung. Das bedeutet, dass der Abgabenpflichtige trotz Einlegung des Rechtsbehelfs bzw. Rechtsmittels die ihm aufgegebene Zahlung termingerecht leisten muss. Wenn vor allem ernsthafte Zweifel an der Rechtmäßigkeit des als Verwaltungsakt erlassenen Bescheides bestehen, kann die Gemeinde auf Antrag des Zahlungspflichtigen die Vollziehung solange aussetzen, bis über (den Widerspruch bzw.) die Anfechtungsklage entschieden ist (§ 80 Abs. 4 VwGO). Das gleiche Recht steht den Gerichten nach § 80 Abs. 5 VwGO innerhalb eines Klageverfahrens zu. Die Aussetzung soll bei öffentlichen Abgaben und Kosten erfolgen, wenn ernsthafte Zweifel an der Rechtmäßigkeit des angegriffenen

---

398 Die Fristigkeit von 36 Monaten als Maßstab für Ermittlungen von Barwerten ist nach Auffassung der Autoren nur bei hohen Forderungen vertretbar. Nach den Grundsätzen ordnungsmäßiger Buchführung ist die Relevanz des Zinsverlustes zu beachten. So ist der Zinsverlust bei einer einjährigen zinslosen Stundung von 50.000 € deutlich höher als bei einer zinslosen Stundung von 5.000 € auf die Dauer von drei Jahren. Insofern wäre es angemessener, auf die Erheblichkeit der Zinsverluste abzustellen.

Verwaltungsaktes bestehen oder wenn die Vollziehung für den Abgabenpflichtigen eine unbillige, nicht durch überwiegende öffentliche Interessen gebotene Härte zur Folge hätte. Ein Antrag beim Verwaltungsgericht kann nur gestellt werden, wenn die Gemeinde einen Antrag auf Aussetzung der Vollziehung ganz oder zum Teil abgelehnt hat (§ 80 Abs. 6 VwGO).

Wirtschaftlich gesehen kommt demnach die Aussetzung der Vollziehung in ihrer Wirkung einer Stundung gleich. Insofern sind entsprechende Zinsen für die geschuldete Forderung festzusetzen, wenn der eingelegte Rechtsbehelf erfolglos ist (siehe dazu auch § 237 AO).

Buchungstechnisch ist der bei Aussetzung der Forderung nichts zu veranlassen, weil die Forderung weiter bestehen bleibt. Die Aussetzungsentscheidung ist lediglich in den Datenbestand aufnehmen, damit während der Aussetzungszeit weitere Mahn- und Vollstreckungsmaßnahmen unterbleiben.

18.4.4 Niederschlagung

18.4.4.1 Voraussetzungen für eine Niederschlagung; Einzelwertberichtigung

Bei den Steuern, Gebühren und Beiträgen sind aufgrund der Verweisungsregelung des § 12 Abs. 1 KAG M-V die Vorschriften des § 261 AO anzuwenden. Sonstige Niederschlagungen von Forderungen der Gemeinde und damit im Wesentlichen privatrechtliche Forderungen sind nach § 22 Abs. 2 GemHVO-Doppik zu entscheiden. Beide Vorschriften stimmen jedoch inhaltlich überein, so dass sich auch hier eine einheitliche Besprechung anbietet.

Bei einer Niederschlagung handelt es sich um die Rückstellung der Weiterverfolgung (Vollstreckung) eines fälligen Anspruchs ohne Verzicht auf den Anspruch selbst. Die Niederschlagung ist somit nicht mit der Problematik der Kleinbeträge (siehe Kapitel 18.1.3) oder eines Erlasses (siehe Kapitel 18.4.5) zu verwechseln, weil in diesen Fällen auf die Festsetzung oder Einziehung der Forderung endgültig verzichtet wird.

Die Voraussetzungen für Niederschlagungen sind in § 22 Abs. 2 GemHVO-Doppik geregelt. Ansprüche dürfen niedergeschlagen werden, wenn feststeht, dass die Einziehung keinen Erfolg haben wird oder die Kosten der Einziehung in keinem angemessenen Verhältnis zur Höhe des Anspruchs stehen.

Ansprüche können befristet oder unbefristet niedergeschlagen werden. Eine befristete Niederschlagung ist demnach möglich, wenn die Vollstreckung vorübergehend keinen Erfolg haben würde und die Voraussetzungen für eine Stundung nicht vorliegen (VV 24.2 Satz 6 zu § 22 GemHVO-Doppik).

Ansprüche dürfen nach VV 22.2 Satz 7 zu § 22 GemHVO-Doppik unbefristet nur dann niedergeschlagen werden, wenn

- feststeht, dass mit einer künftigen Realisierung der Ansprüche mit größter Wahrscheinlichkeit oder mit Sicherheit nicht mehr zu rechnen ist,

- der Schuldner unbekannt verzogen ist, Aufenthaltsermittlungen erfolglos geblieben sind und im Übrigen auch keine Vollstreckungsmöglichkeiten bestehen,
- wenn der Schuldner verstorben ist und keine Erbmasse hinterlässt,
- wenn die Kosten der Einziehung in keinem angemessenen Verhältnis zur Höhe des Anspruchs stehen.

Mit einer Realisierung der Ansprüche ist mit größter Wahrscheinlichkeit dann nicht mehr zu rechnen, wenn alle Vollstreckungsmöglichkeiten ausgeschöpft sind und eine Überprüfung der Vermögensverhältnisse ergeben hat, dass Vollstreckungsmaßnahmen auch in Zukunft keinen Erfolg haben werden, spätestens zum Zeitpunkt einer Restschuldbefreiung, im Falle der Nachlassinsolvenz oder der aufgelösten Gesellschaft ohne Haftungsschuldner.

Die Kosten der Einziehung stehen nach VV 22.2 Satz 8 zu § 22 GemHVO-Doppik dann in keinem angemessenen Verhältnis zur Höhe des Anspruchs stehen, wenn

- die Summe der rückständigen Beträge weniger als 25 € beträgt, es sei denn, der Vollstreckungsauftrag kann zusammen mit Vollstreckungsaufträgen gegen andere Vollstreckungsschuldner ohne unangemessenen Zeitaufwand ausgeführt werden,
- die Summe der rückständigen Beträge weniger als 250 € beträgt, die Vollstreckung in das bewegliche Vermögen erfolglos verlaufen ist und andere Vollstreckungsmöglichkeiten, zum Beispiel Lohn- oder Kontenpfändungen, nicht ersichtlich sind.

In jedem Fall ist vor einer unbefristeten Niederschlagung auch zu prüfen, ob die rückständigen Beträge nicht von einem Dritten (z. B. im Wege der Haftung) eingezogen werden können.

Diese Regelungen folgen Zweckmäßigkeits- und Wirtschaftlichkeitsgesichtspunkten. Die Gemeinde soll bei der Einziehung des Anspruches nicht zu aussichtslosen oder unverhältnismäßig kostspieligen Schritten veranlasst werden.

Die genannten Voraussetzungen richten sich nach objektiven, auf den Erfolg der Einziehung bezogene Kriterien. Bei der Niederschlagung bleibt die subjektive Lage des Schuldners (erhebliche Härte o. Ä.) außer Betracht. Insofern erfolgt die Niederschlagung immer im konkreten Einzelfall. Die Niederschlagung wiederum ist Voraussetzung für eine konkrete Einzelwertberichtigung.[399]

Um einen Anspruch niederzuschlagen, muss das Vorliegen einer der genannten Voraussetzungen feststehen; die bloße Möglichkeit genügt nicht. Besonders die Erfolglosigkeit der Beitreibung muss durch Tatsachen begründet werden und darf nicht auf Vermutungen fußen.

In Abgrenzung zur Stundung ist noch darauf zu verweisen, dass der Fälligkeitstermin für die Forderung bei einer befristeten Niederschlagung bestehen bleibt und nicht

399 Zulässig sind auch vorläufige Einzelwertberichtigungen. Diese werden im Rahmen des Jahresabschlusses aufwandmäßig eingestellt, wenn mit einem Forderungsausfall gerechnet wird, jedoch eine konkrete Einzelwertberichtigung noch nicht möglich ist. Näheres dazu siehe im Kapitel 21.

wie bei einer Stundung verschoben wird. Die weitere Rechtsverfolgung wird somit nicht aufgehoben, sondern lediglich aufgeschoben.

18.4.4.2 Auswirkung der Niederschlagung auf das Rechnungswesen

In § 261 Abgabenordnung wird nicht zwischen befristeten und unbefristeten Niederschlagungen unterschieden. § 22 Abs. 2 Satz 2 GemHVO-Doppik schreibt vor, dass befristet niedergeschlagene Ansprüche im Rechnungswesen der Gemeinde nachzuweisen sind. Unbefristete niedergeschlagene Forderungen sind nach § 22 Abs. 2 Satz 3 auszubuchen. Die Verwaltungsvorschriften zur GemHVO-Doppik gehen auf die Voraussetzungen für eine befristete bzw. unbefristete Niederschlagung ein.

18.4.4.3 Praktisches Verfahren bei einer Niederschlagung (Einzelwertberichtigung)

Da die Niederschlagung ausschließlich aus der Sicht der Gemeinde erfolgt, geht ihr kein Antrag des Schuldners[400] voraus (VV 22.2 Satz 1 zu § 22 GemHVO-Doppik). Bei dieser verwaltungsinternen Maßnahme ergeht deshalb auch keine Mitteilung an den Schuldner. Der zuständige Fachbereich, der die Forderung veranlasst hat, sollte über die Niederschlagung entscheiden. Dies muss natürlich in enger Zusammenarbeit mit der Gemeindekasse geschehen, weil dort die Informationen über die finanzielle Lage von Schuldnern zusammenlaufen. Häufig beantragt die Gemeindekasse nach erfolglosen Vollstreckungshandlungen über eine entsprechende Mitteilung beim Fachbereich die Niederschlagung.

Buchungstechnisch wird der befristet niedergeschlagene Betrag weiter als Ertrag im Haushaltsjahr ausgewiesen. Die Forderung bleibt in der Debitorenbuchhaltung bestehen und kann über die OP-Liste weiterhin überwacht werden. Mit der Bruttobuchung „Einzelwertberichtigung von Forderungen (Kontenart 565) an passivische Einzelwertberichtigung (Kontenart 212)“ wird die Wertberichtigung als Aufwand gebucht. Sofern bei der befristet niedergeschlagenen Forderung die Verjährungsfrist eingetreten ist, hat die Gemeinde diese zusammen mit der passivischen Wertberichtung aus der Bilanz auszubuchen. Bei der unbefristet niedergeschlagenen Forderung erfolgt die Gegenbuchung ohne den Umweg über die passivische Einzelwertberichtigung direkt gegen den Bestand der entsprechenden Forderungen in den Kontengruppen 15 bis 17, z. B. bei einer Gebührenforderung mit der Buchung „Einzelwertberichtigung von Forderungen (Kontenart 565) an „Gebührenforderung“ (Kontenart 151).

Wie bei der Stundung sollte das Verfahren in einer Dienstanweisung geregelt werden, die auch die Entscheidungsbefugnisse genau festsetzt. Ein solches Beispiel ist in Kapitel 18.4.6 abgedruckt.

400 Bei entsprechenden Anträgen von Schuldnern auf Niederschlagung der gegen sie erhobenen Ansprüche sollte die Gemeinde auf die Möglichkeit der Stundung oder des Erlasses und die damit zusammenhängenden und vom Schuldner zu erfüllenden Voraussetzungen hinweisen.

18.4.4.4 Pauschalwertberichtigung

Bei den vorangehenden Gliederungsziffern wurde beschrieben, wann und unter welchen Voraussetzungen wie eine einzelne Forderung niederzuschlagen ist. Insofern wurde dafür der Begriff „Einzelwertberichtigung" verwendet.

In der kommunalen Praxis werden jedoch auch pauschale Wertberichtungen durchgeführt. Die Notwendigkeit ergibt sich daraus, einen Jahresabschluss zu erstellen, der ein den tatsächlichen Verhältnissen entsprechendes Bild der Lage am Ende eines Haushaltsjahres entspricht (§ 60 Abs. 1 Satz 3 KV M-V). Probleme entstehen dadurch, dass der Ertrag ergebniswirksam den Jahresabschluss positiv beeinflusst. Der tatsächliche Zahlungseingang bleibt somit unberücksichtigt. Kann eine größere Zahl von Erträgen erfahrungsgemäß nicht realisiert und können Einzelwertberichtigungen z. B. in Form von Niederschlagungen aus rechtlichen Gründen noch nicht ausgesprochen werden, würden die Erträge das Jahresergebnis zu positiv darstellen. Die notwendigen Wertberichtigungen würden dann erst spätere Perioden ungerechtfertigt belasten, wenn konkrete Niederschlagungen durchgeführt werden können.

Das widerspricht der Periodengerechtigkeit im doppischen Buchungssystem. Zum Beispiel weiß die Gemeinde bei der Gewerbesteuer aus Erfahrung, dass ein gewisser Prozentsatz der festgesetzten Forderungen nicht eingezogen werden kann, ohne schon konkret zu wissen, bei welchem Debitor dies der Fall sein wird (allgemeines Ausfallrisiko). Aus diesem Grunde wird der aufgrund dieser Erfahrung zu ermittelnde voraussichtliche Einzahlungsausfall pauschal auf der Grundlage von Erfahrungswerten je Ertragsart geschätzt und mit einer Pauschalwertberichtigung bereinigt. Damit wird das Jahresergebnis realitätsnäher dargestellt. In den nachfolgenden Haushaltsjahren ist jeweils zu überprüfen, ob die Höhe der Pauschalwertberichtigung angepasst werden muss.

Die Pauschalwertberichtigung wird ebenfalls als Aufwand gebucht (Bruttobuchung). Pauschalwertberichtigung und Einzelwertberichtigung erfolgen in unterschiedlichen Kontenarten, so dass eine Trennung abgesichert ist. Eine weitergehende Darstellung der Abwicklung bleibt der Darstellung zum Jahresabschluss in Kapitel 21 vorbehalten.

18.4.5 Erlass

18.4.5.1 Voraussetzungen

Der Erlass einer Forderung bedeutet den endgültigen Verzicht auf den Anspruch. Rechtsgrundlagen können die § 227 AO und § 22 Abs. 3 GemHVO-Doppik sein, je nachdem, um welche Forderungsart es sich handelt (siehe Kapitel 18.4.2). § 22 Abs. 3 GemHVO-Doppik stellt als Voraussetzung für einen Erlass darauf ab, dass die Einziehung der Forderung eine besondere Härte für den Schuldner bedeuten muss. § 227 AO geht dagegen weiter, indem er den Erlass zulässt, wenn die Einziehung einer Forderung unbillig wäre.

Darunter fallen zunächst einmal die persönlichen Billigkeitsgründe des Schuldners, wie sie in § 22 Abs. 3 GemHVO-Doppik umschrieben sind. Z. B. wäre der Erlass eines Anspruchs zulässig, wenn eine Steuereinziehung die Fortführung eines Gewerbebetriebes erheblich gefährden oder die Lebensexistenz eines Einzelnen derart beeinträchtigt würde, dass er soziale Leistungen beantragen müsste.

Neben den persönlichen Billigkeitsgründen sind nach der Abgabenordnung auch sachliche Billigkeitsgründe möglich. Sie müssen objektiv gegeben sein, also unabhängig von der wirtschaftlichen Situation des Schuldners vorliegen. Dies ist dann gegeben, wenn eine Besteuerung im Einzelfall der Gesetzesabsicht zuwiderlaufen würde, weil der Gesetzgeber diesen besonderen Fall nicht bedacht hat. Das ist natürlich äußerst selten der Fall. An dem nachstehenden konstruierten Beispiel soll es erläutert werden.

Beispiel:
A erbt von seinem Vater einige Kunstgegenstände, die sich als Leihgabe in einem staatlichen Museum befinden. A will die Leihgabe weiter auf Dauer dem Museum belassen. Da er juristisch der Erbe ist, würde für diese Kunstgegenstände Erbschaftsteuer anfallen. Aus sachlichen Gründen wäre aber eine Besteuerung durch den Staat, der ja die Leihgabe nutzt, nicht gerechtfertigt, sodass ein Steuererlass ausgesprochen werden kann.

Besondere Erlassvorschriften enthält das Grundsteuergesetz in den §§ 32 ff. In der Praxis können hier vor allem die Regelungen des § 33 GrStG von Bedeutung sein, die u. a. einen Erlassanspruch bei wesentlicher Ertragsminderung vorsehen. Dabei geht es im Wesentlichen um die Grundsteuer bei Betrieben der Land- und Forstwirtschaft. Die Gemeinden haben hier einen strengen Maßstab anzulegen, wobei vor allem die fortdauernden Bemühungen des Grundsteuerpflichtigen nachzuweisen sind.

18.4.5.2 Praktisches Verfahren

Dem Erlass hat ein Antrag des Schuldners vorauszugehen (VV 24.3 Satz 2 zu § 22 GemHVO-Doppik), über den der zuständige Fachbereich entscheidet. Dem Antrag darf nur entsprochen werden, wenn eine Stundung nicht in Betracht kommt (VV 24.3 Satz 3 zu § 22 GemHVO-Doppik). Daraus ergibt sich, dass ein Erlass nur im äußersten Ausnahmefall ausgesprochen werden kann.

Zwar erfolgt die Entscheidung regelmäßig in Form eines Verwaltungsaktes, jedoch bei privatrechtlichen Forderungen gemäß § 397 BGB durch einen privatrechtlichen Vertrag und nicht durch eine einseitige Willenserklärung. Die Forderung wird nunmehr ausgebucht.

Der Buchungssatz lautet „Wertberichtigung von Forderungen" (Kontenart 565) an das entsprechende aktive Forderungskonto in den Kontenklassen 15 bis 17.

18.4.6 Beispiel einer Dienstanweisung

Die nachstehend abgedruckte Dienstanweisung ist an die Regelungen in der kommunalen Praxis angelehnt:

Dienstanweisung über Stundungen, Niederschlagungen und Erlasse von privatrechtlichen und öffentlich-rechtlichen Ansprüchen der Gemeinde G sowie über die Aussetzung der Vollziehung und die einstweilige Einstellung von Vollstreckungsmaßnahmen bei der Anforderung von öffentlich-rechtlichen Abgaben und Kosten

Dienstanweisung

Aufgrund des Beschlusses der Gemeindevertretung vom ...... und § 38 Abs. 3 Satz 2 KV M-V ergeht folgende Dienstanweisung über Stundungen, Niederschlagungen und Erlasse von Ansprüchen der Gemeinde G. Sie gilt nach § 22 GemHVO-Doppik für alle privatrechtlichen Ansprüche und für solche öffentlich-rechtliche, auf Gesetz, Verordnung oder Satzung beruhende Ansprüche, die keine Abgabenansprüche sind. Für Abgabeansprüche ist sie im Rahmen der Vorschriften der AO und des KAG M-V anzuwenden.

1. Stundung

1.1 Begriff

Die Fälligkeit eines Anspruches wird für eine bestimmte Zeit hinausgeschoben.

1.2 Voraussetzungen

Die gegenwärtige Einziehung eines Anspruches ist mit einer erheblichen Härte für den Schuldner verbunden. Seine Zahlungsfähigkeit ist eingeschränkt durch das Zusammentreffen mehrerer Leistungen, geschäftlicher Schwierigkeiten, Krankheit und anderer persönliche Notsituationen.

Eine Stundung wird nur auf Antrag des Schuldners gewährt. Der Schuldner, der eine Stundung beantragt, muss zahlungswillig sein. Wer seine mangelnde Leistungsfähigkeit selbst verschuldet hat, ist nicht stundungswürdig. Die Verwirklichung des Anspruchs darf durch die Stundung nicht gefährdet werden. Der Schuldner muss in der Lage sein, zu den späteren Fälligkeitsterminen die volle Leistung zu erbringen.

1.3 Verfahren

Bevor eine Stundung ausgesprochen wird, ist bei der Gemeindekasse nachzufragen, welche Rückstände bestehen, welche Zahlungsmoral der Schuldner hat und ob bereits Beitreibungsmaßnahmen eingeleitet worden sind. Sind bereits Beitreibungsmaßnahmen eingeleitet, ist zu entscheiden, ob die Gemeindekasse Vollstreckungsschutz nach den gesetzlichen Vorschriften oder das Fachamt Stundung gewähren soll.

Die Stundungsdauer richtet sich nach dem Einzelfall. Sie soll möglichst kurz bemessen sein.

Eine Sicherheitsleistung ist zu fordern, wenn zweifelhaft ist, ob der Schuldner am Fälligkeitstag seiner Zahlungspflicht auch nachkommen wird. Wegen der Art und Form der Sicherheitsleistung wird auf §§ 241 ff. AO verwiesen.

Stundungszinsen sind grundsätzlich zu erheben, sofern dies nicht durch Gesetz ausgeschlossen ist. Stundungszinsen, die im Einzelfall für die Laufzeit der Stundung den Betrag von 10,00 € unterschreiten, sind nicht anzufordern.

Stundungen sind schriftlich unter Angabe einer Stundungsfrist und unter Vorbehalt des jederzeitigen Widerrufs auszusprechen. Außerdem ist bei mit Ratenzahlungen verbundenen Stundungen eine auflösende Bedingung beizufügen für den Fall, dass der Schuldner mit mehr als zwei Raten im Rückstand ist.

1.4 Zuständigkeit

Die Fachämter können im Einzelfall bis zu 5.000 € stunden. Die Stundungsverfügung ist bei den Fachämtern vom Amtsleiter oder seinem Vertreter zu unterzeichnen. In besonderen Fällen kann der Bürgermeister auf Antrag weitere Delegationen vornehmen. Für Stundungen über 5.000 € haben die Fachämter begründete Anträge, die vom Amtsleiter oder seinem Vertreter zu unterzeichnen sind, der Kämmerei vorzulegen. Der Amtsleiter der Kämmerei oder sein Vertreter entscheidet sodann über Stundungen bis zu 10.000 €. Bei Stundungen bis 50.000 € entscheidet der Bürgermeister. Bei Stundungsanträgen über 50.000 € bzw. über 18 Monate entscheidet der Hauptausschuss.

2. Niederschlagung

2.1 Begriff

Die Weiterverfolgung eines fälligen Anspruchs wird ohne Verzicht auf den Anspruch selbst befristet oder unbefristet zurückgestellt.

2.2 Voraussetzungen

Ein Anspruch ist befristet niederzuschlagen, wenn die Einziehung vorübergehend keinen Erfolg haben wird und die Voraussetzungen für eine Stundung nicht vorliegen.

Ein Anspruch ist unbefristet niederzuschlagen,

- wenn feststeht, dass mit einer künftigen Realisierung der Ansprüche mit größter Wahrscheinlichkeit oder mit Sicherheit nicht mehr zu rechnen ist,
- wenn der Schuldner unbekannt verzogen ist, Aufenthaltsermittlungen erfolglos geblieben sind und im Übrigen auch keine Vollstreckungsmöglichkeiten bestehen,
- wenn der Schuldner verstorben ist und keine Erbmasse hinterlässt,
- wenn die Kosten der Einziehung in keinem angemessenen Verhältnis zur Höhe des Anspruchs stehen,
- wenn die rückständigen Beiträge nicht von einem Dritten – insbesondere im Wege der Haftung – einbezogen werden können.

Mit einer künftigen Realisierung des Anspruches ist insbesondere dann nicht mehr zu rechnen, wenn nach Ausschöpfung aller Vollstreckungsmaßnahmen die Überprüfung der Vermögensverhältnisse ergeben hat, dass Vollstreckungsmaßnahmen auch in Zukunft keinen Erfolg haben werden. Bei Insolvenzen ist dies spätestens zum Zeitpunkt einer Restschuldbefreiung der Fall, im Falle der Nachlassinsolvenz oder der aufgelösten Gesellschaft ohne Haftungsschuldner zum Zeitpunkt der Feststellung des Tatbestandes.

Die Kosten der Einziehung stehen in keinem angemessenen Verhältnis zur Höhe des Anspruchs, wenn

- die Summe der rückständigen Beträge weniger als 25 € beträgt, es sei denn, der Vollstreckungsauftrag kann zusammen mit Vollstreckungsaufträgen gegen andere Vollstreckungsschuldner ohne unangemessenen Zeitaufwand ausgeführt werden,
- die Summe der rückständigen Beträge weniger als 250 € beträgt, die Vollstreckung in das bewegliche Vermögen erfolglos verlaufen ist und andere Vollstreckungsmöglichkeiten, zum Beispiel Lohn- oder Kontenpfändungen, nicht ersichtlich sind.

2.3 Verfahren

Die Entscheidung über eine Niederschlagung erfolgt aufgrund entsprechender Informationen, die das Vorliegen der Voraussetzungen belegen. Als solche gelten insbesondere die Stellungnahmen der Gemeindekasse über die erfolglose Vollstreckung.

Die Niederschlagung ist eine verwaltungsinterne Maßnahme. Sie wird dem Schuldner nur bekanntgegeben, wenn er dies ausdrücklich beantragt hat. In der Mitteilung ist klarzustellen, dass die Niederschlagung weder eine Stundung noch einen Erlass darstellt, die Forderung weiterhin fällig bleibt und jederzeit vollstreckt werden kann. Nach erfolgter befristeter Niederschlagung sind die wirtschaftlichen Verhältnisse des Schuldners noch drei Jahre durch mindestens eine Ermittlung der Gemeindekasse im Jahr zu überwachen. Sofern durch Zahlungsaufforderung die Vollstreckung unterbrochen wird, ist der Schuldner einmal jährlich durch die Gemeindekasse zur Zahlung aufzufordern.

Die Einziehung unbefristet niedergeschlagener Ansprüche ist erneut zu versuchen, wenn sich Anhaltspunkte dafür ergeben, dass sie Erfolg haben könnte und der Anspruch nicht verjährt ist. Werden solche Anhaltspunkte dem Fachamt bekannt, hat es die Gemeindekasse darüber zu informieren.

Die Niederschlagungen sind von den Fachämtern zu überwachen. Die über die unbefristet niedergeschlagenen Ansprüche geführten Akten sind von den Fachämtern bis zur Verjährung des Anspruchs weiterzuführen.

2.4 Zuständigkeit

Die Fachämter reichen die begründeten Anträge, die vom Amtsleiter, seinem Vertreter oder dem Dienstleiter zu unterzeichnen sind, der Kämmerei nach Vordruck in doppelter Ausfertigung ein.

Es entscheiden bei Beträgen

a) bis 5.000 € der Amtsleiter der Kämmerei oder sein Vertreter,

c) bis 20.000 € der Bürgermeister,

d) über 20.000 € der Hauptausschuss.

Über die Niederschlagung von Säumniszuschlägen und sonstigen Nebenleitungen entscheidet bei Beträgen bis zu 2.000 € der Kassenleiter oder sein Vertreter. Die befristet und unbefristet niedergeschlagenen Beträge sind in Listen nachzuweisen und jährlich bis zum 31.3. für das abgelaufene Haushaltsjahr der Kämmerei bekannt zu geben. Bei Beträgen über 2.000 € verbleibt es bei der Regelung des Absatzes 1.

Sind Stundungszinsen berechnet worden, so sind diese dem Hauptanspruch, für den die Niederschlagung beantragt wird, hinzuzurechnen.

Vor einer befristeten Niederschlagung ist bei Beträgen über 20.000 € und vor einer unbefristeten Niederschlagung bei Beträgen über 10.000 € von der Kämmerei eine Stellungnahme durch das Rechnungsprüfungsamt einzuholen.

3. Erlass

3.1 Begriff

Auf den Anspruch wird endgültig verzichtet. Der Verzicht auf die Geltendmachung eines entstandenen Anspruchs kommt einem Erlass gleich.

3.2 Voraussetzungen

Ansprüche sind in folgenden Fällen zu erlassen:

Ein Erlass setzt einen entsprechenden Antrag des Schuldners voraus. Eine Stundung darf nicht in Betracht kommen. Die Einziehung des Anspruchs muss für den Schuldner eine besondere Härte bedeuten. Dabei kann die Härte in der Sache liegen und durch Anwendung des Gesetzes, der Satzung oder des Vertrages im Einzelfall verursacht werden. Der Erlass aus persönlichen Gründen setzt eine Existenzgefährdung des Schuldners bei einer Weiterverfolgung des Anspruchs voraus. Die wirtschaftliche Notlage darf nicht selbst verschuldet worden sein.

3.3 Verfahren

Bei Erlassen ist ausführlich darzustellen, dass die sachlichen oder persönlichen Voraussetzungen gegeben sind.

Die gegenwärtige Leistungsunfähigkeit des Schuldners allein rechtfertigt nicht den Erlass, sondern erst der Nachweis der dauernden Zahlungsunfähigkeit.

Dem Schuldner, der einen Erlass beantragt hat, ist ein schriftlicher Bescheid zu erteilen.

3.4 Zuständigkeit

Erlasse werden zentral durch die Kämmerei nach Beurteilung der wirtschaftlichen Verhältnisse durch die Kreiskasse erstellt. Bei den Fachämtern eingehende Anträge auf Erlass von Forderungen sind daher zunächst zur Stellungnahme an die Gemeindekasse weiterzuleiten. Die Gemeindekasse reicht den Antrag mit ihrer Stellungnahme anschließend an die Kämmerei weiter.

Es entscheiden bei Beträgen

a) bis 10.000 € der Amtsleiter der Kämmerei oder sein Vertreter,
b) bis 25.000 € der Bürgermeister,
c) bis 50.000 € der Hauptausschuss,
d) über 50.000 € die Gemeindevertretung.

Über die Gewährung oder Ablehnung des Erlasses von Säumniszuschlägen und sonstigen Nebenleistungen entscheidet bei Beträgen bis zu 2.000 € der Kassenleiter oder sein Vertreter. Die erlassenen Beträge sind listenmäßig nachzuweisen und jährlich bis zum 31.3. für das abgelaufene Haushaltsjahr der Kämmerei bekanntzugeben. Bei Beträgen über 2.000 € verbleibt es bei der Regelung des Absatzes 1.

In besonderen Fällen kann der Bürgermeister auf Antrag weitere Delegationen vornehmen.

Sind Stundungszinsen berechnet worden, so sind diese dem Hauptanspruch, für den der Erlass beantragt wird, hinzuzurechnen.

Bei Beträgen über 10.000 € ist vor Gewährung des Erlasses von der Kämmerei bzw. dem Steueramt eine Stellungnahme durch das Rechnungsprüfungsamt einzuholen.

4. Aussetzung der Vollziehung

4.1 Begriff

Die Aussetzung der Vollziehung kommt in ihrer Wirkung der Stundung gleich.

4.2 Voraussetzung

Nach Einlegung des Widerspruchs bzw. der Erhebung der Anfechtungsklage kann die Vollziehung nach Maßgabe des § 80 Abs. 4 VwGO ganz oder teilweise ausgesetzt werden, wenn ernstliche Zweifel an der Rechtmäßigkeit des angefochtenen Verwaltungsakts (Abgabenbescheids) vorliegen. Das ist der Fall, wenn die summarische Prüfung ergibt, dass der Erfolg des Rechtsmittels im Hauptverfahren mindestens ebenso wahrscheinlich ist wie der Misserfolg.

Das Fachamt hat der Gemeindekasse innerhalb einer Woche mitzuteilen, ob die Aussetzung der Vollziehung gewährt wird oder die Beitreibung eingeleitet bzw. weitergeführt werden kann.

4.3 Verfahren

Über die Aussetzung der Vollziehung entscheiden bis zur Klageerhebung das Fachamt und danach das Rechtsamt/der juristische Sachbearbeiter. Dem Antragsteller ist hierüber ein schriftlicher Bescheid zu erteilen.

4.4 Verzinsung

Soweit Rechtsbehelfe im Vorverfahren und Rechtsmittel im Hauptverfahren gegen den angefochtenen Verwaltungsakt erfolglos bleiben, ist der geschuldete Betrag hinsichtlich dessen die Vollziehung des angefochtenen Verwaltungsakts ausgesetzt wurde, nach den gesetzlichen Vorschriften zu verzinsen.

5. Einstweilige Einstellung von Vollstreckungsmaßnahmen

5.1 Begriff

Im Gegensatz zu Stundung und Aussetzung der Vollziehung berührt die einstweilige Einstellung von Vollstreckungsmaßnahmen die Fälligkeit des Anspruchs nicht.

5.2 Voraussetzungen

Solange die Gemeinde oder ein Gericht über einen Antrag auf Aussetzung der Vollziehung nicht entschieden hat, sollen Vollstreckungsmaßnahmen unterbleiben. Dies gilt nicht, wenn der Antrag völlig aussichtslos ist, offensichtlich nur ein Hinausschieben der Vollstreckung bezweckt oder wenn Gefahr im Verzug ist.

5.3 Verfahren

Wird der Antrag auf Aussetzung der Vollziehung bei der Gemeinde gestellt, so entscheidet das zuständige Fachamt über die einstweilige Einstellung von Vollstreckungsmaßnahmen; im gerichtlichen Verfahren trifft diese Entscheidung das Rechtsamt/der juristische Sachbearbeiter. Die Entscheidung über die einstweilige Einstellung von Vollstreckungsmaßnahmen ist der Gemeindekasse unverzüglich mitzuteilen.

5.4 Erhebung von Säumniszuschlägen

Die einstweilige Einstellung von Vollstreckungsmaßnahmen ist eine verwaltungsinterne Maßnahme; sie lässt die Fälligkeit des Anspruchs unberührt.

Gemeinde G, Datum Unterschrift Bürgermeister

18.4.7 Übungen

Sachverhalt Nr. 4

Die Gemeinde G beabsichtigt, aufgrund der folgenden Sachverhalte Stundungen auszusprechen:

a) Der Gastwirt W bittet, die fällige Gewerbesteuer drei Monate später zahlen zu dürfen, weil er zu diesem Zeitpunkt eine Einkommensteuererstattung erwartet. Ansonsten müsste er erhebliche Zinsverluste für vorzeitig in Anspruch genommene Spargelder hinnehmen.
b) Der Schreinermeister S bittet um die Stundung einer Gewerbesteuerforderung bis zur in drei Monaten fälligen Einkommensteuererstattung des Finanzamtes. Er weist darauf hin, dass sein Kreditkontingent vollständig ausgeschöpft sei und auch dringende Lohnforderungen gegen ihn anstünden. Verwertbares Sach- und Finanzvermögen steht nicht zur Verfügung. Gewinne werde sein Betrieb erst wieder in einem halben Jahr abwerfen.
c) Der Gewerbetreibende G bittet um die Stundung seiner Gewerbesteuerzahlung. Er begründet den Antrag damit, dass er noch erhebliche Handwerkerrechnungen zu

begleichen habe. Vom Finanzamt kommt die Auskunft, dass sich ein Insolvenzverfahren anbahnt.

Aufgabe:
Begutachten Sie die rechtliche Zulässigkeit der vorgenannten Stundungen.

Lösung:
Bei der in allen Teilsachverhalten angesprochenen Gewerbesteuer handelt es sich um eine Realsteuer, sodass gemäß § 1 Abs. 2 Nr. 5 AO über die Stundung nach den Vorschriften des § 222 AO zu entscheiden ist. Voraussetzung für eine Stundung ist, dass die Einziehung der Gewerbesteuer zum Fälligkeitstermin eine erhebliche Härte für den Schuldner darstellen würde und der Anspruch durch die Stundung nicht gefährdet erscheint. In Bezug auf die Voraussetzungen sind die Teilfälle wie folgt zu beurteilen:

a) Die vom Gastwirt geltend gemachte Härte liegt darin, dass er die zur Gewerbesteuerzahlung notwendigen Mittel unter Zinsverlust vom Sparbuch abheben muss. Das Argument des Zinsverlustes ist jedoch nicht zu beachten, weil bei jeder Zahlung ein Zinsverlust für den Zahlenden eintritt, indem eine mögliche Geldanlage mit der Zahlung entfällt. Dazu kommt, dass die zu erzielenden Zinsgewinne auf dem Sparbuch sicherlich geringer sind als die gemäß § 234 AO festzusetzenden Stundungszinsen, so dass die sofortige Zahlung dem Gastwirt sogar wirtschaftliche Vorteile bringen würde. Es liegt somit keine Härte für den Gastwirt vor, da er zur Zeit durchaus zahlungsfähig ist. Auch das Argument der sich abzeichnenden Einkommensteuererstattung ist nicht triftig, weil jede Steuer unabhängig voneinander zu sehen ist. Die Stundung ist nach alledem unzulässig.
b) Der Schreinermeister S verfügt zur Zeit über keine Mittel zur Begleichung der Forderung, zumal auch eine Finanzierung über den Kreditmarkt nicht möglich ist. Die Zahlung kann somit zum Fälligkeitstermin objektiv nicht erfolgen. Insofern verfügt S erst wieder mit der Einkommensteuererstattung über entsprechende Zahlungsmittel, so dass bis zu diesem Zeitpunkt gestundet werden kann. Aus dem Sachverhalt sind Gefährdungen der Zahlung nicht ersichtlich. Zudem kann durch eine Abtretung der Einkommensteuererstattung des Finanzamtes auf einem amtlichen Vordruck des Finanzamtes an die Gemeinde die gestundete Gewerbesteuerzahlung gesichert werden.
c) Wie im Fall b) verfügt der Gewerbetreibende zur Zeit über keine ausreichenden Mittel, sodass die Einziehung der Gewerbesteuer bei Fälligkeit eine besondere Härte für ihn darstellen würde. Allerdings wäre der Anspruch bei einer Stundung gefährdet, weil damit zu rechnen ist, dass G später zahlungsunfähig sein wird, zumal sich ein Insolvenzverfahren anbahnt. Wegen der Gefährdung des Zahlungseinganges ist die Stundung gemäß § 222 AO unzulässig. Die Gemeinde muss versuchen, die Forderung schnellstens zu verwirklichen.

Sachverhalt Nr. 5
Die Gemeinde G stundet zulässigerweise eine zum 25.3.2022 fällige Forderung von 4.530 €. Dabei handelt es sich um einen Anspruch aus Abfallbeseitigungsgebühren. Es werden Monatsraten von je 900 €, erstmals fällig zum 25.6.2022 festgesetzt.

Aufgabe:
Ermitteln Sie die festzusetzenden Stundungszinsen.

Lösung:
Es handelt sich um ein öffentlich-rechtliches Entgelt (Benutzungsgebühr), somit um eine Abgabe nach § 1 Abs. 1 KAG M-V. Gemäß § 12 Abs. 1 KAG M-V ist für die Berechnung der Stundungszinsen § 234 AO anzuwenden. Danach sind Zinsen zu erheben, zumal der Sachverhalt keinen Anhaltspunkt für einen Zinsverzicht enthält. Gemäß § 238 Abs. 1 AO betragen die Zinsen für jeden vollen Monat 0,5 %. Die Forderung ist dabei auf volle 50 €, also auf 4.500 €, abzurunden.

In der Praxis gibt es zwei Berechnungsverfahren, die nachstehend Anwendung finden.

a) Konventionelles Berechnungsverfahren:

Zahlungs-termine	**Betrag** €	**Stundungs-dauer**	**Restbetrag** €	**gerundeter Betrag** €	**Zinsen** €
–	–	25.3.–25.6.	4.530,00	4.500,00	67,50
25.3.22	900,00	26.6.–25.7.	3.630,00	3.600,00	18,00
25.4.22	900,00	26.7.–25.8.	2.730,00	2.700,00	13,50
25.5.22	900,00	26.8.–25.9.	1.830,00	1.800,00	9,00
25.6.22	900,00	26.9.–25.10.	930,00	900,00	4,50
25.7.22	900,00	26.10.–25.11.	30,00	–	–
25.8.22	30,00	–	–	–	–
				Stundungszinsen	**112,50**

b) Vereinfachtes Berechnungsverfahren:
Ausgangsbasis sind die Raten, wobei zu überlegen ist, wie lange eine einzelne Rate zu verzinsen ist, bis sie gezahlt wird. Auf dieser Grundlage ergibt sich nachstehende Berechnung:

Rate vom 25.4.2022 = 7 Monate
Rate vom 25.5.2022 = 6 Monate
Rate vom 25.6.2022 = 5 Monate
Rate vom 25.7.2022 = 4 Monate
Rate vom 25.8.2022 = 3 Monate
25 Monate × 0,5 % × 900,00 €
= **112,50 €**

Sachverhalt Nr. 6

Der ledige Schulhausmeister H ist Ende April 2022 verstorben. Angehörige und finanzielle Mittel einschließlich Vermögen sind nicht vorhanden. Nach dem Tod des Hausmeisters wird festgestellt, dass lediglich die Miete für Januar 2022 in Höhe von 300 € überwiesen wurde.

Aufgaben:

a) Begutachten Sie, was bezüglich der geschuldeten Miete für die Zeit vom 1. Februar bis 30.4.2022 zu veranlassen ist?

b) Wie ändert sich die Lösung, wenn der Hausmeister unbekannt verzogen wäre?

Lösung:

a) Es handelt sich bei der ausstehenden Miete um eine privatrechtliche Forderung, sodass § 22 Abs. 2 GemHVO-Doppik heranzuziehen ist. Es fragt sich, ob in diesem Fall eine Niederschlagung der Mietforderung zulässig ist. Voraussetzung dazu ist gemäß § 22 Abs. 2 GemHVO-Doppik, dass die Einziehung des Anspruches keine Aussicht auf Erfolg hat. Dies ist gegeben, weil der Zahlungspflichtige verstorben ist und Angehörige, auf die im Rahmen des Erbrechtes evtl. zurückgegriffen werden könnte, nicht vorhanden sind. Finanzielle Mittel einschließlich Vermögen sind laut Sachverhalt nicht vorhanden. Eine Einziehung ist somit praktisch nicht realisierbar. Da sie auch zum späteren Zeitpunkt nicht möglich sein wird, erfolgt deshalb eine unbefristete Niederschlagung. Die Forderung wird ausgebucht.
   Es ist zu unterstellen, dass die Jahresmiete von 3.600 € als Forderung gebucht wurde. Da die Wohnung ab Mai 2022 nicht mehr bewohnt wird, sind die Mieten für die Monate Mai bis Dezember 2022 in Höhe von 8 × 300 € = 2.400 € wieder als Forderung auszubuchen und der Mietertrag ist zu berichtigen (Soll-Buchung auf dem Mietertragskonto). Aber auch die unbefristet niedergeschlagenen Mietforderungen von Februar bis April 2022 sind auszubuchen. Es ist allerdings mit der Gemeindekasse auszuwerten, warum diese nicht in der Lage war, die Mieten für die Monate Februar bis April 2021 einzuziehen. Dies wäre sicherlich ohne größeren Verwaltungsaufwand über eine Aufrechnung mit dem Hausmeistergehalt möglich gewesen.

b) Auch in diesem Fall erfolgt eine Niederschlagung, weil die Forderung nicht realisiert werden kann. Dies geschieht wegen einer möglichen späteren Verwirklichung jedoch in Form einer befristeten Niederschlagung, sodass die bestehende Forderung von 900 € als Einzelwertberichtigung gebucht wird. Von Zeit zu Zeit haben das zuständige Fachamt oder die Gemeindekasse zu prüfen, ob der Aufenthaltsort des ehemaligen Hausmeisters bekannt ist, um dann gegebenenfalls erneute Beitreibungsaktivitäten zu veranlassen. Es empfiehlt sich zudem, einen Vermerk in die Einwohnermeldedatei aufnehmen zu lassen, damit von dort unverzüglich Informationen über den neuen Wohnort dem zuständigen Fachamt bzw. der Gemeindekasse übergeben werden können.

18.5 Auftragsvergaben

18.5.1 Grundlagen des Vergaberechts

Beim Themenkreis der Auftragsvergaben handelt es sich um Verwaltungshandlungen im Rahmen des bürgerlichen Rechts. Ein Vertrag kommt durch ein Angebot und die Annahme dieses Angebots zustande. Die Annahme eines Angebots wird in der Verwaltung regelmäßig als „Auftragsvergabe" bezeichnet. Für die Auftragsvergaben des öffentlichen Sektors hat sich ein eigenes Rechtsgebiet entwickelt, das als „Vergaberecht" bezeichnet wird.

Das Vergaberecht umfasst alle Vorschriften und Regelwerke, die von der „öffentlichen Hand" (Bund, Länder, Kommunen) beim Einkauf von Produkten und Dienstleistungen zu beachten sind. Ziel des Vergaberechts ist es, die Steuergelder der Bürger effektiv und effizient einzusetzen. Dieses Ziel wird dadurch erreicht, dass durch Nutzung des Wettbewerbs unter mehreren Anbietern die bestmögliche Leistung und Qualität zum günstigsten Preis bezahlt wird.

Die öffentliche Verwaltung wird auch deswegen einem stringenten Verfahren unterworfen, da öffentliche Verwaltungen im Gegensatz zu privatwirtschaftlichen Unternehmungen keinem direkten Zwang zu wirtschaftlichem Verhalten unterliegen. Daher werden fehlende Marktanreize beim Einsatz öffentlicher Gelder durch rechtliche Regelungen ersetzt, die den in allen öffentlichen Haushaltsgesetzen festgelegten Grundsatz der Sparsamkeit und Wirtschaftlichkeit konkretisieren.

Gemäß § 43 Abs. 4 KV M-V muss die Gemeinde das wirtschaftlichste Angebot ermitteln und annehmen, wobei natürlich primär die sachlichen und technischen Anforderungen erfüllt sein müssen. Dazu verweist § 21 GemHVO-Doppik auf die Vorschriften des Vergabegesetzes M-V (VgG M-V), das wiederum in § 2 Abs. 1 VgG M-V auf die Anwendung weiterer Vergabevorschriften wie die Vergabe- und Vertragsordnung für Bauleistungen (VOB/A) und die Unterschwellenvergabeordnung (UVgO) verweist. Gleichzeitig weist § 2 Abs. 3 VgG M-V auf den Vorrang höherrangigen Rechts hin, insbesondere auf EU-Recht und auf den Vierten Teil des Gesetzes gegen Wettbewerbsbeschränkungen (GWB). Auf eine Ausschreibung kann nur verzichtet werden, sofern die Natur des Geschäftes oder besondere Umstände eine Ausnahme rechtfertigen. Die Ausschreibung ist Voraussetzung dafür, dass die Gemeinde über eine gewisse Zahl von Angeboten verfügt. Dies wird dadurch erreicht, dass jeder in Frage kommende Lieferant die Möglichkeit der Angebotsabgabe erhält. Die allgemeine Zugänglichkeit wird durch eine öffentliche Ausschreibung über die zu erbringende Lieferung oder Leistung erreicht.

Dadurch findet am Markt ein Leistungswettbewerb der entsprechenden Unternehmen mit dem Ergebnis des günstigsten Angebotes für die Gemeinde statt. Außerdem werden Nachfragemonopole verhindert, zumal in vielen Bereichen die öffentliche Hand Alleinabnehmer ist; man denke dabei nur an den Kauf von Panzern durch die Bundeswehr. Dies kommt dem Wettbewerb am Markt aus der Sicht der Unternehmen zugute. Bei den Ausschreibungen darf allerdings das Problem der Unternehmensabsprachen („Frühstückskartelle") und der möglichen Korruption nicht übersehen werden.

Das Vergaberecht wurde auf nationaler Ebene 2016 umfassend reformiert. Auslöser für die Gesetzesänderungen im 4. Teil des Gesetzes gegen Wettbewerbsbeschränkungen (GWB) und der Vergabeverordnung (VgV) ist ein vollständig überarbeitetes Regelwerk für die Vergabe öffentlicher Aufträge und Konzessionen in den Richtlinien 2014/24/EU (Richtlinie über die öffentliche Auftragsvergabe), 2014/25/EU (Richtlinie über die Vergabe von Aufträgen in den Bereichen Wasser-, Energie- und Verkehrsversorgung) sowie 2014/23/EU (Richtlinie über die Vergabe von Konzessionen).

Mit den genannten Gesetzesänderungen wurde EU-Recht in nationales Recht überführt. Dennoch gelten diese Rechtsvorschriften nur für Vergabeverfahren oberhalb der jeweiligen Schwellenwerte. Unterhalb der Schwellenwerte gilt das vom Haushaltsrecht geprägte Nationale Vergabeverfahren. Unabhängig von den Schwellenwerten gelten Landesvergabegesetze wie das Vergabegesetz des Landes Mecklenburg-Vorpommern für sowohl für EU-weite wie für nationale Vergabeverfahren.

Das folgende Schaubild erläutert die vergaberechtlichen Zusammenhänge:

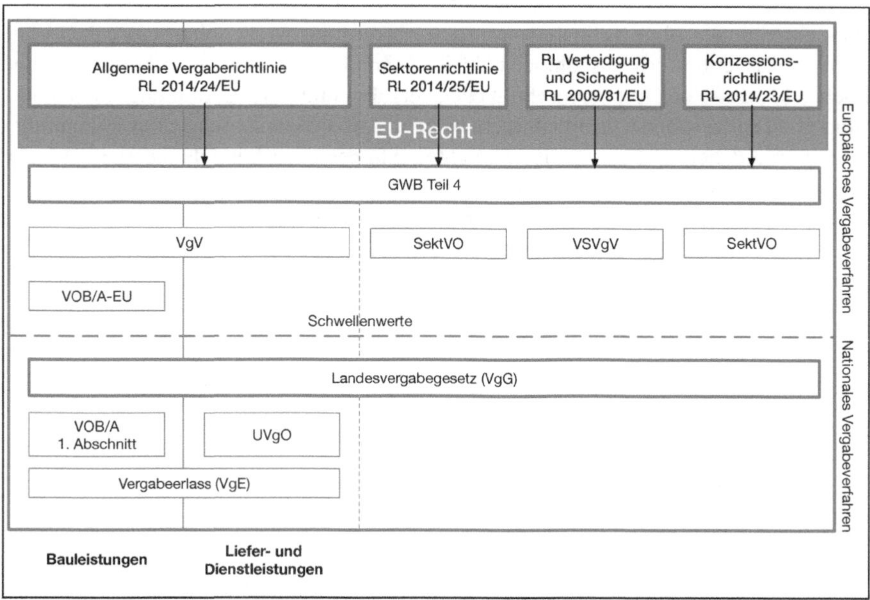

Das Verfahren der öffentlichen Ausschreibung bis hin zur Auftragsvergabe ist im Überblick darzustellen. Die beabsichtigte Leistung (Bau einer Straße, Errichtung einer Schule, Kauf von Schreibtischen) wird öffentlich angeboten. Das Verfahren besteht grundsätzlich aus drei Stufen:

- Stufe 1: Verfahrenseinleitung
- Stufe 2: Angebotsfrist
- Stufe 3: Verfahrensabschluss

In der ersten Stufe geht es darum, das eigentliche Vergabeverfahren durch die Auftragsbekanntmachung einzuleiten. Voraussetzung dafür ist die Erstellung der Vergabeunterlagen, die wiederum aus dem Anschreiben als Aufforderung zur Abgabe eines Angebotes, den Bewerbungsbedingungen und den Vertragsunterlagen bestehen. Mit den Bewerbungsbedingungen werden die Regeln zur Durchführung des Vergabeverfahrens beschrieben, insbesondere Fristen, formale und inhaltliche Anforderungen an die Angebote oder an Teilnehmeranträge sowie Eignungs- und Zuschlagskriterien. Die Vertragsunterlagen enthalten die Leistungsbeschreibung und die Vertragsbedingungen.

Als abschließendes Ergebnis der ersten Stufe wird die Auftragsbekanntmachung veröffentlicht, mit der das formelle Vergabeverfahren (Stufe 2) beginnt.

Das Vergabeverfahren wurde in den vergangenen Jahren auf die elektronische Vergabe umgestellt. Diese Form ist im Oberschwellenbereich seit 2017 grundsätzlich verpflichtend. Allerdings sind die Ausnahmen im Unterschwellenbereich auch heute im kommunalen Bereich noch von einiger Bedeutung, da für Aufträge bis zu einem geschätzten Auftragswert ohne Umsatzsteuer bis zu 25.000 € sowie für beschränkte Ausschreibungen ohne Teilnehmerwettbewerb oder für Verhandlungsvergaben ohne Teilnehmerwettbewerb Ausnahmen bei Liefer- und Dienstleistungen möglich sind und nach § 11 Abs. 1 des ersten Abschnitts der Vergabe- und Vertragsordnung für Bauleistungen – Teil A (VOB/A) ein Wahlrecht besteht. Auf die Darstellung einer Bekanntmachung wird daher an dieser Stelle verzichtet, da über www.bund.de jederzeit aktuelle Beispiele aus der Region für den Interessenten verfügbar sind.

Die zweite Stufe des Vergabeverfahrens ist durch verschiedene Fristen geprägt, die wiederum von der Verfahrensart, vom zutreffenden Schwellenbereich und von der Form des Verfahrens (elektronisch oder papierbasiert) abhängig sind.

Im Oberschwellenbereich sind folgende Verfahren möglich:

- Offenes Verfahren
- Nichtoffenes Verfahren
- Verhandlungsverfahren mit Teilnahmewettbewerb
- Verhandlungsverfahren ohne Teilnahmewettbewerb
- Wettbewerblicher Dialog
- Innovationspartnerschaft

Das Offene Verfahren und das Nichtoffene Verfahren sind dabei die Regelverfahren.

Im Unterschwellenbereich sind folgende Verfahren zu finden:

- Öffentliche Ausschreibung
- Beschränkte Ausschreibung mit Teilnahmewettbewerb
- Beschränkte Ausschreibung ohne Teilnahmewettbewerb
- Freihändige Vergabe bzw. Verhandlungsvergabe (mit und ohne Teilnahmewettbewerb)

Hier sind die Öffentliche Ausschreibung und die Beschränkte Ausschreibung mit Teilnahmewettbewerb die Regelverfahren.

Bei den Fristen sind vor allem die Angebotsfrist und die Zuschlags- und Bindefrist von Bedeutung. Die Angebotsfrist legt den Zeitpunkt fest, bis zu dem die Angebote der Bieter einzureichen sind. Die Zuschlags- und Bindefrist gibt den Zeitpunkt an, zu dem die Vergabestelle den Zuschlag erteilen will und bis zu dem die Bieter an ihre Angebotsbedingungen gebunden sind.

Bei Verfahren mit Teilnehmerwettbewerb sind zusätzliche Fristen für die Anforderung der Teilnahmeunterlagen und für Teilnahmeanträge erforderlich.

Die dritte und letzte Stufe des Vergabeverfahrens besteht aus der Öffnung der Angebote, deren Bewertung anhand der bereits in der ersten Stufe festgelegten Kriterien sowohl zur Eignung des Bieters als auch zum Angebot selbst.

Die Angebotsöffnung erfolgt in einem gesonderten Eröffnungstermin. Im Rahmen der Digitalisierung hat sich die Öffentlichkeit des seit jeher nur im Baubereich möglichen Submissionstermins weiter eingeschränkt, da dieser nur noch möglich ist, wenn schriftlich eingereichte Angebote zugelassen sind. Die Unversehrtheit der Angebote in elektronischen Vergabeverfahren erfordert entsprechende organisatorische und technische Lösungen. Die Vertraulichkeit wird dabei durch eine Verschlüsselung gewährleistet, die erst im Eröffnungstermin zentral decodiert wird.

Die Auftragsvergabe erfolgt nicht unbedingt nach dem billigsten Angebot, sondern nach den Grundsätzen der Sparsamkeit, Wirtschaftlichkeit und Effizienz. Demnach sind zumindest folgende Aspekte zu berücksichtigen:

- erforderliche Sachkenntnis des Bieters einschließlich dessen Leistungsfähigkeit,
- Zuverlässigkeit des Bieters,
- technische und wirtschaftliche Mittel des Bieters,
- Angebotspreis.

Die Submissionsunterlagen erhält dann der zuständige Sachbearbeiter zur rechnerischen, technischen und wirtschaftlichen Prüfung. Verhandlungen über die Preise der Angebote sind nicht zulässig, lediglich klärende Nachfragen sind erlaubt. Erscheinen der Gemeinde die Preise zu hoch, kann sie lediglich die gesamte Submission aufheben und muss dann neu ausschreiben.

Durch den Zuschlag kommt der Vertrag zwischen der Gemeinde und dem günstigsten Bieter zustande.

Nicht in jedem Fall ist es sinnvoll, eines der Regelverfahren (öffentliche Ausschreibung oder beschränktes Verfahren mit Teilnehmerwettbewerb bzw. offenes Verfahren oder nichtoffenes Verfahren oberhalb der Schwellenwerte) durchzuführen, sondern davon abweichende Verfahren zu nutzen. In der kommunalen Praxis sind beschränkte Ausschreibungen, die freihändige Vergabe und die Verhandlungsvergabe sehr verbreitet. Die Notwendigkeit ergibt sich aus der Natur des Geschäftes oder durch besondere Umstände, jeweils im Einzelfall.

Bei einer beschränkten Ausschreibung ohne Teilnehmerwettbewerb fordert die Gemeinde mindestens drei spezielle Unternehmen schriftlich zur Angebotsabgabe auf (§ 11 Abs. 2 UVgO). Bei der Verhandlungsvergabe wird der Auftrag ohne vorherige Ausschreibung unmittelbar an ein Unternehmen vergeben, wobei auch hier drei Angebote eingeholt werden müssen (§ 12 Abs. 2 UVgO).

Wie bereits angedeutet, müssen für den Verzicht auf eine öffentliche Ausschreibung besondere Gründe vorliegen; die Ausnahmetatbestände für eine beschränkte Ausschreibung ohne Teilnahmewettbewerb lauten für Liefer- und Dienstleistungen im Unterschwellenbereich nach § 8 Abs. 3 UVgO:

- Eine öffentliche Ausschreibung hat kein wirtschaftliches Ergebnis gehabt.
- Das Regelverfahren führt für Auftraggeber oder Bewerber zu einem Aufwand, der zu dem erreichten Vorteil oder dem Wert der Lieferung im Missverhältnis stehen würde.

Noch enger sind die Voraussetzungen für eine Verhandlungsvergabe für Liefer- und Dienstleistungen im Unterschwellenbereich nach § 8 Abs. 4 UVgO:

- Der Auftrag umfasst konzeptionelle oder individuelle Lösungen.
- Aufgrund konkreter Umstände, die mit der Art, der Komplexität, finanziellen oder rechtlichen Rahmenbedingungen oder den damit einhergehenden Risiken zusammenhängen, erfordern vorherige Verhandlungen.
- Die Leistung kann nach Art und Umfang, insbesondere ihrer technischen Anforderungen, vor der Vergabe nicht so eindeutig und erschöpfend beschrieben werden, dass hinreichend vergleichbare Angebote erwartet werden können.

- Eine weitere Öffentliche oder Beschränkte Ausschreibung verspricht nach ihrer Aufhebung kein wirtschaftliches Ergebnis.
- Die Bedürfnisse des Auftraggebers können nicht ohne die Anpassung bereits verfügbarer Lösungen erfüllt werden.
- Aufträge müssen im Anschluss an Entwicklungsleistungen im angemessenen Umfang und für angemessene Zeit an Unternehmen vergeben werden, die an der Entwicklung beteiligt waren.
- Der Aufwand für eine öffentliche Ausschreibung oder eine beschränkte Ausschreibung mit oder ohne Teilnahmewettbewerb verursacht für den Auftraggeber oder für die Bewerber oder Bieter einen Aufwand, der zu dem erreichten Vorteil oder den Wert der Leistung in einem Missverhältnis steht.
- Die Leistung ist aufgrund von Umständen, die der Auftraggeber nicht voraussehen konnte, besonders dringlich, und die Gründe für die besondere Dringlichkeit sind nicht den Verhalten des Auftraggebers zuzurechnen.
- Die Leistung kann nur von einem bestimmten Unternehmen erbracht oder bereitgestellt werden.
- Es sollen Leistungen des ursprünglichen Auftragnehmers beschafft werden, die zur teilweisen Erneuerung oder Erweiterung bereits erbrachte Leistungen bestimmt sind.
- Der Wechsel des ursprünglichen Auftragnehmers würde dazu führen, dass der Auftraggeber eine Leistung mit unterschiedlichen technischen Merkmalen kaufen müsste.
- Der Wechsel des ursprünglichen Auftragnehmers würde eine technische Unvereinbarkeit oder unverhältnismäßige technische Schwierigkeiten beim Gebrauch bei der Wartung mit sich bringen.
- Ersatzteile und Zubehörstücke zu Maschinen und Geräten müssen vom Lieferanten der ursprünglichen Leistung beschafft werden, weil diese Stücke in brauchbarer Ausführung von anderen Unternehmen nicht oder nicht unter wirtschaftlichen Bedingungen bezogen werden können.
- Eine vorteilhafte Gelegenheit führt zu einer wirtschaftlichen Anschaffung, als dies bei Durchführung einer öffentlichen oder beschränkten Ausschreibung der Fall wäre.
- Der öffentliche Auftrag soll ausschließlich an Werkstätten für Menschen mit Behinderungen oder an Unternehmen vergeben werden, deren hauptsächlich die soziale und berufliche Integration von Menschen mit Behinderungen oder von benachteiligten Personen ist.
- Der öffentliche Auftrag soll ausschließlich an Justizvollzugsanstalten vergeben werden.
- Ausführungsbestimmungen eines Landesministeriums lassen die Verhandlungsvergabe bis zu einem bestimmten Höchstwert (Wertgrenze) zu.

Auch bei Bauleistungen sind die Ausnahmetatbestände im Regelwerk beschrieben. Beschränkte Ausschreibungen ohne Teilnahmewettbewerb können lt. § 3a VOB/A zunächst bis zu gewissen Wertgrenzen des Auftragswerts ohne Umsatzsteuer erfolgen:

- 50.000 € für Ausbaugewerke (ohne Energie- und Gebäudetechnik), Landschaftsbau und Straßenausstattung,
- 150.000 € für Tief-, Verkehrswege- und Ingenieurbau,
- 100.000 € für alle übrigen Gewerke.

Weiterhin liegen Ausnahmetatbestände vor, wenn eine öffentliche Ausschreibung oder eine beschränkte Ausschreibung mit Teilnahmewettbewerb kein annehmbares Ergebnis gehabt hat oder wenn die öffentliche Ausschreibung oder eine beschränkte Ausschreibung mit Teilnahmewettbewerb aus anderen Gründen (z. B. Dringlichkeit, Geheimhaltung) unzweckmäßig ist.

Freihändige Vergaben sind gem. § 3a Abs. 3 VOB/A möglich bis zu einem Auftragswert von 10.000 € ohne Umsatzsteuer. Weitere von dieser Wertgrenze unabhängige Tatbestände können sich aus der Unzweckmäßigkeit einer öffentlichen oder beschränkten Ausschreibung ergeben:

- Für die Leistung kommt aus besonderen Gründen (z. B. Patentschutz, besondere Erfahrung oder Geräte) nur ein bestimmtes Unternehmen in Betracht,
- die Leistung ist besonders dringlich,
- die Leistung kann nach Art und Umfang vor der Vergabe nicht so eindeutig und erschöpfend festgelegt werden, dass hinreichend vergleichbare Angebote erwartet werden können,
- nach Aufhebung einer öffentlichen Ausschreibung oder beschränkten Ausschreibung verspricht eine erneute Ausschreibung kein annehmbares Ergebnis,
- eine freihändige Vergabe ist aus Gründen der Geheimhaltung erforderlich,
- eine kleine Leistung lässt sich von einer vergebenen größeren Leistung nicht ohne Nachteil trennen.

Die Vergabe öffentlicher Aufträge mit geringen Auftragswerten wird in Mecklenburg-Vorpommern durch eine entsprechende Verwaltungsvorschrift des Landes (Vergabeerlass) erleichtert. Dieser[401] sieht weitere Erleichterungen vor:

- Eine Verhandlungsvergabe ist bei Liefer- oder Dienstleistungen ohne Vorliegen eines Ausnahmetatbestandes nach der Unterschwellenvergabeordnung (UVgO) möglich, wenn der voraussichtliche Auftragswert 100.000 € nicht übersteigt.
- Eine freihändige Vergabe ist bei Bauleistungen ohne Vorliegen eines Ausnahmetatbestandes nach der Vergabe- und Vertragsordnung für Bauleistungen – Teil A – VOB/A möglich, wenn der voraussichtliche Auftragswert 200.000 € nicht übersteigt.

401 12. Erlass über die Vergabe öffentlicher Aufträge im Anwendungsbereich des Vergabegesetzes Mecklenburg-Vorpommern (Vergabeerlass – VgE M-V); Verwaltungsvorschrift des Ministeriums für Wirtschaft, Arbeit und Gesundheit vom 12.12.2018 – V130 - 611-00020-2018/031 – VV Meckl.-Vorp. Gl. Nr. 703 – 19, zuletzt geändert durch Verwaltungsvorschrift vom 14.7.2020 (AmtsBl. M-V S. 348).

- Eine beschränkte Ausschreibung für Liefer- und Dienstleistungen ist ohne Vorliegen eines Ausnahmetatbestandes der UVgO zulässig, wenn der voraussichtliche Auftragswert 100.000 € nicht übersteigt.
- Eine beschränkte Ausschreibung für Bauleistungen ist ohne Vorliegen eines Ausnahmetatbestandes nach der VOB/A zulässig, wenn der voraussichtliche Auftragswert 1.000.000 € nicht übersteigt.
- Anstelle der in § 14 Satz 1 UVgO für eine Direktauftrag vorgesehenen Wertgrenze von 1.000 € gilt eine Wertgrenze über einen Betrag von 5.000 €. Beim Direktauftrag ist eine Markterkundung durchzuführen, wenn der Auftragswert 250 € übersteigt. Dabei kann auf allgemein zugängliche Auskünfte (zum Beispiel Internetrecherchen, Kataloge, Telefonauskünfte, formlose E-Mail-Anfragen) zurückgegriffen werden – es sind keine formalen „Angebote" erforderlich. Für die Bedarfsfeststellung und die Kaufentscheidung gelten die haushaltsrechtlichen Bestimmungen der Wirtschaftlichkeit und Sparsamkeit. Eine Dokumentation ist zu erstellen.
- Auch für den Baubereich wird die in § 3a Abs. 4 Satz 1 VOB/A für Direktaufträge vorgesehene Wertgrenze von 3.000 € ebenfalls auf 5.000 € erhöht, sofern ab einem Auftragswert von 250 € eine entsprechende Markterkundung und die Beachtung des Haushaltsgrundsatzes der Wirtschaftlichkeit und Sparsamkeit dokumentiert wird.

Bei der Anwendung der Rechtsgrundlagen spielt es eine große Rolle, ob das EU-Vergabeverfahren oder das nationale Vergabeverfahren angewendet werden muss. Die Entscheidung darüber treffen Schwellenwerte, die alle zwei Jahre von der EU-Kommission festgelegt werden.

Es gelten für 2022–2023 folgende Schwellenwerte (immer ohne Umsatzsteuer):

<table>
<tr><th>Auftragsart</th><th>Schwellenwerte</th><th>EU-Rechtsakt</th></tr>
<tr><td>Liefer- und Dienstleistungsaufträge für oberste, obere Bundesbehörden und vergleichbare Bundeseinrichtungen</td><td>140.000 €</td><td rowspan="3">Delegierte Verordnung 2021/1952 der Kommission vom 10.11.2021 (ABl. EU Nr. L 398 vom 11.11.2021 S. 23)</td></tr>
<tr><td>Liefer- und Dienstleistungsaufträge für alle anderen Auftraggeber</td><td>215.000 €</td></tr>
<tr><td>Bauaufträge</td><td>5.382.000 €</td></tr>
<tr><td>Soziale und andere besondere Dienstleistungen</td><td>750.000 €</td><td>Richtlinie 2014/24/EU vom 26.2.14 (ABl. EU Nr. L 94/65 vom 28.3.14, Art. 4)</td></tr>
<tr><td>Verteidigungs- und sicherheitsrelevante Liefer- und Dienstleistungsaufträge</td><td>431.000 €</td><td rowspan="2">Verordnung (EU) 2021/1950 der Kommission vom 10.11.2021 (ABl. EU Nr. L 398 vom 11.11.2021 S. 19)</td></tr>
<tr><td>Verteidigungs- und sicherheitsrelevante Bauaufträge</td><td>5.382.000 €</td></tr>
<tr><td>Konzessionen</td><td>5.382.000 €</td><td>Delegierte Verordnung (EU) 2021/1951 der Kommission vom 10.11.2021 (ABl. EU Nr. L 398 vom 11.11.2021 S. 21)</td></tr>
<tr><td>Liefer- und Dienstleistungsaufträge von Sektorenauftraggebern</td><td>431.000 €</td><td rowspan="2">Delegierte Verordnung (EU) 2021/1953 der Kommission vom 10.11.2021 (ABl. EU Nr. L 398 vom 11.11.2021 S. 25)</td></tr>
<tr><td>Bauaufträge von Sektorenauftraggebern</td><td>5.382.000 €</td></tr>
</table>

Auf kommunaler Ebene existieren teilweise ergänzende Vorschriften zu den dargestellten rechtlichen Rahmenbedingungen in Form von Vergabeordnungen als kommunale Satzungen oder Dienstanweisungen. Darin sind u. a. die Entscheidungs- und Prüfungsbefugnisse sowie die konkreten Auslegungen (betragsbezogen) für die beschränkte Ausschreibung bzw. freihändige Vergabe enthalten.

Eine gemeindliche Vergabeordnung als Dienstanweisung könnte zum Beispiel folgenden Inhalt haben:

Vergabeordnung der Gemeinde G

1. **Geltungsbereich**
   Die Vergabeordnung regelt unter Beachtung der Gemeindehaushaltsverordnung-Doppik sowie der einschlägigen europarechtlichen und nationalen Vergabevorschriften die Vergabepraxis der Gemeinde G. Sie gilt für alle Ämter und angegliederten Einrichtungen mit Ausnahme der Stadtwerke.
   Die Vergabeordnung gilt auch, wenn Finanzierungsmittel von anderen Stellen zur Verfügung gestellt werden, soweit hierfür keine Sonderregelungen getroffen worden sind. In diesem Falle sind vorrangig die Ausschreibungsgrundsätze nach den allgemeinen Bewilligungsbedingungen des Fördergebers zu beachten.
2. **Verbindliche Vergabevorschriften**
   Für die Vergabe von Aufträgen gelten die in Anlage 1 aufgeführten Vorschriften, insbesondere die VOB/A und der UVgO, die dazu ergangenen Landesrichtlinien sowie das Vergabegesetz M-V.
   Insbesondere hat gem. § 3 des Vergabegesetzes M-V der Vergabe von Aufträgen eine Ausschreibung vorauszugehen, sofern nicht die Natur des Geschäftes oder besondere Umstände eine Ausnahme rechtfertigen.
   Leistungen bis zu einem voraussichtlichen Auftragswert von 5.000 € (ohne Umsatzsteuer) können unter Beachtung des Grundsatzes der Sparsamkeit und Wirtschaftlichkeit durch Direktauftrag vergeben werden. Beim Direktauftrag ist eine Markterkundung durchzuführen, wenn der Auftragswert 250 € übersteigt. Dabei kann auf allgemein zugängliche Auskünfte (zum Beispiel Internetrecherchen, Kataloge, Telefonauskünfte, formlose E-Mail-Anfragen) zurückgegriffen werden – es sind keine formalen „Angebote" erforderlich. Für die Bedarfsfeststellung und die Kaufentscheidung gelten die haushaltsrechtlichen Bestimmungen der Wirtschaftlichkeit und Sparsamkeit.
   Aufträge im Sinne dieser Dienstanweisung dürfen erst ausgelöst werden, wenn die Gesamtfinanzierung im Sinne dieser Maßnahme im Rahmen der haushaltswirtschaftlichen Ermächtigungen gesichert ist. Sind zur Finanzierung von Investitionsauszahlungen Zuschüsse Dritter vorgesehen, sollen hierzu verbindliche Zusagen vorliegen.
3. **Rechtscharakter**
   Durch diese Vergabeordnung entsteht kein Vertragsrecht, sie gilt innerdienstlich.

4. **Zuständigkeiten**
   Für die Durchführung des Vergabeverfahrens mit Ausnahme der Öffnung der Angebote sind die Ämter zuständig, denen im Haushaltsplan die finanziellen Mittel zugwiesen sind (Beschaffungsstellen). Bei Vergaben oberhalb der Schwellenwerte nach § 2 der Vergabeverordnung (VgV) ist das Rechtsamt zu beteiligen.
   Für den Eröffnungstermin und die Öffnung der Angebote ab einem Auftragswert von 10.000 € werden Kommissionen gebildet. Sie bestehen aus einem Mitarbeiter des Rechtsamtes als Verhandlungsleiter und einem Beschäftigten der Beschaffungsstelle als Protokollführer. Bei Bedarf können weitere Personen zur Unterstützung hinzugezogen werden.
5. **Vergabeentscheidungen und Verpflichtungserklärungen**
   Die Befugnis über Vergabeentscheidungen und zur Unterzeichnung von Verpflichtungserklärungen regelt die Hauptsatzung. Ist dem Bürgermeister die Entscheidung übertragen, treffen an seiner Stelle grundsätzlich die Leiter der Beschaffungsstellen die Entscheidung. Diese treffen auch die Entscheidung über die Form der Vergabe.
   Hat ein Beschäftigter an der Ausarbeitung der Leistungsbeschreibung mitgewirkt, darf er nicht in die Vorbereitung der Entscheidung über die Zuschlagserteilung einbezogen werden. Mitarbeiter, bei denen die Voraussetzungen des § 20 VwVfG M-V vorliegen, dürfen bei der Durchführung des Vergabeverfahrens nicht tätig werden.
6. **Vergabearten**
   Für die Wahl der Vergabeart gelten grundsätzlich die jeweils aktuellen Wertgrenzen des Vergabeerlasses des Ministeriums für Wirtschaft, Bau und Tourismus.
   Eine Aufteilung in Lose ist bei umfangreichen Leistungen zu prüfen, um möglichst vielen Unternehmen die Möglichkeit zu eröffnen, Aufträge zu erhalten. Insbesondere Bauleistungen verschiedener Handwerks- oder Gewerbezweige sollen getrennt in Fachlosen vergeben werden.
7. **Vergabegrundsätze**
   Nach öffentlicher Ausschreibung ist dem Angebot der Zuschlag zu erteilen, das unter Wahrung der gemeindlichen Interessen und unter Beachtung aller technischen und wirtschaftlichen Gesichtspunkte als das annehmbarste erscheint. Nach beschränkter Ausschreibung ist in der Regel das niedrigste Angebot zu berücksichtigen. Auswärtige Bieter sind im Auswahlverfahren den ortsansässigen Bietern gleichgestellt.
   Alle Lieferungen und Leistungen sind nach Möglichkeit unter dem Gesichtspunkt einer weitgehenden Typenbeschränkung zu vergeben. Norm- und Gütebestimmungen sind zu beachten.
   Der Markt ist laufend zu beobachten. Der Zeitpunkt der Vergabe soll nach Möglichkeit der Markt- und Konjunkturlage angepasst werden. Zur Deckung des laufenden Bedarfs sind in der Regel Rahmenverträge für einen wirtschaftlich vertretbaren Zeitraum abzuschließen, die einen Abruf der Leistung nach Bedarf ermöglichen. In den Aufforderungen zur Abgabe eines Angebotes ist darauf hinzuweisen, dass Unbedenklichkeitsbescheinigungen gefordert werden können.

8. **Zuschlagserteilung**
   Mündliche und fernmündliche Vergaben dürfen nur in begründeten Ausnahmefällen erteilt werden. Die schriftliche Bestätigung ist durch die für den Zuschlag zuständige Stelle sofort nachzuholen.
9. **Mitwirkung des Rechnungsprüfungsamtes und der Kämmerei**
   Vergaben ab 25.000 € sind dem Rechnungsprüfungsamt zur Vorprüfung vorzulegen. Vorlagen an Gemeindevertretung über Vergaben sind dem Rechnungsprüfungsamt und der Kämmerei vorzulegen. Vergaben ab 15.000 € sind von der Gemeindekasse vorzumerken.
10. **Sicherheitsleistung**
   Bei Vergaben von Bauleistungen ab 30.000 € ist vom Auftragnehmer eine Sicherheitsleistung in Höhe von 5 v. H. der Abrechnungssumme für die Dauer der Gewährleistung zu erbringen.

Eine weitergehende ausführliche Behandlung der Auftragsvergabe ist der Betriebswirtschaftslehre, dem Privatrecht und dem Baurecht vorbehalten. Aus haushaltsrechtlicher Sicht reicht der vorstehende Überblick, der durch die nachfolgenden Übungen ergänzt wird.

18.5.2 Übungen

Sachverhalt Nr. 7
Bei der Gemeinde G stehen folgende Beschaffungen bzw. Bauleistungen an:

a) Es sollen Spezialschreibstifte im Wert von insgesamt 40 € einmalig beschafft werden.
b) Lieferung einer Straßenkehrmaschine im Wert von rd. 90.000 €.
c) Auftrag an eine Baufirma, die gerade das Schulzentrum errichtet, eine bisher nicht ausgeschriebene Zwischenwand dort einzubauen (Auftragsvolumen 10.000 €).
d) Auf eine öffentliche Ausschreibung hat sich nur ein Bieter gemeldet.
e) Nach einem Unwetter ist das Rathausdach neu einzudecken.

Aufgabe:
Prüfen Sie, ob in den vorstehenden Fällen öffentlich bzw. beschränkt auszuschreiben oder eine freihändige Vergabe zulässig ist.

Lösung:

a) Es handelt sich um eine einmalige Beschaffung mit einem voraussichtlichen Auftragsvolumen von bis zu 500 €. Dieser Betrag liegt unterhalb der Wertgrenze des § 14 UVgO und kann damit ohne ein Vergabeverfahren durch einen Direktauftrag vergeben werden. Dabei ist der Haushaltsgrundsatz der Wirtschaftlichkeit und Sparsamkeit zu berücksichtigen, was zu dokumentieren ist.

b) Die Auftragssumme von 90.000 € ist unzweifelhaft als erheblich anzusehen. Allerdings wird mit der Beschaffung einer Straßenkehrmaschine eine spezielle Leistung verlangt, die nur von wenigen Firmen erbracht werden kann. Es ist kostengünstiger, die möglichen Lieferfirmen unmittelbar um die Abgabe eines Angebotes zu bitten (beschränkte Ausschreibung) als öffentlich auszuschreiben. Außerdem stellt die Gemeinde bei einer beschränkten Ausschreibung sicher, dass alle infrage kommenden Unternehmen die Nachfrageinformation erhalten.
c) Eine Baufirma errichtet zur Zeit ein Schulzentrum, was sicherlich ein Kostenvolumen von mehreren Mio. € bedeutet. Diese Investition wurde natürlich öffentlich ausgeschrieben, sodass das bauausführende Unternehmen das günstigste Angebot vorweisen konnte. Insofern bestehen auch keine Bedenken, den zusätzlichen Einbau einer Zwischenwand freihändig an dieses Unternehmen zu vergeben, zumal es doch zum Gesamtauftrag in einem untergeordneten Verhältnis steht. Dazu kommt die Überlegung, dass es wahrscheinlich technisch gar nicht möglich ist, eine andere Firma mitten in den Bauarbeiten die Zwischenwand einziehen zu lassen, weil dies in einem Arbeitsgang in Zusammenhang mit den übrigen Rohbauarbeiten abzuwickeln ist. Aus alledem ergibt sich die Zulässigkeit einer freihändigen Vergabe an die bauausführende Firma.
d) Wenn sich bei einer öffentlichen Ausschreibung nur ein Bieter meldet, ist es wenig sinnvoll, die öffentliche Ausschreibung zu wiederholen. Es ist anzunehmen, dass derselbe Kreis von Unternehmen wiederum die Anzeige zur Kenntnis nimmt und die Angebotssituation sich nicht ändert. Es bietet sich deshalb vielmehr eine beschränkte Ausschreibung an, in der bestimmte Unternehmen zum Angebot aufgefordert werden. In der Regel werden die angeschriebenen Unternehmen ein Angebot abgeben, denn bei Nichtabgabe laufen sie in Gefahr, bei zukünftigen beschränkten Ausschreibungen nicht mehr zur Angebotsabgabe aufgefordert zu werden.
e) Zur Erfüllung der öffentlichen Aufgaben ist ein betriebsbereites Verwaltungsgebäude unbedingt notwendig. Wenn nun das Rathausdach neu einzudecken ist, sind die Unwetterschäden doch erheblich, sodass sich durch Umwelteinflüsse negative Auswirkungen auf die Diensträume ergeben. Dies könnte zur Nichtbenutzbarkeit der Räumlichkeiten führen. Eine umgehende Dachreparatur ist somit angebracht. Öffentliche und beschränkte Ausschreibungen erfordern einen mehrwöchigen Arbeitsaufwand. Wegen der besonderen Dringlichkeit kann deshalb unabhängig vom Auftragsvolumen eine freihändige Vergabe erfolgen.

18.6 Bewegliche Haushaltsführung

18.6.1 Einführung

Bei der Ausführung des Haushaltsplans kommt es in der Praxis immer wieder vor, dass einzelne Planansätze vorzeitig erschöpft bzw. für bestimmte Positionen keine Ermächtigungen im Haushaltsplan enthalten sind. Dies lässt sich weder bei den Aufwendungsermächtigungen im Ergebnishaushalt noch bei den Auszahlungsermächtigungen bzw. Verpflichtungsermächtigungen im Finanzhaushalt vermeiden. Aufwendungs- bzw. Auszahlungserhöhungen sowie unvorhergesehene Finanzvorfälle treten selbst bei einer äußerst gewissenhaften Planung aufgrund der doch recht langen Planungsvorlaufzeit und einer zwölfmonatigen Bindungsperiode – bei zweijähriger Haushaltsplanung sogar mit einer vierundzwanzigmonatigen Bindung – regelmäßig auf. Insofern werden haushaltsrechtliche Regelungen benötigt, um diesen Erfordernissen Rechnung zu tragen und Abweichungen vom gemäß § 46 Abs. 6 Satz 2 KV M-V verbindlichen Haushaltsplan zuzulassen. Solche Regelungen und die sich daraus ergebenden haushaltswirtschaftlichen Möglichkeiten werden unter dem Schlagwort **„bewegliche Haushaltsführung“** zusammengefasst. Zugelassen sind dabei folgende Verfahren:

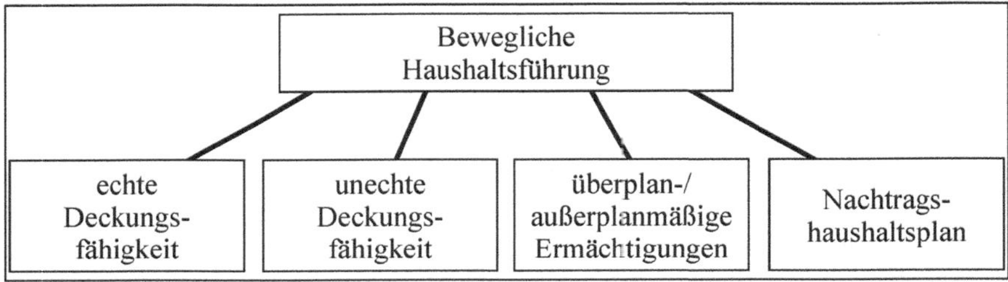

Die ersten beiden Möglichkeiten sind bereits bei den Haushaltsgrundsätzen besprochen, weil sie aufgrund im Haushaltplan enthaltener Bewirtschaftungsvermerke bzw. kraft Gesetzes angewendet werden können. Insofern wird hierzu grundlegend auf Kapitel 13 verwiesen. Der Nachtragsplan bietet die Möglichkeit, alle ursprünglichen Plandaten fortzuschreiben, und dient somit auch der Flexibilität, auch wenn er nur in einem sehr umfangreichen Verfahren nach § 48 Abs. 1 KV M-V i. V. m. § 47 KV M-V zu realisieren ist. Einzelheiten dazu sind im Kapitel 20 enthalten. Insofern beschäftigt sich das jetzige Unterkapitel primär mit den über- und außerplanmäßigen Ermächtigungen, wobei jedoch auch das Zusammenwirken der einzelnen Verfahren zu besprechen sein wird.

18.6.2 Begriff der über- und außerplanmäßigen Aufwendungen und Auszahlungen

Rechtsgrundlage für die Bereitstellung von Mehraufwendungen und Mehrauszahlungen ist § 50 KV M-V, wobei dieser die Begriffe „über-“ und „außerplanmäßig“ einführt. Überplanmäßig sind Aufwendungen oder Auszahlungen dann, wenn sie bereits vorhandene Ansätze im Haushaltsplan zuzüglich möglicher Übertragungen aus dem Vorjahr überschreiten. Außerplanmäßige Aufwendungen oder Auszahlungen liegen dagegen vor, wenn sie im Haushaltsplan nicht veranschlagt waren und auch keine Übertragung aus dem Vorjahr verfügbar ist.

Sowohl der Begriff „überplanmäßig“ als auch der Begriff „außerplanmäßig“ haben „Plan“, also den Haushaltsplan, als Wortbestandteil. Sie drücken damit gewisse Abweichungen von den Ansätzen des Haushaltsplanes (Planermächtigungen) aus. Überplanmäßige Aufwendungen sind demnach Aufwendungen, die den Aufwendungsansatz im Haushaltsplan überschreiten. Dies bezieht sich somit auf die Teilergebnishaushalte, in denen die Aufwendungsermächtigungen enthalten sind.

Der Aufbau der Teilhaushalte sieht neben der zusammenfassenden Darstellung der Zeitreihe zusätzlich eine ausführliche Darstellung mit einer vertikalen Untergliederung in Ertrags- und Aufwandsarten bzw. Ein- und Auszahlungsarten und einer horizontalen Untergliederung in wesentliche und sonstige Produkte für das Planjahr vor. Somit entstehen Ansätze für jedes im Haushaltsplan abgebildete Produkt unabhängig von der Bildung des Teilhaushalts.

Entscheidet sich eine Gemeinde für die Mindestgliederung ihrer Organisation der Verwaltung, steht eine über- bzw. außerplanmäßige Aufwendung immer im Bezug zu den dort ausgewiesenen Aufwendungspositionen. Dieses wird anhand des nachstehenden Beispiels deutlich:[402]

Teilergebnishaushalt 03 Schulen	Ansatz 2021	Planung 2022	Planung 2023	Planung 2024
Personalaufwendungen	150.000	155.000	158.000	160.000
Aufwendungen für Sach- und Dienstleistungen	95.000	95.000	90.000	90.000
Abschreibungen	200.000	200.000	230.000	230.000
Sonstige laufende Aufwendungen	15.000	14.500	14.000	14.000
Summe der ordentlichen Aufwendungen	**460.000**	**464.500**	**492.000**	**494.000**

Diese Zusammenfassung des Teilergebnishaushaltes für die Schulen gibt noch nicht die Aufwendungspositionen wieder, sofern im Teilergebnishaushalt mehrere Produkte enthalten sind:

Teilergebnishaushalt 03 Schulen	Summe aller Produkte	Grundschule	Regional-schule
Personalaufwendungen	150.000	50.000	100.000
Aufwendungen für Sach- und Dienstleistungen	95.000	30.000	65.000
Abschreibungen	200.000	70.000	130.000
Sonstige laufende Aufwendungen	15.000	5.000	10.000
Summe der ordentlichen Aufwendungen	**460.000**	**155.000**	**305.000**

Werden z. B. innerhalb der Position „Aufwendungen für Sach- und Dienstleistungen“ in der Grundschule 3.000 € nicht eingeplante Aufwendungen für den Verbrauch von Energie benötigt und werden gleichzeitig bei den sonstigen laufenden Aufwendungen entsprechende Mittel eingespart, entstehen zunächst überplanmäßige Aufwendungen, weil die Position „Aufwendungsermächtigung für Sach- und Dienstleistungen“ überschritten wird. Gemeint sind nicht die Beträge bei den einzelnen Buchungsstellen (Sachkonten), auch wenn bei den politischen Beratungen über den Haushaltsplan die Politik Informationen bis zur einzelnen Buchungsstelle (Sachkonto) verlangen kann. Im Haushaltsplan werden die Planungen bei den einzelnen Buchungsstellen (Sach-

402 Der Teilergebnishaushalt ist nur auszugsweise dargestellt.

konten) zu den Haushaltsansätzen zusammengefasst. §§ 2 und 3 GemHVO-Doppik enthalten für den Ergebnis- bzw. für den Finanzhaushalt die Mindestgliederung. Eine weitere Untergliederung wäre zulässig. Würde eine solche gewählt, wären weitere Planansätze vorhanden. Allerdings sollen im Haushaltsplan nicht mehr die einzelnen Buchungsstellen abgebildet werden. Die im eingehenden Beispiel genannten 3.000 € sind somit begriffsmäßig überplanmäßige Aufwendungen.

Nach § 14 Abs. 1 GemHVO-Doppik sind die Aufwendungen innerhalb eines Teilhaushalts jedoch gegenseitig deckungsfähig. Wenn also den 3.000 € zusätzlichen Aufwendungen die genannten Einsparungen bei den anderen Aufwendungen im selben Teilhaushalt gegenüberstehen, kann die eigentlich überplanmäßige Aufwendung innerhalb des durch den Teilhaushalt gebildeten Budgets abgewickelt werden. In diesem Fall ist eine Mittelbereitstellung nach § 50 KV M-V nicht erforderlich. Praktisch gilt diese Mittelverschiebung nicht als überplanmäßig im Sinne der genannten Vorschrift.[403]

Ist dagegen eine Gebäudereparatur mit Aufwendungsvolumen von 1.000.000 € aufgrund eines Orkanschadens erforderlich, handelt es sich um außerplanmäßige Aufwendungen. Dies ist darin begründet, dass es sich um außerordentliche Aufwendungen handelt, für die im Teilergebnishaushalt 2021 keine Buchungsstelle (Planansatz) vorhanden sind. Dabei wird unterstellt, dass auch aus dem Vorjahr keine außerordentlichen Aufwendungsermächtigungen übertragen wurden.

Für den Teilfinanzhaushalt gelten die Ausführungen entsprechend, wobei dann lediglich auf Auszahlungspositionen abzustellen ist. Dies kann am nachstehenden Beispiel erläutert werden:

Teilfinanzhaushalt 03 Schule Investitionstätigkeit	Ansatz 2021	VE 2021	Planung 2022	Planung 2023	Planung 2024
Einzahlungen					
aus Zuwendungen für Investitionsmaßnahmen	200.000		300.000	0	0
aus der Veräußerung von Sachanlagen	10.000		40.000	0	0
aus Investitionsförderungsmaßnahmen	0		0	100.000	0
Summe der investiven Einzahlungen	**210.000**		**340.000**	**100.000**	**0**
Auszahlungen					
für Erwerb von Grundstücken u. Gebäuden	200.000	100.000	100.000	0	0
für Baumaßnahmen	780.000	800.000	600.000	300.000	0
für Erwerb von beweglichem Vermögen	0	50.000	200.000	80.000	10.000
sonstige Investitionsauszahlungen	0		0	0	0
Summe der investiven Auszahlungen	**980.000**	**950.000**	**900.000**	**380.000**	**10.000**
Saldo Investitionstätigkeit PB Schule	**–870.000**		**–560.000**	**–280.000**	**–10.000**

403 Wünschenswert wäre es, wenn der Gesetzgeber ausdrücklich diese Mittelverschiebung als nicht überplanmäßig deklariert hätte. Dies hat er z. B. im Verfahren der unechten Deckungsfähigkeit gemäß § 13 Abs. 3 GemHVO-Doppik sachgerecht ausgewiesen.

Übersicht Investitionsmaßnahmen	Ansatz 2021	VE 2021	Planung 2022	Planung 2023	Planung 2024
Maßnahmen oberhalb der Wertgrenze					
Einzahlung: Landeszuweisung Schule Nord	50.000		50.000	0	0
Auszahlung: für Grunderwerb Schule Nord	100.000	0	0	0	0
Auszahlung: Baumaßnahme Schule Nord	400.000	300.000	300.000	0	0
Saldo Investitionsmaßnahme Schule Nord	–450.000		–250.000	0	0
Einzahlung: Landeszuweisung Schule Süd	150.000		250.000	0	0
Auszahlung: für Grunderwerb Schule Süd	100.000	100.000	100.000	0	0
Auszahlung: Baumaßnahme Schule Süd	380.000	500.000	300.000	300.000	0
Auszahlung: bewegl. Vermögen Schule Süd	0	50.000	190.000	70.000	0
Saldo Investitionsmaßnahme Schule Süd	–330.000		–340.000	–370.000	0
Saldo	**–780.000**		**–590.000**	**–370.000**	**0**
Maßnahmen unterhalb der Wertgrenzen					
Summe der investiven Einzahlungen	**0**	**0**	**0**	**100.000**	**0**
Summe der investiven Auszahlungen	**0**	**10.000**	**10.000**	**10.000**	**10.000**
Saldo	**0**	**–10.000**	**–10.000**	**90.000**	**–10.000**

Dabei ist festzustellen, dass die Übersicht der (Einzel-)Investitionsmaßnahmen Teil des Haushaltsplans ist und demnach verbindliche Planansätze enthält. Steigen z. B. die Auszahlungen für die Baumaßnahme Schule Nord in 2021 von 400.000 € auf 420.000 €, entsteht bereits eine überplanmäßige Auszahlung in Höhe von 20.000 €. Falls die Gemeinde eine flexible Haushaltsführung mit Vermeidung von überplanmäßigen Auszahlungen bei den einzelnen Investitionsmaßnahmen erreichen will, sollte sie die Planermächtigungen (Planansätze) der Einzelmaßnahmen mit einem Deckungsvermerk nach § 14 Abs. 3 GemHVO-Doppik einstellen, sodass dann die gegenseitige Deckungsfähigkeit herbeigeführt wird.[404]

18.6.3 Verhältnis zur Nachtragshaushaltssatzung und zu anderen Bereitstellungsmöglichkeiten für Mehraufwendungen und Mehrauszahlungen

Über- und außerplanmäßige Mehraufwendungen und Mehrauszahlungen stellen Abweichungen von der betraglichen Bindung des Haushaltsplanes dar. Diese zusätzlichen Mittelbedarfe kommen in der Praxis immer wieder vor, weil bei Aufstellung des Haushaltsplanes eine Reihe von Ansätzen nur geschätzt werden kann. Auch bei weitgehend vorausberechenbaren Ansätzen entstehen Mehraufwendungen und Mehrauszahlungen, weil der Haushaltsplan bereits etwa Mitte des Vorjahres aufgestellt wird und bei einem Zeitraum von 18 Monaten auch bei diesen Ansätzen unvorhergesehene Veränderungen eintreten können. Diesen Tatsachen hat auch die Kommunalverfassung Rechnung getragen, indem sie ein formelles Verfahren zur Bereitstellung von über-

404 Auf die eventuelle Notwendigkeit eines vorrangigen Pflichtnachtrags gemäß § 48 Abs. 2 KV M-V wird bei allen Beispielen nicht eingegangen.

und außerplanmäßigen Aufwendungen bzw. Auszahlungen vorsieht, welches weiter unten noch ausführlich darzustellen ist.

Im Kapitel 20 wird dargestellt, dass bestimmte Mehraufwendungen bzw. Mehrauszahlungen nicht nach dem oben angedeuteten Verfahren, sondern nur durch Nachtragshaushaltssatzung bereitgestellt werden können. Im Kapitel 13 wurden als unechte und echte Deckungsfähigkeiten zwei einfache Bereitstellungsverfahren als Auswirkung der Budgetierung auf der Ebene des Teilhaushaltes vorgestellt. Diese Vielzahl von Deckungsmöglichkeiten für Mehraufwendungen und Mehrauszahlungen erfordert eine sinnvolle Prüffolge, um die Bereitstellung der zusätzlichen Ermächtigungen prüfen zu können.

Die Frage nach der Reihenfolge des Einsatzes der Bereitstellungsverfahren wird nach dem Verwaltungsaufwand und dem Sinn der Vorschriften entschieden. Es ist natürlich wirtschaftlicher, ein Verfahren ohne großen Verwaltungsaufwand zu wählen als evtl. sogar die Gemeindevertretung einzuschalten, damit diese die Mittel bewilligt. Für die Prüfung der Frage „Wie können die Mehraufwendungen bzw. Mehrauszahlungen bei der Buchungsstelle (Planposition) bereitgestellt werden?“ bietet sich deshalb die nachstehend aufgeführte und begründete Reihenfolge der Bereitstellungsarten an. Dabei ist die Reihenfolge der Arbeitsphasen a) und b) nicht zwingend. Beide Verfahren können gleichermaßen vom Budget- oder Haushaltsverantwortlichen ohne Einschaltung der Kämmerei angewendet werden, sodass je nach den Deckungsmöglichkeiten der Verfahrenseinsatz gewählt wird. Insofern kann die echte Deckungsfähigkeit (b) auch vor der unechten Deckungsfähigkeit (a) in Anspruch genommen werden.

a) Mittelbereitstellung auf Grund eines Zweckbindungsvermerks gemäß § 13 GemHVO-Doppik oder aus der Natur der Erträge bzw. Einzahlung (unechte Deckungsfähigkeit)

Erträge bzw. Einzahlungen sind auf die Verwendung für bestimmte Aufwendungen bzw. Auszahlungen beschränkt, soweit dafür eine rechtliche Verpflichtung z. B. aus Vertrag, Verwaltungsakt, Gesetz oder aus anderen Gründen besteht. Eines Haushaltsvermerkes bedarf es für diese Fälle nicht. Ergibt sich aus der Natur der Erträge oder aus dem sachlichen Zusammenhang eine Zweckbindung, ist durch einen entsprechenden Haushaltsvermerk abzusichern, dass die Erträge auf die Verwendung für bestimmte Aufwendungen beschränkt werden. Außerdem kann bei sachlich engem Zusammenhang durch Haushaltsvermerk bestimmt werden, dass Mehrerträge bestimmte Aufwendungsermächtigungen bzw. Mehreinzahlungen bestimmte Auszahlungsermächtigungen erhöhen. Ein formelles Bereitstellungsverfahren und damit ein besonderer Verwaltungsaufwand sind in diesen Fällen nicht erforderlich, so dass diese Art der Bereitstellung von zusätzlichen Ermächtigungen gleichrangig mit der echten Deckungsfähigkeit zu prüfen ist. Voraussetzungen für die Anwendung sind die Zweckbindung kraft Gesetz bzw. der genannte Vermerk im Haushaltsplan und den Planansatz bei der Buchungsstelle übersteigende Erträge bzw. Einzahlungen.

b) Echte Deckungsfähigkeit aufgrund § 14 GemHVO-Doppik

Einsparungen bei deckungspflichtigen Aufwendungspositionen können für Mehraufwendungen bei deckungsberechtigten Aufwendungspositionen verwendet werden.

Voraussetzung dafür ist, dass die in Frage kommenden Planpositionen sich in einem gemeinsamen Teilhaushalt befinden bzw. ein Deckungsvermerk im Haushaltsplan ausgewiesen wurde und kein die Deckungsfähigkeit ausschließender Vermerk vorhanden ist. Dieses Verfahren ist gleichrangig mit der unechten Deckungsfähigkeit anwendbar. Die Bearbeitung bleibt aber immer bis zur Entscheidungsfindung beim Fachamt/Fachbereich, sodass die echte Deckungsfähigkeit – wie gleich näher festzustellen ist – weniger aufwändig ist als die nachstehenden Verfahren. Das gleiche Verfahren ist bei der Deckungsfähigkeit von Auszahlungen anzuwenden.

c) Bewilligung von überplanmäßigen Aufwendungen bzw. Auszahlungen (§ 50 KV M-V) bzw. Pflichtnachtragshaushaltssatzung (§ 48 Abs. 2 KV M-V)

Außerplanmäßige Aufwendungen bzw. Auszahlungen können jedoch nicht nach diesem Schema abgehandelt werden können. Solche zusätzlichen Ermächtigungen können nicht in den Verfahren zu a) und b) bereitgestellt werden. Sie erfordern eine ausschließliche Bearbeitung nach § 50 oder § 48 Abs. 2 KV M-V, weil die vorgenannten Verfahren immer eine Haushaltsposition mit entsprechenden Haushaltsvermerken bzw. eine durch die Bildung der Teilhaushalte erreichte Budgetierung ohne einschränkenden Haushaltsvermerk voraussetzen.

Können die unechten oder echten Deckungsfähigkeiten nicht ausgenutzt werden, verbleibt nur die Bereitstellung als überplanmäßige Aufwendung bzw. Auszahlung. Dazu – und dies wird noch ausführlich zu erläutern sein – hat das mittelbewirtschaftende Fachamt (der Fachbereich) in der Regel einen Bewilligungsantrag an die Kämmerei zu richten. Die Entscheidung über die Bewilligung trifft grundsätzlich die Gemeindevertretung, sofern in der Hauptsatzung keine abweichende Regelung nach § 22 Abs. 4 Satz 1 Nr. 2 KV M-V getroffen wurde. Nach § 48 Abs. 2 KV M-V kann bei bestimmten Aufwendungen bzw. Auszahlungen sogar vorrangig die Pflicht zur Nachtragshaushaltssatzung bestehen. Gegenüber der echten und unechten Deckungsfähigkeit tritt somit der Bearbeitungsvorgang erstmals aus dem Bereich des Fachamtes (Fachbereich) heraus und wird deutlich komplizierter, sodass dieses Verfahren nachrangig zu prüfen ist.

Diese Nachrangigkeit gilt auch, wenn die Entscheidungskompetenz für Fälle von unerheblicher Bedeutung vom Bürgermeister auf einen Bediensteten des Fachamtes (z. B. den Fachbereichsleiter oder den Budgetbeauftragten) übertragen ist. Es ist nämlich auch dann ein formelles Verfahren mit Prüfung bestimmter Tatbestandsmerkmale und förmlicher Ermächtigungsbereitstellung notwendig, das gegenüber der Ausnutzung von Haushaltsvermerken bzw. der Deckungsfähigkeit innerhalb eines Budgets wesentlich aufwändiger ist.

d) freiwillige Nachtragshaushaltssatzung (§ 48 Abs. 1 KV M-V)

Die aufwändigste Bereitstellungsmöglichkeit für Mehraufwendungen bzw. Mehrauszahlungen ist die freiwillige Nachtragshaushaltssatzung mit Nachtragshaushaltsplan, weil hierfür gemäß § 48 Abs. 1 Satz 2 KV M-V das gesamte formelle Verfahren des § 47 KV M-V durchzuführen ist. Deshalb wird in der Praxis zur Bereitstellung einer einzelnen Mehraufwendung bzw. Mehrauszahlung wohl kaum eine solche Nachtragshaushaltssatzung erlassen werden. Wenn die Gemeinde jedoch aus anderen Gründen zeitgleich eine Nachtragshaushaltssatzung vorbereitet, kann eine einzelne Mehraufwendung bzw. Mehrauszahlung natürlich eingebaut werden, was dann wiederum effizienter als das Verfahren zu c) wäre.

18.6.4 Bewilligung von über- und außerplanmäßigen Aufwendungen und Auszahlungen

18.6.4.1 Ermittlung der Höhe der benötigten zusätzlichen Ermächtigung

Der Ausgangspunkt für das Bewilligungsverfahren einer Mehraufwendung bzw. Mehrauszahlung nach § 50 KV M-V ist die Feststellung der Höhe des über- bzw. außerplanmäßigen Bedarfs. Grundlage ist zunächst der Aufwendungs- bzw. Auszahlungsbedarf bis zum Ende des Haushaltsjahres. Weiß die Verwaltung z. B. im August des Haushaltsjahres bereits, dass die Haushaltsmittel bereits erschöpft sind und noch eine Handwerkerrechnung über 20.000 € vorliegt sowie eine weitere Rechnung über 10.000 € im Dezember zu begleichen sein wird, so ist der zusätzliche Aufwendungsbedarf auf 30.000 € festzusetzen. Der augenblickliche Bedarf ist nicht maßgebend. Dies ergibt sich allein schon aus dem Prinzip der Jährlichkeit (Haushaltswirtschaft für ein Jahr), welches dem gesamten Haushaltsrecht zugrunde liegt.

§ 50 Abs. 3 KV M-V bestätigt für die über- und außerplanmäßigen Aufwendungen und Auszahlungen diesen Grundsatz aus spezieller Sicht, weil danach sogar Maßnahmen, die später über- oder außerplanmäßige Aufwendungen bzw. Auszahlungen verursachen könnten, einer Bewilligung nach § 50 KV M-V bedürfen. Aufträge usw. dürfen also erst erteilt werden, wenn die haushaltsrechtliche Ermächtigung vorliegt. Somit muss bei einem über- bzw. außerplanmäßigen Bedarf die Zustimmung vor der Auftragserteilung usw. vorliegen. Das zuweilen in der Praxis geübte Verfahren, in Teilbeträgen Mehraufwendungen bzw. Mehrauszahlungen bereitzustellen, obwohl zumindest in etwa der Gesamtbedarf feststeht, ist somit unzulässig.

Bei außerplanmäßigen Finanzvorfällen entspricht der Bereitstellungsbedarf zwangsläufig dem Volumen des Finanzvorfalles. Bei einer überplanmäßigen Aufwendung oder Auszahlung berechnet sich der Bereitstellungsbedarf auf Grund des nachstehenden Berechnungsschemas für Aufwendungen, wobei natürlich auf die einzelne Buchungsstelle (Haushaltsposition) abzustellen ist. Die konkreten Werte sind anhand der Haushaltsüberwachung zu ermitteln (siehe dazu Kapitel 18.2.3).

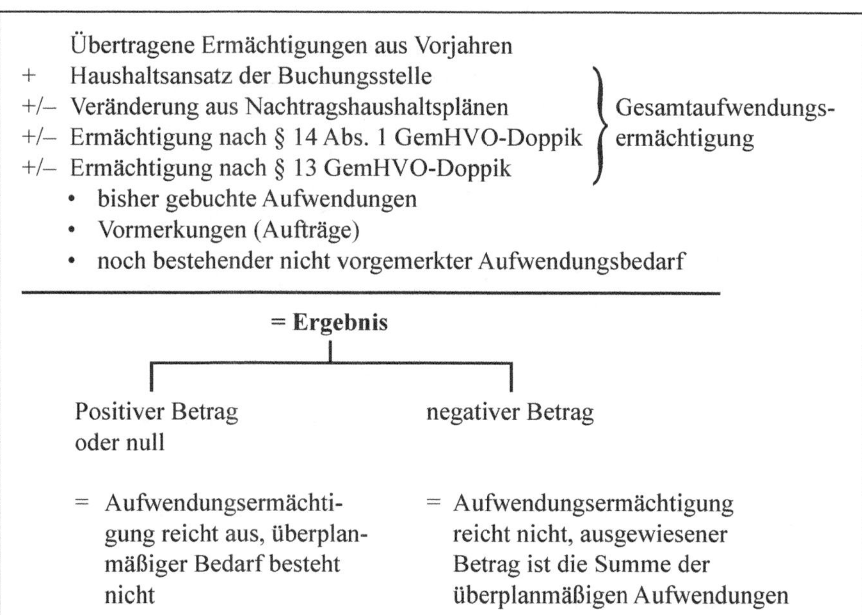

Dieses Berechnungsschema kann im gleichen Maße für den Auszahlungsbereich eingesetzt werden.

18.6.4.2 Voraussetzungen für die Bewilligung

Die Bewilligung von über- und außerplanmäßigen Aufwendungen oder Auszahlungen ist gemäß § 50 Abs. 1 Satz 1 KV M-V nur zulässig, wenn die Aufwendungen oder Auszahlungen unabweisbar und unvorhergesehen sind und die Deckung gewährleistet ist. Diese unmittelbaren Voraussetzungen sind aber nur dann zu prüfen, wenn nicht eine vorrangige Pflicht zur Nachtragshaushaltssatzung gemäß § 48 Abs. 2 KV M-V besteht oder eine überplanmäßige Bewilligung wegen der Art der Haushaltsposition (siehe § 10 GemHVO-Doppik) ausscheidet. Aus diesem Grunde erfolgt eine Bewilligungsprüfung jeweils im Ablauf der nachstehend noch einmal aufgezeigten Stufen, die in der Reihenfolge „von links nach rechts“ zu behandeln sind.

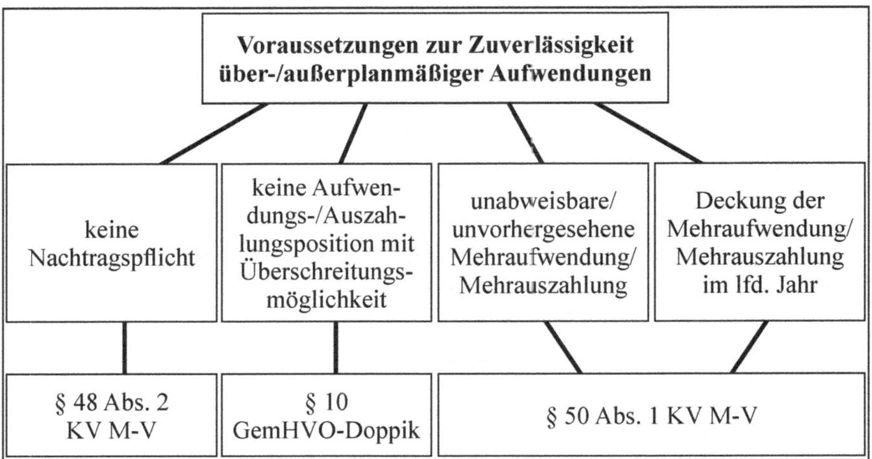

Zu beachten ist, dass sämtliche Voraussetzungen vorliegen müssen. Die einzelnen Stufen bedürfen einer eingehenden Erläuterung.

a) **Pflichtnachtragshaushaltssatzung**
Eine Pflichtnachtragshaushaltssatzung ist bei bisher nicht veranschlagten oder zusätzlichen Aufwendungen oder Auszahlungen in den Fällen des § 48 Abs. 2 Nr. 3 und 4 KV M-V erforderlich (siehe auch Verweis in § 50 Abs. 4 KV M-V). Liegen die Tatbestandsmerkmale dieser Bestimmungen vor, kann das Verfahren nach § 50 KV M-V nicht angewandt werden. Insofern ist § 48 Abs. 2 KV M-V gegenüber § 50 KV M-V vorrangig anzuwenden. Zur Erläuterung der Pflichtnachtragshaushaltssatzung siehe Kapitel 20.

b) **Nicht überschreitbare Haushaltspositionen**
Bei Verfügungsmitteln sind überplanmäßige Aufwendungen bzw. Auszahlungen gemäß § 10 GemHVO-Doppik unzulässig. Der Gesetzgeber will die zweckfreien Verfügungsmittel in ihrer Höhe möglichst geringhalten, um die Einzelveranschlagung zu betonen. Deshalb darf die einmal geschaffene Haushaltsermächtigung (Planposition) nicht überschritten werden. Außerdem sind die „persönlichen Mittel" des Bürgermeisters besonders zu überwachen und können deshalb nicht im einfachen Verfahren nach § 50 KV M-V bereitgestellt werden, wo unter bestimmten Voraussetzungen – siehe weiter unten – nicht einmal die Gemeindevertretung einzuschalten ist, sondern die Verwaltung durch den Bürgermeister entscheiden kann. Entsprechendes gilt für die Deckungsreserve.

c) **Unabweisbarkeit und Unvorhersehbarkeit der Mehraufwendung oder Mehrauszahlung**
Erst wenn die bei a) und b) zu prüfenden Tatbestände nicht vorliegen, wird der Weg zum eigentlichen Bewilligungsverfahren der über- und außerplanmäßigen Bereitstellung frei. Dabei ist zunächst die Unabweisbarkeit zu prüfen.

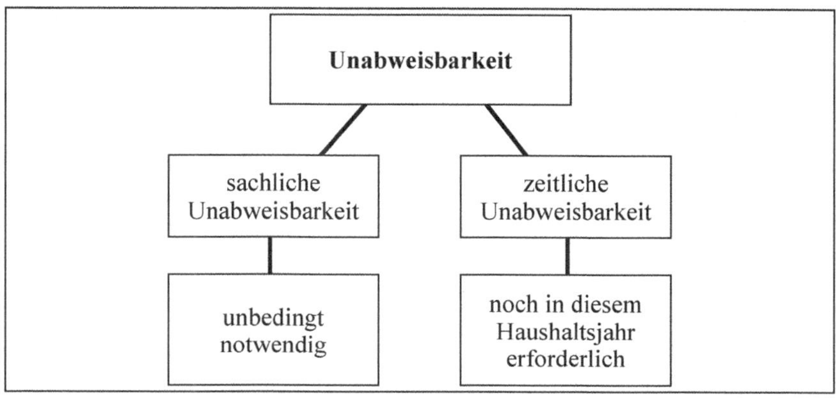

Eine Aufwendung oder Auszahlung ist unabweisbar, wenn sie sich aus der Aufgabenerfüllung der Gemeinde zwingend ergibt, also ein Rechtsanspruch besteht, ein dringendes sachliches Bedürfnis zur Erfüllung der Aufgabe besteht und eine Verschiebung der Aufwendungen bzw. Auszahlungen auf einen Zeitpunkt, zu dem Haushaltsmittel hierfür zur Verfügung stehen, nicht möglich ist oder wirtschaftlich unzweckmäßig wäre. Diese Definition ist im Wortlaut so eindeutig, dass sie ohne größeren Kommentar verwendet werden kann. Sie wird außerdem in der praktischen Anwendung bei den Übungen zu diesem Kapitel im Einzelnen umgesetzt.
Lediglich der Begriff „wirtschaftlich" ist näher zu betrachten, weil er auch gesamtwirtschaftliche Aspekte beinhalten kann, und die Gemeinde hat auf das gesamtwirtschaftliche Gleichgewicht Rücksicht zu nehmen. So wäre z. B. eine Mehraufwendung oder Mehrauszahlung auch dann unabweisbar, wenn eine Kanalbaumaßnahme aus konjunkturellen Gründen zeitlich vorgezogen würde, obwohl nach dem Zustand des Kanalnetzes diese Investition erst im kommenden Jahr erforderlich wäre. Bei der angespannten Finanzlage der Gemeinden und der Vorrangigkeit der zeitlich anstehenden Maßnahmen wird ein solches Verhalten sicherlich die Ausnahme sein, es sei denn, dass der Staat sich an den Aufwendungen bzw. Auszahlungen durch Zuwendungen beteiligt.
Der Begriff „Unabweisbarkeit" wird in der Praxis als Bewilligungsvoraussetzung zum Teil sehr weit ausgelegt. Dies gilt vor allem im Bereich der freiwilligen Aufgaben, wo die Unabweisbarkeit als Folge der politischen Vorgaben (Beschlüsse der kommunalen Vertretung u. Ä.) entsteht. Entscheidungen ohne Alternativen gibt es dagegen vor allem bei gesetzlichen oder vertraglichen Bindungen (z. B. Personalaufwendungen, Leistungen der Sozialhilfe, Begleichung von Energiekosten).
Neben der Unabweisbarkeit ist die Unvorhersehbarkeit als weitere Voraussetzung zu prüfen. Der Begriff „Unvorhersehbarkeit" bedeutet sinngemäß, dass die Aufwendung oder Auszahlung nicht planbar oder auch nicht abschätzbar sein durfte.
Diese Formulierung bringt in der Praxis insbesondere bei überplanmäßigen Aufwendungen oder Auszahlungen Probleme mit sich. Sie verhindert theoretisch, dass Fehler in der Planung (z. B. eine vorhersehbare, aber schlicht übersehene tarifliche

Steigerung der Personalaufwendungen) mit der Zustimmung zu einer überplanmäßigen Aufwendung oder Auszahlung geheilt werden können.

d) **Deckung der Mehraufwendungen bzw. Mehrauszahlungen im laufenden Jahr**
Die über- bzw. außerplanmäßige Mehraufwendung oder Mehrauszahlung darf nur geleistet werden, wenn der Haushalt diese zusätzlichen Aufwendungen bzw. Auszahlungen tragen kann. An einer anderen Stelle im Haushalt müssen somit Deckungsmittel vorhanden sein, die für den über- und außerplanmäßigen Bedarf einsetzbar sind. Dies kann sich wegen des Grundsatzes der Jährlichkeit nur auf das laufende Haushaltsjahr beziehen und nicht darüber hinausgehen. Da die Deckung im selben Haushaltsjahr gewährleistet sein muss, kann auf der anderen Seite z. B. eine Mehraufwendung oder Mehrauszahlung im März des Jahres durch eine zu erwartende Deckung gegen Ende des Haushaltsjahres finanziert werden. Die Bereitstellung entsprechender Deckungsmittel muss unabhängig von der Höhe der Mehraufwendungen oder Mehrauszahlung erfolgen.
Es bestehen unterschiedliche Rechtsauffassungen, ob Mehraufwendungen oder Mehrauszahlungen bei einem insgesamt unausgeglichenen Haushalt zulässig sind. Soweit dies verneint wird, stellt man auf die nicht bestehende Möglichkeit ab, eine Deckung aus dem Haushalt wegen der Unterdeckung insgesamt zu erzielen. Nach Auffassung der Verfasser besteht die Möglichkeit der Deckung jedoch sehr wohl auch bei unausgeglichenen Haushaltsplänen, sofern eine konkrete Einsparung oder ein Mehrertrag bzw. eine Mehreinzahlung bei anderen Planpositionen gegeben ist. Die Gemeinde muss sich ja innerhalb ihres – wenn auch unausgeglichenen – Haushaltsplanes bewegen können. Dies gilt selbst bei Gemeinden mit Haushaltssicherungskonzepten.
Die Deckungsmöglichkeiten stellen sich im Überblick wie folgt dar:

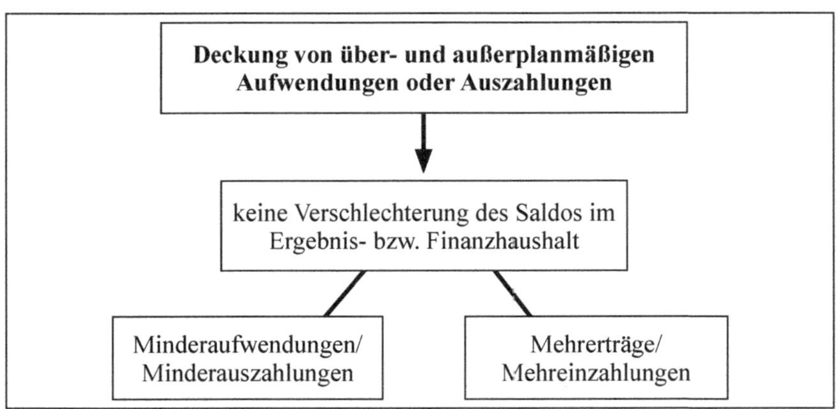

Die Regelung stellt auf den Grundsatz des Haushaltsausgleichs ab (§ 43 Abs. 6 KV M-V). Zusätzliche Ermächtigungen dürfen somit nicht die Salden der Ergebnis- oder Finanzrechnung ändern. Dies kann durch die nachstehend erläuterten Maßnahmen erreicht werden, wobei immer zu beachten ist, dass in der Regel eine zusätzliche Ermächtigung von Aufwendungen zusätzliche Auszahlungsermächtigungen bedingt, weil diese in den meisten Fällen eine nachgehende Zahlung zur Folge haben.[405]

Die erste Deckungsmöglichkeit stellen die **Minderaufwendungen** im Ergebnishaushalt bzw. **Minderauszahlungen** im Finanzhaushalt bei anderen Buchungsstellen (Planpositionen) dar. Diese Einsparungen können für Mehraufwendungen bzw. Mehrauszahlungen an anderer Stelle verwendet werden. Dies gilt unabhängig von der Zuordnung zu den Teilergebnishaushalten gemäß § 12 GemHVO-Doppik (Grundsatz der Gesamtdeckung). Auch wenn die Gemeinde mehrere Teilhaushalte gebildet hat, können Einsparungen aus anderen Teilhaushalten aus haushaltsrechtlicher Sicht herangezogen werden. Allerdings widerspricht dies in der Praxis dem Gedanken einer dezentralen Budgetverantwortung, die Grundlage für die Bildung von Teilhaushalten sein sollte. In diesen Fällen sollte zunächst die Deckung im eigenen Teilhaushalt gesucht werden; nur im Ausnahmefall ist teilhaushaltübergreifend zu finanzieren, wenn ein gesamtgemeindliches Interesse überwiegt.

Einsparungen bei Aufwendungen oder Auszahlungen, denen zweckgebundene Erträge oder Einzahlungen gegenüberstehen, können dagegen nur dann in Anspruch genommen werden, wenn die zweckgebundenen Erträge oder Einzahlungen auch sachgerecht abgewickelt werden können und nicht im Verfahren nach § 15 Abs. 4 GemHVO-Doppik bzw. § 36 Abs. 2 GemHVO-Doppik über die Aufwand- oder Auszahlungsseite ins nächste Jahr zu übertragen bzw. in den passiven Rechnungsabgrenzungsposten einzustellen sind.

Werden aus dem Vorjahr übertragene Ermächtigungen (sog. „Haushaltsreste") ganz oder teilweise für ihren eigentlichen Zweck nicht mehr benötigt, können sie als Aufwands- oder Auszahlungseinsparungen eingesetzt werden. Auch diese stehen in der Gesamtdeckung nach § 12 GemHVO-Doppik. Dies ist auch darin begründet, dass aufgrund der im Vorjahr nicht ausgeschöpften Aufwendungs- oder Auszahlungsermächtigungen eine Verbesserung der Salden im Vorjahr herbeigeführt wurde (Verbesserung des Haushaltsausgleichs), die zunächst zu einer Verschlechterung der Salden im neuen Jahr führt. Bezieht man beide Jahre ein, erfolgt jedoch ein entsprechender Saldenausgleich.

Die Einsparungen müssen auf das Jahresende ausgerichtet sein. Das bedeutet, dass die Beträge nicht nur zur Zeit des über- bzw. außerplanmäßigen Bedarfs „frei" sind, sondern auch bis zum Jahresende nicht benötigt werden. Dazu zählt auch, dass sie nicht als im kommenden Haushaltsjahr benötigt werden und somit keine Ermächtigungsübertragung erfolgen soll. Die Inanspruchnahmen sind vom Fachamt nachzuhalten und entsprechend im Rahmen der Haushaltsüberwachung zu berücksichtigen, damit eine weitere Verwendung ausgeschlossen wird.

Die zweite Deckungsmöglichkeit stellen **Mehrerträge** im Ergebnishaushalt bzw. **Mehreinzahlungen** im Finanzhaushalt dar. Im Rahmen der Gesamtdeckung können solche Erträge bzw. Einzahlungen, die bisher nicht eingeplant sind, zusätzlich für nicht vorgesehene Mehraufwendungen bzw. Mehrauszahlungen verwendet

405 Dies ist allerdings bei einzelnen Aufwendungen (wie z. B. bei Abschreibungen, Aufwendungen mit Gegenbuchung zu Rückstellungen oder Aufwendungen mit Zahlung in späteren Jahren) nicht der Fall.

werden. Zweckgebundene Mehrerträge bzw. Mehreinzahlungen, die für entsprechende Mehraufwendungen bzw. Mehrauszahlungen zu verwenden sind, können zwangsläufig nicht im Rahmen der Gesamtdeckung nach § 12 GemHVO-Doppik eingesetzt werden.

Das doppische Haushaltsrecht sieht als zusätzliche Möglichkeit zur Deckung über- und außerplanmäßiger Aufwendungen und entsprechender Auszahlungen die Inanspruchnahme einer **Deckungsreserve** vor. Da die Gemeinden bereits bei Aufstellung der Haushaltspläne aus Erfahrung wissen, dass im Laufe des Jahres nicht veranschlagte Mehrbeträge anfallen werden, aber die Ansätze dafür noch nicht im Voraus bekannt sind, könnte für solche Fälle vorsorglich ein Betrag als Deckungsreserve in den Haushalt eingestellt werden. Diese Deckungsreserve wäre dann ein zweckfreier Planansatz im Ergebnishaushalt bzw. Finanzhaushalt und könnte demnach für alle Mehrbelastungen im Ergebnishaushalt herangezogen werden. Insofern wäre eine solche Veranschlagung auch im kommunalen Finanzmanagement bei der Kämmerei beim Produktbereich 61 denkbar, getrennt nach Ergebnis- und Finanzhaushalt.

Die Deckungsmöglichkeiten stehen rechtlich gleichrangig nebeneinander. Aus Gründen der Sparsamkeit (§ 43 Abs. 4 KV M-V) sollten jedoch zunächst Aufwendungs- bzw. Auszahlungseinsparungen herangezogen werden.

Die Vorschrift über die unabdingbare Deckungspflicht in § 50 Abs. 1 Satz 1 KV M-V stößt in Praxis und Literatur[406] seit Jahren auf heftige Kritik. Ist nämlich eine Mehraufwendung oder Mehrauszahlung unabweisbar, muss die Gemeinde sie leisten, auch wenn eine Deckung nicht vorhanden ist. Müssen z. B. Beamtengehälter oder Sozialhilfeleistungen überplanmäßig aufgewendet und bezahlt werden, ohne dass die Gemeinde die Mehrbeträge decken kann, darf die Zahlung nicht mit Hinweis auf § 50 Abs. 1 Satz 1 KV M-V verweigert werden. Vorrangige Rechtsnormen verlangen die Auszahlung dieser Beträge, unabhängig von ihrer haushaltsmäßigen Deckung (siehe dazu auch § 46 Abs. 6 Satz 3 KV M-V, der ausdrücklich auf die Unverbindlichkeit des Haushaltsplans im Außenverhältnis verweist). Insofern kann die **„Muss-Vorschrift“** des § 50 Abs. 1 Satz 1 KV M-V nicht immer umgesetzt werden. Die Normierung nimmt also bewusst in Kauf, dass die Gemeinden keine andere Wahl haben als im Einzelfall gegen das Gesetz zu verstoßen. Regelungsgerecht kann somit nur eine Soll-Vorschrift sein.[407]

406 Siehe dazu *Bernhardt/Erkes/Klümper/Schünemann/Schwingeler/Theisen*, Reform des kommunalen Haushaltsrechts, Gelsenkirchen 1991, Erläuterungen zu § 82 GO. Eine kritische Gesamtwürdigung aller Regelungen des § 83 GO enthält *Bernhardt*, Halten die Regelungen des NKF in Nordrhein-Westfalen den Anforderungen eines modernen kommunalen Finanzmanagements stand?, in: der gemeindehaushalt 2007 S. 97 ff.

407 Unverständlich ist, dass in § 50 Abs. 1 KV M-V hinsichtlich der Deckung wiederum eine Muss-Vorschrift enthalten ist. Eine Vorschrift, die den Rechtsverstoß in sich begründet, kann sich nicht bewährt haben. Zu beachten ist dabei, dass in anderen Bundesländern und selbst in § 37 Abs. 4 LHO M-V für den Landeshaushalt selbstverständlich eine Soll-Bestimmung hinsichtlich der Deckungspflicht enthalten ist.

18.6.4.3 Entscheidungsgremien

Wie in Kapitel 18.6.4.2 dargestellt, muss die Zulässigkeit über- und außerplanmäßiger Aufwendungen bzw. Auszahlungen beurteilt werden. Dies kann natürlich nur innerhalb der Gemeindeverwaltung geschehen und stellt – rechtlich gesehen – eine Entscheidung dar. In der Praxis wird von „Bewilligung" bzw. „Zustimmung" zur Leistung der Mehraufwendungen bzw. Mehrauszahlungen gesprochen. Dass diese Begriffe nicht immer den rechtlichen Anforderungen entsprechen, wird damit deutlich.

Die Entscheidung über überplanmäßige und außerplanmäßige und Mehrauszahlungen trifft grundsätzlich die Gemeindevertretung. § 22 Abs. 4 Nr. 2 KV M-V lässt allerdings eine Delegation der Entscheidung auf Bürgermeister und Hauptausschuss zu. Es ist dringend zu empfehlen, in der Hauptsatzung entsprechende Wertgrenzen festzulegen. Dadurch wird die Arbeitsfähigkeit der Verwaltung bei geringfügigen Abweichungen außerhalb der terminierten Sitzungen der Gemeindevertretung sichergestellt.

Beispiel für eine solche Regelung in der Hauptsatzung könnte sein:

> Über die über- und außerplanmäßigen Aufwendungen und Auszahlungen bis 10.000 € entscheidet der Bürgermeister, ab 10.000 € bis 25.000 € der Hauptausschuss.

18.6.4.4 Praktisches Beantragungs- und Bewilligungsverfahren

Der über-/außerplanmäßige Betrag wird vom mittelbewirtschaftenden Fachamt/Fachbereich festgestellt. Sobald der Bedarf ermittelt ist, also bereits vor der Auftragsvergabe und auch für Folgekosten der Maßnahme im selben Haushaltsjahr (§ 50 Abs. 3 KV M-V), muss eine über- bzw. außerplanmäßige Bewilligung beantragt werden. Dieses geschieht in der Regel mittels Antragsvordruck an die Kämmerei (Fachbereich Finanzen) als sachbearbeitende Stelle bzw. bei übertragenden Zuständigkeiten für unerhebliche Ermächtigungen an den zuständigen Bediensteten (z. B. an den Teilhaushalt-, Produkt- oder Budgetverantwortlichen). Dort werden die Voraussetzungen überprüft und die Entscheidung des Bürgermeisters eingeholt bzw. der erforderliche Beschluss der Gemeindevertretung oder des Hauptausschusses herbeigeführt. Bei einer Delegation der Zuständigkeit auf einen anderen Bediensteten entschiedet dieser. Die Entscheidung wird dem antragstellenden Fachamt/Fachbereich, der Gemeindekasse und evtl. dem Rechnungsprüfungsamt mitgeteilt. Erst dann kann der benötigte Betrag in Anspruch genommen bzw. in vertragliche Bindung gegeben werden. Das Verfahren führt – wie bereits mehrfach angedeutet – zur Möglichkeit einer Überschreitung der Aufwendungs- oder Auszahlungsplanermächtigung mit entsprechender Mittelfreigabe in der Haushaltsüberwachung in Höhe der bewilligten über- bzw. außerplanmäßigen Aufwendung bzw. Auszahlung. Eine Veränderung des Ansatzes auf der Buchungsstelle und damit im Haushaltsplan erfolgt nicht.

Entscheidet der Bürgermeister aufgrund einer entsprechenden Ermächtigung nach § 22 Abs. 4 Satz 1 Nr. 2 KV M-V, sollte er die nicht von der Gemeindevertretung bewilligten über- und außerplanmäßigen Aufwendungen und Auszahlungen diesem

Gremium im Rahmen der Berichtspflicht nach § 20 Abs. 1 GemHVO-Doppik zur Kenntnis zu bringen, damit die Gemeindevertretung über die gesamte Abwicklung des von ihr beschlossenen Haushaltsplans unterrichtet ist. Es empfiehlt sich, die Mehraufwendungen und Mehrauszahlungen i. d. R. vierteljährlich der Gemeindevertretung zur Kenntnis zu bringen, spätestens jedoch mit der Vorlage des Jahresabschlusses. Dieses geschieht regelmäßig in Form einer Liste, in der auch die Bedarfs- und Bewilligungsgründe dargestellt werden. In manchen Gemeinden erfolgen diese Informationen in jeder Sitzung der Gemeindevertretung im Rahmen eines feststehenden Tagesordnungspunktes. Es empfiehlt sich auch, die Informationen in das standardisierte Berichtswesen zu integrieren.

Das Verfahren einschließlich Beispiele für Anträge, Bewilligungsverfügungen und Entscheidungsgründe ist ausführlich in den Übungen zu diesem Kapitel dargestellt.

18.6.5 Deckung von überplanmäßigen Auszahlungen im folgenden Haushaltsjahr (unechter Haushaltsvorgriff) nach § 50 Abs. 2 KV M-V

Beim vorangehenden Gliederungspunkt wurde festgestellt, dass die Bewilligung von über- und außerplanmäßigen Auszahlungen nur dann zulässig ist, wenn beide Voraussetzungen des § 50 Abs. 1 Satz 1 KV M-V (Unabweisbarkeit/Unvorhersehbarkeit **und** Deckung der Mehrauszahlung) vorliegen. Im Investitionsbereich gibt es dazu in Bezug auf die Deckung zwar keine Ausnahme, jedoch eine Besonderheit gemäß § 50 Abs. 2 KV M-V. Unter bestimmten Voraussetzungen ist nämlich eine Deckung nicht im selben Haushaltsjahr, sondern auch im kommenden Jahr zulässig. Auf die Deckung im laufenden Jahr wird in diesen Fällen gänzlich verzichtet. Diese Bewilligung stellt also einen „Vorgriff" auf das nächste Haushaltsjahr dar.

Die Voraussetzungen des § 50 Abs. 2 KV M-V sind, bevor sie im Einzelnen näher besprochen werden, zusammengefasst darzustellen:

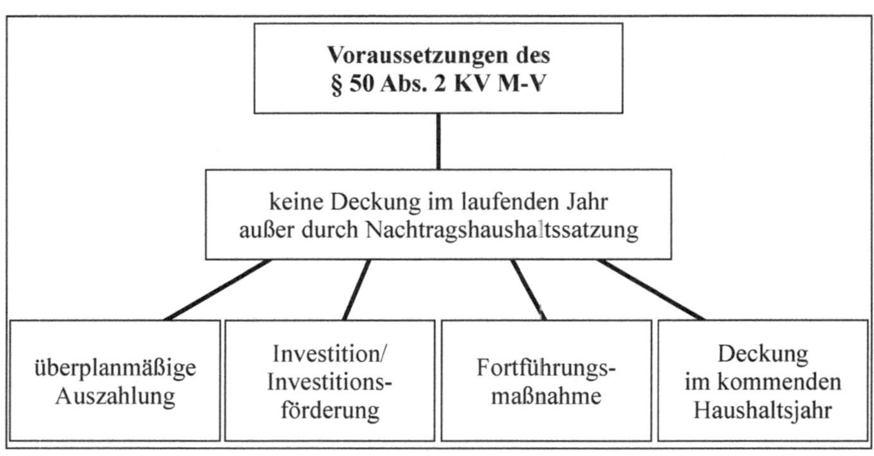

Aus der Vielzahl und der Strenge der Voraussetzungen wird ersichtlich, dass die Möglichkeit, die Deckung von Mehrauszahlungen ins nächste Haushaltsjahr zu verschieben, nur die Ausnahme sein kann. Sie dient praktisch dazu, die Gemeinde auch in angespannten Finanzsituationen nicht zur Einstellung begonnener Investitionen, vor allem im Bausektor, zu zwingen, wenn im kommenden Jahr die Mittel ohnehin zur Verfügung stehen werden. Da ausschließlich auf die Mittel der nächsten Periode abgestellt wird, bezeichnet man dieses Verfahren auch als „Haushaltsvorgriff".

Der Sinn des § 50 Abs. 2 KV M-V wird besonders bei den nachstehenden Erläuterungen der Bewilligungsvoraussetzungen deutlich.

a) **Keine Deckung im laufenden Jahr außer durch Nachtragshaushaltssatzung**
§ 50 Abs. 2 KV M-V kann bezüglich der Deckung nur als Ausnahme zu § 50 Abs. 1 Satz 1 KV M-V gewertet werden. Allein aus dem Grundsatz der Jährlichkeit des Haushaltsplanes ist ersichtlich, dass zunächst eine Deckung im laufenden Jahr herbeigeführt werden soll. Die Nachrangigkeit des Haushaltsvorgriffs gegenüber einer Deckung im laufenden Haushaltsjahr ergibt sich aber auch aus der Formulierung in § 50 Abs. 2 KV M-V „**auch dann** zulässig". Insofern ist bei der praktischen Anwendung vor einer Deckung im kommenden Jahr immer erst der Versuch einer Deckung im laufenden Haushaltsjahr zu unternehmen. Dabei ist die Gemeinde nicht verpflichtet, eine Deckung durch den Erlass einer Nachtragshaushaltssatzung herbeizuführen. Eine solche Finanzierung wäre ohnehin nur durch die Anhebung der Realsteuerhebesätze (Änderung des § 5 der Haushaltssatzung) möglich. Diese Maßnahme wäre auch bei der Möglichkeit eines Haushaltsvorgriffes unsinnig, sodass der Gesetzgeber zu Recht dieses Tatbestandsmerkmal in die Vorschrift hat einfließen lassen.

b) **Überplanmäßige Auszahlung**
Es muss sich um eine **über**planmäßige Auszahlung handeln (zum Begriff siehe Kapitel 18.6.2). Außerplanmäßige Auszahlungen sind somit von diesem Verfahren ausgeschlossen.
Diese Beschränkung auf überplanmäßige Auszahlungen ist jedoch unverständlich. Warum soll es einer Gemeinde verwehrt sein, auf die Finanzierung im nächsten Haushaltsjahr vorzugreifen, wenn es sich um eine außerplanmäßige Auszahlung handelt? Schließlich darf die Gemeinde diesen Haushaltsvorgriff nur durchführen, wenn Unabweisbarkeit besteht. Diese kann durchaus auch bei außerplanmäßigen Auszahlungen vorliegen.

Beispiel:
Plant z. B. die Gemeinde den Kauf eines neuen Fahrzeugs mit Kaufpreis in Höhe von 100.000 € im Januar 2022 (Planermächtigung ist für 2022 vorgesehen) und räumen alle Anbieter im Rahmen des Ausschreibungsverfahrens, welches aufgrund einer Verpflichtungsermächtigung im Haushaltsjahr 2021 durchgeführt wurde, einen 20%igen Rabatt bei Abnahme des Fahrzeuges bis zum 31.12.2021 ein, würde die Beschaffung aus wirtschaftlichen Gründen noch im Jahr 2021 unabweisbar sein. Hätte die Gemeinde noch Deckungs-

mittel in 2021, wäre eine außerplanmäßige Auszahlung zulässig. Wäre jedoch im Haushaltsjahr 2018 keine Deckung vorhanden, könnte ein Haushaltsvorgriff nach § 50 Abs. 2 KV M-V nicht erfolgen, da dieser nur überplanmäßige Mittelbereitstellungen zulässt. Es bestünde haushaltsrechtlich nur noch die Möglichkeit einer Mittelbereitstellung durch eine Nachtragshaushaltssatzung, was im Dezember jedoch allein aus zeitlichen Gründen ausscheidet. Die Gemeinde würde in diesem Beispiel aufgrund von haushaltsrechtlichen Vorschriften einen finanziellen Verlust von 20.000 € erleiden.

An diesem Beispiel wird deutlich, dass in Bezug auf das Tatbestandsmerkmal „überplanmäßige Auszahlung" eine wenig durchdachte Gesetzeslösung angeboten wird.[408]

c) Investition bzw. Investitionsförderungsmaßnahme

Die Mehrauszahlung muss bei einer Investition bzw. Investitionsförderungsmaßnahme anfallen. Eine Investition ist die Verwendung von Finanzmitteln für die Veränderung des Bestandes längerfristig dienender Vermögensgegenstände. Investitionsförderungsmaßnahmen liegen vor, wenn die Gemeinde Zuweisungen, Zuschüsse und Darlehen für Investitionen Dritter und für Investitionen bei den Sondervermögen mit Sonderrechnung gewährt.

Auch dieses Tatbestandsmerkmal ist nicht überzeugend gewählt. Es stellt sich nämlich die Frage, warum § 50 Abs. 2 KV M-V die Beschränkungen auf Investitionen und Investitionsförderungen vornimmt. Insofern ist zu überlegen, ob nicht weitere Aufwendungen und Auszahlungen in den Haushaltsvorgriff einzubauen sind. Dies würde die Flexibilität der kommunalen Finanzwirtschaft stärken, welche mit der willkürlichen Terminierung des Jahresabschlussstichtags (31. Dezember) konfrontiert wird.

Beispiel:

In Abwandlung des obigen Beispiels wäre es wirtschaftlich unverständlich, wenn das Vorziehen einer Gebäudesanierungsmaßnahme (z. B. für das Haushaltsjahr 2022 eingeplant, jedoch aufgrund weiterer witterungsbedingter Gebäudeschäden nunmehr unabweisbar im Dezember 2021 durchzuführen), an fehlenden Deckungsmitteln in 2018 scheitert, obwohl die Mittel in 2022 bereitstehen. Ein Haushaltsvorgriff kann nicht erfolgen, weil dieser gemäß § 50 Abs. 2 KV M-V lediglich für Investitionen zulässig ist, die Gebäudesanierung jedoch konsumtiver Natur ist.

Auch hier ist festzustellen, dass die Vorschrift wenig durchdacht ist, wobei wiederum auf die Anmerkung in der vorangehenden Fußnote verwiesen wird.

408 Es entsteht der Eindruck, dass kritiklos die frühere Vorschrift des § 52 KV M-V kameral übernommen wurde, wobei lediglich der Begriff „Ausgabe" durch „Auszahlung" ersetzt wurde. Der Gesetzgeber ist aufgefordert, eine sinnvolle Regelung zu installieren.

d) **Fortsetzungsmaßnahme**

Die Investition bzw. Investitionsförderungsmaßnahme muss im kommenden Jahr fortgesetzt werden. Fortsetzungsmaßnahmen fallen in der Praxis regelmäßig bei Baumaßnahmen an. Vor allem größere Projekte ziehen sich über das Ende des Haushaltsjahres hinweg, vielfach sogar über mehrere Jahre. Die Veranschlagung und Deckung der Auszahlungen (kassenwirksame Beträge) ist im Rahmen des Bauzeitenplanes oft sehr schwierig. Der Baufortschritt hängt von vielen Faktoren ab, die vor allem beim Wetter schwer zu kalkulieren sind. Erfolgt z. B. der Baufortschritt langsamer als geplant, sind am Jahresende noch Mittel des Planansatzes verfügbar. Diese werden dann erst im kommenden Haushaltsjahr benötigt. Gemäß § 15 Abs. 2 GemHVO-Doppik bleiben sie durch eine Ermächtigungsübertragung (Bildung eines Haushaltsrestes) auch der Haushaltswirtschaft des nächsten Jahres erhalten.

Geschieht die Abwicklung der Baumaßnahme zügiger als geplant, sind im Haushaltsjahr zur Begleichung der jetzt zusätzlich anfallenden Rechnungen überplanmäßige Auszahlungen erforderlich, die jedoch im Rahmen der Planung erst für das kommende Jahr vorgesehen sind. Damit solche, ja insgesamt finanzierte Investitionen wegen fehlender Deckung im einzelnen Haushaltsjahr nicht gestoppt werden müssen, was schließlich auch wirtschaftliche Nachteile für die Gemeinde mit sich bringen würde (Forderungen des Unternehmens bei Baustillstand, erneute Rüstkosten für die Baufortsetzung im kommenden Jahr usw.), hat der Gesetzgeber mit § 50 Abs. 2 KV M-V den Vorgriff auf Deckungsmittel des kommenden Jahres geschaffen. Der Haushaltsvorgriff ist praktisch das Gegenstück zur Ermächtigungsübertragung (Bildung von Haushaltsresten) nach § 15 GemHVO-Doppik.

Aus der Darstellung dieser Voraussetzung wird die Intention des Gesetzgebers für die Schaffung des § 50 Abs. 2 KV M-V sehr deutlich, die in den besonderen Fällen der Investitionsfortsetzungen den Grundsatz der Jährlichkeit zu Gunsten einer flexiblen Haushaltsführung zurücktreten lässt.

Allerdings muss auch bei diesem Tatbestandsmerkmal Kritik angemeldet werden. Die Beschränkungen auf „Fortsetzungsmaßnahmen" beengt das kommunale Finanzmanagement in einem nicht vertretbaren Umfang. Wie am Beispiel des Fahrzeugkaufes (oben: Buchstabe b) deutlich wird, würde der wirtschaftlich unabweisbare Kauf des Fahrzeuges auch am Tatbestandmerkmal „Fortsetzungsmaßnahme" scheitern, weil der Kauf in 2021 abgeschlossen und nicht fortgesetzt wird. Insofern ist zwar festzustellen, dass in der kommunalen Praxis sehr oft Fortsetzungsmaßnahmen vorliegen, jedoch der Ausschluss für abzuschließende Maßnahmen nicht nachvollziehbar und wirklichkeitsfremd ist.

Selbst bei Baumaßnahmen, bei denen ja vor allem die Regelung des § 50 Abs. 2 KV M-V greifen soll, wird die Unsinnigkeit dieses Tatbestandsmerkmales deutlich. Wird eine Baumaßnahme nämlich zügiger als erwartet abgewickelt und im Januar des nächsten Jahres (statt z. B. im März) fertiggestellt, liegt eine Fortsetzungsmaßnahme vor, und ein Haushaltsvorgriff wäre zulässig. Kann dagegen die Maßnahme noch zügiger abgewickelt werden, sodass sie im Dezember des laufenden Jahres beendet werden kann, würde keine Fortsetzungsmaßnahme bestehen.

Hier wäre ein Haushaltsvorgriff nicht zulässig, obwohl es wirtschaftlich geboten wäre, die Maßnahme zügig fertigzustellen.[409]

e) **Deckung im kommenden Haushaltsjahr**
Wie bereits in der Eingangsphase dargestellt, entfällt zwar die Deckung im laufenden Haushaltsjahr, sie wird jedoch durch eine Deckung im kommenden Jahr ersetzt, sodass der Grundsatz „Mehrauszahlungen dürfen nur bei einer vorhandenen Deckung geleistet werden" insgesamt erhalten bleibt.
Der in § 50 Abs. 2 KV M-V verwandte Begriff der Deckung ist mit dem in Absatz 1 derselben Vorschrift aufgeführten Wort „Deckung" identisch. Da Investitionen bzw. Investitionsförderungsmaßnahmen dem Finanzhaushalt zuzuordnen sind, verbleiben als mögliche Deckungen Mehreinzahlungen und Minderauszahlungen dieses Teilhaushaltes (siehe die grundsätzliche Darstellung der Deckungsmöglichkeiten in Kapitel 18.6.3). Der typische Fall der Deckung im Rahmen des § 50 Abs. 2 KV M-V ist die Einsparung bei derselben Planposition im kommenden Haushaltsjahr. Es findet dann ein „konkreter Haushaltsvorgriff" statt, weil die Investitionsauszahlungen sich insgesamt nicht erhöhen, sondern sich nur im Zeitablauf der Maßnahme verschieben. Die vorgesehenen Jahresbeträge sind aus der mittelfristigen Planung zu entnehmen.
Beispiel sei eine Baumaßnahme für die Grundschulen, die wegen der günstigen Witterungsbedingungen schneller als geplant abgewickelt werden kann.

Haushaltsjahr	**Ansatz laut Haushaltsplan €**	**tatsächliche Auszahlungsabwicklung €**
2021	4.000.000	4.200.000
2022	3.000.000	2.800.000
2023	1.000.000	1.000.000
Insgesamt	**8.000.000**	**8.000.000**

Der Gesamtbedarf bleibt erhalten, es verschieben sich lediglich die Teilbeträge, sodass innerhalb der Maßnahme die Deckung erfolgen kann (Mehrauszahlungen in 2021 werden durch Einsparungen in 2022 gedeckt). Kostenerhöhungen werden durch § 50 Abs. 2 KV M-V nicht aufgefangen. Der Gesamtbedarf darf nicht überschritten werden.

Wichtig ist noch einmal der deutliche Hinweis, dass die Deckung der Mehrauszahlung nach § 50 Abs. 2 KV M-V ausschließlich im **nächsten** Haushaltsjahr und nicht in anderen Jahren der Finanzplanung zu erfolgen hat.

Das praktische Bewilligungsverfahren stimmt mit dem nach § 50 Abs. 1 KV M-V vollständig überein. Lediglich ist die Deckung vom Fachamt (Fachbereich) besonders sorgfältig zu begründen und von der Kämmerei (Fachbereich Finanzen) bzw. bei Delegation vom zuständigen Bediensteten unter Einbeziehung der Gemeindekasse entsprechend zu überprüfen sowie nachzuhalten. Festzustellen ist jedoch, dass bei dieser Art der Deckung im laufenden Jahr eine Verschlechterung des Finanzsaldos eintreten

409 Es entsteht auch hier der Eindruck, dass kritiklos die Vorschrift des § 50 Abs. 2 KV M-V kameral übernommen wurde, wobei lediglich der Begriff „Ausgabe" durch Auszahlung" ersetzt wurde. Der Gesetzgeber ist aufgefordert, eine sinnvolle Regelung zu installieren.

wird, sodass evtl. Liquiditätskredite zur Zwischenfinanzierung aufgenommen werden müssen, die jedoch im nächsten Jahr durch die dann erfolgende Deckung der Zahlung wieder beseitigt wird. Die Bewilligungs- und Zustimmungserfordernisse gelten unverändert weiter.

18.6.6 Exkurs: Praxisgerechtes Gesamtprüfungsverfahren für die Bereitstellung von Mehraufwendungen und Mehrauszahlungen

Wie bereits bei den vorangegangenen Unterpunkten dieses Kapitels deutlich geworden ist, können Mehraufwendungen bzw. Mehrauszahlungen nach verschiedenen Verfahren bereitgestellt werden. Diese Verfahren sind jeweils für sich ausführlich vorgestellt und diskutiert worden. Für die Praxis und auch für die Klausurfertigung im Ausbildungsbereich soll an dieser Stelle eine schematische Gesamtdarstellung eines lückenlosen Subsumtions- bzw. Prüfungsschemas angeboten werden, mit dem alle Fragen des Inhalts „Wie können Mehraufwendungen bzw. Mehrauszahlungen bereitgestellt werden" abschließend zu prüfen sind.

Verfahren zur Bereitstellung von Mehraufwendungen/Mehrauszahlungen

1. **Vorliegen eines Bedarfs**
2. **Ermittlung der sachlich zuständigen Buchungsstelle (Haushaltsposition)**
3. **Ermittlung des Mehrbedarfs**
   Haushaltsansatz bei der Buchungsstelle
   - \+ Ermächtigungsübertragungen aus Vorjahren (Haushaltsreste)
   - +/– Veränderungen aus Nachtragshaushaltsplänen
   - +/– bisherige Veränderungen der Aufwendungs- bzw. Auszahlungsermächtigungen
   - – bisherige Inanspruchnahme durch Aufwendungen bzw. Auszahlungen
   - – Vormerkungen (Aufträge)
   - – noch bestehender nicht vorgemerkter Bedarf
   - = **Betrag der benötigten Mehraufwendungen bzw. Mehrauszahlungen (falls negativ)**
4. **Bereitstellung nach § 13 GemHVO-Doppik (Zweckbindung, unechte Deckungsfähigkeit)410**
   a) Besteht eine Zweckbindeung kraft Gesetz?
   b) Besteht ein zulässiger Haushaltsvermerk?
   c) Ist der Haushaltsvermerk uneingeschränkt (keine Einschränkung der unechten Deckungsfähigkeit)?
   d) Sind Mehrerträge bzw. Mehreinzahlungen vorhanden (notfalls Berechnung durchführen)?
   e) Rechtsfolge bei Vorliegen aller Voraussetzungen:

410 Die Arbeitsphasen 4 und 5 sind gleichrangig anwendbar und demnach austauschbar (siehe dazu Kapitel 18.6.3).

In Höhe der Mehrerträge bzw. Mehreinzahlungen kann der Ansatz für Aufwendungen bzw. Auszahlungen überschritten werden.

5. **Bereitstellung nach § 14 GemHVO-Doppik (echte Deckungsfähigkeit)**
   a) Befinden sich die deckungsberechtigten und deckungspflichtigen Positionen innerhalb eines gemeinsamen Teilhaushalts oder ist ein Deckungsvermerk angebracht?
   b) Ist die Deckungsfähigkeit nicht durch einen Haushaltsvermerk eingeschränkt?
   c) Tritt eine Einsparung bis zum Jahresende bei der deckungspflichtigen Planposition ein?
   d) Rechtsfolge bei Vorliegen aller Voraussetzungen:
   In Höhe der Einsparung bei der deckungspflichtigen Planposition kann eine Mehraufwendung bzw. Mehrauszahlung bei der deckungsberechtigten Haushaltsposition erfolgen.
6. **Überprüfung der Notwendigkeit einer Pflichtnachtragshaushaltssatzung nach § 48 Abs. 2 KV M-V**
   Scheidet eine Pflichtnachtragshaushaltssatzung aus?
7. **Bewilligung einer über- bzw. außerplanmäßigen Aufwendung bzw. Auszahlung nach § 50 KV M-V**
   a) Ist die Mehraufwendung bzw. Mehrauszahlung unabweisbar (sachlich und zeitlich) und war sie unvorsehbar?
   b) Kann die Mehraufwendung bzw. Mehrauszahlung im laufenden Haushaltsjahr gedeckt werden?
   b) Bei Mehrauszahlungen: Falls b) verneint wurde: Ist eine Deckung der Mehrauszahlung gemäß § 50 Abs. 2 KV M-V zulässig?
   c) Wer entscheidet in welchem Verfahren (Zuständigkeitsregelung in der Hauptsatzung, evtl. Eilentscheidung durch den Hauptausschuss) über die Bewilligung?
   d) Rechtsfolge bei Vorliegen der Voraussetzungen:
   Die überplanmäßige Aufwendung bzw. Auszahlung darf geleistet werden.
8. **Freiwillige Nachtragshaushaltssatzung mit Nachtragsplan nach § 48 Abs. 1 KV M-V**

18.6.7 Überplanmäßige Verpflichtungsermächtigungen

Gemäß § 54 Abs. 1 Satz 2 KV M-V sind auch überplanmäßige Verpflichtungsermächtigungen[411] zugelassen. Dies ist notwendig, weil auch gegenüber der Haushaltsplanung im Laufe eines Haushaltsjahres zusätzliche Verpflichtungen mit Zahlungen in den nächsten Jahren notwendig sein können.

Beispiel:
Im Haushaltsplan 2021 der Gemeinde G ist für die Beschaffung eines neuen Mehrzweckfahrzeuges für den Bauhof eine Verpflichtungsermächtigung in Höhe

411 Zum Begriff und zur Abwicklung der Verpflichtungsermächtigungen siehe Kapitel 14.

von 60.000 € veranschlagt. Die Bestellung soll in 2021, die Lieferung und die Zahlung sollen in 2022 erfolgen. Die durchgeführte beschränkte Ausschreibung hat ergeben, dass der wirtschaftlichste Bieter bei 61.000 € liegt. Zur Abwicklung der Bestellung wird somit eine überplanmäßige Verpflichtungsermächtigung in Höhe von 1.000 € notwendig.

Bei der Bewilligung der zusätzlichen Ermächtigung lehnt sich der Gesetzgeber an die Regelungen für über- und außerplanmäßige Aufwendungen bzw. Auszahlungen des § 50 KV M-V an. Überplanmäßige Verpflichtungsermächtigungen gemäß § 54 Abs. 1 Satz 2 KV M-V sind demnach zulässig, wenn sie unvorhersehbar und unabweisbar sind und die „Deckung“ im laufenden Jahr gewährleistet ist. Bei der Unabweisbarkeit ist wiederum auf die sachliche und zeitliche Notwendigkeit abzustellen. Die „Deckung“ wird dadurch gewährleistet, dass der in der Haushaltssatzung festgesetzte Gesamtbetrag der Verpflichtungsermächtigungen nicht überschritten wird. Das bedeutet, dass bei anderen Verpflichtungsermächtigungen „Einsparungen“ erzielt werden müssen. Die „Deckungsverpflichtung“ gilt unabhängig von der Höhe der überplanmäßigen Verpflichtungsermächtigung. Auch geringfügige zusätzliche Verpflichtungsermächtigungen sind konkret durch „Einsparungen“ bei anderen Verpflichtungsermächtigungen zu „decken“. Außerdem ist festzustellen, dass überplanmäßige Verpflichtungsermächtigungen unabhängig von ihrer Höhe im Rahmen von § 54 Abs. 1 Satz 2 KV M-V bereitgestellt werden können. Eine Pflicht zum Erlass einer Nachtragshaushaltssatzung besteht auch bei erheblichen Beträgen nicht.

Die überplanmäßige Verpflichtungsermächtigung nach § 54 Abs. 1 Satz 2 KV M-V bedarf ausdrücklich der Zustimmung der Gemeindevertretung.

Die Deckungsregelung in § 54 Abs. 1 Satz 2 KV M-V stellt eine problematische Lösung dar. Wenn man das obige Beispiel mit dem Mehrbedarf von 1.000 € betrachtet, dann ist die überplanmäßige Verpflichtungsermächtigung nur zulässig, wenn Einsparungen bei anderen Verpflichtungsermächtigungen zu erzielen sind. Kann dies nicht erreicht werden, müsste die Gemeinde eine Nachtragshaushaltssatzung erlassen, um die 1.000 € bereitzustellen. Dieser Weg ist wenig praktikabel. Ansonsten werden die Gemeinden – wie bisher auch schon üblich – die zusätzlichen Verpflichtungen mithilfe von „unzulässigen Buchungstricks“ bewirtschaften oder aber erhöhte Ansätze bei Verpflichtungsermächtigungen in den Haushalt einstellen. Bedacht werden muss allerdings, dass der Gesamtbetrag der Verpflichtungsermächtigungen im Rahmen der Haushaltssatzung genehmigungspflichtig ist (§ 54 Abs. 4 KV M-V). Somit muss die Kommunalaufsicht prüfen können, ob die zusätzlichen Verpflichtungsermächtigungen unter die Genehmigungspflicht fallen.

18.6.8 Übungen

Sachverhalt Nr. 8

Die Gemeinde G will im Dezember des Haushaltsjahres folgende überplanmäßige Aufwendungen bewirken bzw. Auszahlungen leisten:

a) für die Reparatur des Rathausdaches nach einem Unwetter,
b) für die Ersatzbeschaffung eines Schreibtisches (laufende jährliche Erneuerung von Teilen des Mobiliars),
c) für die Beschaffung von Treibstoff für das 1. Quartal des nächsten Haushaltsjahres (wird vorgezogen, weil für Januar des nächsten Jahres erhebliche Preiserhöhungen angekündigt sind).

Aufgabe:
Begutachten Sie, ob die Leistung der Mehraufwendungen bzw. Mehrauszahlungen i. S. d. § 50 Abs. 1 Satz 1 KV M-V unabweisbar ist.

Lösung:
a) Das Rathausdach der Gemeinde G wurde bei einem Unwetter beschädigt. Die Aufwendungen und die darauffolgenden Auszahlungen für die Reparatur sind unabweisbar, weil die Beseitigung der Schäden zur Weiterführung der öffentlichen Aufgaben unaufschiebbar ist. Die Erfüllung öffentlicher Aufgaben erfordert nun einmal Verwaltungsarbeit, die in den Diensträumen des Rathauses zu erledigen ist. Bei einem beschädigten Dach besteht die konkrete Gefahr, dass die Räumlichkeiten auf Grund der Witterungseinflüsse zumindest im Obergeschoss nicht mehr nutzbar sind. Außerdem verlangt der Grundsatz der Wirtschaftlichkeit gemäß § 43 Abs. 4 KV M-V die sofortige Beseitigung der Schäden. Ein beschädigtes Dach führt durch die Witterungsbedingungen gerade in dieser Jahreszeit zu weiteren Gebäudeschäden, die wiederum zusätzliche Instandhaltungsaufwendungen und -auszahlungen verursachen, was der Sparsamkeit und Wirtschaftlichkeit offensichtlich widerspricht. Ein sofortiges Handeln ist unbedingt erforderlich.
Ein letzter Gesichtspunkt für die Unabweisbarkeit der Mehraufwendungen und Mehrauszahlungen ergibt sich aus der Fürsorgepflicht des Dienstherrn gegenüber den Bediensteten, verankert im Landesbeamtengesetz bzw. im Tarifvertragsrecht. Zur Fürsorgepflicht gehört nun einmal auch die Bereitstellung arbeits- und menschengerechter Räumlichkeiten. Folgen der Dachbeschädigung könnten gesundheitliche Schäden der Bediensteten bedeuten, weil die Witterungseinflüsse nicht mehr von den Diensträumen abgehalten werden könnten. Insofern gibt es eine – wenn auch nur indirekte – gesetzliche Pflicht zur Beseitigung der Dachbeschädigung aus beamten- bzw. tarifrechtlichen Erwägungen.
b) In der Praxis ist es bei vielen Gemeinden üblich, das bestehende Mobiliar entsprechend dem Abschreibungsfortschritt nach und nach zu erneuern. Dafür werden jährlich bestimmte Beträge in die Haushaltspläne eingestellt. Im Sachverhalt ist dieses Verfahren offensichtlich angesprochen.
Zwar ist die Bereitstellung geeigneten Mobiliars zur Erfüllung der gemeindlichen Aufgaben unbedingt erforderlich, jedoch ist der anstehende Kauf des Schreibtisches im Dezember des Haushaltsjahres durchaus auf das kommende Haushaltsjahr verschiebbar, in dem wiederum ein Betrag für die Neubeschaffung von Mobiliar bereitstehen wird. Die Unbedenklichkeit des Verschiebens ergibt sich auch daraus, dass für den Arbeitsplatz ja ein Schreibtisch bereits vorhanden ist. Dieser

Schreibtisch ist auch voll nutzbar, sonst hätte die Verwaltung nicht erst im Dezember des Haushaltsjahres, sondern bereits früher im Haushaltsjahr die Ersatzbeschaffung ins Auge gefasst. Der Sachverhalt enthält auch keine sonstigen Anhaltspunkte für eine noch unbedingt im Dezember vorzunehmende Beschaffung (z. B. Beschädigung des Schreibtisches). Der Kauf des neuen Schreibtisches kann somit zeitlich verschoben werden, sodass der Mehraufwand (die Mehrauszahlung) nicht unabweisbar i. S. d. § 50 Abs. 1 KV M-V ist.

c) Die Gemeinde will die Treibstoffe des Fuhrparks für das 1. Quartal des nächsten Jahres bereits zum Ende dieses Haushaltsjahres bestellen und bezahlen, sodass zwar keine überplanmäßigen Aufwendungen (kein Ressourcenverbrauch in diesem Jahr), jedoch eine überplanmäßige Auszahlung entsteht. Einziger Grund dafür ist, dass im Januar des nächsten Jahres eine Preissteigerung zu erwarten ist. Somit verfügt das Tanklager noch über genügend Treibstoffreserven für das laufende Jahr, sodass die Beschaffung an sich erst im kommenden Haushaltsjahr notwendig wäre.
Allerdings wäre die Verschiebung in das kommende Jahr unwirtschaftlich, weil sich im neuen Haushaltsjahr die Beschaffung verteuern würde. Das Prinzip der Wirtschaftlichkeit bedeutet, dass ein vorgegebenes Ziel (Kauf des Treibstoffes) mit dem geringsten Mitteleinsatz erreicht werden soll. Gemäß § 43 Abs. 4 KV M-V sind aber Wirtschaftlichkeit und Sparsamkeit oberste Grundsätze der gemeindlichen Haushaltsführung. Die Unabweisbarkeit einer Mehrauszahlung nach § 50 Abs. 1 Satz 1 KV M-V stellt deshalb nicht nur auf die Möglichkeit der zeitlichen Verschiebung ab, sondern umfasst auch den Tatbestand der Wirtschaftlichkeit. Die Mehrauszahlung für die zeitlich vorgezogene Treibstoffbeschaffung ist somit unabweisbar, weil sie aus den wirtschaftlich gerechtfertigten Gründen der Kostenersparnis unaufschiebbar ist.

Sachverhalt Nr. 9

Die Ausführung des Haushaltes 2018 der Gemeinde G stellt sich Mitte November 2021 im Teilfinanzhaushalt 03 „Schule" auszugsweise wie folgt dar, wobei dieser Bereich budgetiert ist:

Teilfinanzhaushalt 03 Schule Übersicht Investitionsmaßnahmen	Ansatz 2021	Stand der Zahlungen 15.11.2021	Stand der Vormerkungen 15.11.2021
Einzahlungen			
Einzahlung: Landeszuwendung Schule Nord	200.000	250.000	
Einzahlung: Verkauf Grundstück Schule Süd	10.000	100.000	
Einzahlung: Rückzahlung Investitionszuschüsse	0	20.000	
Summe der investiven Einzahlungen	**210.000**	**370.000**	
Auszahlungen			
Auszahlung: Grunderwerb Schule Nord	500.000	480.000	0
Auszahlung: Baukosten Schule Nord	1.800.000	1.600.000	150.000
Auszahlung: Einrichtungskosten Schule Nord	200.000	120.000	70.000
Summe der investiven Auszahlungen/Vorm.	**2.500.000**	**2.200.000**	**220.000**

Haushaltsplanvermerk:
Ausschließlich Minderauszahlungen beim Erwerb von Grundstücken und Gebäuden erhöhen die Auszahlungsermächtigungen der anderen Investitionsauszahlungen im Teilfinanzhaushalt 03 entsprechend.

Folgende Auszahlungsentwicklungen zeichnen sich ab:

- Eine bisher nicht vorgesehene vermögenswirksame Mobiliarbeschaffung für die Schule Nord (bisher nicht vorgemerkt) mit Auszahlungen in Höhe von 15.000 € soll noch in 2021 erfolgen.
- Bei der Baumaßnahme Schule Nord entsteht aufgrund nicht absehbarer Bodensicherungsarbeiten ein unabweisbarer Mehrauszahlungsbedarf in 2021 in Höhe von 200.000 €.
- Bei allen anderen Positionen im Teilfinanzhaushalt 03 erfolgen keine Veränderungen mehr. Der sonstige Finanzhaushalt der Gemeinde G wird planmäßig abgewickelt.

Aufgaben:

a) Begutachten Sie, ob und in welcher Form die Mehrauszahlungen bei den Einrichtungskosten und der Baumaßnahme bereitgestellt werden können. Die Zulässigkeit des Haushaltsvermerkes bzw. der Budgetierung ist zu unterstellen.

b) Fertigen Sie außerdem für eine evtl. erforderliche überplanmäßige Bewilligung der Mehrauszahlungen gemäß § 50 Abs. 1 KV M-V den notwendigen Bewilligungsantrag und die Bewilligungsverfügung.

Bearbeitungshinweise:

- Erheblichkeit nach § 48 Abs. 2 Nr. 3 KV M-V: 2.000.000 €
- Eine Delegation der Bewilligungsermächtigungen nach § 22 Abs. 4 KV M-V besteht bei der Gemeinde G in der Form, dass der Bürgermeister über- und außerplanmäßigen Aufwendungen oder Auszahlungen bis 100.000 € zustimmen muss.

Lösungen:

Zu a)

Mehrauszahlung bei den Einrichtungskosten

Laut Sachverhalt soll noch in 2021 für 15.000 € Mobiliar für die Schule Nord (Teilfinanzhaushalt 03) beschafft werden. Bei einem Planansatz von 200.000 € sind bereits 120.000 € im Haushaltsjahr ausgezahlt, sodass noch 80.000 € zur Verfügung stehen. Zu berücksichtigen sind jedoch noch laut Sachverhalt 70.000 € Vormerkungen, da es sich um Aufträge handelt, die noch in 2021 entsprechende Auszahlungen bewirken. Insofern stehen lediglich noch 10.000 € an Auszahlungsermächtigung zur Verfügung, sodass eine zusätzliche Auszahlungsermächtigung in Höhe von 5.000 € benötigt wird.

Es fragt sich zunächst, ob diese zusätzliche Ermächtigung im Wege der unechten Deckungsfähigkeit nach § 13 Abs. 1 GemHVO-Doppik zur Verfügung gestellt werden kann. Voraussetzung dafür ist, dass eine Zweckbindung aus rechtlicher Verpflichtung vorliegt, mit einer dazugehörenden Mehreinzahlung. Die Landeszuweisung für die Schule Nord wird von der zuständigen Landesbehörde per Zuwendungsbescheid (= Verwaltungsakt) der Gemeinde G bewilligt. In dem Zuwendungsbescheid wird festgelegt, für welche Zwecke die Zuwendung eingesetzt werden darf. Sollte das Geld zweckwidrig verwendet werden, ist mit einer Rückzahlungsforderung zu rechnen. Somit liegt eine rechtliche Verpflichtung aus dem Bewilligungsbescheid vor und die Zuwendung ist damit kraft Gesetzes für Auszahlungen für die Schule Nord zweckgebunden. Die Mehreinzahlung von 50.000 € ist bereits auf dem Konto der Gemeindekasse eingegangen. Damit darf der Auszahlungsansatz bis zu 50.000 € überschritten werden. Benötigt werden jedoch nur 5.000 €. Insofern stehen für die benötigte Mehrauszahlung entsprechende Deckungsmittel bereit.

Da nach § 13 Abs. 3 GemHVO-Doppik diese Mehrauszahlungen nicht als überplanmäßige Auszahlungen gelten, erübrigt sich die Überprüfung der Unabweisbarkeit.

Mehrauszahlung bei der Baumaßnahme

Laut Sachverhalt sollen noch in 2021 für 200.000 € Baukosten für die Schule Nord im Teilfinanzhaushalt 03 geleistet werden. Bei einem Auszahlungsansatz von 1.800.000 € sind bereits 1.600.000 € im Haushaltsjahr ausgezahlt, so dass noch 200.000 € zur Verfügung stehen. Zu berücksichtigen sind jedoch noch laut Sachverhalt 150.000 € Vormerkungen, da es sich um Aufträge handelt, die noch in 2021 entsprechende Auszahlungen bewirken. Insofern stehen lediglich noch 50.000 € an Auszahlungsermächtigung zur Verfügung, sodass eine zusätzliche Auszahlungsermächtigung in Höhe von 150.000 € benötigt wird.

Es fragt sich zunächst, ob diese zusätzliche Ermächtigung im Wege der unechten Deckungsfähigkeit nach § 13 Abs. 1 GemHVO-Doppik zur Verfügung gestellt werden kann. Voraussetzung dazu ist, dass eine Zweckbindung aus rechtlicher Verpflichtung vorliegt mit einer dazugehörenden Mehreinzahlung. Die Landeszuweisung für die Schule Nord wird von der zuständigen Landesbehörde per Zuwendungsbescheid (= Verwaltungsakt) der Gemeinde G bewilligt. In dem Zuwendungsbescheid wird festgelegt, für welche Zwecke die Zuwendung eingesetzt werden darf. Sollte das Geld zweckwidrig verwendet werden, ist mit einer Rückzahlungsforderung des Landes zu rechnen. Somit liegt eine rechtliche Verpflichtung aus dem Bewilligungsbescheid vor und die Zuwendung ist damit kraft Gesetzes für Auszahlungen für die Schule Nord zweckgebunden. Die Mehreinzahlung von 50.000 € ist bereits auf dem Konto der Gemeindekasse eingegangen. Allerdings sind davon (siehe oben) bereits 5.000 € für Mehrauszahlungen zum Erwerb des beweglichen Anlagevermögens verwendet worden. Damit darf der Auszahlungsansatz bis zu 45.000 € überschritten werden. Da nach § 13 Abs. 4 GemHVO-Doppik diese Mehrauszahlungen nicht als überplanmäßige Auszahlungen gelten, erübrigt sich die Überprüfung der Unabweisbarkeit.

Benötigt werden jedoch 150.000 €, so dass noch eine Bereitstellung der restlichen 105.000 € erforderlich ist. Es ist nun zu prüfen, ob dieser Bedarf im Rahmen der gegenseitigen Deckungsfähigkeit gemäß § 14 Abs. 3 GemHVO-Doppik bereitgestellt werden kann. Voraussetzung dafür ist, dass sich sowohl der deckungspflichtige als auch der deckungsberechtigte Ansatz in einem gemeinsamen Teilhaushalt befinden. Außerdem darf kein einschränkender Haushaltsvermerk vorhanden sein. Laut Sachverhalt befinden sich alle Positionen im Teilfinanzhaushalt 03. Der im Sachverhalt enthaltene einschränkende Vermerk tangiert die Problemstellung jedoch nicht, weil gerade die Einsparung beim Grunderwerb in Höhe von 20.000 € für die Baumaßnahme verwendet werden soll und der Vermerk dies ausdrücklich zulässt. Insofern reduziert sich die noch benötigte Auszahlungsermächtigung von 105.000 € auf 85.000 €. Auch bei dieser Mittelbereitstellung erübrigt sich die Prüfung der Unabweisbarkeit.

Da weitere Haushaltsvermerke nicht bestehen, bleibt nur die Prüfung, ob die restliche Auszahlungsermächtigung überplanmäßig bewilligt werden kann. Dazu ist es zunächst erforderlich, die Notwendigkeit einer Pflichtnachtragshaushaltssatzung nach § 48 Abs. 2 KV M-V auszuschließen (siehe auch Verweisung in § 50 Abs. 4 KV M-V). Dabei sind folgende zwei Fälle zu überprüfen:

- Gemäß § 48 Abs. 2 Nr. 1 KV M-V wäre eine Pflichtnachtragshaushaltssatzung notwendig, wenn ein erheblicher Fehlbetrag entsteht. Ein solcher Fehlbetrag entsteht überhaupt nicht, weil die Gesamtsummen der Mehreinzahlungen und Minderauszahlungen im Teilfinanzhaushalt 03 deutlich über den noch benötigten 85.000 € liegen (siehe Aufstellung im Sachverhalt).
- Eine erhebliche Mehrauszahlung nach § 48 Abs. 2 Nr. 2 KV M-V liegt ebenfalls nicht vor, weil die im Sachverhalt genannte Erheblichkeitsgrenze von 2.000.000 € deutlich unterschritten wird.

Insofern besteht keine Pflicht zum Erlass einer Nachtragshaushaltssatzung, so dass der Weg zur überplanmäßigen Mittelbereitstellung nach § 50 Abs. 1 KV M-V offen ist. Die Voraussetzung der Unabweisbarkeit ist laut Sachverhalt gegeben. Zur Deckung stehen Mehreinzahlungen bei der Veräußerung eines Grundstückes aus dem Bereich der Schule Süd in Höhe von 90.000 € zur Verfügung. Insofern ist die überplanmäßige Auszahlung gedeckt.

Somit ist der gesamte Auszahlungsbedarf von 150.000 € bereitgestellt.

Zu b):

Der überplanmäßigen Auszahlung in Höhe von 85.000 € muss grundsätzlich die Gemeindevertretung zustimmen, es sei denn, sie delegiert diese Entscheidung nach § 22 Abs. 4 Satz 1 Nr. 2 KV M-V auf den Bürgermeister oder auf den Hauptausschuss. Lt. Sachverhalt liegt hier eine solche Regelung in der Hauptsatzung vor. Daher hat der Bürgermeister die Mehrauszahlung zu bewilligen. Der Antrag auf Bewilligung der überplanmäßigen Auszahlung ist nachstehend abgedruckt. Dabei wurde das Beispiel eines Musters gewählt, weil in der Praxis zur Beantragung von Mehraufwendungen und Mehrauszahlungen nach § 50 KV M-V regelmäßig Vordrucke eingesetzt werden. Ein solcher Antrag ist selbstverständlich auch formlos möglich. Ebenfalls dargestellt ist die Bewilligungsverfügung.

<table>
<tr><td colspan="3">Amt xxxx Datum: 15.11.2021

An die
Kämmerei

Antrag auf Bewilligung einer über/außerplanmäßigen Auszahlung</td></tr>
<tr><td>die Auszahlung ist
☒ üpl. ☐ apl.</td><td>Teilfinanzhaushalt
03</td><td>Haushaltsjahr
2021</td></tr>
<tr><td>Betrag:
85.000 €</td><td colspan="2">Bezeichnung der Haushaltsposition:
Auszahlung: Baukosten Schule Nord</td></tr>
<tr><td colspan="3">Berechnung der Gesamtauszahlung
Planansatz und Übertragungen aus Vorjahren
aus Vorjahren 2.000.000 €
bisherige und geplante Planüberschreitungen
(unechte und echte Deckungsfähigkeiten) 65.000 €
neu beantragte Haushaltsüberschreitung + 85.000 €
voraussichtliche Gesamtauszahlung 2.150.000 €</td></tr>
<tr><td colspan="3">Begründung der Mehrauszahlung:
Die Kosten der Baumaßnahme erhöhen sich wegen unvorhergesehener zusätzlicher Auszahlungen für die Bodensicherungsarbeiten. Siehe dazu im Einzelnen die beigefügte Kostenermittlung (nicht abgedruckt).</td></tr>
<tr><td colspan="3">Nachweis der Deckung:
Mehreinzahlungen in Höhe von 90.000 € aus der Veräußerung eines Grundstückes bei der Schule Süd im Teilfinanzhaushalt 03.</td></tr>
<tr><td colspan="3">Im Auftrage

Unterschrift</td></tr>
</table>

Bewilligungsverfügung der Kämmerei

<table>
<tr><td>20 - Kämmerei G, den 19.11.2021

Betr: Überplanmäßige Auszahlung in Höhe von 85.000 € für Baukosten bei der Schule Nord im Teilfinanzhaushalt 03
Bezug: Antrag des Fachbereichs vom 15.11.2021

1. Die vorgenannte überplanmäßige Auszahlung ist aus den im Antrag vom 15.11.2021 genannten Gründen unabweisbar. Die Deckung erfolgt aus entsprechenden Mehreinzahlungen aus der Veräußerung von Grundvermögen bei der Schule Süd im Teilfinanzhaushalt 03.
2. Die überplanmäßige Auszahlung wird somit gemäß § 50 Abs. 1 KV M-V bewilligt. Die Bewilligung erfolgt lt. Wertgrenze der Hauptsatzung durch den Bürgermeister
3. Mitteilung an die Gemeindekasse.</td></tr>
</table>

4. Mitteilung an das antragstellende Fachamt.
5. Mitteilung an das Rechnungsprüfungsamt.
6. Der Gemeindevertretung über Haushalts- und Finanzausschuss und Hauptausschuss zur Kenntnis (Vorlage fertigen).
7. Z. d. A.

Bürgermeister

Sachverhalt Nr. 10
Die Auszahlungen für den Neubau eines Freibades sind wie folgt im Teilfinanzhaushalt 08 „Sportförderung" als einzige Investitionsmaßnahme veranschlagt bzw. in der mittelfristigen Planung der Gemeinde G enthalten:

2021 3.000.000 €
2022 2.000.000 €

Die Witterungsbedingungen begünstigen den Baufortschritt, sodass in 2021 bereits 3,5 Mio. € verbaut werden müssen. Mitte November 2021 stellt deshalb das Bauamt den Antrag auf Bewilligung einer überplanmäßigen Auszahlung in Höhe von 500.000 €. Aufgrund der angespannten Haushaltslage besteht jedoch in 2021 keine Deckungsmöglichkeit für diese Mehrauszahlungen.

Aufgabe:
Prüfen Sie die Zulässigkeit der überplanmäßigen Auszahlung. Unterstellen Sie dabei, dass ein Pflichtnachtrag nicht erforderlich ist.

Lösung:
Die Bereitstellungsverfahren der echten und unechten Deckungsfähigkeit sind nicht zu prüfen, weil der Sachverhalt keine Hinweise auf dazu notwendige Haushaltsvermerke beinhaltet. Ein Pflichtnachtrag scheidet laut Aufgabenstellung aus.

§ 50 Abs. 2 KV M-V ist gegenüber § 50 Abs. 1 KV M-V eine Spezialvorschrift, sodass die Unabweisbarkeit nach § 50 Abs. 1 KV M-V nicht geprüft werden muss.

Es fragt sich aber, ob die erforderliche Deckung im laufenden Haushaltsjahr durch eine Deckung im kommenden Haushaltsjahr 2021 gemäß § 50 Abs. 2 KV M-V ersetzt werden kann, weil laut Sachverhalt im nächsten Haushaltsjahr Mittel für die Fortsetzung der Maßnahme vorgesehen sind. Die Voraussetzungen des § 50 Abs. 2 KV M-V, die sämtlich vorliegen müssen, sind wie folgt zu prüfen:

- **Überplanmäßige Auszahlung**
  Der Mehrbedarf von 500.000 € übersteigt den Auszahlungsansatz 2018 von 3.000.000 €. Dabei handelt es sich bei Mehrauszahlungen, die die Ermächtigungen aus dem Haushaltsplan übersteigen, um überplanmäßige Auszahlungen.
- **Keine Deckung im laufenden Jahr**
  Dieses ist laut Sachverhalt gegeben.

- **Investition**
  Investitionen liegen bei der Verwendung von Finanzmitteln für die Veränderung des Bestandes längerfristig dienender Güter vor. Die Mehrauszahlung wird laut Sachverhalt für den Bau eines Freibades benötigt. Damit wird das Grundstücksvermögen der Gemeinde G erhöht (Aufbauten sind Grundstücksbestandteile laut § 94 BGB). Das Grundvermögen zählt zu den Vermögensgegenständen der Gemeinde, sodass die Auszahlungen für den Bau des Freibades der Veränderung des Bestandes längerfristiger Güter (Erhöhung bzw. Vermehrung) dienen, keine Auszahlungen für geringwertige Vermögensgegenstände vorliegen und somit Investitionen darstellen.
- **Fortführungsmaßnahme**
  Die Investition muss im folgenden Jahr fortgeführt werden. In der mittelfristigen Planung für das kommende Jahr 2022 sind für den Bau des Freibades weitere 2.000.000 € vorgesehen. Daraus ist ersichtlich, dass die Baumaßnahme nicht in 2021 beendet werden kann, sondern im nächsten Haushaltsjahr fortzusetzen ist.
- **Deckung im kommenden Jahr möglich**
  Die in 2021 nicht vorhandene Deckung muss aber im Haushaltsjahr 2022 möglich sein. Laut Sachverhalt sind für den Freibadbau in 2019 weitere 2.000.000 € vorgesehen. Wird die Baumaßnahme in 2021 nun zügiger als geplant abgewickelt und sind deshalb Haushaltsmittel, die erst für 2022 vorgesehen waren, bereits in 2021 einzusetzen, werden diese zwangsläufig in 2022 nicht benötigt. Es tritt somit in 2021 praktisch eine Ersparnis von 500.000 € für den Bau des Freibades ein. Minderauszahlungen zählen zu den Deckungsmitteln für Mehrauszahlungen, sodass die überplanmäßige Auszahlung von 500.000 € in 2021 aus der Einsparung bei der für 2022 vorgesehenen Auszahlungsposition für das Freibad gedeckt werden kann. Hinweise, dass die Mehrauszahlungen durch Kostensteigerungen verursacht wurden, enthält der Sachverhalt nicht.

Damit sind sämtliche Voraussetzungen des § 50 Abs. 2 KV M-V gegeben, sodass die an sich in 2021 erforderliche Deckung durch Deckungsmittel des Haushaltsjahres 2022 ersetzt wird. Die überplanmäßige Auszahlung für den Bau des Freibades in Höhe von 500.000 € ist somit gemäß § 50 Abs. 2 KV M-V zulässig.

Sachverhalt Nr. 11
Bei den Aufwendungen für Sach- und Dienstleistungen im Teilfinanzhaushalt 01 (Innere Verwaltung) sind unabweisbare überplanmäßige Aufwendungen in Höhe von 63.000 € am 7. Dezember des Jahres zu leisten, was erst am 5. Dezember festgestellt wird. Eine Einberufung der Gemeindevertretung ist in diesem Jahr aus terminlichen Gründen nicht mehr möglich. Es tagt lediglich noch der Haushalts- und Finanzausschuss am 6. Dezember.

Die Hauptsatzung sieht unter Anwendung des § 22 Abs. 4 Satz 1 Nr. 2 KV M-V die Übertragung der Zustimmung zu über- und außerplanmäßigen Aufwendungen oder Auszahlungen auf den Bürgermeister bis 50.000 € vor.

Aufgabe:
Begutachten Sie, wer in welchem Verfahren über die Bewilligung der überplanmäßigen Aufwendungen entscheidet.

Lösung:
Gemäß § 22 Abs. 4 S. 1 Nr. 2 i. V. m. § 50 Abs. 1 KV M-V liegt die Zuständigkeit über eine über- und außerplanmäßige Aufwendung oder Auszahlung zunächst bei der Gemeindevertretung. Jedoch kann die Hauptsatzung vorsehen, dass der Bürgermeister oder der Hauptausschuss anstelle der Gemeindevertretung innerhalb bestimmter Wertgrenzen Entscheidungen treffen kann. Eine solche Regelung liegt lt. Sachverhalt vor, jedoch übersteigt der Betrag der überplanmäßigen Aufwendung die in der Hauptsatzung vorgesehene Wertgrenze von 50.000 €, so dass keine alleinige Entscheidungsbefugnis des Bürgermeisters gegeben ist. Für die Fälle, in denen die Herbeiführung eines Beschlusses der Gemeindevertretung, auch unter Verkürzung der Ladungsfrist bzw. Erweiterung der Tagesordnung einer bereits anberaumten Sitzung der Gemeindevertretung, nicht möglich ist, hat die Kommunalverfassung Ersatzentscheidungen vorgesehen. Diese werden allgemein als „Eilentscheidungen" bezeichnet. Die Gemeindevertretung kann für die notwendigen Entscheidungen nicht mehr rechtzeitig, auch nicht unter Verkürzung der Landungsfrist, einberufen werden.

In dringenden Fällen, in denen die vorherige Entscheidung der Gemeindevertretung nicht eingeholt werden kann, entscheidet nach § 35 Abs. 2 Satz 4 KV M-V der Hauptausschuss. Der Bürgermeister bereitet die Beschlüsse des Hauptausschusses vor. In Fällen äußerster Dringlichkeit trifft der Bürgermeister anstelle des Hauptausschusses die Entscheidung (§ 38 Abs. 4 S. 2 KV M-V). Diese Entscheidung bedarf der nachträglichen Genehmigung der Gemeindevertretung.[412]

Der Finanzausschuss ist zwar ein Pflichtausschuss der Gemeinde nach§ 36 Abs. 2 Satz 1 KV M-V, hat jedoch lediglich vorbereitende Funktionen und keine Beschlusszuständigkeit. Er kann damit keine Entscheidung treffen.

Sachverhalt Nr. 12
Bei den Auszahlungen für Baumaßnahmen im Teilfinanzhaushalt 02 (Produkt Brandschutz) sind in 2021 ein Auszahlungsansatz von 100.000 € und eine Verpflichtungsermächtigung von 200.000 € für einen Anbau an der Feuerwache Mitte veranschlagt. Im Oktober 2021 will das Hochbauamt nach durchgeführter ordnungsgemäßer Ausschreibung den Gesamtauftrag für den geplanten Anbau (Maßnahme ist unabweisbar) in Höhe von 310.000 € vergeben. Nach dem Bauzeitenplan wird damit gerechnet, dass die Bauauszahlungen mit 100.000 € in 2021 und 210.000 € in 2022 anfallen werden. Die im Teilfinanzhaushalt 12 (Öffentliche Verkehrsflächen) veranschlagten Verpflichtungsermächtigungen von 400.000 € werden nicht in Anspruch genommen.

412 Eine solche Genehmigung ist allerdings sinnlos, wenn bereits Rechte und Pflichten Dritter ausgelöst wurden (z. B. Vertragsabschlüsse).

Aufgabe:
Begutachten Sie die Zulässigkeit der Auftragsvergabe.

Bearbeitungshinweis:
- Erheblichkeit nach § 48 Abs. 2 Nr. 2 KV M-V: 200.000 €

Lösung:
Die Auftragsvergabe wäre zulässig, wenn der Haushaltsplan 2018 entsprechende Ermächtigungen enthalten würde. Der Auszahlungsansatz 2018 ermächtigt zum Vertragsabschluss mit Auszahlungen in 2021 in Höhe von 100.000 €. Insofern kann der Auftragsanteil für 2021 von 100.000 € vergeben werden. Für die vertragliche Bindung von 210.000 € zulasten des Haushaltsjahres 2022 werden gemäß § 54 Abs. 1 KV M-V Verpflichtungsermächtigungen in dieser Höhe benötigt. Vorhanden ist jedoch nur eine Verpflichtungsermächtigung von 200.000 €.

Es ist nun zu prüfen, ob die noch benötigten Verpflichtungsermächtigungen von 10.000 € überplanmäßig bereitgestellt werden können. Zulässig sind überplanmäßige Verpflichtungsermächtigungen gemäß § 54 Abs. 1 Satz 2 KV M-V, wenn sie unvorhergesehen und unabweisbar sind und der innerhalb der Haushaltssatzung festgesetzte Gesamtbetrag der Verpflichtungsermächtigungen nicht überschritten wird. Gemäß Sachverhalt handelt es sich um eine unvorhergesehene und unabweisbare Maßnahme. Da im Teilfinanzhaushalt 12 Verpflichtungsermächtigungen in Höhe von 400.000 € nicht benötigt werden, kann die im Teilfinanzhaushalt 02 zusätzlich benötigte Summe durch diese Einsparung aufgefangen werden. Die Gesamtsumme der Verpflichtungsermächtigungen in der Haushaltssatzung der Gemeinde G wird demnach nicht überschritten.

Die Bewilligung der überplanmäßigen Verpflichtungsermächtigung ist demnach zulässig, so dass die Auftragsvergabe erfolgen kann, sobald die Zustimmung vorliegt. Obwohl es sich bei den 10.000 € um einen Bagatellfall handelt, ist die Gemeindevertretung nach § 54 Abs. 1 Satz 2 KV M-V zuständig. Auch eine Delegationsregelung in der Hauptsatzung nach § 22 Abs. 4 Satz 1 Nr. 2 ist nicht möglich, da sich diese auf über- und außerplanmäßige Aufwendungen und Auszahlungen bezieht.

19. Vermögenswirtschaft und Anlagenbuchhaltung

19.1 Struktur des kommunalen Vermögens

Im Rahmen der Vermögenswirtschaft stellt sich die grundsätzliche Frage einer gemeindlichen Verpflichtung zum Vermögenserhalt. Das Ziel, das bestehende Gemeindevermögen zu erhalten, ist weder in der KV M-V noch in der GemHVO-Doppik ausdrücklich angesprochen. Demgegenüber steht als oberster Grundsatz der Haushaltswirtschaft gemäß § 43 Abs. 1 KV M-V die stetige Aufgabenerfüllung. Dementsprechend stellt das Vermögen nur ein Umsetzungsinstrument der stetigen Aufgabenerfüllung dar. Eine generelle Pflicht zum Erhalt des gemeindlichen Vermögens besteht nicht. Aufwand aus Abschreibungen könnte also auch durch Aufwand aus Miete oder Pacht ersetzt werden. Vielmehr liegt im kommunalen Haushaltsrecht der Schwerpunkt im Bereich der Vermögensfinanzierung, bei der grundsätzlich das Ziel der Erhalt des Reinvermögens ist. Das Reinvermögen stellt wiederum vereinfacht eine Saldogröße zwischen Vermögenswerten und Fremdkapital (Verbindlichkeiten und Rückstellungen) sowie Sonderposten und Rücklagen dar.

Hinsichtlich des Vermögens knüpft das NKHR an den kaufmännischen Vermögensbegriff an, wonach ein Vermögensgegenstand grundsätzlich in die Bilanz aufzunehmen ist, wenn die Gemeinde das wirtschaftliche Eigentum daran innehat und dieser selbstständig verwertbar ist. Die Wertansätze für Vermögensgegenstände werden nach § 33 GemHVO-Doppik gebildet.

Die Gliederung des Vermögens in der Bilanz erfolgt nach § 47 Abs. 4 GemHVO-Doppik grundsätzlich in Anlagevermögen und Umlaufvermögen und orientiert sich somit am Handelsrecht. Die Vermögensgegenstände sind höchstens mit dem Anschaffungs- oder Herstellungswert (§ 33 Abs. 1 GemHVO-Doppik), vermindert um die darauf basierenden Abschreibungen nach § 34 GemHVO-Doppik, anzusetzen.

Für die Vermögenswirtschaft ist insbesondere von Bedeutung, in welcher Form die Planung, Bewirtschaftung und der Abschluss der Vermögensfortschreibung bei den unterschiedlichen Vermögensformen zu erfolgen hat und wo das gemeindliche Vermögen zu bilanzieren ist. Die Vermögenswirtschaft strukturiert sich anhand dieser Kriterien wie folgt:

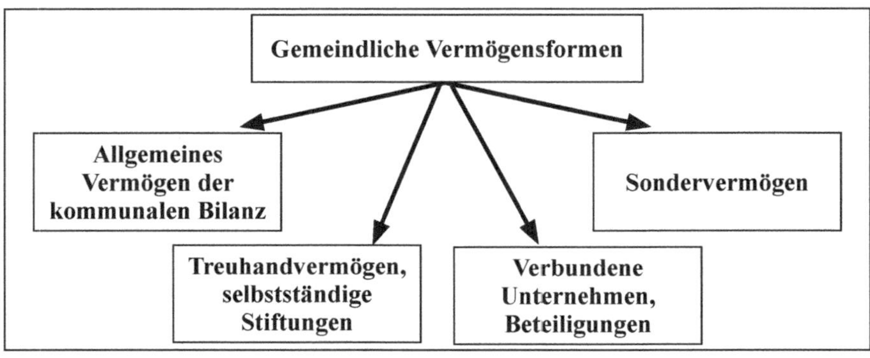

Die Investitionsplanung und -bewirtschaftung sowie deren Berücksichtigung im Jahresabschluss erfolgt innerhalb der Rechnungskomponenten Finanzrechnung (Investitionsplanung und Abwicklung der investiven Maßnahmen) und Ergebnisrechnung (z. B. Berücksichtigung des Vermögensverzehrs, Aktivierung von Eigenleistungen) – vgl. §§ 1 bis 4 GemHVO-Doppik. Zur Bilanzierung ist für das gemeindliche Vermögen nach § 30 Abs. 1 GemHVO-Doppik ein Inventar (Vermögensverzeichnis[413]) zu erstellen, wobei der Wert der einzelnen im wirtschaftlichen Eigentum stehenden Vermögensgegenstände anzugeben ist. Dies bedeutet, dass im Rahmen des Grundsatzes der Vollständigkeit grundsätzlich sämtliches Vermögen der Gemeinde zu erfassen und zu bewerten ist, es sei denn, dass dieser Grundsatz durch speziellere Regelungen eingeschränkt wird.

Aufgrund der allgemeinen Systematik des doppischen Rechnungswesens ist nach § 30 Abs. 1 Satz 1 GemHVO-Doppik das erstellte Inventar die Grundlage für die Bilanzerstellung. Die Bilanz ist nach § 60 Abs. 2 Nr. 4 KV M-V pflichtiger Bestandteil des Jahresabschlusses. Die einzelnen Bestandskonten der Bilanz sind aufgrund der allgemeinen Systematik des doppischen Rechnungswesens Grundlage der Vermögensbewirtschaftung.[414]

Das allgemeine Vermögen der kommunalen Bilanz ist in dem spezielleren Kapitel 10 dargestellt und wird an dieser Stelle daher nicht weiter betrachtet.

19.2 Sondervermögen und Treuhandvermögen

19.2.1 Inhaltliche Abgrenzung

Abweichend vom allgemeinen Vermögen bestehen für die besonderen Vermögensformen „Sondervermögen" und „Treuhandvermögen" der Gemeinden eigenständige Vorschriften in den §§ 64 bis 66 KV M-V. Diese eigenständigen Vorschriften begründen sich im Charakter dieser Vermögensformen. Dieser wird beim Sondervermögen dadurch bestimmt, dass es sich um Mittel und Gegenstände handelt, die zur Erfüllung bestimmter Zwecke vom Haushalt der Gemeinde abgesondert oder von einem Dritten an die Gemeinde für einen bestimmten Zweck übereignet worden oder durch sonstige Rechtsakte unter Zweckbindung auf die Gemeinde übergegangen sind. Aus dieser Definition ist klar ersichtlich, dass das Sondervermögen vom allgemeinen Vermögen des kommunalen Haushaltes zu trennen und besonders zu behandeln ist.

Beim Treuhandvermögen (dazu gehören auch die rechtlich selbstständigen örtlichen Stiftungen) kommt hinzu, dass diese nach besonderem Recht eigenständige Ver-

413 Dieses Vermögensverzeichnis wird in der Praxis durch eine Anlagenbuchhaltung erstellt, in der sämtliche Vermögensgegenstände einzeln erfasst und bewertet werden.

414 Eine Einzelerfassung und -bewertung innerhalb der Bilanz auf einzelnen Konten stellt sich in der buchhalterischen Praxis als schwierig dar. I. d. R. liegt die Aufgabe der laufenden unterjährigen Abbildung der Ergebnisse und Maßnahmen der Vermögensbewirtschaftung bei einer Anlagenbuchhaltung.

mögensmassen darstellen, deren Planung, Bewirtschaftung und Rechnungslegung eine in sich abgeschlossene Darstellung erfordern.

Damit ergibt sich für die besonderen Vermögensformen „Sondervermögen" und „Treuhandvermögen" je nach Art eine grundsätzliche Trennung entweder innerhalb der gemeindlichen Haushaltspläne oder *von* den gemeindlichen Haushaltsplänen.

Abzugrenzen sind die besonderen Vermögensformen „Sondervermögen" und „Treuhandvermögen" von den rechtlich selbständigen verbundenen Unternehmen und Beteiligungen, die nicht den Bestimmungen der Haushaltswirtschaft unterliegen. Im Kapitel 19.6 erfolgt eine eigene Darstellung zu diesen Vermögensformen.

19.2.2 Vermögen der nichtrechtsfähigen örtlichen Stiftungen

Örtliche Stiftungen gründen sich auf Privatrecht. Sie sind nach dem Willen des Stifters einem bestimmten Zweck gewidmet und werden von der Gemeinde verwaltet. Der Zweck einer Stiftung muss einen kommunalen Zweck erfüllen.

Für die örtlichen Stiftungen ist außerdem das Stiftungsgesetz des Landes M-V vom 7.6.2006 in der zur Zeit geltenden Fassung zu beachten, welches das Stiftungsverfahren näher beschreibt.

Die Vermögenswirtschaft der nichtrechtsfähigen örtlichen Stiftungen ist inzwischen in § 64 Abs. 3 KV M-V geregelt. Für diese ist eine Sonderrechnung zu führen. Nur wenn das Sondervermögen unbedeutend ist, kann es gesondert im Rechnungswesen der Gemeinde ausgewiesen werden. Außerdem gelten nach § 64 Abs. 4 KV M-V die Rechtsvorschriften des Vierten Abschnittes (Haushaltswirtschaft) der KV M-V, soweit gesetzlich nichts anderes bestimmt ist.

19.2.3 Eigenbetriebe

Bestimmte Teile des Finanzvermögens werden lediglich in der kommunalen Bilanz in Form der Anschaffungskosten[415] ausgewiesen. Planung, Bewirtschaftung und Abschluss der Vermögensfortschreibung erfolgen dagegen im Rahmen eines eigenständigen Rechnungswesens nach der Eigenbetriebsverordnung (EigBetrVO).

Allerdings unterliegen die rechtlich unselbständigen, aber organisatorisch selbstständigen Eigenbetriebe nach § 64 Abs. 1 KV M-V zusätzlich einigen Vorschriften über die Haushaltswirtschaft nach der KV M-V. Insbesondere sind für die Eigenbetriebe anzuwenden:

- Sicherung der stetigen Aufgabenerfüllung (§ 43 Abs. 1 KV M-V)
- Wirtschaftlichkeit und Sparsamkeit (§ 43 Abs. 4 KV M-V)

415 Der Vermögenswert wird in der Eröffnungsbilanz oder im Rahmen der späteren Anschaffung erstmalig in die Bilanz eingestellt. Veränderungen des Eigenkapitals des Sondervermögens durch positive oder negative Jahresergebnisse verändern den Bilanzansatz, die entsprechend als Erträge bzw. Aufwendungen berücksichtigt werden müssen.

- Ausgleich des Wirtschaftsplans in Planung und Rechnung – Gesamtbetrag der Erträge mindestens so hoch wie der Gesamtbetrag der Aufwendungen (§ 43 Abs. 6 KV M-V)
- Sicherstellung der Liquidität einschl. der Finanzierung (§ 43 Abs. 2 KV M-V)
- Verbot der Überschuldung – Überschuldung gleich Aufbrauchen des Eigenkapitals (§ 43 Abs. 3 KV M-V)
- Grundsätze der Erzielung von Erträgen und Einzahlungen (§ 44 KV M-V)
- Vorläufige Haushaltsführung (§ 49 KV M-V)
- Eingehen von Verpflichtungen zur Leistung von Auszahlungen in künftigen Haushaltsjahren (§ 54 KV M-V)
- Kreditaufnahmen für Investitionen und Investitionsförderungsmaßnahmen, Bestellung von Sicherheiten und Übernahme von Sicherheiten für Dritte (§ 52 KV M-V)
- Kreditaufnahmen zur Sicherung der Zahlungsfähigkeit (§ 53 KV M-V)
- Umgang mit Vermögensgegenständen (§ 56 KV M-V)

Beispiele für Eigenbetriebe sind Abfallwirtschaftsbetriebe und Eigenbetriebe für den Rettungsdienst bei den Landkreisen.

19.2.4 Städtebauliche Sondervermögen

Grundlage für die Bildung städtebaulicher Sondervermögen ist die Durchführung entweder städtebaulicher Sanierungsmaßahmen zur Behebung städtebaulicher Missstände nach § 136 BauGB oder städtebaulicher Entwicklungsmaßahmen nach § 165 BauGB. Für städtebauliche Sondervermögen sind nach § 64 Abs. 2 KV M-V Sonderrechnungen zu führen. Lediglich bei unbedeutendem Sondervermögen ist ein gesonderter Nachweis innerhalb des Rechnungswesens der Gemeinde nach § 64 Abs. 3 KV M-V erlaubt.

Häufig bedient sich die Gemeinde eines Sanierungsträgers, der die ihm von der Gemeinde übertragenen Aufgaben erfüllt. Dies kann entweder in seinem eigenen Namen für Rechnung der Gemeinde als deren Treuhänder erfolgen oder im eigenen Namen für eigene Rechnung.

Zum Thema städtebauliche Sondervermögen steht im Downloadpool für Kommunen – allerdings einem geschützten Downloadbereich – umfassendes Material zur Verfügung gestellt, auf das an dieser Stelle verwiesen wird.

19.2.5 Treuhandvermögen

Beim Treuhandvermögen einschließlich der rechtlich selbstständigen örtlichen Stiftungen[416] hat die Gemeinde eine Vermögensmasse nach besonderem Recht treuhänderisch zu verwalten. „Treuhänderisch" bedeutet, dass die Gemeinde die treuhänderisch

416 Siehe *Darsow/Gentner/Glaser/Meyer*, Schweriner Kommentierung der Kommunalverfassung des Landes Mecklenburg-Vorpommern, 4. Aufl., Schwerin 2014, Erl. zu § 65.

verwaltete Vermögensmasse eigenständig ausweisen muss, in der Verwaltung bzw. Verfügung des Vermögens eingeschränkt ist und nach außen insbesondere dokumentieren muss, dass sie nur Treuhänderin und nicht uneingeschränkte wirtschaftliche Eigentümerin der Vermögensmasse ist.

Dementsprechend hat die Gemeinde nach § 65 Abs. 1 KV M-V besondere Haushaltspläne aufzustellen und Sonderrechnungen zu führen. § 65 Abs. 2 KV M-V legt fest, dass die Vorschriften des 4. Abschnitts der KV M-V (Haushaltswirtschaft) anzuwenden sind. Allerdings tritt an die Stelle der Haushaltssatzung der Beschluss über den Haushaltsplan; des Weiteren kann von der Bekanntmachung nach § 47 Abs. 3 KV M-V abgesehen werden.

Jedoch kann anstelle eines Haushaltsplans ein Wirtschaftsplan aufgestellt werden (§ 65 Abs. 2 Satz 2 KV M-V). In diesem Fall gelten die Vorschriften für Eigenbetriebe entsprechend.

Unbedeutendes Treuhandvermögen kann nach § 65 Abs. 3 KV M-V im Haushalt der Gemeinde gesondert nachgewiesen werden.

Die Erscheinungsformen der Treuhandschaft sind vielfältig. Ein denkbares Beispiel ist der Erwerb eines Grundstücks durch einen Entwicklungsträger als Treuhänder einer Gemeinde. Ein Beispiel für selbstständige rechtliche Stiftungen sind Familienstiftungen. Das von einem Sanierungsträger treuhänderisch verwaltete Städtebauliche Sondervermögen stellt in diesem Sinne kein Treuhandvermögen der Gemeinde dar, sondern ist als Treuhandvermögen beim Sanierungsträger zu führen.

19.2.6 Zusammenfassung

Zusammenfassend ist festzustellen, dass für Sondervermögen und das Treuhandvermögen einschließlich der rechtlich selbstständigen Stiftungen grundsätzlich der Vierte Abschnitt (Haushaltswirtschaft, §§ 42b bis 63 KV M-V) gilt. Für das als Eigenbetrieb organisierte Sondervermögen gelten jedoch lediglich die in § 64 Abs. 1 KV M-V aufgeführten Vorschriften des Vierten Abschnitts der Kommunalverfassung.

19.3 Erwerb und Veräußerung von Vermögen

19.3.1 Abbildung im Rechnungswesen

Die Abbildung von Vorgängen der Vermögenswirtschaft beschränkt sich nicht auf den Finanzhaushalt und die Finanzrechnung, sondern berührt alle drei Komponenten des kommunalen Rechnungswesens. Dies wird besonders deutlich im Rahmen der Vermögensveräußerung. Eine Veräußerung zum Buchwert des Vermögensgegenstandes stellt die Ausnahme in der Praxis dar. Vielmehr wird es zu Veräußerungen über bzw. unter Buchwert kommen. Der Verkaufserlös stellt einen außerordentlichen Ertrag war, dem der Vermögensabgang der Finanzanlage in Höhe des Buchwertes gegenübersteht. Übersteigt der Erlös den Buchwert, entsteht für den Ergebnishaushalt ein positives Ergebnis. Ist der Abgang aus dem Buchwert höher als der Verkaufserlös, verschlechtert sich das außerordentliche Ergebnis. In allen Fällen verbessert sich aber der Finanzhaushalt in Höhe des Verkaufserlöses.

19.3.2 Erwerb von Vermögen

Gemäß § 56 Abs. 1 KV M-V soll die Gemeinde Vermögensgegenstände nur erwerben, wenn dies zur Erfüllung ihrer Aufgaben erforderlich ist. Durch diese Regelung wird der Vorrang des Grundsatzes der Aufgabenerfüllung konkret betont, der gemäß § 43 Abs. 1 KV M-V das gesamte Haushaltsrecht durchzieht.

Die typischen Vermögenserwerbe sind der unmittelbaren bzw. sofortigen Aufgabenerfüllung zuzuordnen. So kauft die Gemeinde z. B. ein Feuerwehrfahrzeug zur Sicherstellung des abwehrenden Brandschutzes oder erwirbt Aktien, um die Elektrizitätsversorgung für das Gemeindegebiet mitzugestalten. Im Rahmen der zeitlichen Komponente müssen Vermögenserwerb und Aufgabenerfüllung jedoch nicht immer übereinstimmen. So ist es durchaus zulässig, bereits jetzt ein Grundstück zu erwerben, um darauf in späteren Jahren eine Entlastungsstraße zu errichten. Insofern tritt der Grundsatz der Wirtschaftlichkeit und Sparsamkeit nach § 43 Abs. 4 KV M-V hinzu, der solche gezielten Vorratskäufe rechtfertigt.

Aber auch der Vermögenserwerb für einen derzeit nicht absehbaren Verwendungszweck kann durchaus nach § 56 Abs. 1 KV M-V vertretbar sein. Dazu gehören u. a. Grundstückskäufe ohne direkte Aufgabenzuordnung, z. B. die Bodenbevorratung für spätere Bauten oder zur Verwendung als ökologische Ausgleichsflächen. Auch diese Vermögenserwerbe dienen der Aufgabenerfüllung der Gemeinde, so dass daran die Breite des Begriffes recht deutlich wird. Kriterium für die Verwendung ist die Absehbarkeit des Vermögenseinsatzes im Rahmen der Erfüllung gemeindlicher Aufgaben.

Hinzu kommt, dass öffentliche Aufgaben außerhalb der Pflichtaufgaben von den Gemeinden selbst bestimmt werden, so dass die Erwerbsgründe recht unterschiedlich sind und somit die Erwerbsarten nicht normiert werden können. Hat sich eine Gemeinde z. B. zur Aufnahme des Betriebs eines Museums entschlossen, gehört der Erwerb von kostspieligen Gemälden zu den gemeindlichen Aufgaben. Bei einer Gemeinde ohne diese Aufgabenart wäre die Anschaffung solcher Gemälde gemäß § 56 Abs. 1 KV M-V nicht vertretbar, erst recht nicht zur Ausschmückung von Diensträumen.

Wenn auch der § 56 Abs. 1 KV M-V eine „Sollvorschrift" darstellt, findet hier doch eine kaum zu überbietende Verdichtung zu einer „Muss-Regelung" statt, weil ein Vermögenserwerb außerhalb der Aufgabenerfüllung der Gemeinde zwar als begründeter Ausnahmefall möglich wäre, jedoch am Grundsatz der Wirtschaftlichkeit und Sparsamkeit scheitert. Eine weite Auslegung der Normierung des § 56 Abs. 1 KV M-V bietet sich deshalb nur insoweit an, als die Aufgabenerfüllung selbst einen weit auslegbaren Begriff darstellt.

Bevor Investitionen von erheblicher finanzieller Bedeutung beschlossen werden, soll gem. § 9 Abs. 1 GemHVO-Doppik im Vorfeld einer diese Grenze übersteigenden Investition ein Wirtschaftlichkeitsvergleich unter mehreren in Betracht kommenden Möglichkeiten stattfinden. Zumindest hat ein Vergleich der Investitionsalternativen anhand der Anschaffungs- oder Herstellungswerten unter Einbeziehung der Folgekosten zu erfolgen. Es müssen gem. § 9 Abs. 2 GemHVO-Doppik zunächst Pläne, Kostenberechnungen und Erläuterungen vorliegen, aus denen die Art der Ausführung, einschließlich des Grunderwerbs und der Einrichtungskosten sowie der Folgekosten, ersichtlich ist. Außerdem ist ein Investitionszeitenplan beizufügen. Des Weiteren müssen die Unterlagen auch die voraussichtlichen Jahresauszahlungen unter Angabe der Kostenbeteiligung Dritter und eine Schätzung der nach Durchführung der Investition entstehenden jährlichen Haushaltsbelastungen ausweisen.

Vor Beginn einer Investition von unerheblicher finanzieller Bedeutung muss nach § 9 Abs. 3 GemHVO-Doppik mindestens eine Kostenschätzung vorliegen. Es handelt sich um eine Ausnahmeregelung. Diese Ausnahme muss in den Erläuterungen zum jeweiligen Teilhaushalt nach § 9 Abs. 3 Satz 2 GemHVO-Doppik begründet werden. Dies umfasst somit auch die Planung von Investitionen für geringwertige Vermögensgegenstände.

§ 22 Abs. 4 Nr. 3 KV M-V sieht vor, dass in der Hauptsatzung der Gemeinde Regelungen getroffen werden können, um Entscheidungen hinsichtlich der Verfügung über Gemeindevermögen bis zu bestimmten Wertgrenzen auf den Hauptausschuss oder den Bürgermeister zu delegieren. Zwar ist der Erwerb von Vermögensgegenständen nicht ausdrücklich in der Vorschrift genannt, stellt jedoch einen Unterfall der Verfügung über das Gemeindevermögen dar. Fehlt es an einer solchen Vorschrift in der Hauptsatzung, ist grundsätzlich die Gemeindevertretung zuständig, soweit es sich nicht um Geschäfte der laufenden Verwaltung handelt, die nach § 38 Abs. 3 Satz 2 oder § 39 Abs. 3 Satz 2 KV M-V zum Zuständigkeitsbereich des Bürgermeisters gehören.

19.3.3 Veräußerung von Vermögen

Die Veräußerung von Vermögen stellt auf die Rechtsübertragung von Gegenständen (Übereignung oder Abtretung) ab, so dass die Art des Verfügungsgeschäftes (Verkauf, Schenkung oder Tausch), aber auch der Bilanzierungsgrundsatz des wirtschaftlichen Eigentums, unerheblich sind. Maßgeblich ist, dass die Gemeinde mit der Veräußerung das rechtliche Eigentum am Vermögensgegenstand verliert. Die Vermögenssubstanz der Gemeinde wird abgebaut, so dass § 56 Abs. 4 KV M-V die Veräußerung nur zulässt, wenn der Vermögensgegenstand in absehbarer Zeit nicht benötigt wird. Wenn die Gemeinde nicht mit einer äußerst hohen Gewissheit ausschließen kann, dass der Vermögensgegenstand nicht noch einmal zur Aufgabenerfüllung benötigt wird, darf sie ihn nicht veräußern. Wenn z. B. eine Gemeinde beabsichtigt, evtl. in zehn Jahren auf einem Grundstück eine Schule zu errichten, darf sie das Grundstück nicht verkaufen. Dies entspricht wiederum dem bereits beim Vermögenserwerb festgestellten absoluten Vorrang der Aufgabenerfüllung.

Andererseits ergibt sich aus § 56 KV M-V für die Gemeinde keine Veräußerungsverpflichtung, wenn der Vermögensgegenstand nicht mehr benötigt wird. Die Gemeinde kann die einmal erworbenen Vermögensgegenstände auch ohne konkreten Aufgabenbezug vorhalten. Eine Veräußerungspflicht kann sich allerdings durch den Grundsatz der Wirtschaftlichkeit (§ 43 Abs. 4 KV M-V) ergeben. So darf beispielsweise ein nicht mehr benötigtes Gebäude nicht mehr im Vermögensbestand gehalten werden, wenn die Unterhaltungs- und Betriebskosten für das Gebäude die Erträge übersteigen.

Vermögensgegenstände dürfen gemäß § 56 Abs. 4 Satz 2 KV M-V in der Regel nur zu ihrem vollen Wert veräußert werden. Dabei handelt es sich um den jeweiligen Zeitwert und nicht um frühere Anschaffungsbeträge. Der Begriff des Zeitwerts umfasst auch durchaus außergewöhnliche Wertsteigerungen wie z. B. Planungsgewinne, welche die Gemeinde wie jeder andere nutzen darf. Der mögliche Verkaufserlös ergibt sich somit immer am Markt aus dem Verhältnis zwischen Angebot und Nachfrage. Beim Immobilienvermögen kann der Zeitwert durch die öffentlich-rechtlichen Gutachterausschüsse der Landkreise und der kreisfreien Städte festgestellt werden.

Eine ausgezeichnete Definition des Begriffs „voller Wert" enthält Ziffer 1 VV zu § 62 LHO NRW:

> *„Der volle Wert[417] [...] wird durch den Preis bestimmt, der im gewöhnlichen Gebrauch nach der Beschaffenheit des Gegenstandes bei einer Veräußerung zu erzielen wäre; dabei sind alle Umstände, die den Preis beeinflussen, nicht jedoch ungewöhnliche oder persönliche Verhältnisse, zu berücksichtigen. Ist der Marktpreis feststellbar, bedarf es keiner besonderen Wertermittlung."*

Allerdings gilt die Veräußerung zum vollen Wert durch § 56 Abs. 4 Satz 2 KV M-V nur grundsätzlich. So sind Abweichungen aufgrund eines besonderen öffentlichen Interesses möglich, bedürfen jedoch nach § 56 Abs. 6 Nr. 1 KV M-V der Genehmigung der Rechtsaufsichtsbehörde. Damit trägt das Gesetz der Tatsache Rechnung, dass der Markt nicht immer einen Verkaufserlös des Gegenstandes zum Zeitwert zulässt. So ergibt sich beispielsweise für die Gemeinde beim Verkauf eines gebrauchten Abfallbeseitigungsfahrzeuges als erzielbarer Ertrag nur der halbe Restbuchwert, weil am Markt nur eine geringe Bereitschaft zur Abnahme dieser Fahrzeugart besteht und im Rahmen der Marktmechanismen die wenigen Nachfrager den Preis senken können.

Andererseits kann die Wahrnehmung einer öffentlichen Aufgabe bewusst die Veräußerung eines Vermögensgegenstandes unterhalb des Zeitwertes erfordern; eventuell gilt dies sogar bei einer unentgeltlichen Vermögensübertragung.

Beispiel:
Innerhalb der Grenzen eines Bebauungsplanes für Ein- und Zweifamilienhäuser besitzt die Stadt S mehrere entsprechend bebaubare Grundstücke. Aufgrund der bereits vorhandenen Bebauung wird die Errichtung eines Kindergartens erforderlich. Die örtliche Kirchengemeinde ist bereit, den Kindergarten zu betreiben. Hierzu will sie das Grundstück für den Kindergarten von der Stadt S erwerben. Nach der Bodenrichtwertkarte beträgt innerhalb der Grenzen des Bebauungsplanes der Verkehrswert der Grundstücke je qm 50 €. Die Kirchengemeinde ist nur bereit, den üblichen Preis für Gemeinbedarfsflächen zu 30 € je qm zahlen.

---

417 Es besteht eine öffentliche Anbietungspflicht, um den vollen Wert zu ermitteln.

Die Stadt S veräußert das Grundstück zu einem Preis von 30 € je qm, obwohl sie auch an einen privaten Dritten 50 € je qm als Baugrundstück hätte erzielen können.

Anhand dieses Beispiels wird die Begründung für Veräußerungen unter Zeitwert deutlich. Durch ihre Handlungsweise fördert die Stadt S eine Aufgabe, die sie sonst selbst hätte wahrnehmen müssen, so dass sie sich jetzt die Folgekosten der Beibehaltung bzw. Schaffung der Einrichtungen erspart und somit wirtschaftlich entschieden hat.

Eine unentgeltliche Vermögensübertragung einer Gemeinde an Dritte ist im sozialen Bereich denkbar, die jeweils in der konkreten Aufgabenerfüllung begründet sind.

Beispiel:
Ein karitativer Verband übernimmt für die Gemeinde G zu Beginn eines Haushaltsjahres den Behindertenfahrdienst. Zu dessen Wahrnehmung wird dem karitativen Verband von der Gemeinde G ein spezielles Fahrzeug im Wert von 30.000 € geschenkt. Damit bei frühzeitiger Aufgabe des Behindertenfahrdienstes die Schenkung nicht unwirtschaftlich wird, ist vertraglich eine unentgeltliche Rückübertragung des Fahrzeuges an die Gemeinde G vereinbart worden. Durch ihre Schenkung fördert die Gemeinde G eine Aufgabe, die sie sonst selbst wahrgenommen hätte, so dass sie sich entsprechende Personal- und Sachkosten erspart und somit wirtschaftlich entschieden hat.

Die Vorschrift des § 56 Abs. 6 KV M-V sichert durch die erforderliche Genehmigung der Rechtsaufsichtsbehörde ab, dass die Gemeinde das besondere öffentliche Interesse einer Abweichung vom vollen Wert konkret begründen muss. Dabei hat die Gemeinde auch zu prüfen, dass die EU-Regeln zum innergemeinschaftlichen Wettbewerb auf der Grundlage des Art. 87 EG-Vertrag eingehalten werden.

19.3.4 Übungen

Sachverhalt Nr. 1
Die Gemeinde G will folgende Vermögenserwerbe durchführen:

a) Kauf verschiedener Wohngrundstücke, um später diese Grundstücke bei konkreten Objekten als Tauschgrundstücke anbieten zu können.
b) Kauf verschiedener unbebauter Grundstücke, um vorübergehend freie Liquidität „gut" anzulegen.
c) Kauf eines alten Fabrikgebäudes, weil in etwa zehn Jahren auf diesem Gelände eine Eissporthalle durch die Gemeinde errichtet werden soll.
d) Kauf eines alten Fabrikgebäudes, um lediglich im Rahmen der Wirtschaftsförderung das bisherige Eigentümerunternehmen von den erheblichen Unterhaltungskosten für diese Gebäude zu entlasten.

Aufgabe:
Begutachten Sie die Zulässigkeit der beabsichtigten Vermögenserwerbe.

Lösung:
Gemäß § 56 Abs. 1 KV M-V soll ein Vermögenserwerb nur erfolgen, wenn dieser zur Erfüllung gemeindlicher Aufgaben erforderlich ist oder wird. Unter diesem Aspekt sind die einzelnen Fälle des Sachverhaltes zu beurteilen.

a) Die zu erwerbenden Wohngrundstücke dienen zwar nicht unmittelbar der direkten Aufgabenerfüllung, weil sie nicht konkret einer Aufgabe der Gemeinde zugeordnet werden können. Dies wäre z. B. gegeben, wenn die Grundstücke für den Bau einer Schule oder die Errichtung einer Kindertagesstätte eingesetzt würden. Die Gemeinde benötigt die Grundstücke aber im Laufe der Zeit mittelbar zur Erfüllung ihrer Aufgaben. Wegen der Knappheit von Baugrundstücken können heute Kaufverträge in vielen Fällen nur noch abgeschlossen werden, wenn gleichzeitig Ersatzgrundstücke angeboten werden. Insofern dient die Beschaffung der Wohngrundstücke letztlich der zukünftigen Aufgabenerledigung, so dass der Erwerb zulässig ist.
b) Die öffentlichen Aufgaben einer Gemeinde werden in der Schaffung und im Betrieb öffentlicher Einrichtungen konkretisiert. Insofern sind die im Sachverhalt angesprochenen Grundstückskäufe nicht zur Aufgabenerfüllung erforderlich. Eine Ausnahme zur Soll-Vorschrift des § 56 Abs. 1 KV M-V ist nicht erkennbar. Bei einer Geldanlage in Grundstücken bestehen hinsichtlich der Voraussetzungen des § 56 Abs. 2 Satz 2 KV M-V – ausreichende Sicherheit und ein angemessener Ertrag – erhebliche Bedenken, weil der Verkaufspreis – je nach Marktlage – auch fallen kann und dann die Gemeinde die Grundstücke nur mit Verlust verkaufen kann. Des Weiteren ist fraglich, ob nach § 19 Abs. 1 Satz 3 GemKVO-Doppik eine „Rückumwandlung" in Liquidität zeitnah erfolgen kann.
c) Die Gemeinde will in etwa zehn Jahren als öffentliche Einrichtung eine Eissporthalle errichten. Insofern handelt es sich um die Erledigung einer öffentlichen Aufgabe im Sinne des § 56 Abs. 1 KV M-V, auch wenn diese freiwillig ist. Das Grundstück wird zur Erreichung dieser Aufgabe benötigt, wobei der zeitliche Aspekt unerheblich ist. Eine spezielle Vorratswirtschaft, der dieser Grundstückskauf dient, ist durch § 56 Abs. 1 KV M-V zugelassen.
d) Der Kauf des Fabrikgrundstückes erfolgt im Rahmen der Wirtschaftsförderung. Um ein privates Unternehmen von unrentablen Kosten zu entlasten, erwirbt die Gemeinde das Gebäude. Wirtschaftsförderung ist zwar zweifellos eine gemeindliche Aufgabe, jedoch muss bei der Erledigung auch der Aspekt der Wirtschaftlichkeit beachtet werden. Die Wirtschaftsförderung für diesen speziellen Betrieb hätte auch in anderer Form, z. B. durch Zuschüsse oder Darlehen, erreicht werden können, die nicht so hohe Folgekosten der Grundstücksunterhaltung nach sich ziehen würde. Das Unternehmen selbst müsste versuchen, das Grundstück am Markt zu veräußern. Der Grunderwerb ist somit nicht unbedingt zur gemeindlichen Aufgabenerfüllung erforderlich, so dass er gemäß § 56 Abs. 1 KV M-V unzulässig ist.

Sachverhalt Nr. 2

Die Gemeinde G, 10.000 Einwohner, will einem Wohlfahrtsverband das Nutzungsrecht an einem Grundstück (Verkehrswert: 300.000 €) kostenlos einräumen, damit der soziale Träger darauf ein Altenheim errichten kann. Sollte der Wohlfahrtsverband diese Aufgabe nicht übernehmen, müsste die Gemeinde ein Altenheim errichten und betreiben.

Aufgaben:

a) Begutachten Sie die Zulässigkeit der kostenlosen Überlassung des Grundstückes.
b) Wie ändert sich die Lösung zu a), wenn das Grundstück zu einem Preis von 30.000 € an den Wohlfahrtsverband veräußert würde?

Lösung:

a) Für Bedenken, dass das Grundstück für die Aufgabenerfüllung der Gemeinde noch benötigt wird, bietet der Sachverhalt keine Anhaltspunkte. § 56 Abs. 4 KV M-V ist hinsichtlich dieses Aspektes nicht näher zu prüfen.
   Die kostenlose Verpachtung des Grundstückes stellt eine unentgeltliche Überlassung eines Vermögensgegenstandes im Sinne des § 56 Abs. 5 KV M-V dar, so dass § 56 Abs. 4 Satz 2 KV M-V sinngemäß anzuwenden ist. Danach müssen Vermögensgegenstände zu ihrem vollen Wert veräußert werden, soweit nicht ein besonderes öffentliches Interesse Abweichungen zulässt. Die Gemeinde erfüllt hier einen öffentlichen Zweck, nämlich die Unterstützung der Bereitstellung von sozialen Einrichtungen für die Bevölkerung. Durch die Schaffung des Altenheimes durch einen freien Träger wird die Gemeinde außerdem von der Aufgabe entbunden, selbst ein Altenheim zu bauen und zu betreiben. Insofern hat sie sich durch die kostenlose Verpachtung auch wirtschaftlich verhalten. Die unentgeltliche Überlassung ist somit aufgrund einer sachlich fundierten Entscheidung erfolgt, so dass sie als Ausnahme zu § 56 Abs. 4 KV M-V als zulässig anzusehen ist.
   Eine Genehmigungspflicht für dieses Rechtsgeschäft besteht nach § 56 Abs. 6 KV M-V nicht.
b) Grundsätzlich muss die Veräußerung von Vermögensgegenständen gemäß § 56 Abs. 4 Satz 2 KV M-V zum vollen Wert erfolgen. Allerdings kann nach derselben Rechtsnorm davon abgewichen werden, wenn ein besonderes öffentliches Interesse daran besteht. Aus den in der Lösung zu a) dargestellten Erwägungen wäre ein solches öffentliches Interesse durchaus vertretbar, vor allen dann, wenn der Käufer die Veräußerung von dieser Bedingung abhängig machen würde. Schließlich nimmt der Käufer nunmehr eine für die Allgemeinheit (Öffentlichkeit) wichtige Aufgabenstellung wahr, die ansonsten die Gemeinde G durchführen und belasten würde.
   Allerdings ist eine aufsichtsbehördliche Genehmigung für dieses Rechtsgeschäft gemäß § 56 Abs. 6 Ziffer 1 KV M-V erforderlich.

Sachverhalt Nr. 3

Die Gemeinde G will einige historisch wertvolle Ritterrüstungen an den Gastwirt W zum Zeitwert verkaufen, die dieser in den Räumen seines Hotels aufstellen will. Als der örtliche Heimatverein gegen diesen Verkauf öffentlich protestiert, kommen der zuständigen Sachbearbeiterin Bedenken.

Aufgabe:
Begutachten Sie, inwieweit die Bedenken der Sachbearbeiterin gerechtfertigt sind.

Lösung:
Gemäß § 56 Abs. 4 KV M-V darf die Gemeinde Vermögensgegenstände veräußern, soweit diese für die Aufgabenerfüllung der Gemeinde nicht mehr benötigt werden. Aus dem Sachverhalt ist nicht ersichtlich, ob die Ritterrüstungen für einen konkreten Aufgabenbereich benötigt werden (z. B. für ein Museum). Da die Vorhaltung solcher Gegenstände sicher nicht zu den Pflichtaufgaben einer Gemeinde gehört, kann unterstellt werden, dass die Gegenstände nicht für die Aufgabenerfüllung der Gemeinde G benötigt werden. Ohnehin ist festzustellen, dass im Bereich der freiwilligen Gemeindeaufgaben jede Gemeinde selbst entscheiden kann, ob sie eine Aufgabe weiterführt oder sie aufgibt. Dadurch werden Vermögensgegenstände aus diesem Bereich im Ermessen der Gemeinde frei. Da der Verkauf auch zum vollen Wert (Verkehrswert) erfolgt, bestehen nach § 56 Abs. 4 KV M-V keine rechtlichen Bedenken.

Allerdings ist zu überlegen, ob die Gemeinde wegen des historischen Werts des Vermögensgegenstandes gut beraten ist, diesen zu veräußern. Es bietet sich an, den Erwerber zu verpflichten, diesen Gegenstand seinem historischen Wert entsprechend zu behandeln und evtl. weiter der Öffentlichkeit zugänglich zu machen.

Nach § 56 Abs. 6 KV M-V bedarf die Veräußerung dieser Vermögensgegenstände zum Zeitwert nicht der Genehmigung der Rechtsaufsichtsbehörde.

19.4 Bewirtschaftung von Vermögen

19.4.1 Grundsätze der Vermögensbewirtschaftung

Die gemeindlichen Vermögensgegenstände sind pfleglich und wirtschaftlich zu verwalten. Diese in § 56 Abs. 2 KV M-V enthaltenen Grundsätze greifen nicht nur auf die allgemeine Vorschrift der Wirtschaftlichkeit in § 43 Abs. 4 KV M-V zurück, sondern füllen konkret den § 43 Abs. 1 KV M-V aus. Demnach hat die Gemeinde ihre Haushaltswirtschaft so zu gestalten, dass die stetige Erfüllung ihrer Aufgaben gesichert ist. Voraussetzung dafür ist, dass die Gemeindefinanzen gesund bleiben.

Aus der Vermögensbewirtschaftung dürfen somit nur die unabdingbar notwendigen Folgekosten entstehen, wie z. B. die Reparatur von Fahrzeugen oder der Anstrich von Gebäuden. Zu vermeiden sind dagegen außergewöhnliche Instandsetzungen, die dann anfallen, wenn die notwendige begleitende Betreuung der Vermögensgegenstände im Haushaltsjahr unterbleibt. Diese Sachverhalte führen nach § 35 Abs. 1 Nr. 4 GemHVO-Doppik dazu, dass grundsätzlich im betreffenden Haushaltsjahr der unterlassenen Instandhaltung eine Rückstellung zu bilden ist. Danach wird aufwandsmäßig das Haushaltsjahr belastet, in dem die Instandhaltung unterlassen wurde. Ist es z. B.

aufgrund der schlechten haushaltswirtschaftlichen bzw. finanzwirtschaftlichen Lage nicht wahrscheinlich, dass diese Instandhaltung innerhalb von drei Jahren nachgeholt wird, hat die Gemeinde aufgrund der unterlassenen Instandhaltung eine voraussichtliche andauernde Wertminderung am Vermögensgegenstand zu prüfen, die zu einer außerplanmäßigen Abschreibung und somit gleichfalls zu einer aufwandsmäßigen Belastung des Haushaltsjahres der unterlassenen Instandhaltung führt (§ 34 Abs. 6 GemHVO-Doppik).

Im Kapitel 10 (zu Ansatz, Ausweis und Bewertung der einzelnen Posten der kommunalen Bilanz) wurde bereits der bilanzielle Ausweis der Vermögensgegenstände eingehend dargestellt. Besonderheit beim immateriellen Vermögen, beim Sachvermögen ohne Vorräte und geringwertige Vermögensgegenstände sowie beim Finanzvermögen ohne Forderungen ist, dass die Vermögensbewirtschaftung i. d. R. mittels einer Anlagenbuchhaltung erfolgt. Der diesbezügliche Jahresabschluss basiert somit auf dem Abschluss des Nebenbuches Anlagenbuchhaltung.

19.4.2 Anlagenbuchhaltung

Die Anlagenbuchhaltung ist neben der Kreditoren- und Debitorenbuchhaltung eine der klassischen Nebenbuchhaltungen im doppischen Rechnungswesen. Aufgrund der Vielzahl an Vermögensgegenständen bei den Gemeinden ist eine Anlagenbuchhaltung erforderlich, um die Vermögenslage vollständig, richtig, zeitgerecht und geordnet zu erfassen und zu dokumentieren. Nach § 31 Abs. 2 GemHVO-Doppik kann auf eine körperliche Bestandsaufnahme nach § 30 Abs. 3 GemHVO-Doppik zum Abschlusstag verzichtet werden, wenn anhand vorhandener Verzeichnisse (z. B. der Anlagenbuchhaltung) der Bestand an Vermögensgegenständen und Schulden nach Art, Menge und Wert festgestellt werden kann (Buchinventur) und gesichert ist, dass das Inventar (§ 30 Abs. 1 GemHVO-Doppik) die tatsächlichen Verhältnisse zutreffend darstellt. Aufgrund der Vielzahl an Funktionen unterstützt die Anlagenbuchhaltung zudem eine transparente und an den dargestellten Wirtschaftlichkeitsgrundsätzen des § 43 Abs. 4 KV M-V orientierte Vermögensbewirtschaftung.

Mittels der Anlagenbuchhaltung werden Bestand und insbesondere Bewegungen des Vermögens art-, mengen- und wertmäßig erfasst. Gegenüber der Bilanz werden in der Anlagenbuchhaltung für eine weitergehende Strukturierung des Vermögens Anlagenklassenbereiche festgelegt. Innerhalb der Anlagenklassenbereiche werden gleichartige Vermögensgegenstände in Anlageklassen zusammengefasst. Grundsätzlich ist jede Gemeinde in der Strukturierung ihrer Anlagenbuchhaltung einschließlich der Anlagekonten frei. Dem Jahresabschluss (§ 60 KV M-V) ist eine Anlagenübersicht als Anlage beizufügen (§ 60 Abs. 3 Nr. 2 KV M-V). In der Anlagenübersicht sind nach § 50 Abs. 1 GemHVO-Doppik die Anschaffungs- und Herstellungskosten, die kumulierten Abschreibungen sowie die Restbuchwerte des Anlagevermögens der Gemeinde zum Beginn und zum Ende des Haushaltsjahres, die Zu- und Abgänge, die Umbuchungen sowie die Zuschreibungen und die Abschreibungen darzustellen.

Die Anlagenklassenbereiche können sich grundlegend an gemeinsamen Merkmalen ausrichten, die beispielsweise wie folgt gegliedert sein können:

- Immaterielles Vermögen
  - Lizenzen
  - Geleistete Investitionszuweisungen und -zuschüsse
- Sachvermögen ohne Vorräte und geringwertige Vermögensgegenstände
  - Grund und Boden
  - Gebäude und Aufbauten
  - Infrastrukturvermögen
  - Bauten auf fremden Grundstücken
  - Kunstgegenstände, Kulturdenkmäler
  - Maschinen und technische Anlagen, Fahrzeugen
  - Betriebs- und Geschäftsausstattung, Pflanzen und Tiere
- Finanzvermögen ohne Forderungen

Die Aufgaben bzw. Funktionen der Anlagenbuchhaltung sind sehr umfangreich. Hierzu eine Zusammenstellung der wichtigsten Aufgaben:

- Entlastung der Bilanz in Form einer Nebenbuchhaltung
- Erfassung der Anschaffungs- und Herstellungswerten je Vermögensgegenstand
- Aufzeichnung der Bestände, Zu- und Abgänge sowie der Umbuchungen
- Abbildung der Abschreibungen, Zuschreibungen und Restwerte für die einzelnen Anlagegüter
- Vermögensnachweis
- Unterstützung bei der Inventur
- Aufstellung der Anlagenübersicht
- Unterstützung bei der Planung des kommunalen Haushalts
- Ermittlung der Werte für Feuer- u. Maschinenversicherung

Hierbei stellt – neben der Funktion des Vermögensnachweises – die Erfassung der art-, mengen- und wertmäßigen Bewegungen und Veränderungen des Vermögens die wichtigste Aufgabe dar. Insbesondere liefert die Anlagenbuchhaltung die Abschreibungen des abnutzbaren Anlagevermögens für den Ergebnishaushalt, die entsprechend dem § 34 Abs. 1 GemHVO-Doppik zum einen den bilanziellen Wert[418] der Vermögensgegenstände reduziert und zum anderen diesen Vermögensverzehr als Aufwand abbildet. Daher erfordern die planmäßigen Abschreibungen in der Anlagenbuchhaltung unbedingt die Trennung zwischen abnutzbaren und nicht abnutzbaren Sachanlagen.

418 Aufgrund der Nebenbuchhaltungsfunktion ist der bilanzielle Wert stets identisch mit dem in der Anlagenbuchhaltung geführten Wert.

Beispiel:
Bei einem bebauten Schulgrundstück sind der Grund und Boden als nicht abnutzbarer Vermögensgegenstand vom Schulgebäude als abnutzbarem Vermögensgegenstand zu trennen. Nach Fertigstellung des Schulgebäudes wird in der Anlagenbuchhaltung im Rahmen des Grundsatzes der Stetigkeit ein Abschreibungsplan für das Gebäude hinterlegt, aus dem sich die Abschreibungen ermitteln.

Die Aufgaben der Abschreibung[419] sind

- die Darstellung der Wertminderung durch Abnutzung,
- die Verteilung der Anschaffungs- und Herstellungswerte von Investitionen als Aufwand über die Nutzungsdauer und
- die Angabe eines ungefähren Zeitpunkts für die Ersatzinvestitionen.

Die Abschreibungsdeterminanten des abnutzbaren Anlagevermögens ergeben sich aus

- dem bilanziellen Vermögenswert (Anschaffungs- oder Herstellungswerte oder Restbuchwert),
- der Abschreibungsmethode und
- der Abschreibungsdauer (voraussichtliche Nutzungsdauer).

Nach § 34 Abs. 1 Satz 2 GemHVO Doppik ist die Standardmethode die lineare Abschreibung, wobei nach § 34 Abs. 1 Satz 3 GemHVO Doppik ausnahmsweise auch die geometrisch-degressive Abschreibung und die Leistungsabschreibung als Sonderformen zulässig sind, wenn dies dem Nutzungsverlauf wesentlich besser entspricht.[420] Demnach können folgende Methoden zur Anwendung kommen, deren Ermittlungsmethode anschließend auch beschrieben wird:

Lineare Abschreibung
Bei der linearen Abschreibung werden die Anschaffungs- oder Herstellungswerte durch voraussichtliche Nutzungsdauer des Vermögensgegenstandes dividiert.

Beispiel:
Eine beschaffte Maschine hat eine Nutzungsdauer von voraussichtlich fünf Jahren. Der Anschaffungswert beträgt 10.000 €. Der jährliche Abschreibungsbetrag ergibt sich nach der linearen Abschreibungsmethode aus

10.000 € : 5 Jahre = 2000 €/jährlich

419 Die Abschreibungsermittlung wird in anderen Rechnungsverfahren (Gebührenrecht, Steuerrecht) anders geregelt als im kommunalen Haushaltsrecht.

420 Ab 2008 wurde im Steuerrecht die degressive Abschreibung untersagt, dann jedoch ab 2009 für eine Reihe von Vermögensgegenständen wieder eingeführt.

Geometrisch-degressive Abschreibung

Der jährliche Abschreibungsbetrag ergibt sich aus einem festen Prozentsatz des Restbuchwertes. Die Abschreibungsdauer bei dieser Methode ist unendlich. Es ist daher ein Methodenwechsel zur linearen Abschreibung erforderlich.

Beispiel:

Der Vermögensgegenstand mit Anschaffungswert von 10.000 € hat eine Nutzungsdauer von fünf Jahren. Der aus Erfahrungswerten hergeleitete Prozentsatz des jährlichen Wertverlustes liegt bei 40 % des jeweiligen Buchwertes.

Buchwert am 1. Januar	*Abschreibung*	*Buchwert am 31. Dezember*	
1. Jahr	*10.000 €*	*4.000 € (40 % von 10.000 €)*	*6.000 €*
2. Jahr	*6.000 €*	*2.400 € (40 % von 6.000 €)*	*3.600 €*
3. Jahr	*3.600 €*	*1.440 € (40 % von 3.600 €)*	*2.160 €*
4. Jahr	*2.160 €*	*1.080 € (Wechsel auf lineare Abschreibung)*	*1.080 €*
5. Jahr	*1.080 €*	*1.080 € (lineare Abschreibung)*	*0 €*

(Als Zeitpunkt des Methodenwechsels wird hier das vierte Nutzungsjahr gewählt, da nach dem Vorsichtsprinzip nun die lineare Abschreibung höher als die degressive Abschreibung ist; diese läge bei 864 € (40 % von 2.160 €). Die Methode zum jeweiligen Zeitpunkt für den Wechsel lautet: (Rest-)Buchwert/Restnutzungsdauer; denkbar wäre der Methodenwechsel im Rahmen der besseren Abbildung des Ressourcenverbrauchs auch im 5. Jahr.)

Leistungsabschreibung

Die Anschaffungs- oder Herstellungskosten werden durch die erzielbaren Leistungseinheiten dividiert. Dieser Wert wird mit der tatsächlichen Abgabe an Leistungseinheiten multipliziert.

Beispiel:

Eine zu 10.000 € angeschaffte Maschine hat nach Herstellerangabe im Rahmen ihrer Nutzungsdauer eine Gesamtleistungsabgabe von 2000 Maschinenstunden. Je tatsächlicher Abgabe von einer Maschinenstunde sind 5 € abzuschreiben.

Im ersten Nutzungsjahr wurden 500 Maschinenstunden, im zweiten Nutzungsjahr 900 Maschinenstunden und im dritten Nutzungsjahr 600 Maschinenstunden tatsächlich abgegeben.

Die Abschreibungen der drei Haushaltsjahre lauten somit:

1. Jahr 2.500 € (500 Stunden × 5 €/Stunde)
2. Jahr 4.500 € (900 Stunden × 5 €/Stunde)
3. Jahr 3.000 € (600 Stunden × 5 €/Stunde)

Der Restbuchwert liegt somit am Ende des dritten Abschreibungsjahres bei 0 €.

Die Abschreibung des Vermögensgegenstandes erfolgt gem. § 34 Abs. 4 GemHVO Doppik im Jahr der Anschaffung oder Herstellung unter Berücksichtigung von vollen Monaten zwischen dem Zeitpunkt der Anschaffung oder Herstellung und dem Jahresende. Analog kann im Jahr der Veräußerung für die Abschreibungen nur der Zeitraum in vollen Monaten berücksichtigt werden, der zwischen dem Anfang des Jahres und dem Veräußerungszeitpunkt liegt.

Für die Bestimmung der betriebsgewöhnlichen Nutzungsdauer von abnutzbaren Vermögensgegenständen hat das Innenministerium eine Abschreibungstabelle herausgegeben (§ 34 Abs. 2 Satz 1 GemHVO Doppik). Die darin enthaltenen Abschreibungszeiten können mit einer Begründung, die im Anhang zum Jahresabschluss dokumentiert wird, verkürzt werden. Somit kann auf die besonderen Gegebenheiten der jeweiligen Gemeinde Rücksicht genommen und die tatsächliche Nutzungsdauer in dieser Gemeinde eingesetzt werden. Eine Überschreitung der Abschreibungszeiten ist dagegen nicht zulässig.

19.4.3 Finanzvorfälle in einer Anlagenbuchhaltung

Nachfolgend erfolgt eine Darstellung der häufigsten in der Vermögensbewirtschaftung vorkommenden Finanzvorfälle in einer Anlagenbuchhaltung.

a) Zugänge von Vermögensgegenständen

Zugänge von Vermögensgegenständen sind stets zeitnah in der Anlagenbuchhaltung zu buchen bzw. zu aktivieren. Neben dem Grundsatz der ordnungsmäßigen Buchführung dient dies insbesondere bei verzögerter in Rechnung Stellung zur periodengerechten Abbildung des Ressourcenverbrauchs aus Abschreibungen. Fallen Vermögenszugang (z. B. im Haushaltsjahr 2020) und Rechnungszugang (z. B. im Haushaltsjahr 2021) periodenmäßig auseinander, so ist im Haushaltsjahr 2020 als Gegenposition für die Aktivierungsbuchung eine sonstige Verbindlichkeit zu buchen.

Im Rahmen der Aktivierung sind für den Vermögensgegenstand die relevanten Daten zur Führung in der Anlagenbuchhaltung zu erfassen. Aufgrund der Nebenbuchfunktion muss die Verknüpfung zum Hauptbuch festgelegt werden. Neben den Festlegungen für den Abschreibungsplan des Vermögensgegenstandes sind auch die Produkte für die Teilergebnisrechnungen festzulegen, in die der Abschreibungsaufwand zu buchen ist.

b) Abgänge

Vermögensabgänge sind wie die Vermögenszugänge zeitnah zu buchen. Ansonsten würde Aufwand aus Abschreibungen entstehen, der der Vermögensnutzung nicht entspricht. Somit hat mit Übergabe des Vermögensgegenstandes an den Erwerber oder mit Verschrottung eines unbrauchbar gewordenen Vermögensgegenstandes die Ausbuchung zu erfolgen. Im Rahmen der Ausbuchung aus der Anlagenbuchhaltung hat stets ein Abgleich zwischen bestehendem Buchwert (auch „Restbuchwert“) und dem Verkaufserlös zu erfolgen. „Fixgröße“ für den hieraus resultierenden Buchungssatz ist hierbei stets der (auszubuchende) Buchwert. Übersteigt der Verkaufserlös den Buchwert, ergibt sich ein Ertrag aus Vermögensabgang. Unterschreitet der Verkaufserlös den Buchwert oder steht gar kein Verkaufserlös einem Buchwert gegenüber, ergibt sich ein Aufwand aus dem Vermögensabgang.

c) Änderung der Vermögenszuordnung
Ist ein Vermögensgegenstand durch einen Wechsel des Einsatzbereiches einem anderen Produktbereich zuzuordnen (z. B. ein Radlader wechselt vom Produktbereich „Sicherheit und Ordnung" in den Produktbereich „Natur- und Landschaftspflege"), muss diese Änderung bei der Zuordnung des Vermögensgegenstandes in der Anlagenbuchhaltung nachvollzogen werden.

d) Anzahlungen
Geleistete Anzahlungen der Gemeinde für einen Vermögensgegenstand sind zunächst auf einem besonderen Konto zu buchen. Mit Zugang des Vermögensgegenstandes und Aktivierung in der Anlagenbuchhaltung erfolgt eine Umbuchung der Anzahlung auf das Anlagekonto des Vermögensgegenstandes. Das Anlagekonto wird in der Vermögensart entsprechenden Anlagenklasse geführt.

e) Investitionszuwendungen
Die Förderung einzelner Investitionsmaßnahmen der Gemeinde durch Investitionszuwendungen Dritter sollte in der Anlagenbuchhaltung gleichfalls berücksichtigt werden. Die Investitionszuwendung (Sonderposten) wird mit Aktivierung des Vermögensgegenstandes diesem zugeordnet. Die Determinanten der Abschreibungsplanung werden für die ertragswirksame Auflösung der Investitionszuwendung übernommen. Bei den meisten Softwareanbietern von Anlagenbuchhaltungsprogrammen ist die Übernahme der Determinanten aus dem Abschreibungsplan bereits technisch vorgesehen.

f) Außerplanmäßige Abschreibungen und Zuschreibungen
Wird ein Vermögenswert des Anlagevermögens durch außergewöhnliche Sachverhalte außerhalb der planmäßigen Abschreibungen gemindert, hat gem. § 34 Abs. 6 GemHVO Doppik eine außerplanmäßige Abschreibung beim Vermögensgegenstand zu erfolgen, sofern hierdurch die Bedingung einer voraussichtlich dauerhaften Wertminderung erfüllt ist.

Entfallen gem. § 34 Abs. 6 Satz 2 GemHVO-Doppik in einem späteren Haushaltsjahr die Gründe für die außerplanmäßige Abschreibung, so hat eine Wertzuschreibung bis zu den fortgeschriebenen Anschaffungs- und Herstellungswerten des Vermögensgegenstandes aufgrund des Wertaufholungsgebots zu erfolgen.

> ***Beispiel:***
> *Aufgrund unterlassener Instandhaltung sind einige bauliche Mängel entstanden, die zu einer Wertminderung führen. Eine Nachholung dieser unterlassenen Instandhaltung zur Beseitigung der Mängel ist nicht wahrscheinlich (somit keine*

Rückstellungsbildung). Die Gemeinde hat im Umfang der Wertminderung des Vermögenswertes eine außerplanmäßige Abschreibung vorzunehmen. Ergibt sich in der Zukunft, dass die Ursache für die außerplanmäßige Abschreibung entfällt, hat eine Zuschreibung bis zum fortgeschriebenen Anschaffungs- oder Herstellungswert zu erfolgen.

Es wird abzuwarten sein, in welchem Umfang die Gemeinden die Sachverhalte von unterlassener Instandhaltung in welcher Darstellungsform abbilden werden. Entweder geschieht dies mittels außerplanmäßiger Abschreibung bei mangelnder Wahrscheinlichkeit der Nachholung oder mittels Rückstellung bei wahrscheinlicher Nachholung. In beiden Fällen wird richtigerweise die Periode mit dem Aufwand aus der Vermögenswertminderung belastet werden, in der dieser entstanden ist.

Die Verlängerung der wirtschaftlichen Nutzungsdauer durch Instandsetzungsmaßnahmen sowie die Verkürzung dieser in Folge einer dauerhaften Wertminderung sind bei der Bestimmung der betriebsgewöhnlichen Nutzungsdauer zu berücksichtigen. Die Restnutzungsdauer ist hiernach neu zu bestimmen und stellt folglich eine Veränderung einer Determinante des Abschreibungsplans dar. Basis hierfür ist stets der Restbuchwert, der über die neu ermittelte Nutzungsdauer zu verteilen ist.

19.4.4 Übungen

Sachverhalt und Aufgabenstellung Nr. 4
Die Auslieferung und Nutzung eines bestellten Gerätes erfolgt am 29.11.2020, die Rechnung wird voraussichtlich erst im nächsten Jahr erstellt werden. Wird die Anlagenbuchhaltung von diesem Sachverhalt berührt und ggf. wie?

Lösung:
Das Gerät wird mit dem voraussichtlichen Preis in der Anlagenbuchhaltung gebucht. Die Gegenbuchungsposition stellt eine Rückstellung wegen ausstehender Rechnung oder eine sonstige Verbindlichkeit in gleicher Höhe dar. Für die Bezahlung der Rechnung im Folgejahr ist die im alten Jahr gebuchte Rückstellung oder sonstige Verbindlichkeit die Gegenbuchungsposition.

Der Abschreibungszeitraum beginnt in dem Monat, in dem der Vermögensgegenstand angeschafft oder hergestellt wurde. Entscheidend ist dabei die Erlangung des wirtschaftlichen Eigentums. Selbst wenn unter Eigentumsvorbehalt geliefert wurde, liegt der Anschaffungstermin im November 2020, so dass zu diesem Zeitpunkt die Abschreibung beginnt.

Sofern die Rechnung bis zur Erstellung der Bilanz vorliegt, ist zudem der tatsächliche Rechnungsbetrag an Verbindlichkeiten/Kreditor des Jahres 2020 einzubuchen, sodass auch zu diesem Zeitpunkt die Bilanzierung erfolgt. Die Bezahlung der Rechnung belastet dagegen den Finanzhaushalt 2021.

Sachverhalt und Aufgabenstellung Nr. 5
In der Anlagenbuchhaltung wird ein Dienstfahrzeug noch mit einem (Rest-)Buchwert von 2.000 € geführt. Im Rahmen der Erneuerung des Fahrzeugparks wird dieser Pkw an einen interessierten Mitarbeiter zu 2.500 € veräußert. Gegen Zahlung des Kaufpreises übernimmt dieser das Fahrzeug. Welche Auswirkungen hat dieser Sachverhalt auf die Anlagenbuchhaltung und andere Rechnungskomponenten?

Lösung:
Das Fahrzeug ist aus der Anlagenbuchhaltung als Aufwand in Höhe von 2.000 € auszubuchen. Dem gegenüber steht ein Ertrag in Höhe des Verkaufserlöses von 2.500 €, sodass netto eine Haushaltsverbesserung im Ergebnishaushalt von 500 € zu verzeichnen ist.

Sachverhalt und Aufgabenstellung Nr. 6
Ein weiteres Dienstfahrzeug wird am 22.9.2020 veräußert und übergeben. Mit dem Mitarbeiter wurde vereinbart, dass er den Kaufpreis jeweils zu Hälfte am 1.11.2020 und am 1.12.2020 bezahlt. Was ist wann in der Anlagenbuchhaltung zu veranlassen?

Lösung:
In der Anlagenbuchhaltung ist bereits am 22.9.2020 der Abgang des Dienstfahrzeuges in Höhe des Restbuchwertes zu buchen. Zudem ist eine entsprechende Forderung in Höhe des Verkaufserlöses mit Gegenbuchung als Verkaufsertrag zu buchen.

Sachverhalt und Aufgabenstellung Nr. 7
Ein bisher im Feuerwehrbereich eingesetztes Gerät wird künftig im Garten- und Landschaftsbau eingesetzt. Was ist in der Anlagenbuchhaltung zu veranlassen und aus welchem Grund?

Lösung:
In der Anlagenbuchhaltung ist die Zuordnung des Vermögensgegenstandes zum Produktbereich bzw. zum Produkt zu ändern. Dies ist erforderlich, damit der Ressourcenverbrauch aus Abschreibungen im Aufwand des Produktbereiches bzw. des Produktes abgebildet wird, in dem der Vermögensgegenstand eingesetzt wird.

Sachverhalt und Aufgabenstellung Nr. 8
Die Stadt hat eine Anzahlung für die Sonderausstattung eines noch zu lieferndes Feuerwehrfahrzeug geleistet. Wie ist diese Anzahlung bis zur Lieferung des Fahrzeugs in der Anlagenbuchhaltung zu buchen? Wie wird die restliche Zahlungsverpflichtung buchhalterisch behandelt?

Lösung:
Die geleistete Anzahlung ist auf einem Anzahlungskonto zu buchen. Mit Lieferung des Fahrzeugs ist die Anzahlung auf ein dem Bilanzposten Fahrzeuge zugehöriges Konto

umzubuchen. Die restliche Zahlungsverpflichtung wird im Rahmen der Aktivierung des Vermögensgegenstandes als Verbindlichkeit gebucht.

Sachverhalt und Aufgabenstellung Nr. 9
Für den Bau einer Kindertagesstätte mit einem Herstellungswert von 3 Mio. € erhält die Gemeinde eine Investitionszuwendung vom Land in Höhe von 1 Mio. €. Welche Buchungen sind in der Anlagenbuchhaltung nach Fertigstellung für die Kindertagesstätte und die Zuwendung vorzunehmen?

Lösung:
Die Kindertagesstätte ist nach der Fertigstellung auf ein Konto „Bebaute Grundstücke und grundstücksgleiche Rechte mit sozialen Einrichtungen" einzustellen, der zugehörige Sonderposten ist zu passivieren. Daher erfolgt eine Umbuchung von Anlagen im Bau auf das Konto „Bebaute Grundstücke und grundstücksgleiche Rechte mit sozialen Einrichtungen". Die Investitionszuwendung wird passiviert. Sollte die Gemeinde bereits die Zahlung der Investitionszuwendung erhalten haben, erfolgt eine Umbuchung von „Anzahlungen auf Sonderposten aus Zuwendungen" an „Sonderposten aus Zuwendungen für Investitionen vom Land". Hat die Gemeinde die Zahlung der Investitionszuwendung noch nicht erhalten, stellt eine Forderung die Gegenbuchungsposition dar. Des Weiteren erfolgt auf der Grundlage der Abschreibungsplanung die Abschreibungsbuchung und die Ertragsbuchung aus der Auflösung von Sonderposten.

Sachverhalt Nr. 10
Es ist nicht wahrscheinlich, dass die Gemeinde unterlassene Instandhaltungen an einem Verwaltungsgebäude nachholen wird. Daraufhin wird von der Hochbauverwaltung eine Wertminderung von 200.000 € festgestellt. Wider Erwarten vergibt das Land ein Jahr später Fördermittel für die Instandhaltung von Bürogebäuden. Hierauf hin entschließt sich die Gemeinde, die Instandhaltung doch nachzuholen.

Aufgabe:
Was hat in der Anlagenbuchhaltung von der Feststellung der Wertminderung bis zur Nachholung der Instandhaltung zu geschehen?

Lösung:
Aufgrund der festgestellten Wertminderung, die voraussichtlich dauerhaft ist, hat die Gemeinde eine außerplanmäßige Abschreibung in Höhe von 200.000 € vorzunehmen. Aufgrund der Nachholung der Instandhaltung ein Jahr später entfällt der Grund für die außerplanmäßige Abschreibung, so dass eine Zuschreibung zu erfolgen hat. Die Höhe der Zuschreibung umfasst nicht vollständig die 200.000 €, sondern es sind die Abschreibungen zwischen den Zeitpunkten der außerplanmäßigen Abschreibung und der Zuschreibung zu berücksichtigen.

19.5 Kapitalanlagen und Liquiditätsmanagement

Bei Geldanlagen ist nach § 56 Abs. 2 Satz 2 KV M-V auf eine ausreichende Sicherheit und einen angemessenen Ertrag zu achten. Hierbei ist gemäß § 19 Abs. 1 Satz 3 GemKVO-Doppik bei der Sicherstellung der eigenen Liquidität selbstverständlich im Rahmen der Wirtschaftlichkeit darauf zu achten, dass die angelegten liquiden Mittel für eigene Zwecke wieder rechtzeitig verfügbar sind.

Demnach sind drei Kriterien bei Geldanlagen zu beachten:

a) Sichere Anlage

Die Sicherheit bei der Auswahl der Geldanlagen ist in § 56 Abs. 2 Satz 1 KV M-V zu Recht an die erste Stelle gesetzt, weil diese Komponente vorrangig zu beachten ist. Die Geldanlagen der Gemeinden werden nicht vorgenommen, um damit Gewinne zu erzielen bzw. zu spekulieren, sondern um mit diesen Mitteln zu einem späteren Zeitpunkt öffentliche Aufgaben zu erfüllen bzw. die Liquidität hierfür zu sichern. Um die Aufgabenerfüllung nicht zu gefährden, müssen die Geldanlagen so vorgenommen werden, dass Risiken hinsichtlich der Rückzahlung der angelegten liquiden Mittel ausgeschlossen sind.

Vor diesem Hintergrund wird die Anlage liquider Mittel bspw. in Aktien oder Fremdwährungen regelmäßig nicht in Frage kommen. Bei Aktien und Fremdwährungsanlagen wird das Fehlen einer gesicherten Anlage daran deutlich, dass diese erheblichen Kursrisiken ausgesetzt sind.

Dagegen erfüllen auf jeden Fall Festgelder, festverzinsliche Wertpapiere sowie Spareinlagen die Bedingung der Sicherheit, da diese Anlagen bis zu einem von der Gemeinde abzufragenden Höchstbetrag über einen Sicherungsfonds abgesichert sind.

b) Ertragbringende Anlage

Die Gemeinde muss ihre freie Liquidität ertragsbringend anlegen. Diese Voraussetzung knüpft an den allgemeinen Grundsatz der Wirtschaftlichkeit gemäß § 43 Abs. 4 KV M-V an, denn durch die freie Liquidität können Zinserträge erzielt werden. Insofern verbietet sich eine reine Verwahrung in Form von Geld, z. B. im Tresor der Gemeinde.

Unter dem Aspekt der Wirtschaftlichkeit muss die Gemeinde die Anlageform so wählen, dass sie einen größtmöglichen Ertrag abwirft, wobei dies allerdings hinter den Aspekt der Sicherheit zurücktritt. Dabei muss die Zahlungsfähigkeit nach § 43 Abs. 2 Satz 1 KV M-V durch eine angemessene Liquiditätsplanung sichergestellt werden, da ansonsten Zinsaufwendungen für aufzunehmende Liquiditätskredite entstehen würden. Wie kurzfristig überschüssige Liquidität anzulegen ist, richtet sich nach der jeweiligen Liquiditätssituation jeder einzelnen Gemeinde.

Im kurzfristigen Anlagebereich kommt eine Anlegung auf Girokonten wegen der niedrigen oder gar fehlenden Verzinsung in der Regel nicht in Betracht. Hier bietet sich ein beim gleichen Geldinstitut geführtes Tagesgeldkonto an, mit dem Geldanlagen tagesbezogen vorgenommen werden können. Der Vorteil liegt darin, dass bei außerplanmäßigem Liquiditätsbedarf auch tagesbezogen angelegte Beträge zur Stärkung des Girokontos zurückgebucht werden können.

Regelmäßig können Anlagen z. B. als Tages- und Festgelder erfolgen, wobei die unterschiedlichsten Bindungsfristen vereinbart werden können. Dabei ist allerdings zu bedenken, dass vor Ablauf der Bindungsfristen keine vorzeitige Verfügbarkeit über die Finanzmittel möglich ist.

Eine Anlageform „Sparbuch" hat zwar den Vorteil einer vorzeitigen Kündigung unter Anrechnung von Vorschusszinsen, stellt jedoch häufig wegen der äußerst niedrigen Verzinsung keine attraktive Geldanlage dar.

Wird überschüssige Liquidität nach der Liquiditätsplanung der Gemeinde erst in einigen Jahren benötigt, so können sie selbstverständlich zur Steigerung der Zinserträge über das Haushaltsjahr hinaus angelegt werden. Diesbezügliche Anlageformen sind Sparverträge, Sparbriefe oder Obligationen. Auch die Anlageform der Bausparverträge wird von den Gemeinden genutzt.[421] Zwar treten bei Bausparverträgen die Zinsgewinne etwas in den Hintergrund, jedoch schafft sich damit die Gemeinde die Möglichkeit, später zinsgünstige Kredite von den Bausparkassen zu erhalten. Die Wirtschaftlichkeit wird dann durch die Einsparung bei den späteren Kreditzinsen gewahrt. Die Zulässigkeit solcher Kompensationsgeschäfte wird deshalb allgemein anerkannt.

c) Rechtzeitige Verfügbarkeit

§ 43 Abs. 2 KV M-V und § 19 Abs. 1 Satz 3 GemKVO-Doppik legen fest, dass die Zahlungsfähigkeit der Gemeinde durch eine Liquiditätsplanung sicherzustellen ist. Dies bildet die grundlegende Rahmenbedingung für Kapitalanlagen, so dass dies bei der Zielsetzung eines möglichst hohen Kapitalertrages stets zu berücksichtigen ist. Insofern steht also die rechtzeitige Verfügbarkeit der überschüssigen Liquidität an exponierter Stelle der Voraussetzungsskala, denn es kann nur eine Anlageform gewählt werden, welche die Verfügbarkeit zum Zeitpunkt des Finanzierungsbedarfs garantiert.

Für ein Liquiditätsmanagement einer Gemeinde bedarf es eines organisierten Informationssystems, anhand dessen vorgesehene Auszahlungs- und Einzahlungstermine ermittelt werden. Die notwendigen Informationen der Auszahlungsseite können durch die Gemeinde in der Regel sehr genau ermittelt werden. Allerdings ist der zeitliche

421 Die Annahme der Zuteilung eines Bausparvertrages mit der Maßgabe, zunächst nur das Bausparguthaben und erst später das Bauspardarlehen in Anspruch zu nehmen, ist ein kreditähnliches Rechtsgeschäft und bedarf der Genehmigung der Kommunalaufsicht nach § 52 Abs. 5 KV M-V.

Rahmen zwischen Bekanntwerden und Auszahlung bspw. für in Rechnung gestellte Leistungen relativ eng.

Die Informationen der Einzahlungsseite können in der Regel nur anhand von Fälligkeitsterminen ermittelt werden. Hierbei stehen viele Fälligkeitstermine im Bereich der Steuern fest. So kann der Liquiditätszufluss der Gemeindeanteile an Gemeinschaftssteuern (z. B. Gemeindeanteil an der Einkommenssteuer bzw. Umsatzsteuer) oder der Schlüsselzuweisungen in der Regel exakt bestimmt werden. Im Grundsteuer- und Gewerbesteuerbereich besteht zwar ein Fälligkeitstermin, der zur Bestimmung des Liquiditätszuflusses als Orientierungsgröße herangezogen werden kann, den Tag des Liquiditätszuflusses bestimmen aber letztendlich die Steuerschuldner, soweit diese der Gemeinde keine Einzugsermächtigung erteilt haben.

Beispiel 1:
Die Gemeinde G hat für Gewerbesteuer einen Liquiditätszufluss von 300.000 € für den 15. des Fälligkeitsmonats disponiert. Die Gewerbesteuerzahlung eines Unternehmens in Höhe von 50.000 € wird jedoch bereits am 10. des Fälligkeitsmonats auf dem Girokonto der Gemeinde wertgestellt.

Beispiel 2:
Zum gleichen Fälligkeitstermin der Gewerbesteuer (15.) nutzt ein anderes Unternehmen die ihm bekannte „Schonfrist" von drei Tagen, so dass der Liquiditätszufluss auf dem Girokonto der Gemeinde erst am 18. des Fälligkeitsmonats gutgeschrieben wird.

Diese beiden Beispiele zeigen, wie schwierig es teilweise ist, den Liquiditätszufluss aus Einzahlungen Tag genau zu ermitteln. Letztendlich ist es in diesen Fällen nur möglich, anhand von Erfahrungswerten zu disponieren und ggf. zusätzlich einen Vorsichtspuffer für die Liquiditätsdisposition zu berücksichtigen. Des Weiteren ist es erforderlich, die Liquiditätszuflüsse zu analysieren und die Liquiditätsplanung täglich zu modifizieren. Erkennt die disponierende Gemeinde z. B. nicht, dass wie in Beispiel 1 bereits 50.000 € der vorgesehen 300.000 € am 10. des Fälligkeitsmonats zugeflossen sind, entsteht zwangsläufig an einem oder mehreren der folgenden Tage der Liquiditätsdisposition ein zu geringer Liquiditätszufluss.

19.6 Wirtschaftliche und nichtwirtschaftliche Betätigung der Gemeinden

19.6.1 Allgemeines

Die wirtschaftliche Betätigung der Gemeinden stellt eine besondere Art der Aufgabenerfüllung dar. Sie kann unmittelbar aus § 2 Abs. 2 KV M-V abgeleitet werden, wonach zu den Aufgaben des eigenen Wirkungskreises der Gemeinde insbesondere die Versorgung mit Energie und Wasser, die Abwasserbeseitigung und -reinigung, die

Entwicklung der Freizeit- und Erholungseinrichtungen, des kulturellen Lebens sowie der öffentliche Wohnungsbau gehören. Dabei kann die unternehmerische Tätigkeit zur Erfüllung einer Aufgabenart der Gemeinde erforderlich sein, allerdings handelt es sich nicht um eine regelmäßige Form der Aufgabenerfüllung.

Bereits aus dieser Regelung wird deutlich, dass die wirtschaftliche Betätigung der Gemeinde primär Inhalt des allgemeinen Kommunalrechts ist. Zur Abrundung der Gesamtthematik „Vermögenswirtschaft" soll dieses Thema mit angesprochen werden; im Vordergrund stehen die unterschiedlichen Verbindungen zum Haushaltrecht und Anforderungen im Rahmen der Abbildung im Haushaltsrecht.

19.6.2 Formen der wirtschaftlichen und nichtwirtschaftlichen Betätigung

Eine wirtschaftliche Betätigung der Gemeinde liegt bei Einrichtungen oder Anlagen vor, die auch von Privatunternehmen mit der Absicht der Gewinnerzielung betrieben werden können (unternehmerische Tätigkeit einer Gemeinde). Die Gemeinden können ihre Tätigkeiten in drei Rechtsformen wahrnehmen.

Einige kommunale Aktivitäten gelten gemäß § 68 Abs. 3 KV M-V nicht als wirtschaftliche Betätigung im Sinne der §§ 68 ff. KV M-V. Mit dieser Fiktion wird erreicht, dass für solche Einrichtungen die Voraussetzungen des § 68 Abs. 1 und 2 KV M-V und die Rechtsfolgen wie z. B. die Anzeigepflicht und die Gewinnerzielung nicht anzuwenden sind. Im Einzelnen sind ausgenommen:

- Unternehmen, zu deren Betrieb die Gemeinde gesetzlich verpflichtet ist,
- Einrichtungen des Unterrichts-, Erziehungs-, und Bildungswesens, der Kunstpflege, der körperlichen Ertüchtigung, der Gesundheit- und Wohlfahrtspflege sowie solche ähnlicher und

Einrichtungen, die als Hilfsbetriebe ausschließlich der Deckung des Eigenbedarfs von Gemeinden und Gemeindeverbänden dienen.

a) Eigenbetriebe

Eigenbetriebe sind rechtlich unselbstständige gemeindliche Unternehmen ohne eigene Rechtspersönlichkeit. Die Gemeinde entscheidet, ob sie Unternehmen, Einrichtungen oder Hilfsbetriebe der Verwaltung als Eigenbetriebe führt (§ 68 Abs. 4 Satz 1 KV M-V). Eigenbetriebe unterliegen den Bestimmungen der Eigenbetriebsverordnung (EigVO) vom 14.7.2017, die Regelungen über die rechtlichen Grundlagen, Verfassung und Verwaltung sowie über die Wirtschaftsführung und das Rechnungswesen trifft.

Allerdings unterliegen die rechtlich unselbständigen, aber organisatorisch selbstständigen Eigenbetriebe grundsätzlich den haushaltsrechtlichen Bestimmungen.[422] Nach § 64 Abs. 1 KV M-V sind die §§ 43 und 44, 49 und 52 bis 57 der KV M-V entsprechend anzuwenden.

422 Siehe Kapitel 19.2.4.

Da für den Eigenbetrieb eine Sonderrechnung zu führen ist (§ 64 Abs. 1 Satz 1 KV M-V) und er über eigene Organe verfügt, erfolgt eine praktische Abkopplung von der allgemeinen Verwaltung der Gemeinde, die zu einer gewissen Selbstständigkeit der Eigenbetriebe führt. Insofern sind die Zuständigkeiten der Gemeindevertretung, des Hauptausschusses und des Bürgermeisters beschränkt.

Diese organisatorische Loslösung ist für Eigenbetriebe sinnvoll, weil die Eigenbetriebe eine vollständig andere Aufgabenerfüllung als die übrige Verwaltung besitzen, sodass dort eigenständige Maßstäbe und Entscheidungskriterien gelten. Obwohl rechtlich zur Gemeinde gehörend, bilden die Eigenbetriebe praktisch ausgegliederte Unternehmen der Gemeinde mit einer gewissen wirtschaftlichen Selbstständigkeit. Folgerichtig sieht die EigVO M-V für die Betriebsleitung auch eine weitgehende Entscheidungsbefugnis vor, die erheblich über die Befugnisse der Amtsleiter der übrigen Verwaltung hinausgeht.

b) Organisationsformen des Privatrechts

Zum Zweiten kann die Gemeinde nach § 68 Abs. 4 Satz 1 Nr. 3 KV M-V Unternehmungen und Einrichtungen in Rechtsformen des Privatrechts führen. Dieses geschieht regelmäßig als Gesellschaft mit beschränkter Haftung. Die Errichtung einer Aktiengesellschaft sowie die Umwandlung bestehender Unternehmen und Einrichtungen in eine solche schließt § 68 Abs. 4 Satz 2 KV M-V dagegen aus. Nach § 47 Abs. 4 GemHVO-Doppik differenziert die kommunale Bilanz zwischen Anteile an verbundenen Unternehmen und Beteiligungen.[423] Sofern die Gemeinde beherrschenden oder maßgeblichen Einfluss auf ein Unternehmen hat, ist dies unter dem Bilanzposten „Anteile an verbundenen Unternehmen“ auszuweisen.

Aufgrund des GmbH-Gesetzes werden diese Einrichtungen nach kaufmännischen Gesichtspunkten geführt und abgerechnet, so dass lediglich die Erträge und Aufwendungen der Unternehmen die Ergebnisrechnung sowie Kapitalausstattungen die Finanzrechnung der gemeindlichen Haushaltspläne berühren.

Die Wahl der Unternehmensform liegt weitgehend im Ermessen der Gemeinde, allerdings erfolgt diese wegen der Haftungsbeschränkung i. d. R. in der Form von Kapitalgesellschaften (z. B. GmbH). Bei der Wahl der Gesellschaftsform finden auch steuerliche Aspekte Berücksichtigung.

c) Anstalten des öffentlichen Rechts (Kommunalunternehmen)

Die Kommunalverfassung räumt den Kommunen nach der Änderung der Kommunalverfassung am 13.7.2011 das Recht ein, Unternehmen und Einrichtungen in der Rechtsform einer Anstalt des öffentlichen Rechts (Kommunalunternehmen) zu errichten (§ 68 Abs. 4 Nr. 2 KV M-V). Spezielle Regelungen für diese Organisationsform wurden in den §§ 70, 70a und 70b KV M-V getroffen.

Dabei kommt nicht nur eine Neuerrichtung einer Anstalt des öffentlichen Rechts in Frage, sondern auch die Umwandlung von bestehenden Eigenbetrieben (§ 70 Abs. 1 KV M-V).

423 Die Differenzierung ist in den Kapiteln 10.3.2.4.1 und 10.3.2.4.2 dargestellt.

Die Gemeinde kann auch ein ihr gehörendes Unternehmen in Privatrechtsform in eine Anstalt des öffentlichen Rechts umwandeln. Dazu bedarf es eines Beschlusses der Gesellschafterversammlung oder eines entsprechenden Organs (§ 70 Abs. 1 Satz 1 KV M-V). Nach § 70 Abs. 1 Satz 2 KV M-V ist auch der umgekehrte Weg möglich. Für solche Umwandlungen gelten die Vorschriften des Umwandlungsgesetzes vom 28.10.1994 in der aktuellen Fassung über Formvorschriften (§ 70 Abs. 2 Satz 3 KV M-V).

19.6.3 Voraussetzungen einer wirtschaftlichen Betätigung

Wie bereits geschildert, muss sich die wirtschaftliche Tätigkeit der Gemeinde unmittelbar aus der Aufgabenerfüllung ergeben. Dazu kommt, dass der Privatwirtschaft im Rahmen der bestehenden Wirtschaftsordnung in der Bundesrepublik Deutschland der Vorzug zu geben ist. Insofern ist die Konkurrenz zur Privatwirtschaft zu beachten. Aus diesem Grunde ist die wirtschaftliche Betätigung der Gemeinden gemäß § 68 Abs. 2 KV M-V an einige Voraussetzungen geknüpft.

Danach darf die Gemeinde sich wirtschaftlich nur betätigen, wenn

- ein öffentlicher Zweck das Unternehmen rechtfertigt,
- die Betätigung nach Art und Umfang in einem angemessenen Verhältnis zur Leistungsfähigkeit der Gemeinde und zum voraussichtlichen Bedarf steht (dies dient der Sicherheit der Gemeinde und soll eine Gefährdung der Finanzwirtschaft durch mögliche Betriebsverluste vermeiden) und
- der öffentliche Zweck durch die Gemeinde ebenso gut und wirtschaftlich wie durch einen privaten Dritten erfüllt wird oder erfüllt werden kann.

Bankunternehmen darf die Gemeinde gemäß § 68 Abs. 4 KV MV nicht betreiben. Für das öffentliche Sparkassenwesen bleibt es bei den besonderen Vorschriften des Sparkassengesetzes des Landes Mecklenburg-Vorpommern vom 26.7.1994 in der jeweils geltenden Fassung.

Traditionelle Fälle der wirtschaftlichen Unternehmen der Gemeinde sind im Bereich der Strom-, Gas-, Wasser- und Fernwärmeversorgung, der Wohnungswirtschaft sowie beim öffentlichen Personennahverkehr zu finden. Allerdings wurde den Gemeinden durch das Treuhandgesetz vom 17.6.1990 das volkseigene Vermögen übertragen, das kommunalen Aufgaben und Dienstleistungen diente, u. a. auch Hotels, Gaststätten, Gäste- und Kulturhäuser.

19.6.4 Sonstige Regelungen über wirtschaftliche Betätigungen

Das gemeindliche Wirtschaftsrecht ist in den §§ 68 bis 77 KV M-V noch in weitgehenden Einzelheiten normiert, die wegen des hier darzustellenden Überblicks nicht näher zu erläutern sind. Es sei lediglich noch auf die Anzeigepflichten bei der Rechtsaufsichtsbehörde gemäß § 77 KV M-V hingewiesen. Entscheidungen der Gemeinde werden erst dann wirksam, wenn die Rechtsaufsichtsbehörde innerhalb einer Frist von zwei Monaten nach Eingang der erforderlichen Unterlagen eine Erklärung hinsichtlich der Verletzung von Rechtsvorschriften abgibt. Die Rechtsaufsichtsbehörde kann somit vorbeugend zum Schutz der Gemeinde tätig werden. Allerdings prüft sie auch die Einhaltung der gesetzlichen Vorschriften, so dass die freie Wirtschaft vor einer unzulässigen Konkurrenz durch die Gemeinden geschützt wird. Eine spezielle Genehmigungspflicht sieht die Kommunalverfassung dagegen nicht vor.

Wichtig ist noch der Hinweis auf § 75 Abs. 2 KV M-V, wonach der Jahresgewinn der wirtschaftlichen Unternehmen so hoch sein soll, dass außer den für die technische und wirtschaftliche Fortentwicklung des Unternehmens notwendigen Rücklagen mindestens eine marktübliche Verzinsung des Eigenkapitals erwirtschaftet wird. Insofern besteht ein deutlicher Unterschied zur Kostendeckung der Gebührenhaushalte z. B. in der Abwasserbeseitigung oder Straßenreinigung.

19.6.5 Übungen

Sachverhalt Nr. 11
Die Gemeinde G will sich wie folgt wirtschaftlich betätigen:

a) Die Abfallbeseitigung soll zukünftig in eigener Regie erfolgen. Die Abfallbeseitigung wurde bisher vom Unternehmen U im Auftrag der Gemeinde wahrgenommen. U weist unzweifelhaft nach, dass es die Leistung zum selben Preis erbringen kann wie der Gemeinde Selbstkosten entstehen.
b) Es ist eine wesentliche Erweiterung des bestehenden gemeindlichen Wasserwerkes vorgesehen, damit die Wasseraufbereitung kostengünstiger durchgeführt werden kann. Die Erweiterung des Wasserwerkes steht im angemessenen Verhältnis zur Leistungsfähigkeit der Gemeinde. Private können die Leistungen des Wasserwerkes nicht ebenso gut und wirtschaftlich anbieten.
c) Es ist die Errichtung einer Brauerei vorgesehen, um ein bisher am Markt nicht vorhandenes Spezialbier zu erzeugen, das typisch für den einheimischen Raum werden soll. Die Gemeinde verspricht sich dadurch eine Belebung des Fremdenverkehrs. Die Errichtung der Brauerei steht im angemessenen Verhältnis zur Leistungsfähigkeit der Gemeinde.

Aufgabe:
Begutachten Sie, ob die beabsichtigten Maßnahmen zulässig sind.

Lösung:

a) Wirtschaftliche Unternehmen der Gemeinde sind Einrichtungen, die auch ein Privatunternehmen mit der Absicht der Gewinnerzielung betreiben kann. Im Rahmen dieser Definition kann auch die Abfallbeseitigung als ein wirtschaftliches Unternehmen der Gemeinde angesehen werden. Die beabsichtigte Übernahme der Abfallbeseitigung in eigener Regie ist somit nur unter den Voraussetzungen des § 68 KV M-V möglich.

Voraussetzung gemäß § 68 Abs. 2 Satz 1 Nr. 1 KV M-V ist zunächst, dass ein öffentlicher Zweck das Unternehmen erfordert. Dies ist bei der Abfallbeseitigung sicherlich gegeben, weil sie nach dem Kreislaufwirtschafts- und Abfallgesetz zu den Pflichtaufgaben der Gemeinde gehört. Weitere Voraussetzung gem. § 68 Abs. 2 Satz 1 Nr. 3 KV M-V ist, dass die Gemeinde die Aufgabe ebenso gut und wirtschaftlich wie Dritte erfüllen kann. Hier liegt als Vergleich nur das Angebot des Unternehmens U vor, das angebotsgemäß genauso wirtschaftlich arbeitet wie die Gemeinde selbst. Wäre bei einer öffentlichen oder beschränkten Ausschreibung im Rahmen des Wettbewerbs noch ein kostengünstigeres und damit wirtschaftliches Angebot zu erreichen, könnte sich daraus eine Unzulässigkeit der wirtschaftlichen Betätigung der Gemeinde ergeben.

Somit muss die Gemeinde im Rahmen einer Ausschreibung nachweisen, dass sie die Aufgabe ebenso gut und wirtschaftlich erfüllen kann wie Dritte.

b) Das Wasserwerk der Gemeinde G soll laut Sachverhalt wesentlich erweitert werden. Eine solche Tätigkeit ist nach allgemeinem Verständnis unzweifelhaft eine wirtschaftliche Betätigung der Gemeinde. Demnach ist die Erweiterung unter Beachtung der Voraussetzungen gemäß § 68 Abs. 2 KV M-V zu begutachten. Die Vorschrift enthält eine Reihe einschränkender Tatbestandsmerkmale für die Tätigkeit.

Zunächst einmal muss ein öffentlicher Zweck die Betätigung erfordern. Die Versorgung mit Wasser stellt eine lebensnotwendige Grundversorgung der Bevölkerung dar und trägt somit auch zur Aufrechterhaltung der öffentlichen Sicherheit und Ordnung bei. Insofern ist unzweifelhaft ein öffentlicher Zweck gegeben.

Die Erweiterung steht zudem laut Sachverhalt nicht im Widerspruch zur Leistungsfähigkeit der Gemeinde, sodass die Voraussetzung nach § 68 Abs. 2 Satz 1 Nr. 2 KV M-V ebenfalls vorliegt.

Die Voraussetzung des § 68 Abs. 2 Satz 1 Nr. 3 KV M-V, wonach die Gemeinde die Aufgabe ebenso gut und wirtschaftlich erledigen wie Dritte erledigen kann, wird laut Sachverhalt unterstellt. Insofern liegen sämtliche Voraussetzungen für die wirtschaftliche Tätigkeit „Wasserversorgung“ vor, sodass die Erweiterung des Wasserwerkes zulässig ist.

c) Brauereien sind typische wirtschaftliche Unternehmen, sodass die Gemeinde G diese Tätigkeit nur unter den Voraussetzungen des § 68 Abs. 2 KV M-V durchführen kann, zumal § 68 Abs. 3 KV M-V keine Ausnahme für diesen Bereich vorsieht. Grundvoraussetzung für diese Tätigkeit ist die Erfüllung eines öffentlichen Zwecks. Laut Sachverhalt soll letztlich Fremdenverkehrsförderung betrieben werden. Nur kann objektiv nicht unterstellt werden, dass gerade die Schaffung eines Spezialbieres einen Beitrag zur Erledigung dieser Aufgabe leistet. Somit ist festzustellen, dass die Errichtung der Brauerei durch die Gemeinde G gegen § 68 Abs. 2 KV M-V verstoßen würde und somit rechtswidrig wäre.

20. Nachtragshaushaltssatzung und Nachtragshaushaltsplan

20.1 Notwendigkeit der Nachtragshaushaltssatzung

Die Gemeinden erlassen regelmäßig Haushaltssatzungen mit Haushaltsplänen für die Dauer eines Haushaltsjahres. Die Zeitspanne von einem Jahr ist in der heutigen schnelllebigen Zeit auch in finanzieller Hinsicht nicht hinreichend überschaubar, zumal die Aufstellung eines Haushaltsplanes regelmäßig bereits Mitte des Vorjahres in Bearbeitung geht. Deshalb kommen die Gemeinden nicht immer ohne eine Fortschreibung ihres Haushaltsplanes innerhalb des Haushaltsjahres aus.

Da der Haushaltsplan Bestandteil der Haushaltssatzung ist, bedingt eine Planfortschreibung die Änderung der Haushaltssatzung. Eine Änderung der Haushaltssatzung ohne gleichzeitige Haushaltsplanänderung ist zwar theoretisch möglich (z. B. Erhöhung der Steuersätze in § 5 der Haushaltssatzung zur Erreichung des ursprünglich geplanten Haushaltsansatzes bei den Realsteuern), jedoch in der Praxis kaum anzutreffen. Eine Satzung kann nur durch eine erneute Satzung geändert werden, die im Bereich der Finanzwirtschaft den besonderen Namen „Nachtragshaushaltssatzung" trägt (siehe § 48 Abs. 1 KV M-V). Durch die Nachtragshaushaltssatzung einschließlich Nachtragshaushaltsplan werden Haushaltssatzung und Haushaltsplan ergänzt, berichtigt oder geändert. Neben dieser im Ermessen der Gemeinde stehenden Nachtragsmöglichkeit hat die Gemeinde in verschiedenen Situationen aufgrund gesetzlicher Regelungen zwingend eine Nachtragshaushaltssatzung zu erlassen. Diese besonderen Regelungen bedürfen einer gezielten Betrachtung. Für die Nachtragshaushaltssatzung gelten die Vorschriften der Haushaltssatzung entsprechend (§ 48 Abs. 1 Satz 2 KV M-V).

20.2 Pflicht zum Erlass einer Nachtragshaushaltssatzung

20.2.1 Überblick

Die wichtigsten Gründe und Verpflichtungen zum Erlass einer Nachtragshaushaltssatzung enthält zwar § 48 Abs. 2 KV M-V, jedoch gibt es darüber hinaus noch weitere Pflichten. Zunächst empfiehlt sich deshalb der nachstehende Überblick.

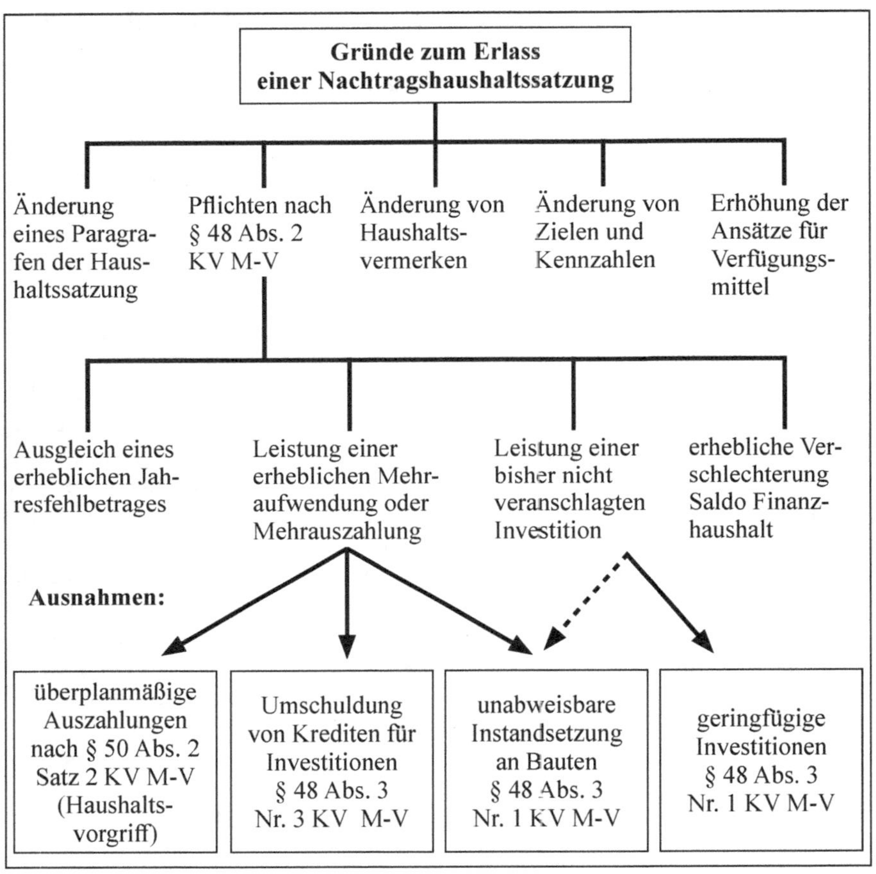

Die einzelnen, zunächst schlagwortartig aufgeführten Pflichten bedürfen einer eingehenden Erläuterung.

20.2.2 Änderung eines Paragrafen der Haushaltssatzung

Wenn die Gemeinde freiwillig Festsetzungen von Bestimmungen ihrer Haushaltssatzung ändern will, bedarf es aus der Natur der Sache des Erlasses einer Nachtragshaushaltssatzung. Dies kann insbesondere dann der Fall sein, wenn durch Änderungen im Laufe des Haushaltsjahres der Ursprungsplan insgesamt nicht mehr den Vorstellungen der Gemeinde entspricht. Angesprochen sind dabei zunächst die §§ 2 bis 5 der Haushaltssatzung, nämlich die Änderung des Gesamtbetrags der Kreditermächtigung für Investitionen (§ 2 der Haushaltssatzung), die Erhöhung des Gesamtbetrags der Verpflichtungsermächtigungen (§ 3 der Haushaltssatzung), die Inanspruchnahme bzw. Erhöhung der Inanspruchnahme der Kapitalrücklage aufgrund eines gestiegenen Fehlbetrags (unter Umständen, soweit es sich nicht um die Entnahme der Kapitalzuschüsse aus investiven Zuweisungen handelt) mit Genehmigung der Rechtsaufsicht bzw. die Inanspruchnahme bzw. Erhöhung einer zweckgebundenen Ergebnisrücklage (§ 1 der Haushaltssatzung)[424], die Erhöhung des Höchstbetrags der Ermächtigung für **Kredite zur Sicherung der Zahlungsfähigkeit** (§ 4 der Haushaltssatzung) und die Änderung der Hebesätze für die Realsteuern (§ 5 der Haushaltssatzung). Stellt die Gemeinde einen Nachtragshaushaltsplan auf, sind zudem die Endsummen in § 1 der Haushaltssatzung durch Nachtragshaushaltssatzung neu festzusetzen.

Auch der § 1 der Haushaltssatzung bedarf bei einer Fortschreibung des Haushaltsplans, die ja im Ermessen der Gemeinde liegt, zwangsläufig einer Änderung. Dies gilt auch dann, wenn trotz Änderung von Haushaltspositionen die Gesamtbeträge des Haushaltes erhalten bleiben. Rechtlich gesehen handelt es sich dabei nämlich um eine Neufestsetzung, weil die Summe der Ansätze der Haushaltspositionen, die zu der Gesamtsumme führt, sich inhaltlich geändert hat. Die Änderung des Haushaltsplans bedingt also ausnahmslos den Erlass einer Nachtragshaushaltssatzung. Nicht darunter fallen jedoch die Bewilligung von über- und außerplanmäßigen Aufwendungen und Auszahlungen i. S. v. § 50 KV M-V, die Bewilligung von über- und außerplanmäßigen Verpflichtungsermächtigungen gemäß § 54 Abs. 1 Satz 2 KV M-V sowie die Ausnutzung von Verstärkungsvermerken nach § 13 GemHVO-Doppik (unechte Deckungsfähigkeit) sowie Budgetierungen und Deckungsvermerken i. S. v. § 14 GemHVO-Doppik (echte Deckungsfähigkeit).

Wie aus der Darstellung in Kapitel 18.6.6 ersichtlich, sind überplanmäßige Verpflichtungsermächtigungen nur zulässig, wenn in gleicher Höhe Einsparungen bei anderen Verpflichtungsermächtigungen vorhanden sind (§ 54 Abs. 1 Satz 2 KV M-V). Demnach darf die Gemeinde den in § 3 der Haushaltssatzung festgesetzten Gesamtbetrag der Verpflichtungsermächtigungen nicht überschreiten. Den Gesamtbetrag überschreitende zusätzliche Verpflichtungsermächtigungen können somit nur über eine Nachtragshaushaltssatzung bereitgestellt werden. Im Rahmen eines Nachtragsverfahrens können sämtliche Ansätze fortgeschrieben und auch erstmals Verpflichtungsermächtigungen veranschlagt werden. Das Nachtragsverfahren ist selbst bei geringfügigen Verpflichtungsermächtigungen notwendig, und zwar auch dann, wenn diese unabweisbar sind.[425]

Die Hebesätze der Realsteuern in § 5 der Haushaltssatzung können ebenfalls durch Nachtragshaushaltssatzung geändert werden. Bei einer Erhöhung muss jedoch gemäß § 25 Abs. 3 GrStG bzw. § 16 Abs. 3 GewStG der Gemeindevertretungsbeschluss bis zum 30. Juni des laufenden Haushaltsjahres erfolgen (für Näheres siehe Kapitel 20.4).

424 Hinsichtlich der Verfahrensweise und zu den Genehmigungen der Entnahme aus der Kapitalrücklage wird auf VV Nr. 20 zu § 18 GemHVO-Doppik verwiesen.

425 Es handelt sich somit um eine wenig durchdachte Lösung. Überplanmäßige Verpflichtungsermächtigungen sollten unabhängig vom Gesamtvolumen in § 3 der Haushaltssatzung zulässig sein, wenn ihre Deckung in den Jahren gewährleistet ist, in denen die Auszahlungen anstehen. Auch ist es nicht nachvollziehbar, warum außerplanmäßige Verpflichtungsermächtigungen nicht zugelassen sind. Siehe dazu im Einzelnen Kapitel 18.6.7.

20.2.3 Pflichten nach § 48 Abs. 2 KV M-V

Entstehen eines erheblichen Jahresfehlbetrages (Nr. 1)

Ein Fehlbetrag zeichnet sich ab, wenn im Laufe des Jahres ersichtlich ist, dass die Gesamterträge hinter den Gesamtaufwendungen zurückbleiben. Wenn also trotz Ausnutzung zusätzlicher Erträge und aller Sparmöglichkeiten auf der Aufwandsseite der Jahresfehlbetrag verbleibt bzw. ein bereits geplanter Fehlbetrag sich erhöht und erheblich ist, muss unverzüglich eine Nachtragshaushaltssatzung erlassen werden. Wann ein Jahresfehlbetrag erheblich ist, richtet sich nach der Größe der Gemeinde bzw. nach deren Haushaltsvolumen, sodass die Kommunalverfassung dazu keine konkrete Aussage treffen kann. Hierzu ist also eine örtliche Regelung durch Haupt-, Haushaltssatzung oder einfachen Gemeindevertretungsbeschluss zu treffen. In der Praxis haben sich prozentuale Festsetzungen (etwa 2 bis 5 %) in Bezug auf die Gesamthaushaltsvolumen des Ergebnishaushaltes durchgesetzt. Daneben gibt es vereinzelt auch Festbeträge.[426]

Die Vorschrift stellt nicht darauf ab, ob der Fehlbetrag durch den Nachtrag gedeckt werden kann. In der Praxis wäre jedoch in jedem Fall ein Nachtrag zu erlassen, auch wenn der erhebliche Fehlbetrag nicht gedeckt werden kann. Es fragt sich deshalb, ob diese Vorschrift sinnvoll ist, wenn in einem umfangreichen Verfahren eine Nachtragshaushaltssatzung erlassen würde, die lediglich die Feststellung des Fehlbetrags ohne weitere Rechtsfolgen beinhalten würde. Sinnvoll wäre diese Vorschrift dann, wenn durch die Nachtragshaushaltssatzung Maßnahmen ergriffen würden, um den Fehlbetrag zu beseitigen bzw. zu reduzieren. Allerdings soll an dieser Stelle auf die weiterhin greifende Vorschrift des § 43 Abs. 6 KV M-V verwiesen, nach der ein Haushaltsausgleich (und damit auch der Ausgleich des Nachtragshaushaltes) Pflicht ist.

Ein erheblicher Fehlbetrag kann nicht bei einer überplanmäßigen Mittelbereitstellung nach § 50 Abs. 2 KV M-V (Verfahren des Haushaltsvorgriffes, siehe dazu Kapitel 18.6.5) entstehen. Hier handelt es sich um die Bereitstellung von Auszahlungsermächtigungen im Finanzhaushalt, die sich nicht unmittelbar auf den Fehlbetrag des Ergebnishaushaltes auswirken.

Erhebliche Verschlechterung des Saldos der laufenden Ein- und Auszahlungen im Finanzhaushalt (Nr. 1)

Die Aufnahme dieses Tatbestandes begründet sich auf dem vorgesehenen Ausgleich nach § 16 Abs. 1 Nr. 2 GemHVO-Doppik. Danach ist im Finanzhaushalt ein Finanzierungsüberschuss zu erzielen, der ausreichend sein muss, um die planmäßigen (ordentlichen) Tilgungen von investiven Krediten zu bedienen. Zu berücksichtigen sind hierbei auch noch auszugleichende Fehlbeträge aus Vorjahren.

Mit dieser Rechnung wird sichergestellt, dass nach Ausgleich der konsumtiven Auszahlungen der Gemeinde durch entsprechende Einzahlungen auch die Bedienung des Schuldendienstteils „Tilgung" erfolgen kann.

Verschlechtert sich nunmehr der Saldo im erheblichen Umfang, muss die Gemeinde eine Nachtragshaushaltssatzung erlassen. Was würde aber diese Nachtragshaushalts-

426 Dieser Praxisbezug gründet sich auf Erfahrungen im früheren kameralen Haushaltsrecht für die Volumina der Verwaltungs- und Vermögenshaushalte der Kommunen.

satzung bewirken, wenn keine weiteren satzungsmäßigen Maßnahmen der Beseitigung bzw. Reduzierung der Finanzierungslücke gefordert werden? Allein die veränderte Darstellung (evtl. ein Gebot der Haushaltsklarheit und Haushaltswahrheit) rechtfertigt diese Nachtragspflicht nicht. Eine entsprechende Information der Gemeindevertretung würde sicherlich ausreichen.

Leistung einer erheblichen Mehraufwendung bzw. Mehrauszahlung (Nr. 2)
Die betragliche Bindung des Haushaltsplans ist zwar als Grundsatz vorhanden; jedoch gibt es vor allem gemäß § 50 KV M-V die Möglichkeit, Aufwendungs- und Auszahlungsansätze zu überschreiten. Diese Überschreitungen führen dazu, dass die in Frage kommenden Haushaltspositionen nicht mehr der tatsächlichen Entwicklung der Haushaltswirtschaft entsprechen. Dies ist bei geringfügigen Veränderungen („Geringfügigkeit" ist wieder durch die Gemeinde zu definieren) für den Gesamthaushalt unproblematisch, da durch Einsparungen bei anderen Haushaltspositionen oder vorhandenen Mehrerträgen bzw. Mehreinzahlungen ein gewisser Ausgleich geschaffen wird. **Erhebliche** Abweichungen von Haushaltspositionen wirken sich dagegen auf die Struktur des Gesamthaushaltes aus. Deshalb ist für erhebliche nichtveranschlagte oder zusätzliche Aufwendungen und Auszahlungen eine Pflichtnachtragshaushaltssatzung vorgesehen. Dazu kommt die Erwägung, dass solche Änderungen wegen ihrer Bedeutung nicht mehr im einfachen Verfahren nach § 50 KV M-V, sondern im umfangreichen Verfahren des Satzungsrechts abzuwickeln sind.

Die Begriffe „nicht veranschlagt" und „zusätzlich" stehen für die haushaltsrechtlich klareren Bezeichnungen „außerplanmäßig" und „überplanmäßig", wie sie auch in § 50 KV M-V verwendet werden. Erhebliche Mehraufwendungen und Mehrauszahlungen nach § 13 und 14 GemHVO-Doppik (echte und unechte Deckungsfähigkeit) bedingen dagegen keine Pflicht zum Erlass einer Nachtragshaushaltssatzung. Gemäß der Fiktion in § 13 Abs. 3 GemHVO-Doppik gelten Mehraufwendungen und Mehrauszahlungen im Rahmen der unechten Deckungsfähigkeit nicht als überplanmäßig, während bei den Mehraufwendungen und Mehrauszahlungen nach § 14 GemHVO-Doppik bei der Anwendung der Deckungsfähigkeit zwar „Mehraufwendungen" bzw. „Mehrauszahlungen" begrifflich entstehen, aber vom Sinn her nicht als solche zu behandeln sind.[427] Es sind somit allein Mehraufwendungen und Mehrauszahlungen i. S. d. § 50 KV M-V angesprochen, bei denen im Rahmen der „Erheblichkeit" die Vorrangigkeit des Nachtrages zu beachten ist.

Wann eine Mehraufwendung bzw. Mehrauszahlung erheblich ist, muss jede Gemeinde im Rahmen ihres pflichtgemäßen Ermessens selbst bestimmen. In der Praxis haben sich dafür Prozentsätze bewährt, zum Teil gekoppelt mit Festbeträgen. Dabei ist darauf zu achten, dass sich gemäß § 48 Abs. 2 Nr. 3 KV M-V die Erheblichkeit der Mehraufwendung bzw. Mehrauszahlung der einzelnen Haushaltsposition und damit auch der Prozentsatz auf das Verhältnis zu den Gesamtaufwendungen bzw. Gesamtauszahlungen des Haushaltes und nicht auf den bisherigen Ansatz der Haushaltsposition bezieht.

427 Zur weiteren Begründung siehe die ausführliche Darstellung in Kapitel 13.3.2.

Für **unabweisbare** Instandsetzungen an Bauten ist bei geringfügigen Aufwendungen und Auszahlungen keine Nachtragshaushaltssatzung erforderlich. Dies ist darin begründet, dass solche Maßnahmen sachlich und zeitlich unaufschiebbar sind (z. B. Mehraufwendungen und Mehrauszahlungen für die Beseitigung von Unwetterschäden an Gebäuden). Hier wäre es aus wirtschaftlichen Gründen (Vermeidung weiterer Schäden) unvertretbar, die benötigten Instandsetzungsmittel erst in einem zeitraubenden Nachtragsverfahren bereitzustellen. Unverständlich ist, dass der Gesetzgeber diese Ausnahme an die Geringfügigkeit knüpft. Es muss schließlich möglich sein, auch erhebliche Gebäudeinstandsetzungen ohne Nachtragshaushaltssatzung durchführen zu können. Allein die Unabweisbarkeit ist das entscheidende Tatbestandsmerkmal. Auch ein erheblicher Gebäudeschaden muss unverzüglich beseitigt werden (z. B. Folgeschäden, Gefahr für Gebäudenutzer), sodass nicht mehrere Wochen bis zur Veröffentlichung gewartet werden kann.

Fraglich ist hinsichtlich der Ausnahmetatbestände dennoch, warum z. B. bei einer **erheblichen** Mehraufwendung bzw. Mehrauszahlung – bspw. für soziale Hilfen – stets eine Nachtragshaushaltssatzung gemäß § 48 Abs. 2 Nr. 3 KV M-V erlassen wird, obwohl diese Mittel nach den Regelungen des Sozialgesetzbuchs II bzw. XII von der Gemeinde ohnehin bereitgestellt werden müssen. Wozu in diesem Fall eine Pflichtnachtragshaushaltssatzung? Die gemeindlichen Gremien werden dabei nicht übergangen, weil sie bei Mehraufwendungen und Mehrauszahlungen gemäß § 50 KV M-V ohnehin zustimmen müssten, allerdings im formlosen Verfahren der Bereitstellung einer über- oder außerplanmäßigen Aufwendung bzw. Auszahlung. Insofern ist die in der KV M-V vorgesehene Regelung bei Pflichtaufgaben wie der sozialen Sicherung als praxisfremd zu bewerten, vor allem im Zeitalter eines modernen, flexiblen Finanzmanagements mit Budgetierung und dezentraler Ressourcenverantwortung.[428]

Die letzte Ausnahme von der Nachtragspflicht bezüglich von Finanzvorfällen betrifft die Umschuldungen von Krediten. Soll ein Kredit durch die Neuaufnahme eines anderen Kredites abgelöst werden (z. B. aufgrund günstigerer Konditionen), so kann es sich je nach Volumen der Umschuldung um erhebliche Mehrauszahlungen handeln, die grundsätzlich ja eine Nachtragspflicht bewirken würden. Dies entspricht jedoch nicht dem Sinn der Nachtragspflicht, da die Umschuldungen keine neuen Haushaltsbelastungen zur Folge haben. Insofern korrespondiert diese Regelung mit § 45 Abs. 3 Nr. 1 Buchst. d KV M-V, wonach in dem Kreditbetrag nach § 2 der Haushaltssatzung lediglich Kredite aufzunehmen sind, die der Investitionsfinanzierung dienen. Auch aus diesem Grund werden die nicht in der Haushaltssatzung abgebildeten Umschuldungen auch nicht über eine Nachtragshaushaltssatzung abgewickelt.[429]

428 Der Gesetzgeber ist dringend aufgerufen, den Ausnahmetatbestand des § 48 Abs. 3 Nr. 1 KV M-V auf sämtliche unabweisbare Aufwendungen und Auszahlungen für Pflichtaufgaben auszudehnen.

429 Dieses gilt auch nicht für die Liquiditätskredite, weil hierfür in der Haushaltssatzung ein Höchstbetrag ausgewiesen ist, der bei einer Umschuldung zwangsläufig nicht überschritten wird.

Leistung von Ausgaben für bisher nicht veranschlagte Investitionen und Investitionsförderungen (Nr. 3)
Die gemeindliche Selbstverwaltung ist in finanzieller Hinsicht ausgeprägt durch die Entscheidung über die Verwendung freier Finanzmittel. Da die Gemeinde die Einrichtungen für ihre Bevölkerung schaffen soll, gilt eine wichtige Entscheidung der Selbstverwaltung dem Bereich der Investitionen (Auszahlungen zur Veränderung des Anlagevermögens) und Investitionsförderungen[430]. Die Gemeindevertretung bestimmt die Selbstverwaltung der Gemeinde und damit auch die Investitionstätigkeit. Sie bestimmt sie über die Haushaltssatzung und den Haushaltsplan. Werden neue Maßnahmen durchgeführt, kann dies zwangsläufig nur über eine Änderung des Haushaltsplanes und der Haushaltssatzung erfolgen. Man kann aber auch einfach feststellen, dass die Wichtigkeit der Investitionen eine solche umfassende Behandlung erfordert. Diese Finanzierungen sollen sich voll im Haushaltsplan der Gemeinde widerspiegeln.

Es muss sich dabei um **bisher** nicht veranschlagte Investitionen und Investitionsförderungen handeln, die also erstmals Auszahlungen verursachen. Mehrauszahlungen für Fortsetzungsmaßnahmen bedingen somit keine Nachtragshaushaltssatzung. Es kann sich demnach auch nur um außerplanmäßige Auszahlungen handeln. Im Bereich der Bauinvestitionen kann die Veranschlagung von Planungskosten noch keine „bereits veranschlagten Investitionsauszahlung“ bedingen, weil gemäß § 9 Abs. 2 GemHVO-Doppik vor Veranschlagung einer Bauinvestition die notwendigen Baupläne erst vorliegen müssen.

Ausgenommen sind zunächst die geringfügigen unabweisbaren Investitionen und Investitionsförderungen. Es kann nämlich nicht sein, dass für **unerhebliche** neue Investitionen und Investitionsförderungen eine Nachtragshaushaltssatzung notwendig ist. Bei solchen im Verhältnis zum Gesamthaushalt nicht erheblichen Veränderungen steht der Aufwand eines umfangreichen Nachtragsverfahren in keinem Verhältnis zu den zu leistenden Beträgen. Die Geringfügigkeit ist in das Ermessen der Gemeinde gestellt. Dabei haben sich in der Praxis Festbeträge von etwa 10.000 bis 100.000 € je nach Größenordnung der Gemeinde durchgesetzt. Bei der Festsetzung der Grenze darf nicht auf den Gesamthaushalt, sondern nur auf die Höhe der Einzelmaßnahme abgestellt werden.

Ebenfalls ausgenommen von der Nachtragspflicht sind bisher nicht veranschlagte Investitionen unabhängig von ihrem Auszahlungsvolumen, wenn sie der unabweisbaren Instandsetzung an Bauten dienen. Dieser Fall ist zwar sehr selten, da eine Instandsetzung in der Regel konsumtiver Natur ist. In besonderen Fällen erfüllen aber auch Investitionen das Tatbestandsmerkmal der Instandsetzung, wenn eine Aktivierung der Maßnahme erforderlich ist.[431]

430 In den meisten Fällen handelt es sich bei den Investitionsförderungen gemäß § 37 Abs. 1 GemHVO-Doppik auch um gemeindliche Investitionen, da diese regelmäßig mit Gegenleistungsverpflichtungen bzw. mehrjährigen Bindungsfristen versehen sind.

431 Zur Abgrenzung von Herstellungs- und Unterhaltungsaufwand siehe im Einzelnen Kapitel 10.2.3.

Praktische Anwendung der unbestimmten Rechtsbegriffe des § 48 KV M-V
§ 48 KV M-V ist mit unbestimmten Rechtsbegriffen gespickt, die mit Zahlen auszufüllen sind. Wie schon mehrfach betont, liegt die konkrete Festsetzung im Ermessen der Gemeinde. Die Gemeinde kann also nicht willkürlich handeln und unterliegt in ihren Festsetzungen der Kommunalaufsicht im Rahmen der Rechtskontrolle. Es empfiehlt sich, genaue Regelungen in der Hauptsatzung oder in der Haushaltssatzung zu treffen. Auch Festlegungen durch einfache Gemeindevertretungsbeschlüsse sind zulässig. Nachstehend ist ein Beispiel einer solchen Regelung abgedruckt:

Beispiel:

1. *Als erheblich i. S. d. § 48 Abs. 2 Nr. 1 KV M-V gilt ein Jahresfehlbetrag, der 3 v. H. der Gesamtaufwendungen des Ergebnishaushaltes des laufenden Haushaltsjahres übersteigt.*
2. *Als erheblich gilt eine Verschlechterung des Saldos des Finanzhaushalts i. S. d. § Abs. 2 Nr. 1 KV M-V, wenn er sich im Einzelfall um mehr als 1 v. H. der Gesamtauszahlungen des Finanzhaushaltes des laufenden Haushaltsjahres verschlechtert.*
3. *Als erheblich sind Mehraufwendungen i. S. d. § 48 Abs. 2 Nr. 2 KV M-V dann anzusehen, wenn sie im Einzelfall 1 v. H. der Gesamtaufwendungen des Ergebnishaushaltes des laufenden Haushaltsjahres übersteigen. Das Gleiche gilt für Mehrauszahlungen in Bezug auf die Gesamtauszahlungen des Finanzhaushaltes.*
4. *Als geringfügig i. S. d. § 48 Abs. 3 KV M-V gelten Auszahlungen für bisher nicht veranschlagte Investitionen, deren voraussichtliche Gesamtauszahlungen nicht mehr als 50.000 € betragen.*

20.2.4 Änderung des Stellenplans

Gemäß § 48 Abs. 1 KV M-V ist der Erlass einer Nachtragshaushaltssatzung auch erforderlich, wenn Beamte oder Arbeitnehmer eingestellt, befördert oder in eine höhere Entgeltgruppe eingestuft werden sollen und der Stellenplan die entsprechenden Stellen nicht enthält. Diese Regelung knüpft an die Bestimmung des § 46 Abs. 4 Nr. 4 KV M-V an, wonach der Stellenplan Teil des Haushaltsplans und dieser wiederum gemäß § 46 Abs. 1 KV M-V Teil der Haushaltssatzung ist. Insofern findet eine Satzungsänderung statt. Für die Praxis sind allerdings in § 48 Abs. 3 Nr. 2 KV M-V einige Ausnahmetatbestände geregelt für die Fälle, in denen sich eine Änderung des Stellenplans aufgrund gesetzlicher oder tariflicher Änderungen oder aufgrund von Gerichtsurteilen ergibt.

20.2.5 Änderung von Haushaltsvermerken und Budgets

Haushaltsvermerke sind einschränkende oder erweiternde Bestimmungen zu Ergebnis- und Finanzpositionen des Haushaltsplans. So werden die Bestimmung über die Auswirkungen von Mehrerträgen und Mindererträgen auf Aufwandsermächtigungen bzw. Mehreinzahlungen und Mindereinzahlungen auf Auszahlungsermächtigungen (unechte Deckungsfähigkeit nach § 13 GemHVO-Doppik) und die echte Deckungsfähigkeit i. S. v. § 14 GemHVO-Doppik aufgrund von Vermerken außerhalb der Budgetierung im Haushaltsplan wirksam. Soll nun ein solcher Vermerk geändert oder neu angebracht werden, bedarf es einer Fortschreibung des Haushaltsplanes. Da der Haushaltsplan durch die Festsetzung der Gesamtbeträge in § 1 der Haushaltssatzung Bestandteil der Haushaltssatzung ist (siehe die Ausführungen in Kapitel 17.2.2.1), stellt die Vermerkänderung eine Änderung des § 1 der Haushaltssatzung dar. Wie bereits Kapitel 20.2.2 festgestellt, bedarf es dazu einer Nachtragshaushaltssatzung. Die von den Gemeinden zuweilen geübte Handhabung des einfachen Gemeindevertretungsbeschlusses zur Herbeiführung einer Vermerkänderung reicht dazu nicht aus. In der Praxis ist natürlich zu überlegen, ob eine gewünschte Vermerkänderung den Aufwand einer Nachtragshaushaltssatzung rechtfertigt.

Das Gleiche gilt natürlich, wenn die Gemeinde während des Haushaltsjahres die Möglichkeiten der Deckungsfähigkeit (auch „Budgetierung" genannt, weil durch Einsatz der Deckungsfähigkeit ein gesamtes Budget gebildet werden kann) ändern will. Falls die Budgetierungen in einem Paragrafen der Haushaltssatzung bestimmt sind, ergibt sich offensichtlich eine Nachtragshaushaltssatzungspflicht. Auch wenn die Budgetierung nicht in der Haushaltssatzung, sondern lediglich im Haushaltsplan vermerkt ist, kann eine Änderung der Budgetierung nur durch Nachtragshaushaltssatzung erfolgen, weil der Haushaltsplan über die Festsetzung in § 1 der Haushaltssatzung ja Bestandteil der Haushaltssatzung ist.

20.2.6 Änderung von Zielen und Kennzahlen

Aufgrund der Regelung des § 4 Abs. 2 GemHVO-Doppik sind in jedem Teilhaushalt die wesentlichen Produkte und deren Auftragsgrundlage, Ziele und Leistungen zu beschreiben sowie Leistungsmengen und Kennzahlen zu Zielvorgaben anzugeben. Die Ziele und Kennzahlen sollen zur Grundlage der Gestaltung, der Planung, der Steuerung und der Erfolgskontrolle des jährlichen Haushaltes gemacht werden. Damit sind diese Informationen bzw. Daten Teil des Haushaltsplans. Sollen nun die Ziele oder Kennzahlen im laufenden Jahr geändert werden, bedarf dies einer förmlichen Haushaltsplanänderung. Da der Haushaltsplan durch die Festsetzung der Gesamtbeträge in § 1 der Haushaltssatzung Bestandteil der Haushaltssatzung ist, diese aber gemäß § 48 Abs. 1 KV M-V nur durch eine Nachtragshaushaltssatzung geändert werden kann, führt die Änderung von Zielen und Kennzahlen zu einer Nachtragshaushaltssatzung.

Es stellt sich den Verfassern allerdings die Frage, ob diese Rechtsfolge bei der Formulierung der Normierungen wissentlich beabsichtigt war. Insofern sollte der Gesetzgeber bedenken, ob nicht eine Ausnahmevorschrift zu diesem Tatbestand sinnvoll ist. Davon unbenommen ist die sinnvolle Regelung des § 7 Abs. 1 GemHVO-Doppik, wonach Ziele und Kennzahlen in einem Nachtragshaushaltsplan dann fortzuschreiben sind, wenn in diesem Nachtragshaushaltsplan ohnehin die dazu gehörenden Haushaltspositionen erheblich geändert werden.

20.2.7 Erhöhung der Ansätze für Verfügungsmittel

Gemäß § 10 Satz 2 GemHVO-Doppik dürfen die Ansätze für Verfügungsmittel (zum Begriff siehe Kapitel 9.3.6.2) nicht überschritten werden. Aufwendungen bzw. Auszahlungen über den Ansatz hinaus sind somit unzulässig. Benötigt die Gemeinde bei dieser Haushaltsposition zusätzliche Haushaltsmittel, verbleibt ihr nur die Änderung des Haushaltsplans mit Erhöhung des entsprechenden Ansatzes. In einem Nachtragshaushaltsplan kann die Gemeinde natürlich alle Ansätze ändern, also auch die der Verfügungsmittel. Ein Nachtragshaushaltsplan bedingt aber wegen der bereits mehrfach beschriebenen Verbindung zu § 1 der Haushaltssatzung eine Nachtragshaushaltssatzung.

Auch hier sind die in Kapitel 20.2.4 geäußerten Bedenken zur Effizienz der Nachtragshaushaltssatzung angebracht, so dass dieser Fall in der Praxis kaum Anwendung findet.

20.3 Inhalt des Nachtragshaushaltsplans

Wenn sich aus den in Kapitel 20.2 dargestellten Gründen eine Pflicht zum Erlass einer Nachtragshaushaltssatzung mit Nachtragshaushaltsplan ergibt oder die Gemeinde freiwillig einen Nachtragshaushaltsplan aufstellt, ist es sinnvoll, den Nachtragshaushaltsplan so auszugestalten, dass der Ursprungsplan in allen Bereichen auf den neuesten Stand der Haushaltswirtschaft gebracht wird. Damit wird der Haushalt umfassend fortgeschrieben und bleibt verbindlicher Rahmen für die Haushaltsausführung.

Es wäre allerdings viel zu aufwändig, jede noch so kleine Änderung in den Nachtragshaushaltsplan aufzunehmen. Deshalb muss der Nachtragshaushaltsplan gemäß § 7 Abs. 1 GemHVO-Doppik auch nur die Änderungen der Erträge und Aufwendungen sowie der Einzahlungen und Auszahlungen enthalten, die im Zeitpunkt seiner Aufstellung übersehbar sind und eine von der Gemeinde zu bestimmende Wertgrenze übersteigen („erheblich“ sind). Damit wird erreicht, dass der Nachtragshaushaltsplan keine unerheblichen Veränderungen aufweist. Die Wertgrenze ist von der Gemeinde zu bestimmen, allerdings unabhängig von den Begriffen des § 48 KV M-V. Allgemein wird ein wesentlich geringerer Betrag als im Fall des § 48 Abs. 3 KV M-V gewählt. In der Praxis schwanken die Beträge je nach Größenordnung der Gemeinden zwischen 1.000 und 50.000 €, wobei allerdings seitens der Verfasser Bedenken bestehen, ob nicht auch bei Etats von mehreren hundert Millionen € ein Betrag von 50.000 € zu hoch angesetzt ist. Insgesamt ist aber festzustellen, dass der für den Haushaltsplan geltende Grundsatz der Vollständigkeit (§ 46 Abs. 2 KV M-V) beim Nachtragshaushaltsplan durchbrochen wird.

In den Nachtragshaushaltsplan ebenfalls aufzunehmen sind die im Zusammenhang mit den Änderungen von Erträgen und Aufwendungen sowie Einzahlungen und Auszahlungen stehenden Änderungen von Zielen und Kennzahlen zur Zielerreichung.

Aufgenommen werden müssen ebenfalls gemäß § 7 Abs. 2 GemHVO-Doppik die bereits von der Gemeindevertretung beschlossenen über- und außerplanmäßigen Aufwendungen sowie die bereits über- und außerplanmäßig geleisteten Auszahlungen; diese können jedoch je Teilhaushalt zu einer Summe zusammengefasst werden. Der Nachtragshaushaltsplan hat also auch die Funktion, über bereits verfügte Finanzpositionen Auskunft zu geben. Insofern gibt der Nachtragshaushaltsplan die laufende Entwicklung des Haushaltsjahres wieder. Allerdings hat eine Erhöhung der Haushaltsposition nur eine rein deklaratorische Bedeutung, da über die Mittel bereits verfügt wurde.

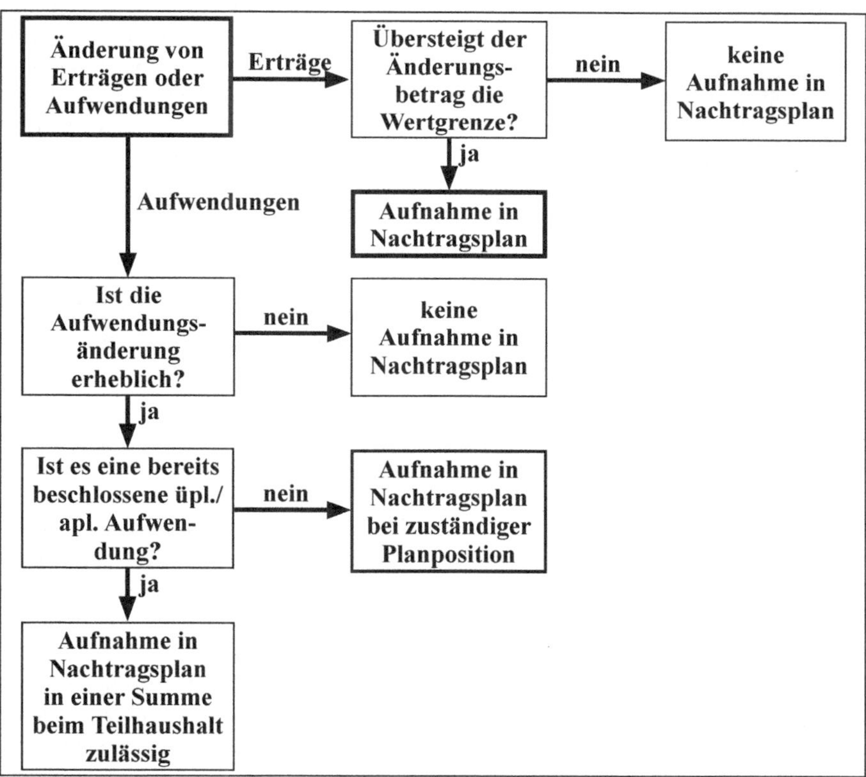

Werden neue Verpflichtungsermächtigungen im Nachtragshaushaltsplan veranschlagt, sind gemäß § 7 Abs. 3 GemHVO-Doppik deren Auswirkungen auf die Planungsdaten im Ergebnis und Finanzhaushalt anzugeben. In diesen Fällen ist dem Nachtragshaushaltsplan auch eine geänderte Übersicht der Verpflichtungsermächtigungen (§ 1 Abs. 2 Nr. 4 GemHVO-Doppik) beizufügen. Unverständlich ist allerdings, dass § 10 Abs. 3 GemHVO-Doppik diese Pflicht nur auf neue Verpflichtungsermächtigungen beschränkt. Dies müsste auch für Änderungen bestehender Verpflichtungsermächtigungen und bei Verschiebungen der Kassenwirksamkeit späterer Auszahlungen bei unveränderter Höhe des Verpflichtungsermächtigungsansatzes gelten.[432]

432 Der Gesetzgeber ist aufgefordert, eine entsprechende Ergänzung anzubringen.

Für die Ausgestaltung des Nachtragshaushaltsplanes sind gemäß § 61 GemHVO-Doppik in Verbindung mit den VV Nr. 36.1 entsprechende Muster zu verwenden. Muster mit Angaben für den Nachtragshaushalt liegen vor für die Übersicht über die aus Verpflichtungsermächtigungen voraussichtlich fällig werdenden Auszahlungen (Muster 3 zu § 1 Nr. 2 GemHVO-Doppik), für die Übersicht über den voraussichtlichen Stand der Verbindlichkeiten zum Ende des Haushaltsjahres (Muster 4a zu § 1 Nr. 3 GemHVO-Doppik), für die Übersicht über den voraussichtlichen Stand der Rückstellungen zum Ende des Haushaltsjahres (Muster 4b zu § 1 Nr. 3 GemHVO-Doppik), für die Darstellung der Zusammensetzung und Entwicklung des Saldos der liquiden Mittel und der Kredite zur Sicherung der Zahlungsfähigkeit im Finanzplanungszeitraum (Muster 5b zu § 1 Nr. 14 GemHVO-Doppik), für die Darstellung der Ertrags- und Aufwandsarten (Muster 6 zu § 2 Absatz 1 GemHVO-Doppik), für die Darstellung der Einzahlungs- und Auszahlungsarten (Muster 7 zu § 3 Absatz 1 Satz 1 GemHVO-Doppik), für die Übersichten über die Teilergebnis- und Teilfinanzhaushalte (Muster 8 zu § 4 Absatz 11 GemHVO-Doppik), für die Zuordnung der Produkte zu den Teilhaushalten und der Darstellung wesentlicher Produkte (Muster 9 zu § 4 GemHVO-Doppik), für die Darstellung des Investitionsprogramms (Muster 10a zu § 1 Nr. 4 GemHVO-Doppik), für die Investitionsübersicht (Muster 10b zu § 4 Abs. 7, 8 GemHVO-Doppik) und zur Übersicht über die produktgruppenbezogenen Finanzdaten des Haushaltsjahres (Muster 11 zu § 1 Nr. 15, 16 GemHVO-Doppik).

20.4 Zustandekommen der Nachtragshaushaltssatzung

Besteht gemäß § 48 Abs. 2 KV M-V die Pflicht zum Erlass einer Nachtragshaushaltssatzung, so ist diese unverzüglich zu erlassen. Die Verwaltung der Gemeinde muss also ohne schuldhaftes Verzögern nach Bekanntwerden des begründenden Tatbestandes mit den Vorbereitungen beginnen und schnellstens einen Gemeindevertretungsbeschluss herbeiführen.

Eine Änderung der Haushaltssatzung durch Nachtragshaushaltssatzung ist nach § 48 Abs. 1 Satz 1 KV M-V spätestens bis zum Ablauf des Haushaltsjahres – gemäß § 45 Abs. 6 KV M-V ist das Haushaltsjahr mit dem Kalenderjahr identisch – möglich. Unabhängig davon, wie hier der Begriff „erlassen“ in § 48 Abs. 2 KV M-V auszulegen ist, bestimmt § 48 KV eindeutig, dass die Haushaltssatzung nur bis zum Ablauf des Haushaltsjahres geändert werden kann. Eine Änderung setzt aber auch die Wirksamkeit voraus, da nur eine wirksame und anwendbare Satzung eine andere ändern kann. Satzungen werden aber erst wirksam, wenn sie bekanntgemacht worden und in Kraft getreten sind, gegebenenfalls nach einer insoweit einzuholenden Genehmigung.

Entscheidend für die zeitliche Komponente ist somit die Anzeige und Veröffentlichung der Nachtragshaushaltssatzung sowie das Einholen eventueller aufsichtsbehördlicher Genehmigungen, diese können somit also nicht im kommenden Haushaltsjahr liegen.

Beim Thema „Erlass der Haushaltssatzung“ wurde oben als weitere zeitliche Begrenzung erläutert, dass eine Erhöhung der Realsteuerhebesätze in § 6 der Haushaltssatzung gemäß § 25 Abs. 3 GrStG und § 16 Abs. 3 GewStG bis zum 30. Juni für das laufende Jahr beschlossen sein muss. Dies entspricht dem Gedanken einer gewissen Voraussehbarkeit bei Steuererhöhungen (Vertrauensschutz). Da § 25 Abs. 2 GrStG und § 16 Abs. 2 GewStG die Realsteuern als Jahressteuern (Hebesatz ist mindestens für ein Kalenderjahr festzusetzen) beschreibt, können im Laufe des Haushaltsjahres durch eine Nachtragshaushaltssatzung die Hebesätze der Haushaltssatzung nur rückwirkend zum Beginn des Haushaltsjahres erhöht werden. Deshalb kommt es bei der Nachtragshaushaltssatzung zur selben zeitlichen Begrenzung wie bei der Haushaltssatzung, wenn die Steuersätze in § 5 der Haushaltssatzung erhöht werden sollen. Eine solche Nachtragshaushaltssatzung muss von der Gemeindevertretung bis zum 30. Juni eines Jahres beschlossen sein. Insofern wird durch die Steuergesetze (Bundesrecht bricht Landesrecht) der durch § 48 Abs. 1 Satz 1 KV M-V vorgegebene Beschlusszeitpunkt für die Nachtragshaushaltssatzung eingeschränkt.

Gemäß § 48 Abs. 1 Satz 2 KV M-V gelten für die Nachtragshaushaltssatzung die Vorschriften der Haushaltssatzung entsprechend. Insofern sind auch die Vorschriften des § 47 KV M-V auf die Nachtragshaushaltssatzung im vollen Umfang anzuwenden (siehe dazu Kapitel 17.3).

Wie die Haushaltssatzung ist die Nachtragshaushaltssatzung in bestimmten Fällen genehmigungspflichtig. Im Wesentlichen betrifft dies die Investitionskredite (§ 52 KV M-V), Kredite zur Sicherung der Zahlungsfähigkeit mit mehr als 10 % der im Finanzhaushalt veranschlagten laufenden Einzahlungen aus Verwaltungstätigkeit (§ 53 KV M-V) und neue Verpflichtungsermächtigungen (§ 54 KV M-V). Soweit die Nachtragssatzungsatzung also genehmigungspflichtige Teile enthält, kann sie entsprechend § 47 Abs. 3 KV M-V erst nach Genehmigung öffentlich bekanntgemacht werden.

Die Frage, ob eine Nachtragshaushaltssatzung durch Dringlichkeitsentscheidung nach § 38 Abs. 4 bzw. § 39 Abs. 3 KV M-V erlassen werden kann, ist umstritten. Sie wird vor allem deshalb verneint, weil das in § 47 KV M-V vorgesehene umfangreiche formelle Verfahren bei einer Dringlichkeitsentscheidung nicht möglich ist. Die Befürworter einer Dringlichkeitsentscheidung stützen sich allein auf den Wortlaut des § 38 Abs. 4 bzw. 39 Abs. 3 KV M-V, wonach **alle** Angelegenheiten der Gemeindevertretung bei Vorliegen der Voraussetzungen im Wege der Dringlichkeitsentscheidung beschlossen werden können. Dieser Meinung ist nach Auffassung der Verfasser wegen der genannten Formvorschriften nicht zu folgen, so dass – wie bei der Haushaltssatzung – auch bei der Nachtragshaushaltsatzung eine Dringlichkeitsentscheidung zu verneinen ist.

Das Gesetz stellt zunächst auf eine **besondere** Dringlichkeit ab. Die Rechtsprechung geht dabei davon aus, dass mit einer Beschlussfassung nicht bis zur nächsten turnusmäßig angesetzten Sitzung gewartet werden kann, ohne dass der Gemeinde ein Schaden entsteht. Fraglich ist, ob also durch den Nichterlass einer Haushaltssatzung ein Schaden entstehen kann. Zu ergänzen wäre hier auch noch, dass die Gemeinde die besondere Dringlichkeit natürlich nicht durch einfaches Warten quasi selbst herbeiführen darf.

Dabei wird nicht verkannt, dass es durchaus auch im Nachtragsverfahren zur Dringlichkeit kommen kann, z. B. bei einer unverzüglich durchzuführenden Erhöhung der Kreditermächtigung.

20.5 Übungen

Sachverhalt Nr. 1
Bei der Gemeinde G (Gesamtsumme der Aufwendungen im Ergebnishaushalt: 70.000.000 €, Gesamtsumme der Auszahlungen im Finanzplan: 80.000.000 €) fallen im Laufe des Haushaltsjahres folgende Sachverhalte an:

a) Durch ein Unwetter wird das Rathaus der Gemeinde G stark beschädigt. Die nicht veranschlagten Instandsetzungsaufwendungen (vor allem Dach- und Fenstererneuerung) werden auf 800.000 € geschätzt. Im zuständigen Produktbereich 11 werden die veranschlagten Aufwendungen für Sach- und Dienstleistungen ansonsten planmäßig abgewickelt.
b) Es soll eine Kindertagesstätte gebaut werden. Im Teilfinanzhaushalt ist trotz der im Vorjahresplan enthaltenen Anfinanzierungsrate von 100.000 € der benötigte Betrag von 600.000 € für die Baufortsetzung irrtümlich nicht veranschlagt.
c) Durch das bereits bei a) beschriebene Unwetter ist auch eine Werkhalle einer Firma im Gemeindegebiet unbenutzbar geworden. Die Firma will eine neue Werkhalle errichten, an deren Baukosten sich die Gemeinde mit Zuwendungen in Höhe von 100.000 € beteiligen will. Mittel für diese Aufwendungen sind im dafür zuständigen Produktbereich nicht vorgesehen.
d) Auf dem Gelände des Gymnasiums sollen Fertiggaragen aufgestellt werden, deren damit verbundene Auszahlungen in Höhe von 80.000 € nicht veranschlagt sind.
e) Es zeichnet sich Mitte Juli ab, dass trotz Ausnutzung jeder Sparmöglichkeit und zusätzlicher Ertragsbeschaffung der Haushalt der Gemeinde G wohl mit einem Jahresfehlbetrag von 4.000.000 € abschließen wird. Der Ergebnisvortrag ist bereits in den Vorjahren vollständig eingesetzt worden. Die Kapitalrücklage weist noch einen Bestand von 95 Mio. € auf.

In der Hauptsatzung der Gemeinde G sind die Wertgrenzen nach § 48 KV M-V wie folgt festgesetzt:

1. Als erheblich i. S. d. § 48 Abs. 2 Nr. 1 KV M-V gilt ein Jahresfehlbetrag, der 2 v. H. der Gesamtsumme der Aufwendungen des laufenden Haushaltsjahres im Ergebnisplan übersteigt.
2. Als erheblich sind Mehraufwendungen i. S. d. § 48 Abs. 2 Nr. 2 KV M-V dann anzusehen, wenn sie im Einzelfall 1 v.H. die Gesamtsumme der Aufwendungen des laufenden Haushaltsjahres im Ergebnishaushalt übersteigen. Das Gleiche gilt für Mehrauszahlungen im Finanzhaushalt.
3. Als geringfügig i. S. d. § 48 Abs. 3 Nr. 1 KV M-V gelten Auszahlungen für bisher nicht veranschlagte Investitionen, deren voraussichtliche Gesamtauszahlungen nicht mehr als 50.000 € betragen.

Aufgabe:
Begutachten Sie, ob die im Sachverhalt enthaltenen Tatbestände eine Pflicht zur Nachtragshaushaltssatzung begründen.

Lösung:

a) Eine Pflicht zur Nachtragshaushaltssatzung könnte sich zunächst aus § 48 Abs. 2 Nr. 2 KV M-V ergeben, weil die Aufwendungen für die Instandsetzung des Rathauses die beim Produktbereich 11 veranschlagten Aufwendungen für Sach- und Dienstleistungen übersteigen (die veranschlagten Haushaltsmittel werden planmäßig benötigt). Voraussetzung dafür ist, dass die Mehraufwendungen von 800.000 € als „erheblich" im Verhältnis zur Gesamtsumme der Aufwendungen zu werten ist. Aufgrund der Hauptsatzung der Gemeinde G sind Mehraufwendungen i. S. dieser Vorschrift dann erheblich, wenn sie 1 v. H. der Gesamtsumme der Aufwendungen im Ergebnishaushalt übersteigen. Die Gesamtsumme der Aufwendungen im Ergebnishaushalt der Gemeinde G beträgt 70.000.000 €, sodass die Grenze bei 700.000 € liegt. Die Mehraufwendungen für die in der Rathausreparatur bedingten Sach- und Dienstleistungen übersteigen diesen Betrag um 100.000 €. Sie stellen somit erhebliche Mehraufwendungen i. S. d. § 48 Abs. 2 Nr. 2 KV M-V dar und könnten nur durch eine Nachtragshaushaltssatzung bereitgestellt werden.
Es fragt sich aber, ob § 48 Abs. 3 Nr. 1 KV M-V diesen Fall nicht als Ausnahme behandelt. In der Tat sind u. a. unabweisbare Instandsetzungen an Bauten von der Nachtragspflicht befreit. Laut Sachverhalt handelt es sich um die Beseitigung von Unwetterschäden. Das Aufwandvolumen von 800.000 € belegt, dass erhebliche Schäden vorliegen. Jedoch stellt § 48 Abs. 3 Nr. 1 KV M-V nur auf geringfügige unabweisbare Instandsetzungen ab. Damit ergibt sich hier nicht die Möglichkeit von außerplanmäßigen Ausgaben nach § 50 KV M-V. Da die Funktionsfähigkeit des Rathauses für die praktische Verwaltungsarbeit unerlässlich ist, sind also Notsicherungsmaßnahmen zu ergreifen, um das Dach abzudichten, sonst besteht die Gefahr, dass sich die Schäden vergrößern. Gleichzeitig ist entsprechend § 48 Abs. 2 KV M-V unverzüglich mit dem Nachtragsverfahren zu beginnen.
§ 48 Abs. 2 Nr. 1 KV M-V ist nicht zu prüfen, weil das Tatbestandsmerkmal eines Fehlbetrags nicht gegeben ist. Ohnehin wäre hier auch die Erheblichkeitsgrenze laut Sachverhalt unterschritten.

b) Es ist wiederum zu prüfen, ob sich eine Verpflichtung zur Nachtragshaushaltssatzung aus § 48 Abs. 2 Nr. 2 KV M-V ergibt. In der Lösung zu a) wurde bereits festgestellt, dass die Wertgrenze durch Hauptsatzung festgesetzt ist. In diesem Fall allerdings ist auf den Finanzplan abzustellen, weil es sich um eine Auszahlung handelt. Insofern beträgt die Grenze 1% von 80.000.000 €, demnach 800.000 €. Der für den Neubau der Kindertagesstätte benötigte Jahresbetrag von 600.000 € liegt somit unterhalb dieser Grenze, sodass nach dieser Norm keine Pflichtnachtragshaushaltssatzung zu erlassen ist.
Es fragt sich nun, ob eine Nachtragshaushaltssatzung gemäß § 48 Abs. 2 Nr. 3 KV M-V erforderlich ist. Bei dem Neubau handelt es sich um eine Investition, weil kommunales Anlagevermögen (Gebäude als Grundstücksteil gemäß § 94 BGB)

durch den Neubau erhöht wird. Allerdings sieht diese Vorschrift eine Nachtragspflicht nur bei bisher nicht veranschlagten Investitionen vor, also erstmals zu veranschlagenden Investitionsauszahlungen. Laut Sachverhalt handelt es sich jedoch um eine Fortführungsmaßnahme, weil im Vorjahreshaushalt bereits Mittel für die Herstellung des Kindertagesstättengebäudes veranschlagt waren. Insofern ergibt sich auch aus § 48 Abs. 2 Nr. 2 KV M-V keine Pflicht zur Nachtragshaushaltssatzung. Zu § 48 Abs. 2 Nr. 1 KV M-V gelten die Ausführungen zu Buchstabe a).

c) Die Gemeinde will einen Zuschuss in Höhe von 100.000 € zur Investition eines Dritten leisten, sodass es sich insofern um Aufwendungen in Form einer Investitionsförderung handelt. Wegen der Wertgrenze von 700.000 € (siehe Lösung zu a)) ist die Prüfung des § 48 Abs. 2 Nr. 2 KV M-V abwegig. Es liegt jedoch ein Fall des § 48 Abs. 2 Nr. 2 KV M-V vor, da es sich hier um bisher nicht veranschlagte Auszahlungen für Investitionsförderungsmaßnahmen handelt. Allerdings legt § 48 Abs. 3 Nr. 1 KV M-V fest, dass dies nicht für geringfügige, unabweisbare Investitionsförderungen gilt. Jedoch ist dieser Tatbestand hier nicht erfüllt, da es sich um eine abweisbare Investitionsförderung handelt. Die Gemeinde ist nicht verpflichtet, eine Beteiligung an den Investitionskosten zu übernehmen. Damit ist also der Erlass einer Nachtragshaushaltssatzung notwendig, um die Auszahlung der Investitionsförderung zu ermöglichen, zu beachten ist allerdings auch wieder die Verpflichtung zum Haushaltsausgleich nach § 43 KV M-V.

d) Die Aufstellung der Fertiggaragen ist zu den Investitionen zu zählen, da es sich um eine Neuerrichtung von Gebäuden handelt und die Art der Bauausführung nicht entscheidend ist (Erweiterung des kommunalen Grundstücksvermögens). Laut Sachverhalt sind die dafür benötigten Mittel i. H. v. 80.000 € bisher nicht veranschlagt, sodass die Voraussetzungen zum Erlass einer Nachtragshaushaltssatzung gemäß § 48 Abs. 2 Nr. 3 KV M-V gegeben sind. Auch in diesem Fall gilt die Ausnahmeregelung des § 48 Abs. 3 Nr. 1 KV M-V nicht, da es sich ohne weitere Begründung nicht um unabweisbare Investitionen handelt und im Übrigen die Wertgrenze von 50.000 € überschritten ist (für Näheres zur Auslegung hinsichtlich Unabweisbarkeit siehe Lösung zu b)).

e) Eine Nachtragshaushaltssatzung wäre gemäß § 48 Abs. 2 Nr. 1 KV M-V erforderlich, wenn der Jahresfehlbetrag erheblich wäre. Der Ergebnisvortrag ist bereits vollständig in den Vorjahren eingesetzt worden, so dass auch darüber der Haushaltsausgleich nicht herbeigeführt werden kann und somit der Fehlbetrag bestehen bleibt.

Auf Grund der Hauptsatzung der Gemeinde G gilt ein Jahresfehlbetrag als erheblich, wenn er 2 v. H. des der Gesamtsumme der Aufwendungen im Ergebnishaushalt i. H. v. 70.000.000 € = 1.400.000 € übersteigt, was bei dem vorliegenden Fehlbetrag von 4.000.000 € der Fall ist.

Unabhängig davon, ob der Haushaltsausgleich erreicht werden kann, ist die Gemeinde nach § 48 Abs. 1 Nr. 1 KV M-V zum Erlass einer Nachtragshaushaltssatzung verpflichtet. Gleichzeitig hat sie entsprechend § 43 Abs. 7 KV M-V ein Haushaltssicherungskonzept zu erstellen, in dem die Ursachen für den unausgeglichenen Haushalt beschrieben und Maßnahmen dargestellt werden, durch die der

Haushaltsausgleich und eine geordnete Haushaltswirtschaft auf Dauer sichergestellt werden. Es ist der Zeitraum anzugeben, innerhalb dessen der Haushaltsausgleich wieder erreicht wird (Konsolidierungszeitraum).

Sachverhalt Nr. 2
Die Gemeinde G stellt im September 2020 den ersten Nachtragshaushaltsplan für dieses Haushaltsjahr auf. Unter anderem ergibt sich im Produktbereich 42 „Sportförderung“ Folgendes:

a) Erhöhung der Baukosten für das Schwimmbad
Der Bau des Schwimmbades ist im Haushalt 2020 mit Bauauszahlungen von 4.000.000 € eingeplant, die je zur Hälfte für 2020 und 2021 vorgesehen sind. Nunmehr erhöhen sich die Auszahlungen für das Jahr 2020 um 300.000 € wegen bisher nicht eingeplanter zusätzlicher Bodensicherungsarbeiten. Die Einrichtungsauszahlungen in Höhe von 500.000 € waren bisher im vollen Umfang für 2021 vorgesehen. Nunmehr sollen bereits im Haushaltjahr 2020 Einrichtungen im Wert von 50.000 € gekauft werden. Die Verträge für die Baumaßnahme und die Einrichtungen werden bzw. wurden wie geplant insgesamt in 2020 abgeschlossen.

Bisher war eine Landeszuwendung in Höhe von 10 % der kassenwirksamen Auszahlungen für den Bau und die Einrichtung veranschlagt. Nunmehr hat das Land angekündigt, die Zuwendungsquote auf 20 % der jeweiligen kassenwirksamen Auszahlungen zu erhöhen.

b) Neubau eines bisher nicht veranschlagten Stadions
Die Grundstückssituation für das geplante Stadion stellt sich recht günstig dar. Es kann im Wesentlichen auf ein Grundstück des Grünflächenbereichs im Wert von 200.000 € zurückgegriffen werden, welches bisher bei den Parkanlagen in der Produktgruppe 546 geführt wird. Lediglich ein ca. 1.000 m² großes Grundstück muss zum Kaufpreis von 50.000 € erworben werden. Mit dem Abschluss des Kaufvertrages ist für September 2020 zu rechnen, die Zahlung erfolgt je zur Hälfte in 2020 und 2021. Der Verkäufer wird sich mit dem Baubeginn in 2020 bereiterklären. Dazu hat die Gemeinde G die Notar- und Grundbuchkosten von rund 5.000 € in 2020 zu tragen. Die auf dem Grundstück befindlichen Bäume werden gefällt, wobei noch in 2020 mit einem Verkaufserlös für das Holz in Höhe von 1.000 € gerechnet werden kann.

Die Baukosten belaufen sich auf insgesamt 20.000.000 €. Nach dem Bauzeitplan werden in 2020 lediglich noch 1.000.000 € verbaut werden können. Der Restbetrag wird je zur Hälfte in 2020 und 2021 anfallen. Eine Spezialfirma soll den Gesamtauftrag vor Baubeginn in 2020 erhalten.

Die für die Pflege der Rasenfläche im Stadion benötigte Spezialmaschine wird eine Auszahlung in Höhe von 100.000 € verursachen. Wegen der langen Lieferzeit soll sie bereits in 2020 bestellt werden, die Auslieferung und Rechnungsstellung sind für 2021 vorgesehen. Neben den Anschaffungskosten hat die Gemeinde G auch die Transportkosten für die Maschine in Höhe von 1.000 € dem Hersteller nach Lieferung zu erstatten.

Das Land Mecklenburg-Vorpommern wird sich an den Bau- und Grunderwerbskosten mit 10 % entsprechend der Auszahlungsveranschlagung beteiligen. Der örtliche Zweitligaverein wird der Gemeinde G einen zweckgebundenen zinslosen Kredit von 200.000 € in 2020 auszahlen. Dieser ist erstmals in 2021 zu tilgen.

Aufgabe:
Erstellen Sie einen Auszug aus dem Teilfinanznachtragshaushalt 2020 für den Produktbereich 42 „Sportförderung“. Unterstellen Sie dabei, dass alle Änderungsbeträge die in der Gemeinde G geltende Wertgrenze nach § 7 Abs. 1 GemHVO-Doppik übersteigen. Auf die Darstellung der Jahre der mittelfristigen Planung ist zu verzichten. Die Verpflichtungsermächtigungen sind in ihrer endgültigen Summe darzustellen (kein Veränderungsnachweis).

Lösung:

Produktbereich 42 Sportförderung Teilfinanzhaushalt Investitionstätigkeit	**neuer Ansatz 2020**	**alter Ansatz 2020**	**Veränderung 2020**	**neue VE 2020**
Einzahlungen				
aus Zuwendungen für Investitionsmaßnahmen	573.000	200.000	373.000	
aus der Veräußerung von Sachanlagen	1.000	0	1.000	
Summe der Einzahlungen aus Investitionstätigkeit	**574.000**	**200.000**	**374.000**	
Auszahlungen				
Auszahlungen für Sachanlagen	3.380.000	2.000.000	1.380.000	21.576.000
Summe der Auszahlungen aus Investitionstätigkeit	**3.380.000**	**2.000.000**	**1.380.000**	**21.576.000**
Saldo der Ein- und Auszahlungen aus Investitionstätigkeit PB Sportförderung	**–2.806.000**	**–1.800.000**	**–1.006.000**	

Übersicht Investitionsmaßnahmen	**neuer Ansatz 2020**	**alter Ansatz 2020**	**Veränderung 2020**	**neue VE 2020**
Maßnahmen oberhalb der Wertgrenze				
Einzahlung: Landeszuweisung Stadion	103.000	0	103.000	
Einzahlung: Veräußerung v. Sachanlagen Stadion	1.000	0	1.000	
Auszahlung: Grunderwerb Stadion	30.000	0	30.000	25.000
Auszahlung: Baumaßnahme Stadion	1.000.000	0	1.000.000	19.000.000
Auszahlung: bewegliches Vermögen Stadion	0	0	0	101.000
Saldo Investitionsmaßnahme Stadion	–926.000		–926.000	19.126.000
Einzahlung: Landeszuweisung Schwimmbad	470.000	200.000	270.000	
Auszahlung: Baumaßnahme Schwimmbad	2.300.000	2.000.000	300.000	2.000.000
Auszahlung: bewegliches Vermögen Schwimmbad	50.000	0	50.000	450.000
Saldo Investitionsmaßnahme Schwimmbad	–1.880.000	–1.800.000	–80.000	2.450.000
Saldo	**–2.806.000**	**–1.880.000**	**–1.006.000**	**21.576.000**

Hinweise: Die zweckgebundene Krediteinzahlung des örtlichen Zweitligavereins kann der Produktgruppe 612 „Sonstige allgemeine Finanzwirtschaft" zugeordnet werden und wurde deshalb gemäß der Aufgabenstellung hier nicht nachgewiesen.

Es wäre auch zulässig, die Einzahlung aus dem Holzverkauf in Höhe von 1.000 € bei Produktgruppe 546 „**Parkeinrichtungen**" nachzuweisen.

Bei den obigen Tabellen handelt es sich um Vereinfachungen des Musters 10b zu § 4 Abs. 7 und 8 GemHVO-Doppik.

21. Der Jahresabschluss

21.1 Gestaltung des Jahresabschlusses

Der kommunale Jahresabschluss stellt vergleichbar mit dem kaufmännischen Abschluss das Ziel der Rechenschaft in den Vordergrund. Nach § 60 Abs. 1 Satz 1 KV M-V ist daher im Jahresabschluss das Ergebnis der Haushaltswirtschaft des Haushaltsjahres nachzuweisen. Als Aufstellungsgrundsatz legt § 60 Abs. 1 KV M-V fest, dass der Jahresabschluss ein den tatsächlichen Verhältnissen entsprechendes Bild der Lage der Gemeinde vermitteln muss. Das den tatsächlichen Verhältnissen entsprechende Bild soll darüber informieren, wie „reich" oder „arm" die Kommune ist und wie sich ihre Ertragskraft gestaltet. In der Praxis dürfte dieser Regelungsteil kaum relevant sein, da die anderen haushaltsrechtlichen Vorschriften, insbesondere die Grundsätze ordnungsmäßiger Buchführung, kaum eine Abweichung zulassen.

Für den Jahresabschluss von besonderer Bedeutung sind die im Rahmen der Rechenschaftspflicht geltenden Grundsätze der Recht- und Ordnungsmäßigkeit der Haushaltswirtschaft. Im Vorfeld des Jahresabschlusses sollte daher bereits im Rahmen der Bewirtschaftung, zwecks Vermeidung zusätzlicher zeitraubender Prüfarbeiten während des Jahresabschlusses, bei den einzelnen Rechnungskomponenten periodisch (z. B. monatlich) der Buchungsstoff geprüft werden. Hierzu gehört auch ein Abgleich der Nebenbuchhaltungen mit dem Hauptbuch. Unklare Buchungen sollten bis zum Jahresabschluss geklärt und fehlerhafte Buchungen berichtigt werden.

Der Jahresabschluss besteht nach § 60 Abs. 2 KV M-V aus dem Abschluss der drei Rechnungskomponenten

- Ergebnisrechnung,
- Finanzrechnung ,
- Übersicht über die Teilrechnungen,
- Bilanz,
- Anhang.

Dem Jahresabschluss sind gemäß § 60 Abs. 3 KV M-V als Anlagen beizufügen:

- die Anlagenübersicht,
- die Forderungsübersicht,
- die Verbindlichkeitenübersicht,
- eine Übersicht über die über das Ende des Haushaltsjahres hinaus geltenden Haushaltsermächtigungen.

Das nachstehende Schaubild verdeutlicht den Zusammenhang der auf unterschiedliche Regelungen verteilten Elemente des Jahresabschlusses:

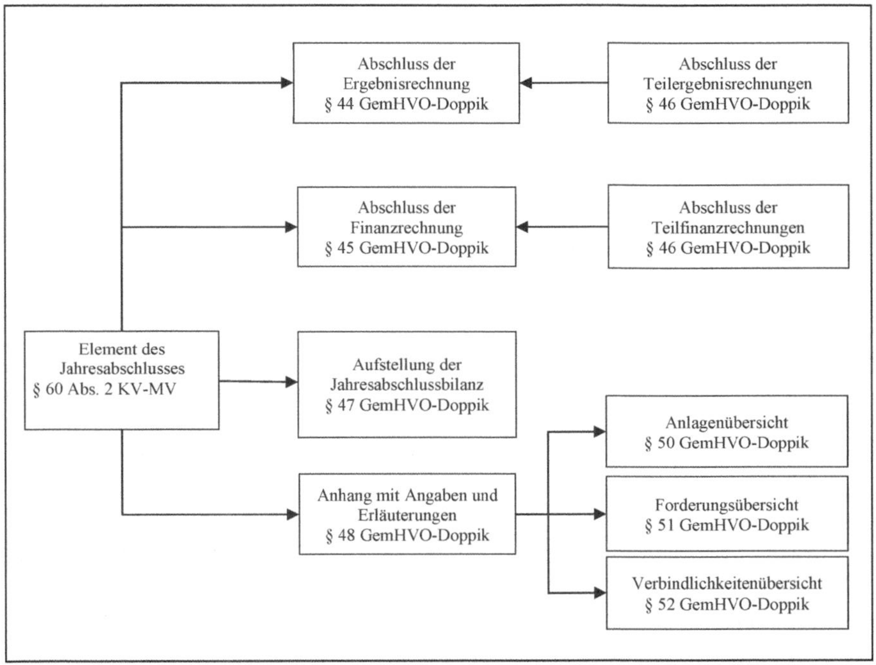

21.2 Die einzelnen Elemente des Jahresabschlusses

21.2.1 Ergebnisrechnung

In der Ergebnisrechnung sind nach § 44 Abs. 1 Satz 1 GemHVO-Doppik die dem Haushaltsjahr zuzurechnenden Erträge und Aufwendungen nachzuweisen. Demnach sind sämtliche Vorschriften hinsichtlich der erfolgsmäßigen Abgrenzung des Haushaltsjahres zu beachten. Die Abgrenzung der dem Haushaltsjahr zuzurechnenden Aufwendungen und Erträge findet jedoch in den einzelnen produktorientierten Teilergebnisrechnungen statt, da dort die produktorientierte Zuordnung der Aufwendungen und Erträge erfolgt. Die Ergebnisrechnung stellt dagegen eine zusammenfassende Aufstellung aller Aufwendungen und Erträge aus den einzelnen produktorientierten Teilergebnisrechnungen einer Kommune dar. Im Rahmen der ordnungsmäßigen Aufstellung der Ergebnisrechnung ist es somit Grundvoraussetzung, dass die Abschlussbuchungen für die dem Haushaltsjahr zuzurechnenden Erträge und Aufwendungen in den produktorientierten Teilrechnungen vorgenommen werden.

Dies sind die Buchungen, die im Verlauf des Haushaltsjahres noch nicht vorgenommen wurden (bzw. werden konnten), konkret: Buchungen zur

- transitorischen Rechnungsabgrenzung,[433]
- antizipativen Rechnungsabgrenzung,[434]
- zu Wertberichtigungen und
- zu Rückstellungsbildungen bzw. -auflösungen.[435]

Die Unterscheidung der transitorischen und antizipativen Periodenabgrenzung wird anhand des nachfolgenden Schaubildes deutlich:

Geschäftsvorfall ergibt im			
abzuschließenden Haushaltsjahr	Folgehaushaltsjahr oder später	Form der Periodenabgrenzung	Bilanzielle Darstellung
Aufwand	Auszahlung	Antizipative Periodenabgrenzung	Sonstige Verbindlichkeiten
Ertrag	Einzahlung		Sonstige Forderungen
Auszahlung	Aufwand	Transitorische Periodenabgrenzung	Aktive Rechnungsabgrenzung
Einzahlung	Ertrag		Passive Rechnungsabgrenzung

Transitorische Periodenabgrenzung

Die transitorische Periodenabgrenzung wird in § 36 Abs. 1 und 2 GemHVO-Doppik geregelt. Sie gliedert sich aus Sicht der Ergebnisrechnung in Aufwand und Ertrag und aus bilanzieller Sicht in aktive und passive Rechnungsabgrenzungsposten.

Nach § 36 Abs. 1 GemHVO-Doppik sind Auszahlungen im laufenden Haushaltsjahr, die erst einen Aufwand nach dem Abschlussstichtag darstellen, unter dem aktiven Rechnungsabgrenzungsposten anzusetzen.

Nach § 36 Abs. 2 GemHVO-Doppik sind Einzahlungen im laufenden Haushaltsjahr, die erst einen Ertrag nach dem Abschlussstichtag darstellen, unter dem passiven Rechnungsabgrenzungsposten anzusetzen.

Für Disagio besteht nach § 36 Abs. 3 GemHVO-Doppik im Gegensatz den handelsrechtlichen Bestimmungen kein Wahlrecht hinsichtlich der transitorischen Rechnungsabgrenzung.[436] Dieser Betrag ist in der Bilanz gesondert als aktiver Rechnungsabgrenzungsposten auszuweisen.

433 Einzahlungen bzw. Auszahlungen des abzuschließenden Haushaltsjahres, die erst ab einem bestimmten Zeitpunkt nach dem Bilanzstichtag als Erträge oder Aufwendungen zuzurechnen sind. Für deren Ausweis bestehen im Jahresabschluss zwei eigene Bilanzpositionen.

434 Aufwendungen und Erträge des abzuschließenden Haushaltsjahres, die erst nach dem Bilanzstichtag zu Auszahlungen bzw. Einzahlungen führen. Analog zum kaufmännischen Rechnungswesen sind diese Posten unter den Bilanzpositionen „sonstige Verbindlichkeiten" bzw. „sonstige Forderungen" zu bilanzieren.

435 Der Themenbereich Rückstellungen ist in Kapitel 10.3.3.2 ausführlich beschrieben, sodass hierzu auf weitergehende Ausführungen in diesem Kapitel verzichtet wird.

436 Disagio ist der Unterschiedsbetrag, der durch einen höheren Rückzahlungsbetrag einer Verbindlichkeit gegenüber dem Kreditauszahlungsbetrag entsteht. Siehe hierzu auch Kapitel 15.3.2.3.

Antizipative Periodenabgrenzung

Die antizipative Periodenabgrenzung ist in den allgemeinen Bewertungsanforderungen des § 32 GemHVO-Doppik enthalten. Nach § 32 Abs. 1 Nr. 4 GemHVO-Doppik sind im Haushaltsjahr entstandene Aufwendungen und erzielte Erträge unabhängig von den Zeitpunkten der entsprechenden Zahlungen im Jahresabschluss zu berücksichtigen. Sofern beispielsweise die Kommune Mietnutzungen wahrgenommen hat, die Aufwand des laufenden Haushaltsjahres darstellen, aber die Zahlung erst im folgenden Haushaltsjahr zu erfolgen hat, muss dieser aufwandverursachende Sachverhalt im Rahmen der antizipativen Periodenabgrenzung abgebildet werden. Die Gegenbuchung zum Aufwand erfolgt als sonstige Verbindlichkeit in der Höhe, die dem laufenden Haushaltsjahr zuzurechnen ist.

> ***Beispiel:***
> *Die Gemeinde hat am 31.3.2021 eine Mietzahlung für die Monate 1.10.2020 bis 31.3.2021 von 30.000 € zu leisten. Für die ergebnisgerechte Abbildung des Aufwands muss im Haushaltsjahr 2020 eine Aufwandsbuchung i. H. v. 15.000 € (anteilige Ermittlung für das Haushaltsjahr 2020, drei von sechs Monaten = 50 %) an sonstigen Verbindlichkeiten erfolgen.*

Bei Erträgen ist analog zu verfahren. Sofern beispielsweise eine Kommune nunmehr Mietnutzungen gewährt, die einen Ertrag des laufenden Haushaltsjahres darstellen, aber der Zahlungszufluss erst im folgenden Haushaltsjahr stattfinden wird, muss der Ertrag des laufenden Haushaltsjahres im Rahmen der antizipativen Periodenabgrenzung abgebildet werden. Die Gegenbuchung zum Ertrag erfolgt als sonstige Forderung in der Höhe, die dem laufenden Haushaltsjahr zuzurechnen ist.

Wertberichtigungen

Im Rahmen der periodengerechten Zuordnung von Aufwendungen ist es für den Forderungsbereich erforderlich, die Werthaltigkeit von Forderungen zu überprüfen und gegebenenfalls Wertberichtigungen durchzuführen. Eine spezielle Regelung besteht hierzu nicht. Die Prüfung der Werthaltigkeit von Forderungen lässt sich aus der „Globalregelung“ des § 44 Abs. 1 GemHVO-Doppik – die dem Haushaltsjahr zuzurechnenden Aufwendungen sind in der jeweiligen Ergebnisrechnung nachzuweisen – herleiten. Des Weiteren regelt § 32 Abs. 1 GemHVO-Doppik, dass die Grundsätze ordnungsmäßiger Buchführung für die Ansätze in der Bilanz zu beachten sind. Das kaufmännische Rechnungswesen sieht für die Wertberichtigungen zwei Verfahren vor. Diese sind

- die Einzelwertberichtigung und
- die Pauschalwertberichtigung.

Leider wird das Verhältnis dieser kaufmännischen Wertberichtigungsformen zu den öffentlich-rechtlichen Wertberichtigungsformen Niederschlagung und Erlass z. B.

nach § 22 Abs. 2 und 3 GemHVO-Doppik[437] nicht recht dargelegt. Für den öffentlich-rechtlichen Forderungsbereich sind die Niederschlagung und der Erlass die maßgeblichen Wertberichtigungsformen einer Einzelwertberichtigung. Der Niederschlagung bzw. dem Erlass geht ein strukturiertes Verfahren der Prüfung der Werthaltigkeit einer Forderung voraus. Es erfolgt ein öffentlich-rechtliches Mahnverfahren, und die Gemeinde nimmt auch in eigener Zuständigkeit Vollstreckungsversuche vor. Auf der Grundlage der Ergebnisse der Einzelprüfung erfolgt die Entscheidung, ob eine einzelne Forderung niedergeschlagen bzw. erlassen wird oder nicht. Grundsätzlich erfolgt dieses strukturierte Verfahren der Einzelprüfung auch für privatrechtliche Forderungen, wobei jedoch ein privatrechtliches Mahnverfahren vorgeschaltet ist.

Zu den Einzelheiten, also wann und in welcher Weise Stundungen, Niederschlagungen und Erlasse zu gewähren sind, sind in Nummer 24 der Verwaltungsvorschriften zu § 22 GemHVO-Doppik ausführliche Regelungen und Beschreibungen enthalten.

Die kaufmännische Vorgehensweise unterscheidet zwei Sachverhaltsvarianten. Diese sind

- zweifelhafte Forderungen und
- uneinbringliche Forderungen.

Die inhaltlichen Voraussetzungen einer uneinbringlichen Forderung decken sich grundsätzlich mit denen einer unbefristeten Niederschlagung oder eines Erlasses. Hier ist davon auszugehen, dass die Forderung zukünftig nicht realisiert werden kann. Uneinbringliche Forderungen sind vollständig abzuschreiben. Die Abschreibung erfolgt direkt gegenüber dem Forderungskonto.

Anders ist dies bei zweifelhaften Forderungen. Eine Forderung ist zweifelhaft, wenn der Zahlungseingang bei bestehendem Zahlungsverzug als ungewiss erachtet wird (z. B. der Schuldner ein Vergleichs- oder Insolvenzverfahren beantragt hat). Grundsätzlich kommen als zweifelhafte Forderungen die befristeten Niederschlagungen in Betracht, da die Gemeinde bei einer befristeten Niederschlagung davon ausgeht, zukünftig die Forderung noch realisieren zu können. Maßstab für die buchhalterische Vorgehensweise ist die Uneinbringlichkeit bzw. die Zweifelhaftigkeit der Forderung.

Weder KV M-V noch GemHVO-Doppik verlangen konkret die Umbuchung von zweifelhaft gewordenen Forderungen auf spezielle Konten, auch sind solche speziellen Konten im kommunalen Kontierungsplan[438] nicht vorgesehen. Im Rahmen der Grundsätze ordnungsmäßiger Buchführung ist eine diesbezügliche Umbuchung erforderlich. Hierdurch wird auch die Haushaltswahrheit und -klarheit erhöht. Der kommunale Kontierungsplan sieht einzig passivische Wertberichtigungskonten (Konto 212 für Einzelwertberichtigungen und Konto 211 für Pauschalwertberichtigungen zu Forderungen) vor. Zweifelhafte Forderungen sind mit ihrem wahrscheinlichen Wert anzusetzen, so dass hieran orientiert eine Teil- oder Vollabschreibung erfolgt. Die Abschreibungshöhe ergibt sich aus dem Unterschiedsbetrag zwischen dem Nennwert

437 Es gibt eine Reihe weiterer öffentlich-rechtlicher Normen zu Niederschlagungen und Erlass, so z. B. §§ 227 und 261 AO für die Gemeindesteuern.

438 Anlage 1 VV Muster zur GemHVO-Doppik und GemKVO-Doppik.

der Forderung und ihrem wahrscheinlichen Wert. Die Wertberichtigung kann in Form einer Forderungsabschreibung in direkter oder indirekter Form erfolgen. Die direkte Forderungsabschreibung erfolgt auf der Aktivseite der Bilanz bei jeder einzelnen Forderung. Diese Methode wird aber kommunal regelmäßig nicht angewandt. Die indirekte Abschreibung erfolgt durch Bildung eines Passivkontos (z. B. Kontenart 212 für Einzelwertberichtigung), wodurch der Forderungsnennbetrag auf der Aktivseite unverändert bleibt. Der Kontenrahmenplan sieht keine Bilanzposition für die Wertberichtungen der Kontengruppe 21 vor. Damit die Bilanz aufgrund des nicht zugelassenen Bilanzausweises weiterhin aufgeht, muss das Wertberichtigungskonto über das Forderungskonto abgeschlossen werden. Somit erscheint in der Jahresabschlussbilanz als Forderungsbestand ein um die Wertberichtigungen geminderter Wert (= Betrag der werthaltigen Forderungen).

Die Forderungen sind solange in der Bilanz auszuweisen, bis sie entweder

- beglichen oder
- erlassen oder
- unbefristet niedergeschlagen werden.

Eine Absetzung der Forderung bei einer befristeten Niederschlagung erfolgt nicht, während eine Ausbuchung nach § 22 Abs. 2 Satz 3 GemHVO-Doppik zwingend vorzunehmen ist, wenn die Forderung unbefristet niedergeschlagen wird.

Neben der Einzelwertberichtigung ist jedoch auch eine Pauschalwertberichtigung oder aber auch ein verbundenes Verfahren von Einzelwert- und Pauschalwertberichtigung zulässig.

Für eine Vielzahl wirtschaftlich gleichartiger Forderung besteht die Möglichkeit, anstelle der Einzelwertberichtigung eine Pauschalwertberichtigung vorzunehmen. Die Wertberichtigung erfolgt anhand eines gemeindeindividuellen prozentualen Erfahrungssatzes von Ausfällen bei wirtschaftlich gleichartigen Forderungen, durch den der Gesamtbestand an Forderungen wertberichtigt wird. Die Herleitung des prozentualen Erfahrungssatzes muss den Grundsätzen ordnungsmäßiger Buchführung entsprechen, so dass die Quote an pauschalierten Forderungsausfällen sorgfältig beurteilt werden kann. Im Rahmen der Pauschalwertberichtigung erfolgt eine indirekte Abschreibung der Forderungen gegen das Konto „Pauschalwertberichtigungen zu Forderungen" (Konto 211). Damit die Bilanz aufgrund des nicht zugelassenen Bilanzausweises der „Pauschalwertberichtigungen zu Forderungen" weiterhin aufgeht, muss analog zur indirekten Abschreibung bei Einzelwertberichtigungen das Pauschalwertberichtigungskonto über das Forderungskonto abgeschlossen werden. Somit erscheint in der Jahresabschlussbilanz als Forderungsbestand ein um die pauschalierten Wertberichtigungen geminderter Wert (= Betrag der pauschaliert ermittelten werthaltigen Forderungen).

Gliederungsstruktur
Für die Ergebnisrechnung ist nach § 44 Abs. 2 GemHVO-Doppik die Gliederungsstruktur des Ergebnishaushaltes nach § 2 Abs. 1 GemHVO-Doppik maßgeblich. Den in der Ergebnisrechnung nachzuweisenden Ist-Ergebnissen sind nach § 44 Abs. 3

GemHVO-Doppik die Ergebnisse der Rechnung des Vorjahres und die Planansätze (einschließlich Nachträge) des Haushaltsjahres gegenüberzustellen, wesentliche Veränderungen sind im Anhang zu erläutern.

Des Weiteren gilt das Bruttoprinzip, so dass nach § 44 Abs. 1 Satz 2 GemHVO-Doppik Aufwendungen grundsätzlich nicht mit Erträgen verrechnet werden dürfen, soweit durch Gesetz oder Verordnung nichts anderes zugelassen wird. Eine Ausnahme hierzu stellt § 11 Abs. 1 GemHVO-Doppik dar, wonach Abgaben, abgabenähnliche Entgelte und allgemeine Zuweisungen, welche die Gemeinde zurückzuzahlen hat, bei den Erträgen abzusetzen sind, auch wenn sie sich auf Erträge der Vorjahre beziehen.

21.2.2 Teilergebnisrechungen

Sofern der Haushaltsplan der Gemeinde in mehrere Teilhaushalte aufgeteilt wurde, ist dem Jahresabschluss nach § 46 GemHVO-Doppik eine Übersicht über die Finanzdaten der Teilrechnungen beizufügen. Die Vorgaben des § 4 Abs. 11 GemHVO-Doppik gelten entsprechend.

21.2.3 Finanzrechnung

In der Finanzrechnung sind nach § 45 Abs. 1 Satz 1 GemHVO-Doppik die im Haushaltsjahr eingegangenen Einzahlungen und geleisteten Auszahlungen vollständig und getrennt nachzuweisen.

Für die Finanzrechnung ist nach § 45 Abs. 2 GemHVO-Doppik die Gliederungsstruktur des Finanzhaushaltes nach § 3 Abs. 1 GemHVO-Doppik maßgeblich. Den in der Finanzrechnung nachzuweisenden Ist-Zahlungen sind nach § 45 Abs. 3 GemHVO-Doppik die Zahlungen der Rechnung des Vorjahres und die Planansätze des Haushaltsjahres gegenüberzustellen.

Des Weiteren gilt analog zur Ergebnisrechnung das Bruttoprinzip, sodass nach § 45 Abs. 1 GemHVO-Doppik Auszahlungen grundsätzlich nicht mit Einzahlungen verrechnet werden dürfen, soweit durch Gesetz oder Verordnung nichts anderes zugelassen wird. Der § 11 Abs. 2 GemHVO-Doppik regelt die Ausnahmefälle der Durchbrechung des Bruttoprinzips für die Einzahlungen analog der Regelung für Erträge, so dass in diesen Fällen bei einer Absetzung bei den Erträgen die Aus- und Einzahlungen ebenfalls netto abzubilden sind. Allerdings ist diese Durchbrechung eben nur für wenige Einzelfälle gegeben.

21.2.4 Teilfinanzrechnungen

Für den Bereich der Teilfinanzrechnung gelten nach § 46 GemHVO-Doppik die gleichen Voraussetzungen wie für die Teilergebnisrechnung. Hier wird auf Abschnitt 21.2.2 verwiesen.

21.2.5 Bilanz[439]

Im Rahmen des Jahresabschlusses bildet die Bilanz das zentrale Element der drei Rechnungskomponenten. Sämtliche anderen Rechnungskomponenten sind vor der Bilanz abzuschließen.

Für den Jahresabschluss sind weitere Aufgaben durchzuführen und teilweise auch frühzeitig vorzubereiten. Beispielsweise ist für den Abschluss der Anlagenbuchhaltung bzw. der Bilanz und § 30 Abs. 1 GemHVO-Doppik eine Inventur erforderlich. Ebenso sind für die Bildung von Rückstellungen bzw. die Fortschreibung der Rückstellungswerte gem. § 35 GemHVO-Doppik die erforderlichen Daten und Werte zu ermitteln. Dies sind insbesondere:

- die Aufbereitung der Personaldaten für die Ermittlung der Pensionsrückstellungen und der Rückstellungen für Altersteilzeit,
- die Erhebung der Daten für die Berechnung der Urlaubs- und Überstundenrückstellungen,
- die Entscheidung über die Bildung von Rückstellungen für unterlassene Instandhaltung oder die Prüfung einer außerplanmäßigen Abschreibung.

Sofern eine Kommune Nebenbuchhaltungen wie Anlagenbuchhaltung, Kreditoren- und Debitorenbuchhaltung nutzt, muss der Jahresabschluss mit dem Abschluss dieser Rechnungskomponenten beginnen. Nach deren Abschluss sind die Teilrechnungen, die Ergebnisrechnung und die Finanzrechnung abzuschließen.

Das in der Ergebnisrechnung ermittelte Rechnungsergebnis der Kommune wird im Rahmen der Abschlussbuchungen in den Bilanzposten „Jahresüberschuss/Jahresfehlbetrag“ gebucht. Hierdurch erfolgt bei einem positiven Ergebnis eine Eigenkapitalerhöhung, bei einem negativen Ergebnis eine Minderung des Eigenkapitals.

Der in der Finanzrechnung ermittelte Zahlungsbestand stellt den Bestand an liquiden Mitteln in der Bilanz dar. Hierbei sind zum Bilanzstichtag den drei Rechnungskomponenten nicht zugeordnete Einzahlungen (z. B. durch fehlende Buchung eines Ertrages, eines durchlaufenden Postens, ...) in der Bilanz als sonstige Verbindlichkeiten auszuweisen. Im Rahmen der Grundsätze der Bilanzwahrheit bzw. Bilanzklarheit sollten die Kommunen bemüht sein, unklare Einzahlungen bis zum Bilanzstichtag zuzuordnen, um den Bilanzausweis der sonstigen Verbindlichkeiten möglichst gering zu halten.

In der Bilanz ist nach § 47 Abs. 2 GemHVO-Doppik zu jedem Posten der entsprechende Betrag des vorhergehenden Jahres anzugeben; auch hier sind erhebliche Veränderungen im Anhang zu erläutern.

439 Die Darstellungen zur Bilanz beschränken sich in diesem Kapitel auf das Verfahren des Jahresabschlusses. Das Kapitel 10 beschäftigt sich ausführlich mit den Bilanzinhalten.

21.2.6 Anhang

Die Funktion des Anhangs besteht darin, die im Rahmen des Jahresabschlusses in den drei Rechnungskomponenten dargestellten Informationen durch Erläuterungen zu ergänzen und hierdurch zusätzliche haushaltswirtschaftlich wichtige Informationen im Rahmen der Rechenschaft mitzuteilen. Der Jahresabschluss besteht gemäß § 60 Abs. 2 Nr. 5 KV M-V unter anderem aus dem Anhang. Im Anhang sind daher nach § 48 Abs. 1 GemHVO-Doppik diejenigen Angaben aufzunehmen, die zu den einzelnen Posten der Ergebnisrechnung, der Finanzrechnung, der Bilanz sowie zur Behandlung von Fehlbeträgen und Überschüssen vorgeschrieben sind. Weitere Angaben sind nach § 48 Abs. 4 GemHVO-Doppik insbesondere zu den angewandten Bilanzierungs- und Bewertungsmethoden und deren Abweichungen zum Vorjahr sowie weiteren, ggf. in der Bilanz enthaltenen möglichen Veränderungen, Risiken usw. erforderlich, soweit sie nicht nach § 48 Abs. 4 GemHVO-Doppik von untergeordneter Bedeutung sind. Diese Erläuterungen müssen so gestaltet sein, dass ein sachverständiger Dritter die Wertansätze beurteilen kann. Des Weiteren sind angewandte Vereinfachungsregelungen sowie Schätzungen zu beschreiben.

Die in der Verbindlichkeitenübersicht[440] ausgewiesenen Haftungsverhältnisse sowie alle Sachverhalte, aus denen sich künftig finanziellen Verpflichtungen ergeben können, sind gleichfalls zu erläutern.

Ein abgeschlossener Katalog von Erläuterungen ist in § 48 Abs. 4 GemHVO-Doppik festgehalten, auf dessen Auflistung an dieser Stelle verzichtet wird.

21.2.7 Anlagenübersicht

Nach § 50 GemHVO-Doppik ist dem Jahresabschluss eine Anlagenübersicht[441] beizufügen. Die Anlagenübersicht ist entsprechend dem Muster 16 zu § 50 GemHVO-Doppik aufzustellen. Hierbei ist in der Anlagenübersicht die Entwicklung der Posten des Anlagevermögens darzustellen.

Für die darzustellenden Posten sind jeweils

- die Anschaffungs- oder Herstellungskosten (der im Bestand befindlichen Vermögensgegenstände des Anlagevermögens),
- ihre Veränderungen, in Form von
  - Zugängen,
  - Abgängen,
  - Umbuchungen sowie
  - Zuschreibungen,
- die kumulierten Abschreibungen (für sämtliche im Bestand befindlichen Vermögensgegenstände des Anlagevermögens),

440 Siehe Kapitel 21.2.9.

441 Muster 16 zu § 50 Absatz 1 GemHVO-Doppik.

- die Buchwerte am Bilanzstichtag (31. Dezember des abzuschließenden Haushaltsjahres),
- die Buchwerte am vorherigen Bilanzstichtag (31. Dezember des Vorjahres) und
- die Abschreibungen im Haushaltsjahr

anzugeben. Die Inhalte der Anlagenübersicht liefern eine wichtige Kennzahl, da sich durch den Vergleich der Anschaffungs- und Herstellungskosten mit den kumulierten Abschreibungen der Alterungsstand der Vermögensgegenwerte ergibt.

Erstmalig entsteht die Basis für eine Anlagenübersicht im Rahmen der Eröffnungsbilanzierung. Diese bildet die Grundlage für die Fortschreibung des Anlagevermögens bei den Folgebilanzierungen.

21.2.8 Forderungsübersicht

Nach § 51 GemHVO-Doppik ist dem Anhang eine Forderungsübersicht[442] beizufügen.

Die Forderungsübersicht weist nach § 51 GemHVO-Doppik die Forderungen der Gemeinde nach. Zu den einzelnen Posten der Forderungsübersicht ist jeweils der Gesamtbetrag am Bilanzstichtag unter Angabe der Restlaufzeit – gegliedert in Betragsangaben für Forderungen mit Restlaufzeiten bis zu einem Jahr, von einem Jahr bis zu fünf Jahren und von mehr als fünf Jahren – sowie der Gesamtbetrag am vorherigen Bilanzstichtag anzugeben. Weiter sind die auf die Forderungen vorgenommenen Wertberichtigungen anzugeben.

21.2.9 Verbindlichkeitenübersicht

Nach § 52 GemHVO-Doppik ist dem Anhang eine Verbindlichkeitenübersicht[443] beizufügen.

Die Verbindlichkeitenübersicht weist ebenso wie die Bilanzgliederung nach § 47 Abs. 5 GemHVO-Doppik eine Differenzierung der Verbindlichkeiten gegenüber dem öffentlichen Bereich und dem privaten Bereich aus.

Für diese Posten hat, bezogen auf den Bilanzstichtag, neben der Angabe des Gesamtbetrages

- des laufenden Jahres und
- des Vorjahres

gem. § 52 Abs. 2 GemHVO-Doppik eine Rasterung nach Restlaufzeiten für das laufende Jahr zu erfolgen. Diese Rasterung der Restlaufzeiten gliedert sich in Betragsangaben für Verbindlichkeiten mit Restlaufzeiten

442 Muster 17 zu § 51 GemHVO-Doppik.
443 Muster 18 zu § 52 GemHVO-Doppik.

- bis zu einem Jahr,
- von einem Jahr bis zu fünf Jahren und
- von mehr als fünf Jahren.

21.3 Aufstellung, Prüfung und Entlastung beim Jahresabschluss[444]

a) Aufstellung

Durch den Jahresabschluss werden die Ergebnisse der Haushaltswirtschaft eines Haushaltsjahres nachgewiesen.

Die Gemeindevertretung kann gem. § 22 Abs. 3 Nr. 8 KV M-V ihre Zuständigkeit für die Feststellung des Jahresabschlusses und die Entlastung des Bürgermeisters (sowie die Feststellung des Gesamtabschlusses) nicht übertragen.

Der Entwurf des Jahresabschlusses wird gem. § 60 Abs. 4 KV M-V durch die Gemeinde innerhalb von 5 Monaten nach Ablauf des Haushaltsjahres aufgestellt. Die Gemeindevertretung beschließt entsprechend § 60 Abs. 5 KV M-V über die Feststellung des geprüften Jahresabschlusses bis spätestens 31. Dezember des auf das Haushaltsjahr folgenden Haushaltsjahres. Sie entscheidet in einem gesonderten Beschluss über die Entlastung des Bürgermeisters. Verweigert die Gemeindevertretung die Entlastung oder spricht sie diese mit Einschränkungen aus, so hat sie dafür die Gründe anzugeben.

b) Prüfung

Die Aufgabe der Prüfung des Jahresabschlusses obliegt gem. § 1 Abs. 4 i. V. m. § 3 Abs. 1 Nr. 1 KPG M-V dem Rechnungsprüfungsausschuss. Vor der Feststellung des Jahresabschlusses durch die Gemeindevertretung ist gem. § 3a Abs. 1 KPG M-V der Jahresabschluss dahingehend zu prüfen, ob er ein den tatsächlichen Verhältnissen entsprechendes Bild der Lage der Gemeinde unter Beachtung der Grundsätze ordnungsmäßiger Buchführung ergibt. Die haushaltsrechtlichen Vorschriften, insbesondere die Grundsätze ordnungsmäßiger Buchführung, lassen kaum eine Abweichung hiervon zu, so dass sich i. d. R. die Prüfung nur auf die Einhaltung der haushaltsrechtlichen Vorschriften und der Grundsätze ordnungsmäßiger Buchführung beschränken wird. Des Weiteren umfasst die Prüfung des Jahresabschlusses auch die Einhaltung von Satzungsrecht und sonstigen ortsrechtlichen Bestimmungen, welche die rechtlichen Vorschriften ergänzen. Ferner ist die Buchführung, die Inventur und das Inventar und die Übersicht über örtlich festgelegte Nutzungsdauern der Vermögensgegenstände in seine Prüfung einzubeziehen und das Ergebnis der Prüfung in einem Prüfungsbericht zusammenzufassen.

Der Rechenschaftsbericht ist nach § 3a Abs. 2 KPG M-V darauf zu prüfen, ob er mit dem Jahresabschluss in Einklang steht und ob seine sonstigen Angaben nicht eine falsche Vorstellung von der Lage der Gemeinde erwecken. Der Rechnungsprüfungsausschuss hat über Art und Umfang der Prüfung sowie über das Ergebnis der Prüfung

444 Hinsichtlich der Aufgaben der Rechnungsprüfung, der Leitung der Rechnungsprüfung und des Gesamtabschlusses bestehen im KPG M-V sowie in der KV M-V detaillierte und ausführliche Gesetzestexte, sodass auf eine Darstellung in diesem Kapitel verzichtet wird.

einen Prüfungsbericht zu erstellen. Der Prüfungsbericht muss einen Bestätigungsvermerk enthalten. Hierzu regelt § 3a Abs. 3 KPG M-V, dass der § 322 HGB für den Bestätigungsvermerk entsprechend gilt. Somit gelten dann auch die in § 322 Abs. 2 HGB genannten Abstufungen des Bestätigungsvermerkes.

Da sich der Verweis auf den § 322 HGB bezieht, hier die entsprechende Gesetzespassage des HGB:

§ 322 HGB Bestätigungsvermerk

(1) Der Abschlussprüfer hat das Ergebnis der Prüfung in einem Bestätigungsvermerk zum Jahresabschluss oder zum Konzernabschluss zusammenzufassen. Der Bestätigungsvermerk hat Gegenstand, Art und Umfang der Prüfung zu beschreiben und dabei die angewandten Rechnungslegungs- und Prüfungsgrundsätze anzugeben; er hat ferner eine Beurteilung des Prüfungsergebnisses zu enthalten.

(2) Die Beurteilung des Prüfungsergebnisses muss zweifelsfrei ergeben, ob
1. ein uneingeschränkter Bestätigungsvermerk erteilt,
2. ein eingeschränkter Bestätigungsvermerk erteilt,
3. der Bestätigungsvermerk aufgrund von Einwendungen versagt oder
4. der Bestätigungsvermerk deshalb versagt wird, weil der Abschlussprüfer nicht in der Lage ist, ein Prüfungsurteil abzugeben.

Die Beurteilung des Prüfungsergebnisses soll allgemein verständlich und problemorientiert unter Berücksichtigung des Umstandes erfolgen, dass die gesetzlichen Vertreter den Abschluss zu verantworten haben. Auf Risiken, die den Fortbestand des Unternehmens oder eines Konzernunternehmens gefährden, ist gesondert einzugehen. Auf Risiken, die den Fortbestand eines Tochterunternehmens gefährden, braucht im Bestätigungsvermerk zum Konzernabschluss des Mutterunternehmens nicht eingegangen zu werden, wenn das Tochterunternehmen für die Vermittlung eines den tatsächlichen Verhältnissen entsprechenden Bildes der Vermögens-, Finanz- und Ertragslage des Konzerns nur von untergeordneter Bedeutung ist.

(3) In einem uneingeschränkten Bestätigungsvermerk (Absatz 2 Satz 1 Nr. 1) hat der Abschlussprüfer zu erklären, dass die von ihm nach § 317 durchgeführte Prüfung zu keinen Einwendungen geführt hat und dass der von den gesetzlichen Vertretern der Gesellschaft aufgestellte Jahres- oder Konzernabschluss aufgrund der bei der Prüfung gewonnenen Erkenntnisse des Abschlussprüfers nach seiner Beurteilung den gesetzlichen Vorschriften entspricht und unter Beachtung der Grundsätze ordnungsmäßiger Buchführung oder sonstiger maßgeblicher Rechnungslegungsgrundsätze ein den tatsächlichen Verhältnissen entsprechendes Bild der Vermögens-, Finanz- und Ertragslage des Unternehmens oder des Konzerns vermittelt. Der Abschlussprüfer kann zusätzlich einen Hinweis auf Umstände aufnehmen, auf die er in besonderer Weise aufmerksam macht, ohne den Bestätigungsvermerk einzuschränken.

(4) Sind Einwendungen zu erheben, so hat der Abschlussprüfer seine Erklärung nach Absatz 3 Satz 1 einzuschränken (Absatz 2 Satz 1 Nr. 2) oder zu versagen (Absatz 2 Satz 1 Nr. 3). Die Versagung ist in den Vermerk, der nicht mehr als Bestätigungsvermerk zu bezeichnen ist, aufzunehmen. Die Einschränkung oder Versagung ist zu begründen. Ein eingeschränkter Bestätigungsvermerk darf nur erteilt werden, wenn der geprüfte Abschluss unter Beachtung der vom Abschlussprüfer vorgenommenen, in ihrer Tragweite erkennbaren Einschränkung ein den tatsächlichen Verhältnissen im Wesentlichen entsprechendes Bild der Vermögens-, Finanz- und Ertragslage vermittelt.

(5) Der Bestätigungsvermerk ist auch dann zu versagen, wenn der Abschlussprüfer nach Ausschöpfung aller angemessenen Möglichkeiten zur Klärung des Sachverhalts nicht in der Lage ist, ein Prüfungsurteil abzugeben (Absatz 2 Satz 1 Nr. 4). Absatz 4 Satz 2 und 3 gilt entsprechend.

(6) Die Beurteilung des Prüfungsergebnisses hat sich auch darauf zu erstrecken, ob der Lagebericht oder der Konzernlagebericht nach dem Urteil des Abschlussprüfers mit dem Jahresabschluss und gegebenenfalls mit dem Einzelabschluss nach § 325 Abs. 2a oder mit dem Konzernabschluss in Einklang steht und insgesamt ein zutreffendes Bild von der Lage des Unternehmens oder des Konzerns vermittelt. Dabei ist auch darauf einzugehen, ob die Chancen und Risiken der zukünftigen Entwicklung zutreffend dargestellt sind.

(7) Der Abschlussprüfer hat den Bestätigungsvermerk oder den Vermerk über seine Versagung unter Angabe von Ort und Tag zu unterzeichnen. Der Bestätigungsvermerk oder der Vermerk über seine Versagung ist auch in den Prüfungsbericht aufzunehmen.

Vor Abgabe des Prüfungsberichtes durch das Rechnungsprüfungsamt (sofern eingerichtet) an den Rechnungsprüfungsausschuss sowie vor Abgabe des Berichtes des Rechnungsprüfungsausschusses an die Gemeindevertretung ist dem Bürgermeister Gelegenheit zur Stellungnahme zu dem Ergebnis der Prüfung zu geben (§ 3a Abs. 4 KPG M-V).

Der Rechnungsprüfungsausschuss bedient sich gem. § 1 Abs. 4 KPG M-V zur Durchführung der Prüfung des Jahresabschlusses einer Organisationseinheit „Rechnungsprüfung" der Gemeinde, soweit eine solche in der Gemeinde eingerichtet ist. Die örtliche Rechnungsprüfung oder Dritte als Prüfer[445] haben im Rahmen ihrer Prüfung einen Bestätigungsvermerk oder einen Vermerk über die Versagung abzugeben.

§ 1 KPG M-V regelt die Einrichtung einer Rechnungsprüfung. Nach § 1 Abs. 3 KPG M-V haben Landkreise und Gemeinden mit mehr als 20.000 Einwohnern ein

445 Vgl. den Regelungsvorschlag der Modellkommunen in Nordrhein-Westfalen; siehe z. B. Abschlussbericht des Modellprojektes Doppischer Kommunalhaushalt in Nordrhein-Westfalen, Freiburg 2003, S. 97, zu § 100 Abs. GO NKF. Die Autoren teilen die dort vertretene inhaltliche Darstellung, wonach für eine Prüfung durch Dritte, als Prüfer nur nach der geltenden Wirtschaftsprüfungsordnung bestellte und vereidigte Wirtschaftsprüfer bzw. danach anerkannte Wirtschaftsprüfungsgesellschaften in Betracht kommen.

Rechnungsprüfungsamt einzurichten, andere kommunale Körperschaften können es einrichten, wenn dies erforderlich ist und die Kosten in angemessenem Verhältnis zum Umfang der Verwaltung stehen. Zweckverbände haben, soweit ein Verbandsmitglied ein Rechnungsprüfungsamt eingerichtet hat, sich dieses Rechnungsprüfungsamtes zu bedienen. Eine weitere Möglichkeit für die Gemeinden ohne Rechnungsprüfungsamt besteht darin, sich entsprechend § 1 Abs. 5 KPG M-V eines sachverständigen Dritten zu bedienen. Eine Reihe von Kommunen bedient sich dabei Prüfungsämter anderer Körperschaften (z. B. Amt Neverin in Form eines Zweckverbandes). Dies liegt vor allem daran, dass es für die ehrenamtlichen Rechnungsprüfungsausschussmitglieder kaum möglich sein wird, die gesetzliche Prüfungsfunktionen zu übernehmen. Es darf die Frage gestellt werden, was der Gesetzgeber (wohl nur aus Kostenersparnisgründen) dort vorgegeben hat. Auch der Städte- und Gemeindetag ist der Meinung, dass hier grundsätzlich hauptamtliche Prüfer hinzuzuziehen wären, und regt eine Gesetzesänderung an.

Neben der örtlichen Prüfung besteht zusätzlich eine überörtliche Prüfung. Diese stellt sich nach § 4 KPG M-V als Teil der allgemeinen Aufsicht des Landes über die Gemeinden dar. Prüfungsbehörde sind der Landesrechnungshof und der Landrat als untere staatliche Verwaltungsbehörde. Bei der überörtlichen Prüfung ist nach § 8 KPG M-V insbesondere festzustellen, ob

1. die Haushalts- und Wirtschaftsführung sowie die sonstige Verwaltungstätigkeit der kommunalen Körperschaft und ihrer Sondervermögen den Rechtsvorschriften und den Weisungen der Aufsichtsbehörden entsprechen (Ordnungsprüfung),
2. die Kassengeschäfte ordnungsgemäß geführt werden (Kassenprüfung),
3. die Verwaltung der kommunalen Körperschaft oder ihre Sondervermögen sachgerecht und wirtschaftlich geführt wird (Organisations- und Wirtschaftlichkeitsprüfung),
4. die zweckgebundenen Zuwendungen des Bundes, des Landes oder anderer Träger der öffentlichen Verwaltung bestimmungsgemäß verwendet werden (Verwendungsprüfung).

Die Prüfungsbehörde bestimmt Zeit und Umfang der Prüfung; sie kann sich auf Stichproben beschränken und sachverständige Dritte hinzuziehen.

c) Entlastung

Der durch den Rechnungsprüfungsausschluss geprüfte Jahresabschluss wird gem. § 60 Abs. 5 KV M-V durch die Gemeindevertretung mittels Beschluss festgestellt. In einem gesonderten Beschluss wird über die Entlastung des Bürgermeisters befunden. Hierzu ist eine verbindliche Frist festgelegt, wobei das Fristende der 31. Dezember des auf das Haushaltsjahr folgenden Jahres ist. Verweigert sie die Entlastung oder spricht sie diese mit Einschränkungen aus, so hat sie dafür die Gründe anzugeben. Wird die Feststellung des Jahresabschlusses von der Gemeindevertretung verweigert, so sind die Gründe anzugeben.

Nach dem Beschluss der Gemeindevertretung über den Jahresabschluss ist gem. § 60 Abs. 6 KV M-V dieser der Rechtsaufsicht unverzüglich anzuzeigen.[446] Der Jahresabschluss ist öffentlich bekanntzumachen. Im Anschluss an die öffentliche Bekanntmachung sind der Jahresabschluss mit dem Rechenschaftsbericht sowie der abschließende Prüfungsvermerk des Rechnungsprüfungsausschusses und des Rechnungsprüfungsamtes an sieben Werktagen bei der Gemeindeverwaltung während der allgemeinen Öffnungszeiten öffentlich auszulegen; im Übrigen können sie bei der Gemeindeverwaltung während der allgemeinen Öffnungszeiten eingesehen werden. In der öffentlichen Bekanntmachung ist auf Ort und Zeit der Auslegung hinzuweisen.

Leider ist in dieser Vorschrift nicht das konkrete Ende der Einsichtnahme bestimmt. Sinnvoll wäre es jedoch, dass spätestens bei Feststellung des folgenden Jahresabschlusses die Auslegung des „alten" Abschlusses enden sollte. Nach der derzeitigen Regelung ist die Einsichtnahme jedoch zeitlich unbegrenzt.

21.4 Übertragung von Ermächtigungen

Das Prinzip der Jährlichkeit bzw. der zeitlichen Beschränkung einer Ermächtigung für das Haushaltsjahr besteht weiterhin, da sich die Gemeinden mittels Haushaltssatzung und Haushaltplan i. d. R. für ein Haushaltsjahr binden. Als Ausnahme dieses Grundsatzes können Ermächtigungen der Teilfinanzhaushalte für investive Maßnahmen (mit Wertgröße „Auszahlungen") nach § 15 Abs. 2 GemHVO-Doppik und Ermächtigungen der Teilergebnishaushalte für konsumtive Maßnahmen (mit Wertgröße „Aufwendungen") gem. § 15 Abs. 1 GemHVO-Doppik grundsätzlich übertragen werden.

Speziell für die Auszahlungsermächtigungen für Investitionen ist geregelt, dass diese nach den Regelungen des § 15 Abs. 2 GemHVO-Doppik bis zur Fälligkeit der letzten Zahlung für ihren Zweck verfügbar bleiben. Sofern es sich jedoch um Baumaßnahmen und Beschaffungen handelt, begrenzt sich diese inhaltliche Befristung auf längstens zwei Jahre nach Abschluss des Haushaltsjahres, in dem der Gegenstand oder der Bau in seinen wesentlichen Teilen in Benutzung genommen werden kann. Sie erhöhen somit die entsprechenden Planungspositionen in den Teilfinanzhaushalten der folgenden Haushaltsjahre. Werden Investitionsmaßnahmen im Haushaltsjahr nicht begonnen, bleiben die Ermächtigungen bis zum Ende des zweiten des dem Haushaltsjahr folgenden Jahres verfügbar.

Bei der Übertragung von nicht in Anspruch genommenen Planpositionen im Ergebnishaushalt muss jedoch gemäß § 15 Abs. 1 GemHVO-Doppik im Haushaltsplan ein Übertragbarkeitsvermerk angebracht sein. Diese Vorschrift ist praxisfremd. Bei der Aufstellung eines Haushalts ist gemäß § 8 Abs. 2 und 3 GemHVO-Doppik entsprechend der Jahresbezogenheit zu veranschlagen. Man geht also in der Planung davon aus, dass eine Übertragbarkeit nicht erforderlich ist. Wie soll man mehr als ein Jahr im Voraus wissen, dass sich im Jahresabschluss dennoch Übertragungsnotwendigkeiten ergeben, und im Voraus einen Haushaltsplanvermerk anbringen? Der Gesetzgeber ist

446 Diese kann den Jahresabschluss lediglich im Rahmen der allgemeinen Rechtsaufsicht nach § 78 Abs. 2 KV M-V beurteilen.

aufgerufen, die Rechtsnorm dahingehend zu ändern, dass ein Übertragbarkeitsvermerk auch im Ergebnishaushaltsplan nicht erforderlich ist. Die Notwendigkeit einer Übertragung ergibt sich nicht im Haushaltsplanungsverfahren, sondern erst in der Jahresrechnung (siehe dazu auch die Darstellung zur Übertragbarkeit im Kapitel 13.3.3).

Sind gem. § 15 Abs. 4 GemHVO-Doppik Erträge oder Einzahlungen aufgrund rechtlicher Verpflichtungen zweckgebunden, bleiben die entsprechenden Ermächtigungen zur Leistung von Aufwendungen bis zur Erfüllung des Zwecks und die Ermächtigungen zur Leistung von Auszahlungen bis zur Fälligkeit der letzten Zahlung für ihren Zweck verfügbar. Im Rahmen einer wirtschaftlichen Haushaltsführung können auch Übertragungen von Kreditermächtigungen vorgenommen werden.

Um der Gemeindevertretung das Volumen der Übertragung von Ermächtigungen darzustellen, ist ihr gem. § 15 Abs. 5 GemHVO-Doppik eine Übersicht unter Angabe der Auswirkungen auf den (Teil-)Ergebnishaushalt und den (Teil-)Finanzhaushalt der Folgejahre vorzulegen. Hierzu ist das Muster 19 zu § 53 GemHVO-Doppik zu verwenden.

Übertragene Ermächtigungen werden nicht dem Haushaltsjahr des Jahresabschlusses, sondern dem Haushaltsjahr der Inanspruchnahme dieser Ermächtigung zugerechnet. Bei der Übertragung von Ermächtigungen für Aufwendungen wird somit das Ergebnis des Haushaltsjahres belastet, in dem der Ressourcenverbrauch erfolgt. Bei der Übertragung von Ermächtigungen für Auszahlungen werden die Auszahlungen dem Haushaltsjahr zugerechnet, in dem der Liquiditätsabfluss stattfindet.

Neben der Information der Gemeindevertretung über das Volumen an Ermächtigungsübertragungen sind die Übertragungen gem. § 15 GemHVO-Doppik auch im Jahresabschluss in Form eines Plan-/Ist-Vergleichs der Ergebnisrechnung (§ 44 Abs. 3 GemHVO-Doppik) und der Finanzrechnung (§ 45 Abs. 3 GemHVO-Doppik) gesondert anzugeben.[447]

21.5 Gesamtabschluss

21.5.1 Einleitung zum Gesamtabschluss

Zum Gesamtabschluss finden sich die Regelungen in der Kommunalverfassung, im Gesetz zur Einführung der Doppik im kommunalen Haushalts- und Rechnungswesen (Kommunal-Doppik-Einführungsgesetz – KomDoppikEG M-V) sowie in der Gemeindehaushaltsverordnung.

Darüber hinaus hat das vormalige Gemeinschaftsprojekt zur Umsetzung des NKHR-MV eine Praxishilfe Gesamtabschluss erarbeitet. Die Webseite des Gemeinschaftsprojektes ist nicht mehr erreichbar, die Dokumente sind jedoch übernommen in einen Downloadpool für Kommunalverwaltungen.[448] Die Praxishilfe ist sehr umfänglich gestaltet, insofern wird hier nur über grundsätzliche Fragestellungen ausgeführt.

447 Gemeint sein kann nach Meinung der Autoren sicherlich nicht, dass die Angabe innerhalb der Ergebnisrechnung bzw. der Finanzrechnung getroffen werden muss.

448 Eine öffentliche Version des Leitfadens findet sich unter https://www.yumpu.com/de/document/view/ 21205758/praxishilfe-gesamtabschluss-und-rechnungswesen-mecklenburg-.

21.5.2 Ziele des Gesamtabschlusses

Die Gemeinden sind gemäß § 60 Abs. 1 KV M-V verpflichtet, einen Jahresabschluss zu erstellen, der das Ergebnis der Haushaltswirtschaft eines Jahres dokumentiert. Er beinhaltet einen Überblick über die Vermögens-, Schulden-, Ertrags- und Finanzlage der Gemeinde.

Dieser Jahresabschluss bezieht sich jedoch nur auf den Kernbereich der Gemeinde, der sich aus der Abwicklung des kommunalen Haushalts speist, er dokumentiert nicht die gesamte Vermögens-, Schulden- Ertrags- und Finanzlage der Gemeinde, da eine Reihe von öffentlichen Aufgaben außerhalb des Kernhaushaltes abgewickelt wird. So werden gemeindliche Aufgaben z. B. durch kommunale Anstalten, Eigenbetriebe, Eigengesellschaften (GmbH, AG) und gemischtwirtschaftlichen Unternehmen (Beteiligungen) erledigt.

Die Verbindung zum gemeindlichen Haushalt und dessen Jahresrechnung kann nur in einzelnen Geschäftsvorfällen bestehen, z. B. in einer Gewinnabführung, einer Verlustabdeckung oder einer Kapitalaufstockung. Zudem sind in der Kernbilanz die Kapitalanteile dokumentiert. Weitere Informationen kann somit der Jahresabschluss nicht liefern. Ein Überblick über die Gesamtsituation aller Aktivitäten der Gemeinde besteht daher nicht. Insofern ist es sinnvoll, dass der Gesetzgeber im § 61 KV M-V sowie in den §§ 55 ff. GemHVO-Doppik einen Gesamtabschluss für große kreisangehörige oder kreisfreie Städte verbindlich vorschreibt und die inhaltlichen Anforderungen konkretisiert. Alle anderen Gemeinden können freiwillig einen Gesamtabschluss aufstellen. Nur so kann ein Gesamtüberblick über die gemeindliche Vermögens-, Schulden-, Ertrags- und Finanzlage gewonnen werden.

Da das Rechnungswesen der Gemeinden die finanzielle Darstellung der öffentlichen Aufgaben dokumentiert, dient der Gesamtabschluss der Betrachtung aller kommunaler Aktivitäten und somit der Gesamtsteuerung des „Dienstleistungsunternehmens Kommune“. Dies ist auch unter dem Gesichtspunkt, dass sich in den letzten Jahren die Zahl der Ausgliederung gemeindlicher Aufgaben in besondere öffentlich-rechtliche, vor allem aber privatrechtliche Bewirtschaftungsformen erhöht hat, von Bedeutung.[449]

Diese Überlegungen sind an die privatwirtschaftlichen Erfordernisse der Rechnungslegung angelehnt. So sehen ja auch die §§ 290 ff. HGB einen solchen Gesamtabschluss vor, der allerdings den Namen Konzernabschluss trägt.[450] Daran angelehnt hat das NKHR-MV auch die Einzelheiten der Umsetzung, auch durch Verweise auf das HGB.

21.5.3 Inhalt des Gesamtabschlusses

Der Umfang des Gesamtabschlusses wird durch § 61 Abs. 3 KV M-V bestimmt. Diese Norm enthält mehrere Tatbestandsmerkmale, die neben dem Umfang auch die Art und

449 Siehe dazu auch die ausführliche Darstellung zur wirtschaftlichen Betätigung der Kommunen in *Hofmann/Theisen/Bätge*, Kommunalrecht in Nordrhein-Westfalen, 19. Aufl., Wiesbaden 2021, S. 627 ff.

450 Für alle: Beck'scher Bilanzkommentar, 11. Aufl., München 2018, Kommentar ab § 290 HGB.

Weise der Ermittlung regelt. Eine Ergänzung der Regelungen enthalten die §§ 55 ff GemHVO-Doppik, welche die Inhalte noch einmal vertiefen.

Der Gesamtabschluss setzt sich zusammen aus:

- Gesamtergebnisrechnung
- Gesamtfinanzrechnung
- Gesamtbilanz
- Gesamtanhang

Diese Elemente enthält auch der Jahresabschluss nach § 60 Abs. 2 KV M-V, allerdings sind dort noch die Teilrechnungen zu ergänzen.

Die Gemeinde ist zur Erstellung des Gesamtabschlusses zwangsläufig auf die termingerechte Übermittlung der Daten der verselbstständigten Aufgabenbereiche angewiesen. Dazu gehören auch die erforderlichen Auskunftspflichten durch diese Aufgabenbereiche. In der Praxis wird es nicht nur terminliche Probleme beim Gesamtabschluss geben, sondern auch Konsolidierungsfragen.

a) Gesamtergebnisrechnung

Die Inhalte einer Gesamtergebnisrechnung bestehen aus den Erträgen und Aufwendungen der Gesamttätigkeit der Kommune („Konzern Kommune“). Neben den Ergebnisrechnungen (z. B. der Gemeinde und evtl. der Eigenbetriebe sowie der Anstalten des öffentlichen Rechts) werden die Daten aus den Gewinn- und Verlustrechnungen der verselbstständigten Aufgabenbereiche ermittelt. Die Ergebnisrechnung ist ausführlich in Kapitel 11 dargestellt, während die Besonderheiten der Datenermittlung im kaufmännischen Bereich der Gewinn- und Verlustrechnungen der Spezialliteratur vorbehalten sind.[451]

Da die Gesamtergebnisrechnung auf der Ergebnisrechnung des Kernhaushaltes aufsetzt, sieht § 56 GemHVO-Doppik eine ähnliche Aufgliederung vor wie bei der Ergebnisrechnung (§ 44 GemHVO-Doppik i. V. m. § 2 Abs. 1 GemHVO-Doppik), nämlich die Gliederung der Ergebnisrechnung und die Mindestinhalte. Insofern entsprechen die Gliederung und Mindestinhalte der Gesamtergebnisrechnung denen der Ergebnisrechnung. Lediglich in den zusammenfassenden Ergebnispositionen (Finanzergebnis, laufendes Ergebnis usw.) gibt es Abweichungen. Ebenso werden die Steuerpositionen (Steuern vom Einkommen und Ertrag, sonstige Steuern) natürlich nicht in der Ergebnisrechnung verlangt, auch Gewinnverteilungspositionen sind in der Ergebnisrechnung nicht vorgesehen.

b) Gesamtbilanz

Die Inhalte einer Gesamtbilanz bestehen aus dem Nachweis des Vermögens, des Eigenkapitals, der Sonderposten, Rückstellungen, der Verbindlichkeiten sowie der Rechnungsabgrenzungsposten der Gesamttätigkeit der Kommune („Konzern Kommune“). Die Bilanzierung (Kernbilanz) ist ausführlich in Kapitel 10 dargestellt, während

451 Siehe dazu *Mutschler/Stockel-Veltmann*, Externes Rechnungswesen, 6. Aufl., Wiesbaden 2021, und die umfangreiche ausbildungsbezogene Darstellung der kaufmännischen Buchführung bei *Schmolke/ Deitermann*, Industrielles Rechnungswesen, 46. Aufl., Braunschweig 2017.

die Besonderheiten der Datenermittlung in kaufmännischen Bilanzen der Spezialliteratur vorbehalten sind.[452]

Regelungen zur Gesamtbilanz ergeben sich aus § 58 GemHVO-Doppik.

In drei Positionen unterscheidet sich die Gesamtbilanz von der Gliederung der Bilanz des Kernhaushaltes:

- Unter den immateriellen Vermögensgegenständen ist ein Geschäfts- oder Firmenwert ausgewiesen.
- In den Kapitalrücklagen (Bilanz nur Kapitalrücklage) finden sich Gewinnrücklagen, Gesetzliche Rücklage sowie Rücklage für Anteile an einem herrschenden oder mehrheitlich beteiligten Unternehmen.

In der Gesamtbilanz ist ferner im Eigenkapital eine weitere Bilanzposition „1.6. Ausgleichsposten für Anteile anderer Gesellschafter" vorgesehen.[453]

Aufgabe des Gesamtabschlusses ist es, die Bilanz der Konzernmutter „Kommune" mit den Einzelabschlüssen der Tochtergesellschaften zu einer Gesamtbilanz zusammenzufügen. Da das gesamte Vermögen und alle Schulden der Tochtergesellschaften in diese Gesamtbilanz einfließen (Vollkonsolidierung), ergibt sich eine Doppelung. Der Wert der Tochtergesellschaft wird zum einen durch die auf der Aktivseite ausgewiesene Finanzanlage der Mutter und zum anderen durch das bilanzierte Eigenkapital bei der Tochtergesellschaft dargestellt. Aufgabe der Kapitalkonsolidierung ist es deshalb, die Finanzanlage der Mutter mit dem Eigenkapital der Tochter zu verrechnen.

Sind diese Positionen gleichwertig, können sie miteinander verrechnet werden, d. h. sie werden aus der Gesamtbilanz gestrichen. Übrig bleiben die einzelnen Vermögens- und Schuldpositionen der Tochter.

Weiter gilt:

- Bei nicht gleichwertigen Wertansätzen erfolgt eine Verrechnung des Wertansatzes des der Gemeinde gehörenden Anteils an der Tochterorganisation mit deren anteiligen Eigenkapital der jeweiligen Einzelabschlüsse II; ein sich ergebender aktiver Unterschiedsbetrag ist bis zu den anteiligen (entsprechend der Beteiligungsquote) Zeitwerten der in der Einzelabschluss II ausgewiesenen Vermögensgegenstände und Schulden zuzuschreiben oder mit diesen zu verrechnen.
- Ein danach auf der Aktivseite verbleibender Unterschiedsbetrag ist im Gesamtabschluss als Geschäfts- oder Firmenwert auszuweisen, sofern nicht von der Verrechnungsmöglichkeit des § 309 Abs. 1 Satz 3 HGB (offene Verrechnung mit den Rücklagen) Gebrauch gemacht wird.
- Ein passiver Unterschiedsbetrag soll durch Auflösen von stillen Reserven beseitigt werden, ein nicht verteilter passiver Mehrbetrag ist in einem gesonderten Posten als Unterschiedsbetrag aus der Kapitalkonsolidierung (Posten Nr. 2 auf der Passivseite in der Gesamtbilanz) auszuweisen.

452 Siehe vorangehende Fußnote.

453 Vgl. VV Muster 22 zu § 58 GemHVO-Doppik.

Ein sich bei der Buchwertmethode ergebender Unterschiedsbetrag ist den Wertansätzen der im Gesamtabschluss anzusetzenden Aktiva und Passiva der jeweiligen Tochterorganisation insoweit zuzuschreiben oder mit diesen zu verrechnen, als der Zeitwert höher oder niedriger ist als der bisherige Buchwertansatz.

c) Gesamtanhang

Da der Gesetzgeber eine Darstellung der gesamten Vermögens-, Schulden-, Ertrags- und Finanzierungslage dargestellt haben will, die Gesamtbilanz und die Gesamtergebnisrechnung jedoch nicht alle Informationen für die Beurteilung bieten können, müssen weitere Informationen im Gesamtanhang zur Gesamtbilanz und Gesamtergebnisrechnung gegeben werden. Damit sollen Personen, die die Steuerung der Gemeinde betreiben (z. B. Mitglieder der Gemeindevertretung, Mitglieder des Verwaltungsvorstand, der Bürgermeister) und sachkundige Dritte in die Lage versetzt werden, die wirtschaftliche Beurteilung durchzuführen. Zu den sachkundigen Dritten zählen z. B. Rechnungsprüfung, Rechtsaufsicht und Kreditgeber. Konkretisiert wird dieses inhaltlich durch § 51 Abs. 2 und 3 GemHVO. Danach sind der Gesamtbilanz und der Gesamtergebnisrechnung folgende Anhänge beizufügen:

- *Darstellung der Bilanzierungs- und Bewertungsmethoden der Gesamtbilanz und der Gesamtergebnisrechnung*
  Da die Bewertungsmethoden gesetzlich vorgegeben sind, brauchen diese in ihrer Anwendung nicht besonders erläutert zu werden. Allerdings enthalten die gesetzlichen Regelungen einige Wahlrechte. Insofern ist vor allem die Ausnutzung von Ansatz- und Bewertungswahlrechten darzustellen, so z. B. der Verzicht von der Erfassung geringwertiger Wirtschaftsgüter nach § 29 Abs. 3 GemHVO[454] (siehe dazu im Einzelnen Kapitel 10.3.2.3.4) oder die Bewertung nach Festwerten gemäß § 34 GemHVO (siehe dazu im Einzelnen Kapitel 10.1.2).
- *Anwendung von Vereinfachungsverfahren*
  Soweit nicht bereits im Rahmen der Bewertungsmethoden Vereinfachungsregelungen aufgelistet werden, sind diese nunmehr zu erläutern. Denkbar wären z. B. Inventurvereinfachungsverfahren gemäß § 29 Abs. 1 und 2 GemHVO (siehe dazu im Einzelnen Kapital 10.1).
- *Anwendung von Schätzungen*
  Der Einsatz von Schätzungen dient ebenfalls der Vereinfachung. Insofern ist diese Erläuterungspflicht unmittelbar aus der vorangehenden Thematik abzuleiten. Konnten also vor allem Bilanzpositionen nur durch Schätzung ermittelt werden, ist dies besonders zu dokumentieren.
- *Weitere Anlagen*
  Die weiter dem Jahresabschluss beizufügenden Angaben sind in § 59 Abs. 4 GemHVO-Doppik aufgeführt. Entsprechend Absatz 5 können diese Angaben unterbleiben, wenn sie von untergeordneter Bedeutung sind. Wann diese Angaben von untergeordneter Bedeutung sind, ist durch die Gemeinde zu klären.

454 Zu beachten sind die abweichenden Regelungen im Handels- und Steuerrecht.

d) Beteiligungsbericht

Die Erstellung eines Beteiligungsberichtes ist gemäß § 73 Abs. 3 KV M-V eine Pflicht jeder Gemeinde. Allerdings gibt die Regelung des § 73 Abs. 4 KV M-V Rätsel auf. Danach sind Gemeinden, die einen doppischen Jahresabschluss erstellen, von der Pflicht zur Erstellung eines Beteiligungsberichtes befreit.

Dieser Bericht gibt Informationen über die gemeindlichen Beteiligungen, die das Zahlenmaterial des Gesamtabschlusses nicht bieten kann, aber für die Betrachtung der wirtschaftlichen Situation des „Konzern Kommune" wichtig sind. Insofern sieht § 73 Abs. 3 KV M-V vor, dass der Bericht

- Angaben über die Erfüllung des öffentlichen Zwecks,
- die Beteiligungsverhältnisse,
- die wirtschaftliche Lage und Entwicklung,
- die Kapitalzuführungen und -entnahmen durch die Gemeinde und Auswirkungen auf die Haushalts- und Finanzwirtschaft
- und die Zusammensetzung der Organe der Gesellschaft

zu enthalten hat.

Die Wortwahl „insbesondere" macht deutlich, dass dieser Katalog nicht ausschließlich zu verstehen ist, sondern nur der Mindestinhalt definiert wird.

Stichwortverzeichnis

A

B

C

D

E

F

G

H

I

J

K

L

M

N

O

P

R

S

T

U

V

W

Z